“十二五”普通高等教育本科国家级规划教材

有机化学

（第三版）

大连理工大学有机化学教研室
高占先　主编

高等教育出版社·北京

内容提要

本书是“十二五”普通高等教育本科国家级规划教材。

本书分纸质教材和网上资源两部分，吸纳近年教学改革的成果，形成内容互补，构成丰富多彩的教学资源。全书分6篇18章。第1篇有机化学概论，第2篇烃及卤代烃，第3篇含氧有机化合物，第4篇含氮、硫、磷、硅有机化合物及杂环化合物，第5篇天然有机化合物，第6篇有机合成基础。每章末设习题，书后列索引。

《有机化学学习指导》(第二版)、《有机化学电子教案》(第三版)与本书配套发行，三者功能互补，方便教学。

本书为化学工程与工艺、制药工程、生物工程、应用化学等专业的教材，也可供与化工相近的专业选作教材和参考书。

图书在版编目(CIP)数据

有机化学/高占先主编. --3版. --北京：高等教育出版社，2018.2(2024.12重印)
ISBN 978-7-04-048138-9

Ⅰ.①有… Ⅱ.①高… Ⅲ.①有机化学-高等学校-教材 Ⅳ.①O62

中国版本图书馆CIP数据核字(2017)第167998号

Youji Huaxue

策划编辑	翟 怡	责任编辑	翟 怡	封面设计	于文燕	版式设计	马敬茹
插图绘制	杜晓丹	责任校对	胡美萍	责任印制	赵义民		

出版发行	高等教育出版社	网 址	http://www.hep.edu.cn
社 址	北京市西城区德外大街4号		http://www.hep.com.cn
邮政编码	100120	网上订购	http://www.hepmall.com.cn
印 刷	北京盛通印刷股份有限公司		http://www.hepmall.com
开 本	787mm×1092mm 1/16		http://www.hepmall.cn
印 张	40	版 次	1999年6月第1版
字 数	890千字		2018年2月第3版
购书热线	010-58581118	印 次	2024年12月第9次印刷
咨询电话	400-810-0598	定 价	68.00元

本书如有缺页、倒页、脱页等质量问题，请到所购图书销售部门联系调换

物 料 号 48138-00

有机化学
（第三版）

高占先　主编

1 电子计算机访问http://abook.hep.com.cn/1233306，或手机扫描二维码、下载并安装Abook应用。

2 注册并登录，进入“我的课程”。

3 输入封底数字课程账号（20位密码，刮开涂层可见），或通过Abook应用扫描封底数字课程账号二维码，完成课程绑定。

4 单击“进入课程”按钮，开始本数字课程的学习。

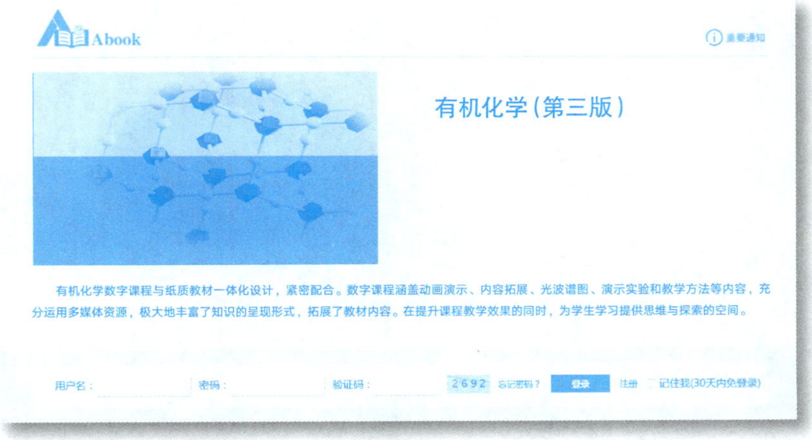

课程绑定后一年为数字课程使用有效期。受硬件限制，部分内容无法在手机端显示，请按提示通过计算机访问学习。

如有使用问题，请发邮件至abook@hep.com.cn。

扫描二维码
下载Abook应用

http://abook.hep.com.cn/1233306

第三版前言

本次修订是按高等教育出版社新形态教材的出版要求进行的，分两部分内容：一是修订纸质教材，二是重点建设网上资源。这些内容是近年教学改革的新成果。

对纸质教材做了以下修订：调整全书结构，删去第7篇有机化学教学资源，其部分内容改造后移到网上。删去绿色有机合成一章，简化成绿色合成原理，并作为有机合成基础的一节，有关绿色化学内容分散到有关官能团化合物章节中。增加含硫、磷、硅有机化合物一章，原分散在官能团化合物章节的相关知识点调整归类到本章。全书改用自制的数字化模拟分子模型，其中纸质教材中采用的是黑白标尺的模型；电子教案、网络资源中采用的是彩色标尺的模型。在官能团化合物各章中不介绍制备方法，而是分散在各章官能团化合物性质中和有机合成基础一章，且在配套的《有机化学学习指导》（第二版）中归纳为专题集中介绍。本书淡化“官能团”概念，而强调“官能团结构”概念。局部章节简化了以下内容：官能团化合物的化学反应通式与代表性反应式仅保留一种；类似的反应式做了删减；删去一些较高要求如哈密特方程及取代基的常数等内容；删除不常用的如烯丙位卤代烯烃的 S_N2 反应分子轨道模型等内容；简化了一些重要理论如离子对机理、邻基效应等内容，而在教学资源网站上“内容拓展”中展开，使之得到强化和提高。增加了以下内容：增加自由基反应机理，如过氧化氢氧化烷烃反应、烷烃热裂解反应的机理；增加周环反应的例子，如苯基烯丙基醚重排反应的机理；增加了新试剂、新应用，如过氧化丙酮为氧化剂、LDA 为强碱、青蒿素、烷烃脱氢制烯烃等内容；经典反应引入新方法，如配合物催化卤苯的偶联反应等内容。

重点建设网上资源，主要栏目包括：强化教学内容教学手段——制作、应用数字化模拟分子模型；强化有机化学构效关系及官能团间联系——用类比教学法串联官能化合物的特征反应；体现创新意识、科学素养教学内容——化学家、诺贝尔奖有关有机化学内容贯穿全书各章；突出现代有机化学发展——编写“内容拓展”；强化教学效果——微观分子原子运动宏观化描述的动画演示；加强实验的重要性——制作数字化演示实验；现代有机化合物结构表征方法——光波谱图的选编等。

本书第1～6章由高占先修订，第8～11章由陈宏博修订，第12、14、16、17章由姜文凤修订，第7章由于丽梅修订，第13章由殷伦祥编写，第15章由张秀红修订，第18章由刘迪修订。网上资源：数字化模拟分子模型、演示实验、动画演示等由于丽梅组织研制，获诺贝尔奖者、有机化学家由殷伦祥、高占先编写，内容拓展由高占先、陈宏博、李令东、吴志勇、刘建辉等编写，光波谱图由张秀红编写。全书由高占先策划、统稿、组织编写。

高等教育出版社的岳延陆、翟怡对本书再次出版做了大量的工作；大连理工大学教务处对本书的编写给予了资助；本书第二版的作者及有关人员，本书编写引用资料肖像等有关作者都是本书的贡献者，在此一并感谢！

与本书配套的《有机化学学习指导》（第二版）、《有机化学电子教案》（第三版）构成了有机化学立体化的教学资源。

新形态教材能有效地发挥现代教育技术的作用，是一种新的出版形式。由于编者水平所限，难免出现各种谬误，敬请读者指正。

编　者

2017 年春于大连凌水河畔

第二版前言

本书是教育部普通高等教育“十一五”国家级规划教材、“国家精品课程”教材建设和高等教育出版社“高等教育百门精品课程教材建设计划”立项研究项目的研究成果。

本书在第一版提高起点、注重基础，强化官能团构效规律，突出工科教材的应用性和实践性，适度介绍学科前沿等四大特点的基础上，吸收首批“国家精品课程”建设实践经验，进行了大幅度的修订。与第一版相比，本次修订的第一个特点，调整编写体系，增加有机合成基础及绿色有机合成篇和有机化学教学资源篇（包括分子模型与化学软件、图书期刊专利文献与联机检索和网络化学与化学教学资源三章）；将类脂与生物碱、萜及甾族化合物合并为一章；将烷烃的构象内容合并到同分异构现象一章中；将共振论和新编写的两类控制反应内容提前，构成有机化合物的结构与性质概论，强化有机化学概论篇内容，突出共性。本次修订的第二个特点，增写了有机化学学科新发展如立体化学某些内容、有机氟化合物等，新反应如烯烃的复分解反应等，新试剂如超临界、离子液体试剂等，新应用如生物柴油等和绿色合成及分子结构表示的新方法如静电势图模型等内容；删去了毒性大试剂的化学反应如烯烃羟汞化反应、毒性大的金属、重金属氧化物、盐为试剂的反应。本次修订的第三个特点是注意有机化学学科研究方法的介绍如芳烃的分类方法、苯的研究历史、动力学热力学控制反应等。精心设计每章的习题内容如增加结构性质方面前后章的呼应内容。本次修订的第四个特点是增写有机化学合成及有机化学教学资源篇，扩充教材功能，拓宽教学渠道。本次修订的第五个特点是将编者的科研成果如烯烃与溴化氢反应、某些绿色合成反应结果及网络教学资源建设的成果等充实到教材中，增强教材的适用性。

本书目录带*号的章节供各校不同专业取舍用。舍去某些章节内容并不影响有机化学基本知识的完整性。

本书第 1～7、18 章由高占先修订编写；第 8～11、14、16 章由陈宏博修订；第 12、13、15、17 章及全部习题由姜文凤修订编写；第 19～21 章由于丽梅编写。全书由高占先策划、统稿。

天津大学高鸿宾教授审查了本书的修订大纲；本书第一版主编袁履冰教授审查了全书内容；高等教育出版社岳延陆、翟怡对本书的再次出版做了大量的工作；大连理工大学教务处对本书的编写给予了资助；承担首批“国家精品课程”有机化学课程建设的大连理工大学全体教师、学生实践了本书修订内容。所有这些工作都促进了《有机化学》（第二版）的完善、出版，在此编者一并表示衷心的感谢。

本书与《有机化学学习指导》《有机化学电子教案》和《有机化学教学软件》同时由高等教育出版社出版，再加上先前出版的《有机化学网络课程》，构成有机化学立体化教材。

本套教材力图贯彻素质教育、能力培养、创新教学的教育教学思想。但由于编者水平所限，力不从心，希望使用本套教材的师生提出批评指正，使本教材在教学教改实践中不断完善内容、提高质量，体现当代有机化学学科发展特点，成为满足中国特色高等教育教学需要的工科基础有机化学教材。

编　者

2007年春于大连理工大学

第一版前言

21世纪，将是世界科技更加迅猛发展和激烈竞争的时代。在科学高速发展和新技术革命中，有机化学仍是一门十分重要的学科，因为它将越来越渗入生物、材料、环保、卫生、农业、交通等领域，孕育着新的生机。

邓小平同志关于“教育要三个面向”的指示是我们进行教育改革的重要方针。根据教育部组织实施“高等教育面向21世纪教学内容和课程体系改革计划”的要求，以及在我校建立“国家级工科化学教学基地”的任务，我们深入研究了国内外近年来的有机化学教材并在教学实践的基础上，编写了这本适用于化工工艺、生物化工、化学制药和应用化学等专业的有机化学新教材。

编写新教材的指导思想，总的说来，与过去教材相比，篇幅要减少，内容则应有所革新，以20世纪90年代初的国际优秀教材为起点，能适应当代科技发展的需要，适应培养跨世纪优秀创新人才的需要。具体说来，应体现以下四点。(1) 起点提高，注重基础。如在第一篇有机化学概论中，集中介绍命名、同分异构和结构表征等基础性内容，以便在后续各章中反复应用，提高各章的深度和广度。如在烃类的几章中，就用反应能量曲线、过渡态理论、动力学方法等来分析重要的反应，为阐述有关的反应机理奠定基础。(2) 强化官能团构效规律。为了贯彻“少而精、博而通”的教学原则，教材内容纲目以官能团为纲，采用脂肪族、芳香族化合物混合编排方式。重点内容以重要反应为干线，阐明各类官能团的结构与性能的辩证关系，着重分析各类反应的规律及其实际应用。关于各类化合物的制法，除个别类化合物外，大多数内容在有关的化学性质的反应中都已涉及，不必重复。(3) 突出工科教材的应用性与实践性。教材内容的整体布局考虑从基础原料到基本原料及精细化学品，最后介绍天然有机化合物。重点联系在国民经济各领域的重要应用及工业生产实际。(4) 适当介绍学科前沿。教材中尽可能反映某些有机化学的新进展(如新材料、生物大分子等)，增加某些学科交叉的知识。书中安排的小号字部分主要是某些较深的理论、较新的知识及叙述性内容，可以由学生自学或充实多学时专业的教学需要。

为便于教学，教材各章均附习题，书末附录有部分习题参考答案及索引等。本教材另有多媒体CAI教学光盘配套出版。

整个教材内容分为五篇十七章，第一篇有机化学概论四章及第二篇烃类三章由高占先编写；第二篇卤代烃一章、第三篇有机含氧化合物三章及第五章的糖类化合物及类脂二章由陈宏博编写；第四篇有机含氮化合物及杂环化合物二章及第五篇的氨基酸、蛋白质及生物碱等二章由袁履冰编写；各章习题及附录由姜文凤执笔。全书由袁履冰统稿。大连理工大学曹忠民教授、姚蒙正教授及蒋景阳博士对本书初稿提出了宝贵的意见；由工科化学教学指导委员会副主任天津大学高鸿宾教授审稿，谨致衷心的谢意。

尽管我们力图贯彻上述得到国内有关专家教授及同行们共识的编写指导思想，但是由于我们水平所限，在编写过程中深感力不从心。希望在初版问世后，能得到来自各方面的批评指正，我们将在今后的教学实践中不断修改，争取形成一套能反映当代国内外科学技术先进水平、具有中国特色的高质量的工科有机化学教材。

编者于大连理工大学化工学院

1999 年 5 月

编 者 的 话

本教材以新形态形式呈现给读者。所谓“新形态”，是指以二维码和教学资源网站为支撑的纸质教材。纸质教材展示的是教学的基本内容，二维码和教学资源网站呈现的是与纸质教材内容紧密相关的教学资源。纸质教材内容与教学资源内容互补，可实现互动教学，获得更好的教学效果。

数字化模拟分子模型 本教材突出的特色之一是制作使用了数字化模拟分子模型图。它以两种方式出现在教材中：网络资源和电子教案中用的是彩色标尺的分子模型图；纸质教材中用的是黑白色标尺的分子模型图。

通过模拟分子得到数字化的分子模型，并用到教材中是近二十年的事。在中文教材中，还没有看到模拟分子电子结构模型的应用。数字化模拟分子模型可以是分子、离子、自由基等结构的模型。使用数字化模拟有机化合物分子模型具有立体形象、数据准确、表达清晰、真实感强等特点。

常用的数字化模拟分子模型有 6 种：(1) 球棒模型，是分子构造的示意模型。(2) 棍棒模型，可以准确测量分子中的相对键长、键角。(3) 比例模型，表示分子的体积，但不能准确测量键长、键角。(4) 电子密度模型，表示分子的形状和体积，但电子密度模型不能表示原子的“界面”。(5) 带色标尺静电势模型，它可任选色标表示静电势能值，通常红色表示静电势能最小(负电荷最多)，蓝色表示静电势能最大(负电荷最少)，橙色、黄色、绿色依次介于其中。如果选用黑白色标尺表示静电势能值，通常白色表示静电势能最小(负电荷最多)，黑色表示静电势能最大(负电荷最少)，灰色介于其中，如此，用分子静电势模型使分子表面电荷分布可视化、定量化。(6) 未带色标尺静电势模型。进行分子表面电子势能比较时，常用带色标尺静电势模型，一般情况可省去色标尺。上述后 3 种为常用的模拟分子电子结构模型。下面是 3−甲酰基苯乙醛的各种数字化模拟分子模型图：

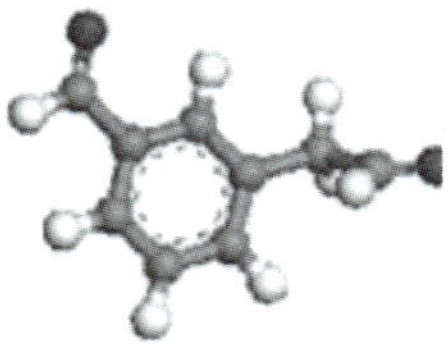

(1) 球棒模型

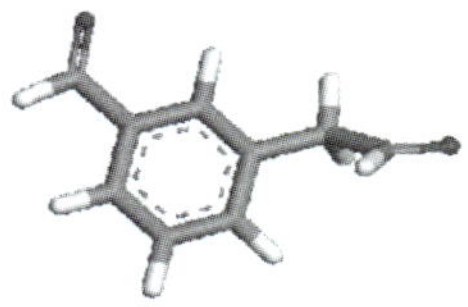

(2) 棍棒模型

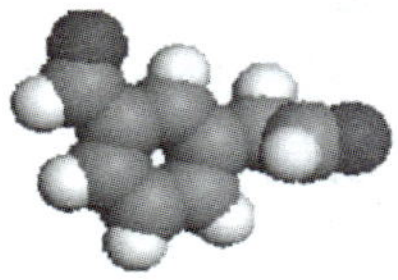

(3) 比例模型

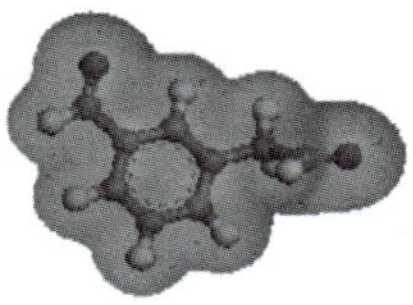

(4) 电子密度模型

(5) 静电势模型(带色标尺)

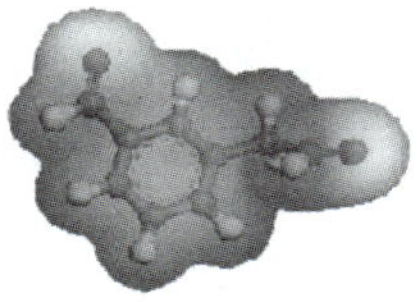

(6) 静电势模型

分子静电势模型用于有机化学教学是教学技术的新发展，通过静电势模型，可把微观粒子表面电荷分布宏观化、可视化，变定性讨论的内容为定量讨论，从而清楚地表述“结构—稳定性—反应性”基本原理。分子静电势模型图反映分子表面的电荷分布，因此，从分子的性质角度考虑，负电荷多的区域显示碱的性质，正电荷多的区域显示酸的性质；从反应试剂的角度考虑，负电荷多的区域显示亲核试剂的作用，正电荷多的区域显示亲电试剂的作用；从有机化合物角度考虑，负电荷多的区域是亲电试剂进攻的中心，正电荷多的区域是亲核试剂进攻的中心；从反应溶剂的角度考虑，分子表面正、负电荷分离的为极性溶剂，反之为非极性溶剂；还可以判断分子间、分子内形成氢键等性质。由此看来，分子静电势模型用于有机化学教学是解决学生学习有机化学困难的有效方法。

教学资源 本书提供的教学资源大体分为：有机化学家、获诺贝尔奖者、动画演示、内容拓展、光波谱图、演示实验、静电势模型图、分子模型和教学方法等9类。根据不同类型教学资源的特点，分别采用二维码或教学资源网站的形式呈现。

㊎ **有机化学家** 是对有机化学发展有重大贡献的科学家的故事(共27个)。介绍化学家故事的目的是帮助读者加深对有机化学发展历史的了解，对有机化学贡献者的了解，以及了解作为化学工作者应具备的素质、知识和能力。

(诺) **获诺贝尔奖者** 主要是介绍与有机化学教学有关的化学、生理学或医学诺贝尔奖获得者的故事(共52个)。这是数量最多、内容最丰富的资源，遍及教材各章。内容的选择包括发明背景，发明内容，发明者的科学素质、思维方法、追真求实刻苦奋斗的精神及人品风格等，各有侧重。每一个故事都有启迪性和引导性。

(动) **动画演示** 是典型官能团化合物的特征反应机理、微观运动的宏观描述，做成动画演示(共50个)。有助于读者对微观化学、物理运动的深入理解，从分子水平认识化学、物理运动。

(拓) **内容拓展** 是对纸质教材中涉及的化学理论、反应、试剂等内容的扩展、深化或完善(共22篇)。供对有机化学有兴趣、学有余力的读者学习。

(谱) **光波谱图** 是选择官能团化合物的典型红外谱图，以及按教学的需要加工后的谱图(共10幅)。供教学讨论用。

(演) **演示实验** 是有机官能团化合物典型化学性质的实验演示(共37个)，每个实验演示时长1～3 min不等，供读者选学。

(静) **静电势模型图** 是化学微观粒子表面电子密度分布的反映(共55幅)。结合分子模型可以判断分子、离子、自由基等的稳定性、特征反应的类型、反应位置、反应的活泼程度等。

(分) **分子模型** 是数字化模拟分子模型(共37幅)。分子中各原子体积的比例准确、形态真实清楚，可帮助读者建立微观分子形态的印象，有助于对立体异构现象的理解和对化学反应位阻的理解。

(法) **教学方法** 是有机化合物官能团有效的教学方法——类比教学法(共8篇)。在学习新知识时，抓住有机化学的构效规律，在学习新官能团时，与已有官能团的结构进行分析，找出相同、相似和差异特征，加以对比学习，把繁杂的化学反应变成有规律的记忆材料，使官能团化合物教学变得轻松愉快。

资源与知识点的关系 知识点与资源内容既是独立的，又是相互联系的。教学组织可因材施教，因人而学，不要千篇一律。例如，烯烃的硼氢化反应，纸质教材介绍了烯烃的硼氢化、碱性氧化水反应和硼氢化反应机理的知识点，对工科基础课已足够了；加上教学资源网站上的“内容拓展”，构成了不饱和化合物硼氢化反应的知识领域；再与资源“获诺贝尔奖者”相关内容联系，就构成了硼氢化反应完整的知识体系。用时不多，既学了知识，又学到了发明创造的经验方法。

此外，与本书配套使用的还包括《有机化学学习指导》（第二版）和《有机化学电子教案》（第三版）。三者的内容及在教学过程的作用，既是独立的又是相互联系的，构成了有机化学的完整的教学资源，可方便地使用。

目　　录

第 1 篇　有机化学概论

第3篇 含氧有机化合物

第 4 篇 含氮、硫、磷、硅有机化合物及杂环化合物

第 5 篇　天然有机化合物

第 6 篇 有机合成基础

第1篇

有机化学概论

第 1 章　结构与性能概论

1.1　有机化合物和有机化学

1.1.1　有机化合物

有机化合物(organic compound)是含碳的化合物，绝大多数有机化合物都含有氢。有机化合物中除碳和氢元素以外，有的还含氧、氮、卤素、硫或磷等常见元素。碳本身和简单的碳化合物，如 CO，CO_2，CS_2，HOCN，HCN，HSCN 等看做无机化合物。把含碳和氢的化合物(简称碳氢化合物)看做有机化合物的母体，把碳氢化合物中的氢原子被其它原子或基团替代后的化合物看做碳氢化合物的衍生物。由此，有机化合物又可定义为碳氢化合物及其衍生物。有机化合物有数千万种，性质千差万别，但粗略地说，大多数有机化合物有下列特点：液体有机化合物挥发性大；固体有机化合物的熔点较低，很少超过 400 ℃；通常不溶于水；容易燃烧；转化速率较慢，常伴有副反应发生，反应物的转化率和产物的选择性很少能达到 100%；有机化合物分子中原子之间一般以共价键相连。

1.1.2　有机化学

有机化学(organic chemistry)是研究有机化合物的化学，即一门研究有机化合物的来源、制备、结构、性能、应用及有关理论和方法的科学。

1. 有机化学的发生和发展

有机化学作为一门科学是在 19 世纪中叶形成的。但是，有机化合物在生活和生产中的应用由来已久。最初人们从植物中提取染料、药物和香料，据我国《周礼》记载，当时已设专官管理染色、制酒和制糖工艺。随着从加工天然产物得到有机化合物的生产活动的发展，分离提纯有机化合物的技术也逐渐发展起来，如 18 世纪末，瑞典化学家舍勒(Scheele C W，1742—1786)分离得到一系列纯的化合物，如草酸、酒石酸、柠檬酸、苹果酸、五棓子酸、尿酸和乳酸等。从动植物体内得到的这些化合物有许多共同的性质，明显地不同于当时从矿物来源的无机化合物。法国化学家拉瓦锡(Lavoisier A L，1743—1794)首先将从动植物体内来源的化合物定义为“有机化合物”。1806 年瑞典化学大师贝采利乌斯(Berzelius J J，1779—1848)把有机化合物和有机化学定义为“从有生命的动植物体内得到的化合物为有机化合物，研究这些化合物的化学称做有机化学”，并认为“在动植物体内的生命力影响下才能形成有机化合物，在实验室内是

有机化学家

有机化学家

有机化学家

无法合成有机化合物的”。

1828年德国28岁青年化学家维勒(Wöhler F，1800—1882)在加热无机化合物氰酸铵溶液时得到了有机化合物尿素：

$$NH_4OCN \xrightarrow{\triangle} NH_2CONH_2$$

1840年德国有机化学家柯尔柏(Kolber A W H，1818—1884)合成了醋酸；1850年法国化学家贝特洛(Berthelot M，1827—1907)合成了油脂类物质。这些都证明了可以在实验室里制备有机化合物，有机化合物与无机化合物间无截然的界限。从而动摇了“生命力”合成有机化合物的观点，开创了合成有机化合物的新时代。随后，成千上万种有机化合物陆续被合成出来。

18世纪末到19世纪初，拉瓦锡及李比希(Liebig J von，1803—1873，德国化学家)和法拉第(Faraday M，1791—1867，英国物理学家和化学家)发展了定量测定有机化合物组成的方法，发现其中都含碳，大多数还含氢，随后又将实验式与分子式区分开来。至1848年，葛梅林(Gmelin L，1788—1853，德国化学家)提出，有机化合物就是含碳化合物，把有机化学定义为研究碳化合物的化学。1874年肖莱马(Schorlemmer C，1834—1892，德国化学家)又进一步提出，有机化学是研究碳氢化合物及其衍生物的化学。显然，尽管“有机化学”的名称仍在沿用，但其含义已经变化了。

1865年德国化学家凯库勒(Kekulé F A，1829—1896)指出，大多数有机化合物中碳为四价。在此基础上，凯库勒及库珀(Couper A S，1831—1892，英国化学家)、布特列洛夫(Butlerov A M，1828—1886，俄国化学家)分别提出了有机化合物的结构学说，对有机化学的发展起了很大的推动作用。

1948年法国化学家巴斯德(Pasteur L，1822—1895)从酒石酸盐中成功地分离出两种旋光性的晶体。随后，1874年荷兰化学家范托夫(van't Hoff J H，1852—1911)和法国化学工艺师勒贝尔(Le Bel J A，1847—1930)几乎同时分别独立提出饱和碳原子为四价的四面体学说，从而开创了有机化合物的立体化学研究。1917年英国化学家路易斯(Lewis G N，1875—1946)用电子对的方法说明化学键的生成；1930—1933年，美国化学家鲍林(Pauling L C，1901—1994)提出“化学键的本质”，很好地解决了碳原子成单键、双键、三键等结构问题；1931年德国物理化学家休克尔(Hückel E，1896—1980)用量子化学方法研究不饱和化合物和芳香族化合物的结构；1933年英国化学家英戈尔德(Ingold C K，1893—1970)用化学动力学方法研究饱和碳原子上的取代反应机理，这些工作对有机化学的发展都起了重要作用。

随着近代科学技术的发展，波谱技术，如红外光谱(IR)、核磁共振波谱(NMR)、紫外光谱(UV)、质谱(MS)等应用到测定有机化合物分子的精细结构，加速了有机化合物的研究。一些新的实验技术，如光化学技术、催化化学技术、微波技术和超声波技术等应用到有机化学反应中，大幅度地提高了有机化合物的转化速率和产物的选择性。

2. 有机化学展望

至今，有机化学已由实验性学科发展成为实验、理论并重的学科，已发展成天然有机物化学、物理有机化学、量子有机化学和有机合成化学等成熟的分支学科。同时，有

有机化学家

有机化学家

有机化学家

有机化学家

有机化学家

有机化学家

有机化学家

有机化学家

有机化学家

其它有机化学家

机化学与数学、物理学和生物学等相互交叉和渗透，孕育并形成着新的分支学科，如金属有机化学、有机催化化学、生物有机化学和计算化学等。以有机化学为基础的石油化工、医药、农药、涂料、合成材料等工业部门已成为国民经济的支柱产业，煤化工、生物化工、功能材料、生物质转化等已是 21 世纪发展的重点工业部门。有机化学与生物学、物理学等交叉融合促进了生命科学的发展。有机化学在解决人类与自然和谐发展中所遇到的重大问题，如能源问题、环境问题等正发挥着越来越重要的作用。新学科的发展、新支柱产业的建立又促进了有机化学的发展。

1.2　结构特征

1.2.1　共价键的形成——价键法、分子轨道法

处理共价键问题常用的有两种理论：一种是价键理论，一种是分子轨道理论。价键理论是从“形成共价键的电子只处于形成共价键两原子之间”的定域观点出发，发展到用于处理多原子分子构型的轨道杂化理论。分子轨道理论是以“形成共价键的电子是分布在整个分子之中”的离域观点为基础的。前者处理的分子形象直观易理解，在处理有机化合物分子结构时用得较多。后者对电子离域的分子描述更为确切，多用于处理具有明显离域现象的有机化合物分子结构。把两者结合起来可以较好地说明有机化合物分子的结构。为了便捷处理电子离域体系，价键理论引申出共振论。

1. 价键法

有机化合物是多原子组成的分子，碳原子是分子的骨架，常用轨道杂化理论处理碳原子的价轨道。

碳原子的电子构型为：$1s^2 2s^2 2p_x^1 2p_y^1$，2s，2p 是价轨道。在形成共价键时，2s 轨道中的一个电子激发到 $2p_z$ 轨道中，这四个价轨道以不同的方式进行杂化（图 1-1），形成新的轨道，称做杂化轨道，与其本身或其它原子价轨道形成共价键。

(1) sp^3 杂化　如果 2s 轨道与三个 2p 轨道杂化，则形成四个能级相同的 sp^3 杂化轨道（图 1-1a），它们互成 109°28′的角，每个 sp^3 轨道中有一个电子。如果四个氢原子分别沿着 sp^3 杂化轨道的对称轴方向接近碳原子，氢原子的 1s 轨道可与 sp^3 杂化轨道最大限度地重叠，生成四个稳定的、彼此间夹角为 109°28′的、等同的 C—H σ 键，即形成甲烷分子（图 1-2）。甲烷中的氢原子处于四面体的四个顶角上，碳原子位于四面体的中心，即甲烷是正四面体结构。如果一个碳原子的 sp^3 杂化轨道与另一个碳原子的 sp^3 杂化轨道沿着各自的对称轴互相重叠，则形成 C—C σ 键，这是碳原子形成饱和的碳链或碳环共价键的基础。sp^3 杂化轨道也可以与卤原子，如氟原子的含单电子的 2p 轨道沿着各自的对称轴重叠，形成 C—F σ 键。因此，氟甲烷分子的结构应与甲烷的相似。σ 键是以成键的两个原子核间连线（称键轴）对称，两原子可绕键轴旋转。

(2) sp^2 杂化　如果碳原子的 2s 轨道与两个 2p 轨道（如 p_x，p_y）杂化，则形成三个能级相同的 sp^2 杂化轨道（图 1-1b），三个 sp^2 杂化轨道的对称轴都在同一平面内，互

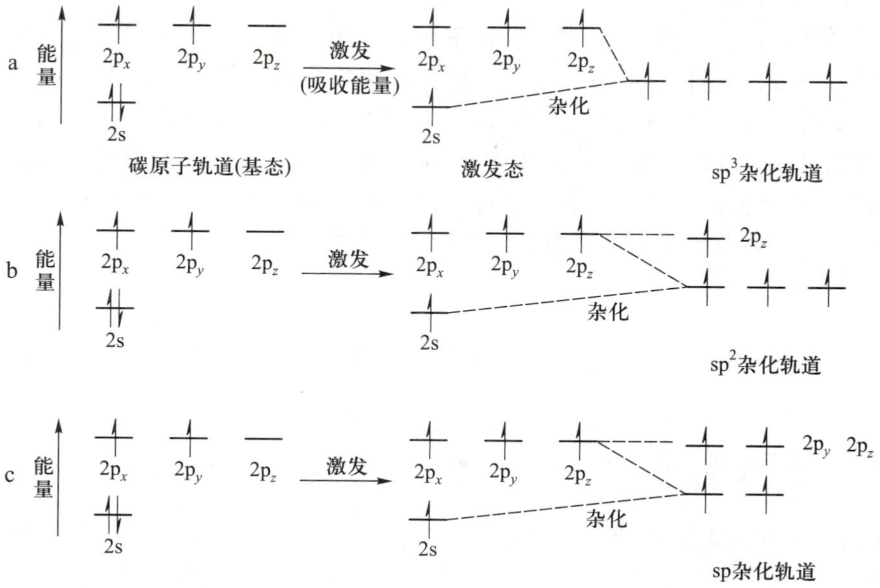

图 1-1 碳原子的杂化及杂化轨道的能级示意图

a—sp^3 杂化；b—sp^2 杂化；c—sp 杂化

分子模型

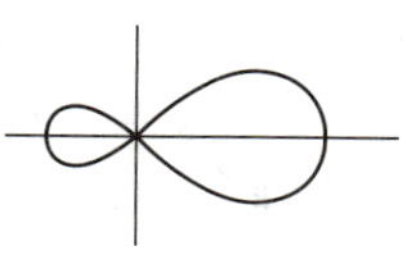

sp^3 杂化轨道

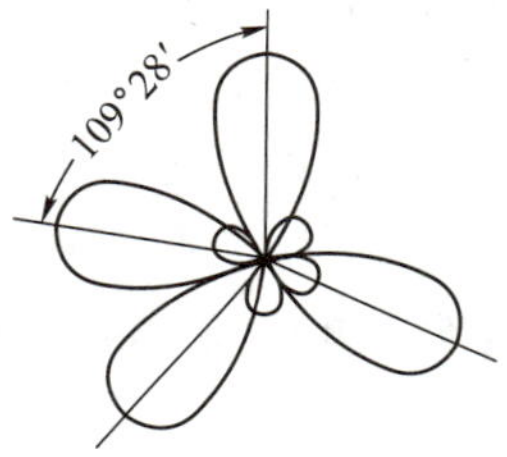

碳的四个 sp^3 杂化轨道

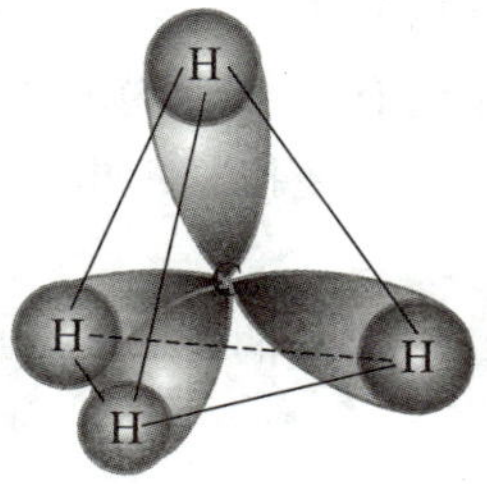

甲烷分子

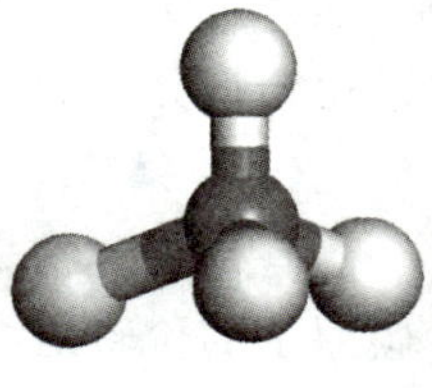

氟甲烷分子模型

图 1-2 sp^3 杂化轨道及形成的分子

成 120°角。每个 sp^2 杂化轨道中有一个电子。未参与杂化的 p_z 轨道中也有一个电子，它与三个 sp^2 杂化轨道所在平面垂直。如果一个碳原子的 sp^2 杂化轨道与另一个碳原子的 sp^2 杂化轨道沿各自的对称轴方向重叠，则形成 C—C σ 键，与此同时互相平行的两个 p_z 轨道也互相靠近，从侧面重叠，形成 C—C π 键。四个氢原子的 s 轨道沿着两个碳原子剩下的四个 sp^2 杂化轨道对称轴方向与之重叠，形成四个 C—H σ 键，即构成乙烯分子 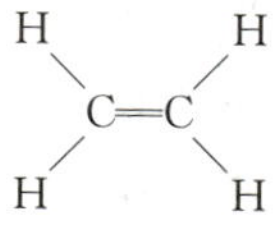 (图 1-3)。显然，C—C π 键是以垂直于四个 C—H σ 键和一个 C—Cσ 键所在平面、通过两个碳原子核间连线的平面为对称面，两个 p_z 轨道重叠较差，键不牢。C—C π 键的两个电子受两个碳原子核的束缚力较小，易流动。如果两个碳原子绕C—Cσ键轴转动，C—Cπ键将破裂。

(3) sp 杂化 如果碳原子的 2s 轨道与一个 2p 轨道(如 p_x)杂化，则形成两个能级

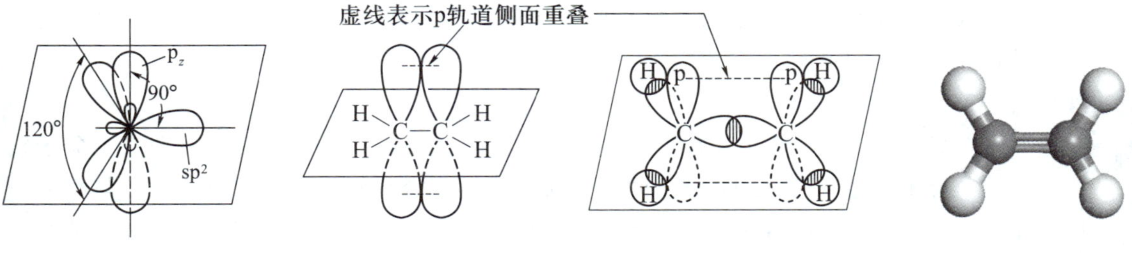

碳原子的 sp^2 杂化轨道和 p_z 轨道　两个 p_z 轨道形成 π 键　乙烯分子　乙烯分子模型

图 1-3　sp^2 杂化轨道及乙烯分子

相同的 sp 杂化轨道(图 1-1c),其对称轴间互相成 180°角,每个 sp 杂化轨道中有一个电子。两个 sp 杂化轨道都垂直于 p_y 和 p_z 轨道所在的平面,p_y 与 p_z 轨道仍保持互相垂直(图 1-4)。两个碳原子的 sp 杂化轨道沿着各自的对称轴互相重叠,形成 C—C σ 键,与此同时,两个 p_y 轨道和两个 p_z 轨道也分别从侧面重叠,形成两个互相垂直的 C—C π 键。剩下的两个 sp 杂化轨道分别与两个氢原子的 s 轨道形成两个 C—H σ 键,即构成乙炔分子 H—C≡C—H(图 1-5)。在乙炔分子中,两个互相垂直的 π 键中四个电子云形成绕C—Cσ键轴的筒状分布。

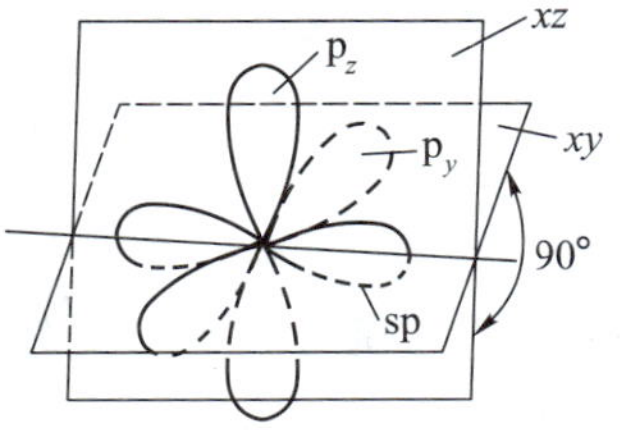

图 1-4　碳的 sp、p_y 和 p_z 轨道

分子模型

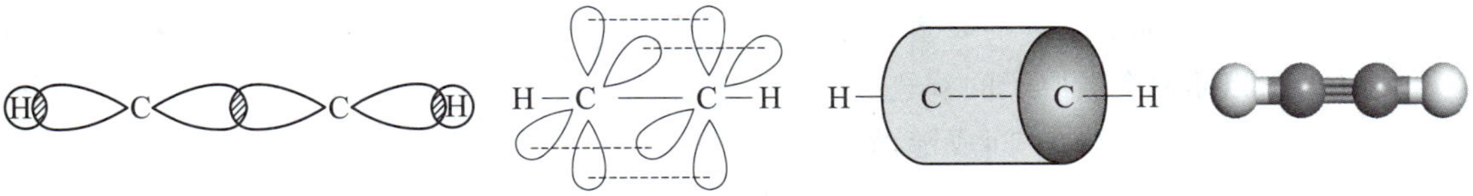

乙炔的σ键　乙炔的π键　乙炔的π键电子云　乙炔分子模型

图 1-5　sp 杂化轨道及乙炔分子

分子模型

碳原子的 sp^3,sp^2,sp 杂化轨道形状大致相同,但其中 s 轨道的成分不同,能量及电负性均有差别,与其它原子形成 σ 键的稳定程度也有差别。s 成分多的轨道,核对轨道中的电子束缚得牢。这些轨道都是轴对称的,互相或本身形成 C—C σ 键,是构成有机化合物分子碳链或碳环的化学键的基础。如果形成一个或两个 C—C π 键,则使碳链或碳环中带有重键。这些轨道除形成 C—C、C—H σ 键外,还可以与卤原子、氧原子、氮原子等形成 C—X、C—O、C—N 等 σ 键。同样,碳原子未杂化的 p 轨道也可以同氧原子、氮原子等的 p 轨道形成 π 键,如 C═O 、C═N 、C≡N 等重键中的 π 键。

上述三种杂化方式都是等性杂化,即同一组杂化轨道中 s 轨道和 p 轨道的成分是相同的,形成杂化轨道的夹角也是相等的。在某些分子中,也有的形成不等性杂化,即同一组杂化轨道中 s 和 p 的成分不相等,相应的轨道夹角也不等,如环丙烷(见 5.4.1 节)。

共价键的形成是一个复杂的过程，轨道的杂化和键的形成是同时完成的。杂化轨道的夹角与下面将要介绍的键角是两个不同概念。在数值上，有时会相等，但绝大多数键角不等于杂化轨道夹角。

获诺贝尔奖者

2. 分子轨道法

马利肯认为分子中的原子以一定的方式连接形成分子，分子中的电子分布在分子轨道中。分子轨道可以由组成分子的原子轨道线性组合得到。分子轨道的数目与组成分子轨道的原子轨道数目相等。每个分子轨道有一定的能量，每个分子轨道只能容纳两个自旋方向相反的电子，遵循能量最低原理、泡利(Pauli)不相容原理和洪德(Hund)规则。用分子轨道法处理电子离域体系(共轭体系)的有机化合物分子的共价键是最方便的。

(1) π 键分子轨道　两个碳原子的 2p 轨道波函数 φ 进行线性组合得到两个能量不等的分子轨道波函数 ψ：

$$\psi_2=\varphi_{C_1}-\varphi_{C_2}\quad \text{较高能量分子轨道}$$
$$\psi_1=\varphi_{C_1}+\varphi_{C_2}\quad \text{较低能量分子轨道}$$

原子轨道波函数相加形成较低能量的分子轨道波函数 ψ_1，称做成键分子轨道；原子轨道波函数相减形成较高能量的分子轨道波函数 ψ_2，称做反键分子轨道。亦可用图 1-6 图形表示其形成过程。这就是用分子轨道法处理乙烯中 π 键的结果。ψ_1 称做成键 π 轨道，用 π 表示；ψ_2 称做反键 π 轨道，用 π^* 表示。在 ψ_1 中电子可离域到两个碳原子的周围；而在 ψ_2 中，两个碳原子间无电子分布，称为节点。在基态时，两成键电子占据 π 轨道。

(2) 共轭 π 键分子轨道　1,3-丁二烯的四个碳原子的四个 p 轨道波函数线性组合形成四个能量不等的 π 键分子轨道波函数 ψ_1，ψ_2，ψ_3 和 ψ_4。如图 1-7 所示，在 ψ_1 中，每相邻两个碳原子的 p 轨道成键，能量最低；在 ψ_2 中，C_2 和 C_3 间有节点，是反键，C_1 与 C_2 和 C_3 与 C_4 间成键，能量较低；在 ψ_3 中，C_1 与 C_2、C_3 与 C_4 间分别有一节点，是反键，C_2 与 C_3 间成键，能量较高；在 ψ_4 中，相邻碳原子间都有节点，都是反键，能量

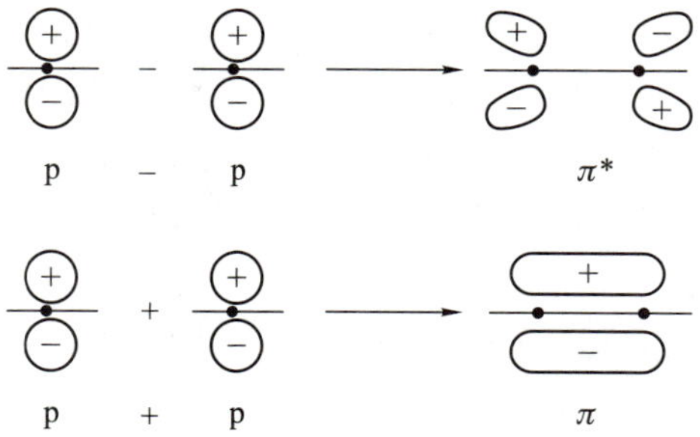

图 1-6　π 键分子轨道形成

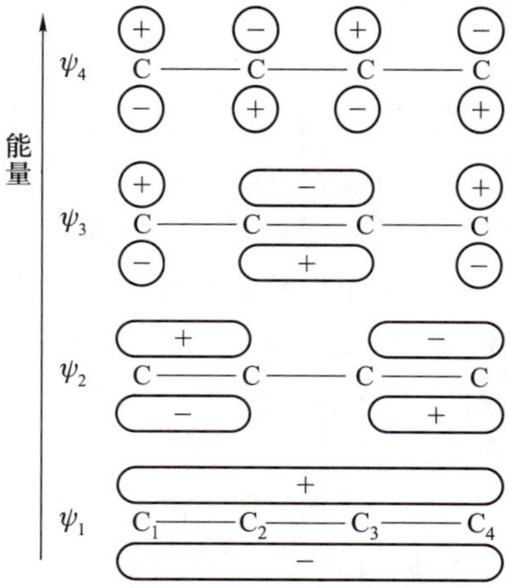

图 1-7　1,3-丁二烯的 π 键分子轨道图

最高。

ψ_1 和 ψ_2 是成键分子轨道，ψ_3 和 ψ_4 是反键分子轨道。在基态时，四个电子有两个占据 ψ_1 轨道，两个占据 ψ_2 轨道。四个成键电子离域分布在四个碳原子周围，即通常所说的四个碳原子的四个 p 轨道形成大 π 键，亦是四个电子的离域体系。

1.2.2　共振论简介

1. 共振论概念

实验测得甲酸负离子 $HCOO^-$ 的四个原子在一个平面上，两个 C—O 键长为 0.127 nm，介于甲醇分子 CH_3OH 中 C—O 单键（0.143 nm）和甲醛分子 $H_2C{=}O$ 中 C=O双键（0.122 nm）之间。两个氧原子有等量的负电荷 $\frac{1}{2}e^-$。像 $HCOO^-$ 这样由几个原子共平面，电子不是集中在某个原子上，而是分散在有关多个原子上的体系称为电子离域体系。分子、离子和自由基均可是电子离域体系。$HCOO^-$ 可写成

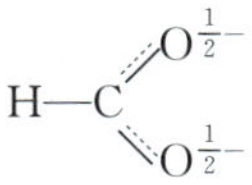

，表示 $HCOO^-$ 中的 C—O 键既不是单键，也不是双键，每个 C—O 键相同，相当于 1.5 个单键。为了解决用化学家熟悉的经典结构式表达复杂的电子离域体系的矛盾，美国化学家鲍林（Pauling L C，1901—1994，理论化学家，1954 年获诺贝尔化学奖）提出了共振论（resonance theory）。共振论可看做是价键理论的延伸和发展，是以经典的路易斯结构式为基础表达电子离域体系。

获诺贝尔奖者

共振论认为：电子离域体系的分子、离子或自由基不能用一个经典结构表示清楚，而需用几个可能的原子核位置不变、只有电子对排布变化的经典结构表示。这些经典结构称为共振结构或极限结构。实际分子、离子或自由基的结构是共振结构的共振杂化体（hybrid）。每个共振结构都不能代表共振杂化体，如 $HCOO^-$ 可以写成：

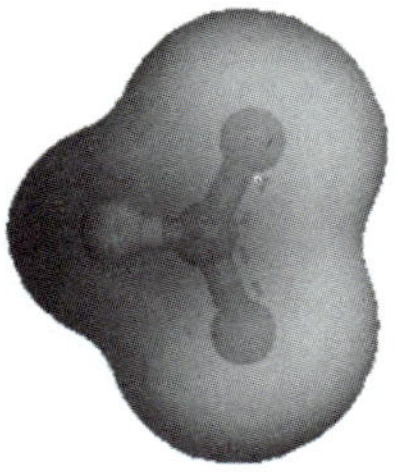

共振杂化体模型

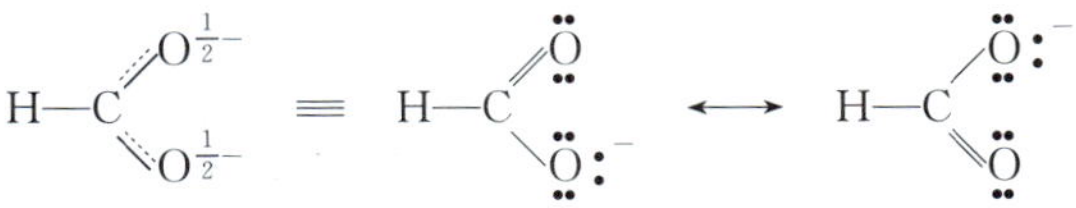

共振杂化体　　（Ⅰ）　　（Ⅱ）

静电势模型图

式子（Ⅰ）和（Ⅱ）是共振结构，“ ⟷ ”表示共振结构的共振或叠加，合起来表示实际的 $HCOO^-$。共振结构不是实际分子、离子或自由基的结构，仅仅是理论上或纸面上的结构。同理，苯分子和烯丙基自由基可分别写成：

静电势模型图

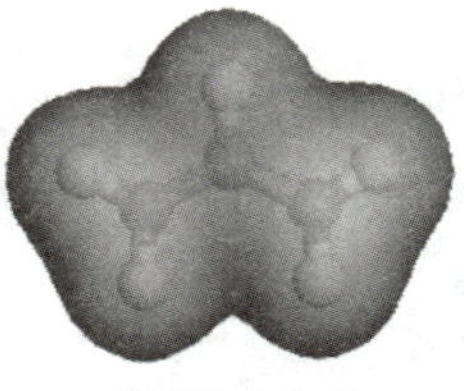
烯丙基自由基

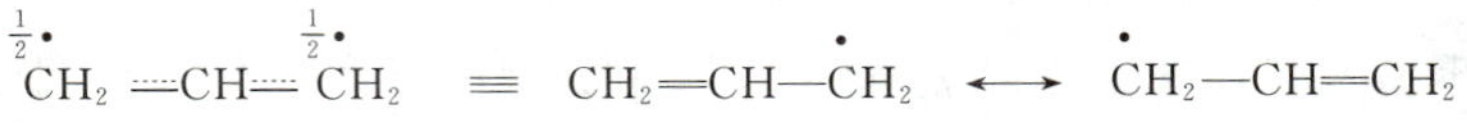

一个电子离域体系写出的共振结构数目越多，这个体系的热力学能越低，越稳定。每个共振结构对共振杂化体的贡献不是均等的，越稳定的共振结构对共振杂化体的贡献越大，相同的共振结构对共振杂化体的贡献相等。共振杂化体的能量低于任何一个共振结构的能量。最稳定的共振结构的能量与共振杂化体的能量差称为共振能，即离域体的稳定能。

2. 书写共振结构式的规则

鲍林对书写共振结构式提出如下规则：

(1) 在各共振结构式中，原子核的相对位置保持不变，只有电子移动。一般情况下是移动 π 键电子对或非键电子对。如甲基烯丙基碳正离子，(Ⅰ)和(Ⅱ)是共振结构，而(Ⅲ)不是，因为在(Ⅲ)中氢原子移动了位置：

静电势模型图

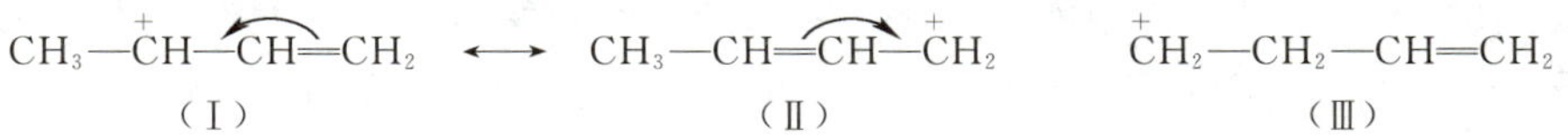

在这里"⌒"表示电子对转移，以后还会遇到"⌒"表示单电子转移。

(2) 所有的共振结构式必须符合价键理论，是路易斯结构式，即在元素周期表中的二、三周期元素原子外层价电子数符合八隅体要求。如硝基甲烷，(Ⅰ)和(Ⅱ)是共振结构，(Ⅲ)不是共振结构，因为碳原子不能是五价，氧原子也未满足外层 8 个价电子的要求：

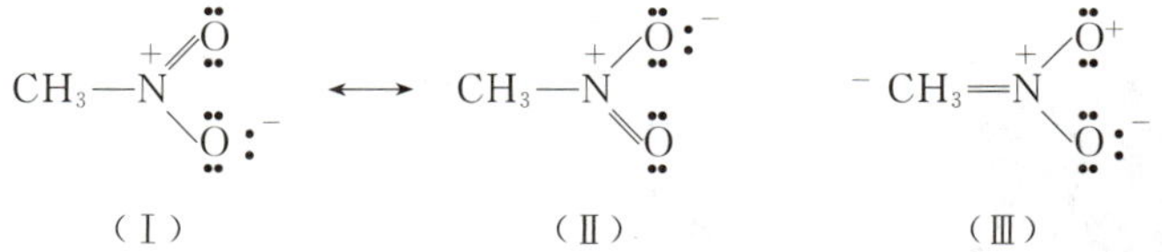

(3) 所有共振结构必须保持相同的单电子数目。如甲基烯丙基碳自由基，(Ⅰ)和(Ⅱ)是共振结构，(Ⅲ)不是，因为它改变了单电子数目：

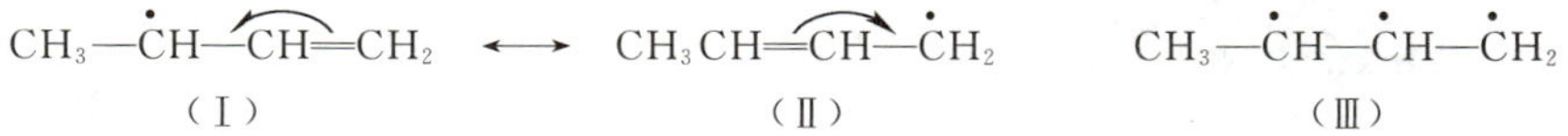

3. 共振结构稳定性的估计

不同的共振结构对共振杂化体的贡献不同，能量越低而稳定的共振结构对共振杂化体贡献越大。这可从以下三个方面估计共振结构的稳定性。

(1) 在共振结构中，共价键数目多的共振结构稳定。如在 1,3-丁二烯中，(Ⅰ)共价键数目多，稳定；(Ⅱ)和(Ⅲ)不稳定，但两者稳定性相同：

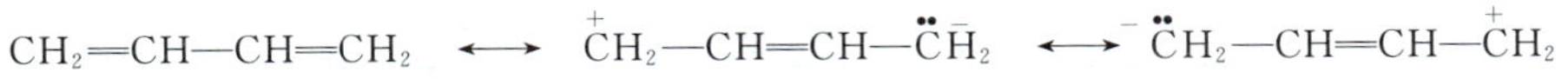

（Ⅰ）　　　　　　（Ⅱ）　　　　　　（Ⅲ）

（2）在共振结构中，所有原子都具有完整的价电子层（惰性气体结构）的共振结构稳定。如在二甲醚的碳正离子中，（Ⅱ）是稳定的，因为碳原子和氧原子都有 8 个价电子：

（Ⅰ）　　　　　　（Ⅱ）

（3）在共振结构中，电荷分离是不稳定的，两电荷相距越远越不稳定。如在氯乙烯中，（Ⅰ）是稳定的，无电荷分离，（Ⅱ）是不稳定的，正、负电荷分离：

（Ⅰ）　　　　　　（Ⅱ）

1.2.3　共价键的基本属性

1. 键长

形成共价键的两个原子核之间距离称为键长（键距）。键长等于成键两个原子的共价半径之和，但远小于两个原子的范德华半径之和，如图 1−8 所示。

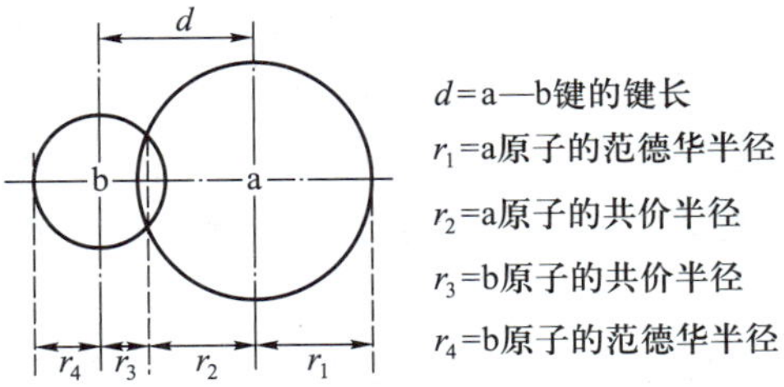

图 1−8　范德华半径和共价半径

不同的共价键有不同的键长（表 1−1）。相同的共价键，由于成键原子的杂化状态不同和分子中其它键的影响，其键长也稍有差异。表 1−2 给出一些不同杂化状态的 C—C σ 键和 C—H σ 键的键长。相连的重键对键长的影响是较大的。

表 1−1　常见共价键的键长

共价键	键长/nm	共价键	键长/nm	共价键	键长/nm	共价键	键长/nm
C—H	0.109	C—F	0.141	C═C	0.134	C≡C	0.120
C—C	0.154	C—Cl	0.177	C═N	0.128	C≡N	0.116
C—N	0.147	C—Br	0.191	C═O	0.122	H—N	0.103
C—O	0.143	C—I	0.212			H—O	0.096

表 1-2 原子的杂化状态及分子中其它键对键长的影响

键型（C—CH_3）	键长/nm	键型（C—C）	键长/nm	键型（C—H）	键长/nm
CH_3—CH_3	0.153	CH_2═CH—CH═CH_2	0.148	CH_3CH_2—H	0.109
CH_3CH_2—CH_3	0.154	CH_2═CH—C≡CH	0.147	$CH_3CH_2CH_2CH_2$—H	0.110
$CH_3CH_2CH_2$—CH_3	0.154	CH_3CH═CH—CHO	0.146	CH_2═CH—H	0.108
C_6H_5—CH_3	0.152	CH_2═CH—CN	0.143	CH_2═CHCH═CH—H	0.108
OHC—CH_3	0.146	CH≡C—CHO	0.145	OHC—CH═CH—H	0.107
NC—CH_3	0.146	OHC—CHO	0.138	OHC—H	0.106
NC—C≡C—CH_3	0.146	CH≡C—C≡CH	0.138	CH≡C—H	0.106
		CH≡C—CN	0.138		
		NC—CN	0.138		

2. 键角

两价以上的原子在与至少两个原子成键时，键与键之间的夹角称为键角。键角的大小与成键的原子特别是成键的中心原子的杂化状态有关，也受分子中其它原子的影响。例如：

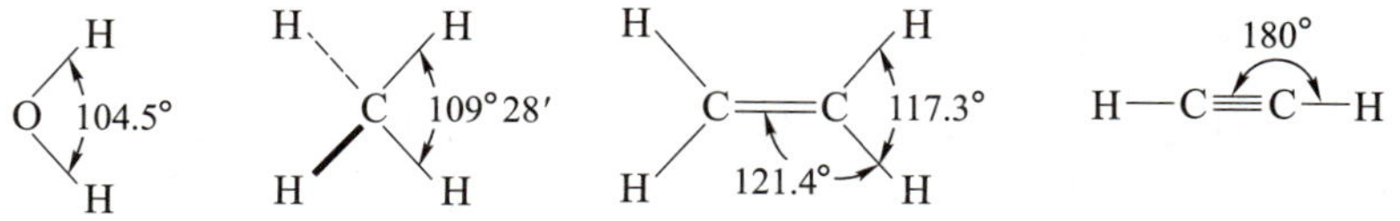

为了表示分子中原子或基团在空间的排列关系，习惯上用细实线"—"表示键在纸面上，粗实线"**—**"或楔形实线" "表示键由纸面前方伸向纸面，虚线"----"表示键由纸面后方伸向纸面。这些键连接的原子或基团分别在纸面上、纸面前方和纸面后方，中心原子在纸面上。这种表示分子中原子空间排列的写法通常称为立体透视式。

3. 键能

由原子形成共价键所放出的能量，或共价键断裂成两个原子所吸收的能量称为键能，其单位为 $kJ\cdot mol^{-1}$。例如，在 25 ℃氢分子（气态）解离成氢原子时吸收 436.0 $kJ\cdot mol^{-1}$能量，称为 H—H 键解离能（用 E_d 表示），也是 H—H 键的键能。在多原子分子中，即使相同的键其解离能也不相同，各键解离能的平均值为该种键的平均键能，简称键能。例如，甲烷 C—H 键各步的解离能为

$$CH_4 \longrightarrow \dot{C}H_3 + \dot{H} \qquad E_d(CH_3—H)=423\ kJ\cdot mol^{-1}$$

$$\longrightarrow \cdot\dot{C}H_2 + \dot{H} \qquad E_d(\dot{C}H_2—H)=439\ kJ\cdot mol^{-1}$$

$$\longrightarrow \cdot\dot{C}H + \dot{H} \qquad E_d(\dot{C}H—H)=448\ kJ\cdot mol^{-1}$$

$$\longrightarrow \cdot\dot{C}\cdot + \dot{H} \qquad E_d(\cdot\dot{C}—H)=347\ kJ\cdot mol^{-1}$$

C—H 键的键能为 $(423+439+448+347)\ kJ\cdot mol^{-1}\div 4=414\ kJ\cdot mol^{-1}$。一些常见共价键的键能列入表 1-3 中。

表 1-3　常见共价键的键能　（单位：$kJ\cdot mol^{-1}$，25 ℃，气相）

H	C	N	O	F	S	Cl	Br	I	
436.0	414.2	389.1	464.4	568.2	347.3	431.8	366.1	298.2	H
	347.3①	305.4②	359.8③	485.3④	272.0	338.9	284.5	217.6	C
		163.2		272.0	192.5				N
			196.6	188.3		217.6	200.8	234.3	O
				154.8					F
					251.0	255.2	217.6		S
						242.7			Cl
							192.5		Br
								150.6	I

① C═C　610.9，C≡C　836.8

② C═N　615.0，C≡N　891.2

③ C═O　736.4（醛），748.9（酮），803.3（二氧化碳）

④ 在 CF_4 中

利用键能数据可以估算化学反应的焓变，计算出的是在 25 ℃气态反应物和气态产物的反应焓。

例 1-1　估算甲烷氯化生成二氯甲烷的反应焓。

$$CH_4 + 2Cl_2 \longrightarrow CH_2Cl_2 + 2HCl$$

生成新键：2 个 C—Cl　　$2\times339\ kJ\cdot mol^{-1} = 678\ kJ\cdot mol^{-1}$

　　　　　2 个 H—Cl　　$2\times432\ kJ\cdot mol^{-1} = 864\ kJ\cdot mol^{-1}$

断裂旧键：2 个 C—H　　$2\times414\ kJ\cdot mol^{-1} = 828\ kJ\cdot mol^{-1}$

　　　　　2 个 Cl—Cl　　$2\times243\ kJ\cdot mol^{-1} = 486\ kJ\cdot mol^{-1}$

$\Delta_r H_m^{\ominus} = (678+864)\ kJ\cdot mol^{-1} - (828+486)\ kJ\cdot mol^{-1} = 228\ kJ\cdot mol^{-1}$，放热反应

例 1-2　估算乙烯加氢生成乙烷的反应焓。

$$CH_2{=}CH_2 + H_2 \longrightarrow CH_3{-}CH_3$$

生成新键：2 个　C—H　　$2\times414\ kJ\cdot mol^{-1} = 828\ kJ\cdot mol^{-1}$

断裂旧键：1 个　C—C　π　　$(611-347)\ kJ\cdot mol^{-1} = 264\ kJ\cdot mol^{-1}$

　　　　　1 个　H—H　　$436\ kJ\cdot mol^{-1}$

$\Delta_r H_m^{\ominus} = 828\ kJ\cdot mol^{-1} - (264+436)kJ\cdot mol^{-1} = 128\ kJ\cdot mol^{-1}$，放热反应

4. 键的极性和极化性

（1）键的极性　两个相同原子组成的共价键，成键电子云对称地分布在两核周围，这种键无极性，称为非极性共价键，如 H—H ，Cl—Cl ，CH_3—CH_3 键等。两个不同原子组成的共价键，由于两原子的电负性不同，即吸引电子的能力不同，成键电子云非对称地分布在两核周围，在电负性大的原子一端电子密度较大，具有部分负电荷性质，用 $\delta-$ 表示；另一端电子密度较小，具有部分正电荷性质，用 $\delta+$ 表示。这种键具有极性，称做极性共价键，如 $\overset{\delta+}{H}$—$\overset{\delta-}{Cl}$ ，$\overset{\delta+}{CH_3}$—$\overset{\delta-}{Cl}$ ，$\overset{\delta+}{CH_3}$—$\overset{\delta-}{OH}$ 键等。键的极性大小主要取决于成键两个原子的电负性值之差，与外界条件无关，是永久的性质。常见元素的鲍林电负性值（Pauling 值）列入表 1-4 中。

表 1-4　常见元素的鲍林电负性值(近似值)*

H 2.1(2.18)**						
Li 1.0(0.98)	Be 1.5(1.57)	B 2.0(2.04)	C 2.5(2.55)	N 3.0(3.04)	O 3.5(3.44)	F 4.0(3.98)
Na 0.9(0.93)	Mg 1.2(1.31)	Al 1.5(1.61)	Si 1.8(1.90)	P 2.1(2.19)	S 2.5(2.68)	Cl 3.0(3.16)
						Br 2.8(2.96)
						I 2.5(2.66)

* 由于定义和计算方法不同,有几套电负性值,()内的数值是另一套值。尽量使用同一套值。

** 引自 M William. Chemical and Physical.1992。

同一元素的电负性随杂化状态的不同而有显著差异。如碳、氮的鲍林电负性值(较精确)如下:

	sp^3	sp^2	sp	乙炔中
C	2.48	2.75	3.29	3.44
N	3.08	3.94	4.67	

获诺贝尔奖者

键的极性由键矩(又称键偶极矩)度量,定义为

$$\mu = q \cdot d$$

式中,q 为正电荷中心或负电荷中心上的电荷量,单位为 C(库仑);d 为正、负电荷中心间的距离(偶极长),单位为 m;μ 为键矩,单位为 C·m(曾用发现者名字作单位"第拜")。常见共价键的键矩列入表 1-5 中。键矩是向量,一般用箭头表示指向键的负电荷端,如 $\underset{\longmapsto}{\text{H—Cl}}$。

表 1-5　常见共价键的键矩

共价键	$\mu/(10^{-30}$ C·m)	共价键	$\mu/(10^{-30}$ C·m)	共价键	$\mu/(10^{-30}$ C·m)
H—C	1.33	H—I	1.27	C—Br	4.60
H—N	4.37	C—N	0.73	C—I	3.97
H—O	5.04	C—O	2.47	C═O	7.67
H—S	2.27	C—S	3.00	C≡N	11.67
H—Cl	3.60	C—F	4.70		
H—Br	2.60	C—Cl	4.78		

由 q 值可以定量地估算极性键的 $\delta+$ 或 $\delta-$ 值。

(2) 键的极化性　共价键在外电场作用下,键的极性发生变化称做键的极化性。键的极化性用键的极化度度量,它表示成键电子被成键原子核电荷约束的相对程度。极化度除了与成键原子的体积、电负性和键的种类有关外,还与外电场强度有关。成键原子的体积越大,电负性越小,对成键电子的约束越小,键的极化度就越大。例如,碳卤键的极化度为 C—I > C—Br > C—Cl > C—F;π 键(如碳碳双键中 π 键)比 σ 键易极化;外电场越强,键的极化度越大;成键电子和原子核都在运动,使键产生

瞬间键矩，所以不论共价键是否是极性键，均有一定的极化度。

（3）极性分子　分子的极性是由分子的偶极矩度量的。双原子分子的偶极矩就是键矩；多原子分子的偶极矩是由组成它的共价键的键矩的向量和决定的。计算分子的极性，需要知道分子的空间形象和组成分子的共价键的键矩。例如，四氯化碳分子是正四面体结构，四个 C—Cl 键矩向量和等于零，其偶极矩为零，是非极性分子；氯甲烷是变形的四面体结构，一个 C—Cl 键和三个 C—H 键键矩的向量和不等于零，其分子的偶极矩为 6.24×10^{-30} C•m，极性方向与 C—Cl 键极性方向一致。

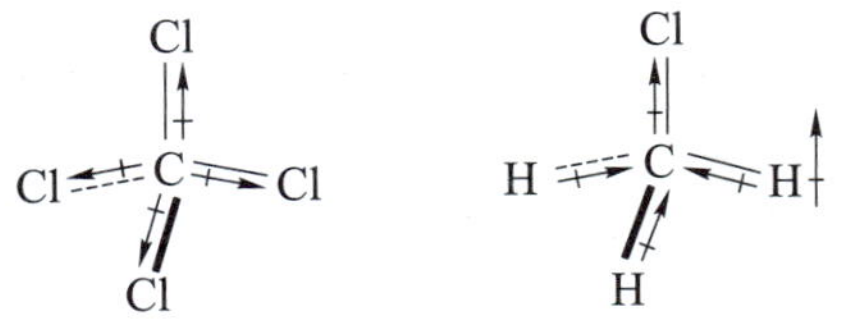

一些常见化合物分子气态时的偶极矩列入表 1-6 中。

表 1-6　一些常见化合物分子气态时的偶极矩

化合物	$\mu/(10^{-30}$ C•m)	化合物	$\mu/(10^{-30}$ C•m)	化合物	$\mu/(10^{-30}$ C•m)
H_2O	6.14	CCl_4	0	CH_3OCH_3	4.34
NH_3	4.87	CH_3NH_2	4.37	CH_3CHO	8.97
CH_4	0	CH_3OH	5.67	CH_3COCH_3	9.60
CH_3Cl	6.24	CH_3CH_2OH	5.64	HCOOH	4.70
CH_2Cl_2	5.34				

键的极性影响化学反应活性。分子的极性还影响化合物的沸点、熔点和溶解度等性质。

绝大多数有机化合物分子中都存在共价键，共价键的键能和键长反映了键的强度，即分子的热稳定性；键角反映了分子的空间形象；键矩和键的极化性反映了分子的化学反应活性和影响它们的物理性质。

1.2.4　构造式表示法

有机化合物是以碳为骨架的化合物，碳是元素周期表中第Ⅳ主族元素，它与本身或其它元素以四个共价键相连接。例如，它能互相连成碳链或碳环，也可以与其它元素的原子连接成杂链或杂环，碳原子可以单键、双键或三键互相连接或与其它原子连接，用分子式不能表示唯一的有机化合物，须用构造式表示有机化合物。

分子中原子间相互连接的顺序称做分子的构造。表示分子构造的化学式称做构造式。构造式有各种表示方法。举例说明见表 1-7。路易斯构造式（也称电子构造式）是用两个圆点表示两原子形成的一个共价键，放在成键两原子中间，可以清楚地表示各原子间键合关系及非键价电子数，但书写麻烦；短线构造式用一短线表示形成化学键的一对电子，书写也较烦；常用的是缩简构造式，省去了表示化学键的短线，将互相键合的原子写在一起，书写方便；键线构造式只表示出碳链、碳环（统称碳架或骨架）和除碳、氢以外的原子或基团与碳原子连接的关系，把碳架写成折线表示碳链，写成多边形表示碳环。在碳链、碳环的端点、拐角处都表示为碳原子。键线构造式书写方便，表示清楚，已逐渐被接受。

分子模型

表 1-7 一些有机化合物构造式的各种表示方法

化合物	分子模型	路易斯构造式	短线构造式	缩简构造式	键线构造式
丁烷	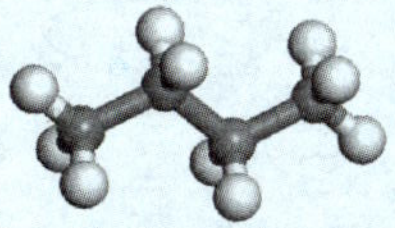	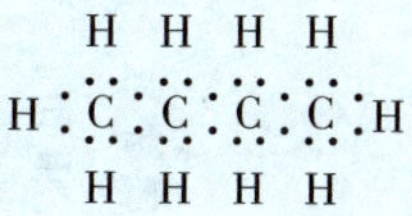	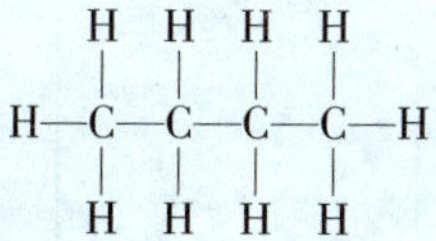	$CH_3CH_2CH_2CH_3$ 或 $CH_3(CH_2)_2CH_3$	
2-甲基丙醇	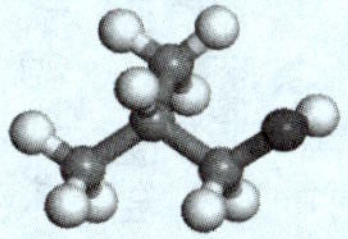	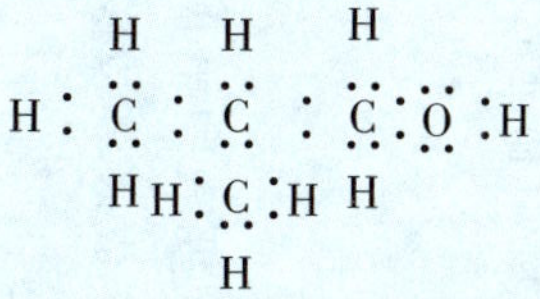	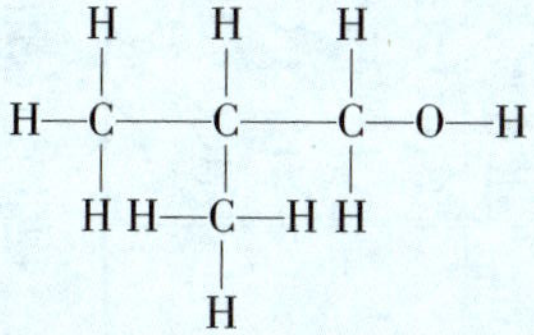	CH_3CHCH_2OH | CH_3 或$(CH_3)_2CHCH_2OH$	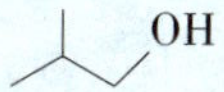
甲基环戊烷	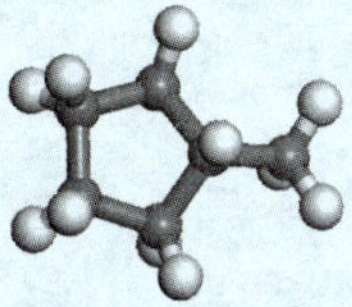	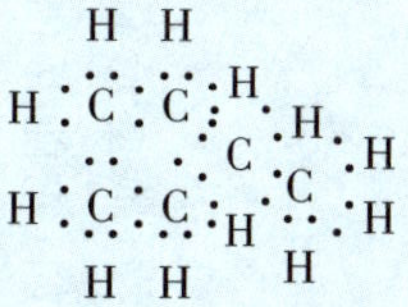	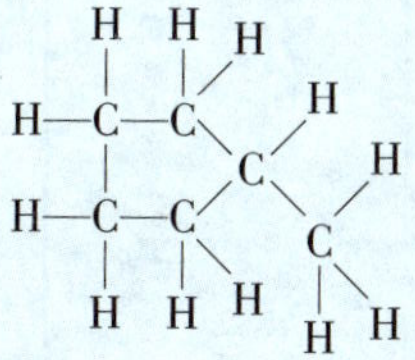	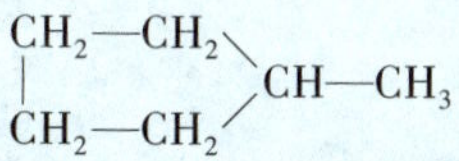	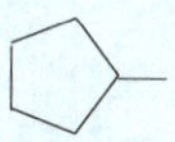
2-丁炔	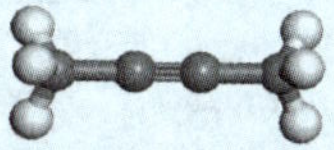	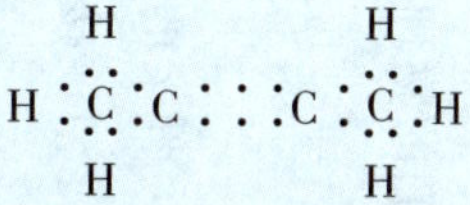	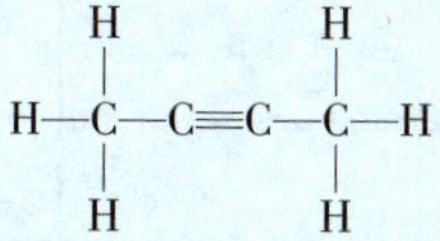	$CH_3C{\equiv}CCH_3$	
苯	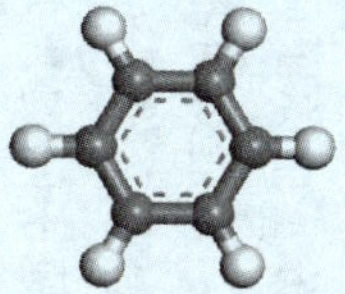	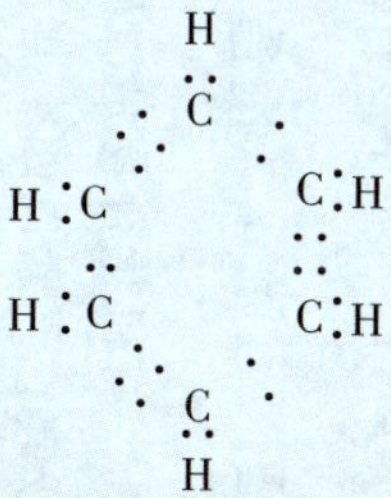	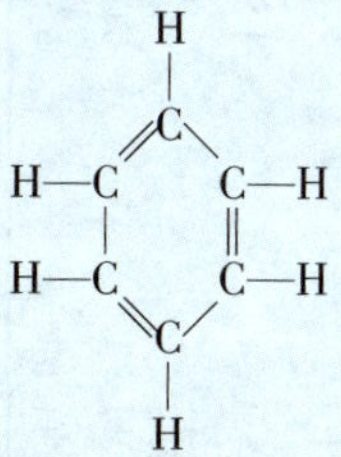	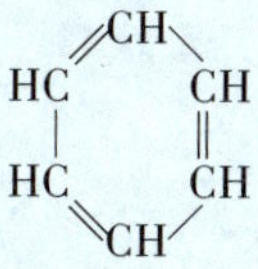	 或 

1.2.5　键的极性在共价键链上的传递——诱导效应

像碳卤键这样的极性共价键存在于分子之中，会明显地影响着分子的性质。以卤代羧酸的酸性为例，说明键的极性对酸性的影响。可用羧酸在水溶液中解离平衡常数 K_a 表示酸的强弱：

$$RCOOH + H_2O \rightleftharpoons RCOO^- + H_3O^+$$

$$K_a = \frac{[RCOO^-][H_3O^+]}{[RCOOH]}$$

K_a 值大，表示酸的酸性大，或酸度强。为了表示方便，常将 K_a 转化成 pK_a：

$$pK_a = -\lg K_a$$

一些脂肪羧酸和取代羧酸的 pK_a 值列入表 1-8 中。

表 1-8　一些脂肪羧酸和取代羧酸的 pK_a 值　（25 ℃）

CH_3COOH	$ClCH_2COOH$	$Cl_2CHCOOH$	Cl_3CCOOH
4.76	2.86	1.36	0.63
$CH_3CH_2CH_2COOH$	$ClCH_2CH_2CH_2COOH$	$CH_3CHClCH_2COOH$	$CH_3CH_2CHClCOOH$
4.82	4.52	4.06	2.80
ICH_2COOH	$BrCH_2COOH$	$ClCH_2COOH$	FCH_2COOH
3.18	2.90	2.86	2.59
$(CH_3)_3CCOOH$	CH_3CH_2COOH	CH_3COOH	$HCOOH$
5.50	4.84	4.76	3.77

从表 1-8 中所列数据可见：羧酸中烃基的氢原子被卤素取代后，其酸性增强；在烃基的同一位置引入卤原子数越多，酸性越强；引入的卤原子离羧基越近，酸性越强；碳卤键的极性越大，酸性越强，即不同卤原子使酸性增强的顺序为 F>Cl>Br>I。产生这种现象是由于碳卤键强极性的影响，使分子中各原子间成键电子对都偏向卤原子一端，$X \leftarrow CH_2 \leftarrow \overset{\overset{\displaystyle O}{\|}}{C} \leftarrow O \leftarrow H$，使羧基上的氢更容易以质子形式解离，同时由于这种偏移使生成的酸根上的负电荷得以分散，酸根离子得到稳定，因而酸性增强。这种由极性键的诱导作用而产生的沿其价键链传递的电子对偏移（非极性键变成极性键）效应称做诱导效应（inductive effect），简称 *I* 效应。由极性键所表现出的诱导效应称做静态诱导效应，而在化学反应过程中由于外电场（如试剂、溶剂）的影响产生的极化键所表现出的诱导效应称做动态诱导效应。诱导效应沿共价键链由近而远传递，距离越远影响越小，一般传递三个共价键以上，诱导效应的影响可以忽略不计。例如，一种含氯的碳链上原子静电荷分布情况为

静电势模型图

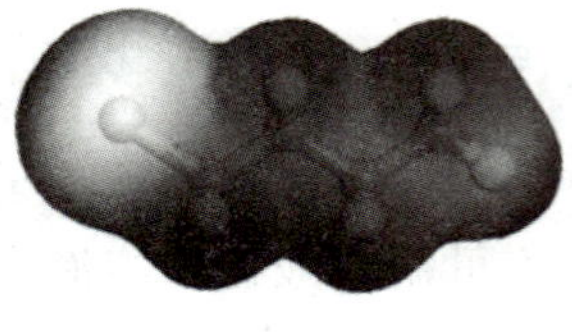

1-氯丁烷

$$\underset{-0.713}{Cl} \longleftarrow \underset{+0.681}{C_1} \longleftarrow \underset{+0.028}{C_2} \longleftarrow \underset{+0.002}{C_3}$$

诱导效应是分子中原子间相互影响的一种电子效应，是以 H—CH_2COOH 中的氢为参考标准的。$\overset{\delta-}{X} \longleftarrow \overset{\delta+}{C}H_2COOH$ 中的 X 产生吸电子的诱导效应（$-I$ 效应），使醋酸的酸性增强；$\overset{\delta+}{Y} \longrightarrow \overset{\delta-}{C}H_2COOH$中的 Y 产生给电子的诱导效应（$+I$ 效应），使醋酸的酸性减弱。X 或 Y 可以是原子，也可以是基团。通常称 X 为吸电子基，Y 为给电子基。实验测得原子或基团的吸电子能力顺序为

$$—\overset{+}{N}R_3 > —NO_2 > —CN > —COOH > —COOR > \rangle C{=}O > —F > —Cl >$$
$$—Br > —I > —OCH_3 > —OH > —C_6H_5 > —CH{=}CH_2 > —H > —CH_3 >$$
$$—CH_2CH_3 > —CH(CH_3)_2 > —C(CH_3)_3$$

排在 H 前面的基为吸电子基，H 后面的基为给电子基。这个顺序是近似的，当这些基连到不同化合物上，化合物中其它基不同，互相作用的结果会使这些基的诱导效应有所改变。具有$+I$ 效应的除烷基外，还有少数负离子，如 —O^- 、—COO^- 等带有负电荷的基，它们比烷基的$+I$ 效应强。

1.3　反应类型和反应试剂的分类

1.3.1　共价键的断裂方式与反应类型

在有机反应中，共价键连接的两个原子或基团，如 X—Y，其断裂方式有两种。一种是形成共价键的两个电子平均分布到 X 和 Y 上：

$$X\cdot\!\mid\!\cdot Y \longrightarrow X\cdot + Y\cdot$$

生成的 X 和 Y 各带有一个未配对电子。带有未配对电子的原子或基团称为自由基（或游离基），它是电中性的。共价键的这种断裂方式称为均裂（homolysis）。发生共价键均裂的反应称为均裂反应，也称为自由基型反应。产生均裂反应的条件是非极性共价键、光照、辐射或加热等；在有些场合是使用分子中有低键能的共价键容易产生自由基的引发剂（如过氧化物）引发均裂反应。

另一种断裂方式是形成共价键的两个电子分布到 X 或 Y 上：

$$X{:}\mid Y \longrightarrow X{:}^- + Y^+$$

$$X\mid{:}Y \longrightarrow X^+ + Y{:}^-$$

生成的 X 和 Y 或带有一对电子，或没有电子。带有一对电子的形成负离子，未带有电子的形成正离子。共价键这种断裂方式称为异裂(heterolysis)。发生共价键异裂的反应称为异裂反应，也称为离子型反应。产生异裂反应的条件除催化剂作用外，多数由于极性试剂进攻极性共价键，或反应在极性溶剂中进行。

显然，非极性共价键易进行自由基型反应，而极性共价键易进行离子型反应。

有机反应除自由基型反应和离子型反应外，还有一种协同反应或称周环反应(见 6.11.4 节)。离子型反应及自由基型反应又可分为取代反应和加成反应等；离子型反应中有亲核取代反应、亲电取代反应、亲核加成反应和亲电加成反应等。

1.3.2　反应中间体的概念

如果一个有机反应不是一步而是经过几步完成的，在反应过程中要生成活泼的中间体(intermediate)。最常遇到的中间体是碳正离子(carbocation)、碳负离子(carbanion)和碳自由基(free radical)等。这些中间体来自共价键的异裂和均裂：

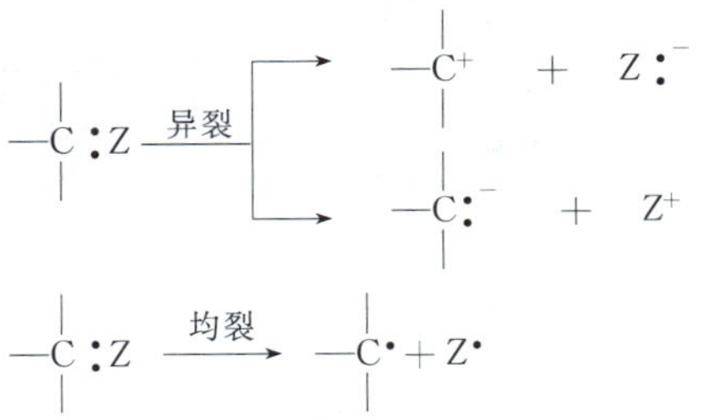

经典的碳正离子是平面形结构。带正电荷的碳原子是 sp^2 杂化状态，三个 sp^2 杂化轨道与其它三个原子的轨道形成 σ 键，构成一个平面，键角接近 120°，碳原子剩下的 p 轨道与这个平面垂直，p 轨道中无电子。例如，$(CH_3)_3C^+$ 结构和静电势模型图如图 1−9所示。

图 1−9　$(CH_3)_3C^+$ 的结构和静电势模型图

静电势模型图

烷基碳负离子通常是四面体结构。带负电荷的碳原子是 sp^3 杂化状态，三个 sp^3 杂化轨道与其它三个原子的轨道形成 σ 键，另一个 sp^3 杂化轨道中有一对电子，各键角接近 109°28′。例如，H_3C^- 的结构和静电势模型图如图 1−10 所示。

大多数碳自由基(特别是简单的烷基自由基)是平面结构。带有未配对电子的碳原子是 sp^2 杂化状态。三个 sp^2 杂化轨道与其它三个原子的轨道形成 σ 键，构成一个平面，键角接近 120°，未配对电子处于垂直这个平面的 p 轨道中。但随着三个 σ 键连接的原子或碳架不同，碳原子的杂化状态可以由 sp^2 杂化逐渐变成 sp^3 杂化，即碳自由

静电势模型图

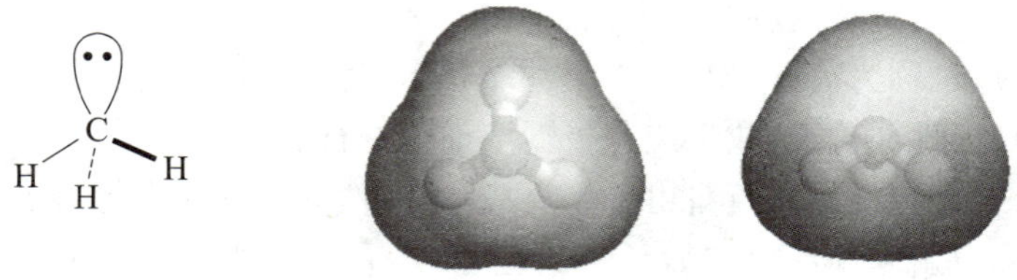

图 1-10 H_3C^- 的结构和静电势模型图

基由平面结构，经过压扁的四面体结构逐渐变成接近正四面体结构。例如，$H_3C\cdot$ 是典型的平面结构（图 1-11），而 $F_3C\cdot$ 是接近正四面体结构。推测 $FH_2C\cdot$ 和 $F_2HC\cdot$ 可能是处于不同程度压扁的四面体结构。

静电势模型图

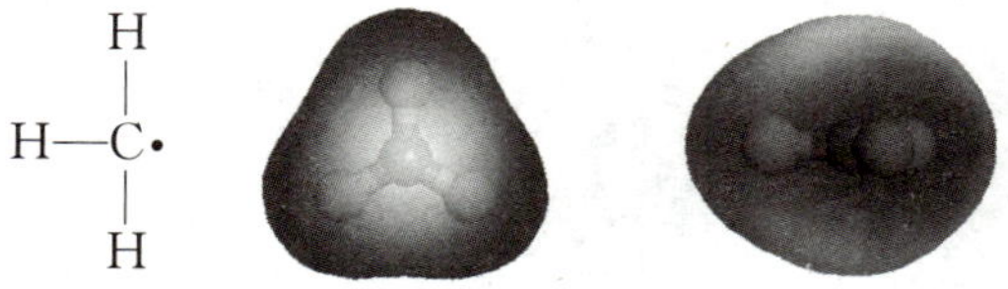

图1-11 $H_3C\cdot$ 的结构和静电势模型图

碳正离子、碳负离子和碳自由基通常是高活泼性的物种，在反应中只以一种“短寿命”（≪1s）的中间物种存在，很难分离出来，所以又称为活泼中间体或活性中间体（active intermediate）。只有当带正电荷、负电荷或单电子的碳原子连接着能够稳定（分散）这些电荷或单电子的某种基团时，才能存在较长时间，如三苯甲基自由基 $(C_6H_5)_3C\cdot$，可以在苯溶液中存在，呈现黄色溶液。采取特殊的技术才能使中间体从反应体系中分离出来，但它们的反应活性会丧失。活性中间体可以由近代仪器检测出来。

1.3.3 反应试剂的分类

在有机化学中，一般将与有机化合物反应的物质称为试剂。对应于有机化合物的结构，与之反应的试剂可分为自由基（型）试剂和离子（型）试剂。离子（型）试剂又分为亲电试剂和亲核试剂。

1. 自由基(型)试剂

烷烃的光照射卤代反应或气相高温卤代反应是一个自由基型反应，在这一反应中，卤素是自由基试剂。在光或热作用下，卤素分子发生均裂，形成卤原子，卤原子引起卤代反应。例如：

$$Cl_2 \xrightarrow{\text{光或热}} 2\ Cl\cdot$$

$$Br_2 \xrightarrow{\text{光或热}} 2\ Br\cdot$$

在自由基(型)试剂中还有一类试剂,如过氧化物、偶氮化物等,受热后分解成初始自由基,引发自由基型反应,只要有少量的这种自由基(型)试剂,反应就能进行下去,这类自由基(型)试剂又称自由基引发剂。图 1-12 为一些自由基引发剂和自由基的静电势模型图。

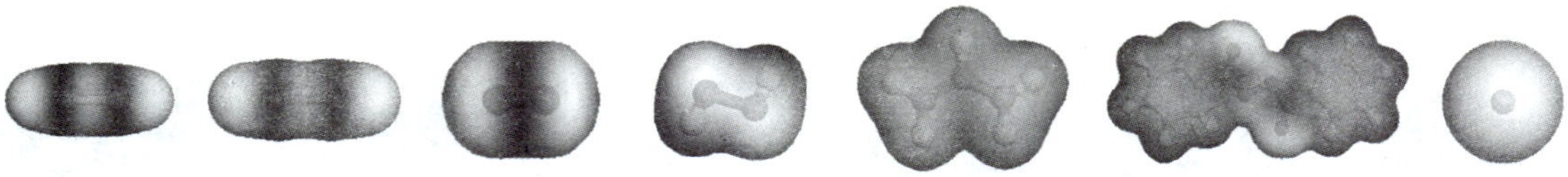

图1-12　一些自由基引发剂和自由基的静电势模型图

静电势模型图

2. 亲电试剂

在反应过程中,如果试剂从有机化合物中与它反应的那个原子获得电子对并与之共享形成化学键,这种试剂称做亲电试剂(electrophilic reagent 或 electrophile)。例如,H^+,Cl^+,Br^+,SO_3,BF_3,$AlCl_3$,$^+NO_2$ 等正离子或缺电子的化学物种均为亲电试剂(图 1-13)。有机化合物与亲电试剂的反应称做亲电反应。例如:

$$\underset{\text{有机化合物}}{RCH_2Cl} + \underset{\text{亲电试剂}}{AlCl_3} \longrightarrow R\overset{+}{C}H_2\ AlCl_4^-$$

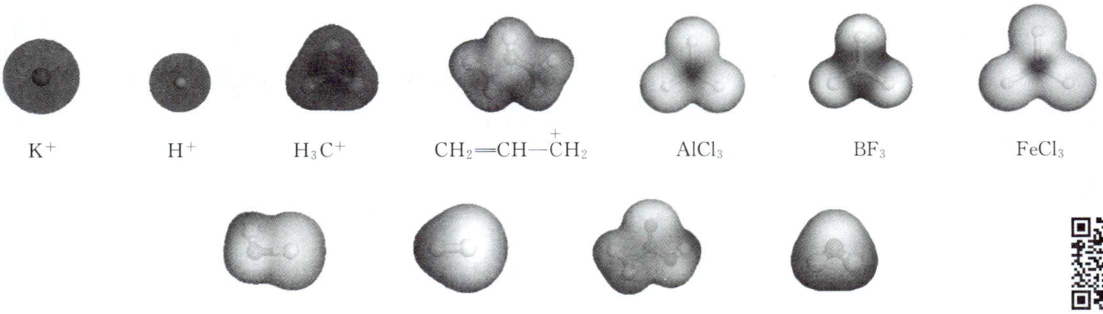

图 1-13　一些亲电试剂的静电势模型图

静电势模型图

能进行亲电反应的有机化合物是"富"电子的化合物。

3. 亲核试剂

在反应过程中,如果试剂把电子对给予有机化合物与它反应的那个原子并与之共享形成化学键,这种试剂称做亲核试剂(nucleophilic reagent 或 nucleophile)。例如,^-OH,$^-NH_2$,^-CN,H_3C^-,H_2O,NH_3 等含有孤对电子的物种和负离子均为亲核试剂(图 1-14)。有机化合物与亲核试剂的反应称做亲核反应。例如:

$$\underset{\text{有机化合物}}{CH_3CH_2Br} + \underset{\text{亲核试剂}}{HO^-} \longrightarrow CH_3CH_2OH + Br^-$$

能发生亲核反应的有机化合物是"缺"电子的化合物。

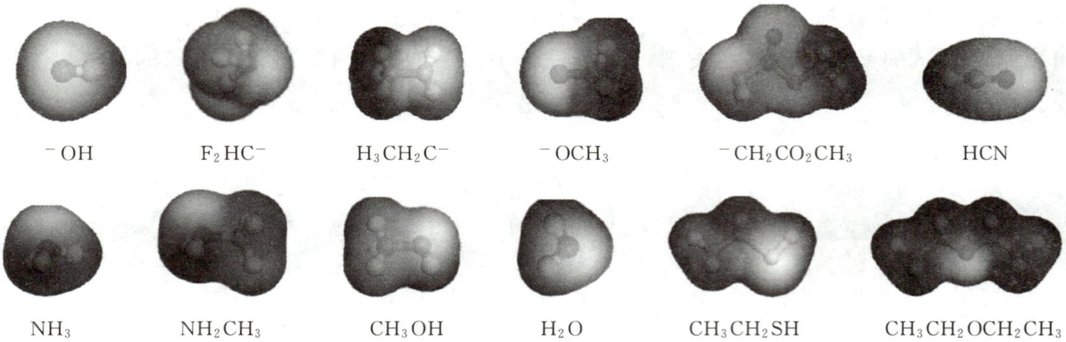

图 1-14　一些亲核试剂的静电势模型图

静电势模型图

有些试剂如 H_2O，可以是亲核试剂，也可以是亲电试剂，取决于有机反应物或所使用的催化剂。有些试剂如 Cl_2，高温或光照下是自由基(型)试剂，而在极性介质中是亲电试剂。又如，HBr 与烯烃反应，在极性介质中如水中，HBr 是亲电试剂，而在有过氧化物存在的环境中，HBr 又可成为自由基(型)试剂。

如何判断一个反应是亲核还是亲电的反应，如在下述反应中 $CH_3CH_2O^-$ 和 Br^- 属亲核试剂，Na^+ 和 $^+CH_3$ 属亲电试剂，这个反应是亲核反应还是亲电反应呢？

$$CH_3CH_2ONa + CH_3Br \longrightarrow CH_3CH_2OCH_3 + NaBr$$

为了统一认识，人为规定一个标准，即以反应中最先与碳原子形成共价键的试剂为判断标准。上述反应中 $CH_3CH_2O^-$ 最先与碳原子形成共价键生成 $CH_3CH_2OCH_3$，$CH_3CH_2O^-$ 是亲核试剂，此反应是亲核反应。

1.4　两类控制反应

有机化学反应大多数不是简单反应，而是各种复杂反应。有机化合物与一种试剂进行反应，往往包含多种反应途径(反应机理)，形成多种产物。如要得到理想的产物需要了解其反应机理和研究控制反应条件。这里仅讨论可逆平衡反应。

1,3-丁二烯与氢溴酸反应，产物中有 3-溴-1-丁烯和 1-溴-2-丁烯：

$$CH_2{=}CH{-}CH{=}CH_2 + HBr \longrightarrow CH_3CHBrCH{=}CH_2 \qquad ①$$

$$CH_2{=}CH{-}CH{=}CH_2 + HBr \longrightarrow CH_3CH{=}CHCH_2Br \qquad ②$$

1,3-丁二烯是电子离域体系，又称共轭二烯烃，氢溴酸是亲电试剂。1,3-丁二烯与氢溴酸的反应是不饱和烃的亲电加成反应。反应①是 1,3-丁二烯的 1,2-亲电加成反应，反应②是 1,3-丁二烯的 1,4-亲电加成反应(又称共轭加成反应)。反应①与反应②是相互竞争的反应。

1,3-丁二烯与氢溴酸的亲电加成反应的反应机理如下：

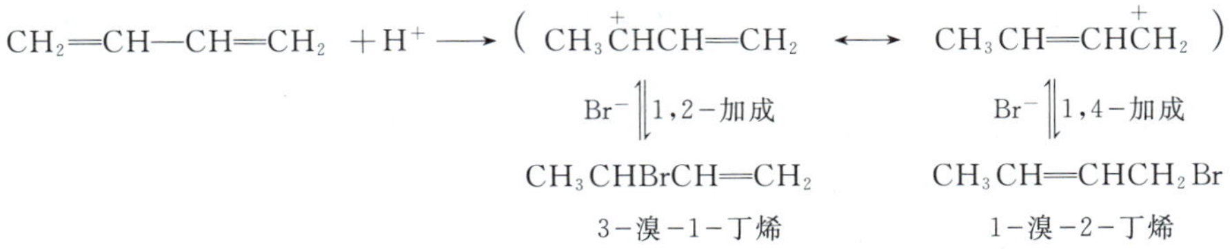

1,2-加成反应的活化能小,反应速率快,决定了产物的组成是以 3-溴-1-丁烯为主。1,2-加成反应是动力学控制反应(又称做速率控制反应)。而 1,4-加成反应的活化能大,反应速率慢,但产物 1-溴-2-丁烯比 3-溴-1-丁烯稳定,反应达到平衡时,产物的组成取决于平衡组成,以 1-溴-2-丁烯为主。1,4-加成反应是热力学控制反应(又称做平衡控制反应)。1,3-丁二烯亲电加成反应,在低温下是以动力学控制反应为主,当反应温度升高到某一值即达到热力学平衡时,反应是以热力学控制为主。也就是说,如果反应由低温转到高温下进行,那么反应就由动力学控制转化成热力学控制。

反应是动力学控制还是热力学控制是由反应机理决定的。在一般情况下,一个平衡反应开始时是动力学控制,达到平衡时是热力学控制,即低温时是动力学控制,高温时是热力学控制。

1.5　酸碱的概念

在有机化学中,有很多化合物是酸或碱;许多反应是酸碱反应;也有不少反应是酸或碱催化的反应;经常用酸碱概念说明有机化合物的结构与性质的关系,分析反应机理,选择试剂、溶剂和催化剂等。因此,需要熟悉酸碱的性质。酸碱的定义有多种,在有机化学中应用得最多的是质子论酸碱和电子论酸碱。

1.5.1　质子酸碱理论

质子酸碱理论是布朗斯特(Brϕnsted J N)1923 年提出来的,又称布朗斯特酸碱理论。相应的酸碱称为质子酸碱或布朗斯特酸碱,简称 B 酸碱。能给出质子的物种为酸,如 HCl, CH_3COOH, 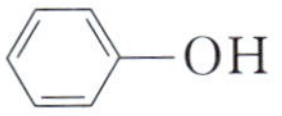 , $CH_3COCH_2COCH_3$, H_2O, HSO_4^-, NH_4^+ 等。能接受质子的物种为碱,如 Cl^-, $CH_3CO_2^-$, 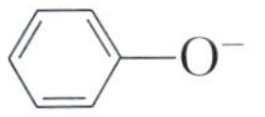 , $CH_3COC^-HCOCH_3$, OH^-, SO_4^{2-}, NH_3 等。酸给出质子后剩下的物种是它的共轭碱,碱接受质子后生成的物种是它的共轭酸。由此,又称质子酸碱为共轭酸碱。

一个酸碱反应是由两对互为共轭的酸碱组成的。例如:

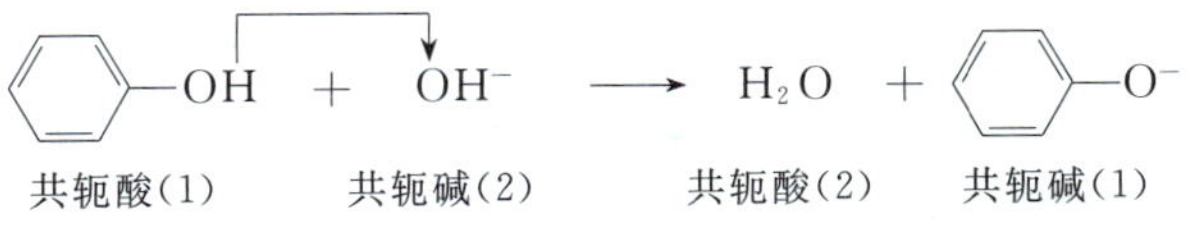

给出质子能力强的酸为强酸,其共轭碱为弱碱;接受质子能力强的碱为强碱,其共轭酸是弱酸,反之亦然。利用互为共轭酸碱的强弱关系,可以判断碱或酸的相对强度。如

要判断 OH^-，RCH_2O^- 和 $RCOO^-$ 碱性相对强度，可以通过它们的共轭酸的强度判断：OH^- 的共轭酸为 H_2O，$pK_a = 15.7$；RCH_2O^- 的共轭酸为 RCH_2OH，$pK_a = 18$；$RCOO^-$ 的共轭酸为 $RCOOH$，$pK_a = 4 \sim 5$。酸性 $RCOOH > H_2O > RCH_2OH$，所以碱性 $RCH_2O^- > OH^- > RCOO^-$。

有机化学中常遇到的化合物的酸强度列于表 1-9 中。

表 1-9 一些重要化合物的酸强度

$AH + B \rightleftharpoons A^- + BH^+$	pK_a
$HI + B \rightleftharpoons BH^+ + I^-$	−10
$HClO_4 + B \rightleftharpoons BH^+ + ClO_4^-$	−10
$H_2SO_4 + B \rightleftharpoons BH^+ + HSO_4^-$	−9
$RCH{=}\overset{+}{O}H + B \rightleftharpoons BH^+ + RCHO$	−8
$HCl + B \rightleftharpoons BH^+ + Cl^-$	−7
$R_2C{=}\overset{+}{O}H + B \rightleftharpoons BH^+ + R_2C{=}O$	−7
$C_6H_5SO_3H + B \rightleftharpoons BH^+ + C_6H_5SO_3^-$	−6.5
$R_2\overset{+}{O}H + B \rightleftharpoons BH^+ + R_2O$	−3.5
$H_3\overset{+}{O} + B \rightleftharpoons BH^+ + H_2O$	−1.7
$HNO_3 + B \rightleftharpoons BH^+ + NO_3^-$	−1.3
$CF_3CO_2H + B \rightleftharpoons BH^+ + CF_3CO_2^-$	0
$CCl_3CO_2H + B \rightleftharpoons BH^+ + CCl_3CO_2^-$	0.9
$Cl_2CHCO_2H + B \rightleftharpoons BH^+ + Cl_2CHCO_2^-$	1.3
$H_3PO_4 + B \rightleftharpoons BH^+ + H_2PO_4^-$	2.1
$ClCH_2CO_2H + B \rightleftharpoons BH^+ + ClCH_2CO_2^-$	2.8
$HF + B \rightleftharpoons BH^+ + F^-$	3.2
$HCO_2H + B \rightleftharpoons BH^+ + HCO_2^-$	3.7
$C_6H_5CO_2H + B \rightleftharpoons BH^+ + C_6H_5CO_2^-$	4.2
$C_6H_5\overset{+}{N}H_3 + B \rightleftharpoons BH^+ + C_6H_5NH_2$	4.6
$CH_3CO_2H + B \rightleftharpoons BH^+ + CH_3CO_2^-$	4.8
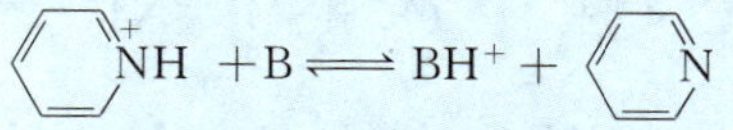	5.2
$H_2CO_3 + B \rightleftharpoons BH^+ + HCO_3^-$	6.5
$H_2S + B \rightleftharpoons BH^+ + HS^-$	7
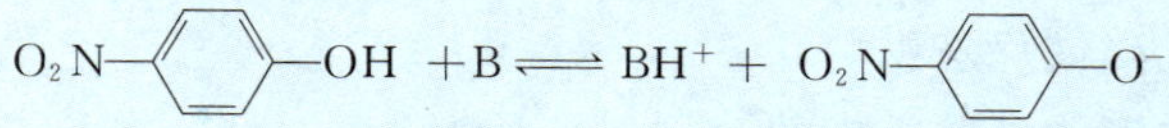	7.2
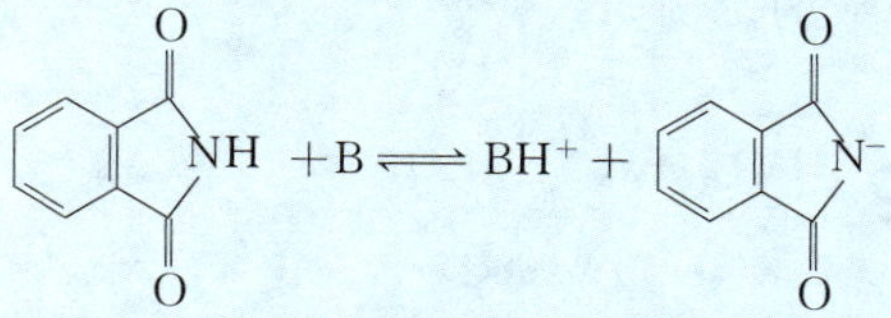	7.4
$C_6H_5SH + B \rightleftharpoons BH^+ + C_6H_5S^-$	7.8
$C_6H_5CO_3H + B \rightleftharpoons BH^+ + C_6H_5CO_3^-$	8.2

续表

$AH+B \rightleftharpoons A^- + BH^+$	pK_a
$CH_3COCH_2COCH_3 + B \rightleftharpoons BH^+ + CH_3CO\bar{C}HCOCH_3$	9.0
$HCN + B \rightleftharpoons BH^+ + CN^-$	9.1
$NH_4^+ + B \rightleftharpoons BH^+ + NH_3$	9.3
$C_6H_5OH + B \rightleftharpoons BH^+ + C_6H_5O^-$	10.0
$HCO_3^- + B \rightleftharpoons BH^+ + CO_3^{2-}$	10.2
$CH_3NH_3^+ + B \rightleftharpoons BH^+ + CH_3NH_2$	10.4
$CH_3CH_2SH + B \rightleftharpoons BH^+ + CH_3CH_2S^-$	10.5
$CH_3NO_2 + B \rightleftharpoons BH^+ + \bar{C}H_2NO_2$	11.0
$CH_3COCH_2CO_2C_2H_5 + B \rightleftharpoons BH^+ + CH_3CO\bar{C}HCO_2C_2H_5$	11.0
$CCl_3CH_2OH + B \rightleftharpoons BH^+ + CCl_3CH_2O^-$	12.2
$CH_2(CO_2C_2H_5)_2 + B \rightleftharpoons BH^+ + {}^-CH(CO_2C_2H_5)_2$	13.0
 $+B \rightleftharpoons BH^+ +$ 	14.0
$CH_3CONH_2 + B \rightleftharpoons BH^+ + CH_3CONH^-$	15.0
$CH_3OH + B \rightleftharpoons BH^+ + CH_3O^-$	15.5
$H_2O + B \rightleftharpoons BH^+ + HO^-$	15.7
$CH_3CH_2OH + B \rightleftharpoons BH^+ + CH_3CH_2O^-$	17
$(CH_3)_3COH + B \rightleftharpoons BH^+ + (CH_3)_3CO^-$	19
$CH_3COCH_3 + B \rightleftharpoons BH^+ + CH_3COCH_2^-$	20
$C_6H_5C{\equiv}CH + B \rightleftharpoons BH^+ + C_6H_5C{\equiv}C^-$	21
$(C_6H_5)_2NH + B \rightleftharpoons BH^+ + (C_6H_5)_2N^-$	23
$HC{\equiv}CH + B \rightleftharpoons BH^+ + HC{\equiv}C^-$	26
$C_6H_5NH_2 + B \rightleftharpoons BH^+ + C_6H_5NH^-$	27
$(C_6H_5)_3CH + B \rightleftharpoons BH^+ + (C_6H_5)_3C^-$	31.5
$(C_6H_5)_2CH_2 + B \rightleftharpoons BH^+ + (C_6H_5)_2CH^-$	33
$CH_3CH_2NH_2 + B \rightleftharpoons BH^+ + CH_3CH_2NH^-$	33
$C_6H_5CH_3 + B \rightleftharpoons BH^+ + C_6H_5CH_2^-$	35
$NH_3 + B \rightleftharpoons BH^+ + NH_2^-$	36
$H_2C{=}CH_2 + B \rightleftharpoons BH^+ + H_2C{=}CH^-$	36
$CH_4 + B \rightleftharpoons BH^+ + CH_3^-$	40
$CH_3CH_3 + B \rightleftharpoons BH^+ + CH_3CH_2^-$	42
$C_6H_6 + B \rightleftharpoons BH^+ + C_6H_5^-$	42
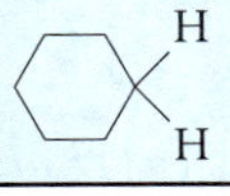 $+B \rightleftharpoons BH^+ +$ 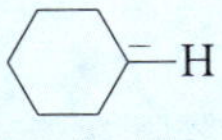	45

对一个给定的物种，它表现出的酸碱性还取决于介质。如乙酸在酸性比它弱的 H_2O 中呈酸性，表现为酸，H_2O 是碱：

$$\underset{\text{共轭酸(1)}}{CH_3COOH} + \underset{\text{共轭碱(2)}}{H_2O} \longrightarrow \underset{\text{共轭碱(1)}}{CH_3COO^-} + \underset{\text{共轭酸(2)}}{H_3O^+}$$

而乙酸在酸性比它强的 H_2SO_4 中呈碱性，它是碱，H_2SO_4 是酸：

$$\underset{\text{共轭酸(1)}}{H_2SO_4} + \underset{\text{共轭碱(2)}}{CH_3COOH} \longrightarrow \underset{\text{共轭碱(1)}}{HSO_4^-} + \underset{\text{共轭酸(2)}}{CH_3COOH_2^+}$$

这是一种普遍现象，是质子酸碱的相对性。

酸碱反应的本质是质子转移。强酸与强碱反应容易，弱酸与弱碱反应难于进行。

1.5.2　电子酸碱理论

有机化学家

电子酸碱理论是路易斯在 20 世纪 30 年代提出来的，这种酸碱称为路易斯酸碱，简称 L 酸碱。能够接受电子对的物种是酸，如 BF_3，$AlCl_3$，H^+，Ag^+，RCH_2^+ 等，其结构上的特点是这些物种有空的价电子轨道，或在反应过程中能形成接受电子对的价电子轨道。能够提供电子对的物种是碱，如 NH_3，H_2O，RNH_2，ROR，$CH_2{=}CHR$ 和某些芳香族化合物等。L 酸碱与 B 酸碱相比，扩大了酸的范围，而 L 碱与 B 碱是一致的。L 酸碱几乎包括了所有的无机化合物和有机化合物，因此又称做广义酸碱。

L 酸与 L 碱反应形成酸碱配合物，例如：

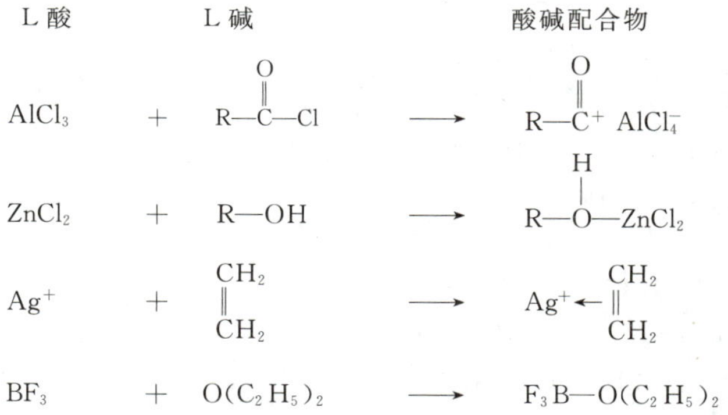

拓 4-1

有机化学反应中，常用 H^+，BF_3，$AlCl_3$，$ZnCl_2$，$FeBr_3$，$SnCl_4$ 等 L 酸作催化剂；用 ^-OH，RO^- 等 L 碱作催化剂。

1.6　溶剂的分类及溶剂化作用

有机反应特别是固体或气体参加的反应，常常是在溶剂中进行的，不同的反应类型需要不同的溶剂。一般来说，自由基型反应需要在非极性溶剂中进行；离子型反应在极性溶剂中有利。溶剂的作用一方面是使反应物分散均匀，有利于充分接触，有利于反应热导出或导入；另一方面溶剂能促进化学反应的转化速率，甚至能改变反应机理。因此，溶剂的选择对一个反应是至关重要的。在溶剂诸多性质中，极性和溶剂化能力是影响离子型反应的两个重要因素。

1.6.1　溶剂的分类

溶剂的分类有多种方法，如按溶剂所属化学类别可分为烃类溶剂、卤烃类溶剂、醇类溶剂、酸类溶剂等，未有统一的规定。这里按溶剂的极性和溶剂的结构分类。

1. 按溶剂的极性分类

溶剂的极性通常是与溶剂的介电常数(ε)联系起来。常用溶剂的介电常数如表1-10所示。一般把 $\varepsilon > 15\ F \cdot m^{-1}$ 的称为极性溶剂，$\varepsilon < 15\ F \cdot m^{-1}$ 的称为非极性溶剂。

表 1-10　常用溶剂的介电常数

溶　剂	$\varepsilon/(F \cdot m^{-1})$	溶　剂	$\varepsilon/(F \cdot m^{-1})$
H_2O	78.5	CH_2Cl_2	9.08
HCOOH	58.5	CH_3COOH	6.15
$HCON(CH_3)_2$	36.7	$(C_2H_5)_2O$	4.34
CH_3OH	32.7	C_6H_6	2.28
C_2H_5OH	24.5	CCl_4	2.24
CH_3COCH_3	20.7	$n-C_6H_{14}$	1.88
$n-C_6H_{13}OH$	13.3		

2. 按溶剂的结构分类

按溶剂的结构分为质子溶剂和非质子溶剂。溶剂分子中有可以作为氢键给体的 O—H 键或 N—H 键的称为质子溶剂；没有氢键给体的称为非质子溶剂。质子溶剂分子中的 O—H，N—H 键的 O 和 N 都有孤对电子，因此质子溶剂既是氢键给体，又是氢键受体，如 H_2O，C_2H_5OH。非质子溶剂不是氢键给体，有些是氢键受体，如 CH_3COCH_3，$CH_3COOCH_2CH_3$ 等；有些也不是氢键受体，如 C_6H_6，$n-C_6H_{14}$ 等。二甲基亚砜(DMSO)是非质子极性溶剂，毒性又较小，是常选择的溶剂。

1.6.2　溶剂化作用

在溶液中，溶质被溶剂分子所包围的现象称为溶剂化。如在氯化钠的水溶液中，结构单元就是水化了的钠离子(Na^+)和氯离子(Cl^-)。一个极性溶剂分子有带部分正电荷的正端和带部分负电荷的负端(如 $R-\overset{\delta-}{O}-\overset{\delta+}{H}$)。正离子与溶剂的负端，负离子与溶剂的正端互相吸引，称为离子偶极作用(图1-15)，也称为离子偶极键。离子偶极作用是溶剂化作用的本质。质子溶剂的溶剂化作用除了离子偶极作用外，还有氢键的作用，往往氢键作用是主要的。

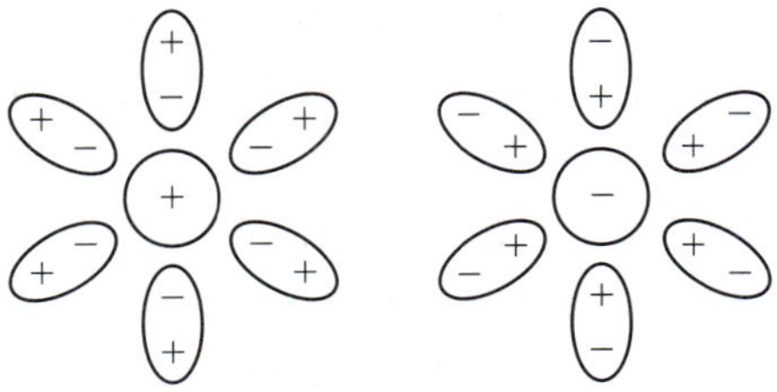

图 1-15　离子偶极作用：溶剂化的正离子和负离子

溶剂化作用能促进极性键的断裂，有利于加快反应进行，但溶剂化了的离子不仅使

拓
4-2

离子稳定,也降低了离子的化学反应活性。如质子溶剂不仅稳定了正离子,并急剧地降低了负离子的反应活性,使负离子的碱性及亲核性减弱。

习 题

1-1 扼要解释下列术语。

(1) 有机化合物 (2) 键能、键的解离能 (3) 键长
(4) 极性键 (5) σ 键 (6) π 键
(7) 活性中间体 (8) 亲电试剂 (9) 亲核试剂
(10) 路易斯碱 (11) 溶剂化作用 (12) 诱导效应
(13) 动力学控制反应 (14) 热力学控制反应

1-2 简述处理化学键的价键法、分子轨道法和共振论。

1-3 写出下列化合物短线构造式。如有孤电子对,请用黑点标明。

(1) 苯胺 $C_6H_5NH_2$ (2) 丙酮 CH_3COCH_3 (3) 亚硝酸乙酯 CH_3CH_2ONO
(4) 甲醚 $(CH_3)_2O$ (5) 甲醛 HCHO (6) 乙酸 CH_3COOH
(7) 丙炔 $CH_3C\equiv CH$ (8) 硝基甲烷 CH_3NO_2 (9) 乙醇 CH_3CH_2OH

1-4 杂化对键的稳定有何影响?按能量递增的顺序排列 s,p,sp,sp^2,sp^3 轨道。并画出这些轨道的形状。

1-5 判断下列画线原子的杂化状态。

(1) $\underline{C}H_2{=}O$ (2) $CH\equiv\underline{C}^-$ (3) $CH_3\underline{C}\equiv N$
(4) $CH_3\underline{O}H$ (5) $CH_2{=}\underline{C}{=}O$ (6) $\underline{C}O_2$

1-6 下列化合物中,哪些分子中含有极性键?哪些是极性分子?试以"+→"标明极性分子中偶极矩方向。

(1) HF (2) I_2 (3) CH_4 (4) $CHCl_3$
(5) CH_3OH (6) CH_3OCH_3 (7) BrCl (8) CH_2Cl_2

1-7 解释下列现象。

(1) CO_2 是非极性分子,SO_2 却是极性分子($\mu=5.33\times10^{-30}$ C·m)。
(2) NH_3 的偶极矩($\mu=4.9\times10^{-30}$ C·m)比 NF_3 的偶极矩($\mu=0.8\times10^{-30}$ C·m)大。
(3) H—Cl 键键长(0.127 nm)比 H—F 键键长(0.092 nm)长,但它的偶极矩却比较小。

1-8 将下列各组化合物中指定键的键长由长到短排列并说明理由。

(1) 乙烷、乙烯、乙炔中的 C—H 键。
(2) 一卤甲烷(CH_3—X)中的碳卤键(X=F,Cl,Br,I)。
(3) 乙烷、乙烯、乙炔中的碳碳键。

1-9 将下列各组化合物按酸性由强到弱排列。

(1) A. $CH\equiv CH$ B. $CH_3{-}CH_3$
C. $CH_2{=}CH_2$ D. H_2O
(2) A. $CH_3CHFCOOH$ B. $CH_3CHClCOOH$
C. $BrCH_2CH_2COOH$ D. $CH_3CHBrCOOH$

1-10 下列物种哪些是:(1) 亲核试剂,(2) 亲电试剂,(3) 既是亲核试剂又是亲电试剂?
Cl^-,H_2O,H^+,$AlCl_3$,CH_3OH,Br^+,Fe^{3+},$^+NO_2$,$CH_2{=}CH_2$,HCHO,CH_4,$CH_3C\equiv N$,$^+CH_3$,$^-CH_3$,$ZnCl_2$,Ag^+,BF_3

1-11　按质子酸碱理论，下列化合物哪些是酸？哪些是碱？哪些既是酸又是碱？

NH_3，CN^-，HS^-，HBr，H_2O，NH_4^+，HCO_3^-

1-12　按路易斯酸碱理论，在下列反应中，哪个反应物为酸，哪个反应物为碱？

(1) $CN^- + H_2O \longrightarrow HCN + OH^-$

(2) $H_2C{=}O + BF_3 \longrightarrow CH_2{=}\overset{+}{O}\ \ BF_3^-$

(3) $H_2O + CH_3NH_2 \rightleftharpoons CH_3\overset{+}{N}H_3 + OH^-$

(4) $4NH_3 + Cu^{2+} \longrightarrow Cu(NH_3)_4^{2+}$

(5) $COCl_2 + AlCl_3 \longrightarrow {}^+COCl + AlCl_4^-$

(6) $I_2 + I^- \longrightarrow I_3^-$

1-13　指出下列溶剂中哪些属于极性质子溶剂？哪些属于极性非质子溶剂？哪些属于非极性溶剂？

(1) $(CH_3)_2S{=}O$　(2) CCl_4　(3) C_6H_6　(4) $HC(=O)—N(CH_3)_2$

(5) CH_3OH　(6) $NH_3(l)$　(7) $CH_3—C(=O)—CH_3$　(8) $[N(CH_3)_2]_3PO$

1-14　矿物油（相对分子质量较大饱和烃的混合物）不溶于水或乙醇中，但可以溶于正己烷。试解释之。

1-15　用溶剂化作用比较氯化钠在水中和在二甲亚砜中的溶解方式。

1-16　在常温下，下列反应不能发生，请解释原因。

$$CH_4 + I_2 \longrightarrow CH_3I + HI$$

C—H，I—I，C—I，H—I 键键解离能分别为 427 $kJ\cdot mol^{-1}$，151 $kJ\cdot mol^{-1}$，222 $kJ\cdot mol^{-1}$，297 $kJ\cdot mol^{-1}$。

1-17　乙醇和二甲醚，哪个焓值低？

键解离能：C—C，C—H，C—O，O—H 键分别为 356 $kJ\cdot mol^{-1}$，414 $kJ\cdot mol^{-1}$，360 $kJ\cdot mol^{-1}$，464 $kJ\cdot mol^{-1}$。

1-18　下列物质是否有共轭酸和共轭碱？如有，请分别写出。

(1) CH_3NH_2　(2) $C_2H_5O^-$　(3) CH_3CH_2OH　(4) H^-

(5) ${}^-CH_3$　(6) $CH_2{=}CH_2$

1-19　将下列物种按碱性由强至弱排列成序。

$CH_3\overset{-}{C}H_2$，CH_3O^-，${}^-OH$，$HC{\equiv}C^-$，H_2N^-

1-20　下列极限式中，哪个式子是错误的，为什么？

(1) $CH_2{=}CH_2—\overset{+}{C}H_2$ ⟷ $\overset{+}{C}H_2—CH{=}CH_2$ ⟷ 

A　B　C

(2) $CH_2{=}CH—\dot{C}H_2$ ⟷ $\dot{C}H_2CH{=}CH_2$ ⟷ $\dot{C}H_2—\dot{C}H—\dot{C}H_2$

A　B　C

(3) $:\overset{-}{C}H_2—\overset{+}{N}{\equiv}N:$ ⟷ $:\overset{-}{C}H_2—\ddot{N}{=}\overset{+}{\ddot{N}}:$ ⟷ $CH_2{=}\overset{-}{\ddot{N}}{=}\overset{+}{N}:$ ⟷ $\overset{+}{C}H_2—\ddot{N}{=}\overset{-}{\ddot{N}}:$

A　B　C　D

第 2 章　分类及命名

2.1　分 类 方 法

有机化合物数目庞大，目前已有三千万种以上(2014 年百度数据)。为了便于系统学习和研究，必须对有机化合物进行科学分类。分类的方法有多种，主要是按分子的碳(骨)架结构和有特征反应的官能团结构进行分类。

2.1.1　按碳架分类

按分子的碳(骨)架结构——碳原子互相结合方式，有机化合物可以分为三大类。

1. 开链化合物

化合物分子中碳原子连接成链状的化合物，称为开链化合物。最初这类化合物是从动物脂肪中获得，又有脂肪族化合物之称。例如：

$CH_3CH_2CH_2CH_3$	$CH_3(CH_2)_{10}CH_2OH$	$CH_2{=}\underset{\displaystyle CH_3}{\underset{\vert}{C}}{-}CH{=}CH_2$	$CH_3(CH_2)_{15}CH_2COOH$
正丁烷	正十二醇(月桂醇)	异戊二烯	正十八酸(硬脂酸)

2. 碳环化合物

分子中碳原子连接成环状的化合物称为碳环化合物。碳环化合物又可分为两类：

(1) 脂环族化合物　分子中含有碳环的化合物的结构和性质与脂肪族化合物有相似之处，故称为脂环族化合物。例如：

环己烷

环戊二烯

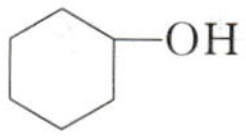

环己醇

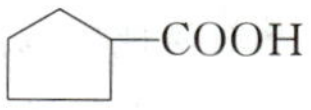

环戊基甲酸

(2) 芳香族化合物　化合物分子中含有苯环，它们的结构和性质与脂环族化合物不同，有芳香性，故称为芳香族化合物。例如：

苯

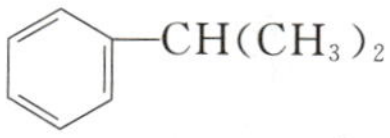

异丙基苯

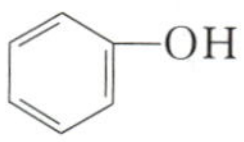

苯酚

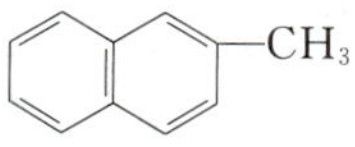

β-甲基萘

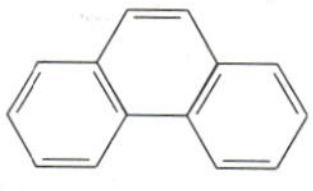

菲

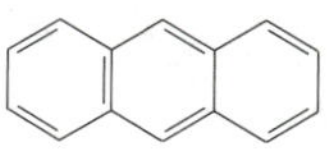

蒽

3. 杂环化合物

分子中组成环的除碳原子外还有杂原子(N,O,S,…),称为杂环化合物。例如:

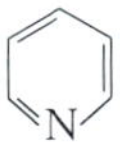
吡啶

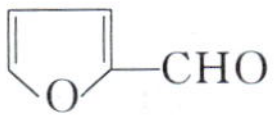
呋喃甲醛(糠醛)

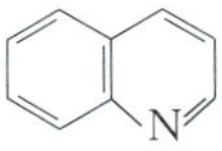
喹啉

噻吩

2.1.2 按官能团结构分类

官能团(functional group)①是有机分子中比较活泼、容易发生化学反应的原子或基团。官能团对化合物的性质起着决定性的作用。含有相同官能团结构的化合物具有相似的性质,因此把它们看成是同类化合物。常见的官能团名称、官能团结构、化合物类名和实例列入表 2-1 中。本书将表 2-1 称做官能团优先顺序表。

分子模型

表 2-1 一些常见官能团名称、官能团结构、化合物类名和实例

官能团名称	官能团结构	化合物类名	实 例
羧基	—C(=O)—OH	羧酸	CH_3COOH (乙酸) 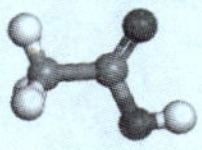
磺基	—C—SO_3H	磺酸	—SO_3H (苯磺酸) 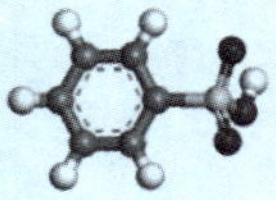
酰氧甲酰基	—C(=O)—O—C(=O)—R	酐	$CH_3C(=O)—O—C(=O)CH_3$ (乙酐) 
烃氧甲酰基(酯基)	—C(=O)—OR	酯	$CH_3C(=O)—OCH_2CH_3$ (乙酸乙酯) 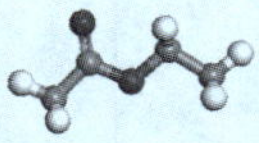
卤代甲酰基	—C(=O)—X	酰卤	$CH_3C(=O)—Cl$ (乙酰氯) 
氨基甲酰基	—C(=O)—NH_2	酰胺	$CH_3C(=O)—NH_2$ (乙酰胺) 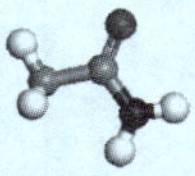
氰基	—CN	腈	CH_3CN (乙腈) 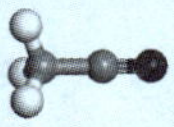

① 在近年有机化学教科书中,官能团的定义出现新变化,认为官能团包括杂原子相连的 C,如 C—OH。为了方便,本教材仍把—OH 看成官能团,把 C—OH 看成官能团结构。化合物按官能团结构分类。

续表

官能团名称	官能团结构	化合物类名	实 例
醛基（甲酰基）	—C(=O)—H	醛	$CH_3C(=O)—H$（乙醛）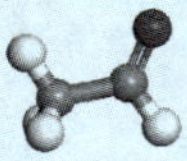
羰基	$(—C)_2C=O$	酮	$CH_3C(=O)CH_3$（丙酮）
羟基	—C—OH	醇	CH_3OH（甲醇）
	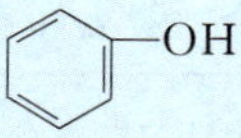	酚	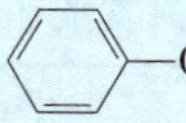（苯酚）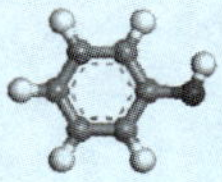
巯基	—C—SH	硫醇	CH_3CH_2SH（乙硫醇）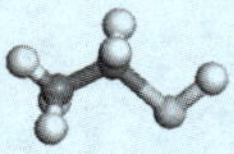
	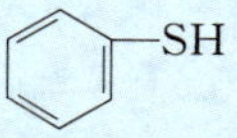	硫酚	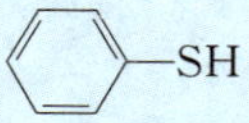（苯硫酚）
氢过氧基	—C—O—O—H	氢过氧化物	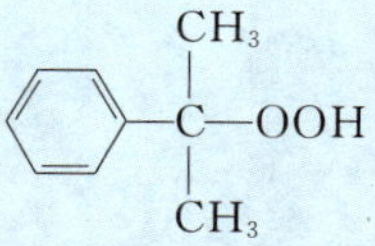（氢过氧化异丙苯）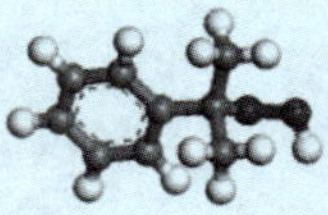
氨基	$—C—NH_2$	胺	CH_3NH_2（甲胺）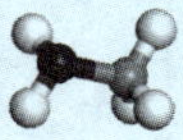
亚氨基	$(—C)_2NH$	仲胺，亚胺	$(CH_3)_2NH$（二甲胺）
			$CH_3CH=NH$（乙亚胺）
三键	—C≡C—	炔	HC≡CH（乙炔）
双键	>C=C<	烯	$H_2C=CH_2$（乙烯）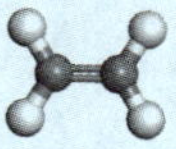
		烷	$CH_3—CH_3$（乙烷）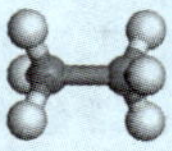

续表

官能团名称	官能团结构	化合物类名	实　例
烃氧基	—C—OR	醚	CH_3OCH_3 （甲醚） 
卤原子	—C—X(F,Cl,Br,I)	卤代烃	CH_3CH_2Br （溴乙烷） 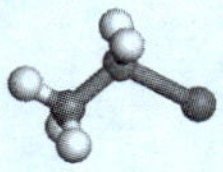
硝基	—C—NO_2	硝基化合物	CH_3NO_2 （硝基甲烷） 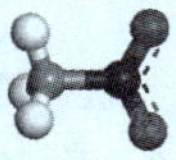

一般是把这两种分类方法结合起来，先按碳架分类，再在各类中按官能团结构分为若干系列。

2.2 命名方法

有机化合物的命名方法随着有机化学的发展而不断完善着。至今，有机化合物的命名方法主要根据国际纯粹与应用化学联合会(International Union of Pure and Applied Chemistry，简称 IUPAC)公布的《有机化学命名法》①、《有机化合物 IUPAC 命名指南》②和《优先的 IUPAC 名称》③，中国化学会依据《有机化学命名法》的原则，结合我国文字的特点推荐了《有机化学命名原则》④。本章重点介绍目前通用的系统命名方法。由于历史的原因，其它的命名方法还在使用，也做概括说明。

2.2.1 化学介词、表示链结构的形容词和基

1. 化学介词

化学介词是化合物命名时表示化合物中结构组分结合关系的连缀词，普遍用于各种命名方法中。在化合物的命名和结构关系不会混淆时，介词可以省略或放到括号内。常用八个介词。

化——有机化合物的结构被视为两个基之间的加合，命名时所用的介词。例如：

$(C_6H_5)_3CLi$	$(CH_3CH_2)_4\overset{+}{N}Br^-$	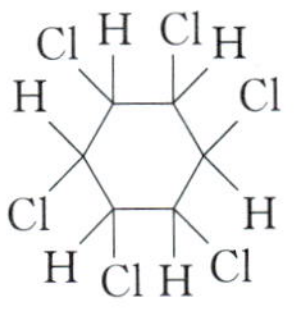	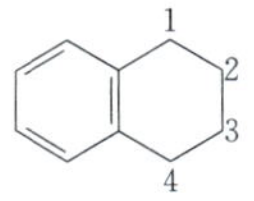
三苯甲基(化)锂	溴化四乙基铵	六氯化苯	1,2,3,4-四氢化萘

① Nomenclature of Organic Chemistry Sections A,B,C,D,E,F and H. 1979。

② A Guide to IUPAC Nomenclature of Organic Compounds. Oxford London,1993。

③ Preferred IUPAC Names. 2004。

④ 中国化学会.有机化学命名原则.北京:科学出版社,1980。

代——母体化合物的氢、其它原子或基团被置换，命名时所用的介词。例如：

$CH_2Cl—CHCl_2$	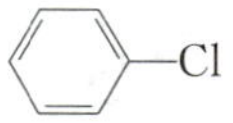	$HSCH_2COOH$
1,1,2-三氯(代)乙烷	氯(代)苯	巯基(代)乙酸
CH_3CSCH_3	CH_3CSSH	C_6Br_6
硫代丙酮	乙二硫代酸	六溴代苯

合——有机化合物被视为加合产物，加合双方可以是分子或其中一方是基，命名时所用的介词。例如：

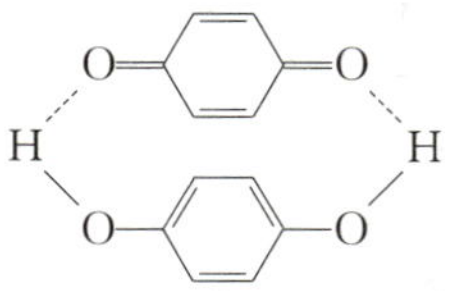

醌(合)氢醌

$CH_3CH_2\overset{+}{O}H_2$

乙醇合质子

聚——相同或不同分子形成聚合物命名时，在单体或链节名称前冠以“聚”字。例如：

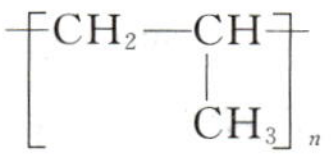

聚丙烯

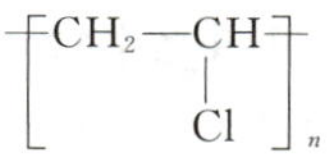

聚氯乙烯

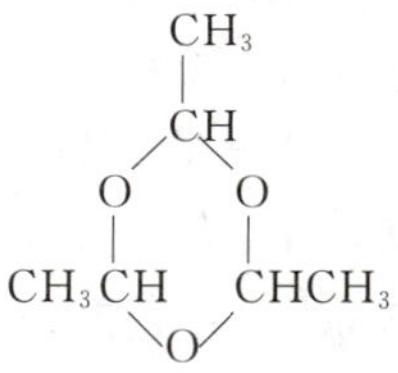

三聚乙醛

缩——相同或不同分子间失去水、醇、氨等小分子形成的化合物，命名时所用的介词。例如：

$CH_3CH═NNHCONH_2$

乙醛缩氨基脲

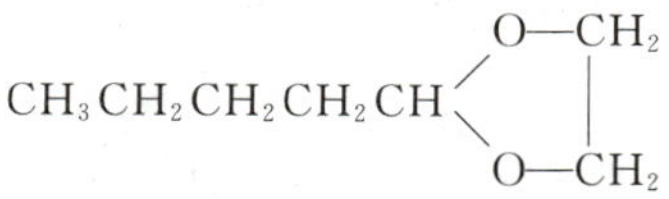

戊醛缩乙二醇

$HOCH_2CH_2OCH_2CH_2OH$

一缩二乙二醇

并——由两个或多个环系通过两位或多位相互结合形成稠环化合物，命名时所用的介词。例如：

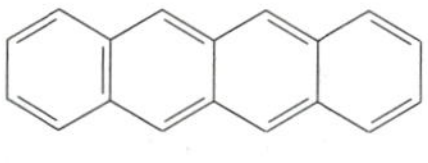

并四苯

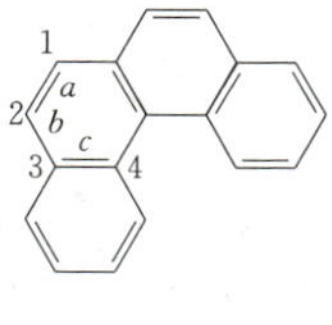

3,4-苯并菲
(苯并[c]菲)

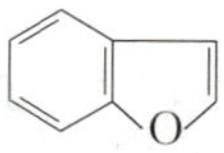

苯并呋喃

杂——主要用于含杂原子的杂环化合物的命名。例如：

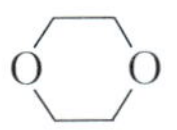

1,4-二氧杂环己烷

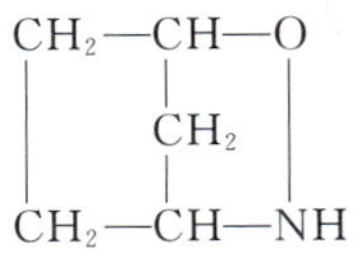

2-氧杂-3-氮杂双环[2.2.1]庚烷

1-氧杂-4-硫杂-8-氮杂螺[4.5]癸烷

联——相同的环烃或杂环彼此以单键或双键直接相连，形成集合环命名用的介词。例如：

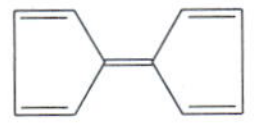

1,1′-联(二)亚环戊二烯(基)

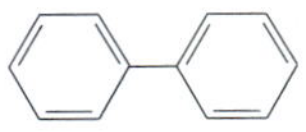

联(二)苯(基)

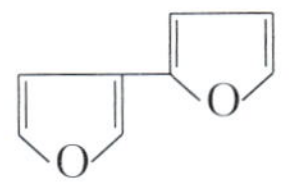

2,3′-联(二)呋喃(基)

2. 表示链结构的形容词

正——直链烃和官能团取代直链烃末端碳上氢原子所得的化合物都用“正”字表示碳链结构。例如：

$CH_3CH_2CH_2CH_3$　正丁烷

$CH_3CH_2CH_2CH_2OH$　正丁醇

$CH_3CH_2CH_2CH_2CHO$　正戊醛

$—CH_2CH_2CH_2CH_3$　正丁基

异——直链结构一末端带一个甲基的结构，命名为异某某。例如：

$(CH_3)_2CHCH_2CH_3$　异戊烷

$(CH_3)_2CHCH_2OH$　异丁醇

$(CH_3)_2CHCH_2CH_2CH_2COOH$　异庚酸

$(CH_3)_2CHCH_2CHO$　异戊醛

$(CH_3)_2CHCH_2CH_2CH_2—$　异己基

新——具有叔丁基结构的五六个碳原子的链烃或其衍生物，命名时用“新”表示结构。例如：

$(CH_3)_4C$　新戊烷

$(CH_3)_3CCH_2CH_3$　新己烷

$(CH_3)_3CCH_2OH$　新戊醇

$(CH_3)_3CCH_2—$　新戊基

伯、仲、叔、季——表示碳链结构或碳原子取代程度的形容词：

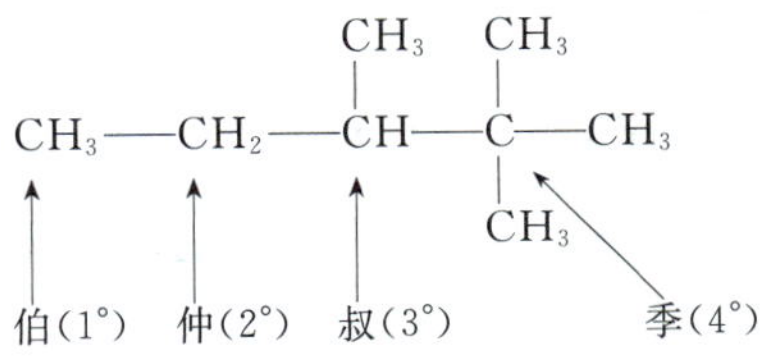

分子中连有一个、二个、三个或四个烃基的碳原子分别称为伯、仲、叔或季碳原子，或分别称为一级、二级、三级或四级碳原子，可以分别用1°,2°,3°或4°表示。伯、仲、叔碳原

子上连接的氢原子，分别称为伯、仲、叔氢原子；连有 —OH 和 —X（X=F,Cl,Br,I）的则分别称为伯、仲、叔醇和伯、仲、叔卤代烷，也可分别称为一、二、三级醇和一、二、三级卤代烷。例如：

$CH_3\underset{OH}{\underset{|}{C}}HCH_2CH_3$　　$(CH_3)_3CBr$

仲丁醇（二级丁醇）　　叔丁基溴（三级溴代丁烷）

伯、仲、叔、季还用于表示氮原子的不同程度取代（一般用于胺类总称）。例如：

$CH_3CH_2CH_2NH_2$	$(CH_3CH_2CH_2)_2NH$	$(CH_3CH_2CH_2)_3N$	$(CH_3CH_2CH_2)_4N^+I^-$
正丙胺（伯胺）	二丙胺（仲胺）	三丙胺（叔胺）	碘化四丙基铵（季铵盐）

3. 基

（1）一价基　一个化合物从形式上消除一个单价的原子或基团，剩余的部分为一价基，简称为基。例如：

$-CH_3$ 甲基	$-CH_2CH_2CH_3$ （正）丙基	$-CH_2CH(CH_3)_2$ 异丁基	$-CH(CH_3)CH_2CH_3$ 仲丁基
$-C(CH_3)_3$ 叔丁基	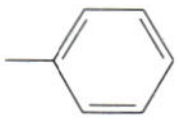 苯基	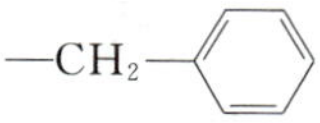 苄基（苯甲基）	$-CH_2CH=CH_2$ 烯丙基
$-COCH_3$ 乙酰基	$-NH_2$ 氨基	$-SH$ 巯基	$-CH_2N(CH_3)_2$ 二甲氨（基）甲基
$-CH_2CH_2OH$ 2-羟（基）乙基	$-CH_2COOH$ 羧甲基	$-CH=CHCH_3$ 丙烯基	

后面四个基为复基。基中有支链或复基，常需用编号表示支链或复基中基的位置，编号是从消除单价原子或基团的那个原子开始，为1，其余顺序编号。例如：

$-CH_2-\underset{CH_3}{\underset{|}{C}}HCH_2CH_3$
2-甲基丁基

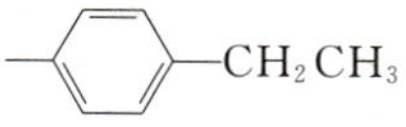
4-乙基苯基

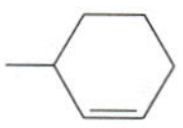
2-环己烯基

（2）亚基　一个化合物从形式上消除两个单价或一个双价的原子或基团，剩余部分为亚基。例如：

亚甲基

亚异丙基

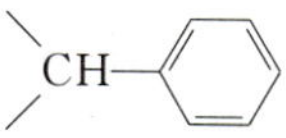
苯亚甲基（亚苄基）

亚氨基

$-CH_2CH_2-$
1,2-亚乙基

$-CH_2CH_2CH_2CH_2CH_2CH_2-$
1,6-亚己基

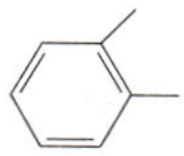
邻亚苯基

$-OCH_2CH_2-$
1,3-亚乙氧基

1,1-亚乙基

(3) 次基 一个化合物从形式上消除三个单价的原子或基团，剩余部分为次基，命名中的次基限于三个价集中在一个原子上的结构。例如：

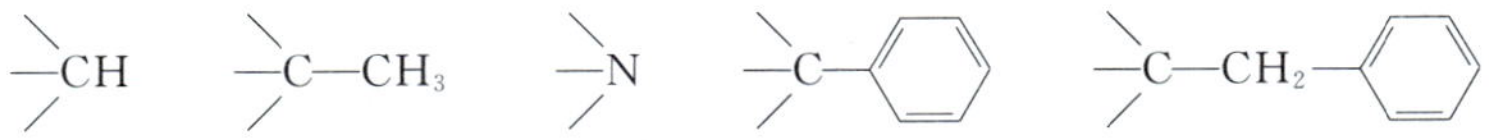

次甲基　次乙基　次氨基　苯次甲基　2-苯基次乙基

(4) 自由基 一个化合物从形式上消除一个单电子的原子或基团而构成带有未成键的单电子基，称为自由基。例如：

$\cdot CH_3$ 甲基自由基　$(C_6H_5)_3C\cdot$ 三苯甲基自由基　$CH_2{=}CHCH_2\cdot$ 烯丙基自由基

2.2.2 命名法概述

有机化学发展的不同时期，有不同的命名方法。至今仍沿用的有如下几种。

拓 4-3

1. 普通命名法

对于那些结构简单的化合物，常用的方法是用甲、乙、丙、丁、戊、己、庚、辛、壬、癸、十一、十二……表示分子中碳原子数目，用表示链结构的形容词表示碳链的结构，加上化合物的类名。此方法称为普通命名法或习惯命名法。例如：

烷烃　$CH_3CH_2CH_2CH_3$ 正丁烷　$(CH_3)_2CHCH_3$ 异丁烷　$(CH_3)_3CH$ 叔丁烷

烯烃　$CH_2{=}CHCH_2CH_3$ 正丁烯　$(CH_3)_2C{=}CH_2$ 异丁烯　$CH_2{=}CH{-}C(CH_3){=}CH_2$ 异戊二烯

卤代烃　$(CH_3)_3CCl$ 叔丁基氯　$(CH_3)_3CCH_2Br$ 新戊基溴　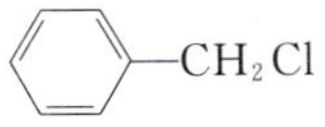 苄基氯　$CH_2{=}CHCH_2Cl$ 烯丙基氯

醇　$(CH_3)_2CHCH_2OH$ 异丁醇　$CH_3CH_2C(CH_3)_2OH$ 叔戊醇　$C(CH_2OH)_4$ 季戊四醇　$CH_2{=}CHCH_2OH$ 烯丙基醇

醛　$CH_3CH_2CH_2CHO$ 正丁醛　$(CH_3)_2CHCHO$ 异丁醛　$(CH_3)_3CCHO$ 叔戊醛

酸　$CH_3CH_2CH_2COOH$ 正丁酸　$CH_2{=}C(CH_3){-}COOH$ 甲基丙烯酸　$CH_3(CH_2)_{10}COOH$ 正十二碳酸

胺　CH_3NH_2 甲胺　$(CH_3CH_2)_2NH$ 二乙胺　$(CH_3CH_2CH_2CH_2)_3N$ 三丁胺

官能团在碳链中间的化合物如醚和酮命名时，用两烃基（简单的在前，复杂的在后）名加上化合物类名构成普通名称。例如：

醚 $CH_3OC(CH_3)_3$ 甲基叔丁基醚

$CH_2{=}CH{-}O{-}CH_2CH_3$ 乙基乙烯基醚

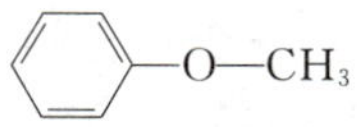
甲基苯基醚

酮 $CH_3COCH_2CH_3$ 甲基乙基酮

$CH_3COCH(CH_3)_2$ 甲基异丙基酮

$C_6H_5COCH_3$ 甲基苯基酮

羧酸衍生物的命名是由酸(或酰基)名再加类名构成。例如:

酯 $HCOOC_2H_5$ 甲酸乙酯

$(CH_3)_2CHCOOCH_3$ 异丁酸甲酯

$CH_3COOCH(CH_3)_2$ 乙酸异丙酯

酸酐

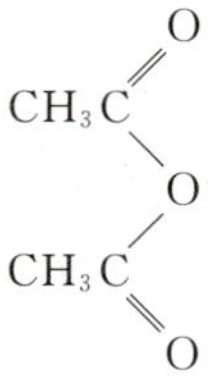
(二)乙酸酐

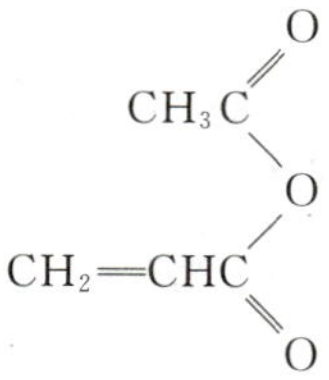
乙酸丙烯酸酐

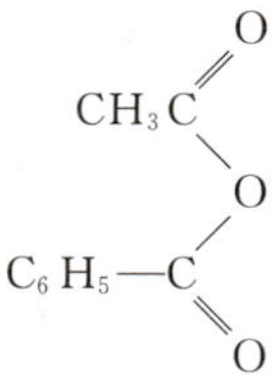
乙酸苯甲酸酐

酰卤

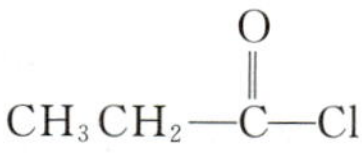
丙酰氯

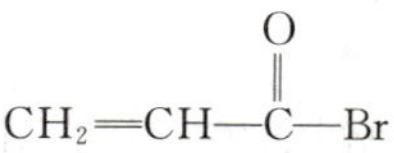
丙烯酰溴

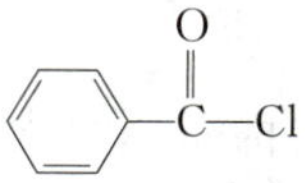
苯甲酰氯

酰胺

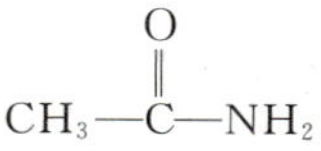
乙酰胺

N,*N*-二甲基甲酰胺

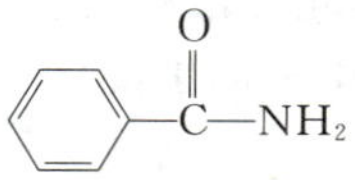
苯甲酰胺

2. 衍生物命名法

作为对普通命名法的补充,少数化合物的衍生物命名法也在使用。它是把各类化合物中碳原子数最少的成员看成母体,其它成员看成衍生物。例如:

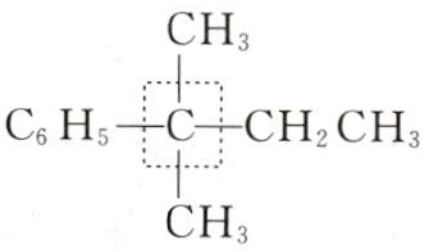
二甲基乙基苯基甲烷

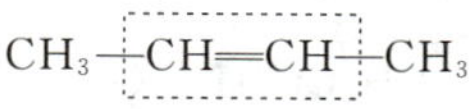
对称二甲基乙烯

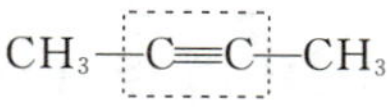
二甲基乙炔

乙烯基乙炔

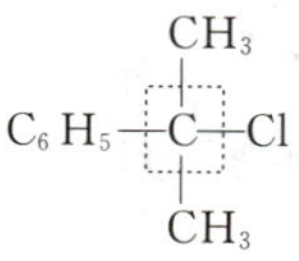
二甲基苯基氯甲烷

3. 俗名

在有机化合物的命名中,为了方便,不少有机化合物的名称还保留着俗名。俗名大多是在有机化学发展初期,根据有机化合物的来源、存在或性质(如物态、味道等)而得名。例如:

$HCOOH$	CH_3COOH	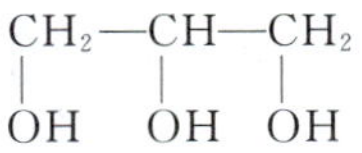	$CH_3(CH_2)_{16}COOH$
蚁酸	冰醋酸	甘油	硬脂酸
（来自蚂蚁体内）	（在 16 ℃结晶像冰）	（味甘甜）	（来自脂肪，常温下是固体）

上述诸命名方法简单、实用，广泛用于口头和文字交流，但对结构复杂的化合物很难做到一个化合物一个名称。因此，IUPAC 组织研制、修订 IUPAC 命名法，中国化学会根据 IUPAC 制定、修订的命名方法，并结合我国文字特点，于 1960 年制定了《有机化学物质的系统命名原则》（由此，常称为系统命名法）；1980 年经增补修订为《有机化学命名原则》，其中规定了一些命名原则和烃、杂环化合物的系统命名方法，但对有些烃类衍生物的系统命名并不十分明确（见 2.3 节）。

对于结构特殊、较难命名的化合物，可以借助前面介绍的化学介词进行命名。

信息交流传播技术的发展，给有机化合物命名提出了新的课题，有机化合物的名称如何适应计算机的要求已提到有机化学家的面前。

2.3　系统命名法

2.3.1　基本方法

有机化合物系统命名法是在取代命名法的基础上发展起来的。其基本方法分四步：选主要官能团，定主链位次，确定取代基列出顺序和写出全名称。

1. 选主要官能团

通常，按官能团优先顺序表（表 2-1）中官能团排列顺序选择化合物中的主要官能团。习惯上把排在前面的官能团选作主要官能团，命名时称为某某化合物，排在后面的官能团看成取代基。例如，$HOCH_2CH_2COOH$，$HOCH_2CH_2COOCH_3$ 和 $HOCH_2CH_2NH_2$ 的主要官能团分别是 —COOH，—$COOCH_3$ 和 HO—，分别命名为酸、酯和醇。但在官能团优先顺序表中，排在烷后面的官能团都看成取代基，命名时称为某某烷。例如，$CH_3OCH_2CH_2CH_3$、$BrCH_2CH_2CH_3$ 分别称做甲氧基丙烷和溴代丙烷。

2. 定主链位次

选择含有主要官能团、取代基多的最长碳链为主链，从靠近官能团的一端开始给主链编号，给定主链上取代基的位置。编号要遵守“最低系列原则”。最低系列原则是指将碳链从不同方向编号，得到两种或两种以上的不同编号系列，比较各系列的位次，最先遇到的位次最小者，定为“最低系列”。例如：

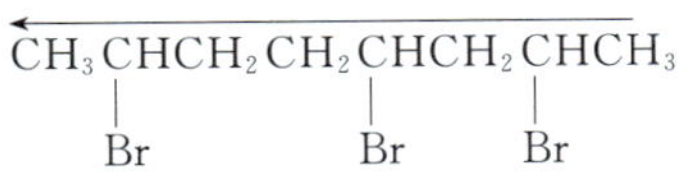

2,4,7-三溴辛烷
（不能叫 2,5,7-三溴辛烷）

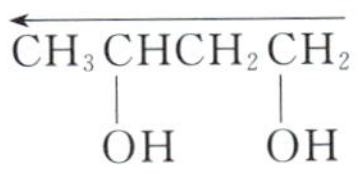

1,3-丁二醇
（不能叫 2,4-丁二醇）

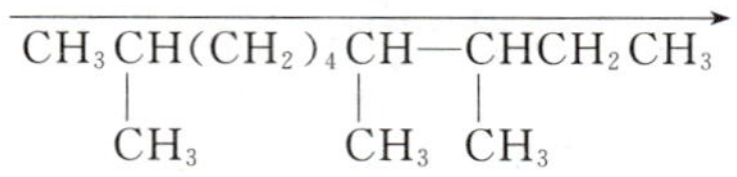

2,7,8-三甲基癸烷

（不能叫 3,4,9-三甲基癸烷）

在这三个例子中，都有两种编号系列，其中箭头指示的编号系列是最低系列，而与箭头指示相反的编号系列不是最低系列。在 2,4,7-三溴辛烷的两种编号系列中，尽管两种编号系列最先遇到的取代基的位次都是 2，但第二个取代基的位号不同，箭头指示编号系列是 4，而相反方向编号系列是 5，由此决定箭头指示的编号系列是最低系列。如果第二个取代基的位号仍相同，比较第三个取代基的位次，以此类推，直到比较出最低位次。

3. 确定取代基列出顺序

主链上有多个取代基或官能团时，这些取代基或官能团列出顺序遵守“次序规则”(sequence rule)，较优基团后列出。次序规则内容(用“>”表示优于)如下。

(1) 各种取代基或官能团按其第一个原子的原子序数大小排列，原子序数大者为“较优”基团。若为同位素，则质量高的定为“较优”基团。例如：

I > Br > Cl > F > O > N > C > D > H > :(指孤对电子)

(2) 如果两个基团的第一个原子相同，则比较与之相连的第二个原子，以此类推。比较时，按原子序数排列，先比较各组中原子序数最大者，若仍相同，再依次比较第二个、第三个。例如：

$—CH_2Cl$ > $—CH_3$ (第二个原子组:Cl,H,H>H,H,H)

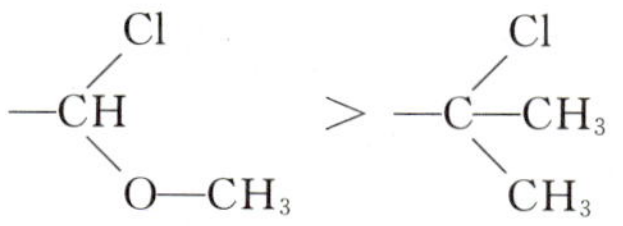 (第二个原子组:Cl,O,H>Cl,C,C)

若仍相同，则沿取代基链逐次比较。例如：

$—CH_2CH_2CH_2CH_3$ > $—CH_2CH_2CH_3$ (第三个 C 原子组:C,H,H>H,H,H)

(3) 含双键或三键基团，可以分解为连有两个或三个相同原子的键。例如：

$—\overset{1}{C}H{=}\overset{2}{C}H_2$ 相当于 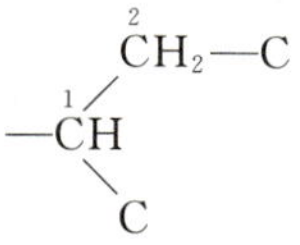，C_1(C,C,H)，C_2(C,H,H)；$—\overset{1}{C}{\equiv}\overset{2}{C}H$ 相当于

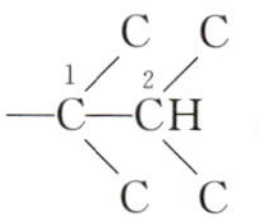，C_1(C,C,C)，C_2(C,C,H)；因此 $—C{\equiv}CH$ > $—CH{=}CH_2$。

又如，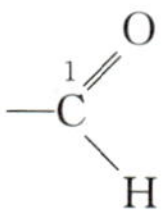 相当于 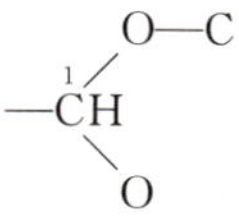，C_1(O,O,H)；$—\overset{1}{C}{\equiv}N$ 相当于 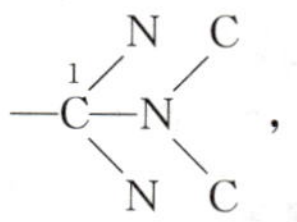，

$C_1(N,N,N)$；因此 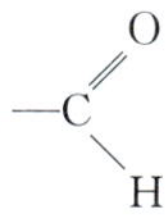 > —CN 。

（4）若原子的键不到四个（氢除外），可以补加原子序数为零的假想原子（其顺序排在最后），使之达到四个。如 $-NH_2$ 的孤对电子即为假想原子。

4. 写出全名称

写出化合物全名称时，取代基或官能团的位次号写在取代基或官能团名称前面，用半字线“-”与取代基分开；相同取代基或官能团合并写，用二、三等表示相同取代基或官能团数目，位号数字间用逗号“,”分开；前一取代基名称与后一取代基位号间也用半字线“-”分开。在不能混淆时，可以省去位次号，多数情况下“1”可以省去。例如：

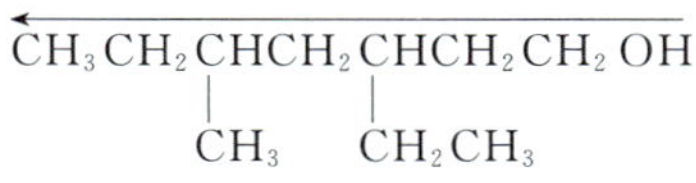

5-甲基-3-乙基(-1-)庚醇

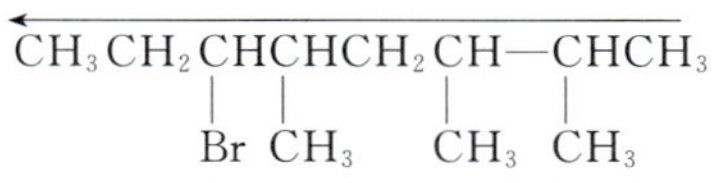

2,3,5-三甲基-6-溴辛烷

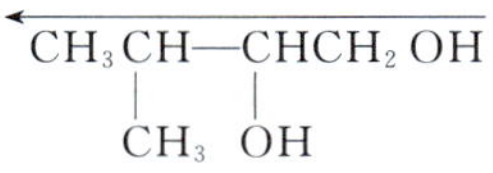 ①

3-甲基-1,2-丁二醇

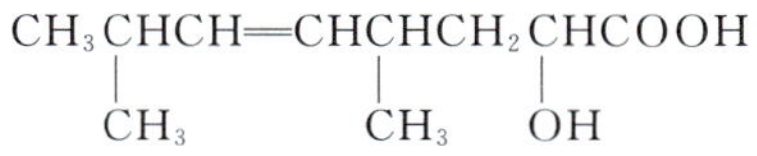

4,7-二甲基-2-羟基辛-5-烯(-1-)酸

为了区分标明取代基位次的 1,2,3,… 和标明取代基数目的二、三……，在读名称时，在 1,2,3,…后加上“位”字。上述四个化合物分别读做五位甲基三位乙基庚醇，二、三、五位三甲基六位溴辛烷，三位甲基一、二位丁二醇和四、七位二甲基二位羟基辛五位烯一位酸。

2.3.2 烃的命名

1. 开链烷烃

按含侧链最多、侧链有最低位次、较短侧链中含碳原子多、侧链分支少的顺序选择最长碳链为主链，主链按最低系列原则编号，按次序规则给出侧链顺序，写出全名称。如果侧链中还有分支链，可有两种方法表示：一种是用括号将有支链的侧链括上，另一种是用带撇的数字表示侧链中支链的位置，前一种清楚实用。例如：

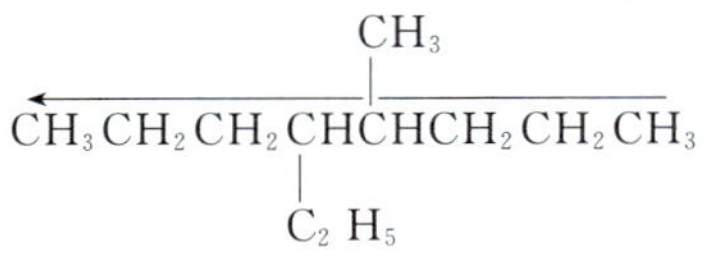

4-甲基-5-乙基辛烷

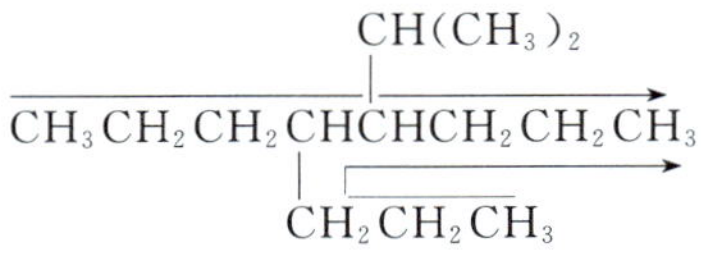

4-丙基-5-异丙基辛烷

---

① IUPAC 1993 年的《有机化合物命名指南》推荐：标明取代基和官能团位次的数字直接写到相应的取代基或官能团名称前，如 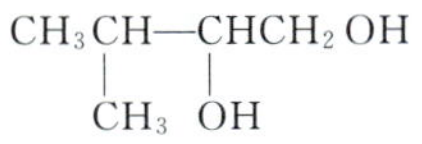 写作 3-甲基丁-1,2-二醇。但中国化学会还没有这样的规定。此处仍按中国化学会 1980 年的《有机化学命名原则》推荐的方法命名。

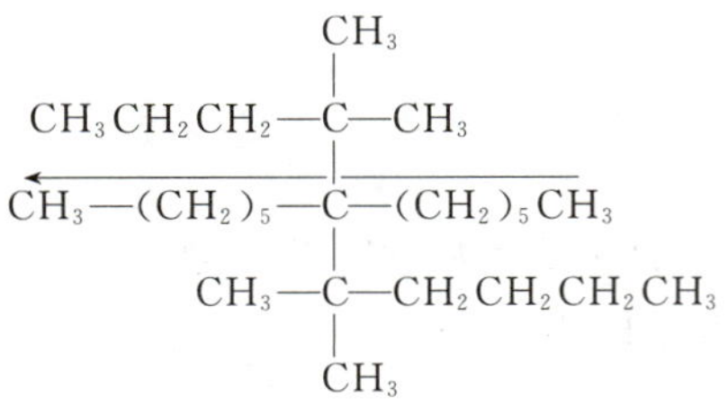

7-(1,1-二甲基丁基)-7-(1,1-二甲基戊基)十三烷
或 7-1′,1′-二甲基丁基-7-1″,1″-二甲基戊基十三烷

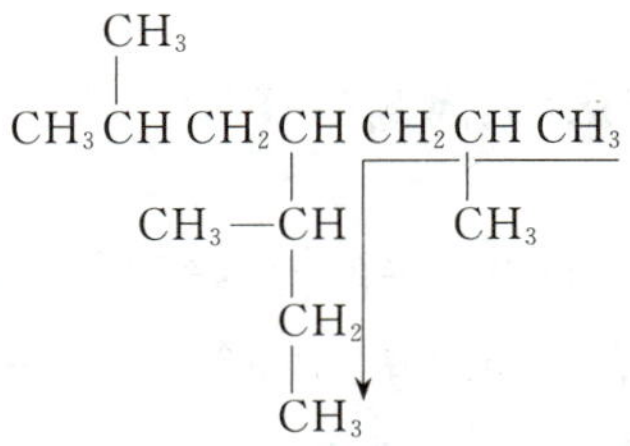

2,5-二甲基-4-(2-甲基丙基)庚烷
或 2,5-二甲基-4-2′-甲基丙基庚烷

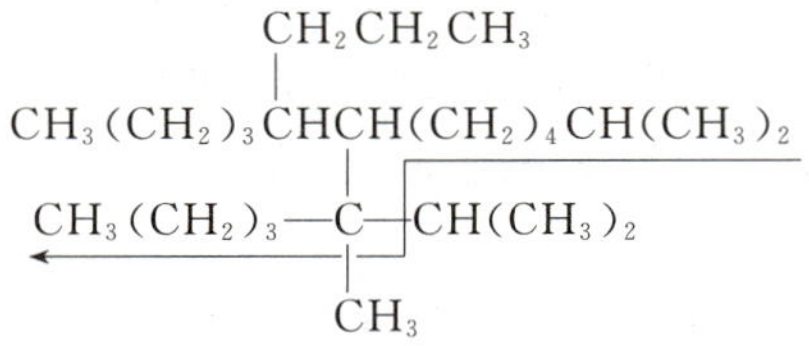

2,8-二甲基-8-异丙基-7-(1-丙基戊基)十二烷

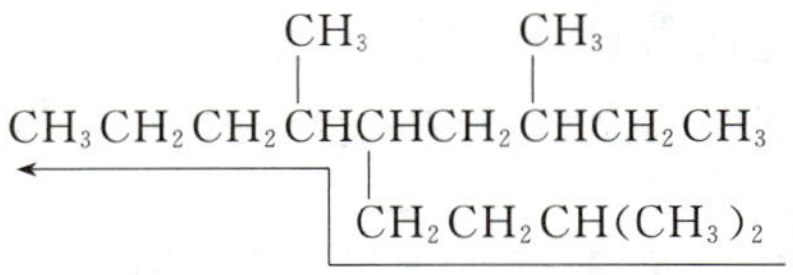

2,6-二甲基-5-(2-甲基丁基)壬烷

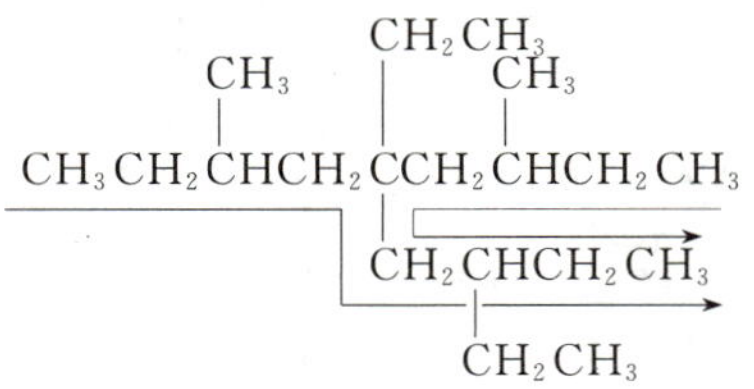

3-甲基-5,7-二乙基-5-(2-甲基丁基)壬烷

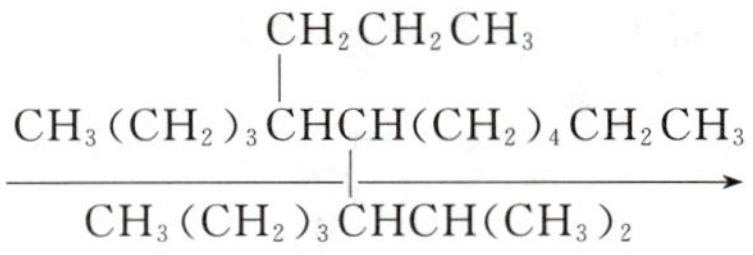

5-丙基-6-(1-异丙基戊基)十二烷

2. 开链烯烃

选择含双键最多的最长碳链为主链，从靠近双键一端开始编号，并标明双键的位次。为了区分双键数目和分子主链上的碳原子数目，用数字表示碳原子数目时，后面加“碳”字。例如：

3-庚烯

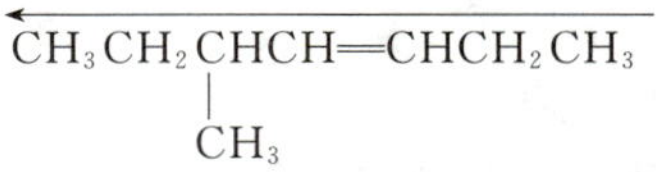

5-甲基-3-庚烯

1-十二碳烯

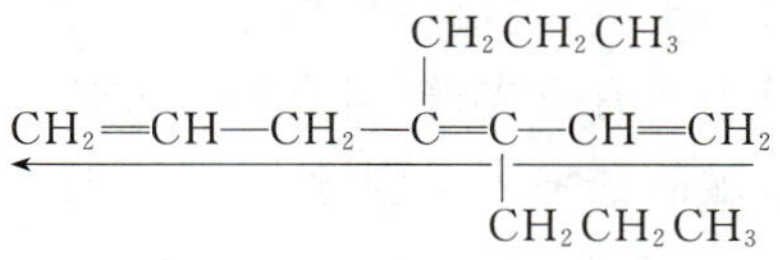

3,4-二丙基-1,3,6-庚三烯

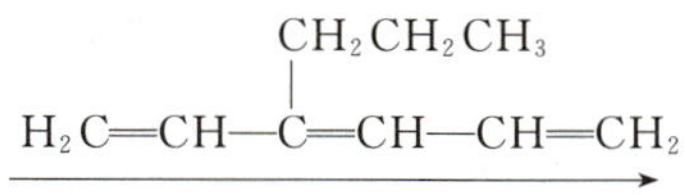

3-丙基-1,3,5-己三烯

3. 开链炔烃

命名方法与烯烃相同。例如：

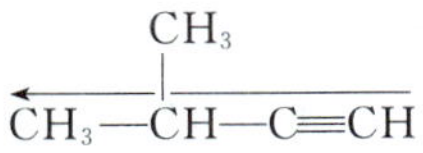

3-甲基(-1-)丁炔

$CH_3—(CH_2)_{10}—C≡C—CH_3$

2-十四碳炔

$CH_3(CH_2)_3CH═CH—CH═CH—CH═CH(CH_2)_7CH_3$

5,7,9-十八碳三烯

4. 开链烯炔

选择含双键、三键最多的最长碳链为主链。按最低系列原则给双键或三键尽可能低的位号；在双键、三键位号有选择时，优先给双键最低位号，称为烯炔。例如：

$CH_3CH═CHC≡CH$

3-戊烯-1-炔

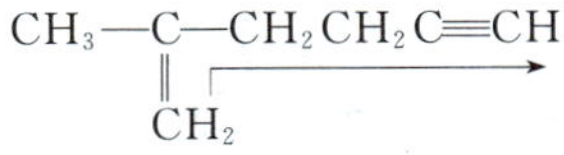

2-甲基-1-己烯-5-炔

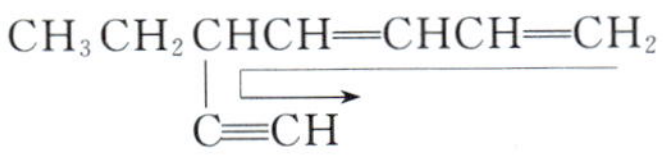

5-乙基-1,3-庚二烯-6-炔

$CH_2═CH(CH_2)_7C≡CH$

1-十一碳烯-10-炔

5. 单环脂肪烃

单环脂肪烃包括单环烷烃、单环烯烃和单环炔烃。命名方法与开链烃相同，只是在名称前加“环”字。例如：

环己烷

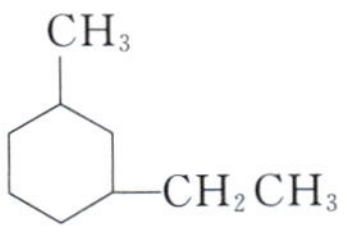

1-甲基-3-乙基环己烷

环戊烯

1,3-环己二烯

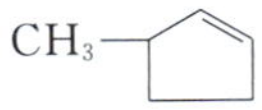

3-甲基环戊烯

环辛四烯

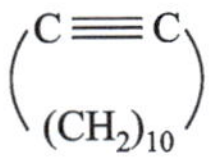

环十二碳炔

6. 桥环烃与螺环烃

(1) 桥环烃　两个环共用两个碳原子组成的环烃称为桥环烃，共用的碳原子称为桥头碳原子，其余的称为桥(链)碳原子。环的编号从一个桥头碳原子开始，沿含官能团或取代基的大环编到另一个桥头碳原子，再从这个桥头碳原子沿着次大环继续编号，给官能团、取代基尽可能小的位号。命名时将取代基名称和位次号写在前面，桥碳原子数目从大到小写到方括号中，中间用下角圆点隔开，并写出官能团的位次号及名称。例如：

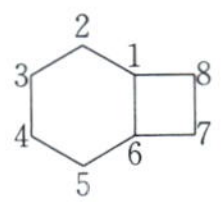

二环[4.2.0]辛烷

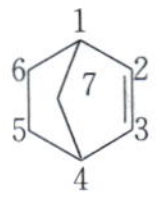

二环[2.2.1]-2-庚烯

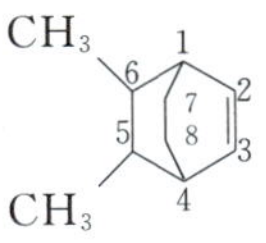

5,6-二甲基二环[2.2.2]-2-辛烯

（2）螺环烃　两个环共用一个碳原子组成的环烃称为螺环烃，共用的碳原子称为螺原子。命名方法与桥环烃相似，但环的编号要从与螺原子相邻的碳原子开始，沿小环编到大环。标明螺环上碳原子数目时，先写小环上碳原子数目，再写大环上的碳原子数目。例如：

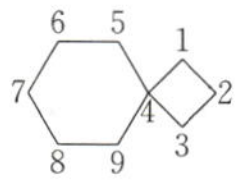

螺[3.5]壬烷

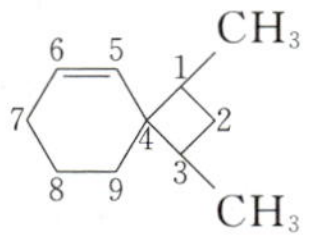

1,3-二甲基螺[3.5]-5-壬烯

7. 单环芳烃

分子中含有一个苯环的烃称为单环芳烃。

简单的芳烃是以苯为母体命名的，环上取代基位次可用1,2,3,4,5,6表示；二元取代物也可用“邻”“间”“对”或 *o*-(ortho)，*m*-(meta)，*p*-(para)表示；相同的三元取代基还可用“连”“偏”“均”表示。例如：

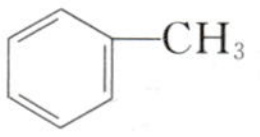 ①

甲(基)苯

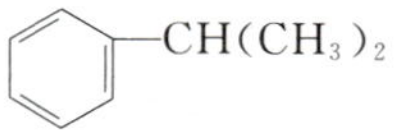

异丙(基)苯

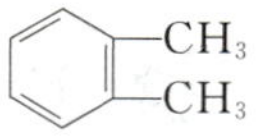

1,2-二甲苯
或邻二甲苯
或 *o*-二甲苯

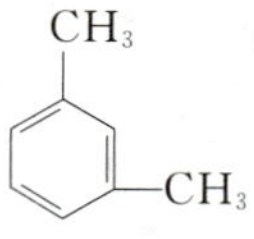

1,3-二甲苯
或间二甲苯
或 *m*-二甲苯

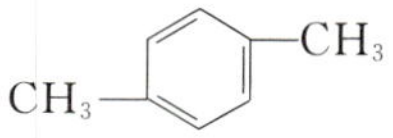

1,4-二甲苯
或对二甲苯
或 *p*-二甲苯

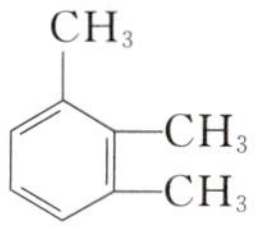

1,2,3-三甲苯
或连三甲苯

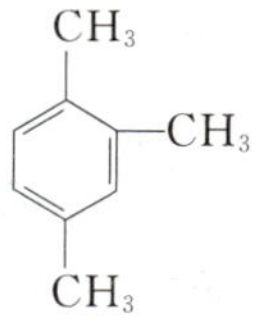

1,2,4-三甲苯
或偏三甲苯

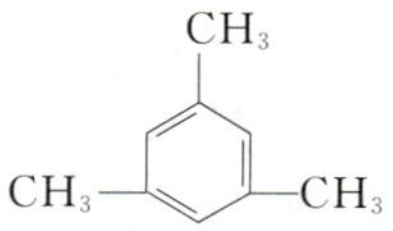

1,3,5-三甲苯
或均三甲苯

当苯环上连有复杂的烷基或不饱和烃基时，一般以苯环为取代基进行命名。苯基与不同的烃基按次序规则列出。例如：

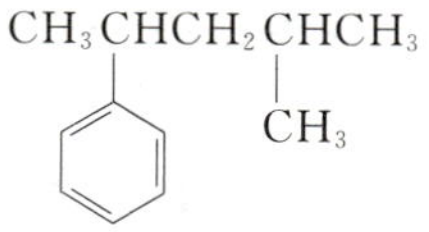

2-甲基-4-苯基戊烷

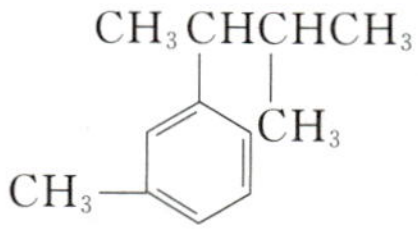

2-甲基-3-(3-甲基苯基)丁烷

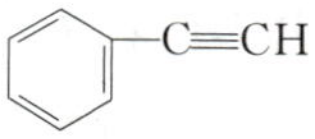

苯乙炔

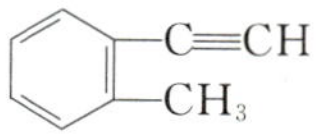

邻甲基苯乙炔

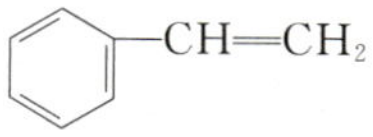

苯乙烯

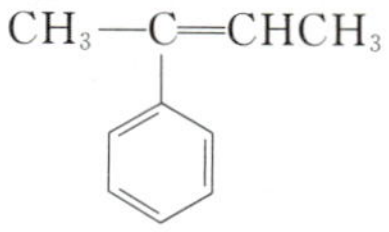

2-苯基-2-丁烯

---

① 在 Preferred IUPAC Names 中甲苯看做母体。

8. 多环芳烃

多环芳烃是指分子中含有两个或两个以上苯环的烃。

（1）多苯代脂烃 多个苯基取代脂肪烃中的氢原子得到的化合物称做多苯代脂烃。命名时，脂肪烃为母体，将苯环看做取代基。例如：

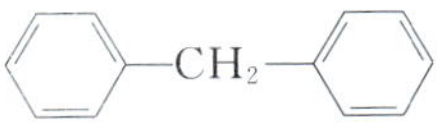

二苯甲烷

1,2-二苯乙烷

（2）联环芳烃 多个苯环以单键直接相连的芳烃称做联环芳烃。命名时，用二、三、四……表示苯环数目，用化学介词“联”表示环间的关系。例如：

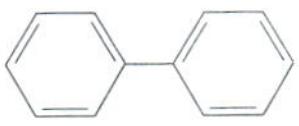

联二苯

对联三苯

（3）稠环芳烃 分子中含有两个或两个以上苯环彼此间用两个相邻的碳原子稠合而成的芳烃称为稠环芳烃。简单的稠环芳烃给予特定的名称，每种稠环上取代基编号有所不同。例如：

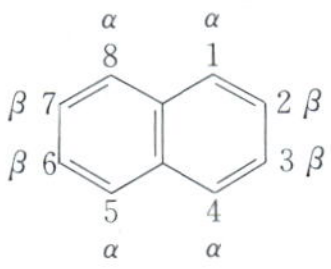

萘

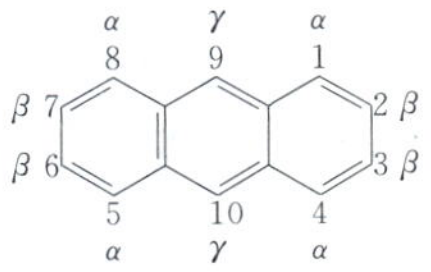

蒽

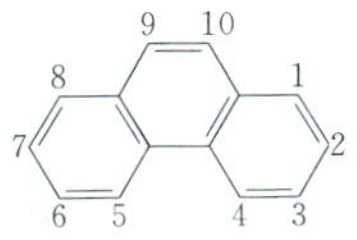

菲

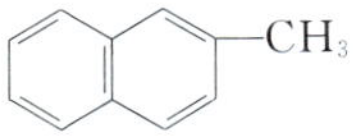

2-甲基萘
或 β-甲基萘

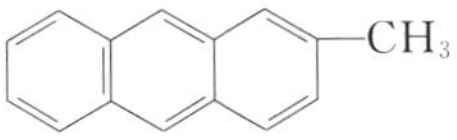

2-甲基蒽
或 β-甲基蒽

更复杂一些稠环芳烃的命名可用化学介词“并”表示环间关系。例如：

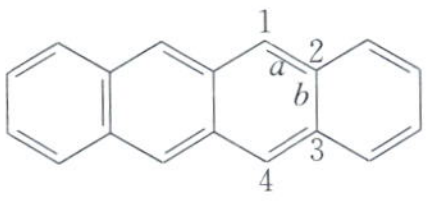

2,3-苯并蒽（苯并[b]蒽）

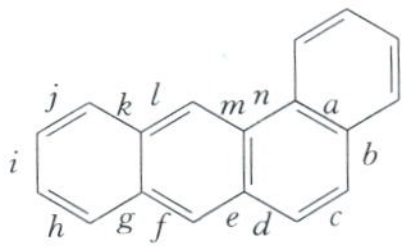

1,2-苯并蒽（苯并[a]蒽）

2.3.3 烃衍生物的命名

烃分子中的氢原子被取代基或官能团替换所得的化合物称为烃衍生物。命名时，按官能团优先次序选择主要官能团，确定化合物的名称。

1. 卤代烃

烃分子中的氢原子被卤原子替换所得的化合物称为卤代烃。命名时，将卤原子看成取代基，烃看成母体。例如：

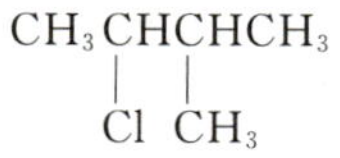

2-甲基-3-氯丁烷

$ClCH_2CH{=}CH_2$

3-氯丙烯

$CH_3{-}C{\equiv}C{-}Br$

1-溴丙炔

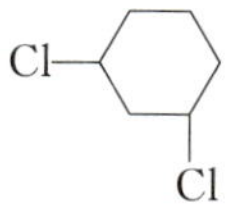

1,3-二氯环己烷

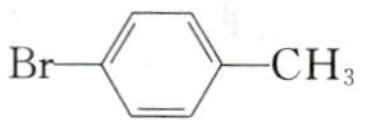

4-溴甲苯
或对溴甲苯

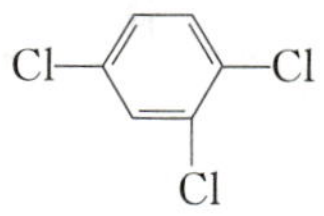

1,2,4-三氯苯

2. 硝基化合物

烃分子中的氢原子被硝基替换所得的化合物称为硝基化合物。命名时，将硝基看成取代基，烃看成母体。例如：

$CH_3CH_2CH_2NO_2$

1-硝基丙烷

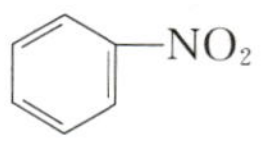

硝基苯

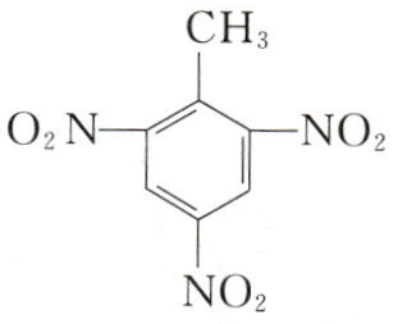

2,4,6-三硝基甲苯

3. 醚

烃分子中的氢原子被烃氧基替换所得到的化合物称为醚。命名时，把“较不优”的烃基连“氧”一起看成取代基，称为烃氧基，“较优”的烃基看成母体。但使用系统命名法不普遍，常使用括弧中的普通名称。例如：

$CH_3OCH_2CH_3$

甲氧基乙烷
（甲乙醚）

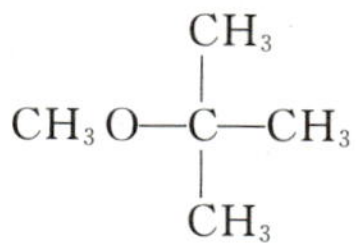

2-甲基-2-甲氧基丙烷
（甲基叔丁基醚）

$CH_3OCH{=}CH_2$

甲氧基乙烯
（甲基乙烯基醚）

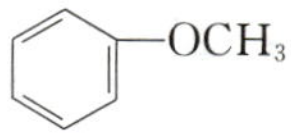

甲氧基苯
（甲基苯基醚，俗称茴香醚）

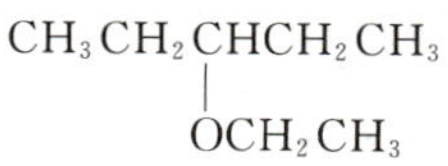

3-乙氧基戊烷

$CH_3CH_2OCH_2CH_2OCH_2CH_3$

1,2-二乙氧基乙烷

4. 胺

烃分子中的氢原子被氨基替换所得到的化合物称为胺。命名时，以胺为母体，选含氨基的最长碳链为主链，从氨基端开始给主链编号。例如（括弧中的名称是普通名称）：

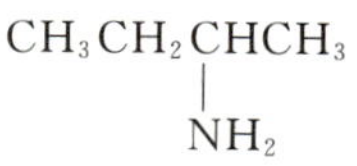

1-甲基丙胺
（仲丁胺）

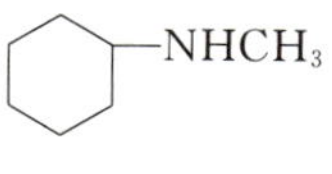

N-甲基环己胺
（甲基环己基胺）

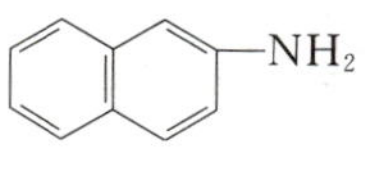

β-氨基萘
（*β*-萘胺）

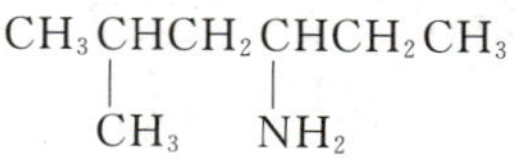

3-甲基-1-乙基丁胺

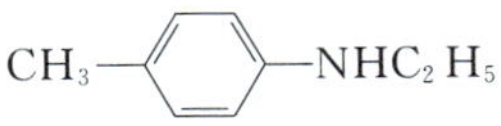

N－乙基对甲苯胺（乙基对甲苯胺）

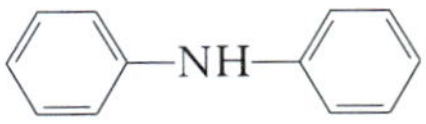

N－苯基苯胺（二苯胺）

$NH_2CH_2CH_2NH_2$

1,2－乙二胺（乙二胺）

5. 醇

烃分子中的氢原子被羟基替换所得到的化合物称为醇。命名时，把连羟基数目多的长碳链选作主链，并给羟基尽可能低的位号。例如：

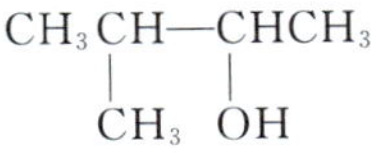

3－甲基－2－丁醇

$CH_2=CHCH_2OH$

2－丙烯－1－醇（烯丙醇）

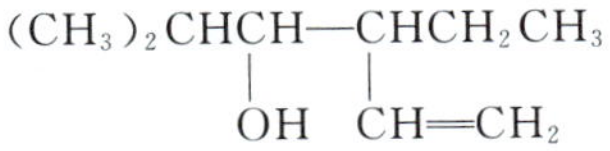

2－甲基－4－乙基－5－己烯－3－醇

2－苯乙醇

$HOCH_2CH_2CH_2CH_2OH$

1,4－丁二醇

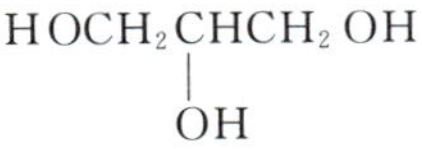

1,2,3－丙三醇

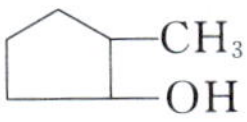

2－甲基环戊醇

6. 酚

芳烃芳环上的氢原子被羟基替换得到的化合物称为酚。命名时，对芳环编号，给羟基尽可能低的位号。例如：

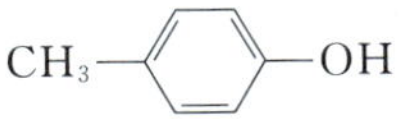

对甲基苯酚

对苯二酚

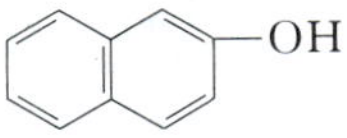

2－萘酚

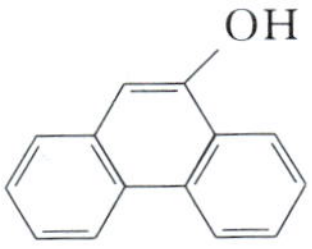

9－菲酚

7. 硫醇、硫醚、硫酚

烃分子中的氢原子被巯基、烃硫基替换和芳烃芳环上的氢原子被巯基替换所得的化合物分别称为硫醇、硫醚和硫酚。它们的命名与醇、醚、酚相似，在相应的母体名称前加“硫”字即可。例如：

CH_3CH_2SH

乙硫醇

2－甲基－3－戊硫醇

$CH_3SCH_2CH_3$

甲硫基乙烷（甲乙硫醚）

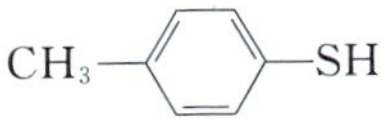

对甲基苯硫酚

8. 酮

烃分子中仲碳上的两个氢原子被氧原子替换所得到的化合物称为酮。酮羰基在碳链中间，从靠近羰基一端开始给主链编号，命名时标出羰基的位置。例如：

CH_3COCH_3

丙酮

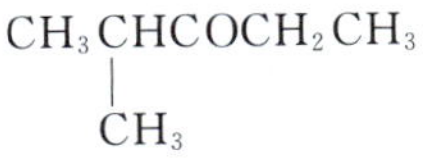

2－甲基－3－戊酮

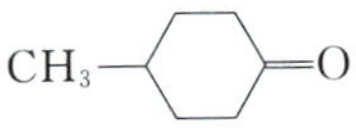

4－甲基环己酮

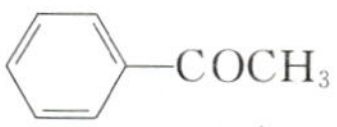

苯(基)乙酮
(甲基苯基酮)

$CH_3COCH_2COCH_3$

2,4-戊二酮
(β-戊二酮)

9. 醛

烃分子中伯碳上的两个氢原子被氧原子替换所得到的化合物称为醛。命名时,选含醛基的最长碳链为主链,给主链编号有两种表示方式:一种是用1,2,3,…表示;另一种是用$\alpha,\beta,\gamma,\cdots$表示。把与官能团相连的碳原子称为$\alpha$-碳原子,以此类推。醛基在链端,命名时不必标出醛基位置。例如:

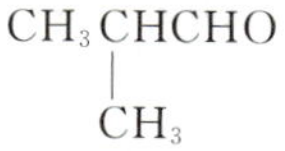

2-甲基丙醛
或α-甲基丙醛

$CH_2{=}CHCH_2CHO$

3-丁烯醛或β-丁烯醛
(俗称巴豆醛)

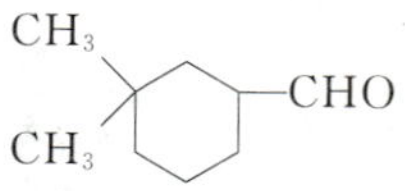

3,3-二甲基环己基甲醛

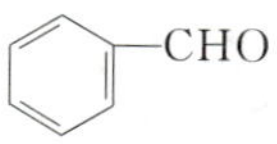

苯(基)甲醛

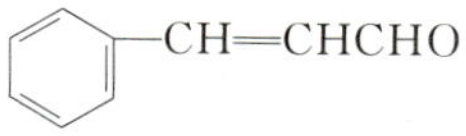

3-苯基-2-丙烯醛
(俗称肉桂醛)

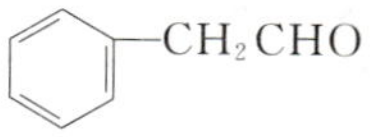

苯(基)乙醛

$OHCCH_2CH_2CH_2CHO$

戊二醛

10. 羧酸

烃分子中伯碳上的氢原子被氧原子和羟基同时替换所得到的化合物称为羧酸。羧酸的命名方法与醛相似。例如:

CH_3CH_2COOH

丙酸

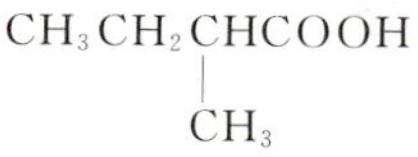

2-甲基丁酸
或α-甲基丁酸

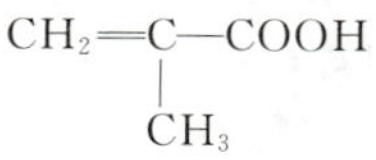

2-甲基丙烯酸
或α-甲基丙烯酸

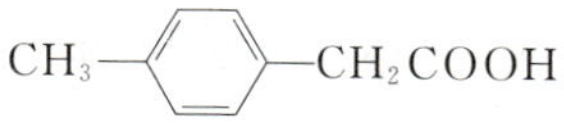

对甲(基)苯乙酸

$HOOCCH_2CH_2CH_2CH_2COOH$

己二酸

对苯二甲酸

11. 磺酸

烃分子中的氢原子被磺基替换所得到的化合物称为磺酸。磺酸的命名方法与醛相似。例如:

$CH_3CH_2CH_2SO_3H$

丙磺酸

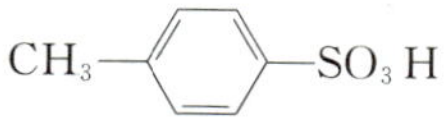

对甲苯磺酸

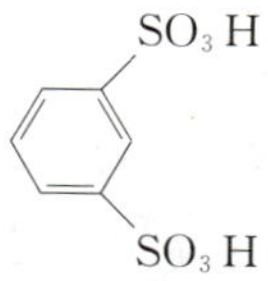

间苯二磺酸

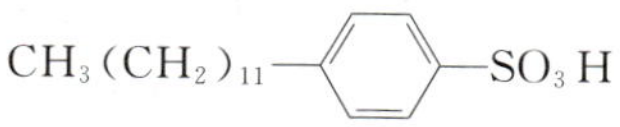

对十二烷基苯磺酸

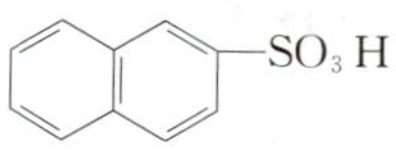

β-萘磺酸

12. 腈

烃分子中伯碳上的三个氢原子被氮原子替换所得到的化合物称为腈。腈的命名方法与醛相似。例如：

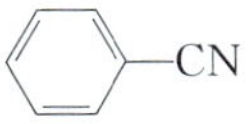

苯(基)腈

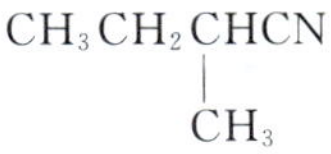

2-甲基丁腈

$NC(CH_2)_4CN$

己二腈

13. 羧酸衍生物

羧酸衍生物包括酰卤、酰胺、酸酐和酯。羧酸分子中的羟基去掉后剩余的基团称为酰基。

酰卤的名称是酰基名加上卤素名；酰胺的名称是酰基名加上胺名；酸酐的名称是两个酸名加上“酐”字；一元酸的一元醇酯的名称是酸名加上醇名（“醇”字去掉）再加“酯”字。例如：

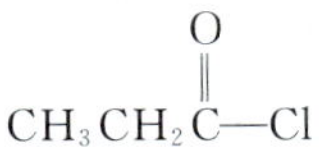

丙酰氯

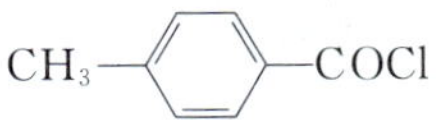

对甲苯(基)甲酰氯

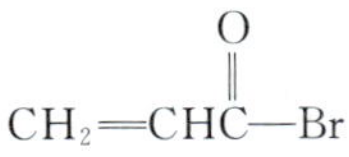

丙烯酰溴

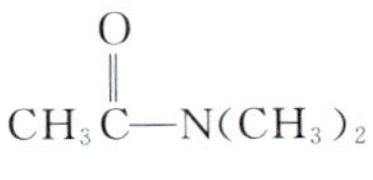

N,*N*-二甲基乙酰胺

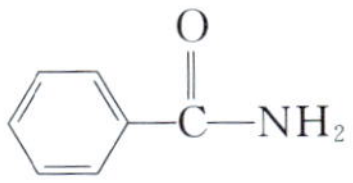

苯(基)甲酰胺

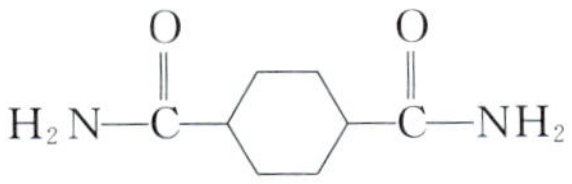

1,4-亚环己(基)二甲酰胺

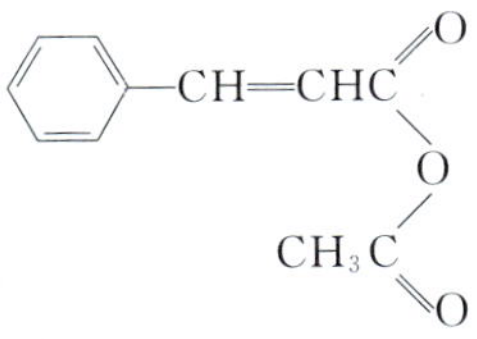

3-苯基丙烯酸乙酸酐
(肉桂酸乙酸酐)

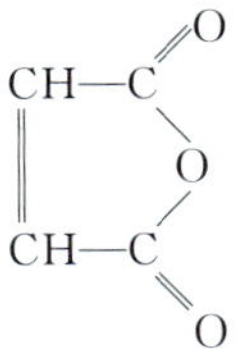

顺丁烯二酸酐
(顺酐)

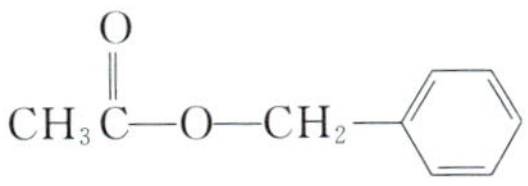

乙酸苯甲酯
(醋酸苄酯)

3-甲基丁酸-1′-甲基丙酯
或 3-甲基丁酸(1-甲基丙)酯

苯甲酸乙酯

14. 醌

分子中具有  或 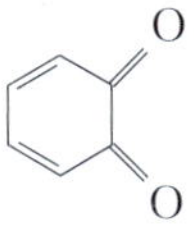 结构单位的环己二烯二酮类化合物称为醌。按芳烃衍生物命名，但醌不是芳烃衍生物。例如：

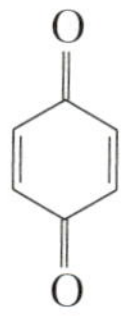

对苯醌
或1,4-苯醌

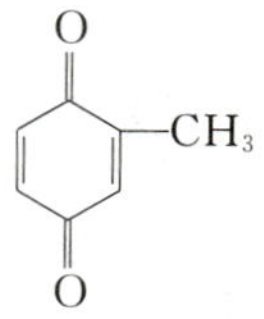

2-甲基-1,4-苯醌

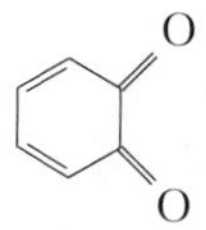

邻苯醌

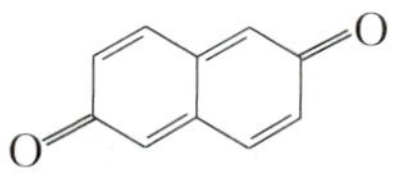

2,6-萘醌

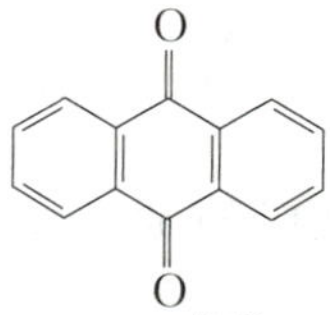

9,10-蒽醌

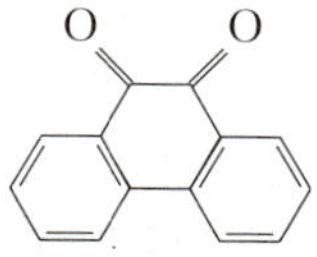

9,10-菲醌

2.3.4 混合官能团化合物的命名

分子中含有两种或两种以上官能团的化合物称为混合官能团化合物。命名时遵守官能团优先顺序习惯、最低系列原则和次序规则。例如：

$NH_2CH_2CH_2OH$
2-氨基乙醇

$ClCH_2CH(CH_3)COOH$
2-甲基-3-氯丙酸

$CH_3COCH_2COOC_2H_5$
3-丁酮酸乙酯

$CH_3OCH_2CH_2CH(NH_2)COOH$
2-氨基-4-甲氧基丁酸

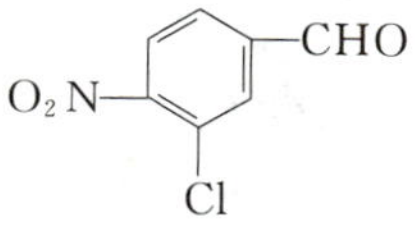

4-硝基-3-氯苯甲醛

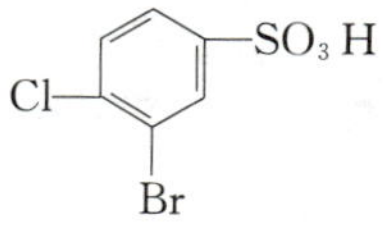

4-氯-3-溴苯磺酸

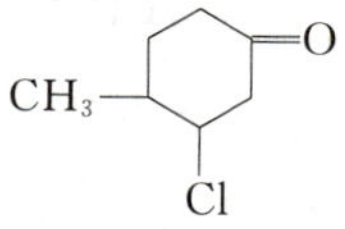

4-甲基-3-氯环己酮

$CH_3SCH_2CH(CH_2CH_3)—CH(NHCH_3)COOCH(CH_3)_2$
3-乙基-2-甲氨基-4-甲硫基
丁酸(1-甲基乙基)酯

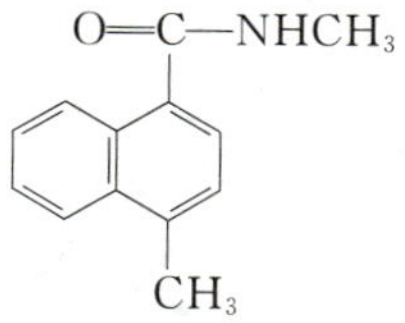

N-甲基-1-(4-甲萘基)甲酰胺

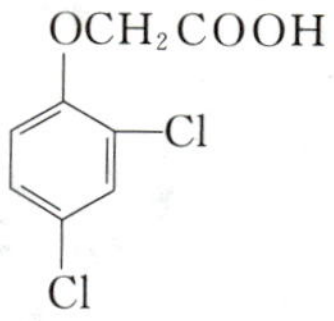

2,4-二氯苯氧基乙酸

$CH_3CH_2COCH_2CHO$
3-戊酮醛
(3-氧代戊醛)

$ClCH_2CH_2OH$
2-氯乙醇

2.3.5 杂环化合物的命名(见14.1.2节)

习 题

2-1 写出下列烷基的名称。

(1) $CH_3—$　　(2) $CH_3CH_2—$　　(3) $CH_3CH_2CH_2—$

(4) $(CH_3)_2CH-$ (5) $CH_3CH_2CH_2CH_2-$ (6) $(CH_3)_2CHCH_2-$

(7) $CH_3CH_2\underset{CH_3}{\underset{|}{C}}H-$ (8) $(CH_3)_3C-$

2-2 用系统命名法命名下列烷烃。

(1)  (2) 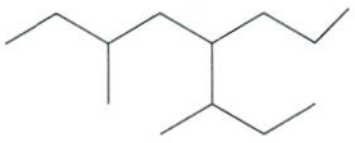

(3) 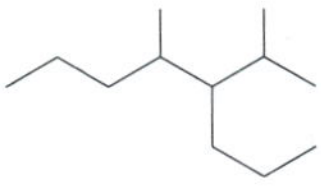 (4) 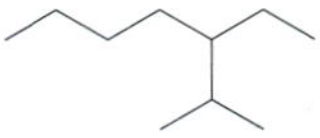

(5) 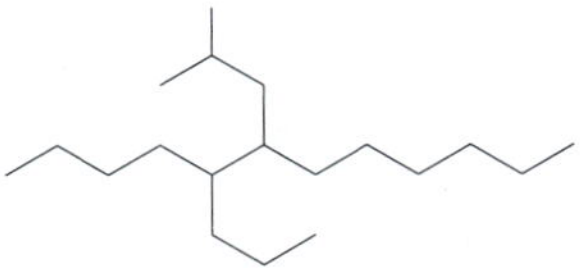 (6) 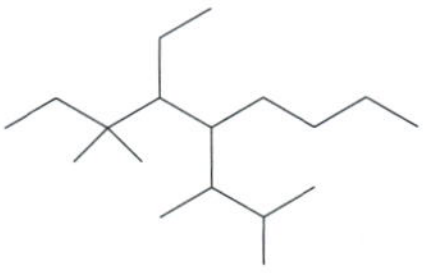

(7) 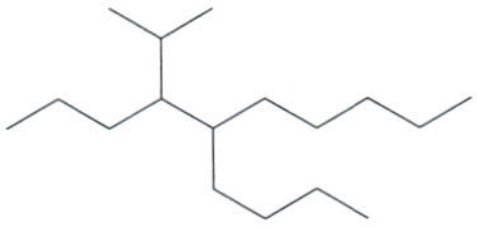 (8) 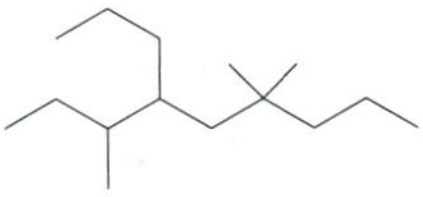

2-3 用系统命名法命名下列不饱和烃。

(1) $(CH_3)_2CHC\equiv CCH_3$ (2) $CH\equiv C-\overset{CH_3}{\overset{|}{C}}H-\overset{CH_3}{\overset{|}{C}}=CH_2$

(3) $CH\equiv CCH_2CH_2CH=CH_2$ (4) $(CH_3)_2CHCH_2\underset{CH=CHCH_3}{\underset{|}{C}}HC\equiv CH$

(5) $CH_3CH=\underset{CH_3}{\underset{|}{C}}-CH=CH-CH_2CH_3$ (6) $CH_3CH_2CH=C=CHCH_3$

(7) $CH_3CH=CH-CH=CH-CH=C(CH_3)_2$ (8) $CH\equiv C-\overset{CH_3}{\overset{|}{C}}HCH_2CH=CH_2$

(9) 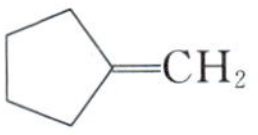 (10) $(CH_3)_2CHCH_2\underset{CH_3}{\underset{|}{C}}=CH_2$

(11) 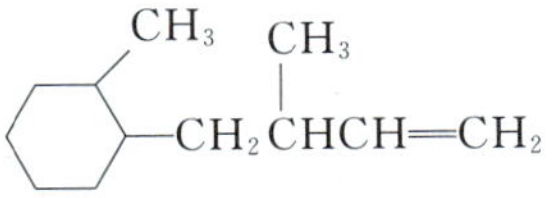

2-4 用系统命名法命名下列化合物。

(1) 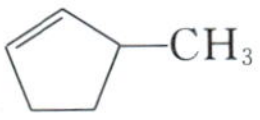 (2) 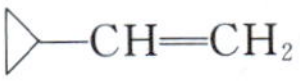 (3) 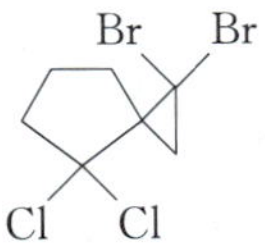

(4)  (5)  (6) 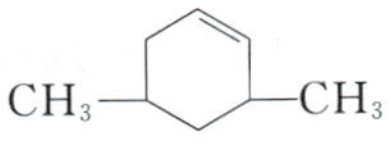

(7)  (8) 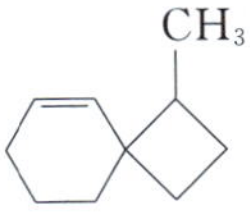 (9) 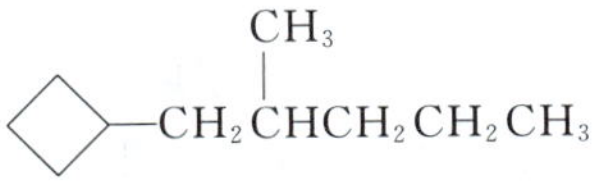

(10) 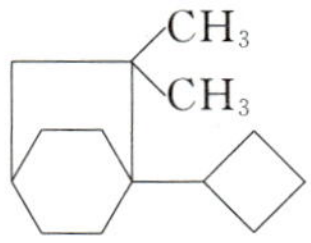

(11) 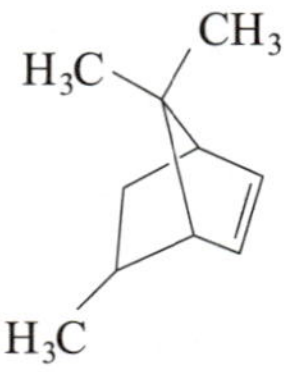

(12) 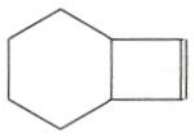

(13) 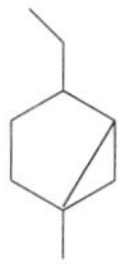

2-5　写出下列化合物的构造式。

(1) 3-甲基环己烯　　(2) 3,5,5-三甲基环己烯

(3) 二环[2.2.1]庚烷　　(4) 二环[4.1.0]庚烷

(5) 二环[2.2.1]-2-庚烯　　(6) 二环[3.2.0]-2-庚烯

(7) 螺[3.4]辛烷　　(8) 螺[4.5]-6-癸烯

(9) 2-甲基二环[3.2.1]-6-辛烯　　(10) 7,7-二甲基二环[2.2.1]-2,5-庚二烯

2-6　用系统命名法命名下列化合物。

(1) 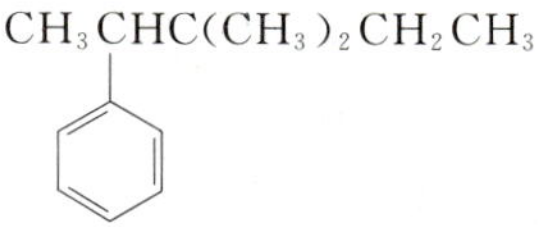

(2) 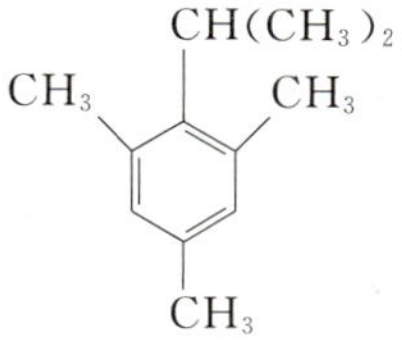

(3) 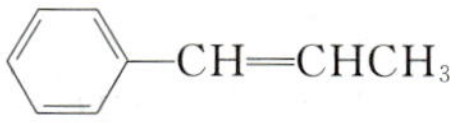

(4) 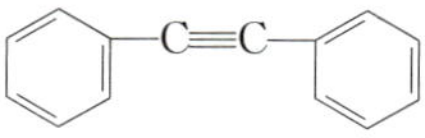

(5) 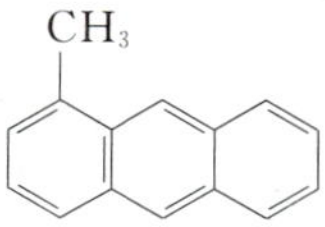

(6) 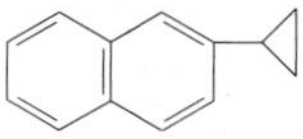

(7) 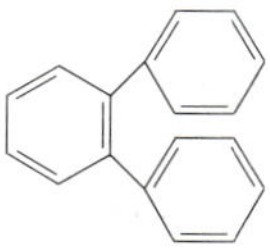

(8) 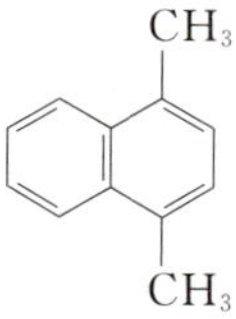

2-7　用系统命名法命名下列化合物。

(1) $(CH_3)_2CHCH_2CH_2Br$　　(2) $(CH_3)_2CHCHClCH_3$　　(3) $CHF_2CH_2CF_2Cl$

(4) $CHClF_2$　　(5) 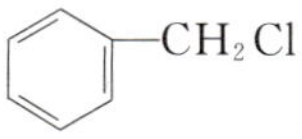

　　(6) 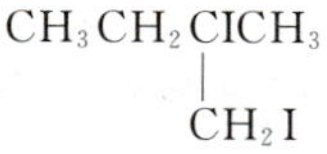

(7) 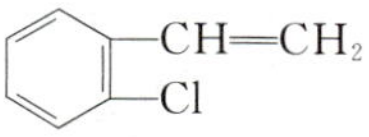

　　(8) $BrCH{=}CHC{\equiv}CH$　　(9) 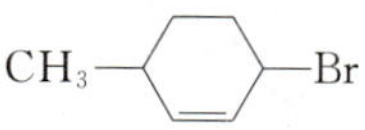

(10) $CH_3C{\equiv}CCH(CH_3)CH_2Cl$

2-8　写出下列化合物的构造式。

(1) 2,4-二硝基氟苯　　(2) 六氯代苯　　(3) 六溴代苯

(4) 氯化苄　　(5) 2-甲基-2,3-二碘丁烷　　(6) 2-氯-2-丁烯

(7) 3-苯基-1-溴-2-丁烯　　(8) 叔氯丁烷　　(9) 仲丁基溴

2-9　用系统命名法命名下列化合物。

(1) 
(2) 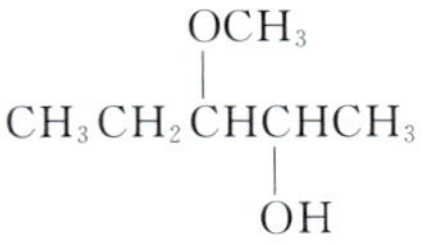

(3) 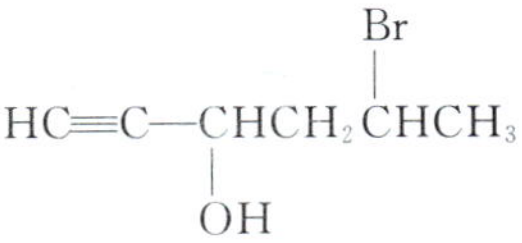
(4) 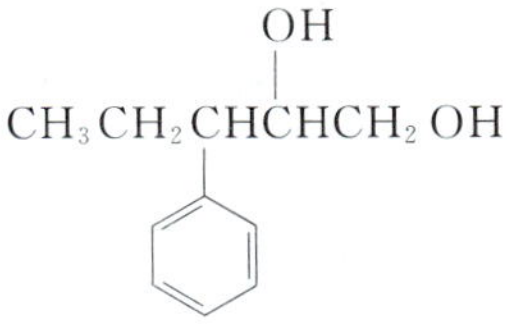

(5) 
(6) 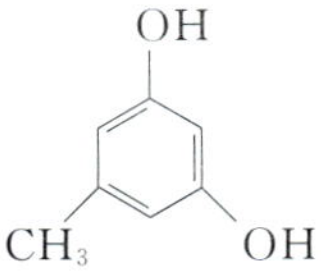

(7) 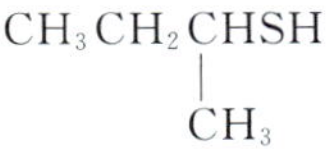
(8) 

(9) 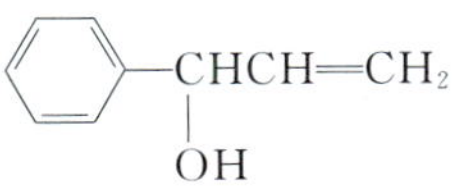
(10) 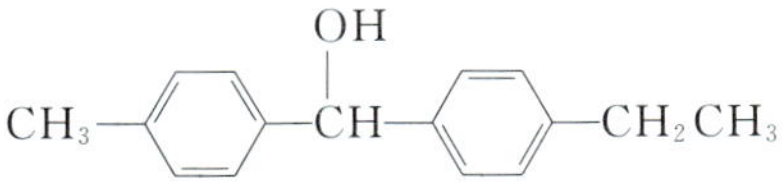

(11) 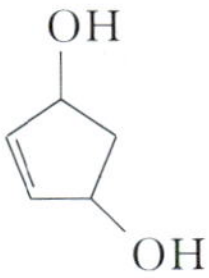
(12) 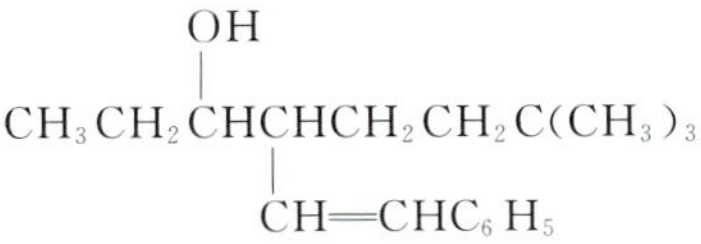

(13) $HOCH_2CH_2CH_2CH_2OH$

2-10　写出下列化合物的构造式。

(1) 仲丁醇　(2) 2,3-二甲基-2,3-丁二醇　(3) 二苯甲醇

(4) 新戊醇　(5) 1,3-丙二醇甲乙醚　(6) 乙硫醇

(7) 1-苯基-2-丙醇　(8) 间溴苯酚　(9) 异丁醇

(10) 叔丁醇　(11) 对苯二酚　(12) 丙三醇

(13) β,β'-二甲氧基乙醚

2-11　用系统命名法命名下列化合物。

(1) 
(2) $(CH_3)_2C{=}CHCHO$
(3) 

(4) 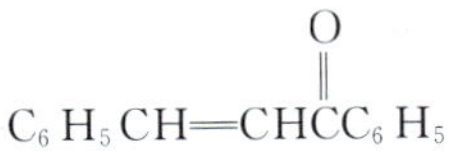
(5) 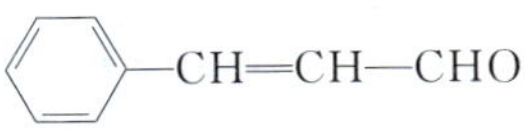
(6) 

(7) 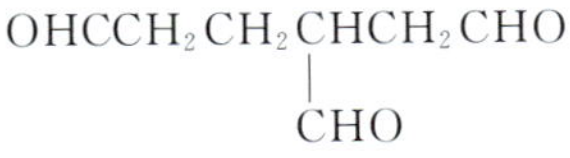
(8) 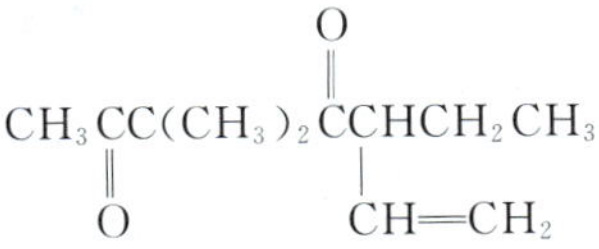

(9) 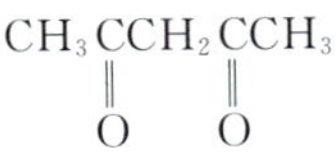
(10) 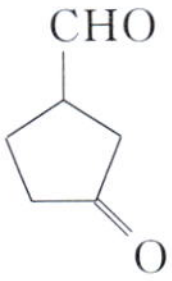
(11) 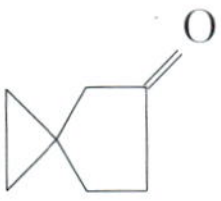

(12) 　(13) 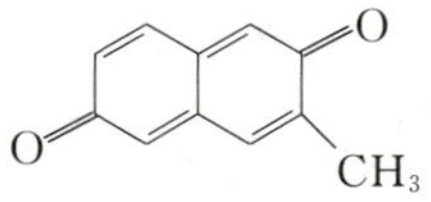

2-12 写出下列化合物的构造式。

(1) 3-氧代环戊基甲酸　(2) 4-甲酰基苯甲酸　(3) 3-(3-硝基苯基)己酸

(4) 2,4-环戊二烯基甲酸　(5) 2,3-二甲基丁烯二酸　(6) 甲酸异丙酯

(7) 4-甲基-4-氯戊酸-3′-羧基丁酯

2-13 命名下列化合物。

(1) 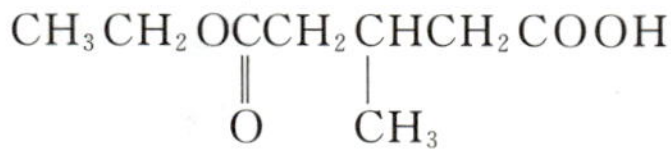　(2) 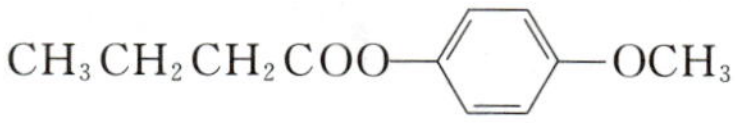

(3) 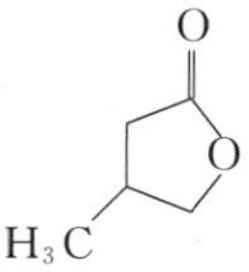　(4) 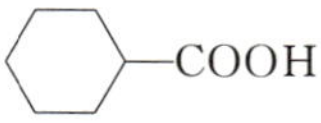　(5) 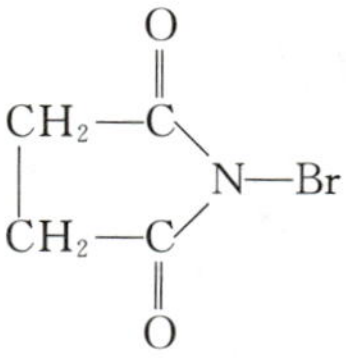

(6) 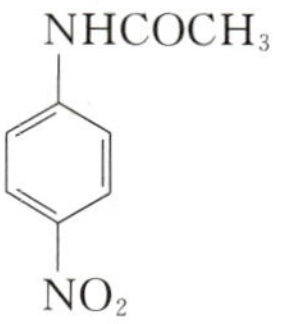　(7) $CH_2{=\!=}CHCOCl$　(8) 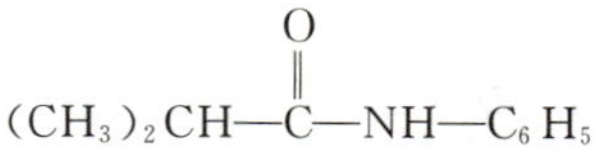

(9) 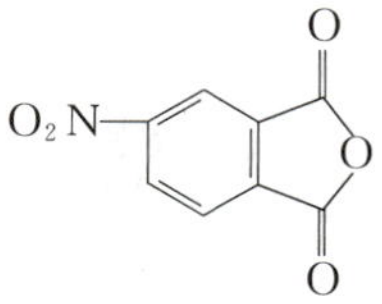　(10) 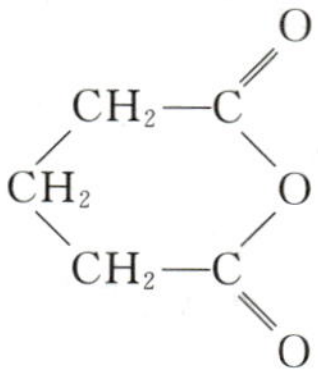

(11) 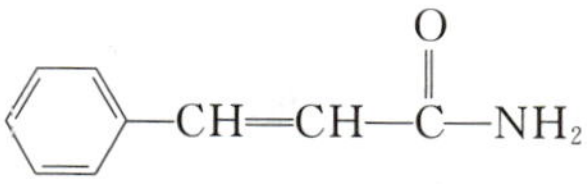　(12) $CH_3COOCH_2CH_2CH_2CH_3$

(13) 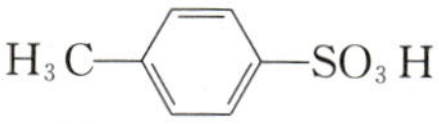

2-14 写出下列化合物的构造式。

(1) 氯乙酸异戊酯　(2) 乙酰乙酸乙酯　(3) 苯甲酸酐

(4) 4-甲酰氨基己酰氯　(5) *N*,*N*-二甲基乙酰胺　(6) 均苯四甲酸酐

(7) 对苯二甲酰氯　(8) 对甲基苯磺酰胺

2-15 命名下列化合物。

(1) $(C_2H_5)_3N$　(2) 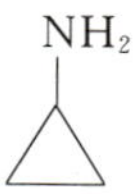　(3) 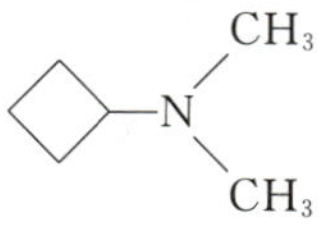

(4) 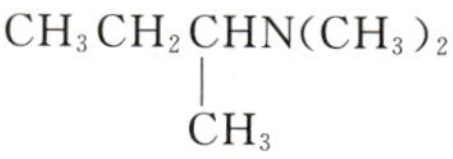　(5) $C_6H_5N(CH_3)_2$　(6) 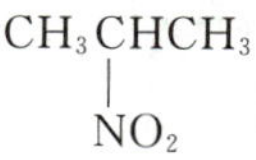

(7) 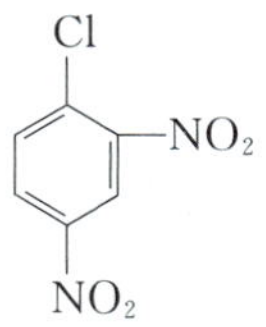

(8) 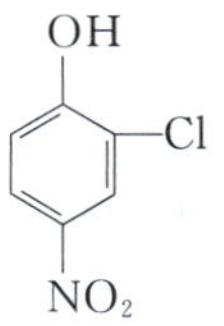

(9) $CH_3CH_2CH_2CN$

(10) $CH_2{=\!=}CH{-\!-}CN$

(11) $H_2NCH_2CH_2NH_2$

(12) 

(13) $NCCH_2CH_2CH_2CH_2CN$

(14) 

(15) 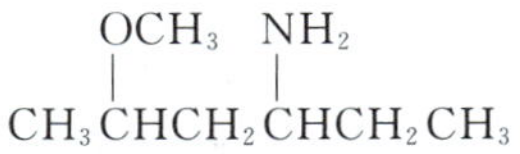

2-16 写出下列化合物的构造式。

(1) 1,2-环氧丙烷
(2) 3-甲硫基戊烷
(3) α-甲基丙烯酸甲酯
(4) *N*-(2-氯乙基)-2-萘胺
(5) *N*-甲基-2,4-二氨基苯胺
(6) 异丁腈
(7) 5-硝基-2-萘乙酸
(8) 5-乙基-3,4-环氧-1-庚烯-6-炔
(9) 9-十八碳烯酸甲酯
(10) 2-氨基-9,10-蒽醌
(11) 甲乙硫醚
(12) 4,4′-二氨基-3,3′-二氯联苯
(13) 双(4-氨基-3-氯苯基)甲烷
(14) α,γ-二甲基-β-戊酮酸
(15) 3-氰基-1,2-苯二甲酸酐
(16) 对甲基苯磺酰氯

2-17 写出下列基的构造式。

(1) 乙基
(2) 苯基
(3) 异丙基
(4) 仲丁基
(5) 叔戊基
(6) 3-甲基戊基
(7) 氯甲基
(8) 二甲氨甲基
(9) 3-甲基环己烯基
(10) 4-异丙基苯基
(11) 乙氧基
(12) 硝基

2-18 用系统命名法命名下列化合物。

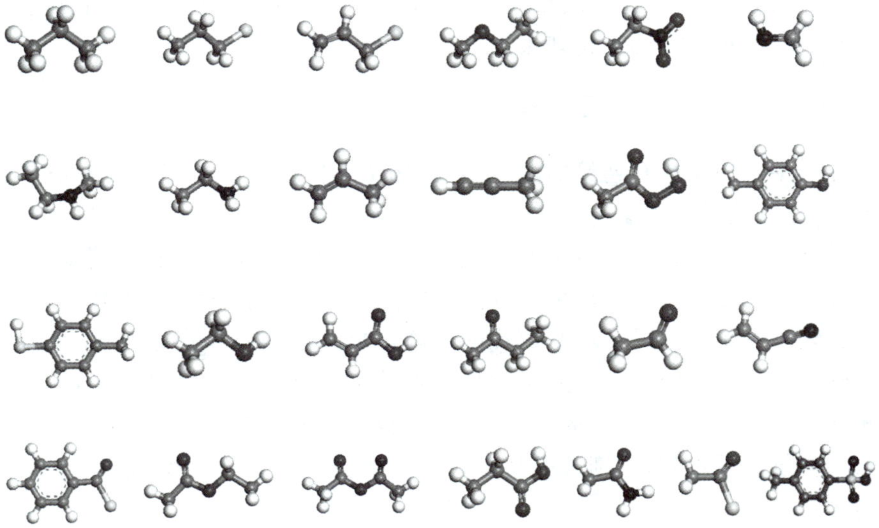

分子模型

第 3 章　同分异构现象

分子中各原子间相互的结合称为分子的结构(structure)。分子结构包含构造(constitution)、构型(configuration)和构象(conformation)三个层次。

化合物具有相同的分子式,但有不同结构和性质的现象称为同分异构现象(isomerism)。具有同分异构现象的化合物互称为同分异构体(isomer)。产生同分异构现象的本质是分子中原子成键的顺序和空间排列方式不同。

分子式相同,分子中原子成键的顺序不同产生的异构现象称为构造异构现象。分子中原子成键的顺序相同而原子或基团在空间排列方式不同产生的异构现象称为构型异构现象。分子中成键原子或基团绕 σ 键旋转使原子或基团在空间排列方式不同产生的异构现象称为构象异构现象。后两种异构现象又称立体异构现象。还有一种称为拓扑异构现象(topological isomerism)(见 5.1 节)。

同分异构现象普遍存在于有机化合物中,它是有机化合物数目庞大的一个重要原因。

3.1　构造异构现象

构造异构现象是分子式相同,分子中原子相互连接的顺序不同所产生的异构现象。它包括四种类型的异构现象。

3.1.1　骨(碳)架异构现象

分子中碳原子相互连接的顺序不同,构成不同的碳链或碳环,称为骨(碳)架异构现象,也称碳链异构现象。

骨(碳)架异构存在于各类有机化合物中。烷烃的构造异构只有碳架异构。最简单的开链烷烃是甲烷。乙烷可以看做甲烷中一个氢原子被甲基取代的产物,丙烷可以看做乙烷中一个氢原子被甲基取代的产物,以此类推,每一个烷烃都可以看做比它少一个碳原子的烷烃中一个氢原子被甲基取代的产物。甲烷和乙烷中的氢原子的位置都相同,分别被甲基取代后的产物也相同,故都没有异构体。但丙烷中六个伯氢原子与两个仲氢原子不同,分别被甲基取代后生成正丁烷和异丁烷,正丁烷和异丁烷互为异构体:

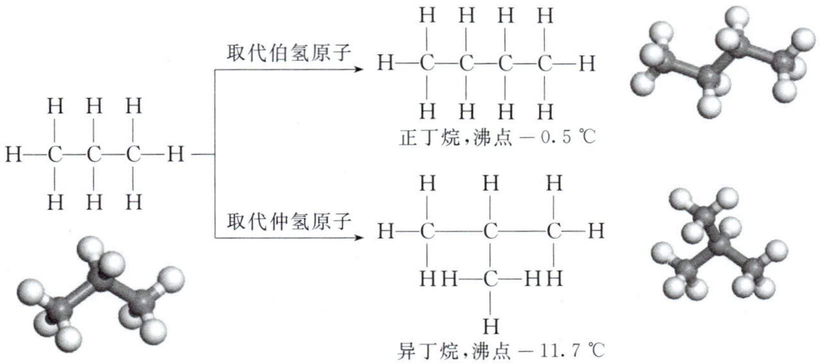

分子模型

同理，正丁烷中的氢原子被甲基取代得正戊烷 $CH_3CH_2CH_2CH_2CH_3$ 和异戊烷 $(CH_3)_2CHCH_2CH_3$；异丁烷中的氢原子被甲基取代得异戊烷和新戊烷 $(CH_3)_4C$。戊烷共有 3 种异构体（正戊烷、异戊烷和新戊烷）。己烷有 5 种异构体，庚烷有 9 种异构体，辛烷有 18 种异构体，壬烷有 35 种异构体，二十烷有366 319种异构体，四十烷有62 491 178 805 831种异构体。随着分子中碳原子数的增加，碳架异构体的数目急剧增多。现在已合成或从天然产物中分离出来的化合物仅是大量异构体中的少数。

也可以用逐步缩短碳链的方法推导出开链烷烃碳架异构体的数目：首先写出该烷烃的最长碳链的直链构造式；其次，依次写出缩短一个、二个、三个……碳原子后的直链构造式，把缩减下来的一个、二个（相当组成二个甲基或一个乙基）、三个（相当组成三个甲基，或一个甲基、一个乙基，或一个丙基，或一个异丙基）……碳原子的链依次连接到相应缩短后的直链构造式的不同碳原子上，得到一系列的不同碳架；最后，把得到的一系列碳架中重复的去掉，就得到该烷烃的碳架异构体数目。例如，庚烷碳架异构体数目推导如下：

最长直链构造式：　C—C—C—C—C—C—C ①

缩短一个 C 接到相应缩短后的碳链上：

缩短二个 C 接到相应缩短后的碳链上：

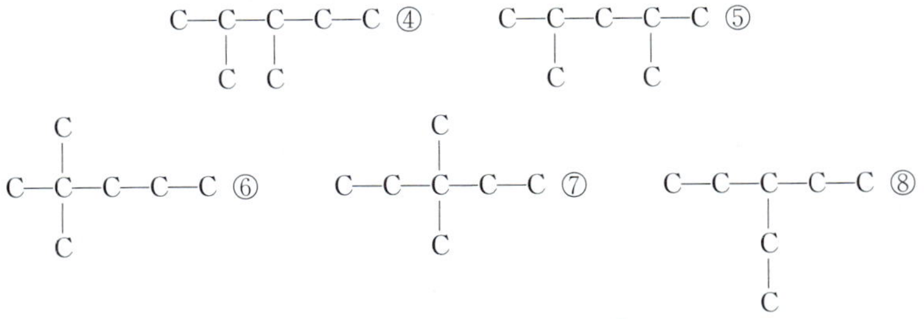

缩短三个 C 接到相应缩短后的碳链上：

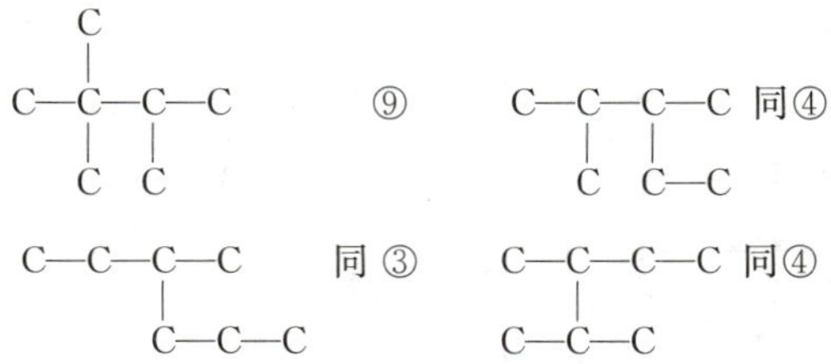

至此不能再缩短碳链。所以庚烷有 9 种碳架异构体。

同样，可以写出分子式为 C_6H_{12} 的环烷烃有下列 12 种碳架异构体：

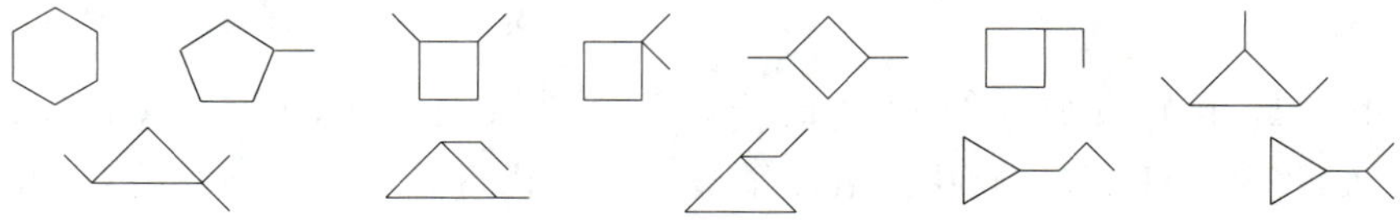

3.1.2 官能团位置异构现象

各类化合物可以看成是官能团取代相应的烃中的氢原子的产物。官能团取代碳架异构烷烃中的不同氢原子，形成了官能团位置异构体。如丁烷有两种碳架异构体，可形成四种溴代丁烷异构体：

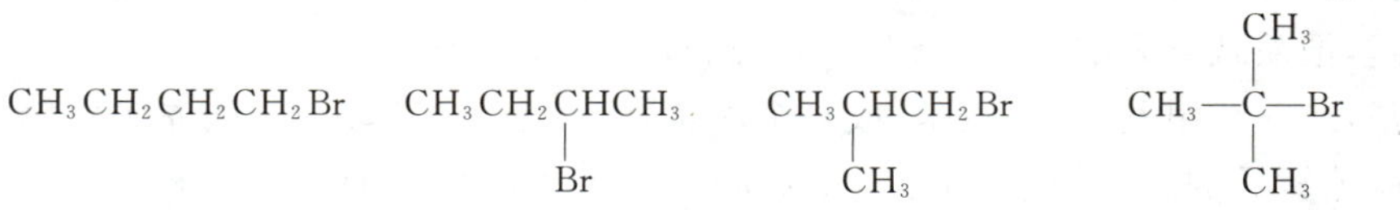

1－溴丁烷　　2－溴丁烷　　2－甲基－1－溴丙烷　　2－甲基－2－溴丙烷

又如，可在碳架异构烷烃各碳原子上引入双键和三键，形成官能团位置异构体，如丁烷的两种碳架异构体可形成三种丁烯官能团位置异构体和两种丁炔官能团位置异构体：

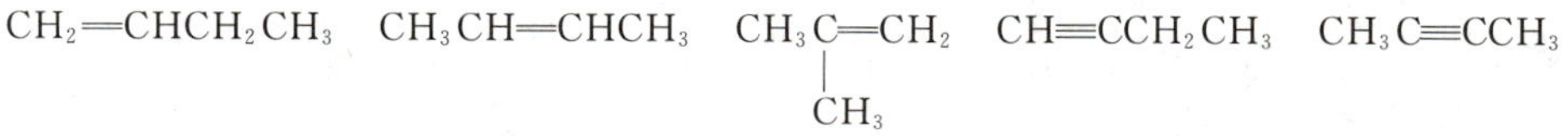

1－丁烯　　2－丁烯　　2－甲基丙烯　　1－丁炔　　2－丁炔

同样，碳环化合物也有类似的官能团位置异构体，如甲苯酚有三种异构体：

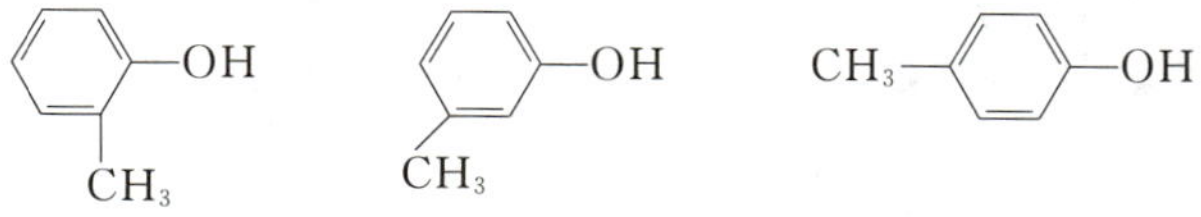

邻甲苯酚　　间甲苯酚　　对甲苯酚

以上现象均为官能团位置异构现象。

3.1.3 官能团异构现象

分子式相同，构成官能团的原子连接顺序和方式不同，可以形成不同类型的化合物，构成官能团异构体。如分子式为 C_2H_6O 化合物可形成二甲醚和乙醇两类化合物。

分子式为 C_3H_6 的化合物可以形成丙烯和环丙烷。分子式为 C_2H_4O 的化合物可以是乙醛、乙烯醇和环氧乙烷。随着分子中原子数目的增加，官能团异构体的数目也增多。如 C_4H_8O 化合物可以是丁醛、丁酮、丁烯醇、烯基醚、脂环醇、环氧化物等类化合物。这一现象称为官能团异构现象，这些化合物互为官能团异构体。

3.1.4　互变异构现象

在室温下，不同官能团异构体处于动态平衡之中，能很快地互相转变，称为互变异构现象（tautomerism），是一种特殊的官能团异构。例如，酮与烯醇：

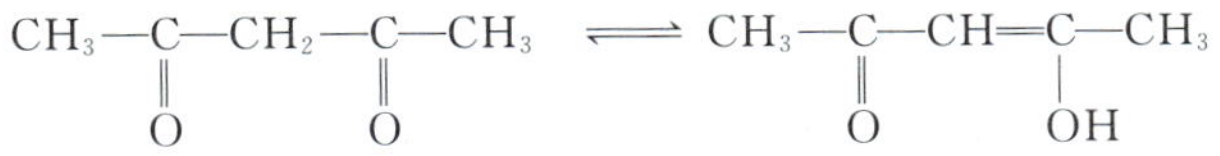

亚胺与烯胺：

$$CH_3CH_2CH{=}NH \rightleftharpoons CH_3CH{=}CH{-}NH_2$$

对亚硝基苯酚与对苯醌肟：

又如，硝基烷烃与酸式硝基烃：

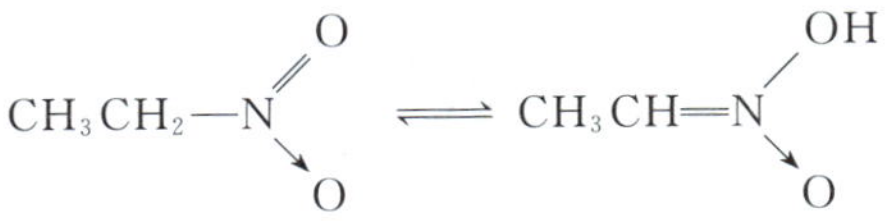

这种平衡取决于溶剂及其酸碱性。在这些平衡混合物中，各组分互为同分异构体，往往很难分离出某种纯的异构体。

3.2　构象异构现象

3.2.1　链烷烃的构象异构现象

在有机化学的发展过程中，最初认为分子以单键相连的两部分可以绕单键自由旋转，如乙烷的两个甲基可以围绕碳碳单键旋转，因此，只有一种乙烷。20 世纪 30 年代，皮策（Pitzer K S）经过实验测定和理论计算发现，即使乙烷这样的简单分子，单键的旋转也不是完全自由的，需要克服一定的能垒（约 12.6 $kJ \cdot mol^{-1}$）才能旋转，由此提出了构象的概念。接着哈塞尔（Hassel O，挪威化学家，1969 年获诺贝尔化学奖）用偶极矩法、电子衍射法证明了环己烷各个键角都接近 109°28′，椅型是最稳定的构象。1950 年巴顿（Barton D，英国化学家，1969 年同哈塞尔共同获诺贝尔化学奖）发表了环己烷构象方面的工作，并应用于甾族化合物中，奠定了构象理论基础。

动 3-1

1. 乙烷的构象

在乙烷的分子中，如果使一个甲基固定，另一个甲基绕着C—C键轴旋转，两个甲基上的氢原子的相对位置将不断地变化，产生了不同的空间排列方式。这种由于绕σ键轴旋转而产生的分子中原子或基团在空间的不同排列方式的现象称为构象异构现象。这种由不同的空间排列方式构成的分子互称构象异构体，又称为异象体，有时简称为不同的构象。

乙烷分子在绕C—C键轴旋转时，会有无数种构象异构体，其中有两种典型的构象异构体——重叠式构象和交叉式构象，称为极限构象异构体：

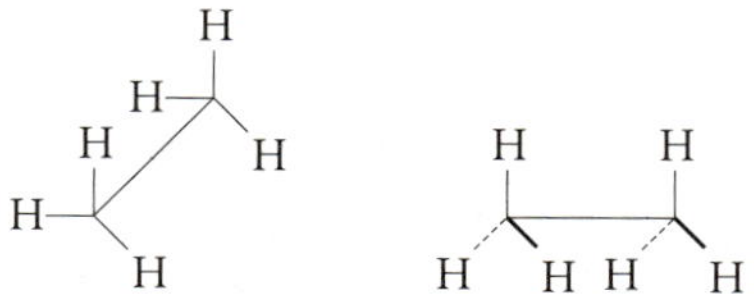

(a)　(b)

重叠式(顺叠式)构象

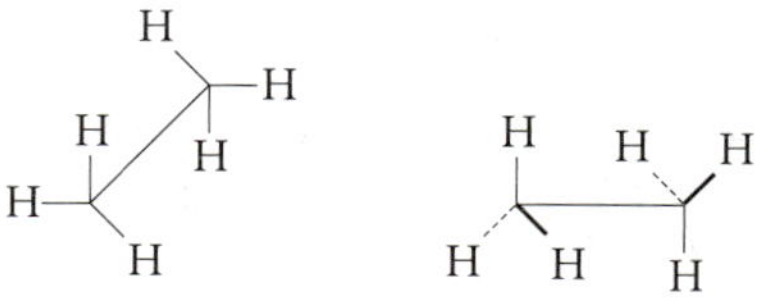

(a)　(b)

交叉式(反叠式)构象

重叠式又称顺叠式；交叉式又称反叠式。(a)种表示方式为锯架式；(b)种表示方式为立体透视式(也有人把这两种表示笼统称为立体透视式)。为了方便，常用纽曼(Newman)投影式表示。例如：

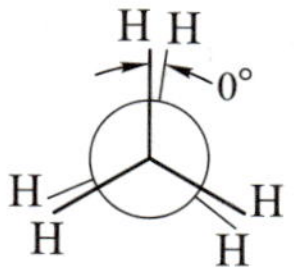

重叠式构象

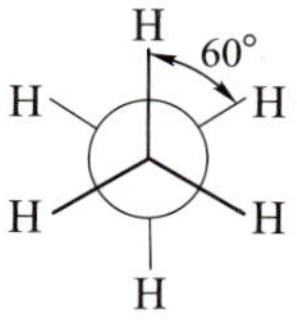

交叉式构象

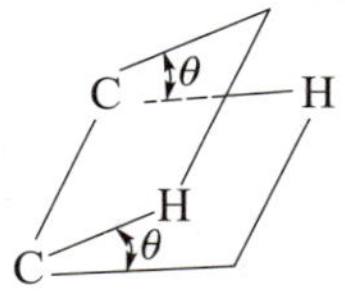

两平面的二面角θ

纽曼投影式(简称纽曼式)是把C—C键轴对着观察者进行投影，用“”表示离观察者近的碳原子上的三个C—H键，用“”表示离观察者远的碳原子上的三个C—H键，用近、远两个C—H键分别与C—C键构成的平面的夹角(二面角)θ表示旋转角度。由重叠式构象旋转60°变成交叉式构象。在旋转角θ为0°，120°，240°时为重叠式构象；θ为60°，180°，300°时为交叉式构象。

可用图3-1表示乙烷分子的不同旋转角的构象与其能量的关系。在重叠式构象中，两个碳原子上C—H σ键两两相对，C—H键的σ电子对间距离最近，扭转张力(σ电子对间排斥力)为最大，分子热力学能最高，最不稳定；而在交叉式构象中，两个碳原子上的C—H键两两交叉，σ电子对间相距最远，扭转张力最小，能量最低，最稳定①。两者能量差12.6 $kJ\cdot mol^{-1}$，常称为能垒。分子需要得到至少12.6 $kJ\cdot mol^{-1}$的能量，才能从交叉式构象转变成重叠式构象。在这一转变过程中要经过无数个其它构象，其

① 已有论文对乙烷交叉式构象稳定性的解释有新观点：Vojislava Pophristic and Lionel Goodman, Letter to Nature 566.

能量逐渐增加。

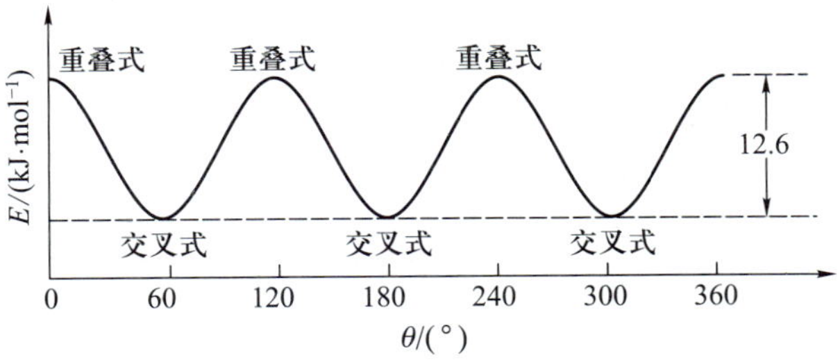

图 3-1　乙烷分子不同构象的能量曲线

分子是处在热运动状态，互相碰撞，发生能量交换，有的分子得到能量转化成热力学能，如果取得的热力学能超过两交叉式构象之间的能垒，就可以绕C—C σ 键旋转，由一个交叉式构象转变成另一个交叉式构象。温度越高，这种转变越快。在室温下，分子具有的能量足以使分子处于高速转变中，即分子处于无数构象异构体的动态平衡中。但大部分时间分子处于能量最低的稳定的交叉式构象，称为优势构象。

正像官能团异构与互变异构的关系那样，在常温下，如果分子结构中，由于空间位阻等影响，使其不能绕某一个 σ 键自由旋转，则不能形成不同的构象异构体，就可能形成构型异构体。

2. 丁烷的构象

丁烷的构造比乙烷复杂，先讨论沿 C_2—C_3 σ 键旋转所形成的构象，用纽曼式表示，它们之间能量关系如图 3-2 所示。 动 3-2

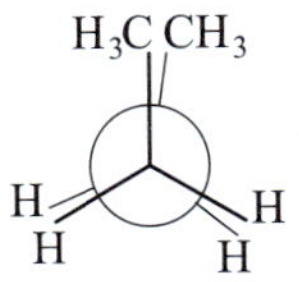

（Ⅰ）
θ=0°,360°
全重叠式构象
（顺叠式）

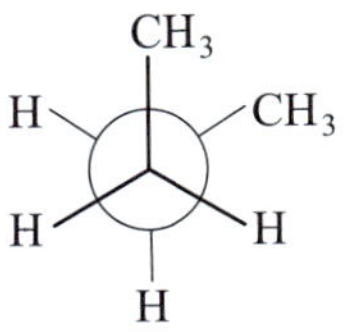

（Ⅱ）
θ=60°
顺交叉式构象
（顺错式）

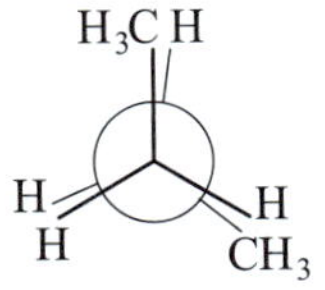

（Ⅲ）
θ=120°
部分重叠式构象
（反错式）

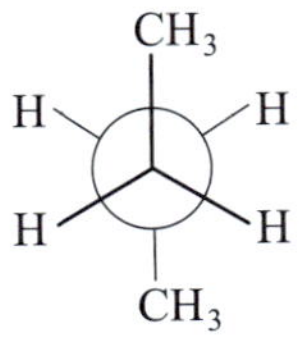

（Ⅳ）
θ=180°
反交叉式构象
（反叠式）

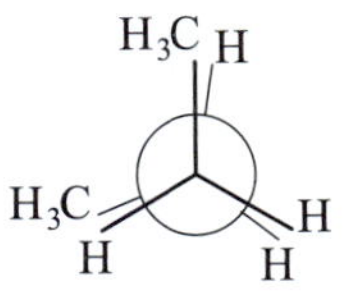

（Ⅴ）
θ=240°
部分重叠式构象
（反错式）

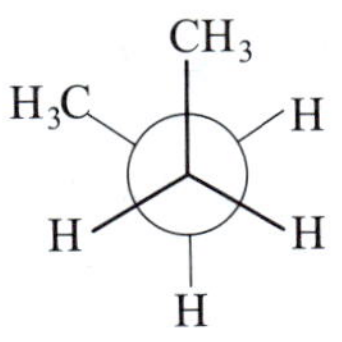

（Ⅵ）
θ=300°
顺交叉式构象
（顺错式）

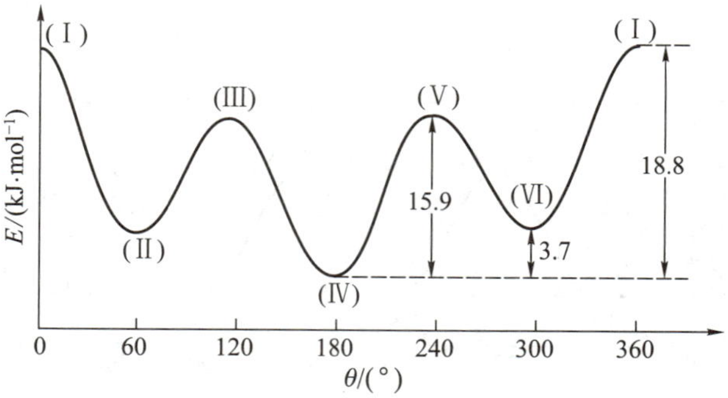

图 3-2　丁烷分子不同构象的能量曲线

反交叉式构象的 σ 键电子对间扭转张力最小；两个体积最大的基团（甲基）相距最远，非键张力（范德华斥力）最小，能量最低，是优势构象。其次是顺交叉式构象，能量较低。再次是部分重叠式构象，能量较高。能量最高者是全重叠式构象，其 σ 键电子对扭转张力最大，两个体积大的甲基相距最近，非键张力也最大。这些构象间能量差也不太大（最大 18.8 $kJ \cdot mol^{-1}$），在室温下仍可以通过 C_2—C_3 键旋转互相转化，达到动态平衡，优势构象的反交叉式约占 72%，顺交叉式约占 28%，两种重叠式极少。构象异构体的相对含量是通过计算得到的，也可用红外光谱测定。

丁烷分子也可以绕 C_1—C_2 或 C_3—C_4 的 σ 键轴旋转而产生不同的构象。但最稳定的构象都是反交叉式，四个碳原子呈锯齿状排列，相邻两个碳原子上的C—H键都处交叉式的位置：

分子模型

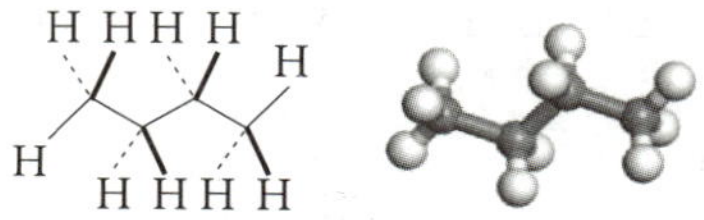

其它碳原子数的正构链烷烃，其稳定构象的碳原子也呈锯齿状排列，相邻的两个碳原子上 C—H 键都呈交叉式：

分子模型

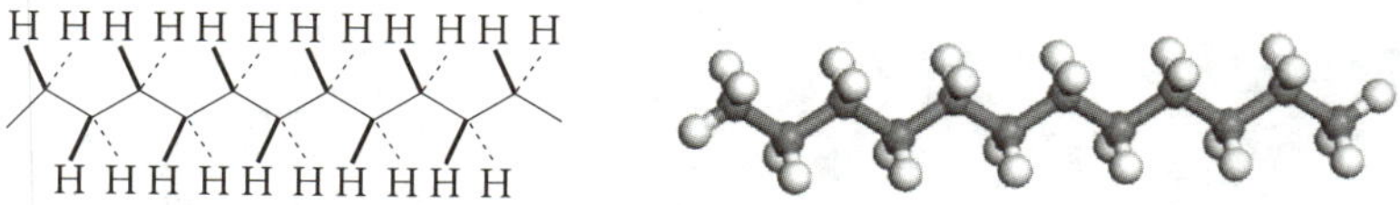

X 射线衍射实验证明固态的直链烷烃碳原子是锯齿状排列。

3.2.2　环烷烃的构象异构现象

1. 环丁烷、环戊烷的构象

物理方法测定表明，环丁烷分子中四个碳原子不在一个平面内，呈折叠式构象，又称蝶式构象（图 3-3）。两折叠式构象通过平面构象互相转化，它们之间能垒很小。构象的平衡混合物中也有平面形构象。环丁烷分子中C—C—C键角＜109°28′，有角张力。

相比之下，环戊烷的优势构象呈信封状（图 3-4），它的张力很小，较稳定。

图 3-3　环丁烷的构象

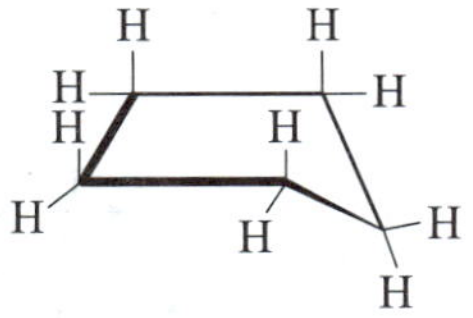

图 3-4　环戊烷的构象

动
3-3

2. 环己烷的构象

拜尔(Baeyer A von)张力学说假定环己烷分子中六个碳原子在同一平面内，这个学说提出不久，有人用碳原子的四面体模型组成两种环己烷模型，椅型构象和船型构象模型，其碳原子并不在同一平面内。哈塞尔证实了椅型构象和船型构象的存在。

获诺贝尔奖者

(1) 椅型构象与船型构象　环己烷六个碳原子保持 109°28′ 的键角，有两种构象。一种是 C_1，C_2，C_4，C_5 四个原子在一个平面内，C_3 和 C_6 两个原子分别在平面的上面和下面，其形状像把椅子，C_3 原子像椅背，C_6 原子像椅脚，称为椅型构象[图 3-5(a)]。另一种是 C_1，C_2，C_4，C_5 四个原子在一个平面内，而 C_3 和 C_6 两个原子在平面的上面，形状像只船，C_3、C_6 原子相当船头和船尾[图 3-5(b)]。

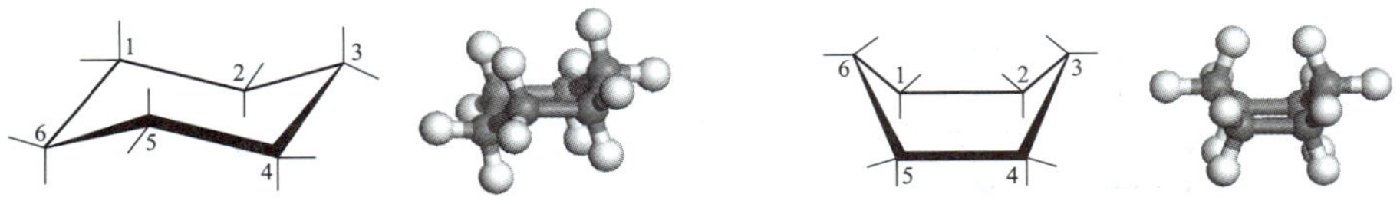

(a) 椅型构象　　(b) 船型构象

图 3-5　环己烷的两种构象

分子模型

用透视式和纽曼式表示环己烷的椅型构象(图 3-6)，可以看到每个—CH_2—都是相同的，任何两个相邻碳原子的 C—H 键和 C—C 键都处于顺交叉式，非键合的两个氢原子间最近距离为 0.25 nm。它既无角张力，也无扭转张力，是无张力环。

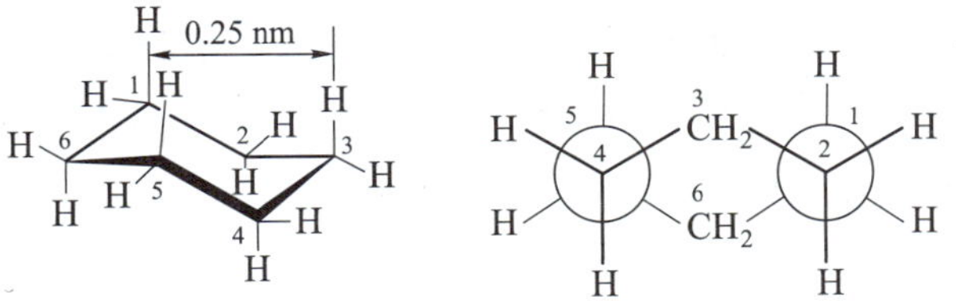

图 3-6　环己烷的椅型构象

用透视式和纽曼式表示环己烷的船型构象(图 3-7)，可以看出 C_1 和 C_2、C_4 和 C_5 原子上的 C—C 键及 C—H 键均为全重叠式构象，产生扭转张力；船头 C_3 原子和船尾 C_6 原子各有一个 C—H 键(俗称旗杆键)伸向船内，两个氢原子间距离 0.183 nm，小于两个氢原子的范德华半径之和(0.24 nm)，互相排斥，产生非键张力。船型构象有扭转张力和非键张力，它比椅型构象能量高出 30 kJ·mol^{-1}。所以，在室温下，稳定构象是椅型构象，约占99.9%。

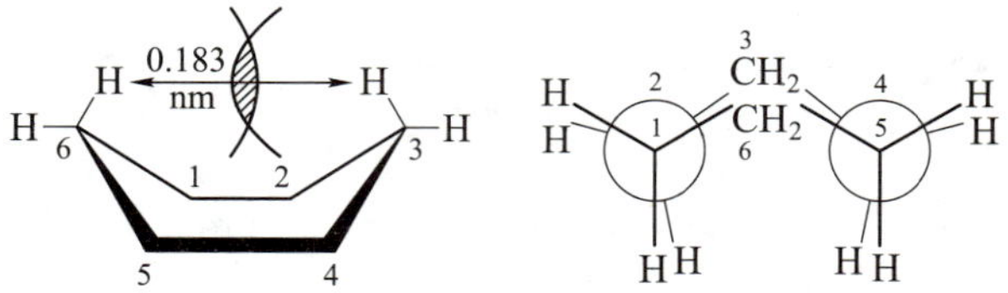

图 3-7 环己烷的船型构象

环烷烃构象间的转化比链烷烃的复杂得多。链状化合物绕一条单键就可以进行构象的转化，而环烷烃构象转化至少涉及两条单键同时转动，有时还要改变键角和键长才能由一种构象转化成另一种构象。常称这种转化为环的翻转，环的翻转需要的能量较大。

(2) 平伏键与直立键 环己烷椅型构象的六个碳原子分别处于两个互相平行的平面上，即 C_1、C_3、C_5 原子在一平面上，C_2、C_4、C_6 原子处于另一平面上。通过环己烷分子中心向这两个平面做一垂线，便是椅型环己烷的三重对称轴 C_3，如图 3-8 所示。

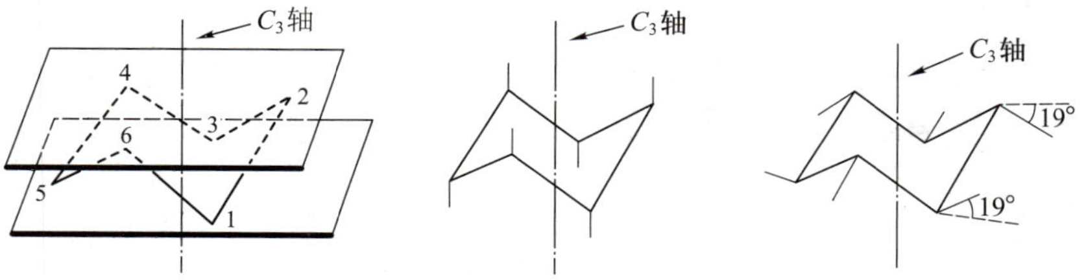

图 3-8 环己烷的直立键和平伏键

在环己烷椅型构象的 12 个 C—H 键中，每个碳原子上有一个 C—H 键与 C_3 轴平行[图 3-8(b)]，称为直立键或 *a* 键(axial bond)；剩余的六个 C—H 键，有三个向上斜伸，有三个向下斜伸，分别与相应碳原子所在平面成 19°角[图 3-8(c)]，称为平伏键或 *e* 键(equatorial bond)。当环己烷由一种椅型构象翻转成另一种椅型构象时，*a* 键转变成 *e* 键，*e* 键转变成 *a* 键。在常温下环在不停地翻转：

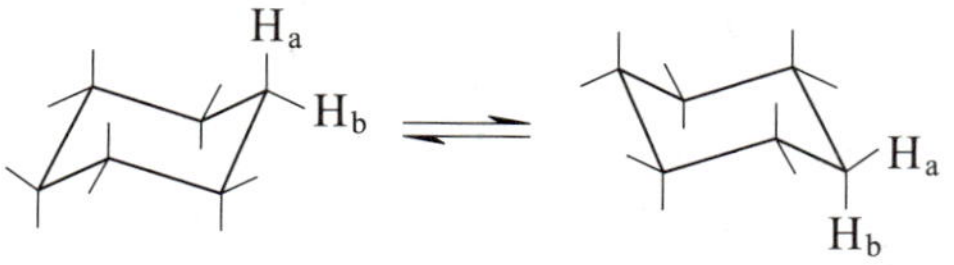

所以，在常温下，环烷烃的 ^{1}H-NMR 谱只有 $\delta=1.44$ 处一个峰。

环己烷由一种椅型构象翻转成另一种椅型构象，中间要经过半椅型、扭船型、船型等一系列构象，见图 3-9。

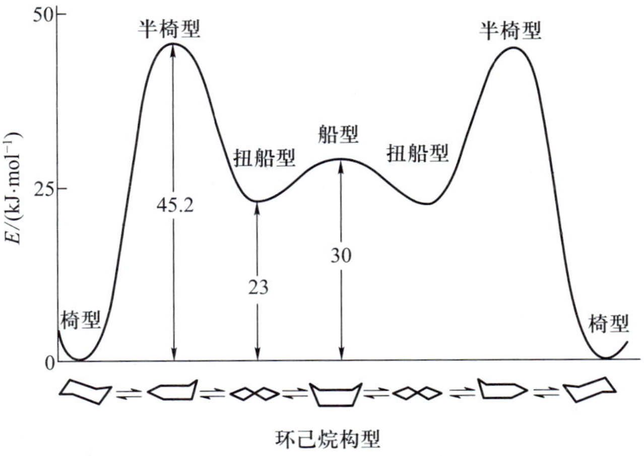

动
3-4

图 3-9　环己烷环翻转能量变化示意图

(3) 取代环己烷的构象　环己烷分子中的氢原子可以被其它原子或基团取代，生成取代环己烷。取代基可以占据 *a* 键，也可以占据 *e* 键，形成不同的构象。一取代环己烷取代基在 *e* 键上比在 *a* 键上的构象稳定，一般以 *e* 键的构象为主。因为取代基在 *e* 键上的构象中，取代基与碳架处于反交叉式，而在 *a* 键上的构象中，取代基与碳架处于顺交叉式，如图 3-10 所示。取代基 R 体积越大，在 *e* 键上的比例越大。例如，甲基环己烷中的甲基在 *e* 键上的构象占95%，在 *a* 键上的构象占 5%，两种构象在动态平衡中；异丙基环己烷中的异丙基在 *e* 键上的构象在平衡混合物中约占 97%；叔丁基环己烷中的叔丁基在 *e* 键上的构象在平衡混合物中约占 99.99%。

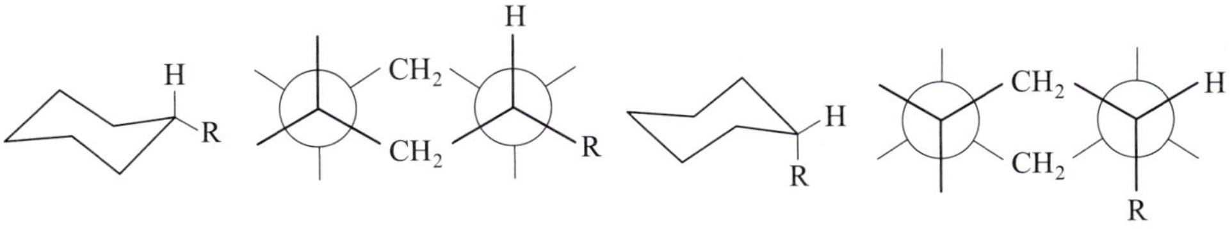

(a) 取代基在 *e* 键上的构象　　(b) 取代基在 *a* 键上的构象

图 3-10　一元取代环己烷的构象

多元取代环己烷，*e* 键上取代基多的构象稳定，大体积取代基在 *e* 键上的构象稳定。

不论是链状化合物的构象还是环状化合物的构象，当相邻两个碳原子上的两个原子或基团处于顺交叉式能形成氢键时，则顺交叉式构象往往是优势构象。

构象是有机化合物结构理论的重要组成部分，构象对有机化合物的性质及反应机理有重要的影响。

3.3　几何异构现象

3.3.1　含双键化合物的几何异构现象

常见含有双键的有机化合物如烯烃 >C═C< 、亚胺 >C═N— 、偶氮化合物 —N═N— 等，相应双键的原子都是 sp^2 杂化，由未杂化的 p 轨道形成 π 键，阻碍了绕形成双键两原子轴线的旋转(绕 σ 键旋转)。当双键两原子连有不同原子或基团时，出现了不同空间排列，即产生几何异构现象。双键上 C 与 N 不同之处是 C 连接两个原子或基团，N 连接一个原子或基团，另一个 sp^2 杂化轨道被电子对占据。在“次序规则”中把电子对看成原子序数为零的“假想原子”。

1. 含 C═C 键化合物的几何异构现象

双键的两个碳原子上各连有不同的两个原子或基团时，有两种空间排列方式，形成两种异构体：

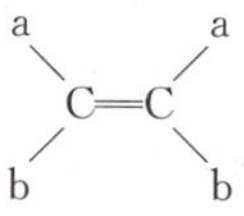
顺式

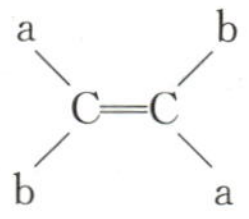
反式

当双键两个碳原子上连有四个不同的原子或基团时，也存在两种空间排列方式，形成两种异构体：

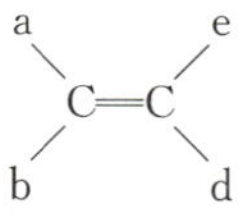

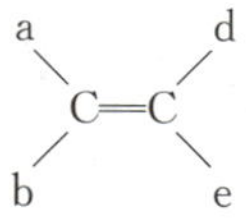

把双键两个碳原子上连接的相同原子或基团排在 π 键平面同侧的称为顺式(也用 cis-表示)异构体，在 π 键平面异侧的称为反式(trans-)异构体。命名时，将顺、反标记放在名称前面。例如：

分子模型

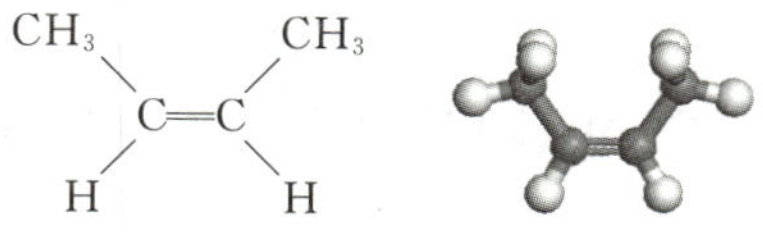
顺-2-丁烯

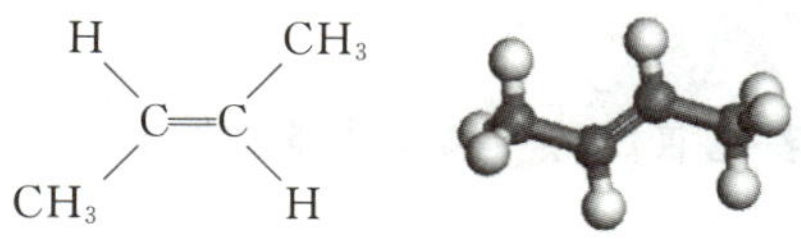
反-2-丁烯

双键两个碳原子上连有不同的原子或基团时，按“次序规则”分别比较每个碳原子上连接的两个原子或基团，若两个“较优”的原子或基团在 π 键平面同侧者为 *Z* 异构体，用字母 *Z*(德文 Zusammen 字首，“共同”的意思)标记；若两个“较优”的原子或基团在 π 键平面异侧者为 *E* 异构体，用字母 *E*(德文 Entgegen 字首，“相反”的意思)标记。在命名时，将 *Z*,*E* 放到括弧中，写在名称前面。例如：

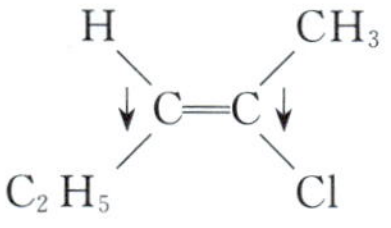

(Z)-2-氯-2-戊烯

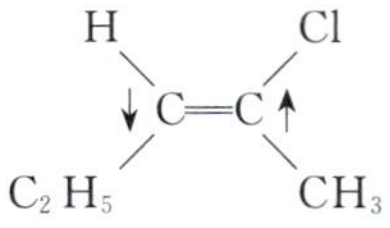

(E)-2-氯-2-戊烯

“↑”表示顺序方向，箭头指向较优基团的方向

分子中有一个以上双键时，分别判断每个双键是 Z 还是 E，命名时低位号者写在前，高位号者写在后，中间用逗号隔开，放到括弧中，写在名称之前。例如：

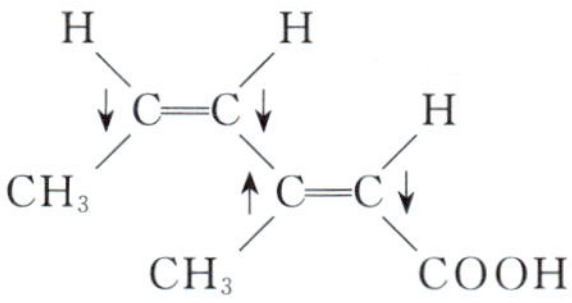

(2E,4Z)-3-甲基-2,4-己二烯酸

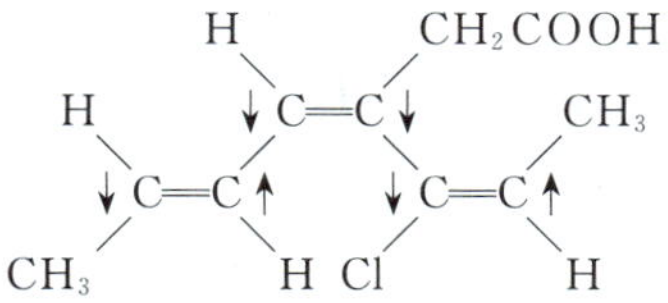

(3Z,5E)-3-[(E)-1-氯-1-丙烯基]-3,5-庚二烯酸

顺-反和 Z-E 是两种命名方法，在一般情况下，顺式异构体可称做 Z 异构体，反式异构体可称做 E 异构体，如上述的顺-2-丁烯又称为(Z)-2-丁烯，反-2-丁烯又称为(E)-2-丁烯。但两者并不完全等同，有时矛盾，如 3-甲基-2-戊烯和 2-氯-2-丁烯：

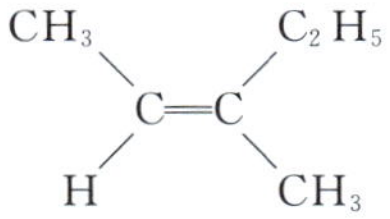

反-3-甲基-2-戊烯
或(Z)-3-甲基-2-戊烯

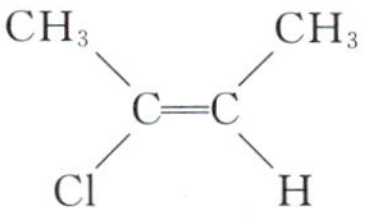

顺-2-氯-2-丁烯
或(E)-2-氯-2-丁烯

2. 含 C═N 键化合物的几何异构现象

含 C═N 键的化合物，如亚胺、肟、腙、缩氨基脲等，也有 Z，E 异构体。例如：

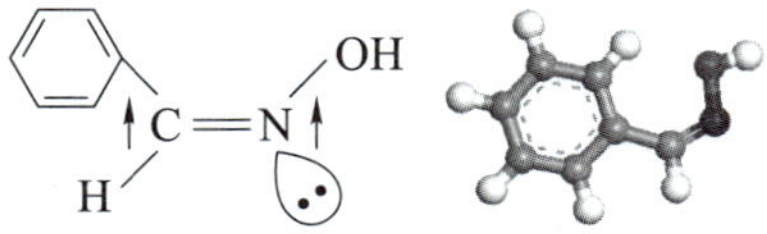

(Z)-苯甲醛肟

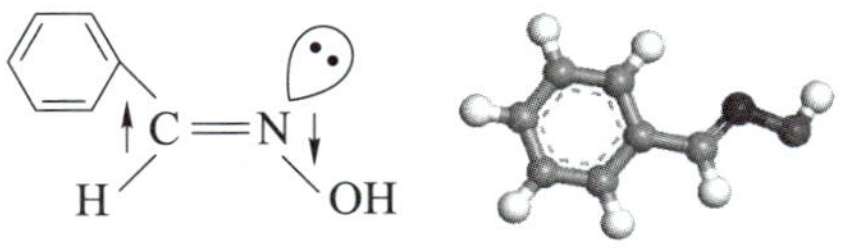

(E)-苯甲醛肟

分子模型

3. 含 N═N 键化合物的几何异构现象

含有 N═N 键的化合物是偶氮化合物，N 上连的两个基团在 π 键同侧的为顺式或 Z，在异侧的为反式或 E。例如：

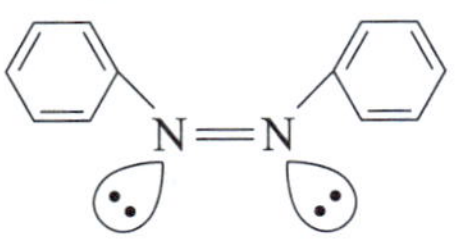

顺偶氮苯
(Z)-偶氮苯

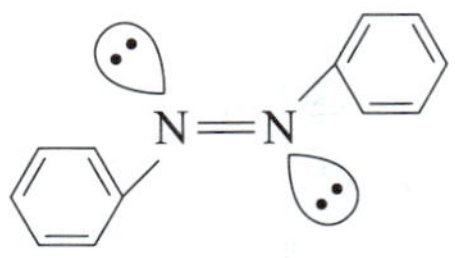

反偶氮苯
(E)-偶氮苯

几何异构体的物理性质及化学反应的活性往往不同。几何异构现象是构型异构现象的一种。

3.3.2 碳环化合物的顺反异构现象

把碳环化合物的环近似地看成一个平面，连在环碳上的取代基有在平面上下之分，就会出现顺反异构现象。

单环的两个碳原子上分别连接一个取代基时，其立体关系用顺、反表示。命名时，将“顺”或“反”置名称前，其后加半字线“－”再加化合物名称。例如：

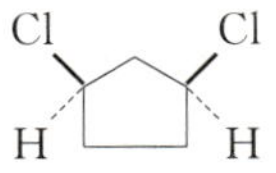

顺－1,3－二氯环戊烷

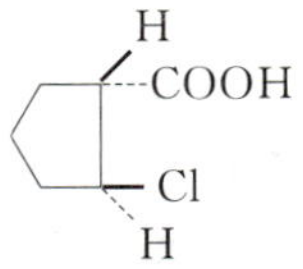

反－2－氯环戊基甲酸

环上有两个以上位置各有一个取代基时，则选择其中位次最低者为“参照基团”，在位次前加“*r*”(reference)标记，其余取代基位次前用顺或反表示它们与“参照基团”的立体关系。例如：

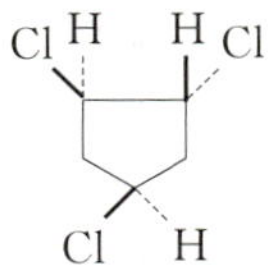

r－1－反－2－顺－4－三氯环戊烷

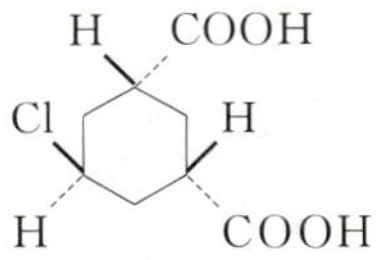

反－5－氯－*r*－1－顺－3－环己基二甲酸

3.4 对映异构现象

3.4.1 含手性碳原子化合物的对映异构现象

1. 对映异构体的概念

获诺贝尔奖者

有机化学家

如果把左手放到镜面前，其镜像恰与右手相同，左右手的关系即是实物与镜像的关系，相对映但不能重合(图3－11)。物质具有相对映但不重合的特征称为物质的手性(chirality)或手征性。这种物质称为手性物质。如图3－12(a)的可食用蜗牛的壳(右手性的与左手性的比例为20000∶1)是手性物质。有些物质是能与其镜像重合的，不具有手性，称为非手性物质，如图3－12(b)的手锤。

手性不仅是一些宏观物质的特性，有些微观分子也具有手性，称这种分子为手性分子。判断分子是否有手性，看分子与其镜像是否能重合，能重合者为非手性分子；不能重合者为手性分子。范特霍夫和勒贝尔从理论上解释了有机分子手性问题。

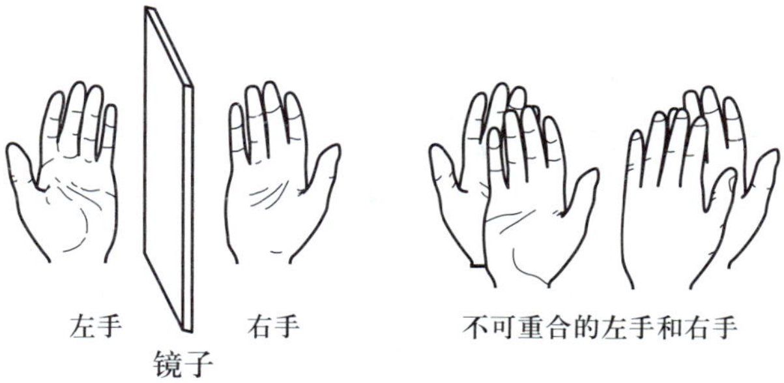

图 3-11　左右手的关系

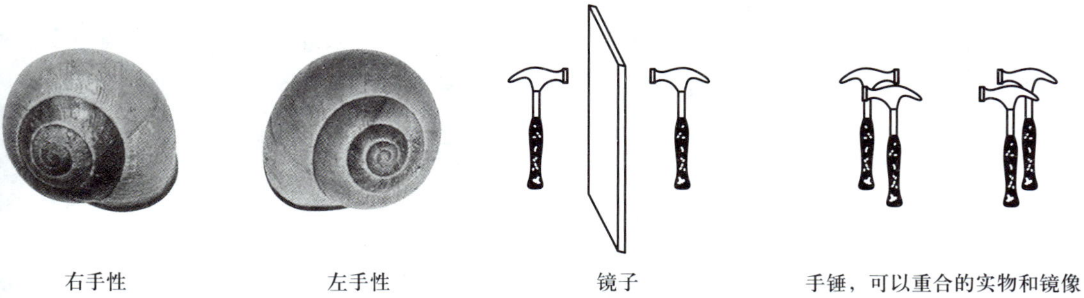

图 3-12　手性物质(a)与非手性物质(b)

从肌肉中得到的乳酸能使偏光向右旋转，称为右旋乳酸；葡萄糖发酵得到的乳酸能使偏光向左旋转，称为左旋乳酸。威利森努斯证明了两种乳酸组成相同，其结构如下：

有机化学家

动 3-5

分子模型

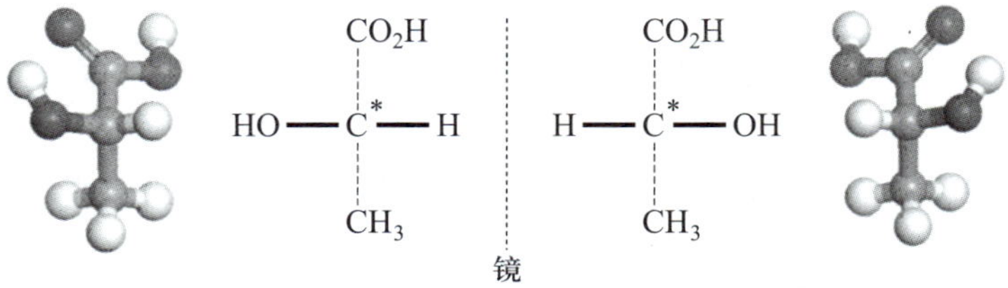

乳酸分子模型图

像乳酸分子两种模型是实物与镜像的关系，相对映而不能重合的现象称为对映异构现象，即乳酸分子具有手性，是手性分子。乳酸分子的中心碳原子上连有四个不同的原子和基团（—H，—CH_3，—OH 和—COOH），具有不对称性，称为不对称碳原子或手性碳原子，用“ * ”表示，是分子的不对称中心或手性中心。其构造式写成$CH_3\overset{*}{C}H(OH)COOH$。

像乳酸这样具有一个手性碳原子的分子都有两种构型，是构型异构体。这两种构型分子是实物和镜像关系，相对映而不重合，称为对映异构体，简称对映体。手性分子具有对映异构现象。

2. 手性与对称性

用实物与镜像能否重合可判断分子是否具有手性，但对复杂的分子较难利用这一判别标准。一般说来，实物与镜像不能重合是因为物质缺少某种对称因素。因此，可借助判断分子对称性来确定分子是否有手性。与分子是否存在手性有关的对称因素主要是对称面和对称中心。

(1) 对称面　如果有一个“平面”能把分子切成互为镜像的两半，该平面就是分子的对称面，通常用 σ 表示。例如，在图 3-13 中可以看出：甲烷有六个对称面，即通过四面体每条棱与中心碳原子的平面；三氯甲烷有三个对称面，即通过四面体和氢原子相连的每条棱与中心碳原子的平面；苯有七个对称面，即通过正六边形三个对边中点与分子平面垂直的三个平面，通过三个对角与分子平面垂直的三个平面和六个碳原子六个氢原子所在平面即分子平面；顺-1,3-二甲基环丁烷有两个对称面，即通过四边形对角与四边形平面垂直的两个平面。具有对称面的分子是非手性分子，其自身能与其镜像重合。

分子模型

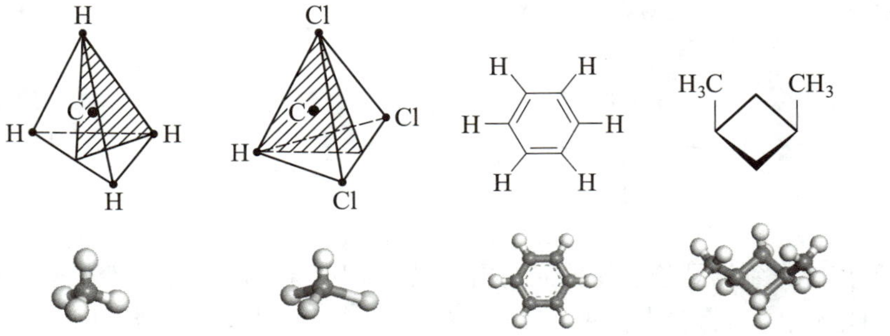

甲　烷（六个对称面）　三氯甲烷（三个对称面）　苯（七个对称面）　顺-1,3-二甲基环丁烷（二个对称面）

图 3-13　分子对称面示意图

(2) 对称中心　若分子中有一点“i”，分子中任何一个原子或基团向 i 连线，在其延长线的相等距离处都能遇到相同原子或基团，则 i 点是该分子的对称中心。如图 3-14，苯、反-1,3-二甲基环丁烷及反-2,3-二氯-2-丁烯都有对称中心。具有对称中心的分子是非手性分子，其与镜像能重合。

3.4.2　手性碳原子的构型表示与标记

手性碳原子的构型表示要求能把分子中原子或基团在空间的排列简洁而清楚地表示出来。通常用 $R-S$ 法标记构型。在命名时要把构型标注出来。

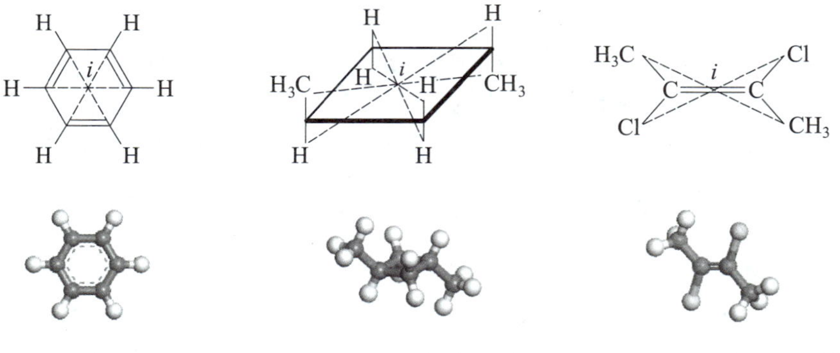

苯　　反-1,3-二甲基环丁烷　　反-2,3-二氯-2-丁烯

图 3-14　分子对称中心示意图

分子模型

1. 构型的表示

构型可有三种表示式：球棒式、立体透视式和费歇尔(Fischer)投影式[①]。以乳酸为例(图 3-15)：

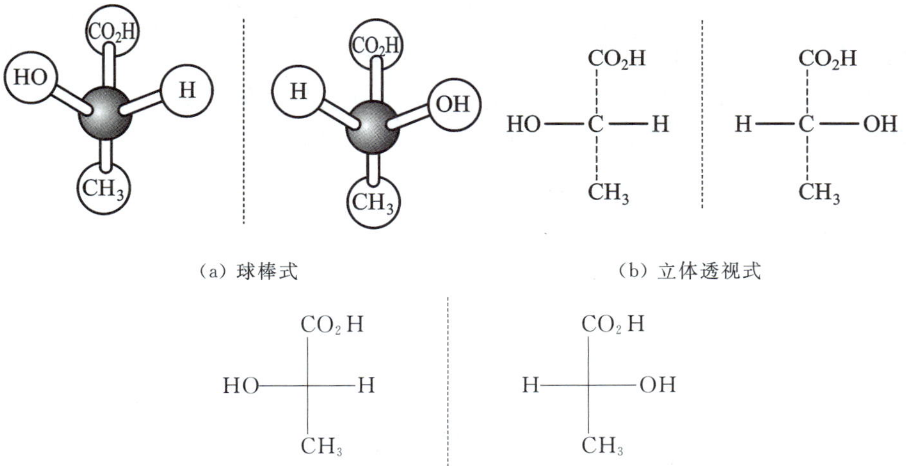

(a) 球棒式　　(b) 立体透视式

(c) 费歇尔投影式

图 3-15　乳酸分子的构型的表示

球棒式　把手性碳原子和与它相连的原子或基团画成球，并标出原子或基团的符号，用棒表示原子或基团与手性碳原子间的共价键，用立体关系表示出原子或基团在空间的排列关系。这种表示清晰直观，但书写麻烦。

立体透视式　手性碳原子放在纸面上，用粗实线(**—**)相连的原子或基团表示在纸面的前方，用虚线(┈)相连的原子或基团表示在纸面的后方。这种表示式也清晰直观，但书写也较麻烦。

费歇尔投影式　以手性碳原子为中心，把与手性碳原子相连的四个原子或基团中横向(左右)连接的两个放在手性碳原子的前方，纵向(上下)连接的两个放在手性碳原

① 费歇尔(Fischer E H，1852—1919)，德国有机化学家，对生命化学的基础研究有杰出贡献，1902 年获诺贝尔化学奖。

子的后方。习惯上把碳链放在纵向，且把命名时编号最小的碳放在上方。然后向纸面投影，用实线表示共价键，得到相交叉的两条实线连有四个原子或基团的费歇尔投影式。在费歇尔投影式中，两实线交叉点为手性碳原子，不必标出；横线连接的两个原子或基团是伸向观察者的，伸向纸面前方；竖线连接的两个原子或基团是背离观察者的，伸向纸面后方。显然，费歇尔投影式书写起来比球棒式和立体透视式方便，常用于书面表达。

2. 构型的标记

手性碳原子构型的三种表示式可用于书面交流，但无法用于语言交流，也不便于命名。因此必须规定构型的标记。手性碳原子构型标记法有两种。

(1) D-L 构型标记法　D-L(D 是拉丁文 Dextro 字首，意为“右”；L 是拉丁文 Leavo 字首，意为“左”)构型标记法是以甘油醛(2,3-二羟基丙醛 $CH_2OH—\overset{*}{C}HOH—CHO$)为参照标准，在有机化学发展的早期使用得很普遍，现在主要在糖类化学及蛋白质化学中应用。把费歇尔投影式中手性碳原子上的羟基在右边的甘油醛的构型(Ⅰ)规定为 D 型，羟基在左边的甘油醛的构型(Ⅱ)规定为 L 型。其它化合物的构型以甘油醛的构型为参照标准，在保持手性碳原子构型不变的转变过程中，可由 D 型甘油醛转化来的化合物构型就是 D 型，可由 L 型甘油醛转化来的化合物构型就是 L 型。例如，由 D 型甘油醛氧化成的甘油酸是 D 型的，由 L 型甘油醛氧化成的甘油酸是 L 型。显然这种规定是相对的，使用也不方便。

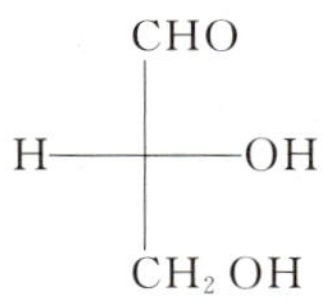

(Ⅰ)
D-甘油醛

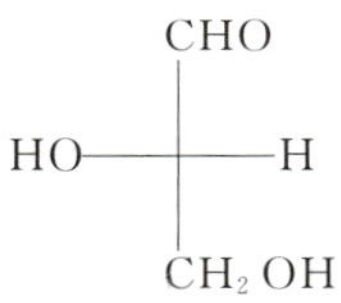

(Ⅱ)
L-甘油醛

(2) *R*-*S* 构型标记法[①]　*R*-*S* 构型标记法是广泛使用的一种方法。它是依据手性碳原子上四个不同原子或基团在“次序规则”中排列的次序来表示手性碳原子构型的。首先按次序规则将手性碳原子上连的四个原子或基团(如 a、b、c 和 d 表示)按优先性排列成序。如 a>b>c>d，把次序最不优先的原子或基团 d 放在观察者的远方，其余三个 a、b 和 c 在离观察者较近的平面上(见图 3-16)，观察 a、b 和 c 的排列顺序。这正如汽车司机面对方向盘，a、b 和 c 在方向盘上，d 位于方向盘连杆上。如果 a→b→c 按顺时针方向排列，称手性碳原子为 *R* 构型，用字母 *R*(拉丁文 Rectus 的字首，意为“右”)标记；如果 a→b→c 按逆时针方向排列，称手性碳原子为 *S* 构型，用字母 *S*(拉丁文 Sinister 的字首，意为“左”)标记。

用上述方法，D，L 型甘油醛手性碳原子的构型分别为 *R* 构型和 *S* 构型(图 3-17)。

① *R*—*S* 构型标记法是由 Chan R S，Ingold C 和 Prelog V 三位化学家于 1966 年制定的，因此又称为“Chan-Ingold-Prelog”规则。Cahn R S(1899—1981)英国伦敦皇家化学所成员；Ingold C(1893—1970)英国伦敦大学学院教授；Prelog V(1906—1998)瑞士苏黎世瑞士联邦高等工学院(ETH)教授，1995 年获诺贝尔化学奖。

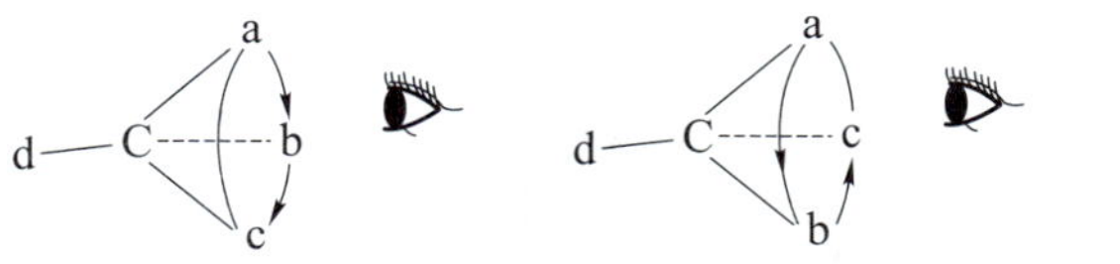

R 构型（a→b→c 顺时针排列）　*S* 构型（a→b→c 逆时针排列）

图 3-16　确定 *R*-*S* 构型的方法

需要注意的是 D 构型的不一定都是 *R* 构型，L 构型的也不一定都是 *S* 构型，反之亦然。

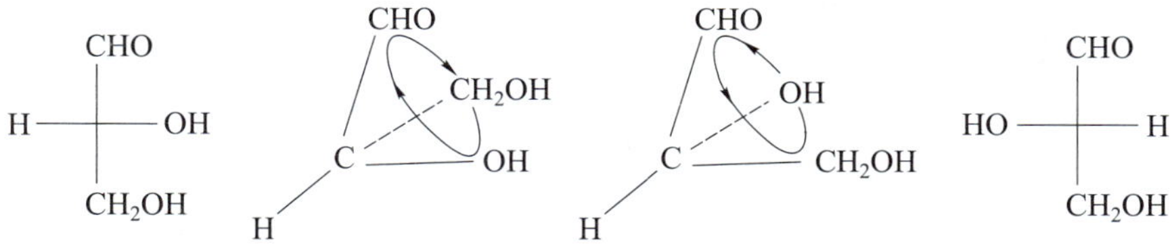

*R*构型(D构型)　*S*构型(L构型)

图 3-17　确定甘油醛 *R*-*S* 构型的方法

图 3-15 中的两个乳酸分子左边的为 *S* 构型，右边的为 *R* 构型。

手性碳原子的构型是由次序规则确定的，*R*-*S* 构型标记也是相对的。化合物的手性碳原子上一种基团经过化学转变成另一种基团，尽管在转变过程中手性碳原子的构型保持不变，但是 *R* 或 *S* 的标记不一定保持不变。例如，在光照下，2-氯丁烷氯化反应中生成一种 1,2-二氯丁烷异构体，反应过程中手性碳原子的构型没有改变，但其构型标记却改变了：

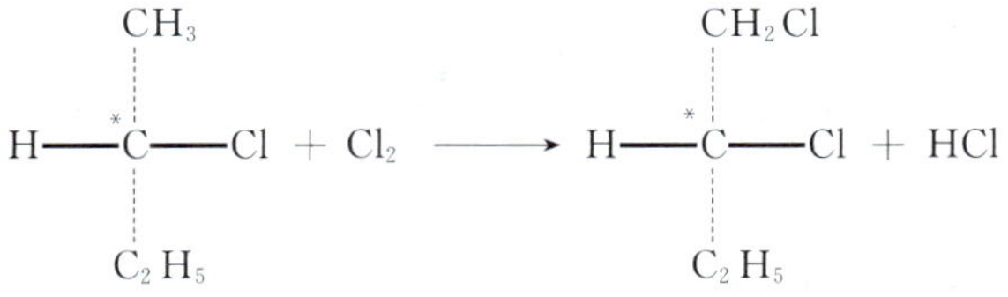

(S)-2-氯丁烷　(*R*)-1,2-二氯丁烷

具有手性碳原子的化合物的系统命名应该标出构型和组成。如 *R* 构型的甘油醛应写作(*R*)-2,3-二羟基丙醛；*S* 构型的甘油醛应写作(S)-2,3-二羟基丙醛。

3.4.3　费歇尔投影式与分子构型

书写费歇尔投影式有明确规则，费歇尔投影式可以在纸面上旋转 180°，不改变分子构型关系，仍代表原来的分子构型。但不能在纸面上旋转 90°或 270°，否则横线变竖线、竖线变横线，改变了原来的构型关系。也不能把费歇尔投影式离开纸面翻转 180°，这样也改变了原来的构型关系。例如：

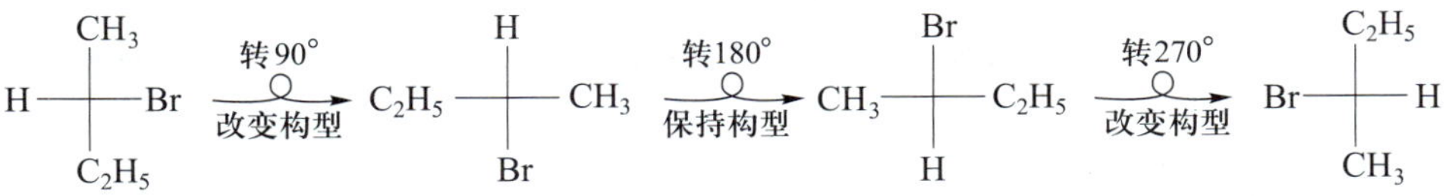

(*S*)　(*R*)　(*R*)　(*S*)

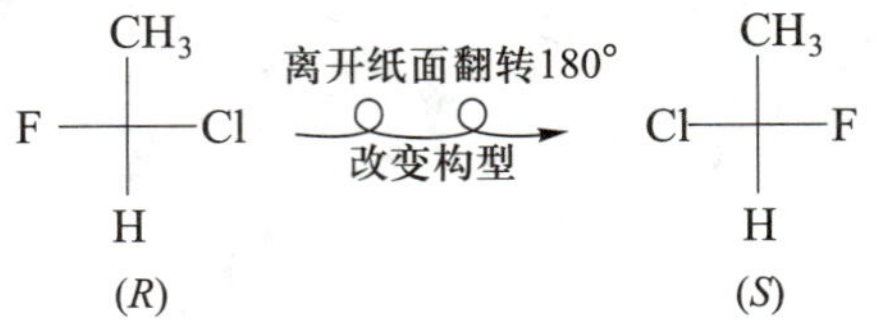

如果将费歇尔投影式的手性原子上的基团交换一次，则改变原来的分子构型；如果连续交换两次，便不改变原来的分子构型。例如：

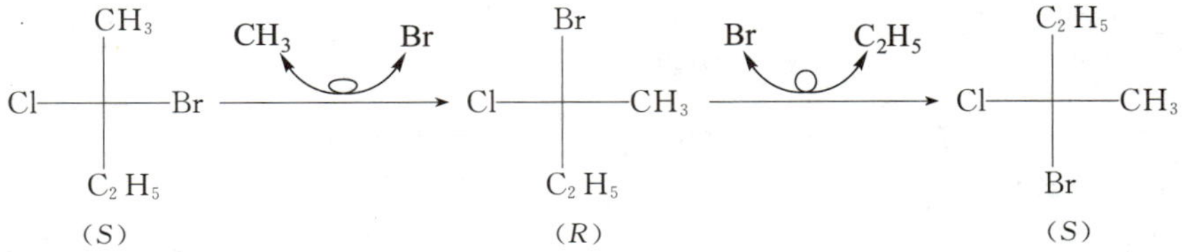

3.4.4 非碳原子为手性中心的化合物的对映异构现象

前面讨论的都是碳原子为手性中心的化合物。实际上，凡是连接四个不同的配体（基团、原子或电子对）的元素都能构成手性中心，都有对映异构现象。例如：

分子模型

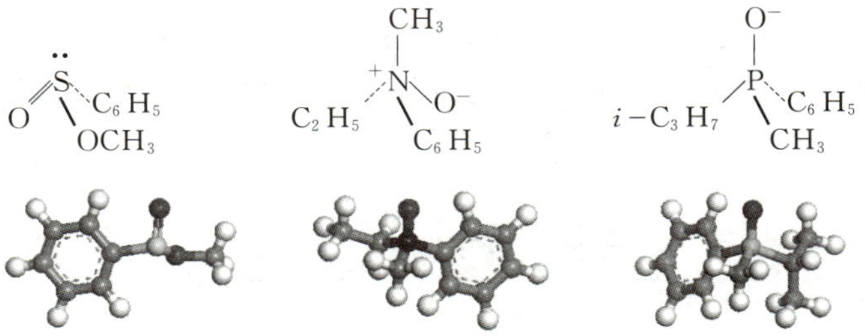

苯基甲氧基氧化硫　　甲基乙基苯基氧化氮　　甲基异丙基苯基膦

其它如 $R^1R^2R^3R^4N^+X^-$，$R^1R^2R^3R^4Si$，$R^1R^2R^3As{=}S$ 等都有构型异构体，有的在自然界有着重要的作用。

3.4.5 含手性轴及手性面的化合物的对映异构现象

有些化合物分子中没有手性中心，但可以有手性或手性面。这些分子中含有手性轴或手性面，存在对映异构现象。

1. 含手性轴的化合物

(1) 丙二烯型化合物　在1,2-二烯烃分子中，累积双键（两个双键连在一个C上）两端碳原子上连的原子或基团是处在互相垂直的两个平面内。如果两端碳原子都是连接两个不同的原子或基团，如2,3-戊二烯，存在一根手性轴，可以有一对对映体：

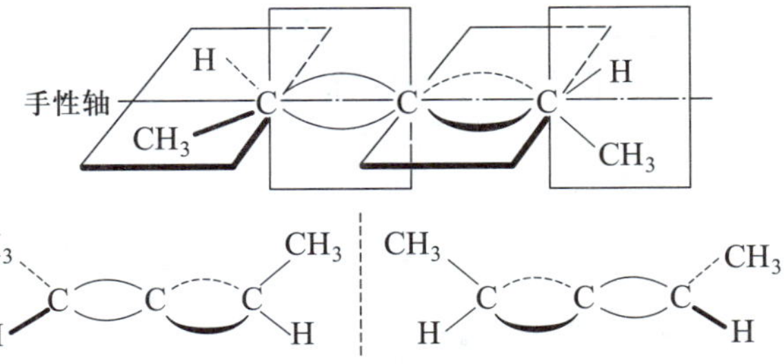

对映体

动
3-6

同理，在 2,6-二甲基螺[3.3]庚烷分子中，两个四元环是刚性的，所在平面是互相垂直的，与 1,2-二烯烃结构相似，有一根手性轴，存在一对对映体：

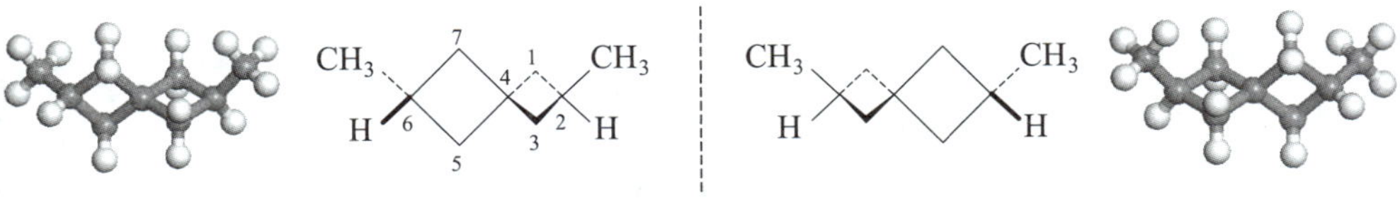

分子模型

(2) 联苯型化合物　联苯型化合物的邻位上如有两个大的取代基，限制两苯环绕两苯环间 σ 键的自由旋转，当两苯环不是对称的被取代时，则出现对映体。如 2,2′-二羧基-6,6′-二氯联苯存在一对对映体：

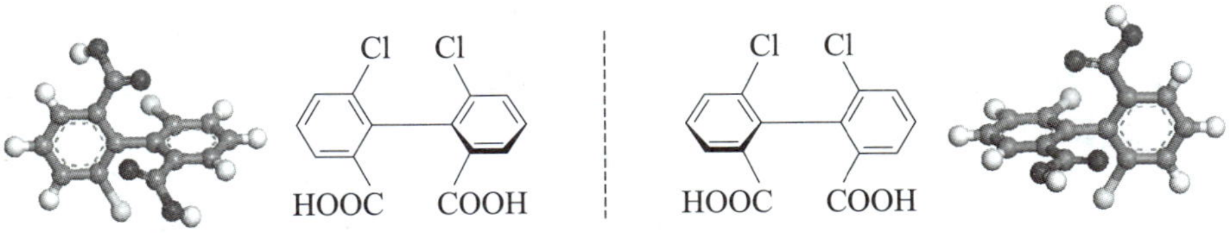

分子模型

而 2,6-二硝基-2′,6′-二溴联苯不存在对映体。

同理，1,1′-联萘型化合物由于受相近的两个 α-H 的阻力，两个萘环也不能绕连接两萘环的 σ 键自由旋转，出现了对映体。最简单的是联萘。联萘的 2,2′位连接 OR，NR_2，PR_3 等基团的化合物是手性催化剂的重要配体。

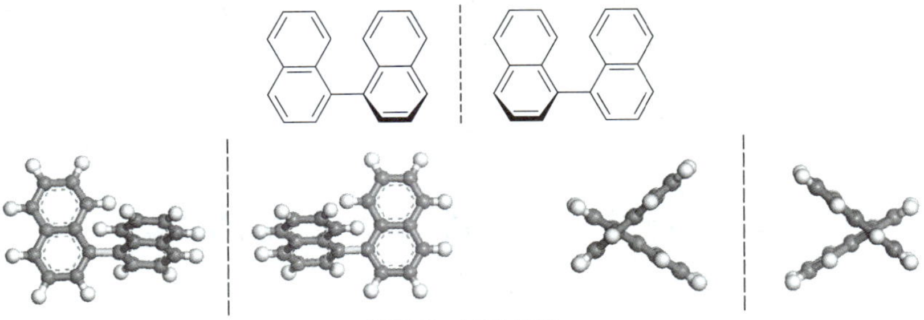

联萘的一对对映体

分子模型

联苯、联萘型对映异构现象属构型异构现象，也可以看成是旋转受阻的构象异构现象。

2. 含手性面的化合物

这类分子中既无手性中心，也无手性轴，但有手性，是含有手性面的化合物。如六螺并苯是苯用两个相邻碳原子互相稠合，六个苯环构成一个类似环状烃，两端的两个苯环上的四个氢原子拥挤，使两个苯环不能在一个平面内，一端在平面之上，另一端在平面之下，分子形成两个螺旋状化合物，一个是左手螺旋，一个是右手螺旋，是一对对映体。左手螺旋用 M 标记，右手螺旋用 P 标记。左手螺旋是 S 构型，右手螺旋是 R 构型。

分子模型

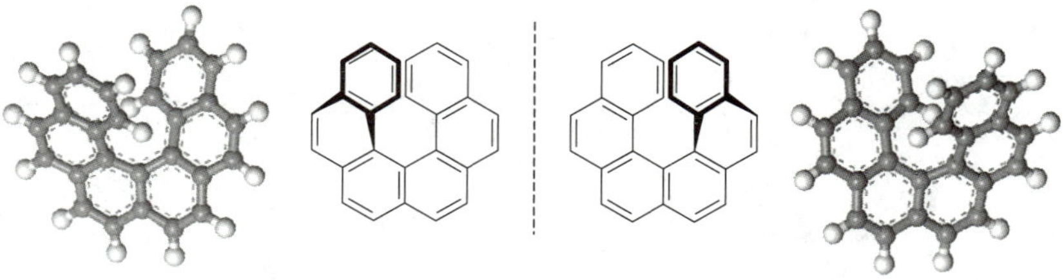

M-螺旋，S 构型，$[M]_D=-11950°\cdot cm^2\cdot mol^{-1}$　　P-螺旋，R 构型，$[M]_D=+11950°\cdot cm^2\cdot mol^{-1}$

六螺苯的一对对映体

螺苯类化合物的比旋光度惊人的大，如六螺苯的 $[\alpha]_D^{25}=3640°\cdot cm^2\cdot g^{-1}$，十三螺苯的 $[\alpha]_D^{25}=8840°\cdot cm^2\cdot g^{-1}$。

3.4.6　碳环化合物的对映异构现象

反-1,2-环丙烷二甲酸分子中有两个手性碳原子，是手性分子，但只有一对对映体。顺-1,2-环丙烷二甲酸分子中有一对称面，是非手性分子。顺式与反式异构体互为非对映体。

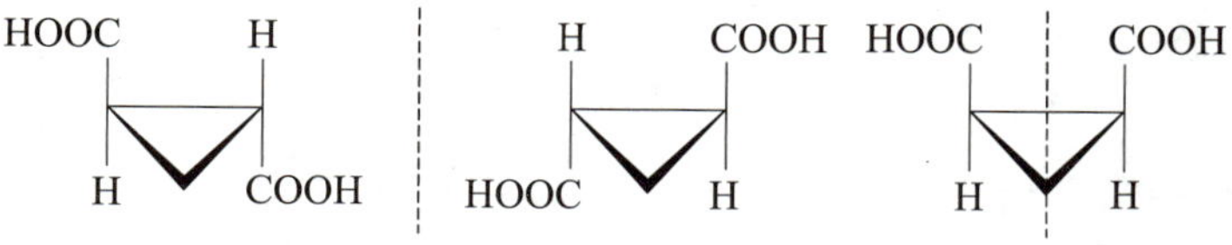

反-1,2-环丙烷二甲酸　　顺-1,2-环丙烷二甲酸

同理，顺-1,2-二甲基环己烷有对称面，是非手性分子；反-1,2-二甲基环己烷无对称中心，也无对称面，是手性分子，有一对对映体。顺-1,2-二甲基环己烷与反-1,2-二甲基环己烷是非对映体。

动
3-7

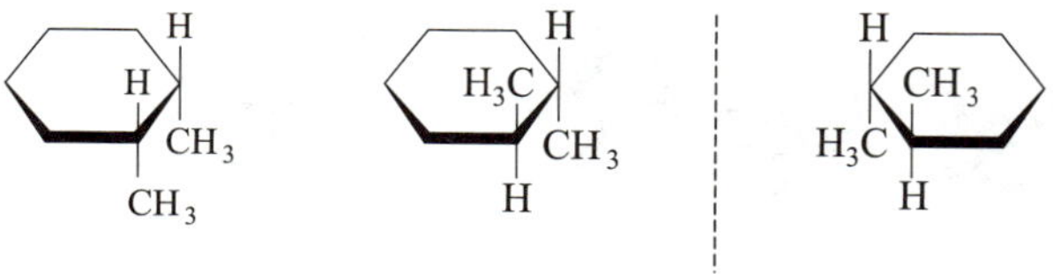

顺-1,2-二甲基环己烷　　反-1,2-二甲基环己烷

化合物 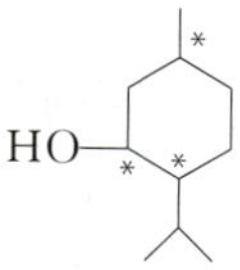 ，有三个不同的手性中心，有 2^3 种构型异构体，其中之一为天

然存在的薄荷醇。

3.4.7　构象对映体和构象非对映体

本章第 3.2.1 节介绍过丁烷的构象，见图 3-2。极限构象(Ⅱ)与(Ⅵ)和(Ⅲ)与(Ⅴ)分别为实物与镜像关系，相对映而不重合(看下图)，是两对对映体，称做构象对映体。而极限构象(Ⅰ)、(Ⅱ)[或(Ⅵ)]、(Ⅲ)[或(Ⅴ)]和(Ⅳ)间是非对映体，称做构象非对映体。

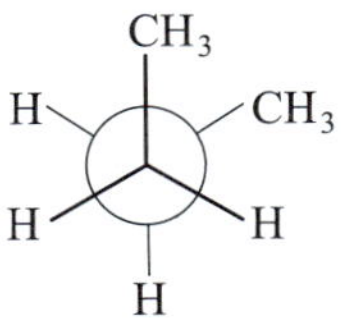

(Ⅱ)
$\theta=60°$
顺交叉式
(顺错式)

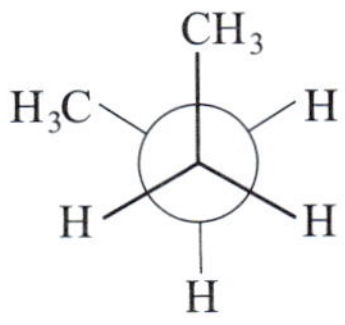

(Ⅵ)
$\theta=300°$
顺交叉式
(顺错式)

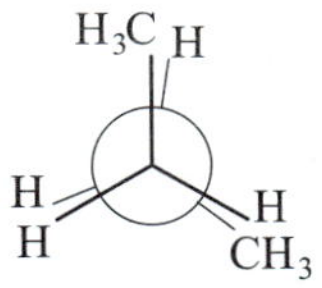

(Ⅲ)
$\theta=120°$
部分重叠式
(反错式)

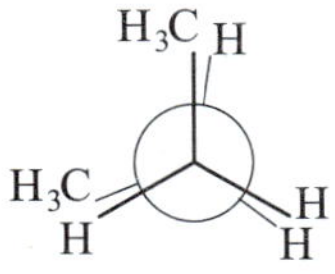

(Ⅴ)
$\theta=240°$
部分重叠式
(反错式)

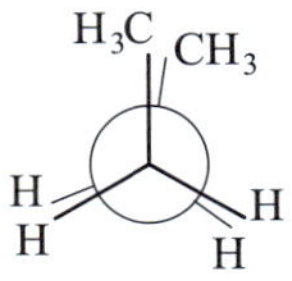

(Ⅰ)
$\theta=0°,360°$
全重叠式
(顺叠式)

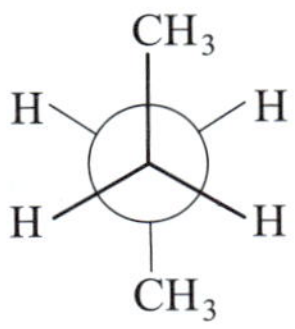

(Ⅳ)
$\theta=180°$
反交叉式
(反式)

构象对映体的能量相等，在构象平衡混合物中数量相等。而构象非对映体的能量不相等，在构象平衡混合物中数量不相等。

如果用(Ⅶ)和(Ⅷ)代表扭转角$|\theta|$为任意值(除 0°，180°和 360°外)的两种构象，则(Ⅶ)和(Ⅷ)是构象对映体。即在丁烷构象中，除构象(Ⅰ)$\theta=0°,360°$的全重叠式构象和构象(Ⅳ)$\theta=180°$的反交叉式构象外，有无限对构象对映体。

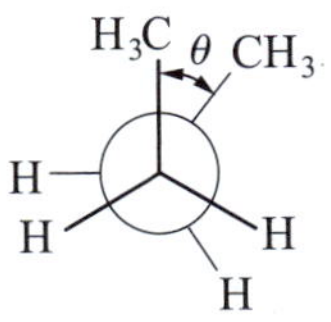

(Ⅶ)

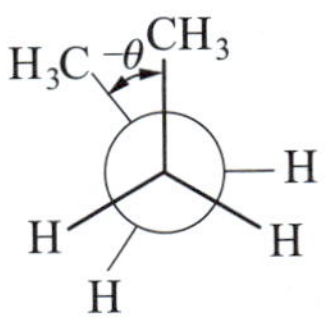

(Ⅷ)

构象对映体

3.5 化合物的旋光性与旋光性化合物的拆分及合成

3.5.1 旋光性的测定

1. 偏光

光是一种电磁波，光振动的方向与光前进的方向垂直。图 3-18(a)表示光在纸面上波动的振幅是周期性变化的；(b)表示在光前进的方向正视光源，在纸面上的振幅变化范围(用箭头标示)；(c)是这束光在波动时，在前进方向截面上各方向的振动的振幅变化范围。

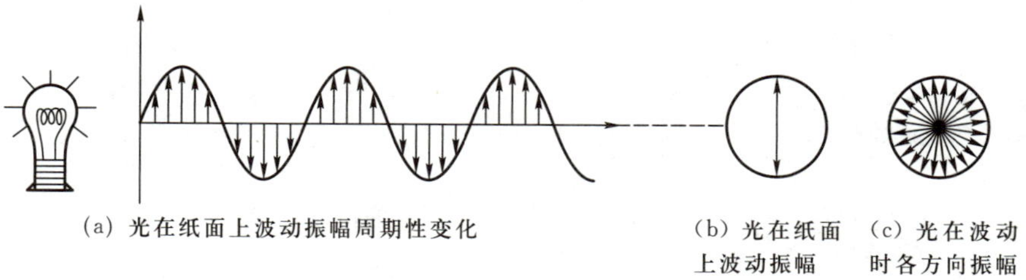

图 3-18 普通光的振动情况

一束普通光通过尼科尔(Nicol)棱镜或其它偏振片，只有在与棱镜晶轴平行的平面上振动的光能透过，透过的光叫平面偏振光，简称偏光(图 3-19)。

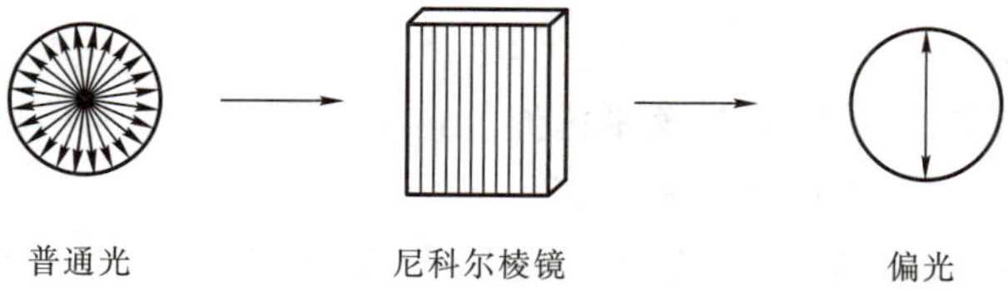

图 3-19 偏光

2. 旋光物质与比旋光度、摩尔旋光度

把两块尼科尔棱镜晶体平行放置，普通光透过第一块晶体变成偏光，偏光也会透过第二块晶体。如在两块晶体间放置一个盛有液体或溶液的玻璃管，在第二块晶体后观察时，如果管里盛的是水、乙醇、醋酸等，仍可以看到光透过第二块晶体；如果管里盛的是从肌肉中提取的乳酸或葡萄糖的水溶液等，观察不到有光透过，只有把第二块晶体旋转一个角度 α 后，才可以观察到有光透过(见图 3-20)。

由此可把化合物分成两类：能使偏光振动平面旋转一定角度 α 的物质，有旋光性，称为旋光性物质(或光学活性物质)；另一类无旋光性，称为无旋光性物质。

图 3-20 是旋光仪的工作原理图，光源发出的光通过起偏器，产生偏光，偏光通过盛液管(盛试样管)后，需要将检偏器转动一个角度 α 后，才能观察到光透过。转动的

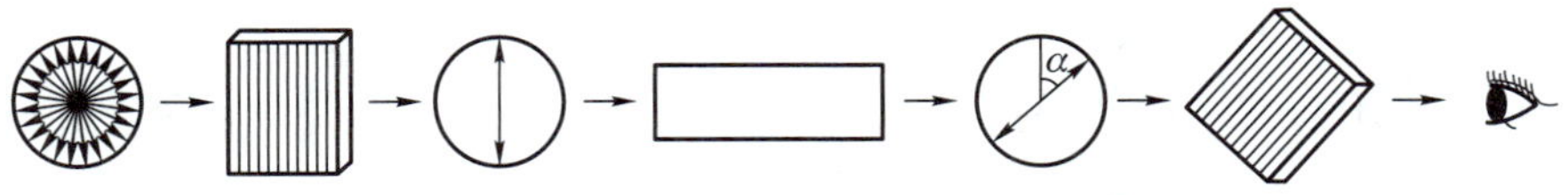

图 3-20　旋光仪的工作原理

角 α 的数值就是试样的旋光度。

测得的旋光度大小与试样的温度、试样溶剂的种类、试样的浓度、盛液管的长度及旋光仪使用的光源有关。为了消除浓度和盛液管长度的影响，通常采用比旋光度[α]来描述物质的旋光性，其单位为°·cm²·g⁻¹：

$$[\alpha]_\lambda^t = \frac{\alpha}{\rho_B \cdot l}$$

式中，α 为旋光仪测得试样的旋光度，单位为(°)；ρ_B 为试样的质量浓度，单位为 $g \cdot mL^{-1}$，如果试样是纯液体，则 ρ_B 改为试样的密度 ρ，单位为 $g \cdot cm^{-3}$；l 为盛液管的长度，单位为 dm；t 为测样时的温度，单位为 ℃；λ 为旋光仪用的光源的波长，通常用钠光作光源，用 D 表示，波长为 589 nm。

有些化合物使偏光的振动平面向右（顺时针方向）旋转，有些化合物则使偏光振动平面向左（逆时针方向）旋转，这些化合物分别称为右旋光化合物和左旋光化合物，旋光方向分别用“+”“−”表示（旧文献中曾用“d”，“l”表示）。在表示比旋光度时，还要标示出使用的溶剂。例如，在 20 ℃用钠光源的旋光仪分别测葡萄糖和果糖水溶液的比旋光度为右旋 52.5°·cm²·g⁻¹ 和左旋 93°·cm²·g⁻¹，写作 $[\alpha]_D^{20} = +52.5° \cdot cm^2 \cdot g^{-1}$（水）和 $[\alpha]_D^{20} = -93° \cdot cm^2 \cdot g^{-1}$（水）。

像物质的熔点、沸点、相对密度、折射率等一样，比旋光度是旋光性物质的一个物理常数，可以定量地表示旋光物质的一个特性——旋光性。

利用比旋光度不能比较不同旋光性物质的旋光能力。将比旋光度乘以摩尔质量 M 变成摩尔旋光度 $[M]_D$（单位是 $° \cdot cm^2 \cdot mol^{-1}$），则可以进行比较。除以 100 是为避免摩尔旋光度的数值过大。

$$[M]_D^t = \frac{[\alpha]_D^t \cdot M}{100}$$

摩尔旋光度与分子的立体结构有密切关系，可以与化合物的构型和构象相关联，估算分子的旋光能力。

3.5.2　含有一个手性碳原子化合物的旋光性

1. 对映体和外消旋体

乳酸是含有一个手性碳原子的化合物，有一对对映体。从肌肉中分离出来的乳酸使偏振光向右偏转，是右旋光乳酸，也称为右旋体，比旋光度 $[\alpha]_D^{15} = +3.82° \cdot cm^2 \cdot g^{-1}$（水）；从葡萄糖发酵得到的乳酸使偏振光向左偏转，是左旋光乳酸，称为左旋体，比旋光度$[\alpha]_D^{15}=-3.82°\cdot cm^2\cdot g^{-1}$（水）。2-丁醇 $CH_3\overset{*}{C}HOHCH_2CH_3$ 也是含一个手性碳原子的化合物，有一对对映体，右旋体的比旋光度$[\alpha]_D^{20}=+13.9°\cdot cm^2\cdot g^{-1}$，左旋体的比旋光度$[\alpha]_D^{20}=-13.9°\cdot cm^2\cdot g^{-1}$。在一般情况下，有一个手性碳原子的化合物有一对对映体，一个是右旋体，一个是左旋体，它们的旋光能力相同，旋光方向相反。因此，曾把对映异构现象又称做旋光异构现象，相应的异构体称做光学异构体。

如果把两种对映体等物质的量的混合，则旋光性消失。这个混合物称为外消旋体。如从牛奶中得到的乳酸就是外消旋体，无旋光性，称为外消旋乳酸，写成（±）-或（*dl*）-乳酸。

（1）对映体　对映体是实物与镜像的关系。在非手性环境中，对映体的性质没有区别，如熔点、沸点、溶解度及化学反应的转化速率等都相同。而在手性环境中，对映体的性质不同，如旋光性、与手性试剂反应或在手性催化剂或手性溶剂中的转化速率都不相同。大多数生物分子是手性的，对映体显示出不同的生物活性。

在非手性条件（原料、试剂、溶剂、催化剂等都没有手性）下，合成化合物得到的产物往往是外消旋体。用非手性原料和试剂进行合成时，生成右旋体和左旋体的过渡态能量相同，转化速率相同，转化成两种对映体产物的产量也应相同。

旋光性化合物在物理因素或化学试剂作用下变成两种对映体的平衡混合物，失去旋光性的过程称做外消旋化。

（2）外消旋体　由于左旋体和右旋体分子间作用力不同，所以外消旋体的性质与纯净的右旋体和纯净的左旋体的性质是不同的。各种乳酸的性质列于表3-1中。

表3-1　各种乳酸的性质

	(*S*)-(+)-乳酸	(*R*)-(-)-乳酸	(±)-乳酸
mp/℃	53	53	18
$[\alpha]_D^{15}/(°\cdot cm^2\cdot g^{-1})$	+3.82	-3.82	0

2. 构型标记与旋光性

手性化合物的旋光性是由实验测得的，它反映了化合物的结构，即旋光性是由分子结构决定的。而手性碳原子的构型标记 *R*、*S* 构型是由次序规则确定的，是人为规定的。因此，构型标记与旋光方向间无必然的联系。如（+）-乳酸为 *S* 构型，（-）-乳酸为 *R* 构型，而甘油醛却是（+）-旋光的为 *R* 构型，（-）-旋光的为 *S* 构型。因此，旋光性化合物的系统命名应同时表示出构型、旋光方向和组成。如（*S*）-（+）-2-羟基丙酸，（*R*）-（-）-2-羟基丙酸，（*R*）-（+）-2,3-二羟基丙醛和（*S*）-（-）-2,3-二羟基丙醛。

3.5.3　含有两个手性碳原子化合物的旋光性

有机化合物随着分子中手性碳原子数目的增加，对映异构现象变得复杂，对映异构体、非对映异构体数目增多。分子中含有多个手性碳原子，手性碳原子可能相同，也可能不相同，分别讨论如下。

1. 含有多个不相同手性碳原子的化合物

含有一个手性碳原子的化合物有两种对映异构体（一对对映体）。含有两个不同的手性碳原子的化合物有四种对映异构体（两对对映体），如 2－羟基－3－氯丁二酸（氯代苹果酸）$HOOC\overset{*}{C}H(OH)\overset{*}{C}HClCOOH$ 就有四种异构体：

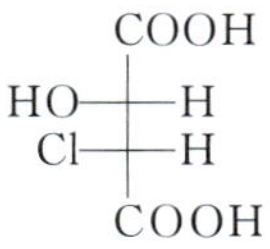
Ⅰ(2*R*,3*R*)

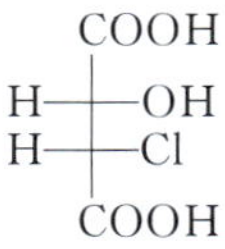
Ⅱ(2*S*,3*S*)

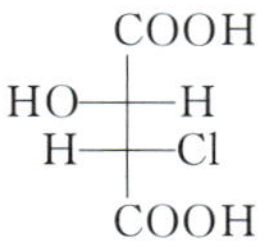
Ⅲ(2*R*,3*S*)

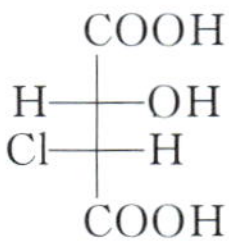
Ⅳ(2*S*,3*R*)

Ⅰ和Ⅱ、Ⅲ和Ⅳ互为对映体。实验测得Ⅰ、Ⅱ、Ⅲ和Ⅳ的旋光方向分别为左旋、右旋、左旋和右旋。等物质的量的Ⅰ和Ⅱ、Ⅲ和Ⅳ分别组成两种外消旋体；Ⅰ与Ⅲ或Ⅳ、Ⅱ与Ⅲ或Ⅳ不互为实物与镜像关系，是非对映的，所以称做非对映异构体，简称非对映体。

Ⅰ、Ⅱ、Ⅲ和Ⅳ分别命名为(2*R*,3*R*)－(－)－2－羟基－3－氯丁二酸、(2*S*,3*S*)－(＋)－2－羟基－3－氯丁二酸、(2*R*,3*S*)－(－)－2－羟基－3－氯丁二酸和(2*S*,3*R*)－(＋)－2－羟基－3－氯丁二酸。

在一般情况下，对映体除旋光方向相反外，其它物理及化学性质都相同。但非对映体的比旋光度不相同；旋光方向可能相同，也可能不同；其它物理性质，如熔点等也不同。氯代苹果酸的物理性质如表 3－2 所示。

表 3－2　氯代苹果酸的物理性质

异构体	构　型	$[\alpha]_D/(°\cdot cm^2\cdot g^{-1})$	熔点/ ℃	
Ⅰ	2*R*,3*R*	－31.3(乙酸乙酯)	173	外消旋体溶点 146
Ⅱ	2*S*,3*S*	＋31.3(乙酸乙酯)	173	
Ⅲ	2*R*,3*S*	－9.4(水)	167	外消旋体溶点 153
Ⅳ	2*S*,3*R*	＋9.4(水)	167	

分子中所含手性碳原子数越多，对映异构体数目越多，其数目与手性碳原子数目有如下关系：

对映异构体数目＝2^n（n 为不相同手性碳原子数目）

外消旋体数目＝2^{n-1}

当 $n=3$ 时，用 C_A^*、C_B^*、C_D^* 表示三个不同手性碳原子，可以按下法推导共有 8 种对映异构体（4 对对映体），多种非对映体：

C_A^*	*R*	*S*	*R*	*S*	*R*	*S*	*R*	*S*
C_B^*	*R*	*S*	*R*	*S*	*S*	*R*	*S*	*R*
C_D^*	*R*	*S*	*S*	*R*	*S*	*R*	*R*	*S*
	对映体		对映体		对映体		对映体	

非对映体

2. 含有两个相同手性碳原子的化合物

一个典型的例子是2,3–二羟基丁二酸(酒石酸,$HOOC\overset{*}{C}HOH\overset{*}{C}HOHCOOH$),分子中有两个手性碳原子,两个手性碳原子所连四个基团相同,都是—H,—OH,—COOH和—CHOHCOOH,似乎有两对对映体,即四种对映异构体:

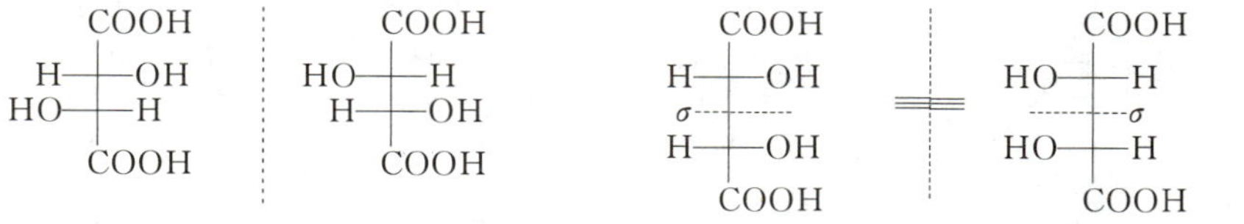

Ⅰ(2*R*,3*R*)　Ⅱ(2*S*,3*S*)　Ⅲ(2*R*,3*S*)　Ⅳ(2*S*,3*R*)

Ⅰ与Ⅱ互为对映体,其等物质的量混合物为外消旋体。将Ⅳ在纸面上转180°,变成Ⅲ,即Ⅲ与Ⅳ是同一个化合物,在Ⅲ(Ⅳ)中有一个对称面σ,Ⅲ为非手性化合物,无旋光性。习惯上称Ⅲ为内消旋体,用"meso–"或"*m*"表示,命名为meso–2,3–二羟基丁二酸。含有一个手性碳原子的分子必定是手性分子,有旋光性;含有多个手性碳原子的分子却不一定都有手性。酒石酸只有三种构型异构体,即一种左旋体,一种右旋体,一种内消旋体。内消旋体与外消旋体都无旋光性,但两者的本质不同,前者是一化合物,后者是混合物,能分出一对有旋光性的异构体。对映体、内消旋体和外消旋体的性质不同,如表3–3所示。

表3–3 酒石酸各种构型异构体的性质

酒石酸	熔点/℃	$\frac{[\alpha]_D^{25}}{°\cdot cm^2\cdot g^{-1}}$	$\frac{溶解度}{g\cdot(100g\ H_2O)^{-1}}$	相对密度(20℃)	pK_{a1}	pK_{a2}
(*R*,*R*)–酸	170	+12	139	1.760	2.93	4.32
(*S*,*S*)–酸	170	−12	139	1.760	2.93	4.32
meso–酸	140	无	125	1.667	3.11	4.80
(±)–酸	206	无	20.6	1.680	2.96	4.24

3.5.4 分子结构与旋光性

旋光性是手性分子的属性,分子一定有一具体结构产生旋光性。结构决定性质是"结构理论"的基本观点。知道分子的结构就能推导出分子的旋光性。反之,知道分子的旋光性就能推导出分子的具体结构。

有机化合物分子旋光性的螺旋理论①认为:"几乎所有的有机化合物分子结构中都存在螺旋结构","螺旋结构导致旋光性"。"化合物的旋光度等于各螺旋结构旋光度的代数和与折射率函数的乘积"。螺旋结构旋光度与构成螺旋结构的原子、基团的电子可极化度有关,可极化度大,螺旋结构的旋光度就大。原子和基团的可极化度顺序为:$—I > —Br > —SH > —Cl > —C\equiv C— > —CN > \gt C=C\lt > —C_6H_5 > —CHO >$

① 尹玉英,刘春蕴.有机化合物分子旋光性的螺旋理论.北京:化学工业出版社,2000.

$—CO_2H > —CH_2C_6H_5 > —CH_3 > —CH_2OH = —CH_2NH_2 > —C_2H_5 > —CH_2CH_2OH > —CH_2CH_2CH_3 > \cdots > —CH_2CO_2H > —NH_2 > —OH > —H > —D > —CF_3 > —F > —\overset{+}{N}H_3$。这是一个定性的顺序。

对于一个简单手性碳原子连接的四个基团 a，b，d 和 e，其可极化能力为 a>b>d>e，将 e 远离观察者，a，b，d 靠近观察者，按 a→b→d 的顺序观察。如果 a→b→d 是顺时针排列，则这个化合物是右旋光（+）；若 a→b→d 是逆时针排列，则这个化合物是左旋光（−）。这是简单手性化合物旋光方向的经验规则。

如果再把 a，b，d 和 e 按次序规则排列，则可得到手性碳原子构型标记。这样就可以把旋光方向标记与构型标记联系起来。例如，2−溴丙酸的$[M]_D = +47° \cdot cm^2 \cdot mol^{-1}$（纯），手性碳原子连接的四个原子和基团的可极化度—Br>—CO_2H>—CH_3>—H，其构型应是 *R* 型。同理，2−溴苯乙酸的$[M]_D = +319° \cdot cm^2 \cdot mol^{-1}$（苯中），其构型为 *S* 型。

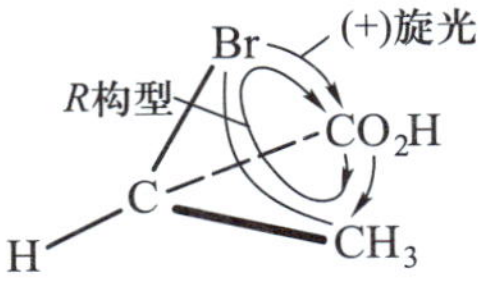

（+）−2−溴丙酸构型的判断

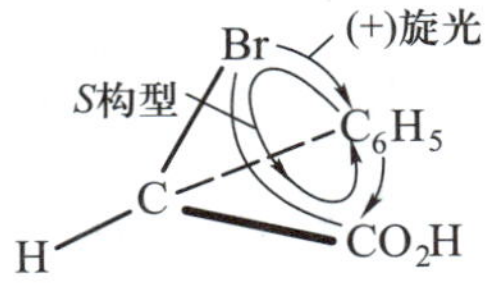

（+）−2−溴苯乙酸构型的判断

这个经验方法不适合于四个基团都有明显作用（如形成氢键，正、负离子间引力）的化合物。

3.5.5　外消旋体的拆分

在非手性条件下合成手性物质，得到的产物往往是外消旋体。如丙酸溴化得到的产物 α−溴丙酸是等物质的量的左旋体和右旋体组成的外消旋体：

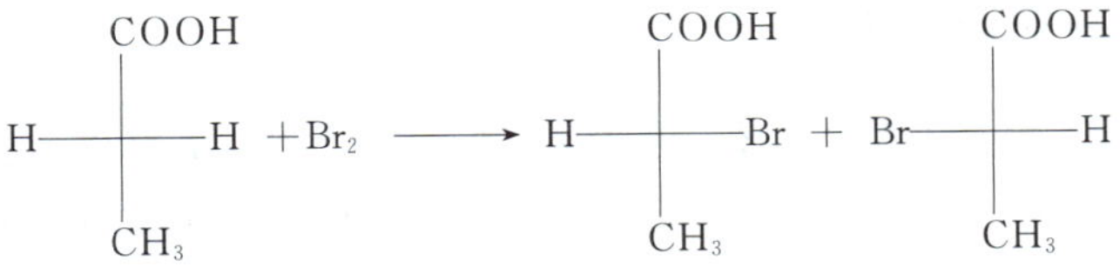

若要得到左旋体或右旋体，需要某种方法将其分开。将外消旋体分成纯的左旋体和右旋体的过程称做外消旋体的拆分。化学家巴斯德首先实现了外消旋体的拆分。

有机化学家

拆分的方法很多，有机械分离法、微生物分解法、柱色谱分离法、诱导结晶法及化学反应法等。这里主要介绍化学反应法。

非对映体的物理性质、化学性质是不同的，可用蒸馏、重结晶等物理过程将非对映体混合物分开。化学反应法分离的原理是将外消旋体与一个纯的旋光体[（+）或（−）]反应生成非对映体混合物，再用物理方法分离非对映体，分离后的非对映体再经化学处理，即可分别得到原外消旋体中的两种异构体——左旋体和右旋体。使用的纯的旋光体称做拆分剂。化学反应法拆分用得最成功的是（±）−酸或（±）−碱的拆分，其过程如下：

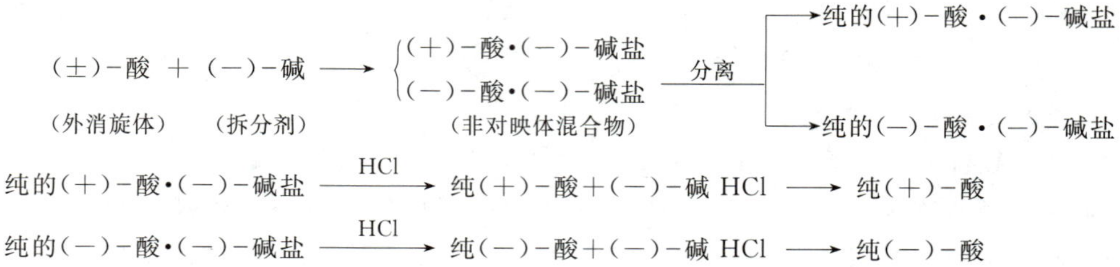

常用的碱性拆分剂有马钱子碱、麻黄碱、蓋胺等天然存在的旋光性物质。同理可用酸性拆分剂如酒石酸、苹果酸、樟脑磺酸等天然存在的旋光性物质分离(±)-碱。

如果外消旋体既不是酸又不是碱，可以先将其转变成酸或碱，再拆分。如若拆分(±)-醇，可先与邻苯二甲酸酐反应得到外消旋羧酸单酯，再用碱性拆分剂处理外消旋羧酸单酯，形成非对映体，最后进行水解分离：

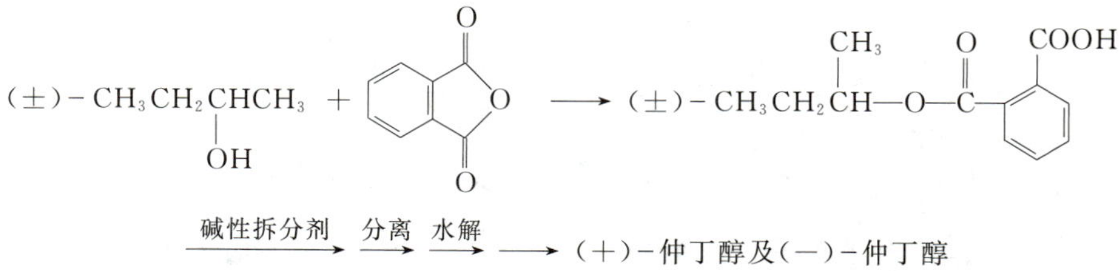

拆分(±)-醛、酮化合物可用有旋光活性的肼等作拆分剂。例如：

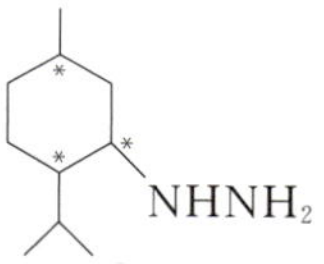

薄荷肼

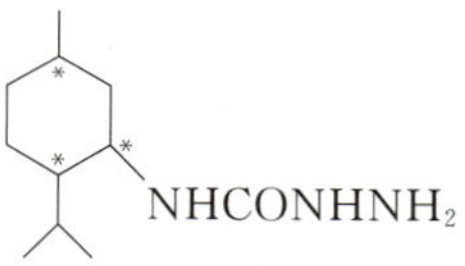

蓋基氨基脲

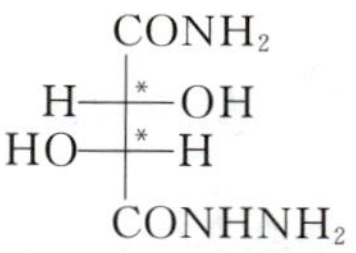

酒石酰胺酰肼

3.5.6　不对称合成概念

获诺贝尔奖者

拆分可以得到纯度很高的对映异构体，但操作很麻烦，最好的办法是直接合成出所需要的对映异构体，即不对称合成，又称为手性合成。反应物分子中一个对称结构单元，用一个试剂转化为一个不对称的结构单元，产生不等量对映异构体的反应称为不对称合成。康福思用酶催化不对称合成。不对称合成反应的效率有两种表示法。

1. 用产物的对映体过量 ee 表示：

$$\mathrm{ee}=\frac{A_1-A_2}{A_1+A_2}\times 100\%$$

式中，A_1 为产物对映体中过量的一种异构体的量；A_2 为产物对映体中另一种少量的异构体的量。

2. 用产物的光学纯度 OP 表示：

$$\mathrm{OP}=\frac{[\alpha]_{实测}}{[\alpha]_{纯试样}}\times 100\%$$

式中，$[\alpha]_{实测}$为反应得到的对映体产物的比旋光度；$[\alpha]_{纯试样}$为纯对映体的比旋光度。

在实验误差范围内，两种表示是等价的。

不对称合成反应常使用纯手性化合物作起始反应物的原料之一；如果起始反应物是非手性的，可在这个反应物分子中引入一个手性中心使之成为手性物进入反应；也可以用手性试剂、手性溶剂、手性催化剂等促进不对称合成反应。

丙酮酸用硼氢化钠还原得到 2-羟基丙酸的外消旋体。如果在丙酮酸分子中引入一个具有手性的胺，变成有手性的酰胺后，再用硼氢化钠还原，由于羰基已处于手性环境，硼氢化钠从羰基平面的两边进攻羰基的机会不相等，就得到不等量的非对映体混合物，分离后再水解掉引入的手性胺，就能得到一种对映异构体含量多的产物：

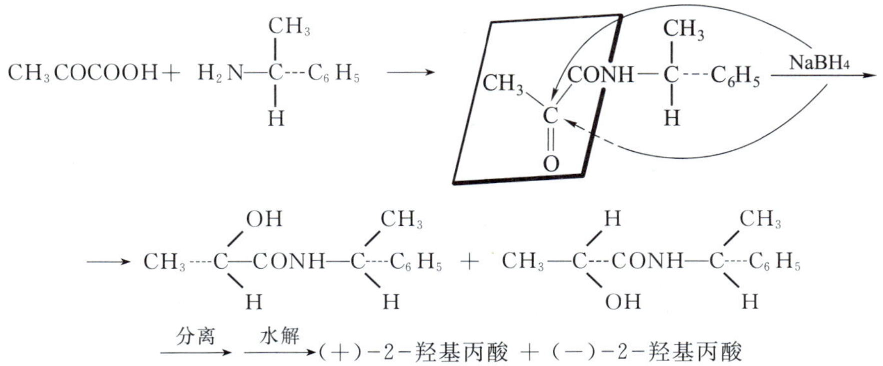

不对称合成反应，使用合适的手性条件，可使产物中一个对映体的纯度达 95%以上。

获诺贝尔奖者

不对称合成反应除了用于手性化合物的制备外，还广泛用于有机化合物构型的测定、阐明有机反应机理及研究酶催化活性等领域。诺尔斯、野依良治和夏普莱斯首先实现了不对称合成。

法 9-1

习 题

3-1 下列化合物是否有顺反异构体？若有，试写出它们的顺反异构体。

(1) 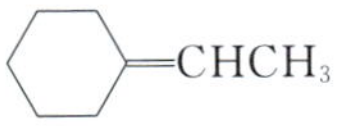

(2) 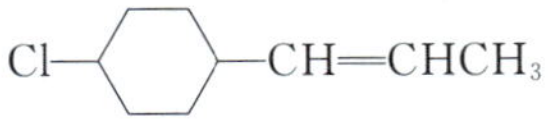

(3) 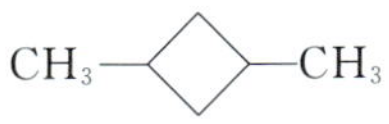

(4) 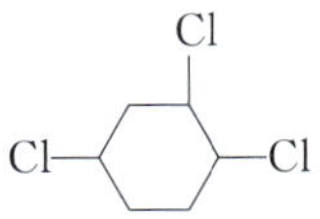

3-2 下列化合物中有无手性碳原子？若有，请用“*”标记。

(1) $CH_3CHDC_2H_5$　(2) $BrCH_2CHDCH_2Br$　(3) $CH_2BrCH_2CH_2Cl$

(4) $CH_3CHCH_2CH_2CH_3$（CH 上连 CH_2CH_3）　(5) $CH_3CHClCHClCHClCH_3$　(6) 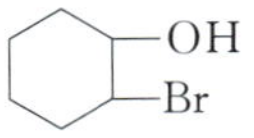

(7) 

*(8) 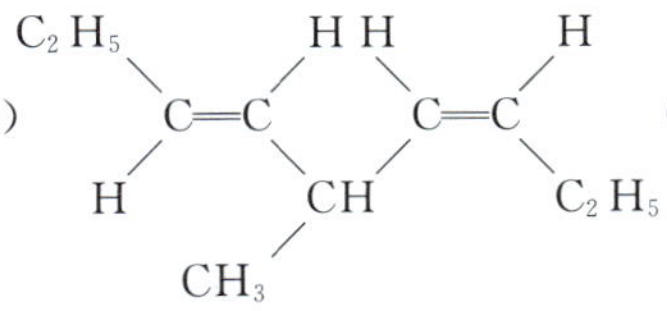

(9) 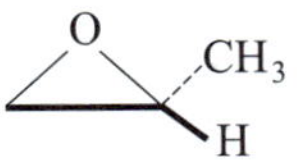

(10) 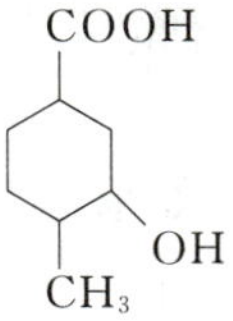
(11) 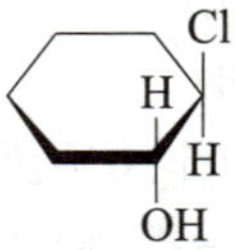
(12) 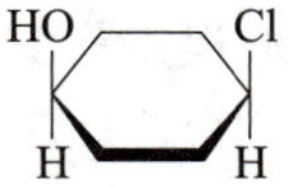

3-3　下列化合物哪些有对映体存在？请写出对映体的结构。

(1) 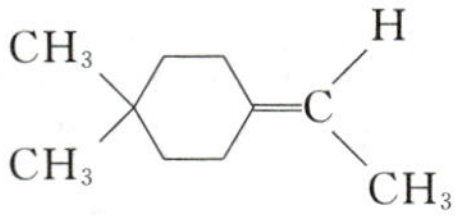
(2) $CH_3CH{=}C{=}C(CH_3)_2$
(3) 

(4) $C_6H_5CH{=}C{=}CHC_6H_5$
(5) 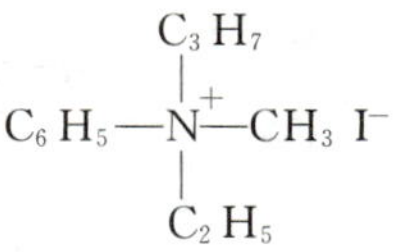
(6) 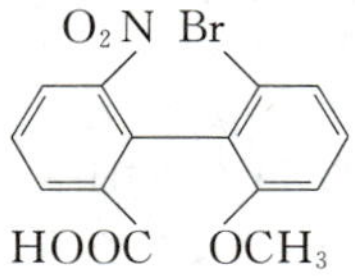

(7) 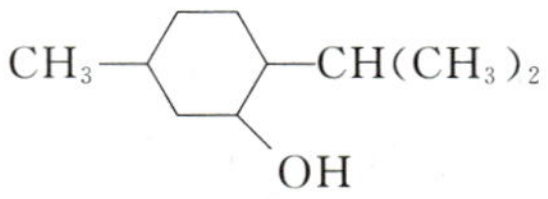
(8) 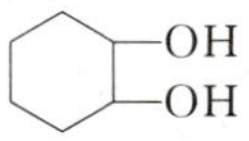
(9) 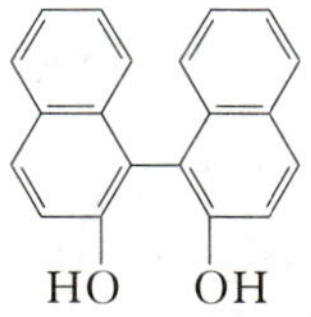

3-4　指出下列化合物是否有旋光性？

(1) 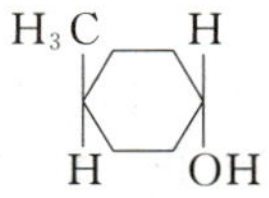
(2) 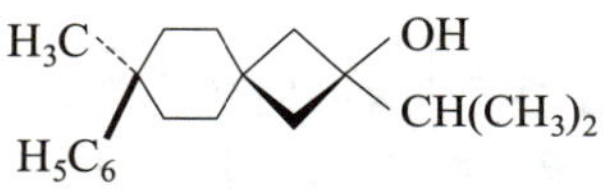
(3) 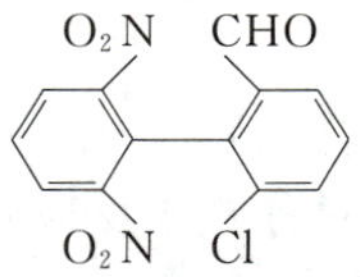

(4) 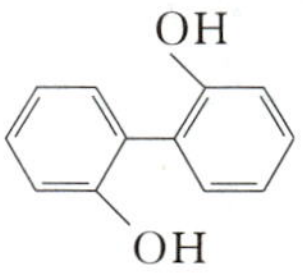
(5) 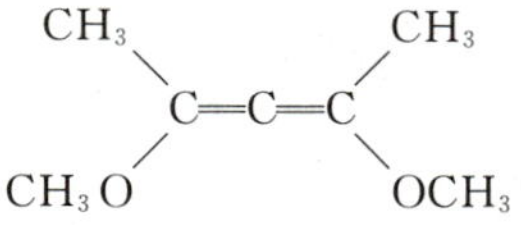
(6) 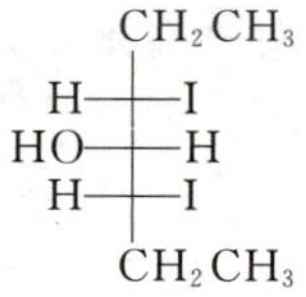

(7) 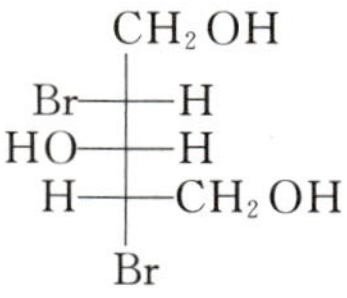
(8) 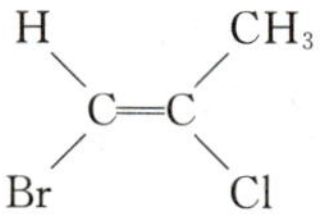

3-5　下列分子是否有手性？

(1) $CH_2{=}CH{-}CH{=}C(CH_3)_2$
(2) 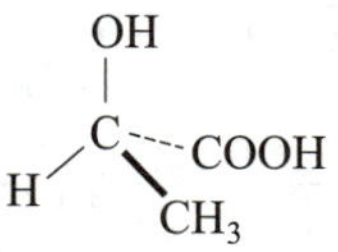

(3) 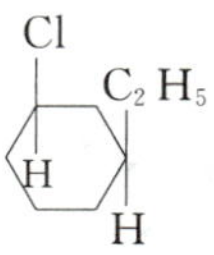
(4) 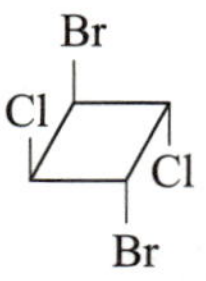

3-6　标明下列分子中手性碳原子的构型，并指出它们之间的关系。

(1) 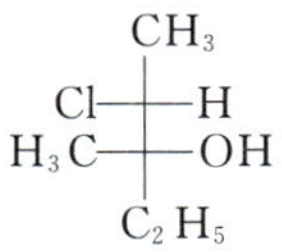

(2) 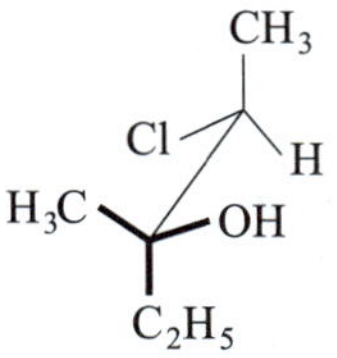

(3) 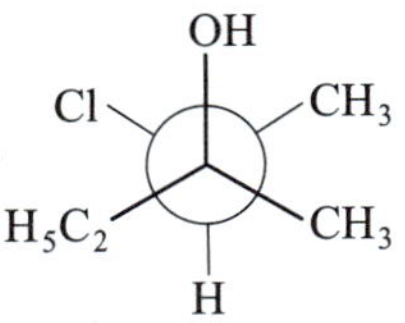

(4) 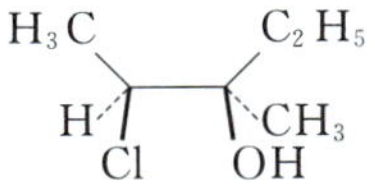

3-7　下列化合物各有几种立体异构体？写出化合物(1)和(2)的立体异构体，并标明其不对称碳原子的构型。

(1) 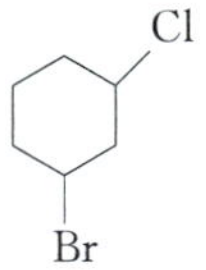
(2) 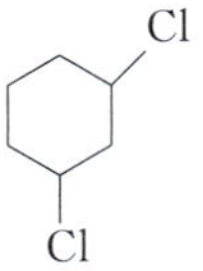
(3) 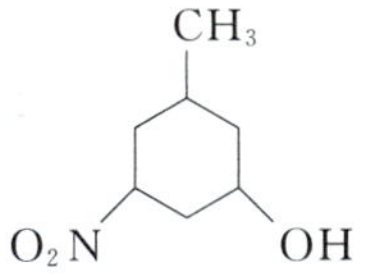
*(4) 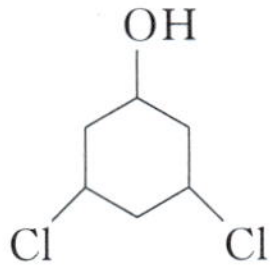

(5) 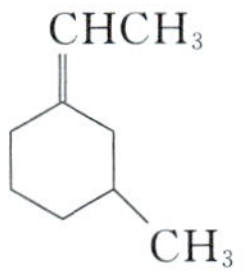
(6) 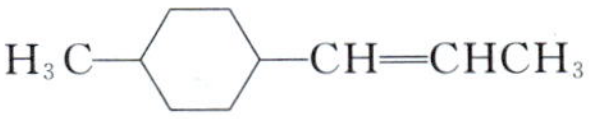
*(7) 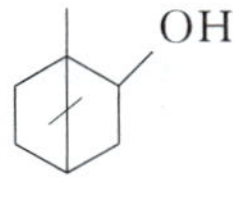
(莰醇)
*(8) 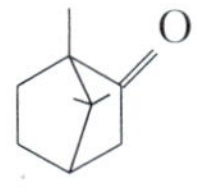
(樟脑)

3-8　写出下列化合物的立体结构式。

(1) (*R*)-3-甲基-1-戊炔　(2) (*S*)-3-乙基-1-己烯-5-炔

(3) (2*Z*,4*E*)-2,4-己二烯　(4) (*E*)-4-甲基-3-异丙基-3-己烯-1-炔

(5) (*S*)-2-碘辛烷　(6) (*Z*)-3-戊烯-2-醇

(7) (2*R*,3*S*)-2,3-二甲氧基丁烷　(8) (2*R*,3*R*)-2-甲基-3-羟基戊醛

3-9　用系统命名法命名下列化合物(立体异构体用 *R*-*S* 或 *Z*-*E* 标明其构型)。

(1) 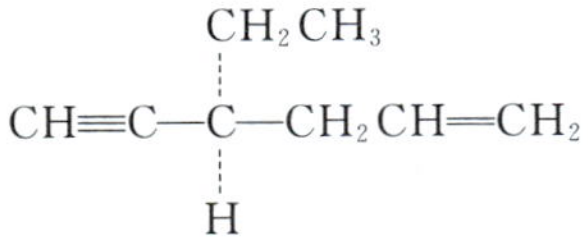

(2) 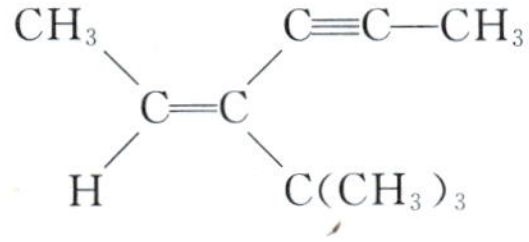

(3) 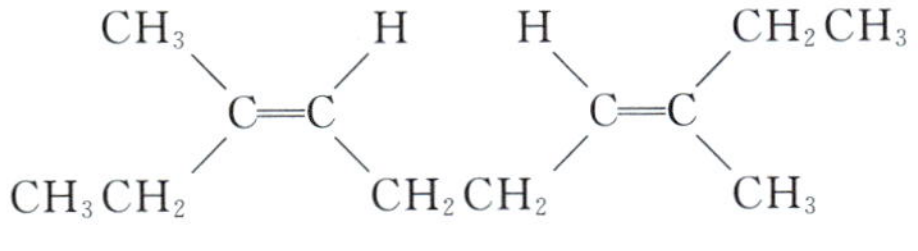

(4) 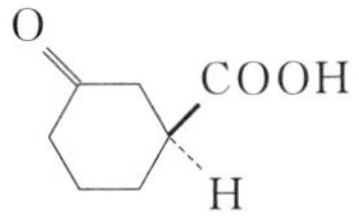

(5) 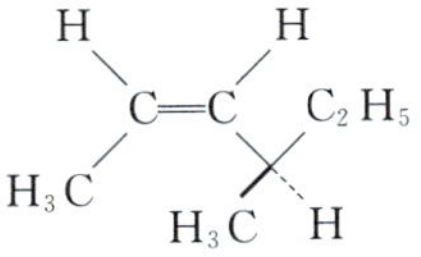

(6) 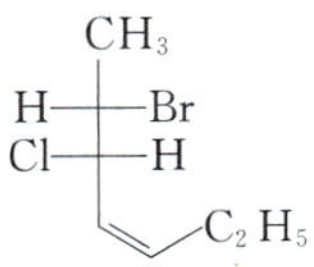

(7) 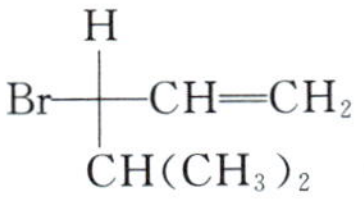

(8) 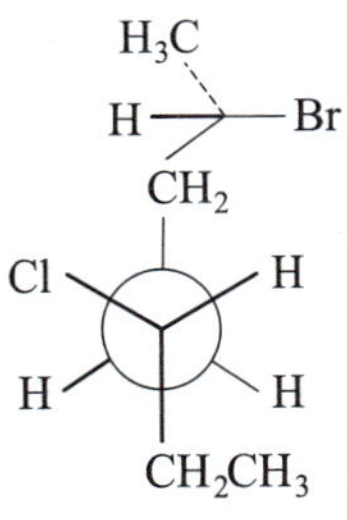

(9) 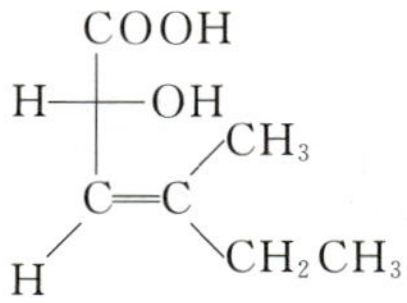　(10) 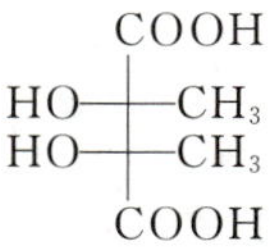

3-10　比较下列化合物构象的稳定性大小。

(1) 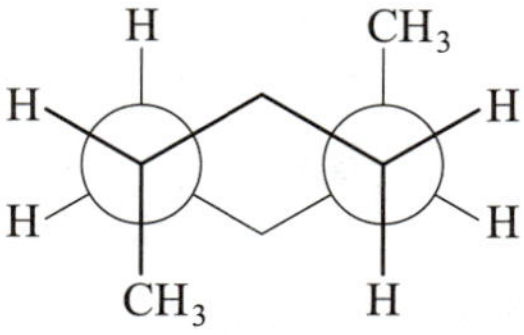　(2) 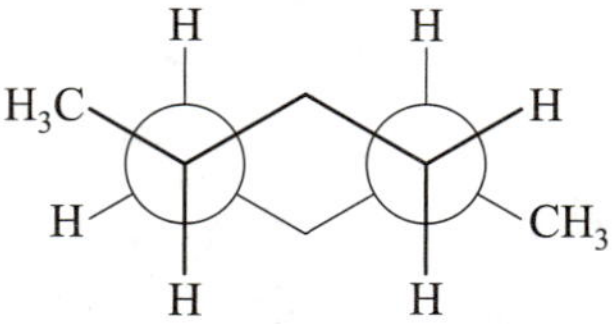

3-11　指出下列构象是否有对映体？如果有写出其对映体。

(1) 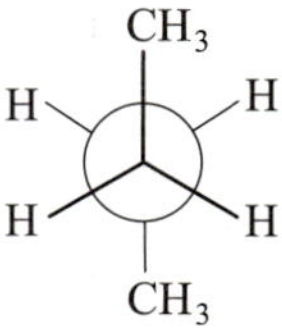　(2) 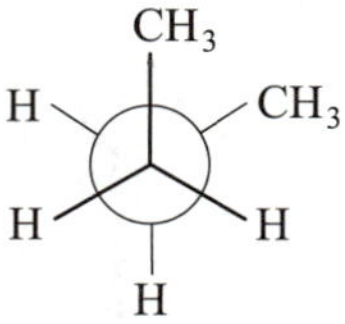

(3) 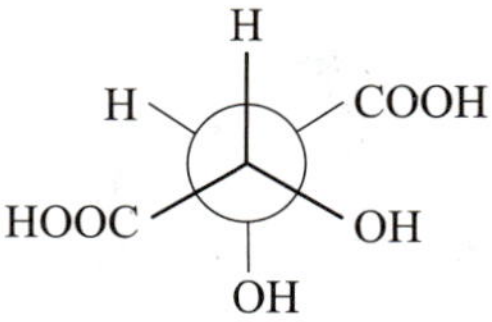　(4) 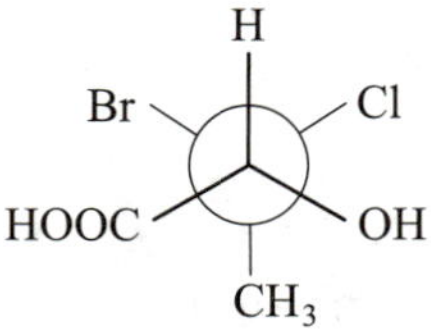

3-12　用纽曼式画出下列分子的优势构象式。

(1) 丙烷　(2) 2-氟乙醇　(3) α-羟基乙醛

3-13　在室温下为什么1,2-二溴乙烷的偶极矩为0,而乙二醇却有一定的偶极矩？当温度升高时,1,2-二溴乙烷的偶极矩将发生怎样的变化？

3-14　请画出(2*R*,3*R*)-2-氯-3-溴戊烷的费歇尔投影式与其优势构象的锯架式和纽曼式。

3-15　试画出下列化合物的最稳定的构象式。

(1) 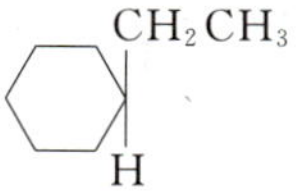　(2) 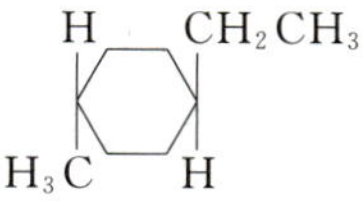　(3) 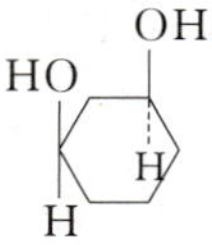

(4) 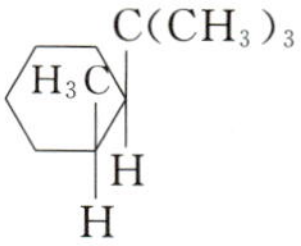　(5) 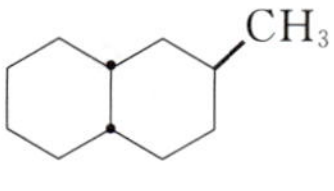　(6) 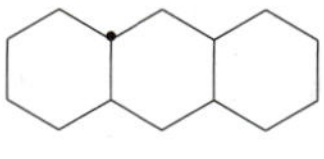

(7) 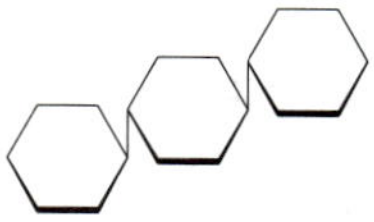　(8) 

3-16　某化合物的分子式是$C_5H_{10}O$,无光学活性,分子中有环丙烷环,在环上有两个甲基和一个羟基,请写出它的可能的构型式。

3-17　解释下列术语。

(1) 手性分子　(2) 对映体,非对映体　(3) 构象　(4) 外消旋体,内消旋体

(5) 几何异构　(6) 构造异构　(7) 构型异构　(8) 构象异构　(9) 消旋化

3-18　已知(1) 2-氯苯乙酸的$[M]_D = +327° \cdot cm^2 \cdot mol^{-1}$(苯中)

(2) α−溴乙苯的$[M]_D=+178°\cdot cm^2\cdot mol^{-1}$(纯)

(3) 2−氯丙酸的$[M]_D=+17°\cdot cm^2\cdot mol^{-1}$(纯)

(4) α−氨基乙苯的$[M]_D=+49°\cdot cm^2\cdot mol^{-1}$(纯)

试写出它们的构型式,并用 *R*−*S* 标记手性碳原子构型。

3−19 屠呦呦2015年获诺贝尔生理学或医学奖项目防治疟疾等传染性疾病的青蒿素的结构式为

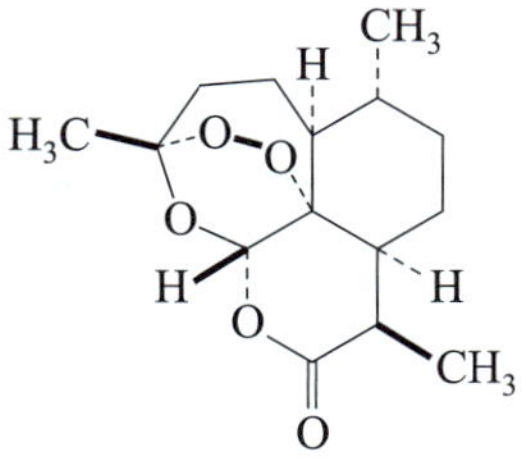

。

(1) 试命名青蒿素(可以查阅资料);(2) 青蒿素分子中有哪些官能团?(3) 青蒿素分子中有多少个手性碳原子?试用 *R*−*S* 标出每个手性碳原子的构型;(4) 青蒿素有多少种构型异构体?多少对对映体?

3−20 写出下列化合物的构造式。

(1) 反−1,3−二环己基环己烷

(2) 二环[2.2.1]庚烷

(3) 二环[2.2.2]辛烷

(4) 2,2−氯丁二酸(纽曼式)

(5) (*R*)−乳酸

(6) (*R*)−甲基环己烷

(7) 反−1−甲基−4−叔丁基环己烷(构象式)

(8) (*R*)−3−溴−1−丁烯

(9) 2,4−二甲氧基−2,3−戊二烯

第 4 章　结构的表征

4.1　研究有机化合物结构的基本程序

研究一个未知的有机化合物或鉴定一个有机化合物的结构，需要对该化合物进行结构表征。其基本程序为：化合物的分离提纯⟶元素定性、定量分析，确定实验式⟶测定相对分子质量，确定分子式⟶确定化合物可能的构造式⟶化合物的结构表征。在实际工作中，这些基本操作过程有时是互相交错的进行。

1. 分离提纯

研究一个有机化合物，必须保证这个化合物是单一纯净的物质。由于有机反应比较复杂，副反应较多，因此制备出来的化合物会含有各种各样的杂质，必须分离提纯出纯净的化合物。

随着科学技术的发展，分离提纯的新技术、新设备不断出现，分离提纯的方法很多。常使用的方法是蒸馏、萃取、洗涤、重结晶、升华、色谱等物理过程分离提纯法。有时也用物理、化学过程相结合的分离提纯法。

分离提纯过的化合物，必须检验其纯度后才能进行下一步工作。常用测定熔点、沸点、折射率、比旋光度等物理常数来确定是否是单一的化合物及其纯度。用气相色谱、高效液相色谱、纸色谱、薄层色谱等确定化合物的纯度，有试样用量少、速度快等优点。马丁、辛格等化学家发明了分配色谱和纸色谱。

获诺贝尔奖者

2. 元素定性、定量分析

分离提纯后的化合物可以进行元素定性分析，确定化合物是由哪些元素组成的。进而再进行元素的定量分析，确定组成化合物的每种元素的含量。在此基础上进行计算，求得化合物的实验式。实验式是反映组成化合物的元素种类和元素原子比例的化学式，还不能说明分子中各种元素的原子数目。

过去元素的定性、定量分析是用化学方法，往往要多步测定。现在可以用元素分析仪直接给出元素的定量分析结果。

3. 相对分子质量测定

相对分子质量的测定方法很多，常用的有蒸气密度法、凝固点降低法、沸点升高法和渗透压法等。质谱法也是一种快速、精确地测定相对分子质量的方法。

测得化合物的相对分子质量，结合实验式，就可以写出此化合物的分子式。

4. 确定化合物可能的构造式

测得化合物的相对分子质量写出分子式后，按着同分异构的概念，写出可能的同分异构体的构造式。

5. 化合物结构的表征

结构表征大体上有三种方法：化学法、物理常数测定法和近代物理方法。在每种方法中又可分为不同的方法。在一般情况下，没有单一一种方法能够准确无误地给出化合物的构造，实际工作中往往是几种方法联合使用、互相补充、互相认证，才能得到确切的构造式。

(1) 化学法　这是一个古老又很有用的方法，现在还在使用。利用官能团的特征反应，确定化合物是属于哪一类化合物。例如，用烯烃与卤素的加成反应区别烯烃与环烷烃(小环烷烃除外)；用斐林(Fehling)试剂和托伦(Tollens)试剂区别醛和酮；用酸碱中和反应区别羧酸和酯，等等。必要时，把官能团化合物转变成相应的衍生物，然后测定衍生物的性质，判断母体化合物的结构。例如，醚类可与氢碘酸反应制备碘代物；羰基化合物与羰基试剂作用制备羰基衍生物，等等。化学方法构成了有机分析学科的重要组成部分。

(2) 物理常数测定法　表征有机化合物结构常用的物理常数包括沸点、熔点、相对密度、折射率和比旋光度等，是化合物的物理属性，在一定条件下是一固定值。但这些固定的常数对应的往往不是唯一的化合物，甚至可能是混合物。因此，常常需要其它方法配合使用才能准确表征一个化合物。

(3) 近代物理方法　近代物理方法是应用近代物理实验技术建立的一系列仪器分析方法。测定有机化合物的各种波谱，确定有机化合物的结构，现已构成了有机化合物的波谱学。这种方法的特点是试样用量少、测试时间短、结果精确等。尤其与计算机联用后，优越性更加突出。与物理常数等宏观性质相比，有机化合物的波谱是记录分子的微观性质，揭示微观粒子的运动状态和相互间关系，研究表征分子结构的最有力的手段和方法。

电磁辐射与有机化合物波谱：电磁辐射是一种高速通过空间传播的光子流，既有粒子性又有波动性。就波动性而言，光子流有一定的波长：

$$\nu = c/\lambda$$

式中，ν 为振动频率，单位 Hz；c 为光速，其量值近似为 $3\times10^{10}\ \mathrm{cm\cdot s^{-1}}$；$\lambda$ 为波长，单位 cm。

在波谱学中，表示频率还常用波数(σ)，即波长的倒数，表示在 1 cm 长度上波的数目，单位 $\mathrm{cm^{-1}}$。

$$\sigma = 1/\lambda = \nu/c$$

按波长顺序排列得到光谱，光谱可划分成若干区域。

就粒子而言，光子又具有能量(E)，其量值与频率成正比：

$$E = h\nu = h\cdot c/\lambda$$

式中，E 为光子能量，单位 J；h 为普朗克(Planck)常量，其量值为 $6.626\times10^{-34}\ \mathrm{J\cdot s}$。波长越短，频率越高，光子能量越大。

物质的分子及分子中原子、电子、原子核等是运动着的，不同的质点具有不同的能量，运动状态不同，能量差是量子化的。用电磁波辐射物质，质点吸收电磁波，获得能量，改变运动状态。因此，分子中不同质点运动状态改变，只能吸收具有相应能量的波，即一定频率的波。换句话说，分子吸收波的频率，反映了分子内质点的种类和运动状态。这就是测定物质吸收光的频率可以表征分子结构的基本原理。运动质点的种类、运动状态、所吸收的电磁波频率及测得光谱的种类间的粗略关系如图4-1所示。

波长/nm 波长/μm	100 0.1	200 0.2		400 0.4	780 0.78	3×10^3 3	3×10^4 30	3×10^5 300	10^8 10^5
光谱区域	X光	远紫外光	紫外光	可见光	红外光：近红外	红外光：中红外	红外光：远红外	微波	无线电波
质点吸收光能后的变化	内层电子跃迁	σ电子跃迁	n电子和π电子跃迁		分子、原子振动及转动能级变化			分子转动电子自旋	原子核自旋
表示分子结构可用光谱	X射线衍射	真空紫外	紫外-可见光谱		近红外光谱	红外光谱、拉曼光谱	远红外光谱	电子自旋光谱	核磁共振谱
波数/cm^{-1}	10^5	5×10^4	2.5×10^4	25 800	12 820	3 333	333	33	

图4-1 有机化合物结构表征常用的光波范围

有机化合物的结构表征中使用最广泛的是红外光谱、核磁共振谱、紫外光谱和质谱（非光谱）。

现代分析仪器的组合可以简化有机化合物结构研究的程序。如色谱仪与质谱仪（色-质）联用，可以直接测定混合物中各组分的相对分子质量；色谱仪与红外光谱仪（色-红）联用，可以直接测定混合物中各组分的官能团等。

4.2 红外光谱

红外光谱（infrared spectroscopy，缩写为IR）是物质吸收红外区光，分子中原子振动能级、转动能级发生变化而产生的吸收光谱，又称振转光谱。一般红外光谱仪使用的波数为400～4 000 cm^{-1}，属中红外区，相当于分子的振动能级，故红外光谱也称为振动光谱。

分子的振动是键合的原子通过化学键伸缩或弯曲运动而引起的。所有的有机化合物在红外光区都有吸收谱带产生。因而红外光谱可应用于有机化合物结构的表征上，是有机化合物结构研究不可缺少的工具。

4.2.1 基本原理

用不同硬度的弹簧依一定次序把不同质量的球体互相连接，组成分子的模型。用它可以根据力学原理来处理分子的振动。

1. 分子振动的类型

分子吸收红外光的能量大小与原子振动能级的能量相当，就产生振动跃迁，测出红外吸收光谱。振动能级的大小与化学键的类型和其振动方式有关。

（1）伸缩振动　原子沿化学键轴伸长和缩短的振动称为伸缩振动，通常用 ν 表示，其特点是振动时只发生键长的变化，无键角的变化。伸缩振动有对称伸缩振动（ν_s）和不对称伸缩振动（ν_{as}）。成键的两原子的伸缩振动可近似地按简谐运动处理（图 4-2）。振动频率与振动的两原子的相对质量和振动键的力常数有关：

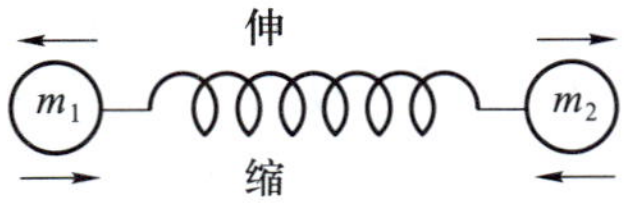

图 4-2　键的伸缩振动示意图

$$\nu=\frac{1}{2\pi}\sqrt{k\left(\frac{1}{m_1}+\frac{1}{m_2}\right)}$$

或用波数表示：

$$\sigma=\frac{1}{2\pi c}\sqrt{k\left(\frac{1}{m_1}+\frac{1}{m_2}\right)}$$

式中，ν 为成键两原子的振动频率；m_1，m_2 为成键两原子的相对质量；k 为键的力常数；σ 为波数；c 为光速。

键的力常数与键能有关，键能越大，力常数越大，振动频率也越大，如表 4-1 所示。

表 4-1　键与力常数、振动频率的关系

键类型	—C≡C—	>C=C<	—C—C—
键能/(kJ·mol^{-1})	836.8	610.9	347.3
k/(10^{10} N·cm^{-1})	12～18	8～12	4～6
σ/cm^{-1}	2100～2260	1620～1680	700～1200

$\left(\frac{1}{m_1}+\frac{1}{m_2}\right)$值大，振动频率就大。在 H—O、H—N 和 H—C 键中有相对质量小的氢原子，它们的 $\left(\frac{1}{m_1}+\frac{1}{m_2}\right)$ 值比相应的 C—O、C—N 和 C—C 键的值大得多 $\left(\frac{1}{m_H}=1,\frac{1}{m_O}=\frac{1}{16}=0.062,\frac{1}{m_N}=\frac{1}{14}=0.071,\frac{1}{m_C}=\frac{1}{12}=0.083\right)$。单键的 k 值变化不大。因此，前者的振动波数比后者的振动波数大得多。例如：

	H—O	H—N	H—C
σ/cm^{-1}	3590～3650	3300～3500	2853～2960
	C—O	C—N	C—C
σ/cm^{-1}	1080～1300	1180～1360	600～1500

同一个原子上有几个化学键，这些键之间的振动会互相影响。在 H—C—H 中，两个 C—H 键的振动频率相等，振动不是独立的，是互相偶合的。或是对称伸缩振动（同时伸长或缩短），或是不对称伸缩振动（一键伸长的同时，另一键缩短），其频率也相应变化：

动 3-8

对称伸缩振动(ν_s)2 850 cm^{-1}　　不对称伸缩振动(ν_{as})2 930 cm^{-1}

动 3-9

在 C—C—H 中，由于 C—H 键振动频率（约 2 900 cm^{-1}）比 C—C 键的（约 1 000 cm^{-1}）大得多，它们伸缩振动互相影响很小，可以看成是独立的。同样，Y—H、Y═Z 和 Y≡Z 键振动频率比分子骨架的 C—C 键的高得多，它们与 C—C 键振动互相影响也很小，也可以看成是独立的。因此，组成官能团的原子的振动受具体分子环境影响较小，可用官能团的伸缩振动光谱表征化合物所属类型。

（2）弯曲振动　像在亚甲基等由几个键组成的体系中，除伸缩振动外，还有弯曲振动。弯曲振动是离开键轴进行前、后、左、右的振动，其特点是振动时键长不变化，键角变化，因此力常数变化小。弯曲振动分为面内弯曲(δ)和面外弯曲(γ)。面内弯曲又有剪式和摇式振动；面外弯曲又有摆式和扭式振动。弯曲振动频率都很低。如图 4-3 所示。

动 3-10

动 3-11

动 3-12

动 3-13

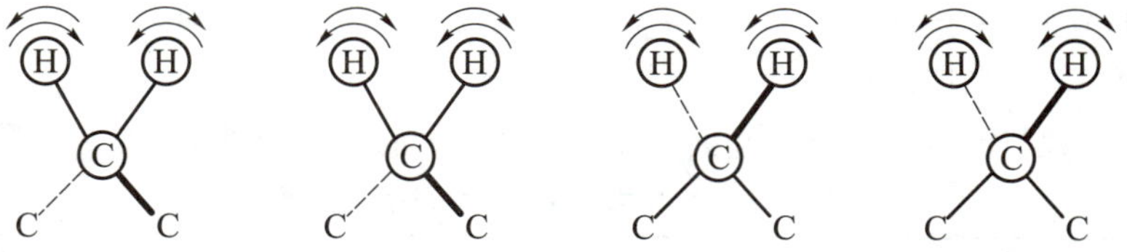

剪式　摇式　摆式　扭式

面内弯曲(δ)　面外弯曲(γ)

图 4-3　分子弯曲振动示意图

2. 红外光谱产生的条件

产生红外光谱需要有两个条件。一是辐射光的频率（能量）能满足分子振动跃迁需要的能量，即辐射光的频率与分子振动的频率相当，才能被吸收产生红外光谱。二是在振动中能引起分子偶极矩变化的分子才能产生红外光谱。如 H_2，O_2，N_2 等双原子组成的分子，分子内电荷分布是对称的，振动时不引起分子偶极矩变化，在实验中观察不到它们的红外光谱。又如 H—C≡C—H 和对称的 R—C≡C—R，其 C≡C 键伸缩振动不引起分子偶极矩变化，也观察不到 C≡C 键的伸缩振动红外光谱。

4.2.2　重要官能团的吸收区域

一张红外光谱图大体上分为三个区域：倍频区、官能团吸收区和指纹区。官能团吸收区中又分为若干个特征区。

1. 官能团吸收区

σ=1 600～3 700 cm^{-1}区域称为高频区，有机化合物的各种官能团的吸收都在此区，又称官能团吸收区。在高频区吸收峰比较稀疏，易于辨认。通过辨认该区的吸收峰，可以知道被测化合物所含的大部分基本的官能团，归属化合物所属类别。官能团吸收区可以分若干个特征区：

（1）Y—H 键伸缩振动区（σ＝2 500～3 700 cm^{-1}）　在 σ＝2 500～3 700 cm^{-1} 中，主要是 O—H、N—H 和 C—H 等单键伸缩振动所吸收的光的频率。 动 3-14

（2）Y≡Z 三键和累积双键伸缩振动区（σ＝2 100～2 400 cm^{-1}）　在 σ＝2 100～2 400cm^{-1} 中，主要是 C≡C 、C≡N 等三键和 C═C═C 、C═N═O 等累积双键的伸缩振动吸收光的频率。 动 3-15

（3）Y═Z 双键伸缩振动区（σ＝1 600～1 800 cm^{-1}）　在 σ＝1 600～1 800 cm^{-1} 中，主要是 C═O 、C═N 、C═C 等双键伸缩振动吸收光的频率。 动 3-16

2. 指纹区

波数小于 1 600 cm^{-1} 的区域称为低频区，主要是 C—C、C—N、C—O 等单键的伸缩振动和各种弯曲振动吸收光的频率。在这一区域内谱带密集，难以辨认。但在这一区域内化合物结构上的微小变化都会在谱带上有所反映，如同人的指纹那样复杂和具有特征，故又把该区域称为指纹区。在确认化合物结构时，该区域的吸收带很有用，只有结构完全相同的化合物，其指纹区才相同。 动 3-17 动 3-18

3. 倍频区

在官能团吸收区和指纹区出现的基团或化学键吸收辐射光的频率称为基本频率。在波数大于 3 700 cm^{-1} 的区域出现的频率不是基团的基本频率，而是一些基团的倍频率，称为倍频区。倍频率并不正好是基本频率的倍数，而是比倍数偏低些。 动 3-19

各类有机化合物主要基团的红外光谱特征吸收峰列入表 4-2 中。

表 4-2　主要基团的红外光谱特征吸收峰

基　团	波数/cm^{-1}	基　团	波数/cm^{-1}
O—H	3 600～3 650（游离的） 3 300～3 500（缔合的）	$(\mathrm{R\overset{O}{\overset{\|}{C}}})_2\mathrm{O}$	1 740～1 850（两个键）
N—H	3 200～3 500	$\mathrm{R\overset{O}{\overset{\|}{C}}OR'}$	1 735～1 750
≡C—H	3 300	$\mathrm{R\overset{O}{\overset{\|}{C}}OH}$	1 710～1 720（缔合的）
═C—H（烯）	3 000～3 100	$\mathrm{R\overset{O}{\overset{\|}{C}}NR'_2}$	1 630～1 690
$-\overset{\|}{\underset{\|}{\mathrm{C}}}-\mathrm{H}$	2 800～3 000	$\mathrm{R\overset{O}{\overset{\|}{C}}R'}$	1 680～1 750
C≡N	2 200～2 260	C═C	1 600～1 680
C≡C	2 100～2 250	C—O	1 000～1 200
$\mathrm{R\overset{O}{\overset{\|}{C}}Cl}$	1 780～1 815		

4.2.3 红外光谱图及其解析

动 3-20
动 3-21
动 3-22
动 3-23
动 3-24

1. 红外光谱图

图 4-4 为正己烷的红外光谱图。图中横坐标为吸收光的频率，通常用波数(单位：cm^{-1})或波长(单位：μm)表示；纵坐标是吸收强度，用透射比(T)或吸光度(A)表示。光谱图由一系列吸收峰组成。吸收峰最尖处对应的频率是最大吸收频率。有机化合物的红外光谱一般在液态、固态或溶液中测定。固体试样或是与 KBr 粉末混合后压成透明的薄片，或是分散在石蜡油中测定，在谱图中给予说明。

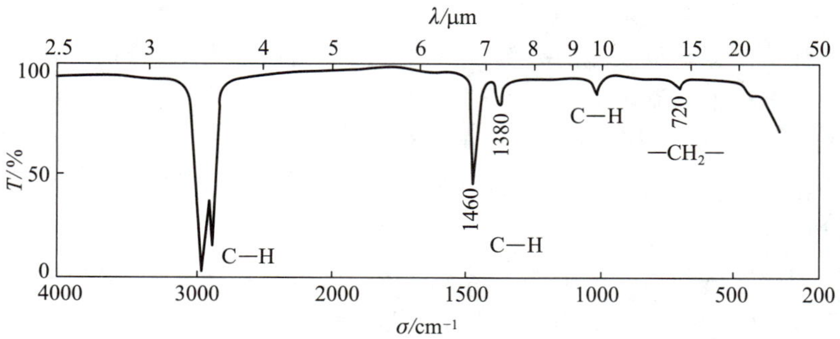

图 4-4 正己烷的红外光谱

2. 谱图解析

动 3-25
动 3-26
动 3-27
动 3-28

由于一个有机化合物中存在各种键，每个键以不同的形式振动，一张红外光谱图会呈现数十个吸收峰。在一般情况下只需辨认数个至十几个吸收峰，再结合其它方法就可对化合物进行鉴定，每个吸收峰都辨认出来对初学者是困难的。但对一个新化合物，还是需要逐个辨认吸收峰。习惯上可按下列步骤对谱图进行解析。

(1) 观察谱图的官能团吸收区 依照各吸收峰的位置和强度，与有关官能团化合物的红外光吸收特征对照，确定吸收峰的归属，判断化合物所含的主要官能团及所属化合物的类型。

(2) 观察谱图的指纹区 判断出化合物的类型和其所含的基团后，观察指纹区内吸收峰的频率，进一步推测原子间的结合方式。

(3) 确定可能的构造式 根据以上两步的推断，结合合成过程、物理常数测定结果、化学特征反应及其它近代物理方法如核磁共振谱、紫外光谱、质谱等测定结果，确定可能的构造式。

(4) 查阅标准谱图验证 若为已有化合物，可与标准谱图对照。目前收集已知化合物红外光谱图最多的是萨德勒(Sadtler)研究所编辑的《标准红外光谱手册》(Sadtler Standard Infrared Spectra)。中国科学院上海有机化学研究所也建立了红外光谱图库。物竞化学品数据库有各种谱图。

例 4-1　已测得一个化合物的分子式为 C_4H_8O，测得红外光谱如图 4-5 所示，试写出可能的构造式。

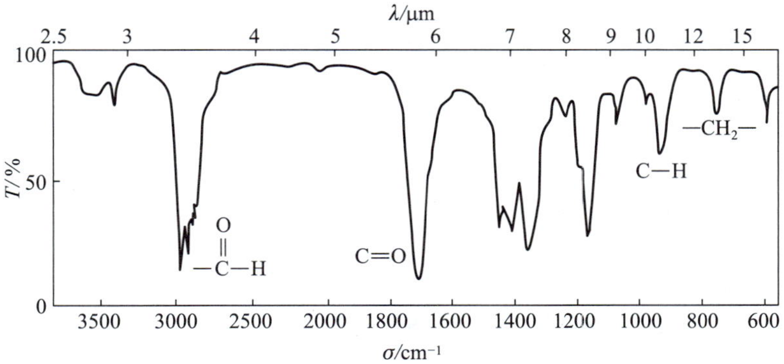

图 4-5　分子式为 C_4H_8O 化合物的红外光谱

从分子式得知，这个化合物可能是不饱和醇或不饱和醚，或是饱和酮或醛，或环醚。在 $\sigma=$ 1 700～1 750 cm^{-1} 区有强吸收峰，这是 >C=O 特征吸收峰，在 $\sigma=2\ 800\ cm^{-1}$ 处有 —C(=O)—H 伸缩振动吸收峰，在 $\sigma\approx 950\ cm^{-1}$ 处可能是 C—H 面外弯曲振动峰，可能是正丁醛或 2-甲基丙醛。在 $\sigma=$ 730～740 cm^{-1} 处找到一吸收峰，可能为多个相连的 $—CH_2—$ 的弯曲振动吸收峰，由此推断化合物可能为正丁醛（$CH_3CH_2CH_2CHO$）。若确认，还需要用其它方法认证。

4.3　核磁共振谱

具有奇数原子序数或原子相对质量（或两者都有）的元素，如 ^1H，^{13}C，^{15}N，^{17}O，^{31}P 等，在磁场的作用下会发生核磁共振（nuclear magnetic resonance，缩写为 NMR）现象。随着电子技术的发展，核磁共振现象已经应用到物质结构的测定上。核磁共振仪已成为物质结构分析不可缺少的工具，所研究的元素有氢、碳、氮、氟、铝、磷等。就仪器的分辨率而言，有分辨率较低的 60 MHz 的核磁共振仪和分辨率相当高的 600 MHz 的核磁共振仪。

如果说红外吸收光谱揭示分子中官能团的种类及确定化合物所属类型，那么核磁共振谱则给出关于分子中各种氢原子、碳原子等的原子数目及所处化学环境等信息。最广泛应用的是氢核的核磁共振谱（^1H-NMR），其次是碳核的核磁共振谱（^{13}C-NMR）。

4.3.1　^1H-NMR 的基本原理

1. 原子核的自旋

质子与电子一样，是自旋的。有自旋量子数分别为 $+\frac{1}{2}$ 和 $-\frac{1}{2}$ 的两个自旋态，其能量相等，质子处于两个自旋态的概率相等。质子是带电体，自旋时必然产生自旋磁场(有磁矩),其方向与自旋轴重合。在磁感应强度 B_0 的外磁场作用下,两个自旋态的能量不再相等。质子有两个取向:能量低的自旋磁场与外磁场同向平行,能量高的自旋磁场与外磁场反向平行。两种自旋态的能量差 ΔE 随着外磁场磁感应强度增加而变大,如图 4-6 所示。

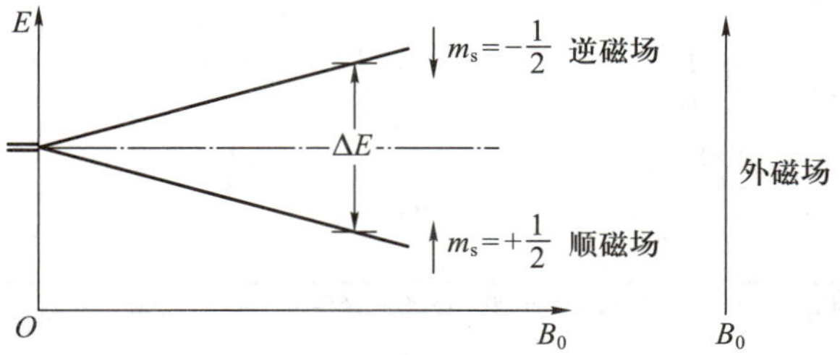

图 4-6 质子两种自旋态的能量差与外磁场磁感应强度关系

2. 核磁共振的条件

核磁共振谱实质上也是一种吸收光谱。它所吸收的辐射光在无线电波区。当质子在磁场中受到不同频率的电磁波照射时,只要吸收满足两个相邻自旋态能级间的能量差 ΔE,质子就由低自旋态跃迁到高自旋态,发生核磁共振。质子跃迁所需要的电磁波频率大小与外磁场磁感应强度成正比。电磁波辐射的共振频率与外磁场磁感应强度关系如下:

$$\nu=\frac{\gamma}{2\pi}B_0 \qquad \Delta E=h\nu=\frac{h\gamma}{2\pi}B_0$$

式中,ν 为电磁波辐射的共振频率,单位 MHz;γ 为磁旋比,磁核的一个特征值,质子的为 $2.675\times10^8\ \mathrm{A\cdot m^2\cdot J^{-1}\cdot s^{-1}}$;$B_0$ 为外磁场磁感应强度,单位 Gs①;h 为普朗克常量。

根据上式,实现核磁共振的方式有两种:

(1) 保持外磁场磁感应强度不变,改变电磁波辐射频率,称为扫频。

(2) 保持电磁波辐射频率(射频)不变,改变外磁场磁感应强度,称为扫场。

两种方式的核磁共振仪得到的谱图相同。实验室中使用的核磁共振仪多数是固定电磁波辐射频率不变(如 60 MHz,400 MHz 等),改变外磁场磁感应强度的方式。

3. 核磁共振仪

如图 4-7 所示,核磁共振仪由两块电磁铁、射频振荡器、射频接收器、试样管和记录器等组成。

装有试样溶液的试样管放到外磁场磁感应强度很大的两块电磁铁中间,用恒定频率的无线电波照射试样。在扫描发生器线圈中通直流电流,产生微小的磁场,使总的外磁场磁感应强度逐渐增加。当外磁场磁感应强度达到一定值 B_0^1 时,试样中某一类型的质子发生跃迁(共振)。信号经过放大在记录器上绘出核磁共振谱(图 4-8)。

---

① 国标以 T 表示,$1\,\mathrm{Gs}\approx10^{-4}\,\mathrm{T}$。

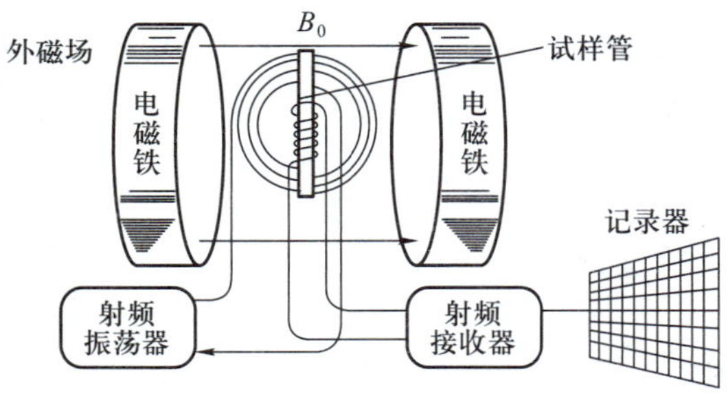

图 4-7　核磁共振仪示意图

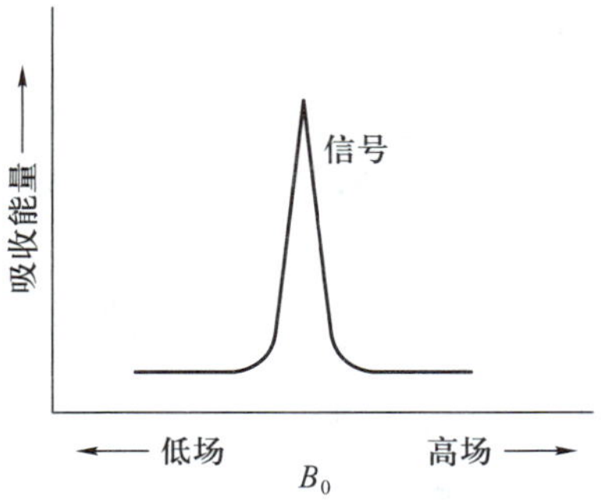

图 4-8　核磁共振谱示意图

4.3.2　^{1}H-NMR 的化学位移

有机化合物分子中的氢核与裸露的质子不同，它周围还有电子（即处于不同化学环境），在电子的影响下，分子中氢核（质子）的共振信号的位置（B_0^1）与裸露质子的（B_0）不同，分子中的质子由于化学环境引起的核磁共振信号位置的变化称为化学位移(chemical shift)。化学位移用 δ 表示，在文献中曾用 τ 表示。

1. 屏蔽效应

在分子中处于不同化学环境中的质子与裸露质子相比较，其核磁共振信号出现在高场，这是由于分子中的电子对质子产生了屏蔽效应(shielding effect)。

因为在外磁场感应下，质子周围的电子在垂直于磁场平面内做圆周运动，产生诱导磁场（常用 σB_0 表示，σ 称为屏蔽常数），其方向与外磁场方向相反。质子周围的电子密度越大，σ 值越大，诱导磁场的强度越大，质子实际感受的磁感应强度就越小。这意味着它吸收到的电磁波辐射频率低。使用频率恒定的核磁共振仪时，就必须增大外磁场的磁感应强度，被屏蔽的质子才有可能发生核磁共振吸收，即 $B_{共振}=B_0+\sigma B_0$。因此，外围电子密度越大的质子，越在较高的磁场处共振。

2. 化学位移表示方法

处于不同化学环境的质子，受到的屏蔽作用大小不同，在略有差别的磁感应强度下共振，这种差别仅在百万分之几。这种小的差别在几十甚至几百兆赫的仪器上，很难测出其精确数值。为表示方便，通常以四甲基硅烷 $Si(CH_3)_4$（简写 TMS）为标准物，将其化学位移值定为零，其它质子的化学位移与其对照，取相对值：

$$\delta=\frac{\nu_{试样}-\nu_{TMS}}{\nu_0}\times10^6$$

式中，$\nu_{试样}$ 为试样信号频率，单位 Hz；ν_{TMS} 为 TMS 信号频率，单位 Hz；ν_0 为仪器电磁波辐射频率，单位 Hz。在一般情况下，δ 值为负数，IUPAC 规定为正值。

例如，在 60 MHz 的核磁共振仪上，测得氯仿与 TMS 间吸收频率之差为 437 Hz，则氯仿中质子的化学位移为

$$\delta=\frac{\nu_{试样}-\nu_{TMS}}{\nu_0}\times10^6=\frac{-437\ \text{Hz}}{60\times10^6\ \text{Hz}}\times10^6=-7.28$$

写成 $\delta=7.28$。

由于 TMS 的屏蔽效应很强，以它的化学位移为零点，一般有机化合物中质子的化学位移均在它的左边。若用 τ 表示化学位移，TMS 的 τ 值定为 10，τ 与 δ 的关系为

$$\tau=10-\delta$$

谱图记录纸上标有对于零点的 δ 和 ν（单位：Hz），表示化学位移时，必须说明核磁共振仪所用的频率。

化学位移值大小直接反映了分子结构。质子受屏蔽后，吸收峰从左向右移，即由低场区向高场区移动，具有较小的化学位移值；质子去屏蔽后，吸收峰从右向左移，即由高场区向低场区移动，具有较大的化学位移值。常见的各种质子的化学位移值（δ）范围见表 4-3。

表 4-3 不同质子的化学位移

质子的化学环境	δ^{*}	质子的化学环境	δ^{*}
H—C—R（C 上另有两个单键）	0.9～1.8	H—C—NR（C 上另有两个单键）	2.2～2.9
H—C—C═C（C 上另有两个单键）	1.9～2.6	H—C—Cl（C 上另有两个单键）	3.1～4.1
H—C—C═O（C 上另有两个单键）	2.1～2.5	H—C—Br（C 上另有两个单键）	2.7～4.1
H—C≡C—	2.5	H—C—O—（C 上另有两个单键）	3.3～3.7
H—C—Ar（C 上另有两个单键）	2.3～2.8	H—O—R	0.5～5.0**
H—C═C—（每个 C 上另有一个单键）	4.5～6.5	H—O—Ar	6～8**
H—Ar	6.5～8.5	H—O—C(═O)—	10～13**
H—C(═O)—	9.0～10		

* 以 TMS 为标准，分子中其它基团可能使信号在表中列的区域以外出现。

** 与氧和氮相连的质子的化学位移与温度和溶液浓度有关，与分子缔合情况有关。

3. 结构对化学位移的影响

影响化学位移的主要结构因素有：

（1）相连元素的电负性影响 当与质子相连的碳原子上连有电负性不同的元素时，该质子的化学位移值随着相连元素的电负性值增大而增加：

	H—CH_2F	H—CH_2Cl	H—CH_2Br	H—CH_2I
δ	4.26	3.05	2.68	2.16
	H—CH_2F	H—CH_2OCH_3	H—$CH_2N(CH_3)_2$	H—CH_2CH_3
δ	4.26	3.2	2.2	0.9
	H—CCl_3	H—$CHCl_2$	H—CH_2Cl	H—CH_3
δ	7.3	5.3	3.05	0.23

电负性大的元素离得越远，化学位移值越小：

	H—CH_2Br	H—CH_2CH_2Br	H—$CH_2CH_2CH_2Br$	H—$CH_2(CH_2)_5Br$
δ	2.68	1.65	1.04	0.90

（2）相连重键的影响 苯环上的质子和烯烃双键碳原子上的质子所受的屏蔽效应比烷烃中的质子的小得多：

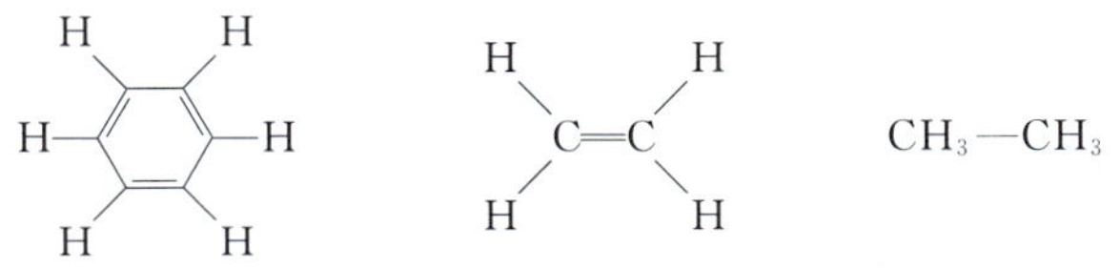

δ 7.3 5.3 0.9

其原因之一是由于 π 电子在外加磁场中所产生的诱导磁场方向与外加磁场相反。因为磁力线是闭合的，双键和苯环上的质子正好处在诱导磁场与外加磁场方向一致的区域（去屏蔽区），质子经受的屏蔽效应减少（图 4-9 所示）。

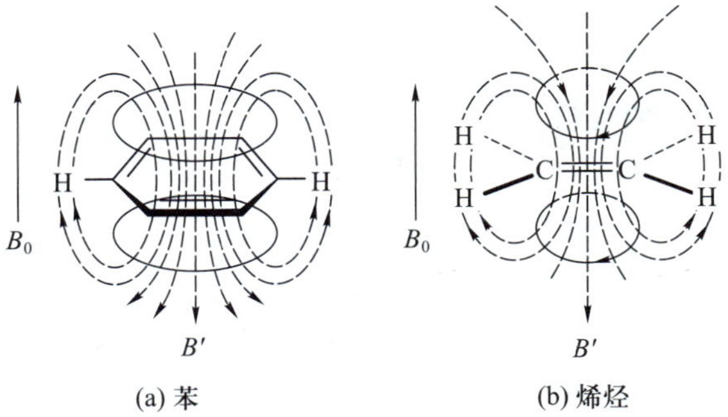

(a) 苯 (b) 烯烃

图 4-9 π 电子产生诱导磁场

与双键和苯环直接相连的甲基上的质子，在 π 电子诱导磁场的影响下，所受的屏蔽效应也有所减少：

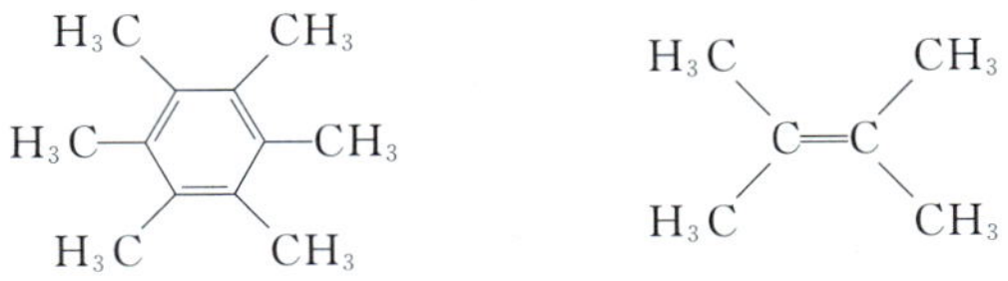

δ 2.2 1.7

乙炔基上的质子受到的屏蔽效应较复杂，如图 4-10 所示，总的结果是屏蔽效应较大，$\delta \approx 2.5$ 左右。

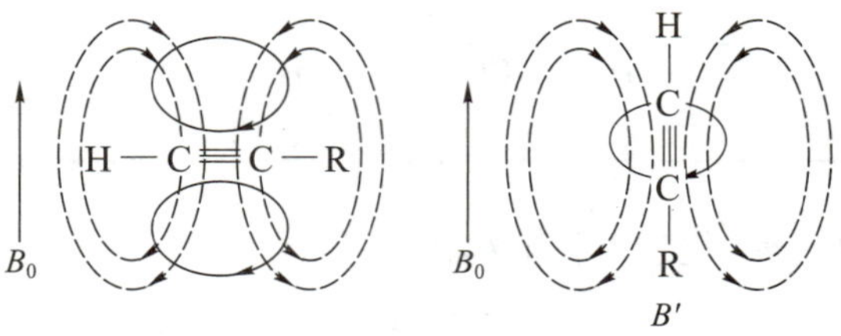

图 4-10　三键 π 电子产生的诱导磁场

（3）氢键的影响　键合在电负性大的元素上的质子，如 O—H，N—H 等，可能有氢键的影响。氢键本身是去屏蔽效应，比非氢键在更低的磁场发生共振，化学位移值增大。如醇分子间氢键 $\delta_{OH}=3.5\sim5.5$，酸分子间氢键 $\delta_{OH}=10\sim13$。

对化学位移的影响因素除上述讨论的以外，还有原子间的范德华效应、温度、溶剂及溶液浓度等因素。

4.3.3　^{1}H-NMR 的自旋偶合与自旋裂分

1. 磁等性质子和磁不等性质子

在有机化合物分子中，化学环境相同的一组质子称为磁等性质子，其化学位移值相同。如四甲基硅烷、苯、环戊烷、甲烷、丙酮、2,3-二甲基-2-丁烯中的质子属磁等性质子。而化学环境不同的质子称为磁不等性质子，化学位移值不同。例如，氯乙烷中甲基上的质子与亚甲基上的质子属磁不等性质子。又如，2-溴丙烯（$CH_3CBr{=}CH_2$）中双键碳原子上的两个质子也是磁不等性质子。

2. 积分曲线与质子的数目

在核磁共振谱图上，有一条从低场到高场的阶梯式曲线，称为积分曲线。积分曲线的每个阶梯的高度与其相对应的一组吸收峰的峰面积成比例，而峰面积与一组磁等性质子数目成比例，因此，积分曲线阶梯高度与磁等性质子数目成比例。即从积分曲线起点到终点的总高度与分子中总质子数目成比例，每个阶梯的高度与同组磁等性质子数目成比例。每一阶梯的高度比表示引起吸收峰的磁等性质子数目比。例如，图 4-11是乙醇的核磁共振谱图。a，b 和 c 三组峰积分曲线的高度值分别为 17.8、12.4 和 6，相应的质子数之比为 3∶2∶1，正是乙醇分子中甲基、亚甲基和羟基上的质子数目之比。

3. 自旋偶合与自旋裂分

1,1-二氯乙烷的磁核共振谱图（图 4-12）中次甲基和甲基上质子所产生的吸收峰分别为四重峰和双峰，这是由于分子中相邻的磁不等性质子自旋相互作用的结果。把这种相互作用称为自旋-自旋偶合，简称自旋偶合。由自旋偶合作用使一种质子的共振吸收峰分裂成多重峰的现象称为自旋裂分。

磁等性质子间不发生自旋偶合作用。例如，乙烷只有一个共振吸收单峰，对二甲

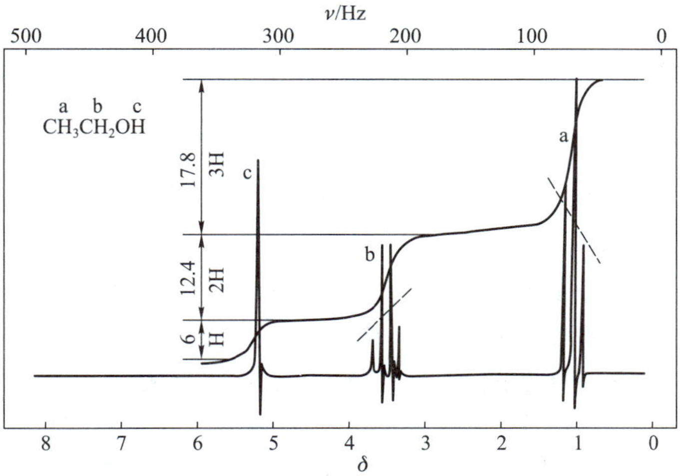

图 4-11　乙醇的核磁共振谱(60 MHz)

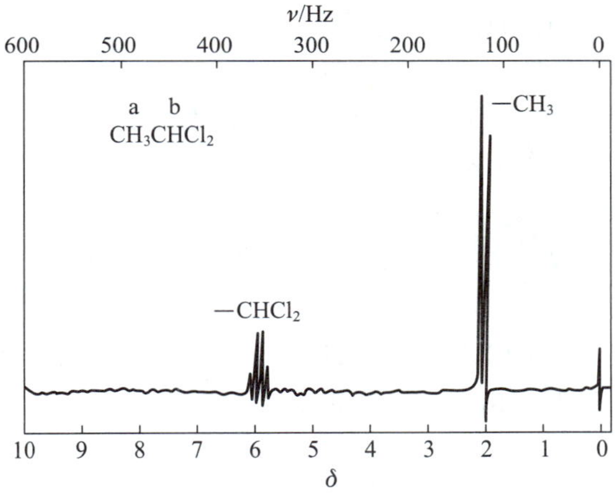

图 4-12　1,1-二氯乙烷的 ^1H-NMR 谱(60 MHz)

苯只有两个共振吸收单峰。

4. 偶合常数

1,1-二氯乙烷的两组磁不等性质子 $\overset{a}{C}H_3—\overset{b}{C}HCl_2$,次甲基上质子 H_b 裂分为四重峰,甲基上质子 H_a 裂分为二重峰(图 4-12)。每组峰内各峰之间的距离称为偶合常数,常用 $^3J_{ab}$ 表示。J 表示偶合常数,左上角的 3 表示相隔三个共价键($H_a—C—C—H_b$)的两组磁不等性质子 H_a 和 H_b 相偶合;右下角 ab 表示 H_a 被 H_b 裂分。偶合常数单位用 Hz 表示。偶合常数大小与外加磁场磁感应强度无关,也与使用仪器的频率无关,是由相偶合的质子共振能之差决定的。相互偶合的质子间的偶合常数相等,$^3J_{ab}={}^3J_{ba}$。由偶合常数可以判断哪些质子间相互偶合。

碳碳双键上亚甲基的两个氢的偶合常数 $^2J_{同}$ 与顺式两个氢的偶合常数 $^3J_{顺}$ 及反

式两个氢的偶合常数$^3J_{反}$不相等：

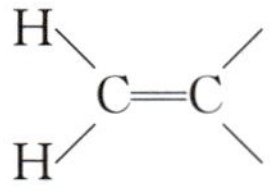

$^2J_{同}=0\sim3.5\,Hz$

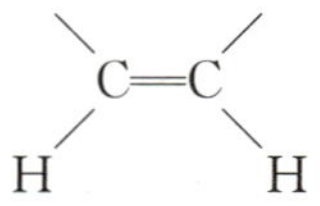

$^3J_{顺}=5\sim14\,Hz$

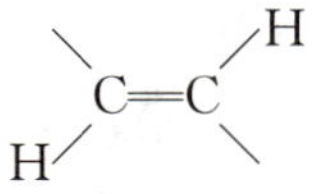

$^3J_{反}=12\sim18\,Hz$

5. 偶合裂分的规律

用 H_a 表示1,1-二氯乙烷中甲基上的质子，H_b 表示次甲基上的质子。假定在没有 H_b 时，H_a 在外加磁场磁感应强度为 B_0 时发生核磁共振。H_b 的诱导磁场（磁感应强度为 B^b）可以与外加磁场同向平行或反向平行，两者存在的概率相等。当 H_b 的诱导磁场与外磁场同向平行时，H_a 受到的磁感应强度略大于外磁场磁感应强度，即 H_a 在 B_0-B^b 时发生核磁共振，谱图上得到一个吸收峰。当 H_b 的磁场与外磁场反向平行时，H_a 受到磁感应强度略小于外加磁场磁感应强度，即 H_a 在 B_0+B^b 时发生核磁共振，谱图上得到另一个峰。这两个峰的面积比约为1∶1。H_a 的化学位移按两峰的中点计算。同样，假定在没有 H_a 时，H_b 在外加磁场磁感应强度为 B_0^1 时发生核磁共振。H_a 的诱导磁场（磁感应强度为 B^a）有与外加磁场同向平行和反向平行两种情况。但三个 H_a 的自旋有四种组合方式：三个 H_a 的诱导磁场与外加磁场同向平行，用↑↑↑表示；两个 H_a 的诱导磁场与外加磁场同向平行，一个反向平行，用↑↑↓、↑↓↑和↓↑↑表示；一个 H_a 的诱导磁场与外加磁场同向平行，两个反向平行，用↑↓↓、↓↑↓和↓↓↑表示；三个 H_a 的诱导磁场都与外加磁场反向平行，用↓↓↓表示。在前两种情况下，H_b 周围的磁感应强度略大于外加磁场磁感应强度；在后两种情况下，H_b 周围的磁感应强度略小于外加磁场磁感应强度，即 H_b 分别在 $B_0^1-3B^a$，$B_0^1-B^a$，$B_0^1+B^a$ 和 $B_0^1+3B^a$ 时发生核磁共振，出现四个吸收峰，其面积比约为1∶3∶3∶1。H_b 的化学位移按中间两峰的中点计算。1,1-二氯乙烷的偶合裂分情况可用图4-13表示。

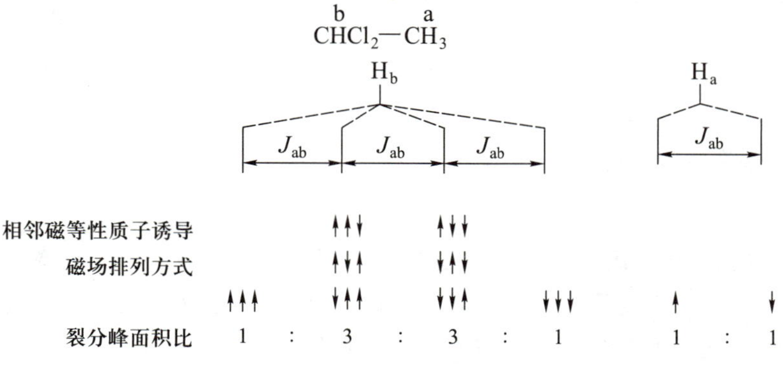

图4-13　1,1-二氯乙烷核磁共振偶合裂分情况

在分子中，某个质子与 n 个磁等性质子自旋偶合，该质子核磁共振信号裂分为 $n+1$ 重峰，称为 $n+1$ 规律。裂分后各峰面积（强度）比如下：

与自旋偶合的磁等性质子数	裂分峰数	多重峰中各峰的强度比
1	双峰(d)	1∶1
2	三重峰(t)	1∶2∶1
3	四重峰(q)	1∶3∶3∶1
4	五重峰	1∶4∶6∶4∶1
5	六重峰	1∶5∶10∶10∶5∶1
6	七重峰	1∶6∶15∶20∶15∶6∶1

如果一个质子与数目分别为 n 和 m 个质子的两组磁不等性质子自旋偶合，它的共振吸收裂分数目为 $(n+1)(m+1)$。例如，$CH_3CH_2CHCl_2$ 的亚甲基—CH_2—的质子裂分数为 $(3+1)(1+1)=8$。

出现 $n+1$ 规律的谱图的条件是两组自旋偶合的质子化学位移差 $\Delta\nu$ 与偶合常数 J 的比值大于等于 6($\Delta\nu/J\geqslant 6$)。符合 $n+1$ 规律的谱图称为一级谱图。

两种磁不等性质子相隔少于或等于三个单共价键时，自旋偶合(称为近程偶合)作用强。两种磁不等性质子相隔四个单共价键时，自旋偶合(称为远程偶合)作用很弱，在低分辨率如 60 MHz 核磁共振仪上检测不出来，但中间是一个 C═C 键或 C≡C 键偶合作用会增强。如 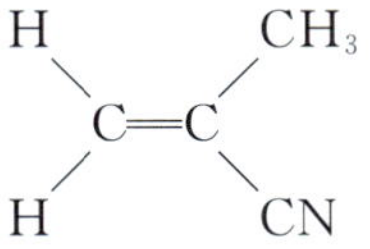 的甲基上质子的裂分峰数为 $(1+1)(1+1)=4$。

在图 4-11 中，乙醇亚甲基上质子与甲基上三个磁等性质子偶合，裂分为四重峰；甲基上质子与亚甲基上两个磁等性质子偶合，裂分为三重峰。按着前面的分析，亚甲基的四重峰、甲基上的三重峰应该是对称的，但实际上并不对称，两组峰都是从外侧的一个峰开始向上倾斜。例如：

这样，从两组峰的外形就容易确认它们是互相偶合的。而羟基上的氢不产生裂分。但在特殊条件下醇羟基上的氢也会产生裂分。

4.3.4 ^{1}H-NMR 的谱图解析

下面结合两个具体例子说明谱图的解析方法。

例 4-2 测得分子式为 C_3H_6O 的化合物的核磁共振谱如图 4-14 所示，试确定其可能的构造式。

由分子式推知化合物可能为 CH_3COCH_3，CH_3CH_2CHO，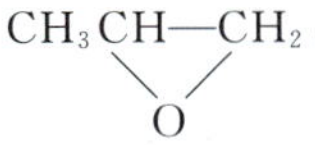，CH_2═$CHOCH_3$ 或 CH_2═$CHCH_2OH$ 等。但核磁共振谱上只有 $\delta=2.1$ 一个单峰，说明六个氢是磁等性质子，这些

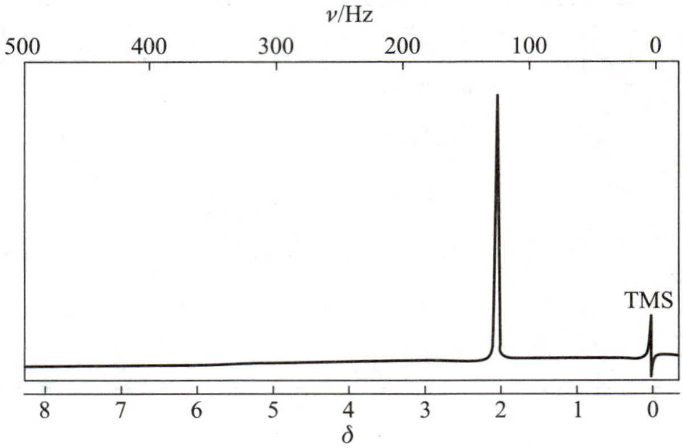

图 4-14　C_3H_6O 的核磁共振谱(60 MHz)

异构体中只有 CH_3COCH_3 是六个 H 为磁等性的。又查表 4-3 知 H—C(—)—C(—)=O 的 $\delta=2.1\sim2.5$,可见 C_3H_6O 是 CH_3COCH_3。

例 4-3　某人合成 2,3,4-三氯苯甲醚,精制后得到产物的核磁共振谱如图 4-15 所示,试分析所得产物是否是 2,3,4-三氯苯甲醚。

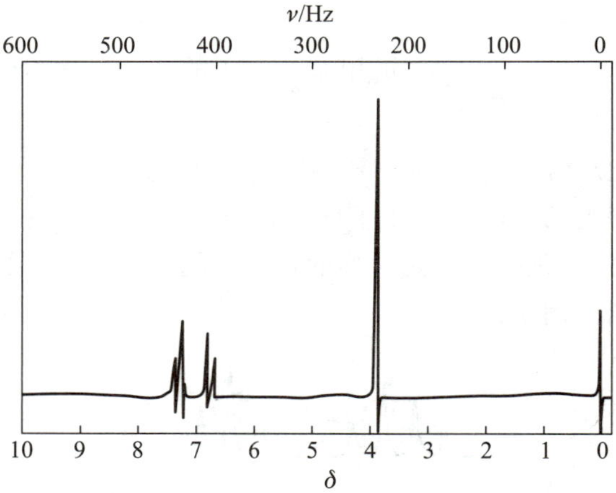

图 4-15　2,3,4-三氯苯甲醚的核磁共振谱(60MHz)

由谱图知 $\delta=3.9$ 单峰,$\delta=6.7$ 双峰,$\delta=7.25$ 双峰。从外形看,后两组峰都是从外侧峰开始向上倾斜,两者可能是相互偶合的。前一峰是个单峰,它与后两组峰的氢不相偶合,最少相隔三个以上共价键。查表 4-3,H—Ar 的 $\delta=6.5\sim8.5$,H—C(—)—O— 的 $\delta=3.3\sim3.7$。这些与

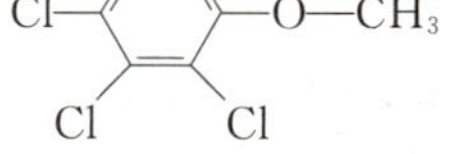

相符,$\delta=3.9$ 比 $3.3\sim3.7$ 大是因为 CH_3—O—连在苯环上,芳环的去屏蔽效应的结果。所以该试样是 2,3,4-三氯苯甲醚。

综上所述，一张核磁共振谱图可以给出有机化合物分子结构以下信息：

（1）由峰的组数可以知道有几种类型的氢；

（2）由峰的强度（峰面积或积分曲线的高度）比可知各类型氢的相对比数；

（3）从峰的裂分数目可知相邻氢的数目；

（4）从峰的化学位移（δ 值）可知各类型氢的归属；

（5）从裂分峰外形或偶合常数值可知哪种类型氢是相邻的。

4.3.5　^{13}C－NMR 谱简介

虽然^{13}C 同位素在自然界的丰度很低，约 1.1%，但^{13}C－NMR 谱在对有机化合物结构表征上与^{1}H－NMR 谱具有同等重要作用。^{13}C－NMR 谱给的是分子碳架及与 C 直接相连的质子的信息。恩斯特解决了^{13}C、^{15}N、^{19}F、^{31}P 等原子的测试技术问题。

获诺贝尔奖者

1. ^{13}C－NMR 的化学位移

^{13}C－NMR 谱中的碳核的化学位移 δ_C 是确定 C 在分子碳架中位置的依据。像^{1}H 核一样，^{13}C 的化学位移也是自旋核周围电子屏蔽造成的。在测定 δ_C 时也是以 TMS 为基准，TMS 的 C 的化学位移定为 0，大多数有机化合物的^{13}C 的化学位移在其左边，其范围为 0～250。^{13}C 的化学位移顺序与相应的^{1}H 的化学位移顺序是平行的，其值是相应^{1}H 的化学位移的 20 倍左右。^{13}C 的化学位移如表 4－4 所示。

表 4－4　^{13}C 的化学位移

碳的类型	δ_C	碳的类型	δ_C
C—I	0～40	≡C—（炔）	65～85
C—Br	25～65	═C—（烯）	100～150
C—Cl	35～80	C═O	170～210
$-CH_3$	8～30	C—O	40～80
$-CH_2-$	15～55	C_6H_6	110～160
$-\underset{\vert}{CH}-$	20～60	C—N	30～65

2. ^{13}C－NMR 谱的测定技术

用通常方法测定^{13}C－NMR 谱中，碳核与其直接相连的氢核发生自旋偶合作用，裂分峰彼此交错重叠，难以辨认识别。通过特殊测定技术，可以得到简化的谱图。下面举几种测定技术的例子。

（1）质子（噪声）去偶（宽带去偶）测定技术　采用双光照射法，将^{13}C 与所有氢核的偶合作用都消除，使所有的磁不等性碳核都以单峰出现在^{13}C－NMR 谱中，就是通常称的碳谱。例如，丙酮的^{13}C－NMR（质子去偶）谱图中只有两个磁不等性的羰基碳（δ＝206.7）和甲基碳（δ＝30.7）的两个单峰出现，不能分辨磁等性的两个甲基碳。

（2）DEPT－NMR 测定技术　用 DEPT（distortionless enhancement by polarization transfer）技术可以测定分子中连接不同数目氢的每个^{13}C，但不能测定不

连接氢的^{13}C。用 DEPT 技术可得到两种谱图：

DEPT90°谱：在这种谱图中，只出现叔碳(CH)的单峰，其它碳不出现吸收峰。

DEPT135°谱：在这种谱图中，伯碳(CH_3)和叔碳(CH)是以正吸收峰(朝上)出现，而仲碳(CH_2)是以负吸收峰(朝下)出现，季碳不出现吸收峰。

图 4-16 是丙烯酸乙酯的^{13}C-NMR 谱。(a)由质子去偶技术测定的谱图，(b)由 DEPT135°技术测定的谱图，(c)由 DEPT90°技术测定的谱图。

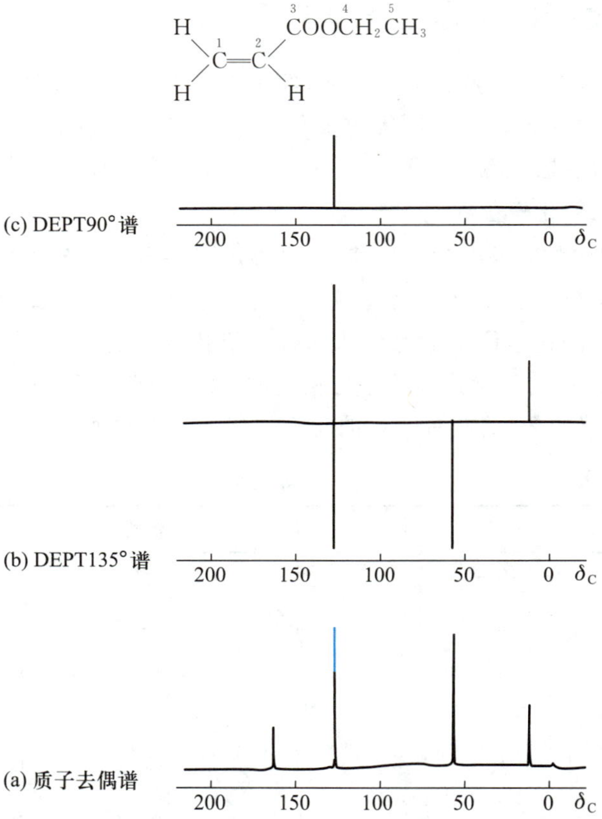

图 4-16 丙烯酸乙酯的^{13}C-NMR 谱

3. ^{13}C-NMR 谱图解析

从^{13}C-NMR 谱图可得到下列信息：

(1) 从化学位移 δ_C 值可以确定碳原子在碳链中的位置和化学环境；

(2) 从不同化学环境的碳原子的数目(即磁不等性碳核的数目)，了解分子对称性情况；

(3) 可以知道每个碳原子上连接氢的数目。

以图 4-16 为例解析^{13}C-NMR 谱。从(a)图看，有四种碳原子，δ_C 分别为 14，60，129 和 166；在(b)图中 $\delta_C=129$ 处有两峰重叠。$\delta_C=14$，在(b)图中为正峰，是伯碳原子($-CH_3$)，因此为 C_5。$\delta_C=60$，在(b)图中为负峰，是仲碳原子($-CH_2-$)，因此为

C_4。$\delta_C=129$，在(c)图中出现是叔碳原子($-\overset{|}{\underset{|}{C}}H$)，对应(b)图中的正峰，因此是 C_2；而(b)图中的负峰是仲碳原子($-CH_2-$)，因此为 C_1。$\delta=166$，只出现在(a)图中，未出现在(b)图和(c)图中，是季碳原子($-\overset{|}{\underset{|}{C}}-$)，因此是 C_3。以上解析结果与表 4-4 的 ^{13}C化学位移数据一致。因此图 4-16 代表的是丙烯酸乙酯。

^1H-NMR 谱能提供的一些信息，^{13}C-NMR 谱也能提供，这两种谱可以互相补充或互相认证。在^1H-NMR 谱比较复杂时，使用^{13}C-NMR 谱很方便。但^{13}C-NMR 谱中峰的高度与^{13}C 数目不成比例。在一般情况下，^{13}C-NMR 谱图上无积分曲线可利用。

拓 4-4

4.4 紫外光谱

紫外光的波长为 100～400 nm。分子吸收紫外光后，发生价电子跃迁，产生紫外吸收光谱，简称紫外光谱(ultraviolet spectroscopy，缩写为 UV)，紫外光谱又称电子光谱。远紫外光波(100～200 nm)易被空气中的 O_2 和 CO_2 吸收，通常要在真空条件下才能测定，研究远紫外光谱比较困难，通常所说的紫外光谱是指近紫外区(200～400 nm)的吸收光谱。有些有机化合物分子特别是共轭体系分子的价电子跃迁往往出现在可见光区(400～800 nm)。从应用的角度，多数将紫外和可见光谱连在一起，称为紫外-可见光谱。

4.4.1 紫外光谱图

紫外光谱图通常是以波长 λ 为横坐标，吸光度 A 为纵坐标。

根据朗伯-比尔(Lambert-Beer)定律，在特定波长下吸光度 A 可用下式表示：

$$A=\lg\frac{I_0}{I}$$

式中，I 为透射光强度；I_0 为入射光强度。A 取决于化合物的电子结构，也与试样的浓度和吸收池长度有关。有些紫外光谱图用摩尔吸收系数 κ 代替 A 为纵坐标作图。当 κ 很大时也可用 $\lg\{\kappa\}$值作图。

$$A=\kappa cl \qquad \kappa=\frac{A}{c\cdot l}$$

式中，c 为试样溶液的浓度，单位 $mol\cdot L^{-1}$；l 为吸收池长度，单位 cm。κ 值与试样溶液的浓度、吸收池长度无关，是化合物吸收光谱的一个特定常数，单位 $L\cdot cm^{-1}\cdot mol^{-1}$。

图 4-17 是丙酮在环己烷溶液中的紫外光谱图。与红外光谱图相比，紫外光谱图的吸收峰向上(红外光谱峰向下)，其吸收峰是一个比较平坦的宽峰，称为吸收带。电

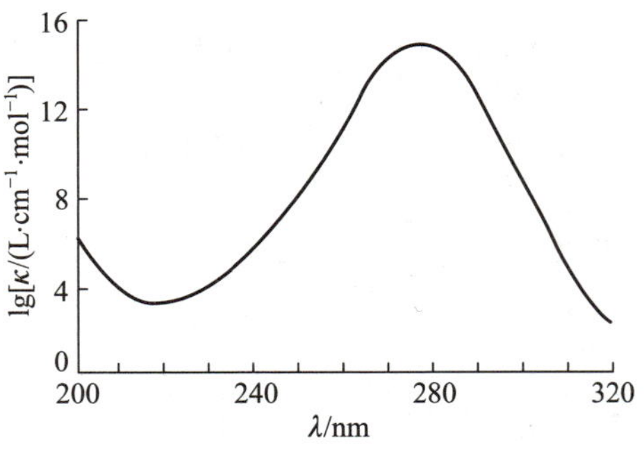

图 4-17　丙酮的紫外光谱

{$\lambda_{max}^{环己烷}$=280 nm,lg[κ/(L·cm^{-1}·mol^{-1})]=14.8}

子跃迁需要的能量大,在电子跃迁的同时,分子又有振动能级和转动能级的跃迁,发生振转吸收光谱,难以分辨,因此紫外光谱不是一条线或一尖峰,而是平坦的宽峰。在识别谱图时,以峰顶对应的最大吸收波长 λ_{max} 和最大摩尔吸收系数 κ_{max} 为准。在文献中也是以 λ_{max} 和 κ_{max} 记录化合物紫外吸收特征。测定试样的紫外光谱的溶剂常常影响 λ_{max} 和 κ_{max} 值。因此,化合物的紫外光谱图和文献报道化合物 λ_{max} 和 κ_{max} 的同时,应标明所用的溶剂。

4.4.2　基本原理

有机化合物分子外层轨道有 σ,π 成键轨道和 O,N,S,P,F,Cl,Br,I 等元素的 n 非键轨道,以及 σ^*,π^* 反键轨道,其能级顺序为:$\sigma<\pi<n<\pi^*<\sigma^*$。在基态时,前三种轨道都填有电子对,这些电子吸收某种波长的光后从低能级轨道跃迁到较高能级空轨道中,形成激发态分子,产生紫外光谱。

电子光谱中有关电子跃迁主要有四种类型(图 4-18)。

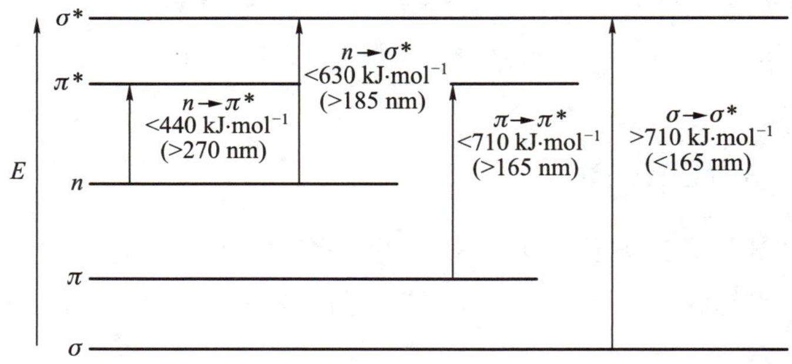

图 4-18　主要的电子跃迁及其所需能量

1. $\sigma\rightarrow\sigma^*$ 跃迁

分子中 σ 键电子结合得很牢,$\sigma\rightarrow\sigma^*$ 跃迁是能级差最大的跃迁,需要的能量最大,一般发生在<200 nm 的远紫外区。饱和烃只有 C—C 和 C—H σ 键,在一般紫外区不吸收紫外光,可作为紫外光谱分析的溶剂。

2. $n\rightarrow\sigma^*$ 跃迁

在醇、醚、胺、卤代烃等分子中,O,N,X 原子上孤对电子吸收紫外光可发生 $n\rightarrow\sigma^*$ 跃迁。跃迁所需要的能量与原子的电负性有关,电负性越大,跃迁时需要的能量越大,波长越短(表 4-5)。醇、醚等化合物的 n 电子跃迁能级在远紫外区。

表 4-5　一些化合物的 $n \to \sigma^*$ 跃迁吸收

化合物	CH_3Cl（气）	CH_3OH（气）	CH_3OCH_3（气）	CH_3I（气）	CH_3Br（气）	CH_3NH_2（气）	$(CH_3)_3N$（气）
λ_{max}/nm	172	183	185	258	204	215	227
$\frac{\kappa_{max}}{L \cdot cm^{-1} \cdot mol^{-1}}$	100	150	2520	378	200	600	900

3. $n \to \pi^*$ 跃迁

分子中带杂原子的双键（如 —C═O ，—C═N ）中杂原子的孤对电子可发生 $n \to \pi^*$ 跃迁，在近紫外区（275～295 nm）产生不太强的吸收带。如丙酮在环己烷中的紫外光谱 λ_{max} = 280 nm，$\lg\{\kappa_{max}/(L \cdot cm^{-1} \cdot mol^{-1})\} = 14.8$。

4. $\pi \to \pi^*$ 跃迁

这是紫外光谱中最常见、最重要的电子跃迁形式。孤立 π 键电子的 $\pi \to \pi^*$ 跃迁吸收光在远紫外区（乙烯 λ_{max} = 185 nm，κ_{max} = 10 000 $L \cdot cm^{-1} \cdot mol^{-1}$）。但共轭双键 π 电子跃迁需要的光进入近紫外区，且随着共轭链的增长，吸收的光波长增长，这种现象称为红移现象。

化合物中所含的 C═C 、C═O 、C═N 和 N═O 等不饱和基称为发色基。含发色基的分子可以吸收紫外和可见光，当其共轭程度增加时产生红移。

含有未共用电子对的基，如—NH_2，—NR_2，—OH，—OR，—SR，—Cl，—Br 和—I 等称为助色基，连到共轭链端上也能产生红移，同时 κ_{max} 也增大。

紫外光谱主要反映共轭体系和芳香族化合物的结构特征，其应用远不如红外光谱和核磁共振谱广泛。但紫外光谱的灵敏度很高，可用于某些化合物的定量分析。

4.4.3　吸收带的分类

1. R 吸收带

R 吸收带是由 $n \to \pi^*$ 电子跃迁产生的吸收带。它的特点是跃迁的能量最小，跃迁概率小，处于长波方向，吸收强度弱，κ > 100 $L \cdot cm^{-1} \cdot mol^{-1}$。

2. K 吸收带

K 吸收带是由共轭的 $\pi \to \pi^*$ 电子跃迁产生的吸收带。它的特点是跃迁概率大，吸收波长比 R 吸收带短，吸收强度 $\kappa > 10^4$ $L \cdot cm^{-1} \cdot mol^{-1}$。随着共轭链的增长，K 吸收带发生红移，可借助它判断分子的共轭结构。K 吸收带是紫外光谱中应用得最多的吸收带。

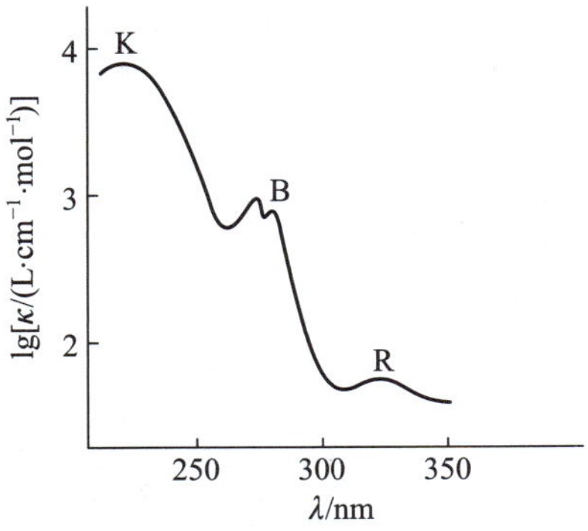

图 4-19　苯乙酮的紫外光谱图

3. B 吸收带

B 吸收带是芳香族化合物的特征吸收带，代表振动的精细结构吸收，常用来识别芳香族化合物。但在极性溶剂中测定或苯环上取代基与环形成共轭结构时，精细结构消失。

4. E 吸收带

E 吸收带也是芳香族化合物的特征吸收带，有两个吸收带，分别称为 E_1 带和 E_2 带。E_1 带约出现在 180 nm（$\kappa > 10^4 L \cdot cm^{-1} \cdot mol^{-1}$）处；$E_2$ 带约出现在 200 nm（$\kappa = 7\,000 L \cdot cm^{-1} \cdot mol^{-1}$）处，都是强吸收。当苯环上发色基团与环共轭时，$E_2$ 带与 K 吸收带合并，并红移。例如，苯乙酮的三个吸收带 K 吸收带 240 nm（$\kappa = 1\,300 L \cdot cm^{-1} \cdot mol^{-1}$）、B 吸收带 278 nm（$\kappa = 1\,100 L \cdot cm^{-1} \cdot mol^{-1}$）和 R 吸收带 319 nm（$\kappa = 50 L \cdot cm^{-1} \cdot mol^{-1}$），如图 4-19。

4.4.4 谱图的解析

识别紫外光谱图可分三步进行。第一步是观察谱图，首先观察谱带数和波长 λ 延伸到可见光区的程度，如果有多条谱带进入可见光区，说明是一个长的共轭链或有稠环芳烃的发色基存在；如果仅有一条谱带（或很少谱带），其 λ_{max} 在 300 nm 以下，可能是仅含两个或三个共轭单元。还要观察谱带吸收强度，特别是重要的和主要的谱带强度。简单的二烯烃和 α,β-不饱和酮的 λ_{max} 对应的 $\kappa_{max} = 10\,000 \sim 20\,000\ L \cdot cm^{-1} \cdot mol^{-1}$；简单的长共轭结构有更高的 κ_{max} 值；$\kappa_{max} = 10 \sim 100\ L \cdot cm^{-1} \cdot mol^{-1}$ 的 270～350 nm 吸收带可能是酮的 $n \rightarrow \pi^*$ 跃迁；$\kappa_{max} = 1\,000 \sim 10\,000\ L \cdot cm^{-1} \cdot mol^{-1}$ 可能是芳香发色基；芳环上有发色基时，κ_{max} 在 $10\,000\ L \cdot cm^{-1} \cdot mol^{-1}$ 左右。由此可以初步判断谱图是哪类化合物的谱图。

第二步是确定谱图所对应的分子结构。有两种方法，一是借助经验规律计算确定分子结构；二是用模型化合物谱图对照确定分子结构。

1. 借助经验规律计算确定分子结构

若由经验规律计算某化合物的最大吸收波长与测得未知化合物的最大吸收波长一致，则未知化合物可能是计算的化合物。

(1) 开链不饱和共轭体系结构的确定　开链不饱和化合物随着共轭链的增长，吸收带不断红移，如表 4-6 和表 4-7。

表 4-6　不同多烯烃的吸收带

烯烃	共轭双键数	λ_{max}/nm	$\kappa_{max}/(L \cdot cm^{-1} \cdot mol^{-1})$	颜色
乙烯	1	165	10 000	无
1,3-丁二烯	2	217	21 000	无
1,3,5-己三烯	3	258	35 000	无
二甲基辛四烯	4	296	52 000	淡黄
癸五烯	5	335	118 000	淡黄

表 4-7　一些含共轭结构化合物的吸收带

发色基团	化合物	K 带		R 带	
		λ_{max}/nm	$\kappa/(L \cdot cm^{-1} \cdot mol^{-1})$	λ_{max}/nm	$\kappa/(L \cdot cm^{-1} \cdot mol^{-1})$
C═C—C≡C	CH_2═CH—C≡CH	219	7 600	—	—

续表

发色基团	化合物	K 带		R 带	
		λ_{max}/nm	κ/($L\cdot cm^{-1}\cdot mol^{-1}$)	λ_{max}/nm	κ/($L\cdot cm^{-1}\cdot mol^{-1}$)
C=C—C=O	$CH_3CH{=}CH{—}CH{=}O$	218	18 000	320	30
O=C—C=O	$CH_3COCOCH_3$	—	—	345	18
C=C—CO_2H	$CH_3CH{=}CH{—}COOH$	206	13 500	242	250
C=C—NO_2	$CH_3CH{=}CH{—}NO_2$	229	9 400	235	980

这类化合物的紫外吸收光波长可以根据伍德瓦德(Wood Ward)规律利用表 4-8 进行推算。α,β-不饱和酸及酯可用表 4-9 推算。

表 4-8 共轭多烯烃的紫外吸收光波长推算数据*

共轭二烯骨架基本值	每增加一个 C=C 值**	烷基或环烷基取代	环外双键***	卤素取代
217 nm	+30 nm	+5 nm	+5 nm	+17 nm

* 在己烷中,这类化合物溶剂效应不大,基本不变化。

* * 只适用于链共轭分子,作取代基时不适用。

* * * 指双键中一个碳是环的成员。

表 4-9 α,β-不饱和酸及酯紫外吸收光波长计算数据

α,β-不饱和酸及酯		λ/nm
α 或 β 单取代	基本值	208
α,β 或 β,β 双取代	基本值	217
α,β,β 三取代	基本值	225
每增加一个共轭双键		+30
环外双键		+5
在五元环或七元环中的双键		+5
γ-或 δ-烃基		+18

例 4-4 估计 2,3-二甲基-1,3-丁二烯的紫外吸收波长。

解: 基本值 217 nm

烷基取代 5×2=10 nm

计算值 λ_{max} 227 nm **实测值** λ_{max} 226 nm

例 4-5 推算 $CH_3CH{=}CH{—}CH{=}CH{—}COOH$ 的紫外吸收位置。

解: 基本值 208 nm

烷基取代 +18 nm

增加一个双键 +30 nm

计算值 λ_{max} 256 nm **实验值** λ_{max} 254 nm

(2) 芳香族化合物结构的确定 取代基影响苯的三个吸收带,使 B 吸收带简化并红移,同时使 κ 值增加。利用表 4-10 中的经验数据以 Scoff 规律可估算取代苯甲酸及酯的最大吸收位置。

表 4-10　X—C_6H_4—COY 化合物紫外吸收光波长计算数据

X	Y		λ_{max}/nm
H	R(烷基或环烷基)基本值		246
	H 基本值		250
	OH,OR 基本值		230
	X 在不同位置波长增加值,$\lambda_{max,邻}$/nm	$\lambda_{max,间}$/nm	$\lambda_{max,对}$/nm
OH,OR	3	3	10
O	7	7	25
Cl	11	20	78
Br	0	0	10
NH_2	13	13	58
$NHCOCH_3$	20	20	46
NHR	0	0	73
NR_2	20	20	85

例 4-6　推算对氨基苯甲酸（ H_2N—  —COOH ）的紫外吸收位置。

解：　X＝H,Y＝OH，　　基本值：230 nm

对位—NH_2 取代值：　＋58 nm

计算 λ_{max} 值：　288 nm

实测值 λ_{max}：288 nm

2. 利用模型化合物的谱图对照确定分子结构

化合物有相似的发色基团，其紫外吸收带也相似。解析谱图时，可以找一张与欲解析的谱图相似的已知结构模型化合物的谱图，两张谱图对照解析，可以确定欲解析谱图代表的化合物结构。

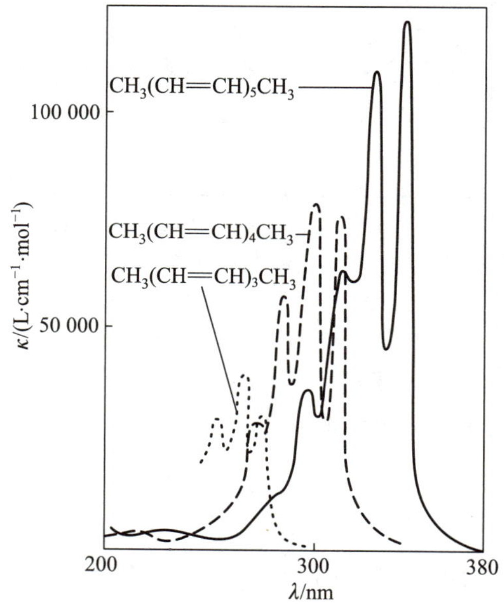

图 4-20　$CH_3\text{+}CH{=}CH\text{+}_nCH_3$ 的紫外光谱（在已烷中）

例如，欲解析图 4-20 中的 $CH_3\text{+}CH{=}CH\text{+}_3CH_3$ 图谱，其主要吸收带 $\lambda_{max}=275$ nm，$\kappa_{max}=30\ 000$ $L\cdot cm^{-1}\cdot mol^{-1}$，共有四条谱带，可以把 $CH_3\text{+}CH{=}CH\text{+}_4CH_3$ 或 $CH_3\text{+}CH{=}CH\text{+}_5CH_3$ 看成$n=3$的模型化合物。它们都有相同的谱带数，差别仅在于 λ 红移，相应的 κ 值增大，三张谱图对照解析就可以初步确定$CH_3\text{+}CH{=}CH\text{+}_3CH_3$的结构。

最后一步，如果欲解析的化合物是已知化合物，在确定所解析谱图的分子结构的基础上，查阅资料或标准紫外光谱图，与之对照，核实所确定的分子结构的正确性。也可以借助其它信息，如红外光谱、核磁共振谱和化学方法确认所要确定的分子结构。如果欲解析的化合物是新化合物，需要用其它方法进行认证，才能确定这个新化合物的结构。

4.5 质　谱

质谱(mass spectroscopy，缩写为 MS)是一种快速、简捷、精确地测定相对分子质量的方法。使用几微克试样就可以精确地测定出有机化合物的相对分子质量。1 mol CO，N_2 和 C_2H_4 的质量都是 28 g，用一般的测定方法很难把它们区分开，而用质谱仪很容易将它们区分。质谱还可以给出分子结构方面的某些信息。如果将色谱仪和质谱仪联合使用，还可以测出混合物的组成及各组分的相对分子质量和分子结构。

4.5.1 基本原理

与吸收光谱不同，质谱的基本原理如下：试样分子在高真空下，经高能(50～100 eV)电子束轰击时，分子失去一个外层电子而变成分子离子(molecular ions)，一般用 $M^{\dotplus}$("+"表示正离子，"·"表示不成对电子)表示，实际是离子基。在这样高能量的电子束作用下，多数 $M^{\dotplus}$ 是不稳定的，继续按着化合物的官能团和碳架键合较弱处断裂成各种不同的碎片(fragment)，这些碎片也有带正电荷的。$M^{\dotplus}$ 和不同质荷比，即质量与所带正电荷之比(用 m/z 表示)的碎片，在电场、磁场作用下，可按 m/z 的大小分离得到质谱。$M^{\dotplus}$ 的质量即为该化合物的相对分子质量。分析不同 m/z 的碎片质量和强度，结合化合物化学键断裂规律，可以推断化合物的分子结构。

4.5.2 质谱仪和质谱图

普通质谱仪工作原理如图 4-21 所示。主要有进样系统、离子化室、质量分析器和捕集器等组成。试样为气体或易挥发的液体时，在室温下直接进样测定。高沸点的液体或固体进样后，在 133.6×10^{-6} Pa 下加热使试样汽化后才能测定。进样系统来的气体试样在离子化室内受到高能电子束轰击，分子失去一个电子生成 $M^{\dotplus}$，$M^{\dotplus}$ 可继续断裂成各种碎片，$M^{\dotplus}$ 和碎片由离子加速盘加速后进入分析系统。在分析器中，不同 m/z 的正离子在磁场作用下按质量和所带电荷不同而产生偏离，进入不同弯曲轨道得以分离，不同 m/z 的离子按着质量大小的顺序通过狭缝进入离子捕集器，离子的电荷转变成电信号，经放大得质谱图。

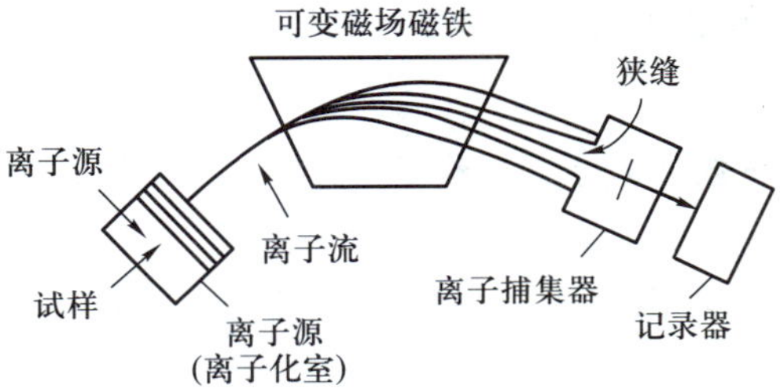

图 4-21　质谱仪工作原理

质谱是一条条线，谱线的长度与离子数量成比例。质谱图的横坐标是 m/z，纵坐标是相对强度，即各谱线与最长谱线[称为基(准)峰]的百分比。图 4-22 是丁烷的质谱图，$C_3H_7^+$ 峰是基峰。

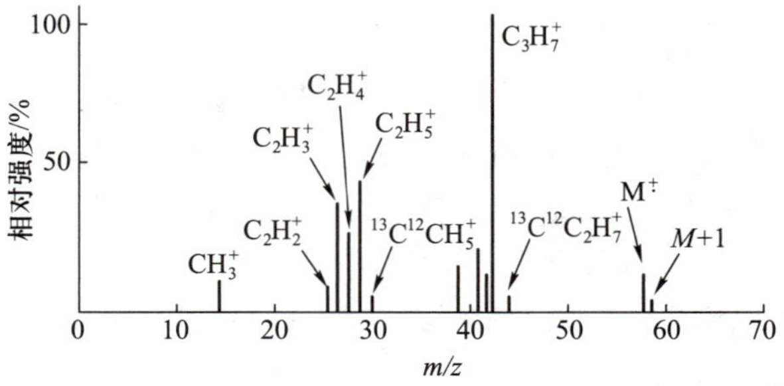

图 4-22 丁烷的质谱

4.5.3 烃化合物的质谱特征

在质谱仪电子束的轰击下，各类有机化合物的分子变成分子离子 $M^{+\cdot}$，分子离子不稳定，再继续裂解成小碎片，碎片的 m/z 大小是有规律的。有机化合物分子在电子束轰击下的裂解与在光或热作用下的裂解反应非常相似，断裂常发生在弱化学键处。丁烷分子的裂解方式如下：

$$CH_3CH_2CH_2CH_3 \longrightarrow CH_3CH_2CH_2CH_3^{+\cdot}(M^{+\cdot}) + e^-$$

$$\underset{m/z=58}{CH_3CH_2CH_2—CH_3^{+\cdot}} \longrightarrow \underset{m/z=43}{CH_3CH_2CH_2^{+\cdot}} + \cdot CH_3$$

$$CH_3CH_2—CH_2CH_3^{+\cdot} \longrightarrow \underset{m/z=29}{CH_3CH_2^{+\cdot}} + \cdot CH_2CH_3$$

$$CH_3—CH_2CH_2^{+\cdot} \longrightarrow \underset{m/z=28}{CH_2=CH_2^{+\cdot}} + \cdot CH_3$$

$$CH_3—CH_2CH_2^{+\cdot} \longrightarrow \underset{m/z=15}{CH_3^{+\cdot}} + CH_2=CH_2$$

…… ……

丁烷分子中碳原子还有同位素，因此，还有含 ^{13}C 同位素的各种碎片。碎片中强度最大的是 $m/z=43$ 的碎片，为基峰，如图 4-22。

1. 烷烃

直链烷烃的 $M^{+\cdot}$ 峰强度较弱，支链烷烃的 $M^{+\cdot}$ 峰强度很弱，环烷烃的 $M^{+\cdot}$ 峰较强。

直链烷烃的质谱图中常出现 $m/z=15,29,43,57,71,\cdots,(14n+1)$($n$ 为整数)等一系列碎片峰，其中 m/z 为 43 或 57 的碎片峰为基峰。

支链烷烃的分子离子的断裂更易在碳链的支链处出现，相应的碎片强度也较大。在支链烷烃的质谱图中也有 $m/z=29,43,57,71,\cdots,(4n+1)$等碎片峰。

单环烷烃的质谱图中常有 $m/z=27,41,55,69,\cdots,(14n-1)$等系列碎片峰。

2. 烯烃

烯烃分子离子峰 $M^{\ddagger}$是中等强度。在质谱图中常有 $m/z=27,41,55,69,\cdots,(14n-1)$等碎片峰。

3. 芳烃

芳烃的分子离子峰强度较大，常常是基峰。在质谱图中常有 $m/z=39,50\sim53,63\sim65,71\sim78$ 等系列碎片峰。

4.5.4 谱图的解析

从一个化合物的质谱图中可以得到两个重要信息，一个是化合物的相对分子质量，一个是化合物可能的构造。因此，谱图的解析有两种方法。

1. 质谱用作确定化合物相对分子质量

化合物的分子离子 $M^{\ddagger}$ 的 m/z 值等于其相对分子质量。确定分子离子峰是十分重要的，在谱图中，基峰不一定是 $M^{\ddagger}$ 峰。有时 $M^{\ddagger}$ 峰很弱，甚至 $M^{\ddagger}$ 峰不出现。这取决于 $M^{\ddagger}$ 的稳定性和质谱仪的操作条件。各类化合物的 $M^{\ddagger}$ 稳定顺序大致为：芳烃＞共轭烯烃＞烯烃＞脂环烃＞羰基化合物＞直链烃＞醚＞酯＞胺＞羧酸＞醇。在用电子束轰击分子时，使用电子束的能量过大，形成的 $M^{\ddagger}$ 会过多地继续断裂成碎片，使 $M^{\ddagger}$ 的数量很少或消失。如果 $M^{\ddagger}$ 峰消失，就需要调整质谱仪的操作条件，减少电子束的能量。

在质谱图上，$M^{\ddagger}$ 并不一定是 m/z 最大的峰。这是因为大多数天然存在的元素有几种同位素，$M^{\ddagger}$ 峰只代表由元素的最普通的同位素所组成的 $M^{\ddagger}$，而在各种同位素中常常是最轻的同位素是最普通的同位素，这样在质谱图上可出现比分子离子峰的 m/z 大一二个单位的峰，即 $M+1$ 峰或 $M+2$ 峰。表 4-11 列出一些组成有机化合物元素的重同位素的丰度。

表 4-11 一些重同位素的丰度

重同位素	^{2}H	^{13}C	^{15}N	^{17}O	^{18}O	^{33}S	^{34}S	^{36}S	^{37}Cl	^{81}Br
丰度/%	0.015	1.107	0.366	0.037	0.204	0.76	4.22	0.014	24.47	49.46

$M+1$ 峰可以由分子中分别含有一个^{13}C，^{2}H，^{15}N，^{17}O 或^{33}S 形成。$M+2$ 峰可由分子中含有一个^{18}O 或同时含有上述两个重同位素的原子而形成。除^{81}Br 以外，其它重同位素的含量一般都比普通同位素的含量低得多，所以形成的 $M+1$ 峰或 $M+2$ 峰的强度比一般分子离子峰弱得多。由它们之间的强度关系可以帮助确定分子离子峰的分子式。在烃分子中只有 C 和 H 两种元素，^{13}C 的丰度为 1.1%，$M+1$ 峰的强度比 $M^{\ddagger}$ 峰小得多，但 $M+1$ 峰与 $M^{\ddagger}$ 峰强度比是一定的。若分子中含有 n 个碳原子，$M+1$峰的强度为 $n\times1.1\%$，这是因为^{2}H 的丰度很小，为 0.015%，在低分辨率的质谱中可以忽略不计。测出 $M+1$ 峰和 $M^{\ddagger}$ 峰的强度比，就可以求出 n，即烃分子中的碳原子数，由此可以确定化合物的分子式。在溴代烃中，^{81}Br 的丰度为 49.5%，其 $M+2$ 峰与 $M^{\ddagger}$ 峰的强度几乎相等，在谱图上容易识别。如图 4-23 是 1-溴丙烷的质谱图，

$M+2$峰($m/z=124$)和 $M^{\dot{+}}$ 峰($m/z=122$)相对强度基本相等。

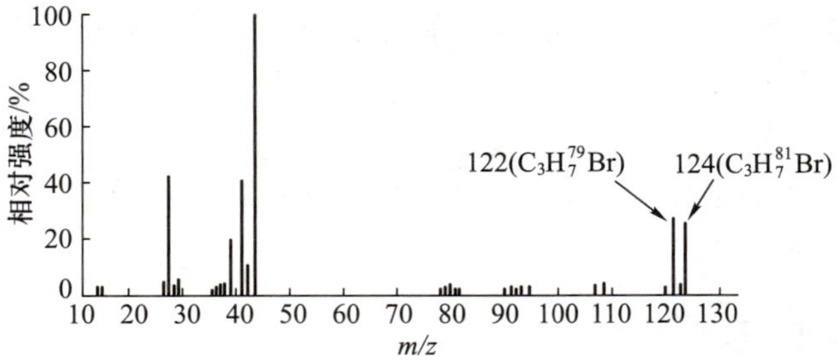

图 4-23　1-溴丙烷的质谱

2. 质谱用作确定分子的结构

由质谱图确定化合物的分子结构要比由质谱图确定化合物的相对分子质量困难得多。这里仅做一个简单的原理性的说明,不做深入讨论。

用质谱图确定分子结构大体上可以分三步。第一步是先确定化合物的相对分子质量,这一步较容易做到。第二步是写出质谱图中不同 m/z 的碎片转化成相应的可能的化学式,如 $m/z=15$ 相当于 $H_3C^{\dot{+}}$;$m/z=57$ 相当于 $CH_3CH_2CH_2CH_2^{\dot{+}}$,$CH_3CH_2(CH_3)CH_2^{\dot{+}}$ 或 $CH_3(CH_3)CHCH_2^{\dot{+}}$ 等。参考相对分子质量、基峰等信息,结合 4.5.3 节讨论的化合物在质谱仪中裂解的一般规律和各类化合物的质谱特征,把这些分子碎片(化学式)组成可能的分子结构。还可以到化合物质谱图库中找化合物的标准谱图对照确定可能的分子结构。第三步用其它的结构分析方法认证由质谱图推导出分子的可能结构。

拓
4-5

习　题

4-1　如何用 IR 区别下列各组化合物?

*(1)  和 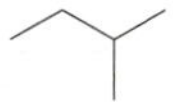　(2)  和 

(3) 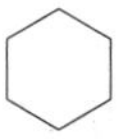 和 　(4) 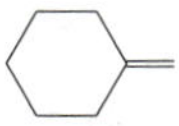 和 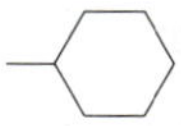

(5) 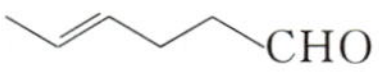 和 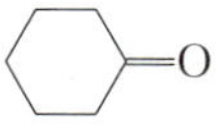　*(6)  和 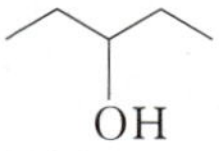

*(7) 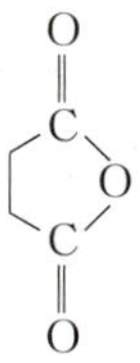 和 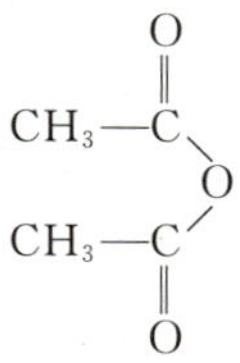

4-2　如何用[1] H-NMR 区分下列各组化合物?

(1)  和 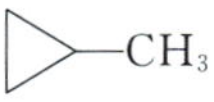　　(2) $C(CH_3)_4$ 和 $CH_3CH_2CH_2CH_2CH_3$

(3) $ClCH_2CH_2Br$ 和 $BrCH_2CH_2Br$

4-3 比较下面两化合物中所标出的质子在[1]H-NMR 谱中化学位移大小，并从低场到高场的顺序排列。

(1) $C\underline{H}_3$—COO $C\underline{H}_2$—$C\underline{H}_2$—$C\underline{H}_3$（A　B　C　D）　　(2) 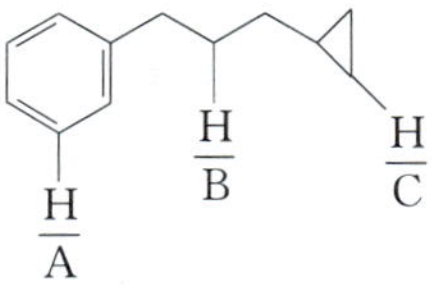

4-4 请将下列各化合物中画线的质子的化学位移按由低场至高场的顺序排列。

(1) HC≡C—$\underline{H}$　　(2) CH_2═CH—$\underline{H}$　　(3) CH_3CH_2—$\underline{H}$

4-5 将下列化合物按 C═O 键伸缩振动吸收波数由大到小排列成序。

(1) CH_3COCl　　(2) $(CH_3CO)_2O$　　(3) CH_3CONH_2

4-6 请将下列各组化合物按紫外吸收波长由大到小的顺序排列。

(1) A 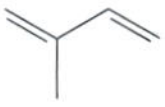　　B 

C 　　D 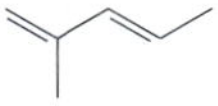

(2) A 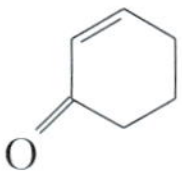　　B 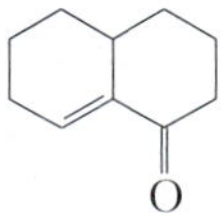

C 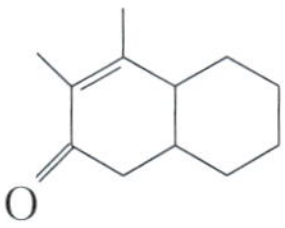　　D 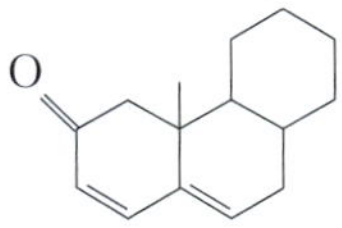

4-7 根据 NMR 推测下列化合物可能的构造式。

(1) C_4H_9Br

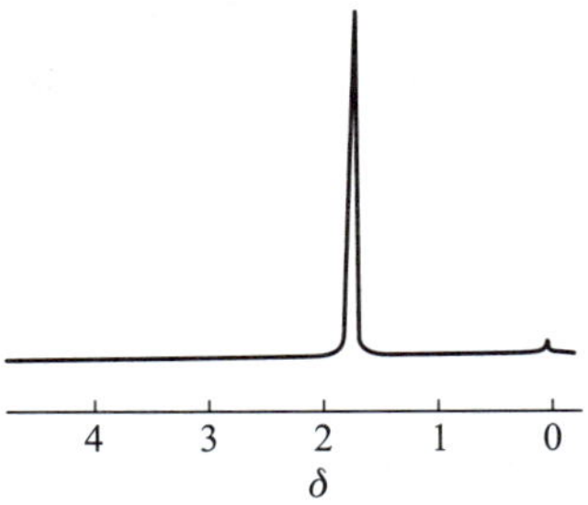

(2) C_7H_8O

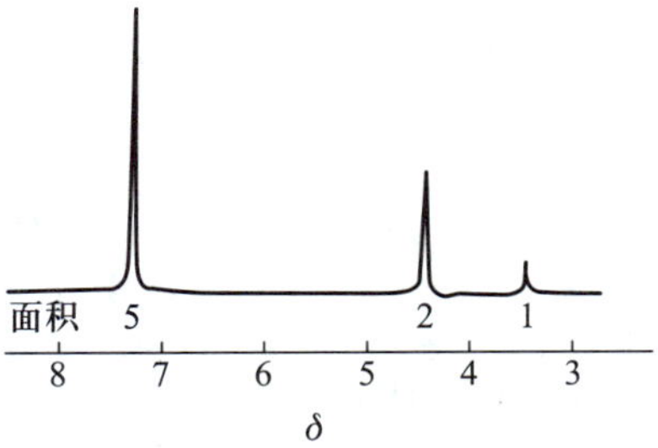

(3) C_3H_7Br

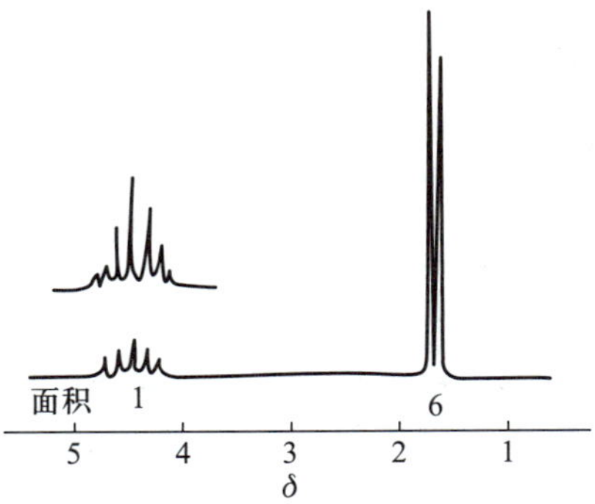

(4) $C_4H_8Br_2$

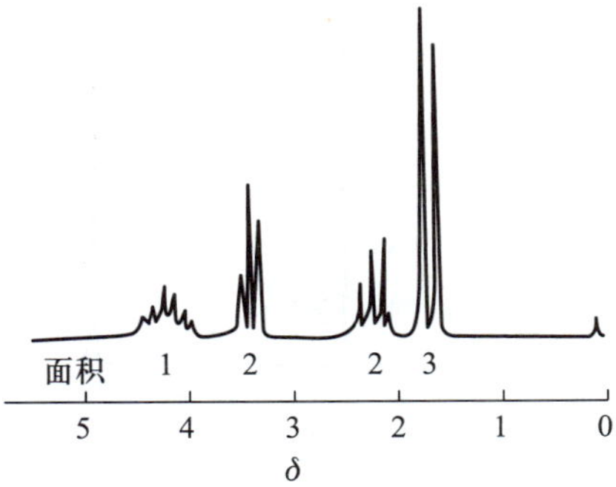

4-8　某化合物的分子式为 C_4H_8O，它的红外光谱在 $\sigma=1\ 715\ cm^{-1}$ 有强吸收峰；它的核磁共振谱有一个单峰，相当于三个 H，有一四重峰相当于二个 H，有一三重峰相当于三个 H。试写出该化合物可能的构造式。

4-9　根据光谱分析，分别推测下列各芳香族化合物可能的构造式。

(1) 分子式为 $C_9H_{11}Br$

NMR：$\delta=2.15$(2H)多重峰，$\delta=2.75$(2H)三重峰，

$\delta=3.38$(2H)三重峰，$\delta=7.22$(5H)多重峰。

(2) 分子式为 $C_9H_{10}O$

IR：$\sigma=1\ 705\ cm^{-1}$强吸收峰；

NMR：$\delta=2.0$(3H)单峰　$\delta=3.5$(2H)单峰，$\delta=7.1$(5H)多重峰。

(3) 分子式 $C_{10}H_{14}$

^1H-NMR：$\delta=8.0$ 单峰，$\delta=1.0$ 单峰，强度之比为 5∶9。

4-10　某化合物 A，其分子式为 $C_8H_{10}O$，质谱得到分子离子峰为 $m/z=122$；在 IR 中，$\sigma=3\ 200\sim3\ 600\ cm^{-1}$ 处有一强宽峰，在 $\sigma=3\ 000\ cm^{-1}$ 和 $\sigma=700\sim750\ cm^{-1}$ 处也有强吸收峰；^1H-NMR显示，δ7.5 (m，5H)，δ3.7(t，2H)，δ 2.7(t，2H)，δ2.5(s，1H)，请推测该化合物的结构，并标明化合物中各质子的化学位移值。

4-11　某化合物的分子式为 C_4H_6O，其光谱性质为

UV：在 $\lambda=230$ nm 附近有吸收峰，$\kappa>5\ 000\ L\cdot cm^{-1}\cdot mol^{-1}$；

^1H-NMR：$\delta=2.03$(3H)双峰，$\delta=6.13$(1H)多重峰；$\delta=6.87$(1H)多重峰；

$\delta=9.48$(1H)双峰；

IR：在 $\sigma=1\ 720\ cm^{-1}$，$\sigma=2\ 720\ cm^{-1}$处有强吸收峰。

试推断该化合物的构造式。

4-12　根据光谱分析，分别推测下列各脂肪族化合物的构造式：

(1) 分子式为 C_3H_6O

UV：$\lambda=210$ nm 以上无极大值，IR：$\sigma=1\ 080\ cm^{-1}$；

^1H-NMR：$\delta=4.75$(4H)三重峰，$\delta=2.75$(2H)五重峰，$J=7.1$Hz。

(2) 分子式为 C_3H_7NO

UV：　$\lambda=219$ nm($\kappa=60\ L\cdot cm^{-1}\cdot mol^{-1}$)；IR：$\sigma=3\ 413\ cm^{-1}$，$3\ 236\ cm^{-1}$，$1\ 667\ cm^{-1}$；

^1H-NMR：$\delta=6.50$(2H)宽单峰　$\delta=2.25$(2H)四重峰，$\delta=1.10$(3H)三重峰，$J=7.5$Hz。

(3) 分子式为 C_4H_7N

UV：　$\lambda=200$ nm 以上无极大值；IR：$\sigma=2\ 273\ cm^{-1}$

^1H-NMR：　$\delta=2.82$(1H)七重峰，$\delta=1.33$(6H)双峰，$J=6.7$Hz。

(4) 分子式为 $C_8H_8O_2$

UV：　$\lambda=270$ nm($\kappa=420$)；　　IR：$\sigma=1\ 725\ cm^{-1}$

^1H-NMR：　$\delta=11.95$(1H)单峰，$\delta=7.21$(5H)多重峰，$\delta=3.53$(2H)单峰

***4-13**　化合物分子式为 $C_4H_6O_2$，其 ^{13}C-NMR 如下图所示，推断其可能的构造。

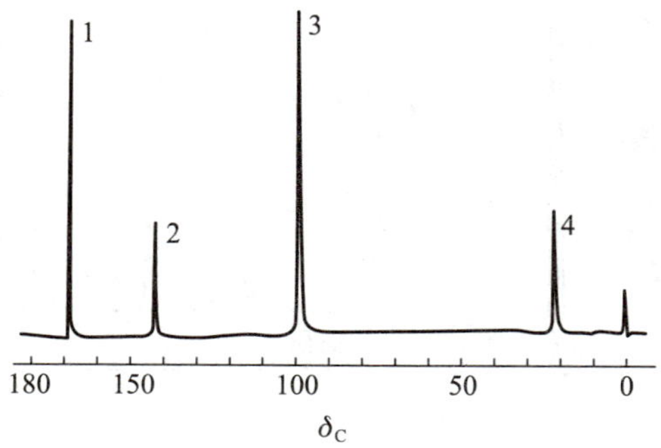

4-14　化合物 A，mp：21℃；元素分析：C：79.97%，H：6.71%，O：13.32%；MS、IR、NMR 如图所示，写出 A 的结构式并解释三谱的归属。

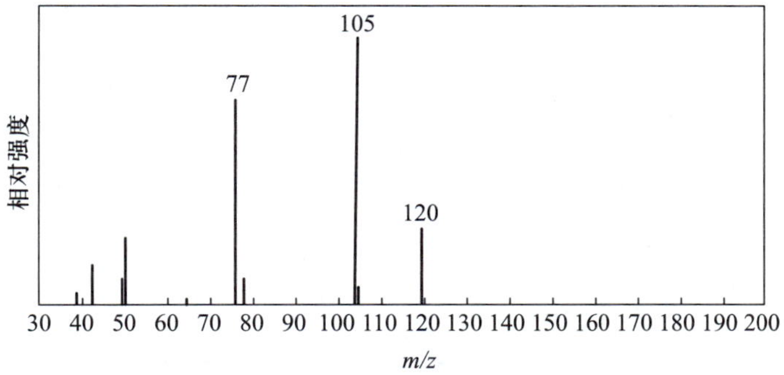

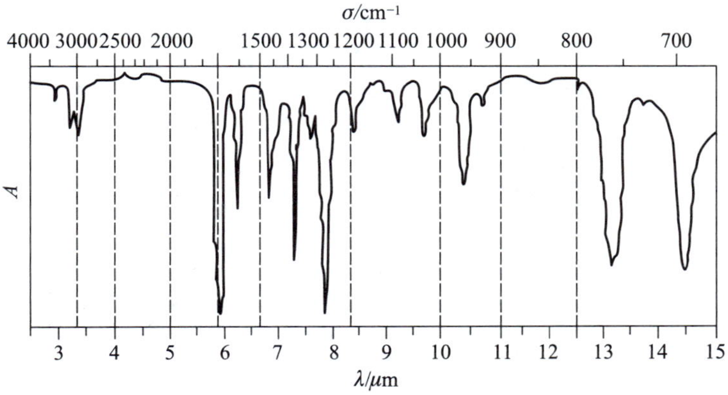

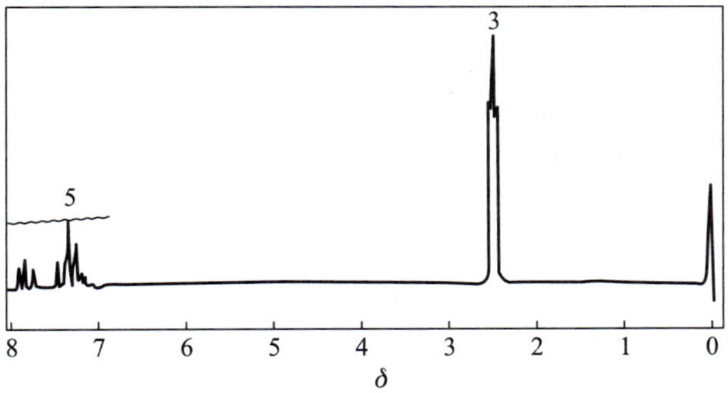

第2篇

烃及卤代烃

第 5 章　饱　和　烃

有机化合物中只含有碳、氢两种元素的化合物统称为碳氢化合物，简称为烃。烃是有机化合物的最基本化合物，也是有机化学工业的基础原料。

分子中碳原子间都是以单键相连的烃称为饱和烃或烷烃。

沼气、天然气、“水合天然气”、石油是饱和烃的主要来源，既是当今的主要能源，也是石油化工的基础原料。通过化学加工，它们可以生产一系列烷烃、烯烃、炔烃及芳烃等基本化工原料。“水合天然气”又称“可燃冰”，是未来的能源和基本化工原料。

拓
4-6

5.1　烷烃的分类及结构

分子中碳原子互相连接成直链或带支链的烷烃称为开链烷烃，简称链烷烃，也称脂肪烷烃。其分子通式为 C_nH_{2n+2}，n 为整数。

分子中有碳环结构的烷烃称为环烷烃，又称脂环烷烃。这类化合物较复杂，根据碳环的多少可分为单脂环烷 、二脂环烷和多脂环烷等。分子中含一个碳环的烷烃称为单环烷烃。其分子通式为 C_nH_{2n}，n 为整数。单环烷烃可分为小环烷烃：三、四元环；普通环烷烃：五、六、七元环；中等环烷烃：八至十一元环（普雷洛格研究了中等环化合物的不稳定性）；大环烷烃：十二及以上元环等系列。例如：

获诺贝尔奖者

1,1-二甲基环丙烷
（小环）

乙基环戊烷
（普通环）

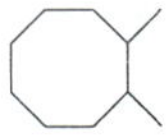

1,2-二甲基环辛烷
（中等环）

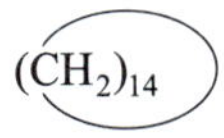

环十四烷
（大环）

分子中有两个碳环的烷烃称为二脂环烷，又常分为联环（两环间一单键相连）、螺环（两环共用一个碳原子）、桥环（两环共用两个不相邻的碳原子）和稠环（两环共用两个相邻的碳原子）等系列化合物。例如：

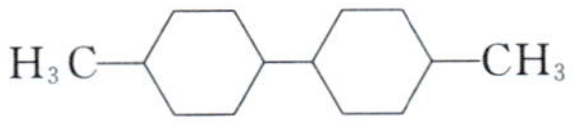

4,4′-二甲基联二环己烷
（联环）

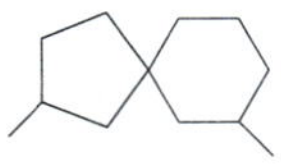

2,7-二甲基螺[4.5]癸烷
（螺环）

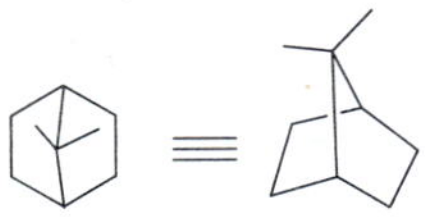

7,7-二甲基二环[2.2.1]庚烷
（桥环）

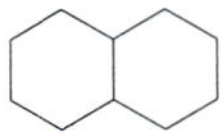

二环[4.4.0]癸烷
（稠环）

分子中含有三个或三个以上碳环的烷烃称为多脂环烷。在多脂环烷中，还有一类"环状"烷烃，依据分子形状或性质称为四面体烷、立方烷、棱烷、篮烷、金刚烷，等等。例如：

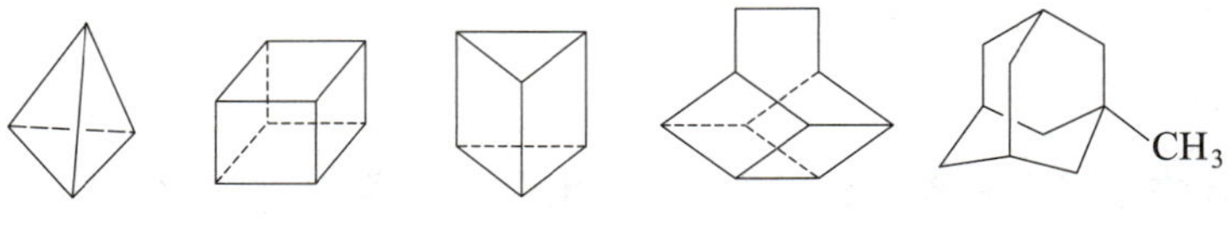

四面体烷　　立方烷　　三棱烷　　篮烷　　甲基金刚烷

这类化合物结构很特殊，有的结构用经典的化学键理论难以准确解释。

有机化学家利用分子模型（按原子半径的比例做成原子、基团的模型——分子建筑块，可以互相组装成各种形状的分子）构成了各种可能的套环烷（catenane）、三叶形（trefoil）烷等模型，并在实验室中就能合成出这些化合物。这些化合物甚至有立体异构体——对映体，文献称之为拓扑异构。例如：

拓 4-7

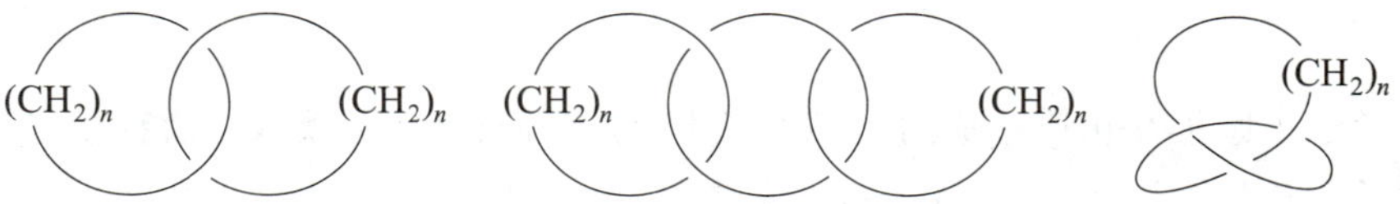

二套环烷 $n \geqslant 34$　　三套环烷 $n \geqslant 34$　　三叶形烷 $n \geqslant 50$

烷烃结构比较简单，由 C—C 和 C—H 两种 σ 键构成。C 和 H 元素的电负性值接近，C—C 键和 C—H 键是非极性键，烷烃是非极性分子。C—C 键键能（$347.3\ kJ\cdot mol^{-1}$）和 C—H 键键能（$414.2\ kJ\cdot mol^{-1}$）都比较大，一般情况下比较稳定。

5.2　链烷烃的物理性质

最简单的链烷烃是甲烷，其余依次是乙烷、丙烷、丁烷，等等。它们的构造式分别为 CH_4，CH_3CH_3，$CH_3CH_2CH_3$ 和 $CH_3CH_2CH_2CH_3$。可以看出，在链烷烃的一系列化合物中，其分子中所含的碳原子和氢原子在数量上存在一定关系。除甲烷外，分子通式为 $CH_3(CH_2)_nCH_3$，n 为自然数。

具有同一分子通式，结构相似，组成上只相差一个 CH_2 或其整数倍的一系列化合物称为同系列。CH_2 称为同系列的系差，同系列中各个成员称为同系物。同系物有相似的化学性质；同系物的物理性质也有规律的变化。

纯物质的物理性质在一定条件下都有固定的数值，常把这些称为物理常数，可以在各种手册中查到。通过测定物理常数可以鉴定物质及其纯度。表 5-1 列出一些正构烷烃的常用物理常数，从中可以看出同系列化合物的物理常数是随着相对分子质量的增减而有规律变化的，体现了自然界"量变—质变"的客观规律。

表 5-1 一些正构烷烃的常用物理常数

名称	构造式	熔点/℃	沸点/℃	相对密度(d_4^{20})	折射率(n_D^{20})
甲烷	CH_4	−182.6	−161.6	0.424*	—
乙烷	CH_3CH_3	−182.0	−88.6	0.546*	—
丙烷	$CH_3CH_2CH_3$	−187.1	−42.2	0.582*	1.229 7(沸点)
丁烷	$CH_3(CH_2)_2CH_3$	−138.0	−0.5	0.579**	1.356 2(−15 ℃)
戊烷	$CH_3(CH_2)_3CH_3$	−129.7	36.1	0.626 3	1.357 7
己烷	$CH_3(CH_2)_4CH_3$	−95.3	68.9	0.659 4	1.375 0
庚烷	$CH_3(CH_2)_5CH_3$	−90.5	98.4	0.683 7	1.387 7
辛烷	$CH_3(CH_2)_6CH_3$	−56.8	125.6	0.702 8	1.397 6
壬烷	$CH_3(CH_2)_7CH_3$	−53.7	150.7	0.717 9	1.405 6
癸烷	$CH_3(CH_2)_8CH_3$	−29.7	174.0	0.729 8	1.412 0
二十烷	$CH_3(CH_2)_{18}CH_3$	36.4	342.7	0.779 7***	1.430 7(50 ℃)
三十烷	$CH_3(CH_2)_{28}CH_3$	66.0	446.4	0.779 7***	—
一百烷	$CH_3(CH_2)_{98}CH_3$	115.2	—	—	—

* 在沸点时。

** 液体在压力下。

*** 在熔点时。

分子结构决定物质的性质。下面讨论烷烃的分子结构和物理性质之间的某些基本规律，这些基本规律对其它同系列化合物也有类似之处。

1. 沸点

正构烷烃的沸点随着相对分子质量增加而有规律地升高(见表 5-1)。每增加一个 CH_2 基团所引起的沸点升高值随着相对分子质量的增加而逐渐减少。例如，乙烷沸点比甲烷高 73 ℃，十一烷比癸烷高 22 ℃，而十九烷比十八烷仅高 7 ℃。

碳链的分支及分子的对称性对沸点有显著的影响。在同碳原子数的烷烃异构体中，正构烷烃的沸点最高；含支链越多的烷烃沸点越低；支链数目相同者，分子对称性越好，沸点越高。例如，含六个碳原子的烷烃各种异构体的沸点如下：

$CH_3CH_2CH_2CH_2CH_2CH_3$

68.95 ℃

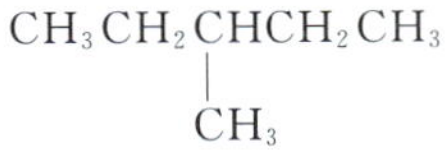

63.28 ℃

60.27 ℃

57.99 ℃

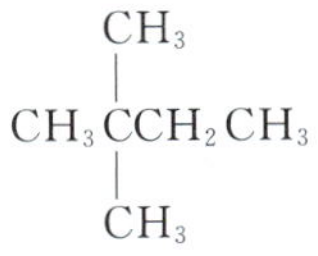

49.74 ℃

分子间的引力使分子聚集在一起，而分子热运动则使分子彼此分开。随着温度升高，分子热运动加强，克服分子间引力而挥发的分子数增加，蒸气压也随着增加，当蒸气压达到大气压时液体就沸腾。因此液体的沸点决定于分子间引力，引力越大，沸点越高。烷烃是非极性分子，分子间引力仅为色散力，色散力与分子中共价键数目成比例，因此正构烷烃的沸点随着相对分子质量增加而增高。对于不同的烷烃异构体如己烷，最稳定构象中碳链是排成锯齿状，C—H 键都在交叉式的位置。由于支链的位阻，带支链的分子不能紧密地靠在一起，其色散力小于直链分子，它的沸点也相应地变低。

C_1～C_4 的烷烃为气体；C_5～C_{17} 的烷烃是液体；C_{18} 以上的正构烷烃是固体。固体烷烃又称为石蜡。

2. 熔点

正构烷烃的熔点也随着相对分子质量的增加而升高，但是含偶数碳原子烷烃的熔点比含奇数碳原子烷烃的熔点升高较多，将含奇数或偶数碳原子的烷烃的熔点分别连线，即构成两条熔点曲线。偶数碳原子的在上，奇数碳原子（甲烷除外）的在下。随着碳原子数的增加，两条曲线逐渐趋近（见图 5-1）。X 射线衍射分析指出，偶数碳烷烃在晶格排列紧密，分子间力大，熔点高。

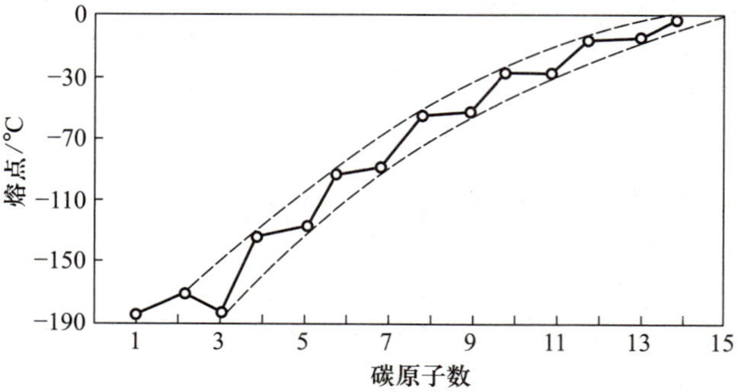

图 5-1 正构烷烃的熔点

正构烷烃的构象有较好的对称性，对称性好的分子的晶格排列较紧密，分子间力大，熔点也相应高些。一般含支链烷烃的熔点比正构烷烃的低。这是由于支链对分子在晶格中紧密排列有位阻，分子间力小于正构烷烃。但当支链烷烃分子具有高度对称性时，其熔点比含同碳原子数的正构烷烃的还高，如甲烷熔点（－184 ℃）比丙烷的（－187.1 ℃）高；新戊烷熔点（－16.6 ℃）比戊烷（－129.7 ℃）高出 113 ℃，这是因为甲烷、新戊烷分子接近球形，有利于晶格中的紧密排列。同理，2,2,3,3-四甲基丁烷的熔点为 100.9 ℃，而正辛烷熔点为－56.8 ℃。

3. 相对密度

烃类都比水轻，其相对密度均<1，正构烷烃的相对密度随着相对分子质量的增大而增加，最后趋于最大值约 0.8；相同碳原子数目的烷烃含支链增多，相对密度降低。例如：

$CH_3(CH_2)_3CH_3$	$(CH_3)_2CHCH_2CH_3$	$(CH_3)_4C$
0.6263	0.6201	0.6135

4. 溶解度

烃类都不溶于水，能溶于有机溶剂。在非极性溶剂中的溶解度比在极性溶剂中的溶解度大。这是因为结构相似的化合物之间的引力也相近，可以互相溶解，“相似者相溶”，这是一条普遍的经验规则。

5. 折射率

折射率（又称折光指数）是光通过空气和介质的速度比。因为光通过介质的速度比通过空气要慢得多，因此折射率总是>1。折射率反映了分子中电子被光极化的程度，折射率越大，表示分子被极化程度越大。正构烷烃系列中，随着碳链长度增加，折射率增大。可以预测，相同碳原子数烯烃的折射率比烷烃的大。

6. 光波谱性质

（1）红外光谱　烷烃的伯、仲、叔 C—H 键的红外吸收波数依次减少：

谱 5-1

特征键	吸收峰位置，σ/cm^{-1}	振动形式	强度
—CH_2—H	2960 2870	ν_{as} ν_s	强 强
$\overset{\mid}{—CH—H}$	2930 2850	ν_{as} ν_s	强 强
$\overset{\mid}{\underset{\mid}{—C—H}}$	2890	ν	弱

正己烷的红外光谱图（图 4-4）是烷烃的典型谱图。

（2）核磁共振谱　烷烃分子中的伯、仲、叔氢的核磁共振的化学位移依次增大：

不同的质子	$Si(CH_3)_4$	CH_4	—CH_3	—CH_2—	$>$CH—
δ	0（标准物）	0.23	0.95～0.85	1.35～1.20	1.6～1.4

5.3　烷烃的化学性质

烷烃都是由 C—C、C—H 非极性 σ 键组成，键能较大，所以化学性质稳定。在常温下与强酸、强碱、强氧化剂和强还原剂都不易发生反应。通常用作溶剂和燃料。在特殊的条件下，烷烃又显示出一定的自由基型反应性能。这些化学性质在基本有机原料工业和石油化工原料中都占有非常重要的地位。

5.3.1　卤代反应

烷烃分子中的氢原子被其它原子或基团所替代的反应称为取代反应。被卤素原子取代的反应称为卤代反应或卤化反应。

1. 卤代反应的类型

烷烃与卤素在室温和黑暗中不起反应。但在高温或光照条件下可以发生反应，生成卤代烷和卤化氢。卤代烷是一类基本化工原料。

（1）氯代反应　甲烷与氯在强光作用下，激烈地反应，生成碳和氯化氢：

$$CH_4 + 2\ Cl_2 \xrightarrow{\text{强光}} C + 4\ HCl$$

在漫射光、热或催化剂的作用下，甲烷的氢容易被卤素取代，并放出热：

$$CH_4 + Cl_2 \xrightarrow{h\nu} CH_3Cl + HCl$$

生成的氯甲烷将继续进行氯代反应，生成二氯甲烷、三氯甲烷，直至四氯化碳：

$$CH_3Cl + Cl_2 \xrightarrow{h\nu} CH_2Cl_2 + HCl$$

$$CH_2Cl_2 + Cl_2 \xrightarrow{h\nu} CHCl_3 + HCl$$

$$CHCl_3 + Cl_2 \xrightarrow{h\nu} CCl_4 + HCl$$

因此，得到的产物为四种氯甲烷的混合物。可以控制反应条件，使生成以其中一种氯代烷为主的产物。工业上采用热氯代方法，控制反应温度在 400～450 ℃，CH_4 与 Cl_2 的摩尔比为 10∶1，可得到以一氯甲烷为主的产物；采用 CH_4 与 Cl_2 的摩尔比为 0.263∶1，可得到以四氯化碳为主的产物。

有异构体的烷烃，如丁烷的氯代反应得到各种异构体。控制反应物氯的物质的量，得到一氯代物为主要产物。

$$CH_3CH_2CH_2CH_3 + Cl_2 \xrightarrow[25\ ℃]{h\nu} \underset{28\%}{CH_3CH_2CH_2CH_2Cl} + \underset{72\%}{CH_3CH_2CHClCH_3}$$

$$(CH_3)_2CHCH_3 + Cl_2 \xrightarrow[25\ ℃]{h\nu} \underset{64\%}{(CH_3)_2CHCH_2Cl} + \underset{36\%}{(CH_3)_3CCl}$$

分析这些产物的组成，可以估计伯、仲、叔氢发生氯代反应的相对活性。其方法是扣除概率因子的影响，估计每种氢的活性：

在丁烷中： $\dfrac{2°H}{1°H}=\dfrac{0.72/4}{0.28/6}=\dfrac{0.18}{0.047}=\dfrac{3.8}{1}$

在 2-甲基丙烷中： $\dfrac{3°H}{1°H}=\dfrac{0.36/1}{0.64/9}=\dfrac{0.36}{0.071}=\dfrac{5.1}{1}$

在室温下，叔、仲、伯氢发生氯代反应相对速率近似为 5.1∶3.8∶1。从大量的实验数据可知，烷烃中各种氢的氯代速率总是 3°H＞2°H＞1°H＞甲烷的氢。

高碳烷烃的氯代反应在工业上也有重要应用。如石蜡、聚乙烯(可以看成是相对分子质量非常大的烷烃)经氯代反应可以得到氯含量不同的氯化石蜡和氯化聚乙烯。氯含量≥61%的氯化聚乙烯有良好的耐候性、耐臭氧、耐热、耐燃、耐化学试剂等作用，可用于耐腐蚀、自熄性、耐磨性涂料。氯化石蜡是高分子材料的阻燃增塑剂。

演 6-1

(2) 溴代反应 溴代反应与氯代反应相似，它比氯代反应转化速率慢，放出的热量少，生成相应的溴代物的比例也不同。例如，丁烷溴代生成一溴代物如下：

$$CH_3CH_2CH_2CH_3 + Br_2 \xrightarrow[127\ ℃]{h\nu} \underset{3\%}{CH_3CH_2CH_2CH_2Br} + \underset{97\%}{CH_3CH_2CHBrCH_3}$$

$$(CH_3)_2CH{-}CH_3 + Br_2 \xrightarrow[127\ ℃]{h\nu} \underset{痕量}{(CH_3)_2CHCH_2Br} + \underset{>99\%}{(CH_3)_3CBr}$$

由此不难看出，烷烃中不同类型的氢溴代反应活性也遵循 3°H＞2°H＞1°H 的规律。

在 127 ℃时，叔、仲、伯氢发生溴代反应相对速率为 1600∶82∶1。与氯代反应相比，各种异构体的比例有显著的区别。氯代反应得到的混合物没有一种异构体占很大优势；而溴代产物中，一种异构体占绝对优势，占混合物的 97%～99%。溴代反应有高度的选择性，是制备溴代烷的一条合适的合成路线。

溴代反应有高度选择性是因为溴的反应活性小造成的。反应活性大，选择性差；反应活性小，选择性好。这是反应活性与选择性之间普遍存在的规律。

（3）其它卤素的取代反应　氟代反应是强放热反应，以至难以控制反应，引起爆炸，往往需要通入 N_2 来稀释反应物，所以在实际应用中用途不大。碘代反应是吸热反应，不利于烷烃碘代反应的进行，同时生成的碘化氢是还原剂，可把碘代烷还原成原来的烷烃。若使反应顺利进行，必须加入氧化剂氧化生成的碘化氢。

卤素对烷烃的卤代反应的活性顺序为：$F_2 > Cl_2 > Br_2 > I_2$。

2. 卤代反应的机理

化学反应方程式是表示反应物与产物之间的化学计量关系，并没有说明反应物是怎样变成产物的，也没有说明变化过程中需要经过哪些步骤，生成哪些中间体，以及其能量变化情况。说明这些问题的是反应机理。掌握少数反应的反应机理，可以理解大量的同类反应的反应过程。

反应机理是综合大量实验事实做出的理论假设。对某一个反应可能提出不同的机理，其中能够最恰当地说明已有实验事实的，被认为是最可信的。如果出现与反应机理相抵触或不能被说明的实验事实，就要对原有的机理进行修正，或提出新的理论假设以代替它。因此，反应机理是在不断发展的。欣谢尔伍德等研究了链反应机理。

获诺贝尔奖者

烷烃卤代反应是自由基型反应。以甲烷氯代反应为例说明烷烃卤代反应的机理。

甲烷氯代反应是分步进行的。氯分子在光或热作用下，均裂成两个氯原子（氯自由基）：

$$Cl_2 \xrightarrow{h\nu\ 或\ \triangle} Cl\cdot + Cl\cdot \qquad \Delta_r H_m^{\ominus} = 242.6\ kJ\cdot mol^{-1} \qquad ①$$

动 3-29

因为氯分子的键能较小，用波长较大的光照射或不太高的温度就可以产生氯原子。氯原子与甲烷分子相碰撞，夺取甲烷的一个氢原子，生成氯化氢和甲基自由基：

$$Cl\cdot + CH_4 \longrightarrow HCl + \cdot CH_3 \qquad \Delta_r H_m^{\ominus} = 8.4\ kJ\cdot mol^{-1} \qquad ②$$

动 3-30

甲基自由基很活泼，与氯分子碰撞能夺取一个氯原子生成氯甲烷分子和氯原子：

$$\cdot CH_3 + Cl_2 \longrightarrow CH_3Cl + \cdot Cl \qquad \Delta_r H_m^{\ominus} = -111.8\ kJ\cdot mol^{-1} \qquad ③$$

动 3-31

新生成的氯原子继续与甲烷碰撞，生成氯化氢和甲基自由基，反应②和③反复进行，直到两个自由基相碰撞生成稳定的分子为止：

$$\cdot CH_3 + \cdot Cl \longrightarrow CH_3Cl \qquad ④$$

$$\cdot CH_3 + \cdot CH_3 \longrightarrow CH_3—CH_3 \qquad ⑤$$

动 3-32

从自由基形成以后，反应就连续地进行，称为自由基链反应。反应①产生化学活泼的氯原子，引发反应②和③，称为链引发步骤。反应②和③反复进行不断生成产物，称为

动 3-33

链增长步骤。反应④和⑤使链反应停止，称为链终止步骤。具有链引发、链增长和链终止步骤是自由基型反应的特点。因为反应体系中自由基的浓度很低，反应②和③往往可以循环 10^4 次左右反应才终止。

动 3-34

CH_3Cl，CH_2Cl_2 和 $CHCl_3$ 分子中的 C—H 键的解离能分别为 $422.2\ kJ\cdot mol^{-1}$、$414.2\ kJ\cdot mol^{-1}$ 和 $400.8\ kJ\cdot mol^{-1}$，都小于甲烷的 C—H 键的解离能（$439.6\ kJ\cdot mol^{-1}$）。因此，在甲烷氯代反应中，CH_3Cl，CH_2Cl_2 和 $CHCl_3$ 更容易发生类似②和③的反应，依次生成 CH_2Cl_2，$CHCl_3$ 和 CCl_4。只有在大量甲烷存在时才能得到以一氯甲烷为主的产物。

同理，在烷烃中，叔氢、仲氢和伯氢与碳的 σ 键解离能依次增大，导致叔、仲、伯氢发生卤代反应的活性依次减小。

从反应②和③的 $\Delta_r H_m^\ominus$ 值可以估计出甲烷氯代反应的焓变：

$$CH_4 + Cl\cdot \longrightarrow \cdot CH_3 + HCl \quad \Delta_r H_m^\ominus = 8.4\ kJ\cdot mol^{-1} \qquad ②$$

$$+)\ \cdot CH_3 + Cl_2 \longrightarrow CH_3Cl + \cdot Cl \quad \Delta_r H_m^\ominus = -111.8\ kJ\cdot mol^{-1} \qquad ③$$

$$CH_4 + Cl_2 \longrightarrow CH_3Cl + HCl \quad \Delta_r H_m^\ominus = -103.4\ kJ\cdot mol^{-1}$$

放出热量 $103.4\ kJ\cdot mol^{-1}$。（反应④也产生氯甲烷，但量很少，只占总产量的 0.01%左右，故略去不计。）

在甲烷的氯代反应中，氯原子与甲烷分子相靠近，达到一定距离后，C—H 键开始伸长，与此同时，H 和 Cl 间开始形成新的共价键，其它的 C—H 键之间的键角也逐渐加大，体系能量随之上升，到最大值时，称为过渡态，或称活化络合物，用方括号及 ≠ 表示。随着 H—Cl 键的逐渐形成，体系能量不断降低，C—H 键进一步拉长，接着形成平面形的甲基自由基和氯化氢[赫兹伯格测定了甲基自由基（$CH_3\cdot$）的结构特征]：

获诺贝尔奖者

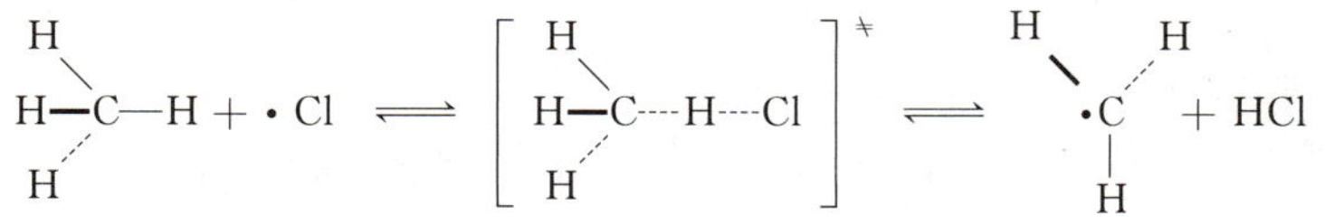

过渡态

这个过程可用反应能量曲线图表示，见图 5-2(a)。图中横坐标定性地代表反应进程，纵坐标表示能量。过渡态与初始态间能量差 $\Delta E_{正}$ 称为反应活化能。活化能决定转化速率，活化能大，转化速率小。$\Delta E_{正}$ 约为 $17\ kJ\cdot mol^{-1}$。在相同条件下，正反应与逆反应途径相同。过渡态与终态间的能量差 $\Delta E_{逆}$ 为逆反应的活化能，约为 $8.6\ kJ\cdot mol^{-1}$。正反应为吸热反应，逆反应为放热反应。

生成的甲基自由基与氯分子反应，生成一分子氯甲烷和一个氯原子：

$$\cdot CH_3 + Cl_2 \longrightarrow [\cdot CH_3\cdots Cl\cdots Cl]^{\neq} \longrightarrow CH_3Cl + \cdot Cl$$

其反应能量曲线图见图5-2(b)，反应活化能约为 $8.4\ kJ\cdot mol^{-1}$，逆反应活化能很大，实际不可能进行逆反应。

在甲烷氯代反应中，反应②的活化能大，转化速率慢，是速率控制步骤。反应中间体是甲基自由基 $\cdot CH_3$，比过渡态稳定，但比反应物甲烷能量高得多，很活泼，它一旦产

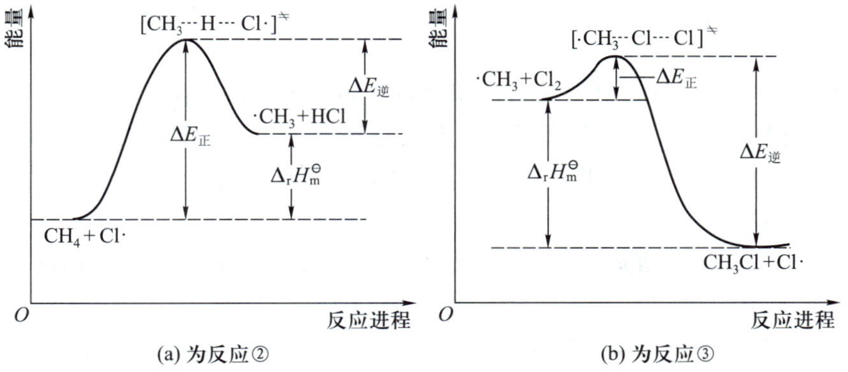

图5-2 甲烷氯代反应能量曲线图

生就进行下一步反应③(其活化能 $\Delta E_{正}$),生成 CH_3Cl。

自由基的稳定性与键的解离能有关,一些键的解离能如下:

$$CH_3—H \longrightarrow \cdot CH_3 + H\cdot \qquad E_d=423.0\ kJ\cdot mol^{-1}$$
$$CH_3CH_2—H \longrightarrow CH_3CH_2\cdot + H\cdot \qquad E_d=410.3\ kJ\cdot mol^{-1}$$
$$(CH_3)_2CH—H \longrightarrow (CH_3)_2\dot{C}H + H\cdot \qquad E_d=397.7\ kJ\cdot mol^{-1}$$
$$(CH_3)_3C—H \longrightarrow (CH_3)_3C\cdot + H\cdot \qquad E_d=389.4\ kJ\cdot mol^{-1}$$

产物中都有相同的氢原子,自由基的能量与解离能 E_d 相关联。所以,烃自由基的稳定顺序为

$$3°R^\cdot > 2°R^\cdot > 1°R^\cdot > \dot{C}H_3$$

和不同氢的卤代活性顺序是一致的:

$$3°H > 2°H > 1°H > CH_3—H$$

在这里比较自由基的稳定性时,对于每个自由基的能量基准是形成该自由基的烷烃,把这些烃的能量看成近似相等。

中间体自由基的稳定性,与形成自由基的过渡态的稳定性是一致的,这是因为过渡态的结构已孕育着中间体的某种结构,亦即稳定的自由基,其过渡态也稳定,活化能低,形成自由基的速率快。

5.3.2 其它取代反应

1. 硝化反应

在常温时烷烃与浓硝酸不发生反应,在高温时发生硝化反应,生成硝基烷。

工业上在350~450 ℃进行烷烃与浓硝酸气相硝化反应。如丙烷的气相硝化得到各种硝基烷的混合物:

$$CH_3CH_2CH_3 + HNO_3 \xrightarrow{420\ ℃} \underset{(25\%)}{CH_3CH_2CH_2NO_2} + \underset{(40\%)}{CH_3CH(NO_2)CH_3} +$$

$$CH_3CH_2NO_2 + CH_3NO_2$$
(10%)　(25%)

硝化反应与卤代反应一样，属自由基型反应，烷烃分子中不同氢原子的硝化活性也遵循3°H>2°H>1°H。不同的是硝化反应过程中有C—C键断裂的产物。如丙烷硝化还得到硝基乙烷和硝基甲烷。再者，使用浓硝酸作硝化剂，产物中有醇、醛、酮和酸等氧化副产物。

硝化产物用作工业溶剂，作为纤维素酯和合成树脂的溶剂，也是有机合成的原料。

2. 氯磺酰化反应

烃分子中的氢原子被氯磺酰基（$—SO_2Cl$）取代的反应称做氯磺酰化反应。常用的氯磺酰化试剂除硫酰氯（SO_2Cl_2）外，也可用氯和二氧化硫。反应需要在光照下才能进行，得到各种氢原子被取代的烷基磺酰氯的混合物。例如：

$$CH_3CH_2CH_3 + 2SO_2 + 2Cl_2 \xrightarrow[50\ ^\circ C]{h\nu} CH_3CH_2CH_2SO_2Cl + (CH_3)_2CHSO_2Cl + 2HCl$$

反应产物中有副产物氯代烷。

工业上用氯磺酰化反应合成高碳磺酰氯和其碱性水解产物高碳磺酸钠。前者是氮肥碳酸氢铵的吸湿剂，后者可作洗涤剂。氯磺酰化反应也是自由基型取代反应。

5.3.3 氧化反应

1. 完全氧化反应

演 6-2

烷烃燃烧生成二氧化碳和水的反应是完全氧化反应。反应放出大量的热，称为燃烧焓。

$$C_nH_{2n+2} + \frac{3n+1}{2}O_2 \longrightarrow n\,CO_2 + (n+1)H_2O$$

烷烃最大量的用途是作为燃料。正构烷烃分子每增加1 mol CH_2，燃烧焓平均约增加660 $kJ\cdot mol^{-1}$。

烃的燃烧焓可以精确的测量。含同数碳原子的烷烃异构体中，正构烷烃的燃烧焓最大，含支链越多，燃烧焓越小。例如：

$$C_8H_{18} + \frac{25}{2}O_2 = 8\,CO_2 + 9\,H_2O$$

	$CH_3(CH_2)_6CH_3$	$(CH_3)_2CH(CH_2)_4CH_3$	$(CH_3)_3C(CH_2)_3CH_3$	$(CH_3)_3CC(CH_3)_3$
$\dfrac{-\Delta_rH_m^\ominus}{kJ\cdot mol^{-1}}$	5474.2	5469.2	5462.1	5455.4

$-\Delta_rH_m^\ominus = H^\ominus_{原料} - H^\ominus_{产物}$，产物相同都为$CO_2$和$H_2O$，$-\Delta_rH_m^\ominus$大说明原料的能量高，具有热力学不稳定性。

2. 部分氧化反应

在催化剂存在下，控制氧化条件，烷烃部分氧化可以得到醇、醛、酸等含氧化合物，这是工业上制备含氧有机化合物的一种重要方法。例如：

天然气中的甲烷在NO催化下可以制备甲醛：

$$CH_4 + O_2 \xrightarrow[600\ ^\circ C]{NO} HCHO + H_2O$$

从炼厂气中得到的丁烷部分氧化可制备乙酸：

$$CH_3CH_2CH_2CH_3 + \frac{5}{2}O_2 \xrightarrow{\text{催化剂}} 2\,CH_3COOH + H_2O$$

石蜡等高碳原子数烷烃用高锰酸钾或二氧化锰等催化氧化可制备高碳原子数脂肪酸：

$$RCH_2{-}CH_2R' + \frac{5}{2}O_2 \xrightarrow[110\ ^\circ C]{MnO_2} RCOOH + R'COOH + H_2O$$

用绿色氧化剂过氧化氢氧化烷烃可以得醇：

$$R{-}H + H_2O_2 \xrightarrow{h\nu\ \text{或}\triangle} ROH + H_2O$$

反应是自由基机理：

$$HO{-}OH \longrightarrow HO\cdot + \cdot OH \qquad (1)\ \text{链引发}$$

$$R{-}H + \cdot OH \longrightarrow R\cdot + H_2O \qquad (2)$$

$$R\cdot + HO{-}OH \longrightarrow R{-}OH + \cdot OH \qquad (3)$$

(2)、(3) 链增长

$$R\cdot + \cdot OH \longrightarrow R{-}OH \qquad (4)$$

$$R\cdot + \cdot R \longrightarrow R{-}R \qquad (5)$$

$$HO\cdot + \cdot OH \longrightarrow HOOH \qquad (6)$$

(4)、(5)、(6) 链终止

用烷烃氧化反应制备化工产品，原料便宜易得，但往往产物的选择性不太高，副反应物较多，不易分离出纯的单一产物。

3. 催化脱氢反应

低碳原子数烷烃，如丙烷、异丁烷在铬、铂等催化剂作用下，可以脱去一分子氢生成烯烃，现已工业化。例如：

$$CH_3CH_2CH_3 \xrightarrow[550\ ^\circ C]{Cr_2O_3/Al_2O_3} CH_2{=}CHCH_3 + H_2\uparrow$$

三氧化二铬价格便宜，但催化剂再生周期短，有毒性，危害环境，工业上又出现了贵金属铂代替铬作催化剂。

5.3.4 裂解及异构反应

1. 裂解反应

演 6-3

烷烃在没有空气存在下进行的热分解反应称为裂解反应，也称热裂解反应。裂解反应既有断裂 C—C 键使大分子变成小分子的反应，也有脱氢生成不饱和烃的反应。如石脑油，主要是 C_5 和 C_6 烷烃，裂解生产乙烯和丙烯：

$$CH_3CH_2CH_2CH_2CH_3 \xrightarrow{700\ ^\circ C} CH_3CH{=}CH_2 + CH_2{=}CH_2 + H_2$$

乙烷裂解生产乙烯：

$$CH_3CH_3 \xrightarrow{800\ ℃} CH_2{=}CH_2 + H_2$$

长碳链烷烃的裂解产物是复杂的，除了产生小分子的烷烃、烯烃为主要产物外，同时还伴有支链产物、脂环族产物、芳香族化合物、多烯烃、炔烃等生成。热裂解反应是自由基型反应。如己烷热裂解：

$$CH_3CH_2CH_2CH_2CH_2CH_3 \xrightarrow{\triangle} \begin{cases} \xrightarrow{C_1-C_2\ 断裂} CH_3\cdot + \cdot CH_2CH_2CH_2CH_2CH_3 \\ \xrightarrow{C_2-C_3\ 断裂} CH_3CH_2\cdot + \cdot CH_2CH_2CH_2CH_3 \\ \xrightarrow{C_3-C_4\ 断裂} CH_3CH_2CH_2\cdot + \cdot CH_2CH_2CH_3 \end{cases}$$

$$\left.\begin{array}{l} CH_3\cdot + \cdot CH_2CH_3 \longrightarrow CH_3CH_2CH_3 \\ CH_3CH_2CH_2CH_2CH_2\cdot + \cdot CH_2CH_2CH_3 \longrightarrow CH_3CH_2CH_2CH_2CH_2CH_2CH_2CH_3 \end{array}\right\} 自由基结合$$

$$\left.\begin{array}{l} CH_3CH_2\cdot + CH_3CH(H)-CH_2\cdot \longrightarrow CH_3CH_3 + CH_3CH{=}CH_2 \\ CH_3CH_2CH_2\cdot + CH_2(H)-CH_2\cdot \longrightarrow CH_3CH_2CH_3 + CH_2{=}CH_2 \end{array}\right\} 自由基夺氢反应$$

如果反应中使用催化剂，可以降低裂解反应温度，控制反应。这一反应称为催化裂解反应。工业上常用硅铝酸钠（也称做沸石）作烷烃裂解的催化剂。裂解反应是乙烯工业的基本反应，也是炼油工业的基本反应。

2. 异构反应

化合物从一种异构体转变成另一种异构体的反应称为异构反应。例如：

$$CH_3CH_2CH_2CH_3 \xrightarrow[90\sim95\ ℃,1\sim2\ MPa]{AlCl_3,HCl} CH_3\underset{\displaystyle CH_3}{\underset{|}{C}}HCH_3$$

正构烷烃异构成带支链的烷烃，可以改善油品的辛烷值，提高油品的质量。$AlCl_3$ 和 HCl 是强腐蚀性物质，工业上急需其代用品。

5.4　小环烷烃的特殊性质

在单环烷烃中，除小环烷烃结构不同导致有特殊的性质外，其它环烷烃的性质与链烷烃的性质基本相似。

5.4.1　小环烷烃的结构及不稳定性

在 1880 年以前只知道五元环和六元环的碳环化合物。1883 年合成了三元环和四元环的碳环化合物，发现三元环化合物的反应活性比四元环化合物的大。1885 年德国化学家拜尔（1905 年获诺贝尔化学奖）提出“张力学说”。他认为构成环的碳原子是处于同一平面内，排成正多边形，计算不同碳原子数环中的 C—C—C 键角与碳正四面体所要求的键角 109°28′的偏差程度，例如环丙烷内 C—C—C 键角为 60°，要使键角由 109°28′变成 60°，必须使两个 C—C 键向内偏转(109°28′−60°)/2＝24°44′；对环己烷环的 C—C—C 键角 120°，两个 C—C 键就要向外偏转 5°16′；环丁烷、环戊烷要分别向内偏转 9°44′和 44′；这些偏差产生张力，称为角张力(angle strain)。显然，“张力学说”有局限性。

实际测得环丙烷分子中 C—C—C 键角为 105.5°，H—C—H 键角为 114°，C—C 键长和 C—H 键长分别为 0.151 nm 和 0.108 nm。从轨道重叠越大、形成键越牢固、分子越稳定的观点来分析，形成 105.5°键角的轨道重叠不及正常的 109°28′的大，因此，环丙烷中的 C—C 键能较小，容易断裂。其 C—C 键呈弯曲状，称为弯曲键或香蕉键，如图 5-3 所示。近代杂化理论认为，环丙烷中的碳原子为不等性杂化。C—H 键中 C 的杂化轨道中 s 成分较多，p 成分较少，接近 sp^2 杂化；而 C—C 键中 C 的杂化轨道中 s 成分较少 p 成分较多，接近 sp^3 杂化。因此，形成的 C—C—C 键角为 105.5°，键不牢。其次，环丙烷的三个碳原子共平面，相邻两个碳原子上的 C—H 键是重叠式构象，这种构象不会改变，存在扭转张力，这是引起环丙烷能量增加而不稳定的又一个原因。

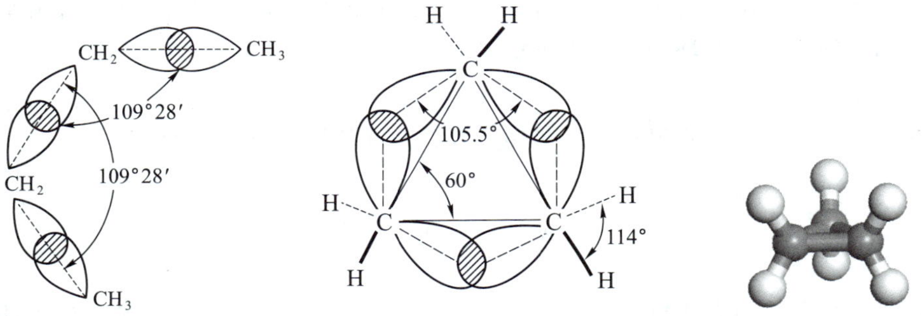

(a) 链烷烃　　(b) 环丙烷　　(c) 环丙烷分子模型

分子模型

图 5-3　链烷烃和环丙烷碳碳 σ 键比较

5.4.2　小环烷烃的化学性质

小环烷烃除有特殊的开环反应外，其它的性质与链烷烃相似，也可以进行取代、氧化等反应。环丙烷、环丁烷及其取代物的环有张力，很容易进行开环反应，与烯烃的加成反应很相似。

1. 加氢反应

在催化剂作用下，环丙烷、环丁烷与氢进行加成反应，分别得到丙烷和丁烷：

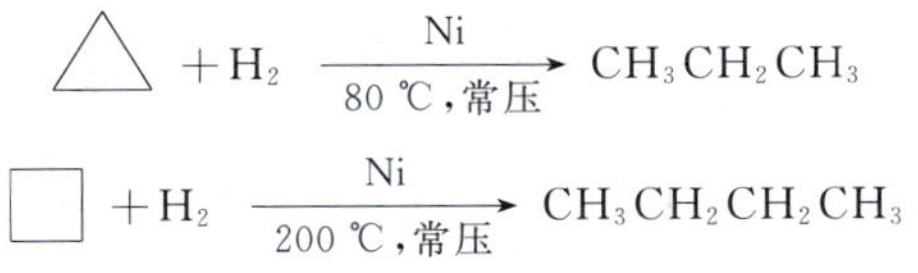

环丁烷开环加成反应比环丙烷难，反应条件较苛刻。环戊烷的加氢反应条件更高(Pt 催化剂，300 ℃)。

普通环中的另两个成员，环己烷和环庚烷加氢反应更难进行，相当于链烷烃的氢解反应。

2. 加卤素反应

环丙烷及其烷基取代物容易与卤素进行开环加成反应，生成二卤代烷。例如，甲基环丙烷与溴在常温下即反应，一般是含氢最少和含氢最多的两个碳原子间开环，生成1,3-二溴丁烷：

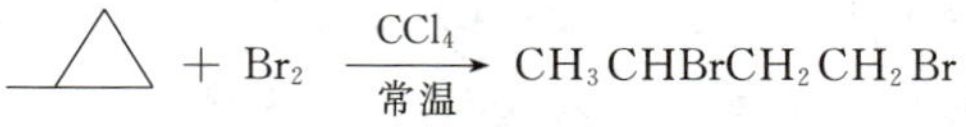

多环化合物中的三元环在溴作用下，也易开环加溴反应：

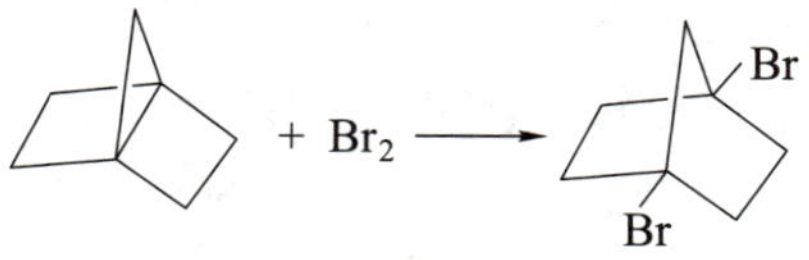

利用这一反应可以区别小环烷烃与其它烷烃，但要注意与烯烃的区别。

环丁烷在常温下不易与溴发生开环加成反应；如果在高温下，则易发生自由基取代反应，因此，环丁烷的开环加溴反应不重要。

3. 加卤化氢反应

环丙烷及其烷基取代物也容易与卤化氢进行开环加成反应。例如：

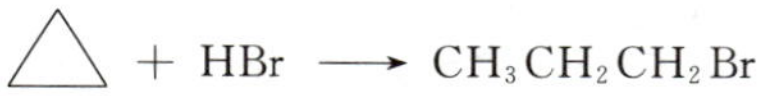

烷基取代环丙烷与卤化氢发生开环加成时，碳环的断裂一般发生在含氢最少和含氢最多的两个碳原子之间的键上，反应遵循不对称加成规则——氢加到含氢较多的碳原子上，卤素加到含氢较少的碳原子上(参见6.3.2节)。例如：

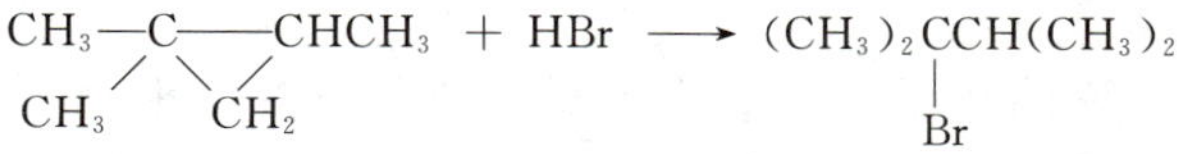

环丁烷以上的环烷烃难于与卤化氢进行开环加成反应。

4. 自由基取代反应

在高温或紫外光的作用下，环烷烃与卤素发生取代反应生成卤代环烷烃。例如：

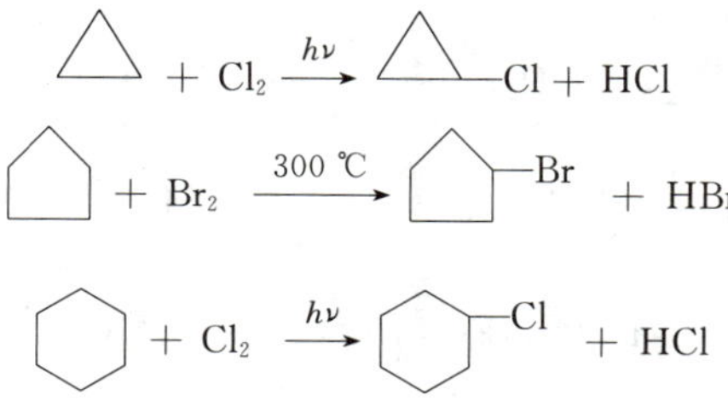

环烷烃取代反应机理同链烷烃一样，按自由基型反应机理进行。

5. 氧化反应

在常温下，一般氧化剂如高锰酸钾溶液或臭氧等不能氧化环烷烃，因此，可用高锰酸钾溶液来鉴别烯烃及环烷烃。例如，含有环丙基的烯烃化合物用高锰酸钾溶液氧化时，仅双键被氧化，而碳环基本不受影响：

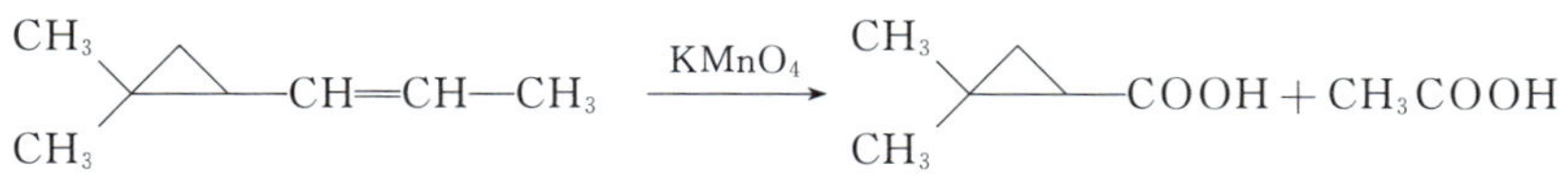

和链烷烃一样，在加热情况下用强氧化剂或在催化剂存在下用空气直接氧化，环烷烃也能被氧化，氧化条件不同，产物各异。例如：

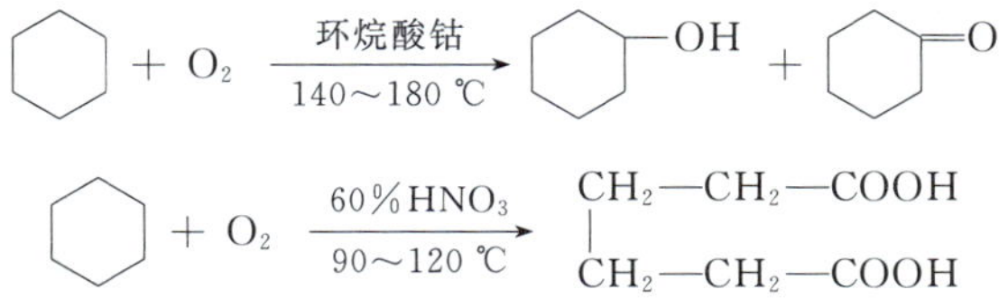

这两个反应在工业生产中都有应用，环己酮是制备己内酰胺的原料，后者是合成纤维锦纶－6 的单体。己二酸是合成锦纶－66 的单体，还可用己二酸制备增塑剂等。

5.5　多环烷烃

5.5.1　十氢化萘

十氢化萘是二环[4.4.0]癸烷的习惯名称，是萘的加氢产物。它是典型的双环稠环烷烃。它有顺、反两种构型，可用图 5－4 表示，都是两个椅型环己烷通过一条边稠合而成。

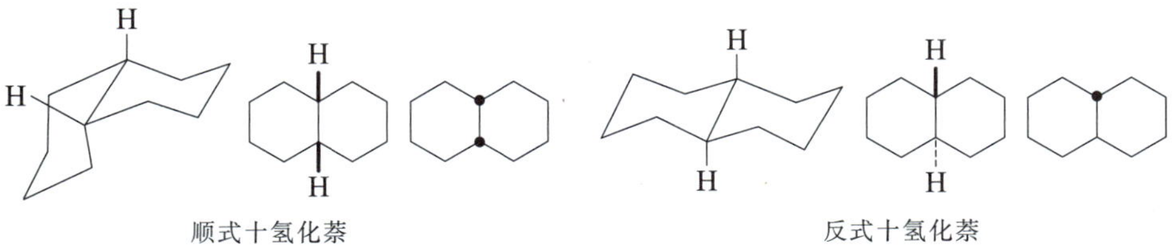

图 5－4　顺式和反式十氢化萘

反式十氢化萘分子比顺式十氢化萘稳定，因为反式十氢化萘分子结构比较平展，能量较低；而在顺式十氢化萘分子中，环下方几个 *a* 键氢原子比较拥挤，故分子能量高，不稳定（图 5－5）。两者能量相差 11.5 $kJ\cdot mol^{-1}$。

在顺式十氢化萘中，通过 C—C 键旋转形成两种构象，是实物与镜像关系的对映构象异构体（Ⅰ）和（Ⅱ），两者能量相等：

分子模型

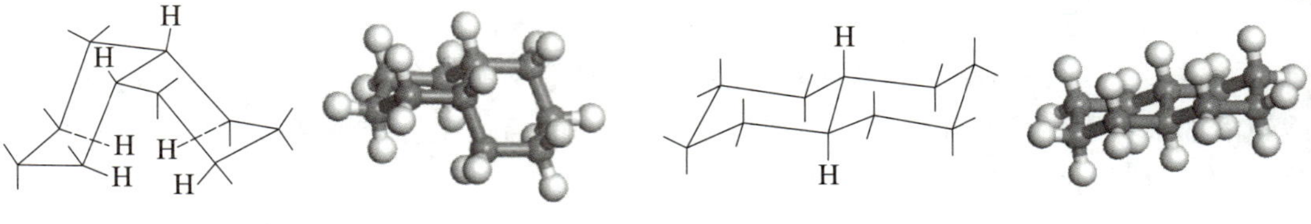

顺式十氢化萘 反式十氢化萘

图 5-5 顺式和反式十氢化萘的构型

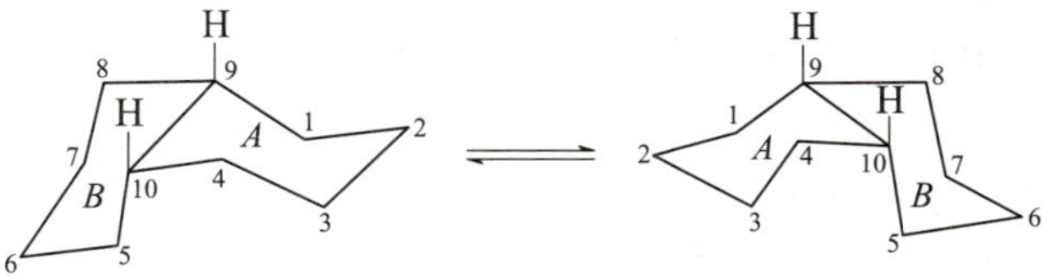

（Ⅰ） （Ⅱ）

在常温下，不能通过 C—C 键转动使反式十氢化萘转化成顺式十氢化萘，或者相反。因为它们是构型异构体。但在 530 ℃和钯碳催化剂存在下，两种异构体成动态平衡，平衡混合物中有 91%的反式十氢化萘。

拓 4-8

5.5.2 金刚烷

金刚烷的分子结构可以看成是金刚石晶体的一部分，因此而得名。金刚烷可以看成椅型构象的环已烷的同平面上三个碳上的 *a* 键氢被叔丁烷的三个甲基取代的产物，是三个椅型环己烷稠合而成。它的结构是高度对称的，分子接近球形，有利于在晶格中紧密堆集，因此熔点特别高(270 ℃)。如果在分子中引入一个取代基，熔点会大幅度降低。

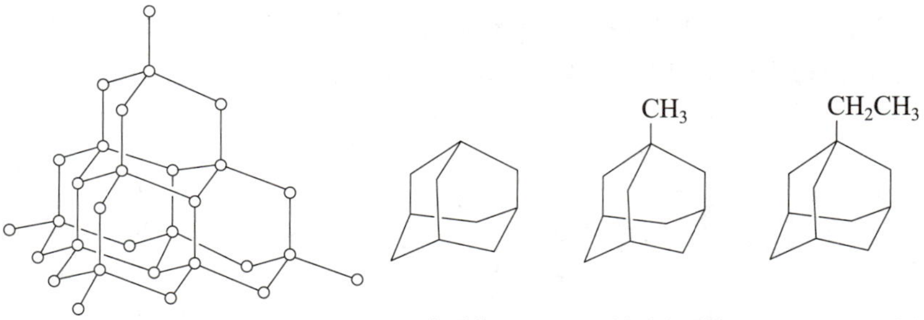

金刚石 金刚烷 熔点 270 ℃ 1-甲基金刚烷 熔点 104 ℃ 1-乙基金刚烷 熔点 52 ℃

金刚烷是无张力结构，比较稳定。金刚烷能溶于烃类溶剂中。叔氢原子容易被卤素取代，生成卤代金刚烷。

金刚烷在石油中含量为百万分之四，由于其物理性质特殊，可从石油中直接分离出来。金刚烷可由氢化二环戊二烯在强酸(HBF_4，$HAlCl_4$，FSO_3H 等)或 $AlCl_3$ 作用下，经碳架异构制得，氢化二环戊二烯可由二聚环戊二烯催化加氢得到：

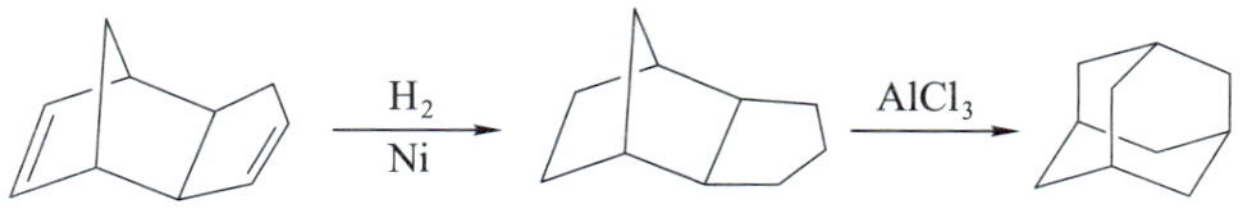

金刚烷是医药工业的重要原料，可制备一种有效的退烧药——金刚烷胺盐酸盐。化学家武慈发现卤代烷用金属钠处理时得到烷烃，是烷烃的一种制备方法。

有机化学家

习　题

5-1　写出 C_7H_{16} 所有构造异构体的结构式，并用系统命名法命名。

5-2　比较下列化合物沸点的高低，并说明原因。

(1) $CH_3(CH_2)_4CH_3$　　(2) $(CH_3)_2CH(CH_2)_2CH_3$

(3) $CH_3CH_2C(CH_3)_3$　　(4) $CH_3CH_2CH(CH_3)CH_2CH_3$

5-3　完成下列反应式：

(1) 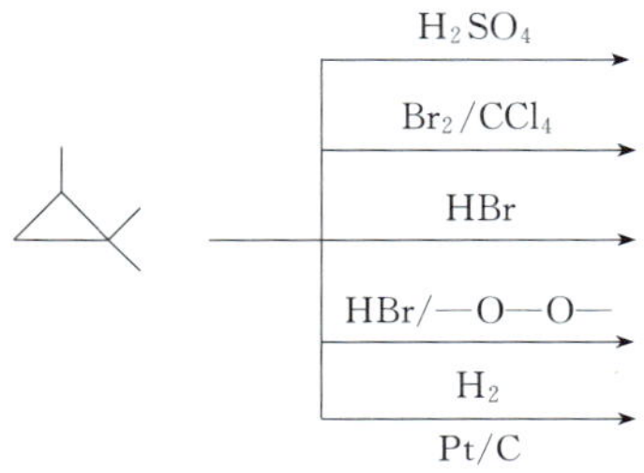

(2) 

(3) 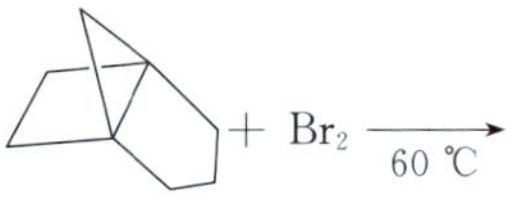

(4) 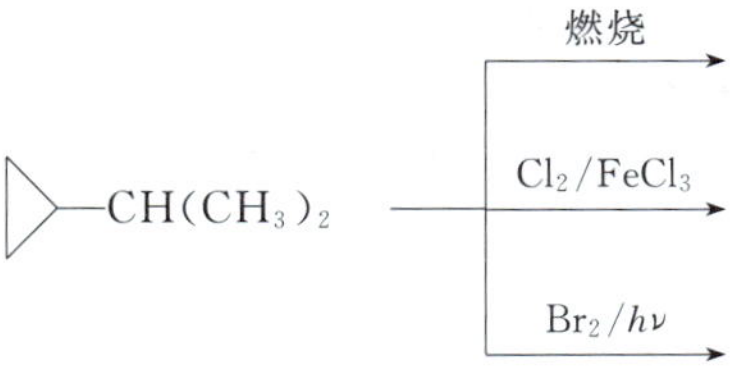

(5) 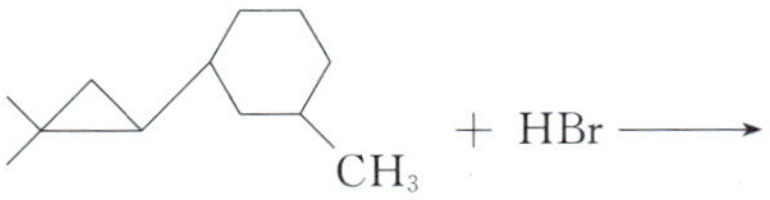

5-4　下列异构体中哪个最稳定？

(1) 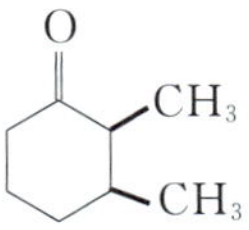

(2) 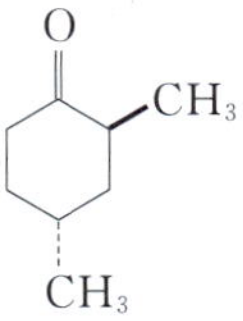

(3) 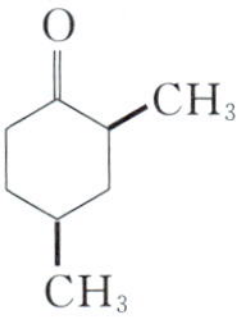

5-5　环丙烷内能高是由哪些因素造成的？

5-6　用费歇尔投影式表示下列化合物的构型，并用 $R-S$ 标记出手性碳原子的构型。

(1) 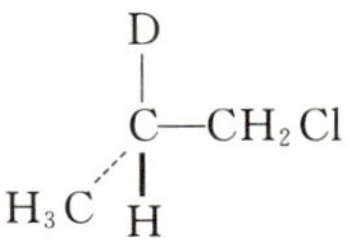 (2) 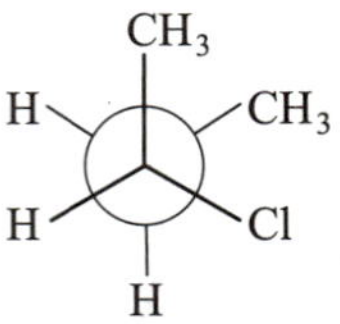 (3) 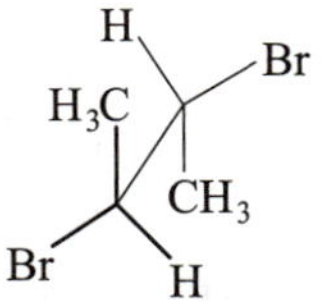

5-7 下列四个纽曼投影式表示的化合物，哪些是对映体？哪些是非对映体？哪些是同一化合物的不同构象？

(1) 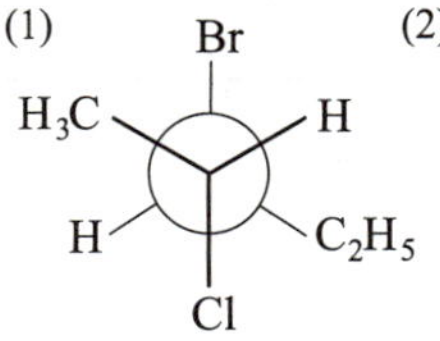 (2) 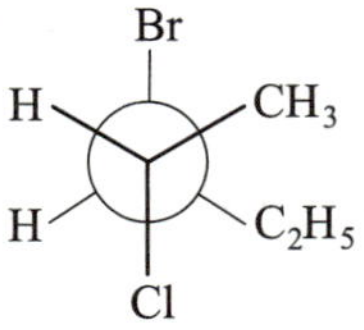 (3) 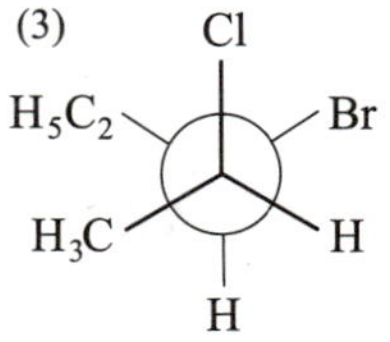 (4) 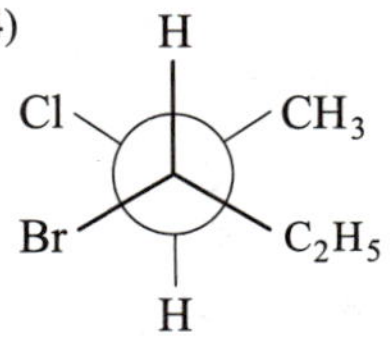

***5-8** 写出环戊烷生成氯代环戊烷的反应机理并画出链增长阶段的反应势能变化草图。在图上标明反应物、中间体、过渡态和生成物的结构。并指出哪一步是反应的控速步骤。

5-9 2,2,4-三甲基戊烷可以生成哪些种碳自由基？按稳定性由大到小的顺序排列这些碳自由基。

5-10 下列反应

$$t\text{-BuOCl} + \text{RH} \longrightarrow \text{RCl} + t\text{-BuOH}$$

如果链引发反应为 $t\text{-BuOCl} \longrightarrow t\text{-BuO}\cdot + \text{Cl}\cdot$，写出链增长反应。

5-11 甲烷在光照下进行氯代反应时，可以观察到如下现象，试用烷烃的氯代机理解释这些现象。

(1) 将氯气先经光照，然后立即在黑暗中与甲烷混合，可以获得氯代产物。

(2) 将氯气先经光照，然后在黑暗中放置一段时间再与甲烷混合，则不发生氯代反应。

(3) 将甲烷先经光照，然后在黑暗中与氯气混合，也不发生氯代反应。

5-12 回答下列问题。

(1) 为什么烷烃不活泼？

(2) 为什么在烷烃高温热解过程中，断裂的主要是C—C键而不是C—H键？

*(3) 烷烃的燃烧是一个强烈的放热反应，但该反应并不在室温下发生。

5-13 下列哪些化合物可以用烷烃的卤代反应制备？哪些不适合？请说明理由。

(1) 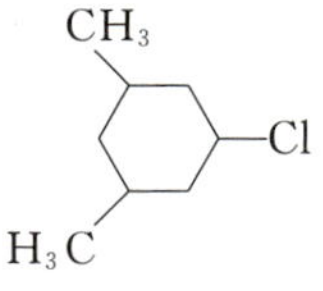 (2) 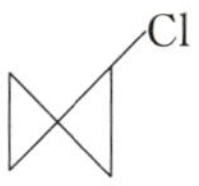 (3) 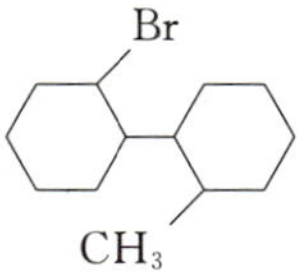

(4) $(CH_3)_3C\text{—}Br$ (5) $(CH_3)_3CCH_2Cl$ (6) $(CH_3)_3C\text{—}C(CH_3)_2$ (其中 C 上连 CH_2Cl)

5-14 下列反应可以得到几种一溴代物（包括立体异构体）？如果伯氢和仲氢的反应速率比为1∶82，请估算各种产物的相对含量。

$$CH_3CH_2CH_2CH_2CH_3 \xrightarrow[h\nu]{Br_2}$$

第6章　不饱和烃

6.1　分类及结构

不饱和烃包括烯烃和炔烃两类化合物。碳碳双键和碳碳三键分别为烯烃和炔烃的官能团。

6.1.1　烯烃的分类

烯烃的分类方法很多。按碳碳双键的数目可分为单烯烃(分子中有一个双键)、二烯烃(分子中有两个双键)和多烯烃(分子中有三个或三个以上的双键)。

按分子骨架分类,烯烃可分为链烯烃和环烯烃。链烯烃和环烯烃都可有单烯烃、二烯烃、多烯烃之分。

在链烯烃中,双键在链端的称为端烯烃,又称为 α-烯烃,如1-戊烯;双键在链中间的称为内烯烃,如2-戊烯。

环烯烃的种类很多。理论上,在各类环烷烃(见5.1节)的分子中插入碳碳双键,就构成相应类的环烯烃。但是,有的环烯烃的碳环上原子数是受限制的。如反式单环烯烃的环上最低成员是八个碳原子的反环辛烯。

6.1.2　炔烃的分类

炔烃的分类方法与烯烃的相似。如单炔烃、二炔烃、链炔烃、环炔烃等。但是,三键的碳原子是sp杂化,成环状的碳碳三键要求相邻的四个碳原子在一条直线上。因此,单环炔烃的最低成员是环辛炔。

本章主要介绍单烯烃、单炔烃和共轭二烯烃三类典型的不饱和烃。

6.1.3　烯烃的结构

烯烃的官能团为碳碳双键,其碳原子的 sp^2 杂化轨道与另一碳原子的 sp^2 杂化轨道及氢的s轨道分别形成的C—C,C—H σ 键比烷烃中的C—C,C—H σ 键稍强些。未杂化的p轨道间形成的 π 键强度较弱,其 π 电子离核较远,易流动,易受环境影响,使非极性的 π 键极化,分子变成弱极性分子。如丙烷的偶极矩为零,而丙烯不为零:

静电势模型图

$CH_3CH_2CH_3$
$\mu=0$

$CH_2{=}CH{-}CH_3$
$\mu=1.17\times10^{-30}\ C\cdot m$

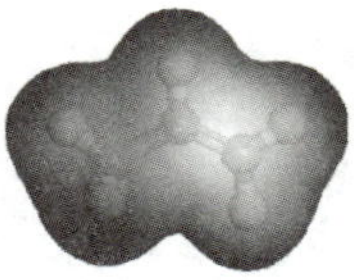

受双键的影响，α－碳原子（与官能团相连的碳原子）上的 C—H 键也不完全与 sp^3 杂化碳原子的 C—H 键相同。

6.2 烯烃的物理性质

在常温下，乙烯、丙烯和丁烯是气体，从戊烯开始是液体，19 个碳原子以上的链烯烃是固体。与烷烃相似，在同系列中，烯烃的沸点随着相对分子质量的增加而增高。同碳原子数的正构烯烃的沸点比带支链的烯烃的高。碳架相同的烯烃，双键由链端移向链中间时，沸点、熔点都升高。

烯烃的物理性质与烷烃的有差异。例如，端烯烃的沸点比相应的烷烃略高；烯烃的折射率比相应的烷烃大；烯烃在水中的溶解度比相应的烷烃略大；相对密度也比相应的烷烃大，但仍小于 1。

烯烃的顺、反异构体的物理性质有差异。一般情况下，反式异构体的沸点比顺式异构体的沸点低，而反式异构体的熔点却比顺式异构体的高。这是由于反式异构体对称性好，分子极性小；反式异构体热力学能低，比较稳定。

谱 5-2

烯烃的红外光谱，═C—H 伸缩振动在 $\sigma=3\ 000\sim3\ 100\ cm^{-1}$ 有中强吸收峰，C═C 伸缩振动吸收峰出现在 $\sigma=1\ 620\sim1\ 680\ cm^{-1}$，是中等强度吸收，但完全对称的烯烃看不到此吸收峰。反式构型的烯烃的═C—H 面外弯曲振动在 $\sigma=965\sim990\ cm^{-1}$ 有强吸收，而顺式构型烯烃不显示清晰的吸收。

烯烃中的 ═C—H 的质子核磁共振吸收峰与 sp^3 杂化碳原子上的质子相比异常地出现在低场处。处于顺、反位置的质子的偶合常数有较大的差异（见 4.3.3）。

6.3 烯烃的加成反应

与烷烃相比，烯烃的特征反应发生在双键和 α－碳氢键上。

在化学反应中，烯烃双键的 π 键断裂，在原来 π 键的两个碳原子上各连一个原子或基团的反应称做加成反应。

6.3.1 加氢反应

烯烃加氢生成烷烃，反应是放热的。烯烃与氢混合并不起反应，即使加热，反应也很难进行。但在催化剂存在下，加氢反应能顺利进行，故称为催化加氢反应。常用的非均相催化剂是过渡金属，如钌、铑、铂、钯和镍，常把这些催化剂载在活性炭或氧化铝上。加氢反应的收率接近 100%，产品易分离，可得到很纯的烷烃。因此，常用这个反应通过吸收氢的物质的量，确定分子中双键数目。

$$R{-}CH{=}CH_2 + H_2 \xrightarrow{Ni} R{-}CH_2{-}CH_3$$

加氢反应在工业上有重要的应用。如石油加工得到的粗汽油常含有少量烯烃，烯烃容易发生氧化、聚合等反应，影响油品质量，常在雷尼镍（Raney Ni）催化下加氢变成烷烃，提高油品质量。在食品行业，将植物油部分加氢做人造奶油。

烯烃分子中双键碳原子上有一个烷基比有多个烷基的容易加氢，支链多不易加氢。烯烃加氢反应活性的一般规律是

$$H_2C{=}CH_2 > RCH{=}CH_2 > R^1CH{=}CHR^2 > R^1R^2C{=}CHR^3 > R^1R^2C{=}CR^3R^4$$

一般情况下，催化加氢主要得到顺式烯烃的产物，称为顺式加氢。

关于催化加氢的机理，一般认为烯烃催化加氢的过程是氢和烯烃吸附在金属表面上，氢分子的 σ 键断裂，再与吸附的烯烃反应，使反应活化能降低，反应容易进行。

以上加氢反应的催化剂是固体，不溶于烃中，称为多相催化加氢反应。用过渡金属化合物为催化剂，其溶于烃中，称为均相催化加氢反应。这是近年发展起来的一种加氢反应，催化剂效率高，反应条件温和。

烯烃的加氢反应又称为氢化反应或还原反应。反应放出的热称为氢化焓，单烯烃的氢化焓约为 126 $kJ \cdot mol^{-1}$，说明烯烃不如相应的烷烃稳定。不同结构的烯烃的氢化焓稍有差别，如图 6-1 所示。说明丁烯的稳定性为（E）-2-丁烯>（Z）-2-丁烯>1-丁烯；连在双键碳原子上的烷基越多，烯烃越稳定。

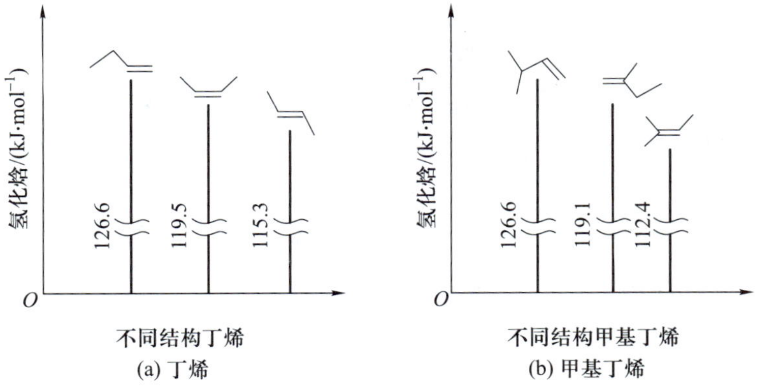

图 6-1　丁烯、甲基丁烯热力学能比较

不同碳架的烯烃和不同碳原子数的烯烃的热力学稳定性次序为

$$R_2C{=}CR_2 > R_2C{=}CHR > R_2C{=}CH_2 > RCH{=}CH_2 > CH_2{=}CH_2$$

6.3.2　亲电加成反应

1. 加卤素反应

演 6-4

烯烃容易与卤素发生加成反应，生成邻二卤代烷，是制备邻二卤代烷的重要方法。例如，将丙烯通入溴液中，迅速发生加成反应，生成 1,2-二溴丙烷：

$$CH_3CH{=}CH_2 + Br_2 \xrightarrow{30\sim40\ ℃} CH_3\underset{\underset{Br}{|}}{C}H{-}\underset{\underset{Br}{|}}{C}H_2$$

此反应放热，在 0 ℃时反应速率就很快。如果把烯烃加到溴的四氯化碳溶液中，轻微振荡后，红色就褪去，可以用此反应检验烯烃的存在，以区别于饱和烃。

环己烯与溴的四氯化碳溶液反应生成反-1,2-二溴环己烷，是等物质的量(*R*,*R*)-1,2-二溴环己烷和(*S*,*S*)-1,2-二溴环己烷的混合物，即外消旋体。

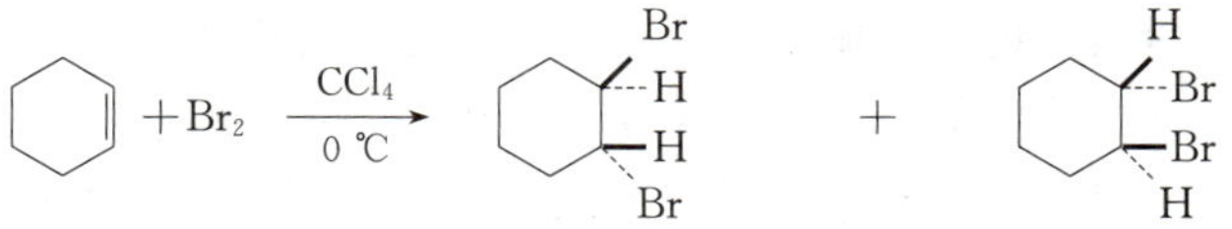

分子模型

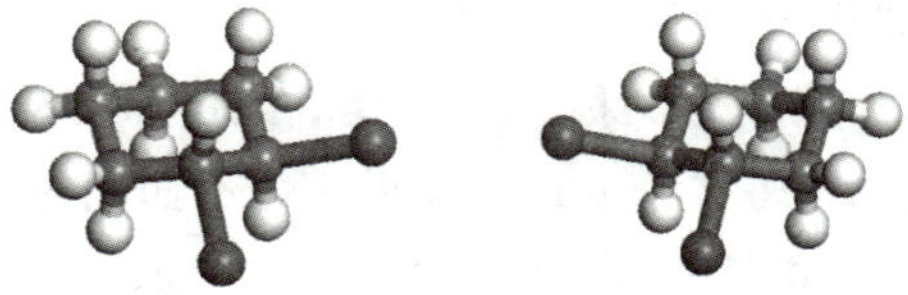

(*R*, *R*)-1,2-二溴环己烷　　(*S*, *S*)-1,2-二溴环己烷

不同的卤素与同一烯烃进行加成反应的活性是不同的，其活性顺序为

$$F_2 > Cl_2 > Br_2 > I_2$$

氟与烯烃的反应很猛烈，不易控制；碘与烯烃的反应是可逆平衡反应，偏向烯烃一边。因此，烯烃与卤素的加成反应有实际应用的主要是与溴或氯的加成反应。

2. 加质子酸反应

烯烃与常见的无机强酸如 HCl、H_2SO_4 很容易发生加成反应，而与像 H_2O、HOR 等弱酸的加成反应需要强酸作催化剂。

$$RCH{=}CH_2 + HX \longrightarrow RCHX{-}CH_3\ (X\ 为卤离子)$$

对卤化氢来说，酸性越强，与烯烃加成反应越容易，其活性顺序为

静电势模型图

$$HI > HBr > HCl$$

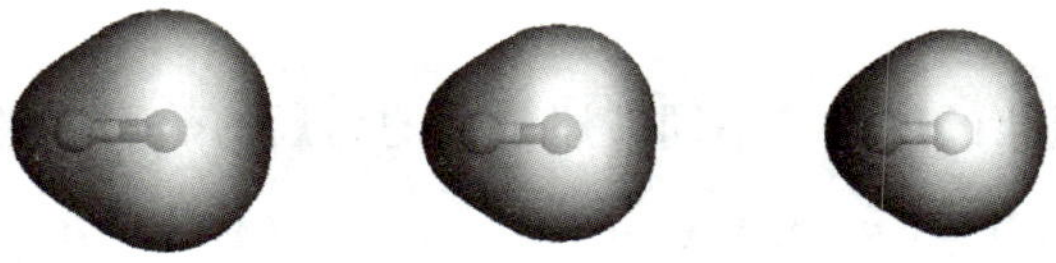

HI　　HBr　　HCl

加氯化氢，通常可以直接通入 HCl 气体；如用浓盐酸，常常要加 $AlCl_3$ 等催化剂。

硫酸是二元酸，加成产物是硫酸氢酯。烯烃结构不同，加成反应难易程度有差别：

$$CH_2{=}CH_2 + (98\%)H_2SO_4 \xrightarrow{80\ ℃} CH_3{-}CH_2OSO_3H$$

$$CH_3CH{=}CH_2 + (75\%\sim85\%)H_2SO_4 \xrightarrow{50\ ℃} (CH_3)_2CH{-}OSO_3H$$

$$(CH_3)_2C{=}CH_2 + (50\%\sim60\%)H_2SO_4 \xrightarrow{10\sim30\ ℃} (CH_3)_3C{-}OSO_3H$$

不同结构的烯烃与 H_2SO_4 加成反应需要 H_2SO_4 的浓度和反应温度不同。一般情况下，不同结构烯烃加成反应的活性顺序为

$$(CH_3)_2C{=}C(CH_3)_2 > (CH_3)_2C{=}CHCH_3 > (CH_3)_2C{=}CH_2 > CH_3CH{=}CH_2 > CH_2{=}CH_2$$

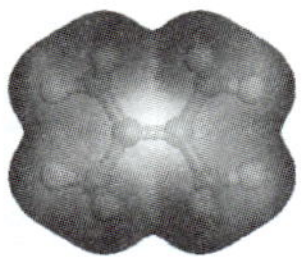
四甲基乙烯

三甲基乙烯

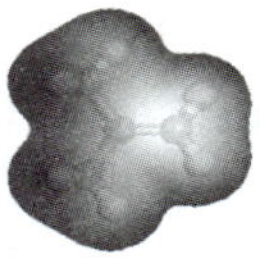
1,1-二甲基乙烯

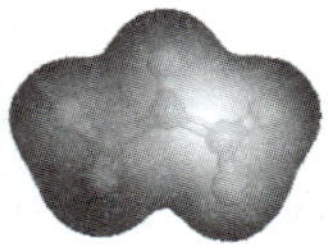
丙烯

乙烯

静电势模型图

硫酸氢酯很容易水解成相应的醇。例如：

$$CH_3CH_2{-}OSO_3H + H_2O \longrightarrow CH_3CH_2OH + H_2SO_4$$

把烯烃与 H_2SO_4 的加成反应和硫酸氢酯的水解反应组合起来，相当于烯烃与水的加成反应（又称烯烃间接水合），这是工业上以烯为原料制备醇的一种方法。乙烯合成乙醇就是用这一方法。

烯烃直接水合法制备醇需要酸催化，反应条件也比较苛刻。例如：

$$CH_2{=}CH_2 + H_2O \xrightarrow[\approx 300\ ℃,7\sim8\ MPa]{H_3PO_4} CH_3CH_2OH$$

$$CH_3CH{=}CH_2 + H_2O \xrightarrow[195\ ℃,2\ MPa]{H_3PO_4} (CH_3)_2CHOH$$

为了减少废物排放，保护环境，工业上逐渐采用固体酸，如用杂多酸代替液体酸催化剂。

烯烃在酸催化下也可以与醇反应生成醚。例如：

$$(CH_3)_2C{=}CH_2 + HOCH_3 \xrightarrow{\text{磺酸型离子交换树脂}} (CH_3)_3C{-}O{-}CH_3$$

工业上是用此法生产甲基叔丁基醚的。甲基叔丁基醚是油品抗爆震剂，代替有毒的四乙基铅添加到汽油中，能提高汽油的辛烷值，又减少对环境的污染。它本身含有氧，有利于燃料燃烧完全。近年又开始使用乙基叔丁基醚。

用 C_4 烯烃馏分作合成甲基叔丁基醚的原料，反应后剩下的 C_4 烯烃馏分中异丁烯量很少，起到了分离 C_4 烯烃的作用。得到的甲基叔丁基醚经裂解还原得到异丁烯，又提纯了异丁烯。

大量的实验事实表明，当烯烃双键两端不对称取代（称为不对称烯烃）时，酸的质子主要是加到含氢较多的双键碳原子上，而负性基团加到含氢较少的双键碳原子上，这是一个经验规则，是由俄国化学家马尔科夫尼科夫（Markovnikov V V，1839—1904）

有机化学家

总结出来的，因此称为马尔科夫尼科夫规则，简称马氏规则，也称不对称烯烃加成规则。例如：

$$CH_3CH_2CH{=}CH_2 + HBr \xrightarrow{CH_3COOH} \underset{80\%}{CH_3CH_2CHBrCH_3} + \underset{20\%}{CH_3CH_2CH_2CH_2Br}$$

$$(CH_3)_2C{=}CH_2 + HBr \xrightarrow{CH_3COOH} \underset{90\%}{(CH_3)_3CBr} + \underset{10\%}{(CH_3)_2CHCH_2Br}$$

3. 加次卤酸反应

烯烃与卤素的水溶液（主要是氯或溴的水溶液）反应生成 β-卤代醇。例如：

$$CH_2{=}CH_2 + HOCl \longrightarrow CH_2OHCH_2Cl$$

工业上是将乙烯和氯气直接通入水中来制备 β-氯乙醇的。如果把乙烯改成通丙烯，则得到 1-氯-2-丙醇（$CH_3CHOHCH_2Cl$）。

上述与烯烃发生加成反应的 Br_2，HCl，H_2SO_4，H_2O，$HOCH_3$，HOCl 等都是亲电试剂。烯烃与亲电试剂的加成反应称为烯烃的亲电加成反应。

4. 硼氢化反应

获诺贝尔奖者

烯烃和硼氢化物进行的加成反应称为硼氢化反应，是美国化学家布朗（Brown H C，1979 年获诺贝尔化学奖）发现的。硼氢化反应在有机合成中有重要应用，其中之一就是烯烃间接水合。

最简单的硼氢化物应是甲硼烷（BH_3），但硼是缺电子的，甲硼烷不稳定，两个甲硼烷互相结合生成乙硼烷：

$$2\,BH_3 \rightleftharpoons B_2H_6 \quad [\text{或}(BH_3)_2]$$

目前甲硼烷尚未分离、鉴定，由硼氢化钠和三氟化硼制备甲硼烷，实际得到的是乙硼烷。甲硼烷能与醚形成配合物（$H_3B{\leftarrow}OR_2$），市售的甲硼烷是四氢呋喃（THF）的配合物（$H_3B{\leftarrow}THF$）。醚如 THF、一缩乙二醇二甲醚（$CH_3OCH_2CH_2OCH_2CH_2OCH_3$）等是硼氢化反应的溶剂。硼烷的醚配合物不需要分离可直接用于反应。

对结构简单的烯烃，每个 B—H 键都能迅速定量地与双键加成生成三烷基硼：

$$3\,R{-}CH{=}CH_2 + BH_3 \xrightarrow{THF} (RCH_2CH_2)_3B$$

在硼氢化反应中，氢原子加到烯烃双键含氢较少的碳原子上，硼加到含氢较多的碳原子上。从表面上看是反马氏规则的：

$$(CH_3)_2C{=}CH_2 + \frac{1}{2}(BH_3)_2 \longrightarrow \underset{99\%}{(CH_3)_2CH{-}CH_2{-}BH_2} \;+\; \underset{1\%}{(CH_3)_3C{-}BH_2}$$

生成异丁基硼烷后，继续与烯烃反应，生成二异丁基硼烷和三异丁基硼烷：

$$(CH_3)_2CHCH_2{-}BH_2 \xrightarrow{(CH_3)_2C=CH_2} [(CH_3)_2CHCH_2]_2BH \xrightarrow{(CH_3)_2C=CH_2} [(CH_3)_2CHCH_2]_3B$$

烯烃的硼氢化是顺式加成反应：

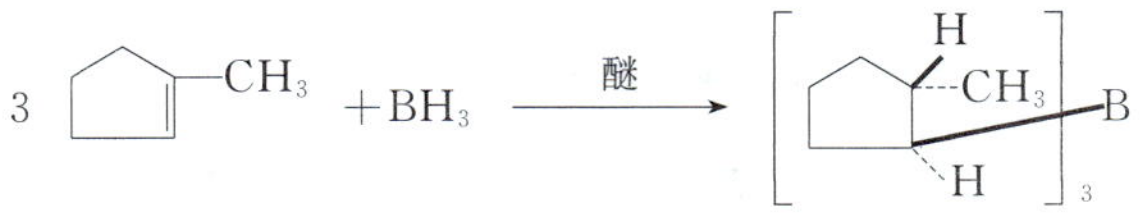

硼氢化生成三烷基硼可不必分离，在碱性溶液中直接用过氧化氢氧化成三烷氧基硼，水解得到醇。例如：

$$3\ CH_3(CH_2)_7CH{=\!=}CH_2 \xrightarrow{B_2H_6,\text{醚}} [CH_3(CH_2)_7CH_2CH_2]_3B \xrightarrow{H_2O_2/^-OH}$$

$$[CH_3(CH_2)_7CH_2CH_2O]_3B \xrightarrow{H_2O} 3\ CH_3(CH_2)_7CH_2CH_2OH + B(OH)_3$$

由 α-烯烃经硼氢化得到的醇为伯醇，用硫酸间接水合法或直接水合法得到的是仲醇。此外，高度支化的烯烃在硼氢化反应中不发生碳架重排，保持烯烃原碳架，因此，这一反应在有机合成中有重要意义。例如：

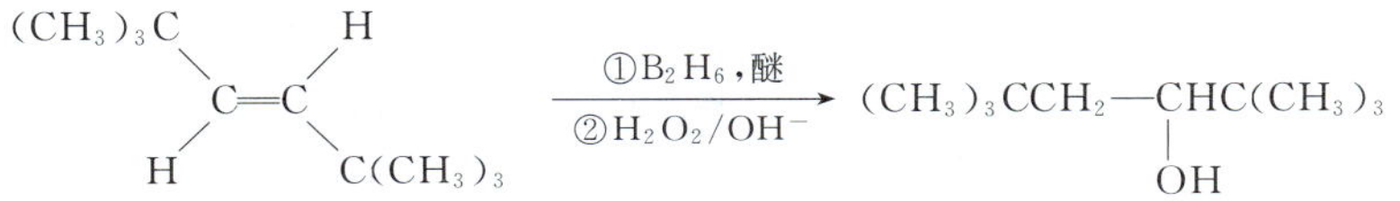

硼烷和烷基硼对空气极敏感，在空气中易自燃。硼氢化反应需要在惰性气体保护下进行。 拓 4-9

6.3.3 亲电加成反应机理

1. 三元环鎓离子为中间体的反应机理

在研究烯烃与溴反应时，积累了下列实验事实：

(1) 干燥乙烯通入无水的溴的四氯化碳溶液中，红色不褪去，当滴入一滴水后反应立即发生，溴的颜色迅速褪去；

(2) 乙烯与溴在玻璃容器中反应进行很顺利，若改在内壁涂了石蜡的玻璃容器中，反应不易进行；

(3) 乙烯分别通入含有 NaCl，NaI 和 $NaNO_3$ 的溴水溶液中，不仅得到 1,2-二溴乙烷，还分别得到 1-氯-2-溴乙烷、1-溴-2-碘乙烷和硝酸-2-溴乙酯：

$$CH_2{=\!=}CH_2 + Br_2 \xrightarrow{H_2O,\ NaCl} BrCH_2CH_2Br + CH_2ClCH_2Br$$

$$CH_2{=\!=}CH_2 + Br_2 \xrightarrow{H_2O,\ NaI} BrCH_2CH_2Br + CH_2BrCH_2I$$

$$CH_2{=\!=}CH_2 + Br_2 \xrightarrow{H_2O,\ NaNO_3} BrCH_2CH_2Br + CH_2BrCH_2ONO_2$$

(4) 乙烯与溴分别在甲醇溶液和水溶液中反应，不仅得到 1,2-二溴乙烷，还分别得到 1-甲氧基-2-溴乙烷和 2-溴乙醇：

$$CH_2{=\!=}CH_2 + Br_2 \xrightarrow{\text{甲醇溶液}} BrCH_2CH_2Br + BrCH_2CH_2OCH_3$$

$$CH_2{=\!=}CH_2 + Br_2 \xrightarrow{\text{水溶液}} BrCH_2CH_2Br + BrCH_2CH_2OH$$

(5) 环烯烃与溴在四氯化碳等非极性溶液中发生加成反应得到反式-1,2-二溴环烷烃。

实验事实(1)和(2)说明无光照射下,烯烃与溴反应需要极性条件,反应不是自由基型反应,而是离子型反应。实验事实(3)和(4)能假设反应是分步进行的,先加成上一个溴正离子,然后其它亲核性基团,如负离子、"亲核"试剂等竞争加溴时,双键两个碳原子的相对位置没有变化,某种程度上保持双键的性质,亲核性基团从溴的对面(或双键的另一侧)进攻双键的另一个碳原子,完成了加成反应。由此提出了烯烃加溴反应是经过环状溴正离子的分步机理。以乙烯为例说明,乙烯双键 π 电子具有给电子性,与溴接近时使溴分子的 σ 键极化,靠近 π 键一端的溴原子带有部分正电荷,另一端带有部分负电荷,形成 π 络合物,然后溴的 σ 键断裂形成环状溴鎓离子和溴负离子:

动 3-35

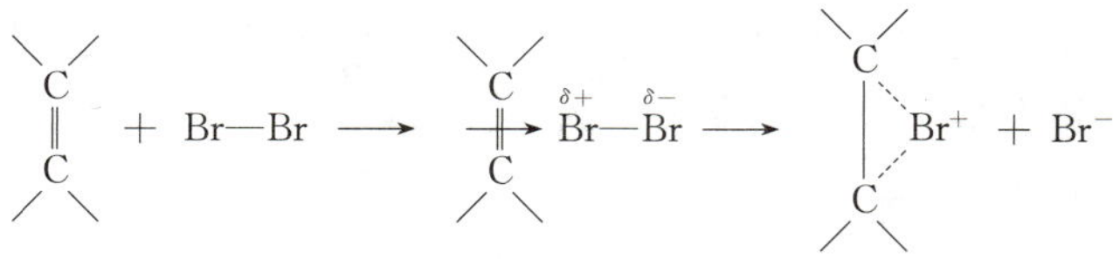

π 络合物　　溴鎓离子(环状溴鎓离子)

形成溴鎓离子是合理的,因为第一步溴 σ 键断裂后要生成一个碳正离子 $BrCH_2—\overset{+}{C}H_2$,这个正离子能量很高,碳原子上缺电子,而溴原子上有孤对电子,具有给电子性,两者又很接近,正电荷转移到溴原子上,即形成溴鎓离子,能量降低。三元环鎓离子的键是很弱的(三元环是弯曲键)。第二步,溴负离子只能从溴鎓离子的背面进攻碳原子,得到反式加成产物:

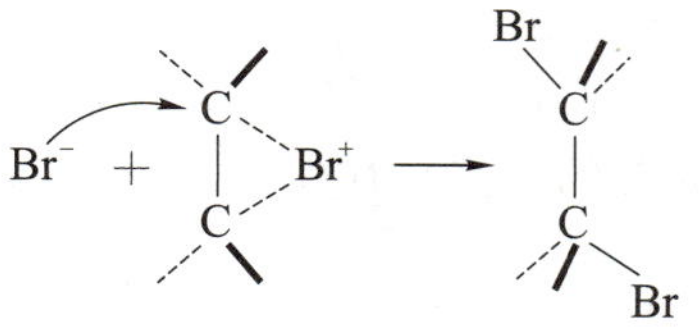

如果在第二步 Br^- 进攻时,还有其它亲核性基团如 Cl^-,I^-,$^-ONO_2$ 等存在,会与 Br^- 竞争进攻溴鎓离子的碳原子,形成实验事实(3)中的副产物;若亲核性基团是:OH_2,$H—\ddot{O}CH_3$ 等亲核试剂,也会与 Br^- 竞争进攻溴鎓离子的碳原子,形成相应的实验事实(4)的副产物,这些副产物也是反式加成的结果。

对于环烯烃,则分步加成得到反式加成产物,形成一对对映体:

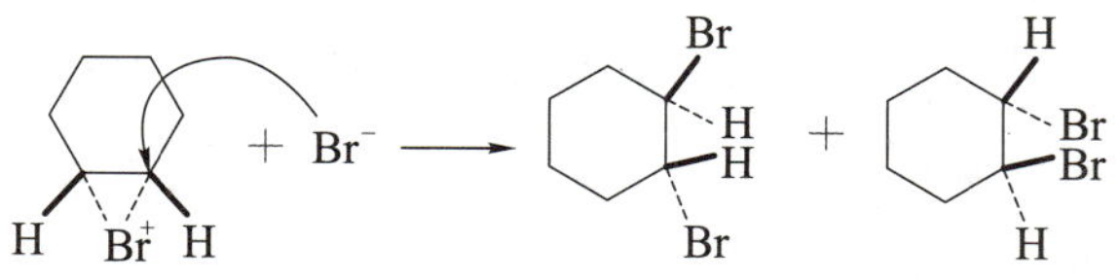

(*R*,*R*)-1,2-二溴环己烷　　(*S*,*S*)-1,2-二溴环己烷

(*Z*)-2-丁烯与溴反应生成等物质的量的(2*S*,3*S*)-2,3-二溴丁烷和(2*R*,

3*R*)-2,3-二溴丁烷，它们是一对对映体，为外消旋体，无旋光性：

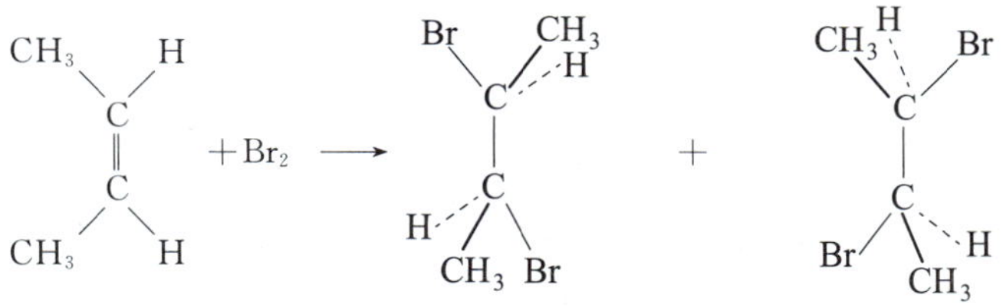

(2*S*,3*S*)-2,3-二溴丁烷　　(2*R*,3*R*)-2,3-二溴丁烷

分子模型

因为溴与(*Z*)-2-丁烯接近，在双键两边接近概率相等，形成溴鎓离子，而 Br^- 进攻溴鎓离子连接的两个碳原子的概率也是相等的，所以形成等物质的量的一对对映体。而(*E*)-2-丁烯与溴反应生成(*R*,*S*)-2,3-二溴丁烷，为内消旋体，无旋光性。上述 2-丁烯与溴的加成产物，进一步证明了烯烃与溴的分步反式加成机理是合理的。

烯烃与次氯酸反应生成 β-氯代醇，也可以看做是经过三元环氯鎓离子中间体完成的：

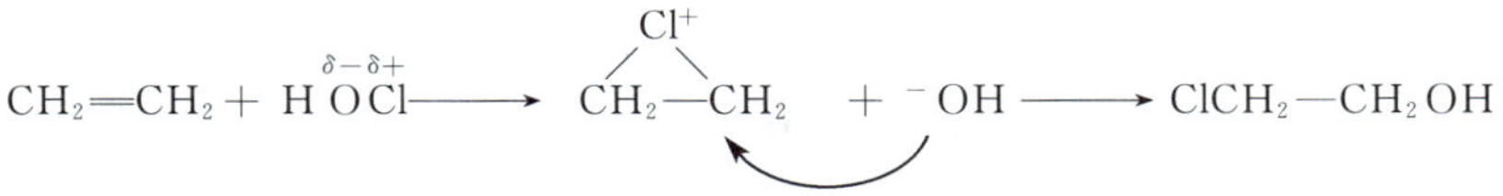

2. 烃基碳正离子为中间体的反应机理

在烯烃与质子酸的反应中，第一步是质子与烯烃形成 π 络合物，质子无电子对，不能形成环状鎓离子(也就不可能进行反式加成)，只能形成碳正离子。质子与双键上哪个碳原子相连接，取决于哪个碳原子的负电荷密度高，也可以说取决于形成碳正离子的稳定性，稳定性大的碳正离子易形成。第二步是亲核性基团与碳正离子结合，完成反应。第一步是慢的、决定反应速率的步骤。(欧拉发展了碳正离子化学。)

获诺贝尔奖者

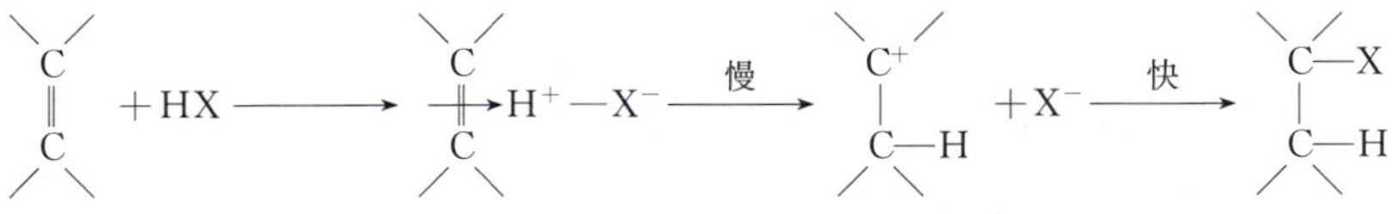

π 络合物　　稳定碳正离子(中间体)

根据静电学原理，带电荷体系的稳定性随着电荷的分散而增大。烷基是给电子基团，碳正离子上连接的烷基越多，其正电荷分散得越好，稳定性越大。碳正离子的稳定性为：$3°\ R^+ > 2°\ R^+ > 1°\ R^+ > {}^+CH_3$。例如：

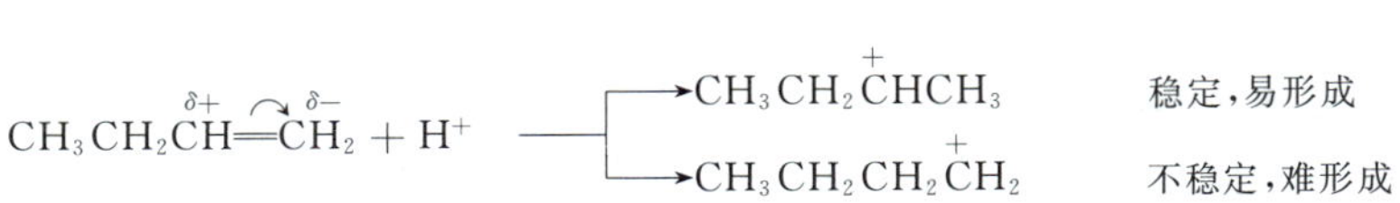

$$(CH_3)_2\overset{\delta+}{C}\!=\!\overset{\delta-}{C}H_2 + H^+ \longrightarrow \begin{cases} (CH_3)_3\overset{+}{C} & \text{稳定，易形成} \\ (CH_3)_2CH\overset{+}{C}H_2 & \text{不稳定，难形成} \end{cases}$$

不对称烯烃生成较稳定的碳正离子，可以理解为：烷基是给电子基，使双键 π 电子对向含氢较多的碳原子端偏移（用⌒表示），使其有较多的负电荷（用 $\delta-$ 表示），而含氢少的碳原子端显示出较多正电荷（用 $\delta+$ 表示）。在外电场 H^+ 的作用下，通过动态诱导效应加剧了电荷分离，很容易生成稳定的碳正离子。分子模拟计算结果表明叔丁基碳正离子、异丙基碳正离子、乙基碳正离子、甲基碳正离子上的正电荷分散程度依次降低，即碳正离子的稳定性顺序为

$$(CH_3)_3C^+ > (CH_3)_2\overset{+}{C}H > CH_3\overset{+}{C}H_2 > \overset{+}{C}H_3$$

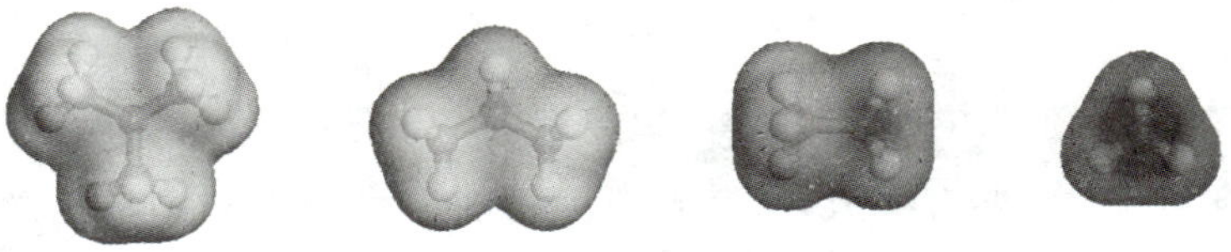

叔丁基碳正离子　　异丙基碳正离子　　乙基碳正离子　　甲基碳正离子

静电势模型图

因此，1-丁烯和2-甲基丙烯加溴化氢的主要产物分别为2-溴丁烷(80%)、2-甲基-2-溴丙烷(90%)。

马氏规则可以这样理解：在不对称烯烃的亲电加成反应中，作为中间体，是生成较稳定的碳正离子。反应生成的不稳定碳正离子能够经过1,2-氢转移或1,2-烷基转移形成较稳定的碳正离子。这个过程称为碳正离子重排反应。碳正离子重排反应是一普遍现象。在碳正离子重排反应中，如果是1,2-烷基转移，得到的产物的分子骨架与反应物分子骨架不同。因此这种重排反应又称做分子骨架重排反应或分子碳架重排反应。例如：

$$(CH_3)_2\underset{\displaystyle H}{\underset{|}{C}}-\overset{+}{C}HCH_3 \xrightleftharpoons{1,2\text{-氢转移}} (CH_3)_2\overset{+}{C}-\underset{\displaystyle H}{\underset{|}{C}}HCH_3$$

$$(CH_3)_2\underset{\displaystyle CH_3}{\underset{|}{C}}-\overset{+}{C}HCH_3 \xrightleftharpoons{1,2\text{-甲基转移}} (CH_3)_2\overset{+}{C}-\underset{\displaystyle CH_3}{\underset{|}{C}}HCH_3$$

因此，3-甲基-1-丁烯与HCl加成的主要产物是2-甲基-3-氯丁烷，3,3-二甲基-1-丁烯与HCl加成的主要产物是2,2-二甲基-3-氯丁烷：

$$(CH_3)_2CH-CH=CH_2 + HCl \longrightarrow \underset{\text{2-甲基-3-氯丁烷（主要）}}{(CH_3)_2CHCHClCH_3} + \underset{\text{2-甲基-2-氯丁烷（次要）}}{(CH_3)_2CClCH_2CH_3}$$

$$(CH_3)_3C-CH=CH_2 + HCl \longrightarrow \underset{\text{2,2-二甲基-3-氯丁烷(83\%)}}{(CH_3)_3CCHClCH_3} + \underset{\text{2,3-二甲基-2-氯丁烷(17\%)}}{(CH_3)_2CClCH(CH_3)_2}$$

烯烃双键加上 H^+ 生成碳正离子，经1,2-氢转移和1,2-烷基转移，生成较稳定的碳正离子后，再脱相邻碳原子上的一个 H^+，就得到一个新的双键，就是烯烃双键的位置异构体、碳架异构体。这是烯烃在酸性介质中不稳定、易发生异构化的原因。

3. 四元环过渡态的反应机理

烯烃硼氢化反应的亲电试剂甲硼烷的结构不同于卤素的结构，也不同于质子酸的结构。硼烷的 B—H 键是非极性键(B 电负性 2.0，H 电负性 2.1)，B 与 H 的原子半径差大，B(6 个价电子)为缺电子。硼烷很容易与给电子的烯烃双键结合形成酸碱配合物。因此，烯烃的硼氢化反应很容易进行，生成反马氏规则的加成产物。其机理是硼烷与烯烃快速形成配合物，双键 π 键给 B 电子对，B 接受电子对的同时与位阻小的 C 结合，使 B—H 键的 H 产生离去倾向，与邻近双键的另一个 C 结合，形成能量较低的四元环过渡态。然后四元环的 B—H 键和 C—C 的 π 键断裂，同时 C—H、C—B 键形成，完成一个 B—H 键的加成反应：

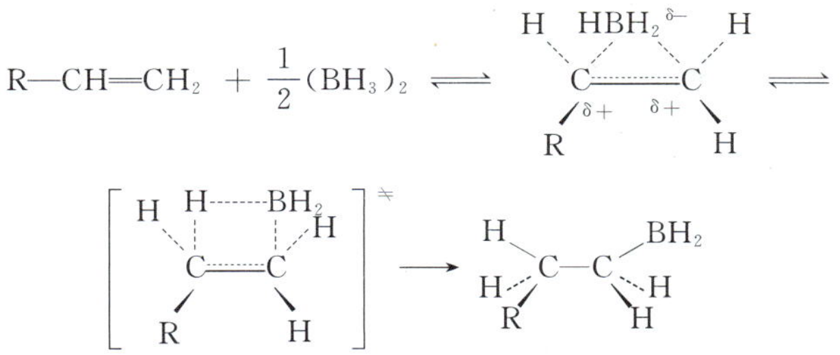

硼烷是从双键的一边接近形成四元环过渡态的，结果是烯烃的顺式加成，称为立体专一性反应。烯烃四元环过渡态加成反应不产生中间体，不发生烯烃碳架重排现象。

不对称烯烃 2-甲基-1-丁烯硼氢化反应产生手性碳原子，产物是对映体。当烯烃双键两端的位阻差别不大时，B—H 键的 B 加到双键两个碳原子的选择性(区域选择性)不大，得到两种位置异构体产物的混合物。

6.3.4　溴化氢自由基加成反应

在氧或过氧化物存在下，不对称烯烃与溴化氢加成得到反马氏规则的产物。例如：

$$CH_3—CH{=}CH_2 + HBr \xrightarrow[-30\sim50\ ℃]{\text{过氧化苯甲酰}} \underset{98\%}{CH_3CH_2CH_2Br} + \underset{2\%}{CH_3CHBrCH_3}$$

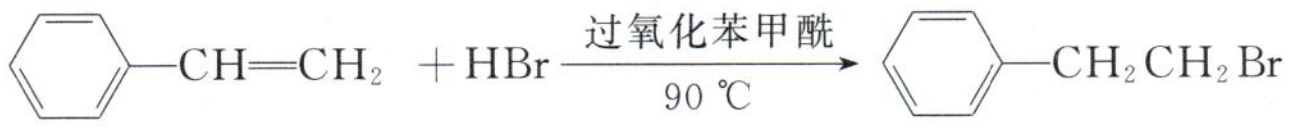

β-溴乙苯≈100%

$$ClCH_2—CH{=}CH_2 + HBr \xrightarrow[-20\ ℃]{\text{过氧化苯甲酰}} ClCH_2—CH_2CH_2Br$$

1-氯-3-溴丙烷　99%

这些溴化物是重要的有机合成中间原料，是药物合成不可缺少的中间体。

用过氧化物改变 HBr 与烯烃加成方向的作用称为过氧化物效应。有过氧化物效应的反应进行得很快，甚至在 -30 ℃ 也能快速反应。而无过氧化物的 HBr 与烯烃的加成反应进行得较慢。若控制反应按马氏规则加成方向进行，必须将烯烃纯化，除去长期存放的烯烃中产生的过氧化物，或在反应体系中加入自由基抑制剂(对苯二酚、二苯胺等)。若希望反应按着反马氏规则加成方向进行，要向反应体系中加过氧化物，如氢过氧化叔丁烷[$(CH_3)_3COOH$]、过氧化二异丙苯[$C_6H_5C(CH_3)_2OOC(CH_3)_2C_6H_5$]、过氧化苯甲酰($C_6H_5OCOOCOC_6H_5$)等。若为气体烯烃还需要卤代烃如产物本身作溶剂。

实验发现，在光照射条件下也有类似过氧化物效应的产物。进一步研究发现用其它的自由基引发剂如偶氮二异丁腈[$NCC(CH_3)_2—N═N—C(CH_3)_2CN$]、偶氮二异丁脒[$HN═C(NH_2)—C(CH_3)_2—N═N—C(CH_3)_2—C(NH_2)═NH$]也得到过氧化物效应的产物。这个反应是按自由基机理进行的反应，一般认为反应机理如下：

过氧化物的过氧键(—O—O—)键能小，容易断裂生成初始烃氧自由基 RO·：

$$R—O—O—R \xrightarrow{h\nu\text{ 或}\triangle} 2\ RO\cdot \quad ①$$

RO·与溴化氢反应生成 Br·，引发自由基链反应：

链引发：
$$RO\cdot + HBr \longrightarrow ROH + Br\cdot \quad ②$$

链增长：
$$R—CH═CH_2 + Br\cdot \longrightarrow R—\dot{C}H—CH_2Br \quad ③$$
$$R—CH═CH_2 + Br\cdot \longrightarrow R—CHBr—\dot{C}H_2 \quad ④$$

$$R—\dot{C}H—CH_2Br + HBr \longrightarrow RCH_2CH_2Br + Br\cdot \quad ⑤$$

③和⑤反应循环进行。④反应生成的自由基不稳定，不易生成。

链终止：
$$Br\cdot + Br\cdot \longrightarrow Br_2$$
$$R—\dot{C}HCH_2Br + Br\cdot \longrightarrow RCHBrCH_2Br$$

过氧化苯甲酰的分解温度 30～50 ℃，偶氮二异丁腈的分解温度 65～85 ℃，可是它们却在−30～−20 ℃能快速引发溴化氢与丙烯的自由基加成反应。

只有溴化氢有过氧化物效应，而氯化氢、碘化氢无过氧化物效应。

拓 4-10 烯烃与其它试剂也可发生自由基加成反应，如在光或过氧化物存在下烯烃与 CBr_4、$CBrCl_3$ 等反应。

6.3.5　羰基合成反应

在烯烃分子中引进羰基的反应称为羰基合成反应，又称羰基化反应。使用不同原料，产物不同，但都是酰基衍生物。这是 20 世纪 40 年代发展起来的烯烃络合催化反应，在有机化工上有重大应用。概括起来有下列反应：

$$RCH═CH_2 + CO + H_2 \longrightarrow RCH_2CH_2CHO \quad ①$$
$$RCH═CH_2 + CO + H_2O \longrightarrow RCH_2CH_2COOH \quad ②$$
$$RCH═CH_2 + CO + R'OH \longrightarrow RCH_2CH_2COOR' \quad ③$$
$$RCH═CH_2 + CO + R'_2NH \longrightarrow RCH_2CH_2CONR'_2 \quad ④$$
$$RCH═CH_2 + CO + R'CO_2OH \longrightarrow RCH_2CH_2COOOCR' \quad ⑤$$
$$RCH═CH_2 + CO + HCl \longrightarrow RCH_2CH_2COCl \quad ⑥$$

反应①～⑥相当于烯烃与甲酰基衍生物发生加成反应。按产物的名称，反应①～⑥依次称为烯烃氢甲酰化、氢羧化、氢酯化、氢酰胺化、氢酐化和氢酰氯化反应。

与烯烃的其它加成反应一样，在形式上甲酰基化物的氢可以加到双键的任一个碳原子上，形成正构和异构两种产物。两种产物的比例取决于烯烃的结构，更取决于使用的催化剂和反应条件。例如：

1-辛烯在 $n(H_2):n(CO)=1$、总压力为 20 MPa 下进行氢甲酰化反应，使用不同的催化剂，得到正构醛和异构醛的百分数如下：

$$CH_3(CH_2)_5CH{=}CH_2 + CO + H_2 \longrightarrow CH_3(CH_2)_5CH_2CH_2CHO + CH_3(CH_2)_5CH(CH_3)CHO$$

催化剂			
$HCo(CO)_4$	190 ℃	65%	35%
$HRh(CO)_4$	100 ℃	52%	48%
$HCo(CO)_4/P(n-C_4H_9)_3$	190 ℃	83%	17%

在催化剂中引入手性配体，可以进行不对称合成，如苯乙烯在 $PtCl_2/DIOP/SnCl_2$ 催化下进行氢甲酰化反应，得到手性 2-苯基丙醛的立体异构体（ee=80%）。DIOP 是手性双膦配体 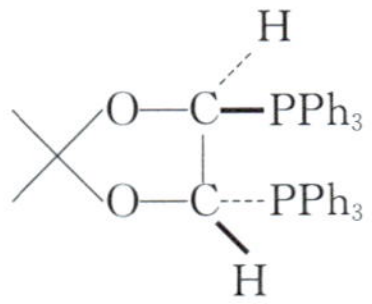 。

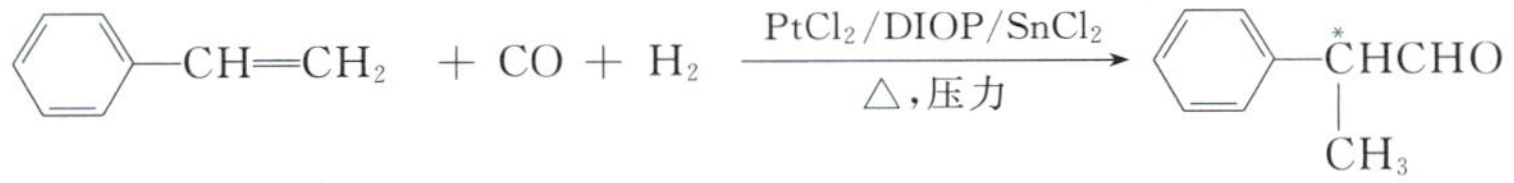

羰基合成反应的烯烃也可以是内烯烃，在反应过程中双键可以移到端位上。

氢甲酰化反应得到醛。改进催化剂和 CO/H_2 的进料比，在氢甲酰化这一步可直接得到醇。高碳醇是合成洗涤剂、增塑剂的原料。

6.4　烯烃的聚合反应与共聚合反应

烯烃本身互相加成能生成相对分子质量较大的化合物。由小分子化合物生成大分子化合物的反应称为聚合反应。小分子化合物称为单体，大分子化合物称为高分子化合物或聚合物，也称高聚物。例如：

$$\underset{\text{单体}}{n\,CH_2{=}CH_2} \longrightarrow \underset{\text{聚合物}}{\left[CH_2{-}CH_2 \right]_n}$$

—CH_2—CH_2—称为一个链节；n 称为聚合度即链节数目。依据 n 的大小把聚合反应分为二聚（$n=2$）、三聚（$n=3$）……齐聚（$n<15\sim20$）、高聚（$n>20$），相应的产物称做二聚物、三聚物……齐聚物和高聚物。同一种单体形成的聚合物，n 值不同，其性质有很大差异。

6.4.1　聚合反应

聚合反应和加成反应一样，也有自由基型反应和离子型反应。

1. 自由基型聚合反应

乙烯在自由基引发剂存在下，在高温、高压下可以聚合成相对分子质量达数十万的聚合物——聚乙烯（高压聚乙烯）。

$$n\ CH_2{=}CH_2 \xrightarrow[>100\ ℃,\ >100MPa]{\text{自由基引发剂}} {\rm +\!\!\!\![}CH_2-CH_2{\rm]\!\!\!\!+}_n$$

引发剂分解成初始自由基：

$$ROOR \xrightarrow[\triangle]{} 2\ RO\cdot$$

链引发：

$$RO\cdot + CH_2{=}CH_2 \longrightarrow ROCH_2\dot{C}H_2$$

链增长：

$$ROCH_2\dot{C}H_2 + CH_2{=}CH_2 \longrightarrow ROCH_2CH_2CH_2\dot{C}H_2$$
$$\xrightarrow{CH_2=CH_2} \cdots \xrightarrow{CH_2=CH_2} RO{\rm +\!\!\!\![}CH_2CH_2{\rm]\!\!\!\!+}_{n-1}CH_2\dot{C}H_2$$

$RO{\rm +\!\!\!\![}CH_2CH_2{\rm]\!\!\!\!+}_{n-1}CH_2\dot{C}H_2$是高分子自由基，它不断与单体加成，形成新的高分子自由基，链逐步加长，称为链的增长。最后，通过链的终止（自由基的碰撞或歧化）而完成反应。例如：

$$2\ RO{\rm +\!\!\!\![}CH_2CH_2{\rm]\!\!\!\!+}_{n-1}CH_2\dot{C}H_2 \longrightarrow RO{\rm +\!\!\!\![}CH_2CH_2{\rm]\!\!\!\!+}_{2n}OR$$

2. 离子型聚合反应

离子型聚合反应和自由基型聚合反应一样，也有链的引发、链的增长和链的终止过程，只是链增长的中间体不是高分子自由基，而是高分子碳正离子或碳负离子。

在低温下由 BF_3 醇络合物催化异丁烯聚合反应是阳离子型聚合反应：

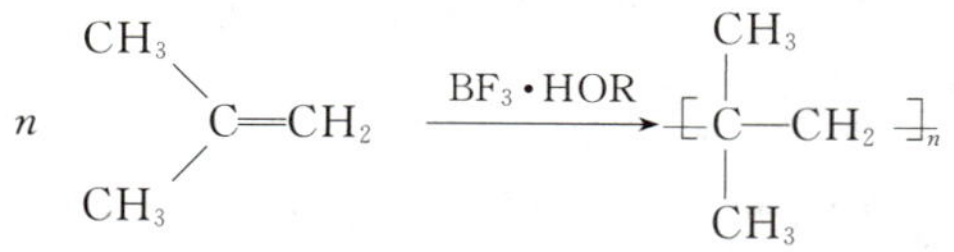

获诺贝尔奖者

聚异丁烯是一种弹性体，耐低温性能特别好。

乙烯、丙烯、1-丁烯等在 $TiCl_4/MgCl_2/Al(C_2H_5)_3$［称为齐格勒-纳塔（Ziegler-Natta）催化剂，因发现此催化剂，齐格勒、纳塔两人获 1963 年诺贝尔化学奖］催化下，分别得到立体构型规整的聚乙烯（低压聚乙烯）、聚丙烯、聚丁烯等。它们属离子型聚合反应，也称定向聚合反应或配位聚合反应。

$$n\ CH_2{=}CH_2 \xrightarrow{TiCl_4/MgCl_2/Al(CH_2CH_3)_3} H{\rm +\!\!\!\![}CH_2CH_2{\rm]\!\!\!\!+}_{n-1}CH{=}CH_2$$

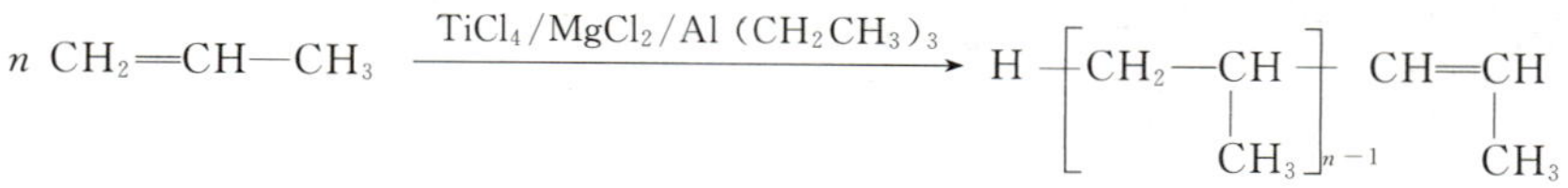

当 n 不大时，可以作为生产黏合剂等各种化工产品的原料。聚乙烯和聚丙烯工业已是国民经济的支柱产业。

异丁烯在酸催化下二聚可以得到两种异构辛烯：

$$(CH_3)_2C{=}CH_2 \xrightarrow{H^+} (CH_3)_3CCH_2\underset{\displaystyle CH_3}{\underset{|}{C}}{=}CH_2 + (CH_3)_3CCH{=}C(CH_3)_2$$

异构辛烯加氢生成异构辛烷，加入油品中可提高油品的辛烷值。

6.4.2　共聚合反应

两种或两种以上单体进行的聚合反应称为共聚合反应。例如，乙烯与丙烯共聚合得到乙烯丙烯共聚物：

$$n\ CH_2{=}CH_2 + n\ CH_2{=}\underset{\displaystyle CH_3}{\underset{|}{CH}} \xrightarrow{TiCl_4/C_2H_5AlCl_2} \left[CH_2CH_2CH_2{-}\underset{\displaystyle CH_3}{\underset{|}{CH}} \right]_n$$

乙烯与丙烯共聚物是一种橡胶，称为乙丙橡胶。

6.5　烯烃的氧化反应

烯烃分子中引进氧原子的反应称为烯烃氧化反应。它是制备烃类含氧衍生物的重要方法，可以得到醇、醛、酮、酸等含氧化合物。

6.5.1　氧化剂氧化

不同的氧化剂、氧化温度、氧化介质等都会影响到氧化产物的组成。如用很稀的 $KMnO_4$(质量分数＜5%)碱性溶液或中性溶液，在较低的温度下氧化烯烃，得邻二元醇。氧化是顺式氧化。

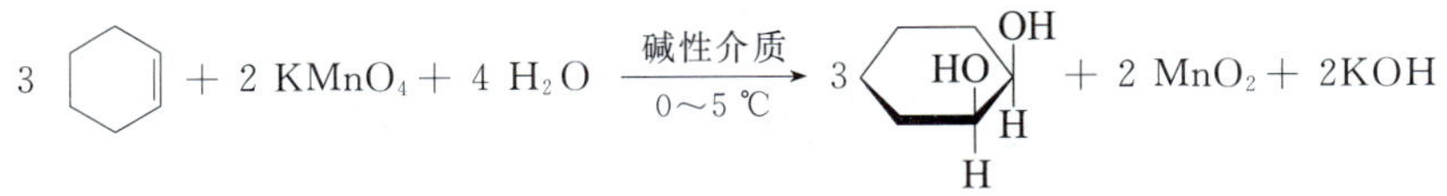

这一反应很复杂，产率很低，作为一类制备方法用途不大，但可以用来检查烯烃的存在。如果用四氧化锇为氧化剂，产率很高，但四氧化锇毒性较大。

在酸性介质中或温度较高时，用浓的 $KMnO_4$ 溶液氧化烯烃，结果是双键断裂得到不同产物。若双键碳原子上无氢(R′RC═)则生成酮；有一个氢(RCH═)生成酸；有两个氢(CH_2═)生成二氧化碳。例如：

$$RCH{=}CH_2 \xrightarrow[\triangle]{KMnO_4/H^+} R\overset{\displaystyle O}{\overset{\|}{C}}{-}OH + CO_2 + H_2O$$

$$RCH{=}C\begin{matrix} R' \\ R'' \end{matrix} \xrightarrow[\triangle]{KMnO_4/H^+} R\overset{\displaystyle O}{\overset{\|}{C}}{-}OH + O{=}C\begin{matrix} R' \\ R'' \end{matrix}$$

利用这个反应可以区别烯烃与饱和烃，也可以根据烯烃氧化的产物推断原料烯烃的构造。

上述化学氧化法，由于氧化剂的大量消耗，严重污染环境，所以工业生产上主要采用催化氧化法制备一系列含氧化合物。

6.5.2 分子氧氧化

分子氧氧化是工业上最常用的氧化方法，产物大都是重要的化工原料。分子氧氧化需要有催化剂，又称催化氧化。乙烯在银催化下，在 250 ℃用空气氧化得到环氧乙烷，这是工业上制备环氧乙烷的主要方法，环氧乙烷是重要的化工原料。

$$CH_2{=}CH_2 + O_2 \xrightarrow[250\ ^\circ\mathrm{C}]{Ag} \underset{\diagdown\ \mathrm{O}\ \diagup}{CH_2{-}CH_2}$$

此反应必须严格控制反应条件，若反应温度高于 300 ℃时，产物将是二氧化碳和水。

乙烯和丙烯在氯化钯和氯化铜水溶液中，用空气氧化分别得到乙醛和丙酮：

$$CH_2{=}CH_2 + \frac{1}{2}O_2 \xrightarrow[100\sim120\ ^\circ\mathrm{C}]{PdCl_2-CuCl_2} CH_3CHO$$

$$CH_3CH{=}CH_2 + \frac{1}{2}O_2 \xrightarrow[120\ ^\circ\mathrm{C}]{PdCl_2-CuCl_2} CH_3COCH_3$$

除乙烯氧化得到乙醛外，其它的 α－烯烃氧化都得到甲基酮，此催化氧化方法称为瓦克(Wacker)法。

6.5.3 臭氧氧化

将含臭氧 6%～8%的氧或空气在低温下(约－80 ℃)通入烯烃的溶液中，烯烃与臭氧迅速定量发生反应，臭氧分子中两端的氧协同加到双键的两个碳原子上，形成分子臭氧化物，继而碳碳双键完全断开，重排成臭氧化物：

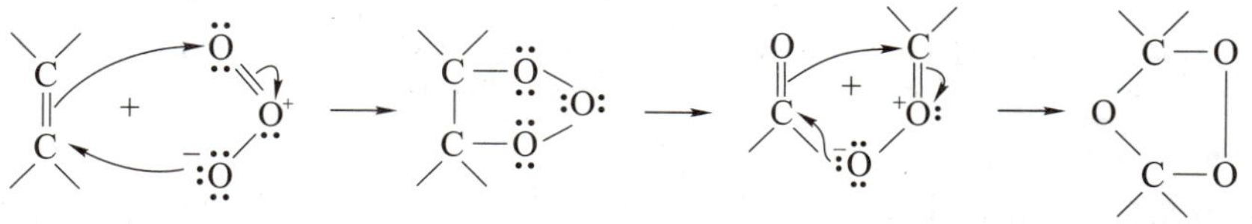

分子臭氧化物　　羰基氧化物　　臭氧化物

臭氧化物不稳定，受热易分解引起爆炸，但一般可以不分离出纯的臭氧化物，在溶液中直接进行水解，生成水解产物醛、酮和过氧化氢：

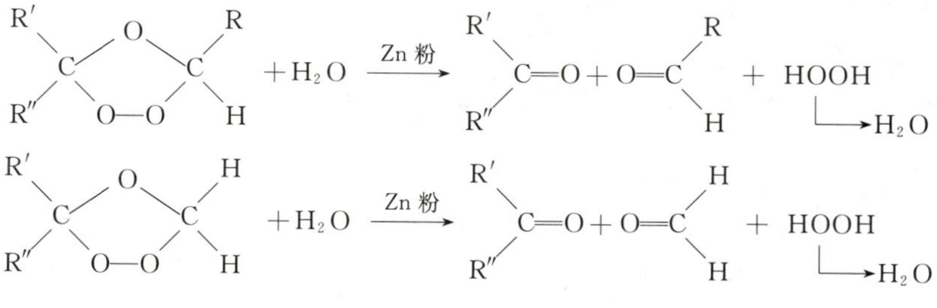

为了防止生成的过氧化氢使醛继续氧化，在加有还原剂锌粉的条件下水解，使过氧化氢还原成水。

烯烃经臭氧氧化后，在锌粉存在下水解，如果原料烯烃中的双键碳原子上有两个氢($CH_2=$)，则生成甲醛；双键碳原子上有一个氢($RCH=$)生成醛；双键碳原子上无氢的($R'RC=$)生成酮。分析产物的组成可以推断原料烯烃的结构。

随着工业臭氧发生器的改进，烯烃臭氧化反应在工业上得到了应用。

6.5.4　过氧化氢氧化

在杂多酸季铵盐催化下，α－烯烃和单环烯烃于低温下能被 H_2O_2 顺利氧化成 1，2－环氧烷烃和环氧环烷烃。例如：

$$\mathrm{R{-}CH{=}CH_2 + H_2O_2 \xrightarrow[20\sim35\ ^\circ C]{(\pi-C_5H_5)N(C_{16}H_{33})[PW_4O_{16}]} R{-}\underset{\diagdown\ O\ \diagup}{CH{-}CH_2} + H_2O}$$

如果与蒽醌法制备 H_2O_2 反应联合使用，则变成分子氧、氢为原料，β－乙基蒽醌为制备 H_2O_2 的循环用中间原料，由烯烃直接合成环氧化物。H_2O_2 不需要分离可直接使用。将上述相转移催化剂换成钛硅分子筛(HTS)催化剂，已实现工业化方法合成环氧丙烷。

同理，在催化剂钨酸钠和相转移催化剂季铵盐存在下，H_2O_2 可以将环己烯氧化成己二酸：

$$\mathrm{+\ 4\ H_2O_2 \xrightarrow[75\sim90\ ^\circ C]{(C_4H_9)_4NHSO_4/Na_2WO_4\cdot 2H_2O} HOOC{+}CH_2{+}_4COOH + 4\ H_2O}$$

用氧化硒/吡啶作催化剂，较难氧化的内烯烃也能得到高收率的环氧化物。例如：

$$\mathrm{(CH_3)_2C{=}CH{-}CH_3 + H_2O_2 \xrightarrow[\mathit{n}-C_4H_9OH]{SeO_2/吡啶} (CH_3)_2\overset{\diagup\ O\ \diagdown}{C{-}{-}CH}{-}CH_3 + H_2O}$$

以 H_2O_2 为氧化剂氧化副产物是 H_2O，氧化条件温和，可在水溶剂中进行，产物选择性高，H_2O_2 本身的毒性较小，是一条清洁生产工艺。因此，近年来用 H_2O_2 作各类有机化合物的氧化剂合成含氧化物一直是热门领域，新成果不断涌现。

6.6　烯烃的复分解反应

6.6.1　复分解反应

在过渡金属卡宾化合物催化下，两个烯烃分子的双键断裂，重新组成两个新的烯烃的反应，称做复分解反应(metathesis)，又称交互置换反应。例如：

$$\mathrm{\begin{array}{c} R_1CH{=}CH_2 \\ + \\ R_1CH{=}CH_2 \end{array} \xrightarrow{[M]{=}CHR} \begin{array}{c} R_1CH \\ \| \\ R_1CH \end{array} + \begin{array}{c} CH_2 \\ \| \\ CH_2 \end{array}}$$

链烯烃、环烯烃、多烯烃、带官能团的烯烃都能进行复分解反应，产物是小分子、高分子、具手性等化合物：

$$\begin{matrix}R-CH\\ \| \\ R_1-CH\end{matrix} + \begin{matrix}CH_2\\ \| \\ CH_2\end{matrix} \xrightarrow{[M]=CHR} \begin{matrix}RCH=CH_2\\ + \\ R_1CH=CH_2\end{matrix}$$

工业上用这一反应制备高碳 α－烯烃，规模达 10×10^4 t/a。

$$\begin{matrix}R_1CH=CH_2\\ + \\ R_2CH=CH_2\end{matrix} \xrightarrow{[M]=CHR} \begin{matrix}R_1CH\\ \| \\ R_2CH\end{matrix} + \begin{matrix}CH_2\\ \| \\ CH_2\end{matrix} \quad 选择性>99.5\%$$

利用复分解反应可以合成高聚物。例如：

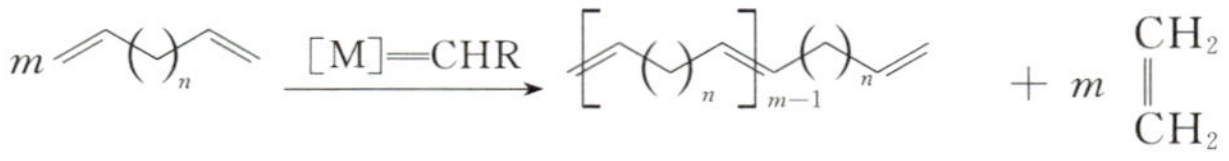

合成环状烯烃。例如：

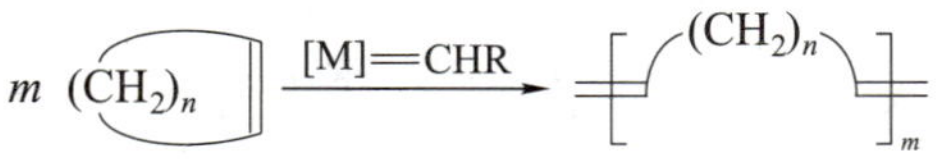

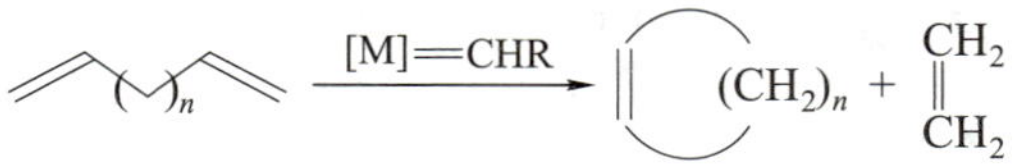

三键也能进行复分解反应。例如：

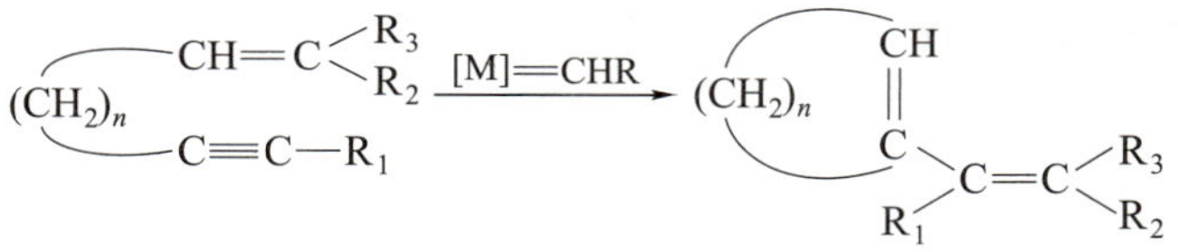

金属卡宾作催化剂的复分解反应是法国化学家沙文(Chauvin Y，1930—)于1970年发现的，催化剂是钨金属卡宾化合物，烯烃“交换舞伴”的反应过程。美国化学家施洛克(Schrock R R，1945—)于1990年开发出第一个实用的钼卡宾化合物催化剂。格鲁布斯(Grubbs R H，1942—)于1992年开发出在空气中稳定的钌卡宾化合物催化剂。这一反应广泛应用于基本有机合成、药物合成、天然化合物合成、高分子化合物合成等领域。这些反应均朝着绿色化学方向前进了一大步。因此，三位科学家共同获得2005年诺贝尔化学奖。

获诺贝尔奖者

6.6.2 反应机理

复分解反应的反应机理如下：

$$\begin{matrix}R_1CH=CH_2\\ + \\ R_2CH=CH_2\end{matrix} \underset{}{\overset{[M]=CHR'}{\rightleftharpoons}} \begin{matrix}R_1-CH\\ \| \\ R_2-CH\end{matrix} + \begin{matrix}CH_2\\ \| \\ CH_2\end{matrix}$$

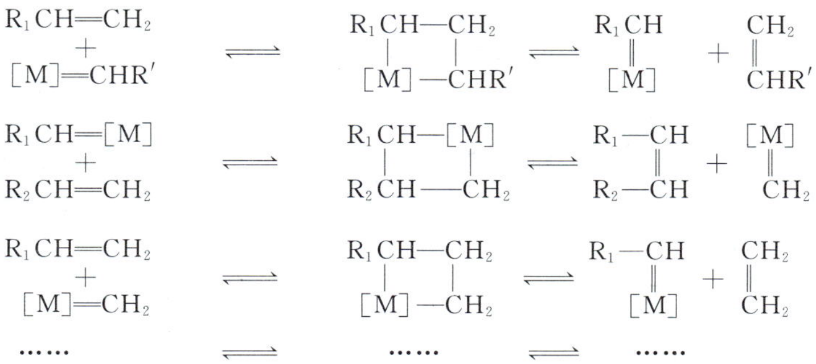

烯烃双键与金属碳双键各自断开一个 π 键形成金属碳四元环中间体，四元环中间体再断裂形成新的烯烃双键和新的金属碳双键。反复形成四元环、交换金属上的卡宾基，反应连续进行。正像两对舞伴，不断互相拉手跳四人舞、交换舞伴。由此称为“交换舞伴”机理。

复分解反应典型商品化的催化剂结构如下：

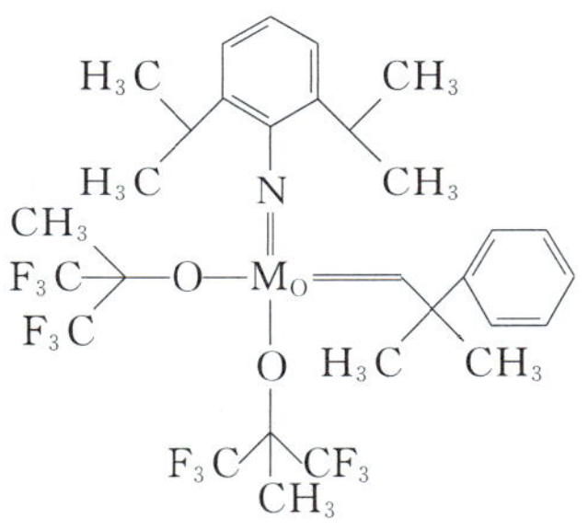

施洛克催化剂

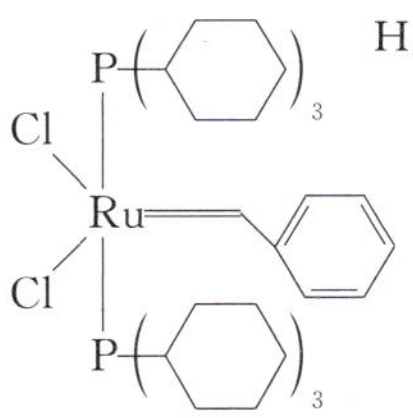

格鲁布斯第一代催化剂

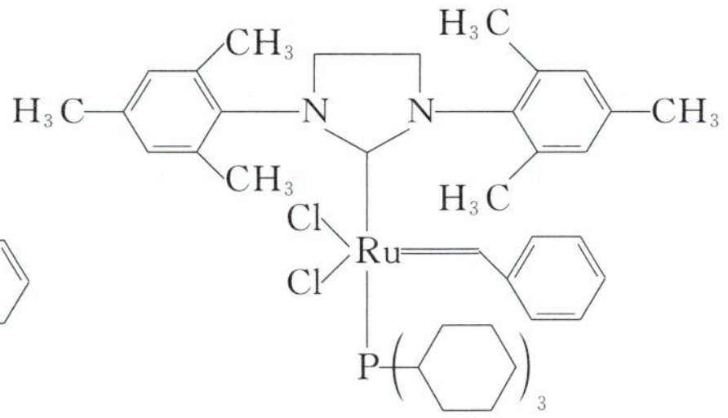

格鲁布斯第二代催化剂

6.7　α－氢的反应

和官能团直接相连的碳原子称为 α－碳原子，α－碳原子上的氢原子称为 α－氢（α－H）。在烯烃分子中，α－H 受双键的影响较活泼，易发生反应。

6.7.1　卤代反应

在低于 200 ℃时，丙烯与氯反应主要是加成反应，生成 1,2－二氯丙烷；在高于 300 ℃时，主要反应是 α－H 的氯代，生成 3－氯丙烯：

$$CH_3CH{=}CH_2 + Cl_2 \xrightarrow{<200\ ^\circ C} CH_3CHCl{-}CH_2Cl$$

$$CH_3CH{=}CH_2 + Cl_2 \xrightarrow{>300\ ^\circ C} CH_2Cl{-}CH{=}CH_2 + HCl$$

当温度接近 500 ℃时，氯代反应很快进行，得到高产率的 3－氯丙烯，工业上用此法合成 3－氯丙烯。

反应按自由基型反应机理进行。副产物是 1,2－二氯丙烷、顺和反－1,2－二氯丙烯及 2-氯丙烯。

静电势模型图

$$Cl_2 \xrightarrow{500\ ℃} 2\ Cl\cdot$$

$$CH_2{=}CH{-}CH_3 + Cl\cdot \longrightarrow CH_2{=}CH{-}\dot{C}H_2 + HCl$$

$$CH_2{=}CH{-}\dot{C}H_2 + Cl_2 \longrightarrow CH_2{=}CH{-}CH_2Cl + Cl\cdot$$

烯丙基碳自由基

烯烃 α-H 容易被卤代，因为生成的中间体 $CH_2{=}CH{-}\dot{C}H_2$（烯丙基碳自由基）是电子离域体系，比较稳定，容易形成。这可由不同 C—H 键的解离能得到说明：

$$CH_2{=}CH{-}CH_2{-}H \longrightarrow CH_2{=}CH{-}\dot{C}H_2 + H\cdot \qquad E_d = 367.8\ kJ\cdot mol^{-1}$$

$$(CH_3)_3C{-}H \longrightarrow (CH_3)_3C\cdot + H\cdot \qquad E_d = 380.4\ kJ\cdot mol^{-1}$$

$$CH_2{=}CH_2 \longrightarrow CH_2{=}\dot{C}H + H\cdot \qquad E_d = 434.7\ kJ\cdot mol^{-1}$$

环己烯与溴进行取代反应，主要产物是 3-溴代环己烯：

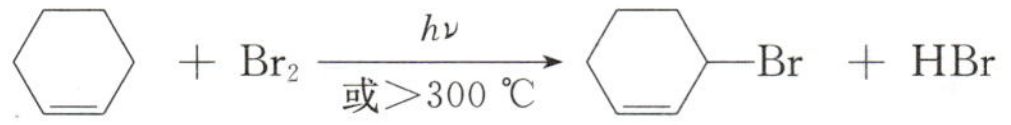

实验室中常用 *N*-溴代丁二酰亚胺（简称 NBS）作溴化剂，在较低的温度下，由光或过氧化物引发，与烯烃发生取代反应：

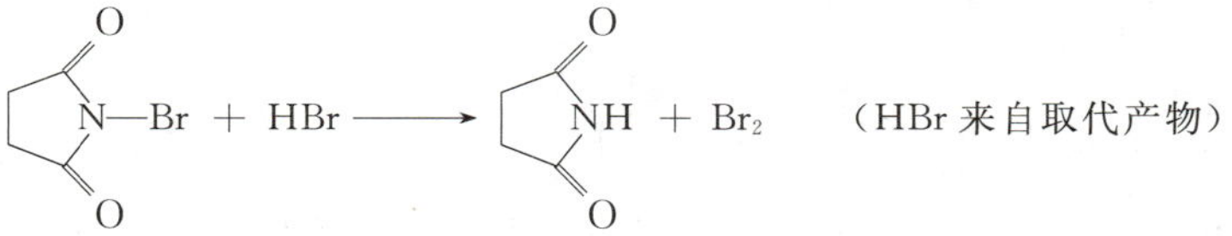

$$Br_2 \xrightarrow[\text{或}\ h\nu]{\text{引发剂}} 2Br\cdot$$

$$Br\cdot + R{-}CH_2{-}CH{=}CH_2 \longrightarrow R\dot{C}H{-}CH{=}CH_2 + HBr$$

$$[R\dot{C}H{-}CH{=}CH_2 \longleftrightarrow R{-}CH{=}CH{-}\dot{C}H_2] + Br_2 \longrightarrow$$

$$RCHBrCH{=}CH_2 + RCH{=}CH{-}CH_2Br + Br\cdot$$

这个反应有较高取代产物选择性，可能是由于 NBS 提供恒定、低浓度的溴源。

6.7.2 氧化反应

工业上以金属氧化物（如 Cu_2O）作催化剂，在压力和高温下用空气直接氧化丙烯，生成丙烯醛：

$$CH_2{=}CH{-}CH_3 + O_2 \xrightarrow[350\ ℃,\ 0.25\ MPa]{Cu_2O} CH_2{=}CH{-}CHO + H_2O$$

在含铋-钼-铁等催化剂存在下，用空气和氨直接氧化丙烯可得到丙烯腈，这是工业上制备丙烯腈的重要方法，称为氨氧化法。

$$CH_2{=}CH{-}CH_3 + \frac{3}{2}O_2 + NH_3 \xrightarrow[470\ ℃]{\text{催化剂}} CH_2{=}CH{-}CN + 3\ H_2O$$

丙烯腈是聚丙烯腈的单体，也是 ABS 工程塑料、丁腈橡胶等的重要共聚单体。

6.8　炔烃的化学性质

链炔烃系列的通式为 C_nH_{2n-2}，炔烃的官能团为碳碳三键，三键中两个 π 键互相垂直。三键可以在分子链的端位上，称为端炔烃，也可以在碳链中间，称为内炔烃。只有大环分子才有环炔烃，如环辛炔是最小环炔烃。

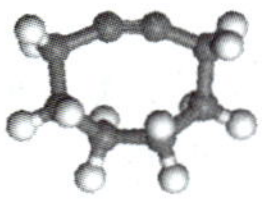

环辛炔

分子模型

炔烃和烯烃分子中都有 π 键，故两者有相似的化学性质，如都能发生加成、氧化、聚合等反应。但两者中碳原子的杂化方式不同、π 键数目不同、不饱和程度不同等，这不仅决定了两者 π 键的稳定性、加成反应的难易程度及其它一些化学性质有所差异，而且还决定了炔烃有别于烯烃的特殊性质，如三键碳原子上的氢有“酸性”等。

6.8.1　亲电加成反应

与烯烃一样，炔烃能与卤素、卤化氢等亲电试剂发生亲电加成反应，遵守不对称加成规则，加溴化氢时也有过氧化物效应等。所不同的是炔烃亲电加成较烯烃困难，要有催化剂存在才能顺利进行；三键可以加成两分子的试剂，加成是分步进行的，控制得当可以停留在加一分子试剂阶段。例如：

演 6-5

$$CH{\equiv}CH + HCl \xrightarrow{HgCl_2/C} CH_2{=}CHCl$$

$$CH_3CH_2CH_2CH_2C{\equiv}CH + HBr \xrightarrow[15\ ^\circ C]{\text{无水 Fe}} CH_3CH_2CH_2CH_2CBr{=}CH_2$$

$$CH_3{-}C{\equiv}C{-}CH_3 + Br_2 \xrightarrow[\text{乙醚}]{-20\ ^\circ C} \begin{array}{ccc} CH_3 & & Br \\ & C{=}C & \\ Br & & CH_3 \end{array}$$

$$CH_3{-}C{\equiv}C{-}CH_3 + 2Br_2 \xrightarrow[CCl_4]{20\ ^\circ C} CH_3CBr_2CBr_2CH_3$$

炔烃进行亲电加成反应比烯烃难，如在分子中同时有三键和双键的 1-戊烯-4-炔与限量的溴在四氯化碳中进行加成反应，主要发生在双键上，生成 4,5-二溴-1-戊炔：

$$CH{\equiv}CCH_2CH{=}CH_2 + \underset{(\text{限量})}{Br_2} \xrightarrow[CCl_4]{-20\ ^\circ C} CH{\equiv}CCH_2CHBrCH_2Br$$

6.8.2　亲核加成反应

炔烃的三键能与 ROH 等亲核试剂发生亲核加成反应，反应容易停留在加一分子试剂的阶段，加成结果是试剂分子中引入烯基。例如：

$$CH{\equiv}CH + CH_3OH \xrightarrow[60\ ^\circ C]{20\%KOH} CH_2{=}CH{-}OCH_3$$

甲基乙烯基醚是一种单体，其聚合得高聚物，可用作塑料、增塑剂、黏合剂等。

甲醇与炔烃的亲核加成反应机理大致如下：

$$CH_3OH + HO^- \longrightarrow CH_3O^- + H_2O$$

$$RC{\equiv}CH \xrightarrow[\text{慢}]{CH_3O^-} R{-}\underset{\displaystyle OCH_3}{\underset{|}{C}}{=}\overset{-}{C}H \xrightarrow[\text{快}]{CH_3OH} R{-}\underset{\displaystyle OCH_3}{\underset{|}{C}}{=}CH_2 + CH_3O^-$$

从反应结果看，亲核加成与亲电加成一样，也遵守不对称加成规则。但两者反应机理有本质的区别。亲核加成为碳负离子机理，即生成碳负离子中间体。

炔烃三键进行亲电加成比烯烃难，而进行亲核加成则比烯烃容易，这与反应中间体的稳定性有关。在亲电加成中，双键和三键生成的中间体碳正离子分别为(1)和(2)：

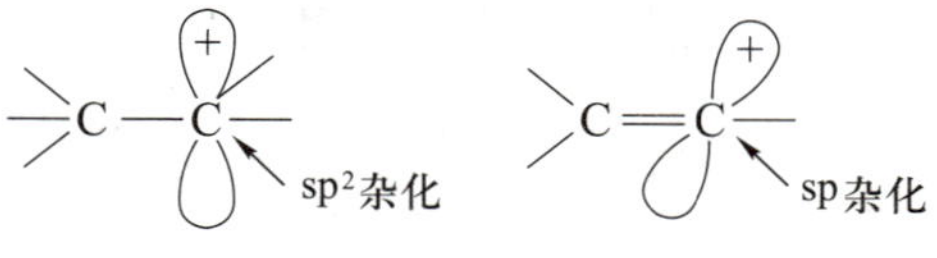

(1)　　(2)

由于 sp 杂化的碳原子电负性比 sp^2 杂化的碳原子的大，碳正离子(2)的正电荷出现在电负性较大的碳原子上，不稳定，难形成；而碳正离子(1)的正电荷出现在电负性较小的碳原子上，较稳定，易形成。因此，烯烃较炔烃容易进行亲电加成。

在亲核加成中，双键和三键生成的中间体碳负离子分别为(3)和(4)：

(3)　　(4)

sp^2 杂化的碳原子的电负性比 sp^3 杂化碳原子的大，在(4)中负电荷出现在电负性较大的碳原子上，较稳定，易生成；而在(3)中，负电荷出现在电负性较小的碳原子上，不稳定，不易生成。因此烯烃较难进行亲核加成。

6.8.3 重要应用的加成反应

1. 加氢氰酸反应

乙炔与氢氰酸在氯化亚铜和氯化铵催化下反应得丙烯腈：

$$CH{\equiv}CH + HCN \xrightarrow[25\ ℃]{CuCl-NH_4Cl} CH_2{=}CH{-}CN$$

这是由乙炔合成丙烯腈的工业方法。

2. 加水反应

炔烃加水反应通常是在 $HgSO_4-H_2SO_4$ 的水溶液中进行，汞盐为催化剂。生成中间产物烯醇，重排成醛或酮。例如：

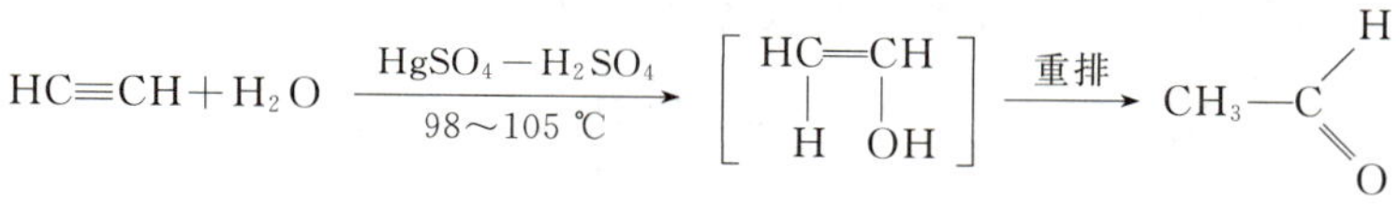

这是瓦克(Wacker)法制备乙醛出现以前工业上生产乙醛的重要方法之一。由于汞盐污染环境，现在已使用非汞催化剂，如金、钌等的化合物。

除乙炔水合得到乙醛外，其它炔烃水合得到的是酮，端炔烃水合得到甲基酮。例如：

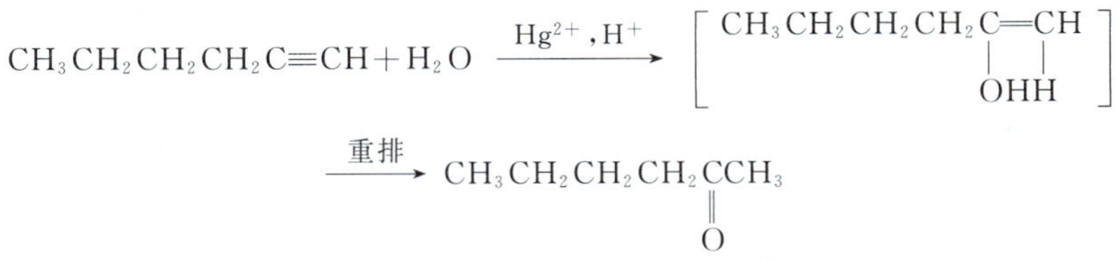

可用这种方法在实验室中合成少量的特殊结构的酮。

3. 加醋酸反应

乙炔与醋酸在 H_2SO_4 催化下制备醋酸乙烯酯，后者聚合生成聚合物，再经水解得到聚乙烯醇，聚乙烯醇是合成纤维"维尼纶"的中间体。

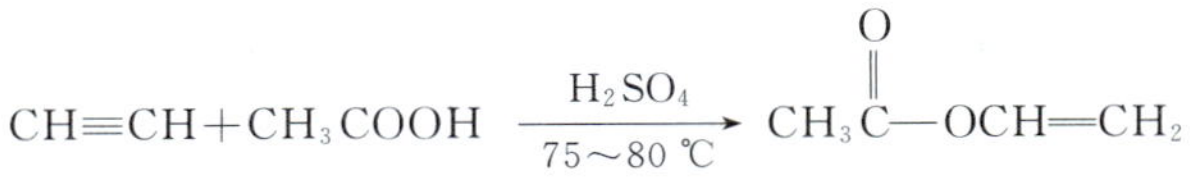

6.8.4 催化加氢和还原反应

与烯烃一样，炔烃加氢反应也要有催化剂，否则难以进行。控制反应条件和使用不同催化剂，炔烃可以加一分子氢生成烯烃，也可以加两分子氢生成烷烃。使用铂、钯或雷尼镍为催化剂，在过量氢存在下，得到烷烃。如果控制氢量，使用钝化的催化剂，如在钯/碳酸钙中加入一些醋酸铅使之钝化，得到林德拉(Lindlar)催化剂；在钯/硫酸钡中加入一些喹啉使之钝化，得到克拉姆(Cram)催化剂；在乙醇溶液中，用硼氢化钠还原醋酸镍得到硼化镍催化剂，又称布朗催化剂或 P-2 催化剂，都能使炔烃选择加氢生成烯烃。例如：

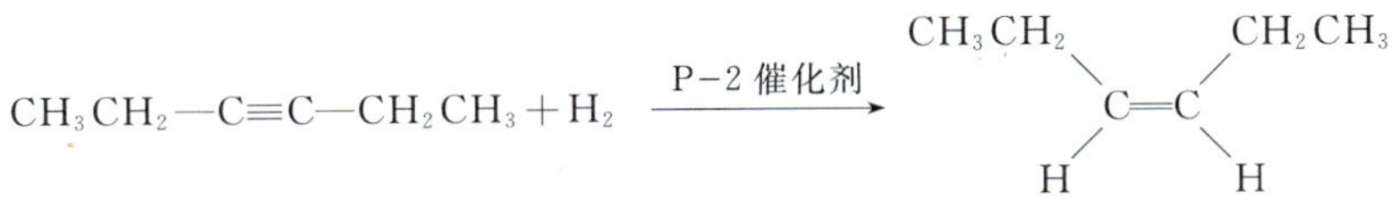

这一加氢反应是顺式加成，得到高含量的顺式烯烃。

炔烃加氢生成烯烃，在实际应用中很有意义。如使用齐格勒-纳塔催化剂催化乙烯聚合，要求反应体系中不能有微量的乙炔，否则催化剂失活，无法得到高相对分子质量的聚乙烯，因此聚合前需除去微量乙炔。而裂解法得到的乙烯，分离精制后仍有 2 000～3 000 $\mu L\cdot L^{-1}$ 的乙炔。用钝化的催化剂使乙炔选择加氢成乙烯，可以除去乙烯中的乙炔。

炔烃可用还原剂还原成烯烃，一种有效的方法是在液氨中用金属钠或锂还原。例如：

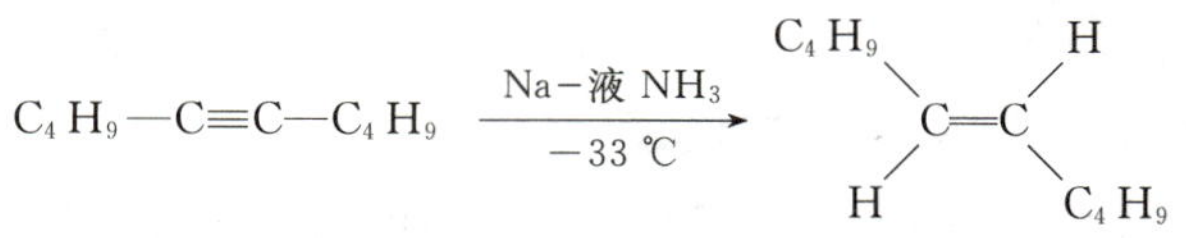

烯烃在液氨中不被还原，炔烃还原停留在生成烯烃一步。金属还原炔烃反应与P-2等钝化催化剂催化炔烃加氢反应不同，它是反式加氢，得到高含量的反式烯烃。

内炔烃三键的硼氢化反应，可以控制在一次加成生成三烯基型硼烷。H—B键与碳碳重键的加成是顺式加成，若将加成产物硼烷用醋酸处理得顺式烯烃。例如：

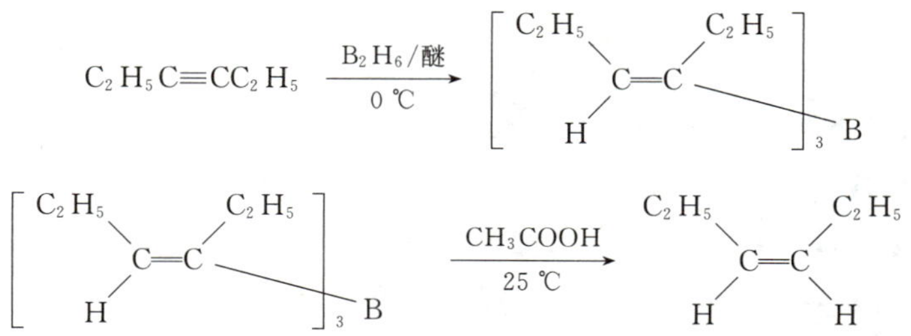

这是制备顺式烯烃的一种重要方法。若将加成产物用 H_2O_2-NaOH 水溶液处理则得到酮。

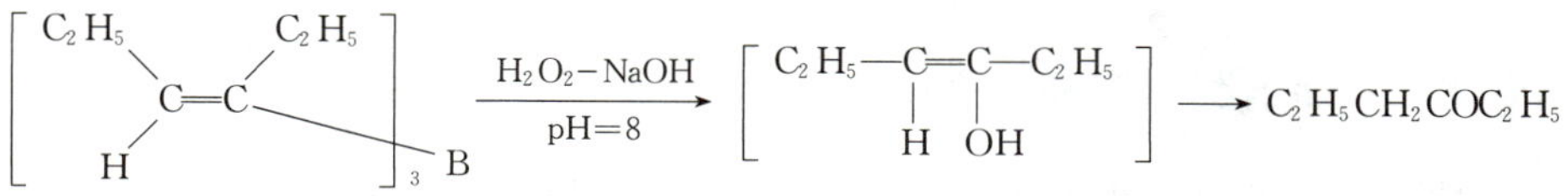

如果是端炔烃经硼氢化反应后，用 H_2O_2-NaOH 水溶液处理，则得到醛。在实验室内用它制备某些醛是很方便的。

6.8.5　聚合反应

炔烃与烯烃相似，能进行聚合反应，可以生成链状产物，也能生成环状化合物。例如：

$$HC{\equiv}CH + HC{\equiv}CH \xrightarrow[HCl]{CuCl-NH_4Cl} CH_2{=}CH{-}C{\equiv}CH$$

$$\xrightarrow{CH{\equiv}CH} CH_2{=}CH{-}C{\equiv}C{-}CH{=}CH_2$$

乙烯基乙炔可合成氯代丁二烯，氯代丁二烯是氯丁橡胶的单体(见6.11节)。

在过渡金属催化剂催化下，炔烃可以环齐聚　。例如：

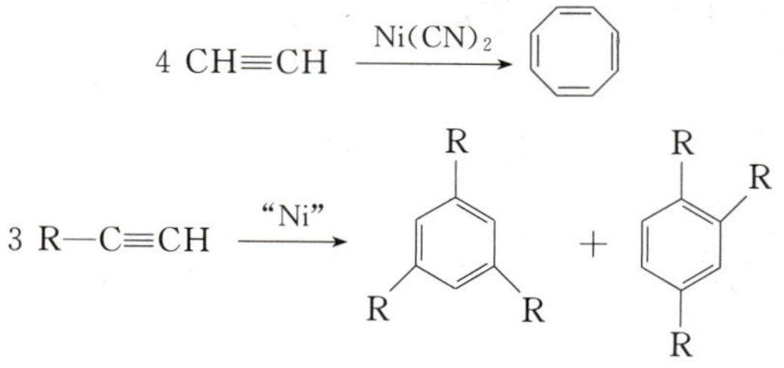

使用不同催化剂可控制产物的结构。这个反应在历史上对研究苯的结构很有意义，也可以合成一些特殊的化合物。

乙炔可以聚合成链状高相对分子质量的聚乙炔：

$$n\,CH\equiv CH \longrightarrow \lbrack CH=CH \rbrack_n$$

规整的聚乙炔结构是单、双键交替出现，呈现大 π 键，电子可以流动，黑格、马克迪尔米德和白川英树在聚乙炔中掺杂得到一类新材料——有机导体及半导体。

获诺贝尔奖者

6.8.6　氧化反应

炔烃经臭氧氧化或高锰酸钾氧化，再水解处理，在碳链的三键处断裂，生成相应的羧酸。例如：

$$CH_3CH_2CH_2CH_2C\equiv CH \xrightarrow[\text{② } H_2O]{\text{① } O_3} CH_3CH_2CH_2CH_2COOH + CO_2 + H_2O$$

$$CH_3(CH_2)_7C\equiv C(CH_2)_7COOH \xrightarrow[\text{② } H_3O^+]{\text{① 高锰酸钾/}OH^-} CH_3(CH_2)_7COOH + HOOC(CH_2)_7COOH$$

分析产物羧酸，可以推断炔烃的结构。利用高锰酸钾溶液颜色的改变，可以定性检查三键的存在，但要与烯烃的存在区别开。

6.8.7　炔氢的反应

炔烃三键碳原子上的氢原子称为炔氢，有一定的酸性。这是因为炔氢相连的碳原子是 sp 杂化，它的电负性很大，使 C—H 键的 σ 电子对偏向碳原子，氢原子易以质子的形式参与反应，即有酸性。炔氢的酸性比氨的强，但比水的弱。

1. 异构化反应

在强碱如 NaOH，NaOR 和 LiR 等作用下，炔烃会发生炔氢变成质子转移、电子对重排，异构成累积二烯烃或 C≡C 键发生位置异构，由端炔烃异构成内炔烃：

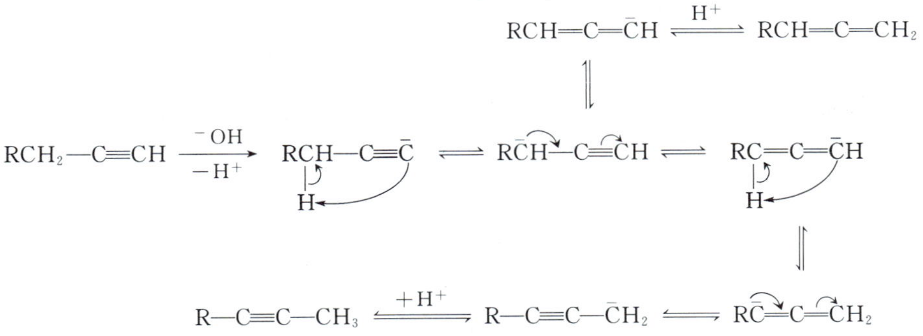

2. 碱金属炔化物的生成及其应用

在液氨中，炔氢能与碱金属如 Li，Na，K 等氨基化物反应，生成碱金属的炔化物。例如：

$$HC\equiv CH + NaNH_2 \longrightarrow HC\equiv CNa + NH_3$$

$$HC\equiv CNa + NaNH_2 \longrightarrow NaC\equiv CNa + NH_3$$

碱金属炔化物与卤代烃反应,可以合成一系列取代的炔烃。例如:

$$R-C\equiv C-H + NaNH_2 \xrightarrow{\text{液 } NH_3} R-C\equiv CNa \xrightarrow{R'X} R-C\equiv C-R' + NaX$$

这里使用的 R′X 最好是伯卤代烷,不能用叔卤代烷。

碱金属炔化物与 CO_2、环氧乙烷作用,合成羧酸、醇等。例如:

$$HC\equiv CH + 2\ LiC_4H_9 \xrightarrow[\text{己烷中}]{} LiC\equiv CLi \xrightarrow{2\ CO_2} Li-O-\overset{\overset{\displaystyle O}{\|}}{C}-C\equiv C-C(=O)OLi$$

$$\xrightarrow{+H_2O} HOOC-C\equiv C-COOH$$

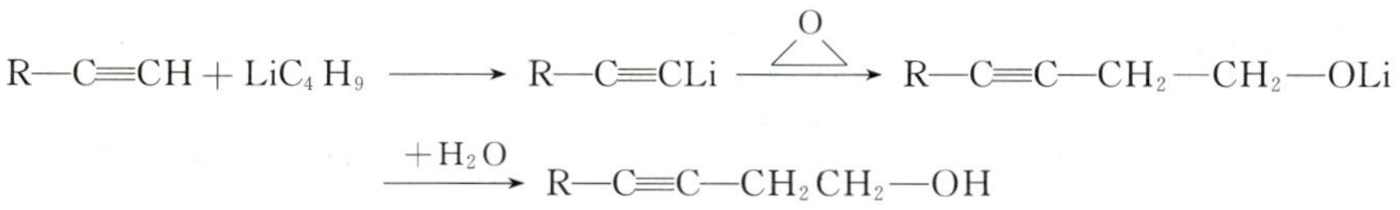

这些反应在药物合成中经常用到。

3. 过渡金属炔化物的生成

将乙炔或端炔烃加入硝酸银或氯化亚铜的氨溶液中,立即有炔化银的白色沉淀或炔化亚铜的砖红色沉淀生成:

$$CH\equiv CH + 2\,[Ag(NH_3)_2]^+ \longrightarrow AgC\equiv CAg\downarrow + 2\ NH_4^+ + 2\ NH_3$$
$$CH\equiv CH + 2\,[Cu(NH_3)_2]^+ \longrightarrow CuC\equiv CCu\downarrow + 2\ NH_4^+ + 2\ NH_3$$

反应很灵敏,现象明显,可用于乙炔和端炔烃的鉴定。炔化银、炔化亚铜在干燥状态受热或受震动容易爆炸。实验后应立即用稀酸分解。

6.9 二烯烃的分类及结构

开链二烯烃与炔烃是同分异构体,通式为 C_nH_{2n-2};环状二烯烃与环炔烃为同分异构体,通式为 C_nH_{2n-4}。下列几例二烯烃结构模型:

分子模型

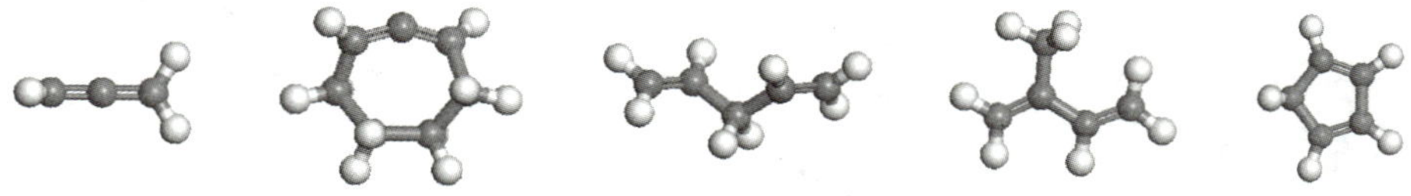

丙二烯　　1,2-环庚二烯　　1,4-戊二烯　　2-甲基-1,3-丁二烯　　环戊二烯

6.9.1 分类

1. 累积二烯烃

两个碳碳双键与同一个碳原子相连接,即分子中含有 $>C=C=C<$ 构造的二烯烃

称为累积二烯烃。累积二烯烃是丙二烯型化合物，有的是手性分子，如 2,3－戊二烯有手性。丙二烯是线形刚性结构，环状累积二烯是大环分子。

2. 孤立二烯烃

两个碳碳双键被两个或两个以上碳碳单键隔开，即分子中含有 $>C{=}CH{+}CH_2{+}_nCH{=}C<$ （$n\geqslant 1$）构造的二烯烃称为孤立二烯烃，如 1,4－戊二烯、1,4－环己二烯等。

3. 共轭二烯烃

两个碳碳双键被一个碳碳单键隔开，即分子中含有 $>C{=}CH{-}CH{=}C<$ 构造的二烯烃称为共轭二烯烃，如 2－甲基－1,3－丁二烯、环戊二烯等。

以上三种二烯烃中，孤立二烯烃的结构和性质与单烯烃的相似；累积二烯烃的结构和性质与丙二烯的相似，对其性质和用途研究得不多。共轭二烯烃不论在理论上还是在应用上研究得比较多，在这里重点予以讨论。

6.9.2　结构

1. 价键法

开链共轭二烯烃系列中最简单的成员是 1,3－丁二烯。价键理论指出：C═C 键的 C 是 sp^2 杂化，因此，1,3－丁二烯有如图 6－2 所示的结构。

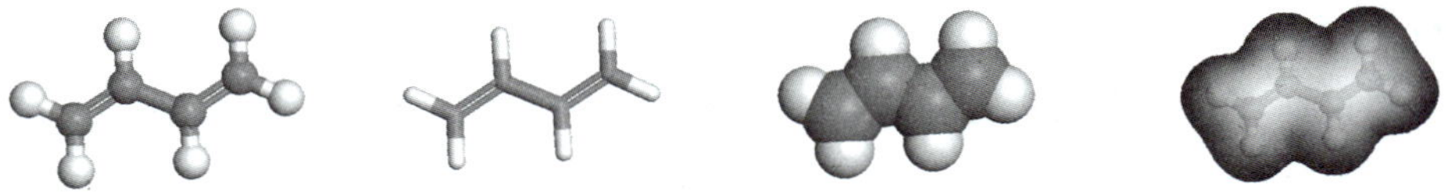

球棒模型　棍棒模型　比例模型　静电势模型图

分子模型

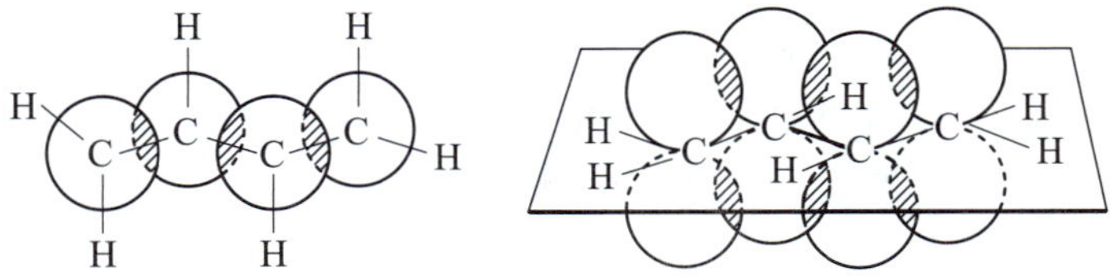

σ 键所在平面在纸面上　π 键所在平面与纸面垂直

图 6－2　1,3－丁二烯的结构

构成 1,3－丁二烯分子的十个原子在一个平面内，所有键角都接近 120°，四个碳原子上的四个 p 轨道从侧面相互重叠（又称电子离域），形成包括四个碳原子在内的大 π 键或称离域键。但 C_1 和 C_2 与 C_3 和 C_4 两个 π 键分别在两个都垂直于 σ 键平面的平面内。因此，在 C_2 与 C_3 之间也有一定程度的 p 轨道侧面重叠，但比 C_1—C_2 或 C_3—C_4 之间的重叠要弱一些，表现出三个 C—C 键长不完全相等，略有单键、双键之分，与正常单键、双键相比，它们有平均化的趋势：

$$CH_3 \overset{0.154\,0\ \text{nm}}{-\!-\!-} CH_3 \qquad \underset{1}{CH_2} \overset{0.137\,3\ \text{nm}}{=\!=\!=} \underset{2}{CH} \overset{0.148\,3\ \text{nm}}{-\!-\!-} \underset{3}{CH} \overset{0.137\,3\ \text{nm}}{=\!=\!=} \underset{4}{CH_2} \qquad CH_2 \overset{0.134\,0\ \text{nm}}{=\!=\!=} CH_2$$

2. 分子轨道法

用分子轨道理论处理 1,3-丁二烯分子结构，四个碳原子上的四个 p 轨道线性组合成四个 π 分子轨道 ψ_1，ψ_2，ψ_3 和 ψ_4（参看 1.2.1 节）：

$$\psi_4 = 0.3717\,\phi_1 - 0.6015\,\phi_2 + 0.6015\,\phi_3 - 0.3717\,\phi_4$$
$$\psi_3 = 0.6015\,\phi_1 - 0.3717\,\phi_2 - 0.3717\,\phi_3 + 0.6015\,\phi_4$$
$$\psi_2 = 0.6015\,\phi_1 + 0.3717\,\phi_2 - 0.3717\,\phi_3 - 0.6015\,\phi_4$$
$$\psi_1 = 0.3717\,\phi_1 + 0.6015\,\phi_2 + 0.6015\,\phi_3 + 0.3717\,\phi_4$$

转换成图形表示如图 6-3。ψ_1 和 ψ_2 是成键轨道，ψ_3 和 ψ_4 是反键轨道。在基态时，ψ_2 是充填电子的能量最高轨道，称为 HOMO（highest occupied molecular orbital）轨道；ψ_3 是未充填电子的能量最低轨道，称为 LUMO（lowest unoccupied molecular orbital）轨道。从 ψ_1 和 ψ_2 轨道看，不难理解 1,3-丁二烯的 C_2═C_3 双键较弱，即键长仅比其它两个 C═C 双键稍长的现象。

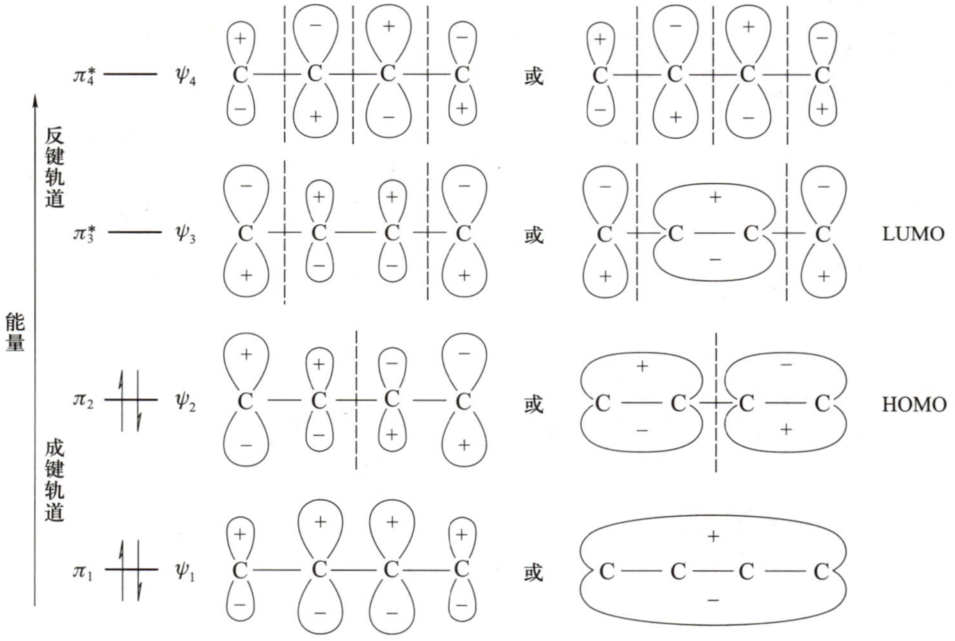

图 6-3　1,3-丁二烯的 π 分子轨道图形

从图 6-3 可以看出：对于分子平面 σ_h，ψ_1，ψ_2，ψ_3 和 ψ_4 都是反对称的（也是对称性的一种）；对通过 C_2 和 C_3 间且垂直 σ_h 的竖直平面 σ_v，ψ_1 和 ψ_3 是对称的，而 ψ_2 和 ψ_4 是反对称的；对通过 σ_h 和 σ_v 交线的 C_2 轴，ψ_1 和 ψ_3 是反对称的，ψ_2 和 ψ_4 是对称的。对化学反应有用的是 σ_v 和 C_2 对称性操作。常用 S（symmetric）表示对称，用 A（antisymmetric）表示反对称。可归纳为

π 分子轨道	ψ_1	ψ_2	ψ_3	ψ_4
σ_v	S	A	S	A
C_2	A	S	A	S

3. 共振论法

共振论认为,1,3-丁二烯是下列共振结构的杂化体:

$$CH_2{=}CH{-}CH{=}CH_2 \longleftrightarrow \overset{+}{C}H_2{-}CH{=}CH{-}\overset{-}{C}H_2 \longleftrightarrow$$

$$\overset{-}{C}H_2{-}CH{=}CH{-}\overset{+}{C}H_2 \longleftrightarrow CH_2{=}CH{-}\overset{-}{C}H\ \overset{+}{C}H_2 \longleftrightarrow \overset{+}{C}H_2\overset{-}{C}HCH{=}CH_2$$

也体现出 1,3-丁二烯的三个碳碳键的平均化现象。

由此可见,三种方法处理 1,3-丁二烯结构的结论基本一致。

6.10 共轭体系及共轭效应

6.10.1 共轭体系

在不饱和化合物中,如果有三个或三个以上具有互相平行的 p 轨道形成大 π 键,这种体系称为共轭体系。

在共轭体系中,π 电子云扩展到整个体系的现象称做电子离域或键离域。由于电子离域,使能量降低、分子趋于稳定、键长趋于平均化等现象称做共轭效应(conjugative effect,简称 *C* 效应)。共轭体系的结构特征是各个 σ 键都在同一平面内,参加共轭体系的 p 轨道轴互相平行且垂直于这个平面,相邻 p 轨道从侧面重叠,发生键的离域。若 p 轨道轴平行得不好,不能有效的重叠,共轭效应随之减弱或完全消失。共轭体系大体上分为三类。

1. π-π 共轭体系

双键、单键相间的共轭体系称为 π-π 共轭体系。形成 π-π 共轭体系的双键可以多个,形成双键的原子也不限于碳原子。例如:

C═C—C═C—C═C　　C═C—C═C—C═O　　C═C—C≡N

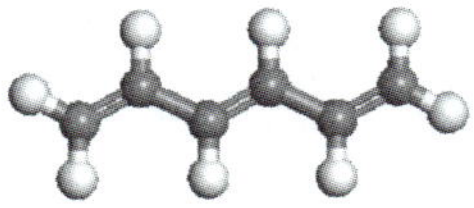

1,3,5-己三烯

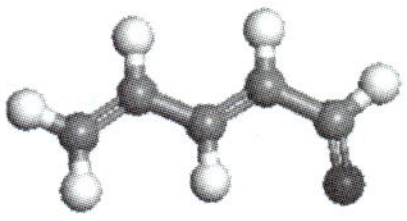

2,4-戊二烯醛

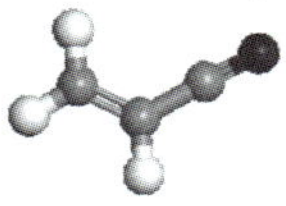

丙烯腈

分子模型

构成共轭体系的分子骨架又称为共轭链。最简单的 π-π 共轭体系分子是 1,3-丁二烯。

实验测得 1,3-丁二烯的氢化热为 239 $kJ \cdot mol^{-1}$,比 1-丁烯的氢化热的两倍少 14.2 $kJ \cdot mol^{-1}$,说明 1,3-丁二烯的能量较低,较稳定,把这个能量差称为共轭能,也称共振能。同样测得 1,3-戊二烯的氢化热为 226 $kJ \cdot mol^{-1}$,比相应的孤立二烯烃的

1,4-戊二烯的氢化热(254 kJ·mol^{-1})少 28 kJ·mol^{-1}。这都说明共轭体系能量较低，较稳定。

共轭体系的大 π 键的电子云容易被极化，其折射率比相应的孤立二烯烃大。如 1,4-戊二烯的折射率 n_D^{20} 为 1.388 8，而 1,3-戊二烯的为 1.428 4。在共轭二烯分子中，有单、双键键长平均化的现象，共轭链越长，平均化程度越大。在苯环中，六个 C—C 键键长完全相等。

2. p-π 共轭体系

当与双键碳原子相连的原子上有 p 轨道时，这个 p 轨道可与 π 键的 p 轨道重叠形成 p-π 共轭体系。最简单的 p-π 共轭体系是由三个原子组成。如甲基乙烯基醚 $CH_3\ddot{O}CH{=}CH_2$ 中的 C═C 与 O 上的 p 轨道间；氯乙烯 $CH_2{=}CH\ddot{C}l\!:$ 中的 C═C 与 Cl 上的 p 轨道间；还有烯丙基正离子 $CH_2{=}CH{-}\overset{+}{C}H_2$、烯丙基自由基 $CH_2{=}CH{-}\dot{C}H_2$ 和烯丙基负离子 $CH_2{=}CH{-}\overset{-}{C}H_2$ 中的 C═C 与另一个 C 上的 p 轨道间均形成p-π共轭体系。用价键理论处理的三个碳原子组成的共轭体系如图 6-4 所示，p 轨道中可以无电子(正离子)、一个电子(自由基)和两个电子(负离子或孤对电子)。

用分子轨道法处理三个 p 轨道组成的三个 π 分子轨道如图 6-5 所示。分子轨道能量顺序为：$\psi_1<\psi_2<\psi_3$。ψ_1 是成键轨道，ψ_2 是非键轨道，ψ_3 是反键轨道。在基态时，烯丙基碳正离子的 ψ_1 中有两个电子，是HOMO，ψ_2 是空的，是LUMO；烯丙基自由基的 ψ_1 中有两个电子，ψ_2 中有一个电子，是HOMO，ψ_3 是空的，是LUMO；烯丙基碳负离子的 ψ_1 中有两个电子，ψ_2 中有两个电子，是HOMO，ψ_3 是空的，是LUMO。

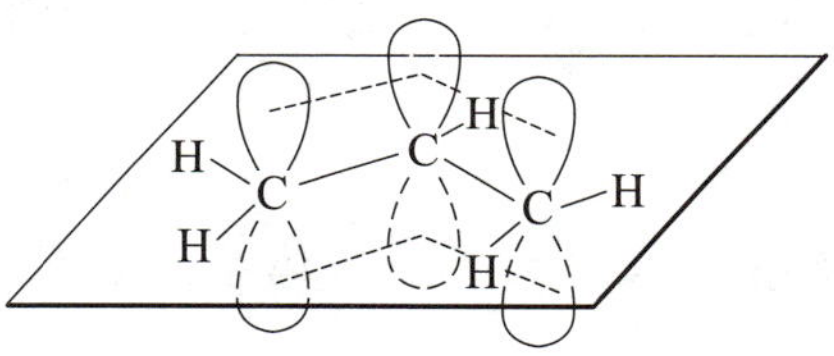

图 6-4　由三个碳原子组成的共轭体系

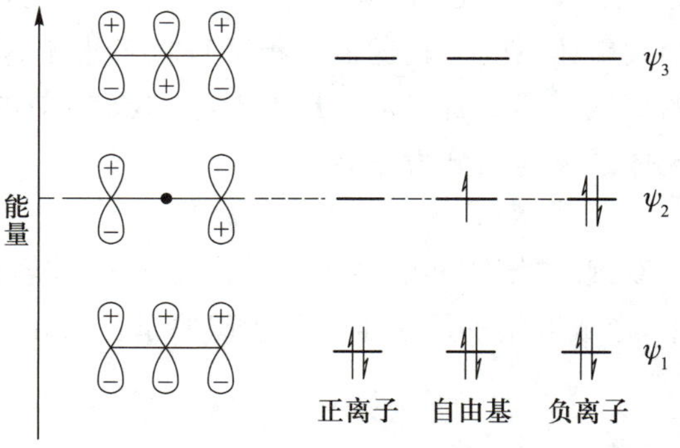

图 6-5　含三个碳原子的共轭体系的 π 分子轨道

由于共轭效应存在，C═C—C$^+$ 比一般的伯碳正离子稳定，其正电荷不是平均分布在三个碳原子上，而是主要分布在共轭体系两端的两个碳原子上，表示为 $\overset{\delta+}{C}H_2\overline{\cdots}CH\overline{\cdots}\overset{\delta+}{C}H_2$；烯丙基自由基的稳定性比丙基自由基 $CH_3CH_2\dot{C}H_2$ 和 3-丁烯基自由基 $CH_2{=}CHCH_2\dot{C}H_2$ 的稳定性大，其未配对的单电子也是主要分布在两端碳原子上，$\overset{\delta\cdot}{C}H_2\overline{\cdots}CH\overline{\cdots}\overset{\delta\cdot}{C}H_2$；烯丙基碳负离子的稳定性大于 $CH_2{=}CHCH_2^-CH_2$ 碳负离

子的稳定性，所带负电荷也主要分布在两端的碳原子上，$\overset{\delta-}{C}H_2\text{┈┈}CH\text{┈┈}\overset{\delta-}{C}H_2$。

共振论把三个碳原子构成的 p−π 共轭体系表示为

$$CH_2 {=} CH{-}\overset{+\cdot-}{C}H_2 \longleftrightarrow \overset{+\cdot-}{C}H_2{-}CH{=}CH_2$$

（$^+$ 表示正离子，$^\bullet$ 表示自由基，$^-$ 表示负离子）

由于 p−π 共轭效应，所以烯烃的 α−H 比较活泼，容易进行卤代、氧化等反应。

3. 超共轭体系

（1）σ−π 超共轭体系　丙烯分子中的甲基绕碳碳 σ 键自由旋转，当甲基上一个 C—H 键的键轨道与 C═C 键的 p 轨道接近平行时，π 键与 C—H σ 键相互重叠，形成 σ−π 共轭体系（图 6−6）。

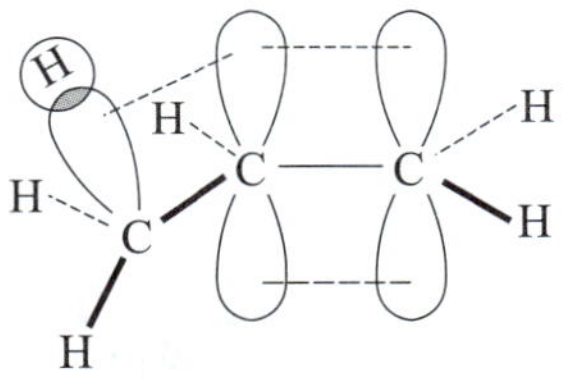

图 6−6　丙烯分子中的超共轭效应

σ−π 共轭作用比 π−π 或 p−π 共轭作用弱得多，故称做超共轭体系。可用超共轭效应解释丙烯的氢化热（126 kJ·mol^{-1}）比乙烯的氢化热（137 kJ·mol^{-1}）小；1,3−戊二烯的氢化热（226 kJ·mol^{-1}）比 1,3−丁二烯的氢化热（239 kJ·mol^{-1}）小。它们之间的差值称为超共轭能。亦就是说，烷基取代乙烯和取代1,3−丁二烯比相应的乙烯和1,3−丁二烯稳定。

σ−π 超共轭体系中 C═C 键的 α−H 的数目越多，形成共轭的概率越大，σ−π 超共轭效应越强。因此，2−丁烯比 1−丁烯稳定。2−丁烯的 π 电子离域较广泛，离域能较大，故较稳定，可表示如下：

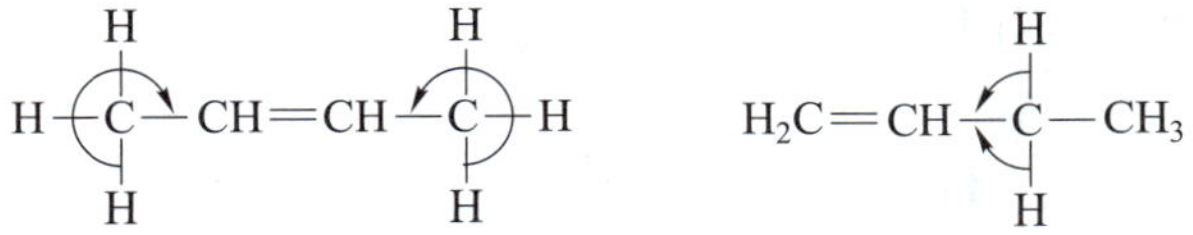

（2）σ−p 超共轭体系　与 σ−π 超共轭体系相似，C—H σ 键轨道也可以与 p 轨道形成共轭体系，称做 σ−p 共轭体系，也属超共轭体系。

在前面（5.3.1 节）讨论烷基自由基的稳定性时提出：3° R$^\cdot$ > 2° R$^\cdot$ > 1° R$^\cdot$ > ·CH_3。烷基自由基的 p 轨道与 C—H σ 键共轭得越多，其稳定性越大。因此，稳定性顺序为

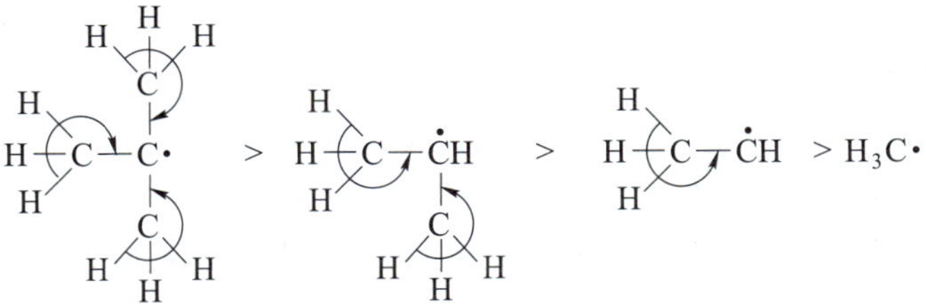

叔丁基碳自由基　异丙基碳自由基　乙基碳自由基　甲基碳自由基

静电势模型图

与此相似，与烷基碳正离子共轭的 C—H σ 键越多，其碳正离子也越稳定。因此烷基碳正离子的稳定性顺序为

$$3^\circ R^+ > 2^\circ R^+ > 1^\circ R^+ > \overset{+}{C}H_3$$

静电势模型图

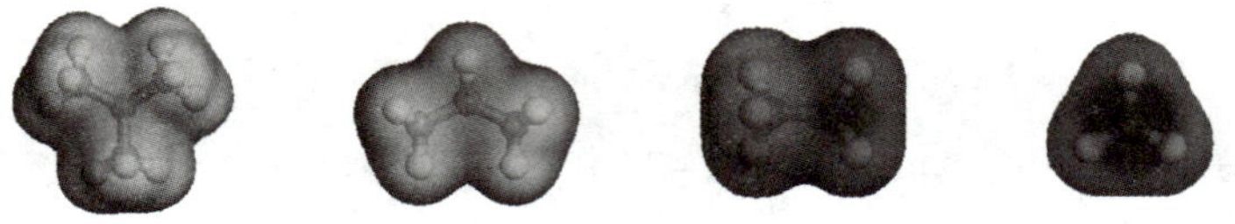

叔丁基碳正离子 异丙基碳正离子 乙基碳正离子 甲基碳正离子

烃基碳负离子由于电子效应和立体效应的综合影响，其稳定性顺序则为

$$\overset{-}{C}H_3 > 1^\circ R^- > 2^\circ R^- > 3^\circ R^-$$

静电势模型图

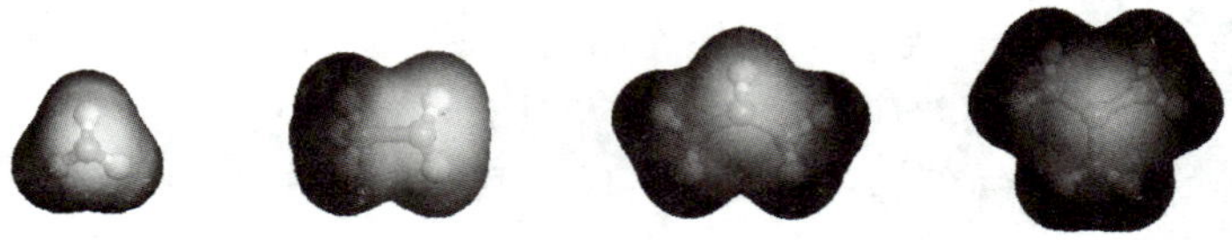

甲基碳负离子 乙基碳负离子 异丙基碳负离子 叔丁基碳负离子

6.10.2 共轭效应

在共轭体系中，由于原子的电负性不同和形成共轭体系的方式不同，会使共轭体系中电子离域有方向性，共轭效应有吸电子的共轭效应（用 $-C$ 表示）和给电子的共轭效应（用 $+C$ 表示）。电子共轭效应在共轭链上传递，出现正、负电荷交替现象。共轭效应在共轭链上的传递不因共轭链增长而减弱。

1. 吸电子的共轭效应（$-C$ 效应）

电负性大的原子以双键的形式连到共轭体系上，π 电子向电负性大的原子方向离域，产生吸电子共轭效应。如在烯丙醛体系中：

静电势模型图

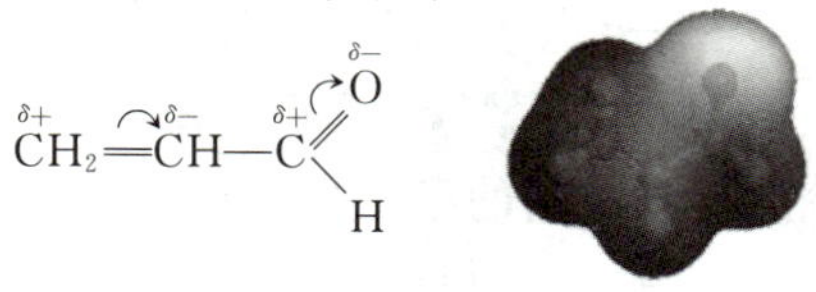

共轭的 π 电子密度在共轭链原子上出现 $\delta+$ 和 $\delta-$ 的交替分布，且电负性大的原子上有较高的电子密度。

显然由 C═O，C═N，C≡N 等构成的共轭体系都有 $-C$ 效应。

2. 给电子的共轭效应（$+C$ 效应）

含有孤对电子的原子与双键形成共轭体系，则产生 $+C$ 效应。如在氯乙烯和乙基乙烯基醚体系中：

静电势模型图

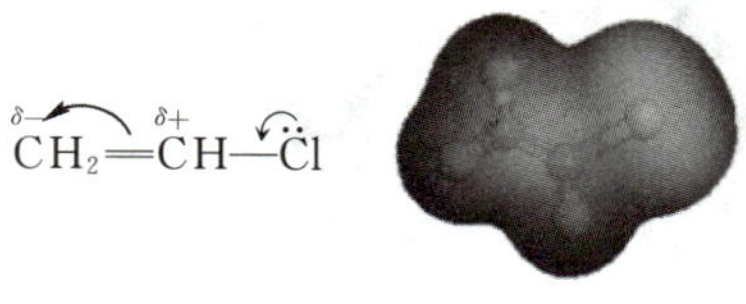

氯乙烯

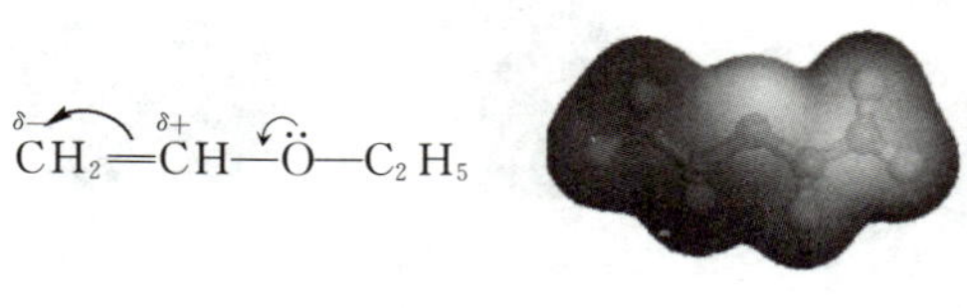

乙基乙烯基醚

一些原子或基团的 $+C$ 效应强度顺序如下：

$$-\ddot{F} < -\ddot{C}l < -\ddot{B}r < -\ddot{I} \qquad -\ddot{O}R < -\ddot{S}R$$

$$-\ddot{N}R_2 > -\ddot{O}R > -\ddot{F} \qquad \bar{O} > \ddot{O}R > \overset{+}{O}R_2$$

烷基自由基及烷基碳负离子也有 $+C$ 效应。

上面讨论的电子的共轭效应的方向和强度都基于基态情况，又称静态共轭效应。如果环境改变了，电子的共轭效应的强度顺序，甚至方向都有可能变化，则属于动态共轭效应。

在实际反应中，动态共轭效应起的作用往往是很重要的。如 $CH_2{=}CH{-}CH{=}CH_2$，在静态时，π 电子的离域方向不明显，但在外电场如 $\overset{\delta+}{Br}{-}\overset{\delta-}{Br}$ 的作用下（Br_2 会产生瞬时偶极 $\overset{\delta+}{Br}{-}\overset{\delta-}{Br}$），$\pi$ 电子的离域方向十分明显：

$$\overset{\delta+}{CH_2}{=}\overset{\delta-}{CH}{-}\overset{\delta+}{CH}{=}\overset{\delta-}{CH_2} \qquad \overset{\delta+}{Br}{-}\overset{\delta-}{Br}$$

6.11　共轭二烯烃的化学性质

共轭双键可看成是共轭二烯烃的官能团，它有双键的性质，如可进行加成反应、聚合反应和氧化反应，并具 α-H 的活泼性等。但由于双键是处于共轭状态，因此，在加成反应和聚合反应中又有它的特殊规律性。

6.11.1　1,4-加成反应

与烯烃一样，共轭二烯烃能与卤素、卤化氢等发生亲电加成反应，也能进行催化加氢反应。但 1,3-丁二烯与一分子试剂加成，可生成两种产物。例如：

$$CH_2{=}CH{-}CH{=}CH_2 + Br_2 \longrightarrow CH_2{=}CH{-}\underset{\displaystyle Br}{\underset{|}{CH}}{-}\underset{\displaystyle Br}{\underset{|}{CH_2}} \quad + \quad \underset{\displaystyle Br}{\underset{|}{CH_2}}{-}CH{=}CH{-}\underset{\displaystyle Br}{\underset{|}{CH_2}}$$

两种产物来源于两种不同的加成方式。3,4-二溴-1-丁烯的生成与普通单烯烃加成反应一样，打开一个 π 键，溴加到双键的两个碳原子上，称做 1,2-加成。1,4-二溴-2-丁烯的生成是由打开两个 π 键，溴加到两端的 C_1 和 C_4 上，在中间两个碳原子间形成一个双键，称做 1,4-加成，也称做共轭加成。共轭二烯烃可以进行 1,2-加成，也可以进行 1,4-加成，两者哪种占优势，取决于反应物的结构、产物的稳定性及反应条件。如 1,3-丁二烯与溴的加成反应，若在极性溶剂中进行，1,4-加成产物占 70%（40 ℃）；若在非极性溶剂（如己烷）中进行，1,4-加成产物占 46%（−15 ℃）。温度对此反应有显著的影响，如 1,3-丁二烯与溴化氢的加成反应，在 −80 ℃时，反应得 81%的 1,2-加成产物；在 45 ℃时，反应得 15%的 1,2-加成产物：

$$CH_2{=}CH{-}CH{=}CH_2 + HBr \xrightarrow{-80\ ℃} \underset{81\%}{CH_3CHBrCH{=}CH_2} + \underset{19\%}{CH_3CH{=}CHCH_2Br}$$

$$CH_2{=}CH{-}CH{=}CH_2 + HBr \xrightarrow{45\ ℃} \underset{15\%}{CH_3CHBrCH{=}CH_2} + \underset{85\%}{CH_3CH{=}CHCH_2Br}$$

1,3-丁二烯与 HBr 反应,先加一个 H^+ 生成碳正离子,由于动态共轭效应,亲电试剂总是加在共轭双键的链端碳原子上,生成的烯丙基碳正离子比伯碳正离子稳定:

$$\overset{\delta+}{C}H_2{=}\overset{\delta-}{C}H{-}\overset{\delta+}{C}H{=}\overset{\delta-}{C}H_2 + \overset{\delta+}{H}{-}\overset{\delta-}{Br} \longrightarrow CH_3{-}\overset{+}{C}H{-}CH{=}CH_2 + Br^-$$

从共振论的观点看,$CH_3\overset{+}{C}H{-}CH{=}CH_2 \longleftrightarrow CH_3CH{=}CH{-}\overset{+}{C}H_2$,前者较稳定,对共振杂化体贡献较大,可以得到 1,2-加成产物,也得到 1,4-加成产物。

从分子轨道理论的观点看,$CH_3\overset{\delta+}{C}H{\cdots}CH{\cdots}\overset{\delta+}{C}H_2$ 是中间体,再与 Br^- 反应得到 1,2-加成产物 $CH_3CHBrCH{=}CH_2$ 和 1,4-加成产物 $CH_3CH{=}CHCH_2Br$。

碳碳三键与碳碳双键共轭的烯炔烃不同于碳碳双键、碳碳三键孤立的烯炔烃,具有共轭二烯烃的性质,能发生 1,4-加成反应。例如,乙烯基乙炔与氯化氢发生加成反应:

$$\overset{\delta+}{C}H_2{=}CH{-}C{\equiv}\overset{\delta-}{C}H + HCl \longrightarrow \underset{\displaystyle Cl}{\underset{|}{C}H_2}{-}CH{=}C{=}CH_2$$

生成的累积二烯烃不稳定,重排得到 2-氯-1,3-丁二烯:

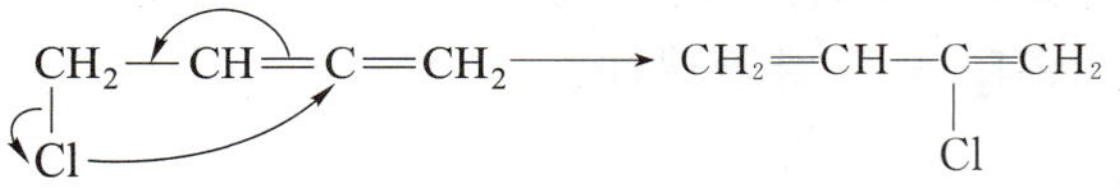

6.11.2 动力学控制与热力学控制

1,3-丁二烯与 HBr 的加成反应是可逆反应,其加成反应的能量曲线如图 6-7 所示。图中第一个过渡态能量较高,是决定反应速率步骤;第二个过渡态能量较低,决定产物组成。1,2-加成产物3-溴-1-丁烯能量较高,不稳定;1,4-加成产物 1-溴-2-丁烯能量较低,较稳定。另一方面,生成中间体烯丙基碳正离子后,第二步反应生成1,2-加成产物需要的活化能低,在较低温度下反应速率快,产物的组成由反应速率决定,称为动力学控制,得到以 1,2-加成产物为主;在较高温度下,生成 1,2-加成产物与生成 1,4-加成产物的活化能的差别变得不重要,而 1,2-加成产物和 1,4-加成产物的热力学稳定性变得重要,它们都能解离重新生成烯丙基碳正离子和 Br^-,重新结合生成平衡混合物:

$$CH_3CHBrCH{=}CH_2 \rightleftharpoons CH_3\overset{\delta+}{C}H{\cdots}CH{\cdots}\overset{\delta+}{C}H_2 + Br^- \rightleftharpoons CH_3CH{=}CHCH_2Br$$

产物的组成由产物的热力学稳定性决定,称为热力学控制。1,2-加成产物解离的活化能低,逆反应速率快;1,4-加成产物解离的活化能高,逆反应速率慢。因此,1,2-加成产物生成后在较高温度下容易变成 1,4-加成产物,达到热力学平衡时,1,4-加成产物为主要生成物。

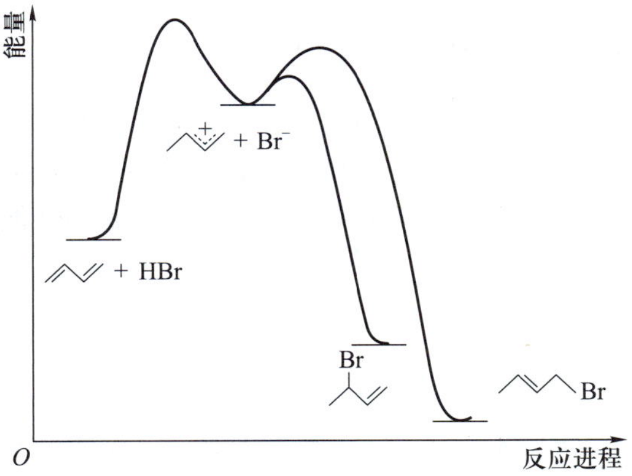

图 6-7　1,3-丁二烯与溴化氢反应的能量曲线图

前述的乙烯基乙炔与氯化氢的加成反应是热力学控制。

6.11.3　聚合及共聚合反应

与单烯烃一样，共轭二烯烃可以进行齐聚反应、高聚反应，也可以进行共聚反应。其反应类型比单烯烃多得多。如可以环齐聚也可以线性齐聚；有 1,2-聚合也有 1,4-聚合；能得到顺式 1,4-聚合产物，也能得到反式 1,4-聚合产物。齐聚产物是化工原料；高聚产物是弹性体，可加工成橡胶制品。

1. 1,3-丁二烯齐聚反应

1,3-丁二烯环二聚反应有几种反应方式。1,2-环二聚得 1,2-二乙烯基环丁烷；1,2-、1,4-环二聚得 4-乙烯基环己烯；1,4-环二聚得 1,5-环辛二烯：

改变催化剂的配体 PR_3 的结构，可以得到以一种结构为主的产物。

1,3-丁二烯在零价镍催化下环三聚主要生成反式-1,5,9-环十二碳三烯：

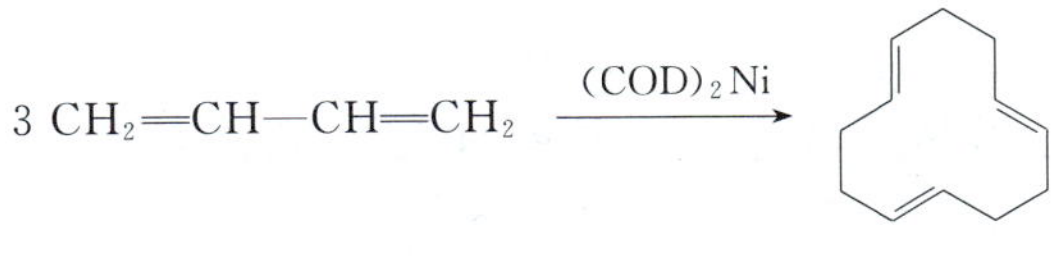

工业上把反式-1,5,9-环十二碳三烯转变成 α,ω-十二碳二酸，作合成纤维的单体；转变成1,2,5,6,9,10-六溴环十二烷，作阻燃剂。

2. 1,3-丁二烯的高聚反应

1,3-丁二烯最重要的应用是高聚成弹性的聚合物——合成橡胶。例如，2-甲基-1,3-丁二烯聚合得到顺式聚异戊二烯，其组成和性质与天然橡胶相同，称为合成天然橡胶。

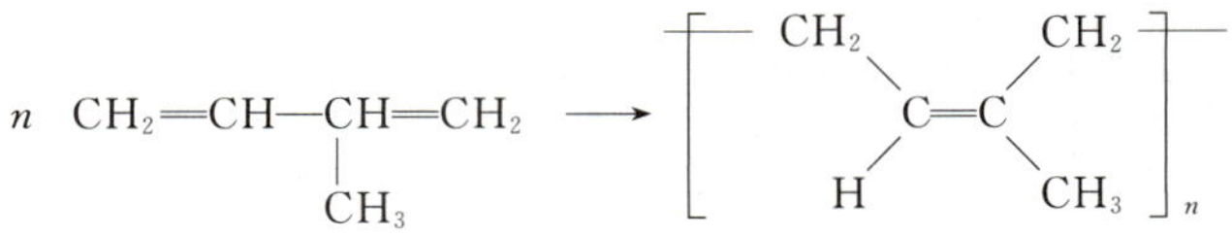

1,3-丁二烯在环烷酸镍/三异丁基铝催化剂作用下进行聚合反应得到顺式结构含量>96%的1,4-聚丁二烯(又称顺丁橡胶),低温弹性和耐磨性能好,可以作轮胎:

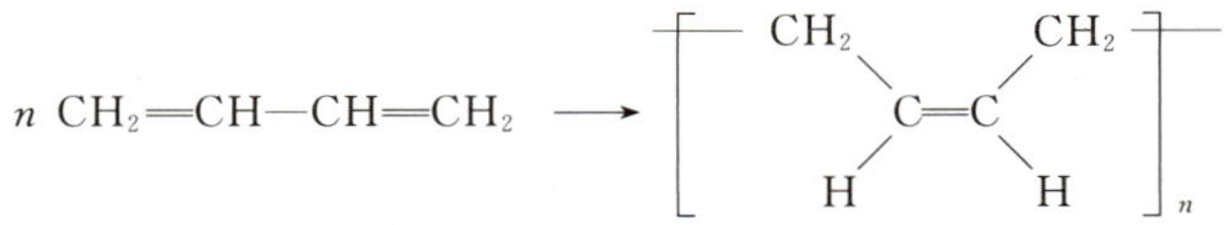

用烯丙基碘化镍作催化剂,1,3-丁二烯聚合则得到反式结构含量>99%的1,4-聚丁二烯:

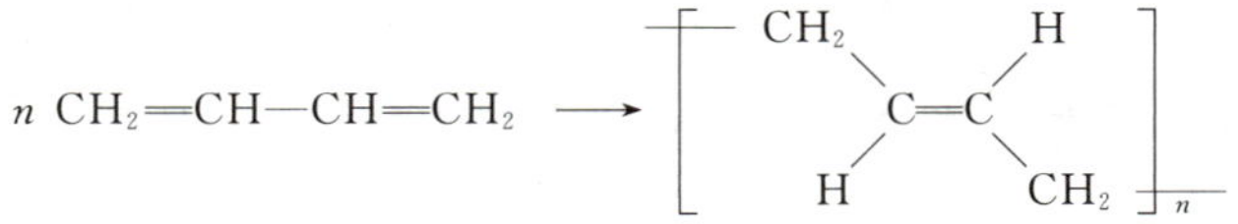

调整丁基锂/醚引发剂中各组分的比例,使1,3-丁二烯在进行1,4-聚合的同时也进行1,2-聚合,得到含1,2-聚合结构在25%~65%的乙烯基橡胶,其加工性能好,是新的橡胶品种。

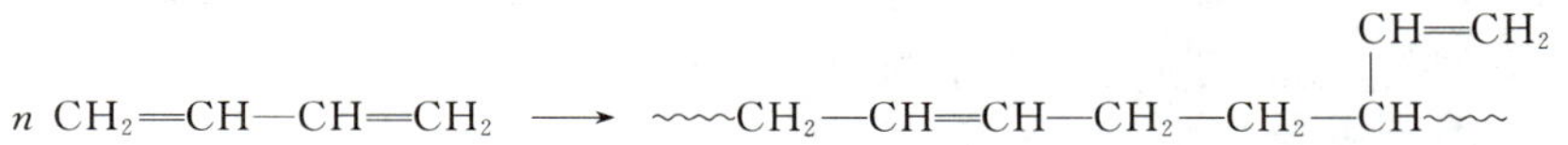

3. 共聚合反应

1,3-丁二烯可以与苯乙烯、丙烯腈、甲基丙烯酸甲酯等单体进行共聚合反应,得到橡胶和塑料等。如1,3-丁二烯与苯乙烯进行共聚合反应,得到聚1,4-丁二烯-苯乙烯弹性体(又称丁苯橡胶),其综合性能好,是目前合成橡胶中产量最大的品种,主要用于制造轮胎。

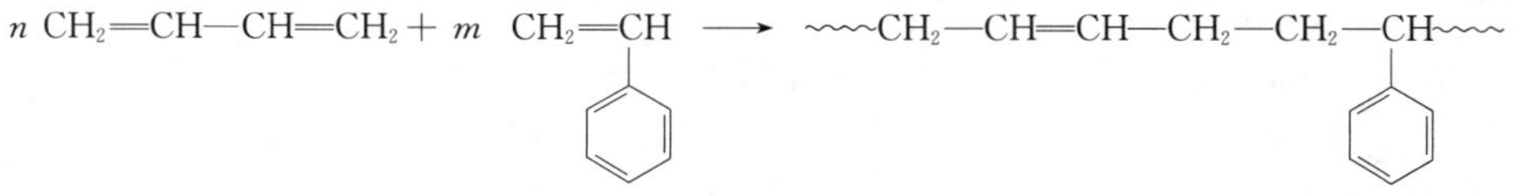

1,3-丁二烯、苯乙烯和丙烯腈三元共聚,可以得到兼有橡胶和塑料性质的聚合物ABS树脂:

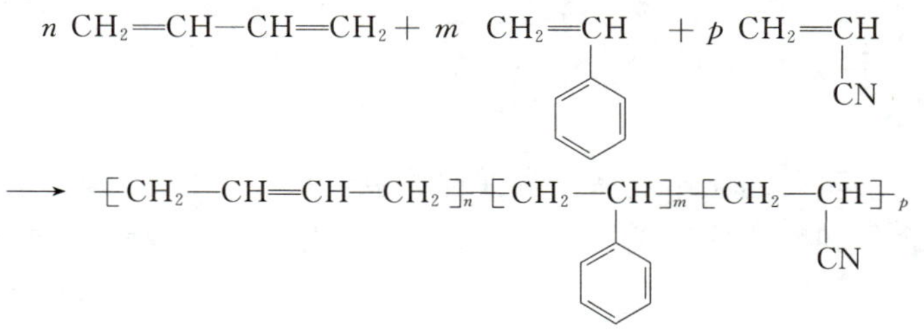

它是聚丁二烯、聚苯乙烯和聚丙烯腈的嵌段聚合物,性能优异,是有广泛用途的工程

塑料。

6.11.4　周环反应

周环反应包括共轭多烯的电环化反应、环加成反应和 σ 键迁移(见 9.7.4 节)三类反应。共轭二烯烃仅涉及前两类反应。

1. 电环化反应

在加热或光照下,共轭二烯烃经过一个环状过渡态可转变成环丁烯,环丁烯也可以转变成共轭二烯烃:

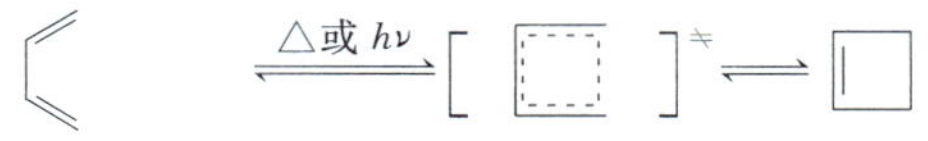

共轭二烯烃两端碳原子的 π 键断裂生成一个 σ 键关环和一个新的 π 键的反应,称为电环化反应。在过渡态时,键的断裂和形成是同步进行的,称为协同反应(concerted reaction)。

电环化反应是高度立体专一性反应,一定构型的反应物在一定的条件(加热或光照)下反应只得到特定构型的产物。如(Z,E)-2,4-己二烯在加热下生成内消旋体顺-3,4-二甲基环丁烯,而在光照下生成反-3,4-二甲基环丁烯的外消旋体。其逆反应都是(Z,E)-2,4-己二烯:

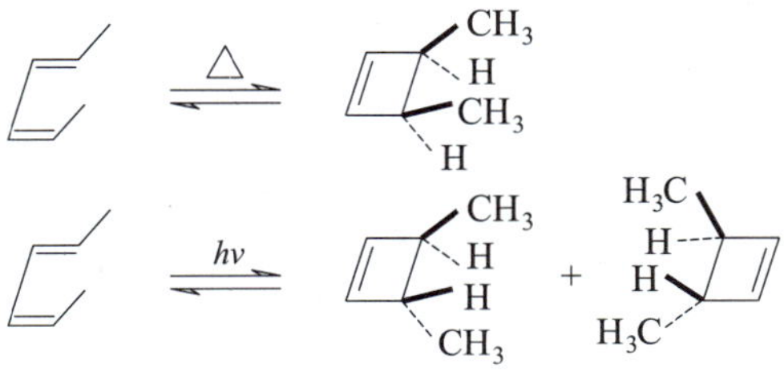

2. 环加成反应

在加热条件下,共轭二烯烃与含 C═C 键或 C≡C 键的化合物进行 1,4-环加成反应,生成六元环烯烃,反应也经过一个环状过渡态。成环反应需要的温度比开环反应的温度低些。

这个反应称做双烯合成反应,是德国化学家狄尔斯(Diels O, 1876—1954)和阿尔德(Alder K, 1902—1958)发现的(由此两人共同获 1954 年诺贝尔化学奖),又称狄尔斯-阿尔德反应。共轭二烯烃是 4 个 π 电子、烯烃是 2 个 π 电子参加反应,因此,也称做[4+2]环加成反应。通常把共轭二烯烃称为双烯体,与它反应的不饱和化合物称为亲双烯体。双烯合成反应是合成六元环化合物的一个重要方法,将双烯体或亲双烯体中不饱和碳原子换成"不饱和"的杂原子(在有机化学中,碳氢以外的原子称为杂原子),反应仍能

获诺贝尔奖者

进行，得到六元杂环化合物。

1,3-丁二烯与乙烯的反应需要在比较高的温度(>150 ℃)、压力(>90 MPa)下长时间反应才能完成。而当双烯体带给电子基团、亲双烯体带吸电子基团时，反应很容易进行。例如：

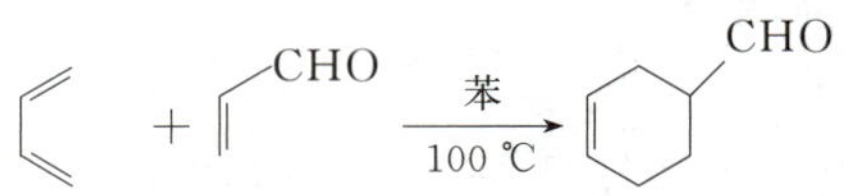

100%

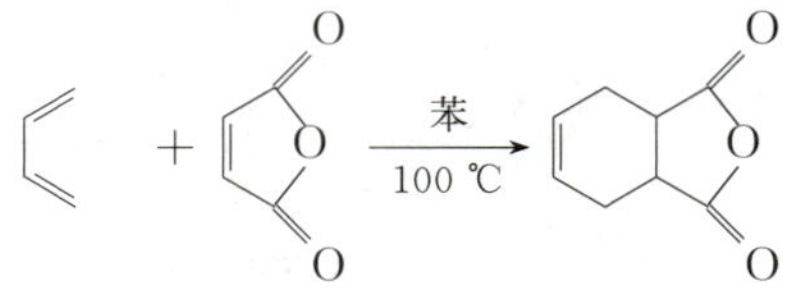

100%

后一反应得到的4-环己烯-1,2-二甲酸酐是固体，在实验室中可用这一反应鉴定、精制共轭二烯烃。

双烯合成反应也是立体专一性反应，还具有区域选择性。例如：

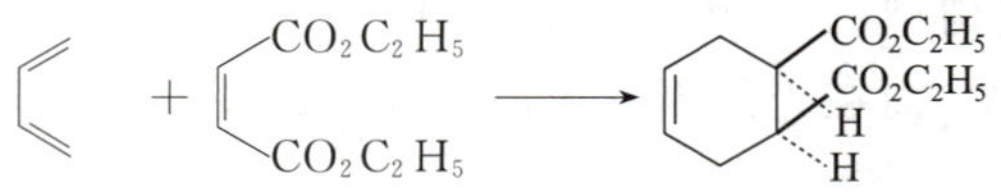

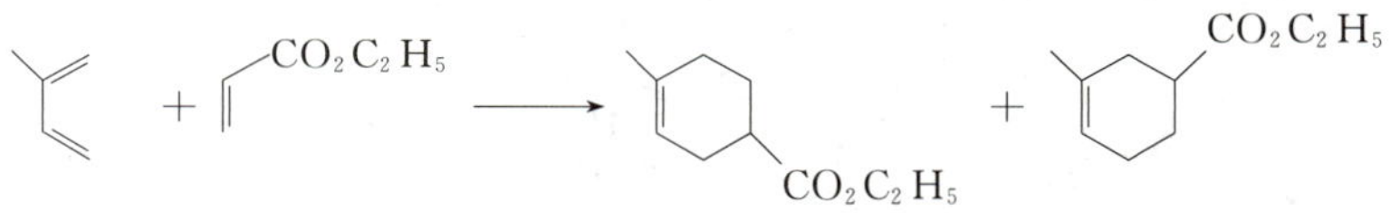

84%　　　　16%

在前一反应中，亲双烯体反应前后的构型保持不变，在后一反应中，以取代基在1,4位产物为主。

拓 4-11

近年来这一反应发展得很快，可用路易斯酸如 $AlCl_3$ 催化，提高反应速率和产物的区域选择性，甚至可以在水溶液中反应。

3. 周环反应的机理

像共轭二烯烃的电环化反应和[4+2]环加成反应等，不经过任何中间体，只通过环状过渡态来完成的协同反应称做周环反应(pericyclic reaction)。周环反应有两个特点：第一，反应条件(加热或光照)可控制产物；第二，反应是立体专一性反应。

获诺贝尔奖者

周环反应的机理是基于日本化学家福井谦一(Fukui Kenichi，1981年获诺贝尔化学奖)提出的分子前沿轨道学说，以及美国化学家伍德沃德(1965年获诺贝尔化学奖)和霍夫曼(Hoffman R，1981年与福井谦一同获诺贝尔化学奖)提出的分子轨道对称守恒原理，这两项工作是近代有机化学理论研究的重大成果之一。

分子前沿轨道学说认为：在化学反应中，分子轨道要重新组合，这种组合主要发生在分子前沿轨道上，即发生在HOMO和LUMO之间。分子轨道对称守恒原理认为：反应成键过程是分子轨道的重新组合过程，反应过程中分子轨道的对称性必须是守恒的。即反应物分子轨道的对称性必须与产物分子轨道的对称性保持一致，才容易进行反应，称为对称性允许。反之，反应就难进行或不能进行，称为对称性禁阻。

电环化反应是可逆的，按微观可逆原则，正反应和逆反应经过的途径是相同的，所以成环反应的结果也适用于开环反应。在电环化反应中，共轭二烯烃两端碳原子的 p 轨道变成环烯烃分子中的 σ 键，因此要考虑这两个 p 轨道在反应过程中的对称性守恒。2,4-己二烯分子的 π 轨道与 1,3-丁二烯的相同，如图 6-3 所示。

热反应只与基态有关，在反应中起关键作用的是 HOMO(ψ_2)。2,4-己二烯要转化成 3,4-二甲基环丁烯，必须在 C_2 和 C_5 间形成 σ 键，要求 C_2 和 C_5 两个原子分别绕 $C_2—C_3$ 键和 $C_5—C_4$ 键旋转，同时 C_2 和 C_5 上 p 轨道逐渐转化成 sp^3 杂化轨道，互相重叠生成 σ 键。$C_2—C_3$ 键和 $C_5—C_4$ 键的旋转有两种可能的方式：一种是向同一方向旋转，称为顺旋（conrotatory）；一种是向相反方向旋转，称为对旋（disrotatory），见图 6-8。在顺旋时，C_2 的 p 轨道或 sp^3 杂化轨道与 C_5 的 p 轨道或 sp^3 杂化轨道始终保持对称性不变，在两个 sp^3 杂化轨道距离最近时，轨道相位相同，重叠最大，形成 σ 键。两个 π 键开始断裂的同时新的 π 键和 σ 键开始形成，活化能降低，使开链共轭二烯烃顺利地转化成环烯烃。顺旋是轨道对称性允许的途径，形成 σ 键；而对旋情况相反，两个 sp^3 杂化轨道接近时，相位相反，不能形成 σ 键，是对称性禁阻的途径。

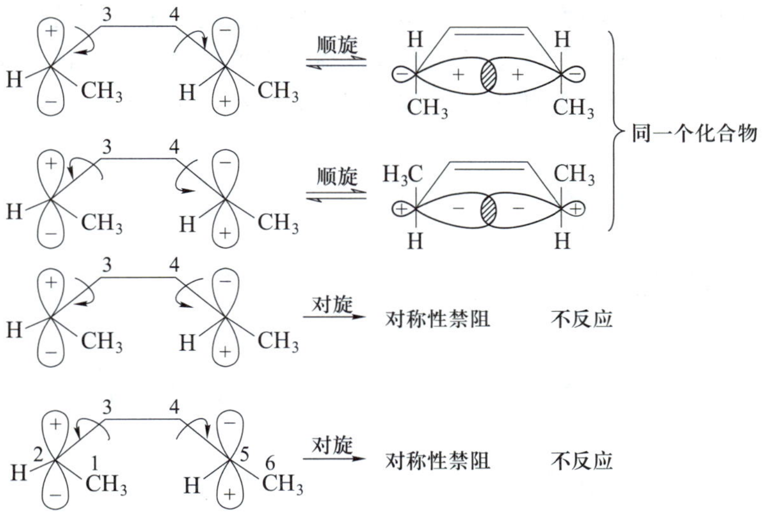

动 3-36

动 3-37

动 3-38

动 3-39

图 6-8　(Z,E)-2,4-己二烯热作用顺旋形成顺-3,4-二甲基环丁烯

顺-3,4-二甲基环丁烯顺旋开环得到(Z,E)-2,4-己二烯。

在光照的情况下，2,4-己二烯分子中一个电子从 ψ_2 轨道跃迁到 ψ_3 中，这时 2,4-己二烯的 HOMO 为 ψ_3，LUMO 为 ψ_4。在成环状化合物的反应中起关键作用的为 ψ_3 轨道，两种旋转的情况如图 6-9 所示。对旋时对称性允许，C_2 和 C_5 间形成 σ 键，(Z,E)-2,4-己二烯转化成反-3,4-二甲基环丁烯；而顺旋是对称性禁阻的，C_2 和 C_5 间不能形成 σ 键。

反-3,4-二甲基环丁烯在光照时，对旋转化成(Z,E)-2,4-己二烯。

动 3-40

动 3-41

动 3-42

动 3-43

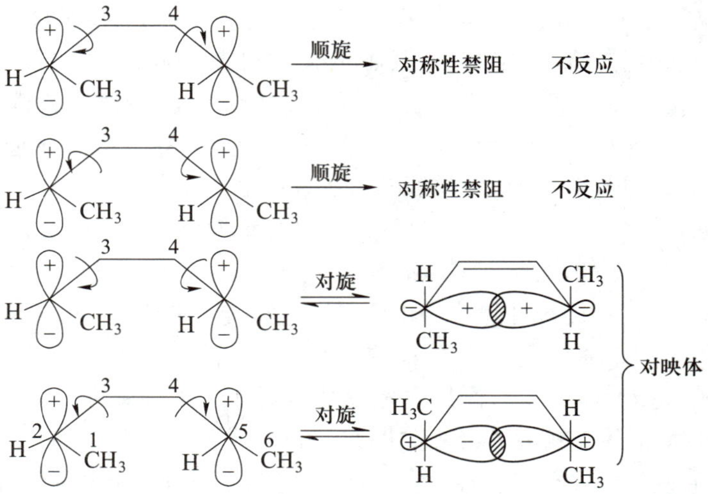

图 6-9　(*Z*,*E*)-2,4-己二烯在光照下对旋形成反-3,4-二甲基环丁烯

这里讲的对称性禁阻反应是指按协同反应途径进行反应时所需活化能很大，不易进行。但不排除反应按其它途径，如自由基型反应机理进行反应的可能性。

双烯合成反应是典型的[4+2]环加成反应。在加热的情况下能顺利地进行反应，是对称性允许的。在热作用下，双烯体和亲双烯体都可以用基态的HOMO与另一分子的LUMO进行反应形成环状化合物，如图 6-10 所示。两种加成方式都是对称性允许的。

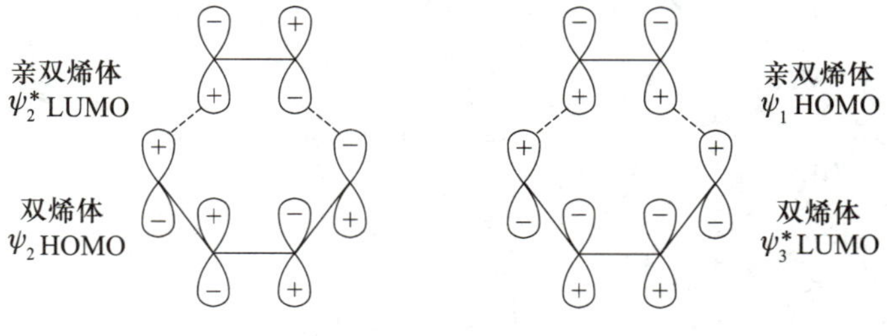

图 6-10　双烯合成反应热作用下的对称允许

如果在光照条件下，双烯体和亲双烯体的前沿轨道的相位不同，是对称性禁阻的。

6.11.5　环戊二烯的反应

环戊二烯是最简单的环状共轭二烯烃，具有共轭二烯的性质，还有一些特殊的性质。

1. 双烯合成反应

纯净的环戊二烯是以二聚体的形态存在的。二聚环戊二烯是自身的双烯合成，一分子是双烯体，另一分子是亲双烯体。在室温下放置的环戊二烯会自动变成二聚环戊二烯，加热蒸馏又分解成环戊二烯，可立即使用。

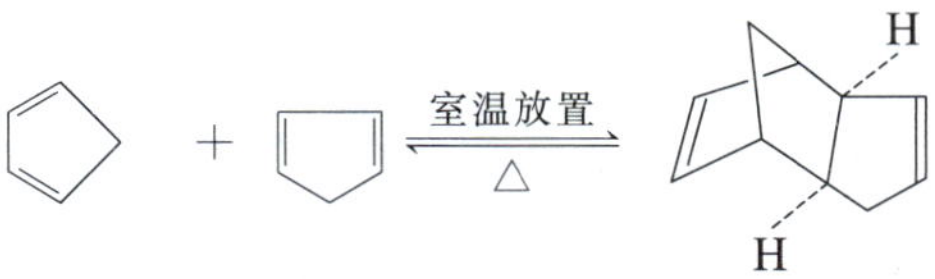

环戊二烯作为双烯体的双烯合成也容易进行。例如：

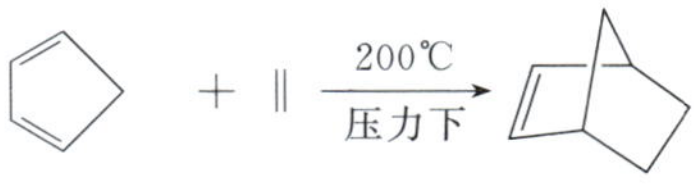

降冰片烯

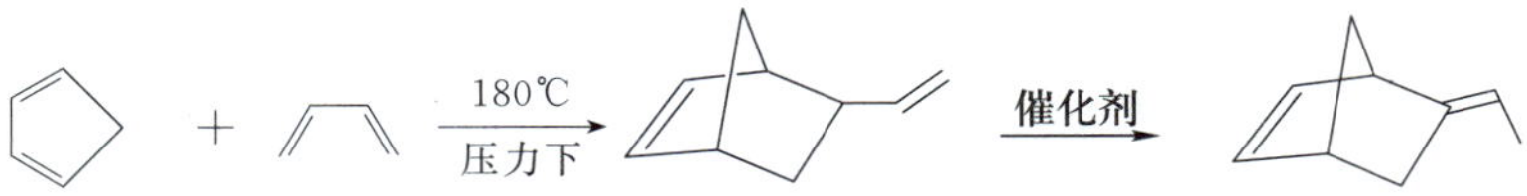

5-亚乙基降冰片烯

降冰片烯及其衍生物是合成橡胶的重要单体。5-亚乙基降冰片烯是乙丙橡胶的第三共聚单体。

2. α-氢的反应

环戊二烯分子的亚甲基邻接两个共轭双键，α-氢原子活泼，显示一定的酸性($pK_a=16$)，与水的酸性相当，能与活泼金属或强碱反应，生成稳定的环戊二烯负离子。例如：

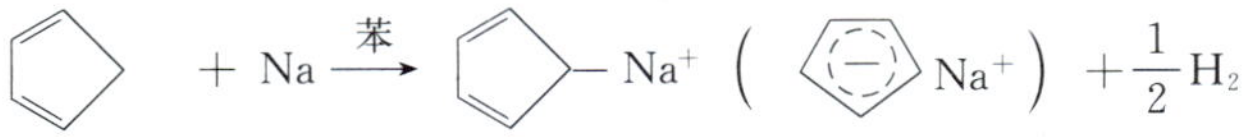

环戊二烯钠

生成环戊二烯负离子后，亚甲基的碳原子由 sp^3 杂化变成 sp^2 杂化，与共轭二烯的四个碳原子共平面，负电荷离域到五个碳原子上，形成闭合的共轭体系，具有芳香性(见 7.1.2 节)。

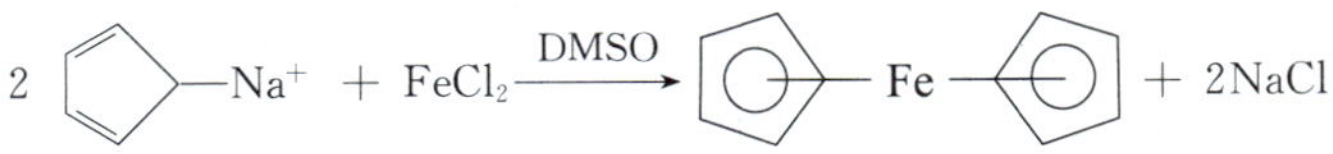

环戊二烯钠与氯化亚铁反应，生成二环戊二烯基铁，又称为二茂铁。在二茂铁中，铁原子与10个碳原子有相等距离(图6-11)，是一种新型的碳-金属(C—M)键。二茂铁的合成推动了金属有机化合物结构理论的发展。因此，菲舍尔(Fisher E O)与威尔金森(Wilkinson G)共同获得1973年诺贝尔化学奖。二茂铁是稳定的金属有机化合物，对热(<400℃)、紫外光、酸、碱等稳定，可作为紫外光吸收剂、火箭燃料添加剂、汽油抗震剂等。二茂铁的环戊二烯基环有芳香性，能进行亲电取代反应(参见7.4.1)，生成二茂铁环上的各种取代衍生物。

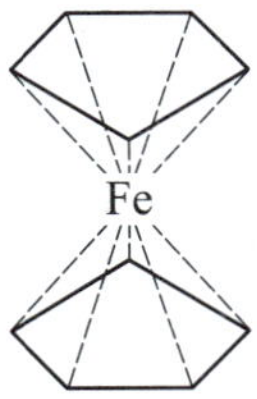

图6-11　二茂铁的结构

获诺贝尔奖者

法
9-2

习　题

6-1　命名下列各化合物。

(1)　$(CH_3)_2CHCH_2—\underset{}{\overset{CH_3}{\overset{|}{C}}}═CH_2$

(2) 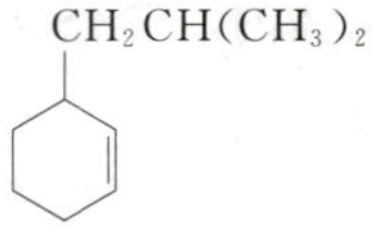

(3) 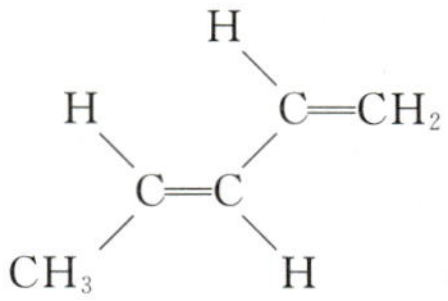

(4) 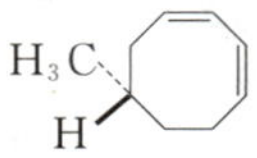

(5) 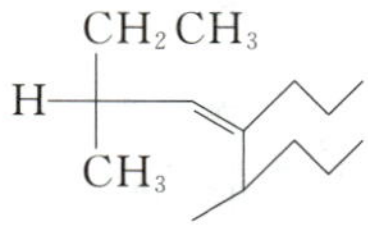

(6) 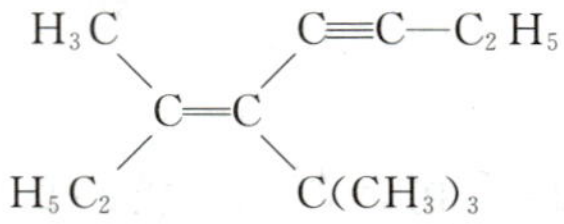

6-2　按要求比较反应活性。

(1) 下列化合物与 Br_2 加成反应的活性。

A. $CH_3CH═CH_2$　　B. $CH_3OCH═CH_2$　　C. $(CH_3)_2C═C(CH_3)_2$

(2) 下列化合物与 HBr 加成反应的活性。

A. $CH_3CH═CHCH═CH_2$　　B. $CH_2═CH—CH═CH_2$　　C. $CH_3CH═CHCH_3$

D. $CH_2═CHCH_2CH_3$　　E. $CH_3C≡CCH_3$

(3) 下列化合物与丙烯腈发生狄尔斯-阿尔德反应的活性。

A. 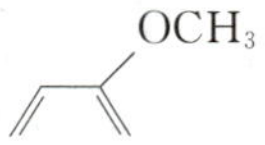　B. 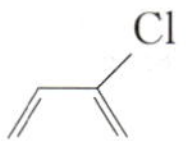　C. 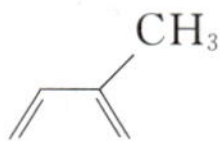　D. 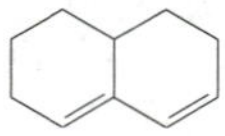

(4) 下列化合物催化加氢反应的活性。

A. $CH_2═CH_2$　　B. $CH≡CH$　　C. $CH_3CH═CHCH_3$　　D. $(CH_3)_2C═CHCH_3$

6-3　将下列各组碳正离子按稳定性由大到小排列成序。

(1) A. $CH_3CH_2\overset{+}{C}H_2$　　B. $CH_2═CH—CH═CH—\overset{+}{C}H_2$

C. $CH_3CH═\overset{+}{C}H$　　D. $CH_3C≡C^+$

(2) A. $CH_3OCH_2^+$　　B. $CF_3\overset{+}{C}H_2$　　C. $CH_3\overset{+}{C}H_2$

(3) A. 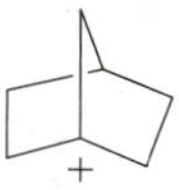　B. 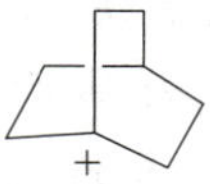　C. $(CH_3)_3C^+$　D. 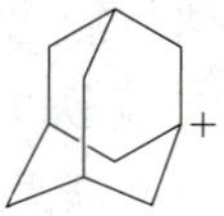

6-4　指出下列分子中各存在哪些类型的共轭体系？

(1)　$CH_3CH═CH—\overset{+}{C}(Cl)CH_3$（Cl 连于带正电荷的碳上）

(2) $CH_2═CH—CH═CH—\overset{+}{C}H_2$

(3) $CH_2═CH—\overset{-}{C}H—C(OH)═CH_2$（OH 连于 C 上）

(4) $CH_3CH═CHCH_2CH═CH\dot{C}HCH_3$

6-5　下列各对结构式是构造异构体还是共振结构关系？

(1) 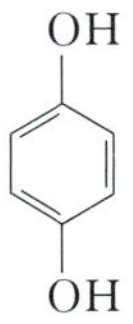

与 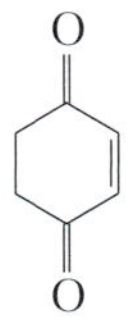

(2) 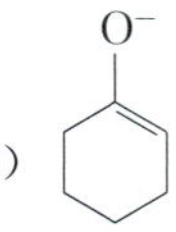

与 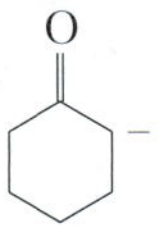

(3) 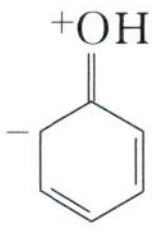

与 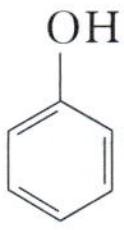

(4) 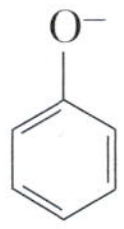

与 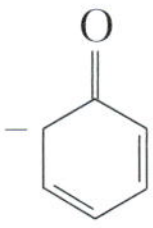

6-6 下列各组极限结构式中，哪一个极限结构对共振杂化体的贡献较大？

(1) $:\overset{-}{C}H_2—CH═\ddot{O}:$ ⟷ $CH_2═CH—\ddot{\underset{\cdot\cdot}{O}}:^-$

A　　B

(2) $\overset{+}{C}H_2—\ddot{\underset{\cdot\cdot}{O}}—CH_3$ ⟷ $CH_2═\overset{\cdot\cdot}{\underset{+}{O}}—CH_3$

A　　B

(3) 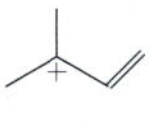 ⟷ 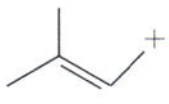

A　　B

6-7 将下列烯烃按稳定性由大至小排列。

(1) 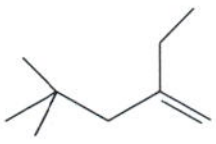 (2) 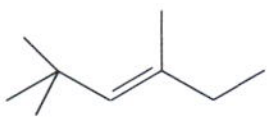 (3)  (4) 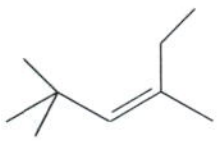

6-8 查阅并比较(*Z*)-2-丁烯与(*E*)-2-丁烯，(*Z*)-1,2-二氯乙烯与(*E*)-1,2-二氯乙烯的熔、沸点和偶极矩，说明结构与熔、沸点的关系。

6-9 完成下列反应式，写出主要产物。

(1) $(C_2H_5)_2C═CHCH_3 + ICl \longrightarrow$

(2)  + HCl ⟶

(3) $\xrightarrow[CCl_4]{Br_2}$ 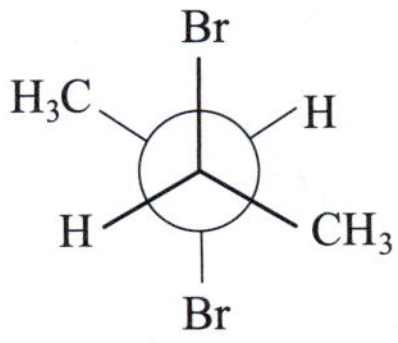

(4) 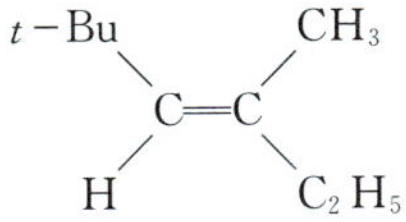

$\xrightarrow[CCl_4]{Br_2}$

(5) 
$\xrightarrow[CCl_4,\triangle]{NBS,(PhCOO)_2}$
$\xrightarrow{Cl_2-CCl_4}$

(6)  $+ H_2 \xrightarrow{Pd-BaSO_4,喹啉}$

（7）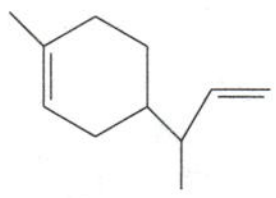　+ HCl(1 mol) ⟶

（8）

（9）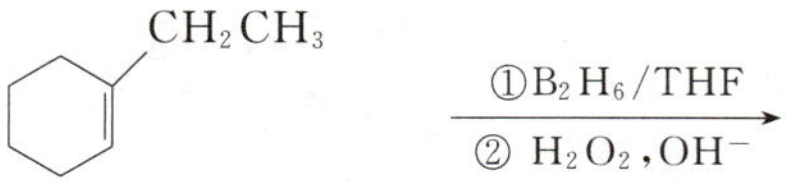

（写出稳定的构象式）

（10）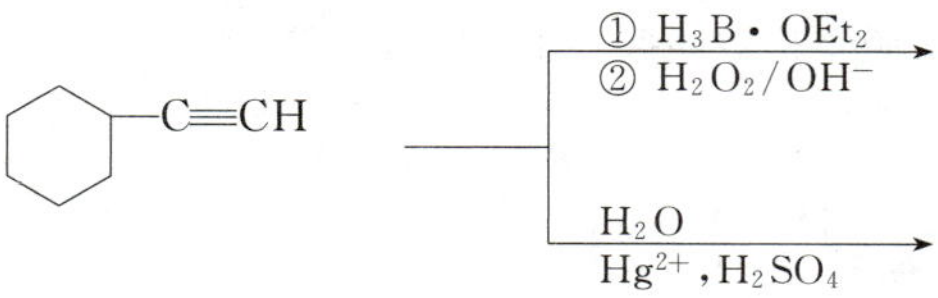

（11）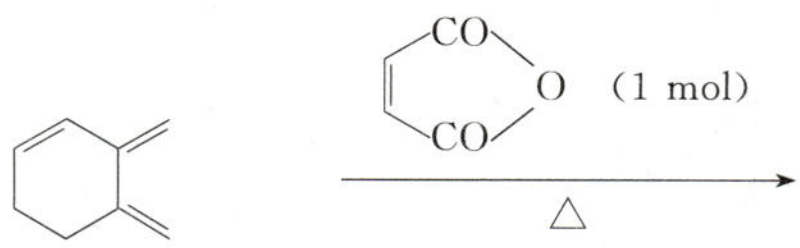

（12）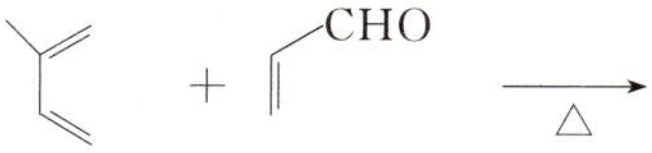

（13）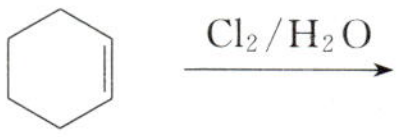

（写出稳定的构象式）

（14）$2\ CH_3CH{=}CH_2 \xrightarrow[\text{烯烃复分解反应}]{\text{Ru 催化剂}}$

（15）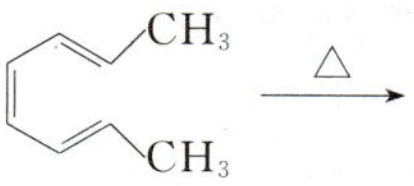

6-10　用化学方法鉴别下列化合物。

（1）A. $CH_3(CH_2)_5CH{=}CH_2$　B. $CH_3(CH_2)_5C{\equiv}CH$　C. $CH_3(CH_2)_4C{\equiv}CCH_3$

D. 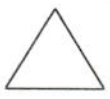　E. 

（2）A. 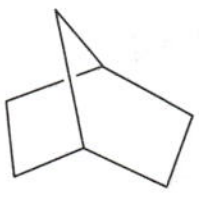　B. 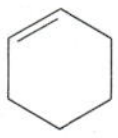　C. $CH{\equiv}C(CH_2)_3CH_3$　D. 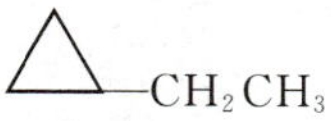

6-11　以≤C_3 的有机化合物为原料合成下列化合物。

（1）$CH_3C{\equiv}C(CH_2)_3C{\equiv}CCH_3$　（2）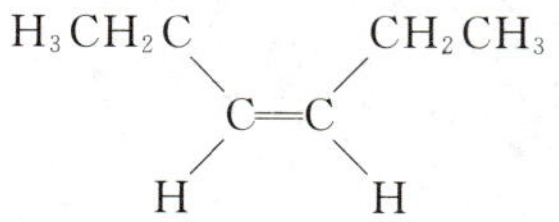

（3）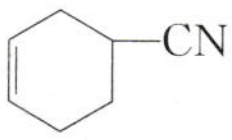

（4）(2*R*,3*S*)-2,3-二羟基丁烷

（5）$CH_3\overset{O}{\overset{\|}{C}}CH_2CH_3$　（6）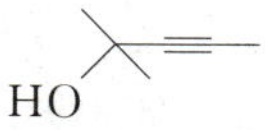

6-12　由≤C_5 的有机化合物为原料合成下列化合物（无机试剂任选）。

（1）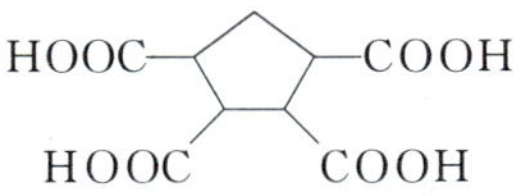

（2）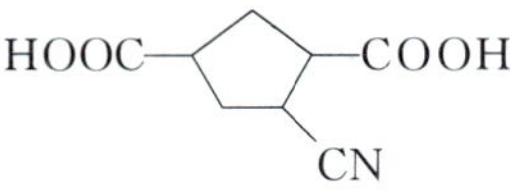

（3）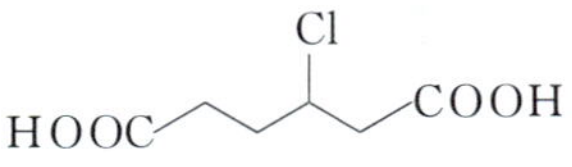

6－13　写出下列反应的合理反应机理。

（1）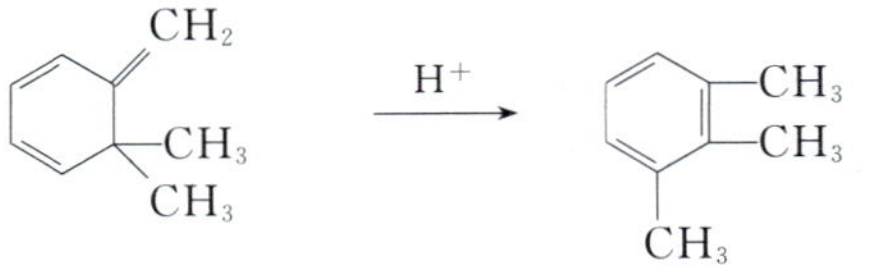

（2）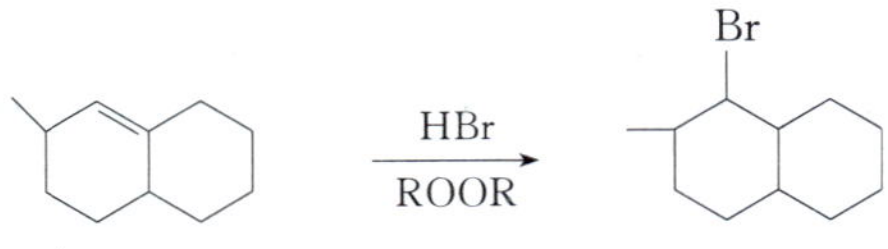

（3）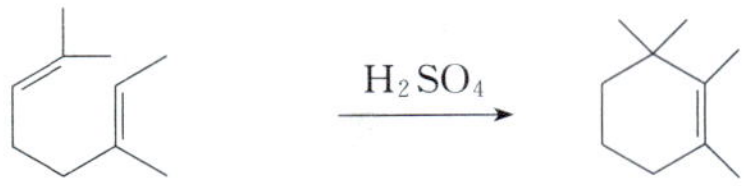

（4）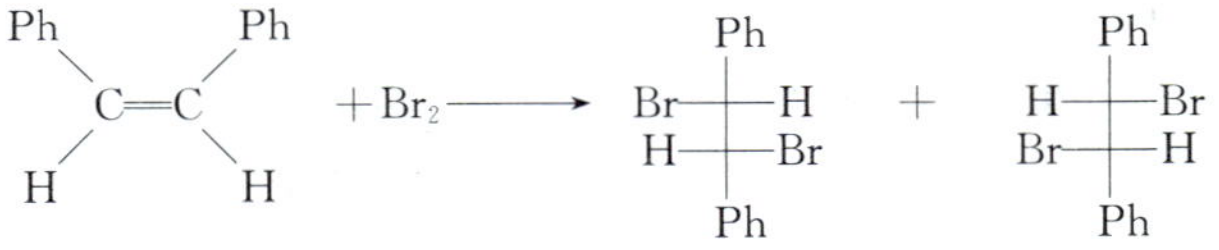

6－14　分子式为 C_7H_{10} 的某开链烃 A，可发生下列反应：A 经催化加氢可生成 3－乙基戊烷；A 与 $AgNO_3/NH_3$ 溶液反应可产生白色沉淀；A 在 $Pd/BaSO_4$ 作用下吸收 1 mol H_2 生成化合物 B；B 可以与顺丁烯二酸酐反应生成化合物 C。试推测 A，B 和 C 的构造式。

6－15　某化合物 A 的分子式为 C_5H_8，在液 NH_3 中与 $NaNH_2$ 作用后，再与 1－溴丙烷作用，生成分子式为 C_8H_{14} 的化合物 B；用 $KMnO_4$ 氧化 B 得到分子式为 $C_4H_8O_2$ 的两种不同的酸 C 和 D。A 在 $HgSO_4$ 存在下与 H_2SO_4 作用，可得到酮 E（$C_5H_{10}O$）。试写出 A～E 的构造式，并用反应式表示上述变化过程。

6－16　写出下式中 A～E 各化合物的构造式。

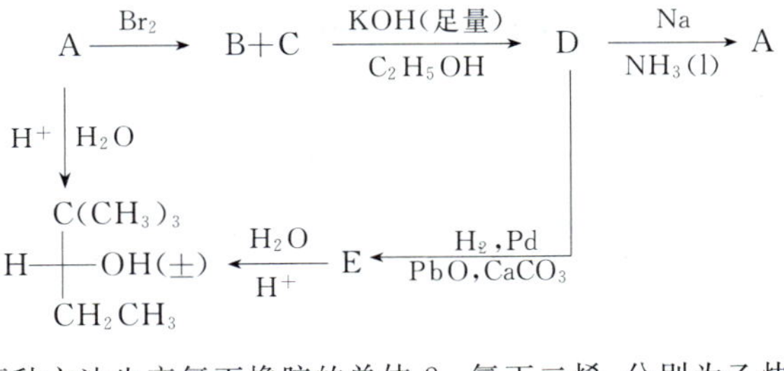

6－17　工业上主要有两种方法生产氯丁橡胶的单体 2－氯丁二烯，分别为乙炔法和丁二烯氯化法。请查阅文献，对比分析这两种生产方法的特点并写出两种方法的各步反应式及其各步反应的类型。

6－18　请比较烯烃、炔烃、共轭二烯烃的结构及化学性质的异同点。

第7章 芳 香 烃

芳香族碳氢化合物简称芳香烃或芳烃。“芳香”二字来源于有机化学发展初期，从天然的树脂、香精油中得到的物质有芳香气味。随着有机化合物的增多和深入研究，提供了许多有关芳香烃分子组成和结构信息，证明它们基本上都是含稳定结构苯环（又称苯核）或苯环稠合环（与苯环一起统称为芳环或芳核）的不饱和烃，有的并没有香味。与脂环族不饱和烃比较，在化学性质方面表现出较易进行取代反应而不易进行加成与氧化反应的特性——曾被称为芳香性，作为判断芳烃的标准。芳环是芳烃的官能团。

随着有机化合物结构理论的发展，在1931年，化学家休克尔（Höckel E 1896—1980）通过分子轨道计算，提出从结构稳定性判断芳香性的重要标准：环状、共轭结构的p轨道中含有$4n+2$（n为自然数）个π电子的结构稳定，有芳香性。被称为判断芳香性的$4n+2$规则，简称$4n+2$规则。显然休克尔的芳香性结构包括碳环的分子、离子，也包括杂环的相应结构，是一个广义的概念。通常称的芳烃不包括有芳香性的杂环化合物。

有机化学家

7.1 分 类

7.1.1 按苯环数目和结合方式分类

按分子中含苯环数目芳烃分为单环芳烃、多环芳烃和非苯芳烃。按苯环结合方式多环芳烃可进一步分为稠环芳烃、联环芳烃和多苯代脂烃等系列。

1. 单环芳烃

单环芳烃是分子中含一个苯环的烃。例如：

苯

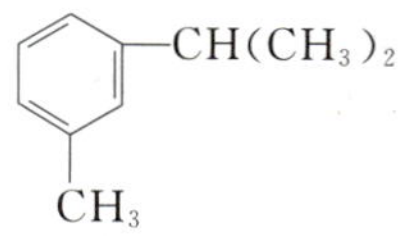

间甲基异丙基苯

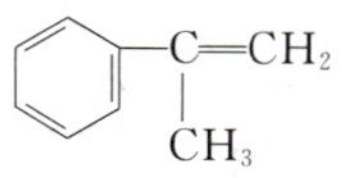

α-甲基苯乙烯

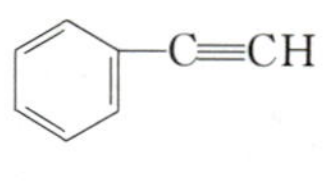

苯乙炔

2. 多环芳烃

（1）稠环芳烃是苯环通过环上两个或多个碳原子互相稠合形成的芳核的烃。例如：

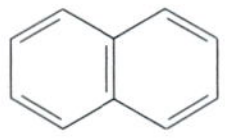
萘

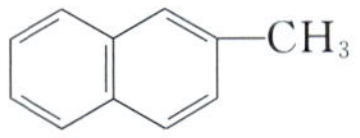
2-甲基萘

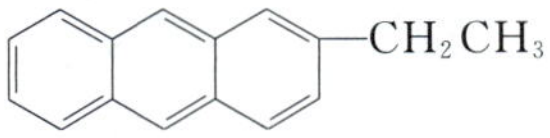
β-乙基蒽

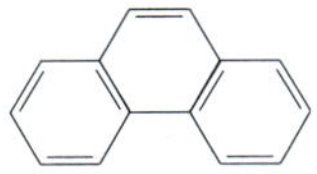
菲

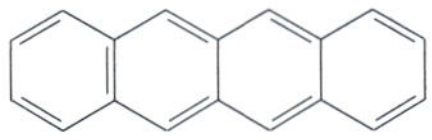
并四苯(2,3-苯并蒽)

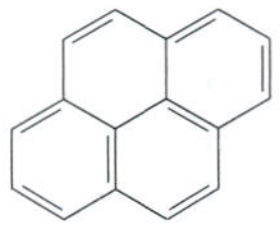
芘

（2）联环芳烃是以单键相连芳环的烃。例如：

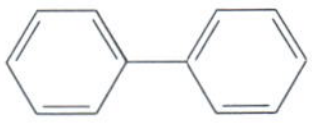
联(二)苯

对联三苯

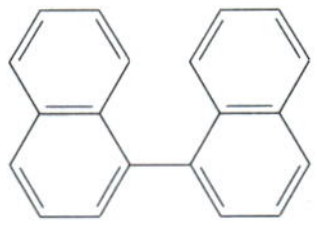
1,1′-联萘

（3）多苯代脂烃是脂肪烃的多个氢被芳环取代的烃。例如：

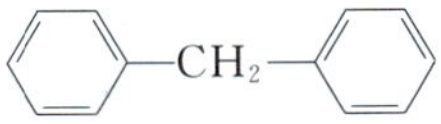

二苯甲烷

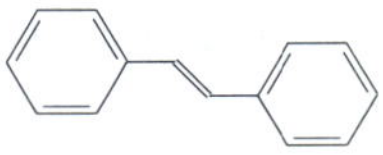
反二苯乙烯

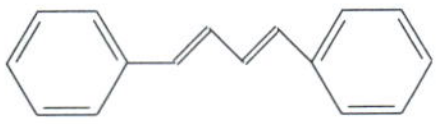
1,4-二苯基-反-1,3-丁二烯

（4）富勒烯是多个苯环互相稠合成笼状碳环，如 C_{60}，C_{70} 等。

富勒烯又称足球烯，其分子中无氢原子。但其化学反应具有烯烃的特征，暂且看做有机化合物。

3. 非苯芳烃

非苯芳烃是分子中含除苯环以外的符合 $4n+2$ 规则的环状烃及其离子，如[m]轮烯(m 为共轭 π 电子数)、环戊二烯碳负离子、环庚三烯碳正离子等。例如：

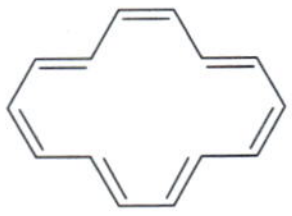
[14]轮烯

杯烯

环戊二烯碳负离子

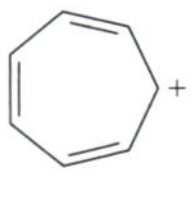
环庚三烯碳正离子

7.1.2　按 $4n+2$ 规则的 n 分类

1. 2π 电子体系($n=0$)

具两个 π 电子的环状共轭结构是稳定的，有芳香性。例如：

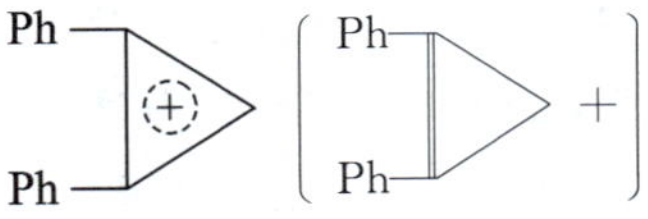

1,2-二苯基环丙烯碳正离子

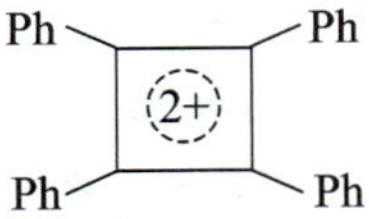

1,2,3,4-四苯基环丁二烯碳二价正离子

2. 6π 电子体系($n=1$)

6π 电子体系有中性分子、碳正离子和碳负离子。例如：

苯

环戊二烯碳负离子

环庚三烯碳正离子

3. 10π 电子体系($n=2$)

10π 电子体系包括比较重要的萘、薁、环辛四烯碳二价负离子、苊等，它们都比较稳定，具芳香性。

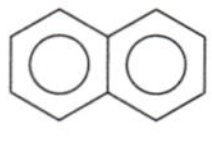

萘

薁

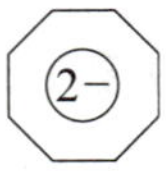

环辛四烯碳二价负离子

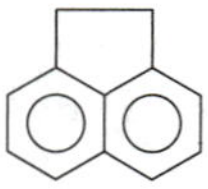

苊

4. 14π 电子体系($n=3$)

14π 电子体系包括蒽、菲、[14]轮烯等。例如：

蒽

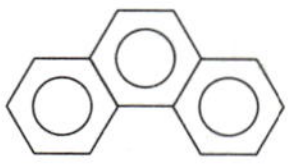

菲

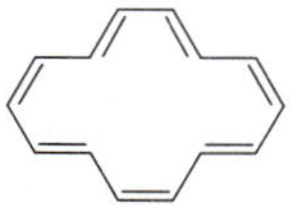

[14]轮烯

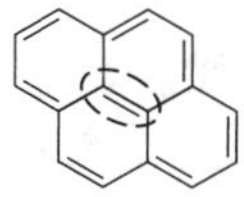

芘(中间π电子不计算)

5. 18π 电子体系($n=4$)

18π 电子体系有并四苯、1,2-苯并蒽、[18]轮烯等。例如：

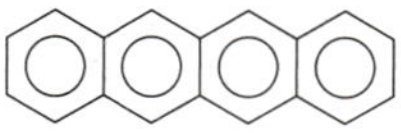

2,3-苯并蒽(并四苯)

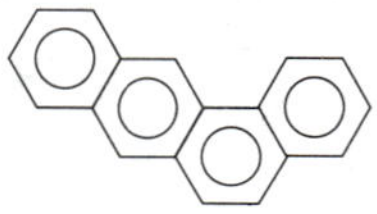

1,2-苯并蒽(苯并[a]蒽)

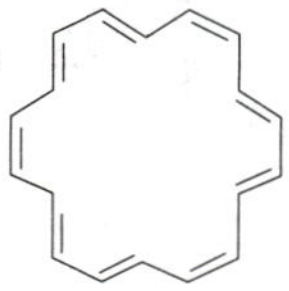

[18]轮烯

7.2　苯的结构及芳香性

7.2.1　苯结构研究的历史

1825 年，科学家法拉第(Faraday M，1791—1867)从路灯燃气的凝结残液中首次分离出一种沸点为 80℃的无色液体，测定其实验式为 CH。1833 年，确定其分子式为 C_6H_6，即后来被命名为“苯”，是高度不饱和化合物。1834 年，德国化学家米切利希(Mitscherlich E，1794—1863)通过蒸馏苯甲酸和碱石灰的混合物，首次人工合成了苯。

苯分子可以和三个氢分子发生催化加氢生成环己烷，由此推测苯是具有三个双键的环状化合物。但是与烯烃、炔烃等不饱和脂肪族化合物不同，在通常条件下，苯不能与 HCl，HBr 进行加成反应，也不能被高锰酸钾等氧化剂氧化。要解释苯的化学特性及其与不饱和脂肪烃的差异性，必须明确苯的结构。从苯的发现到结构的确定，科学家花费了上百年的艰苦劳动。

1865 年，德国化学家凯库勒（Kekulé F，1829—1896）[①]假定苯是碳碳单键、碳碳双键交替相连的环状结构  ，称做苯的凯库勒式。1867 年杜瓦（Dewar J，1842—1923）假定了几个可能的杜瓦结构，如 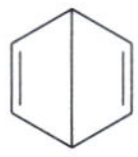 。1874 年拉登堡（Ladenburg A，1842—1911）用实验证明苯中的六个氢是等同的，又提出棱柱结构  。杜瓦结构、棱柱结构的化合物都被合成出来过，但是它们极不稳定，剧烈放热后会异构化为苯。

有机化学家

凯库勒式的苯可以说明一些实验现象，如 $FeBr_3$ 催化苯与溴反应仅生成一种一溴代苯 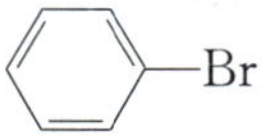 。但它不能解释继续反应后，只得到三种二溴代苯，而不是五种二溴代苯：

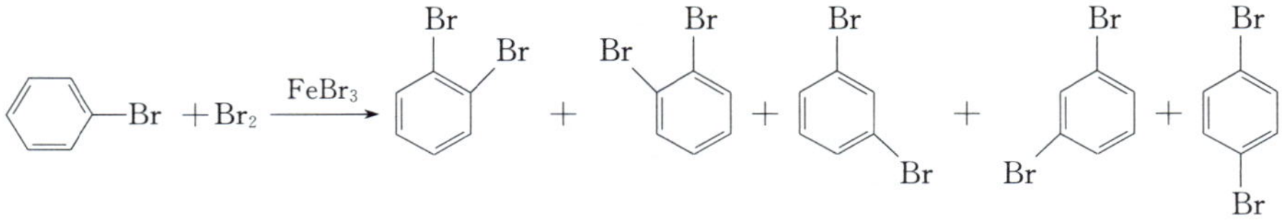

为了解释只有三种二溴代苯，凯库勒又提出摆环双键理论，假设苯的双键在不停地移动，达到一种平衡（即后来共振论称做的共振结构）：

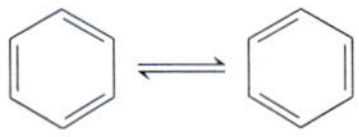

补充修改后的凯库勒式能解释生成三种二溴代苯，但仍不能解释苯的特殊稳定性的事实，如不能被氧化剂氧化和不易加成而较易发生取代反应等。

化学家测得苯的氢化焓也远低于凯库勒式结构的预言值。表 7-1 是一些化合物的氢化焓。

表 7-1　一些化合物的氢化焓

化合物名称	环己烯	1,3-环己二烯	假想环己三烯	苯	环己烷
结构	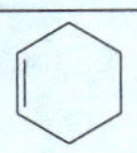				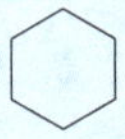
$\frac{\text{氢化焓}}{\text{kJ·mol}^{-1}}$	120	232	360	209	0

从表 7-1 可见，加氢时，苯比凯库勒结构（假想环己三烯）少放热 151 $kJ \cdot mol^{-1}$，被称做苯的稳定化能，后来也称苯的电子离域能（共振能）。

从 19 世纪末到 20 世纪初，由于电子的发现、量子力学理论的建立和现代物质结

① 化学史上关于是谁最先提出苯的环状结构问题，近年来另有考证，参见：大学化学，1997，12(1)：60—63。

构实验方法的发展共同推动化学键理论的确立，也使人们对苯分子结构的认识更加深化。

现代物理方法测得苯的结构为：苯分子的六个碳原子和六个氢原子都在同一平面上，六个碳原子构成正六边形，C—C 键长为 0.140 nm，C—H 键长为 0.108 nm，键角∠CCH 及∠CCC 均为 120°[图 7-1(a)]。

动

3-44

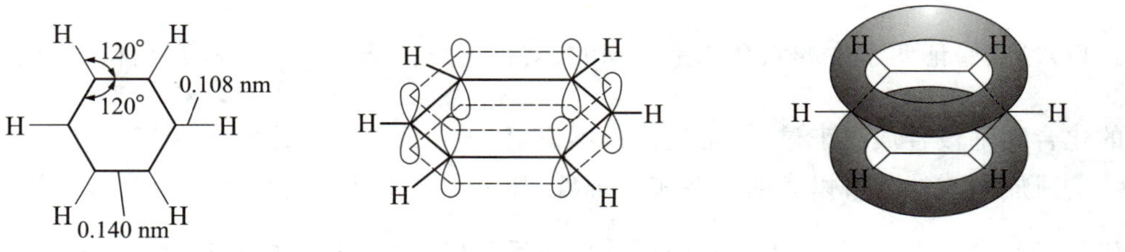

(a) 共价键参数　(b) 杂化轨道理论处理苯的共价键　(c) 大 π 键的 π 电子云分布示意图

图 7-1　苯分子环状结构及 π 电子云分布示意图

7.2.2　价键理论对苯结构的处理

杂化轨道理论认为苯环中碳原子为 sp^2 杂化，三个 sp^2 杂化轨道分别与另外两个碳原子的 sp^2 杂化轨道形成两个 C—C σ 键，以及与一个氢原子的 s 轨道形成 C—H σ 键，而没有杂化的 p 轨道互相平行且垂直于 σ 键所在平面，它们侧面互相重叠形成闭合大 π 键[图 7-1(b)]共轭体系，能量降低，稳定，共轭能为 151 $kJ \cdot mol^{-1}$。大 π 键的电子云像两个救生圈分布在分子平面的上下方[图 7-1(c)]。

共振论认为苯的结构是两个或多个共振结构的共振杂化体，能量低于任何一个共振结构的能量：

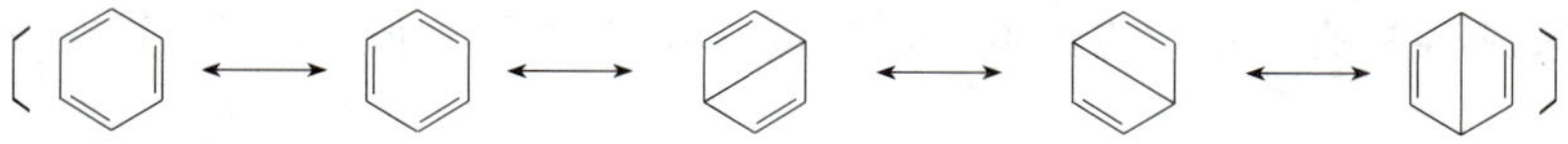

尽管今天仍用凯库勒式表示苯的结构，但不能理解成环己三烯，而是共振杂化体结构的简写。

7.2.3　分子轨道理论对苯结构的处理

分子轨道理论认为，苯分子形成 σ 键以后，六个碳原子上的六个 p 轨道组成六个 π 分子轨道 ψ_1，ψ_2，ψ_3，ψ_4，ψ_5 和 ψ_6(见图 7-2)。其能量为 $\psi_1 < \psi_2 = \psi_3 < \psi_4 = \psi_5 < \psi_6$，其中 ψ_1，ψ_2 和 ψ_3 是成键轨道；ψ_4，ψ_5 和 ψ_6 是反键轨道；ψ_2 和 ψ_3，ψ_4 和 ψ_5 为简并轨道。将 ψ_1，ψ_2 和 ψ_3 轨道叠合结果与杂化轨道方法处理的结果一致，π 电子云均匀分布在苯环平面的上下，成键电子填充在 ψ_1，ψ_2 和 ψ_3 轨道中，与原子轨道相比能量降低，故苯稳定，体现了苯的芳香性。

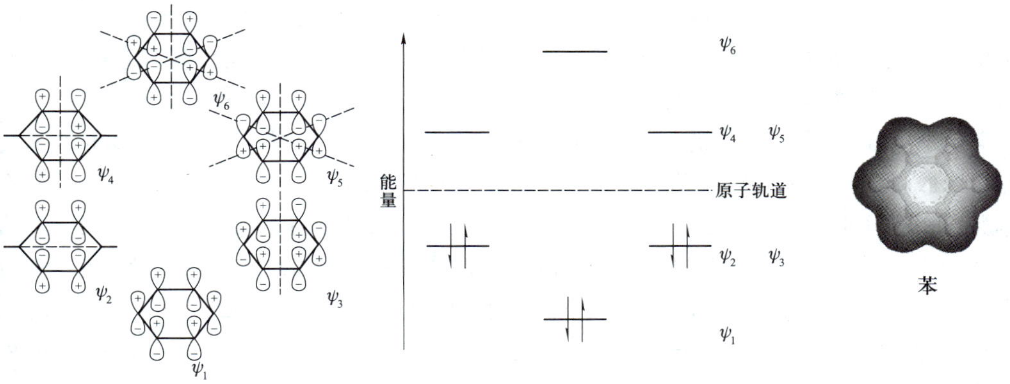

静电势模型图

图 7-2　苯的 π 分子轨道、能级图及静电能模型图

7.3　单环芳烃的物理性质

苯及其同系物多数为液体，不溶于水，易溶于有机溶剂。特别是二甘醇、环丁砜、*N*-甲基吡咯烷-2-酮、*N*,*N*-二甲基甲酰胺等溶剂对芳烃有很好的选择性溶解。因此，工业上用它们从烃的混合物中萃取（抽提）蒸馏出芳烃。

单环芳烃的相对密度小于 1，但比同碳原子数的脂肪烃和脂环烃大，一般在0.8～0.9。单环芳烃有特殊的气味，蒸气有毒，对呼吸道、中枢神经和造血器官产生损害。有的稠环芳烃对人体有致癌作用。由于苯及其同系物中含碳量比较多，燃烧时火焰带有黑烟。

在苯的同系物中，每增加一个 CH_2 单位，沸点平均增高约 25 ℃，如苯、甲苯、乙苯、正丙苯和正丁苯的沸点分别为 80.1 ℃，110.6 ℃，130 ℃，159.2 ℃和 183 ℃。含相同碳原子数的各种异构体的沸点很接近，如邻、间和对二甲苯的沸点分别为144.4 ℃，139.1 ℃和 138.2 ℃，可以用高效精馏塔把邻二甲苯分离出来，而很难把间、对位异构体分开。

在同分异构体中，结构对称的异构体具有较高的熔点，如邻、间、对二甲苯的熔点分别为−25.5 ℃，−47.9 ℃和 13.3 ℃，可用低温结晶的方法使对二甲苯分离出来。

芳香烃的红外光谱：苯环上 C—H 键伸缩振动吸收峰在 σ＝3030 cm^{-1} 附近，表现为中等强度吸收；苯环上 C═C 骨架振动吸收峰在 σ＝1575～1625 cm^{-1} 与 σ＝1475～1525 cm^{-1} 处为中等强度。在 σ＝700～900 cm^{-1} 区内出现芳环上 C—H 键面外弯曲振动吸收峰。但环上相邻接氢原子的数目不同，其吸收峰的位置有差别，如表 7-2 所示，可用它区别苯的各种异构体。

表 7-2　苯环上 C—H 键面外弯曲振动吸收峰

邻接氢原子数目	5H	4H	3H	2H	1H
吸收峰位置 σ/cm^{-1}	730～770 690～710	735～770	750～810	800～860	860～900
强　度	很强	很强	很强	很强	中等

谱 5-3

芳香烃的 ^1H-NMR 谱：苯环上氢的化学位移出现在低场 δ＝7.27处。这是苯有芳香性的又一表现。环上有取代基后，引起环上电子密度变化而使氢的化学位移变化。给电子取代基使化学位移向高场移动；吸电子取代基使化学位移向低场移动。取代基所处的邻、间、对位置不同，氢的化学位移有差别。

芳香烃的紫外吸收光谱：芳香烃具有环状共轭体系，它们都有三个吸收带。苯的三个吸收带的 λ_{max} 和相应 κ 值分别为：(Ⅰ) $\lambda_{max}=184$ nm，$\kappa=47\ 000$ L·cm^{-1}·mol^{-1}，在远紫外区；(Ⅱ) $\lambda_{max}=204$ nm，$\kappa=6\ 900$ L·cm^{-1}·mol^{-1}；(Ⅲ) $\lambda_{max}=255$ nm，$\kappa=230$ L·cm^{-1}·mol^{-1}。因为电子跃迁时伴随着振转能级跃迁，因此弱的(Ⅲ)吸收带被分裂成一系列的小峰，小峰为振动吸收(如图 7-3)，这是苯紫外吸收的特征。苯的同系物将产生红移现象。稠环芳烃的紫外光谱随着苯环数的增加，红移现象很明显。

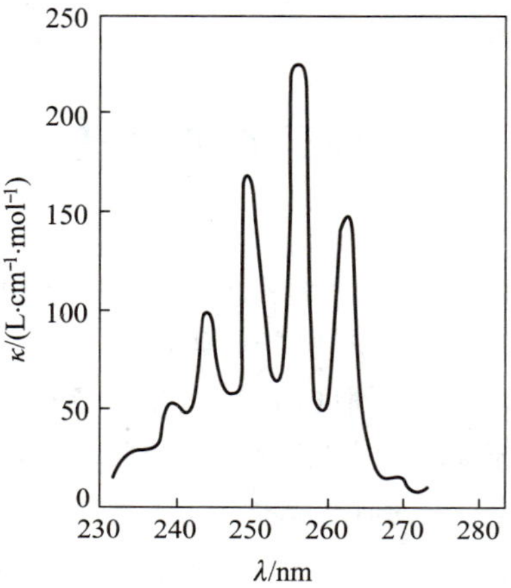

图 7-3 苯的紫外吸收光谱(庚烷中)

7.4 苯环上的亲电取代反应

苯环没有典型的 C═C 双键性质，但碳环上电子密度高，易被亲电试剂 E^+ 进攻，引起 C—H 键的氢被取代，称为亲电取代反应。

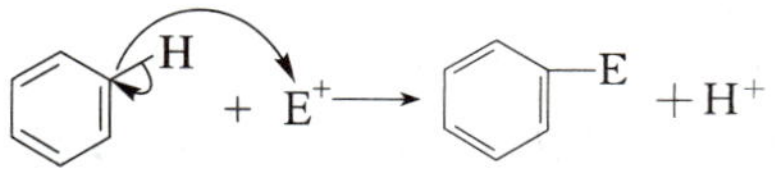

苯的亲电取代反应总的机理可用下式描述：

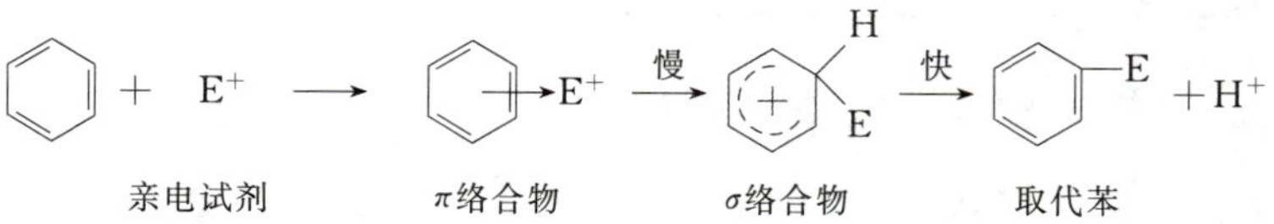

由于苯的芳香性，亲电取代反应都需要催化剂，催化剂的作用是促进亲电试剂 E^+ 的形成或强化 E^+ 的亲电能力。

7.4.1　反应类型及反应机理

1. 反应的类型

(1) 卤化反应　在卤化铁等路易斯酸作用下，苯与卤素作用生成卤代苯的反应称做卤代反应或卤化反应。例如：

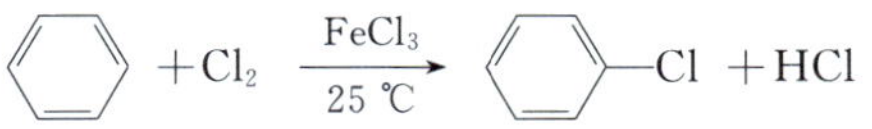

在比较强烈的条件下，卤素与卤代苯继续作用，生成二卤代苯，其中主要是邻位和对位二取代产物：

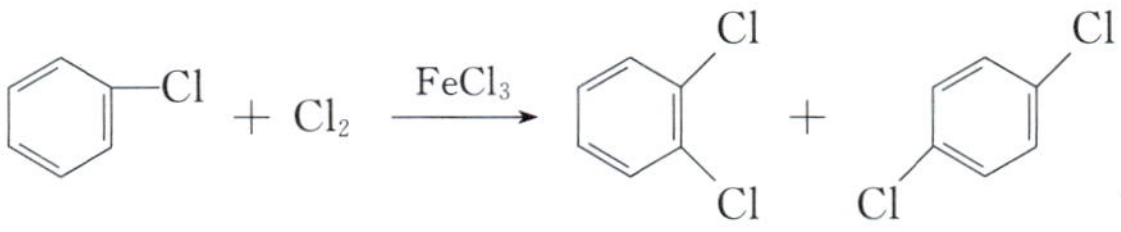

苯与溴的反应也很容易发生，生成溴苯：

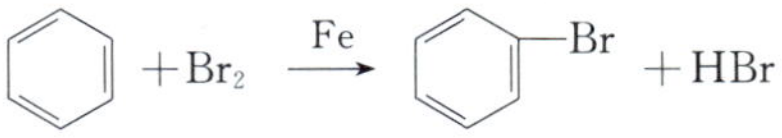

在反应中，加入铁粉起催化作用，使卤素变成强亲电试剂 Br^+，促进反应：

$$2\ Fe + 3\ Br_2 \longrightarrow 2\ FeBr_3$$

$$Br_2 + FeBr_3 \rightleftharpoons FeBr_4^- + Br^+$$

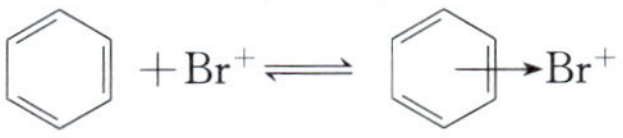

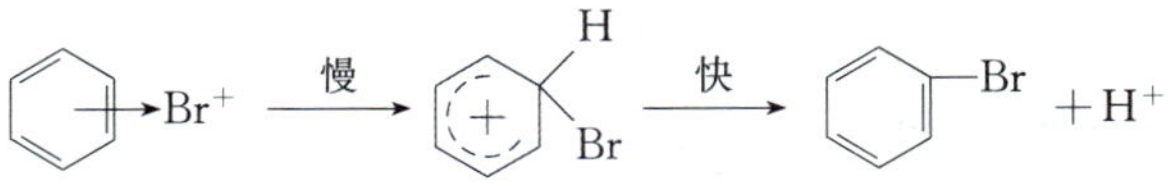

$$H^+ + FeBr_4^- \longrightarrow HBr + FeBr_3$$

苯与碘的反应是可逆反应，平衡偏于苯的方向。因此，反应需要在氧化剂(如 HNO_3)存在下才能顺利进行。氧化剂的作用有两个：一是产生碘正离子，增强亲电性；二是氧化副产物 HI，使反应向产物方向移动。

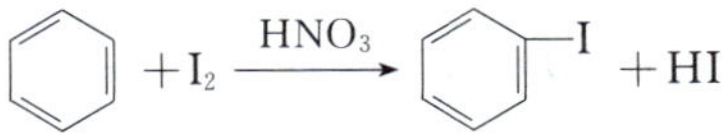

苯与氟的反应过于激烈，很难控制。

苯与不同卤素进行卤化反应，卤素的反应活性次序为氟＞氯＞溴＞碘。一般不用卤化反应合成氟代苯和碘代苯。由于氯的反应活性大于溴的反应活性，因此溴化产物的选择性比氯的高(见表 7-3)。

表 7-3 芳烃衍生物氯化产物与溴化产物的比较

芳烃衍生物	卤化试剂	$x_{对位产物}$/%	$x_{邻位产物}$/%
氯苯	Cl_2/Fe	55	39
	Br_2/Fe	88	10
溴苯	Cl_2/Fe	52	4
	Br_2/Fe	86	12
甲苯	Cl_2/Fe	46	53
	Br_2/Fe	71	28

(2) 硝化反应　苯与浓 HNO_3 和浓 H_2SO_4 的混合物(又称混酸)作用生成硝基苯的反应称做硝化反应：

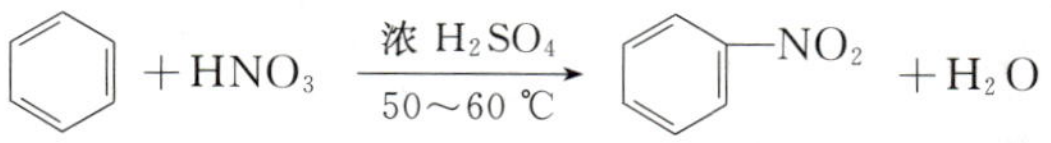

生成的硝基苯在较高的温度下能继续硝化，主要生成间二硝基苯：

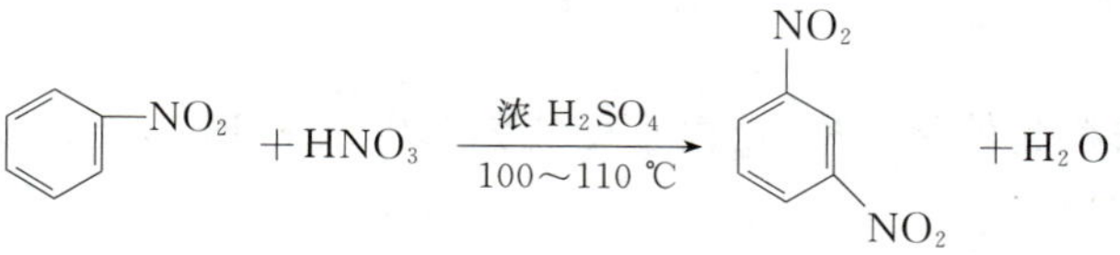

烷基苯在混酸的作用下，也能发生硝化反应，反应比苯还容易进行，主要生成邻位和对位硝基烷基苯：

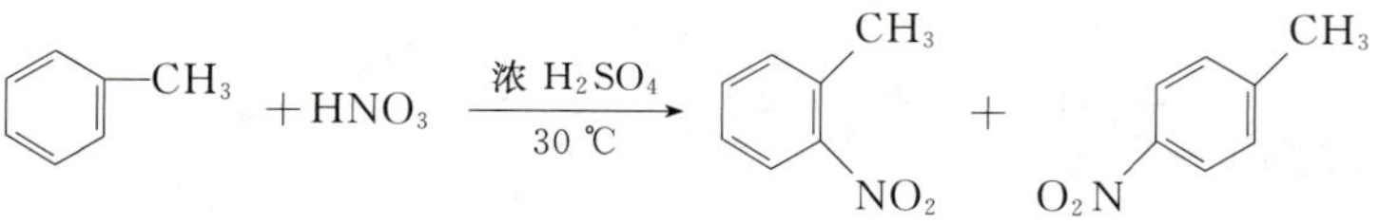

获诺贝尔奖者

如果硝化产物继续硝化反应，则主要产物是 2,4-二硝基甲苯、2,4,6-三硝基甲苯(TNT)。TNT 是一种烈性炸药。这是大发明家诺贝尔发现的。

在硝化反应中，浓 H_2SO_4 的作用是使 HNO_3 变成硝酰正离子($^+NO_2$)，增强试剂的亲电能力：

$$HOSO_2OH + HO—NO_2 \rightleftharpoons H_2O^+—NO_2 + HSO_4^-$$

$$H_2O^+—NO_2 \rightleftharpoons {}^+NO_2 + H_2O$$

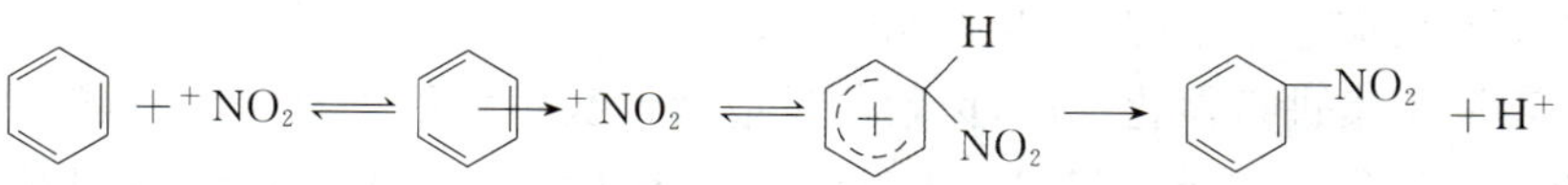

$$H^+ + HSO_4^- \longrightarrow H_2SO_4$$

由于大量使用混酸会对环境造成污染，在生产技术上对负载型硝化剂[如硝酸铜担载到蒙脱土上，称黏土铜(claycop)试剂]的开发研究已取得一定成果。

(3) 磺化与氯磺化反应　苯与浓 H_2SO_4 或发烟 H_2SO_4 作用，生成苯磺酸的反应称做磺化反应。苯磺酸在较高的温度下可以继续磺化，生成间苯二磺酸：

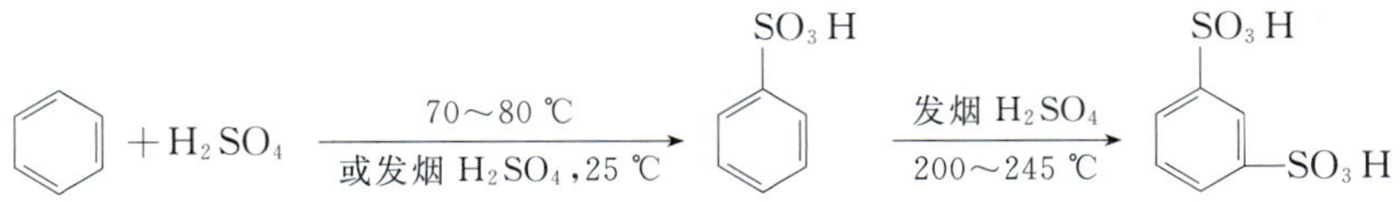

烷基苯比苯容易磺化，生成邻、对位烷基苯磺酸。例如：

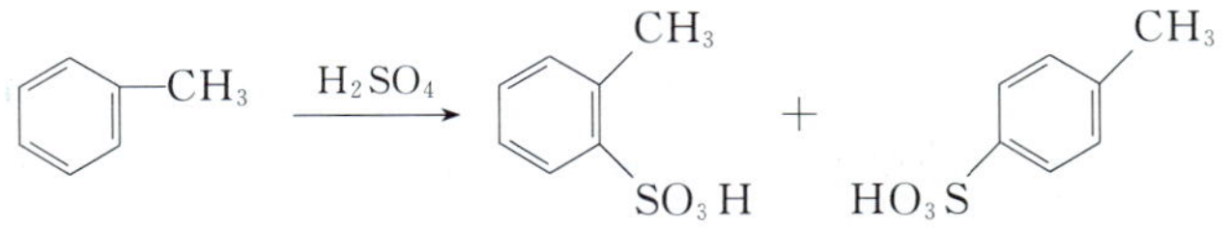

磺化反应是可逆反应：

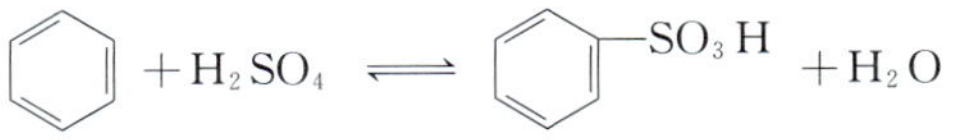

使用不同的磺化剂，磺化反应的机理不同。用发烟硫酸为磺化剂时，是由 SO_3 进攻芳环；用浓 H_2SO_4 或稀 H_2SO_4 为磺化剂时，可能是硫酸鉾离子进攻芳环。以 SO_3 为亲电试剂的磺化反应机理如下：

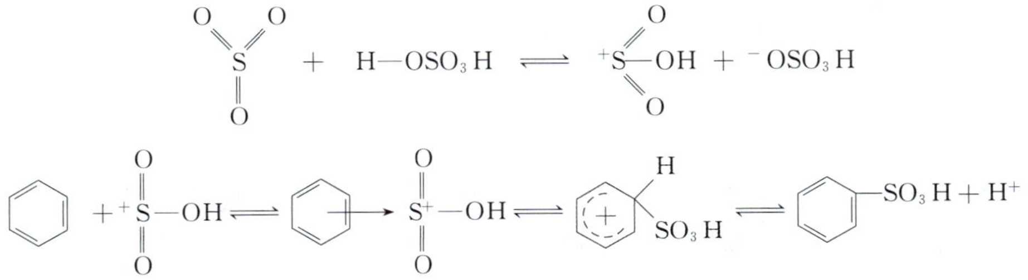

因为磺化反应是可逆反应，在有机合成上很重要，可利用这个反应把苯环上一个位置保护（占位）起来，再进行其它反应，待反应后再把稀 H_2SO_4 加到产物中加热水解脱去磺基。

如果使用过量的氯磺酸 Cl—SO_3H 作磺化剂，得到的产物为苯磺酰氯，这个反应称做氯磺化反应。

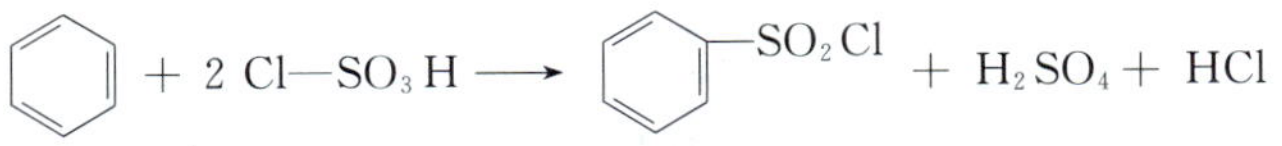

苯磺酰氯非常活泼，通过它可以制备苯磺酰胺、苯磺酸酯等苯磺酰基衍生物，在制备染料、农药和医药上很有用途（见 13.4.3 节）。

（4）烷基化与酰基化反应　在路易斯酸作用下，苯与卤代烃、醇、烯烃等反应生成烷基苯，这类反应称做烷基化反应。卤代烃、醇、烯烃等称做烷基化试剂。苯在路易斯酸催化下与酰卤、酸酐等反应，生成酰基苯（芳酮），称做酰基化反应。酰卤、酸酐等称做酰基化试剂。这两类反应是法国有机化学家傅瑞德尔（Friedel C，1832—1899）和美国化学家克拉夫茨（Crafts J M，1839—1917）共同发现的，统称傅瑞德尔－克拉夫茨反应，简称傅－克反应。

有机化学家

① 烷基化反应：在无水 $AlCl_3$ 等存在下，苯与溴甲烷反应生成甲苯，这是傅瑞德尔和克拉夫茨于1877年发现的：

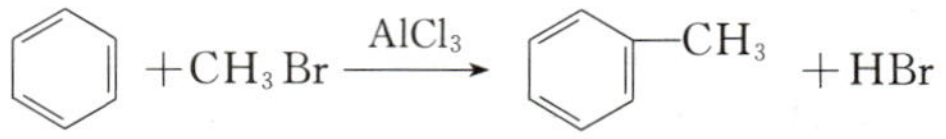

生成的烷基苯再进行烷基化反应比苯更容易。因此，烷基化反应需要过量的苯才能得到一烷基化产物，否则会产生多烷基苯的混合物。

烷基化反应是合成烷基苯的重要方法，工业上广泛使用，如合成异丙苯、乙苯和十二烷基苯等。在合成烷基苯的反应中，烷基化试剂含三个或三个以上碳原子时，烷基容易发生异构化，主要生成带支链的烷基苯。例如：

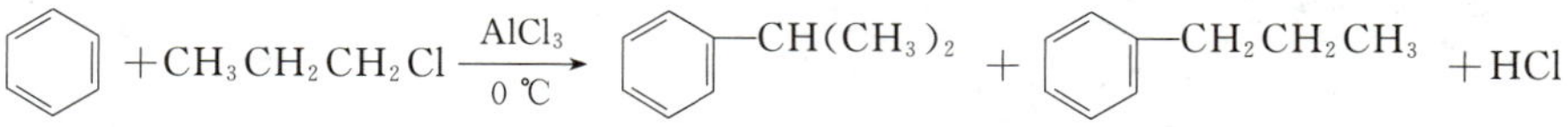

65%　　　　　35%

在烷基化反应中，进攻的亲电试剂是碳正离子，而碳正离子趋于重排成较稳定的碳正离子，因此，异构烷基苯是反应的主产物：

$$CH_3CH_2CH_2Cl + FeCl_3 \longrightarrow CH_3CH_2\overset{+}{C}H_2\,FeCl_4^- \rightleftharpoons (CH_3)_2\overset{+}{C}H\,FeCl_4^-$$

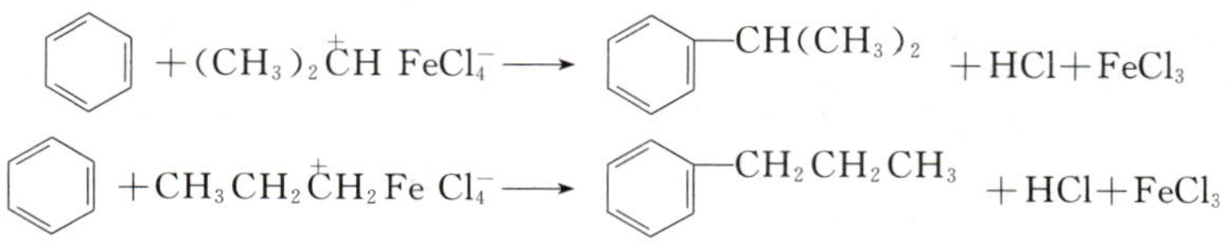

烷基化反应是可逆反应，故常常伴随着歧化反应，即一分子烷基苯脱烷基变成苯，另一分子增加烷基变成二烷基苯。工业上用这个反应把甲苯转化成用途广泛的苯和二甲苯：

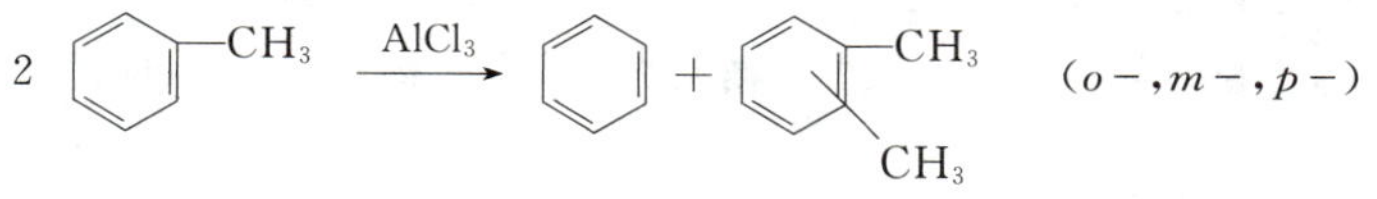

② 酰基化反应：在路易斯酸催化下，苯与酰卤等反应是制备芳酮的重要方法。常用的酰基化试剂有酰卤、酸酐等。例如：

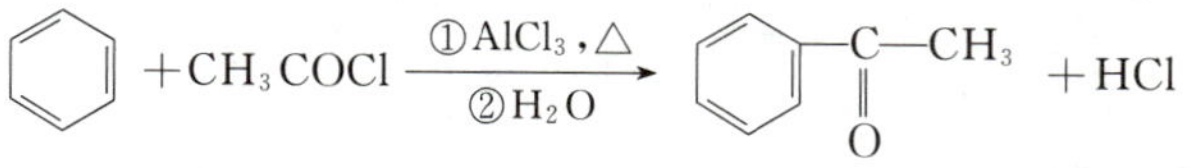

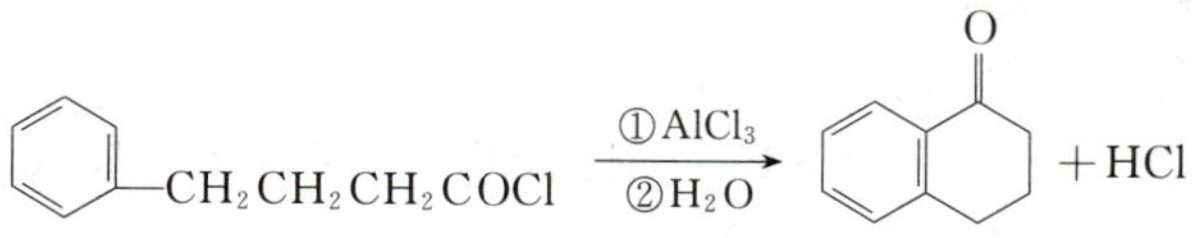

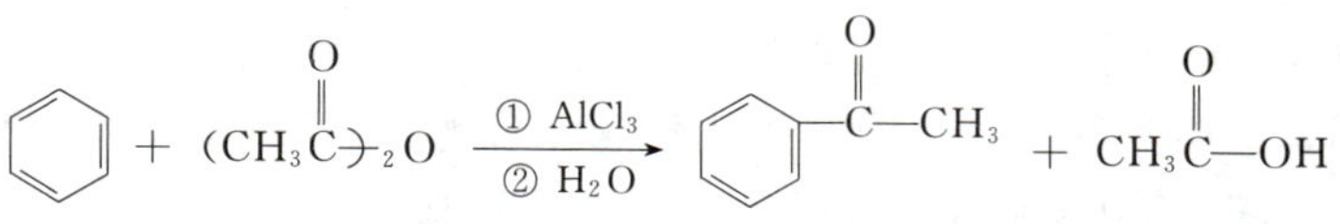

酰基化反应与烷基化反应不同，酰基化反应不能生成多元酰基取代产物，也不发生酰

基异构现象。酰基化产物为芳酮。如果用酸酐为酰基化试剂，还生成羧酸，这些含有酰基的产物、副产物都能与路易斯酸形成络合物，消耗催化剂。因此，酰基化反应所用的路易斯酸催化剂要比烷基化反应多，至少是酰基化试剂的二倍以上。利用酰基不发生异构的特点，先合成烷基芳基酮，再还原羰基成亚甲基，可制取长链正构烷基苯。

酰基化反应也是亲电取代反应，催化剂的作用是辅助形成酰基碳正离子：

$$CH_3\overset{\overset{\displaystyle O}{\|}}{C}—Cl + AlCl_3 \longrightarrow CH_3\overset{\overset{\displaystyle O}{\|}}{C}{}^+\ AlCl_4^-$$

苯环上如果有硝基、磺基等强吸电子取代基时，不能发生傅-克烷基化及酰基化反应，所以常用硝基苯作为反应的溶剂。苯和 $AlCl_3$ 都能溶于硝基苯中。

傅-克反应使用的催化剂多数为 $AlCl_3$，它有两个缺点：反应后有大量的水合三氯化铝需要处理；反应选择性差，常常伴随着大量的二取代或多取代烷基苯生成，甚至产生焦油，需要分离、处理，产物难纯化。现已开发出一些新的试剂或催化剂，常称为“绿色”工艺，提高了产物的选择性，更重要的是改善了环境的质量。例如：

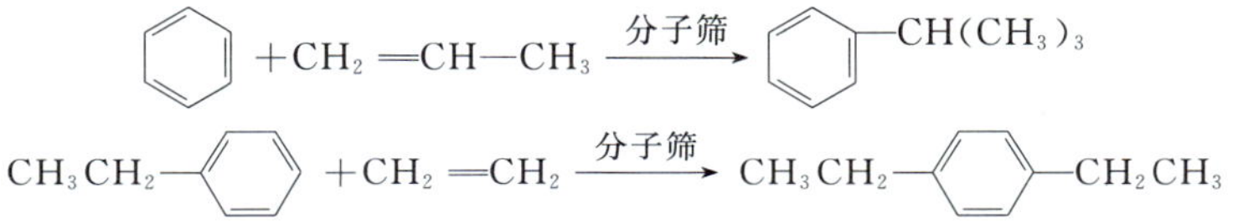

用比 H_2SO_4 和 $HClO_4$ 酸性强的固体杂多酸代替 H_2SO_4 等液体酸催化傅-克反应，可以解决反应设备腐蚀问题，能在较缓和的反应条件下，提高产物的选择性。例如：

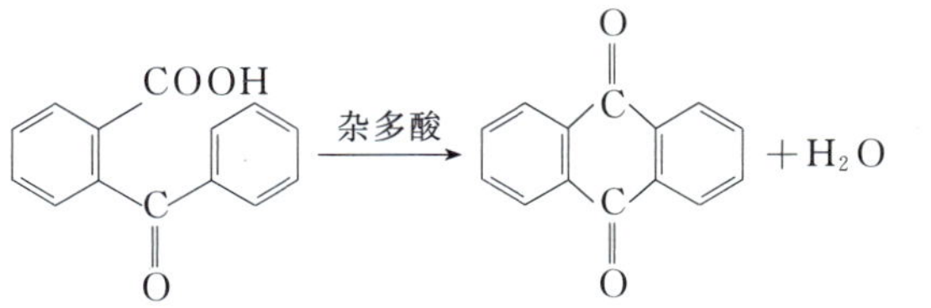

(5) 氯甲基化反应　在无水 $ZnCl_2$ 存在下，芳烃与甲醛及 HCl 作用，苯环上的氢被氯甲基（$—CH_2Cl$）取代，称为氯甲基化反应。例如：

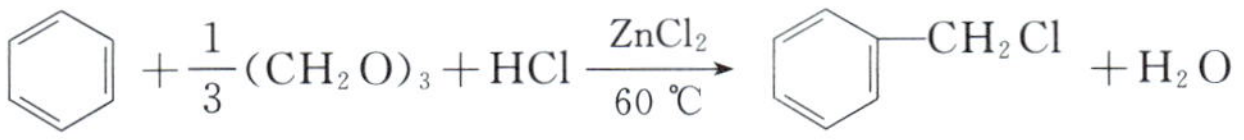

实际操作时加入的是固体三聚甲醛。氯甲基化反应很重要，因为氯甲基很容易转化为羟甲基（$—CH_2OH$）、氰甲基（$—CH_2CN$）、醛基（$—CHO$）、羧甲基（$—CH_2COOH$）、氨甲基（$—CH_2NH_2$），等等，这在有机合成上可方便地将芳烃转化成相应的衍生物。

2. 反应机理的讨论

从苯的静电势能模型图可知苯分子平面的碳环上下均匀地集中较多的负电荷，而六个氢原子上集中较多的正电荷。因此，苯容易受到亲电试剂的进攻，实验结果不是 C═C 双键的加成反应，而是 C—H 键的取代反应，故称为亲电取代反应。催化剂的作用多数是将中性的亲电试剂转化成亲电性更强的离子状试剂 E^+（如 X^+，$^+NO_2$，

$^+CH_2R$，^+COR 等）。当苯与亲电试剂 E^+ 接近时，先形成 π 络合物，然后转化成反应中间体 σ 络合物，σ 络合物失去质子 H^+ 生成取代苯。反应是分步进行的：

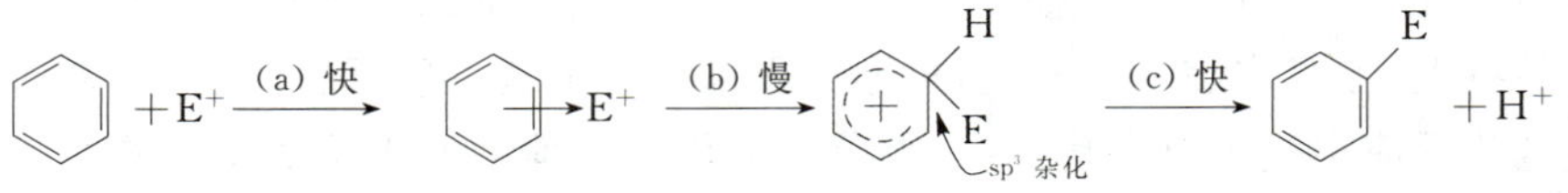

π络合物　　σ络合物　　取代苯

苯上有丰富的电子，很容易与 E^+ 形成 π 络合物，(a)步反应很快。由于苯有芳香性，因此(b)步反应很难进行，是取代反应的速率控制步骤。在 π 络合物中，E^+ 接近的 C 原子处，π 电子离域到其周围，随着 E^+ 从 C 上得到一对电子并形成 C—E 键，环上剩余的四个电子离域到其它 5 个 C 原子上，与此同时 CH—E 键的 C 原子由 sp^2 杂化转化成 sp^3 杂化，破坏了苯环的芳香结构，σ 络合物的能量升高。接着高能量的 σ 络合物脱去一个质子 H^+，苯环恢复了芳香结构，能量降低。(c)步反应也很容易进行，生成取代苯。

尽管 σ 络合物能量高，它也是离域体系。共振论将它看成共振杂化体，可由三个共振结构表示：

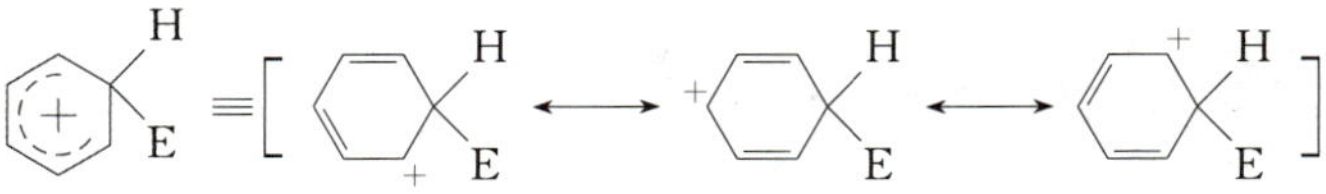

苯的亲电取代反应的能量变化可用图 7-4 表示。图中 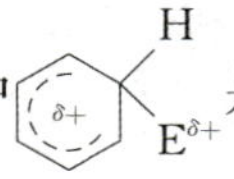 是(b)反应生成的过渡态，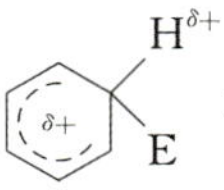 是(c)反应生成的过渡态。

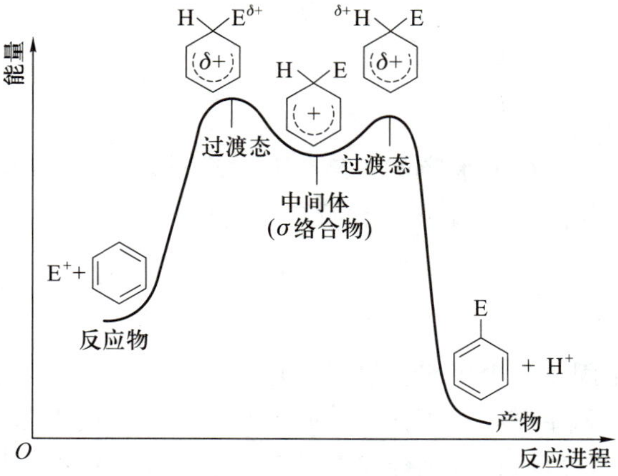

图 7-4　苯亲电取代反应进程和能量曲线图

当过渡态 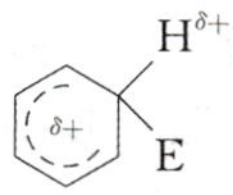 比过渡态 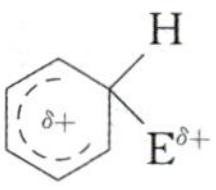 的能量低（或稳定性大）时，中间体 σ 络合

物形成后很快转化成产物取代苯。当两个过渡态能量相当时，中间体 σ 络合物形成后可以返回到反应物 π 络合物，此时，亲电取代反应是可逆平衡反应，如磺化反应。

7.4.2　一元取代苯的定位规律

在 7.4.1 节中已经看到：甲苯的硝化反应比苯的硝化反应容易进行，主要生成邻硝基甲苯和对硝基甲苯。而硝基苯的硝化反应比苯的硝化反应难进行，且主要生成间二硝基苯。这表明一元取代苯的取代基对第二步取代反应速率有影响，对第二步取代反应取代哪个氢原子有选择性，或者说对第二个取代基进入苯环有定位作用。由此把取代苯的取代基称为定位基。

1. 取代基的两类定位基

在一元取代苯的亲电取代反应中，新进入的取代基可以取代原取代基的邻、间、对位上的氢原子，生成三种异构体产物。一元取代苯有两个邻位、两个间位和一个对位氢原子，如果新取代基取代这五个氢原子的机会均等，生成三种异构体的混合物中邻位异构体为 40%(2/5)、间位异构体为 40%(2/5)和对位异构体为 20%(1/5)。但实际上主要产物只有一种或两种。例如，各种一元取代苯进行硝化反应，得到表 7-4 所示的结果：排在苯前面的取代苯，硝化产物主要是邻位和对位异构体，除卤苯外，其它取代苯硝化速率都比苯的快；排在苯后面的取代苯，硝化产物主要是间位异构体，硝化速率比苯的慢得多。

表 7-4　一元取代苯的硝化反应相对速率与产物的组成

定位基	相对速率	硝化产物分布/%			(邻+对)/间
		邻	间	对	
—OH	很快	55	痕量	45	100/0
$—NHCOCH_3$	快	19	1	80	99/1
$—CH_3$	25	63	3	34	97/3
$—C(CH_3)_3$	16	12	8	80	92/8
—F	0.03	12	痕量	88	100/0
—Cl	0.03	30	1	69	99/1
—Br	0.03	37	1	62	99/1
—I	0.18	38	2	60	98/2
—H	1.0				
$—NO_2$	6×10^{-8}	6	93	1	7/93
$—\overset{+}{N}(CH_3)_3$	1.2×10^{-8}	0	89	11	11/89
—COOH	慢	19	80	1	20/80
$—SO_3H$	慢	21	72	7	28/72
$—CO_2C_2H_5$	0.0037	28	68	4	32/68
$—CF_3$	慢	0	100	0	0/100

可见苯环上的取代基对第二步亲电取代仅有活化、钝化的作用，对第二个取代基进入环的位置有定位作用是一普遍规律，称为定位基的定位规律。通过归纳大量的实验结果，可以把苯环上的取代基按在亲电取代反应中的定位效应，大致分为两类：

演 6-6

第一类定位基又称邻对位定位基，在亲电取代反应中使新进入苯环的取代基主要进入它的邻、对位（邻＋对＞60%），同时使苯环活化（卤素除外）。例如 $-O^-$，$-N(CH_3)_2$，$-NH_2$，$-OH$，$-OCH_3$，$-NHCOCH_3$，$-OCOCH_3$，$-CH_3$，$-F$，$-Cl$，$-Br$，$-I$，$-C_6H_5$ 等。

第二类定位基又称间位定位基，在进行亲电取代反应中，使新进入苯环的取代基主要进入它的间位（间位＞40%），同时使苯环钝化。例如 $-NO_2$，$-\overset{+}{N}(CH_3)_3$，$-CN$，$-SO_3H$，$-CHO$，$-COCH_3$，$-COOH$，$-COOCH_3$，$-CONH_2$，$-CF_3$ 等。

从这两类定位基的结构上看，第一类定位基与苯环直接相连的原子上只有单键（苯环除外）且多数有孤对电子或是负离子；第二类定位基与苯环直接相连的原子上有重键（且重键的另一端是电负性大的元素）或带正电荷。两类定位基中每个取代基的定位能力强弱不同，其强度次序近似如上列顺序，但在不同的反应中，定位强度可能会有较大的差异。

如果按对苯环活化程度细分，第一类定位基还可以分为两类。一类是活化苯环的定位基，即排在F原子前面的定位基，称为活化苯环的邻对位定位基；另一类是钝化苯环的定位基，即排在F原子后面（包括F原子）的定位基，称为钝化苯环的邻对位定位基。

2. 定位规律的解释

可用不同的方法解释取代苯进行亲电取代反应时定位基的定位规律。

（1）用电子理论解释　苯环是共轭结构，定位基与苯环相连，既有诱导效应，又有共轭效应，两种效应的结果会改变苯环上电子密度的分布。甲苯、苯酚、氯苯和硝基苯的静态电子效应如下：

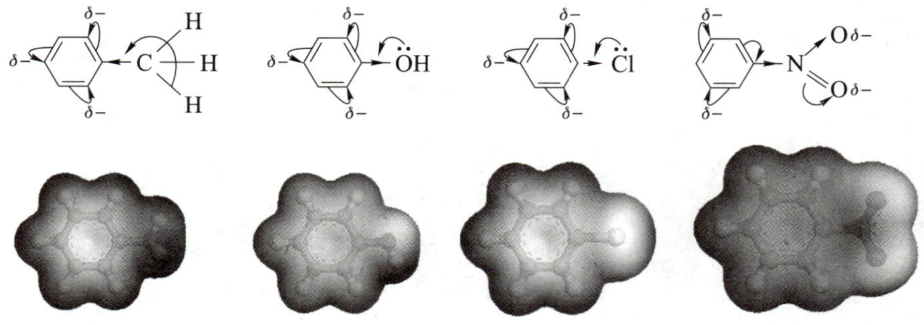

静电势模型图

甲苯　　苯酚　　氯苯　　硝基苯

甲基：甲基是给电子基，表现出给电子诱导效应；甲基与苯环形成 $\sigma-\pi$ 超共轭结构，表现出弱的给电子效应；两种电子效应都是增加苯环上电子密度，且甲基的邻对位碳原子上电子密度增加得较多。因此，甲基是活化苯环的邻对位定位基。

羟基：羟基是吸电子基，表现出吸电子的诱导效应；羟基与苯环形成 $p-\pi$ 共轭结构，表现出强的给电子的共轭效应；共轭效应大于诱导效应，两种效应作用结果使苯环上电子密度增加，且羟基的邻、对位的碳原子上电子密度增加得更多。因此，羟基是活化苯环的邻对位定位基。

氯基：氯苯是 p-π 共轭结构，表现出吸电子的诱导效应和较弱的给电子共轭效应（因为 C 和 Cl 分别是第二和第三周期元素，形成的 p-π 共轭结构不强），两种效应作用结果减少了苯环上的电子密度，但氯的邻对位的碳原子上电子密度比其它碳原子上的电子密度大。因此，氯基是钝化苯环的邻对位定位基。

硝基：硝基苯是 π-π 共轭结构，硝基表现出强的吸电子诱导效应和强的吸电子共轭效应，两种效应作用结果使苯环上电子密度降低得多，但硝基间位碳原子的电子密度降低得少些，因此，硝基是钝化苯环的间位定位基。

（2）用分子静电势能模型图解释　由分子轨道理论计算得到的苯酚、苯和硝基苯的分子静电势能模型图如图 7-5 所示。

苯酚　　苯　　硝基苯

图 7-5　分子静电势能模型图

静电势模型图

从三种化合物的分子静电势能模型图清楚地看出：苯酚的环上电子密度明显高于苯的环上的电子密度；硝基苯的环上电子密度明显低于苯的环上的电子密度。如果放大模型，读色标尺的数值，还可以得到羟基的邻对位碳原子上的电子密度高于其它碳原子上的电子密度。同样，硝基间位碳原子上的电子密度也高于其它碳原子上的电子密度。因此，羟基是活化苯环的邻对位定位基，硝基是钝化苯环的间位定位基。

（3）用反应动力学方法解释　从上节苯的亲电取代反应机理知道生成 σ 络合物一步是反应速率控制步骤。从微观可逆平衡原理（5.3.1 节）可知反应活性中间体的稳定性可判断形成中间体的过渡态的稳定性，进而判断反应进行的难易程度。

当亲电试剂 E^+ 进攻一取代苯时，生成三种 σ 络合物。定位基 Z 不同，三种 σ 络合物碳正离子的稳定性不同，形成 σ 络合物的速率不同。

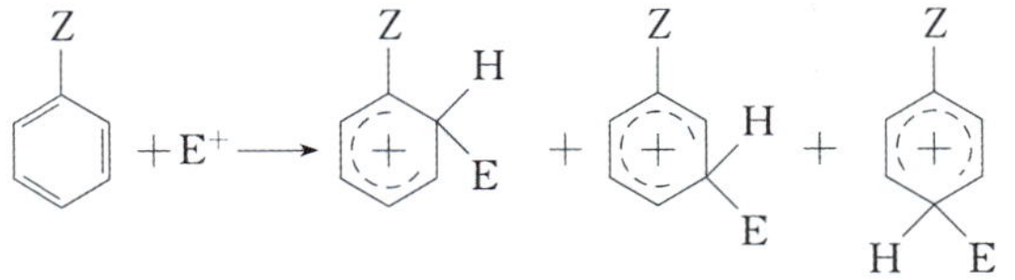

邻对位定位基：以甲苯为例，亲电试剂 E^+ 进攻甲基的邻、间、对位置，形成三种 σ 络合物中间体，三种 σ 络合物碳正离子用共振杂化体表示：

进攻邻位 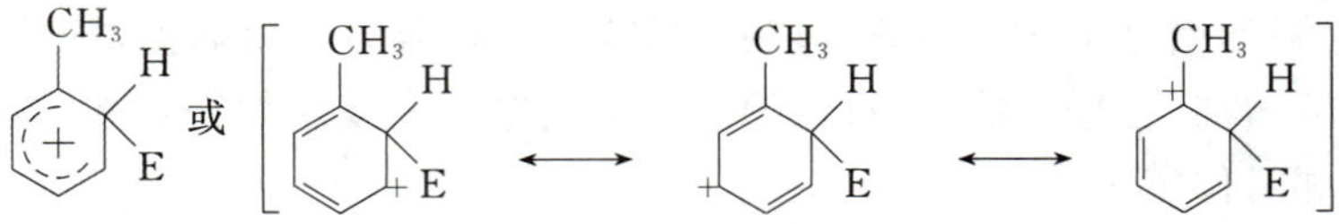

Ⅰ　Ⅰa　Ⅰb　Ⅰc

进攻对位 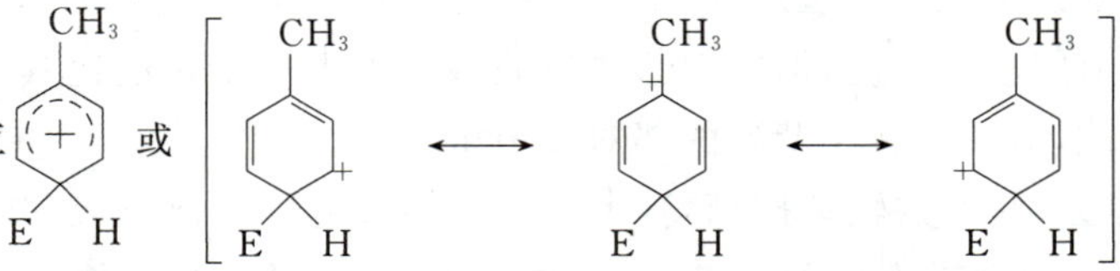

Ⅱ　Ⅱa　Ⅱb　Ⅱc

进攻间位 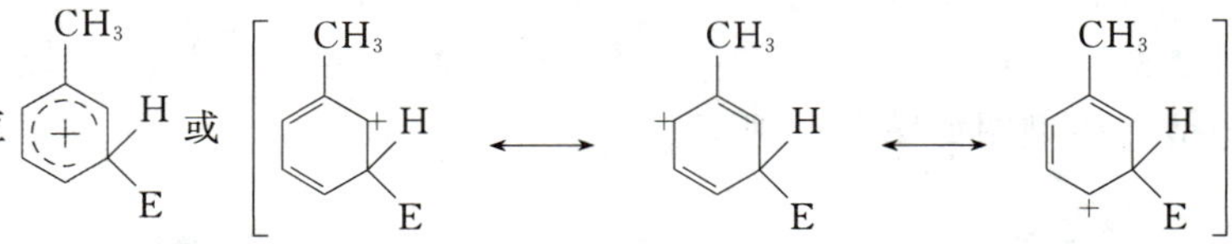

Ⅲ　Ⅲa　Ⅲb　Ⅲc

亲电试剂进攻苯生成的σ络合物碳正离子用共振杂化体表示：

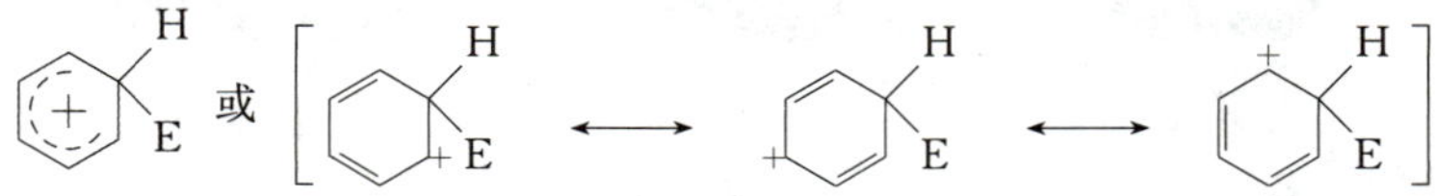

Ⅳ　Ⅳa　Ⅳb　Ⅳc

显然，因为Ⅰc和Ⅱb的正电荷在有给电子基的叔碳原子上，较分散，共振杂化体Ⅰ和Ⅱ比Ⅲ稳定。而在Ⅲ中，正电荷都分布在仲碳原子上，Ⅲ比Ⅰ和Ⅱ不稳定，所以甲基是邻对位定位基。虽然在Ⅲ和Ⅳ中的共振结构式都是正电荷分布在仲碳原子上，但甲基有给电子性，使Ⅲ的正电荷可以分散在环和甲基上，共振杂化体Ⅲ比Ⅳ稳定，因此，甲基活化了苯环。

共振杂化体稳定，反应活化能低，如图7-6所示，邻对位定位基取代苯反应容易进行。

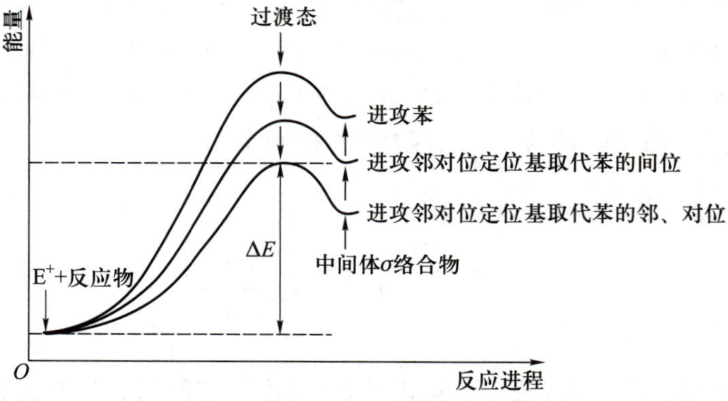

图7-6 邻对位定位基对苯环上亲电取代反应活化能的影响

间位定位基：以硝基苯为例说明。亲电试剂进攻硝基苯时，形成邻、间、对三种σ

络合物中间体：

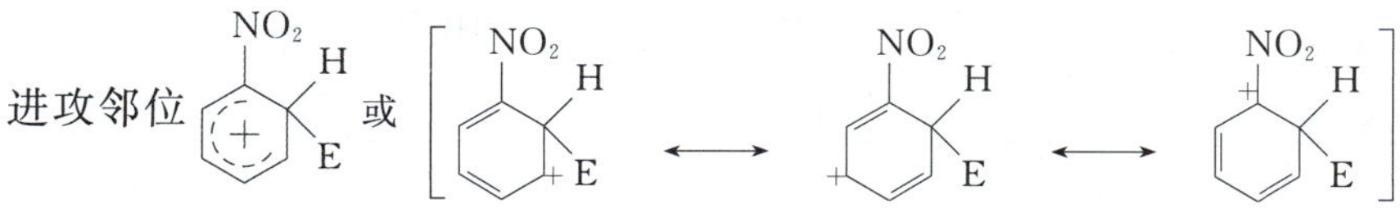

Ⅰ　　Ⅰa　　Ⅰb　　Ⅰc

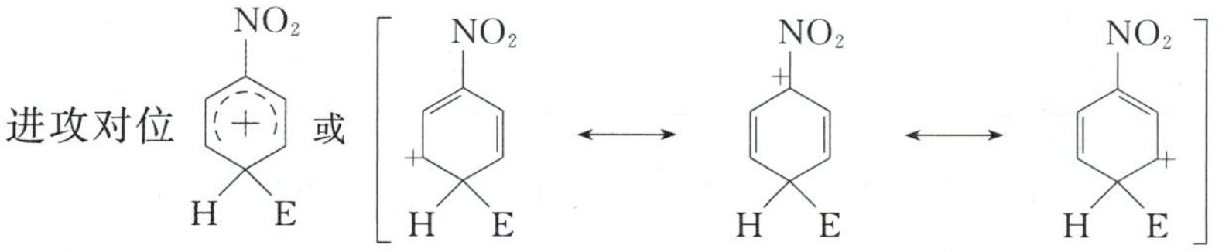

Ⅱ　　Ⅱa　　Ⅱb　　Ⅱc

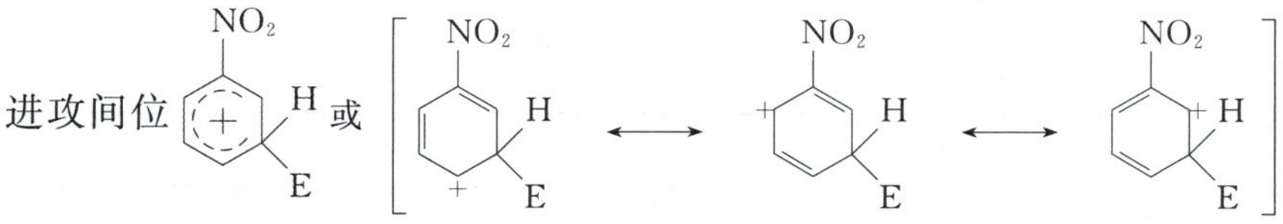

Ⅲ　　Ⅲa　　Ⅲb　　Ⅲc

因为在Ⅰ和Ⅱ中除了正电荷分布在仲碳原子上外，还有正电荷分布在有强吸电子基团的叔碳原子上不稳定的共振结构Ⅰc和Ⅱb，共振杂化体Ⅲ比Ⅰ和Ⅱ稳定。因此，硝基是间位定位基，取代反应发生在间位上。共振杂化体Ⅲ有强吸电子基团，与相应的苯的共振杂化体相比，Ⅲ不稳定。因此，硝基表现出钝化苯环的作用。

共振杂化体稳定，形成杂化体的活化能低。如图 7-7 所示，间位定位基取代苯反应比苯难，主要发生在间位上。

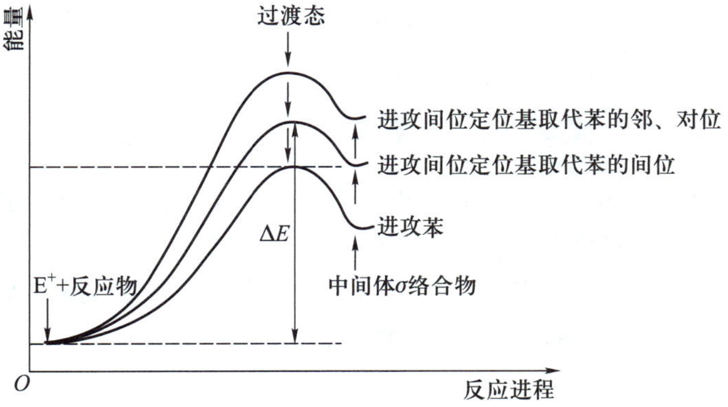

图 7-7　间位定位基对苯环上亲电取代反应活化能的影响

3. 空间效应对定位规律的影响

环上有邻对位定位基存在时，生成邻位和对位产物的比例与定位基和进入基 E 的体积都有关系。这两种基体积越大，邻位产物越少。如表 7-5 所示，烷基苯的硝化反应随着烷基的体积增大，邻位硝基烷基苯的比例减少。

表 7-5　烷基苯硝化反应产物异构体分布

烷基苯	定位基	产物异构体分布/%		
		邻位	对位	间位
甲　苯	$-CH_3$	58.5	37.2	4.3
乙　苯	$-CH_2CH_3$	45.0	48.5	6.5
异丙苯	$-CH(CH_3)_2$	30.0	62.3	7.7
叔丁苯	$-C(CH_3)_3$	15.8	72.7	11.5

苯环上定位基不变，随着进入基E体积增大，邻位异构体的比例也减少。例如，甲苯进行烷基化时，随着引入基团的体积增大，邻位取代产物的比例依次减少，如表7-6所示。

表 7-6　甲苯烷基化反应产物异构体分布

进入基E	产物异构体分布/%		
	邻位	对位	间位
$-CH_3$	53.8	28.8	17.4
$-CH_2CH_3$	45.0	25.0	30.0
$-CH(CH_3)_2$	37.5	32.7	29.8
$-C(CH_3)_3$	0	93.0	7.0

定位基和进入基的体积都很大时，产物中邻位异构体的量极少。例如，叔丁基苯、溴苯进行磺化反应时，都几乎生成100%的对位产物。

上面仅讨论了第二个取代基进入苯环时，定位基和进入基的空间效应。反应温度和催化剂等因素也会影响邻、对位产物的比例。

7.4.3　二元取代苯的定位规律

当苯环上有两个定位基时，进入基进入苯环的位置，主要由两个定位基的性质决定。大体上说，苯环上有两个定位基时，有三种定位情况。

第一种情况，苯环上两个定位基对进入基的定位作用一致，进入基进入苯环的位置就由它们共同定位。例如，下列化合物引入进入基时，进入基主要进入箭头所示的位置：

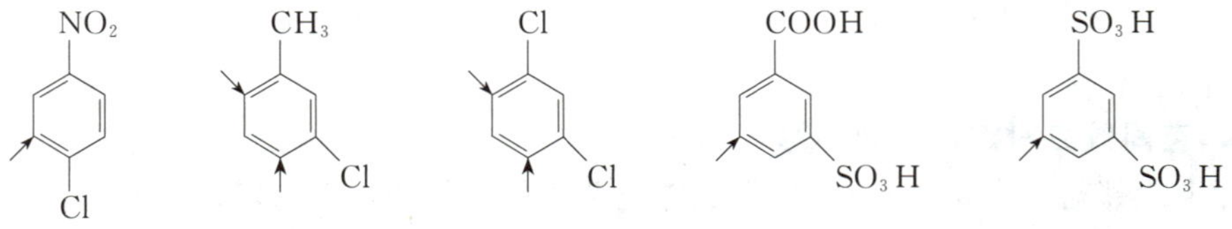

第二种情况，苯环上两个定位基对进入基的定位作用不一致，两个定位基属同一类定位基，这时进入基进入苯环的位置主要由定位作用强的定位基所决定。如果两个定位基定位作用强度差较小时，得到两个定位基定位作用的混合物：

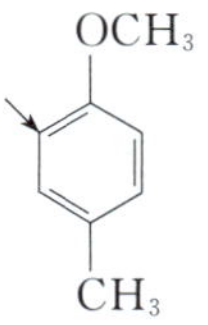
主要产物

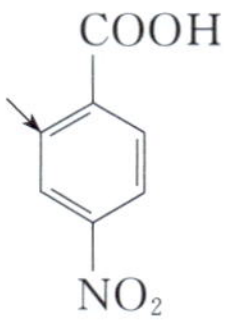
主要产物

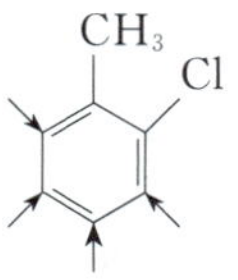
四种结构的混合物

第三种情况，苯环上原有两个定位基对进入基的定位作用不一致，两个定位基属不同类定位基时，进入基进入苯环的位置主要由第一类定位基定位：

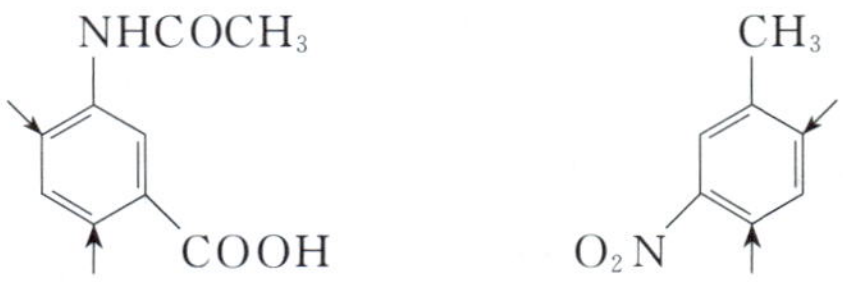

在考虑进入基进入苯环的位置时，除考虑两个定位基的定位作用外，还应该考虑空间效应，如 3－乙酰氨基苯甲酸的 2 位取代产物很少。

7.4.4　定位规律的应用

苯环上亲电取代反应的定位规律不仅可以用来解释某些实验现象，还可以通过它来指导取代苯的合成，包括预测反应主要产物和正确选择合成路线。

1. 预测主要产物

当二元取代苯发生亲电取代反应时，若能综合考虑定位基的影响因素（电子因素、空间因素），就可以解释和预测所得的主要产物。例如，间甲苯酚进行硝化反应时，主要得到在羟基的邻位和对位取代的产物：

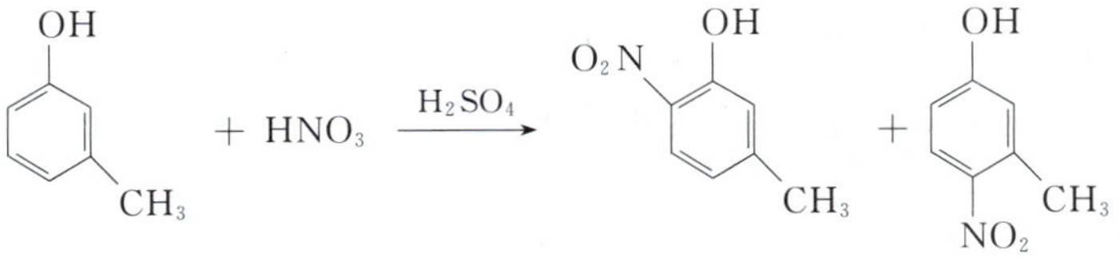

三种二甲苯进行磺化反应时，由于间二甲苯两个甲基的定位作用一致，而邻、对位二甲苯的两个甲基的定位作用不一致，所以间二甲苯最易磺化。工业上利用定位规律控制混合二甲苯不完全磺化，分离后再利用 2,4－二甲基苯磺酸易水解的性质得到纯的间二甲苯：

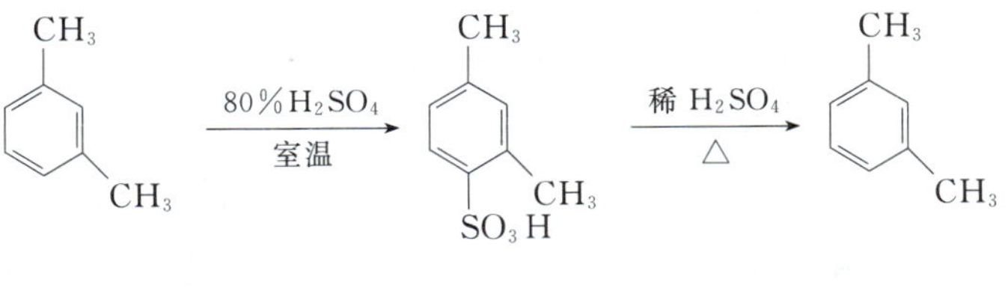

2. 选择合理的合成路线

应用定位规律可以选择可行的合成路线，得到较高的产率和避免复杂的分离过程。例如，由对硝基甲苯合成 2,4-二硝基苯甲酸，有如下两条合成路线：

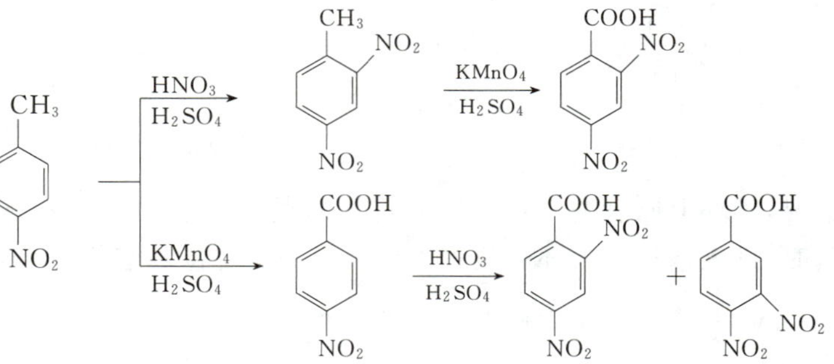

显然第一条合成路线比较合理，可以简化分离步骤，同时因底物定位基作用一致，硝化反应较第二条路线的硝化反应容易进行。而第二条合成路线，尽管氧化一步比较容易，但硝化一步会有 3,4-二硝基苯甲酸副产物生成，同时也给分离提纯产物带来麻烦。

3. 利用可逆反应控制产物

利用磺化反应的可逆性，可以制备一些用一般方法难以制备的化合物。例如，由苯酚制备邻溴苯酚：

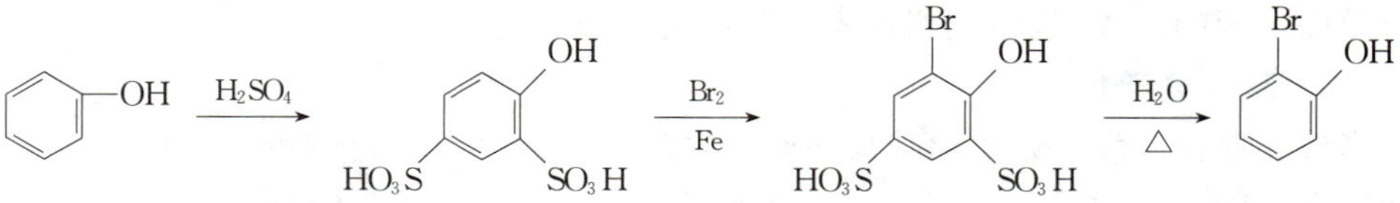

4. 动力学控制与热力学控制

前面讨论的取代基的定位规律只适用于动力学控制的反应。如在 $FeCl_3$ 催化下，叔丁基苯与叔丁基氯反应符合定位规律，主要产物是对二叔丁基苯：

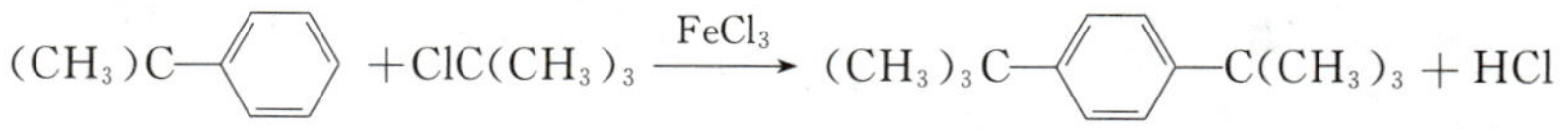

但烷基化反应是可逆反应，烷基苯可脱烷基。改变反应条件，如用过量强酸 $AlCl_3$ 作催化剂，增加叔丁基氯的用量和提高反应温度，加快反应速率，使产物达到热力学平衡组成，生成热力学稳定的 1,3,5-三叔丁基苯为主，此时反应是热力学控制：

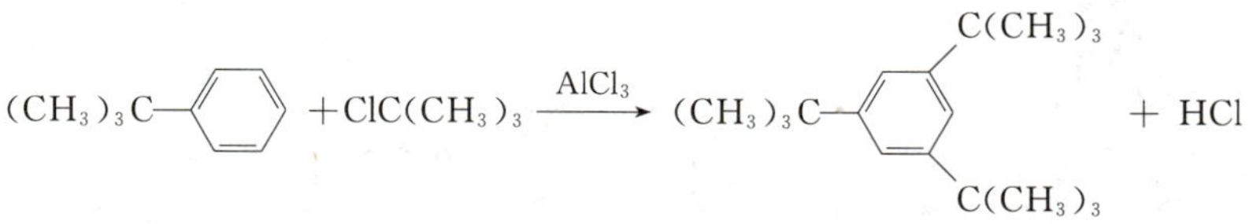

甲苯磺化反应是可逆平衡反应，在 0 ℃反应，热力学稳定的产物对甲基苯磺酸仅为 53%。在 100 ℃反应时，对甲基苯磺酸增加至 79%。这是磺化反应由动力学控制反应转化成热力学控制反应的结果。

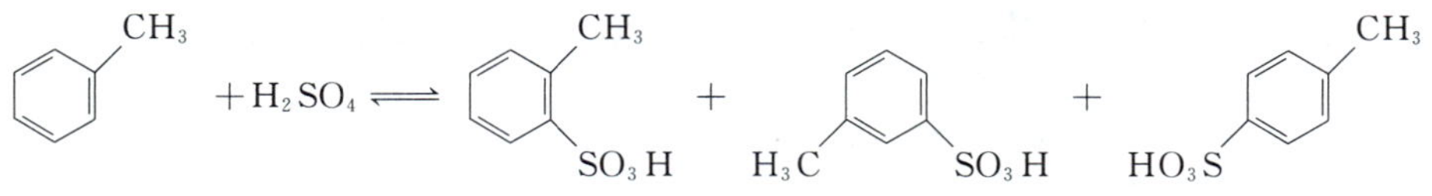

0 ℃	43%	4%	53%
100 ℃	13%	8%	79%

7.5　苯的加成反应与氧化反应

苯环有芳香性，与脂环烯烃比较，不易进行加成和氧化反应。但苯环又是不饱和体系，只要条件适合，苯环还是可以进行加成和氧化反应的，而且这类反应在有机化学工业中都很重要。

7.5.1　加成反应

1. 加氢反应

当分子中具有侧链的双键时，在缓和条件下，侧链选择加氢，苯环不发生加氢反应：

$$C_6H_5CH{=}CHC_6H_5 + H_2 \xrightarrow[CH_3CH_2OH]{Pt} C_6H_5CH_2CH_2C_6H_5$$

但在激烈条件下，苯环也可以发生加氢反应。例如：

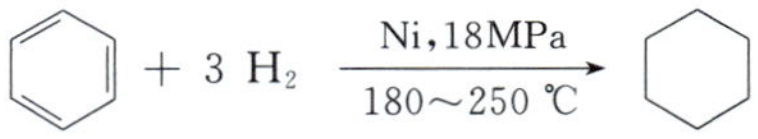

这是工业上制备环己烷的方法。也可以采用均相催化剂 2-乙基己酸镍/三乙基铝进行催化加氢反应，此时，加氢反应条件比较缓和。

在液氨中，用碱金属和乙醇还原苯，通过 1,4-加成生成 1,4-环己二烯，这个反应称为伯奇(Birch)反应：

2. 加氯反应

在紫外光照射下，苯与氯在 40 ℃即可发生加成反应，生成六氯代环己烷：

演 6-7

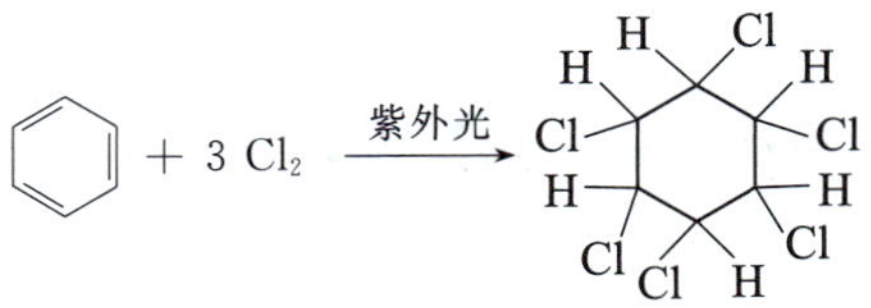

六氯代环己烷又称六氯化苯，分子式为 $C_6H_6Cl_6$，俗称六六六，它曾作为农药大量使用，由于残毒严重而逐渐被淘汰，已被禁止使用。

不论加氢还是加氯，反应都不容易停留在加一分子或两分子氢或氯的阶段，因为加氢和加氯的中间产物比苯更容易进行加成反应。这两种反应均不是亲电加成反应。

7.5.2　氧化反应

在高温下，用 V_2O_5 作催化剂苯能顺利地被分子氧氧化成顺丁烯二酸酐(简称顺酐)，它是重要的有机合成原料。

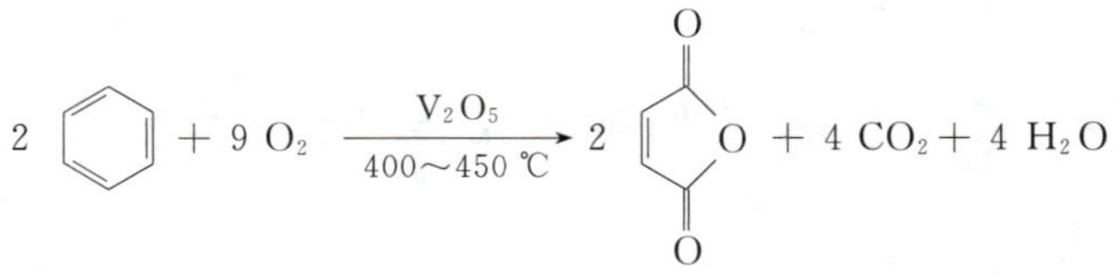

7.6　苯侧链上的反应

7.6.1　α－H 的反应

烷基苯的侧链与苯环相连的碳原子称为 α－碳原子，其上的氢称为 α－氢原子。从分子构造看，苯侧链的 α－H 与烯烃的 α－H 相似，都存在 π－σ 超共轭作用。因此烷基苯的 α－H 比较活泼。

1. 卤代反应

在光照或加热的条件下，烷基苯的 α－H 被卤素取代，生成 α－卤代烷基苯。例如，甲苯与氯反应生成氯甲基苯(苄基氯)：

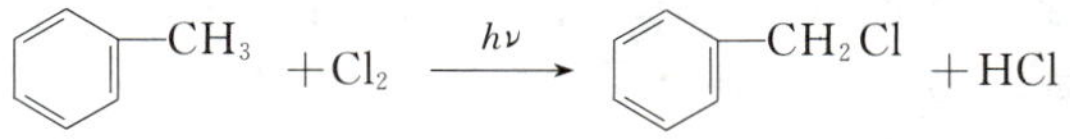

α－H 氯代反应为自由基型反应，其活性中间体为苯甲基(苄基)碳自由基，具有 p－π共轭结构，稳定。

苯氯甲烷可以继续氯代生成苯二氯甲烷、苯三氯甲烷：

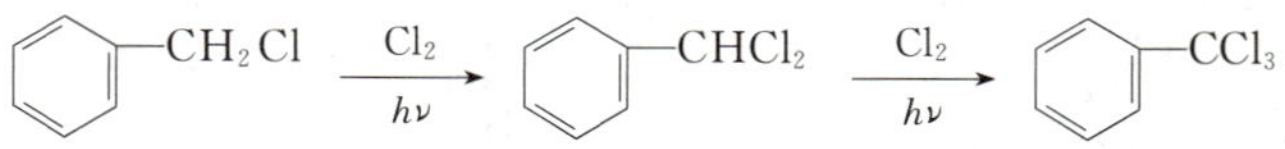

溴代反应可以用 *N*－溴代丁二酰亚胺(NBS)作溴代试剂，反应缓和，容易控制：

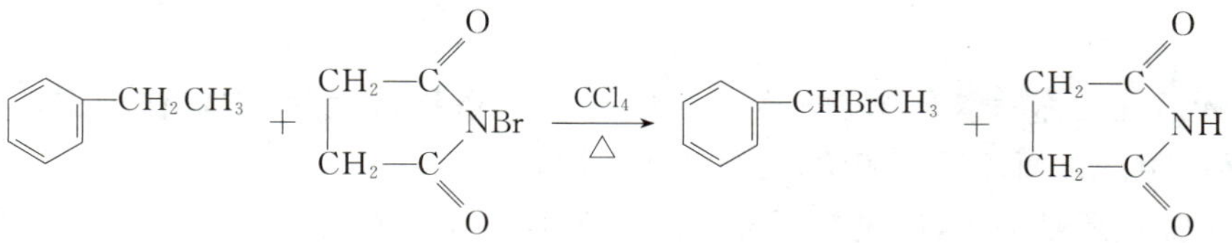

2. 氧化反应

演 6-8

烷基苯容易被氧化，通常是 α-C 上连有 H 的取代苯都可以被强氧化剂氧化成苯甲酸：

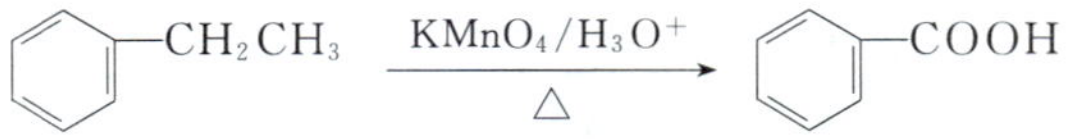

在一般情况下，不论侧链多长，以及侧链上还连有什么基团（如—CH_2Cl，—$CHCl_2$，—CH_2OH，—CHO，—CH_2NO_2 等），只要有 α-H 都能被强氧化剂氧化成苯甲酸。无 α-H 的烷基苯，如叔丁基苯则很难被氧化。只有在激烈的氧化条件下，苯环才会被破坏性氧化。

在工业上，用催化氧化方法制备苯甲酸、对苯二甲酸、邻苯二甲酸酐和均苯四甲酸酐等。这些化合物在工业上都有重要的用途。例如：

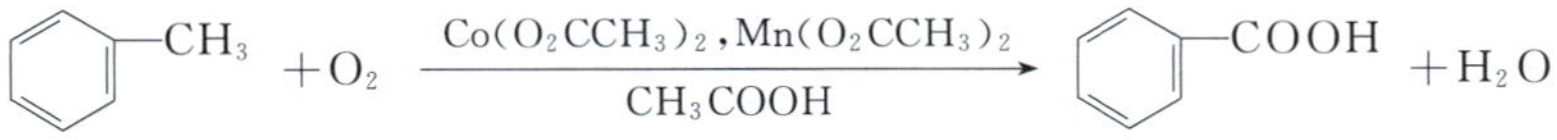

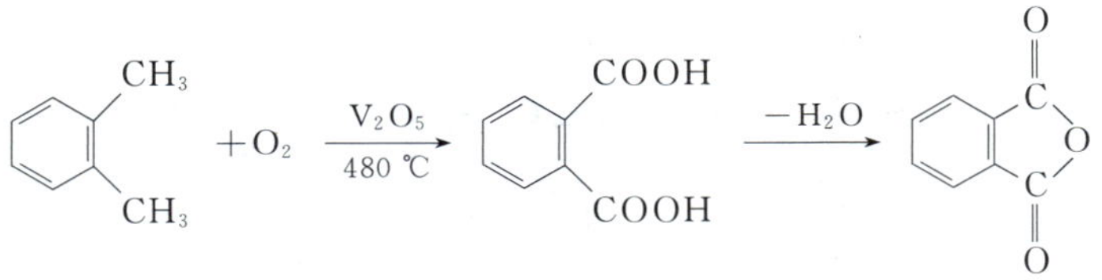

在碱性条件下，异丙基苯很容易被空气氧化生成氢过氧化异丙苯，后者在稀酸作用下，分解为苯酚和丙酮。这是生产苯酚（联产丙酮）的重要工业方法。

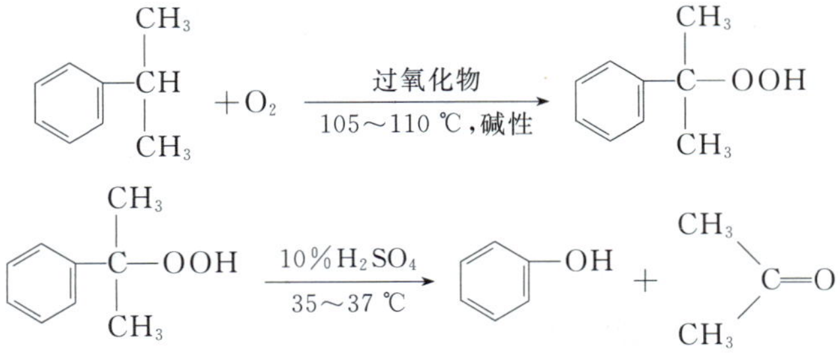

同理，间甲基异丙基苯进行碱性氧化，再经酸催化分解，得到丙酮和间甲苯酚。

3. 脱氢反应

在高温和催化剂作用下，乙苯、对二乙苯能脱氢生成苯乙烯、对二乙烯苯。工业上制备苯乙烯和对二乙烯苯采用此方法。例如：

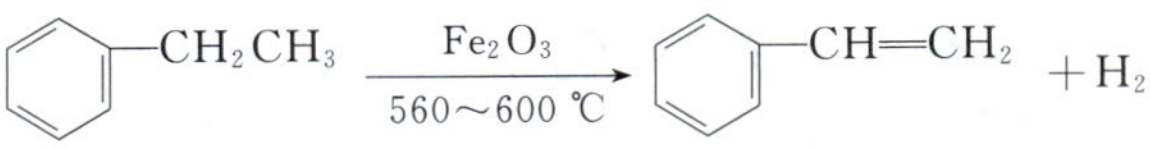

7.6.2 共轭双键上的反应

1. 苯乙烯的性质

苯乙烯为无色液体，沸点 146 ℃。

苯乙烯侧链的 C═C 双键与苯环共轭，很活泼，室温下放置就慢慢聚合，贮存时要加阻聚剂（如对叔丁基邻苯二酚）。它既能自身聚合也能与其它单体共聚合，是一个重要的聚合物单体。在自由基引发剂引发下，苯乙烯聚合得到聚苯乙烯：

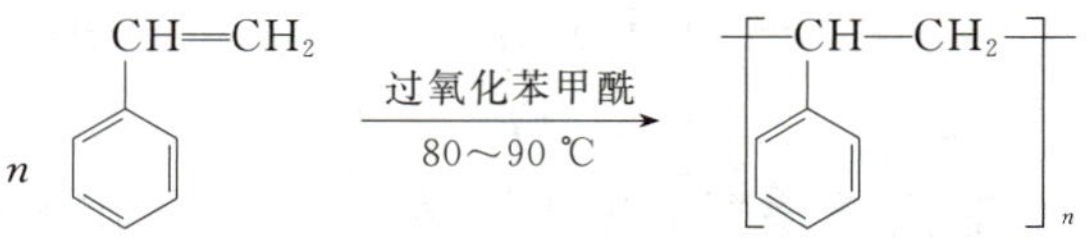

聚苯乙烯透光性好，有良好的绝缘性和化学稳定性。但强度低，耐热性差。可作光学仪器、绝缘材料及日用品等。

2. 离子交换树脂

苯乙烯与少量对二乙烯苯共聚合，可以得到不溶的交联型聚苯乙烯：

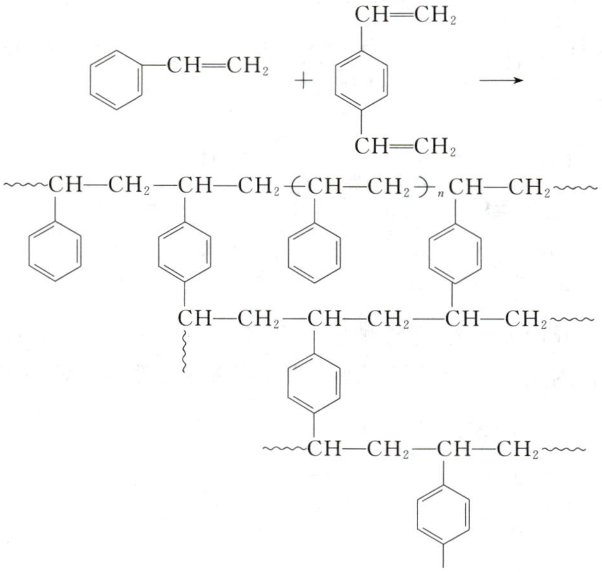

将交联型聚苯乙烯加工成微孔状小球，再在球表面的苯环上引入磺基、羧基、氨基等，可制成各种离子型交换树脂（见 13.4.3 节）。

7.7　多 环 芳 烃

多环芳烃包括稠环芳烃、多苯代脂烃、联环芳烃及富勒烯。相对分子质量小的稠环化合物如萘、蒽和菲等是重要的化工原料。富勒烯是近年发现的一类有芳烃性质的碳环化合物，在理论研究上有重要意义，实际应用上是一类很有开发前途的化合物。

7.7.1　稠环芳烃

一系列的稠环芳烃是重要的化工产品，也是有机化工的基本原料。复杂的稠环芳烃如䓛、苯并菲、苯并蒽等是有致癌活性或促进致癌的物质，这些稠环芳烃的衍生物也是如此。

1. 萘

萘为片状晶体，熔点 80.2 ℃，沸点 218 ℃，易升华，具有特殊气味。现代物理方法测得萘的结构为

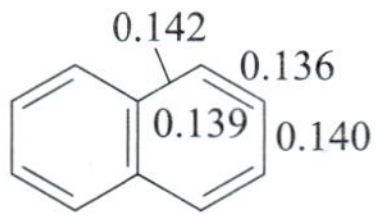

（单位：nm）

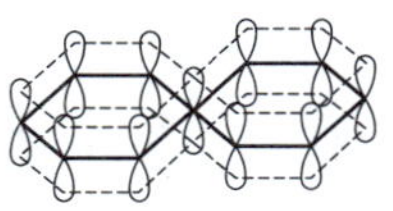
π 电子云分布

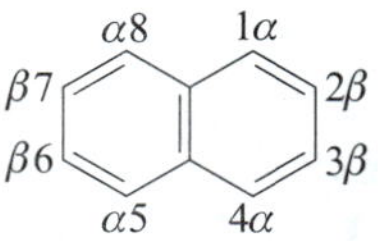

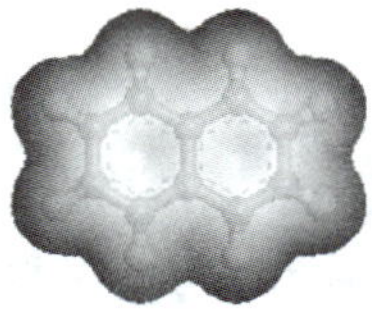

静电势模型图

十个碳原子处于同一平面内，其键长没有完全平均化，π 电子云分布在环平面上下方，萘的离域能(或共振能)为 225.2 $kJ\cdot mol^{-1}$。它的芳香性比苯差些。1、4、5、8 位相当，称为 α 位；2、3、6、7 位相当，称为 β 位。

(1) 亲电取代反应　和苯相比，萘容易进行亲电取代反应。α 位电子密度比 β 位高，亲电取代反应首先发生在 α 位。但 1 与 8 位或 4 与 5 位相距很近(迫位)，有大的取代基(如磺基)时比较拥挤，不稳定，而 β 位取代产物是比较稳定的。

① 卤代反应：在 Fe 或 $FeCl_3$ 存在下，将 Cl_2 通入萘的苯溶液中，主要得到α－氯萘：

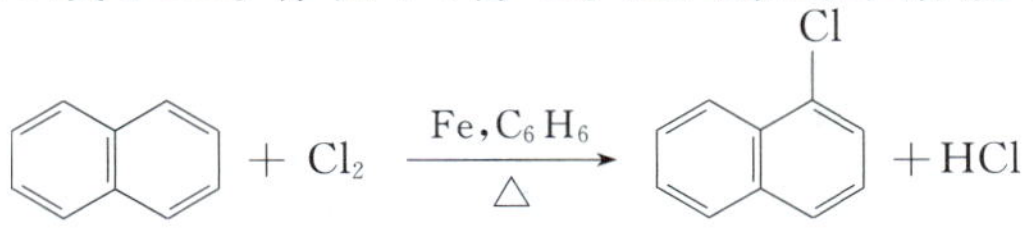

α－氯萘为无色液体，沸点 259 ℃，可作高沸点溶剂和增塑剂。

次氯酸叔丁酯负载到 SiO_2 上是近年开发的一种新的氯化剂，与芳烃反应条件温和，转化率高，选择性好。例如：

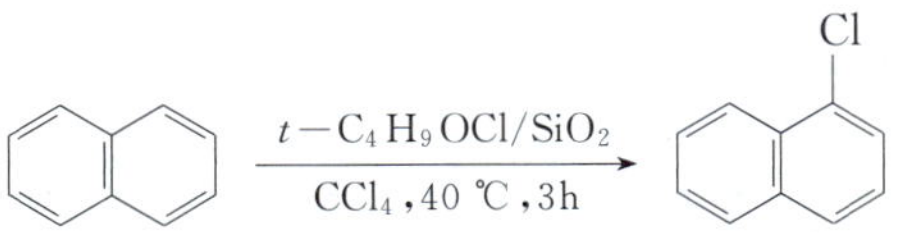

（转化率 93%，选择性 100%）

② 硝化反应：萘用混酸硝化主要生成 α－硝基萘，为了控制生成一取代物，所用混酸的浓度比苯硝化时低。

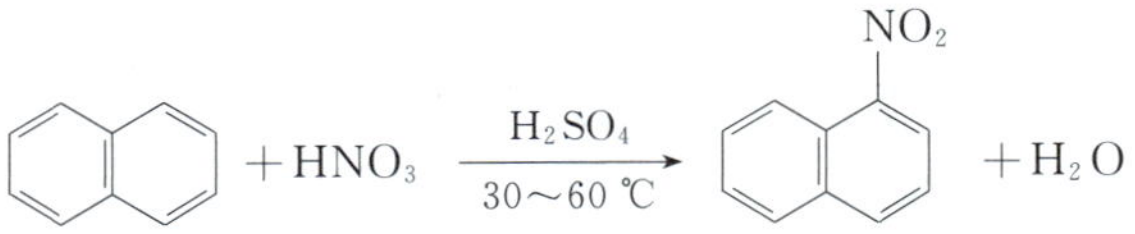

③ 磺化反应：萘在较低温度(60 ℃)磺化时，主要生成 α－萘磺酸；在较高温度(165 ℃)磺化时，主要生成 β－萘磺酸。α－萘磺酸与硫酸共热到 165 ℃时，也变成 β－萘磺酸：

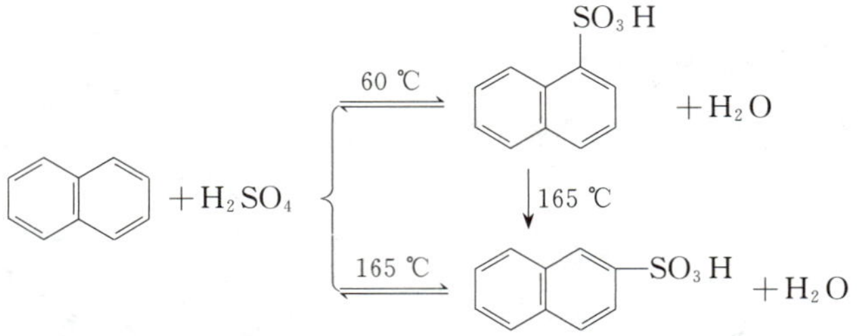

这是因为磺化反应是可逆反应。在低温下，取代反应发生在电子密度高的 α 位上，但因磺基体积较大，它与相邻的 α 位上的氢原子之间距离小于它俩的范德华半径之和，所以 α-萘磺酸稳定性较差。在较高温度时生成稳定的 β-萘磺酸。即低温时，磺化反应是动力学控制，高温时是热力学控制，其反应能量变化如图 7-8 所示。

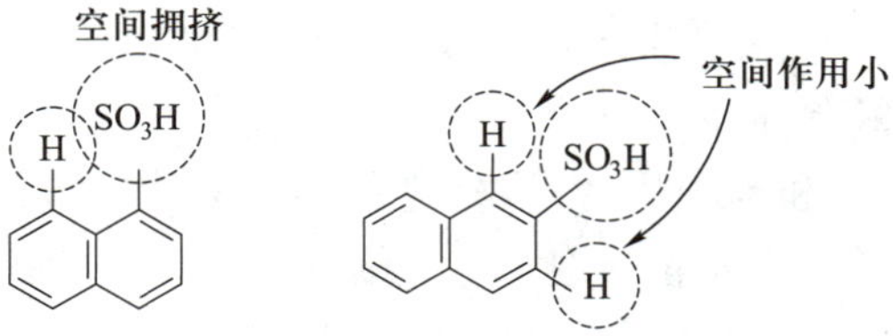

α-萘磺酸　　　　β-萘磺酸

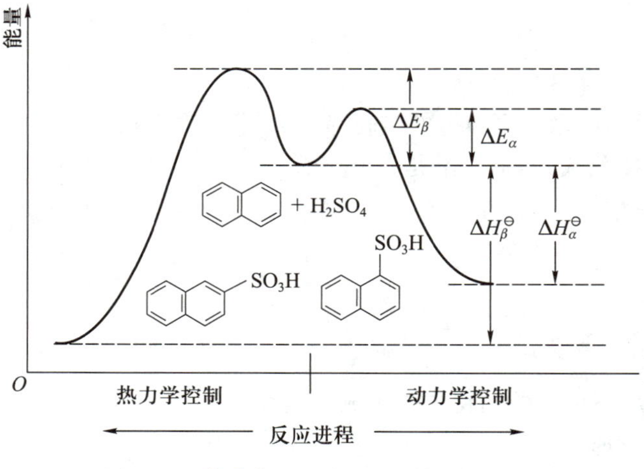

图 7-8　萘磺化的反应进程和能量的关系

ΔE_α、ΔE_β 分别为 α 位、β 位取代的活化能；$\Delta H_\alpha^\ominus$、$\Delta H_\beta^\ominus$ 为其反应焓

因为磺基易被其它基团取代，故 β-萘磺酸是制备某些 β-取代萘的中间产物。如 β-萘磺酸的碱熔制备 β-萘酚：

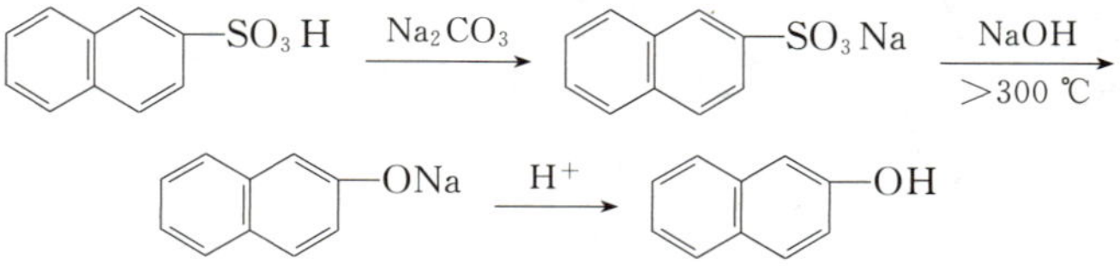

④ 酰基化反应：萘的酰基化反应产物与反应温度和溶剂的极性有关。低温和非极性溶剂（如 CS_2）中主要生成 α－取代产物，而在较高温度及极性溶剂（如硝基苯）中主要生成 β－取代物：

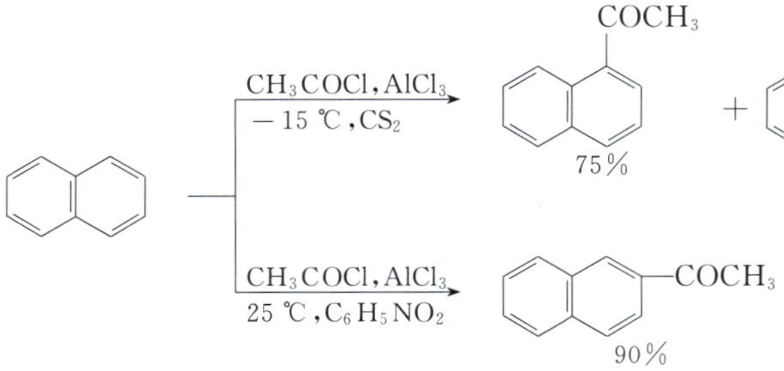

这是因为在极性溶剂中，酰基碳正离子与溶剂形成溶剂化物的体积较大，温度较高时进入 β 位；低温时在非极性溶剂中则进入活泼的 α 位。

（2）亲电取代反应规律　萘分子有两个苯环，第二个取代基进入的位置可以是同环，也可以是异环，主要取决于原有取代基的定位作用。

① 原取代基为第一类定位基时，第二个取代基进入同环原取代基的邻位或对位中的 α 位。例如：

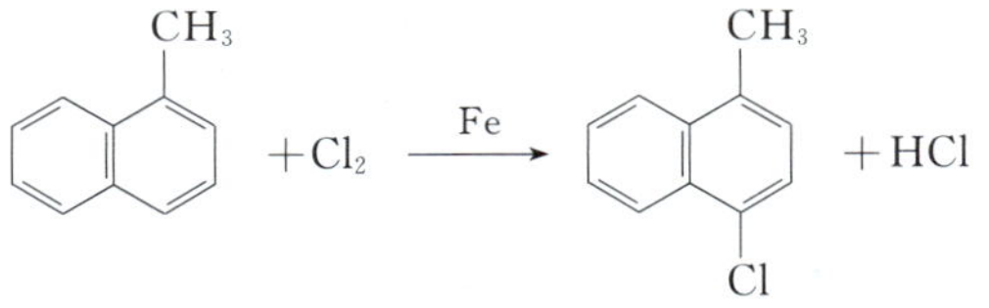

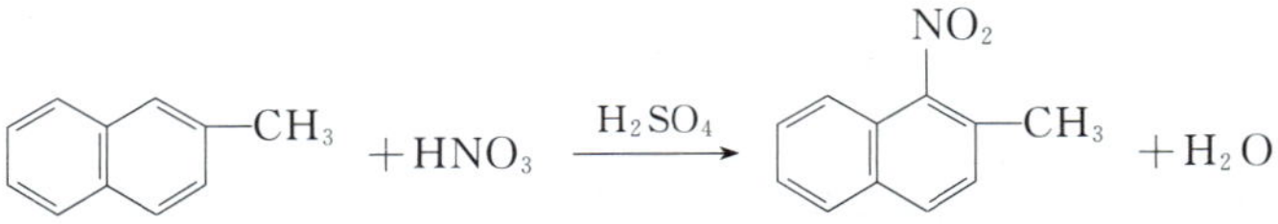

② 原取代基是第二类定位基时，第二个取代基进入异环的 α 位。例如：

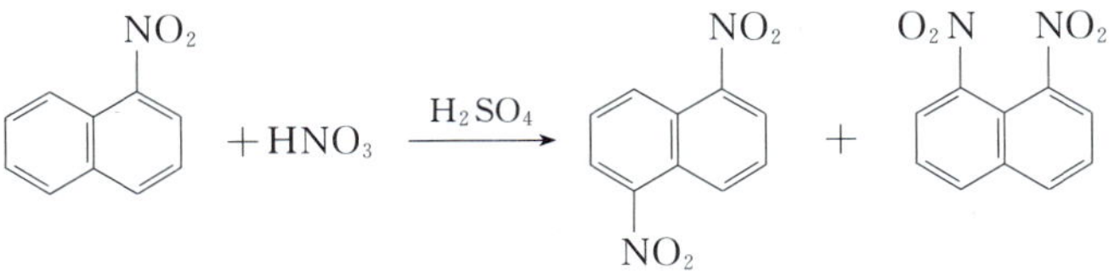

③ 如果是可逆反应，产物随反应条件不同而变化。例如，β－甲基萘与浓 H_2SO_4 加热反应，主要生成稳定的 6－甲基－2－萘磺酸：

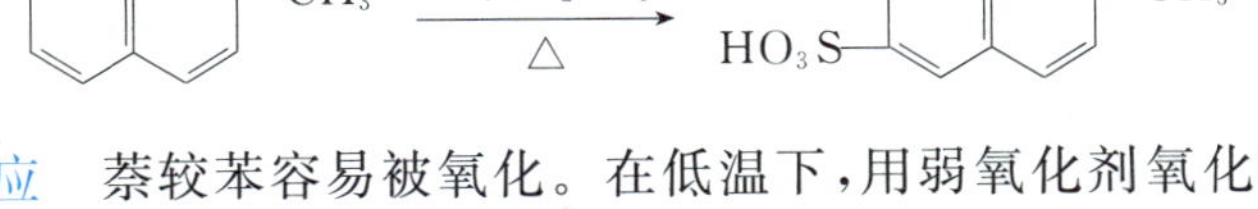

（3）氧化反应　萘较苯容易被氧化。在低温下，用弱氧化剂氧化得 1，4－萘醌，但产率不高。

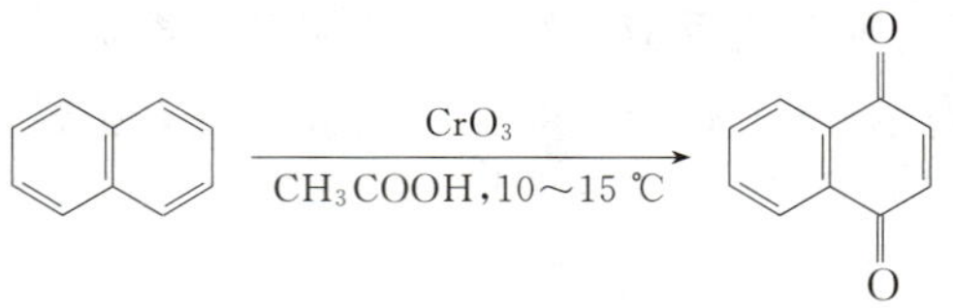

在强烈条件下氧化，其中一个环破裂，生成邻苯二甲酸酐，这是工业上生产邻苯二甲酸酐的一种方法。

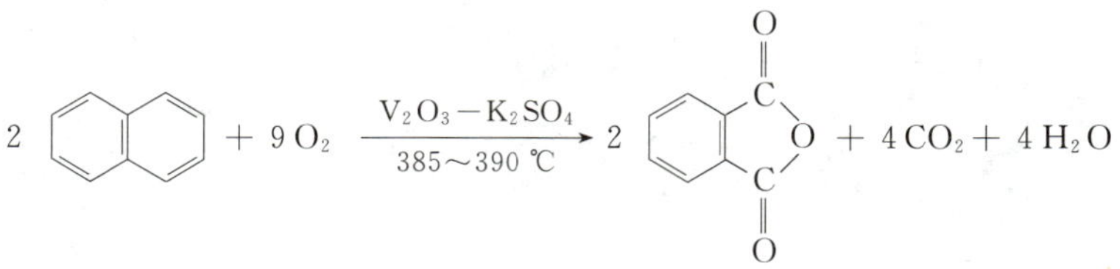

取代萘氧化时，哪个苯环破裂决定于取代基的性质。取代基为第一类定位基时，使取代基所在的环活化，氧化时同环破裂；取代基为第二类定位基时，使所在环钝化，氧化时异环破裂。例如：

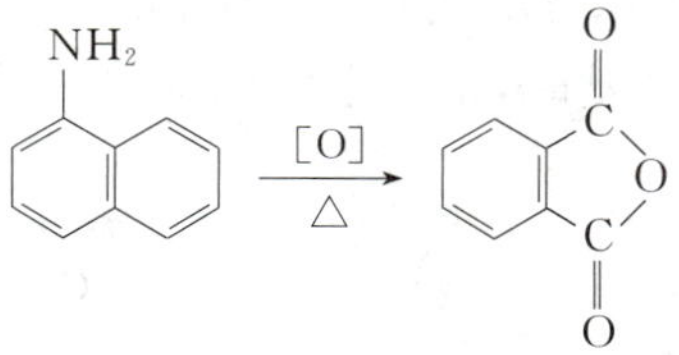

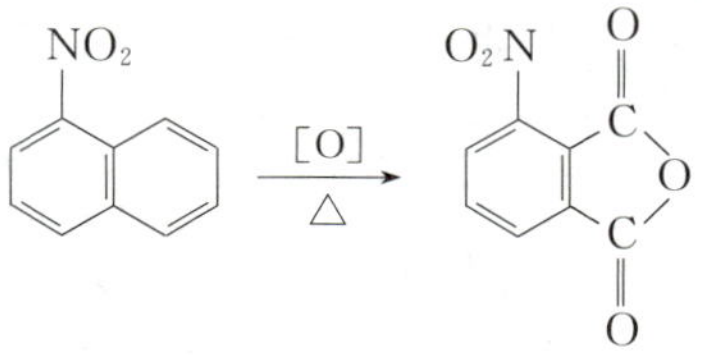

(4) 加氢反应　萘与金属钠、醇在液 NH_3 中反应，生成二氢化萘和四氢化萘：

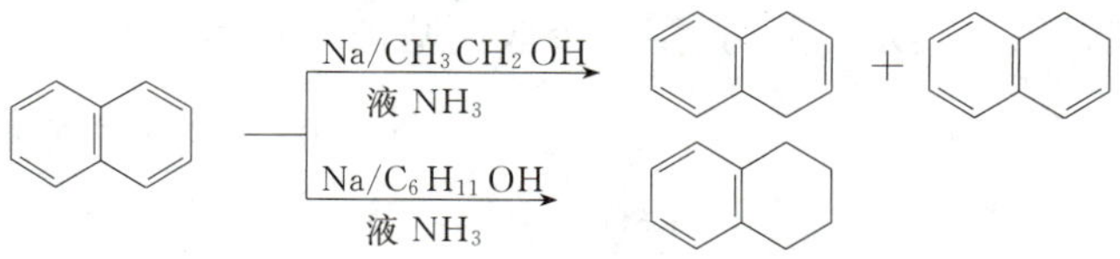

四氢化萘是高沸点(208 ℃)无色液体，能溶解硫黄、脂肪和其它化合物，是一种良好的溶剂，常用于涂料工业。

工业上用催化加氢制备四氢化萘和十氢化萘：

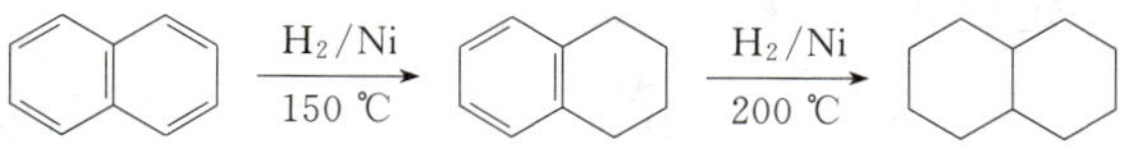

十氢化萘也是一种非常稳定的高沸点溶剂。

2. 蒽和菲

蒽与菲互为同分异构体，分子式均为 $C_{14}H_{10}$，所有碳原子都处在同一平面内，环上各碳原子的电子密度差别比萘的还大，它们的 π 电子离域能(每个苯环平均值)比萘还小，蒽比菲更小，芳香性由苯、萘、菲、蒽依次降低，氧化和加成反应活性依次增加。

静电势模型图

静电势模型图

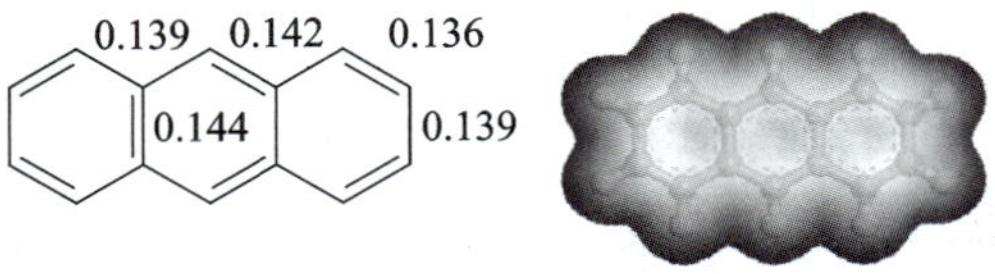

蒽

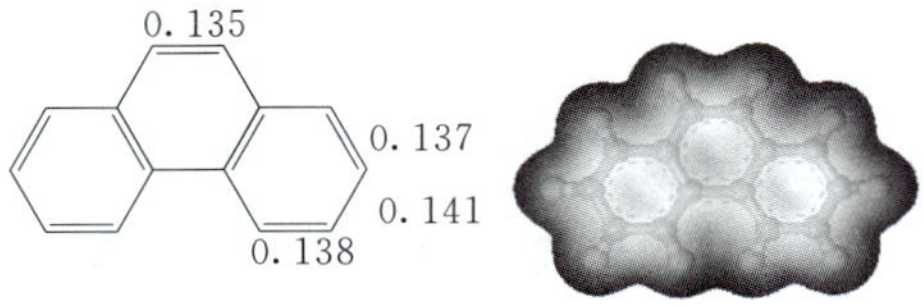

菲

(单位:nm)

蒽与菲的取代反应容易发生在 9,10 位上：

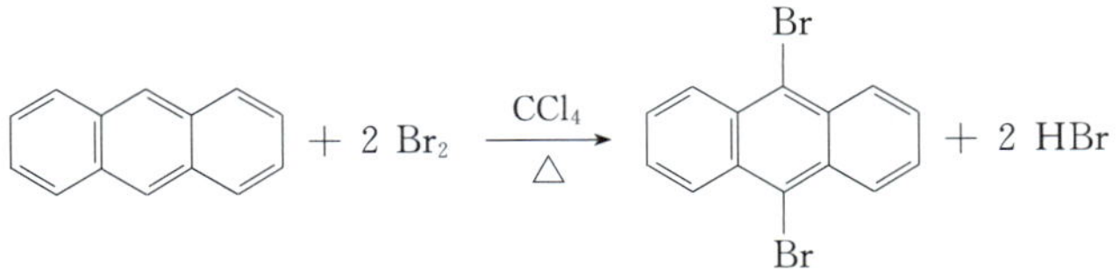

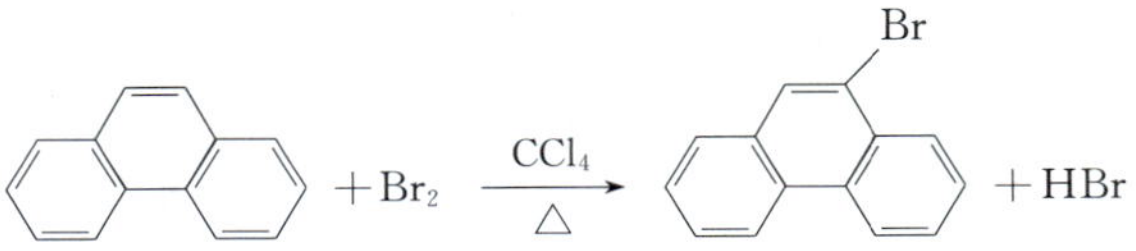

蒽与菲的氧化反应也容易发生在 9,10 位上：

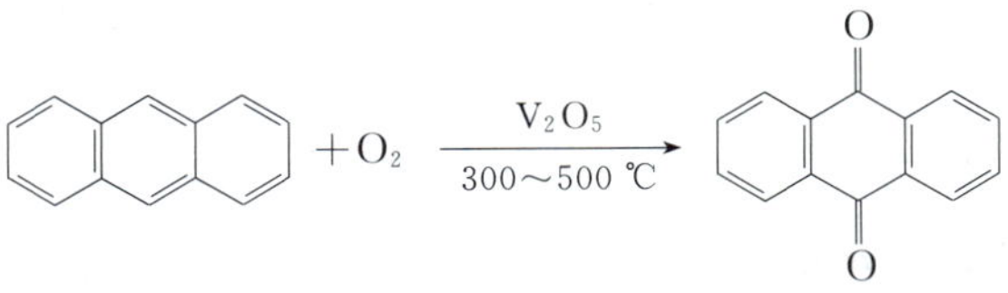

蒽醌

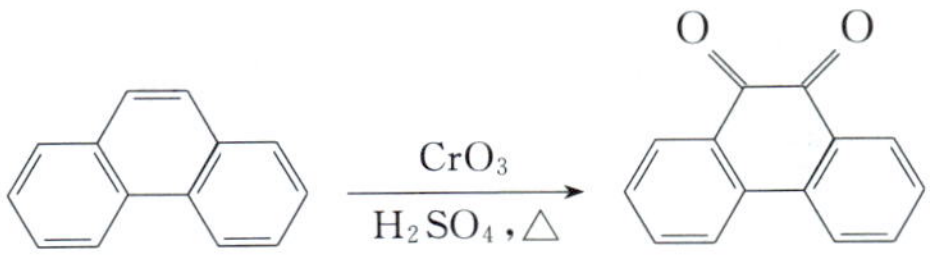

菲醌

蒽醌是重要的染料及药物中间体；菲醌是一种农药中间体。

蒽与菲的加氢反应也容易发生在 9,10 位上：

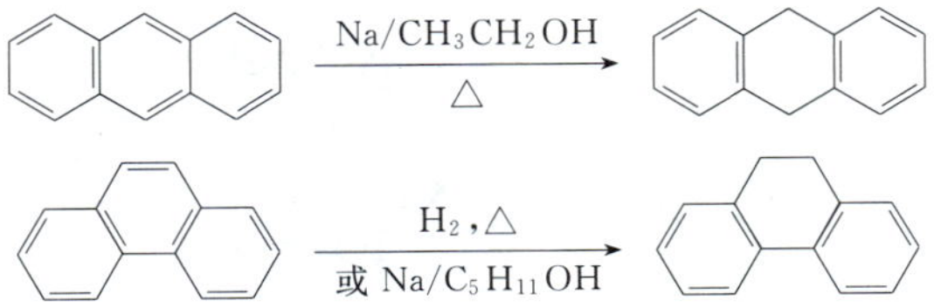

蒽的芳香性差还体现在能以双烯体的方式与亲双烯体进行双烯合成反应。如蒽与顺丁烯二酸酐能很顺利地生成 9,10-二氢蒽-9,10-桥-α,β-丁二酸酐：

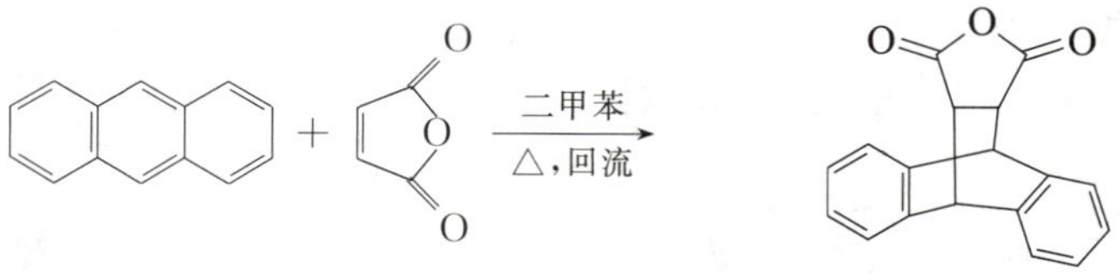

9,10-二氢蒽-9,10-桥-α,β-丁二酸酐

蒽与能生成苯炔中间体的化合物进行双烯合成反应生成三蝶烯。

3. 致癌芳烃

某些由四个或四个以上苯环稠合的稠环芳烃有致癌作用，煤焦油中的1,2,5,6-二苯并蒽有致皮肤癌的活性。烟草烟雾中3,4-苯并芘有较强的致癌作用。还有1,2-苯并-6-甲基-5,10-亚乙基蒽、1,2-苯并-10-甲基蒽和3,4-苯并-2-甲基菲等都有致癌作用：

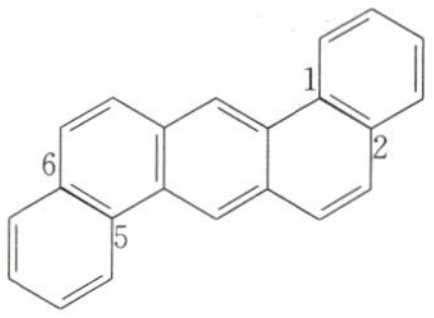

1,2,5,6-二苯并蒽

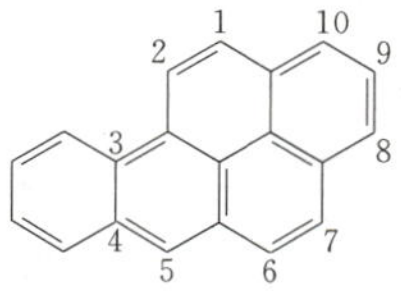

3,4-苯并芘

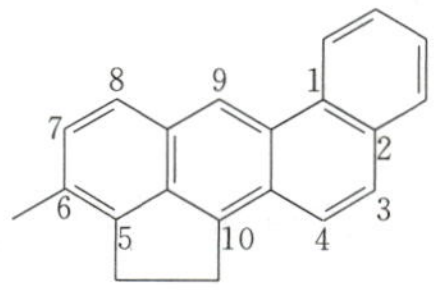

1,2-苯并-6-甲基-5,10-亚乙基蒽

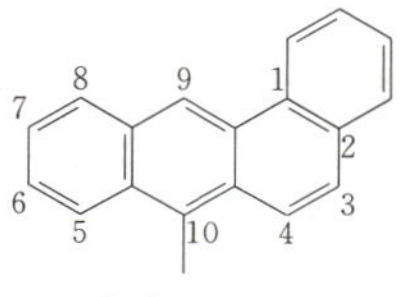

1,2-苯并-10-甲基蒽

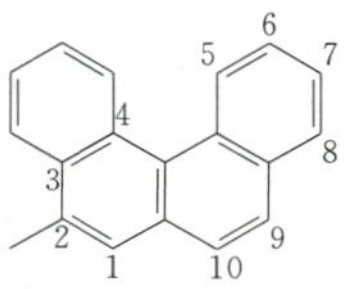

3,4-苯并-2-甲基菲

稠环芳烃的致癌性与结构的关系，现在只取得一些经验数据，致癌机理与结构的关系还很不清楚。

现在已发现汽车排放的尾气，石油、煤等不完全燃烧的烟气，烟草烟雾，柏油路面散发的蒸气中都有致癌性芳烃。

4. 芴

芴是从煤焦油中分离出来的，它的结构相当于联苯的两个邻位碳原子通过一个亚甲基连接起来。这个9位碳原子上的氢可看做苯环的α-H，很活泼，pK_a为23，比环戊二烯的$pK_a=16$大，脱去一个质子形成的碳负离子具有芳香性。

静电势模型图

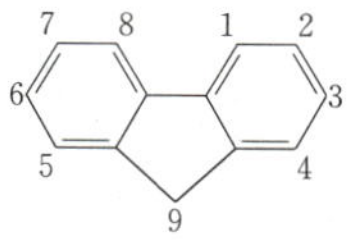

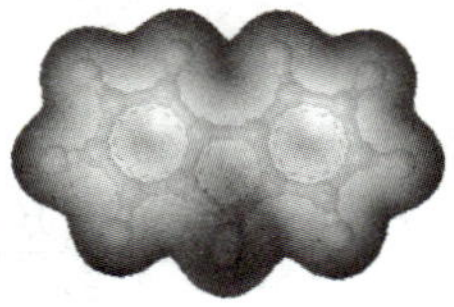

芴

芴的化学反应一是发生在苯环上的亲电取代反应，如卤代、硝化、磺化等；二是发生在9位碳氢键上的反应，如氧化芴成9-芴酮。利用相转移催化技术，芴可顺利地近100%转化成9-芴酮。

7.7.2　多苯代脂烃

脂肪烃分子中的氢原子被两个或两个以上的苯基取代的化合物称做多苯代脂烃。例如：

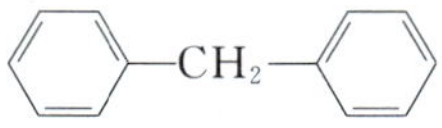

二苯甲烷

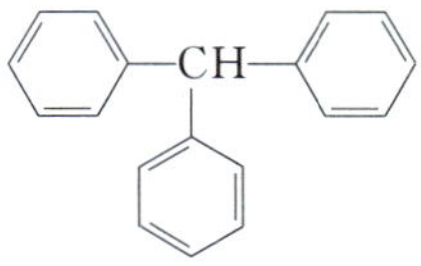

三苯甲烷

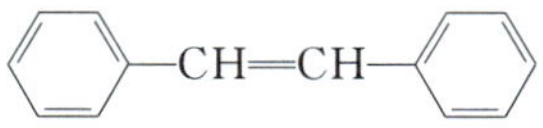

1,2-二苯基乙烯

多苯代脂烃的苯环被烃基活化，比苯容易发生各种亲电取代反应；与苯环相连的亚甲基和次甲基上的氢原子受苯环的影响也比较活泼，容易被氧化、取代和显酸性。当多苯代脂烃中的苯基相距较远时，它主要显示单环芳烃烃基衍生物的性质。

重要的多苯代脂烃，如三苯甲烷为斜方叶状晶体，熔点 92 ℃。它是三苯甲烷类染料的母体。三苯甲烷可由苯与氯仿制备：

$$3\ C_6H_6 + CHCl_3 \xrightarrow{AlCl_3} (C_6H_5)_3CH + 3\ HCl$$

三苯甲烷的 C—H 键与三个苯基形成 $\sigma-\pi$ 共轭体系，氢原子显示出“酸性”，$pK_a=31.5$。在溶剂中三苯甲烷与钠反应生成血红色的三苯甲基钠，其中含有三苯甲基负离子：

$$(C_6H_5)_3CH + Na \longrightarrow (C_6H_5)_3C^- Na^+ + \frac{1}{2}H_2$$

三苯甲烷与溴反应生成三苯溴甲烷：

$$(C_6H_5)_3CH + Br_2 \longrightarrow (C_6H_5)_3CBr + HBr$$

三苯甲烷氧化得到三苯甲醇：

$$(C_6H_5)_3CH + [O] \xrightarrow{CrO_3} (C_6H_5)_3COH$$

三苯(基)氯甲烷在苯溶液中与锌粉作用，得到黄色的三苯甲基自由基溶液：

$$2\ (C_6H_5)_3CCl + Zn \longrightarrow 2\ (C_6H_5)_3C\cdot + ZnCl_2$$

通过下列反应，可以证明三苯甲基自由基能够独立存在，这在理论和实际上很有意义。

$$\underset{\text{过氧化三苯甲基}}{(C_6H_5)_3COOC(C_6H_5)_3} \xleftarrow{O_2} 2\ (C_6H_5)_3C\cdot \xrightarrow{I_2} \underset{\text{三苯(基)碘甲烷}}{2\ (C_6H_5)_3CI}$$

三苯氯甲烷在液体 SO_2 中能解离成三苯甲基正离子和氯负离子：

$$(C_6H_5)_3CCl \xrightleftharpoons{SO_2,0\ ℃} (C_6H_5)_3C^+Cl^- \rightleftharpoons (C_6H_5)_3C^+ + Cl^-$$

三苯甲基正离子比较稳定，可以同亲核性弱的负离子形成稳定的盐。在苯环的邻、对位再引入给电子基团，会使三苯甲基正离子更加稳定，就得到一类色泽鲜艳的染料——三苯甲烷类染料。

与其它碳负离子、正离子或自由基相比，三苯甲基负离子、正离子或自由基都是比较稳定的。这与有三个苯基的存在有关，由于苯基体积较大，三苯甲基正离子、三苯甲基自由基的三个苯基不可能同时与中间的碳原子共平面，而是排成螺旋桨式。

7.7.3　联环芳烃

这类多环芳烃分子中有两个或两个以上的苯环直接以单键相连接。例如：

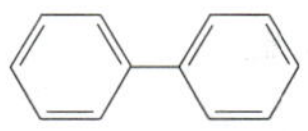
联苯

对联三苯

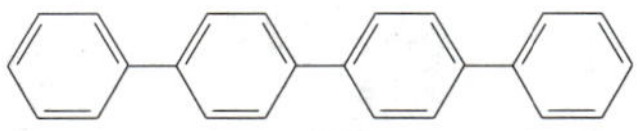
4,4′-二苯基联苯(对联四苯)

联苯为无色晶体，熔点 70 ℃，沸点 225 ℃。工业上由苯蒸气通过红热的铁管脱氢制得：

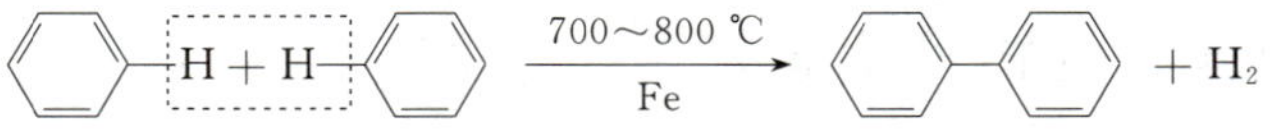

联苯对热很稳定，用作热载体。26.5%的联苯和 73.5%的二苯醚组成的低共熔点混合物是工业上普遍使用的热载体。它的熔点 12 ℃，沸点 260 ℃，在1 MPa下加热到 400 ℃仍不分解。联苯进行亲电取代反应时，主要生成对位产物。例如：

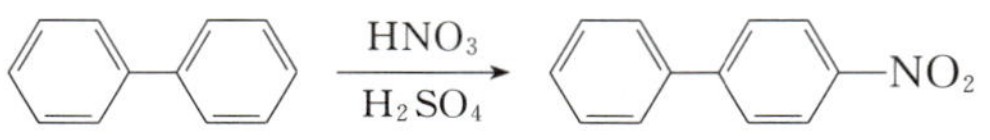

联苯的苄基化反应是用称为 Enviricat™ 型的负载型催化剂，它用于傅-克反应是最典型例子，得到了用传统的路易斯酸为催化剂所得不到的高选择性的对位苄基化产物。例如：

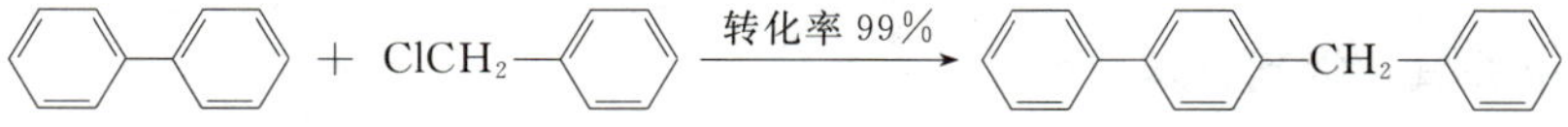

7.7.4　富勒烯

获诺贝尔奖者

富勒烯(fullerens)是一类只有碳元素组成的笼状分子。分子外形像个足球，故有足球烯之称。富勒烯除 C_{60} 外，还有 C_{50}、C_{70} 等成员。富勒烯的结构和性质与芳香烃相似。自 1985 年从石墨激光蒸发物中发现 C_{60} 以来，罗伯特(Robert F C，1933—　，美国化学家)、哈路特(Harold W K，1939—　，英国化学家)和理查特(Richard E S，1943—　，美国化学家)三位科学家合作研究 C_{60} 和富勒烯族化合物获得成功，富勒烯被认为是继苯分子之后，化学领域中一个重大发现。三人共同分享 1996 年诺贝尔化学奖。

1. C_{60} 的结构

C_{60} 是由 60 个碳原子组成的高度对称的足球状分子，60 个碳原子采用不等性杂化轨道互相成键形成笼状分子，未杂化的 p 轨道形成一个非平面的共轭离域大 π 键。60 个碳原子在 12 个正五边形和 20 个正六边形组成的具有 32 个平面的多面体的 60 个顶点上，是一个高度对称的分子。∠CCC 平均值为 116°，正六边形键长为 0.1391 nm，正五边形键长为 0.1455 nm，似乎双键都分布在正六边形的边上，类似苯的结构，正五边形的边上无双键（图 7-9）。因此 C_{60} 化学性质比较稳定，具有部分芳香性。C_{60} 的 HOMO轨道与 LUMO 轨道能级差较大，其衍生物不十分稳定，有恢复 C_{60} 结构的趋势。

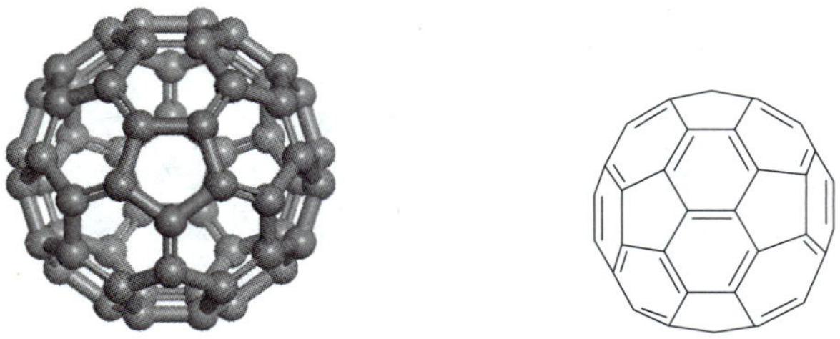

(a) 分子模型　　(b) 构造式的平面投影

图 7-9　C_{60} 的分子结构

分子模型

2. C_{60} 的物理性质

C_{60} 的相对密度为 1.678，不溶于大多数普通有机溶剂中，给纯化及结构测定带来很大困难。C_{60} 的 60 个碳原子的化学环境完全相同，在 ^{13}C-NMR 谱中仅在 $\delta=143.68$ 处出现一单峰。C_{60} 在环己烷溶剂中的紫外吸收光谱出现在 $\lambda=213$ nm、257 nm 和 329 nm 处。

在 C_{60} 笼上掺杂金属原子后，有较好的超导性和光学性，可在非线性光学材料和特殊有机磁性材料中应用；其氟化物可作新型润滑剂包层，展示了广阔的应用前景。C_{60} 的水溶性磷脂衍生物能与癌细胞结合，显示出生物医学活性。预计 C_{60} 类化合物在新型材料、生物医学工程、计算机和通信等高技术领域中将有广泛用途。

3. C_{60} 的化学反应

C_{60} 可以进行氧化、还原、加成（包括卤化、与叠氮化合物、碳烯、氢等反应）、周环（[2+2]和[2+4]等）和聚合或共聚合等反应。C_{60} 不能直接进行取代反应，但它的衍生物可进行取代反应。

（1）卤化反应　C_{60} 的卤化反应不是取代反应而是加成反应。

$$C_{60}+\frac{n}{2}X_2 \longrightarrow C_{60}X_n\text{（X=F、Cl、Br、I，}n\text{ 随反应条件变）}$$

氟化反应最活泼，甚至不易控制。在氟气中长时间作用可生成全氟 C_{60}——$C_{60}F_{60}$

生成的卤化物可进行亲核取代反应。例如：

$$C_{60}Cl_n+nCH_3OH \xrightarrow[\text{回流}]{KOH} C_{60}(OCH_3)_n+nHCl$$

卤化 C_{60} 还可以进行傅-克烷基化反应。

$$C_{60}Cl_n+nC_6H_6 \xrightarrow{AlCl_3} C_{60}\!\left(C_6H_5\right)_n+nHCl$$

（2）周环反应　C_{60} 可以作为亲双烯体与双烯体进行[2+4]反应。如在甲苯溶剂中，C_{60} 可以与 1-(三甲基硅氧基)-1,3-丁二烯以摩尔比为 1∶2 的混合物加热回流，进行狄尔斯-阿尔德环加成反应：

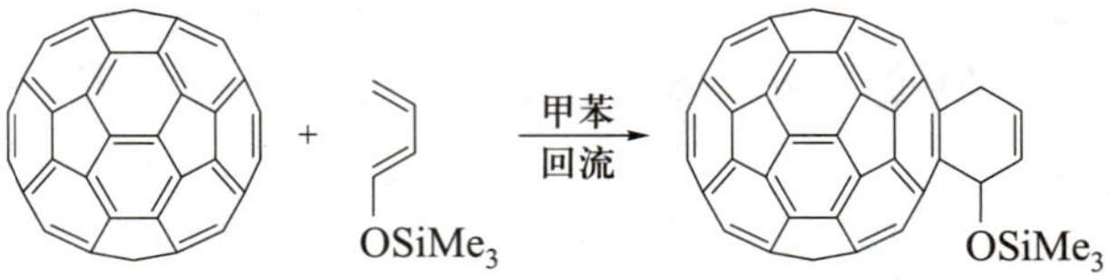

类似的反应，C_{60}与并五苯反应也得到立体专一性控制的产物：

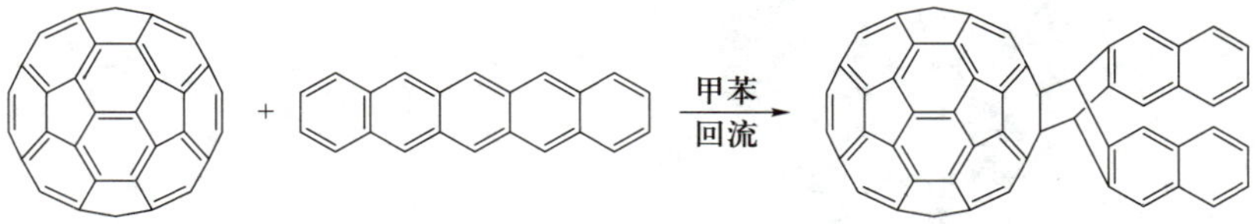

(3) 环氧化反应　C_{60}的环氧化反应随反应条件不同，产物 $C_{60}(O)_n$ 的 n 在变化。如果在光照下反应，可以得到单一产物 $C_{60}O$：

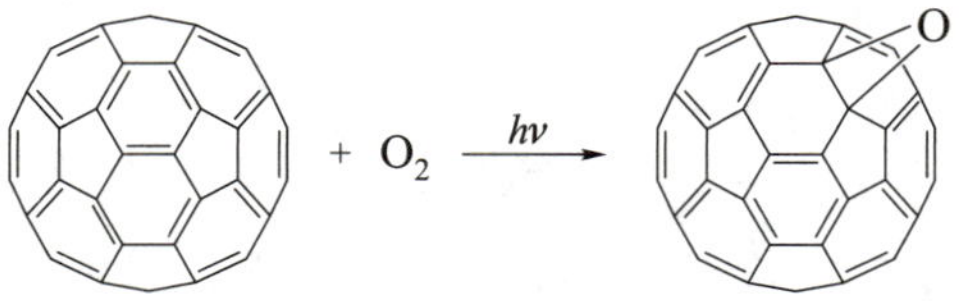

(4) 与卡宾试剂反应　C_{60}与卡宾试剂反应，生成三元环化合物，如环丙烷的衍生物：

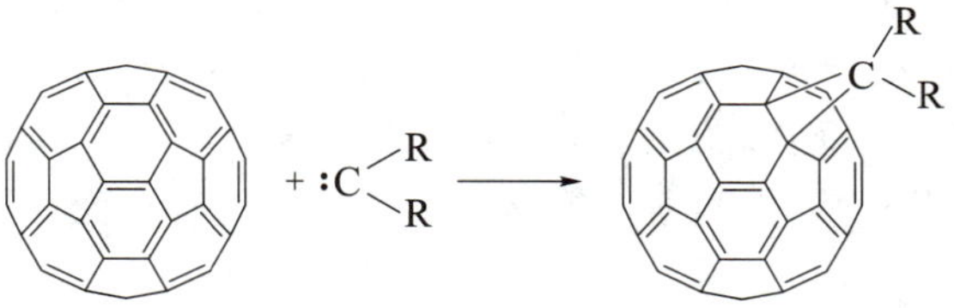

(5) 聚合反应　由于C_{60}中有多个双键，因此，C_{60}作为单体、共聚单体、接枝单体等进行聚合反应，可以得到花样繁多的聚合物。例如：

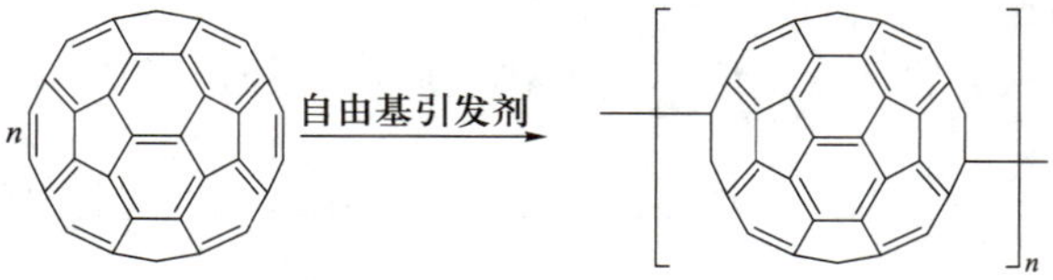

7.8　非苯芳烃

前面讨论的萘、蒽、菲等含苯环化合物，都有与苯相似的结构，导致它们具有相似的性质，故称为芳香烃或者说它们有芳香性。这些共同的性质如下：

(1) 芳香烃是环状化合物，比开链的类似物稳定，环不易破坏。

(2) 芳香烃虽然是高度不饱和烃，但它们与亲电试剂容易发生亲电取代反应，不容易发生亲电加成反应。

(3) 在发生催化加氢反应时，氢化焓小。如苯的氢化焓为 209 kJ·mol^{-1}，比推测的环己三烯氢化焓低 151 kJ·mol^{-1}。

(4) 环上氢的核磁共谱，如苯环上氢在低场，$\delta=7.3$ 左右(见 4.3.2 节)。

(5) 用价键理论处理苯的结构时，六个碳原子是完全相同的 sp^2 杂化，形成均匀的大 π 键，共振论将苯看成是共振杂化体。

(6) 用分子轨道理论处理苯的结构，六个 π 电子填充在比原子轨道能级低的三个成键轨道中，稳定。

上述性质都是芳香性的重要标志。

7.8.1 休克尔的$(4n+2)\pi$ 电子规则

1931 年休克尔用分子轨道法计算环烯烃的稳定性，得出结论：具有同平面的环状闭合共轭多烯烃有 $4n+2$(其中 n 为自然数)个 π 电子的有芳香性。这个规则称为休克尔$(4n+2)$规则，或$(4n+2)$规则，是判断芳香性的判据。

单环共轭多烯烃的 π 电子数符合$(4n+2)$ 具有芳香性的原因，可以从这些分子的分子轨道能级得到解释。单环共轭多烯烃分子都有一个能量最低的成键轨道和能量最高的反键轨道。对能量最高的反键轨道，当 p 轨道是单数时有两个简并轨道；当 p 轨道是双数时仅有一个轨道。其它的那些能量较高的成键轨道和反键轨道或/和非键轨道都有两个简并轨道，如图 7-10 所示。休克尔指出，成键轨道填满电子时，具有类似于惰性气体的结构，体系趋稳定。能量最低的轨道只能填充两个电子，其它能量较高的两个成键轨道或/和非键轨道都需要填充四个电子，即只有$(4n+2)$个 π 电子填充成键轨道，体系稳定，有芳香性。由此可见芳香性(稳定性)是指成键轨道的能量低于原子轨道或非键轨道的能量，不同分子的芳香性大小是不一样的。

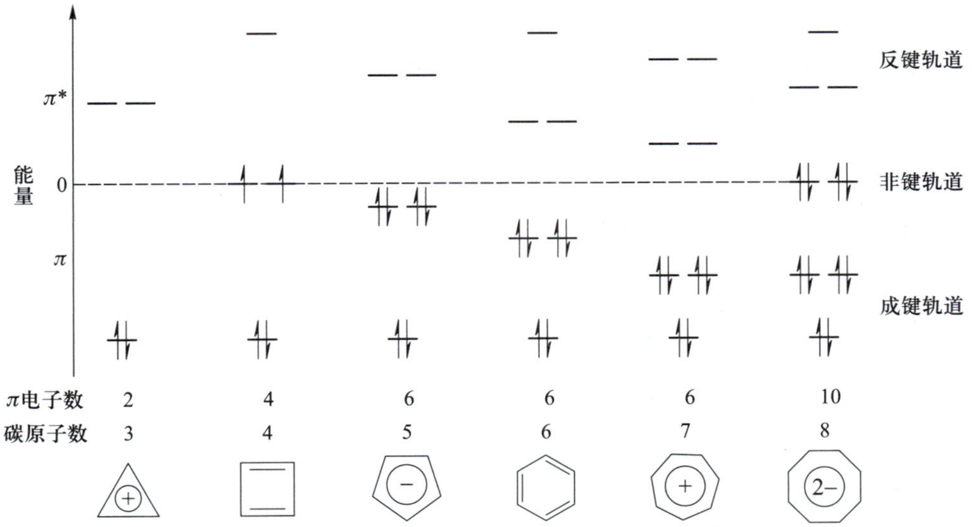

图 7-10 环多烯烃及其离子的 π 分子轨道能级和基态电子构型

苯、萘、蒽和菲等分子是平面环状共轭多烯烃，有$(4n+2)\pi$ 电子，有芳香性。

7.8.2 非苯芳烃

依据(4n+2)规则，有芳香性的分子或离子中并不一定有苯环。换句话说，苯仅是芳香烃中一类。

1. 芳香性

(1) 轮烯　在1956年，森德黑默(Sondheimer F，1926—1981，英国伦敦大学教授)第一个制备出1,3,5, 7,9,11,13,15,17-环十八碳九烯，含18π电子(4n+2，n=4)。他简化了这类化合物的命名，称为[N]轮烯([N]annulenes，形状像车轮)。N表示完全共轭的单环烯烃CH结构的数目，如$(CH)_N$。N表示环的大小。这个化合物命名为[18]轮烯。

分子模型

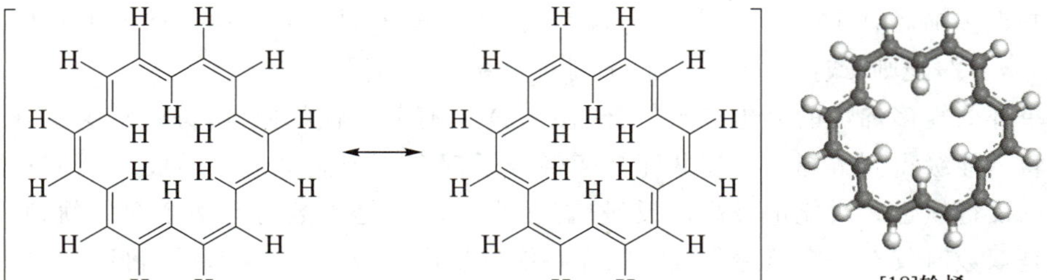

[18]轮烯

[18]轮烯是一个完全的共轭环多烯，有18个π电子，符合4n+2(n=4)个π电子规则。在磁场中有环电流，环外氢的化学位移在低场为9.28(12H)，环内氢的化学位移在高场为-2.99(6H)。

其它的如[22]轮烯也有芳香性。

分子模型

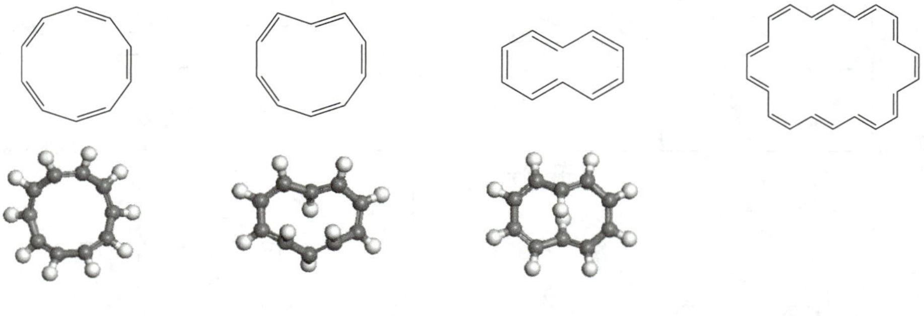

[10]轮烯　　[10]轮烯　　[10]轮烯　　[22]轮烯

而[10]轮烯的三种异构体，尽管也是4n+2(n=2)个π电子，但无芳香性，因其三种异构体的十个碳原子均不在同一平面上。

(2) 芳香离子　环庚三烯碳正离子、环戊二烯碳负离子、9-芴碳负离子具有环状、共平面结构，有(4n+2)π电子，具有芳香性。

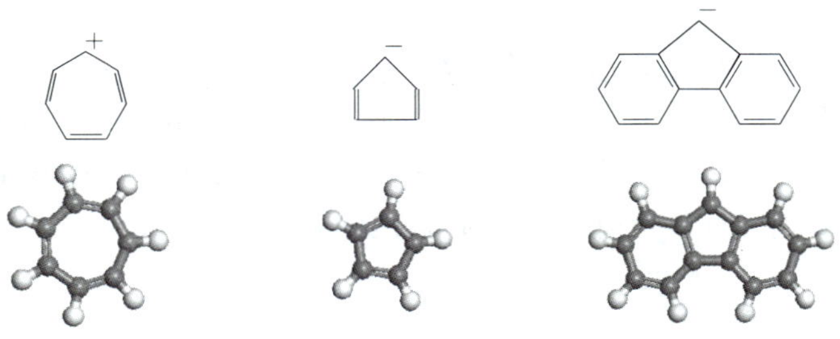

环庚三烯碳正离子　　环戊二烯碳负离子　　9-芴碳负离子

分子模型

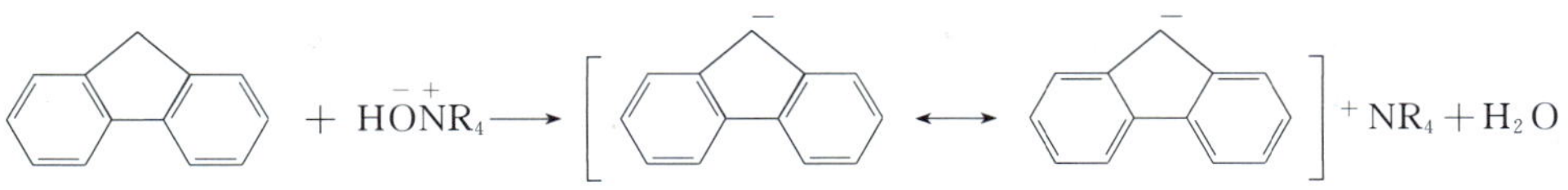

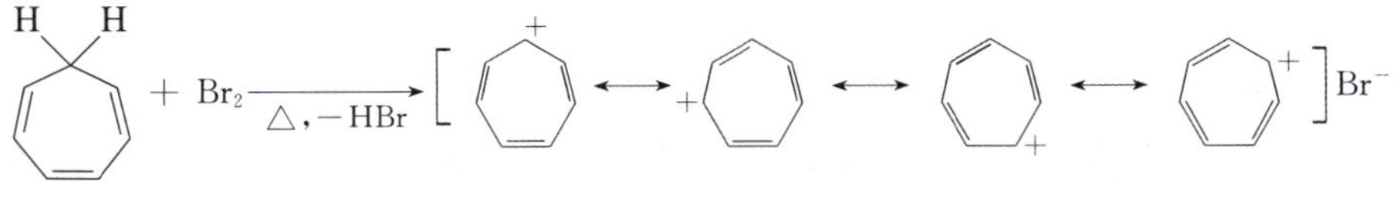

草酚酮　有许多与苯酚相似的性质，有芳香性。其环上可发生多种亲电取代反应。

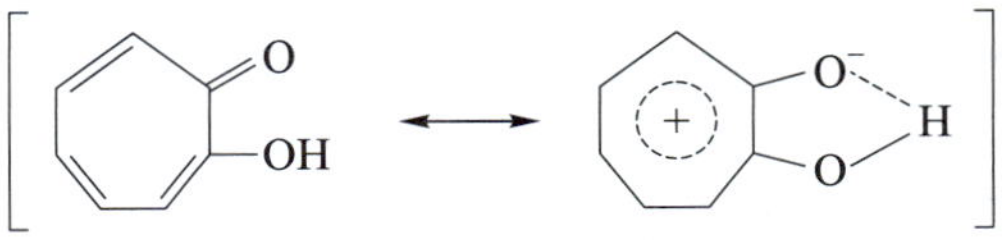

薁　所有碳原子均在同一平面上，有 10($4n+2$，$n=2$)个 π 电子，有芳香性。

分子模型

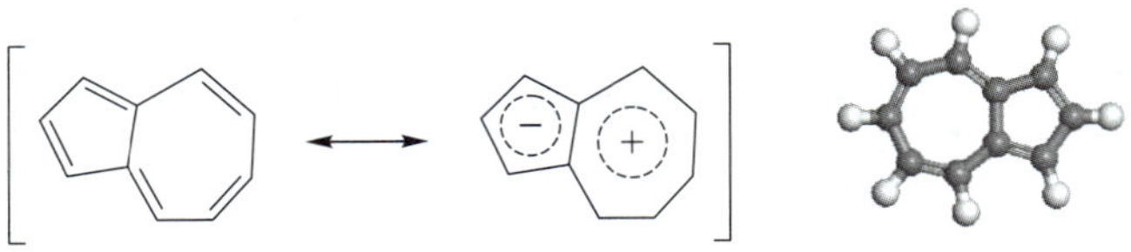

薁的结构

(3) 多稠环化合物　环稠六苯，其六个苯环相互以环状稠合形成环稠六苯，所有的碳原子均在同一平面上，周边环有 18($4n+2$，$n=4$)个 π 电子，有芳香性。这类化合物的环内 π 电子不考虑，只计算周边 π 电子。

分子模型

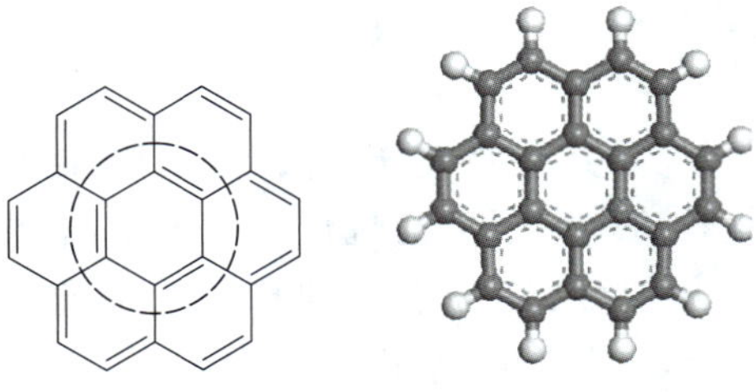

环稠六苯的结构

2. 反芳香性

1,3-环丁二烯是平面环状共轭多烯烃,但其有4($4n$,$n=1$)个π电子。它对空气敏感,化学性质极活泼。由于π轨道重叠使分子极不稳定,不稳定化能超过146 kJ·mol^{-1}。因此,它是反芳香性的。游离的1,3-环丁二烯只能在非常低的温度下制备和观察到。它可以进行狄尔斯-阿尔德反应:

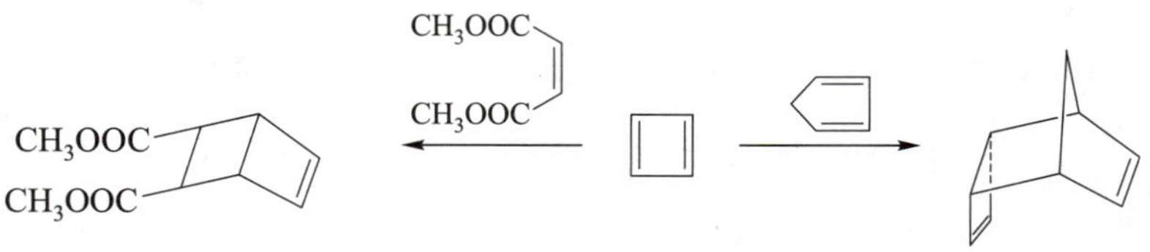

3. 非芳香性

从表面看,环辛四烯是平面共轭环状多烯烃,有8($4n$,$n=2$)个π电子,应有反芳香性。在1911年它首次被合成出来,放在室温下是稳定的黄色液体化合物(bp152℃)。测定其结构,八个碳原子不在一个平面上,呈盆状结构,具有一般环烯烃的性质。环辛四烯为非芳香性。如果环辛四烯再得到两个电子,变成环辛四烯碳二价负离子,就具有芳香性了。

分子模型

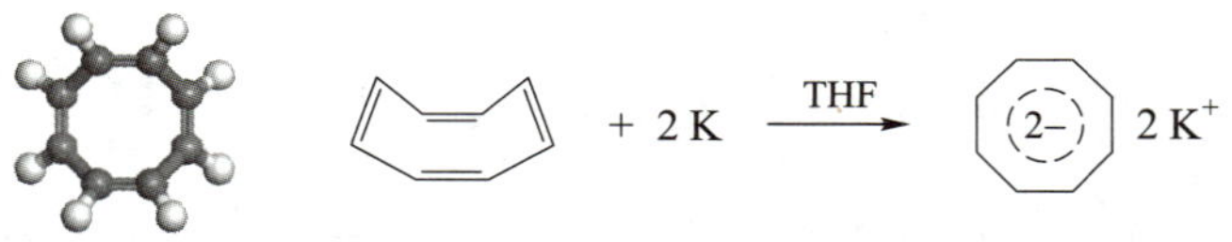

7.9 烃的来源及加工

烃是有机化合物的母体,是当今社会的基本能源。饱和烃是化学工业的基础原料,经过加工转化成化学工业的基本原料——不饱和烃和芳烃。

7.9.1 烃的来源

烃主要来源于自然界,如天然气、石油、煤和绿色植物。天然气、石油和煤属不可再生资源,绿色植物属可再生资源。

1. 天然气

天然气广泛存在于自然界,其主要成分是低碳烷烃的混合物。通常含75%甲烷、15%乙烷、5%丙烷和少量较高碳原子数的烷烃。产地不同,甲烷的含量也不同,甲烷最高含量可达99%以上。甲烷可加工成化工的基本原料,也可直接用作能源。近年来发现海底储藏丰富的"水合天然气",有待于开采利用。

2. 石油

石油是古代的动植物体经细菌、地热、压力及无机盐的催化作用转化成为各种烃类的混合物。油田开采得到的石油称为原油。原油是深褐色的黏稠液体。由于产地不同，原油的组成不同。基本组成是各种碳原子数的链烷烃，五元、六元环烷烃和芳烃。

3. 煤

煤是由无机物和有机物组成的。无机物主要是水和矿物质。有机物主要是由碳、氢、氧和少量氮、硫、磷等元素组成。煤的结构很复杂，主要以芳香烃及其衍生物为主。

4. 绿色植物

植物的秆、叶等与人畜粪便发酵得到沼气，其中甲烷含量大于 75%，可直接用于能源，也可转化成化工原料。绿色植物的种子中含有脂肪酸甘油酯。

7.9.2 石油加工

1. 石油炼制

根据用途把原油直接分馏，切割成不同的馏分，如表 7-7 所示。

表 7-7 石油产品的馏分及用途

馏分	组成	馏分区	用途
炼厂气	$C_1 \sim C_4$	20 ℃以下	化工原料，燃料
石油醚	$C_5 \sim C_6$	20～60 ℃	化工原料，溶剂
汽油	$C_4 \sim C_8$	40～200 ℃	溶剂，内燃机燃料
煤油	$C_{10} \sim C_{16}$	170～275 ℃	飞机燃料
柴油	$C_{15} \sim C_{20}$	250～400 ℃	柴油机燃料
润滑油	$C_{18} \sim C_{22}$	300 ℃以上	润滑油
沥青	C_{20} 以上	不挥发	防腐、绝缘材料，铺路

由于分馏得到汽油的数量少，辛烷值较低，炼油厂把重组分如柴油在 500 ℃以上进行热裂化或催化裂化，可得到数量很大、辛烷值较高的汽油：

$$R-CH_2-CH_2-R' \xrightarrow{500\sim700\ ℃} RH + R'CH{=}CH_2$$

热裂化温度高，使用硅酸铝作催化剂，裂化温度可降低到 450～500 ℃，称为催化裂化。不仅柴油可裂化成汽油馏分，渣油、C_{20} 以上的烃、石蜡，甚至原油都可以裂化得到需要的馏分。石油分馏过程很难得到单一化学成分的烃，每一馏分都是混合物。

2. 烷烃裂解制备不饱和烃

作为有机化合物的基本原料主要是乙烯、丙烯、丁烯、丁二烯和苯、甲苯、二甲苯等。这些不饱和烃可由各种烷烃，如油田气（开采石油时得到的气体）、炼厂气、石油醚、汽油、柴油等裂解得到。这个过程就是通常说的乙烯工业。如已烷裂解得到甲烷、乙烯、丙烯及其它高碳原子数烯烃：

$$CH_3(CH_2)_4CH_3 \xrightarrow{700\sim900\ ℃} \underset{15\%}{CH_4} + \underset{40\%}{CH_2{=\!=}CH_2} + \underset{20\%}{CH_2{=\!=}CHCH_3} + \underset{25\%}{其它}$$

其它高碳原子数烯烃包括丁烯、丁二烯、芳烃等。裂解原料相对分子质量越小，裂解气中低碳原子数烯烃越多。裂解气分馏得到各种烯烃、二烯烃和芳烃（苯、甲苯、二甲苯）等。

石蜡（直链高碳原子数烷烃，固体）在500 ℃、10～25 MPa下热裂解可以得到C_5～C_{20}的直链 α－烯烃。

乙烯齐聚成高碳原子数烯（C_4～C_{40}），再异构成内烯烃，最后与乙烯进行复分解反应得到 α－烯烃：

$$n\ CH_2{=\!=}CH_2 \xrightarrow{Ni\ 催化剂} C_nH_{2n+1}{-}CH{=\!=}CH_2$$

$$C_nH_{2n+1}{-}CH{=\!=}CH_2 \longrightarrow RCH{=\!=}CHR$$

$$RCH{=\!=}CHR + CH_2{=\!=}CH_2 \xrightarrow{Ru\ 催化剂} 2\ RCH{=\!=}CH_2$$

3. 石油芳构化

原油直接分馏得到汽油（60～130 ℃）称做直馏汽油。直馏汽油主要是链烷烃和环烷烃。在一定的压力和温度下，通过催化剂铂、铼作用转化成芳烃的过程称为重整芳构化，即石油芳构化。重整芳构化得到的产物中芳烃含量由原料的2%提高到50%～60%，是高品位的燃料油，又可作化工原料，分离可得到苯、甲苯和二甲苯等。

重整芳构化过程复杂，主要包括下列化学反应：

（1）链烷烃环化成环烷烃。例如：

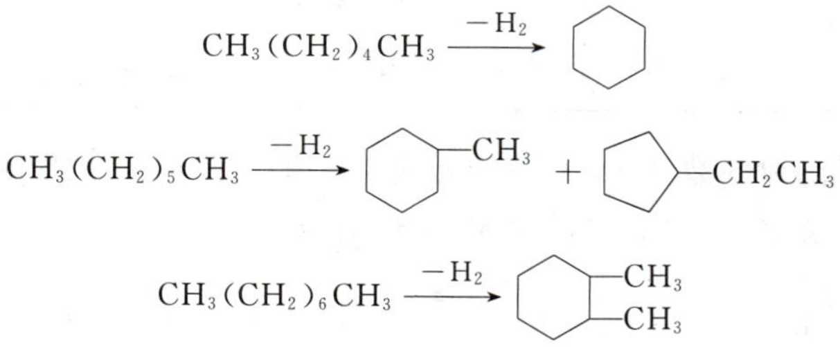

（2）环烷烃扩环反应。例如：

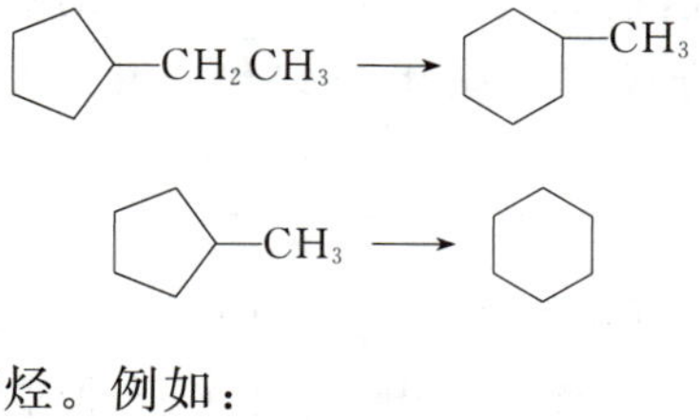

（3）环烷烃脱氢生成芳烃。例如：

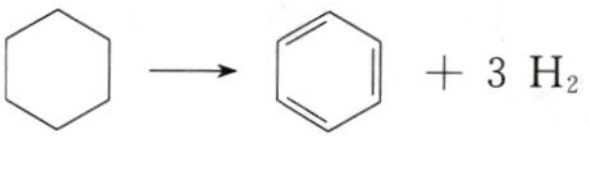

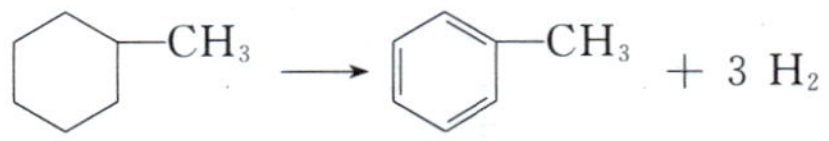

除此之外，还有裂解、聚合等反应。

7.9.3　天然气加工

天然气、沼气的主要成分是甲烷，经过加工可得到各种烃。

1. 甲烷裂解制备乙炔

甲烷在旋焰炉中燃烧得到乙炔和合成气($CO+H_2$)。

$$2\ CH_4 \xrightarrow[0.01\ s]{1530\ ℃} CH\equiv CH + 3\ H_2$$

$$CH_4 + O_2 \longrightarrow CO + H_2 + H_2O$$

2. 甲烷氧化偶联制备乙烯

甲烷在催化剂作用下，可以氧化偶联得到乙烯。乙烯的选择性可达 60%～70%。

$$2\ CH_4 + O_2 \xrightarrow{\text{催化剂}} CH_2{=}CH_2 + 2\ H_2O$$

3. 甲烷催化裂解制备合成气

甲烷在催化剂作用下可裂解成一氧化碳和氢气。

$$CH_4 + H_2O \xrightarrow[850\ ℃,3\ MPa]{Ni} CO + 3\ H_2$$

7.9.4　煤加工

1. 煤干馏

煤隔绝空气加热的过程称为干馏。煤干馏得到焦炭、煤焦油和焦炉气。

(1) 焦炭　焦炭除炼钢铁外，还可用于制备乙炔：

$$3\ C + CaO \xrightleftharpoons{2200\ ℃} CaC_2 + CO$$

$$CaC_2 + 2\ H_2O \longrightarrow HC\equiv CH + Ca(OH)_2$$

(2) 焦炉气　焦炉气中含氨、苯和甲苯等。先用水洗出氨，再用重油吸收芳烃，然后经分离得到苯、甲苯和二甲苯等。

(3) 煤焦油　煤焦油是黑色黏稠状液体。其中有一万种以上的有机化合物，鉴定出来的只是极少一部分。把煤焦油分馏可得到各种馏分，如表 7-8 所示。(1882 年，拜耳提出从煤焦油生产靛蓝的三条合成路线，完成了靛蓝的全合成，促进了煤焦油工业的发展。)

获诺贝尔奖者

各馏分再经萃取、分子筛吸附、磺化等方法分离提纯，可得各种芳烃。

表 7-8 煤焦油分馏组分

馏分	沸点范围/℃	质量分数/%	主要成分
轻油	<170	0.4～0.8	苯、甲苯、二甲苯
酚油	180～210	1.0～1.5	酚、甲酚 20%～30% 萘 5%～10% 吡啶碱 4%～6%
萘油	210～230	10～13	萘 70%～80% 酚、甲酚、二甲酚 4%～6% 喹啉碱 3%～4%
洗油	230～300	4.5～6.5	甲酚、二甲酚 3%～5% 喹啉碱 4%～5% 萘 <15% 甲基萘、苊、芴等
蒽油	300～360	20～28	蒽 16%～20% 萘 2%～4% 喹啉碱 2%～4% 高沸点酚 1%～3%
沥青	>360	54～56	

2. 煤气化制备合成气

合成气主要是 CO 和 H_2。可由煤或焦炭等气化产生：

$$C + H_2O \longrightarrow CO + H_2$$

$$C + \frac{1}{2}O_2 \longrightarrow CO$$

由合成气可制备各种化工原料：

（1）由合成气合成烷烃和烯烃。例如：

$$n\,CO + (2n+1)H_2 \xrightarrow[2.5\ MPa]{Fe,220\sim240\ ℃} C_nH_{2n+2} + n\,H_2O$$

$$n\,CO + 2n\,H_2 \xrightarrow[2.5\ MPa]{Fe,220\sim240\ ℃} C_nH_{2n} + n\,H_2O$$

$$n\,CO + 2n\,H_2 \xrightarrow[200\ ℃]{Co(acac)_2/AlEt_3} C_nH_{2n} + n\,H_2O(n<6)$$

（2）由合成气合成醇系列化合物。例如：

$$CO + H_2 \xrightarrow[250\sim300\ ℃]{Zn-Cu\,氧化物} CH_3OH$$

$$CH_3OH + CO + 2\,H_2 \longrightarrow CH_3CH_2OH$$

$$CH_3CH_2OH \longrightarrow H_2C{=}CH_2 + H_2O$$

$$2\,CH_3OH \xrightarrow[370\ ℃,1.5\ MPa]{ZMS-5} CH_3COCH_3 + H_2O$$

(3) 由合成气合成甲醇/二甲醚再转化成低碳原子数烯烃，已形成大规模工业生产路线。

拓 4-12

习　题

7-1　命名下列化合物或写出构造式。

(1) 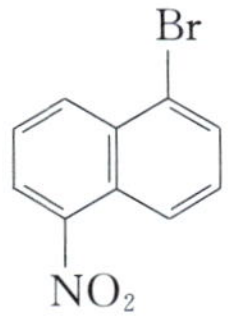

(2) 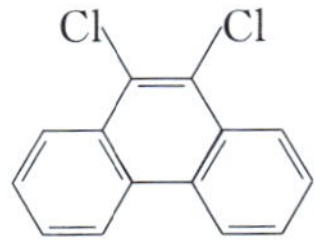

(3) 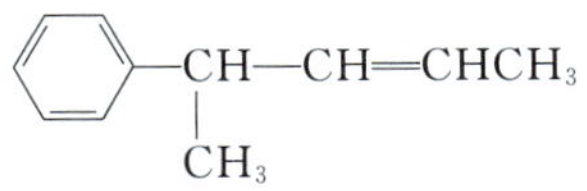

(4) 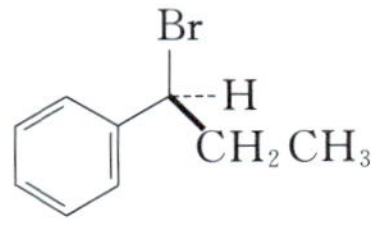

(5) 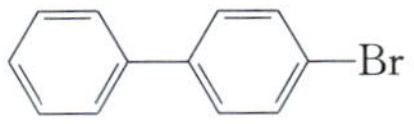

(6) 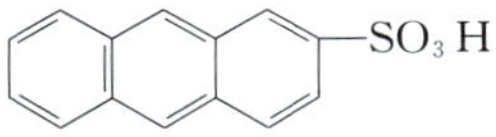

(7) [18]轮烯　(8) 环庚三烯碳正离子　(9) 环辛四烯二价碳正离子

7-2　将下列各组中间体按稳定性由强至弱排列。

(1) A. $(C_6H_5)_3C^+$　B. $(C_6H_5)_2\overset{+}{C}H$　C. $C_6H_5\overset{+}{C}H_2$

(2) A. $CH_3\dot{C}H_2$　B. $(C_6H_5)_3\dot{C}$　C. $C_6H_5\dot{C}H_2$　D. $\dot{C}H_3$

(3) A. 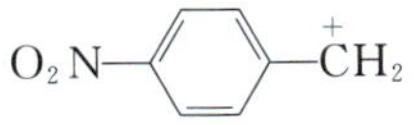

B. 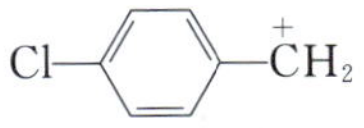

C. 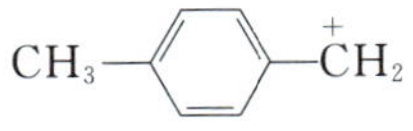

7-3　将下列化合物按硝化反应的速率由快至慢排列。

(1) 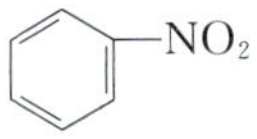

(2) 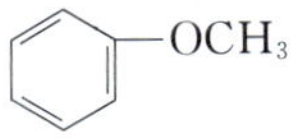

(3) 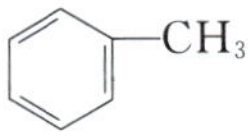

(4) 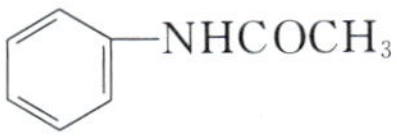

(5) 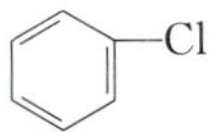

(6) 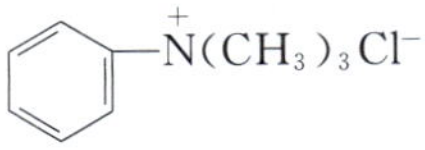

(7) 

7-4　将下列化合物按与 HCl 反应的速率由快至慢排列。

(1) 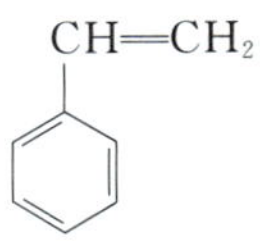

(2) 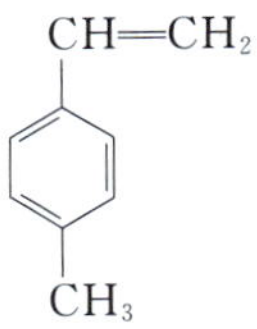

(3) 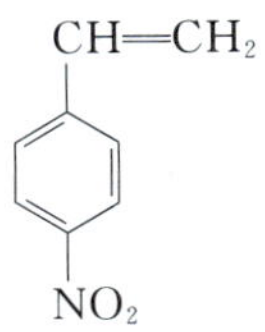

(4) 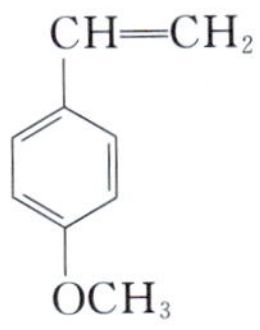

7-5　用 NMR 法鉴别下列各组化合物。

(1) 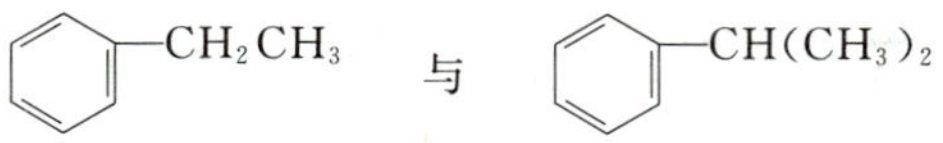　(2) 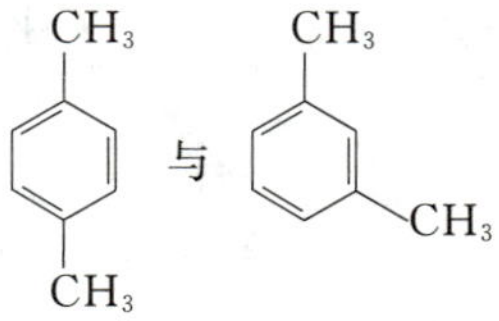

7-6　完成下列各反应式。

(1) 

(2) 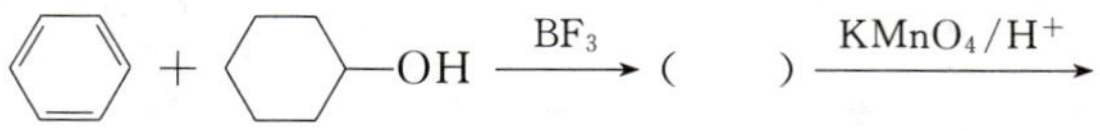

(3) 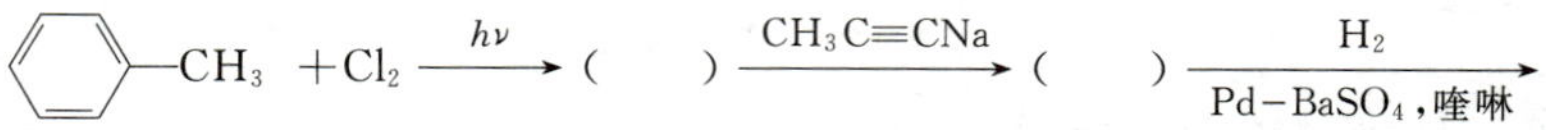

(4) 

(5) 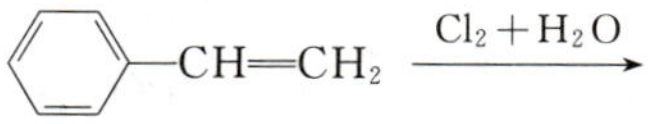

(6) 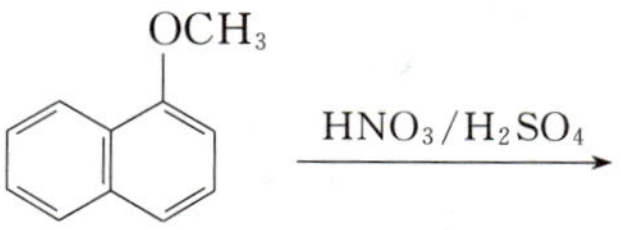

(7) 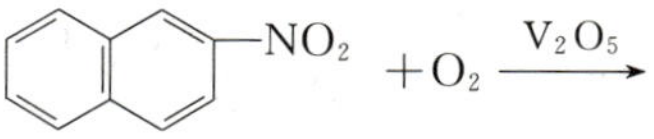

(8) 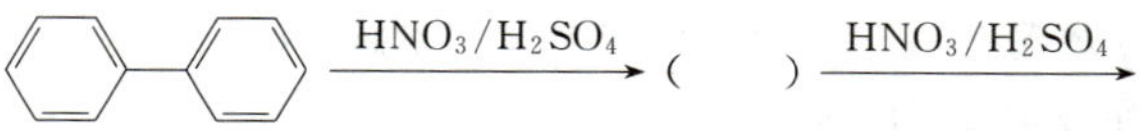

(9) 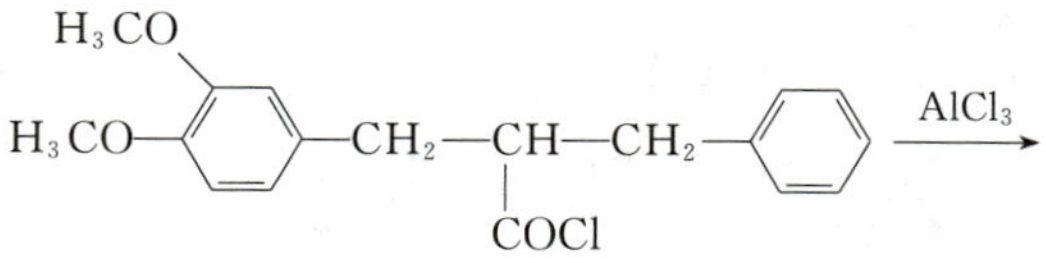

(10) 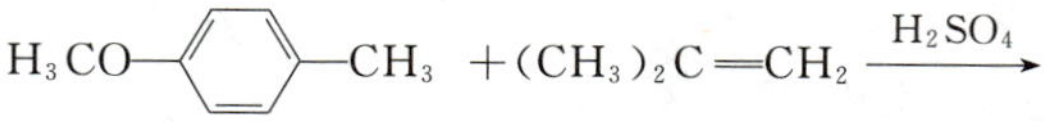

(11) 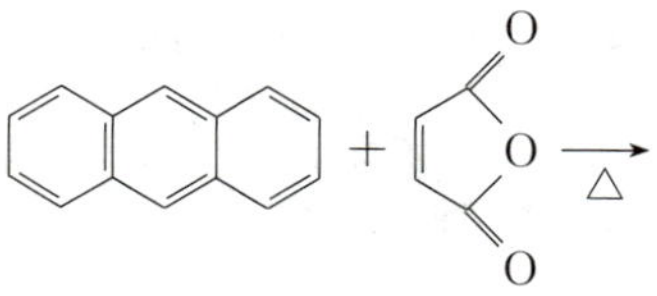

(12) 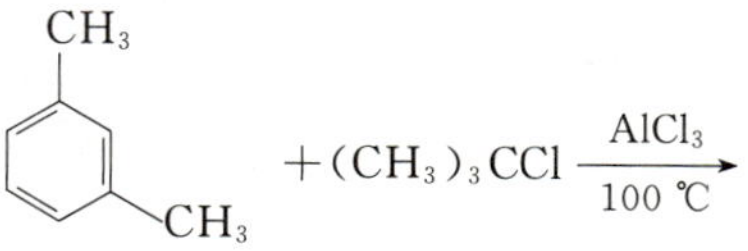

(13) 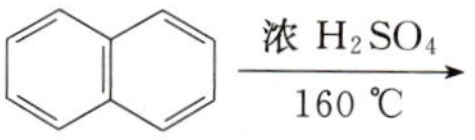

7-7　用苯、甲苯或萘为主要原料合成下列化合物。

(1) 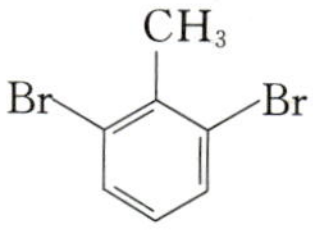　(2) 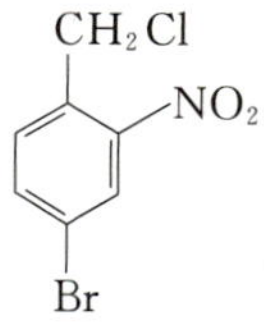　(3) 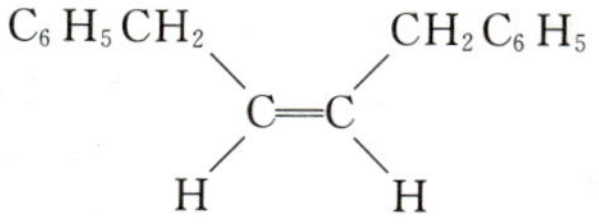

（4）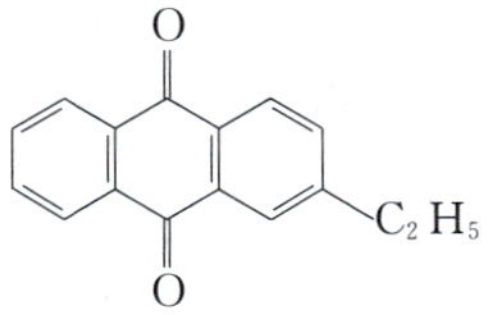　（5）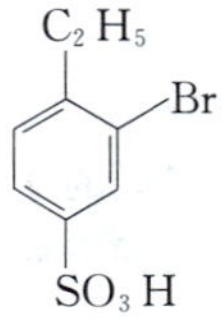　（6）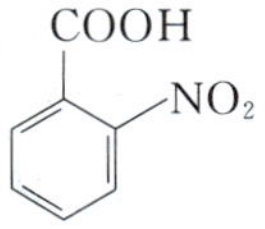

7-8　试写出下列反应的机理。

（1）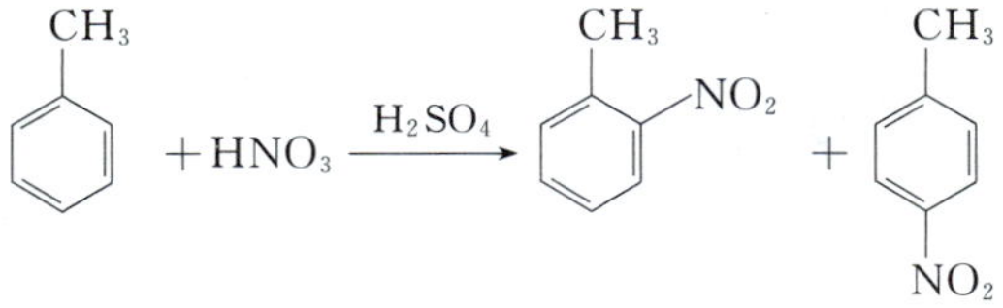

（2）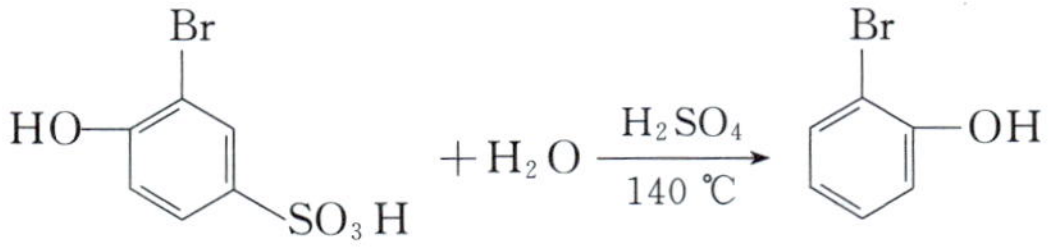

（3）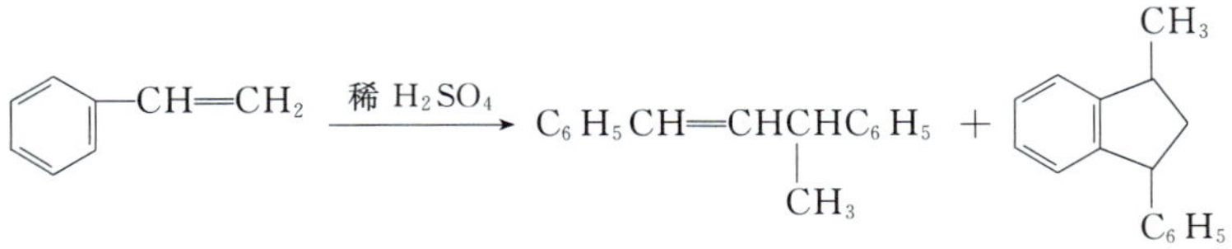

7-9　A 和 B 两个化合物的分子式都是 C_9H_{12}，测得的核磁共振谱的数据如下：

A：δ=1.25（双峰），δ=2.95（七重峰），δ=7.25（多重峰），相应的峰面积之比为 6∶1∶5。

B：δ=2.25（单峰），δ=6.78（单峰），相应的峰面积之比为 3∶1。

试推测化合物 A 和 B 的构造式。

7-10　某烃 A 的分子式为 $C_{10}H_{10}$，与 $CuCl/NH_3$ 溶液不起作用，在 $HgSO_4$ 存在下与稀 H_2SO_4 作用生成 B（$C_{10}H_{12}O$），在 B 的红外光谱图中 σ=1700 cm^{-1} 附近有强吸收峰。A 氧化生成间苯二甲酸。写出 A 和 B 的构造式及各步反应式。

7-11　芳烃 A（$C_{10}H_{14}$）具有 5 种可能的一溴代衍生物（$C_{10}H_{13}Br$）。剧烈氧化 A 得酸性物质 $C_8H_6O_4$，它只有一种硝基取代产物（$C_8H_5O_4NO_2$）。试写出化合物 A 及其溴代衍生物的结构。

7-12　写出 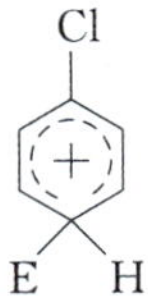，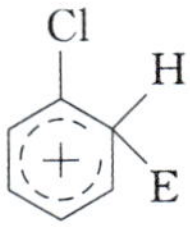 和 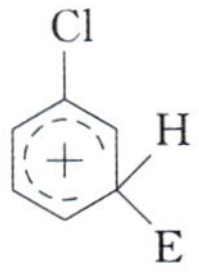 的可能共振结构；比较共振结构对相应共振杂化体的贡献；比较三个共振杂化体的稳定性；说明氯是第一类定位基，但又是钝化苯环的取代基的原因。

7-13　解释下列实验现象。

（1）苯与 RX 发生单烷基化时，苯要过量。

（2）

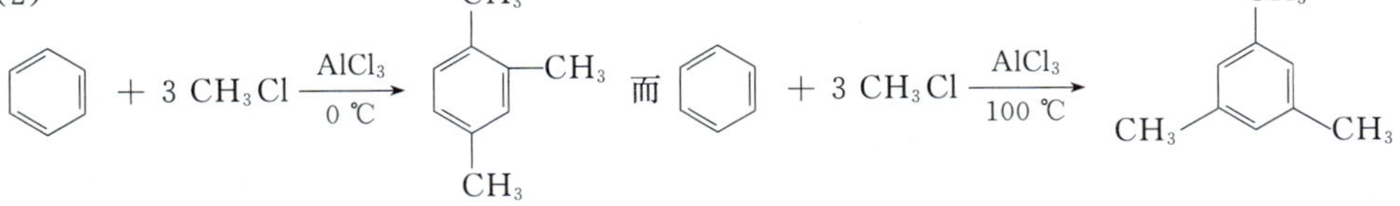

（3）PhBr 发生傅-克烷基化反应时，用 $PhNO_2$ 作溶剂，而不用苯。

（4）萘在硝化和卤化时，主要得到 α 位取代萘。而磺化时在 80 ℃生成 α-萘磺酸，在160 ℃时生

成 β-萘磺酸。

7-14　芳香族化合物亲电取代反应的第一步与烯烃的亲电加成反应相同，试解释：

(1) 为什么芳香族化合物的取代反应较烯烃的加成反应慢？

(2) 芳香族化合物的亲电取代反应为什么需要催化剂？

(3) 为什么芳香族化合物亲电取代反应的中间体是脱去一个质子而不是加上亲核基团？

7-15　判断下列化合物哪些具有芳香性。

(1) 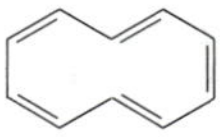　(2) 　(3) 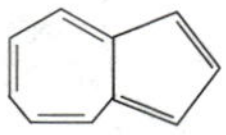　(4) 

(5) 　(6) 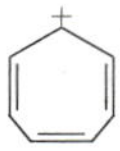　(7) 

第8章 卤 代 烃

8.1 卤代烃的分类和结构

8.1.1 分类

烃分子中的氢原子被卤原子替代后的化合物称为卤代烃，简称卤烃。根据卤原子的不同，可以把卤代烃分为氟代烃、氯代烃、溴代烃及碘代烃；根据卤代烃中所含卤原子数目可以把卤代烃分为一元取代（或单取代）卤代烃、二元及多元取代卤代烃；从卤原子所连接烃基的种类又可以分为卤代烷烃、卤代烯（炔）烃、卤代芳烃。对于单取代卤代烷烃，还可以由卤原子所连接的碳原子的级别而分为伯、仲、叔卤代烷。例如：

一元取代卤代烃
- 卤代烷烃
  - 伯卤代烷，如 $CH_3CH_2CH_2CH_2$—Br （1-溴丁烷）
  - 仲卤代烷，如 $CH_3CH_2CHBrCH_3$ （2-溴丁烷）
  - 叔卤代烷，如$(CH_3)_3C$—Cl （2-甲基-2-氯丙烷）
- 卤代烯（炔）烃
  - 卤乙烯（炔）型，如 CH_2═CH—Cl （氯乙烯）
  - 烯（炔）丙基卤，如 CH_2═$CHCH_2$—Cl （3-氯丙烯）
    CH≡C—CH_2Cl（3-氯丙炔）
  - 卤原子与碳碳重键相隔一个以上饱和碳原子，如
    CH≡CCH_2CH_2—Br （4-溴-1-丁炔）
- 卤代芳烃
  - 卤苯型，如 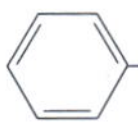—Cl （氯苯），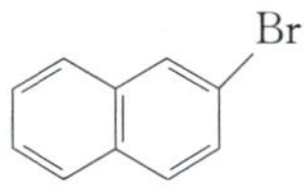

 （β-溴萘）
  - 苄卤型，如 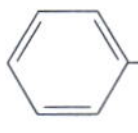—CH_2Cl （苯氯甲烷，苄氯）
  - 卤原子与芳环相隔一个以上饱和碳原子，如
    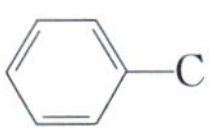—CH_2CH_2Br （β-溴代乙苯）

在多卤代烃中，卤原子可以是相同的，也可以是不同的。由于自然界中天然的卤代烃很少，所以卤代烃类化合物一般是通过合成得到的。

8.1.2 结构

碳卤键可以看成是卤代烃的官能团，不同的碳卤键结构有差异。

1. 饱和卤代烃

在烷烃或环烷烃的分子中，氢原子被卤原子替代后所形成的化合物为饱和卤代

烃。在饱和卤代烃分子中,碳卤键决定着这类化合物的性质。由于 sp^3 杂化碳原子和卤原子的电负性有差异,所以碳卤键是有极性的。不同的碳卤键极性大小次序为

$$C—Cl > C—Br > C—I$$

根据卤原子可极化性的大小推知不同的碳卤键的可极化度的大小次序,与其极性大小次序正好相反。

由于卤原子的电负性大于 sp^3 杂化碳原子的电负性,卤代烷的碳卤键的成键电子偏向卤原子一方,因此碳原子具有缺电子的特征,表示为 $—\overset{\diagdown}{\underset{\diagup}{C}}\rightarrow X$ 或 $—\overset{\diagdown\,\delta+}{\underset{\diagup}{C}}—\overset{\delta-}{X}$ 。这就导致了卤代烷容易受到亲核试剂的进攻而发生 X^- 被取代的化学反应,即亲核取代反应。

在卤代烷中,不同的碳卤键的键能和键长是不同的,而且偶极矩也不同(表 8-1)。

表 8-1　不同碳卤键的键长、键能和偶极矩

碳卤键	$H_3C—F$	$H_3C—Cl$	$H_3C—Br$	$H_3C—I$
键能/($kJ\cdot mol^{-1}$)	452	351	293	234
键长/nm	0.138	0.178	0.194	0.214
偶极矩/(10^{-30} C·m)	6.07	6.24	5.97	5.47

2. 不饱和卤代烃

不饱和烃分子中的氢原子被卤原子替代的产物称做不饱和卤代烃。不饱和卤代烃包括卤代烯烃、卤代炔烃和卤代芳烃。其中以卤乙烯型及卤苯型化合物较为典型,其结构特征为 $—\underset{|}{C}=\underset{|}{C}—\ddot{\underset{..}{X}}:$ 。由于卤原子的 p 轨道内未成键电子对与相邻 π 键的电子之间存在着 p-π 共轭作用,与正常的碳卤键相比键长变短,键的解离能增大,偶极矩减小,这导致碳卤键的化学活性下降。如氯乙烯和氯苯中的氯原子被亲核试剂取代的反应活性是很小的。而且,由于氯原子的存在,使氯乙烯中的双键不易发生亲电加成,在氯苯中环上进行亲电取代反应的活性也下降。

与卤代烷相比,卤乙烯和卤苯的 C—X 键有明显不同。例如 C—Cl 键的不同之处见表 8-2。

表 8-2　不同化合物中碳氯键的键长、解离能和偶极矩

C—Cl 键	键长/nm	解离能/($kJ\cdot mol^{-1}$)	偶极矩/(10^{-30}C·m)
$CH_3CH_2—Cl$	0.178	335	6.60
$H_2C=CH—Cl$	0.172	354	4.80
$H_5C_6—Cl$	0.169	363	5.67

对于烯丙型卤代烯烃和苄卤这两种化合物,由于卤原子是与 α-碳原子(sp^3)成键,

使其具有不同于卤代烷烃、卤乙烯及卤苯的化学活性，这两种化合物的卤原子极易被亲核试剂取代。

8.2 卤代烃的物理性质

卤代烃不溶于水，但在醇和醚等有机溶剂中有良好的溶解性，有些卤代烃可用作有机溶剂。卤代烷没有颜色，但是碘代烷容易分解产生游离的碘而显示碘的颜色。C_2 ~ C_4的多氯代烷及多氯代烯对油污有很强的溶解能力，有的曾用作干洗剂，现被1-溴丙烷代替。

1. 沸点和熔点

由于卤原子比碳原子重，碳卤键又有一定的极性，故卤代烃的沸点比相应的烃高出很多。对单卤代烃而言，卤原子从氟到碘，其沸点升高，而单卤代芳烃的沸点与相对分子质量相近的单卤代烷相近。对单卤代烷来说，四个碳原子以上的氟代烷、三个碳原子以上的氯代烷、两个碳原子以上的溴代烷在通常状况下为液态或固态，碘甲烷是液态的。在二卤代苯异构体之间，其沸点是相近的，但熔点相差很大。对二卤苯熔点最高，邻二卤苯的沸点最高。

2. 相对密度

对于单卤代烷，RF和RCl的相对密度小于1，而RBr和RI的相对密度大于1；多卤代烷及卤代芳烃的相对密度都大于1。在单卤代烷中，烷基的碳原子数目增多，则相对密度减小；最重的卤代烷是CI_4（$d_4^{20}=4.23$）。

一些卤代烃的物理常数列于表8-3，表8-4和表8-5中。

表8-3 一些卤代芳烃的物理常数

化合物	构造式	熔点/℃	沸点/℃	相对密度(d_4^{20})	折射率(n_D^{20})
氟苯	C_6H_5F	−41	85	1.02	1.4677
氯苯	C_6H_5Cl	−40	132	1.1058	1.5244
溴苯	C_6H_5Br	−31	156	1.4950	1.5597
碘苯	C_6H_5I	−31	188	1.8308	1.6200
氯苄	$C_6H_5CH_2Cl$	−39	179	1.1002	1.5391
邻氯甲苯	o-$CH_3C_6H_5Cl$	−35	159	1.0825	1.5268
间氯甲苯	m-$CH_3C_6H_5Cl$	−48	162	1.0722	1.5214(19°)
对氯甲苯	p-$CH_3C_6H_5Cl$	8	162	1.0697	1.5150

表8-4 一些卤代烃的物理常数

卤代烃	Cl		Br		I	
	沸点/℃	相对密度(d_4^{20})	沸点/℃	相对密度(d_4^{20})	沸点/℃	相对密度(d_4^{20})
CH_3X	−24	0.9159	4	1.6755	42	2.279
CH_3CH_2X	12	0.8978	38	1.4604	72	1.9358

续表

卤代烃	Cl		Br		I	
	沸点/℃	相对密度(d_4^{20})	沸点/℃	相对密度(d_4^{20})	沸点/℃	相对密度(d_4^{20})
$CH_3CH_2CH_2X$	47	0.8909	71	1.3537	103	1.7489
CH_2X_2	40	1.3266	97	2.4970	182	3.3254
CHX_3	62	1.4832	150	2.8899	218	4.008
CX_4	77	1.5940	189	3.273	升华	4.23
XCH_2CH_2X	84	1.2351	131	2.1792	200	3.325
$CH_2{=}CHX$	−13	0.9106	16	1.4933	56	2.037
$CH_2{=}CHCH_2X$	45	0.9376	70	1.398	102	1.8494
X	143	1.000	116	1.3359	180	1.6244
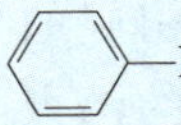X	132	1.106	156	1.495	188	1.8308

表 8-5 一些二取代卤苯的沸点和熔点

化合物	沸点/℃			熔点/℃		
	邻	间	对	邻	间	对
二氟苯	92	83	89	−34	−59	−13
二氯苯	180	173	175	−17	−24	52
二溴苯	221	217	219	6	−7	87
二碘苯	287	285	285	27	35	131
硝基氯苯	245	236	239	32	48	82

3. 光波谱性质

在一般的红外光谱仪中，对卤代烷来说，只能检测出C—F键和C—Cl键的吸收信号，而C—Br键和C—I键的吸收信号是很难被检测出来的。不同卤原子的碳卤键在红外区的伸缩振动频率为

	C—F	C—Cl	C—Br	C—I
σ/cm^{-1}	1 000～1 400	600～800	500～600	≈500

由于卤原子的去屏蔽效应，在卤代烷的核磁共振谱中，α-和β-碳原子上的氢的化学位移比其它氢的大。例如：

$$\underset{\gamma}{CH_3}—\underset{\beta}{CH_2}—\underset{\alpha}{CH_2}—Cl \quad \delta_{H_\alpha}=3.47,\ \delta_{H_\beta}=1.81,\ \delta_{H_\gamma}=1.06$$

$$\underset{\gamma}{CH_3}—\underset{\beta}{CH_2}—\underset{\alpha}{CH_2}—Br \quad \delta_{H_\alpha}=2.6,\ \delta_{H_\beta}=1.65,\ \delta_{H_\gamma}=1.05$$

谱 5-4

	CH_3F	CH_3Cl	CH_3Br	CH_3I	CH_2Cl_2	$CHCl_3$
δ_H	4.26	3.05	2.68	2.16	5.33	7.24

8.3　卤代烷的亲核取代反应

卤代烷分子中的碳卤键决定了它的化学性质。极性的碳卤键导致了碳原子(α-碳原子)具有明显的缺电子性，是缺电子中心，即碳原子因带有部分正电荷而具有亲电性，容易与亲核试剂发生亲核取代反应(nucleophilic substitution reaction)，简称为 S_N 反应。在卤代烷的 S_N 反应中，被亲核试剂(用 Nu:或 Nu^- 表示)取代的卤原子称为离去基，亲核试剂又称为进入基。

$$R{-}X + Nu^- \longrightarrow R{-}Nu + X^-$$

8.3.1　亲核取代反应类型

卤代烷与亲核试剂如 H_2O，ROH，H_3N，RNH_2，R_2NH，R_3N，Ph_3P，以及 NC^-，$RC{\equiv}C^-$，$HC{\equiv}C^-$，HO^-，RO^-，X^-，HS^-，RS^-，N_3^-，NO_3^-，RCO_2^-，$^-CH(CO_2Et)_2$，$MeCO\bar{C}HCO_2Et$ 的反应是卤代烷的特征反应。由卤代烷的 S_N 反应可以得到许多官能团化合物，这在有机合成中多有应用。

1. 水解反应

卤代烷与水作用发生水解反应，产物是醇和相应的氢卤酸。由于离去基 X^- 的亲核性及碱性比水分子强，所以卤代烷的水解反应是可逆反应。为了使水解反应进行完全，加入碱 HO^-，则反应为不可逆。

$$R{-}X + H_2O \rightleftharpoons R{-}OH + HX$$

$$R{-}X + NaOH \xrightarrow{H_2O} R{-}OH + NaX\downarrow$$

卤代烷在碱性条件下的水解是强碱取代了弱碱。离去基 X^- 的碱性越小，就越易被 HO^- 取代。相同烷基的卤代烷水解反应活性是：RI>RBr>RCl>RF。

卤代烷碱性水解得到醇，在有机合成和工业生产方面是有应用的。例如，从石油分馏得到的 C_5 馏分，经过氯代反应转变为 $C_5H_{11}Cl$(混合物)，把所得一氯代戊烷进行碱性水解可以得到杂油醇(戊醇的混合物)。

$$C_5H_{11}Cl + NaOH \xrightarrow{H_2O} C_5H_{11}OH + NaCl$$

2. 醇解反应

卤代烷与醇作用，发生醇解反应，生成的产物是醚。卤代烷的醇解反应和水解反应一样，也是可逆的。如果采用醇的碱金属盐(如醇钠、醇钾)为亲核试剂，醇起溶剂的作用，则烷氧基负离子与卤代烷之间所进行的亲核取代反应可以顺利地完成。这种方法常用于合成不对称的醚，称为威廉森(Williamson)法合成醚；此方法一般是使用伯卤代烷，而不能使用叔卤代烷，否则得到的主产物将不是醚而是烯烃(见 8.4.1 节)。

$$CH_3CH_2Br + NaOC(CH_3)_3 \longrightarrow CH_3CH_2OC(CH_3)_3 + NaBr$$

酚钠与伯卤代烷反应可以得到芳醚：

$$R—CH_2X + NaOAr \longrightarrow R—CH_2—O—Ar + NaX$$

当卤代物中含有羟基时（如氯代醇），在碱的作用下可以生成环状的醚。这也是亲核取代反应，而且既有分子间的，也有分子内的。例如：

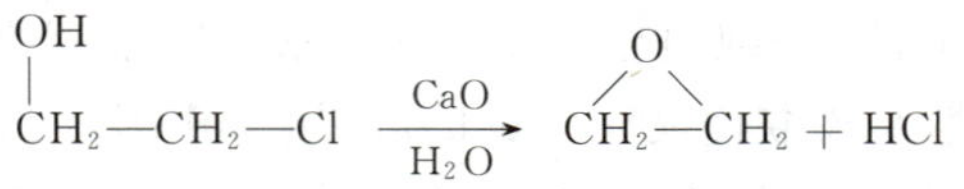

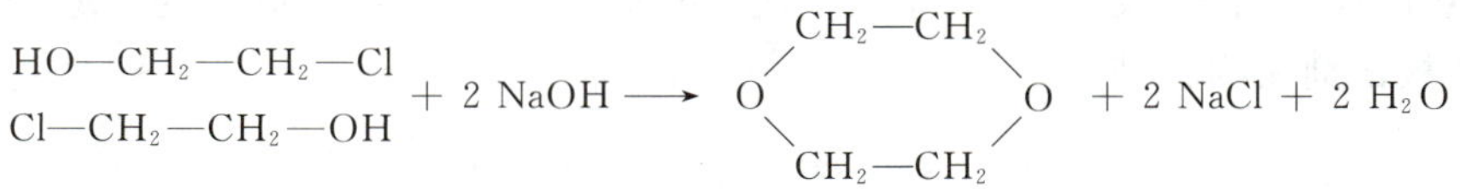

二氯丙醇在碱的作用下得到3－氯－1，2－环氧丙烷，是生产环氧树脂的原料。

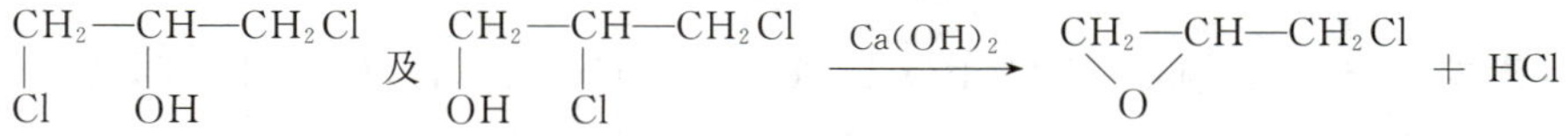

3. 氨解反应

氨与卤代烷发生亲核取代反应，结果在α－碳原子上引入了一个氨基生成伯胺。伯胺属有机弱碱，它与生成的卤化氢结合形成盐，当这个盐与强碱作用时，则得到游离的伯胺：

$$R—X + NH_3 \longrightarrow R—NH_2 + HX \rightleftharpoons R^+NH_3X^-$$

$$R^+NH_3X^- + NaOH \longrightarrow R—NH_2 + H_2O + NaX$$

伯胺也是一个亲核试剂，它再与卤代烷作用。

4. 氰解反应

卤代烷与氰根负离子的亲核取代反应称为卤代烷的氰解，生成的产物称做腈。腈比原来的卤代烷多了一个碳原子，这是有机合成中增长碳链的重要方法之一。通常是由伯或仲卤代烷的醇溶液与氰化钠作用合成腈。例如：

$$n\text{-}C_4H_9Br + NaCN \longrightarrow n\text{-}C_4H_9CN + NaBr$$

$$C_6H_5CH_2Cl + NaCN \longrightarrow C_6H_5CH_2CN + NaCl$$

NaCN与叔卤代烷作用时主要的反应产物是烯烃。氰化物是剧毒物质，使用时应做好安全防护和环境保护。

5. 含氧酸根与卤代烷的反应

羧酸根负离子也有亲核活性，当它与活泼的卤代烃作用时，可以较顺利地进行S_N反应，生成羧酸酯。例如，乙酸苄酯的制备：

$$C_6H_5CH_2Cl + NaOOCCH_3 \longrightarrow C_6H_5CH_2OOCCH_3 + NaCl$$

演 6-9

硝酸根负离子（NO_3^-）的碱性和亲核性都是很小的，$NaNO_3$作为亲核试剂与卤代烷进行S_N反应，其亲核活性比较低。如果以$AgNO_3$为亲核试剂与卤代烷进行S_N反应，由于反应中生成的AgX是以固态存在，又是难解离化合物，因此可顺利地生成硝酸酯。

$$RX + AgNO_3 \xrightarrow{\text{乙醇}} RONO_2 + AgX\downarrow$$

硝酸银的醇溶液与卤代烷的反应主要是用来鉴别卤代烷。如在室温下，叔卤代烷或烯丙位卤代烃或苄卤与$AgNO_3$的醇溶液作用立即生成 AgX 沉淀，而仲卤代烷则较慢，伯卤代烷与 $AgNO_3$ 作用需要在加热的条件下才能有 AgX 沉淀生成。可以根据卤代烷与 $AgNO_3$ 的醇溶液反应生成 AgX 沉淀的快慢来判断卤代烷的级别。

演 6-10

亚硝酸根和亚硫酸氢根也是具有一定亲核性的负离子，它们与卤代烷的 S_N 反应具有制备意义。例如：

$$n-C_8H_{17}Cl + NaHSO_3 \xrightarrow[\triangle]{} n-C_8H_{17}SO_3Na + HCl$$

$$n-C_4H_9Br + AgNO_2 \longrightarrow n-C_4H_9NO_2 + AgBr\downarrow$$

8.3.2 亲核取代反应机理及影响因素

对卤代烷进行 S_N 反应的机理也研究得比较透彻，目前主要有两种反应机理，即 S_N1 和 S_N2 反应机理。这两种反应机理是英果尔德提出的，现在已被用于解释有关的反应现象和研究其它有关反应的机理。

有机化学家

1. 双分子亲核取代反应机理——S_N2 机理

(1) 双分子亲核取代反应的动力学与机理　对于溴代甲烷和氢氧根负离子之间进行的 S_N 反应，经过实验测定，发现反应的速率取决于两个反应物(CH_3Br 和^-OH)的浓度。反应速率方程为：$v=k[CH_3Br][^-OH]$。即反应速率与每个反应物浓度的一次方成正比。对于一个在液相中进行的 S_N 反应，在反应温度、压力、溶剂性质等不变的条件下，每个卤代烷都有各自的 k 值。从这个反应速率方程可见，它是一个二级的动力学方程，反应是双分子的。这种由两个反应物质的浓度决定反应速率大小的 S_N 反应称为双分子亲核取代反应，记为 S_N2。CH_3Br 与^-OH 以 S_N2 方式进行反应的过程可描述如下，即 S_N2 反应机理：

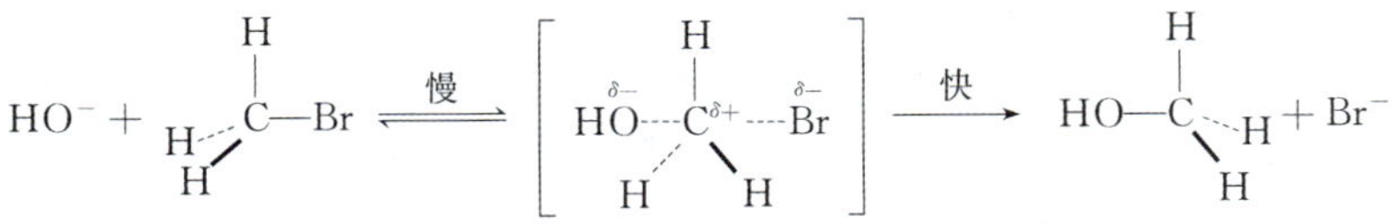

动 3-45

在这个 S_N2 反应过程中，开始是^-OH 作为亲核试剂沿着 C—Br 键的背后即在三个 C—H 键的中间对“缺电子”碳原子发生亲核攻击；当两者之间发生了有效碰撞时，^-OH 氧原子上的一对电子与中心碳原子更为接近，具有形成 C—O 键的强烈趋势，氧原子由原来所带的一个负电荷变为只带有部分负电荷；与此同时，原来的 C—Br 键进一步发生极化，C—Br 键的成键电子对逐步偏移向溴原子并达到最大的异裂程度。这种碳氧键逐渐形成而尚未生成，碳溴键逐渐异裂而又未完全断开的状态称做“过渡态”。在过渡态中，中心碳原子可以看成是 sp^2 杂化状态，三个氢原子与它在同一个平面内，而带有部分负电荷的$^{\delta-}OH$ 和 $Br^{\delta-}$ 是处于这个平面的两侧并且与中心碳原子在同一条直线上。这就形成了中心碳原子与五个原子或基团相连接，可以设想由于这种拥挤的状况将导致过渡态的热力学能是最大的，是非常不稳定的。接下来则是过渡态中的碳溴键彻底断裂，与此同时碳氧键完全生成，中心碳原子又恢复了 sp^3 杂化状态。在这个变化过程中，Br^- 的离去使拥挤的过渡态得到缓解，体系的热力学能得到降低，Br^- 的离去造成中心碳原子的缺电子性由生成的 C—O 键得到补偿，所以这一变化是过渡态释放能量的过程；又由于 C—O 键能大于 C—Br 键能，所以产物的热力学能低于反应物的热力学能，整个反应是放热的。这个 S_N2 反应是一步完成的过程，反应的能量变化关系如图 8-1。

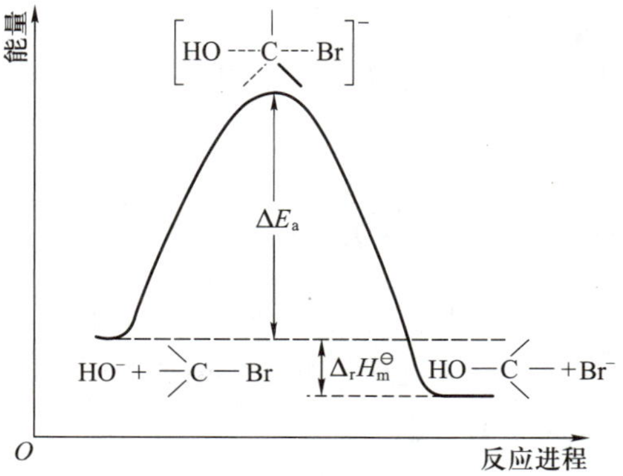

图 8-1　S_N2 反应能量变化曲线

在卤代烷按 S_N2 机理进行反应时，亲核试剂对中心碳原子的攻击是在 C—X 键的卤原子离去的反方向进行的；只有这样，进入的 ^-OH 和离去的 X^- 才相距最远，在达到过渡态时，各个原子和基团之间的排斥作用才最小，使过渡态相对较为稳定而有利于反应的完成。

（2）S_N2 反应的立体化学　S_N2 反应是一步完成的反应，新键的生成和旧键的断裂是同时进行的。由于亲核试剂是在碳卤键背后攻击中心碳原子，所以在达到过渡态时，进入基已经把中心碳原子与另外三个原子或基团形成的键排斥到了同一个平面内，随着反应的进行，离去基（X^-）逐步远离中心碳原子，这时在平面内的三个 σ 键所连接的原子或基团在空间上更为有利地转向 X^- 离去的方向；最终结果是中心碳原子的构型发生了转化，即在反应前后中心碳原子的立体构型发生了转化。这种现象称做瓦尔登转化（Walden inversion）。卤代烷在进行 S_N2 反应时，中心碳原子构型转化这一立体化学结果是 S_N2 反应的特征。如果中心碳原子在反应前有一定的立体构型，具有一定的旋光活性，则在发生 S_N2 反应后，中心碳原子的立体构型必定改变，其旋光活性也将随之变化。例如，从实验测定得知，HO^- 与 2-溴辛烷的反应是二级反应，通过构型测定已知（－）-2-辛醇与（＋）-2-溴辛烷的构型是相反的。

有机化学家

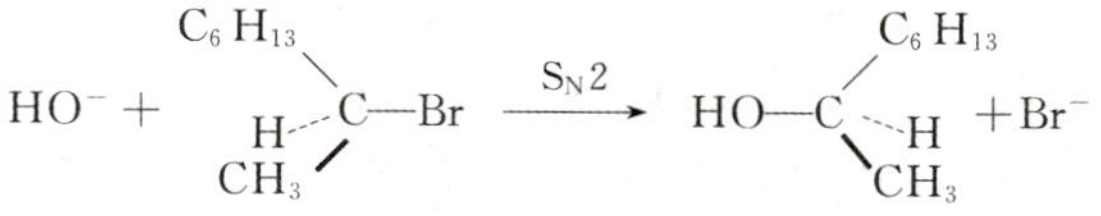

(*S*)-(＋)-2-溴辛烷　　(*R*)-(－)-2-辛醇

$[\alpha]=+34.25°\cdot cm^2\cdot g^{-1}$　　$[\alpha]=-9.90°\cdot cm^2\cdot g^{-1}$

顺式的 1-甲基-4-溴环己烷与 ^{-}OH 发生 S_N2 反应时，可以预计所得产物 4-甲基环己醇应是反式的。

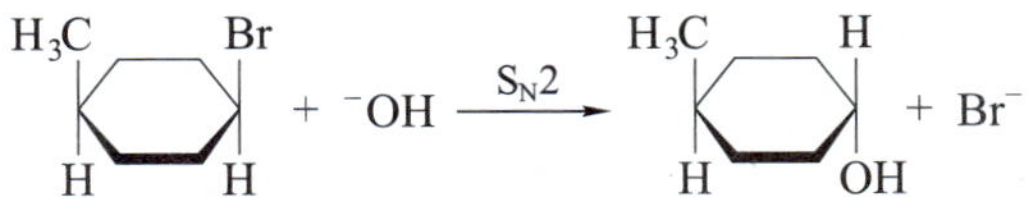

(3) S_N2 反应的影响因素　卤代烷 S_N2 反应是一步过程，除了亲核试剂、反应物和离去基之外，再没有生成其它的中间体。所以对 S_N2 反应的影响因素主要是反应物本身的结构、亲核试剂及离去基的性质。当然，反应所用的溶剂及反应温度也是不可忽视的影响因素。很显然，在 S_N2 反应中，反应物和试剂的初始浓度越大，反应速率就越快。

① 烷基的结构对 S_N2 反应的影响：在卤代烷的 S_N2 反应中，如果中心碳原子上连接的取代烷基（支链）越多，它们对亲核试剂从碳卤键背后进攻中心碳原子的空间位阻就越大，使得发生有效碰撞的概率大为下降；而在过渡态时众多的支链与中心碳原子要保持在同一个平面内，其张力是很大的，这就使形成过渡态需要有非常高的活化能，这些都将导致卤代烷进行 S_N2 反应的活性下降，反应速率减小。例如，I^- 与下面各溴代烷在丙酮溶液中于 25 ℃发生 S_N2 反应时的相对反应速率为

反应物	$CH_3—Br$	$CH_3CH_2—Br$	$(CH_3)_2CH—Br$	$(CH_3)_3C—Br$
相对速率	150	1.0	0.01	0.001

如果在卤代烷的 β-碳原子上连有支链烷基时，对 S_N2 反应的速率也有明显的影响，即卤代烷中心碳原子上连接的烷基体积越大，其空间位阻越大，不利于亲核试剂的攻击。例如，在 C_2H_5OH 溶剂中 C_2H_5ONa 与下面各溴代烷于55 ℃发生 S_N2 反应的相对反应速率为

反应物	CH_3CH_2Br	$CH_3CH_2CH_2Br$	$(CH_3)_2CHCH_2Br$	$(CH_3)_3CCH_2Br$
相对速率	100	28	3.0	4.2×10^{-4}

正构的伯卤代烷在发生 S_N2 反应时，碳链的增长对反应速率的影响就不是很大了。如在下面的反应中，不同的正溴代烷的 S_N2 反应相对速率为

$$RBr + NaOC_2H_5 \xrightarrow[25\ ℃]{C_2H_5OH} R—O—C_2H_5 + NaBr$$

R	$—CH_2CH_3$	$—CH_2CH_2CH_3$	$—CH_2CH_2CH_2CH_3$	$—CH_2CH_2CH_2CH_2CH_3$
相对速率	1.00	0.31	0.23	0.21

根据以上事实，可以得出结论：卤代烷进行 S_N2 反应时，在其它条件相同时，不同结构卤代烷的反应活性次序为

$$CH_3X > RCH_2X > R_2CHX > R_3CX$$

② 离去基（X^-）对 S_N2 反应的影响：在卤代烷的 S_N2 反应中，亲核试剂的进入和卤原子的离去是同时进行的；如果离去基 X^- 越易于离去，反应速率也就越快。碳卤键的强度大小次序和它的极化度大小次序是相反的，而卤负离子之间的碱性强弱次序与它

们的变形性大小次序也是相反的，即

C—X 键的极化度：C—F < C—Cl < C—Br < C—I

C—X 键的强度：C—F > C—Cl > C—Br > C—I

X^- 的变形性：$F^- < Cl^- < Br^- < I^-$

X^- 的碱性：$F^- > Cl^- > Br^- > I^-$

C—X 键的极化度越小，化学键的异裂就越困难；离去基的变形性越小，所带负电荷越集中，则碱性越强，就越不容易被亲核试剂所取代。所以不同卤素的卤代烷进行 S_N2 反应活性次序为

$$R—I > R—Br > R—Cl > R—F$$

演 6-11

在碘代烷中，由于 C—I 键极易发生极化，所以 I^- 是一个很好的离去基，碘代烷也就是很好的烷基化试剂；而 RF 则与此正相反。溴代烷和氯代烷无论在实验室中还是在工业生产中作为烷基化试剂都有很多的应用。从下面给出的负离子在亲核取代反应中的离去相对速率可见，碱性越小的负离子其离去活性越高。

离去基	—F	—Cl	—Br	—I	$-O-\overset{O}{\underset{O}{\overset{\|}{\underset{\|}{S}}}}-C_6H_5$	$-O-\overset{O}{\underset{O}{\overset{\|}{\underset{\|}{S}}}}-C_6H_4NO_2-p$
离去相对速率	10^{-2}	1	50	150	300	2800

③ 试剂的亲核性对 S_N2 反应的影响：卤代烷与亲核试剂发生 S_N2 反应时，当反应物的结构、试剂和反应物的初始浓度、反应温度及所用溶剂等条件都不变时，采用不同的亲核试剂，则反应速率有所不同，这是由试剂的亲核性不同所导致的必然结果。试剂的亲核性指的是亲核试剂本身的给电子中心与卤代烷的缺电子中心的亲和能力。试剂的亲核性越强，则它与卤代烷中心碳原子的成键能力就越大，反应的活性也就越高。

试剂的亲核性大小主要是由两个因素决定的。一个是试剂的碱性，一个是试剂的极化度。这两个因素对试剂的亲核性的影响有时是一致的，但也有不一致的情况。

同一周期的原子作为亲核中心时，试剂的亲核性与碱性有相同的强弱次序。例如：

$$C_2H_5O^- > HO^- > CH_3CO_2^- > C_2H_5OH > H_2O > CH_3CO_2H$$

$$^-NH_2 > {}^-OH > F^- \qquad H_3N > H_2O$$

同一族的原子作为亲核中心时，极化度大者呈现出较强的亲核性，这与碱性强弱次序相反。例如：

亲核性：$I^- > Br^- > Cl^- > F^-$；$HS^- > HO^-$；$H_2S > H_2O$；$RS^- > RO^-$；$RSH > ROH$；$Ph_3P > Ph_3N$

卤素负离子在质子型溶剂中表现出上述的亲核性次序还与卤负离子的溶剂化作用有关。卤负离子的体积越小，负电荷就越集中，它与质子型溶剂的溶剂化作用程度越大，导致卤负离子的亲核性相对下降。如果在非质子型极性溶剂（如二甲基亚砜或

二甲基甲酰胺)中进行 S_N2 反应，由于 X^- 与溶剂分子的溶剂化作用小，X^- 的负电荷是裸露的，这时它们的亲核性与碱性的强弱次序是相同的：$F^- > Cl^- > Br^- > I^-$。

亲核试剂的体积大小对它的亲核性也有明显的影响，体积大者，在反应中空间位阻增大，亲核性下降。例如：

亲核性：$NH_2CH_2CH_3 > NH(CH_2CH_3)_2 > N(CH_2CH_3)_3$

$NaOCH_2CH_3 > NaOCH(CH_3)_2 > NaOC(CH_3)_3$

碘负离子是良好的离去基，又是一个良好的亲核试剂；碘的这种特性表现出在适当的条件下碘代烷易于形成及碘代烷又易于被取代的双重反应活性。这一点是很有用的，可以在有机合成中通过选择不同的条件来实现有制备意义的 S_N2 反应。例如：　演 6-12

$$n\text{-}C_8H_{17}Cl + NaI \xrightarrow[\triangle]{\text{丁酮}} n\text{-}C_8H_{17}I + NaCl$$

$$n\text{-}C_3H_7I + NaF \xrightarrow[\triangle]{\text{乙二醇}} n\text{-}C_3H_7F + NaI$$

除上述情况外，还有构型保持的取代反应，如旋光性的 α－溴代丙酸经水解形成100％构型不变的产物(乳酸)，因为整个反应过程中心碳原子经历了两次构型翻转，第一次是分子内的反应，第二次是分子间的反应。如下式：

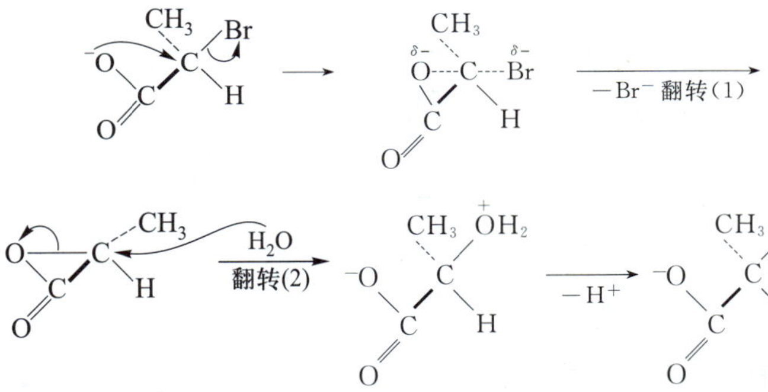

这是邻近基团($-COO^-$)参与的结果，通称邻助作用(anchimeric assistance)。　拓 4-13

2. 单分子亲核取代反应机理——S_N1 机理

(1) 单分子亲核取代反应的动力学和机理　叔溴丁烷在稀碱溶液中发生水解，生成的产物主要是叔丁醇，还有少量的异丁烯：

$$(CH_3)_3C{-}Br + H_2O \xrightarrow{^-OH} (CH_3)_3C{-}OH + (CH_3)_2C{=}CH_2$$

通过实验测定，这个反应的动力学方程是一级的，$v = k[t\text{-}BuBr]$。这表明，在叔溴丁烷的水解反应中，反应的速率只由反应物的浓度所控制，而与试剂的浓度无关；即反应的控制步骤是由卤代烷本身的变化决定的。这个反应的机理不是一个单纯的一步过程，而是一个多步骤的反应机理：

$$(CH_3)_3C{-}Br \xrightleftharpoons{\text{慢}} (CH_3)_3C^+ + Br^- \quad ①$$

$$(CH_3)_3C^+ + {}^-OH \xrightarrow{\text{快}} (CH_3)_3C{-}OH \quad ②$$

$$(CH_3)_3C^+ + H_2O \xrightarrow{\text{快}} (CH_3)_3C-\overset{+}{O}H_2 \underset{\text{快}}{\xrightarrow{-H^+}} (CH_3)_3C-OH \qquad ③$$

$$(CH_3)_2\overset{+}{C}-CH_2-H \underset{\text{快}}{\xrightarrow{-H^+}} (CH_3)_2C{=}CH_2 \qquad ④$$

叔溴丁烷先按①式，在溶剂(H_2O)的作用下解离生成碳正离子$(CH_3)_3C^+$和溴负离子Br^-，这是一个化学键断裂的反应，是整个反应的控制步骤。然后生成的碳正离子与^-OH结合生成 C—O 键同时放出能量，是一个非常易于进行的放热过程。水是大量存在于反应体系中的，水分子也要与生成的碳正离子结合，而后迅速脱去一个质子生成醇，所以③式的发生是必然的。如果碳正离子在没有与^-OH或H_2O结合之前就从邻位碳原子上先行脱去一个质子，则产生烯烃。在整个反应过程中，在控制步骤①式里，碳溴键的断裂与^-OH无关，是单分子行为，所以称之为单分子的亲核取代反应，记为S_N1。S_N1反应过程的能量变化曲线可以描述如图 8-2 所示。

动 3-46

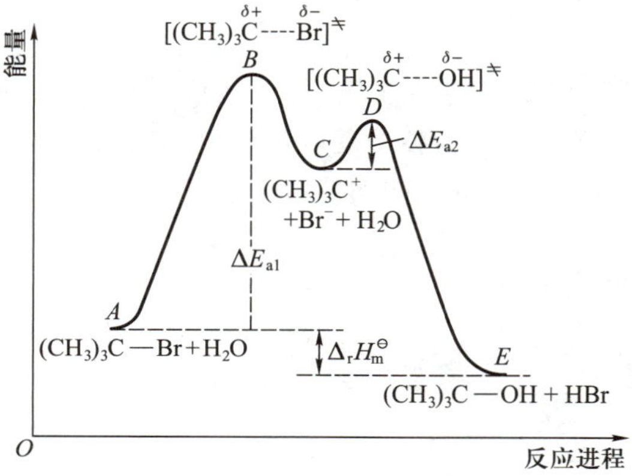

图 8-2　S_N1 反应能量变化曲线

(2) S_N1 反应的立体化学　在卤代烷的S_N1反应中，生成的中间体碳正离子是一个sp^2杂化的平面构型，当亲核试剂与这个碳正离子成键时，可以从平面的两侧与之结合，这就产生了两种构型的产物。如果卤代烷的中心碳原子是手性的，则在反应后所生成的产物中会出现外消旋体。如果反应物是卤代环烷烃，而且有一定的顺反构型，当按S_N1反应机理发生反应后，所得产物就会出现顺反混合物，这一点也被实验事实所证明。例如：

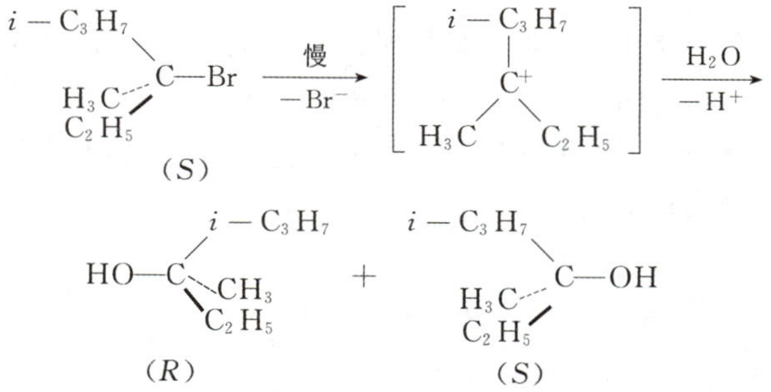

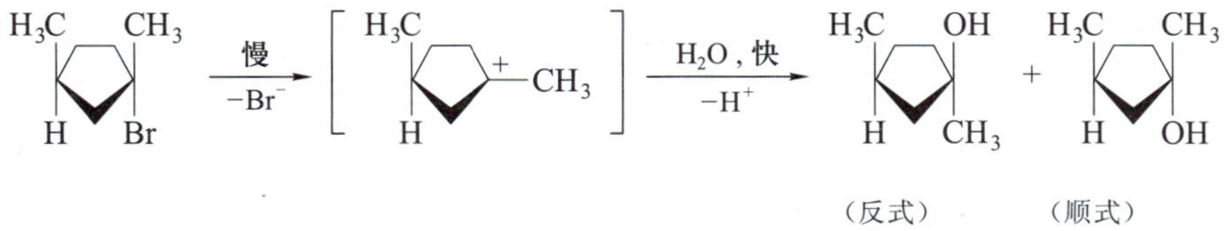

外消旋化是卤代烷发生 S_N1 反应的立体化学特征。还有如 $—O^-$ 、—OH 、—OR 、—OCOR 、$—NR_2$ 、—SH 、—SR 、—X 、—Ar 等邻近基团，它们的特点都是具有孤对电子，可以屏蔽住反应中心碳原子的“背面”，因此亲核试剂只能从“前面”进攻，导致构型保持。

(3) S_N1 反应的影响因素　卤代烷进行 S_N1 反应的速率不受试剂的亲核性影响，而卤代烷的结构和溶剂的性质是主要的影响因素。

① 溶剂的影响：使用的亲核试剂又起溶剂作用，这类反应称为溶剂解。

卤代烷 S_N1 反应的速率控制步骤是它解离生成碳正离子一步。在这一步骤中，从反应物到碳正离子是一个正电荷不断形成的过程；而在过渡态(图 8-2 中 *B* 点处)，卤代烷已发生了 C—X 键的部分异裂，并在中心碳原子和卤原子上出现了部分的正、负电荷，形成了高度极化的状态。极性溶剂分子对高度极化的过渡态的溶剂化作用，可使卤代烷的过渡态因电荷分离而引起的热力学能的升高有所缓解，并有助于碳卤键的进一步彻底解离。对于生成的碳正离子及卤负离子，极性溶剂分子也将对它们分别起到溶剂化作用，使它们所带的电荷得到进一步的分散而更趋于稳定，所以溶剂的极性大，溶剂解的速率也越快。例如，叔氯丁烷在 25 ℃时、不同溶剂中进行溶剂解(S_N1 反应)的相对速率列于表8-6 中。

表 8-6　不同溶剂中叔氯丁烷溶剂解的相对速率

溶剂	CH_3CO_2H	CH_3OH	HCO_2H	H_2O
介电常数/($F\cdot m^{-1}$)	6.15	32.7	58.5	78.5
相对速率	1	4	5 000	150 000

② 离去基的影响：在卤代烷的 S_N1 反应速率控制步骤中，发生的是 C—X 键的异裂，离去基是带着一个负电荷离去的；碳卤键越易于进行异裂生成碳正离子，对反应越有利。这同 S_N2 反应中卤负离子离去活性次序是一样的，叔丁基卤化物在进行 S_N1 反应时，其速率大小次序为 *t*-BuI>*t*-BuBr>*t*-BuCl>*t*-BuF。

③ 烷基的影响：从理论上讲，当卤代烷发生 S_N1 反应时，在控制步骤的过渡态形成中，如果中心碳原子上连接的烷基越多，越有利于所形成的部分正电荷的分散，使活化能有所降低，反应速率加快，即反应活性高。例如：

$$R—Br + H_2O \xrightarrow{S_N1} R—OH + HBr$$

RBr	CH_3Br	CH_3CH_2Br	$(CH_3)_2CHBr$	$(CH_3)_3CBr$
相对速率	1.0	1.7	45	$>10^6$

通常把卤代烷按 S_N1 反应机理进行反应的活性次序记为 3°RX＞2°RX＞1°RX＞CH_3X。

在有些叔卤代烷中，由于几何的原因使平面构型的碳正离子难于生成，则发生 S_N1 反应是很难的。如在桥环卤代烷中，当卤原子位于桥头碳原子上时，相应的碳正离子若要达到平面构型势必要产生极大的张力而导致体系的热力学能增高，活化能会增大到使反应不能进行。

硝酸银与不同级别的卤代烷反应，可以认为是 S_N1 机理，Ag^+ 与 RX 作用生成了 AgX 和 R^+，根据 AgX 沉淀出现的快慢和碳正离子是否容易生成就可以判定卤代烷的级别。

需特别指出的是，卤代烷按 S_N1 机理反应时生成的中间体碳正离子往往会发生重排，所以重排产物的生成是 S_N1 反应的又一个特点。例如：

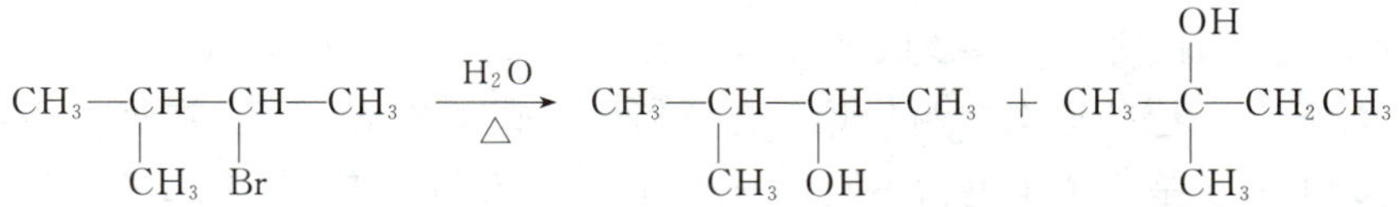

(4) S_N1 与 S_N2 反应的竞争　S_N1 和 S_N2 是卤代烷发生亲核取代反应的两种典型机理。伯卤代烷一般是以 S_N2 反应为主；叔卤代烷一般是以 S_N1 反应为主；仲卤代烷通常按两种机理进行的情况都有，但以哪一种机理为主是和卤代烷的结构、试剂的亲核性、溶剂的极性、反应温度等因素有比较复杂的关系。有一点是很明确的，即仲卤代烷的 S_N 反应速率比伯、叔卤代烷要小得多。例如，在80%的乙醇中，于55 ℃时下面几个溴代烷发生 S_N 反应时，它们的反应速率系数为

	CH_3Br	CH_3CH_2Br	$(CH_3)_2CHBr$	$(CH_3)_3CBr$
$k_{S_N1}/(10^5\ s^{-1})$	—	0.139	0.237	1010
$k_{S_N2}/(10^5\ mol^{-1}\cdot dm^3\cdot s^{-1})$	2140	171	4.75	—

并不是所有伯卤代烷都是以 S_N2 反应为主；新戊基溴是伯卤代烷，但它在乙醇溶液中发生的反应主要是按 S_N1 方式进行的。其原因是大体积的叔丁基阻碍了中心碳原子被亲核试剂(CH_3CH_2OH)从 C—Br 键背后攻击的空间，使 S_N2 反应不能有效地进行，迫使其沿着 S_N1 反应途径进行；虽然这一反应的速率是非常小的，但在产物中主要得到了重排产物，这也证明了中间体碳正离子的生成：

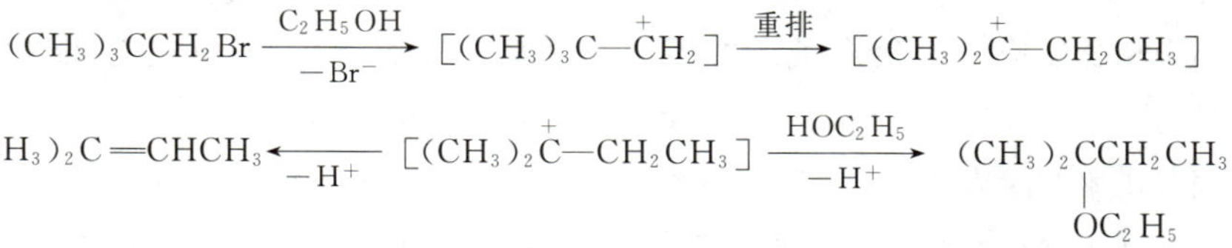

亲核试剂的亲核性对仲卤代烷的 S_N 反应影响是最重要的。试剂的亲核性强有利于 S_N2 反应，反之有利于 S_N1 反应。如2-溴辛烷的水解：

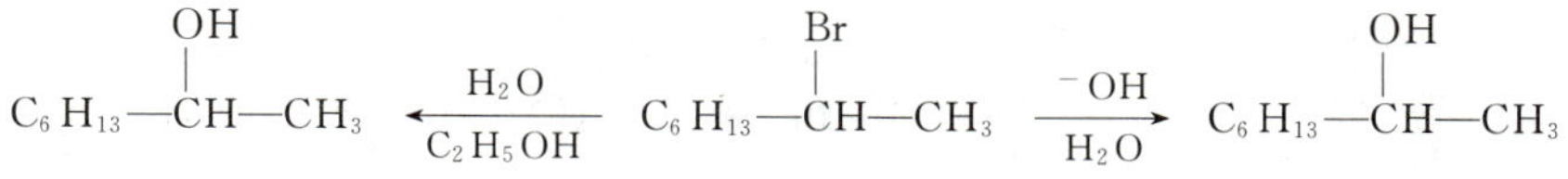

(±)-2-辛醇　(S_N1)　(－)-2-溴辛烷　(S_N2)　(＋)-2-辛醇

溶剂的性质对仲卤代烷的 S_N 反应也有影响。以 2-溴丙烷为例，它与 ^-OH 反应生成醇，但在 40% 乙醇水溶液中进行反应要比在无水乙醇中快，这说明溶剂的极性增加，使反应速率加大。

一般说来，溶剂的极性对 S_N1 反应影响很大，而对 S_N2 反应影响不明显；但是在极性很强的质子型溶剂中，亲核试剂由于溶剂化作用将降低其亲核性，而且强极性溶剂对 S_N2 反应中的过渡态（电荷分散过程）的形成和稳定作用是不利的。即便是很容易发生 S_N1 反应的叔卤代烷，溶剂的极性对反应速率的影响也是相当大的。例如：

$$(CH_3)_3C—Cl \xrightarrow{25℃} \begin{cases} \xrightarrow[(S_N1)]{H_2O} (CH_3)_3C—OH \\ \xrightarrow[(S_N1)]{HOC_2H_5} (CH_3)_3C—O—C_2H_5 \end{cases}$$

在上面的反应中，生成醇的速率是生成醚的 3×10^6 倍，这样大的差别不会只是由 H_2O 和 C_2H_5OH 两者之间的亲核性不同所能造成的。

综上所述，卤代烷在进行 S_N 反应时所遵循的有关规律和特点是：

卤代烷在进行 S_N1 反应时，活性次序为 $3°RX>2°RX>1°RX>CH_3X$，而且反应产物有外消旋化并可出现碳架重排产物。卤代烷进行 S_N2 反应时，活性次序为 $CH_3X>1°RX>2°RX>3°RX$，而且反应产物发生立体构型的转化，但没有重排产物。

离去基的离去活性越大，卤代烷的 S_N 反应活性越高；试剂的亲核性越强，对 S_N2 反应越有利；溶剂的极性越大，对 S_N1 反应越有利；试剂浓度的增大对 S_N2 反应更有利；提高反应的温度可加快 S_N 反应的速率。

拓
4-14

8.4　卤代烷的消除反应

卤代烷分子中消去卤化氢生成烯烃的反应称为卤代烷的消除（elimination）反应，简称为 E 反应。由于卤代烷中 C—X 键有极性，X 的 $-I$ 效应致使 β-H 有一定的“酸性”；在碱的作用下卤代烷可消去 β-H 和卤原子，故又称为 β-消除。这种消除反应是烯烃的一种制备方法。不同的卤代烷在相同的反应条件下发生消除反应的活性是不同的。例如：

$$(CH_3)_2CHCH_2Br \xrightarrow[C_2H_5OH,55\ ℃]{C_2H_5ONa} \underset{38\%}{(CH_3)_2CHCH_2OC_2H_5} + \underset{62\%}{(CH_3)_2C{=}CH_2}$$

$$(CH_3)_2CHBr \xrightarrow[C_2H_5OH,55\ ℃]{C_2H_5ONa} \underset{20\%}{(CH_3)_2CHOC_2H_5} + \underset{80\%}{CH_3CH{=}CH_2}$$

$$(CH_3)_3CBr \xrightarrow[C_2H_5OH,55\ ℃]{C_2H_5ONa} \underset{2\%}{(CH_3)_3COC_2H_5} + \underset{98\%}{(CH_3)_2C{=}CH_2}$$

可见不同级别的卤代烷消除 HX 生成烯烃的反应活性次序为 3°RX>2°RX >1°RX。

实验还表明，不同卤原子的 RX 消除 HX 的活性为 RI>RBr>RCl>RF。例如，2-甲基-2-卤丁烷与 $KOC(CH_3)_3/HOC(CH_3)_3$ 作用，在 25 ℃时发生消除反应的相对速率大约是 RCl∶RBr∶RI=1∶60∶400。

由于消除反应所得产物烯烃的热力学能高于反应物，而且卤代烷的 β-H 的酸性是非常弱的，所以通常要在加热和使用强碱的条件下，才能得到较高收率的烯烃。

8.4.1　反应机理

与卤代烷的 S_N 反应相似，卤代烷在发生消除反应时，也有双分子和单分子消除机理，分别记为 E2 和 E1。

1. E2 反应机理

在卤代烷的双分子消除反应机理中，反应是一步完成的，反应的动力学方程为

$$v=k[RX][碱]\qquad 碱={}^{-}OH,{}^{-}OR$$

碱的浓度影响着反应的速率。在反应过程中，碱对卤代烷的 β-H 进攻，同时 C—X 键开始发生异裂，在达到过渡态时，C_β—H 键和 C_α—X 键都达到了高度的异裂活化状态，此时 C_β—C_α 之间已有了部分双键的性质，这两个碳原子已有部分 sp^2 杂化的特征。这时反应体系处于最高能量水平，随着反应的进行，β-H完全与碱结合，卤负离子彻底离去，同时生成了烯烃。

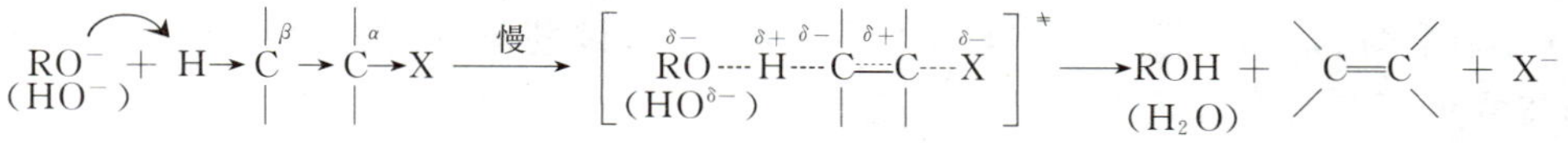

在 E2 反应中，过渡态时化学键的变化直接涉及五个原子，负电荷分散的程度比 S_N2 时更大，所以强极性溶剂对 E2 反应是更不利的。其原因之一是不利于过渡态时负电荷的分散；另一方面，极性溶剂对强碱的溶剂化作用会降低碱的强度使之与 β-H 的反应能力下降。由于强碱是与 β-H 相结合的，它不是攻击α-C，不存在 S_N2 机理中的那种空间位阻，所以当 α-C 上连有较多的支链烷基时，对 E2 反应反而是有利的。这是因为多个支链烷基的存在对过渡态时的部分双键的形成有推动作用，不仅可以降低过渡态的热力学能，还会使生成的烯烃获得最大程度的稳定。E2 反应的能量变化曲线与 S_N2 的情况是相似的（见图 8-3）。

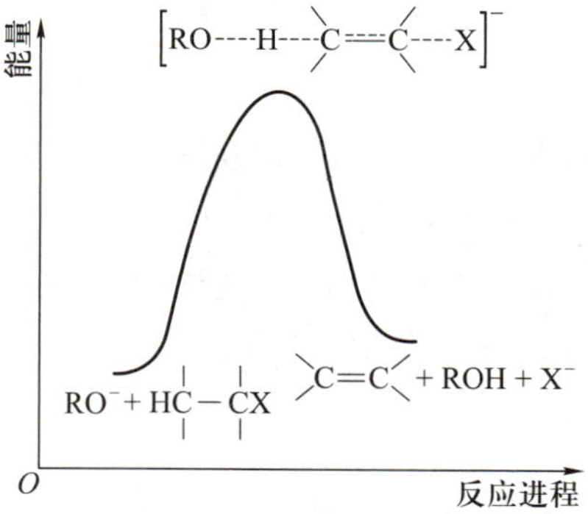

图 8-3　E2 反应能量曲线

2. E1 反应机理

叔卤代烷在进行溶剂解时是 S_N1 反应，但也有一部分烯烃生成。例如：

$$(CH_3)_3C{-}Br + C_2H_5OH \xrightarrow{25\ ℃} \underset{81\%}{(CH_3)_3C{-}OC_2H_5} + \underset{19\%}{(CH_3)_2C{=}CH_2}$$

这说明，活性中间体碳正离子还可以脱去 β－H 生成烯烃：

$$(CH_3)_3C{-}Br \rightleftharpoons (CH_3)_3C^+ + Br^-$$

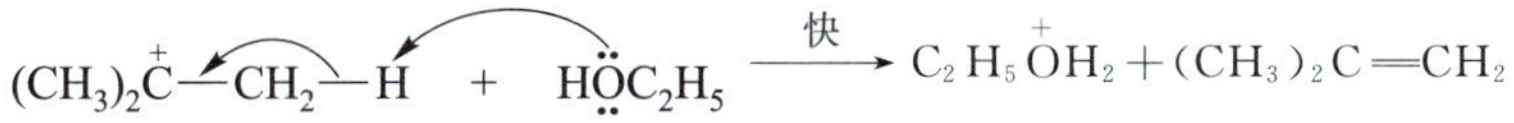

这种消除 HX 的反应，其速率控制步骤是叔卤代烷的解离生成叔碳正离子一步，所以称为单分子消除反应，记为 E1。E1 反应的能量变化曲线见图 8－4。

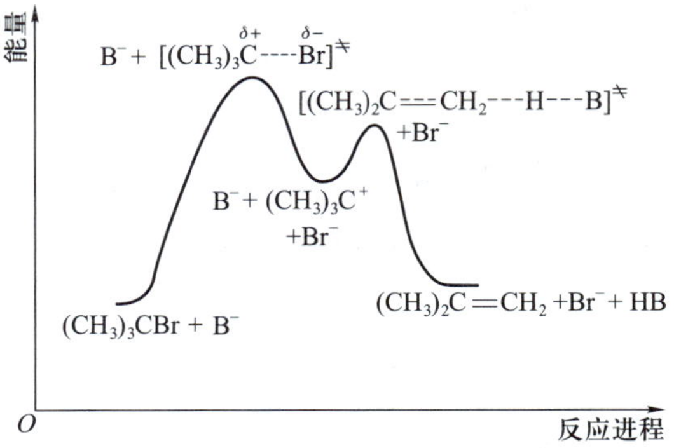

图 8－4　E1 反应能量曲线

8.4.2　反应的取向和立体化学

1. 反应的取向

如果卤代烷分子中含有的 β－H 不只是一种位置，当消除 HX 时，β－H 的消除就有选择，这就是卤代烷消除 HX 反应的取向，也称为卤代烷消除 HX 反应的区域选择性。卤代烷消除 β－H 一般有两种取向：一是札依采夫（Saytzeff）取向，另一是霍夫曼（Hofmann）取向。例如，2－溴丁烷在 KOH 的醇溶液中加热发生消除反应，得到了两种烯烃，其中 2－丁烯为札依采夫取向的消除产物，而 1－丁烯为霍夫曼取向的消除产物。

有机化学家

$$\underset{\displaystyle\quad |\atop\quad Br}{CH_3CH_2CHCH_3} \xrightarrow[HOC_2H_5,\ 70\ ℃]{KOH} \underset{81\%}{CH_3CH{=}CHCH_3} + \underset{19\%}{CH_3CH_2CH{=}CH_2}$$

在 E2 反应的过渡态中及在 E1 反应的第二步脱去质子的过渡态中，π 键已部分形成。从过渡态和产物两者的稳定性来看，生成双键碳原子上取代烷基较多的烯烃为有利，相应的活化能较低，反应速率较快，这种烯烃在产物中所占比例较多。这就是对生成札依采夫取向烯烃的解释。

如果脱去的 β－H 所处位置有明显的空间位阻或碱的体积很大，不利于处在中间位置的β－H脱去，则以处于一端的 β－H 的脱去较为有利，这就生成了以霍夫曼取向为主的端烯烃：

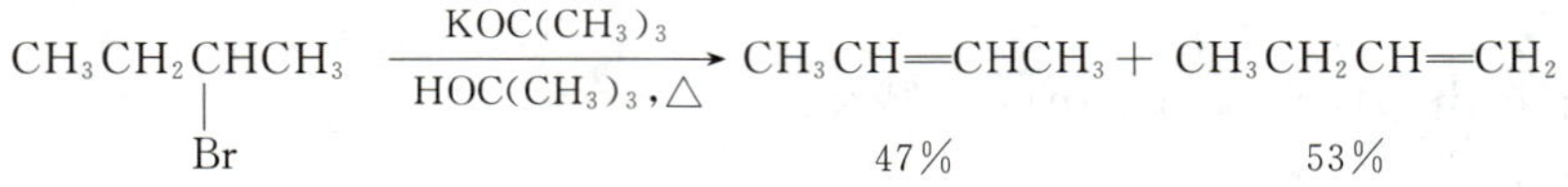

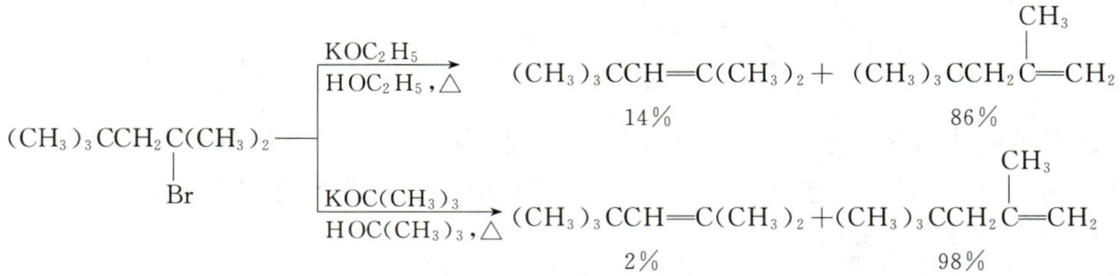

从不同卤原子取代的 2-卤己烷的消除反应产物可以看出，随着卤原子的电负性增加，霍夫曼取向的消除产物比例增加：

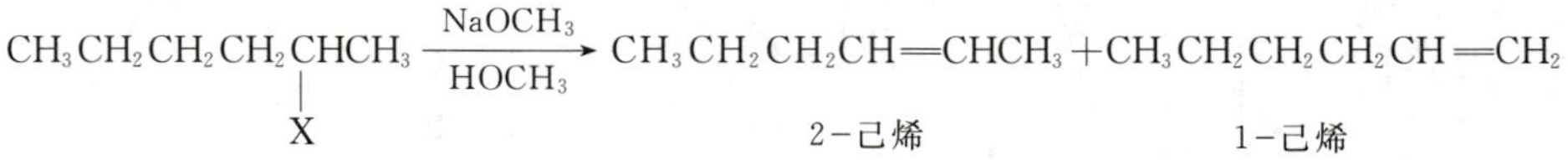

产物	X			
	I	Br	Cl	F
2-己烯	81%	72%	66%	30%
1-己烯	19%	28%	34%	70%

出现这种结果的原因可以解释为：在 E2 反应的过渡态时，由于 C—I 键的极化度较大，在强碱攻击 β-H 时，H—C_β 键和 C—I 键同时都有一定程度的异裂并逐步形成 π 键，因此优先生成较为稳定的内烯烃，即 2-己烯。当卤原子为 F 时，由于 C—F 键的极化度较小，而 F 的高电负性导致 β-H 的酸性有所增强，在强碱作用下 H—C_β 键先发生了部分异裂而使 β-C 上带有部分负电荷，F 原子的存在有利于端碳原子上的碳负离子逐渐形成和稳定化，即该碳负离子较易于形成，而后 F^- 带着负电荷离去，这样就生成了霍夫曼取向的 1-己烯主产物。

2. 卤代烷消除反应的立体化学

实验测得 2-溴丁烷的消除反应中生成的 2-丁烯有两种构型，它们的比例约是 $E:Z=3:1$。

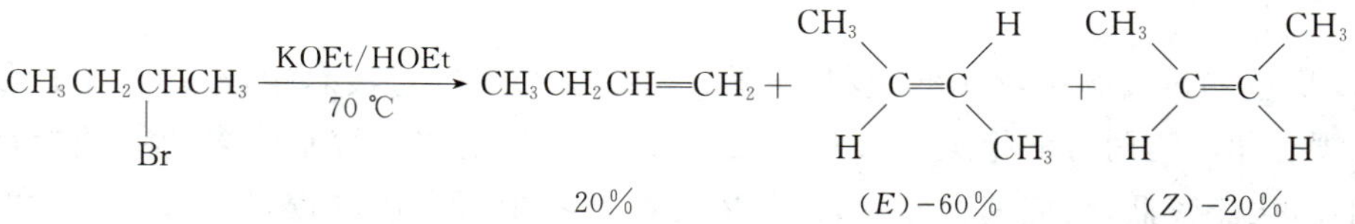

动 3-47

从 2-溴丁烷发生 E2 反应的过渡态看，以生成反-2-丁烯为有利，因为两个甲基相距最远，处于反式位置，热力学能低，反应速率也最快。由于消除的 β-H 和 X 是处于相反方向的，故称为反式消除。

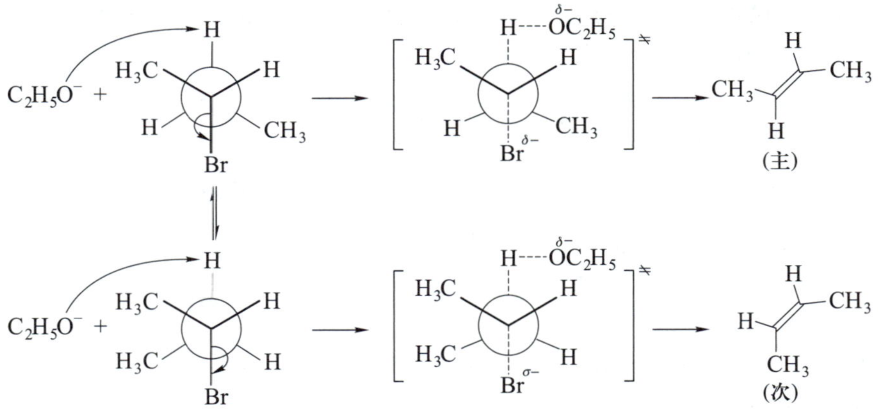

顺-4-叔丁基溴代环己烷消除 HBr 的反应速率比反-4-叔丁基溴代环己烷要快 500 倍之多，其原因是前者消除的 β-H 和 Br 恰好是都处于 a 键上，有利于反式消除发生；后者的 Br 处于 e 键上，没有与它处于反位的 β-H，所以消除时要通过环的翻转才能发生反式消除，而且翻转后叔丁基处于 a 键上，这种构象不稳定，使其反应速率大为下降。

动 3-48

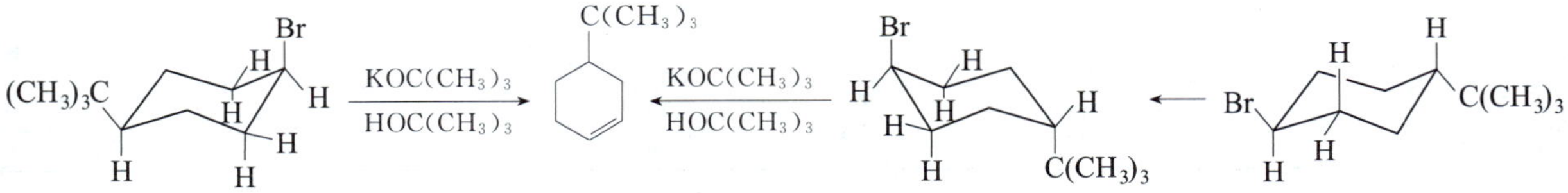

8.4.3 取代反应和消除反应的竞争

在卤代烷的反应中，亲核试剂既可以攻击 α-碳原子而发生 S_N 反应，也可以攻击 β-氢原子而发生 E 反应，这两个反应是相互竞争的。但在实际应用中，人们往往只希望发生其中某一反应，尽量避免或减少另一反应的发生。这就需要根据卤代烷的结构，选择并控制反应的条件。

1. 卤代烷的结构

卤代烷的结构对 S_N 和 E 反应活性影响如下：

$$\text{R—X}:\quad \xrightarrow{S_N1,\ \text{E 增加}} \quad 1^\circ \quad 2^\circ \quad 3^\circ \quad \xleftarrow[S_N2\ \text{增加}]{}$$

叔卤代烷与大多数碱性试剂作用主要是生成消除产物，这就是实际上不能由 ^-CN 和 RCO_2^- 与叔卤代烷反应制取腈和酯的原因；如果亲核试剂有很强的碱性时，也不能采用仲卤代烷与之反应来制得取代反应产物，这也是为什么只用伯卤代烷与 NaC≡CH 反应制取高级炔烃的原因。

2. 试剂的性质

虽然试剂的浓度增加对 S_N2 和 E2 反应都有利，但强碱更有利于 E2 反应。试剂的碱性小、亲核性强，则对 S_N2 反应有利。一般的说，pK_a 小于 11 的电中性物质，其共轭碱的碱性可以认为是比较低的，而亲核性是较高的，它们与仲卤代烷的反应以 S_N2 为主。例如：

$$\underset{\displaystyle\quad\quad\quad\quad\quad\quad | \atop \quad\quad\quad\quad\quad\quad Cl}{CH_3(CH_2)_5CHCH_3} + KCN \xrightarrow{DMSO} \underset{\displaystyle\quad\quad\quad\quad\quad\quad | \atop \quad\quad\quad\quad\quad\quad CN}{CH_3(CH_2)_5CHCH_3} + KCl$$

$$\underset{\displaystyle\quad\quad\quad\quad\quad\quad | \atop \quad\quad\quad\quad\quad\quad Br}{CH_3(CH_2)_5CHCH_3} + NaSH \xrightarrow{CH_3COCH_3} \underset{\displaystyle\quad\quad\quad\quad\quad\quad | \atop \quad\quad\quad\quad\quad\quad SH}{CH_3(CH_2)_5CHCH_3} + NaBr$$

碱的浓度对 E 反应是非常重要的影响因素。例如，不同浓度的 $NaOC_2H_5$ 导致叔溴丁烷消除 HBr 的情况为

$$(CH_3)_3C{-}Br + NaOC_2H_5 \xrightarrow[55℃]{HOC_2H_5} (CH_3)_3C{-}OC_2H_5 + (CH_3)_2C{=}CH_2$$

$c(NaOC_2H_5)/(mol·L^{-1})$	$(CH_3)_3COC_2H_5$ 收率/%	$(CH_3)_2C{=}CH_2$ 收率/%
0	65	36
0.02	54	46
0.08	44	56
1.00	2	98

在高浓度碱的作用下，叔卤代烷的消除反应可以是 E2 机理。

3. 溶剂的极性

溶剂的极性对 E2 反应的影响比 S_N2 反应更明显。由于在 E2 反应的过渡态中负电荷分散程度比 S_N2 反应大，使用较低极性的溶剂对 E2 反应更为有利。常见的 E2 反应溶剂为醇，而 S_N2 反应常用的是醇水混合溶剂。非质子型极性溶剂的使用往往对 S_N2 反应是相当有利的，如二甲亚砜(DMSO)、*N*,*N*－二甲基甲酰胺(DMF)、丙酮等。

4. 温度的作用

提高反应温度对 E 反应和 S_N 反应都有利，但消除反应是一个活化能较大的反应，升高温度对消除反应显得更为有利。

8.5 不饱和卤代烃

8.5.1 卤代烯烃

卤代烯烃分子中的卤原子与碳碳双键的相对位置不同时，它们之间的相互影响不一样，表现在化学性质上有很大差别。如果卤原子与双键相隔两个以上饱和碳原子时，这样的卤代烯烃中两个官能团有各自独立的化学性质。

1. 卤乙烯型卤代烯烃

氯乙烯($CH_2=CHCl$)是卤乙烯型化合物中最典型的分子，是生产聚氯乙烯(PVC)的单体。由于其结构的特征(见 8.1 节)，表现在化学性质上具有某些特性。如亲电加成反应活性下降，卤原子也难于被取代，如与硝酸银醇溶液在加热时也不发生反应；进行消除卤化氢的反应也较难，要在很强的条件下才能消除 HX 生成炔烃。例如：

$$CH_3CH_2CH=CHBr \xrightarrow[\text{液 } NH_3]{NaNH_2} CH_3CH_2C\equiv CH + HBr$$

2. 烯丙位卤代烯烃

当卤原子连在烯烃的 α-碳原子上时，卤原子的活泼性非常高。例如，烯丙基氯进行亲核取代反应要比正丙基氯快大约 80 倍。造成烯丙位卤代烯烃有高取代活性的原因是烯丙位卤代烃的结构特性。在 S_N1 机理中，由于生成的活性中间体碳正离子存在着 p-π 共轭体系而有相当好的稳定性，所以使反应按 S_N1 机理进行并且速率相当快。

烯丙位碳正离子：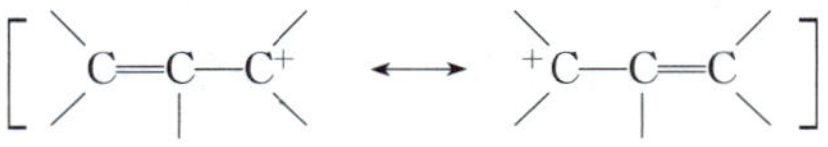

由于烯丙位卤代烯烃易发生 S_N1 反应，所以可生成重排产物，这是一个较普遍的特征：

$$CH_3CH=CHCH_2Cl \xrightarrow{H_2O} \underset{(Z/E)}{CH_3CH=CHCH_2OH} + \underset{(R/S)}{CH_3CH(OH)CH=CH_2}$$

苄基卤也可以看做是烯丙位卤代烯烃，也容易发生亲核取代反应。例如：

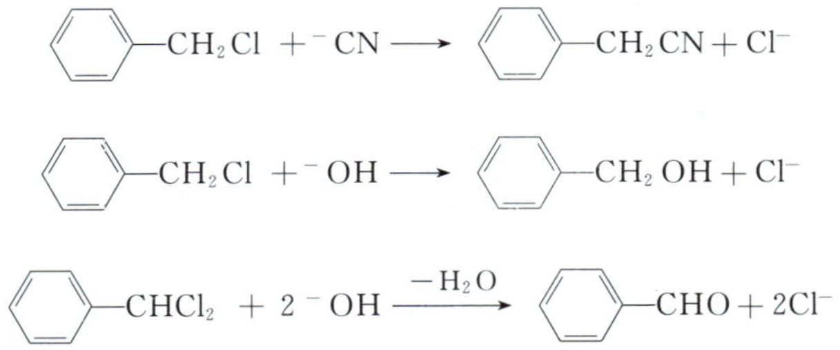

上述反应可用于制备腈类、苄醇、芳醛等。

烯丙位卤代烯烃消除 HX 的反应以生成稳定的共轭二烯为主。例如：

$$CH_2=CH-\underset{\displaystyle Br}{\underset{|}{CH}}-C(CH_3)_3 \xrightarrow[C_2H_5OH,\triangle]{NaOH} CH_2=CH-\underset{\displaystyle CH_3}{\underset{|}{C}}=C(CH_3)_2 + HBr$$

反应中生成孤立二烯烃及累积二烯烃的量是很少的，显然这是一个以 E1 反应为主的、经过重排过程的消除反应。

分子中既含有烯丙位卤又含有乙烯基卤时，两种卤原子的反应活性是有明显差别的。如 2－丁炔－1－醇的制备：

$$CH_3\underset{\underset{\displaystyle Cl}{|}}{C}{=}CHCH_2Cl \xrightarrow[Na_2CO_3]{H_2O} CH_3\underset{\underset{\displaystyle Cl}{|}}{C}{=}CHCH_2OH \xrightarrow[\triangle]{KOH/C_2H_5OH} CH_3C{\equiv}CCH_2OH$$

8.5.2 卤苯

卤苯是指卤原子直接连在芳环上的卤代芳烃。由于卤原子与芳环之间存在着直接的电子效应，所以卤原子的活性是非常低的，这一点与 $H_2C{=}CHCl$ 相似。但芳环是个闭合大 π 键体系，具有芳香性，在芳环上表现出的化学性质就不同于氯乙烯中的双键了。

1. 环上的亲电取代反应

卤原子对苯环是钝化的第一类定位基。卤苯在环上可以发生多种亲电取代反应，并用于制备相应的化合物，如氯苯硝化制备邻、对位硝基氯苯，但反应条件比苯要高一些。以磺化和酰基化反应为例：

（1）磺化反应　氯苯在加热时与发烟硫酸（也可用 SO_3）作用，生成对氯苯磺酸，进一步反应则生成 4，4′－二氯二苯砜，后者是生产特种工程塑料聚醚砜的原料之一。

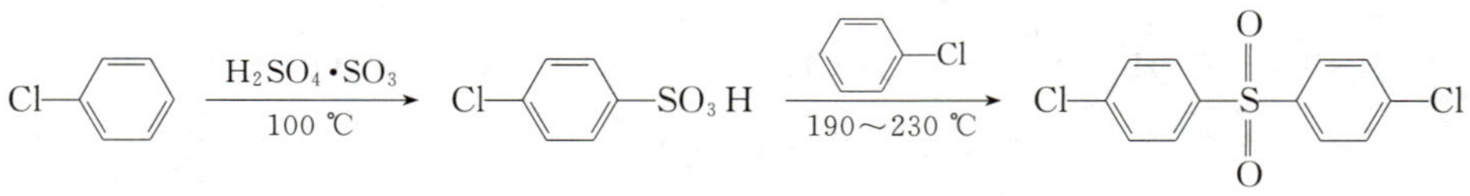

（2）酰基化反应　卤苯的酰基化反应主要是使用溴苯和氯苯，酰基化反应主要发生在对位。例如：

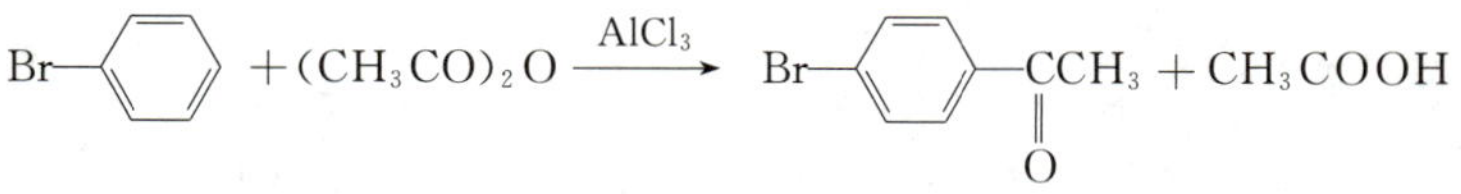

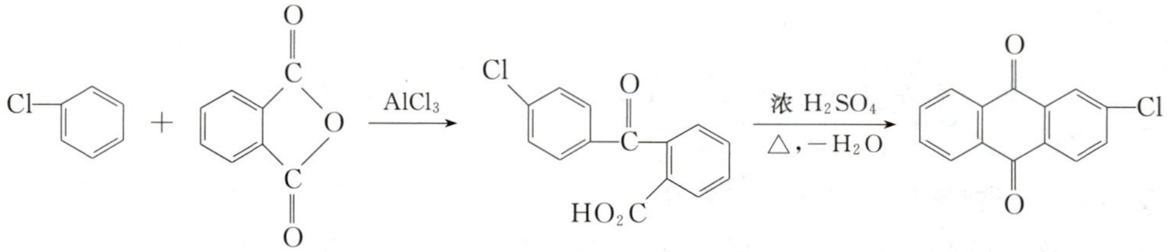

工业上应用这一反应来生产 2－氯蒽醌，其收率可达 90%以上。

2. 卤原子被取代的反应

卤苯中的卤原子是较难被亲核试剂所取代的。以氯苯为例，如果要使氯苯发生氨解或碱性水解，不但需要加入催化剂，而且必须在很高的反应温度下才可进行。例如：

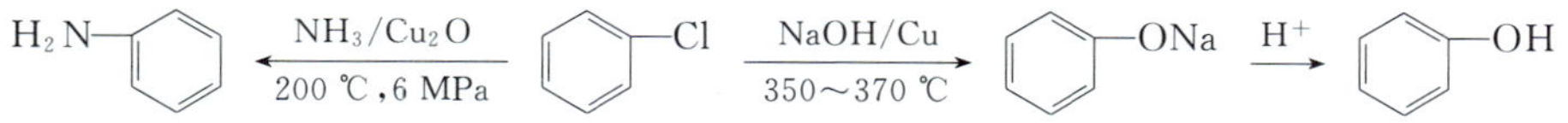

在早期的苯胺和苯酚的工业制法中，就是按照这一反应进行的；但对生产设备的要求较高，能耗很大，而且也带来很大的排污问题。现在工业上主要是以硝基苯的加氢还原和异丙苯的氧化分解分别生产苯胺和苯酚的。

如果卤苯的环上连有较强的吸电子基时，尤其是连在卤原子的邻、对位时，C—X 键的极性增加，碳原子上的正电荷增强，卤原子被取代就比较容易。例如：

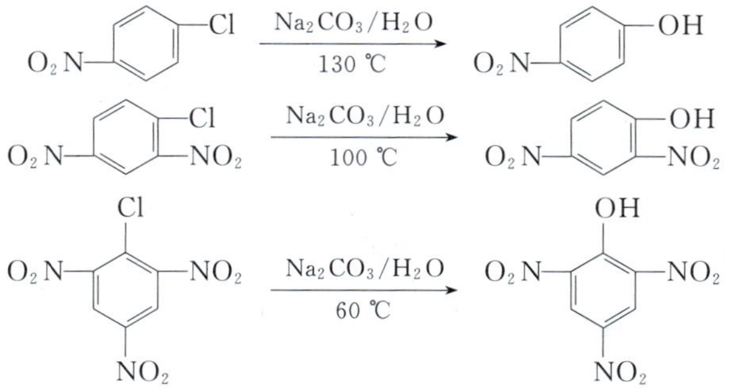

3. 卤苯的取代反应机理

（1）加成-消除机理　卤苯的亲核取代反应动力学方程是二级的，但机理与卤代烷的 S_N2 机理不同。亲核试剂与卤苯反应时，如果它从正面攻击环上的缺电子中心碳原子，存在同性基团排斥，而从碳卤键的背后攻击反应中心碳原子又不可能，所以亲核试剂只有采取与 C—X 键成 45°角的中间方位攻击缺电子中心碳原子才最有利。再根据苯环上吸电子基的存在有利于取代反应这一事实，可以推断，在卤苯的双分子亲核取代反应过程中，反应速率的控制步骤不是碳正离子的生成，也不是像卤代烷 S_N2 反应中那种过渡态。一般被认为是亲核试剂对反应中心碳原子的攻击，先发生亲核加成反应，生成一个环上其它五个碳原子的带负电荷的活性中间体，然后卤原子带着一对成键电子离去，使环的芳香体系得到恢复。在反应中，环上的吸电子基对中心碳原子的缺电子性有强化作用，这有利于亲核试剂的攻击，更重要的是当发生加成反应时，吸电子基对中间体碳负离子有稳定化作用。

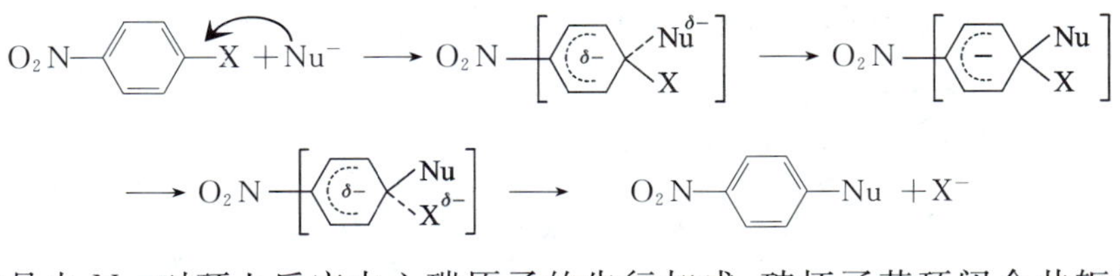

反应是由 Nu^-对环上反应中心碳原子的先行加成，破坏了苯环闭合共轭体系，生成了高能态的碳负离子，这一步是速率控制步骤，需要吸收很多能量，所以卤苯的取代反应一般是要加热的。从碳负离子脱去 X^- 是一个芳环恢复的步骤，这个步骤容易实现。卤苯的这种取代反应机理称为加成-消除机理。反应的能量变化曲线见图 8-5。

（2）苯炔机理　当芳环上没有吸电子基存在时，由于中心碳原子的缺电子性不明显，尤其是 X 原子邻、对位连有给电子取代基时，卤原子被取代的反应不是按照上述的

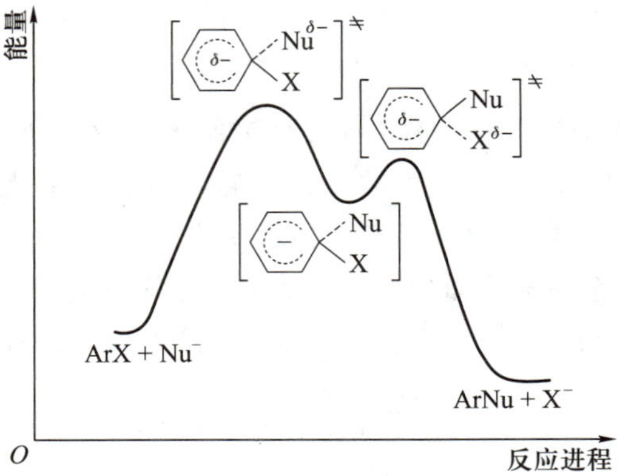

图 8-5 卤苯 S_N2 反应的能量变化曲线

加成-消除机理进行，而是按照一种称为消除-加成机理进行的。例如，卤苯与强碱($NaNH_2$)在液氨中进行的反应，如果用同位素标记卤苯的中心碳原子，则在反应后得到了两种产物：

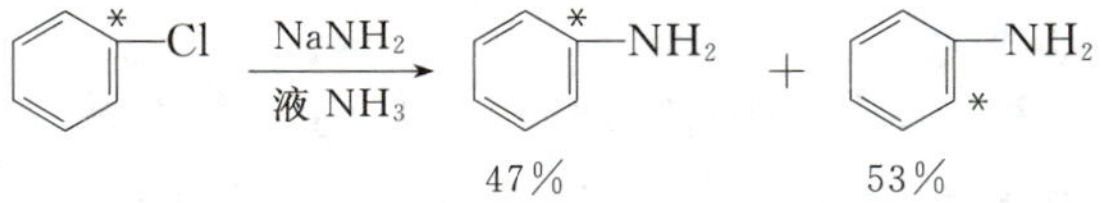

在氯苯中，由于氯原子的吸电子作用使其邻位的 H 有一定的“酸性”，强碱 $^-NH_2$ 首先与这个 H 结合生成 NH_3，并形成一个苯基负离子，氯原子再带着一对成键电子离去，生成高度活泼的中间体——苯炔(benzyne)。

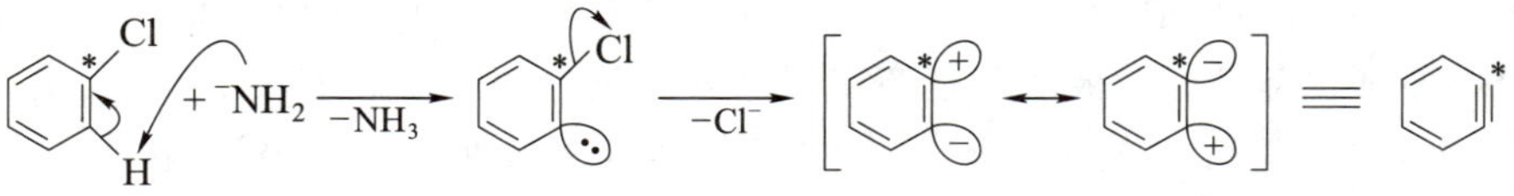

苯炔并不是有一个真正的三键，苯环外侧相邻的两个 sp^2 杂化的轨道轴不相互平行，轨道重叠是很微弱的，这个非正常“π”键极不稳定，它比一般的 π 键要活泼得多，具有极高的反应活性，它一经生成即与试剂发生加成反应生成稳定的取代苯。这种反应过程称做消除-加成机理，也称苯炔机理。

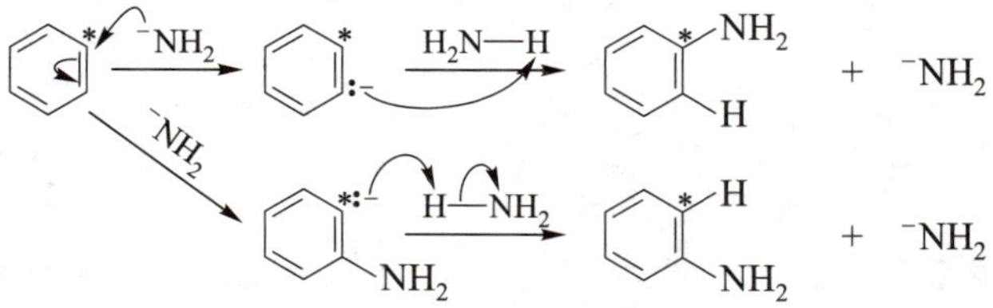

如果卤苯的卤原子邻位没有氢原子，则不能生成活泼的中间体苯炔。

在卤苯的消除-加成机理中能生成苯炔这一活性中间体，曾被下面的反应实例间接的证明：

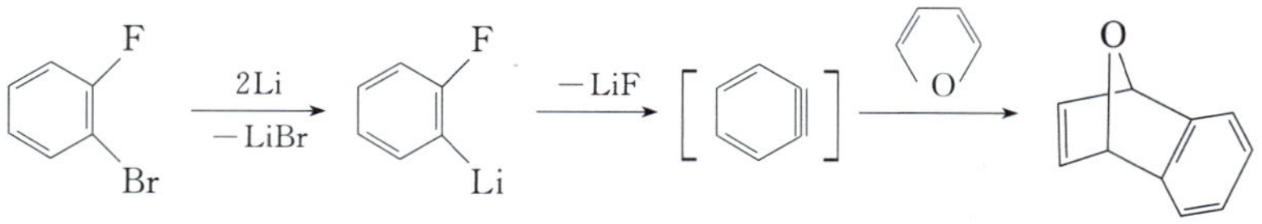

这也说明了“苯炔”应有“三键”的性质，而这个“三键”中有一个“π 键”是极活泼的，并可作为亲双烯体。

4. 偶联反应

卤苯在过渡金属或其配合物存在下，可以得到较高收率的联苯类化合物，此为乌尔曼(Ullmann)反应。以碘苯的反应活性为最好，当环上有吸电子基时，其它卤苯也可以顺利进行反应。例如：

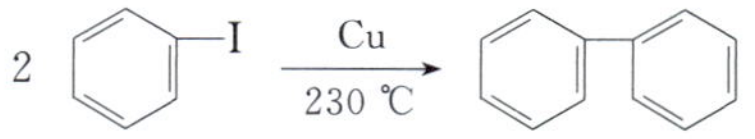

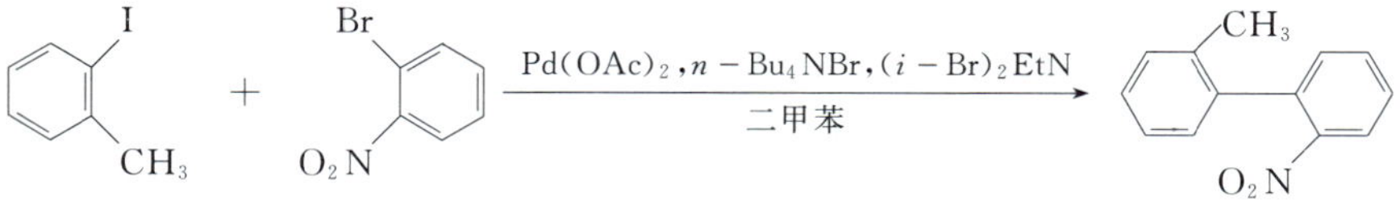

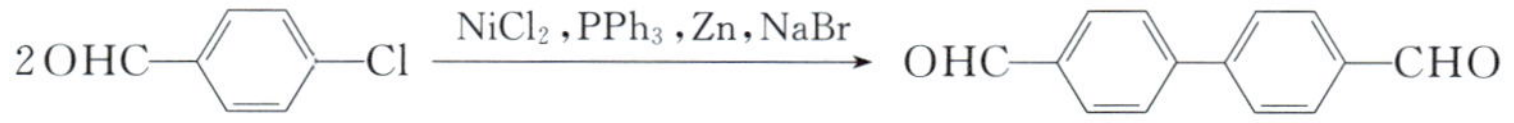

随着均相催化技术的快速发展，偶联反应发展得也很迅速，是形成不饱和键如芳烃、烯烃、炔烃间的 C—C 键，以及 N、O、S、P 等杂原子上芳基化的重要反应，在有机合成上有重要用途。赫克、根岸英一和铃木章用钯催化交叉偶联反应。

拓 4-15 获诺贝尔奖者

8.6　多卤代烃

分子中含有多个卤原子的烃为多卤代烃，卤原子可以是相同或不同的，它们可在分子中相同或不同的碳原子上。同碳多卤代烃的化学性质与单卤代烃有很大的差别。

8.6.1　多卤代烷烃

1. 多卤代甲烷

(1) 多氯甲烷　碳原子上连接的卤原子越多，其化学性质越稳定。在四种氯代甲烷中，从一氯甲烷到四氯化碳，分子的极性从最高降为零，C—Cl 键从长变短，而 C—H 键的极性则由小变大，相对密度和沸点也由小变大，见表 8-7。

表 8-7　四种氯代甲烷的性质比较

	CH_3Cl	CH_2Cl_2	$CHCl_3$	CCl_4
$\mu/(10^{-30}C\cdot m)$	6.24	5.34	3.49	0
C—Cl 键长/nm	0.178	0.177	0.176	0.175
d_4^{20}	0.9159	1.3266	1.4832	1.5940
bp/ ℃	−24	40	62	77

CH_3Cl 具有可燃性，向可燃有机化合物中加入 CH_2Cl_2 可降低着火点，而 $CHCl_3$ 不可燃，CCl_4 曾用来灭火。$CHCl_3$ 和 CCl_4 在光照或加热时与空气中的氧作用可分解生成光气。$CHCl_3$ 俗名氯仿，是常用的有机溶剂，它对大多数有机化合物有良好的溶解性，但它有麻醉性，而且与 CCl_4 一样对人体的肝有毒害作用。CH_2Cl_2 是极性较强的有机溶剂，由于它在水中溶解度很小（2.5%），所以它与 $CHCl_3$ 一样，也是非常好的有机溶剂和萃取剂。

在 $CHCl_3$ 中，由于三个 Cl 的强吸电子作用使 $CHCl_3$ 中的 H 有一定的“酸性”，它可与强碱作用发生 α-消除反应，生成活泼的中间体∶CCl_2，称为二氯卡宾（dichlorocarbene）。

$$Cl_3CH + {}^-OH \longrightarrow Cl_3C\!:^- + H_2O$$

$$Cl_2\overset{..}{C}{-}Cl \longrightarrow Cl_2C\!: + Cl^-$$

∶CCl_2 是具有极高活性的反应中间体，它一经生成便迅速发生进一步的反应，游离的∶CCl_2 是得不到的。光谱测试证明卡宾可有两种存在状态：一种是单线态，碳为 sp^2 杂化，有 一个空 p 轨道；另一种是三线态，碳为 sp 杂化，有两个半满的 p 轨道。

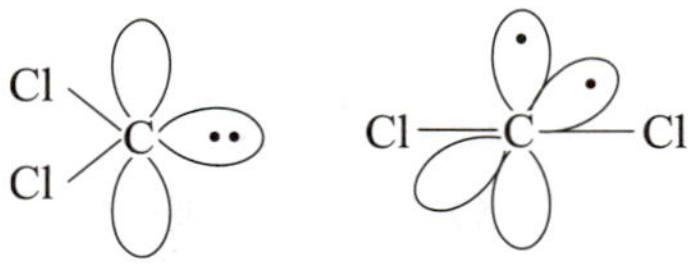

单线态　　　三线态

在反应中初生的∶CCl_2 是以单线态出现的，它可以与烯烃的双键加成生成环丙烷衍生物，如7,7-二氯二环[4.1.0]庚烷的制备：

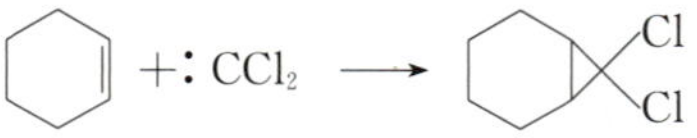

卡宾除与重键反应生成三元环外，还可以插入 C—C 、C—H 键中。例如：

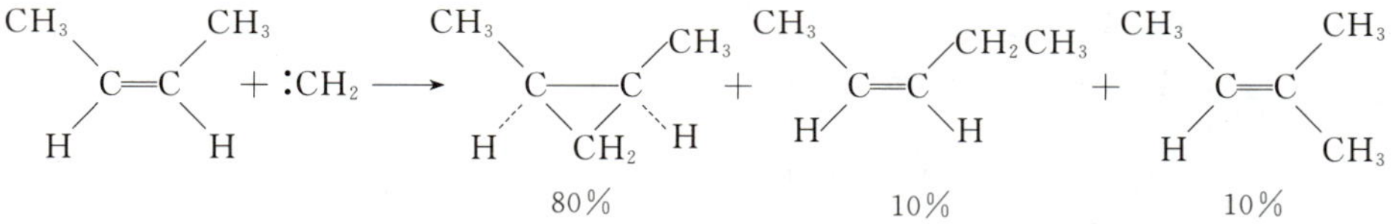

(2) 氟氯甲烷　常见的氟氯甲烷有 CCl_3F，CCl_2F_2，$CHClF_2$，$CClF_3$。它们的商品名为氟里昂（freon）。CCl_2F_2 由于它的沸点低、易压缩性和膨胀时大量吸热的特点，曾广泛用于电冰箱及空调机的制冷剂。但是由于其相对密度小，容易升入高空进入大气的平流层，在紫外光的作用下发生如下的反应：

$$CF_2Cl_2 \xrightarrow{h\nu} CF_2Cl\cdot + Cl\cdot$$

$$Cl\cdot + O_3 \longrightarrow ClO\cdot + O_2$$

$$ClO\cdot + O \longrightarrow Cl\cdot + O_2 \quad (O_3 \xrightarrow{h\nu} O_2 + O)$$

生成一个 Cl·可以与10^5 个 O_3 发生链反应，大量地消耗 O_3，破坏 O_3 层对太阳紫外线辐射的屏障作用，导致太阳的紫外线过多地辐射到地面，使全球气候恶化，严重威胁人类的生存和动植物的生长。因此，各国政府都限用和禁用氟里昂，也限制低碳原子数氯化物的生产和使用。

2. 1,2-二卤代烷

1,2-二氯乙烷和 1,2-二溴乙烷是由乙烯分别和氯、溴加成得到的；它们可以用作溶剂、萃取剂等。在有机合成中它们又可用于烷基化试剂如丁二腈的制取：

$$Cl{-}CH_2{-}CH_2{-}Cl + 2\ NaCN \longrightarrow NC{-}CH_2{-}CH_2{-}CN + 2\ NaCl$$

1,2-二氯乙烷消除一分子 HCl 则得到氯乙烯：

$$Cl{-}CH_2{-}CH_2{-}Cl \xrightarrow{500\sim550℃} Cl{-}CH{=}CH_2 + HCl$$

这是氯乙烯的主要工业制法。

由邻二卤代烷进行脱卤化氢生成炔烃有制备意义。例如：

$$C_6H_5CHBrCH_2Br \xrightarrow[C_6H_5NH_2]{NaNH_2} C_6H_5C{\equiv}CH$$

$$CH_3CHBrCH_2Br \xrightarrow[C_4H_9OH,\triangle]{KOH} CH_3C{\equiv}CH$$

邻二卤代烷与锌粉作用可脱卤生成烯烃。例如：

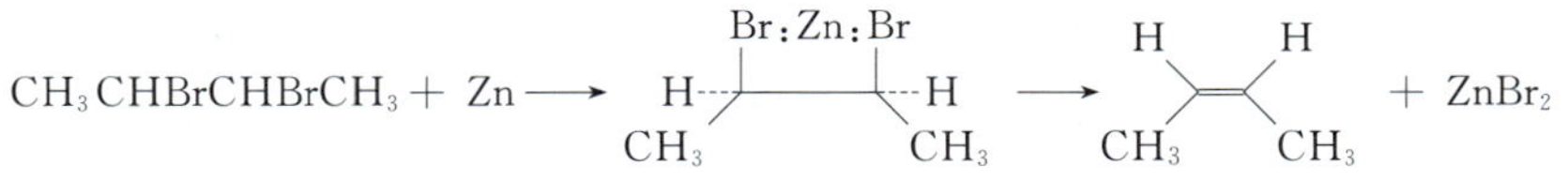

显然，如果以手性化合物为原料，通过这个反应可以制备顺式或反式内烯烃。

3. 多卤代芳烃

多溴代苯系化合物一般都有良好的阻燃性，可用于有机合成材料的阻燃剂，如六溴苯、十溴联苯醚、四溴苯酐等，但在某些国家也是受限用的阻燃剂。氟代芳香族化合物则主要用于制备医药和农药的中间体，如 2,4-二氯氟苯、2,6-二氟苯甲腈及二氟苯酮等。克鲁岑、莫利纳和罗兰研究指出小分子卤代物破坏臭氧层。

演 6-13

演 6-14

获诺贝尔奖者

多碘代苯是不稳定的化合物，它易于分解，如果在环上有吸电子基存在时，多碘代苯可以有较好的安定性。下面的反应所得产物是合成甲状腺素的中间体：

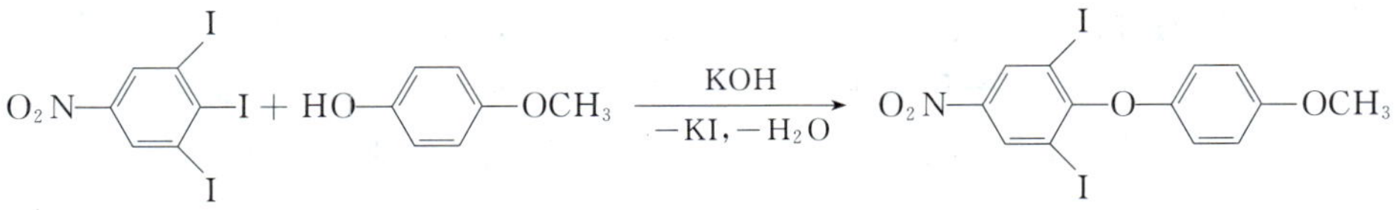

8.6.2　有机氟化合物

烷烃分子中的氢原子被氟原子替代所得到的化合物称为氟代烷烃。烷烃分子中的所有氢原子都被氟原子替代得到的氟代烷烃又称为全氟代烷烃。其它类化合物亦然。

氟是最活泼的元素，但某些有机氟化合物却如同惰性气体一样稳定，如全氟苯用作代血浆等。但有些氟化物如全氟异丁烯是迄今发现的最毒化合物之一，空气中含有百万分之一的全氟异丁烯，人吸入后会导致致命的浮肿。

1. 碳氟键(C—F)

氟元素的电负性最大，氟原子的半径很小(仅比氢原子大 23%)。氟原子的 2s 和 2p 轨道与碳原子的 2s 和 2p 轨道相匹配，形成的 C—F 键不同于其它卤元素与碳形成的 C—X 键，如表 8-8 所示。

表 8-8　氟、C—F 键与其它元素、C—X 键比较

原子 X	H	F	Cl	Br	I	C
电负性	2.1	4.0	3.0	2.8	2.5	2.5
范德华半径/nm	0.12	0.147	0.175	0.185	0.198	
可极化度/(10^{24} cm^3)	0.66	0.57	2.18	3.05	4.70	
C—X 键长/nm	0.109	0.141	0.177	0.191	0.212	0.154
C—X 键能/($kJ\cdot mol^{-1}$)	414.2	485.3	338.9	284.5	217.6	347.3
C—X 键偶极矩/(10^{-30} $C\cdot m$)	1.33	4.70	4.78	4.60	3.97	

直链烷烃的碳架是锯齿形构象，碳链可在一个平面内，相邻两个碳原子的 $—CH_2—CH_2—$ 是反式交叉构象，碳链有一定的柔性。在全氟直链烷烃中，相邻两个碳原子的 $—CF_2—CF_2—$ 也是反式交叉构象，但由于 1,3 位碳原子上的四个氟原子相排斥，使锯齿形排列的碳链产生扭转，不在一个平面内，且碳链有刚性，形成棒状分子结构，如图 8-6 所示。

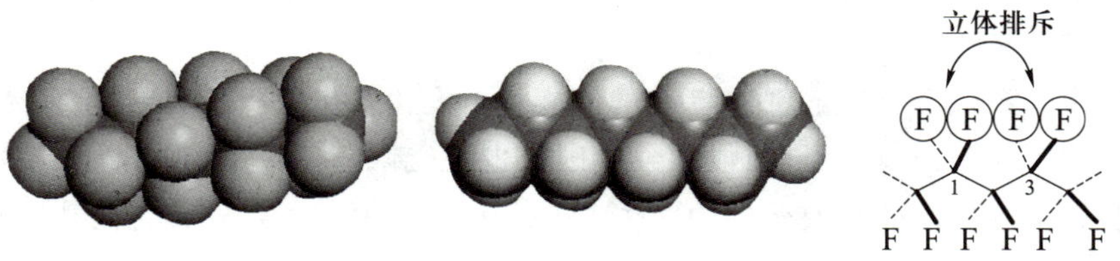

正辛烷　　　　全氟辛烷

图 8-6　正辛烷、全氟辛烷的构象

2. 物理性质

C—F 键是强极性键，负电荷集中在 F 上，而 C—H 键是弱极性键，H 上有较小的正电荷。在某些条件下，C—F 键和 C—H 键间可形成氢键，C—H 键的 H 是氢键的给体，C—F 键的 F 是氢键的受体。例如，二氟甲烷形成二聚体就是氢键形成的结果：

静电势模型图

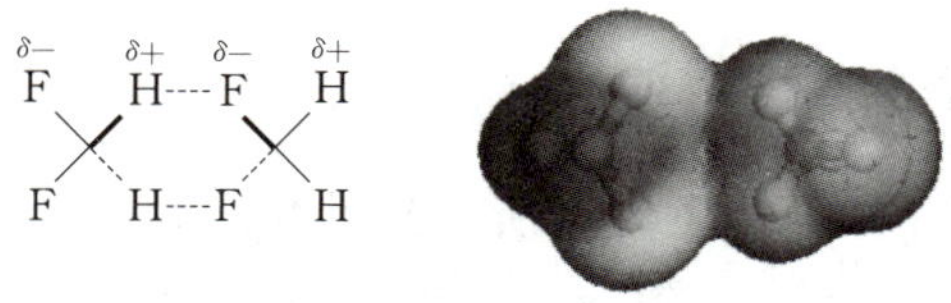

全氟烷烃的沸点比相对分子质量相近的烷烃的沸点低得多。例如，正己烷(相对

分子质量 86）与 CF_4（相对分子质量 88）相对分子质量相近，但它们的沸点相差近 200 ℃（四氟甲烷沸点 −128 ℃而正己烷沸点 69 ℃）。

尽管直链烷烃同系物与相应的全氟直链烷烃同系物相对分子质量相差近 4 倍，但它们的沸点却非常接近，如图 8-7 所示。

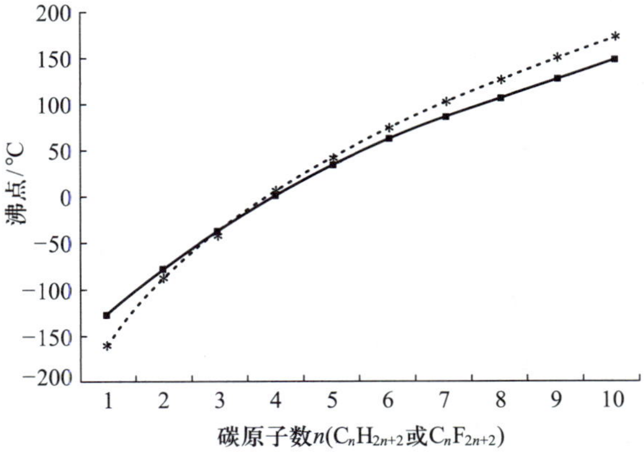

图 8-7　直链烷烃同系物（*）和相应的全氟直链烷烃同系物（■）的沸点

与烷烃相比，全氟烷烃的支链对沸点的影响较小。例如：

	戊烷	2-甲基丁烷	2,2-二甲基丙烷
沸点/℃	36.1	27.9	9.5
	全氟戊烷	全氟-2-甲基戊烷	全氟-2,2-二甲基戊烷
沸点/℃	29.3	30.1	29.5

与烃化合物相似，全氟代胺、醚和酮类化合物的沸点比相应的碳氢化合物的沸点低得多。

苯与六氟代苯的物理性质也很接近，如苯的熔点和沸点分别是 5.5℃和 80℃，而六氟代苯的熔点、沸点分别为 3.9 ℃和 80.5 ℃。经光谱研究和量子化学计算，苯与六氟代苯的电荷分布相差甚大，如图 8-8。苯的负电荷分布在分子平面的上方和下方，而六氟代苯却是正电荷分布在分子平面的上方和下方。等物质的量的苯与六氟代苯能形成 $C_6H_6 \cdot C_6F_6$ 共晶体，熔点为 23.7 ℃。

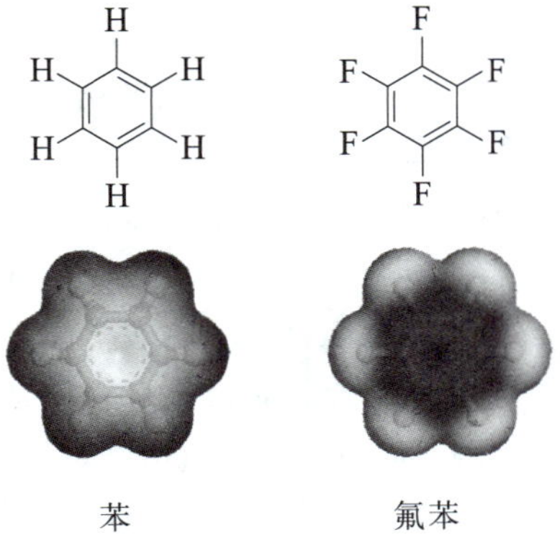

图 8-8　苯与六氟代苯的电荷分布

静电势模型图

全氟液体化合物既不溶于有机化合物中，也不溶于水中，即出现相对于有机相和水相的氟相。这个性质对有机反应中贵金属催化剂的回收很有用。

3. 化学性质

有机氟化合物最明显的特征是 C—F 键稳定。同一碳原子上连接的氟原子数越多越稳定。比较氟代甲烷的 C—F 键键长就可以得出这个结论：

C—F 键	CH_3F	CH_2F_2	CHF_3	CF_4
键长/nm	0.140	0.137	0.135	0.133

尽管 C—F 键是强极性键，但全氟烷烃却不易被亲核试剂进攻，这可能是由于它的构象排列紧密，每个氟原子有三对孤电子对，像涂层一样包围着中心碳原子，亲核试剂很难攻击碳原子。例如，聚四氟乙烯在熔融的 KOH 中也经久不变。但在高温下，全氟烷烃却可与路易斯酸如三氯化铝反应，先是从“保护层”中拉走一个 F^- 形成一个碳正离子，再与亲核试剂反应。在高温下，全氟烷烃也可与强还原剂反应而降解。全氟烷烃在熔融的碱金属或在 400～500 ℃时与金属铁反应也可分解。

4. 聚四氟乙烯

在常温下四氟乙烯是无色气体（bp −76.3 ℃），由于它有不饱和性，再加上多个氟原子的作用，使四氟乙烯的双键容易发生聚合反应：

$$n\ CF_2{=}CF_2 \xrightarrow{(NH_4)_2S_2O_8} {+}CF_2-CF_2{+}_n$$

生成的聚四氟乙烯具有极为稳定的化学特性，它不与浓酸、浓碱作用，甚至也不与王水发生反应，对有机溶剂有很强的抗溶胀性，它的机械强度高，绝缘性能好，素有“塑料王”之称。根据不同的聚合度它可在 −250～250 ℃范围内使用。

工业上制备四氟乙烯是由 $CHCl_3$ 开始的：

$$CHCl_3 + 2\ HF \xrightarrow[20\sim30\ ℃]{SbCl_5} HCClF_2 + 2\ HCl$$

$$2\ HCClF_2 \xrightarrow{600\sim800\ ℃} F_2C{=}CF_2 + 2\ HCl$$

8.7 金属有机化合物

卤代烃可以和许多金属元素作用，生成金属有机化合物（organometallic compound）。金属有机化合物的结构特点是在分子中存在碳金属键。碳原子与碱金属主要是形成离子键，而且金属元素的还原性越强，碳金属键的离子性越强。第Ⅱ，Ⅲ主族的 Mg，Al，Ca 等形成的碳金属键是强极性共价键；第Ⅳ，Ⅴ主族的原子及一些过渡金属（如 Si，Sn，Pb，Sb，Bi，Zn，Cd，Cu，Hg 等）形成的碳金属键是极性和极性较弱的共价键。金属有机化合物中的碳金属键通常用 R—M 表示，M 代表金属元素。

在众多的金属有机化合物中，以有机镁化合物、有机锂化合物、有机铝化合物最为重要。锌、镉、锡、铜、汞、铅的金属有机化合物也有较多的应用。多数金属有机化合物的 C—M 键很活泼，有的可以在空气中自燃，有的极易被氧化或被含活泼氢的化合物分解。因此，金属有机化合物的制备、使用都是在不含氧、水的惰性气体保护下进行的。一些金属的金属有机化合物还有很大的毒性，在应用时要特别注意。

获诺贝尔奖者

8.7.1 有机镁化合物

法国有机化学家格利雅（Grignard V，1875—1935）于 1900 年发现了金属镁可与卤代烃反应生成有机镁化合物及其应用，这对有机化学的发展起到了重要的推动作用，格利雅于 1912 年获得了诺贝尔化学奖。

1. 格利雅试剂的生成

卤代烃与金属镁在醚中加热生成烃基卤化镁，称为格利雅试剂（又称格氏试剂）。这个反应是由金属镁提供电子与卤代烃作用，生成的格利雅试剂在醚溶液中较为稳定，并可不经任何处理直接用于有关反应中。例如：

静电势模型图

$$CH_3CH_2CH_2CH_2Br + Mg \xrightarrow{\text{乙醚}} CH_3CH_2CH_2CH_2MgBr$$

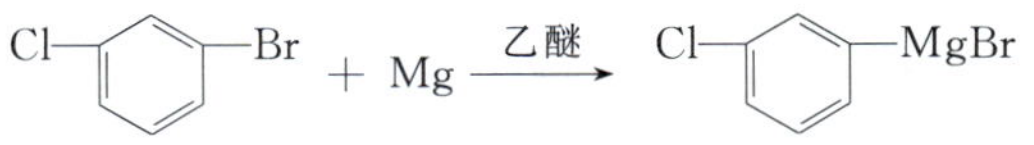

卤代烃与镁的反应活性是：RI＞RBr＞RCl≫RF；RX＞ArX。

反应所用的醚常为无水无醇的乙醚、丁醚或四氢呋喃（THF）等。格利雅试剂在醚中有很好的溶解性，醚作为路易斯碱，与格利雅试剂中的路易斯酸中心镁原子可通过配合物的形成使有机镁化合物稳定性增强：

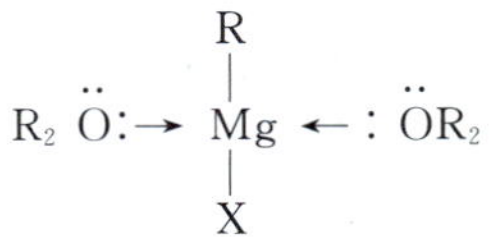

格利雅试剂的组成是混合体，其中含有 R_2Mg，MgX_2，$(RMgX)_n$ 等组分，一般把它写成 RMgX。在实验研究中已发现溴化烷基镁和二烷基镁在醚溶液中存在着平衡，在乙醚中下面的平衡偏向于左端，在四氢呋喃中则不然。

$$2\ RMgBr \xrightleftharpoons{\text{乙醚}} R_2Mg + MgBr_2$$

2. 格利雅试剂在有机合成中的应用

在制取或使用格利雅试剂时，操作中应尽可能与空气隔离，更应当避免与有活泼氢的化合物接触。这是由于还原性很强的格利雅试剂很容易被氧化，而且它极易与能提供质子的化合物反应生成烃。例如：

$$2\ RMgX + O_2 \longrightarrow 2\ R—O—MgX \xrightarrow{H_2O} 2\ ROH + 2\ Mg(OH)X$$

$$RMgX + D_2O \longrightarrow R—D + Mg(OD)X$$

可利用这一性质合成结构特殊的醇或引入同位素 D。

乙炔的酸性已是非常小了，但它也可以使格利雅试剂分解，这个反应也是制取炔基镁的方法：

$$HC\equiv CH + C_2H_5MgBr \longrightarrow HC\equiv CMgBr + C_2H_6$$

格利雅试剂可以与卤代烃发生 S_N 反应，制取高碳原子数烃类。例如：

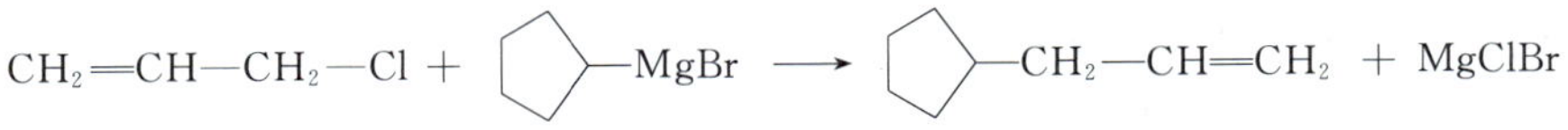

格利雅试剂与无机卤化物之间可进行交换反应，用于制备一系列元素有机化合

物，这在有机合成中有重要的应用。例如：

$$2\ RMgX + CdCl_2 \xrightarrow{\text{醚}} R_2Cd + 2\ MgClX$$

$$SnCl_4 + 4\ RMgX \xrightarrow{\text{醚}} R_4Sn + 4\ MgXCl$$

$$SiCl_4 + 4\ CH_3MgI \xrightarrow{\text{醚}} (CH_3)_4Si + 4\ MgClI$$

$$PCl_3 + 3\ PhMgBr \xrightarrow{\text{醚}} Ph_3P + 3\ MgBrCl$$

格利雅试剂是强亲核试剂，它可以发生一系列的亲核取代及亲核加成反应，这在有机合成中有广泛的应用。

(1) 与环氧乙烷作用　格利雅试剂与环氧乙烷反应，得到增加两个碳原子的伯醇：

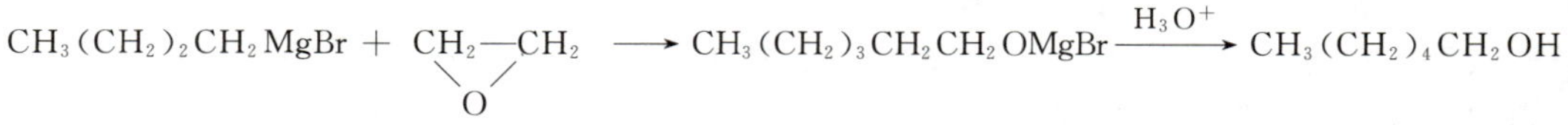

(2) 与 CO_2 作用　格利雅试剂与 CO_2 反应，得到羧酸：

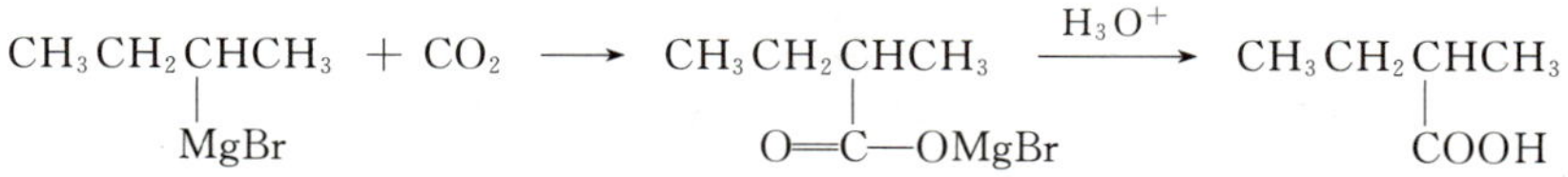

(3) 与含极性重键的化合物反应　格利雅试剂可以与含极性C═O重键的醛、酮、羧酸及羧酸衍生物和含极性 C≡N 、C═N 重键的腈、亚胺等含氮化合物发生亲核加成反应，用于制备有机化合物。这些反应及应用将在后面相应章节中做介绍。

8.7.2　有机锂化合物

卤代烃与金属锂在醚或其它惰性溶剂中于较低的温度下便可发生反应生成有机锂化合物。例如：

$$CH_3CH_2CH_2CH_2Br + 2\ Li \xrightarrow[-10\ ℃]{\text{乙醚}} CH_3CH_2CH_2CH_2Li + LiBr$$

$$(CH_3)_3CCl + 2\ Li \xrightarrow[-30\ ℃]{\text{乙醚}} (CH_3)_3CLi + LiCl$$

锂的反应活性高于镁，烷基锂的化学活性也高于烷基卤化镁，在有机合成中有机锂化合物显得特殊重要。由于有机锂化合物中的碳锂键的离子性很强，碳负离子非常容易被氧化或与活泼氢结合，所以在制备有机锂化合物时应在惰性气体保护下进行，所用溶剂如乙醚、苯、环己烷等必须是干燥的。制备有机锂化合物时将氯化锂过滤出以后，溶剂可以不分离，直接应用于其它反应。卤代烷与锂反应的活性次序为 RI>RBr>RCl>RF。氟代烷的反应活性很小，而碘代烷又很容易与生成的 RLi 发生偶合反应生成高碳原子数的烃，所以常用 RBr 或 RCl 来制取 RLi。

卤苯与锂作用得到芳基锂：

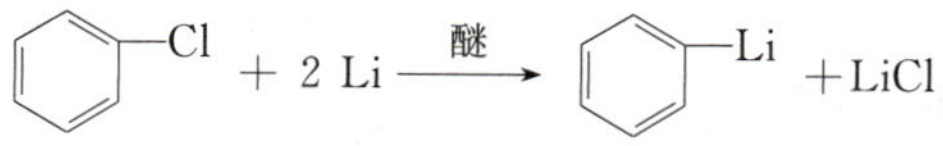

活性很低的卤苯、不稳定的卤苯或活性非常高的苄卤或烯丙基卤不适合直接与锂作用来制备相应的有机锂化合物，这时可采用活泼的有机锂化合物与相应的卤苯或烃进行置换反应进行制备。例如：

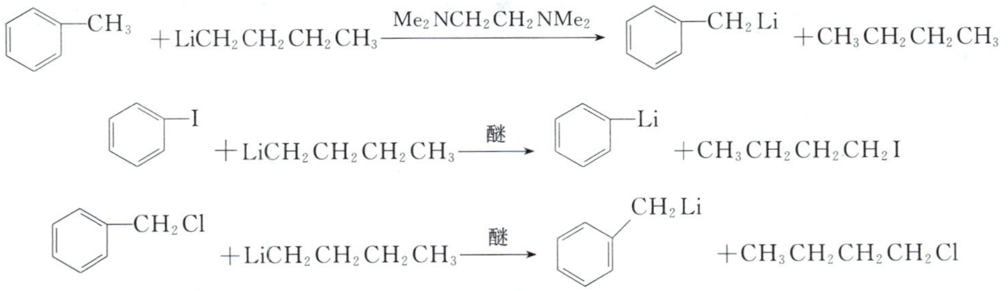

有机锂化合物的亲核性和碱性比格利雅试剂强。大体积的烷基锂可与有很大空间位阻的羰基化合物发生亲核加成反应，而格利雅试剂则不能。例如：

$$(CH_3)_3CLi + [(CH_3)_3C]_2C{=}O \xrightarrow[-60\ ℃]{Et_2O} [(CH_3)_3C]_3C-OLi \xrightarrow{H_2O} [(CH_3)_3C]_3C-OH$$

活泼的烷基锂与羧酸的锂盐在低温下作用可得到酮。例如：

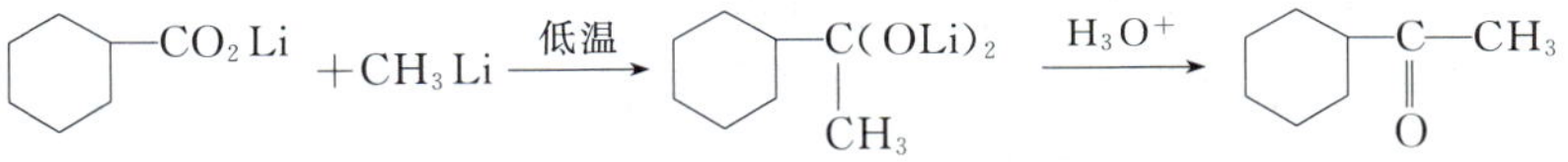

苯基锂进行亲核反应时，有一定的选择性；而作为一个强碱，它可以用于苯炔机理的反应。例如：

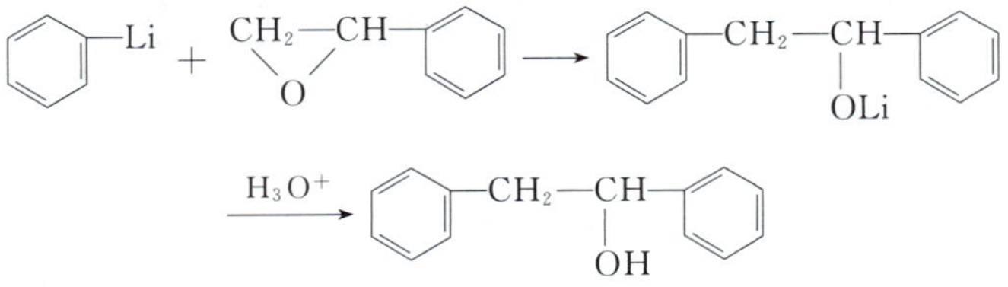

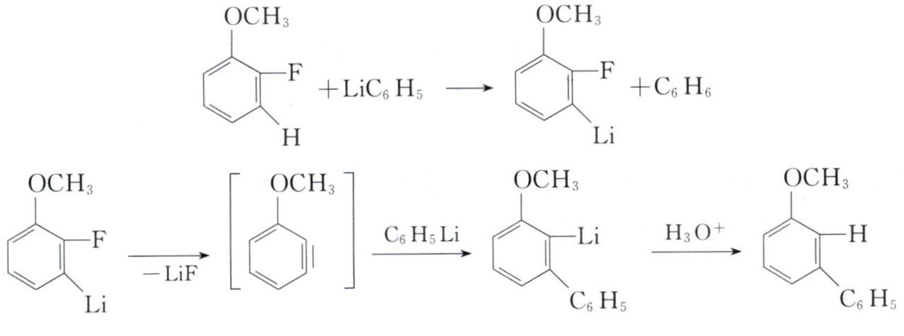

在乙醚或四氢呋喃溶液中活泼的烷基锂与卤化亚铜反应，生成加合产物二烷基铜锂，并溶于醚中，是制备二烷基铜锂的方法：

$$2\ RLi + CuX \xrightarrow{Et_2O} [R_2Cu]^- Li^+ + LiX$$

与有机锂化合物相比，二烷基铜锂的反应活性较低，常用于有机合成中。它与伯卤代烷作用可以得到较高收率的烃，这是形成 C—C 键的方法之一。

$$R_2CuLi + R'X \xrightarrow{\text{醚}} R—R' + RCu + LiX$$

烯卤与二烷基铜锂的 S_N 反应是构型保持的，而二烯基铜锂与卤苯作用则使芳环烯基化。例如：

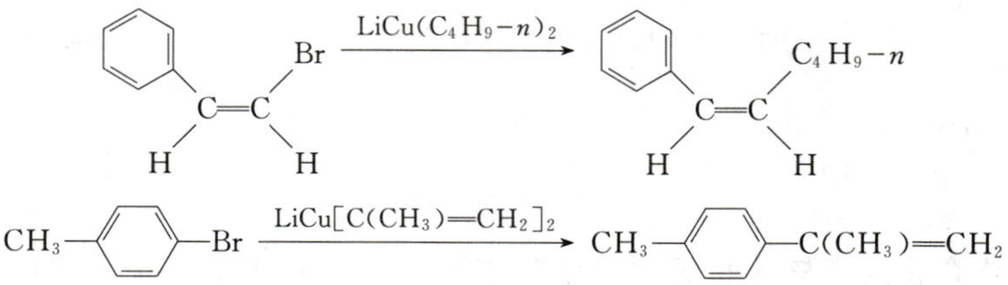

8.7.3　有机铝化合物

有机铝化合物也是非常活泼的金属有机化合物。在空气中有机铝化合物迅速发生氧化并自燃，同时释放大量的热。有机铝化合物也极易水解甚至发生爆炸，在制备及使用时，应在惰性气体保护下操作。在有机铝化合物中，铝原子是强路易斯酸中心，所以一般的三烷基铝是以二聚体或三聚体存在的。有机铝化合物的制取方法较多，但以烯烃与纯铝粉在高压下与氢气作用为最有工业化价值，称为直接法。如三异丁基铝的制备：

$$6\ (CH_3)_2C{=}CH_2 + 3\ H_2 + 2\ Al \xrightarrow[20\ MPa]{150\ ℃} 2\ Al[CH_2CH(CH_3)_2]_3$$

烷基铝其它的制法有：

$$3\ RMgCl + AlCl_3 \longrightarrow R_3Al + 3\ MgCl_2$$

$$(R = —CH_3, —C_2H_5, —C_3H_7\text{-}n, —C_4H_9\text{-}n, —C_3H_7\text{-}i, —C_4H_9\text{-}i)$$

三异丁基铝与乙烯可以发生交换反应，用于制备三乙基铝：

$$Al(i\text{-}C_4H_9)_3 + 3\ CH_2{=}CH_2 \longrightarrow Al(CH_2CH_3)_3 + 3\ C_4H_8\text{-}i$$

Al—C 键很活泼，可以与 C=C 键发生加成反应，也能被氧化成 Al—O—C 键。工业上用这个性质由乙烯制备高碳原子数正构醇。例如：

$$Al\ (C_2H_5)_3 + 3n\ CH_2{=}CH_2 \longrightarrow Al[\leftarrow CH_2CH_2 \rightarrow_n C_2H_5]_3 \xrightarrow{[O]}$$

$$Al[O\leftarrow CH_2CH_2 \rightarrow_n C_2H_5]_3 \xrightarrow{H_2O} 3\ HO\leftarrow CH_2CH_2 \rightarrow_n C_2H_5 + Al(OH)_3$$

$n = 12 \sim 18$ 的高碳原子数醇是合成洗涤剂的重要原料。

烷基铝的重要用途是作为烯烃聚合反应的催化剂。如三乙基铝与 $TiCl_4$ 组成齐格勒-纳塔催化剂，是高效定向聚合催化剂。

8.8　卤代烃的还原

一卤代烷在 Zn/HCl(或 Sn/HCl)作用下可还原成烷烃。例如：

$$CH_3(CH_2)_{14}CH_2I + Zn \xrightarrow{HCl} CH_3(CH_2)_{14}CH_3$$

碘代烷容易被还原，氯代烷在较强的还原剂(如 $LiAlH_4$)作用下可顺利被还原。例如：

$$CH_3(CH_2)_6CH_2Cl + LiAlH_4 \xrightarrow{THF} CH_3(CH_2)_6CH_3 + AlH_3 + LiX$$

$LiAlH_4$ 中的氢是负性的，它对卤代烷的还原反应可看做是 H^- 对 $\overset{\delta+}{C}—\overset{\delta-}{X}$ 的亲核取代反应，生成的 H_3Al 还可以继续还原卤代烷生成烷烃。

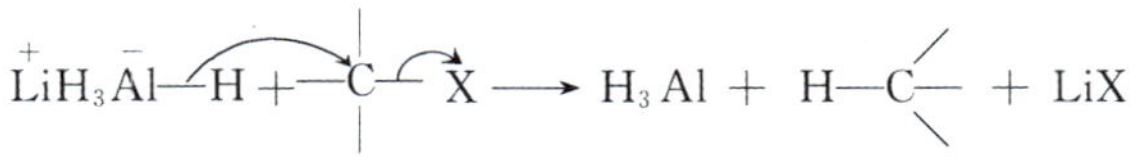

卤乙烯型的卤代烯烃可在液氨中用钠还原。例如：

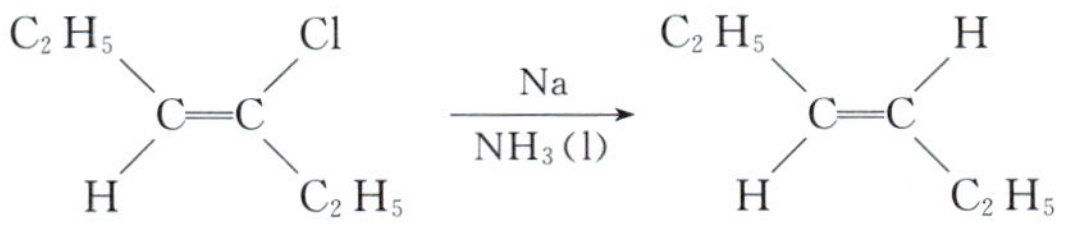

催化加氢可使卤代烃氢解，生成烃。

$$R—X + H_2 \xrightarrow{Pd} R—H + HX$$

活性较高的苄卤催化加氢可得到高收率的烃。例如：

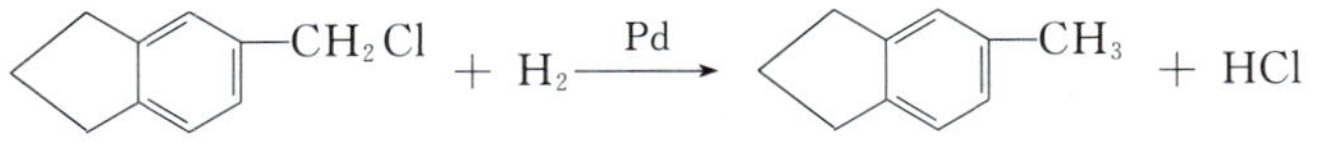

氢碘酸有还原性，可使卤代烷还原为烷烃：

$$RCl \xrightarrow{HI} RH$$

拓
4-16

习　题

8-1　比较并解释卤代烷 RX 和它的母烷烃 R—H 在偶极矩、沸点、密度及水中溶解度方面的差异。

8-2　完成下列各反应式。

(1) $(CH_3)_3CBr + KCN \xrightarrow{C_2H_5OH}$

(2) $CH_3CH=CH_2 + HBr \xrightarrow{—O—O—}$ (　　　) $\xrightarrow{NaCN}$

(3) $(CH_3)_2CH—CH═CH_2 + Br_2 \xrightarrow{500\ ℃} (\quad\quad) \xrightarrow[\triangle]{H_2O}$

(4) $ClCH═CHCH_2Cl + CH_3COO^- \longrightarrow$

(5) 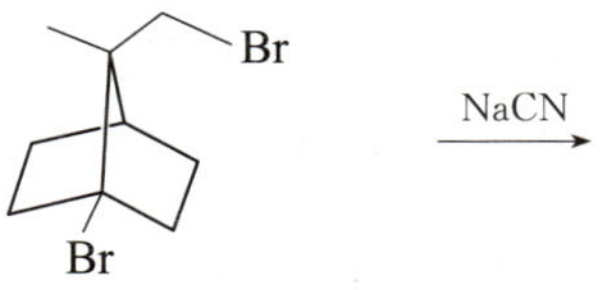

(6) 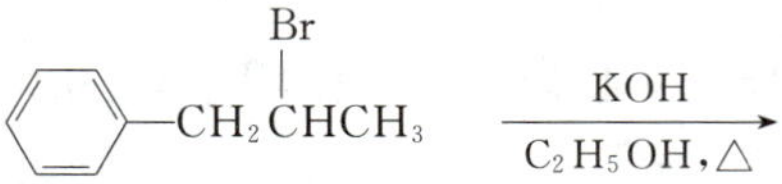

(7) 

(8) 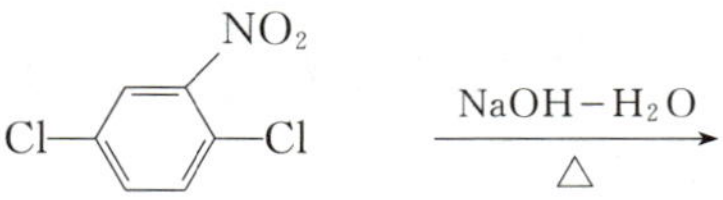

(9) 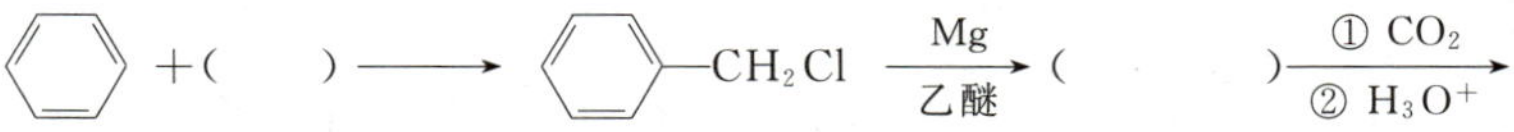

(10) $PhCH_2MgCl + ClCH_2CH(CH_3)CH_2CH_2CH_3 \longrightarrow$

(11) 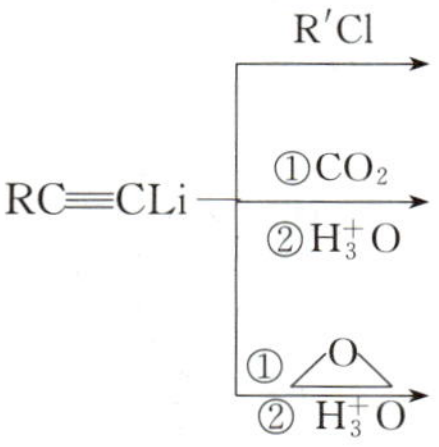

(12) 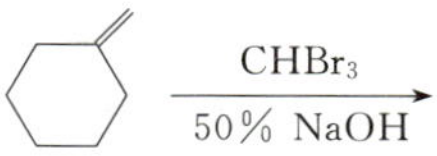

8-3　写出下列反应主要产物的构型式。

(1) 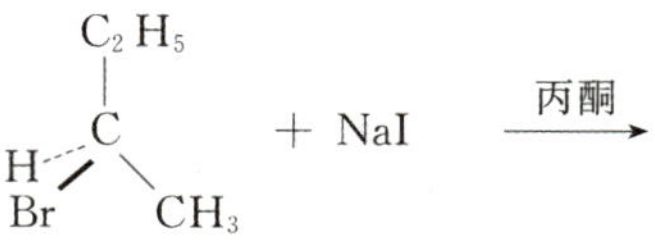

(2) 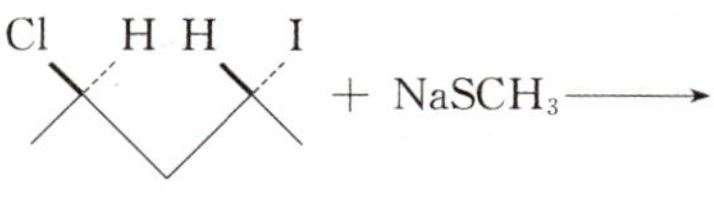

(3) 

(4) 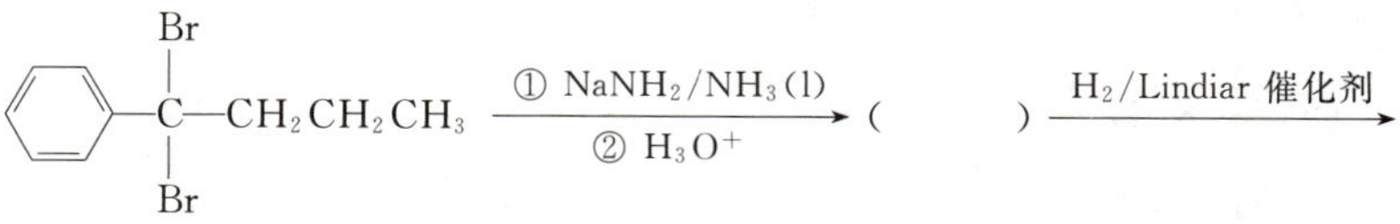

(5) 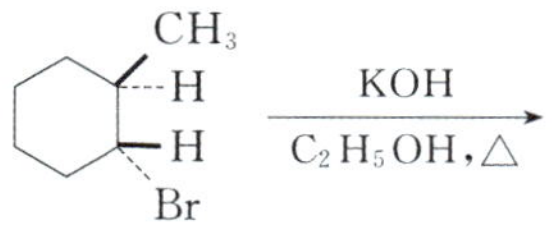

(6) 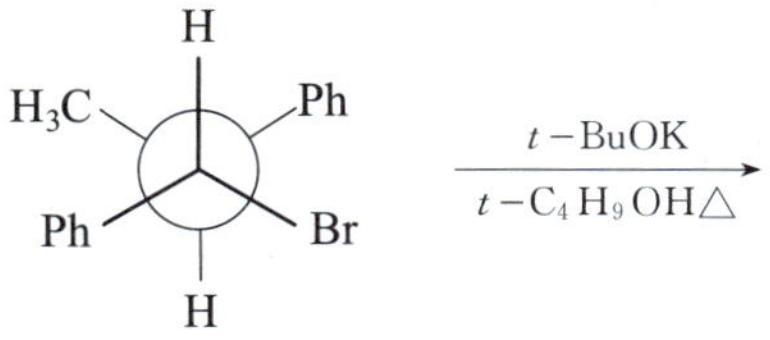

(7) 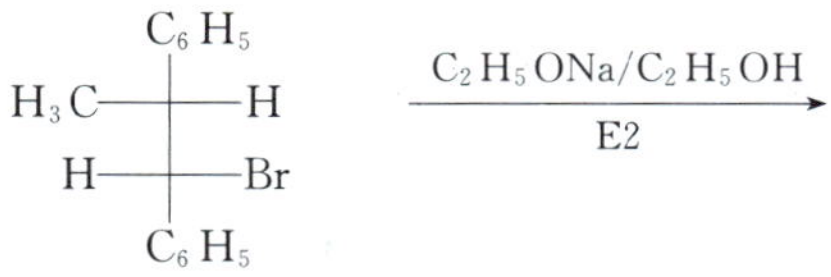

(8) 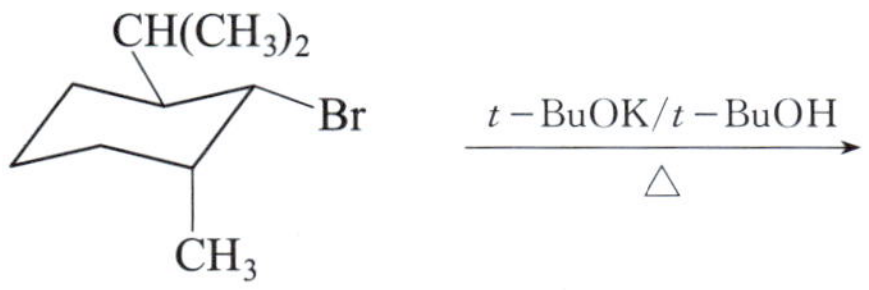

(9) 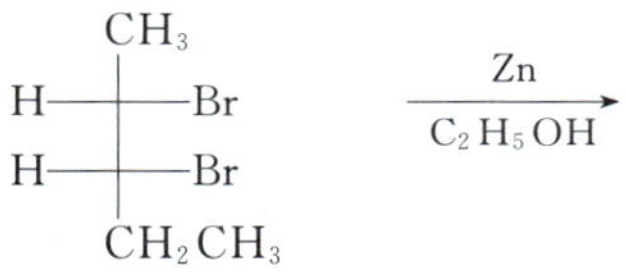

8-4　比较下列每对亲核取代反应，哪一个更快？为什么？

(1) $CH_3CH_2Br + C_2H_5OH \longrightarrow CH_3CH_2OCH_2CH_3 + HBr$

$CH_3CH_2Br + C_2H_5ONa \longrightarrow CH_3CH_2OCH_2CH_3 + NaBr$

(2) $CH_3CH{=}CHCH_2Cl + H_2O \xrightarrow{\triangle} CH_3CH{=}CHCH_2OH + HCl$

$CH_2{=}CHCH_2CH_2Cl + H_2O \xrightarrow{\triangle} CH_2{=}CHCH_2CH_2OH + HCl$

(3) $CH_3CH_2Br + I^- \xrightarrow{H_2O} CH_3CH_2I + Br^-$

$CH_3CH_2Br + I^- \xrightarrow{(CH_3)_2SO} CH_3CH_2I + Br^-$

(4) $CH_3CH_2CH_2Br + NaSH \longrightarrow CH_3CH_2CH_2SH$

$CH_3CH_2CH_2Br + NaOH \longrightarrow CH_3CH_2CH_2OH$

(5) $SCN^- + CH_3CH_2Br \xrightarrow{C_2H_5OH,H_2O} CH_3CH_2SCN + Br^-$

$SCN^- + CH_3CH_2Br \xrightarrow{C_2H_5OH,H_2O} CH_3CH_2NCS + Br^-$

(6) $(CH_3)_2CHCH_2Cl + N_3^- \xrightarrow{CH_3OH} (CH_3)_2CHCH_2N_3 + Cl^-$

$(CH_3)_2CHCH_2I + N_3^- \xrightarrow{CH_3OH} (CH_3)_2CHCH_2N_3 + I^-$

8-5　卤代烷与 NaOH 在 $H_2O-C_2H_5OH$ 溶液中进行反应，指出下列现象哪些是 S_N2 机理的特点，哪些是 S_N1 机理的特点。

(1) 产物发生瓦尔登转化；

(2) 增加溶剂的含水量反应明显加快；

(3) 有重排反应产物；

（4）反应速率明显地与试剂的亲核性有关；

（5）反应速率与离去基的性质有关；

（6）叔卤代烷反应速率大于仲卤代烷。

8-6　把下列各组化合物按容易发生 S_N1 反应的活性排列成序：

（1）　A. 正溴丁烷　　B. 2-溴丁烷　　C. 2-甲基-2-溴丙烷

（2）　A. $(CH_3)_3CBr$　　B. 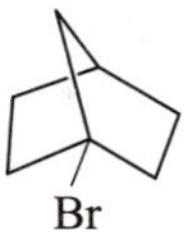　　C. $—CH_2CH_2Br$

（3）　A. CH_3CH_2Cl　　B. CH_3CH_2Br　　C. CH_3CH_2I

8-7　把下列各组化合物按容易发生 S_N2 反应的活性排列成序：

（1）　A. CH_3CH_2Br　　B. $CH_3C(CH_3)_2—CH_2Br$　　C. $CH_3—CH(CH_3)CH_2Br$

（2）　A. $CH_2═CHBr$　　B. $BrCH_2CH═CH_2$　　C. $CH_3CHBrCH_3$

（3）　A. 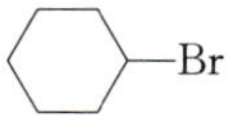　　B. 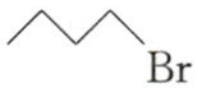　　C. 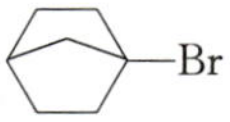

8-8　把下列各组化合物按 E2 消除反应速率由快至慢排列成序。

（1）A. $CH_3CH_2CH_2CH_2Cl$　　B. $CH_2═CHCH_2CH_2Cl$

C. 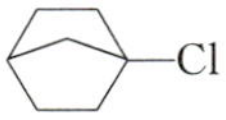　　D. 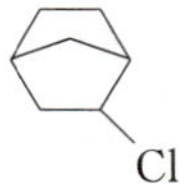

（2）A. 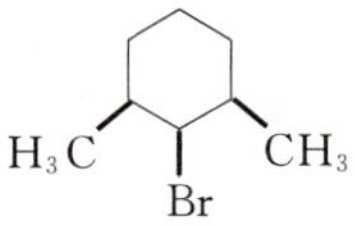　　B. 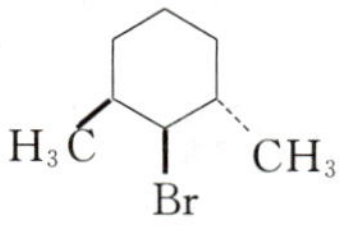　　C. 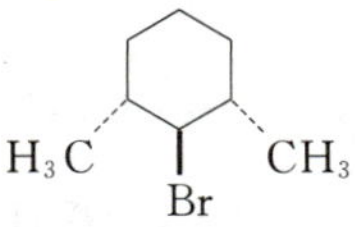

8-9　把下列各组化合物按 E1 消除反应速率由快至慢排列成序。

（1）A. 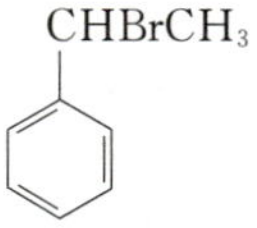　　B. 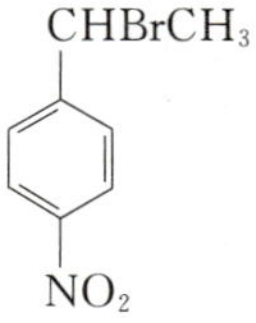　　C. 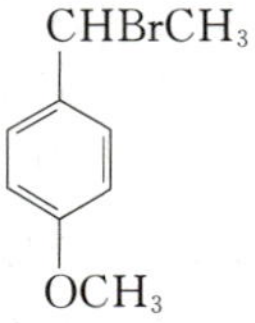　　D. 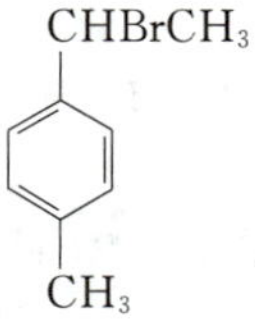

（2）A. $CH_3—C(CH_3)(Br)—CH_2—CH_3$　B. $CH_3—CH(CH_3)—CH(Br)—CH_3$　C. $BrCH_2CH_2CH(CH_3)CH_3$

8-10　将下列各组化合物按照对指定试剂的反应活性由大到小排列成序。

（1）在 2% $AgNO_3$ 乙醇溶液中反应。

A. CH_3CH_2Cl　　B. $CH_3—CH(Cl)—CH_3$　　C. $(CH_3)_3CCl$

（2）在碘化钠的丙酮溶液中反应。

A. $BrCH_2—CH═CH_2$　　B. $CH_2═CHBr$

C. $CH_3CH_2CH_2CH_2Br$　　D. $CH_3CH(Br)CH_2CH_3$

8-11　把下列各组中的基团按亲核性从强至弱排列成序。

(1) A. $C_2H_5O^-$　B. HO^-　C. $C_6H_5O^-$　D. CH_3COO^-

(2) A. R_3C^-　B. R_2N^-　C. RO^-　D. F^-

8-12　用化学方法区别下列各组中的化合物。

(1) A. $CH_2{=}CHCl$　B. $CH_3C{\equiv}CH$　C. $CH_3CH_2CH_2Br$

(2) A. $n-C_4H_9Cl$　B. $n-C_4H_9I$　C. $n-C_6H_{14}$　D. 

8-13　给出下列反应的机理。

(1) $CH_3CH{=}CHCH_2Br \xrightarrow{H_2O} CH_3CH{=}CHCH_2OH + CH_3CH(OH)CH{=}CH_2\ (\pm)$

*(2) 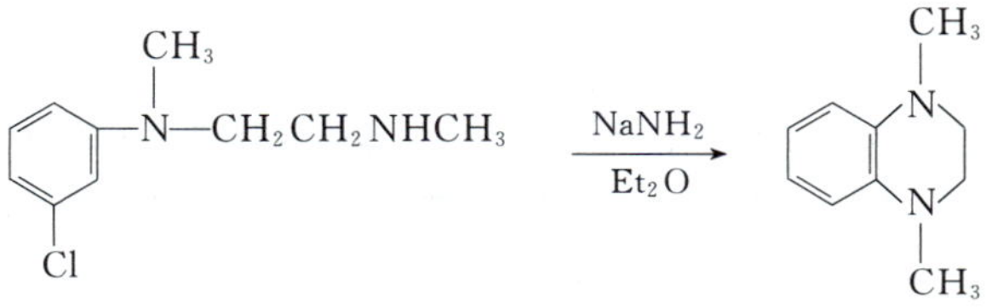

(3) 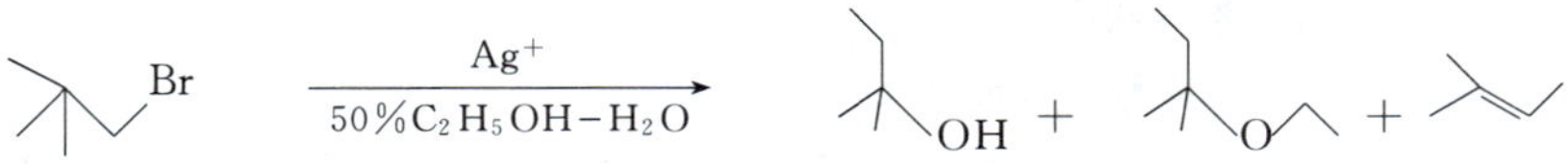

8-14　从丙烯开始制备下列化合物。

(1) CH_3CHDCH_3　　(2) $CH_2{=}C(Br){-}CH_3$

(3) $CH_3CH_2CH_2C{\equiv}C{-}CH_3$　　(4) $H{-}CBr_2{-}CBr_2{-}CH_3$

8-15　由指定原料合成下列化合物。

(1) 由 $CH_3CH(Cl)CH_3$ 和 $CH_3CH(CH_3)CH_2Cl$ 合成 $CH_2{=}CHCH_2CH_2CH(CH_3)_2$

(2) 由 CH_3CH_2Cl 和 $CH_3CH{=}CH_2$ 合成 $CH_3CH{=}CH{-}CH{=}CH_2$

8-16　列出以碳正离子为中间体的 5 类反应并各举一例加以说明。

8-17　化合物 A 和 B,分子式都是 $C_4H_6Cl_2$,二者都能使溴的四氯化碳溶液褪色。A 的 NMR 谱图给出 $\delta=4.25$,单峰;$\delta=5.35$,单峰;峰面积比为 2∶1。B 的 NMR 谱图给出 $\delta=2.2$,单峰;$\delta=4.15$,双峰;$\delta=5.7$,三重峰;峰面积比为 3∶2∶1。写出 A 和 B 的构造式。

8-18　某烃 A(C_4H_8),在低温下与氯气作用生成 B($C_4H_8Cl_2$),在高温下与氯气作用则生成 C(C_4H_7Cl)。2 mol C 在金属钠作用下,可得到 D(C_8H_{14}),D 可与 2 mol HCl 作用得到 E($C_8H_{16}Cl_2$),E 与氢氧化钠的乙醇溶液作用主要产物为 F。F 的分子式与 D 相同。F 与一亲双烯体 G 作用得到 H,H 经酸性高锰酸钾溶液氧化成二元酸 $HOOCC(CH_3)_2CH_2CH_2C(CH_3)_2COOH$。试写出 A～H 的构造式及各步反应式。

8-19　分子式为 $C_6H_{11}Cl$ 的链状卤代烃 A，构型为 R，A 水解能得到分子式为 $C_6H_{11}OH$ 的外消旋混合物 B，A 经催化加氢得分子式为 $C_6H_{13}Cl$ 的卤代烃 C，无旋光性。试写出 A，B，C 的结构（标明立体构型。）

8-20　请分别比较 S_N1 与 S_N2，E1 与 E2，S_N1 与 E1，S_N2 与 E2，卤苯的加成-消除与消除-加成的反应机理的异同点。

8-21　解释下列结果。

（1）在极性溶剂中，3°RX 的 S_N1 与 E1 反应速率相同。

（2）$$\begin{cases}(CH_3)_3CI + H_2O \longrightarrow (CH_3)_3COH + HI \\ (CH_3)_3CI + OH^- \longrightarrow (CH_3)_2C{=}CH_2 + H_2O + I^-\end{cases}$$

（3）$$\begin{cases}CH_3CH_2SCH_2CH_2Cl + H_2O \xrightarrow{k_1} CH_3CH_2SCH_2CH_2OH + HCl \\ n\text{-}C_6H_{13}Cl + H_2O \xrightarrow{k_2} n\text{-}C_6H_{13}OH + HCl\end{cases}$$

$k_1 : k_2 = 3\times10^3$

（4）$(2S,3S)$-3-溴-2-丁醇碱性水解得到 $(2S,3S)$-2,3-丁二醇和 $(2R,3R)$-2,3-丁二醇。

（5）在碱性条件下，次溴酸与 2-甲基-3-丁烯-2-醇反应得到 2-甲基-4-溴-2,3-环氧丁烷。

8-22　比较下列化合物结构、性质。

（1）苯与六氟代苯的结构及性质。

（2）己烷与全氟己烷的稳定构象及溶解性。

8-23　近年来，芳卤的偶联反应在最初乌尔曼反应的基础上，有了迅速的发展，在芳烃衍生物的合成上有广泛应用。使用的金属化合物集中到钯、铜和镍的配合物，偶联反应也不限于两个芳卤衍生物间偶联形成 C—C 键而是芳卤与烯基衍生物（又称为 Heck 反应）、芳卤与芳基硼酸（又称为 Suzuki 反应）、酚间和芳磺酸酯间都能形成 C—C 键。

查阅钯配合物、铜配合物和镍配合物催化的偶联反应的资料，并比较三类配合物催化反应及应用方面的特点。

第3篇

含氧有机化合物

第 9 章　醇、酚、醚

9.1　醇的结构和分类

9.1.1　结构

烃分子中饱和碳原子上的氢原子被羟基替代所形成的一类化合物称做醇，通常写为 ROH。在醇分子中羟基与烃基之间的化学键（C—O 键）及羟基中的 O—H 键都是极性共价键。C—O—H 是醇的官能团结构。在醇分子的 C—O 键中，碳和氧两原子均是以 sp^3 杂化成键的。在甲醇分子中的成键情况如下：

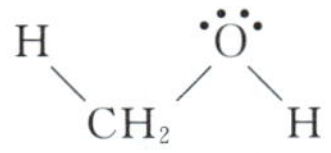

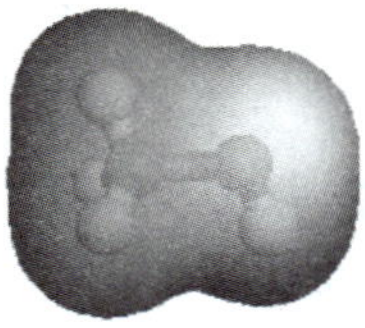

键长/nm	键角/(°)
C—H　0.109	∠COH　108.9
C—O　0.143	∠HCH　109
O—H　0.096	∠HCO　110

静电势模型图

在其它的醇分子中，由于烃基结构的不同，其成键情况（键的属性）略有不同；但是，醇羟基的结构特征是不会改变的，它决定了醇类化合物的主要化学特性。另外，在醇羟基中，具有未共用电子对的氧原子具有亲核性和碱性。

9.1.2　分类

醇分子中含有羟基数目为一、二、三、四……个时，称之为一元醇、二元醇、三元醇、四元醇……，通常把二元和二元以上的醇统称为多元醇。例如：

$HOCH_2CH_2OH$	$HOCH_2CHOHCH_2OH$	$(HOCH_2)_4C$	$HOCH_2(CHOH)_4CH_2OH$
乙二醇（甘醇）	丙三醇（甘油）	季戊四醇	己六醇

羟基与芳环的侧链相连的称做芳醇。当醇的烃基中含有碳碳重键时，为不饱和醇。如 $CH_2{=}CH{-}(CH_2)_n{-}OH$ 和 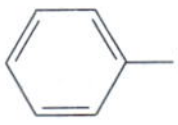 $-(CH_2)_n-OH$ $(n\geqslant 1)$，当 $n=1$ 时分别称烯丙醇和苯甲醇（苄醇）。由于这类醇中的羟基与 C═C 键间隔一个饱和碳原子，因而它们有不同于一般饱和醇的化学活性。

对于一元醇，如果与羟基直接连接的碳原子为伯、仲、叔碳，则相应的醇称为伯醇、仲醇、叔醇，也分别称为一级醇、二级醇和三级醇。例如：

$CH_3CH_2CH_2CH_2OH$	$CH_3CH_2CHOHCH_3$	$(CH_3)_3COH$	$C_6H_5CH_2CHOHCH_3$
1-丁醇(伯醇)	2-丁醇(仲醇)	2-甲基-2-丙醇(叔醇)	1-苯基-2-丙醇(仲醇)

羟基与 C═C 双键直接相连则形成烯醇，烯醇是不稳定的不饱和醇，脂肪族烯醇主要是以其互变异构体——羰基化合物的形式存在的，在较特殊的结构条件下，烯醇式结构才能在平衡体系中以一定量存在。

当在一个饱和碳原子上同时连有两个羟基(同碳二元醇)时，通常是极不稳定的，它会自行脱水而转变为羰基化合物，只有当强吸电子基存在于 α-碳原子上时，这种同碳二元醇才在平衡体系中有一定的或较多的含量(如水合三氯乙醛)。

$$Cl_3C—CHO + H_2O \rightleftharpoons Cl_3C—CH(OH_2)$$

水合三氯乙醛

9.2 醇的物理性质

低碳原子数的一元醇的沸点、溶解度、相对密度和极性等都比较大，四个碳原子以上的液态醇尤其是多元醇，其黏度很大，这是由醇分子中的羟基之间形成氢键所导致的。在醇分子中，由于羟基是一个极性很强的基团，所以一般的低碳原子数醇分子有极性，醇是质子型极性溶剂。

由于醇分子之间可以形成氢键，醇也能较好地与水分子形成氢键，因此低碳原子数醇的沸点和在水中的溶解度都是很高的。

1. 沸点

对于饱和的正构的低碳原子数一元醇，随着相对分子质量的增加，其沸点明显增高，一般相差 18～20 ℃/CH_2。在相对分子质量相同时，正构醇的沸点高于有支链的醇，见表 9-1。

多元醇由于羟基数目的增多，分子间的氢键作用增强，其沸点增高。如乙二醇的沸点(197 ℃)与正辛醇的沸点(195 ℃)相当。至于季戊四醇由于羟基数目进一步增多，分子间力大，加上分子的对称性好，是以固态存在的，其熔点高达 260 ℃。

表 9-1 一些醇的物理常数

构造式	沸点/℃	d_4^{20}	溶解度/[g·(100g H_2O)$^{-1}$]
CH_3OH	64.5	0.793	∞
CH_3CH_2OH	78.3	0.789	∞
$CH_3(CH_2)_2OH$	97	0.804	∞
$CH_3(CH_2)_3OH$	118	0.810	7.9

续表

构造式	沸点/℃	d_4^{20}	溶解度/[g·(100g $H_2O)^{-1}$]
$CH_3(CH_2)_4OH$	138	0.817	2.3
$CH_3(CH_2)_5OH$	156.5	0.819	0.6
$CH_3(CH_2)_6OH$	176	0.822	0.2
$CH_3(CH_2)_7OH$	195	0.825	0.05
$(CH_3)_2CHCH_2OH$	108	0.802	10.0
$CH_3CH_2CHOHCH_3$	99.5	0.806	12.5
$(CH_3)_3COH$	83	0.789	∞

醇的高沸点，主要原因是在醇分子之间能形成氢键。一般的氢键能量大约为 30 kJ·mol^{-1}。醇的沸点明显高于相对分子质量相近的烃、醚、卤代烃及醛、酮等化合物。例如：

构造式	相对分子质量	$\mu/(10^{-30}$ C·m)	沸点/℃
$CH_3(CH_2)_3CH_3$	72	0	36
$(C_2H_5)_2O$	74	3.93	35
$CH_3(CH_2)_2Cl$	79	7.0	47
$CH_3(CH_2)_2CHO$	72	9.07	76
$CH_3(CH_2)_3OH$	74	5.43	118

2. 溶解度

虽然醇可以与水形成氢键，但也只有较低碳原子数的醇才能与水混溶，如甲醇、乙醇、丙醇等。在正构的一元醇中，随着烃基所含碳原子数的增多，醇的溶解度将大幅度地减小，实际上六个碳原子以上的伯醇在水中的溶解度已经很小了。在芳醇中由于芳环的存在，溶解度都很小。常见的一些二元醇、三元醇可与水混溶。

在丁醇的四种异构体中，α-C 上的支链增多，则醇的溶解度增大，这可以理解为给电子的烷基使羟基的氧原子上电子密度增加而有利于和水分子形成氢键。

构造式	溶解度/g·(100g $H_2O)^{-1}$	构造式	溶解度/g·(100g $H_2O)^{-1}$
$CH_3CH_2CH_2CH_2OH$	7.9	$(CH_3)_2CHCH_2OH$	10.0
$CH_3CH_2CH(CH_3)$—OH	12.5	$(CH_3)_3COH$	∞

3. 相对密度

在常温下，低于 12 个碳原子的正构饱和一元醇是液态的。它们的相对密度在

0.790～0.830，其它液态一元醇的相对密度也小于 1，多元醇和芳醇的相对密度则大于 1。

4. 光波谱性质

在醇的 IR 谱中，主要有两种特征的化学键伸缩振动吸收峰：一是 C—O 键，另一是 H—O 键。

谱 5-5

游离的羟基（在非极性溶剂如 CCl_4 中）的伸缩振动吸收在 $\sigma=3\,500\sim3\,650\ \text{cm}^{-1}$ 有一尖峰；而醇分子之间有氢键形成时，缔合羟基的伸缩振动吸收则在 $\sigma=3\,200\sim3\,400\ \text{cm}^{-1}$ 有一宽峰；分子内的缔合羟基约在 $\sigma=3\,000\sim3\,500\ \text{cm}^{-1}$ 有伸缩振动吸收。醇分子中的 C—O 键的伸缩振动一般是在 $\sigma=1\,050\sim1\,200\ \text{cm}^{-1}$ 出现吸收峰，而且伯、仲、叔醇的 C—O 键吸收波数是不同的。例如：

伯醇　C—O 键　$\sigma_{伸}=1\,050\sim1\,085\ \text{cm}^{-1}$

仲醇　C—O 键　$\sigma_{伸}=1\,100\sim1\,125\ \text{cm}^{-1}$

叔醇　C—O 键　$\sigma_{伸}=1\,150\sim1\,200\ \text{cm}^{-1}$

在醇的 NMR 谱中，羟基上氢的化学位移一般出现在较低场处（δ 可达 5 以上），可以是一个较宽的峰，但峰值出现的具体位置，则取决于测试所选用的溶剂、试样的浓度及测试的温度，因为这些因素都将直接影响醇分子之间氢键的形成。对于伯醇和仲醇，α-C 上氢的化学位移一般是在 3.3～4.0。

9.3 醇的化学性质

9.3.1 酸性和碱性

1. 弱酸性

由于醇分子中存在 H—O 极性键，其解离平衡中产生质子和烃氧负离子：

$$ROH+H_2O \overset{K_a}{\rightleftharpoons} RO^-+H_3O^+$$

常见的几个醇的 pK_a 值为

	CH_3OH	CH_3CH_2OH	$(CH_3)_2CHOH$	$(CH_3)_3COH$
pK_a	≈15.5	≈17.0	≈18.0	≈19.0
	$ClCH_2CH_2OH$	Cl_3CCH_2OH	$HOCH_2CH_2OH$	$HOCH_2CHOHCH_2OH$
pK_a	≈14.5	12.2	14.2	14.1

在醇的解离平衡中，所形成的烃氧负离子的溶剂化作用越好，则它的热力学稳定性越高，相对应的醇的 pK_a 值越小，即酸性较强。很显然，醇分子中的烃基越小，醇的 α-C 所连支链越少，其酸性越强；多元醇及有较强吸电子基存在于 α-C 上的醇其酸性增强。

演 6-15

醇羟基中的氢可被活泼的金属置换，放出氢气并生成醇金属化合物。例如：

$$2\ C_2H_5OH+2\ Na \longrightarrow 2\ C_2H_5ONa+H_2$$

$$6\ (CH_3)_2CHOH+2\ Al \xrightarrow{\text{或 }AlCl_3} 2\ [(CH_3)_2CHO]_3Al+3\ H_2$$

醇的相对分子质量越大，级别越高，与活泼金属的反应活性越小。醇与活泼金属的反应比水与活泼金属的反应要缓和得多，在实验室中，常用乙醇来处理残留的金属钠。

由于一般的醇的酸性小于水，在下面的反应中，平衡是偏向右边的：

$$C_2H_5ONa + H_2O \rightleftharpoons C_2H_5OH + NaOH$$

但在乙醇钠的工业制备中，则是由乙醇和 NaOH 在苯的存在下加热，通过三元共沸除水来实现的(共沸组成：$m_{苯}:m_{乙醇}:m_{水}=74.1:18.5:7.4$，共沸点 64.9 ℃)。

金属的活泼性下降，与醇的反应活性就降低。例如，乙醇与金属镁的反应就很缓慢，只有加入少量碘作为催化剂时，反应才能较顺利地进行；生成的乙醇镁可用于除去乙醇中的微量水。这是制备绝对乙醇的方法。

$$2\ CH_3CH_2OH + Mg \xrightarrow{I_2} (CH_3CH_2O)_2Mg + H_2$$

$$(CH_3CH_2O)_2Mg + H_2O \longrightarrow 2\ C_2H_5OH + MgO$$

多元醇的酸性较强，它们与碱金属氢氧化物的反应平衡是向右移动的：

$$HOCH_2CH_2OH + NaOH \rightleftharpoons NaOCH_2CH_2OH + H_2O$$

2. 弱碱性

醇分子的羟基氧原子上有未共用电子对，它可以与强酸形成鉡盐，也可以与路易斯酸生成配合物。例如：

$$n\text{-}C_4H_9OH + H_2SO_4 \rightleftharpoons n\text{-}C_4H_9^+OH_2^-\ SO_4H$$

$$C_2H_5OH + BF_3 \rightleftharpoons C_2H_5HO^+ \rightarrow {}^-BF_3$$

低碳原子数醇分子还可以与 $MgCl_2$，$CaCl_2$ 等无机盐形成配合物($MgCl_2 \cdot 6C_2H_5OH$、$CaCl_2 \cdot 4C_2H_5OH$)。因此不能使用这类盐作为醇的干燥剂。

9.3.2　羟基的取代反应

与卤代烃相似，醇分子中的羟基也可以被亲核试剂取代。不同的是卤代烃在亲核试剂的作用下，卤离子可直接离去，而醇羟基的亲核性很强，需要在酸的作用下，羟基生成鉡离子或配位离子，然后以 H_2O 或配位负离子的形式离去，完成取代反应。

1. 醇与氢卤酸的反应

醇很容易与氢卤酸反应，生成卤代烃，可以认为反应是通过羟基质子化形成鉡盐而完成的，H_2O 是一个好的离去基。

$$R{-}OH + HX \rightleftharpoons R{-}{}^+OH_2 + X^- \longrightarrow R{-}X + H_2O$$

在实验中发现，对于相同的醇，使用不同的氢卤酸，反应的活性有如下次序：

$$HI > HBr > HCl \gg HF$$

而对于相同的氢卤酸，使用不同级别的醇时，反应的活性次序则是：

叔醇 > 仲醇 > 伯醇

浓盐酸与叔醇在室温下振摇，便可以得到叔卤代烷；浓盐酸与伯醇作用时，一般要有无水氯化锌存在才能较顺利地进行反应。例如：

$$(CH_3)_3C—OH \xrightarrow{\text{浓 HCl}} (CH_3)_3C—Cl$$

$$n\text{-}C_8H_{17}—OH \xrightarrow[ZnCl_2、\triangle]{HCl} n\text{-}C_8H_{17}—Cl$$

演 6-16 对于低碳原子数醇，可以用卢卡斯(Lucas)试剂鉴别伯、仲、叔醇。卢卡斯试剂是浓盐酸与无水氯化锌的混合物。当被检验的醇与之作用时，由于生成的氯代烷不溶于卢卡斯试剂，导致反应体系出现混浊和分层的现象。在室温下叔醇及苄醇或烯丙醇与卢卡斯试剂立即反应出现混浊现象；仲醇与卢卡斯试剂的作用在数分钟之后也可出现混浊现象；而伯醇在室温下与卢卡斯试剂的反应十分缓慢，在加热下才渐渐有混浊现象出现。卢卡斯试剂与醇的反应主要是按照 S_N1 机理进行的。例如：

$$R—OH + ZnCl_2 \rightleftharpoons R—\overset{+}{O}(H)—\overset{-}{Z}nCl_2 \rightleftharpoons R^+ + (HOZnCl_2)^-$$

$$R^+ + HCl \longrightarrow R—Cl + H^+$$

$$(HOZnCl_2)^- + H^+ \longrightarrow H_2O + ZnCl_2$$

演 6-17 由于碳正离子的稳定性次序：$3°R^+ > 2°R^+ > 1°R^+$，所以叔醇与卢卡斯试剂反应很快，而伯醇与卢卡斯试剂反应很慢。

大多数伯醇之所以在与氢卤酸的反应中没有重排产物，这是由于伯醇与氢卤酸的反应是按照 S_N2 机理进行的。

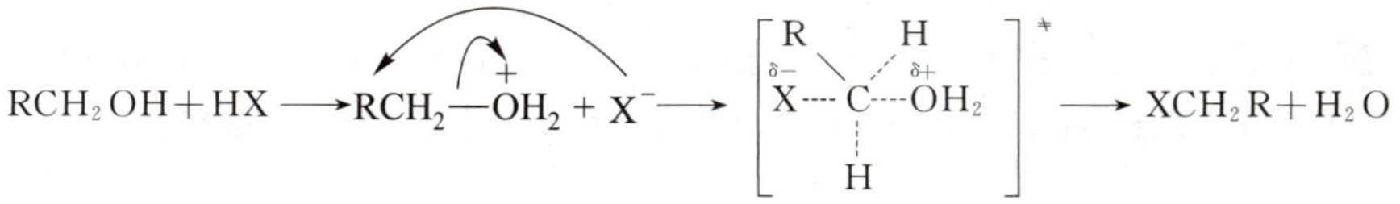

仲醇和叔醇与氢卤酸的反应则是按照 S_N1 机理进行的。这不仅得到动力学实验的支持，而且由于反应中间体碳正离子的生成并发生重排得到重排产物，以及不同的醇与氢卤酸反应的活性与生成的碳正离子的稳定性相对应，这也是对 S_N1 反应机理的支持。在仲醇与氢卤酸的反应中，重排产物的出现是 S_N1 机理的重要特征。

在新戊醇与盐酸的反应中，所得产物几乎都是重排的结果。由于新戊醇很难进行 S_N2 反应，虽然按 S_N1 机理进行的反应要生成稳定性较小的伯碳正离子，反应速率也很慢，但比其按照 S_N2 机理进行反应要容易，而且生成的伯碳正离子会重排为更加稳定的叔碳正离子，进而得到重排产物：

$$(CH_3)_3C—CH_2OH \xrightarrow{H^+} (CH_3)_3C—CH_2\overset{+}{O}H_2 \xrightarrow{-H_2O} (CH_3)_3C—\overset{+}{C}H_2$$

$$\xrightarrow{\text{重排}} (CH_3)_2\overset{+}{C}—CH_2CH_3 \xrightarrow{Cl^-} (CH_3)_2CClCH_2CH_3$$

叔醇与氢卤酸的反应一般不发生重排，但是叔醇在酸作用下受热容易发生分子内的脱水－消除反应。

β－卤代醇与氢卤酸的反应可体现明显的邻基参与效应，即

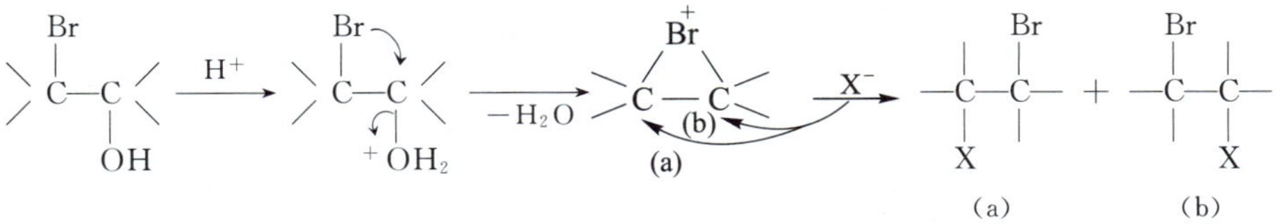

例如，3－溴－2－丁醇与氢溴酸的反应：

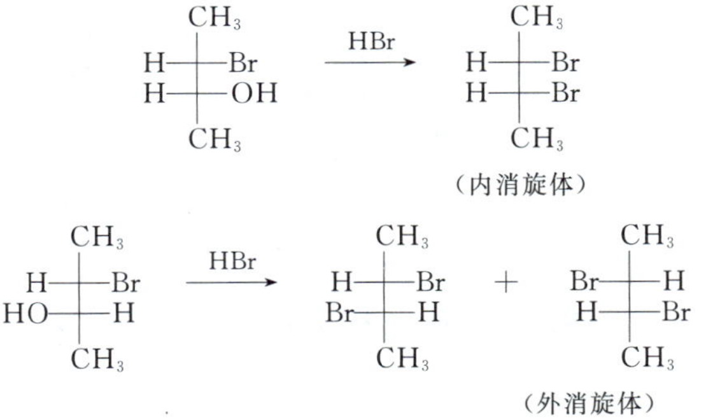

2. 醇与氯化亚砜及卤化磷的反应

(1) 与氯化亚砜的反应　醇与氯化亚砜作用生成氯代烃，同时还生成气体 HCl 及 SO_2。采用这一反应来制取氯代烃，收率高而且产物易分离纯化；但是对生成的酸性气体要加以回收利用，以避免造成环境污染。由于这一反应体系对金属设备有很强的腐蚀，一般多用于实验室中制取氯代烃。

$$ROH + SOCl_2 \longrightarrow RCl + SO_2 + HCl$$

醇和氯化亚砜反应的机理与醇和氢卤酸反应的机理不同。醇与氯化亚砜作用先是生成氯代亚硫酸酯和氯化氢，接着氯代亚硫酸酯发生分解，在碳氧键发生异裂的同时，带有部分负电荷的氯原子恰好位于缺电子碳的前方并与之发生分子内的亲核取代反应。当碳氯键形成时，分解反应完成并放出 SO_2。由于发生亲核攻击的氯原子所处方位与将要离去的 SO_2 是同侧，所以在反应过程中醇的 α－碳原子是构型保持的。这种取代反应机理称为分子内亲核取代，记作 S_Ni(substitution nucleophilic internal)。反应机理为

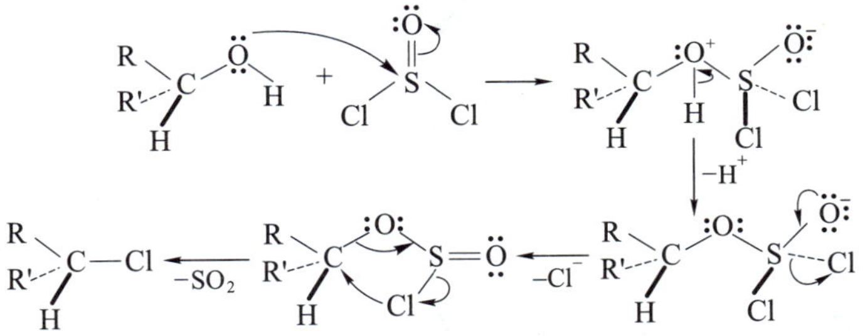

当向反应体系中加入叔胺或吡啶，则由于季铵盐的生成，“游离”的 Cl^- 与氯代亚

硫酸酯发生 S_N2 反应，则发生醇的 α－碳原子构型转化。即

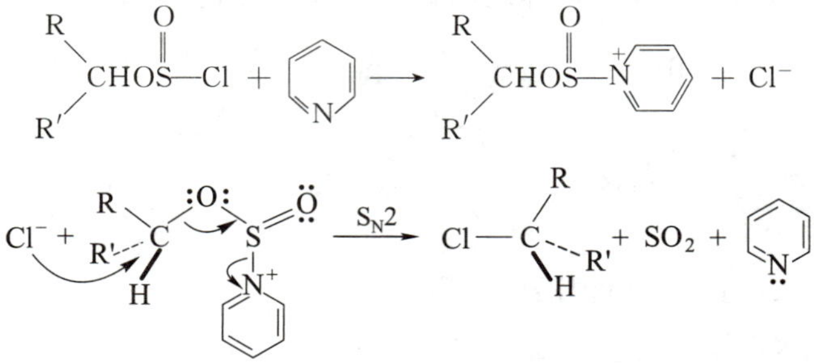

(2) 与卤化磷的反应　卤化磷与醇反应也可以得到卤代烃，在实际反应操作中，常常是用红磷与溴或碘直接和醇作用。例如：

$$6\ n\text{-}C_4H_9OH + 2\ P + 3\ Br_2 \longrightarrow 6\ n\text{-}C_4H_9Br + 2\ P(OH)_3$$

五氯化磷是白色固体，熔点 162 ℃，在用来制备高碳原子数卤代烃时，把生成的 $POCl_3$（沸点 105 ℃）从反应体系中蒸馏出来，以减少副反应的发生和达到分离的目的。例如：

$$n\text{-}C_{12}H_{25}OH + PCl_5 \xrightarrow[\triangle]{} n\text{-}C_{12}H_{25}Cl + HCl + POCl_3$$

卤化磷与醇反应生成卤代烃是 S_N2 反应，反应中心碳原子发生构型转化，这一特征在有机合成中是有用处的。

3. 醇与无机含氧酸的反应

醇与无机含氧酸反应，生成相应的无机酸酯。醇先与无机酸反应生成𬭩盐，然后，生成的酸根负离子作为亲核试剂取代了𬭩离子中的水而生成酯，反应可以是 S_N2 机理或 S_N1 机理。伯醇主要是按 S_N2 机理进行；叔醇则主要是按 S_N1 机理进行；对仲醇而言，两种机理都可以发生。

月桂醇与硫酸反应生成十二烷基硫酸氢酯，后者与氢氧化钠发生中和反应生成的十二烷基硫酸钠是重要的阴离子表面活性剂：

$$C_{12}H_{25}OH + H_2SO_4 \xrightarrow{40\sim55\ ℃} C_{12}H_{25}OSO_3H + H_2O$$

$$C_{12}H_{25}OSO_3H + NaOH \longrightarrow C_{12}H_{25}OSO_3Na + H_2O$$

甘油与硝酸反应生成的丙三醇三硝酸酯（硝化甘油）是强烈炸药；它还可作为舒张血管、缓解心绞痛的药物。

$$\begin{array}{l} CH_2OH \\ | \\ CHOH \\ | \\ CH_2OH \end{array} + 3HNO_3 \longrightarrow \begin{array}{l} CH_2ONO_2 \\ | \\ CHONO_2 \\ | \\ CH_2ONO_2 \end{array} + 3H_2O$$

甘油与磷酸反应可得到磷酸甘油，它在人体的代谢过程中有着重要的生理作用。它和钙离子形成的甘油磷酸钙，可在人体内调节钙磷的比例，防治佝偻病。

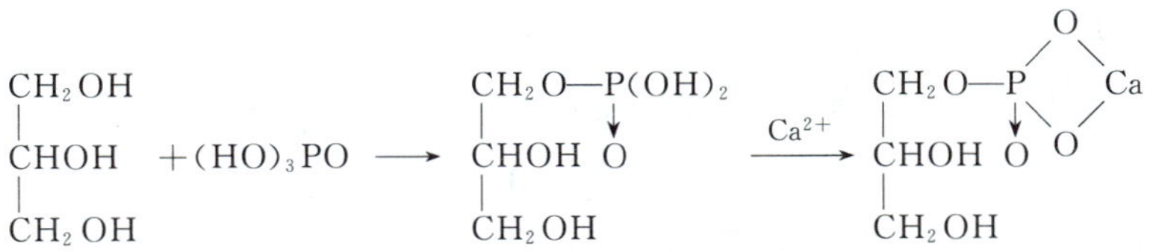

甘油磷酸酯　　甘油磷酸钙

9.3.3 脱水反应

醇与无机含氧强酸的反应不仅可以生成酯，随着反应温度的不同及所用酸的浓度和强度的不同，还可以发生以生成醚或烯烃为主产物的脱水反应。例如，乙醇与浓硫酸在不同温度下的反应主产物是不同的：

$$CH_3CH_2OH \xrightarrow[-H_2O]{H_2SO_4} \begin{cases} \xrightarrow{<100\ ^\circ C} CH_3CH_2OSO_3H \\ \xrightarrow{140\ ^\circ C} (CH_3CH_2)_2O \\ \xrightarrow{170\ ^\circ C} CH_2{=}CH_2 \end{cases}$$

1. 醇分子间脱水

醇分子间脱水生成醚的反应是 S_N 机理。在用醇制备单醚时，一般以伯醇为宜，这时的脱水反应是 S_N2 机理，如正丁醚的合成：

$$CH_3CH_2CH_2CH_2OH + H^+ \longrightarrow CH_3CH_2CH_2CH_2\overset{+}{O}H_2$$

$$n\text{-}C_4H_9\ddot{O}H + H_2\overset{+}{O}CH_2CH_2CH_2CH_3 \longrightarrow (n\text{-}C_4H_9)_2\overset{+}{O}H + H_2O$$

$$(n\text{-}C_4H_9)_2\overset{+}{O}H \xrightarrow[-H^+]{} (n\text{-}C_4H_9)_2O$$

由不同的醇发生分子间脱水得到的是多种醚的混合物，故很少有合成价值；但用甲醇和叔丁醇来制备甲基叔丁基醚，却可以得到较高的收率，这是因为叔丁基碳正离子容易形成，使反应按如下 S_N1 机理进行：

$$(CH_3)_3COH + H^+ \longrightarrow (CH_3)_3C\overset{+}{O}H_2 \longrightarrow (CH_3)_3C^+ + H_2O$$

$$(CH_3)_3C^+ + HOCH_3 \longrightarrow (CH_3)_3C{-}\underset{H}{\underset{|}{O^+}}{-}CH_3 \longrightarrow (CH_3)_3C{-}O{-}CH_3 + H^+$$

2. 醇分子内脱水

醇分子内脱水生成烯烃的反应是消除反应。一般来说，仲醇和叔醇的分子内脱水是按 E1 机理进行。这一推论被下面两实验事实所支持：一是在生成的烯烃中有重排产物；二是不同醇分子内脱水的反应活性是叔醇＞仲醇＞伯醇。例如，3，3－二甲基－2－丁醇分子内脱水，主产物是 2，3－二甲基－2－丁烯。

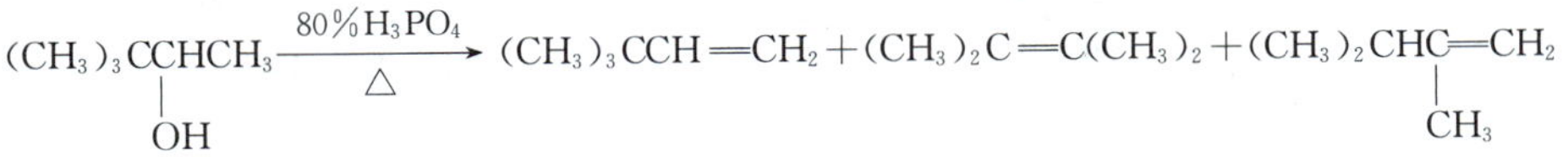

3%　　64%　　33%

反应的机理为

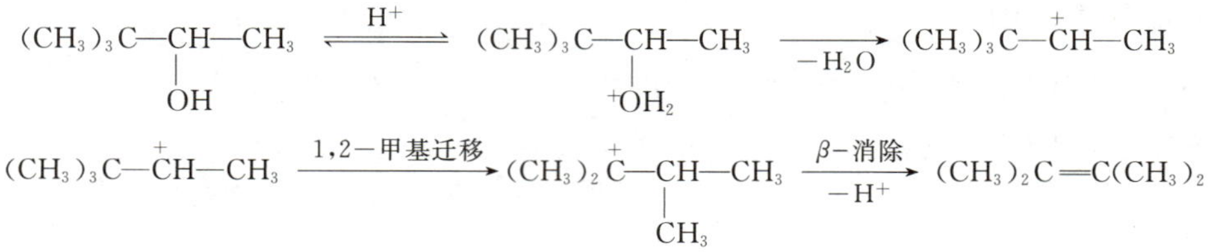

仲醇在质子酸催化下分子内脱水生成烯烃，反应的主产物是反式内烯烃。例如：

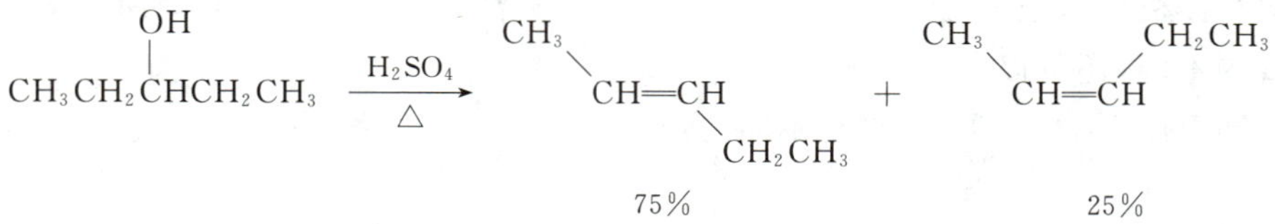

伯醇在浓 H_2SO_4 作用下发生的分子内脱水反应主要按 E2 机理进行，这时使醇分子中的β－H离去而起到碱作用的是酸根负离子。即

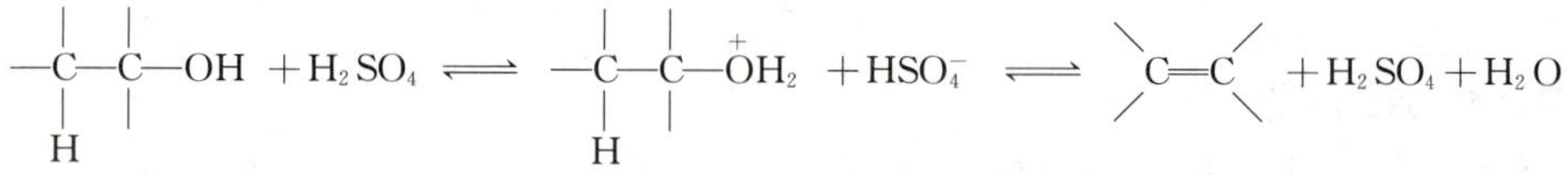

伯醇也有按 E1 机理脱水的情况，如 β－C 上含支链的伯醇：

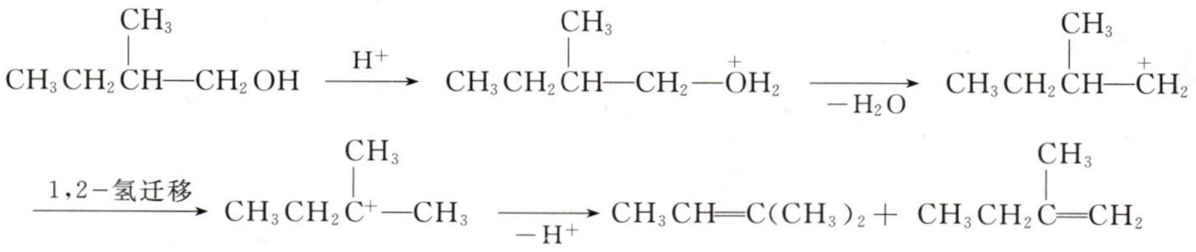

不同级别的醇，由于它们脱水的反应活性不同，在它们发生分子内脱水反应时，所使用的酸的浓度及所需的反应温度也是不同的。例如：

$$CH_3CH_2CH_2CH_2OH \xrightarrow[140\ ℃]{75\%H_2SO_4} CH_3CH_2CH{=}CH_2$$

$$CH_3CH_2CH(OH)CH_3 \xrightarrow[100\ ℃]{60\%H_2SO_4} CH_3CH{=}CHCH_3$$

$$(CH_3)_3COH \xrightarrow[80\ ℃]{20\%H_2SO_4} (CH_3)_2C{=}CH_2$$

3. 频哪醇的脱水及频哪醇重排

通常将两个羟基都连在叔碳原子的 α－二醇称频哪醇(pinacol)。在 Al_2O_3 作用下频哪醇发生分子内脱除两分子水的反应生成共轭二烯烃：

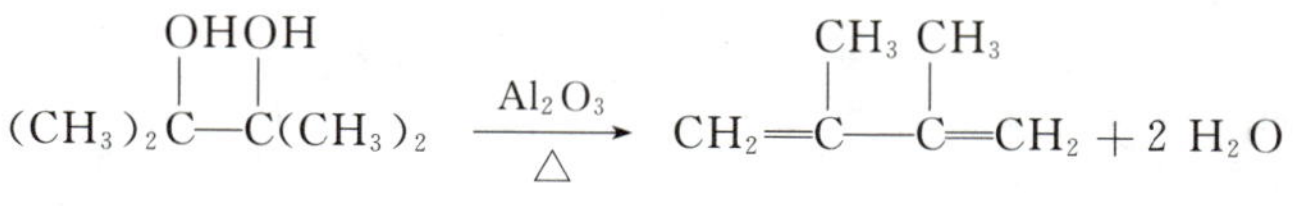

在无机酸存在下，频哪醇却只发生失去一分子水的反应，而且不是脱去 β－H 得到

烯烃，而是得到酮。这是因为在质子酸的作用下，发生了下面所示的频哪醇重排反应：

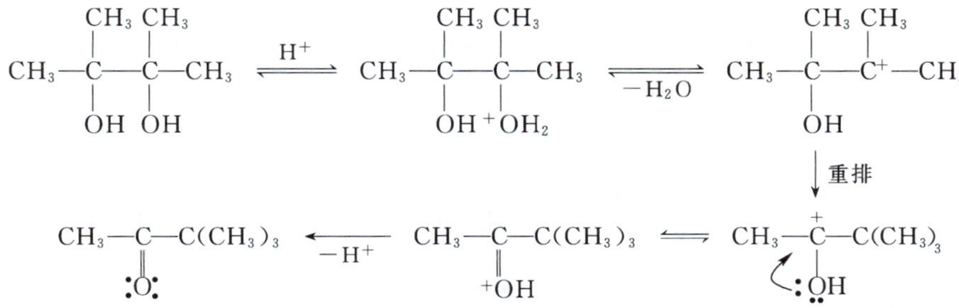

在这个重排过程中，最初生成的碳正离子是一个叔碳离子，然后它重排为一个更为稳定的鉼(质子化的酮)盐。

不对称的 α—二醇也能发生频哪醇重排，碳正离子最初形成的位置应是以生成最为稳定的碳正离子为主。例如：

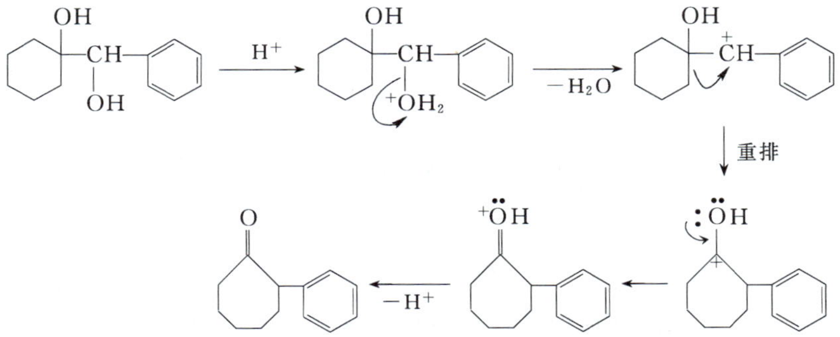

当最初形成的碳正离子发生重排时，以最易于容纳一个负电荷进行迁移的相邻基团发生重排为有利。例如：

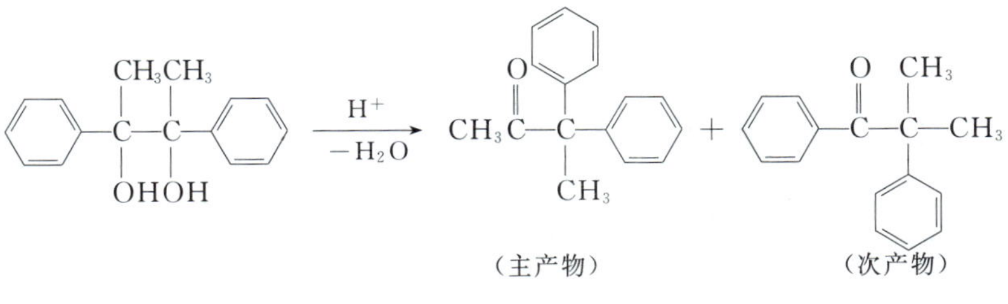

发生此类重排时，以迁移基团与离去基团处于反式位置有利。例如：

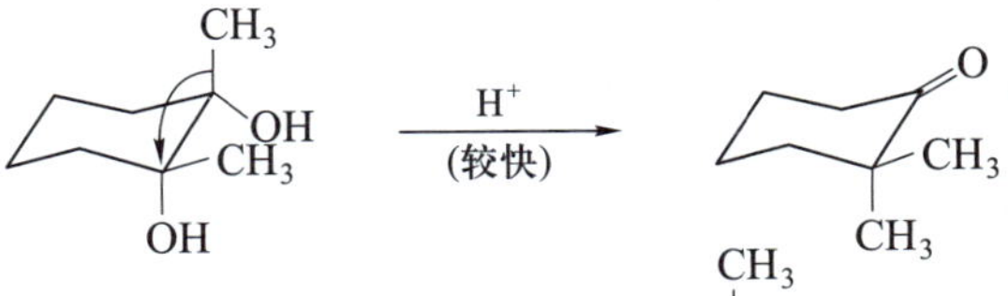

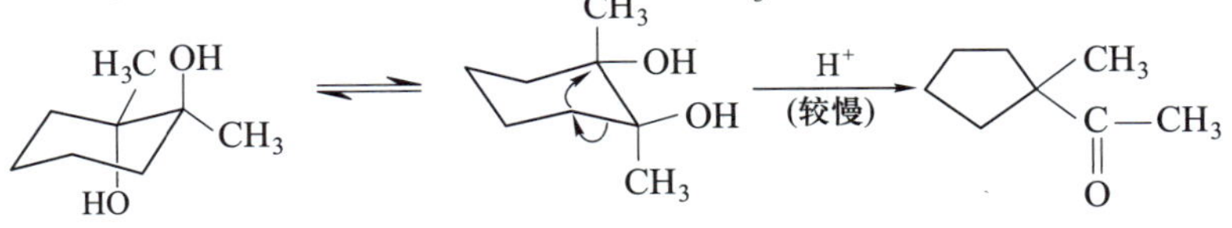

9.3.4　氧化和脱氢反应

伯醇、仲醇因其 α－C 上连有氢原子，故可以被氧化生成醛、酮、酸。

1. 伯醇氧化

伯醇可以被氧化成醛，后者可进一步被氧化生成羧酸。例如：

$$\mathrm{CH_3CH_2CH_2OH \xrightarrow[H_2SO_4,H_2O,75\ ^\circ C]{Na_2Cr_2O_7} CH_3CH_2CHO \xrightarrow[H_2SO_4,\triangle]{Na_2Cr_2O_7} CH_3CH_2CO_2H}$$

在由伯醇氧化制备醛时，应把生成的醛尽快从反应体系中移出，以避免进一步氧化。选用氧化剂的种类是重要的，一种称为 PCC 氧化剂适用于氧化伯醇制取醛。PCC 氧化剂也称为沙瑞特(Sarrett)试剂，是 CrO_3 与吡啶(C_5H_5N)在盐酸溶液中形成的配合盐 $C_5H_5N\cdot CrO_3\cdot HCl$。PCC 溶于 CH_2Cl_2，使用方便，在室温下可将 $-\overset{|}{C}H-OH$ 氧化成 $\rangle C=O$，而且基本上不发生进一步的氧化作用；不但产率高，对分子内存在的 C═C，C═N等基团不发生破坏作用。

$$n\text{-}\mathrm{C_7H_{15}OH \xrightarrow[CH_2Cl_2]{PCC}} n\text{-}\mathrm{C_6H_{13}CHO}$$

新生的 MnO_2 对苄醇和烯丙位醇有很好的选择性氧化。例如：

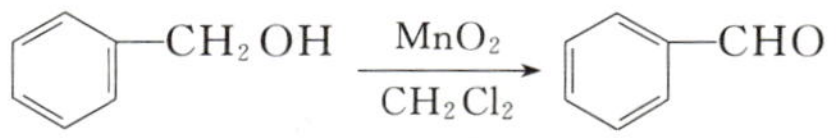

$$\mathrm{CH_3CH{=}CHCH{=}CHC(CH_3){=}CHCH_2OH \xrightarrow[石油醚,20\ ^\circ C]{MnO_2} CH_3CH{=}CHCH{=}CHC(CH_3){=}CHCHO}$$

在加热时，高锰酸钾的酸性或碱性溶液可以氧化伯醇生成羧酸：

$$\mathrm{R{-}CH_2OH \xrightarrow[\triangle]{KMnO_4,{}^-OH,H_2O} R{-}COOK + MnO_2}$$
$$\mathrm{R{-}COOK \xrightarrow{H_3^+O} R{-}COOH}$$

稀硝酸也可将伯醇氧化生成羧酸。例如：

$$\mathrm{HOCH_2\overset{OH}{\overset{|}{C}}HCH_2OH \xrightarrow{稀\ HNO_3} HO_2C{-}\overset{OH}{\overset{|}{C}}H{-}CO_2H}$$

伯醇在费兹纳－莫发特(Pfitzner－Moffatt)试剂和酸作用下，可高选择性、高产率地得到醛，这种试剂是由二甲基亚砜(DMSO)和二环己基碳二亚胺(DCC)组成。分子中存在的双键、三键、酯、叠氮、酰胺、糖苷键等不受影响。例如：

在硅藻土上沉淀的碳酸银可氧化伯醇生成醛，反应在沸苯中进行，反应后处理易，产率高，有其它易氧化基因存在时，不受影响。

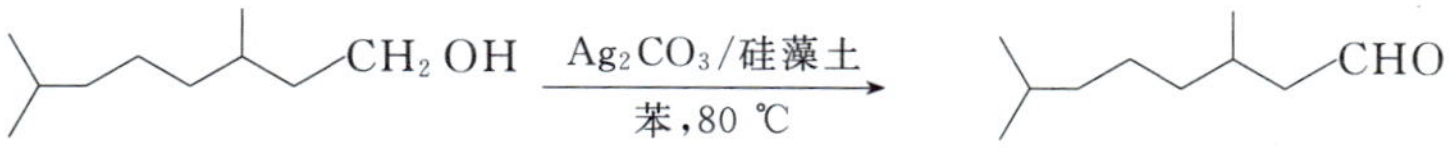

在过渡金属催化下伯醇可被过氧三甲基硅醚高选择性地氧化为醛。

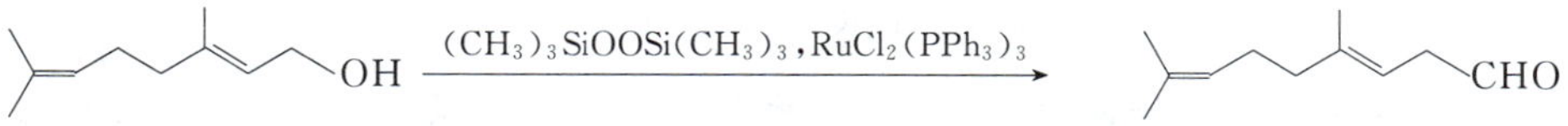

2. 仲醇、叔醇的氧化

仲醇由于其 α-C 上只连有一个氢原子，所以它被氧化后的产物为酮。

CrO_3 在醋酸中对仲醇的氧化反应可以比较缓和地生成酮：

$$R-CH(OH)-R' \xrightarrow[CH_3COOH]{CrO_3} R-\overset{O}{\overset{\|}{C}}-R'$$

硝酸可氧化仲醇生成酸。例如：

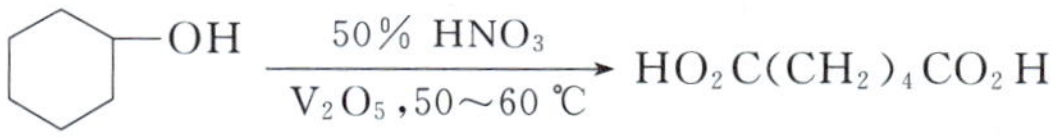

这是工业上制备己二酸的一种方法，由于副产物氧化氮污染环境，将被淘汰。

CrO_3 的稀硫酸溶液称为琼斯(Jones)试剂，可用于伯、仲醇与烯、炔烃的区别，因为烯、炔烃不被琼斯试剂所氧化，而伯、仲醇则可被氧化，且反应现象明显。

$$R-CH(OH)-R' + Cr^{6+}(\text{橙色}) \longrightarrow R-CO-R' + Cr^{3+}(\text{蓝绿色})$$

琼斯试剂一般用于比较特殊的酮类化合物的制备。例如：

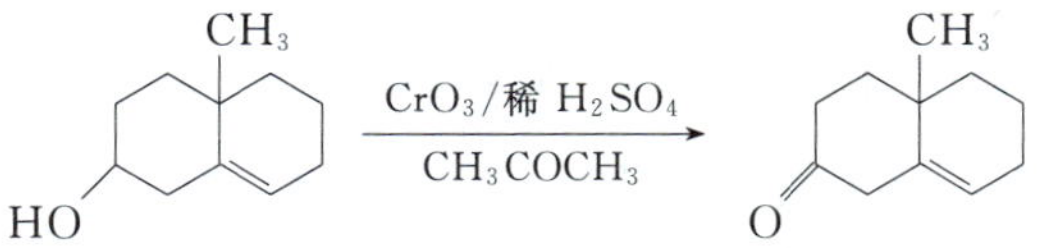

在醋酸中，次氯酸钠可选择性地氧化仲醇生成酮：

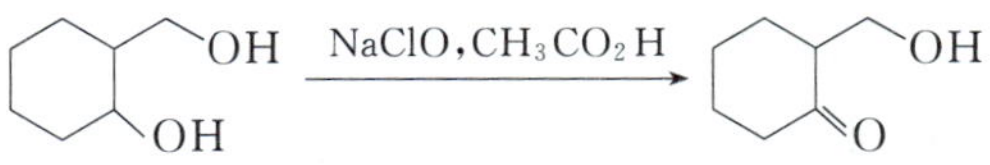

过氧化丙酮(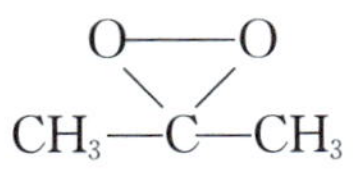 ,DMDO)可以在温和的反应条件高选择性地氧化仲醇：

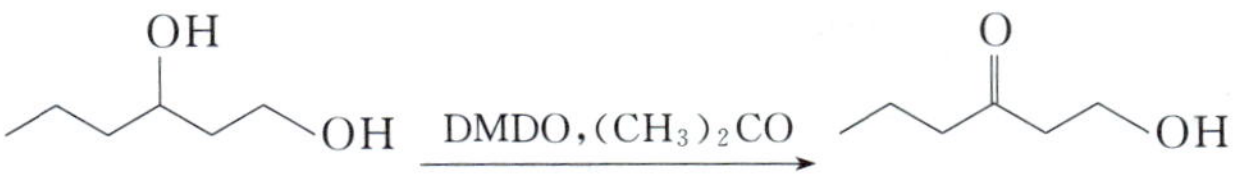

一种把不饱和仲醇选择性地氧化成不饱和酮的方法称为欧芬脑尔(Oppenauer)氧

化法。该氧化法是在丙酮溶液中，使用异丙醇铝或叔丁醇铝，将仲醇氧化成酮，而丙酮则被还原成异丙醇。例如：

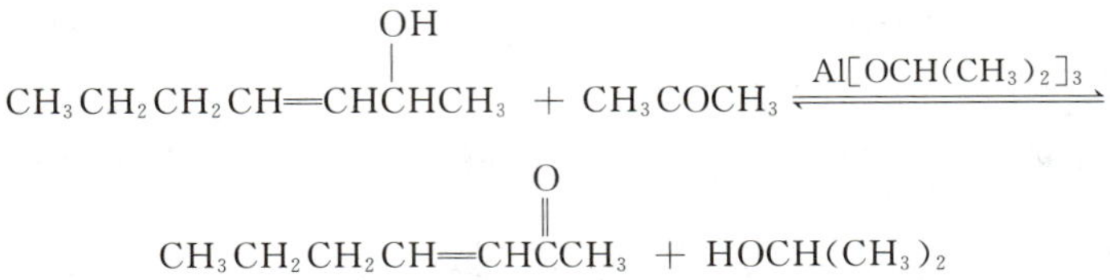

欧芬脑尔氧化反应的逆反应是在异丙醇铝的异丙醇溶液中将酮还原成仲醇，而异丙醇被氧化成丙酮。从制备的角度考虑，不论正反应还是逆反应，只有在反应过程中能不断地分离出生成的产物才有意义。

叔醇分子无 α－H，因此叔醇难氧化。但在酸性条件下，叔醇可以脱水生成烯烃。烯烃很容易被氧化成小分子化合物。例如，酸性高锰酸钾溶液可将叔醇氧化成相应的酮和酸，产物往往很复杂。

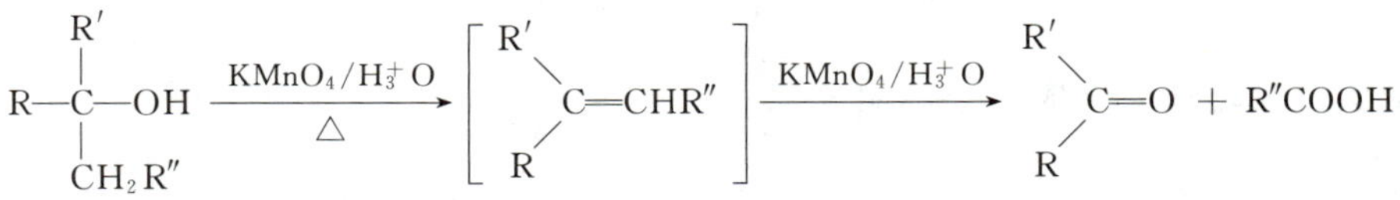

3. 邻位二醇的氧化

多元醇也容易被氧化，但产物比较复杂。最简单的多元醇是乙二醇，在不同的氧化条件下，生成的氧化产物不同，实用意义不大。

高碘酸是一个对邻位二醇有专属性的氧化剂，当它与邻二醇作用时，使两个羟基所连碳原子之间的碳碳键断裂并生成两个相应的羰基化合物，而且反应是定量进行的。这个反应可用于邻位二醇的结构鉴定和定量分析。

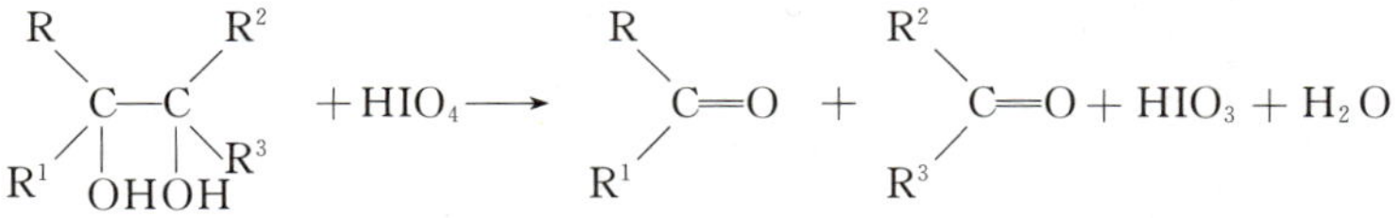

反应过程中，HIO_4 被还原成 HIO_3，后者可以与 $AgNO_3$ 作用，定量地生成 $AgIO_3$ 沉淀，而有助于判断氧化反应的发生。

不仅仅是邻位二醇的碳碳键可被 HIO_4 氧化断裂，含有 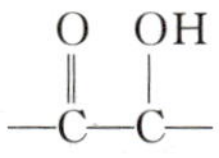 结构的化合物也可以发生上述反应。与 HIO_4 有同样作用的氧化剂还有四乙酸铅。多元的邻位醇也有这样的特征反应。例如：

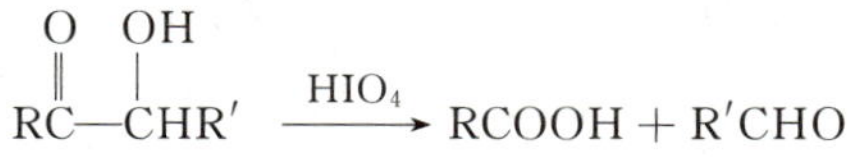

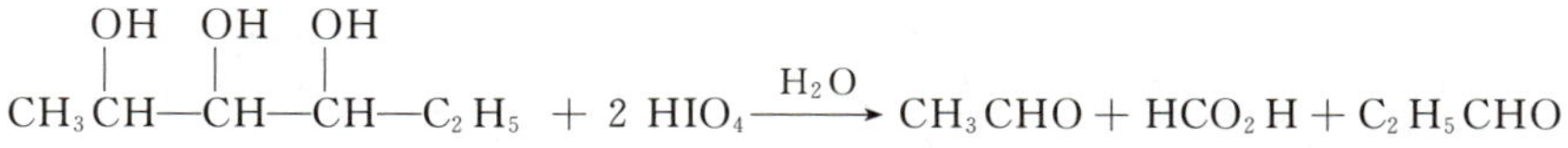

α－羟基醛、酮、酸及 α－二酮在少许水或醇存在时，与 $Pb(OAc)_4$ 作用也发生此类氧化反应。

4. 醇的脱氢

醇的脱氢反应是指在催化剂的作用下，醇羟基上的氢原子和 α－C 上的氢原子的脱除反应。伯醇和仲醇在经过铜、氧化锌催化脱氢后，生成的产物分别是醛和酮。例如：

$$CH_3CHOHCH_3 \xrightarrow[380\ ℃]{ZnO} CH_3COCH_3 + H_2$$

丁醛是香料工业的重要原料，它可由丁醇脱氢制备：

$$CH_3CH_2CH_2CH_2OH \xrightarrow[430\ ℃]{Cu\ 网} CH_3CH_2CH_2CHO + H_2$$

脱氢是吸热反应，氧化是放热反应，在反应体系中引入适量的空气，可以在反应正常进行后不再供热而保持反应所需温度。

演 6－18

9.4　酚的结构、分类和物理性质

9.4.1　结构

酚是羟基取代芳环上氢得到的一类化合物。在酚分子中，羟基与芳环的 sp^2 杂化碳原子相连，羟基中氧原子是 sp^2 杂化，其中 p 轨道内的孤对电子与芳环上的大 π 键是共轭的，所以在理化性质上酚与醇有很大的差别。以苯酚为例，其酸性（$pK_a=10.0$）要比甲醇的酸性（$pK_a=15.9$）大很多；苯酚和甲醇两者极性虽然相近，但偶极矩的方向却是相反的：

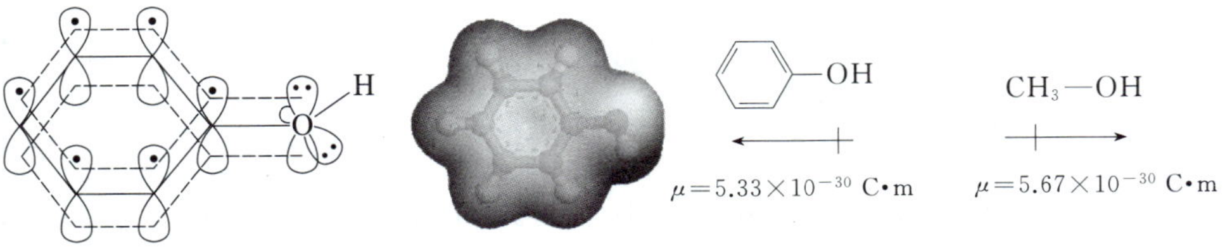

静电势模型图

在化学性质方面，醇羟基比较容易与相关试剂作用发生取代或消除反应，而酚中的羟基则难于被取代和消除，酚羟基氧原子的碱性较醇的小，难于质子化，但酚类却容易发生苯环上的亲电取代反应等。

苯酚的结构可以用下面的共振式表示：

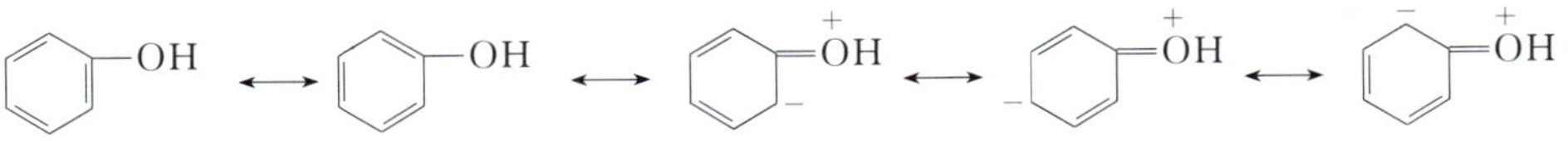

从羟基与 sp^2 杂化的碳原子相连这一点看，酚有烯醇的结构特征，但这个“烯醇”

很稳定，它的酮式互变异构体则很不稳定。

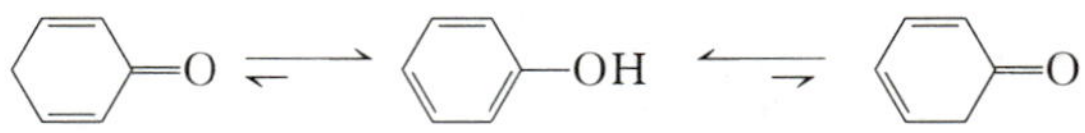

9.4.2　分类

根据酚化合物的来源不同，把酚分为两大类，一类是天然产物酚，另一类是合成酚。天然产物酚是指从矿物或植物中得到的酚化合物。例如，从煤焦油中得到的苯酚、甲苯酚和萘酚等；从一些植物的精油中可以分离得到酚，如：

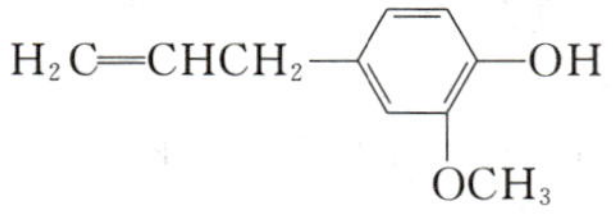

丁香酚

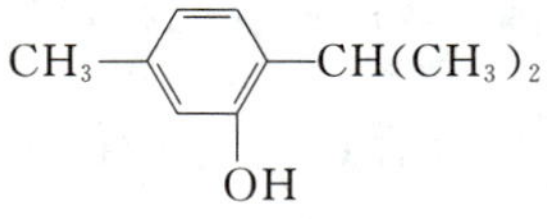

百里酚

在茶叶、棉根皮中还含有结构复杂的多元酚。

从与酚羟基相连的芳环类别上又把酚化合物分成苯酚、萘酚和菲酚等系列；而根据芳环上连有羟基的数目，又把酚分成一元酚、二元酚、三元酚，等等。例如：

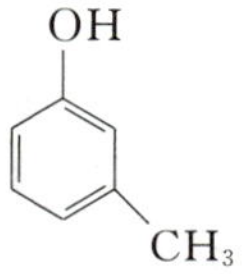

间甲基苯酚

对苯二酚

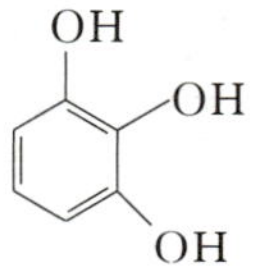

连苯三酚

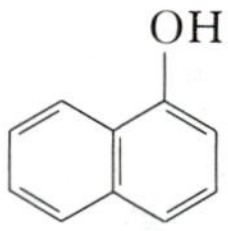

α-萘酚

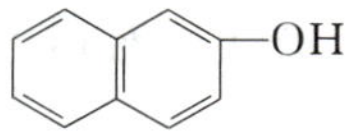

β-萘酚

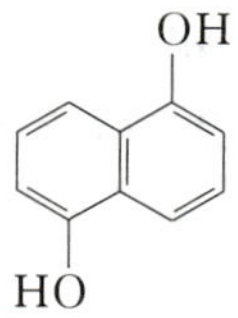

1,5-萘二酚

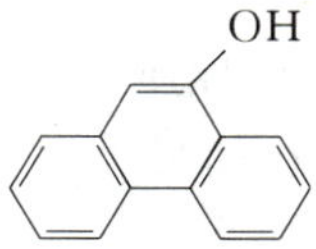

9-菲酚

9.4.3　物理性质

由于酚中的羟基也可以形成分子间氢键，因此，酚化合物的熔点和沸点要比相对分子质量相近的芳烃、芳卤的高，而且酚的相对密度都大于1。除少数几个酚以外，酚化合物在常温下大都是以晶体的形式存在。长期放置的酚由于被空气所氧化，往往带有暗红色或更深的颜色。

在酚化合物中，由于芳基的存在，一元酚一般在水中的溶解度都较小；多元酚的溶解度则较大（对苯二酚除外），而且多元酚的熔点和沸点也很高。在取代苯酚中，邻位异构体的熔、沸点往往较低。表9-2给出一些酚化合物的物理常数。

表 9-2　一些酚化合物的物理常数

化合物	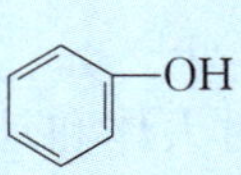	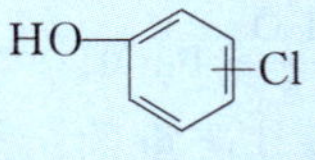			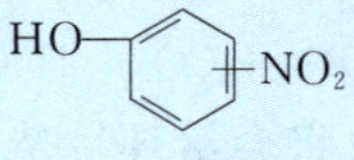			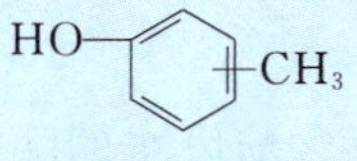		
		o−	*m*−	*p*−	*o*−	*m*−	*p*−	*o*−	*m*−	*p*−
熔点/ ℃	41	9	33	43	45	96	114	31	12	35
沸点/ ℃	182	173	214	220	217	194 (9 333 Pa)	279 (分解)	191	202	202
溶解度 / $g\cdot(100g\ H_2O)^{-1}$	9.3	2.8	2.6	2.7	0.2	1.4	1.7	2.5	2.6	2.3

常见的酚化合物在乙醇、乙醚、苯及卤代烃等有机溶剂中都有良好的溶解性。

低碳原子数的酚都有特殊的刺激性气味，有一定的挥发性，尤其对眼睛、呼吸道黏膜、皮肤等有强烈的刺激和腐蚀作用，在使用时应注意安全保护措施。有的酚类还具有较强的杀菌能力，如医院中使用的消毒水“来苏儿”，就是混合甲酚的水溶液。

酚的红外光谱有 O—H 键和 C—O 键的两个特征吸收峰。由很稀的酚溶液测定游离的羟基 O—H 伸缩振动吸收峰位于 $\sigma = 3\ 603 \sim 3\ 611\ cm^{-1}$ 处，峰形是尖锐的；在浓的酚溶液中，酚羟基间形成氢键呈缔合状态，测得的 O—H 键的伸缩振动峰移向 $\sigma = 3\ 200 \sim 3\ 500\ cm^{-1}$，峰形较宽；在多数情况下，可能是两峰并存。酚的 C—O 键伸缩振动吸收峰在 $\sigma = 1\ 200 \sim 1\ 300\ cm^{-1}$ 处。 谱 5-6

在酚的 NMR 谱中，一般情况下，酚羟基质子的化学位移为 4～9。但这个值受溶剂、浓度、温度、取代基等诸多因素影响，有的酚化合物的化学位移值可能会超出这个范围。

9.5　酚的化学性质

酚的化学性质主要有酚羟基和芳环两方面的性质，由于这两者之间的相互影响，使其又有别于醇类和芳烃的某些特性。

9.5.1　羟基上的反应

1. 弱酸性

酚类化合物具有明显的弱酸性，其酸性大于醇。

苯酚的弱酸性（$pK_a = 10.0$）体现在它可以溶于 NaOH 溶液中形成酚盐溶液。在 pH=10 的 NaOH 溶液中，溶解了的苯酚中约有 50%呈酚盐的形态（$C_6H_5O^- Na^+$），另外约 50%以苯酚的形态存在。如果是在 pH=13 的 NaOH 溶液中，溶于其中的苯酚将有 99.9%为酚盐的形态。由于酚盐的大量生成，对酚氧负离子与水之间的氢键的形成就更为有利。

苯酚水溶液不能使石蕊试纸变色。由于苯酚的酸性小于碳酸（$pK_a = 6.35$），所以向苯酚盐的水溶液中通入 CO_2 可将苯酚游离出来：

$$PhONa + CO_2 + H_2O \xrightarrow{H_2O} PhOH + NaHCO_3$$

含酚废水的随意排放将会给环境造成极其严重的污染，对人体和动植物将会带来极为有害的影响。现在对工业上排放的含酚废水已有某些治理方法，其中之一就是把工业含酚废水用“磺化煤”（是由发烟硫酸与褐煤作用形成的一种含磺基的阳离子交换树脂）进行吸附处理，然后用碱液洗涤树脂。这样，被吸附的酚变为钠盐而溶于水中，最后再用酸处理酚钠溶液使酚得到回收。

当苯酚的环上有其它取代基存在时，由于取代基的电子效应，使取代酚的酸性有所不同。由表 9-3 所列出的取代酚的 pK_a 值可清楚地看到，吸电子基使取代酚的酸性增强，给电子基使其酸性减弱。

表 9-3　一些取代酚的 pK_a 值（25 ℃）

取代基	*o*-	*m*-	*p*-
—H	10.0	10.0	10.0
—CH_3	10.29	10.09	10.26
—F	8.81	9.28	9.81
—Cl	8.48	9.01	9.38
—Br	8.42	8.87	9.26
—I	8.46	8.88	9.20
—OCH_3	9.98	9.65	10.21
—NO_2	7.22	8.39	7.15

2,4-二硝基苯酚和 2,4,6-三硝基苯酚的 pK_a 值分别是 4.0 和 0.8，后者实际上已是一个较强酸（俗称苦味酸）。

演 6-19

2. 与 $FeCl_3$ 的反应

（1）显色反应　酚中的羟基与芳环连接在一起，这与烯醇型化合物相似，具有烯醇型结构的分子与 $FeCl_3$ 溶液能够发生颜色反应。可以用 $FeCl_3$ 鉴别酚的存在，不同的酚与 $FeCl_3$ 溶液作用呈现不同的颜色。生成的有色物质为酚氧离子和高价铁离子形成的配合物：

$$6\ ArOH + FeCl_3 \rightleftharpoons [Fe(OAr)_6]^{3-} + 6\ H^+ + 3\ Cl^-$$

不同的酚与 $FeCl_3$ 的配合物显色为

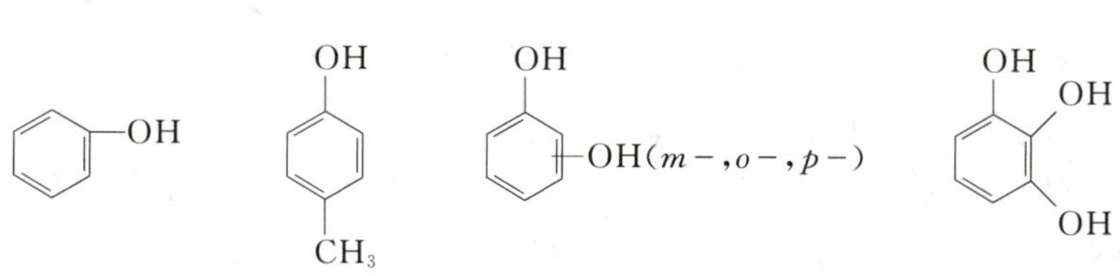

蓝紫色　　蓝色　　蓝紫 深绿 暗绿　　淡棕色

（2）偶联反应　萘酚与 $FeCl_3$ 也有显色反应。但是在 $FeCl_3$ 的氧化作用下，萘酚能发生双分子偶联反应，生成联萘酚。例如，2-萘酚与 $FeCl_3$ 溶液作用，可以高收率、高选择性地生成 1,1′-联-2-萘酚（BINOL）：

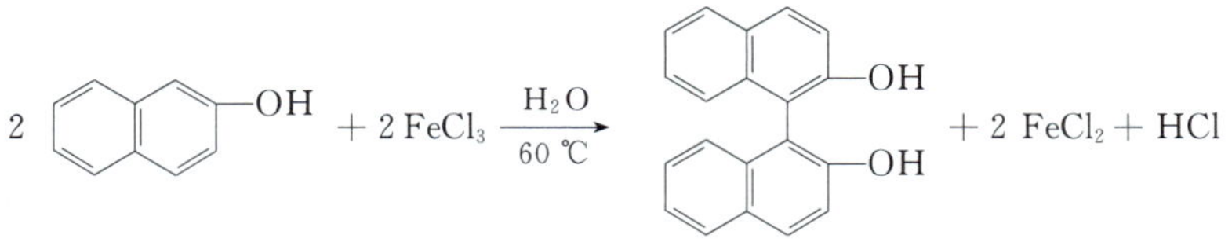

偶联反应是发生在电子密度高的芳环的 α 位。生成的 BINOL 因两个萘环不能共平面而有两种异构体(R)-BINOL 和(S)-BINOL。这一点在不对称有机合成上有重要的应用。例如,BINOL 的衍生物可用于手性催化剂的配体。

3. 生成芳醚的反应

酚与醇不同,通常酚不发生分子内的脱水反应;分子间的脱水也难于进行,要在催化剂存在下并有较高温度才能脱水生成芳醚。例如:

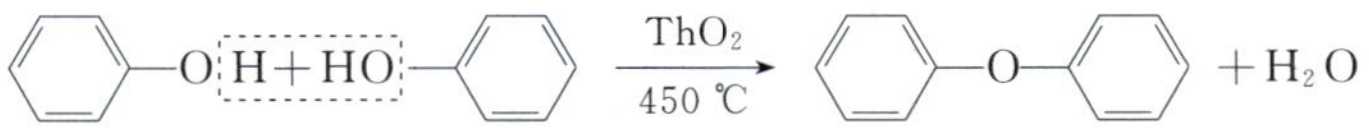

通过酚氧负离子与卤苯作用则较容易得到二芳基醚。例如:

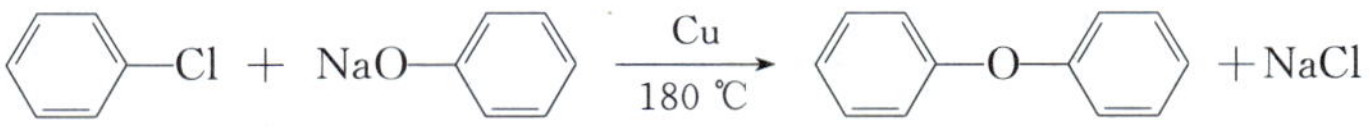

二苯醚的热稳定性非常好,它与联苯按 4∶1 的比例混合作为导热油可在 250 ℃下使用。

酚氧负离子与卤代烃作用发生 S_N 反应,生成混芳醚。例如:

$$C_6H_5ONa + CH_3I \xrightarrow{CH_3COCH_3} C_6H_5OCH_3 + NaI$$

茴香醚

除草醚

在碱性条件下,$(CH_3O)_2SO_2$ 与萘酚在丙酮溶剂中,能快速地、高选择性地转化成萘甲醚:

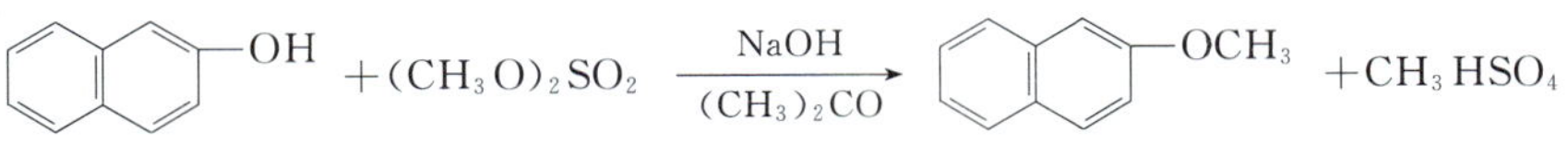

一种称为 2,4-D(2,4-二氯苯氧乙酸)的植物生长素(也可以作为除草剂),其合成就是通过酚的醚化反应完成的:

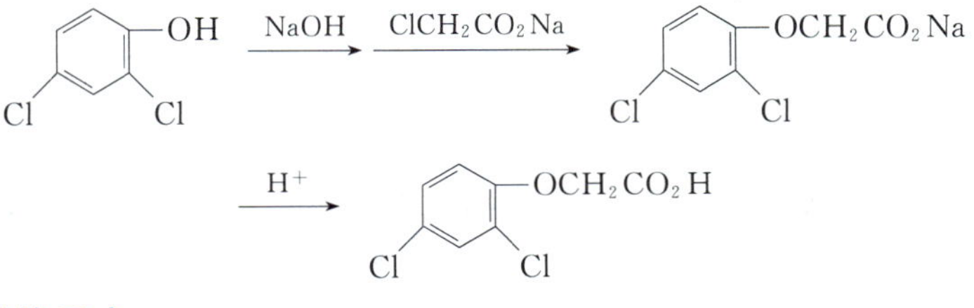

4. 生成酯的反应

酚与醇不同,它与有机酸直接酯化生成酯的平衡常数非常小,酚要在碱性条件下与酰氯或酸酐等作用才能生成酯。例如：

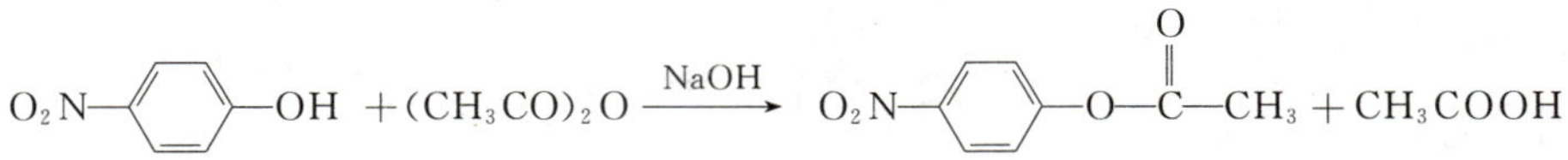

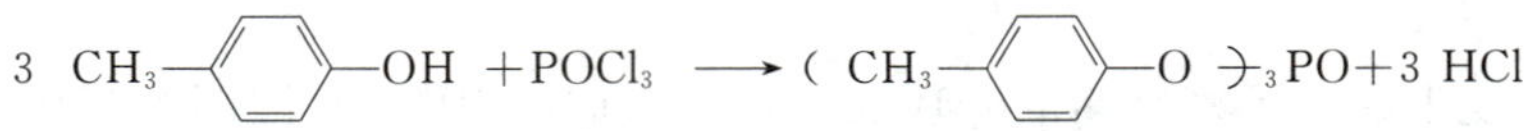

磷酸三对甲苯酯

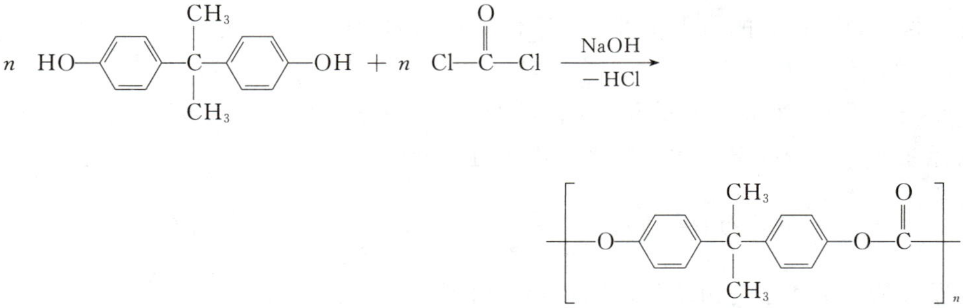

聚碳酸酯

磷酸三芳基酯类可用作塑料的增塑剂，而聚碳酸酯则是性能优良的工程塑料。

羧酸苯酯在 $AlCl_3$ 作用下，酰基从酚的氧原子上转移到环上酚羟基的邻位或对位。这个反应通常称为弗里斯(Fries)重排，可用这个反应制备酚酮。例如：

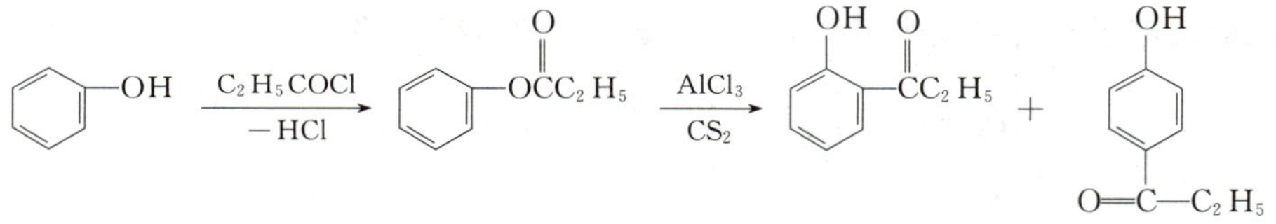

弗里斯重排反应的总收率较高，生成的邻、对位异构体可以通过水蒸气蒸馏或分步结晶的方法加以分离。一般在较低的温度下，弗里斯重排对位异构体较多，而在较高温度下，邻位异构体较多：

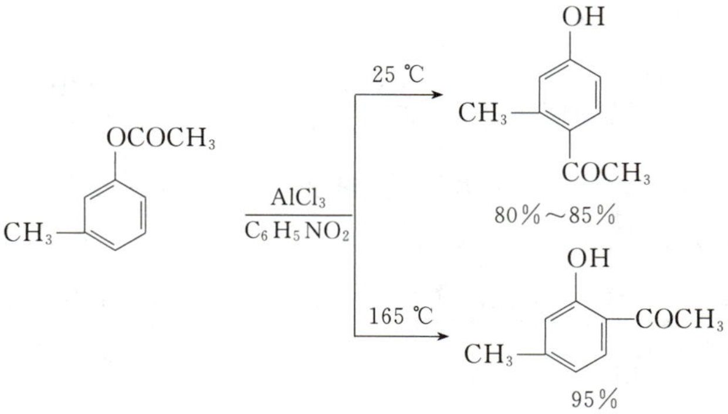

实验证明，弗里斯重排属于亲电型重排，当酚环上连有吸电子基时，不易发生此种重排。

5. 羟基的氨解

β-萘酚和 NH_4HSO_3 及氨在压力下于 150 ℃作用，β-萘酚转变成β-萘胺，此反应

称为布赫尔(Bucherer)反应。由于萘的硝化反应不易发生在 β 位上,所以通过此反应制得 β-萘胺,以及从它出发合成更多的用途广泛的化合物,就显得十分重要,β-萘胺和 β-萘酚都是合成偶氮染料的重要中间体。

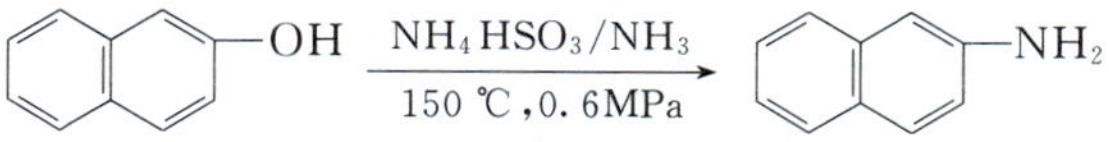

当芳环上存在吸电子基时,氨解反应可顺利进行:

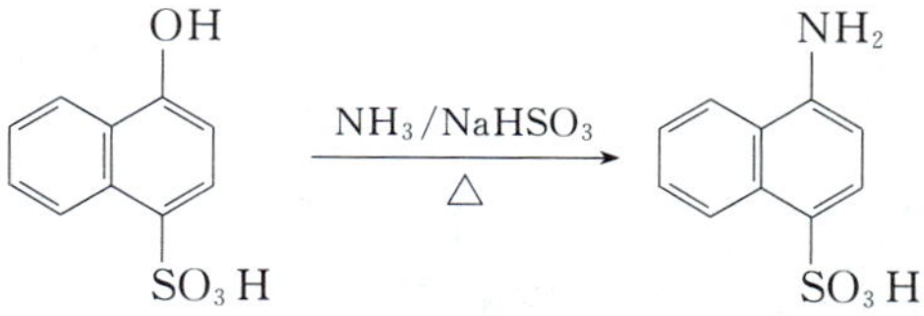

间氨基酚也可由间苯二酚经氨解制备:

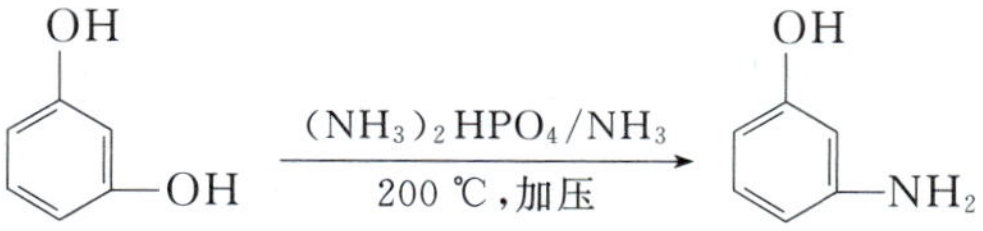

9.5.2　环上的亲电取代反应

酚羟基是很强的第一类定位基,特别是以酚氧负离子的形式存在时,在环上进行亲电反应的活性就更强,甚至可以使一些在一般情况下不能与芳环发生反应的弱亲电试剂也能在酚的芳环上反应。

1. 卤代反应

酚很容易发生环上卤代反应,并且不需要催化剂便可顺利进行。例如,在 pH=10 时,苯酚与氯作用生成 2,4,6-三氯苯酚,如果有 $FeCl_3$ 存在,则可进一步氯代生成五氯苯酚:

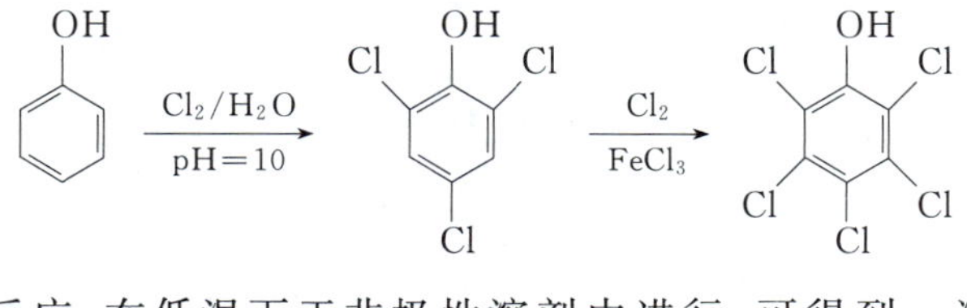

溴与苯酚的反应,在低温下于非极性溶剂中进行,可得到一溴代苯酚,但在室温下于水溶液中则生成 2,4,6-三溴苯酚白色沉淀,这个反应是定量进行的,而且反应迅速,现象明显,即使是水溶液中含有万分之几的苯酚,也可鉴别其存在和测定其含量。

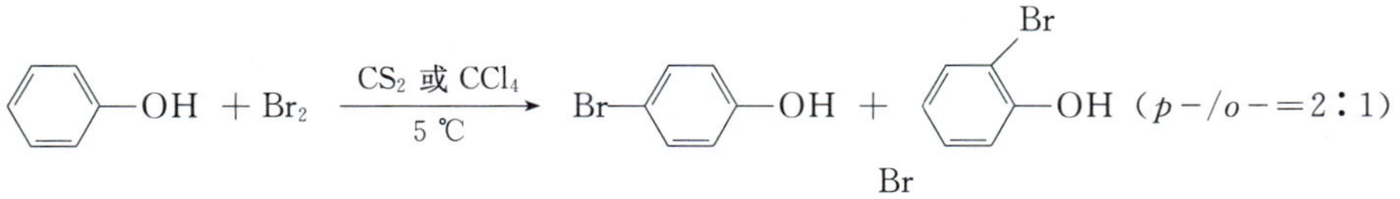

演
6-20

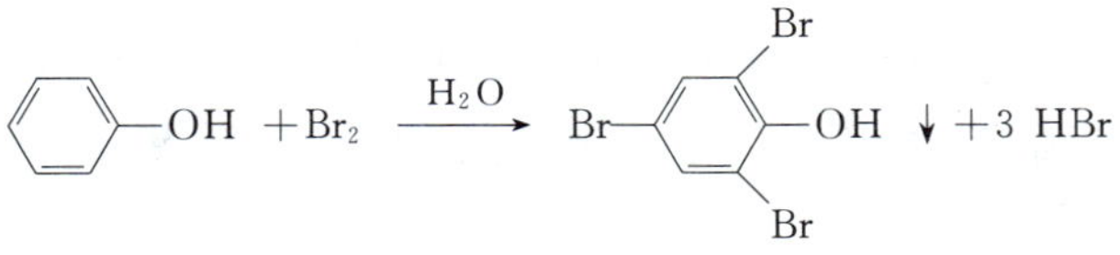

2. 磺化反应

在室温下苯酚与浓硫酸作用得一磺化产物，邻、对位磺化产物的比例很接近；若在100 ℃下用稀硫酸对苯酚磺化，则主要得到对位产物：

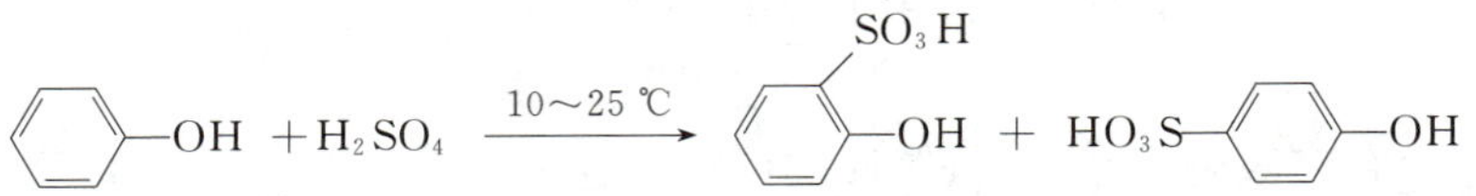

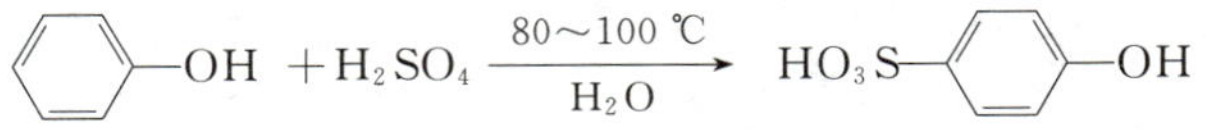

苯酚与浓硫酸在加热时的反应主产物是二磺化产物，这个二磺化产物经过溴代后再脱去磺基，就可以得到较高纯度的邻溴苯酚，即

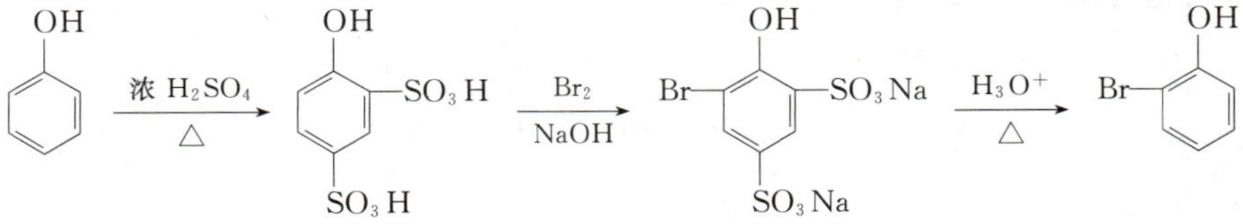

萘酚在较低温度下与硫酸的作用是动力学控制的一磺化产物，而在较高温度下是热力学控制的多磺化产物，如 β-萘酚磺化：

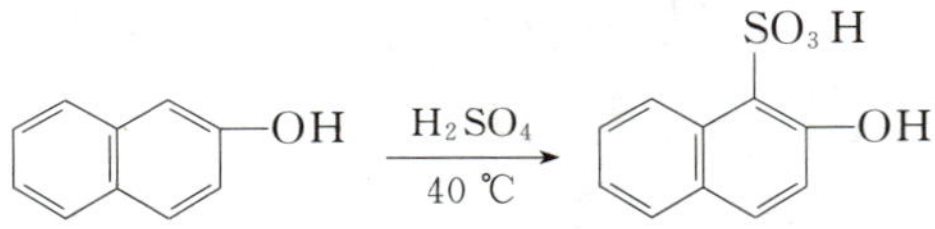

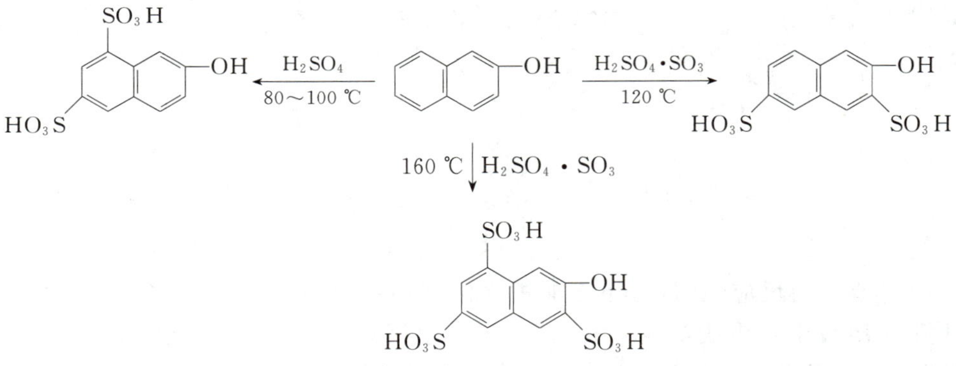

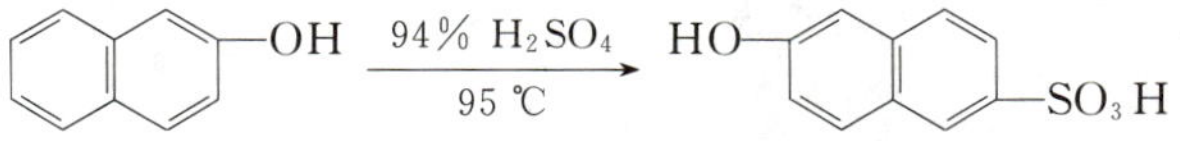

3. 硝化反应

采用硝酸对酚类进行硝化，不可避免地要发生氧化副反应，所以酚直接硝化应用得并不多。由于邻硝基苯酚可以通过水蒸气蒸馏而与对硝基苯酚分离，因此，苯酚的硝化反应仍然有制备意义。

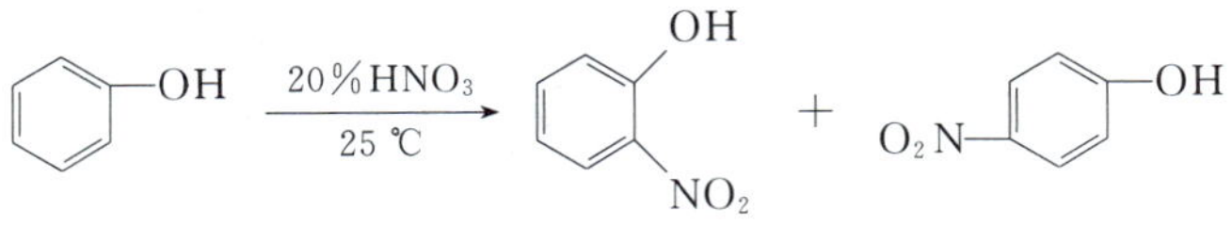

30%～40%　　　　≈15%

在酚的硝化反应中，反应温度和硝化剂的浓度是需要严格控制的两个条件。温度过高、硝酸浓度过大都将引起多硝化反应并放出大量的热，以致发生爆炸，所以苯酚的多硝化产物一般是分步制备的。例如，2，4－二硝基苯酚的制备是先将苯酚磺化成苯酚磺酸，再与硝酸共热，转变成二硝基苯酚。

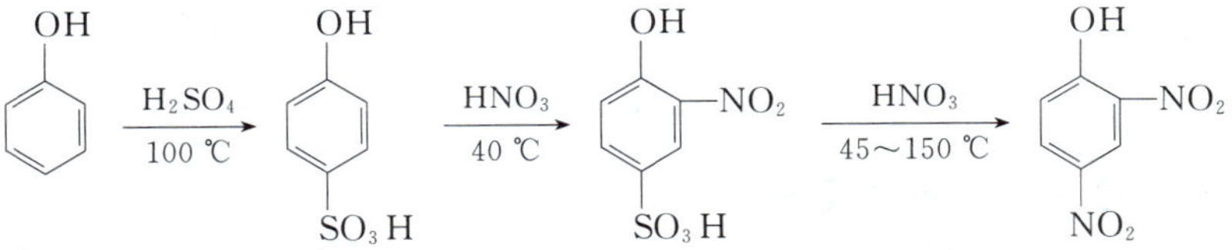

2，4，6－三硝基苯酚（又称苦味酸，有强爆炸性，侵华日军用它做炸弹）的制备是先将苯酚磺化成二磺酸，然后再硝化，最后在受热下硝基置换磺基而完成反应：

演 6－21

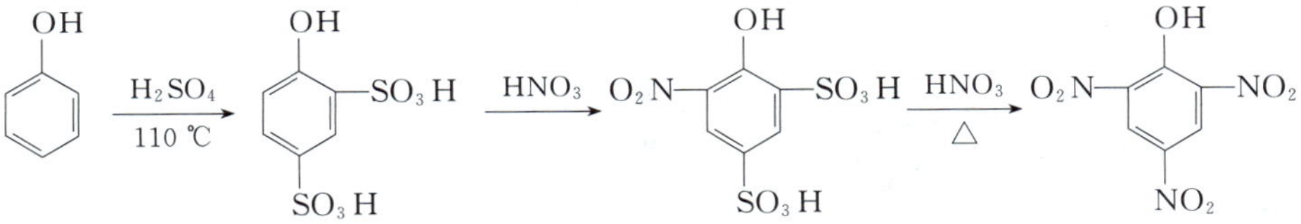

较弱的亲电试剂 HNO_2，也可以在环上发生亚硝化反应，如苯酚的亚硝化：

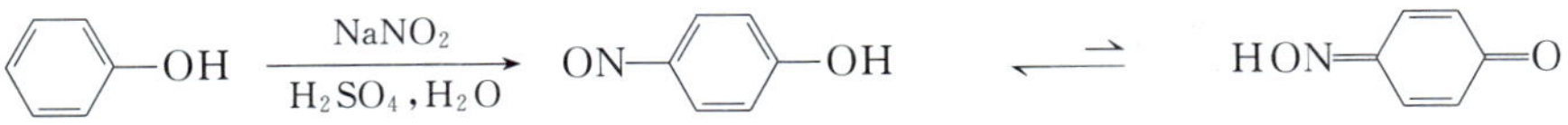

4. 傅－克反应

酚的烷基化和酰基化反应所用的溶剂可以是硝基苯、二硫化碳、二氯乙烷等。例如：

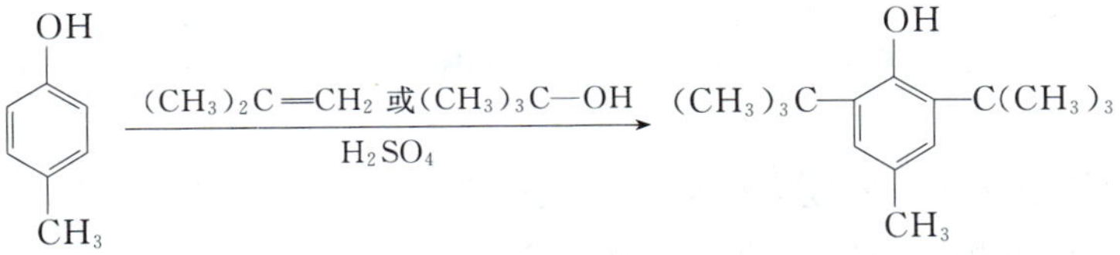

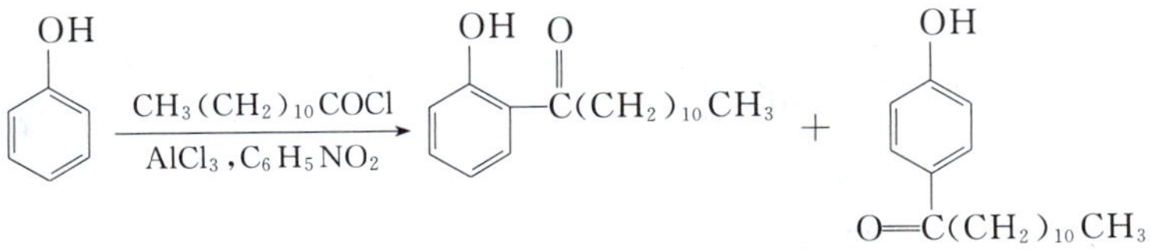

≈55%　　　　≈35%

使用 BF_3 作为酰基化反应催化剂时，主要得对位酰基化产物。例如：

5. 酚酞的生成

在浓硫酸催化下，苯酚与邻苯二甲酸酐加热反应，生成酚酞：

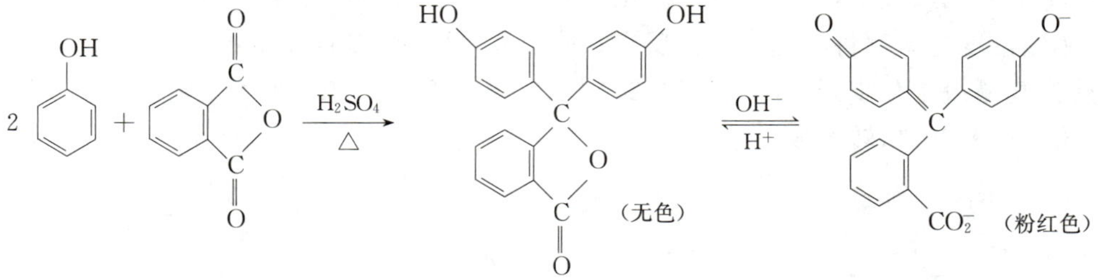

6. 酚与甲醛、丙酮的缩合反应

在酸或碱催化下，苯酚与甲醛进行亲核加成反应生成羟甲基苯酚。甲醛与酚的摩尔比不同，可以得到2-羟甲基苯酚、4-羟甲基苯酚、2,4-二羟甲基苯酚和2,4,6-三羟甲基苯酚：

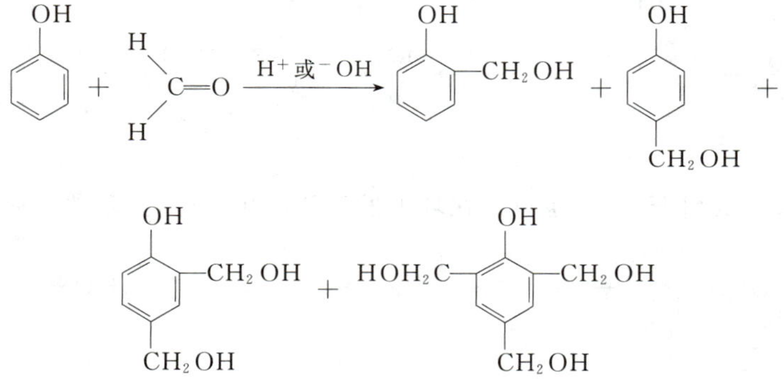

酸催化的作用是增加醛羰基的亲电性，促进与苯酚的亲电取代反应，即

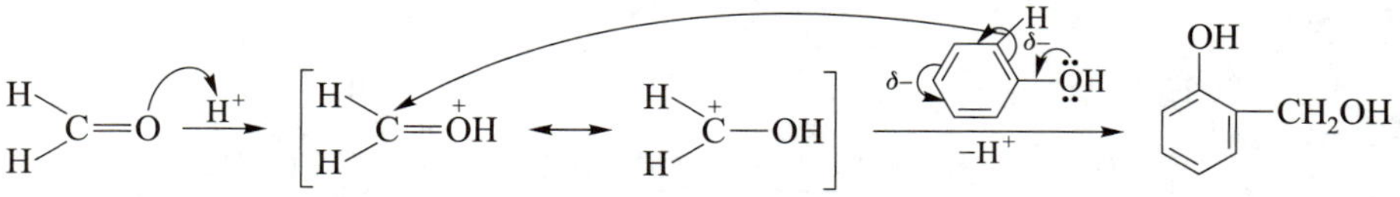

碱催化的作用是使酚变成酚氧负离子，增加酚环邻、对位碳原子上的负电荷密度，即增加其亲核性，促进其与甲醛的亲核加成反应，即

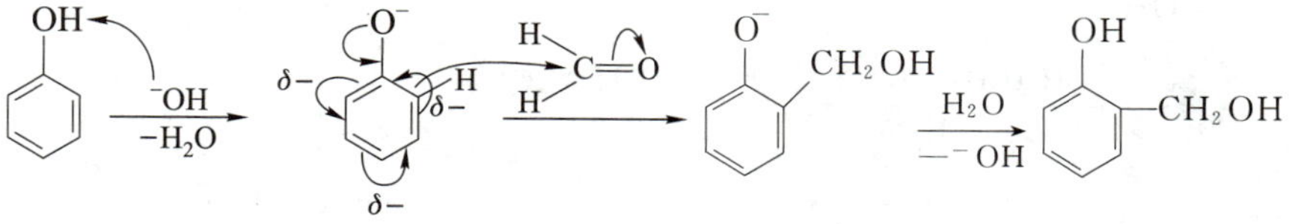

这些羟甲基苯酚是合成酚醛树脂的中间体，进一步反应可得到线形、网状、体状的酚醛树脂。

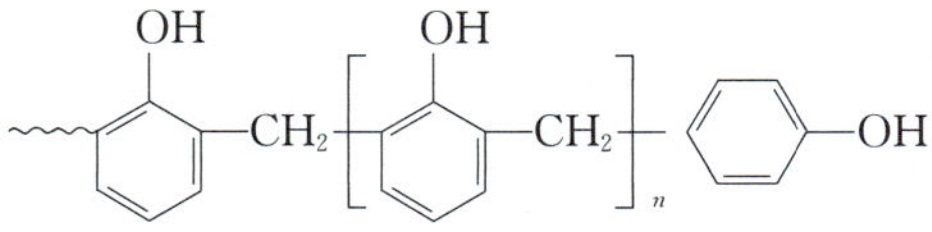

线形酚醛树脂

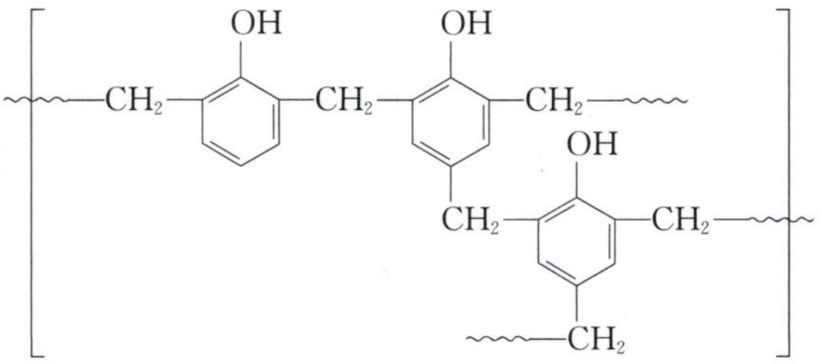

网状酚醛树脂

酚醛树脂可以用作油漆、黏合剂、热塑型塑料、热固型塑料等。在微球热固性酚醛树脂的芳环上引入磺酸基、羧酸基，就是强酸型和弱酸型阳离子交换树脂。

苯酚与丙酮在酸催化下进行缩合反应，生成 2,2－二(4－羟基苯基)丙烷，简称双酚 A：

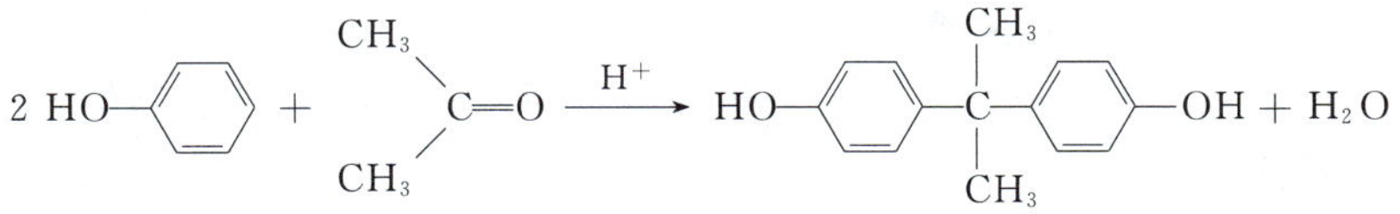

反应是一分子苯酚与丙酮进行亲核加成反应，生成一个叔醇中间体，后者再与另一分子苯酚进行亲电取代反应，便得到双酚 A。其反应机理为

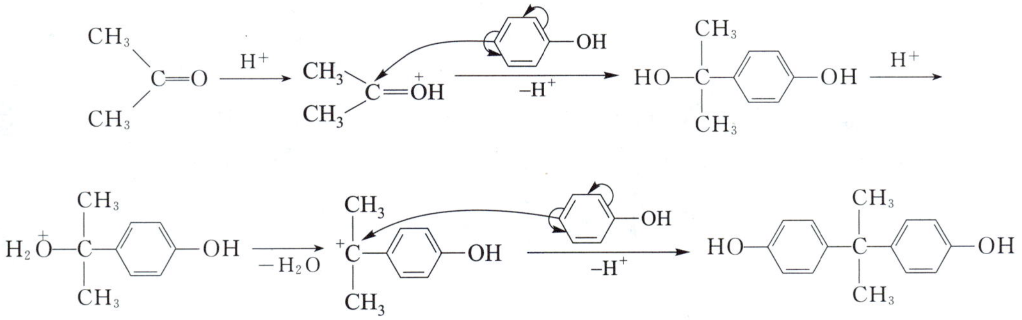

双酚 A 是合成环氧树脂、聚碳酸酯的单体。

7. 酚酸、酚醛的生成

(1) 酚酸的生成　在加热、加压下，酚的钠盐或钾盐与 CO_2 作用，生成羟基苯甲酸(又称酚酸)的反应称为柯尔伯－施密特反应(Kolbe－Schmidt reaction)。这个反应在较低温时，是动力学控制，主要生成邻羟基苯甲酸(水杨酸)；在较高温时，是热力学控制，主要生成对羟基苯甲酸。例如：

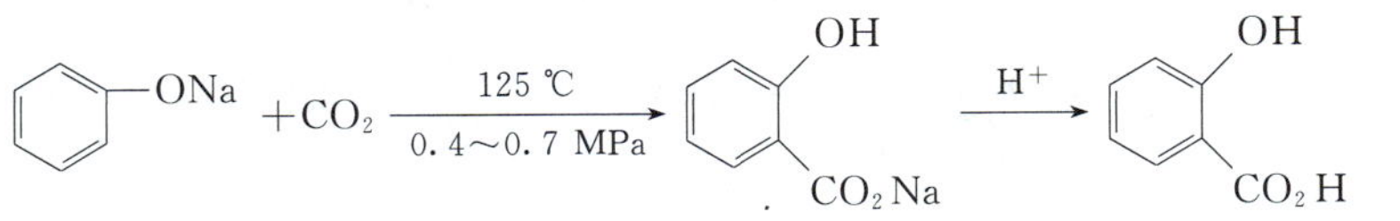

水杨酸

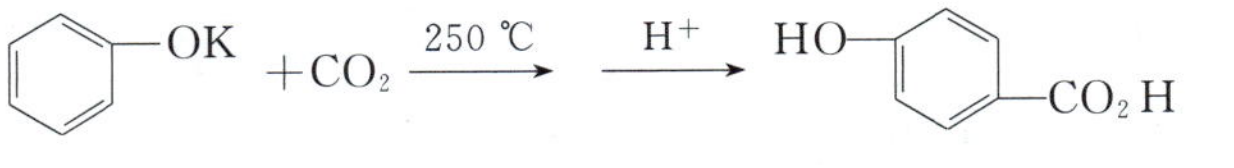

酚氧负离子可表示为

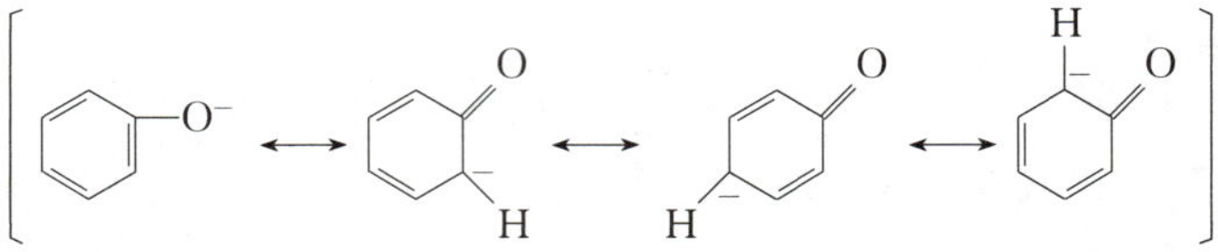

CO_2 可以进攻氧的邻位碳负离子，也可以进攻氧的对位碳负离子，分别生成邻、对位产物。其机理可写成：

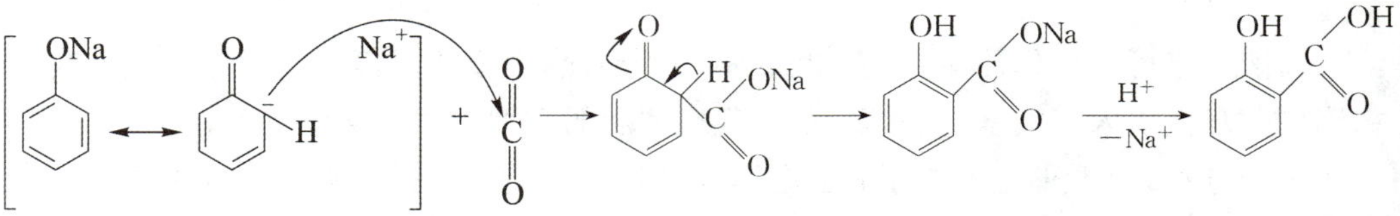

（2）酚醛的生成　酚在氢氧化钠（钾）水溶液中与氯仿共热，在芳环上引入醛基的反应称为瑞默尔-蒂曼（Reimer-Tiemann）反应。反应产物一般是以邻位异构体为主，如水杨醛的制备：

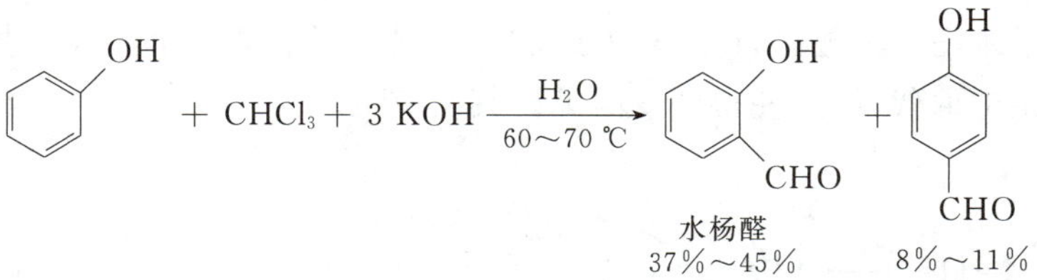

瑞默尔-蒂曼反应被认为是按下述机理进行的，先是由生成的活性中间体二氯卡宾与酚负离子作用生成二氯甲基酚氧负离子，然后发生水解、酸化生成酚醛：

$$HO^- + HCCl_3 \underset{}{\overset{}{\rightleftharpoons}}_{-H_2O} :\overset{-}{C}Cl_3 \xrightarrow[-Cl^-]{} :CCl_2$$

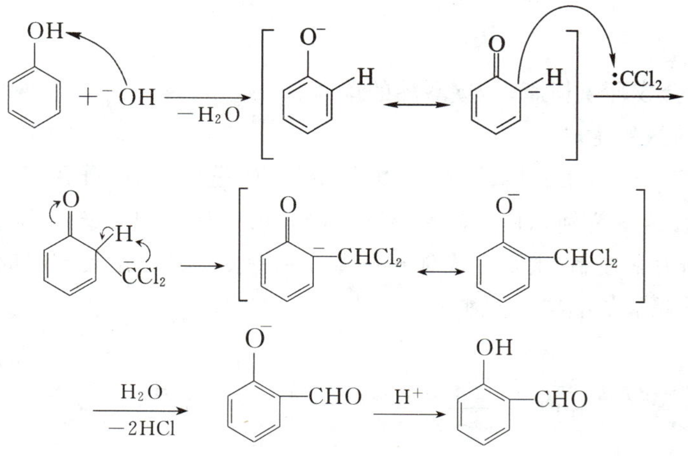

若酚羟基的邻位有取代基时，反应主要在对位发生。例如：

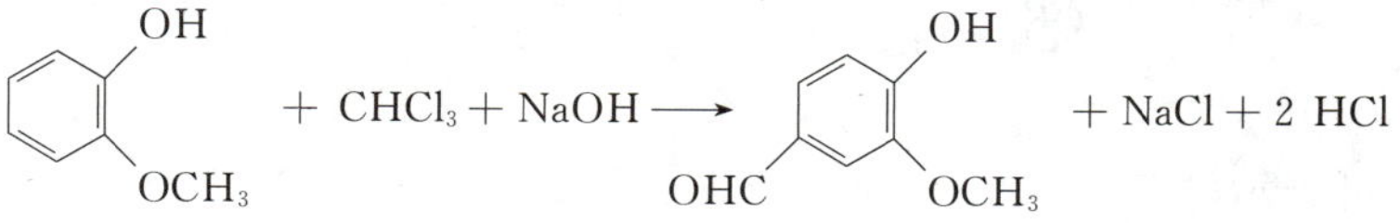

萘酚也可发生此类反应。例如：

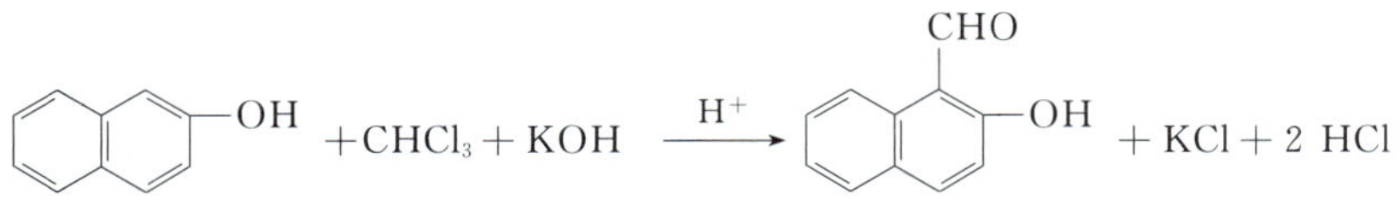

9.5.3　氧化和还原反应

酚易氧化，随着氧化剂和反应条件不同，产物也不同。有制备意义的是由酚氧化制备醌或多元酚。

在醋酸中，苯酚可被氧化成对苯醌。例如：

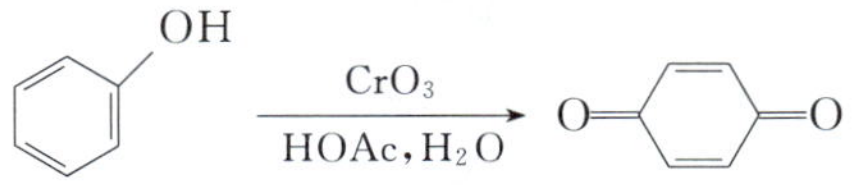

对苯二酚或邻苯二酚也可氧化生成相应的对苯醌或邻苯醌。例如：

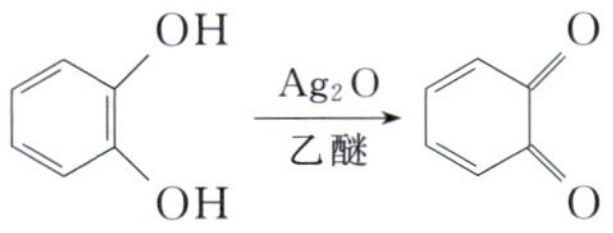

α－萘酚也可被氧化生成 1,4－萘醌：

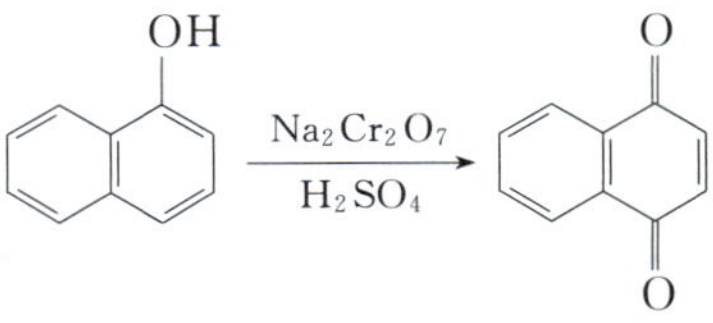

$KClO_4$，HNO_3 等也可用于氧化酚制取醌。

使用过氧化氢可以把一元酚氧化成二元酚，二元酚氧化成三元酚。这类反应由于不生成或很少生成其它有机产物，而且伴生产物是水，所以属于绿色合成反应。例如：

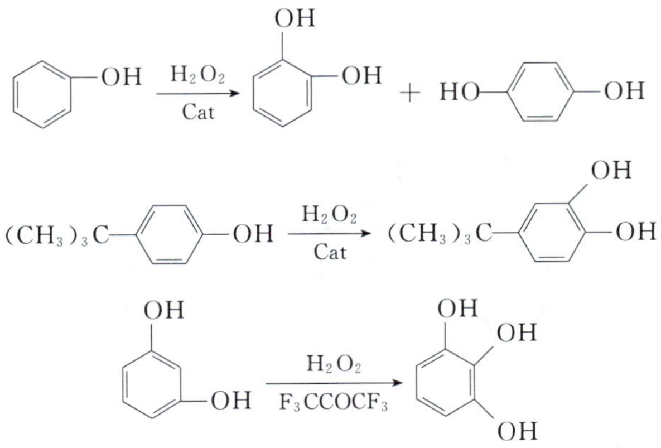

苯酚经催化加氢，可转变成环己醇：

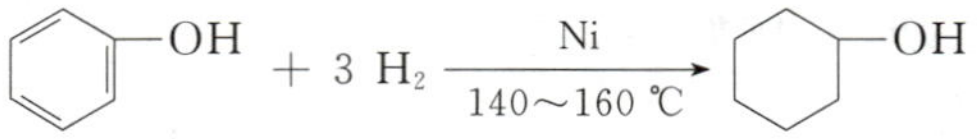

9.6 醚的结构、分类和物理性质

9.6.1 结构

醚通常写为 R—O—R，R—O—Ar，Ar—O—Ar。醚可以看做是醇或酚羟基中的氢原子被烃基替代后所得到的化合物。醚键（C—O—C）是烃基醚化合物的结构特征，其中氧原子是以 sp^3 杂化状态分别与两个烃基的碳原子形成两个 σ 键，氧原子另外两个 sp^3 杂化轨道中有电子对。一般脂肪醚的∠COC 键角大约在 111°左右。

静电势模型图

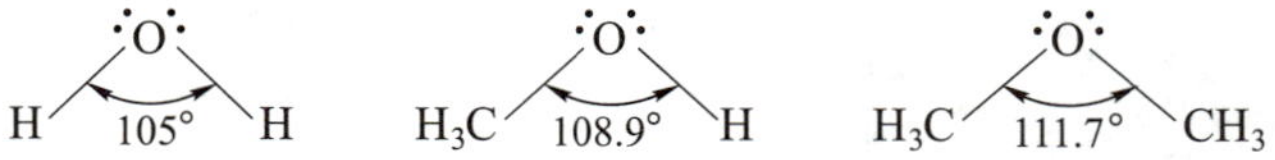

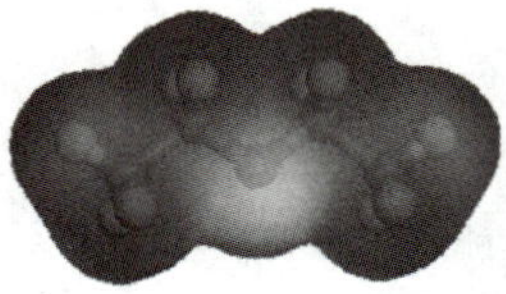

最简单的芳香醚是苯甲醚。在芳香醚中由于存在着氧原子与芳环的 p-π 共轭作用，所以在化学性质上芳香醚与脂肪醚有所不同。

静电势模型图

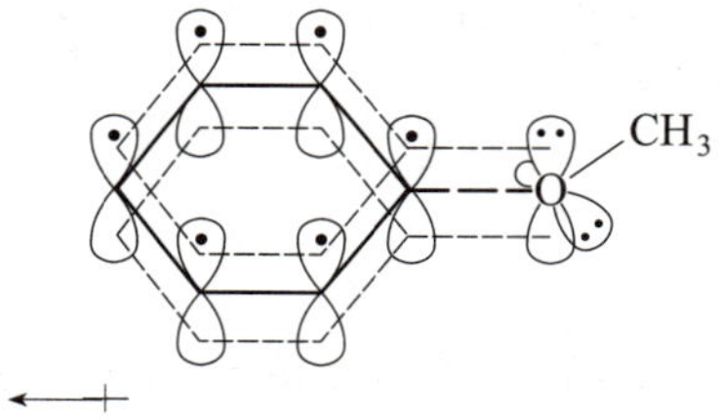

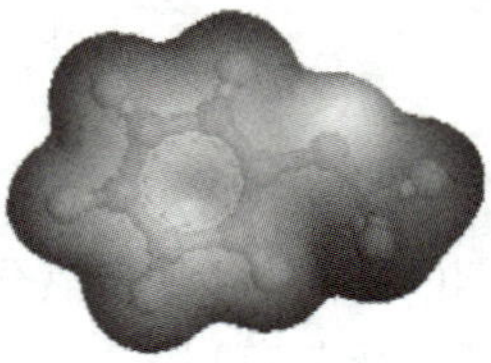

偶极矩方向 $\mu = 5.34 \times 10^{-30}$ C·m

9.6.2 分类

根据醚中两个烃基的不同，可把醚分成为脂肪醚和芳香醚两大类。醚还可分为对称醚（两个烃基相同，又称单醚）和不对称醚（两个烃基不相同，又称混醚）。芳香醚又可分为二芳基醚和单芳基醚。在脂肪醚中，根据烃基的结构又分为饱和醚、不饱和醚、环醚等；根据醚键的数目，可以把醚分为一元醚及多元醚等，还有一类特殊的多元环醚，即冠醚。例如：

脂肪醚：

$CH_3CH_2OCH_2CH_3$ 乙醚（饱和醚，单醚）

$CH_3CH_2OCH{=}CH_2$ 乙基乙烯基醚（不饱和醚，混醚）

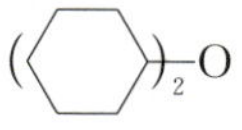

环己醚（脂环醚，单醚）

四氢呋喃（环醚）

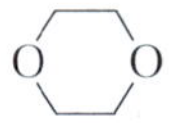
二噁烷（环醚）

$H_5C_2OCH_2CH_2OCH_2CH_2OC_2H_5$
二甘醇二乙醚（三元醚）

芳香醚：

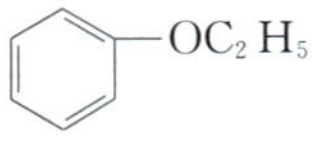
苯基乙基醚（混醚）

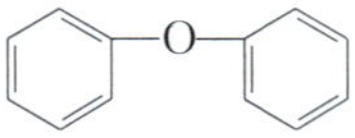
二苯基醚（单醚）

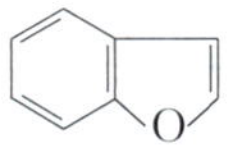
苯并呋喃（属杂环化物）

冠醚：

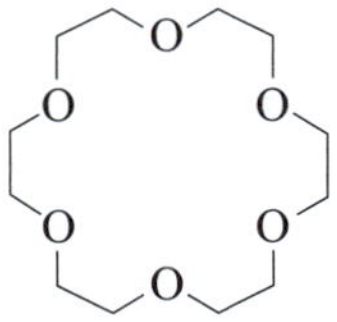
18-冠-6

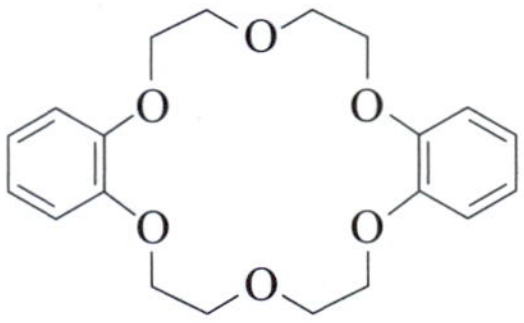
二苯并-18-冠-6

9.6.3　物理性质

由于 C—O 键是极性共价键，使醚分子有一定的极性，如甲醚的偶极矩为 4.34×10^{-30} C·m，乙醚的偶极矩为 3.93×10^{-30} C·m；芳香醚中由于芳环上有大 π 键，故极性较脂肪醚强，如对苯二酚二甲醚的偶极矩为 5.77×10^{-30} C·m。由于醚的极性较弱，它对沸点没有明显的影响，醚的沸点与相对分子质量相近的烃类大致相近，而醚与其同分异构体醇的沸点差别却很大。例如，正庚烷沸点为 98 ℃，甲基正戊醚沸点为 100 ℃，正己醇的沸点则是 157 ℃。醚与醇之间沸点差别如此之大，其原因是醚分子之间不能形成氢键。

较低级的醚可与水分子形成氢键，所以醚在水中有一定的溶解度，而且与相对分子质量相同的正构醇相当，如乙醚和正丁醇在 100 g 水中均可溶解 8 g 左右；四氢呋喃和二噁烷可以与水混溶。

醚类常被用作溶剂和萃取剂。相对分子质量较低的醚具有麻醉作用，如乙醚、乙烯基醚。

醚的 IR 谱在 $\sigma=1\,050\sim1\,300\ \mathrm{cm^{-1}}$ 范围内有较强的 C—O 键伸缩振动吸收，是比较显著的特征峰。一般的烷基醚，C—O 键伸缩振动在 $\sigma=1\,050\sim1\,150\ \mathrm{cm^{-1}}$ 有强而宽的吸收峰；芳香醚和乙烯基醚则在 $\sigma=1\,200\sim1\,275\ \mathrm{cm^{-1}}$ 处有一明显的 C—O 键伸缩振动吸收峰，同时，在 $\sigma=1\,020\sim1\,075\ \mathrm{cm^{-1}}$ 处也有一个较弱的 C—O 键伸缩振动吸收峰。　谱 5-7

在醚的 ^{1}H-NMR 谱中，醚键中的氧原子对 α-C 上的 H 有明显的去屏蔽作用，其化学位移在 3.5 左右。

9.7　醚的化学性质

一般情况下，脂肪族饱和醚对氧化剂、还原剂都不发生作用，而且在碱性介质中尤为稳定。在常温下醚不与金属钠作用，因而可以用金属钠干燥液体醚。由于醚的氧原子上有未共用电子对，具有一定的碱性，所以醚可以与强酸发生一些化学反应。受氧原子的影响，α－H 较易被氧化。

9.7.1　碱性

醚可以接受强酸提供的质子生成锌盐，并溶于强酸中。锌盐是不稳定的强酸弱碱盐，置于冰水中，便分解释放出醚。

$$R—O—R' + H_2SO_4 \rightleftharpoons R—\underset{\displaystyle H}{\underset{|}{O^+}}—R' + HSO_4^-$$

醚还可以与 BF_3 · $AlCl_3$ 等路易斯酸生成配合物，这使 BF_3 · $AlCl_3$ 等路易斯酸在有机合成中作为催化剂使用变得更为方便。

$$(C_2H_5)_2\ddot{O}\rightarrow AlCl_3 \xleftarrow{AlCl_3} (C_2H_5)_2\ddot{\underset{..}{O}} \xrightarrow{BF_3} (C_2H_5)_2\ddot{O}\rightarrow BF_3$$

9.7.2　醚键的断裂

醚与强酸生成锌盐后，其中的 C—O 键极性增强。如果使用 HI 酸与醚反应，加热时发生醚键断裂生成一分子醇和一分子碘代烷。在过量的 HI 作用下，生成的醇进一步转变为碘代烷，即

$$R—O—R' + HI \longrightarrow R—\underset{\displaystyle H}{\underset{|}{O^+}}—R'I^- \xrightarrow{\triangle} R'I + ROH$$

$$ROH \xrightarrow{HI} RI + H_2O$$

氢溴酸也可用于醚键断裂反应，浓盐酸使醚键断裂的能力较弱，氢氟酸则不能。醚与氢碘酸作用发生醚键断裂的反应可以看做是碘负离子对质子化醚的α－碳原子的亲核取代反应：

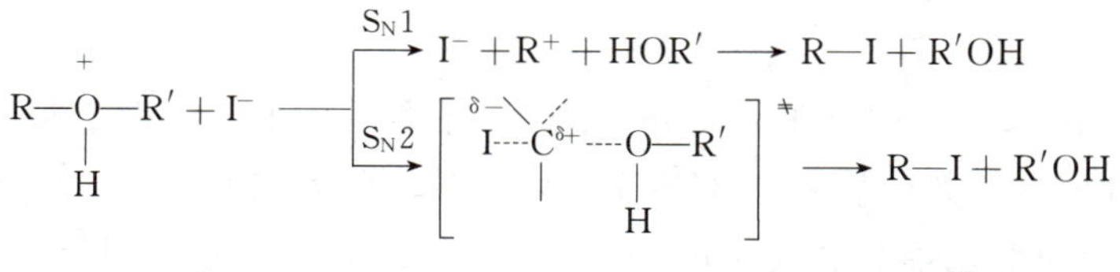

与 I^- 相比，离去基 HOR′是弱碱，它的亲核性也小于 I^-，所以反应可以进行。但由于 C—O 键的断裂需要吸收较多的能量，所以反应要在加热的条件下进行。如果 R 为 CH_3 或伯烷基，反应以 S_N2 的方式进行；如果 R 为叔烷基，则以 S_N1 方式发生反应。当 R 和 R′为 CH_3 及伯、仲烷基时，醚键的断裂发生在小烷基一端，因为 I^- 对缺电子碳原子的亲核攻击是沿着空间上有利的方向进行的。例如：

$$CH_3CH_2CH_2—O—CH_3 + HI \xrightarrow[\triangle]{} CH_3CH_2CH_2OH + CH_3I$$

$$(CH_3)_3COCH_3 + HI \longrightarrow (CH_3)_3C—\underset{\displaystyle H}{\underset{|}{\overset{+}{O}}}—CH_3 + I^-$$

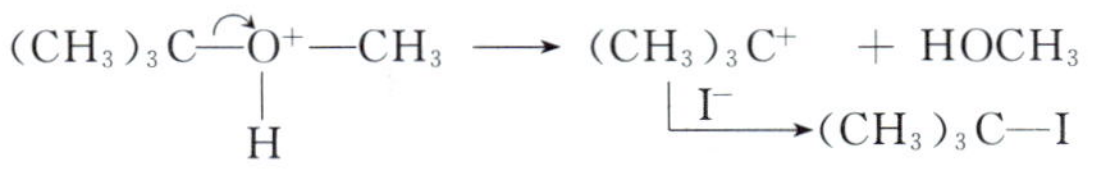

醚键断裂的反应有时还可以用于卤代烃的制备。例如：

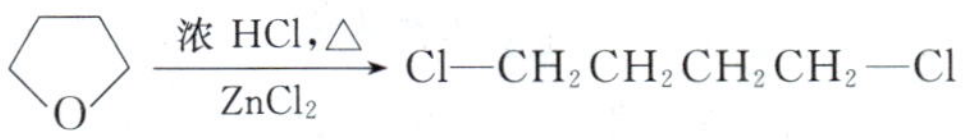

不对称的环醚发生醚键断裂反应时，生成两种开环方式的产物。例如：

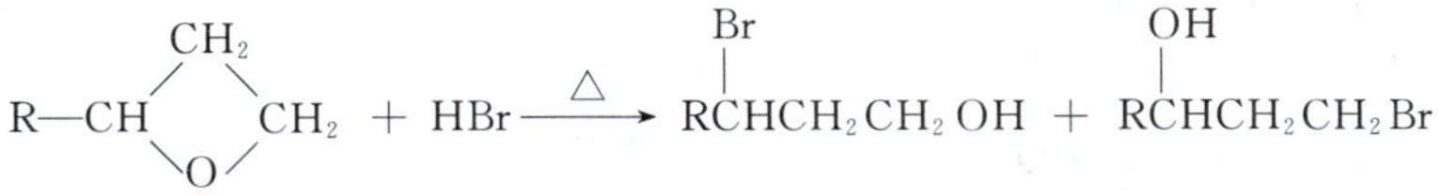

甲基叔丁基醚的断键反应是非常容易进行的。由于叔碳正离子比较稳定而且易于形成，所以在稀硫酸的作用下，就可以使甲基叔丁基醚发生醚键断裂并生成异丁烯。在实验室中可用此方法制取少量的异丁烯，但也有一部分叔丁醇生成：

$$(CH_3)_3C{-}O{-}CH_3 \xrightarrow[\triangle]{H_2SO_4,\,H_2O} (CH_3)_2C{=}CH_2 + (CH_3)_3C{-}OH + CH_3OH$$

醚键断裂反应的一个重要应用是测定混醚中甲氧基或乙氧基的含量。因为 HI 与醚在受热下总是与小烷基发生 S_N2 反应，并且是定量进行的，可以由测定生成的 CH_3I 或 C_2H_5I 来推知醚中—OCH_3 或—OC_2H_5 的含量，这个方法称为蔡泽尔(Zeisel)测定法。

对芳基烷基混醚来说，氢碘酸与之共热所发生醚键断裂则生成酚和碘代烷（叔丁基除外）。二芳基醚则不易被 HI 分解。例如：

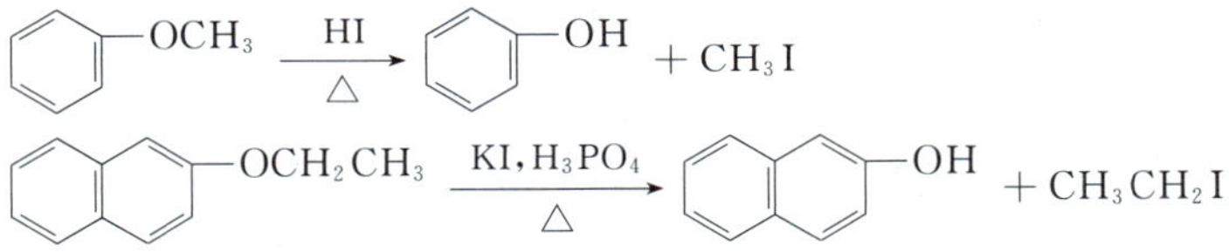

烯基醚对酸是很敏感的，在其水溶液中加入微量的酸便可发生醚键断裂：

$$(CH_3{-}CH{=}CH)_2O + H_2O \xrightarrow{H^+} 2\ CH_3CH_2CHO$$

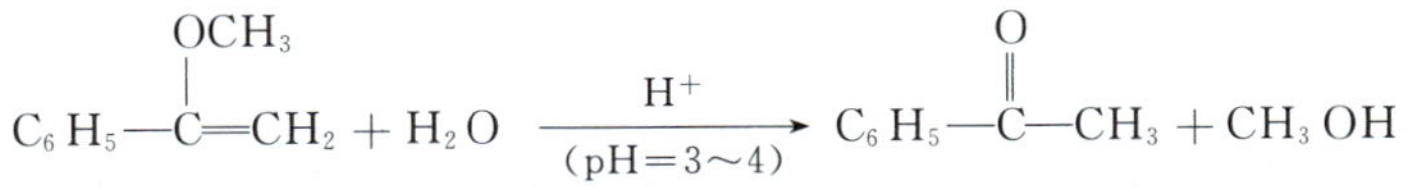

法 9-3

9.7.3 氧化反应

饱和的烷基醚虽然对氧化剂是稳定的，但是将醚置于空气中，会发生缓慢的自动氧化反应，生成醚的过氧化物，这是一种发生在醚的 α-碳氢键上的自由基型反应。常用的乙醚、异丙醚、四氢呋喃等都可发生这种氧化反应，生成氢过氧化醚，并且可以自聚成有爆炸性的过氧化醚聚合物。例如：

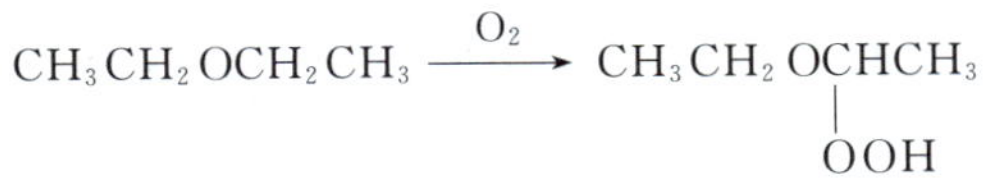

氢过氧化乙醚

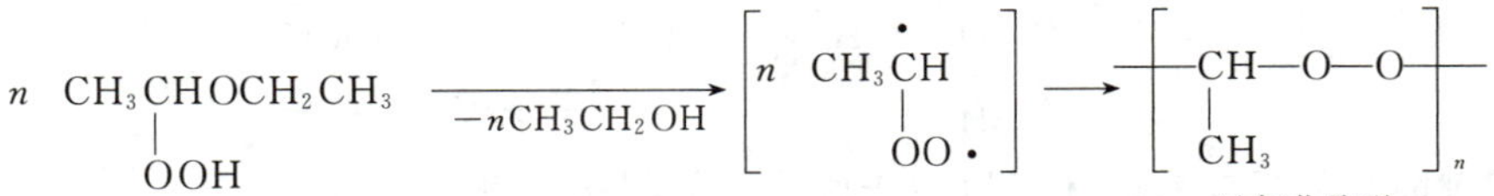

过氧化聚醚

过氧化聚醚没有挥发性，但是它极不稳定，受热时迅速分解并可引起爆炸，因此醚的存放应避光，密封存于阴凉处。在蒸馏醚类时，应当预先检验是否含有过氧化物（使用酸性碘化钾淀粉试纸），若有，则应加入还原剂除去之（可加入硫酸亚铁的稀硫酸溶液）；在蒸馏醚的过程中，不应将醚蒸干。如果将液态的醚长期存放，可加入抗氧剂以防止过氧化物生成。

甲基叔丁基醚不易形成过氧化物，但苄基醚却很容易形成过氧化物。

9.7.4　芳香醚的重排反应

二芳基醚是一类很稳定的物质。二苯基醚由于具有沸点高、比热容大的特点，可用作高温导热油。二芳基醚所能发生的化学反应主要是在芳环上，如硝化、磺化、卤代等。对于烷基芳基醚，由于烷氧基属于中等强度的第一类定位基，使芳环有较高的亲电取代反应活性。

特殊结构的芳香醚在一定的条件下可发生重排反应，这不同于醚键的断裂。

1. 维蒂希重排

二苄基醚用苯基锂处理，发生重排反应生成 1，2－二苯基乙醇，称为维蒂希（Wittig）重排，其反应过程为

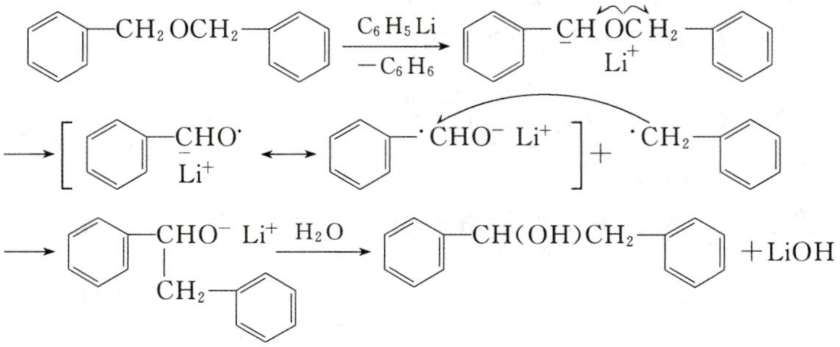

2. 克莱森重排

烯丙基芳基醚受热可重排为邻位取代的烯丙基酚，称为克莱森（Claisen）重排。反应过程包含六元环过渡态，如果邻位被占据，经过二次反应则生成对位的重排产物（式中 * 为示踪原子）。该反应机理是协同反应（又称周环反应）的[3，3]迁移反应。常用来制备烯丙基酚。例如：

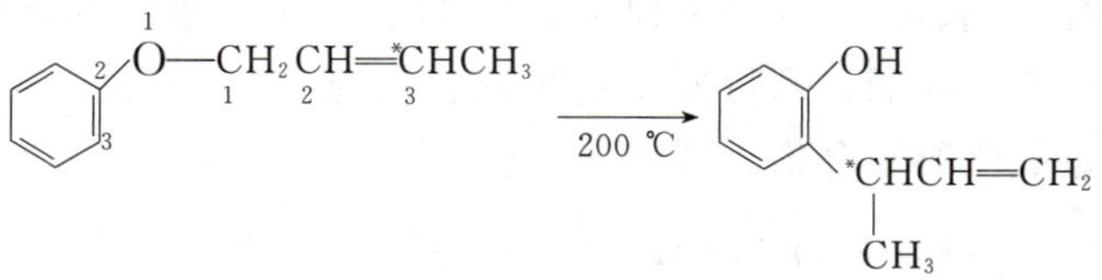

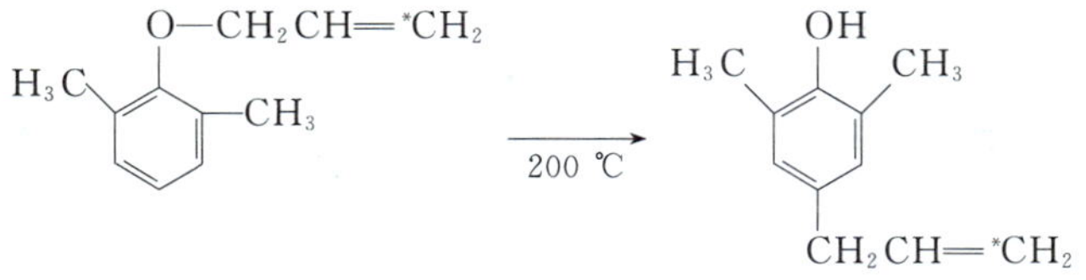

反应机理为协同反应的[3,3]迁移：

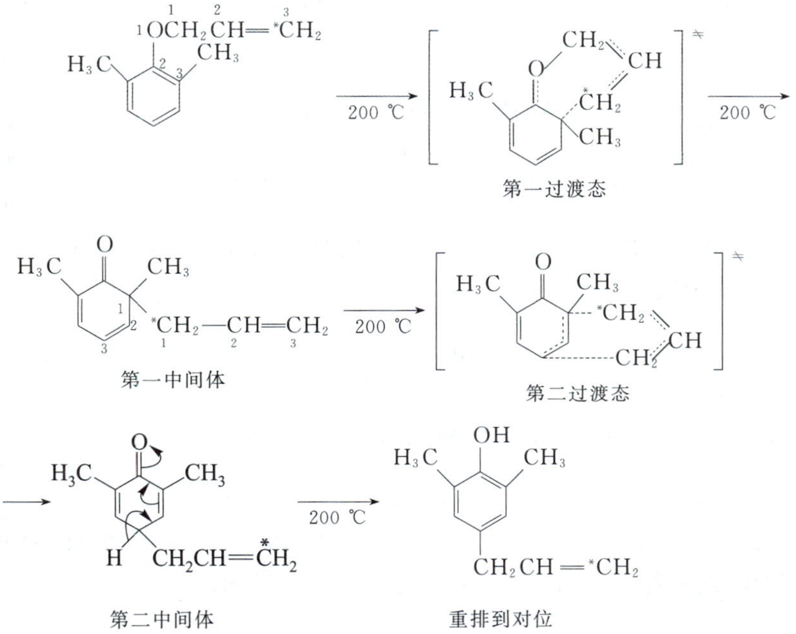

在形成六元环过渡态时苯环上的 3 位 C_3 与烯丙基的 3 位 C_3 相接近，形成中间体时两个 C_3 成键 $C_3—C_3$，称为[3,3]迁移。最简单的克莱森重排是乙烯基烯丙基醚受热时重排成 4-戊烯醛，是典型的[3,3]迁移反应：

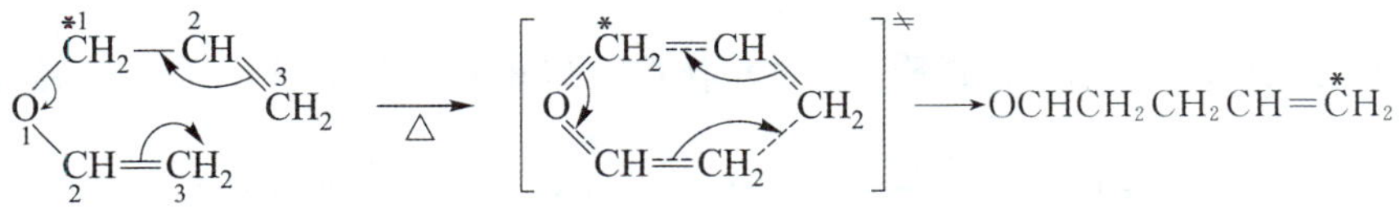

把上面的式子改写成下式可看清六元环过渡态稳定：

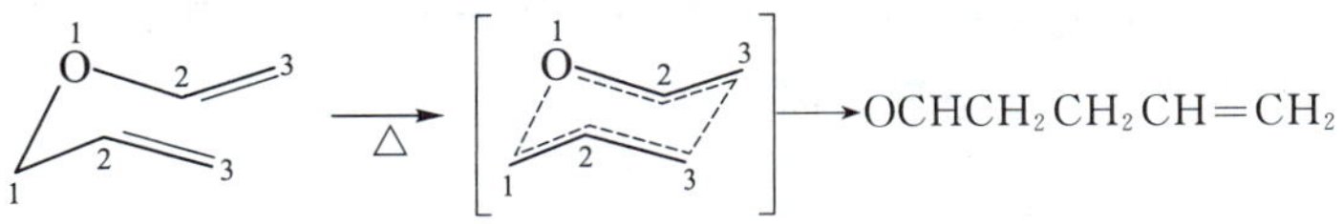

乙烯基烯丙基醚重排的过渡态直接生成稳定的烯醛，而烯丙基芳基醚过渡态转换成中间体共轭烯酮，再质子转移，恢复稳定的苯环和酚羟基，完成重排。

9.8　环　　醚

9.8.1　1,2-环醚

环氧乙烷是最小的环醚，分子内存在着相当大的环张力（张力能为 114 kJ·mol^{-1}）：

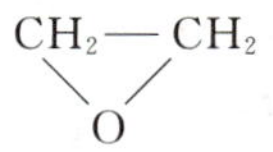

C—C 键长 0.149 nm　　∠OCC=59.2°

∠COC=61.6°

C—O 键长 0.147 nm　　∠HCH=116°

因氧原子的强吸电子诱导作用，使环氧乙烷具有非常高的化学活性，它对许多试剂都很敏感，极易发生开环加成反应。例如：

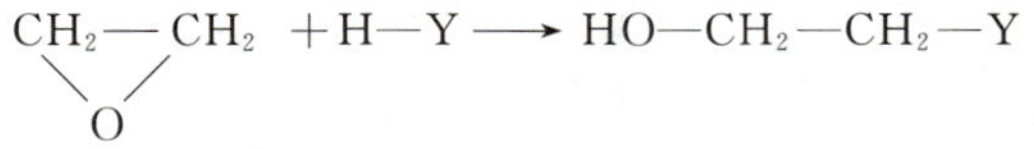

$Y=OH, X, OR, OAr, O_2CR, NH_2, SH, CN, SR, NHR, NR_2$

环氧乙烷是重要的基本化工原料，由它出发可以制备多种化工产品。

在环氧乙烷与水的开环加成反应中，如果耗用的环氧乙烷比例高于水，则可得到二甘醇、三甘醇或四甘醇，这些都是常用的有多种用途的溶剂和助剂。

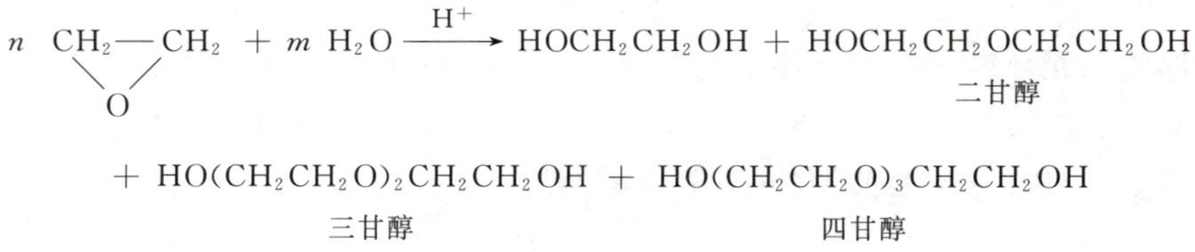

环氧乙烷在四氯化锡存在下与微量水作用可以得到高相对分子质量的聚乙二醇：

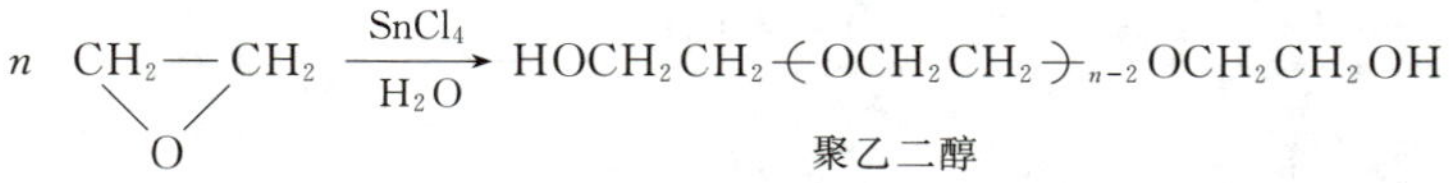

在碱存在下，高级脂肪醇（如月桂醇）与过量的环氧乙烷作用，得到高级脂肪醇聚乙二醇醚，是一类非离子型表面活性剂：

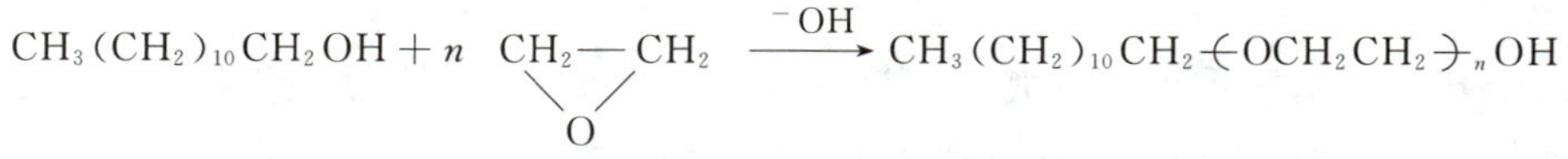

$(n=12\sim15)$

取代的环氧乙烷在不同的反应条件下与试剂作用所得到的开环主产物是不同的。例如：

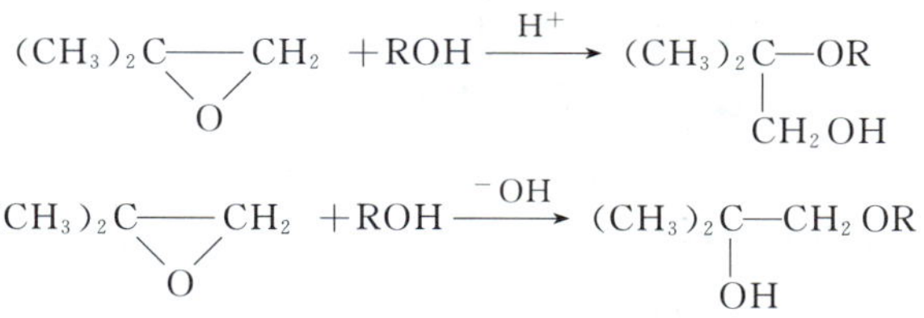

在碱性条件下的取代环氧乙烷开环反应实际上是 S_N2 反应过程，亲核试剂进攻空间位阻小的环氧环的碳原子，得到仲醇或叔醇醚。而在酸性条件下的开环反应可以看做是 S_N1 反应。反应机理如下：

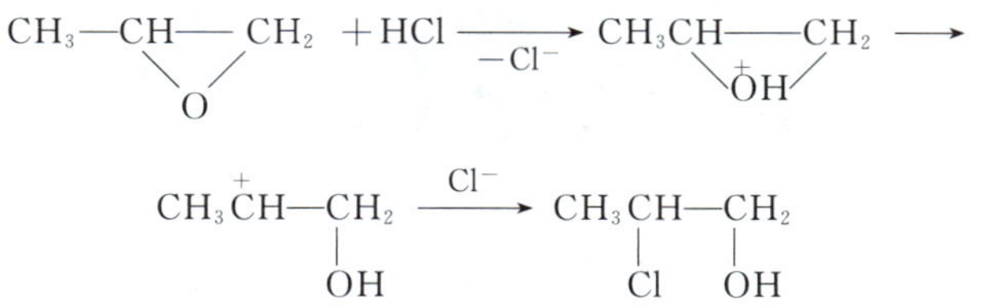

环氧乙烷与对苯二甲酸反应制备对苯二甲酸二羟乙酯，后者在减压下缩聚得到聚酯。

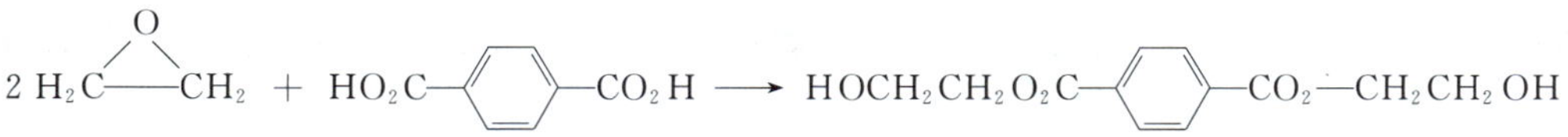

1,2-环氧丙烷及环氧氯丙烷(3-氯-1,2-环氧丙烷)均有重要的应用。后者可由丙烯出发制得。

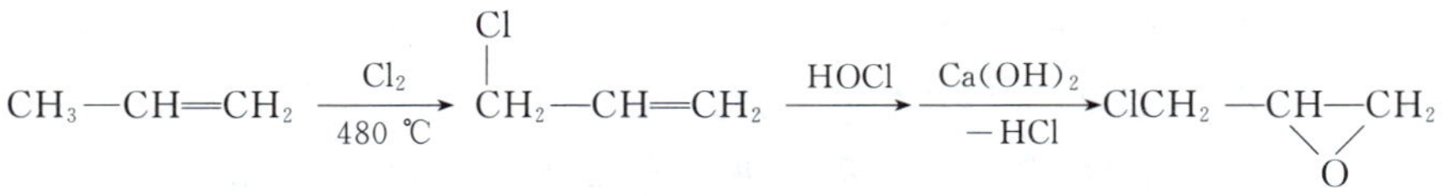

1,2-环氧丙烷是不饱和聚酯、塑料、涂料、聚氨酯的原料。3-氯-1,2-环氧丙烷大量用于制造环氧树脂。

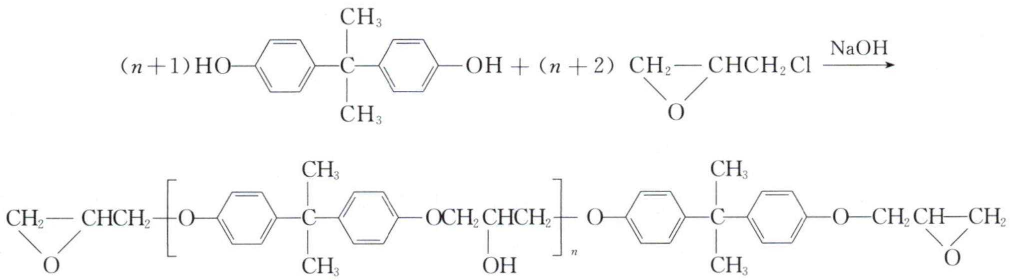

环氧树脂

9.8.2 冠醚

冠醚是美国化学家皮德逊(Pedersen C J)于 1969 年在研制 β,β'-双(邻羟基苯氧基)乙醚时发现的，随后又合成了一系列冠醚，于 1987 年获诺贝尔化学奖。

获诺贝尔奖者

冠醚是大环多元醚化合物，它们的结构特征是分子中含有多个（一般是 3 个以上）—OCH_2CH_2—重复单元。冠醚的名称记为 m－冠－n，m 表示冠醚环的总原子数目，n 则表示冠醚环中的氧原子数目。冠醚的重要化学特性之一是它可以与某些金属离子生成配合离子，用此性质分离提纯稀土元素。

冠醚分子中心是一个空穴，其大小是随着—OCH_2CH_2—单元的多少变化的。如在 18－冠－6中，空穴的直径是 0.26～0.32 nm，而 K^+ 的直径是 0.266 nm，所以 K^+ 可被 18－冠－6 的内层多个氧原子配合。

分子模型

18-冠-6配K^+

在水溶液中，冠醚并非冠状，只有与金属离子配合才显出冠状——帝王的帽子状，故称冠醚。

由于冠醚的内层是亲水性的氧原子，外层是亲油性的碳原子，因此可作为相转移催化剂而用于水－油两相体系的化学反应。例如，用水溶性的高锰酸钾氧化烯烃，在 18－冠－6 的存在下，反应可以进行得非常迅速，不但条件温和，收率也很高。

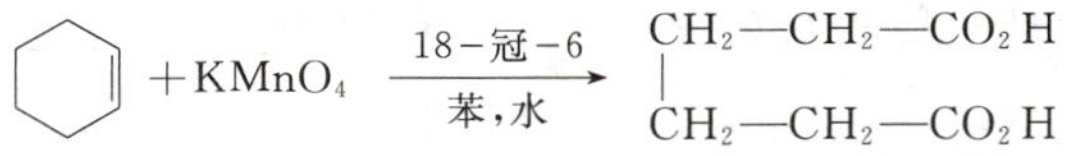

演 6－22

可以用 9.8.1 节的聚乙二醇 $HO\!\leftarrow\!CH_2CH_2O\!\rightarrow_n\!H$（相对分子质量 600～800）替代 18－冠－6作相转移催化剂，可得到相同的效果。

冠醚具有一定的毒性，特别是对皮肤黏膜和眼睛有刺激作用，应避免冠醚蒸气的吸入或与皮肤接触。冠醚可以用威廉姆森（Willamson）反应制取。例如：

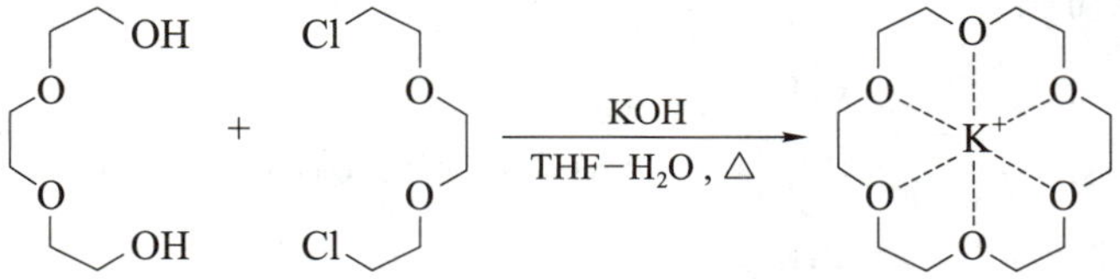

18－冠－6

这里使用 KOH 有两个作用，一是威廉姆森试剂要用到碱，二是合成 18－冠－6 的模板效应，也是更重要的。模板效应在有机合成中常用。

习　题

9－1　命名下列化合物。

(1) $CH_3CH(OH)—C\equiv CH$

(2) 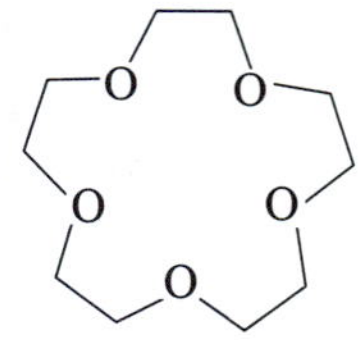

(3) 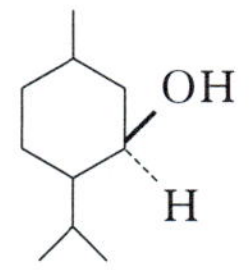

(4) 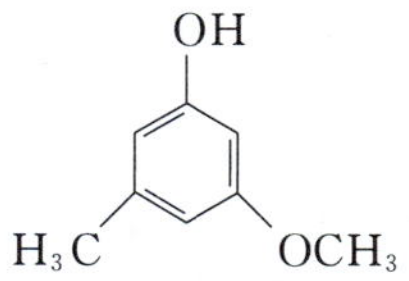

(5) 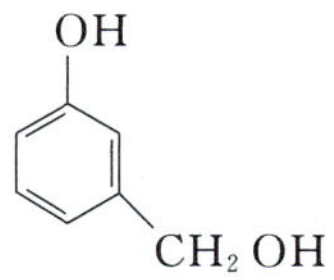

(6) $Ph—CH(OH)CH_2CH_2CH_3$

(7) 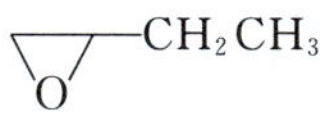

(8) 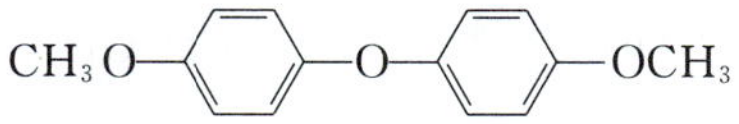

9-2 完成下列反应。

(1) 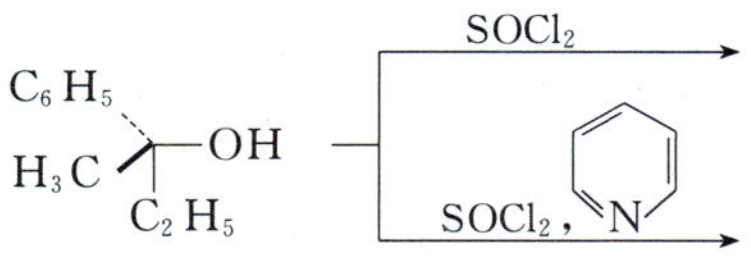

(2) 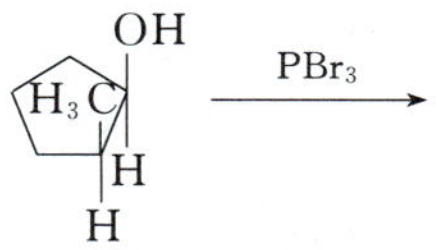

(3) $(CH_3)_3C—CH_2OH \xrightarrow[\triangle]{H_2SO_4}$

(4) 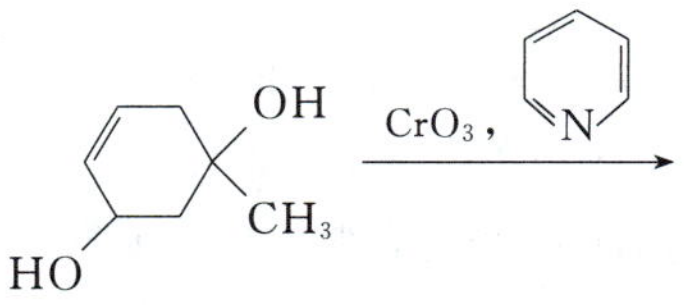

(5) 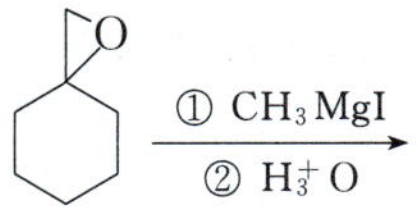

(6) 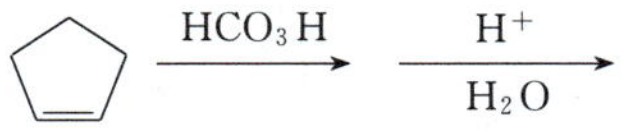

(7) 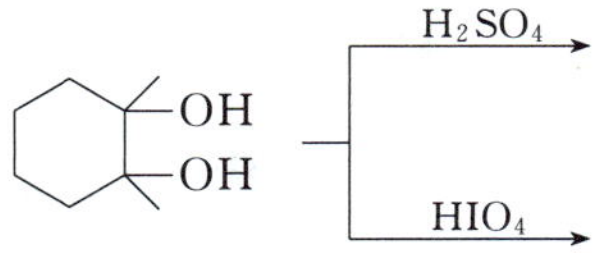

(8) 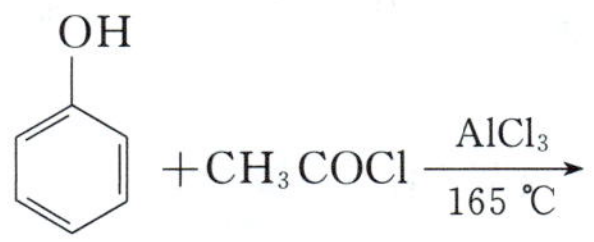

(9) 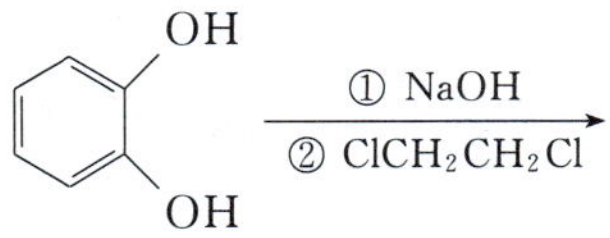

(10) 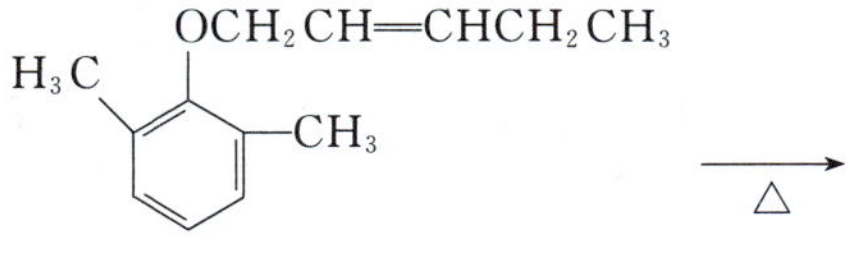

(11) 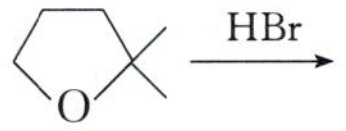

(12) 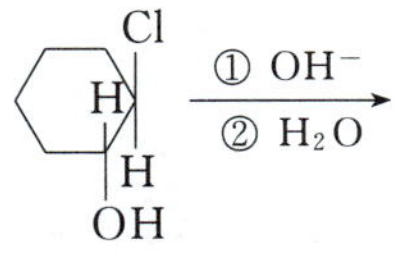

9-3 将下列各化合物按酸性由强至弱排列成序。

A. 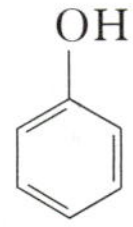　B. 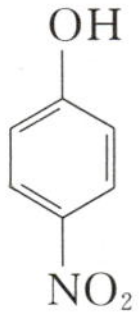　C. 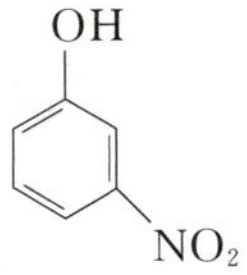

D. 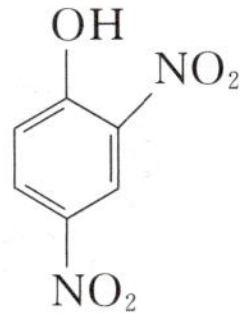　E. 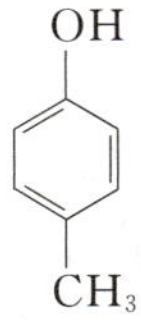　F. 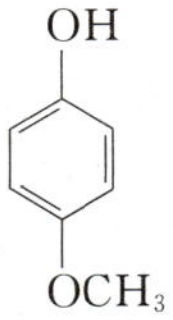

9-4　将下列化合物按分子内脱水反应的相对活性排列成序。

(1) A. 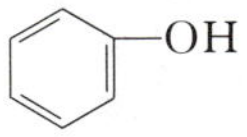　B. 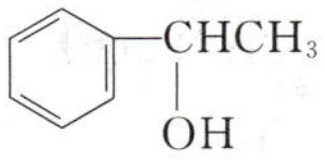　C. 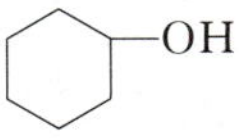

(2) A. $(CH_3)_2CHOH$　B. $CH_3CH_2CH_2OH$　C. $CH_2{=}CHCH(OH)CH_3$

9-5　将下列各组化合物按与氢溴酸反应的相对活性排列成序。

(1) A. 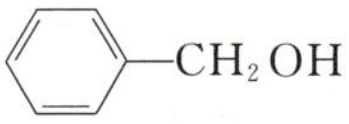　B. 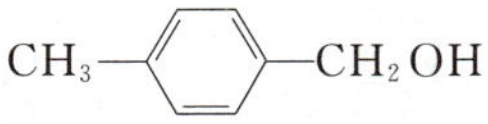　C. 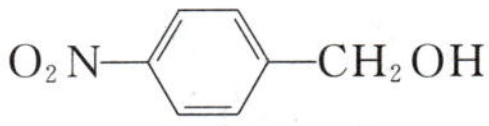

(2) A. 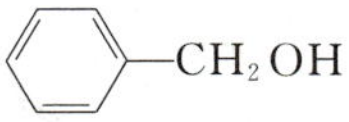　B. 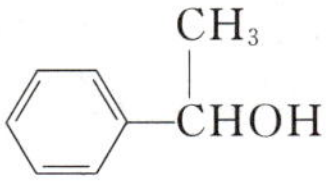　C. 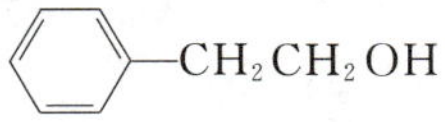

9-6　试写出除去下列化合物中少量杂质的方法和原理。

(1) C_2H_5OH 中含有少量 H_2O　(2) $(C_2H_5)_2O$ 中含有少量 H_2O 和 C_2H_5OH

(3) C_2H_5Br 中含有少量 C_2H_5OH　(4) n-C_6H_{14} 中含有少量$(C_2H_5)_2O$

9-7　用化学方法鉴别下列各组化合物。

(1) A. $CH_3CH_2CH_2CH_2OH$　B. $CH_3CH_2CH(OH)CH_3$　C. $(CH_3)_3COH$

(2) A. 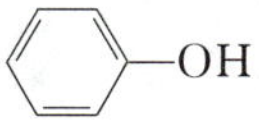　B. $CH_2{=}CH{-}CH_2Br$　C. $CH_3CH(OH)CH_2OH$

D. $(CH_3)_3CBr$　E. $C_2H_5OC_2H_5$　F. n-C_4H_{10}

9-8　完成下列转化。

(1) 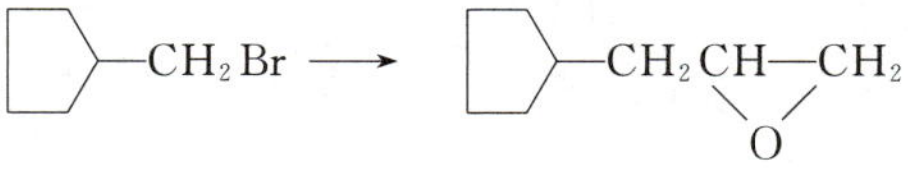　(2) 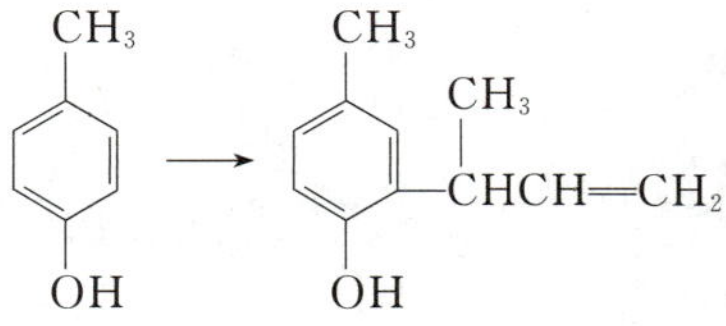

(3) 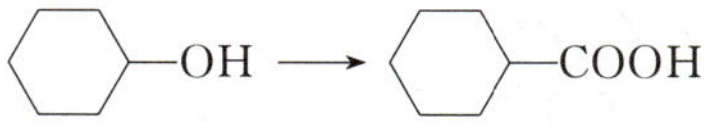　(4) 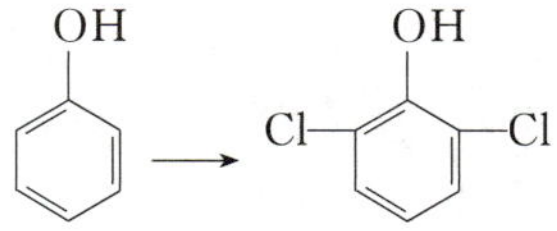

9-9　用适当的原料合成下列化合物。

(1) $CH_3CH_2CH_2OCH(CH_3)_2$　(2) $CH_3CH_2OCH{=}CH_2$

(3) 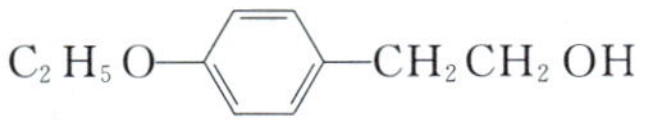　　(4) $(CH_3)_3CCHOCH(CH_3)_2$（带 CH_3 支链）

9-10　化合物 A 是一种性引诱剂，请给出它的系统命名法的名称，并从易得的化合物合成 A。

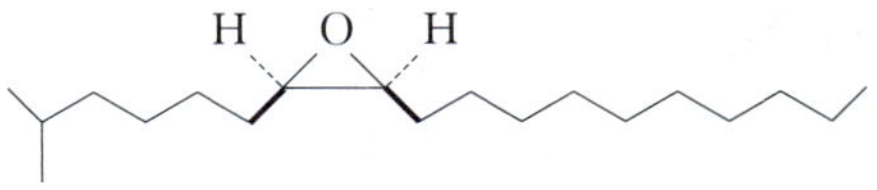

A

9-11　推测下列反应的机理，并用弯箭头表示出电子转移方向。

(1) 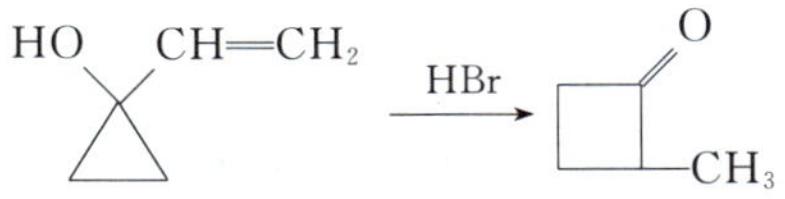

(2) 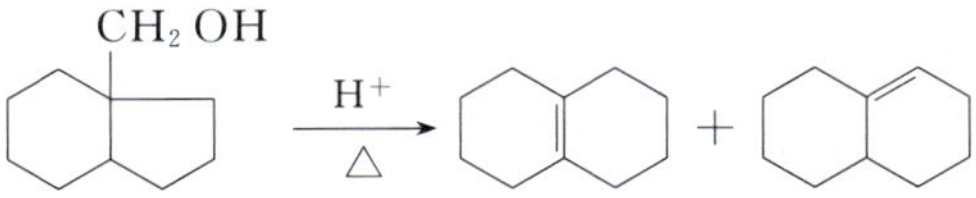

(3) 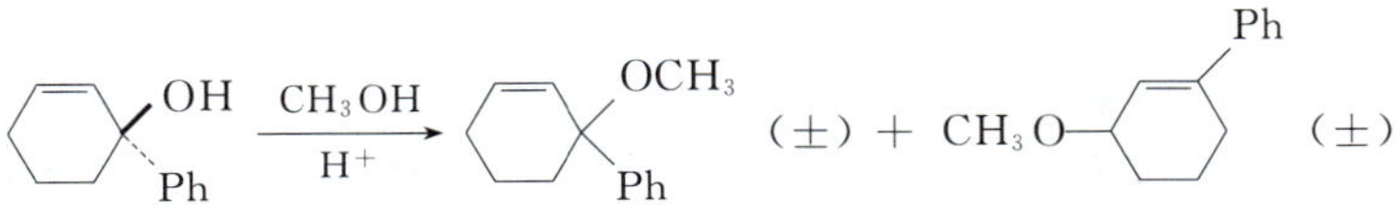

(4) 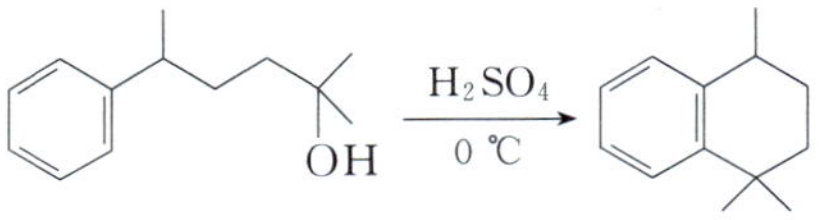

(5) 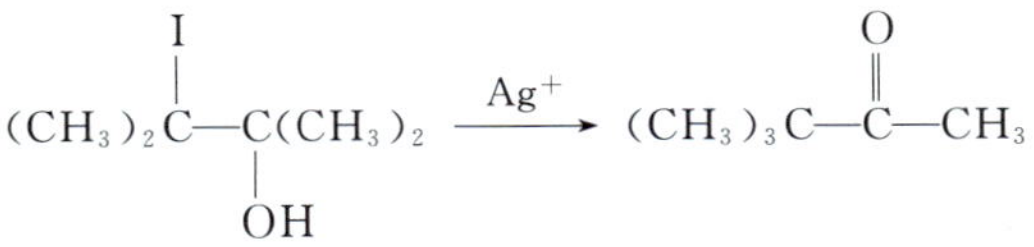

9-12　一中性化合物 A($C_{10}H_{12}O$)，经臭氧分解产生甲醛但无乙醛。加热至 200 ℃以上时，A 迅速异构化成 B。B 经臭氧分解产生乙醛但无甲醛；B 与 $FeCl_3$ 呈阳性反应；B 能溶于 NaOH 溶液；B 在碱性条件下与 CH_3I 作用得到 C。C 经碱性 $KMnO_4$ 溶液氧化后得到邻甲氧基苯甲酸。推断 A，B，C 的构造并写出其反应式。

9-13　某化合物 A，分子式为 $C_{10}H_{14}O$，能溶于 NaOH 溶液中，而不溶于 $NaHCO_3$ 水溶液中。与 Br_2/H_2O 反应得到二溴代化合物，分子式为 $C_{10}H_{12}Br_2O$。A 的光谱分析数据如下。

IR：σ=3 250 cm^{-1} 有宽峰；σ=830 cm^{-1} 有吸收峰。

^1H-NMR：δ=1.3(9H)单峰；δ=4.9(1H)单峰；δ=7.0(4H)多重峰。

试推断 A 的构造，并标明质子的化学位移及红外吸收的归属。

9-14　中性化合物 A($C_8H_{16}O_2$)，与 Na 作用放出 H_2，与 PBr_3 作用生成相应的化合物 $C_8H_{14}Br_2$；A 被 $KMnO_4$ 氧化生成 $C_8H_{12}O_2$；A 与浓 H_2SO_4 一起共热脱水生成 B(C_8H_{12})。B 可使溴水和碱性 $KMnO_4$ 溶液褪色；B 在低温下与 H_2SO_4 作用再水解，则生成 A 的同分异构体 C，C 与浓 H_2SO_4 一起共热也生成 B，但 C 不能被 $KMnO_4$ 氧化，B 氧化生成 2,5-己二酮和乙二酸。试写出 A，B，C 的构造式。

9-15　为什么 R—X，R—OH，R—O—R 都能发生亲核取代反应？试说明它们发生亲核取代反应的异同点。

9-16　说明烯丙基卤与烯丙基醇，苄卤与苄醇的取代反应有何异同点。

9-17　试说明 HI 分解醚的反应是如何按 S_N2 或 S_N1 机理进行的，为什么 HI 比 HBr 更好？

9-18　为什么醚蒸馏前必须纯化？$(RCH_2)_2O$ 和 $(R_2CH)_2O$ 哪个更容易生成过氧化物？

9-19　说明下列实验现象：

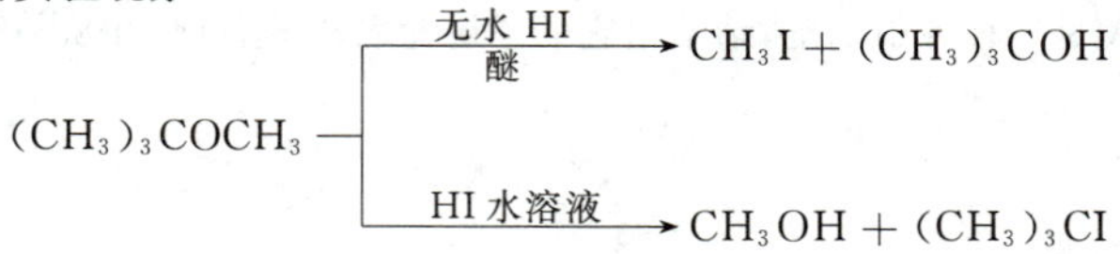

9-20　试说明 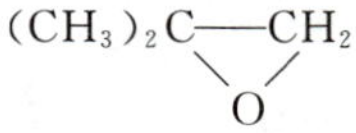 和 CH_3OH 在酸性(H^+)和碱性(CH_3O^-)介质中反应生成不同异构体的原因。

9-21　写出下列反应的机理。

1. $CH_3CH{=}CH{-}O{-}CH_2C(CH_3){=}CH_2 \xrightarrow{\triangle} CH_2{=}C(CH_3)CH_2CH(CH_3)CHO$

2. 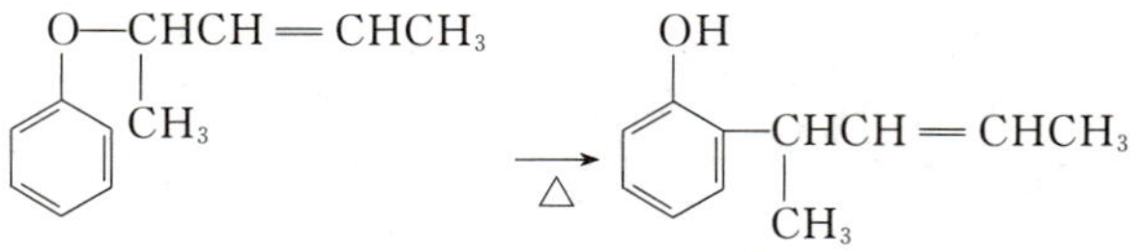

9-22　20 世纪 80～90 年代，煤制烯烃发展很快，目前此制备主要是分两步进行：第一步是合成气($CO+H_2$)在铜催化剂作用下合成甲醇；第二步是在分子筛催化剂作用下，甲醇转化成乙烯、丙烯等低碳原子数烯烃。查阅资料总结工业上由甲醇制备烯烃的各种方法，并比较国内外催化剂的特点。

第 10 章　醛、酮、醌

10.1　醛和酮的分类与结构

10.1.1　分类

在烃分子中，氧取代—CH_2—的两个氢转变成 $-\overset{O}{\overset{\|}{C}}-$ 所形成的化合物称为羰基化合物，$-\overset{O}{\overset{\|}{C}}-$ 称为羰基。当羰基碳原子与两个烃基相连构成酮，若羰基碳原子分别与一个烃基和一个氢原子相连则构成醛，$-\overset{O}{\overset{\|}{C}}-H$ 又称为醛基。

$$\underset{\text{醛}}{R-\overset{O}{\overset{\|}{C}}-H} \qquad \underset{\text{酮}}{R-\overset{O}{\overset{\|}{C}}-R'}$$

根据与羰基相连的烃基的不同，可以把醛、酮分为脂肪族和芳香族两大类。在脂肪族醛、酮中，烃基可以是饱和的、不饱和的，也可以是脂环的；在芳香族醛、酮中，芳环上也可含有其它取代基。广义的芳香族醛包括醛基连在芳烃侧链上的醛，但它们的性质与脂肪醛相似。例如：

脂肪醛：

$HCHO$ 甲醛　　CH_3CHO 乙醛　　Cl_3CCHO 三氯乙醛　　$CH_3CH{=}CHCHO$ 2-丁烯醛

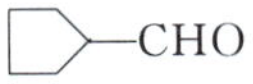

环戊基甲醛

芳香醛：

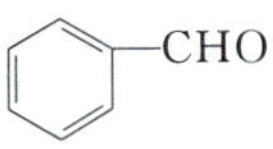

苯甲醛

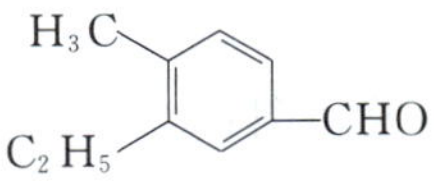

4-甲基-3-乙基苯甲醛

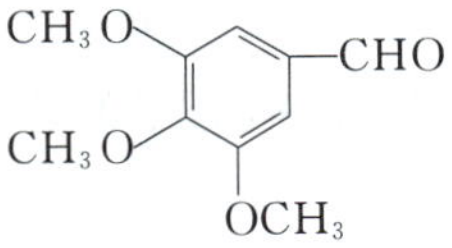

3,4,5-三甲氧基苯甲醛

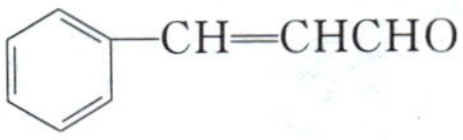

3-苯基丙烯醛

脂肪酮：

CH_3COCH_3 丙酮　　$CH_3CH_2COCH_3$ 丁酮　　$CH_3CH{=}CHCOCH_3$ 3-戊烯-2-酮

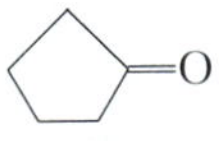

环戊酮

芳香酮：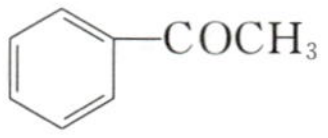　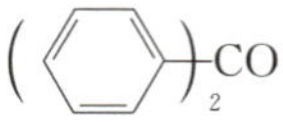　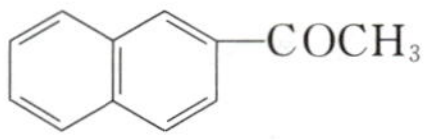

苯乙酮　二苯甲酮　β-萘乙酮

两个烃基不相同的酮，又称为混酮或不对称酮。在分子中存在两个或两个以上羰基的化合物称为多元醛、多元酮。例如：

$OHC—CHO$　$OHC(CH_2)_3CHO$　

乙二醛　戊二醛　对苯二甲醛

$OHCCH_2CH(CHO)CH_2CHO$　$CH_3COCOCH_3$　$CH_3COCH_2COCH_3$　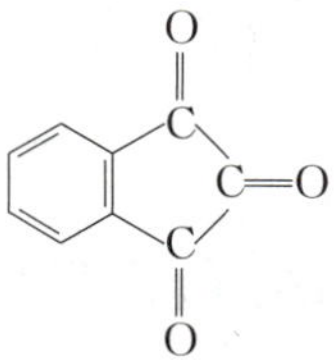

3-甲酰基戊二醛　丁二酮　2,4-戊二酮　茚三酮

CH_3COCH_2CHO　　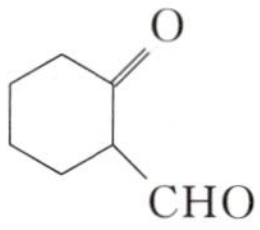

3-丁酮醛　对乙酰基苯甲醛　2-环己酮基甲醛

多元醛、酮属于混合官能团化合物。

10.1.2　结构

在醛、酮分子中，羰基碳原子以 sp^2 杂化与其它三个原子构成 σ 键，氧原子也是 sp^2 杂化，羰基碳原子的 p 轨道与氧原子的 p 轨道相互平行侧面重叠形成 π 键。羰基碳原子及与其相连的三个原子处于同一平面内，相互间的键角约为 120°，而 π 键是垂直于这个平面的。

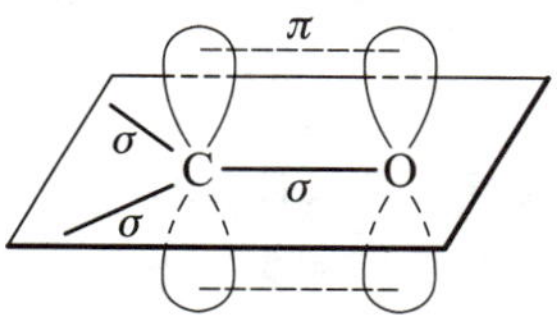

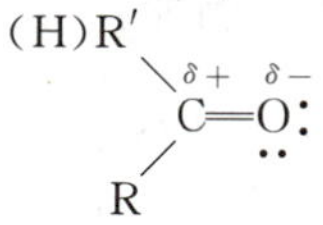

下面列出几种醛、酮分子的静电势能模型图：

静电势模型图

甲醛　乙醛　丙酮　苯甲醛　苯乙酮

在羰基中由于氧原子的电负性大于碳原子，所以羰基中双键的电子是偏向氧原子

一方的，碳原子是缺电子中心，即羰基的碳原子有亲电性；而氧原子有碱性。

在羰基化合物中，羰基具有强吸电子效应（$-C$，$-I$），连接在羰基碳原子上的烷基显示出明显的给电子效应（$+I$，$+C$），烷基的这种给电子作用使羰基碳原子的缺电子性质有所减弱，也使羰基化合物的稳定性有所增加。一般来说，酮比醛的热力学稳定性要好，如丁醛的燃烧焓大于丁酮的燃烧焓：

$$CH_3CH_2CH_2CHO + 5\frac{1}{2}O_2 \longrightarrow 4\ CO_2 + 4\ H_2O \qquad \Delta_c H_m^{\ominus} = -2\ 479\ kJ\cdot mol^{-1}$$

$$CH_3CH_2\overset{\overset{\large O}{\|}}{C}CH_3 + 5\frac{1}{2}O_2 \longrightarrow 4\ CO_2 + 4\ H_2O \qquad \Delta_c H_m^{\ominus} = -2\ 446\ kJ\cdot mol^{-1}$$

在羰基直接与芳环相连的芳香族醛、酮中，芳环的大 π 键与羰基的 π 键之间相互作用（即$\pi-\pi$共轭），在化学性质上表现出羰基的化学活性下降，环上的亲电取代反应活性比苯的弱，但热力学稳定性却比脂肪族醛、酮大。

醛的通式为 RCHO 或ArCHO，酮的通式为 RCOR′或 ArCOR 或 Ar_2CO。由于羰基是醛和酮的官能团，所以在化学性质上醛和酮有许多共同之处。但由于醛的羰基上连有一个氢原子，又使醛和酮在化学性质上有所不同。

10.2　醛、酮的物理性质

在常温下，除甲醛是气态之外，C_{12} 以下的醛、酮是液态，高碳原子数的醛、酮为固态。低碳原子数的醛有刺鼻气味；$C_6 \sim C_{14}$ 的醛，尤其是芳香族醛具有花果香型的气味，可用于香精的配制；$C_7 \sim C_{13}$ 的酮类多数具有特定的清香味道，可用于各种高级香精的配制；而 $C_{14} \sim C_{19}$ 的脂环酮类（如麝香酮、灵猫酮）则是麝香香料的香气成分。

由于醛、酮是极性较强的分子，所以它们的沸点比相对分子质量相近的烃类要高出许多；但因为醛、酮的分子之间无氢键形成，故其沸点又比相同碳原子数的醇要低。低碳原子数的醛、酮与水分子可以形成氢键，它们在水中有较大的溶解性；而高碳原子数醛、酮及芳香族醛、酮在水中的溶解度很小。一般的醛、酮可被大多数有机溶剂溶解。脂肪族醛、酮的相对密度小于 1，而芳香族醛、酮的相对密度则大于 1。

醛、酮与相对分子质量相近的其它类化合物沸点如下：

	$CH_3CH_2CH_2CH_3$	$CH_3CH_2C{\equiv}CH$	CH_3CH_2Cl	$C_2H_5OCH_3$
bp/ ℃	−0.5	8.5	12.2	8
	CH_3CH_2CHO	CH_3COCH_3	$CH_3CH_2CH_2OH$	CH_3CO_2H
bp/ ℃	48.8	56.1	97.2	118

常见的醛、酮在水中的溶解度如下：

	CH_2O	CH_3CHO	CH_3CH_2CHO	$CH_3CH_2CH_2CHO$
溶解度/[$g\cdot(100gH_2O)^{-1}$]	∞	∞	20	4
	PhCHO	CH_3COCH_3	$CH_3CH_2COCH_3$	$(C_2H_5)_2CO$
溶解度/[$g\cdot(100gH_2O)^{-1}$]	0.3	∞	37	4.7

	$CH_3(CH_2)_3COCH_3$	$PhCOCH_3$	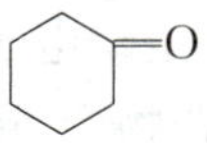
溶解度/(g·(100gH_2O)$^{-1}$)	3.0	不溶	2.4

谱 5-8

在醛、酮的红外光谱中，羰基 C═O 键的伸缩振动吸收峰出现的位置是

	RCHO	ArCHO	RCH═CHCHO	
σ/cm^{-1}	1 720～1 740	1 695～1 715	1 680～1 705	
	RCOR	ArCOR	ArCOAr	RCH═CHCOR
σ/cm^{-1}	1 700～1 725	1 680～1 700	1 660～1 670	1 665～1 685

环己酮(σ=1 715 cm^{-1})和环戊酮(σ=1 751 cm^{-1})的红外吸收差别较大。醛基中 C—H 键的红外特征吸收在 σ=2 665～2 880 cm^{-1}

在^{1}H-NMR 谱中，醛基质子的化学位移在 9～10；与羰基相连的烷基，其 α-C 上的质子的化学位移一般在 2.0～2.5。

10.3　羰基的亲核加成反应

动 3-49

醛、酮的羰基是极性的不饱和基团，羰基的碳原子是缺电子的，所以亲核试剂与之发生的亲核加成反应是醛、酮化合物的重要化学特性。当亲核试剂与羰基作用时，羰基的 π 键逐步异裂，直到 π 电子被氧原子所得；同时羰基碳原子和亲核试剂之间的 σ 键逐步形成。在反应前后羰基的碳原子由 sp^2 杂化转变为 sp^3 杂化，即

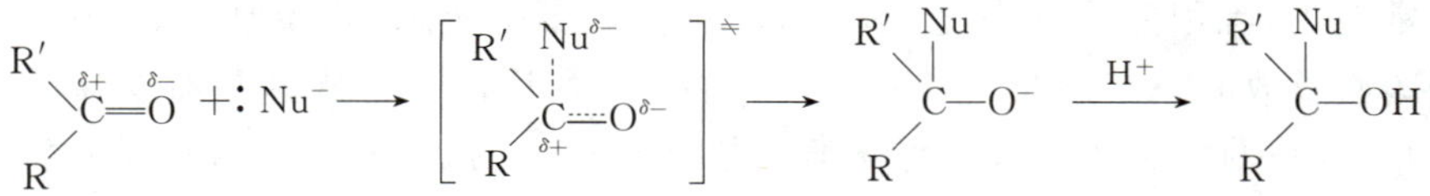

醛、酮分子中的电子效应和空间效应对这一反应过程有直接的影响。如果羰基碳原子上所连接的烷基多，羰基碳原子的缺电子性下降，不利于亲核试剂的进攻；尤其是烷基的体积增大，会产生明显的空间位阻，使亲核试剂的进攻受阻，在过渡态时，相对的活化能也高。

由于醛、酮中氧原子是富电子端，可以预见，酸催化对亲核加成反应的进行应是有利的。因为在质子化的羰基中，π 键电子会更加偏向氧原子，使羰基的碳原子更为缺电子，有利于亲核试剂对它的攻击。

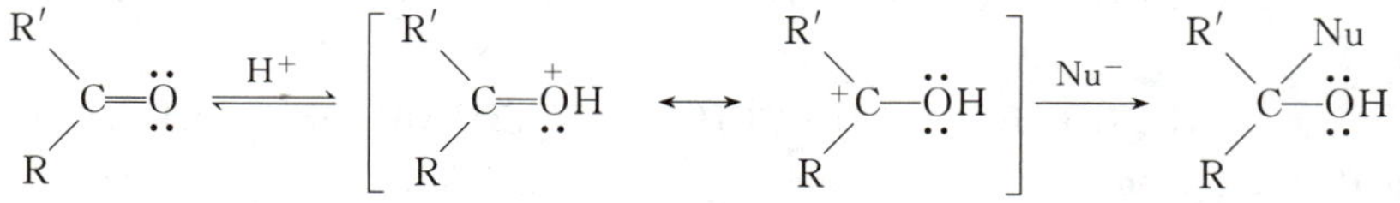

从电子效应和空间效应两方面因素综合考虑，并且已被实验所证明，下列羰基化合物发生亲核加成反应的活性次序是

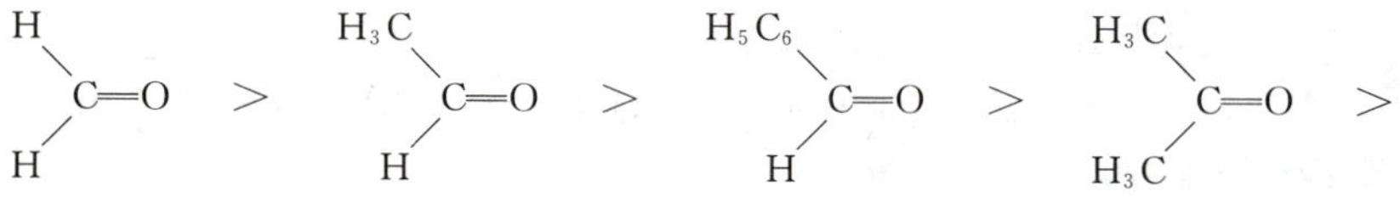

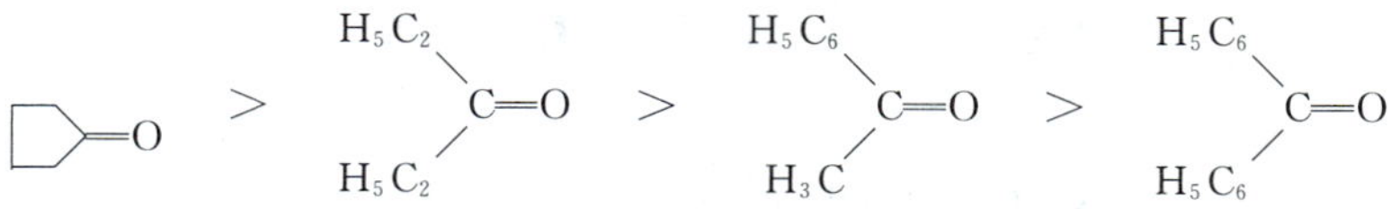

与醛、酮的羰基能发生亲核加成的亲核试剂有多种，主要是含氧、氮、硫、磷及碳等亲核中心的五类亲核试剂，它们都属于路易斯碱。例如：$H_2\ddot{O}$，$H_5C_2\ddot{O}H$，$H_3\ddot{N}$，$R\ddot{N}H_2$，$R_2\ddot{N}H$，$NaSO_3H$，$R\ddot{S}H$，$Ph_3\overset{+}{P}-\overset{-}{C}R_2'$，$RC\equiv C^-$，$N\equiv\overset{-}{C}\overset{+}{Na}$，RMX 及可形成烯醇负离子的化合物等。下面介绍几类常见的亲核加成反应。

10.3.1　与水加成

甲醛、乙醛、丙酮等小分子羰基化合物可以与水分子发生加成反应，生成了水合物。这种水合物只有在一定浓度范围、一定温度下才是比较稳定的，而游离的羰基水合物是极不稳定的，它将迅速脱水恢复羰基化合物。

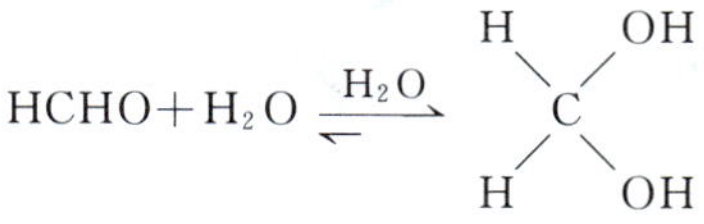

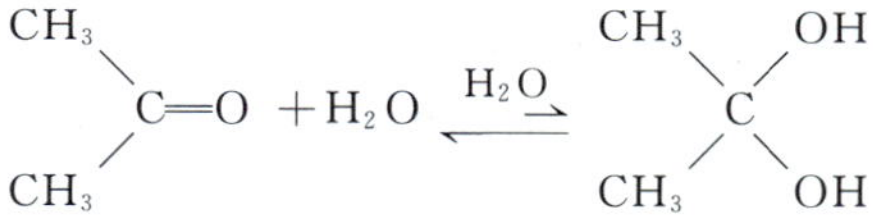

甲醛在水中主要以水合物的形式存在，乙醛可有 50%左右的水合物；丙酮水溶液中的水合丙酮是很少的。

甲醛的 40%水溶液称为福尔马林溶液，是一种防腐剂，用于保存生物标本。

下面列出一些醛、酮的水合反应的平衡常数：

	HCHO	CH_3CHO	CH_3CH_2CHO	$(CH_3)_3CCHO$	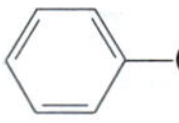—CHO
$K(H_2O)$：	2×10^3	1.3	0.71	0.24	8.3×10^{-3}

	$ClCH_2CHO$	Cl_3CCHO	CH_3COCH_3	$ClCH_2COCH_3$	$ClCH_2COCH_2Cl$
$K(H_2O)$：	37	2.8×10^4	2×10^{-3}	2.9	10

三氯乙醛非常易于和水加成，生成的水合物称为水合氯醛，熔点 57 ℃，是一种有效的催眠药物。

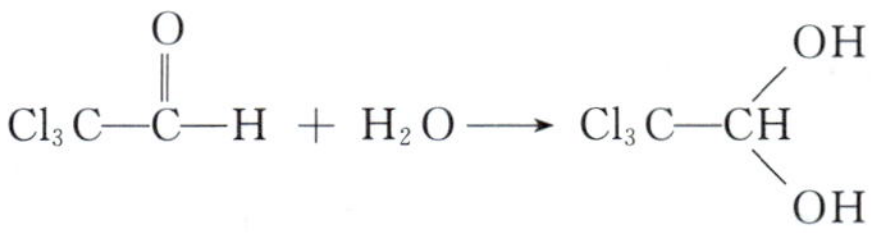

环状的三聚甲醛、三聚乙醛或四聚乙醛可看作是甲醛或乙醛的水合物之间的脱水产物。

10.3.2　与醇加成

醇可以对醛、酮的羰基进行亲核加成。由于醇分子的亲核性较弱，反应是可逆的。

羰基与一分子醇的亲核加成产物是半缩醛或半缩酮。例如：

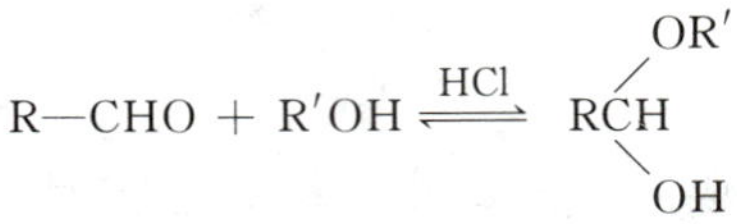

半缩醛

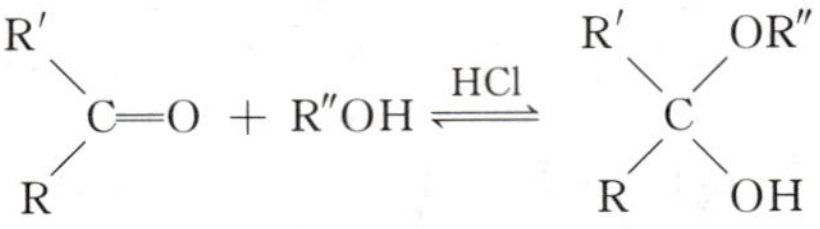

半缩酮

半缩醛是不稳定的化合物，在酸催化下它与另一分子的醇发生亲核取代反应，生成稳定的同碳二元醚——缩醛：

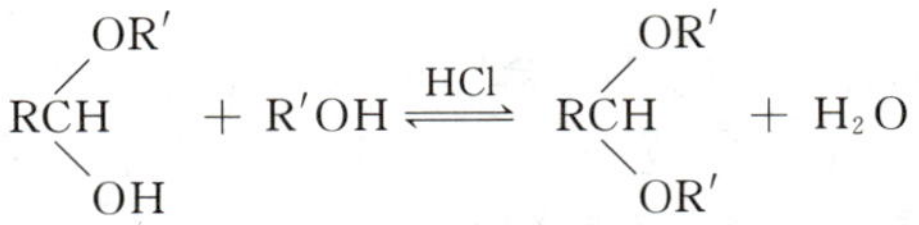

酸或碱都可以催化半缩醛的生成。酸催化是通过生成𬭩盐以强化羰基碳原子的缺电子性；碱催化（如 HO^-）则是使醇转化为烷氧负离子以增强其亲核能力。这两种催化的反应过程可描述为

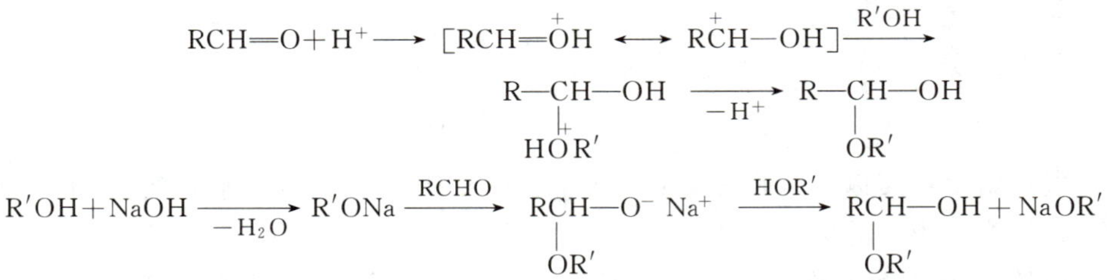

缩醛只能在酸催化条件下生成。

在丙酮与乙醇生成缩酮的反应中，平衡时约有 2% 的缩酮产物，只有不断地移出生成的水，才能使反应平衡右移：

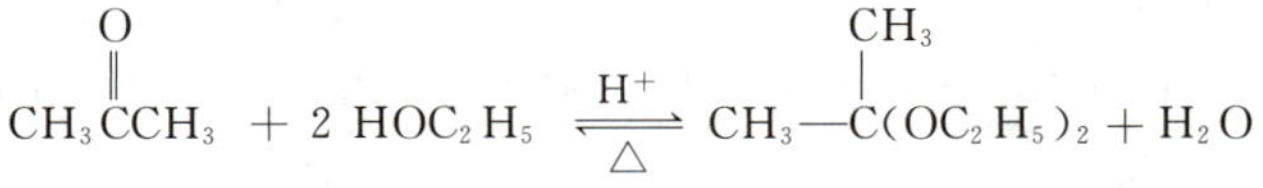

在酸性条件下，乙二醇与酮作用较容易得到缩酮，这是由于从半缩酮再分子内脱水生成的缩酮是一个五元的环醚型结构，比较稳定。例如：

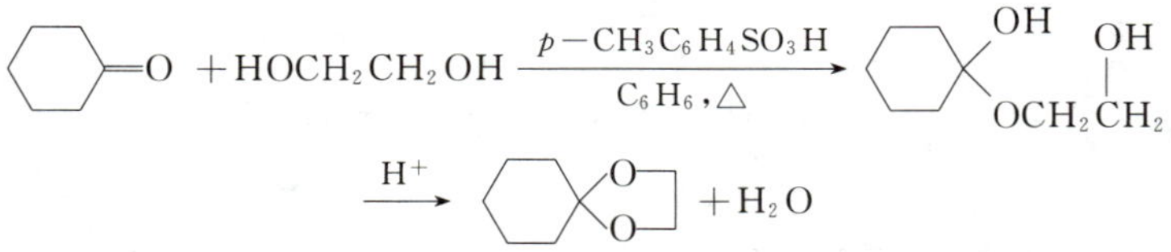

由于缩醛或缩酮是稳定的醚型结构，反应又是可逆的，所以在有机合成中可用于保护羰基。例如：

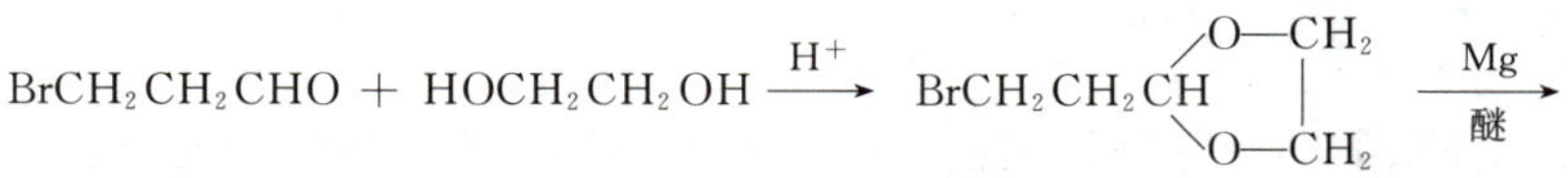

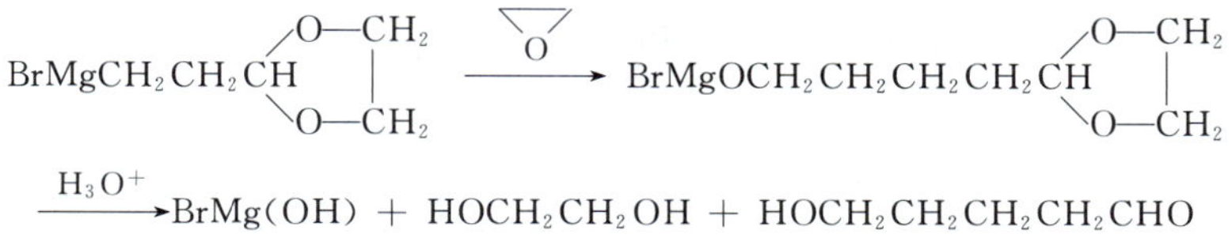

在合成纤维“维尼纶”的制造中，就应用了缩醛生成的反应，使聚乙烯醇部分羟基缩醛化，以提高产品的耐水性。

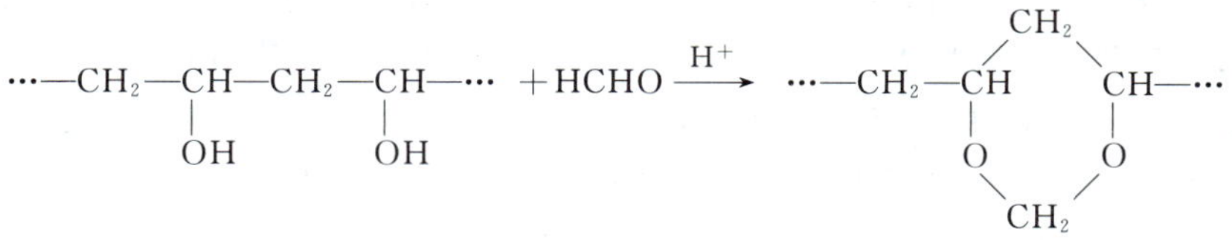

硫醇的亲核活性大于醇，在室温下乙二硫醇与醛或酮可顺利地加成生成缩硫醛或缩硫酮：

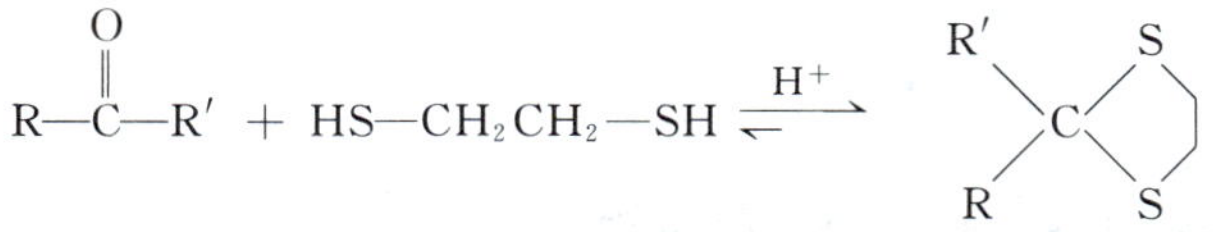

缩硫醛的生成在有机合成上有重要的应用。2-烃基取代的 1,3-二硫六环(硫代缩醛)与丁基锂作用形成碳负离子，后者与卤代烃发生亲核取代反应，然后在汞盐存在下水解得到酮，这是由醛通过烃基化合成酮的一种重要方法。例如，6-十一碳酮的合成：

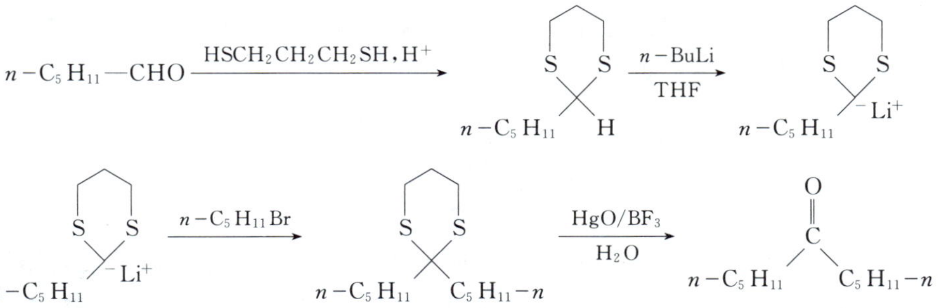

10.3.3 与亚硫酸氢钠加成

醛、脂肪族甲基酮及少于 8 个碳原子的环酮可以与亚硫酸氢钠的饱和溶液发生亲核加成，反应是可逆的，生成的产物是 α-羟基磺酸钠，它不溶于反应体系而析出。这个反应是生成磺酸化合物的一种方法。反应过程如下：

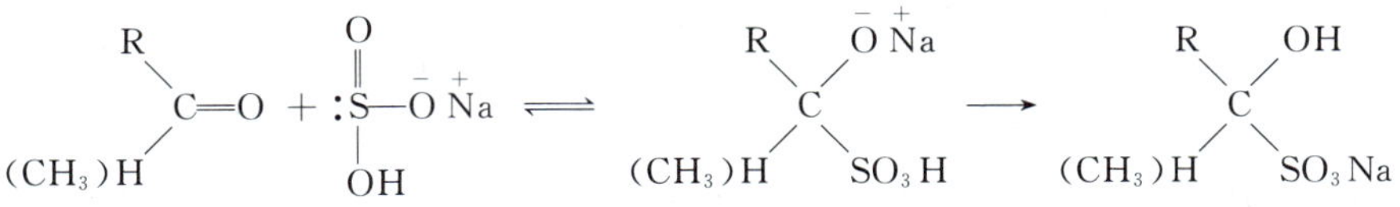

演 6-23

由于 $NaHSO_3$ 是一个较弱的酸性化合物，当向产物的水溶液中加入较强的酸或碱时，都会使加成产物分解而游离出羰基化合物：

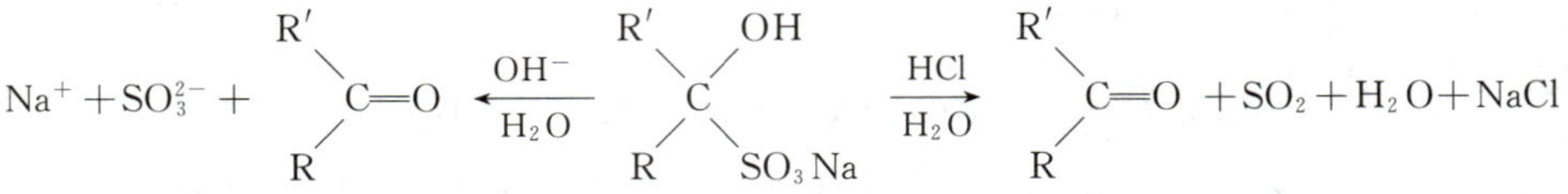

虽然 $NaHSO_3$ 的亲核性比较强，但是由于一般的酮类化合物的两个烃基体积较大，空间上不利于较大体积的 HSO_3^- 对羰基的加成；而且，即使是生成了加成产物，由于烃基的增多和体积的增大，对—SO_3Na 的排斥力也增大，使其不稳定。

这个反应可用来对醛、脂肪族甲基酮及少于 8 个碳原子的环酮进行定性鉴别，也可用于从含有上述某一羰基化合物的有机混合物中分离出相应的醛或酮。

脂环酮与 $NaHSO_3$ 加成的反应活性顺序为

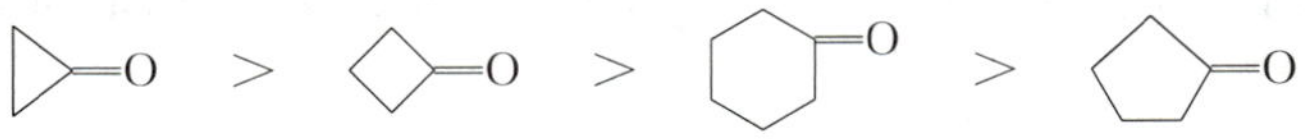

10.3.4 与氢氰酸加成

醛、酮与氢氰酸加成生成 α－氰醇，也称 α－羟基腈：

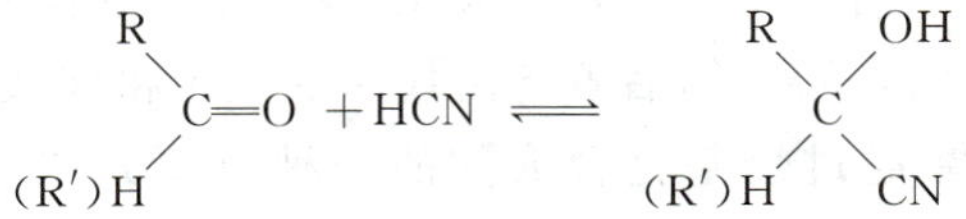

醛、脂肪族甲基酮及少于 8 个碳原子的环酮可以与 HCN 顺利地反应。由于氢氰酸有剧毒，且易于挥发，在实际操作中是用 KCN 或 NaCN 的溶液与醛或酮混合，然后逐步加入无机强酸，得到产物。

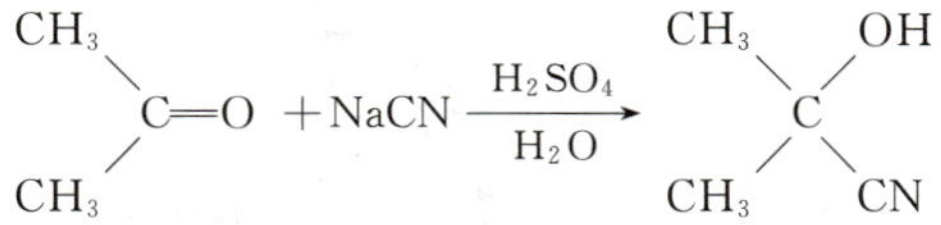

在实验中发现，HCN 与羰基化合物的加成是受碱催化的，微量碱的加入能使反应迅速完成；如在反应中加入酸，则反应进行得相当缓慢。氢氰酸是一个弱酸，它在水中的解离常数很小，如加入碱，生成 ^-CN，从而促进了加成反应。

$$HCN + OH^- \longrightarrow H_2O + {}^-CN$$

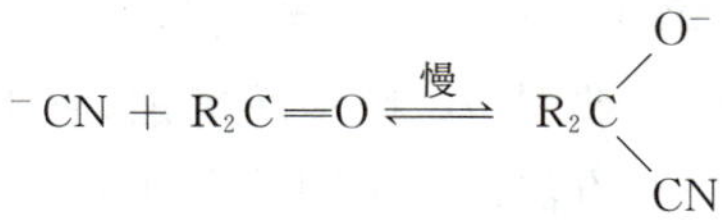

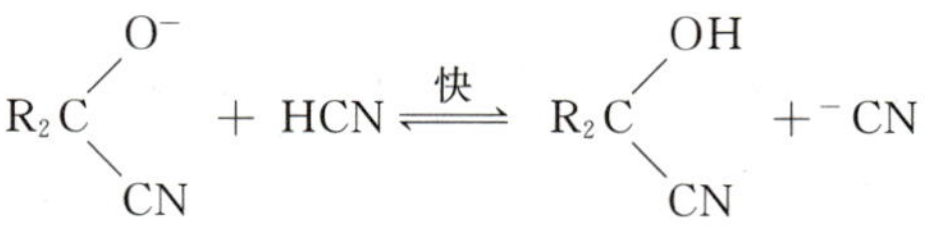

醛、酮与 HCN 的加成是一个经典的亲核加成反应，是最早的有关反应机理和反应动力学研究（1903 年 Lapworth）的成果。这个反应在有机合成中可用于制备增加一个

碳原子的 α-羟基腈，α-羟基腈可进一步转化为 α-羟基酸、α，β-不饱和酸及胺化合物。

一些醛、酮与 HCN 加成反应的平衡常数值：

	$p-O_2NC_6H_4CHO$	C_6H_5CHO	$p-CH_3C_6H_4CHO$	$CH_3COC(CH_3)_3$	$C_6H_5COCH_3$
K	1 420	210	32	28	0.8

甲基丙烯酸甲酯是制备有机玻璃的单体，它是丙酮与 HCN 加成生成的 α-羟基腈在硫酸存在下于甲醇中受热，经过脱水、氰基水解、酯化等反应形成的。

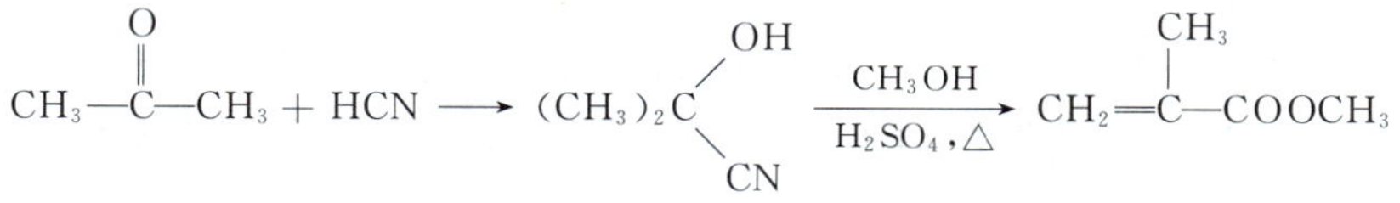

10.3.5 与金属有机化合物加成

格利雅试剂的亲核性强，它与醛、酮发生的亲核加成反应是不可逆的，加成产物不经分离直接进行水解就可得到相应的醇化合物。这是有机合成中增加碳链的方法之一。例如，由不多于三个碳原子的有机物合成 2，3-二甲基-2-戊醇：

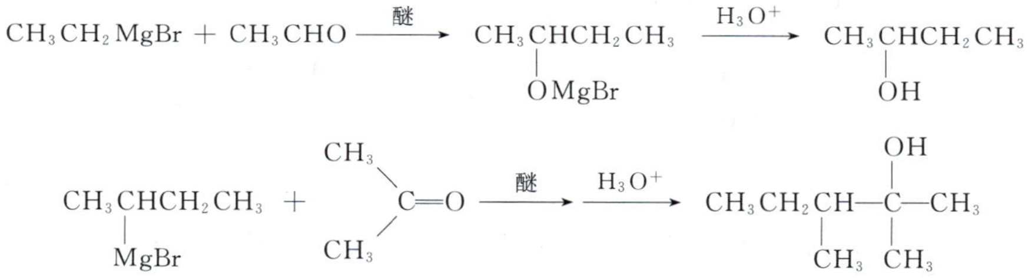

格利雅试剂 R′MgX 与酮的亲核加成反应通常用于制备叔醇，但是当酮中的烃基和试剂中的 R′较大时，加成反应难以进行，甚至还有酮的还原等副反应发生。如果用有机锂代替格利雅试剂，由于有机锂的亲核性比格利雅试剂的强，锂原子的体积又小，反应几乎无还原副反应发生，能顺利进行。例如：

$$[(CH_3)_2CH]_2CO + (CH_3)_2CHLi \longrightarrow [(CH_3)_2CH]_3COLi \xrightarrow[-LiOH]{H_2O} [(CH_3)_2CH]_3COH$$

用有机锂合成醇的另一优点是产物的分离比用格利雅试剂的分离容易得多。

HC≡CNa 与醛、酮的亲核加成不可逆，可用于制备 α-炔醇。例如：

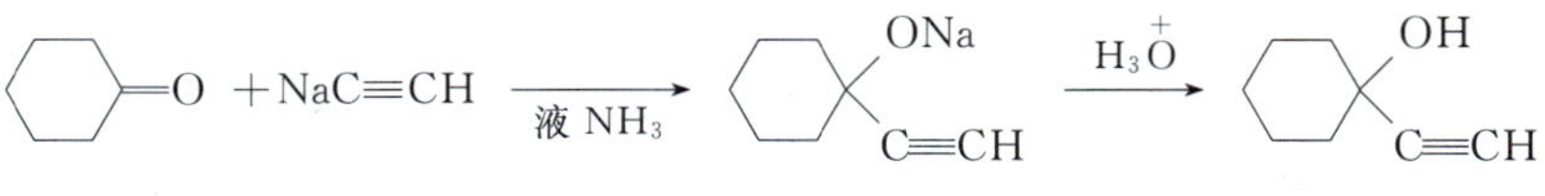

乙炔分子中的两个炔氢与碱作用后，可与两分子较活泼的醛、酮加成，生成炔二醇。例如：

$$HC\equiv CH + 2\ H_2C{=}O \xrightarrow[\text{压力}]{KOH} HOCH_2-C\equiv C-CH_2OH$$

$$HC\equiv CH + 2\ CH_3COCH_3 \xrightarrow[\text{压力}]{KOH} HO(CH_3)_2C-C\equiv C-C(CH_3)_2OH$$

10.3.6　与氨及其衍生物的加成

演 6-24

醛、酮可与氨及氨衍生物发生亲核加成反应，并进一步脱去一分子水，生成缩合产物。氨的衍生物主要是指：伯胺(RNH_2)、仲胺(R_2NH)、羟胺(NH_2OH)、肼($H_2N—NH_2$，$H_2N—NHR'$)、氨基脲($H_2N—NH—CO—NH_2$)等，它们与羰基化合物的加成−消除反应是合成一系列含氮有机化合物的重要反应。

1. 与氨、胺的反应

甲醛与氨水作用可生成环状六亚甲基四胺(商品名为乌洛托品)，该物质热稳定性好，加热至 263 ℃不熔，但升华，也有部分分解；它具有杀菌作用，用于膀胱炎、尿道炎、肾盂肾炎等疾病的治疗。

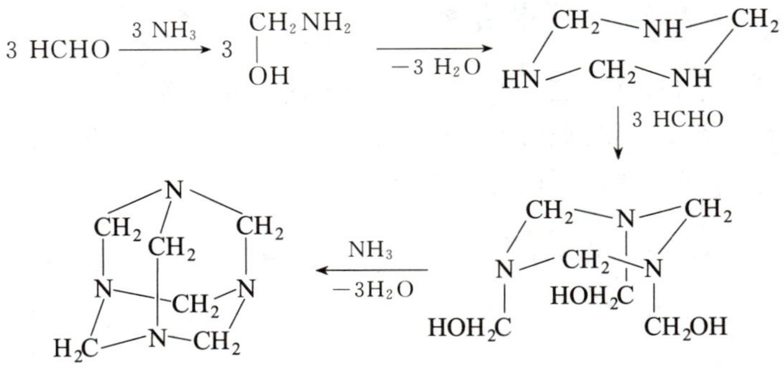

乌洛托品

甲醛与尿素可以发生缩聚反应，生成脲醛树脂。线型脲醛树脂主要用作黏合剂，体型脲醛树脂用作“电玉”压塑粉：

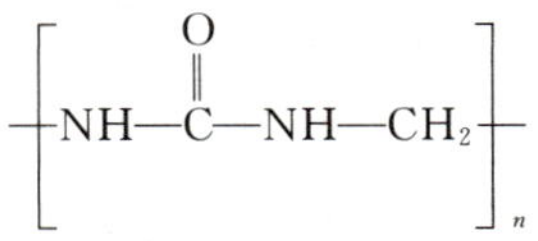

线型脲醛树脂

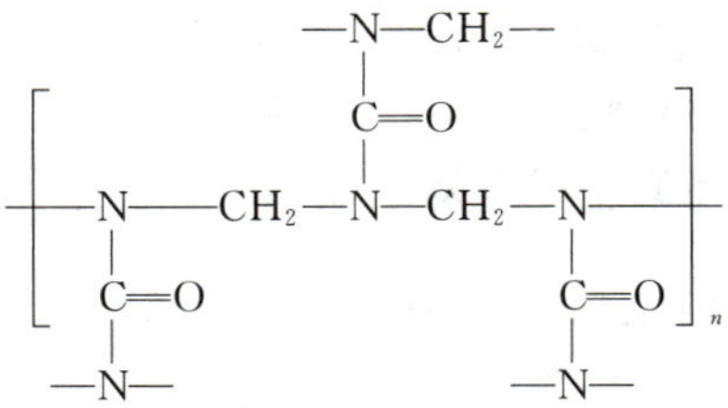

体型脲醛树脂

脂肪族醛、酮与氨或伯胺反应可生成亚胺，也称为席夫碱(Schiff base)：

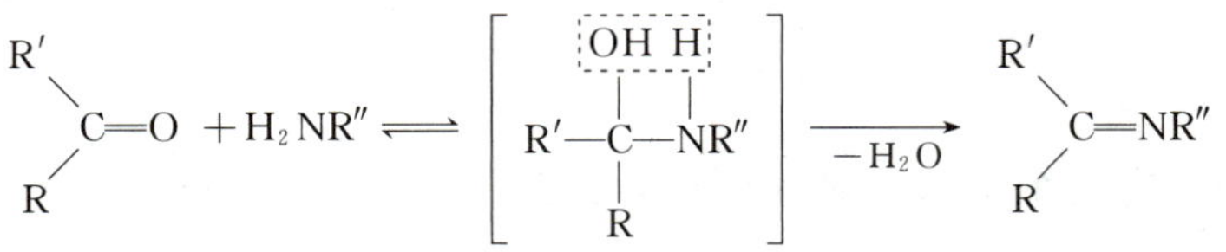

生成的亚胺中含有 C═N 键，在反应条件下是较不稳定的，它易于发生加成聚合反应。芳香族的醛、酮与伯胺反应生成的亚胺是共轭体系则比较稳定。

$$C_6H_5CHO + H_2NC_6H_5 \longrightarrow C_6H_5CH{=}NC_6H_5 + H_2O$$

仲胺与醛、酮反应不能生成亚胺，产物不稳定。但仲胺与 $\alpha-H$ 的醛、酮反应可生成烯胺，在有机合成上有应用（见 12.6 节）。

2. 与肼、苯肼、氨基脲的反应

醛、酮与氨的衍生物肼、苯肼及氨基脲（统称为羰基试剂）在酸性（pH＝3～5）条件下发生加成-消除反应，分别生成腙、苯腙和缩氨脲：

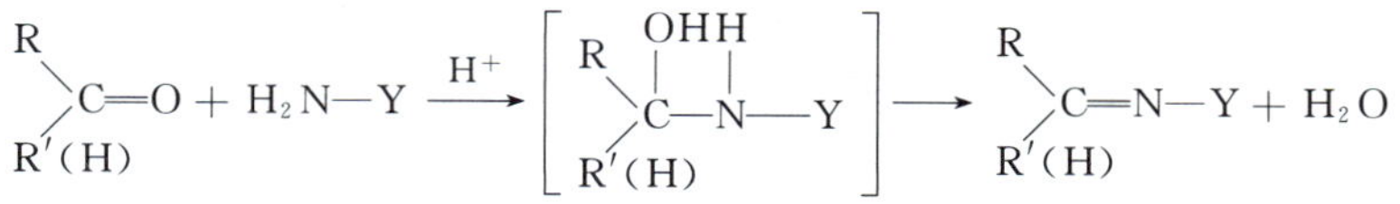

$Y=-NH_2, -NHC_6H_5, -NHC_6H_3(NO_2)_2\text{-}m,o, -NH-CO-NH_2$ 等。

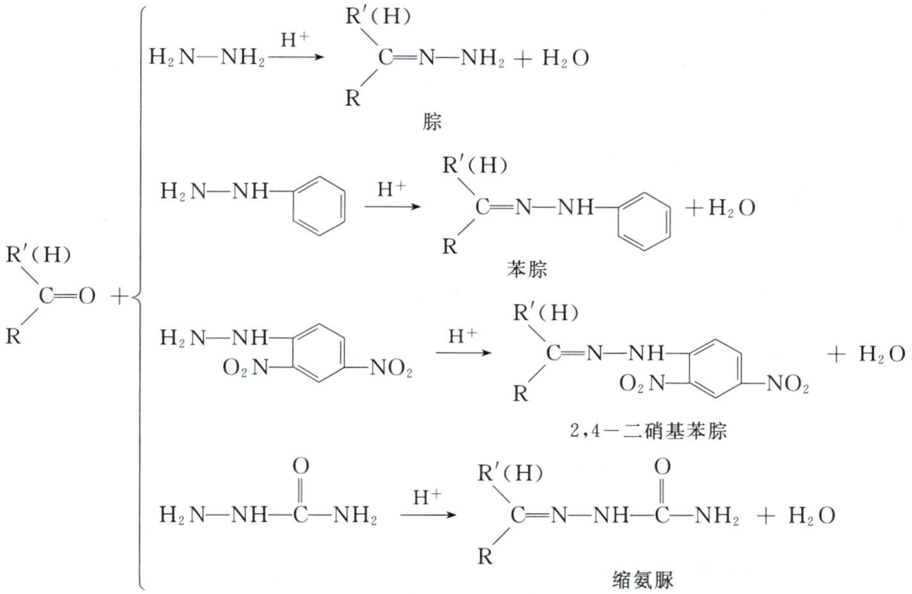

在弱酸性条件下进行这类反应有利于羰基试剂对活化了的羰基碳原子发生亲核攻击。生成的缩合产物大多数是有固定熔点和一定晶型的晶体。这些产物不但易于从反应体系中分离出来，而且还容易进行重结晶提纯，更重要的是这些产物在酸性水溶液中加热还可以分解生成原来的醛或酮。这便为羰基化合物的鉴别和分离提纯提供了一个有效的方法。在定性分析上常用 2,4-二硝基苯肼或氨基脲；而在分离提纯上则常用苯肼。腙在碱性条件下受热可脱除氮，这可用于羰基的彻底还原。羰基试剂的反应不能在强酸下进行，否则羰基试剂转变成盐而失去亲核性。

3. 与羟氨的反应——肟的生成及贝克曼重排

醛、酮与羟氨反应，分别生成醛肟和酮肟，它们都有固定的熔点。例如：

$$CH_3CH{=}O + \underset{\text{羟氨}}{H_2NOH} \xrightarrow{\triangle} \underset{\text{乙醛肟, mp 47 ℃}}{CH_3CH{=}NOH} + H_2O$$

$$(CH_3)_2C{=}O + H_2NOH \xrightarrow{\triangle} \underset{\text{丙酮肟, mp 60 ℃}}{(CH_3)_2C{=}NOH} + H_2O$$

肟的生成与腙的生成途径相同，醛肟的生成快于酮肟的生成。

在肟分子中，如果双键碳原子所连接的两个基团不同时，有 Z/E 构型之分（在腙类化合物中也存在此种情况）。例如：

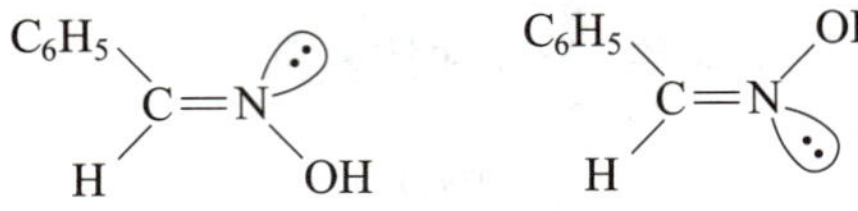

（E）-苯甲醛肟　　（Z）-苯甲醛肟

有机化学家

芳香族酮肟用浓 H_2SO_4 或 PCl_5 处理，发生分子内的重排反应，结果是氮原子上的羟基与处于双键碳原子异侧的基团互换位置，生成一个烯醇型中间物，然后再转化为酰胺。这种酮肟的反位重排称为贝克曼（Beckmann）重排。

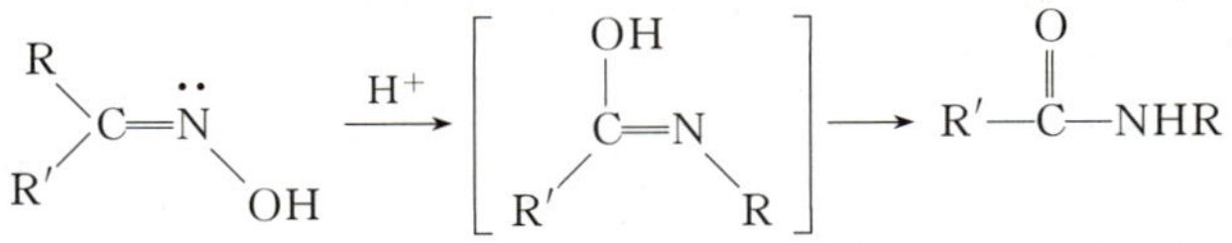

反应机理为

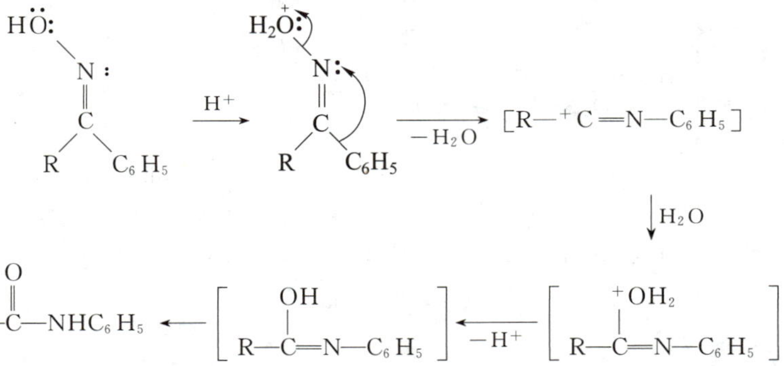

贝克曼重排反应的特点是：迁移基团与离去的 H_2O 处于 C═N 双键的反位，H_2O 的离去和烃基负离子的迁移是同步进行的，迁移的基团在迁移前后构型不变。例如：

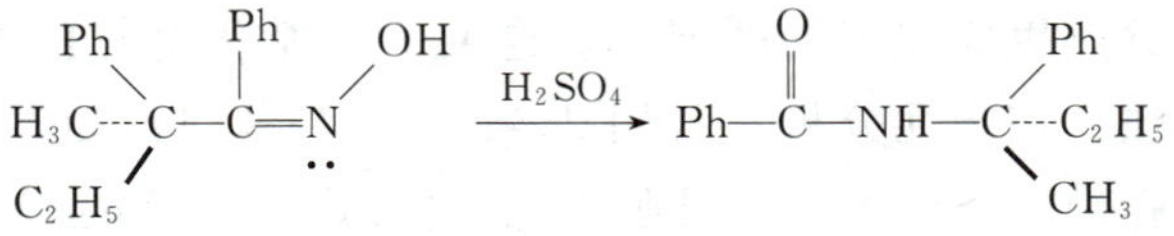

醛肟不易发生这种重排，而脂肪族酮肟在重排时，所得产物不完全是反位重排的结果。

通过对贝克曼重排所得产物或其水解产物的分析，便可推知原来酮的结构。环己酮与羟氨的反应产物是环己酮肟，它在硫酸作用下的重排产物为 ε-己内酰胺，后者是合成纤维——锦纶-6 的单体。

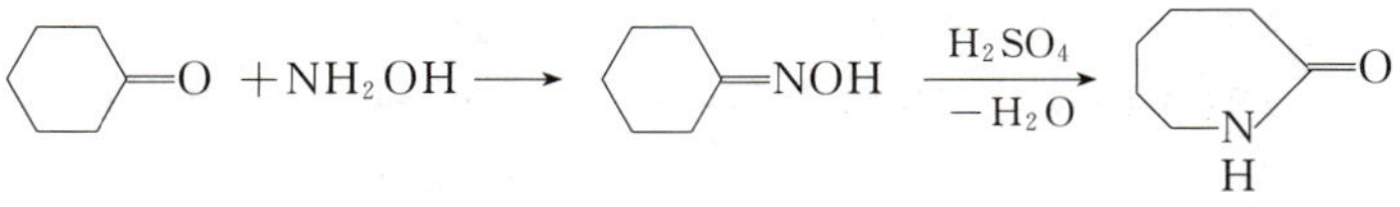

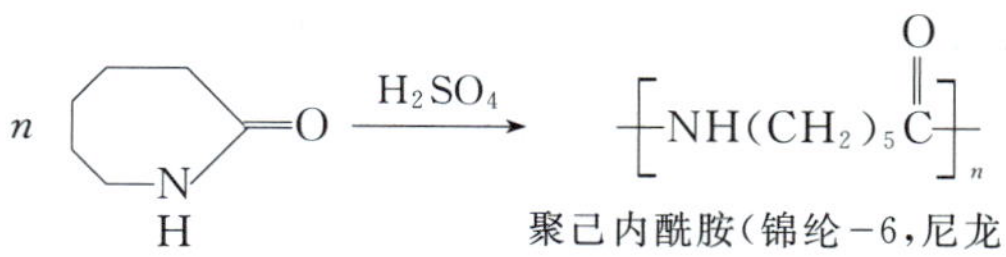

聚己内酰胺（锦纶-6，尼龙-6）

贝克曼重排反应的重要应用之一是制备芳香酰胺。

10.3.7 与维蒂希试剂的反应

维蒂希试剂是一类磷叶立德(ylide)，有两性离子特性，其中的烃基呈负性，具有亲核性质。磷叶立德是德国化学家维蒂希(Wittig)于 1953 年发现的，故又称之为 Wittig 试剂。磷叶立德可以与羰基发生亲核加成反应生成烯烃，此反应又称为维蒂希反应（详细内容见 13.5.4 节）：

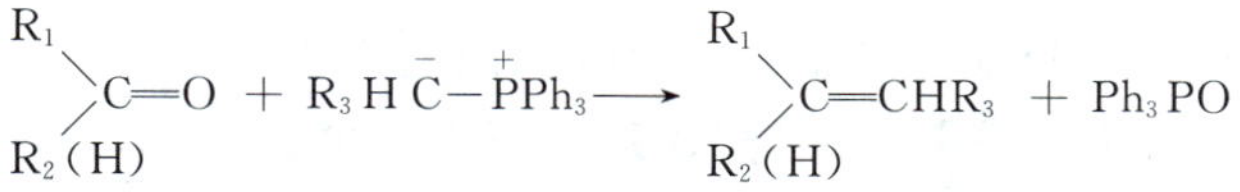

10.4 α－H 的反应

10.4.1 酸性及互变异构

醛、酮中的 α－H 在羰基的影响下（－*I* 效应，－*C* 效应），具有一定的弱酸性。例如：

演

6-25

	CH_3CHO	CH_3COCH_3	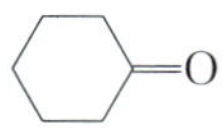	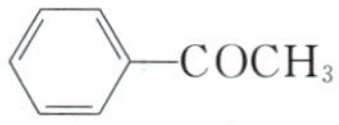
pK_a	≈17	≈20	≈17	≈16

这种弱酸性可通过它们的烯醇式结构表现出来：

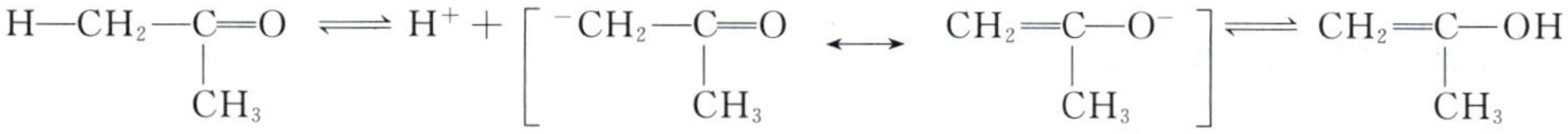

酮式　　共轭碱　　烯醇式

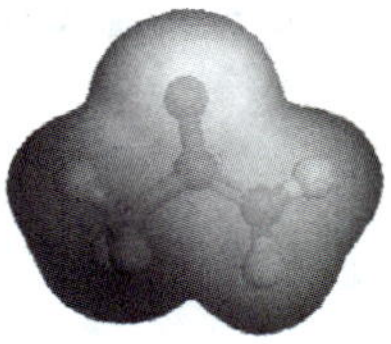

丙酮烯醇负离子

静电势模型图

在酮式与烯醇式的互变平衡中，共轭碱的形成是互变异构平衡移动的关键。

在一般情况下，醛、酮的烯醇式结构不稳定，在互变平衡中的含量是很少的；但是当化学反应是以烯醇式的结构状态进行时，由于烯醇式的不断消耗而使平衡移动，直至反应结束为止。例如：

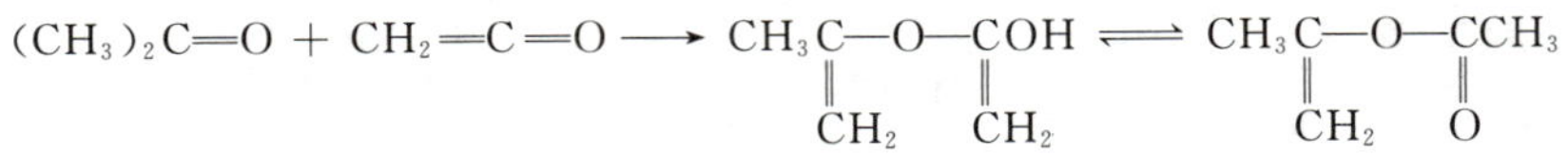

10.4.2 卤代反应

在酸或碱催化下，醛、酮与卤素作用，α－H 被卤原子取代的反应称为醛、酮的 α－H 卤代反应，即

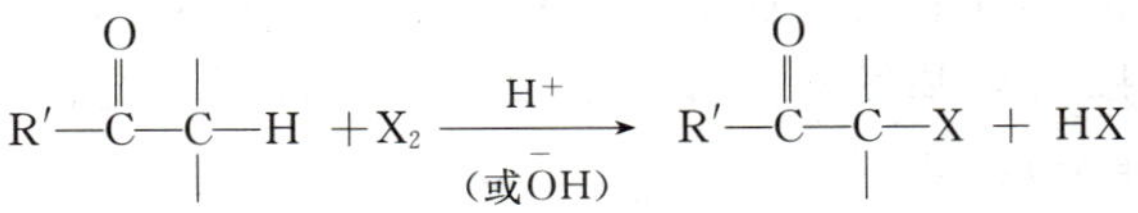

醛、酮的 α－H 卤代反应是制备 α－卤代醛、酮的主要方法。

脂肪醛的卤代可生成一卤代、二卤代甚至三卤代醛。例如，农药“敌百虫”的原料三氯乙醛就是由乙醛和氯作用得到的：

$$CH_3CHO + 3\ Cl_2 \xrightarrow{H_2O} CCl_3CHO + 3\ HCl$$

酮分子中的 α－H 也可被卤素直接取代，生成一卤代、二卤代及多卤代酮。酮的卤代反应较醛的卤代反应易于控制。例如：

$$CH_3COCH_3 + Cl_2 \xrightarrow[20\ ^\circ C]{CaCO_3} CH_3COCH_2Cl + HCl$$

$$CH_3COCH_3 + Br_2 \xrightarrow[65\ ^\circ C]{CH_3COOH} CH_3COCH_2Br + HBr$$

在醛、酮的 α－H 卤代反应中，还生成卤化氢。在这种反应体系中实际上进行的是酸催化反应过程。反应开始时启动很慢，随着反应的进行，HX 生成量增加，使反应加速，这是一种自催化反应。在这个反应中，是卤素对醛、酮的烯醇式中碳碳双键发生了亲电加成反应，所以烯醇式的生成和含量的多少及平衡移动是反应的关键。酸催化下进行卤代反应的机理如下：

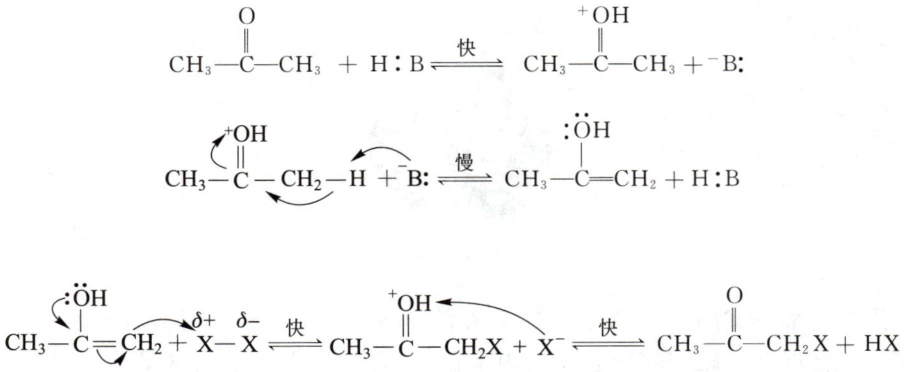

由于卤原子的吸电子诱导效应较强，在生成一卤代物后，羰基上氧原子的碱性有所下降，不利于和质子结合再转化为烯醇式，所以在酸催化下的卤代反应可以控制以

一卤代产物为主。

由于烯醇式稳定性越好，α－H 卤代反应越易进行。因此，α－H 卤代反应的活性次序是

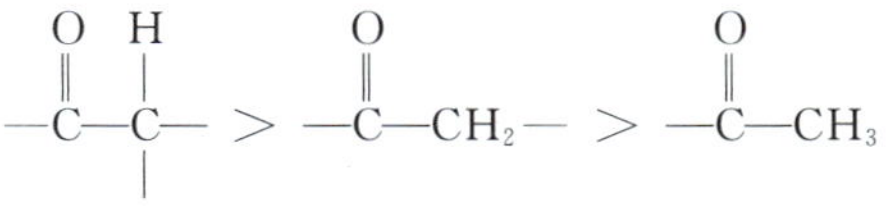

在碱性条件下，醛、酮也可以发生 α－H 卤代反应，碱的作用是加速烯醇式盐的形成，进而使之与卤素作用，生成 α－卤代醛、酮。例如：

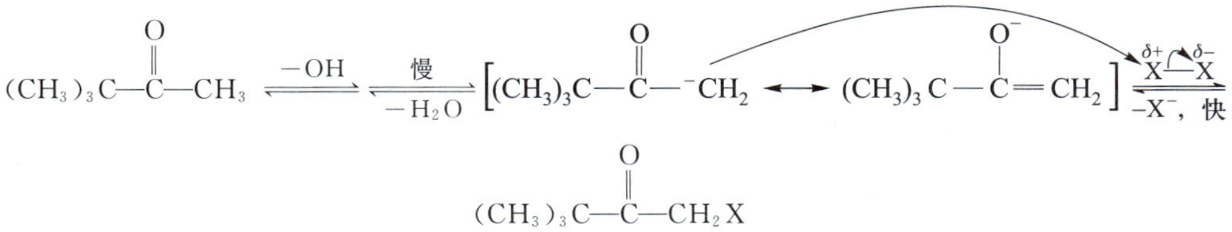

在生成的一卤代物中，由于卤原子的电负性较大，使 α－C 上的其余 α－H 具有更强的酸性，就会进一步与碱作用，再生成相应的烯醇盐，从而使卤代反应继续进行，直至 α－H 完全被取代为止，这样就得到了在 α－C 上的多卤代产物。

在碱催化条件下，不同的 α－H 卤代反应活性次序是

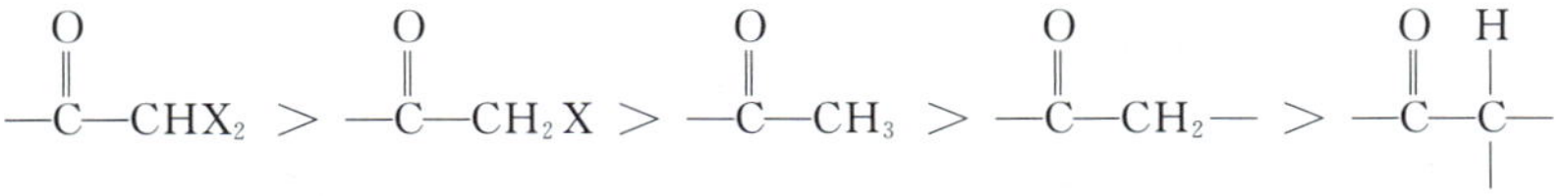

在生成的三卤甲基酮中，由于三卤甲基强－*I* 效应使羰基碳原子缺电子加剧，能与 ^-OH迅速发生亲核加成反应，而后离去 $^-CX_3$，生成卤仿和少一个碳原子的羧酸：

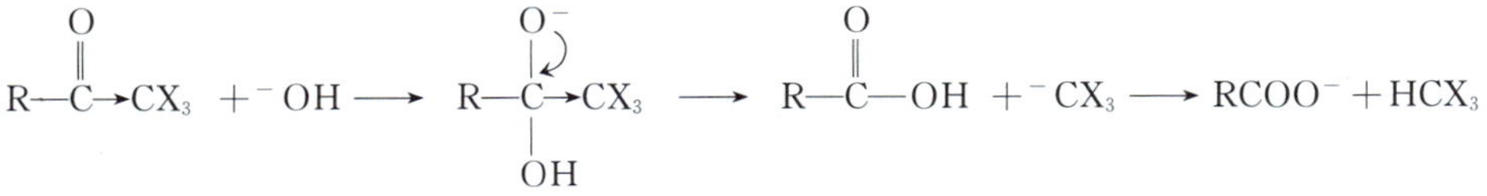

演 6-26

如果所用的卤素为碘，则生成碘仿（黄色沉淀），称为碘仿反应，反应现象十分明显，可用于甲基酮（CH_3COR）的鉴别。由于在碱溶液中卤素与碱作用可生成次卤酸盐，后者可氧化仲醇为酮，所以有 $CH_3—CH(OH)—R$ 结构的 2－醇也可以发生碘仿反应，也可用于鉴别，生成的碘仿可用作消毒防腐剂。在用卤仿反应制取减少一个碳原子的羧酸时，常使用价廉的次卤酸钠碱溶液作为试剂：

演 6-27

$$(CH_3)_3CCOCH_3 + 3\ NaOCl \xrightarrow[H_2O]{^-OH} (CH_3)_3CCO_2Na + CHCl_3 + 2\ NaOH$$

10.4.3 缩合反应

含有 α－H 的醛或酮在酸或碱催化下，发生分子间的缩合生成 β－羟基醛或 β－羟基酮的反应称为羟醛缩合反应或羟酮缩合反应。

1. 醛的缩合反应

含有 α－H 的脂肪醛在碱的作用下可以形成它的烯醇式负离子，它对另一分子醛的羰基进行亲核加成反应，生成 β－羟基醛，这就是醛的羟醛缩合反应（aldol condensation）。例如：

当醛的分子增大（$>C_6$）时，反应较慢，需要一定的反应温度及增大碱的浓度（10%～15%）。碱催化下的羟醛缩合反应是按下面的机理进行的：

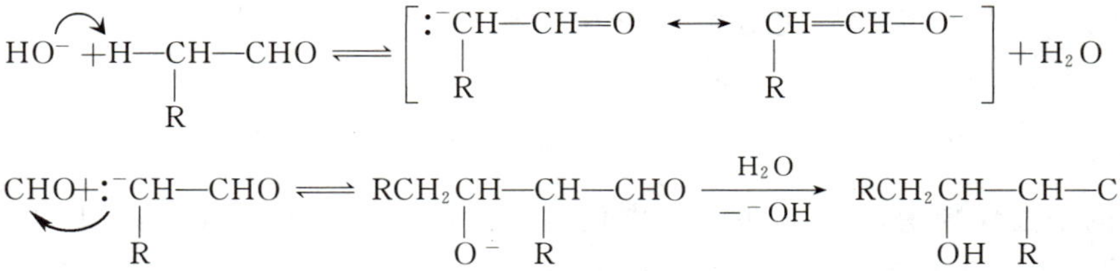

β－羟基醛容易脱水生成 α，β－不饱和醛：

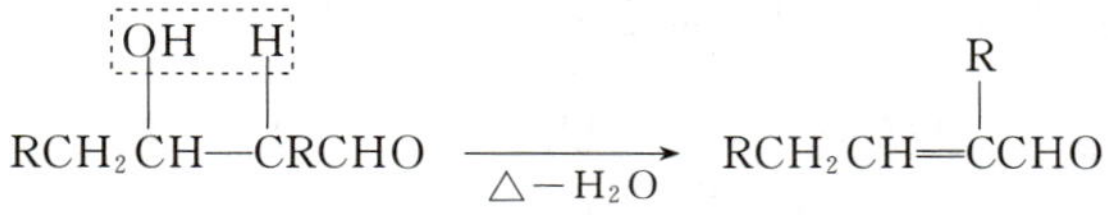

如果反应产物 β－羟基醛中不存在 α－H，则不发生进一步的脱水，就得不到 α，β－不饱和醛。例如：

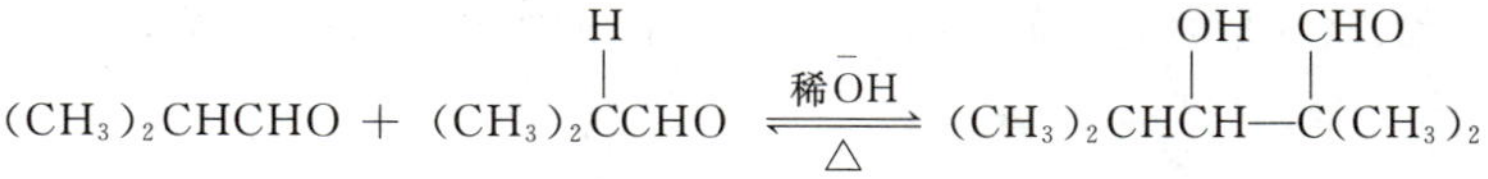

羟醛缩合在有机合成上是很重要的反应，可由此制得碳链增长的 β－羟基醛、不饱和醛。

如果不同的含有 α－H 的醛分子之间进行羟醛缩合反应，将会出现交叉的羟醛缩合，产物可有四种 β－羟基醛，这在有机合成中是没有意义的。如果一个醛分子中无 α－H，而另一个醛分子中有 α－H，则它们之间发生的交叉的羟醛缩合反应有制备意义。例如：

$$HCHO + CH_3-CHO \xrightarrow{稀\ \bar{O}H} \xrightarrow[-H_2O]{} CH_2=CH-CHO$$

$$C_6H_5CHO + CH_3-CHO \xrightarrow[50\ ℃]{稀\ \bar{O}H} \xrightarrow[-H_2O]{} C_6H_5CH=CH-CHO$$

2. 酮的缩合反应

含有 α－H 的酮在碱的作用下也可发生分子间缩合反应，生成 β－羟基酮，再经脱水，得到α，β－不饱和酮。但是这种羟酮缩合反应的平衡很大程度地偏向反应物一边。以丙酮为例，在平衡状态下其缩合产物仅有 5%左右，只有设法不断移出生成的缩合产物，才能够使反应不断进行。

$$(CH_3)_2C{=}O + CH_3COCH_3 \xrightarrow[Ba(OH)_2]{^-OH} (CH_3)_2C(OH)CH_2COCH_3$$

$$\xrightarrow[\triangle]{H_3PO_4} (CH_3)_2C{=}CHCOCH_3 + H_2O$$

适当结构的二元酮也可进行分子内的缩合反应，生成环烯酮化合物。例如：

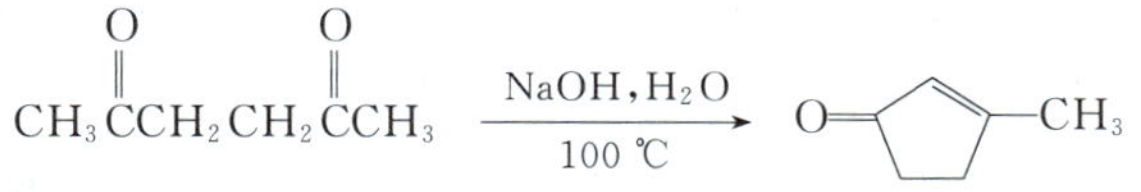

在酸催化下也可发生羟酮缩合反应。例如：

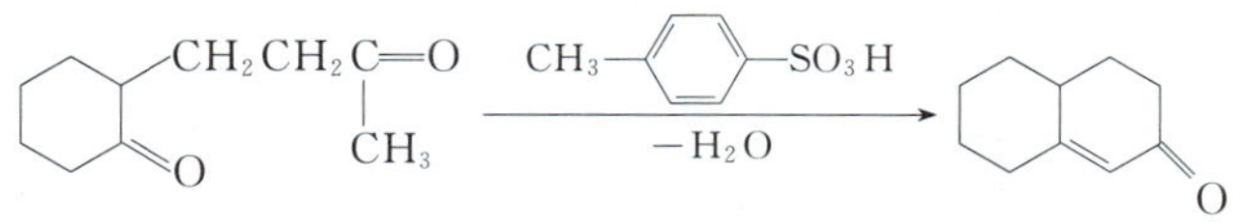

与醛的交叉羟醛缩合反应相似，有 α-H 的酮可以与无 α-H 的酯发生类似的缩合反应，结果生成 β-二酮。例如：

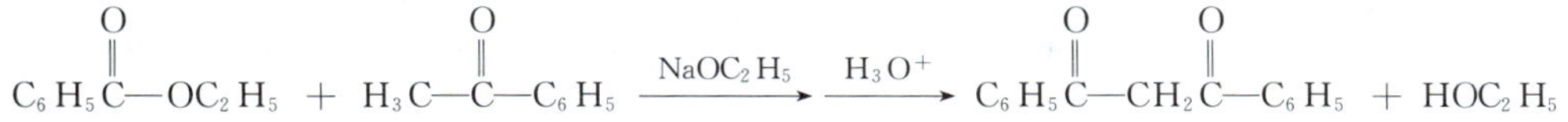

如果酮分子中有两种 α-H，则与酯发生缩合反应的产物有主次之分。例如：

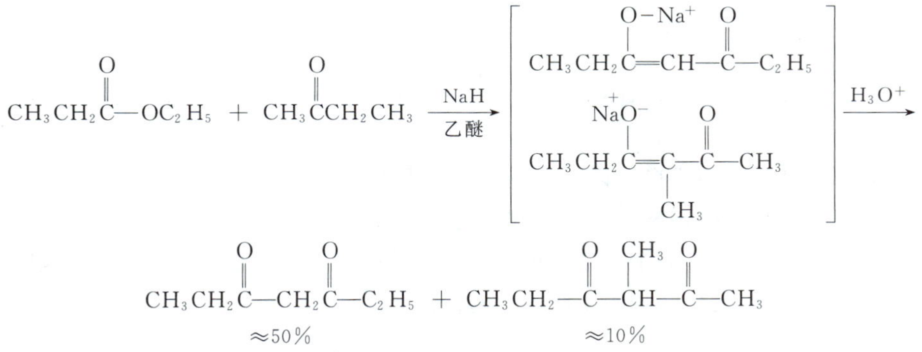

显然是以酸性大的 α-H 所在碳参与缩合的产物为主要产物。

芳醛与含有 α-H 的酮之间的交叉缩合生成 α,β-不饱和酮的反应称为克莱森-施密特(Claisen-Schmidt)反应。例如：

$$C_6H_5CHO + CH_3COCH_3 \xrightarrow[25\sim30\ ℃]{^-OH} \xrightarrow{100\ ℃\ -H_2O} C_6H_5CH{=}CHCOCH_3$$

$$C_6H_5CHO + CH_3COC_6H_5 \xrightarrow[15\sim30\ ℃]{^-OH} \xrightarrow{100\ ℃\ -H_2O} C_6H_5CH{=}CHCOC_6H_5$$

在适当结构的二羰基化合物中，可利用交叉缩合反应制得环烯基 α,β-不饱和羰基化合物。例如：

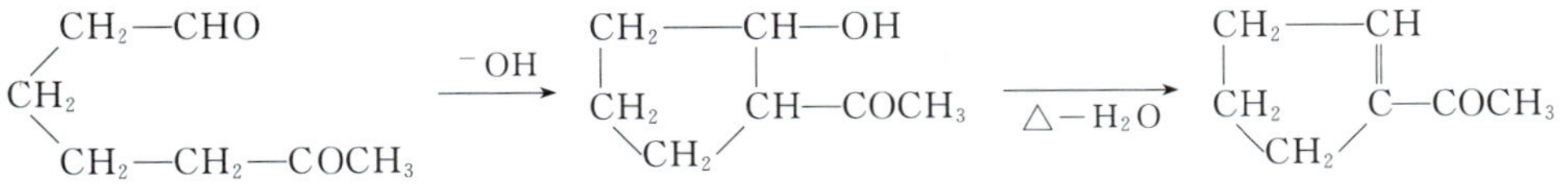

3. 曼尼希反应

含有 $\alpha-H$ 的醛或酮与甲醛及仲胺在酸催化下反应，醛或酮的一个 $\alpha-H$ 被氨甲基取代，称为曼尼希(Mannich)反应。即

拓 4-17

$$R-\overset{\overset{O}{\|}}{C}-CH_2R' + HCHO + HNR_2'' \xrightarrow{H^+} R-\overset{\overset{O}{\|}}{C}-\overset{\overset{R'}{|}}{CH}-CH_2NR_2''$$

生成的产物是 $\beta-$氨基酮又称为 $\beta-$酮胺，常称为曼尼希碱(Mannich base)。曼尼希反应所使用的仲胺可以是二甲胺、六氢吡啶或四氢吡咯的盐酸盐。$\beta-$氨基酮是有机合成的重要中间体，可由它进一步制得腈、$\gamma-$酮酸、$\alpha,\beta-$不饱和酮等(见内容拓展)。

10.4.4 珀金反应和安息香缩合

1. 珀金反应

珀金(Perkin)反应是指芳香醛与酸酐在碱催化下，发生的亲核加成反应，然后脱去一分子羧酸，生成 $\alpha,\beta-$不饱和芳酸的反应。反应通式可表示为

$$ArCHO + \left(RCH_2\overset{\overset{O}{\|}}{C}\right)_2O \xrightarrow[\triangle]{RCH_2COOK} \xrightarrow{H_3^+O} ArCH{=}CRCOOH + RCH_2COOH$$

$(R{=}H、CH_3\ C_2H_5)$

苯甲醛与乙酸酐和乙酸钾混合共热，再经酸化，得到肉桂酸：

$$C_6H_5CHO + (CH_3CO)_2O \xrightarrow[170\sim180\ ℃]{CH_3CO_2K} \xrightarrow{H_3^+O} \underset{\text{肉桂酸}}{C_6H_5CH{=}CHCO_2H}$$

无 $\alpha-H$ 的脂肪族醛也可以进行这种缩合反应。

苯甲醛与乙酸酐的珀金反应机理被认为是乙酸根(碱)先夺取乙酸酐的 $\alpha-H$，生成乙酸酐的碳负离子，这个负离子与苯甲醛发生亲核加成反应，生成中间产物乙酸酐取代苄氧负离子，后者经一系列转变后生成肉桂酸。即

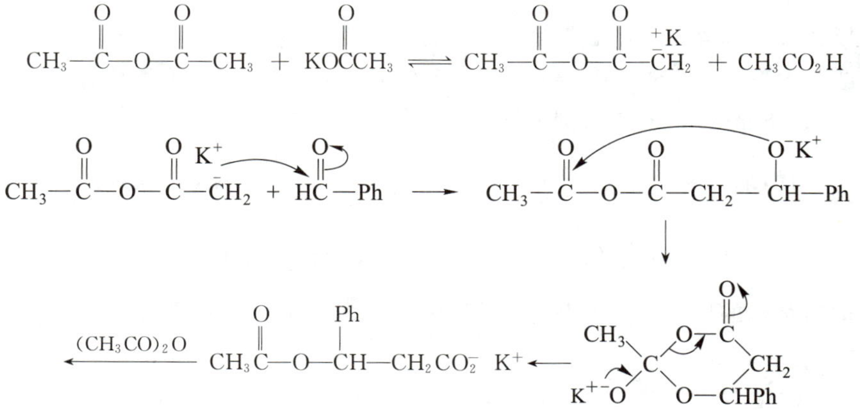

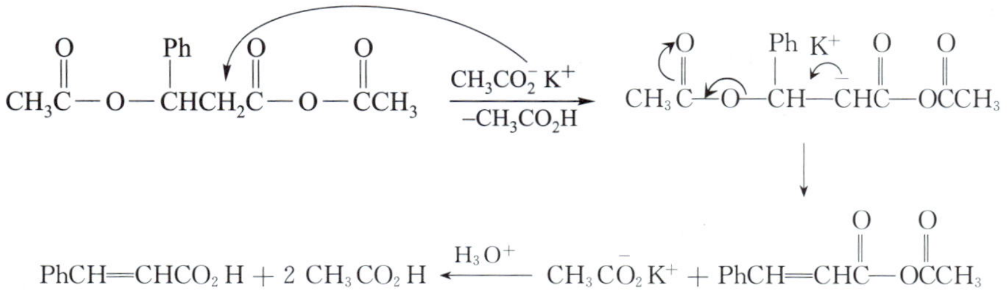

2. 安息香缩合

在氰离子(^{-}CN)催化下，两分子苯甲醛缩合生成安息香(也称苯偶姻)的反应称为安息香缩合反应。一些取代芳醛也能发生此反应，生成取代安息香。

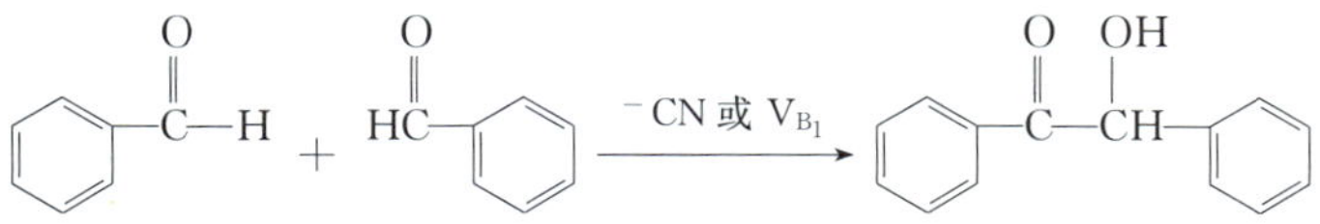

在安息香缩合反应中，一分子的醛基是氢的供体，另一分子醛的羰基是氢的受体。由于^{-}CN具有高毒性，现已由 V_{B_1} 替代^{-}CN进行安息香缩合反应。

10.5　醛、酮的氧化和还原

10.5.1　醛、酮的氧化反应

1. 醛的氧化

醛容易被氧化为羧酸。例如，苯甲醛暴露于空气中会迅速被空气中的氧氧化成苯甲酸，这是自由基机理的氧化过程，光对其有催化作用。因此，醛类化合物的存放应避光和隔氧，久置的醛在使用时应重新蒸馏。

由于脂肪醛的羰基碳原子在形成自由基时，其稳定性远小于芳醛的羰基自由基，所以脂肪醛在空气中的氧化比较缓慢。

醛可被多种氧化剂氧化成羧酸，如 HNO_3，$KMnO_4$，$Na_2Cr_2O_7$，CrO_3，H_2O_2，CH_3CO_3H，Br_2，NaOX 及活性氧化银等。在离子型的氧化反应中，由于氧化剂对醛羰基先是发生亲核加成反应，所以羰基碳原子上电子密度较高的芳醛较脂肪醛难于氧化。

较弱的氧化剂，如氢氧化银的氨溶液可将芳醛或脂肪醛氧化成相应的羧酸，析出的还原银可附在清洁的器壁上呈现光亮的银镜，常称“银镜反应”，可用这个反应来鉴别醛，工业上用此反应原理来制镜。

演
6-28

$$RCHO + 2\,Ag(NH_3)_2OH \longrightarrow RCOONH_4 + 2\,Ag\downarrow + H_2O + 3\,NH_3$$

斐林试剂二价的铜离子具有较弱的氧化性，它可氧化脂肪醛为脂肪酸，而芳醛一般不被氧化。在反应中析出砖红色的氧化亚铜沉淀，现象明显，可用于脂肪醛的鉴别：

$$RCHO + 2\,Cu^{2+} + NaOH + H_2O \xrightarrow[\triangle]{} RCOONa + Cu_2O\downarrow + 4\,H^+$$

2. 坎尼扎罗反应

有机化学家

无 α-H 的醛在浓碱的作用下，发生歧化反应，一分子醛被氧化为酸，另一分子醛被还原成醇，此为坎尼扎罗(Cannizzaro)反应。例如：

$$2\ HCHO + NaOH \longrightarrow HCOONa + CH_3OH$$

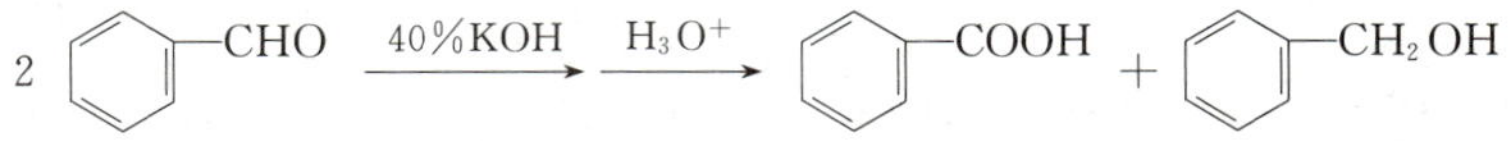

两种不同的无 α-H 的醛在浓碱作用下可发生交叉的坎尼扎罗反应。在交叉的坎尼扎罗反应中，通常是活泼的醛被氧化。例如，芳醛和甲醛在浓碱作用下，甲醛易被氧化成甲酸钠，而芳醛则被还原成芳醇。可用此法制备苄醇，产率良好。

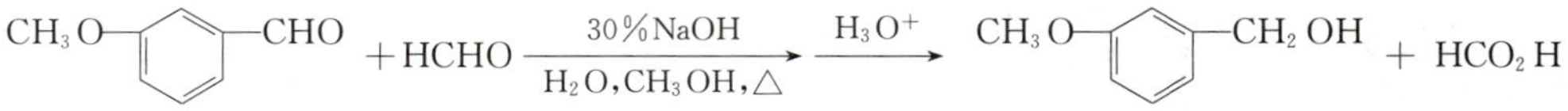

坎尼扎罗反应的机理如下：

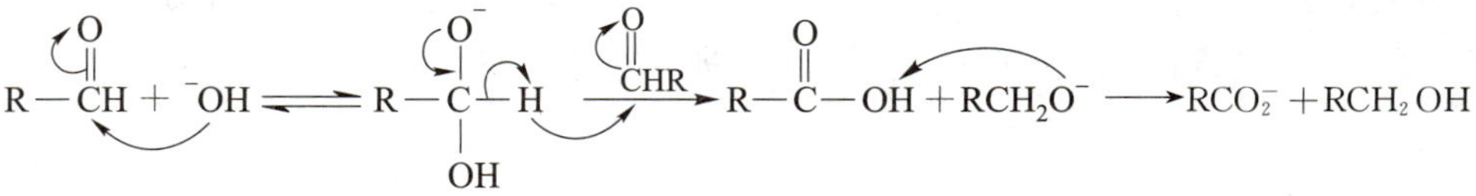

工业上生产季戊四醇可由甲醛与乙醛经羟醛缩合得到三羟甲基乙醛后，再与一分子甲醛发生坎尼扎罗反应制得的：

$$3\ HCHO + CH_3CHO \xrightarrow[H_2O]{Ca(OH)_2} (HOCH_2)_3C—CHO$$

$$(HOCH_2)_3C—CHO + HCHO \xrightarrow[H_2O]{Ca(OH)_2} (HOCH_2)_4C + HCO_2^-$$

季戊四醇用于醇酸树脂、工程塑料聚醚的生产；它的四硝酸酯具有扩张血管的作用，可用于冠心病患者的治疗。季戊四醇四硝酸酯还被用于装填雷管及作为导爆索和弹药。

3. 酮的氧化

与醛相比，酮不易被氧化，在强烈的氧化条件下，脂肪酮被氧化分解成小分子的羧酸，这是没有制备意义的。

环酮氧化可生成二元酸，有应用价值。例如，环己酮被氧化得到己二酸，后者是合成纤维尼龙-66 的原料：

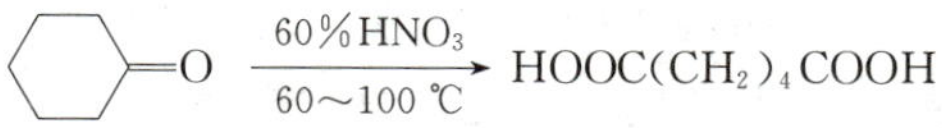

当醛或酮的 α-C 上存在羟基时，HIO_4 也可以定量地把它氧化成为小分子的羰基化合物和羧酸。

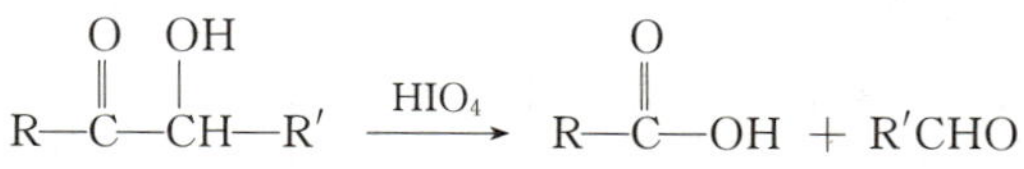

α-羟基酮也可以与托伦试剂反应，生成 α-二酮：

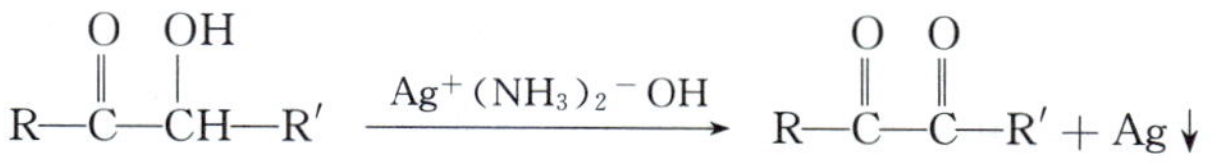

酮化合物用 H_2O_2 或过氧酸氧化时，发生重排反应生成酯，相当于在酮的分子结构中，在羰基和烃基之间插入了一个氧原子，这个反应叫做拜尔-维利格(Baeyer-Villiger)反应，是由酮制备酯的一种方法。常用的过氧酸有 CH_3CO_3H，$PhCO_3H$，F_3CCO_3H，m-$ClC_6H_4CO_3H$，其中以过氧三氟乙酸效果最好。这个反应具有反应速率快、产率高等特点；反应过程是过氧酸先与酮亲核加成，然后酮的一个烃基进行 1,2-迁移，迁移的烃基是构型保持的，即

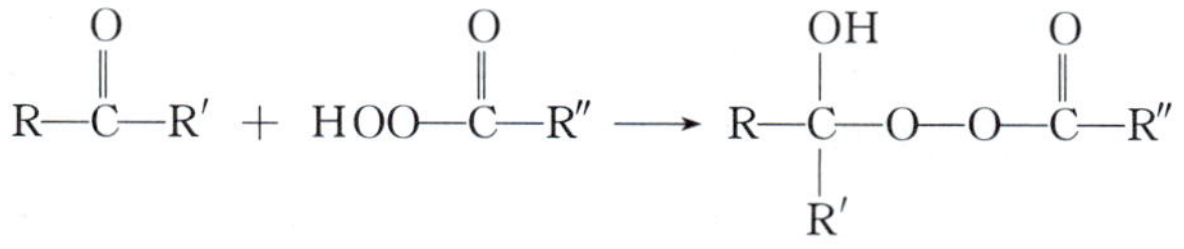

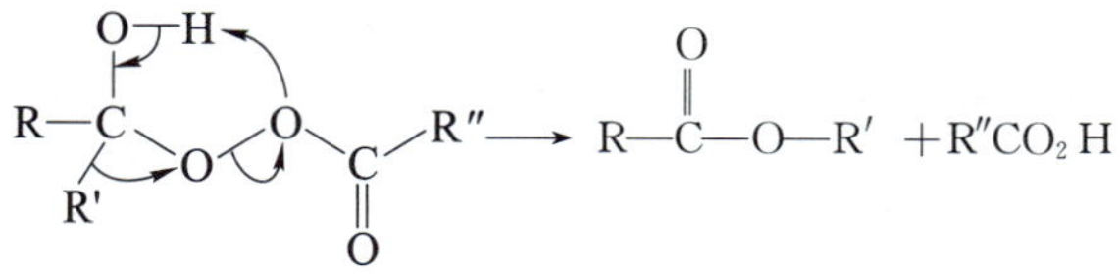

对于不对称的酮，烃基发生迁移的活性不同，一般有如下的迁移活性顺序：

通常可由拜尔-维利格反应合成内酯。例如：

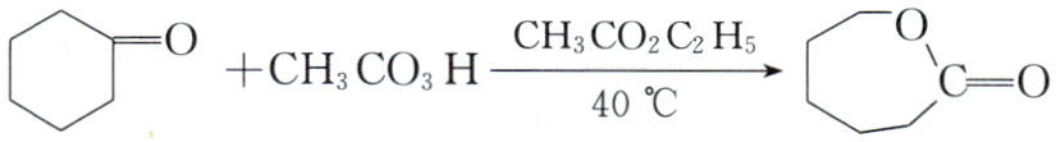

10.5.2　醛、酮的还原反应

醛、酮的羰基可被还原成羟基、亚甲基，也可发生双分子偶联还原生成邻二醇。

1. 催化加氢还原法

醛、酮在过渡金属催化剂存在下加氢分别生成伯醇和仲醇：

$$RCHO + H_2 \xrightarrow[\triangle,压力]{催化剂} RCH_2OH$$

$$R_2CO + H_2 \xrightarrow[\triangle,压力]{催化剂} R_2CHOH$$

催化加氢是强还原条件，可以使醛、酮分子中的其它官能团(如 $>C=C<$，$-NO_2$，$-X$，$>C=N-$，$-C\equiv C-$，$-COOR'$，$-C\equiv N$ 等)被还原。

2. 负氢还原法

(1) $LiAlH_4$ 及 $NaBH_4$ 或 KBH_4 还原法　氢化铝锂($LiAlH_4$)是很强的化学还原剂，它对羰基、硝基、氰基、羧基、酯、酰胺、卤代烃等都能还原。氢化铝锂非常活泼，遇到含有

活泼氢的化合物会迅速分解，所以使用 $LiAlH_4$ 为还原剂时，反应常在醚溶液中进行。由于 $LiAlH_4$ 分子中的四个氢都是负性的，它可在较低的温度下还原四分子醛或酮。由于 $LiAlH_4$ 对 C═C、C≡C 不起作用，故可用于不饱和醛、酮的选择性还原。

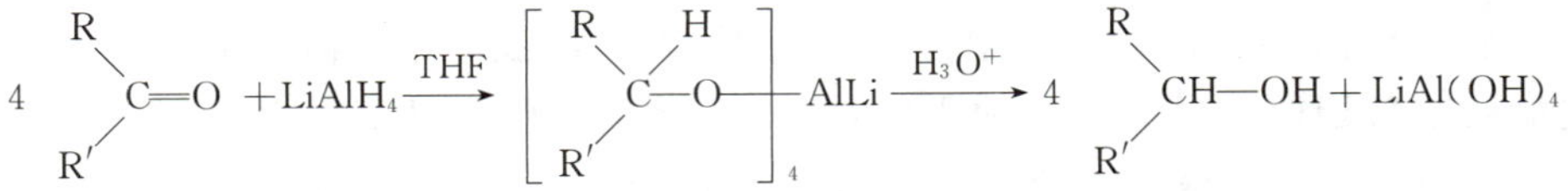

$$(CH_3)_2C{=}CH{-}CHO \xrightarrow[\text{乙醚}]{LiAlH_4} \xrightarrow{H_3\overset{+}{O}} (CH_3)_2C{=}CH{-}CH_2OH$$

$LiAlH_4$ 与水激烈地反应放出 H_2，在还原反应后过量的 $LiAlH_4$ 应用乙醇与之缓慢作用消除之。$NaBH_4$ 或 KBH_4 是较缓和的负氢还原剂，它只能还原酰卤、醛和酮中的羰基，而且反应可以在水和醇溶液中进行。

(2) $Al[OCH(CH_3)_2]_3/HOCH(CH_3)_2$ 还原法　异丙醇铝也可以看作是一个"负氢"型的还原剂。在对醛或酮的还原反应过程中，异丙醇铝仲碳原子上的负氢对羰基进行亲核加成，使羰基转变为烷氧负离子并与铝原子配，同时释放出一分子丙酮，前者从溶剂（异丙醇）中再获取一个质子分解成醇和异丙醇铝：

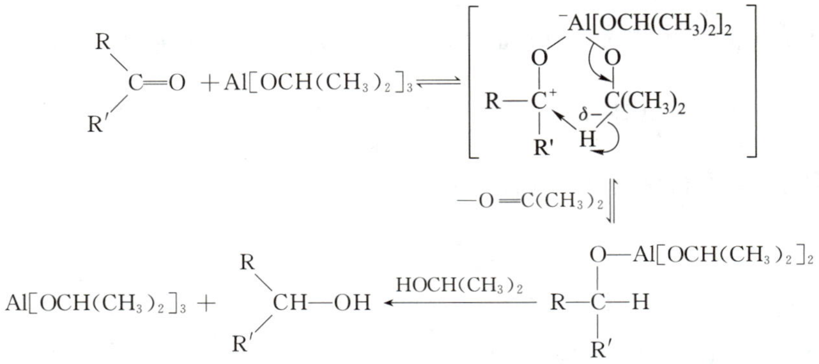

实际上异丙醇铝可与三分子醛或酮作用，生成新的三烷氧基铝之后，再经水解得到还原产物醇和三价铝：

$$[(CH_3)_2CHO]_3Al \xrightarrow{3\ RR'CO} [RR'CHO]_3Al + 3\ (CH_3)_2C{=}O$$
$$[RR'CHO]_3Al \xrightarrow{H_3O^+} 3\ RR'CHOH + Al^{3+}$$

使用异丙醇铝/异丙醇对醛、酮进行还原，反应的操作条件比较缓和，反应选择性也高，而且不影响醛、酮分子中的C═C，C≡C，$-NO_2$，—X 等基团，只要在反应过程中不断蒸出丙酮，便可使反应不断进行，得到较高的收率。

这种反应叫做米尔魏因－庞道夫（Meerwein－Poundorf）还原，它的逆反应称为欧芬脑尔氧化。

3. 金属还原法

活泼金属（Na，Mg，Al 等）可以把醛或酮还原成伯醇或仲醇。

(1) 金属钠/乙醇还原法　在乙醇溶液中，金属钠可还原酮成为仲醇。一般认为这是个负离子自由基机理：

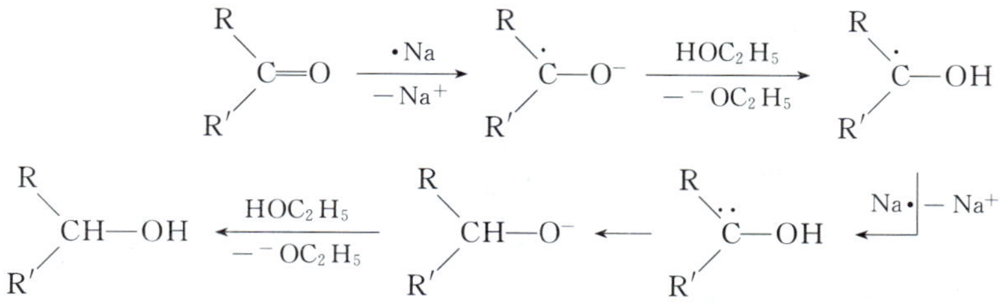

在这个还原反应中，生成了两分子的 $NaOC_2H_5$，是一个强碱性体系，所以会有一些副反应发生（α－二醇是副产物之一），导致还原反应的收率不高。如果是用于醛的还原，则收率更低。

（2）金属镁或镁汞齐还原法　用金属镁或镁汞齐在苯溶液中还原酮，可以得到双分子还原反应产物 α－二醇：

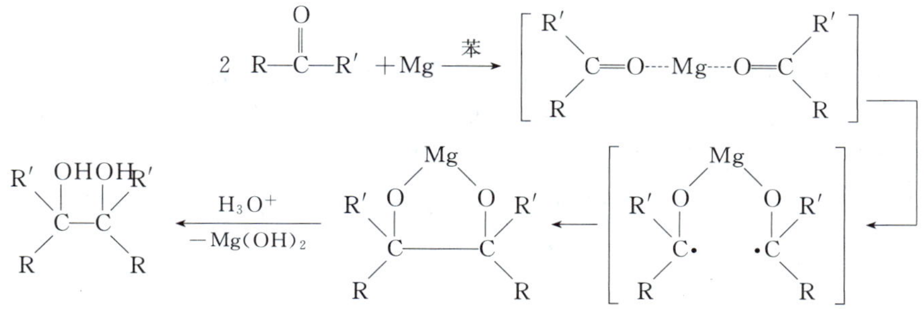

4. 羰基的彻底还原

将羰基彻底还原就是把羰基还原成亚甲基：

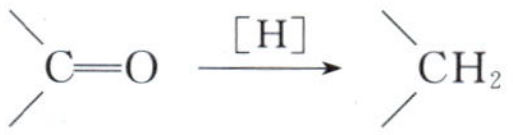

这类还原的方法有以下几种。

（1）克莱门森还原法　酮或醛与锌汞齐及盐酸在苯或乙醇溶液中加热，羰基被还原为亚甲基：

$$R-\overset{\overset{\displaystyle O}{\|}}{C}-R' + 4[H] \xrightarrow[\text{苯},\triangle]{Zn-Hg/HCl} RCH_2R' + H_2O$$

这一反应首先由英国化学家克莱门森（Clemmensen E）于 1913 年发现并用于制备烷烃、烷基芳烃和烷基酚类化合物，这个还原方法还可用于羰基酸中羰基的还原。这个反应的机理迄今还不十分明确。克莱门森还原对羰基具有很好的选择性，除 α，β－不饱和键外，一般不还原双键。由于是在酸性介质中进行的反应，所以此方法不适用于对酸性介质敏感的羰基化合物的还原（如呋喃醛、酮和吡咯醛、酮等）。例如：

$$C_6H_5COCH_2CH_2COOH \xrightarrow[\text{甲苯},\triangle]{Zn-Hg/HCl} C_6H_5CH_2CH_2CH_2COOH$$

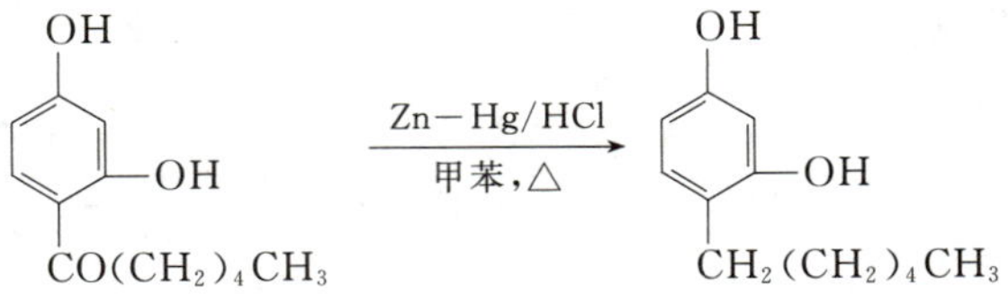

上述反应对合成长碳链正构烷基芳烃很有意义。

（2）沃尔夫-吉斯尼尔-黄鸣龙还原法 醛、酮与肼反应生成腙，腙在碱性条件下受热发生分解，放出 N_2，并生成烃：

$$\gt C{=}O + NH_2{-}NH_2 \xrightarrow[\triangle]{} \gt C{=}NNH_2 \xrightarrow[\triangle,\text{压力}]{KOH\ \text{或}\ NaOR/HOR} \gt CH_2 + N_2$$

这是在 1911 年，俄国化学家吉斯尼尔（Kishner N）首先发现羰基化合物的腙类衍生物和无水粉状 KOH 在封管中加热至 160～180 ℃时，发生分解，得到还原产物烃；1912 年德国化学家沃尔夫（Wolff L）采用浓度为 7% 的醇钠-无水醇，在封管中进行腙的分解反应，产物也是烃，分解温度可降低到 150～160 ℃。这就是沃尔夫-吉斯尼尔还原反应。

有机化学家

我国有机化学家黄鸣龙于 1946 年对这个反应进行改进。他把酮（或醛）与 50%～85% 的水合肼及 KOH（或 NaOH）共混，在水溶性高沸点溶剂（如二甘醇或三甘醇）中，于常压下加热回流，当腙生成后，蒸出水和过量的肼，然后继续加热至 190～200 ℃，保持 1～2 h，使腙完全分解而得到烃。通过这种改进避免了昂贵的无水肼及使用高压设备，更适合工业生产。所以此反应又称为沃尔夫-吉斯尼尔-黄鸣龙还原法。例如：

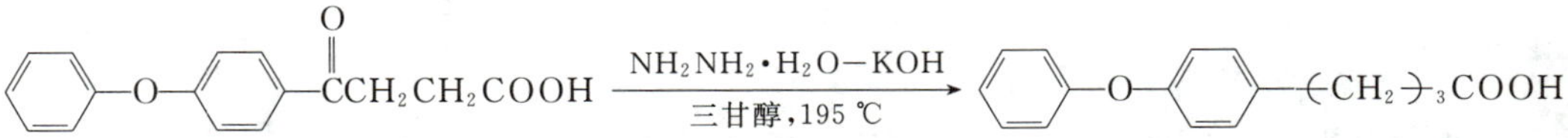

这种方法不适用于对碱敏感的羰基化合物的还原。

1962 年，美国化学家克拉姆（Cram D J）提出了另一个腙的分解方法：在 DMSO 溶剂中，使用 $KOC(CH_3)_3$ 与腙作用，常压下进行腙的分解放氮反应，还原产物的收率也很好。例如：

$$(C_6H_5)_2C{=}O \xrightarrow[\triangle]{NH_2NH_2} (C_6H_5)_2C{=}NNH_2 \xrightarrow[DMSO,\triangle]{KOC(CH_3)_3} (C_6H_5)_2CH_2 + N_2$$

氨基脲可用来代替肼进行上述还原反应，因为生成的缩氨脲发生水解生成腙。例如：

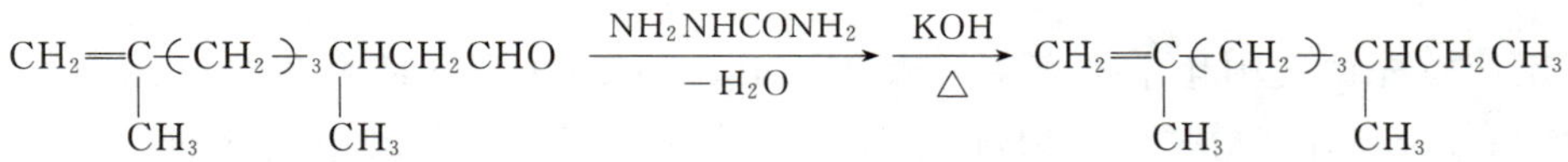

10.6 α,β-不饱和醛、酮

α,β-不饱和醛、酮分子中碳碳双键和羰基是共轭体系，这两个官能团的相互影响不仅使各自的化学性质有不同程度的改变，而且还表现出某些特性：

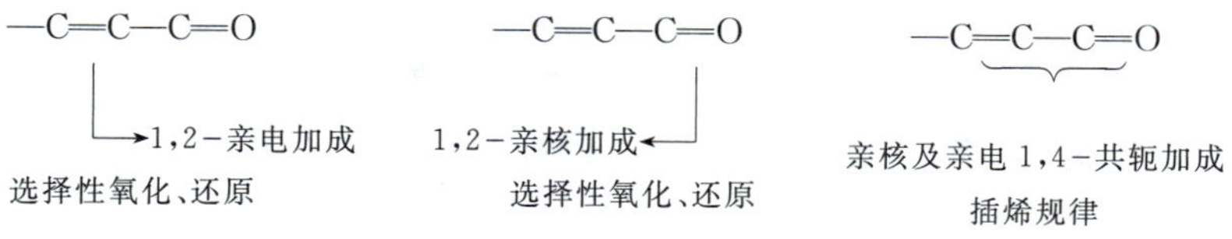

10.6.1 亲电加成

1. 1,2-加成

卤素和次卤酸对 α,β-不饱和醛、酮主要发生碳碳双键的 1,2-亲电加成。例如：

2. 1,4-共轭加成

α,β-不饱和醛、酮与 HX,ROH 的亲电加成通常是 1,4-共轭加成。例如：

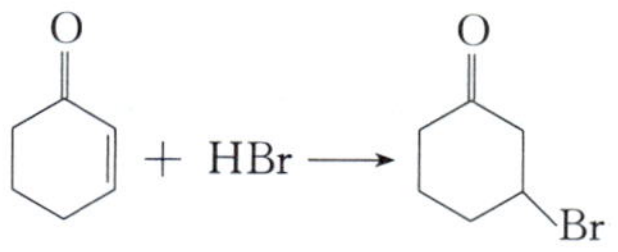

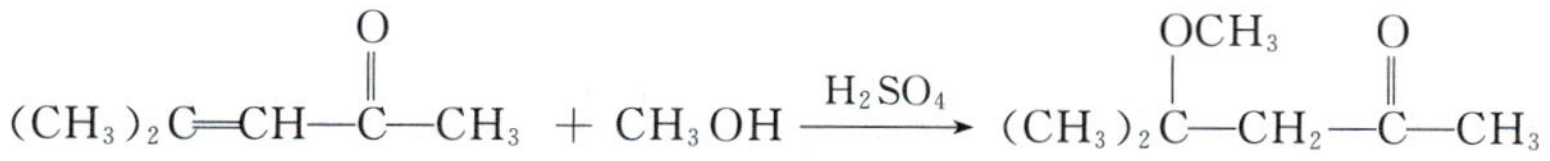

加成产物可看作是 1,2-加成的结果，但加成反应的机理是 1,4-加成。

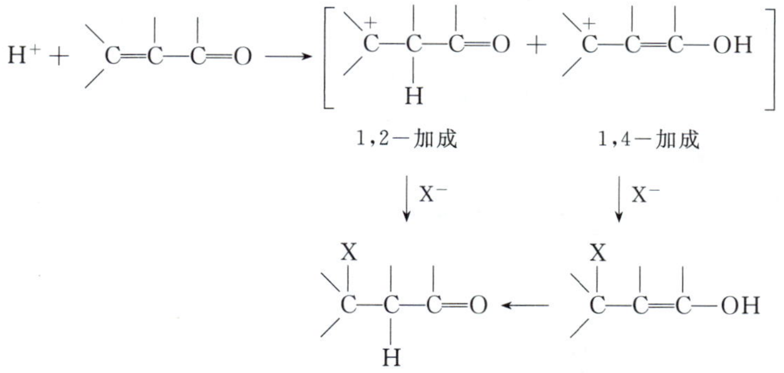

在 α,β-不饱和醛、酮的分子中，羰基的吸电子作用(—C 效应，—I 效应)使碳碳双键上 π 电子密度降低，故亲电加成反应活性较低，反应速率较普通烯烃的慢。

10.6.2 亲核加成

由于共轭体系的存在，α,β-不饱和醛、酮中羰基的碳原子缺电子性有所下降，而 β-碳原子却显出缺电子性。亲核试剂与 α,β-不饱和醛、酮的加成反应随着试剂性质及反应物结构的不同也有 1,2-和 1,4-两种加成方式。

1. 与强亲核试剂加成

格利雅试剂对 α,β-不饱和醛、酮的亲核加成可顺利进行，对于 α,β-不饱和醛的加成主要是 1,2-加成方式，对于 α,β-不饱和酮的加成，则由于取代基空间位阻的存在，两种加成方式均可出现，但加入 CuI 有利于 1,4-加成进行。例如：

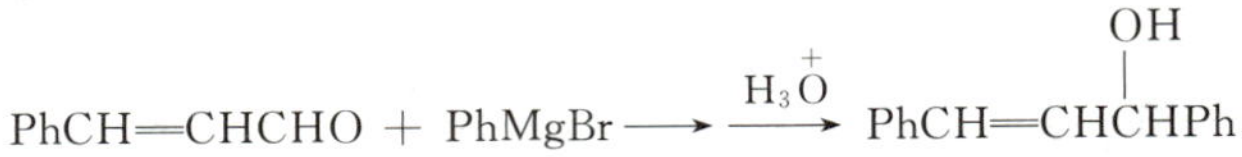

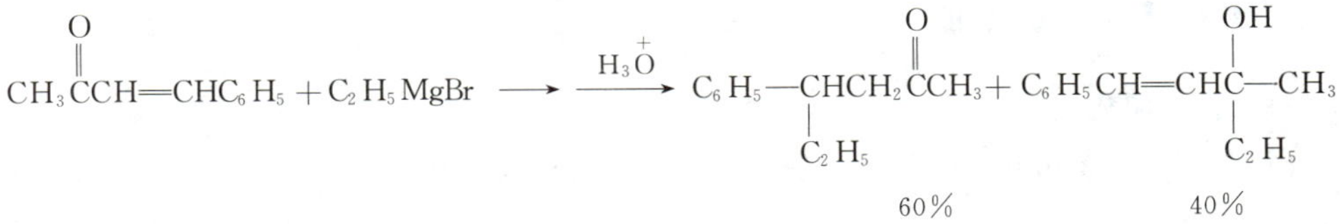

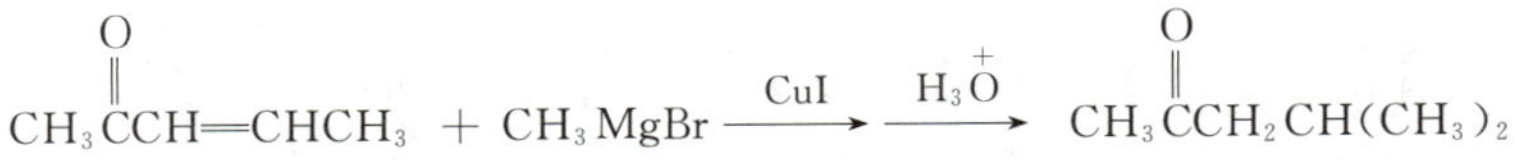

如果 α,β-不饱和酮的 β-C 上连接的烃基体积和格利雅试剂的烃基体积都较大，则以 1,2-加成为主要反应途径。而 α,β-不饱和酮的两个烃基都较大时，与 RMgX 的亲核加成都得到 1,4-加成主产物。

有机锂试剂的亲核性比格利雅试剂的亲核性强，它与 α,β-不饱和醛、酮的加成反应以 1,2-加成为主。例如：

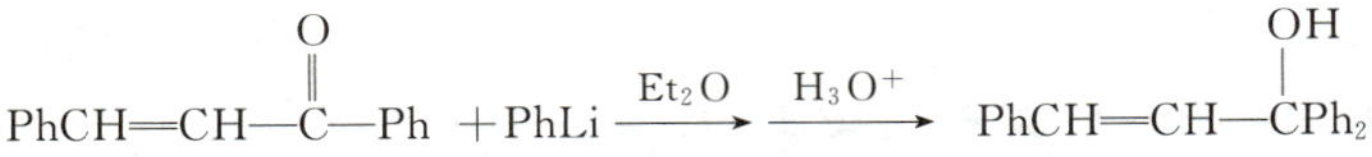

二烃基铜锂与 α,β-不饱和酮的亲核加成也以 1,4-加成为主。例如：

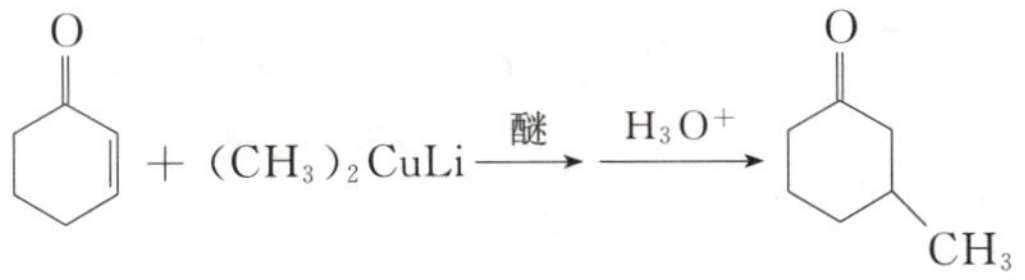

α,β-不饱和醛、酮的 1,4-亲核加成反应的结果，相当于在 C═C 中加成了亲核试剂，反应机理为

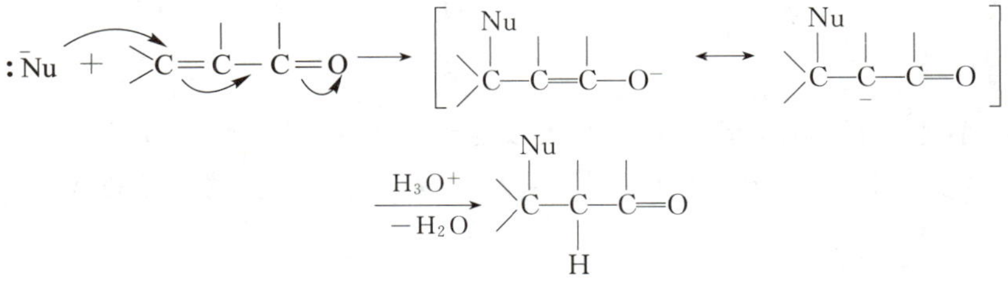

2. 与弱亲核试剂加成

HCN、氨及氨的衍生物与 α,β-不饱和醛、酮的亲核加成反应一般是以 1,4-共轭加成为主。例如：

$$PhCH{=}CH\overset{O}{\overset{\|}{C}}Ph + HCN \xrightarrow{^{-}OH} PhCH(CN){-}CH_2\overset{O}{\overset{\|}{C}}Ph$$

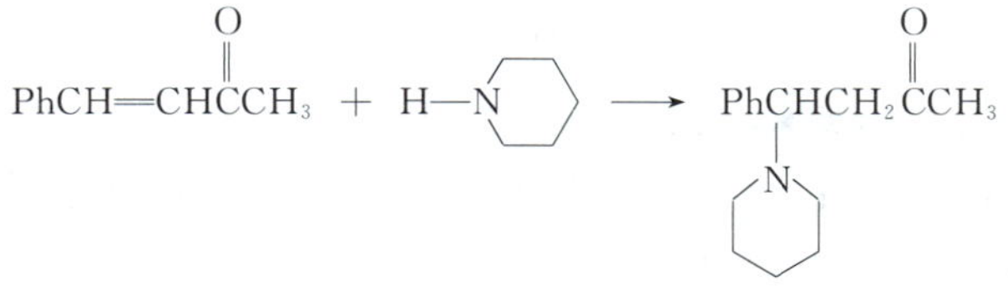

3. 迈克尔加成反应

通常把烯醇型负离子对 α,β-不饱和羰基化合物(醛、酮、酯)的共轭加成反应称为迈克尔(Michael)加成反应。α,β-不饱和腈、硝基化合物等也可以发生迈克尔加成反应。烯醇负离子与 α,β-不饱和醛、酮、酯的迈克尔加成反应主要用来合成 1,5-二羰基化合物。例如,环己酮与 3-丁烯-2-酮的迈克尔加成反应生成 δ-二酮,这个 δ-二酮在碱的作用下发生分子内的缩合反应生成桥环 α,β-不饱和酮,即

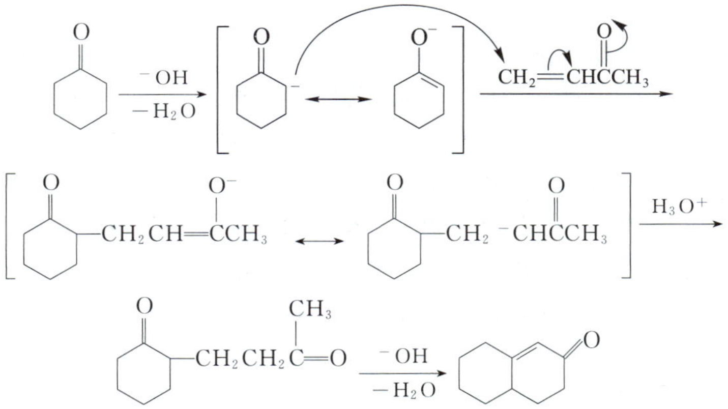

在迈克尔加成反应中所用的催化剂碱可以是三乙胺、六氢吡啶、氢氧化钠、乙醇钠等。不对称的环酮在进行迈克尔加成反应时,以多取代 α-C 上形成烯醇负离子为主。例如:

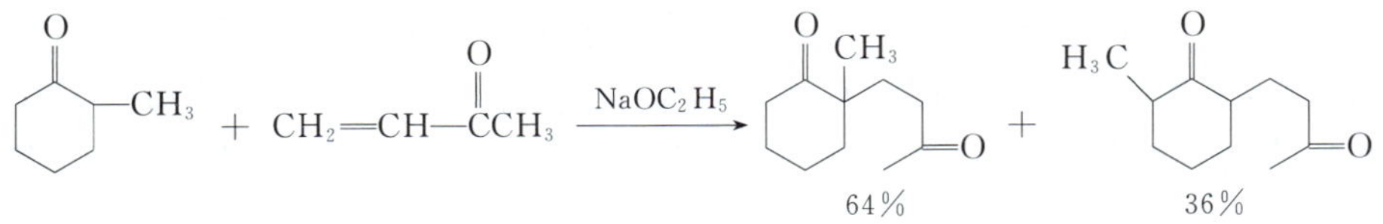

4. 插烯规律

丙烯醛是最简单的 α,β-不饱和醛,它不含有活泼的 α-H,但它与含有 α-H 的酮在稀碱中能很好地进行交叉缩合反应。例如:

$$CH_2{=}CH{-}\overset{O}{\overset{\|}{C}}{-}H + CH_3\overset{O}{\overset{\|}{C}}CH_3 \xrightarrow{稀\ ^{-}OH} CH_3\overset{O}{\overset{\|}{C}}{-}CH_2{-}CH_2{-}CH_2{-}\overset{O}{\overset{\|}{C}}H$$

这实际是 CH_3COCH_3 的烯醇型负离子对丙烯醛发生了 1,4-亲核加成的结果:

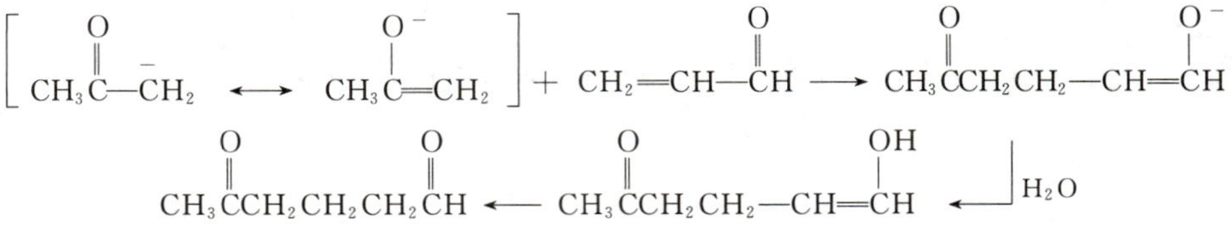

在 α,β－不饱和醛中，如果存在共轭的 γ－碳氢键，则 γ－H 具有一定的“酸性”，当它与碱作用形成负离子时，由于大共轭体系的存在，使之较为稳定，会与其它的醛羰基发生缩合反应，生成更大的共轭体系。例如：

$$CH_3CH{=}CH{-}CHO+CH_3CH{=}CH{-}CHO \xrightarrow[\triangle]{^-OH} CH_3CH{=}CH{-}CH{=}CH{-}CH{=}CH{-}CHO+H_2O$$

像 2－丁烯醛这种在乙醛中两个碳原子之间插入一个 C═C，并使 α－H 的活泼性延至 γ－H上，而且这种效果不因共轭体系的加长而减弱，被称为“插烯规律”。

10.6.3　烯酮化合物

烯酮不属 α,β－不饱和酮，乙烯酮（$CH_2{=}C{=}O$）是最小的不饱和酮。在乙烯酮分子中，碳碳双键与羰基共用一个碳原子，两个 π 键是累积型，乙烯酮有非常高的化学活性。乙烯酮的沸点很低（－56 ℃），不易贮存，极易与空气中的氧作用形成具有爆炸性的过氧化物；乙烯酮的毒性很大，又有特殊的臭味；它在丙酮中有较好的溶解性。

静电势模型图

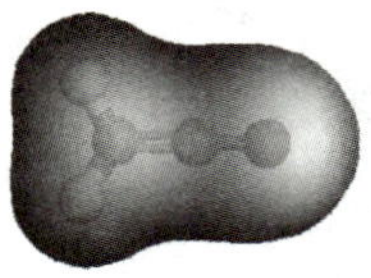

乙烯酮

由于乙烯酮分子有高度的不饱和性，它可与众多含活泼氢的极性试剂发生亲核加成反应，结果是在试剂分子中引入了乙酰基。因此，乙烯酮是高活性的乙酰化试剂。

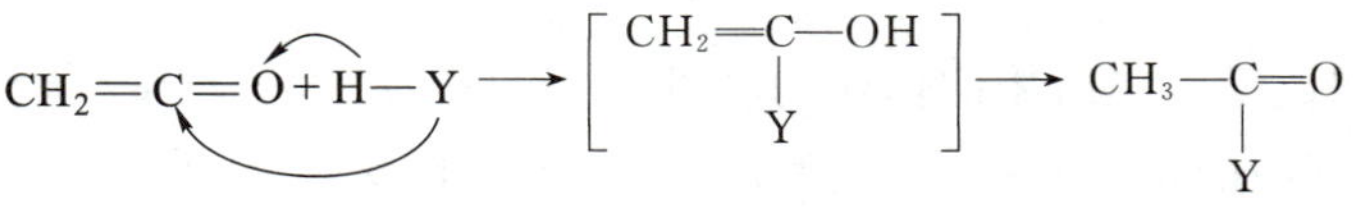

（Y＝OH，OR，X，NR′$_2$，O_2CR 等）

乙烯酮在 0 ℃时就会发生自身的二聚反应，生成较稳定的二乙烯酮（bp 127 ℃）。从结构上看，二乙烯酮是一个四元环内酯，在 700 ℃以上才能裂解成乙烯酮。它与具有活泼氢的化合物作用，生成 β－丁酮酸的衍生物。二乙烯酮是重要的有机合成原料。

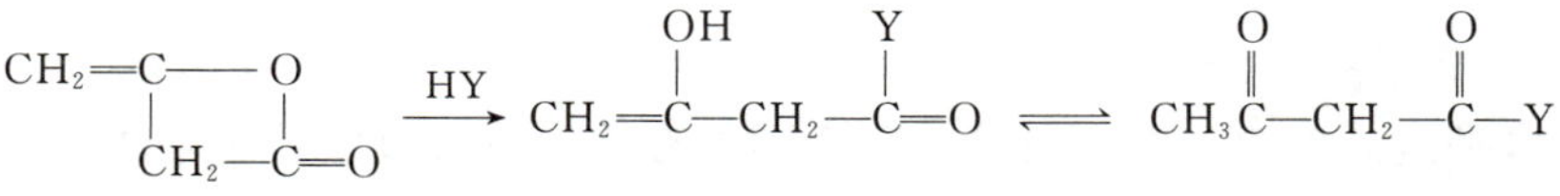

乙烯酮可由乙酸或丙酮通过热裂解方法得到：

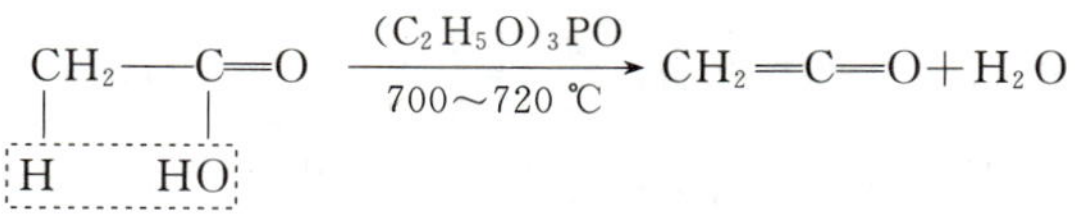

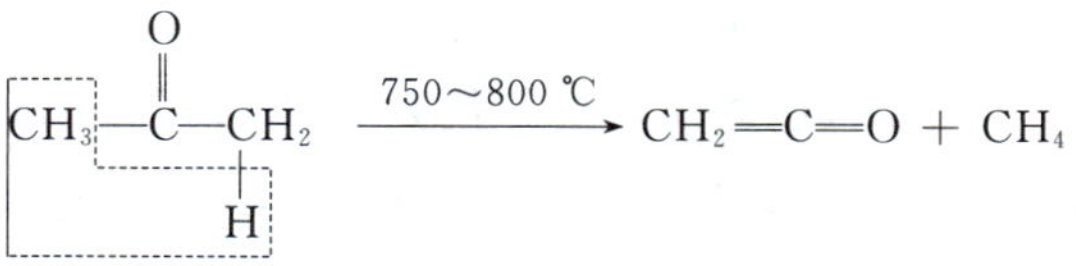

乙烯酮在紫外光的作用下可分解生成卡宾：

$$CH_2{=}C{=}O \xrightarrow{h\nu} :CH_2 + CO$$

10.7　二羰基化合物

分子中含有两个羰基的化合物包括二醛、二酮和酮醛三种类型。按两个羰基之间的相对位置可分为 1,2－、1,3－、1,4－和 1,5－…二羰基化合物，或者称做 α－、β－、γ－、δ－…二羰基化合物。广义地讲，可以把羰基酸酯、二元酸酯归于二羰基化合物范围内。二羰基化合物中比较重要的是 β－二羰基化合物。

10.7.1　乙二醛

乙二醇在铜催化剂存在下用空气氧化可得到乙二醛。乙二醛是淡黄色液体，熔点 15 ℃，沸点 50.4 ℃，它溶于水、乙醇和乙醚。

$$HOCH_2{-}CH_2OH + O_2 \xrightarrow[250\sim300\ ℃]{Cu} OHC{-}CHO + 2\ H_2O$$

用二氧化硒氧化乙醛可以得到高收率的乙二醛：

$$CH_3{-}CHO + SeO_2 \longrightarrow OHC{-}CHO + H_2O + Se$$

乙二醛的还原性很强，它容易被进一步氧化成甲酸，在控制条件下的氧化产物可以是乙醛酸或乙二酸。由于乙二醛是无 α－H 的醛，故它可发生分子内的坎尼扎罗反应：

$$OHC{-}CHO \xrightarrow{OH^-} \xrightarrow{H_3O^+} HOCH_2COOH$$

乙二醛、乙醛酸和乙二酸都是很有用的化工产品。乙二醛主要用作明胶、动物胶、乳酪、聚乙烯醇和淀粉等不溶性黏合剂，以及人造丝的阻缩剂等。乙醛酸在香兰素的合成中有一定应用。例如：

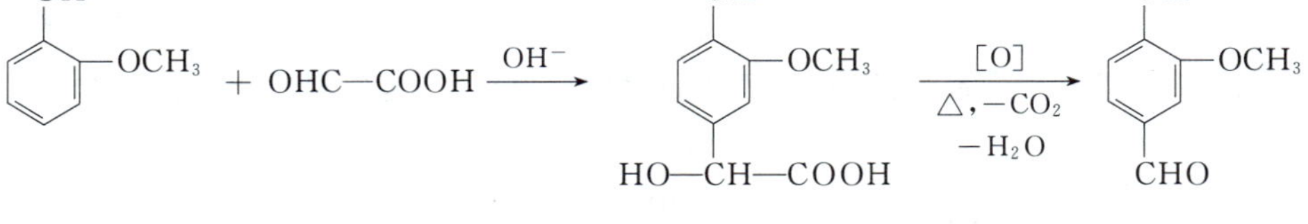

香兰素

10.7.2　β－二酮

2,4－戊二酮是有较高沸点(bp 137 ℃)的无色液体，具有芳香气味。它是最简单又很重要的 β－二酮。在 2,4－戊二酮中，由于两个羰基中间的亚甲基上的 α－H 有明显的酸性($pK_a=9.0$)，又由于它的烯醇型结构中可以形成分子内氢键，所以在它的互变平衡中烯醇型的含量很高，达到 76%；即便是在水溶液中，烯醇型的含量也有 10%左右，而在己烷溶液中烯醇型的含量高达 99%，在气态中其烯醇型含量占 91%～93%。

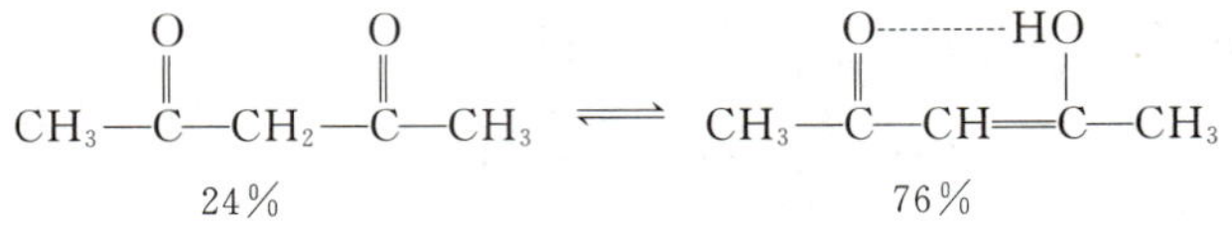

2,4-戊二酮的烯醇型结构可用 $FeCl_3$ 检验，它与 Fe^{3+} 生成深红色或紫红色配合物，2,4-戊二酮与金属钠反应生成烯醇的钠盐：

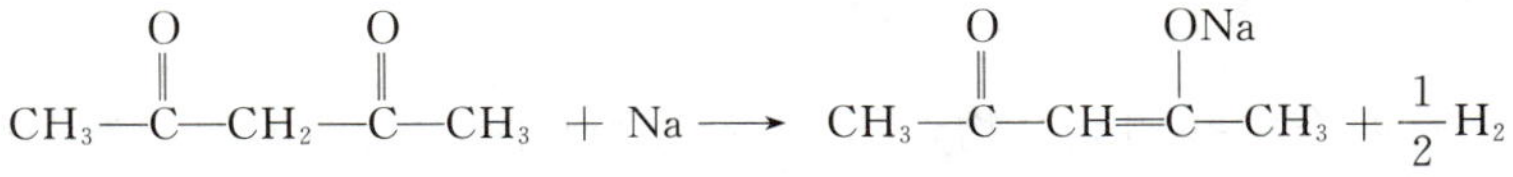

β-二酮分子中亚甲基上的 α-H 有“较强”的酸性，这一点在有机合成上有重要的应用。例如，在碱作用下，β-二酮的亚甲基可形成碳负离子，可在其上进行烃基化或酰基化反应，还可发生迈克尔加成反应。例如：

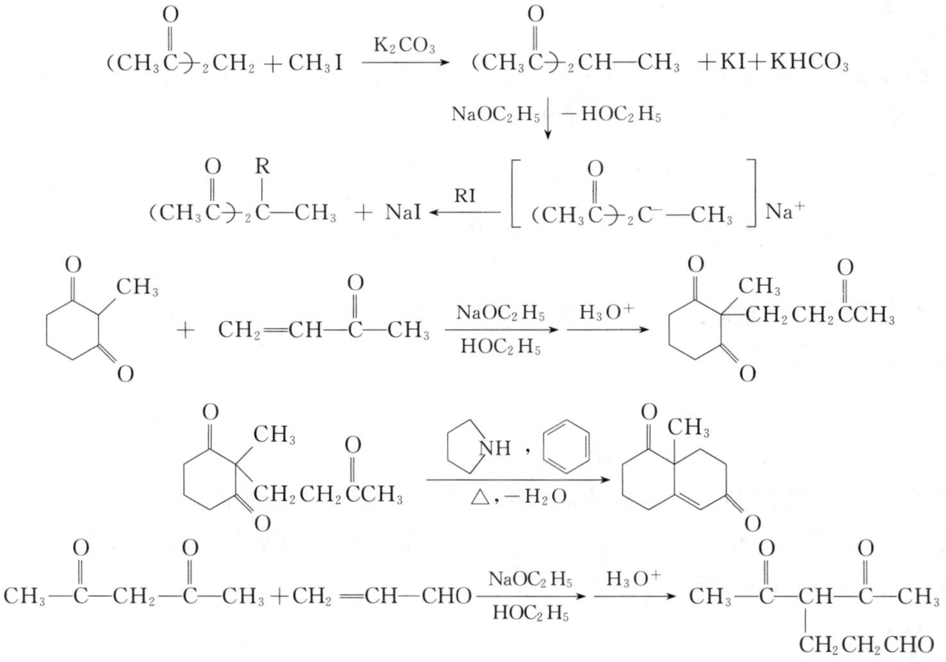

β-戊二酮与碱共热时，发生分解，生成丙酮和乙酸盐。这个碱性分解过程为

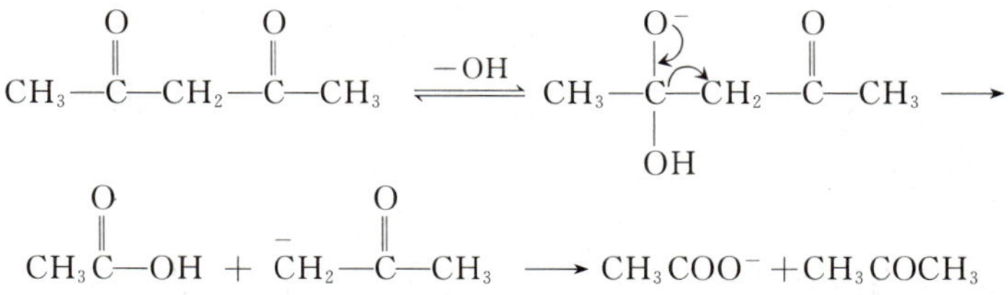

当 β-戊二酮在亚甲基上进行烃基化后，可利用这一反应进行碱性分解来制备甲

基酮。例如：

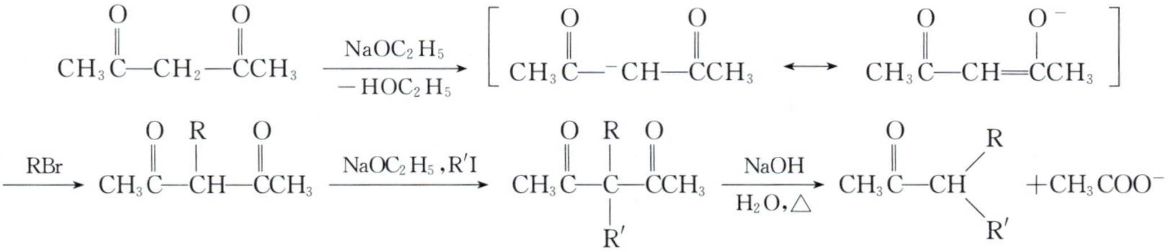

如果 β-二酮中的两个羰基的活性不同，在碱性分解时，较活泼的羰基生成羧酸：

$$C_6H_5COCH_2COCH_3 + NaOH \xrightarrow{\triangle} C_6H_5COCH_3 + CH_3CO_2Na$$

利用这一特点，可制备较复杂的酮。例如：

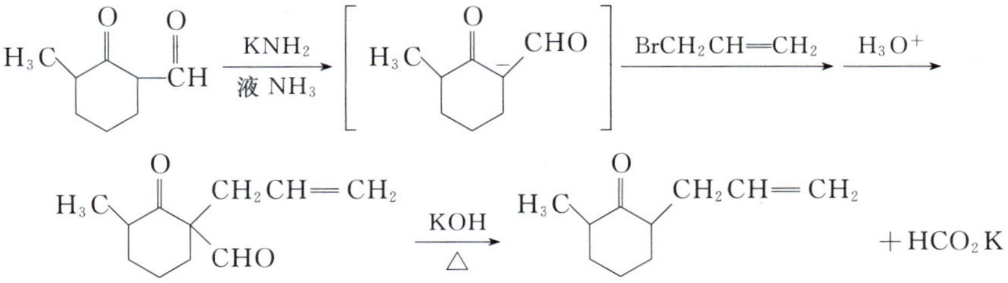

β-二酮的亚甲基还可被 SeO_2 选择性氧化成羰基，可由此制备茚三酮。例如：

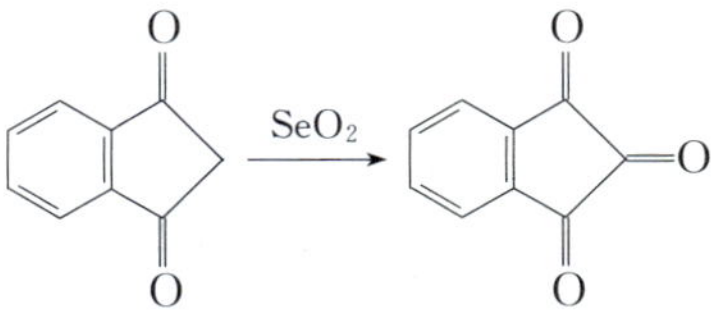

10.8　醌

10.8.1　结构和分类

含有环己二烯二酮结构的化合物称为醌，醌是一类特殊的 α,β-不饱和环状共轭二酮。

苯醌是最简单的醌化合物，苯醌有邻位和对位两种异构体。

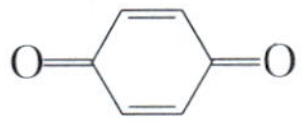

1,4-苯醌(对苯醌)
mp 116 ℃(金黄色晶体)

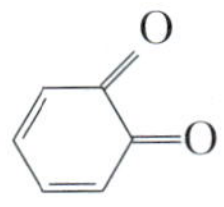

1,2-苯醌(邻苯醌)
mp 60～70 ℃(红色晶体)

醌环不是芳环，醌环没有芳香性。在醌分子中，由于两个羰基共同存在于一个不饱和的共轭环上，故醌类化合物的热稳定性很差。醌环化学性质与 α,β-不饱和酮相似。

邻苯醌是稳定性最小的醌。在对苯醌中碳碳单键及碳碳双键的键长分别为 0.149 nm和 0.132 nm，这与脂肪族的典型键长(0.154 nm 和 0.134 nm)相近。从蒽醌和蒽的相应的键长比较中可见，蒽醌的性质与芳香二酮相似。

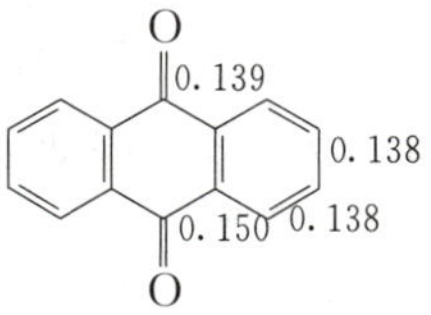

9,10-蒽醌

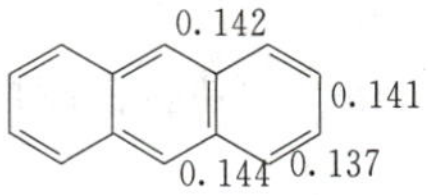

蒽

(单位:nm)

常见的醌类化合物有苯醌、萘醌、蒽醌和菲醌等。

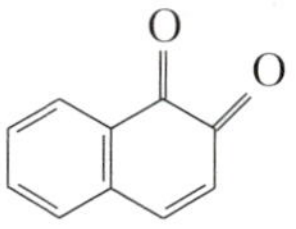
1,2-萘醌(橙红色晶体)
mp 115～120 ℃

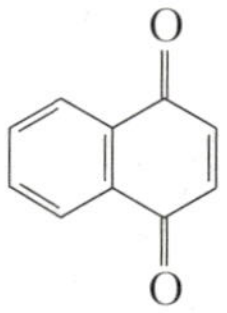
1,4-萘醌(黄色晶体)
mp 128 ℃

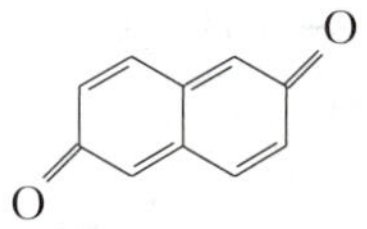
2,6-萘醌(橙色晶体)
mp 130～135 ℃

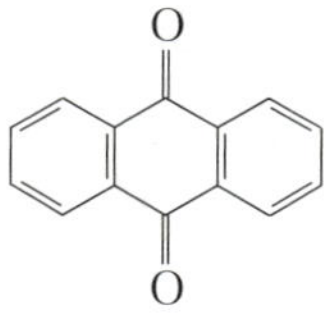
9,10-蒽醌(淡黄色晶体)
mp 285 ℃

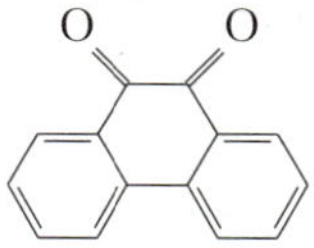
9,10-菲醌(橘红色晶体)
mp 205 ℃

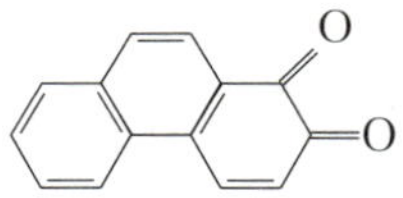
1,2-菲醌(红色晶体)
mp 216 ℃

邻苯醌、1,4-萘醌、蒽醌和菲醌的静电势能模型图如下：

静电势模型图

邻苯醌

1,4-萘醌

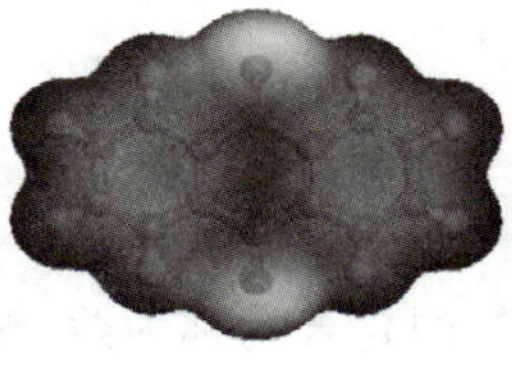
蒽醌

菲醌

醌在自然界中分布广泛。例如，在辅酶 Q 中含有苯醌环，在维生素 K 中含有萘醌环、在茜素和大黄素中含有蒽醌环。蒽醌是一类称为蒽醌染料的中间体。

一些醌及其衍生物可以从植物中提取。通常由苯酚、苯胺、萘酚、萘胺经氧化制得相应的醌。

10.8.2　化学性质

1. 还原反应

苯醌和萘醌有较高的氧化还原电势：

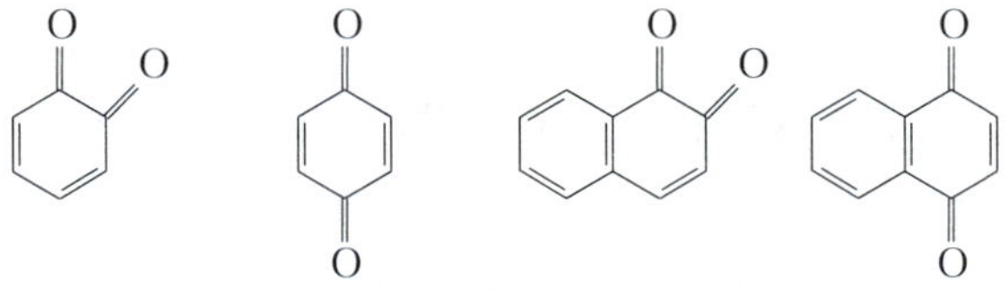

$E^{\ominus}$/V（25 ℃，水中）	0.792	0.699	0.555	0.470

对苯醌很容易被还原，还原剂可以是 H_2S，HI，$Na_2S_2O_3$，Fe/H_2O，$FeCl_2$ 等，还原的产物是对苯二酚，也称为氢醌：

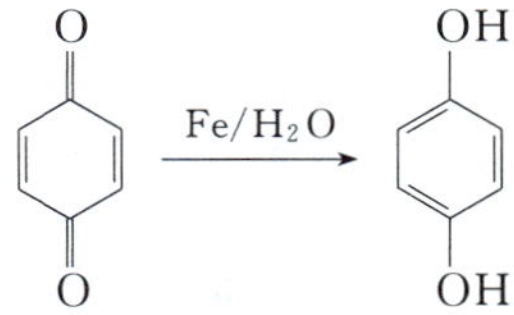

对苯二酚与对苯醌可形成分子电荷转移配合物，称为醌合氢醌：

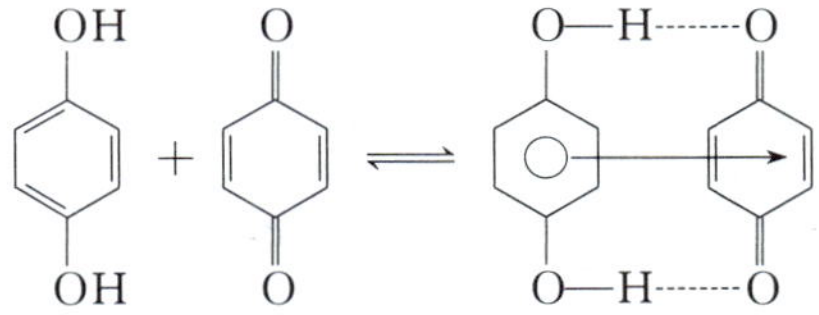

这是一种墨绿色晶体，熔点 191 ℃。在醌合氢醌中，氢键的形成使其结构稳定。醌合氢醌可用于测定半电池的电势。

苯醌有一定的"氧化"能力，当醌环上有吸电子基时，醌的氧化脱氢性能增强，可用于芳构化的脱氢试剂。如四氯苯醌或二氯二氰基苯醌是常用的芳构化脱氢试剂。例如：

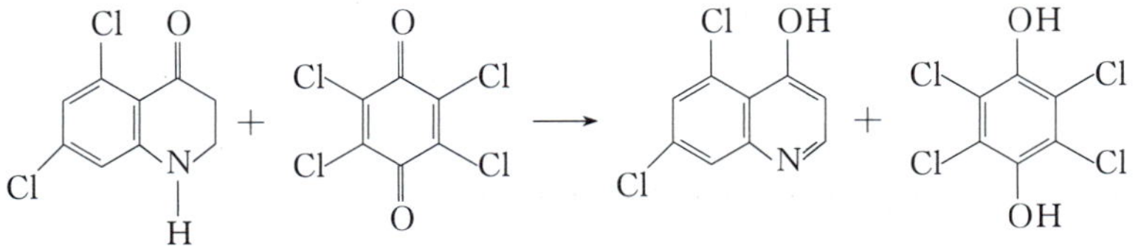

蒽醌的标准氧化还原电势很低（在乙醇中，$E^{\ominus}=0.154$ V，25 ℃），较难还原，在较强的还原条件下蒽醌可被还原生成 9，10－二氢化蒽：

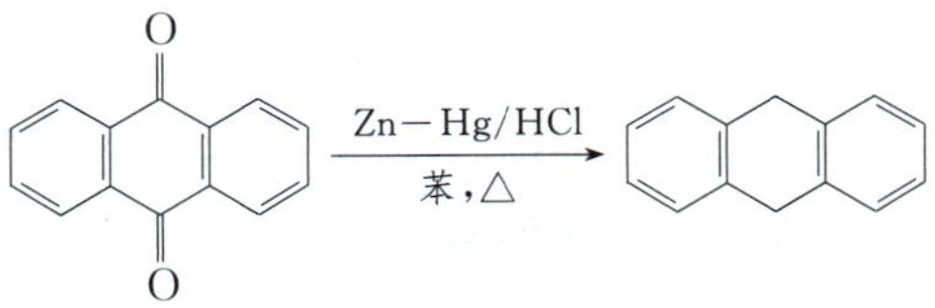

锡粉在酸性水溶液中可还原蒽醌为蒽酮，后者可用于糖类的定性检验和定量测

定。糖类与蒽酮的硫酸溶液呈现蓝绿色。

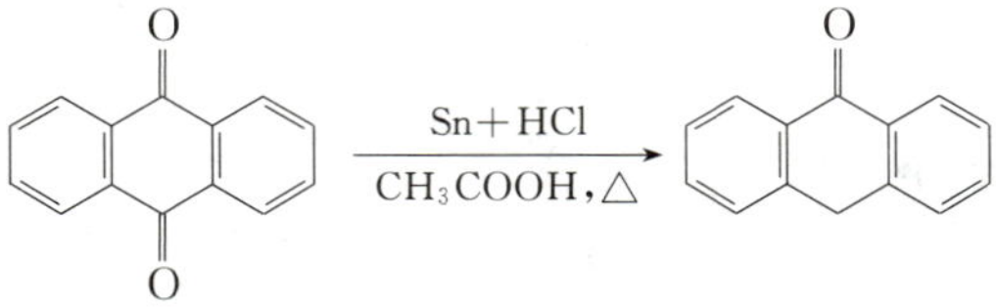

在锌和氢氧化钠或在保险粉与氢氧化钠的作用下，9,10-蒽醌被还原成9,10-二羟基蒽的钠盐，后者溶于碱性溶液中呈血红色，这个反应可用于9,10-蒽醌的鉴别。9,10-二羟基蒽的钠盐在酸性条件下转化为氢化蒽醌，它容易被空气中的氧气氧化为蒽醌，这可用于蒽醌的分离提纯。

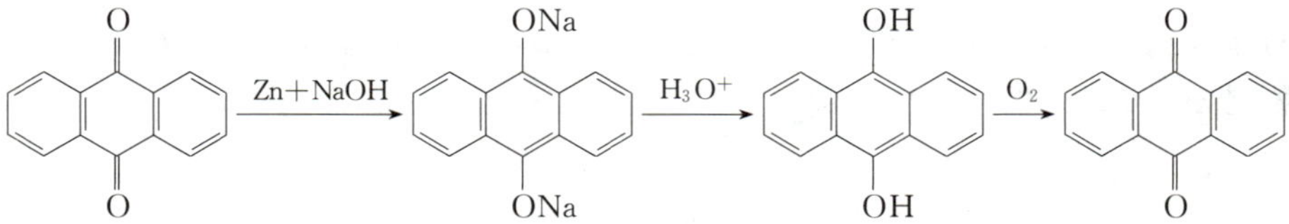

2. 加成反应

苯醌是高度不饱和化合物，易发生亲电加成和亲核加成。

(1) 烯键加卤素　苯醌与 Br_2 的加成发生在碳碳双键上，属亲电加成，可得到二溴或四溴化合物。

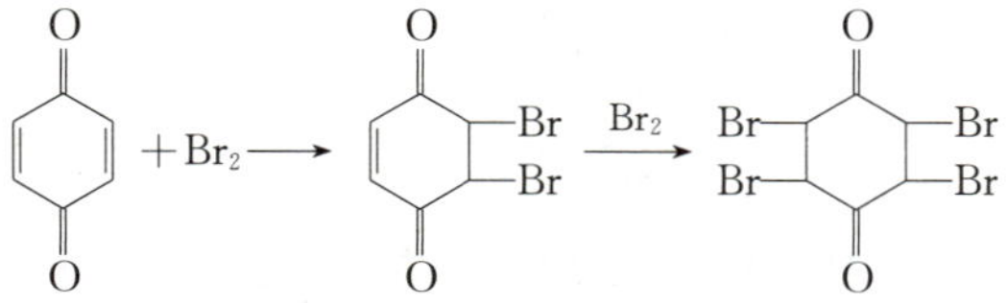

9,10-蒽醌和9,10-菲醌不与卤素加成。

2-氯-1,4-萘醌是由1,4-萘醌加一分子氯，再脱一分子HCl制得的：

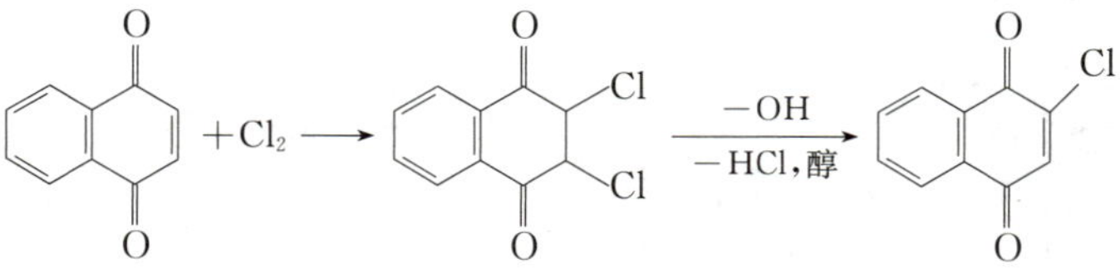

(2) 羰基的亲核加成　羟氨与苯醌的羰基发生亲核加成，生成醌肟。即

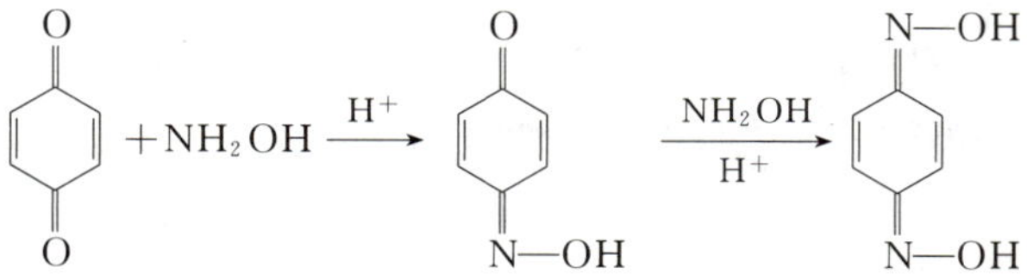

对苯醌一肟　　对苯醌二肟

对苯醌一肟与对亚硝基苯酚为互变异构体，在溶液中主要以一肟的结构存在。

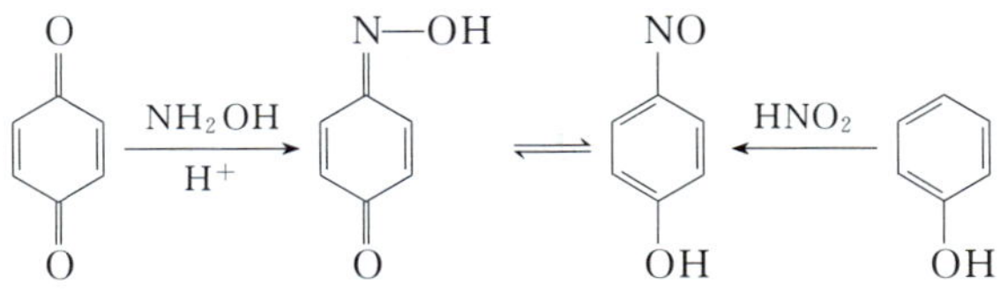

对苯醌与一分子的格利雅试剂反应可以生成醌醇，在酸性条件下醌醇可重排成烃基取代的对苯二酚。例如：

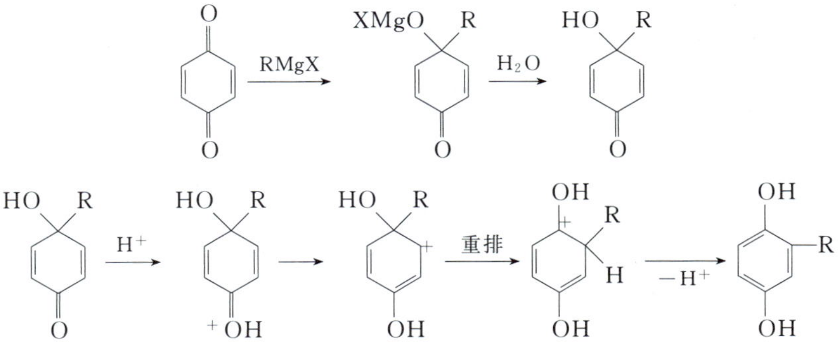

（3）苯醌的 1,4-共轭加成　苯醌与 HCl 的加成是 1,4-加成，生成的产物氯代氢醌经过氧化后还可以与 HCl 加成，再经氧化可得二氯代苯醌：

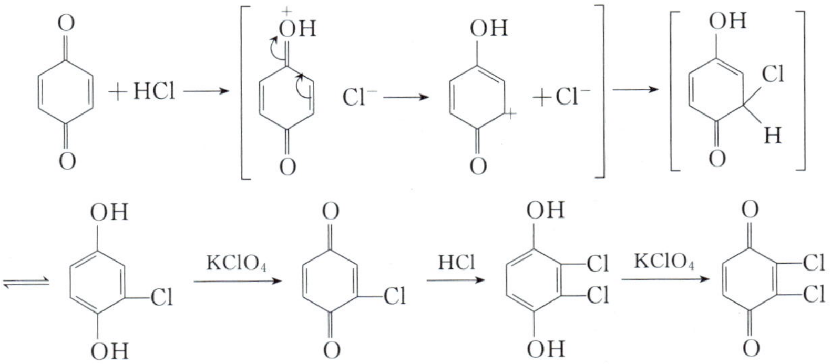

若将 2,3-二氯苯醌再重复上述反应，则可生成 2,3,5,6-四氯对苯醌（黄色片状晶体，mp 90 ℃）。

苯醌与 HCN，CH_3OH，$PhNH_2$ 等的加成也是 1,4-共轭加成。例如：

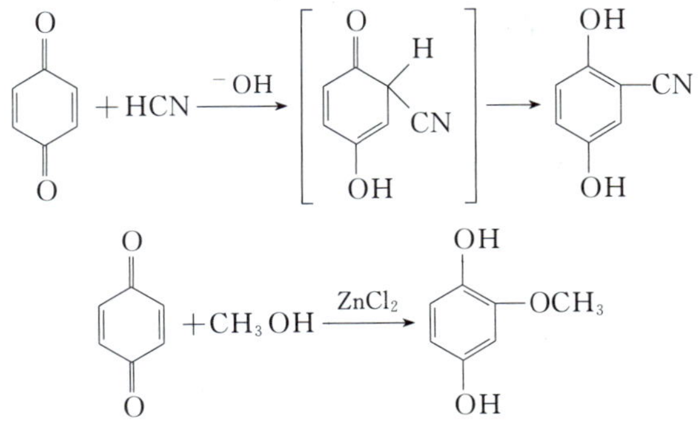

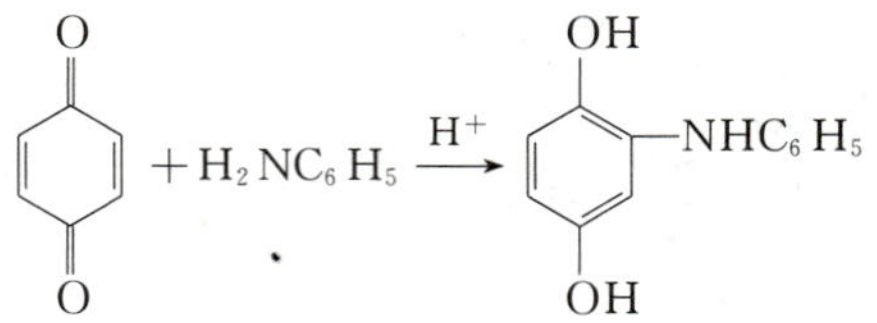

生成的一取代对苯二酚被氧化成取代对苯醌后，仍能进行类似的1,4-共轭加成，生成多取代对苯二酚，并可进一步被氧化成多取代苯醌。例如：

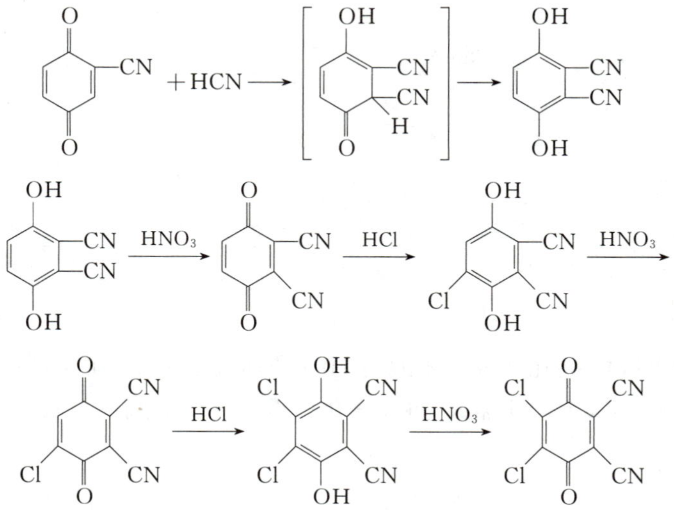

DDQ，mp213 ℃

(4) 狄尔斯-阿尔德反应　苯醌或萘醌中的碳碳双键是亲双烯体反应中心，可与共轭二烯烃发生双烯合成反应。例如：

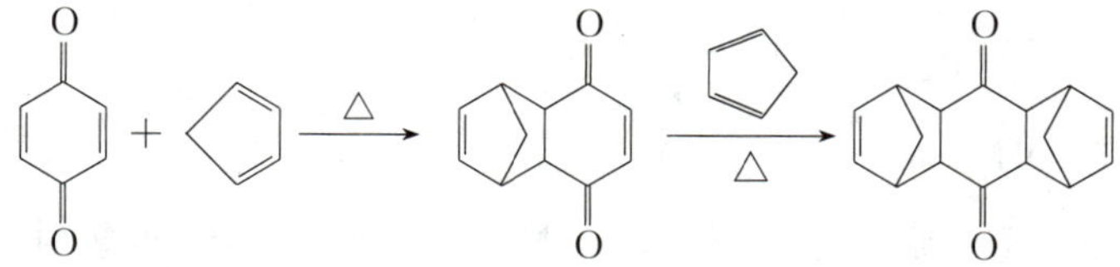

(5) 蒽醌芳环上的反应　蒽醌的两个苯环是钝化的，在较高的温度下与浓硫酸或发烟硫酸作用，生成的β-蒽醌磺酸进一步磺化，则生成2,6-及2,7-二磺酸，它们是制取多种染料中间体的基本原料。

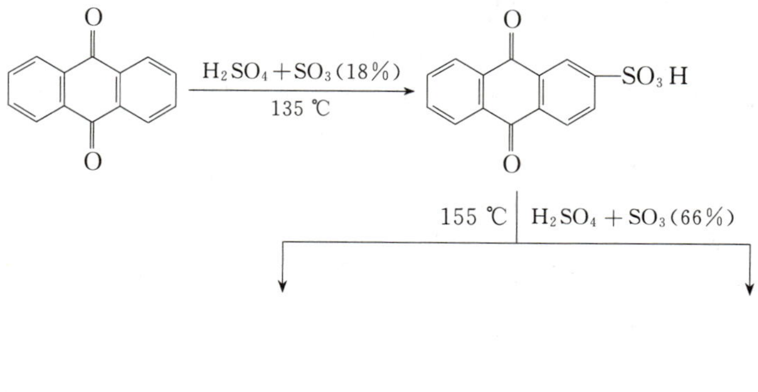

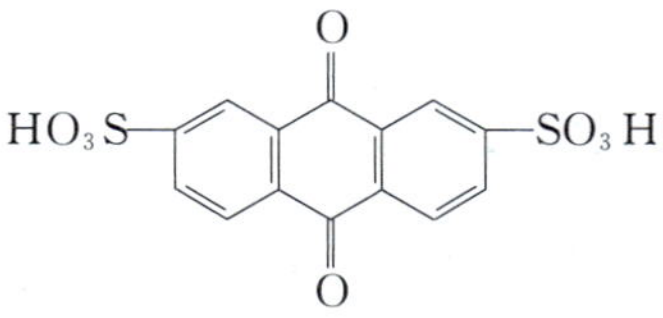

蒽醌-2,7-二磺酸

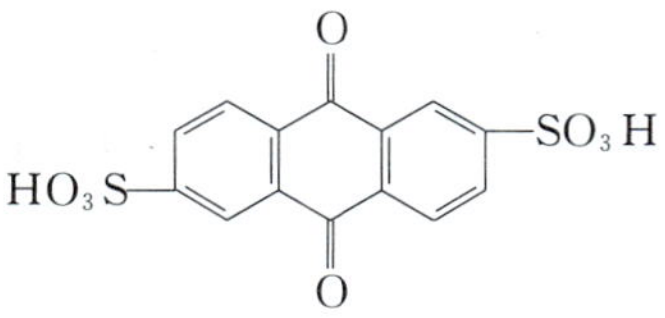

蒽醌-2,6-二磺酸

如果加入 $HgSO_4$,蒽醌磺化产物主要为 α-磺酸,继续磺化则可得到 1,5-及 1,8-二磺酸。蒽醌磺酸中的磺酸基可以被氨基、羟基和卤原子等置换。

习　题

10-1　命名下列化合物。

(1) 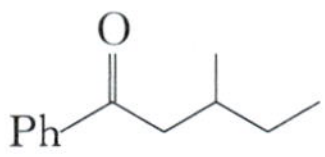

(2) 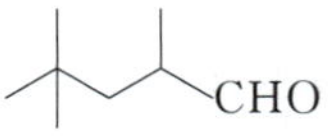

(3) 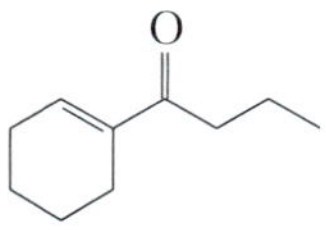

(4) 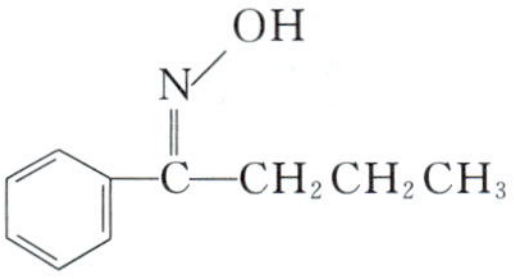

(5) 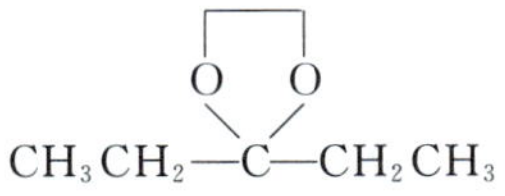

(6) 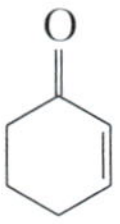

(7) 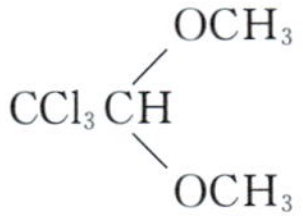

(8) 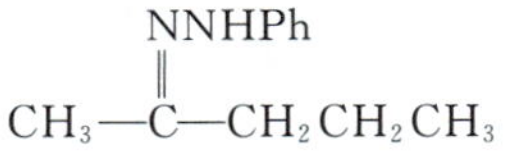

(9) 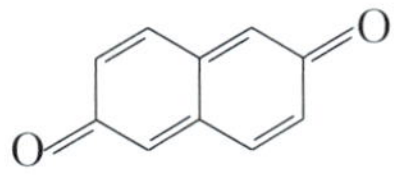

(10) 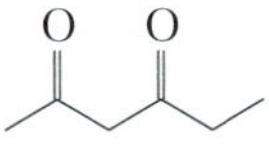

10-2　写出下列反应的主要产物。

(1) $PhCHO + HCHO \xrightarrow{\text{浓 NaOH}}$

(2) 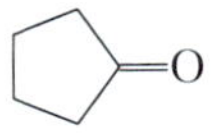 $\xrightarrow{HCN} \xrightarrow{H_3^+O}$

(3) 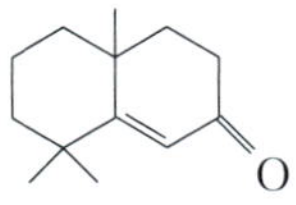 $\xrightarrow{Zn-Hg/HCl}$

(4) $CH_3-\underset{\underset{O}{\|}}{C}-CH_3 \xrightarrow[C_6H_6]{Mg} \xrightarrow{H_3^+O} (\quad) \xrightarrow[\triangle]{H_2SO_4}$

(5) 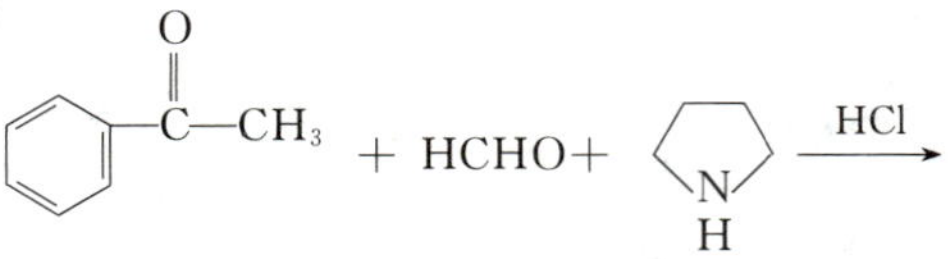

(6) 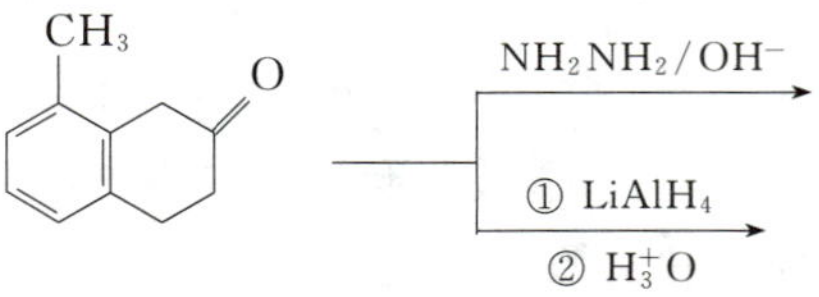

(7) 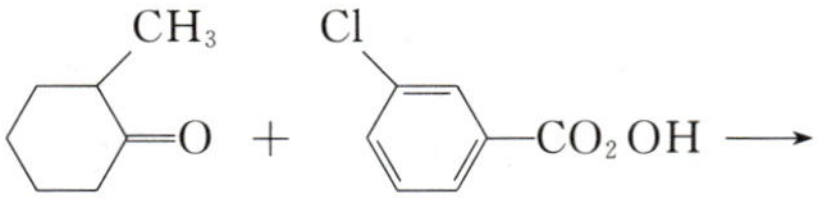

(8) 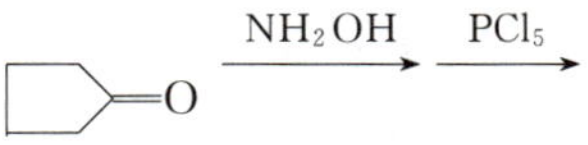

(9) 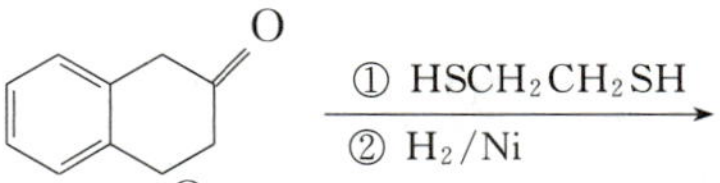

(10) 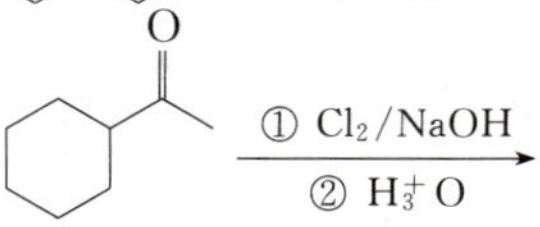

(11) 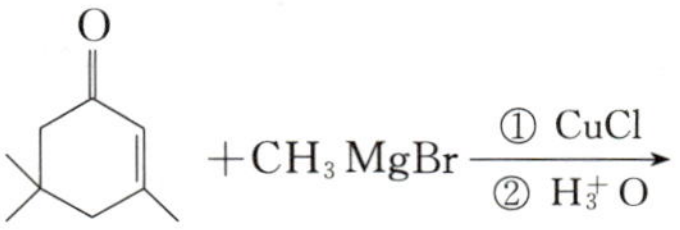

(12) 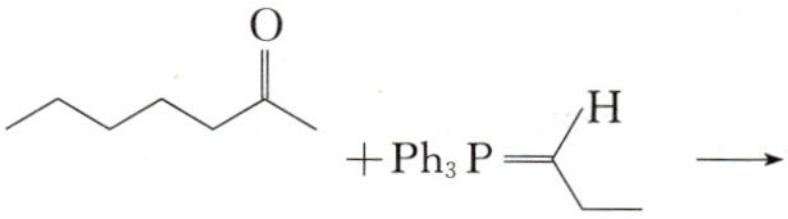

(13) 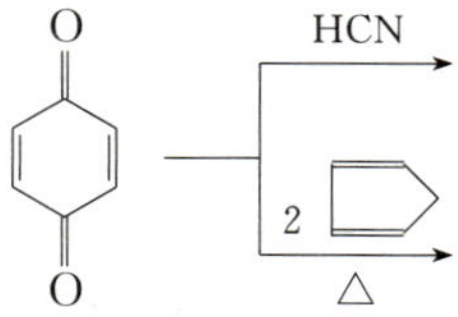

10-3　比较下列化合物的亲核加成反应活性。

(1) $CH_3-\overset{O}{\overset{\|}{C}}-CH_3$　　(2) 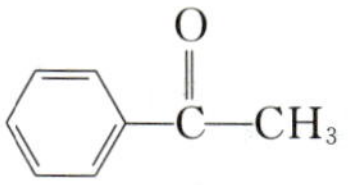

(3) $CH_3-\overset{O}{\overset{\|}{C}}-H$　　(4) 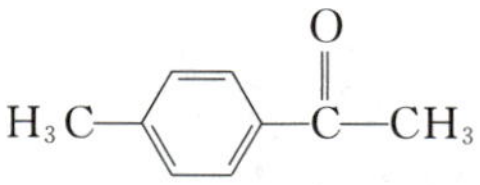

10-4　将下列化合物按烯醇式的含量多少排列成序。

(1) $CH_3COCHCOCH_3$（CH 上连 $COCH_3$）　　(2) $CH_3COCH_2CH_3$

(3) $CH_3COCH_2COCH_3$　　(4) $Ph\overset{O}{\overset{\|}{C}}-CH_2-\overset{O}{\overset{\|}{C}}-CH_3$

10-5　指出下列化合物中，哪些能发生碘仿反应？哪些能与饱和 $NaHSO_3$ 反应？

(1) ICH_2CHO (2) CH_3CH_2CHO (3) $CH_3CH_2CH(OH)CH_3$

(4) $C_6H_5COCH_3$ (5) CH_3CHO (6) $CH_3CH_2CH_2OH$

(7) $CH_3CH_2COCH_2CH_3$ (8) 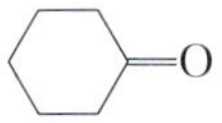

10-6 用简单的化学方法区别下列化合物。

(1) 2-己醇 (2) 2-己酮 (3) 3-己酮 (4) 己醛

10-7 设计用化学方法分离苯甲酸、苯酚、环己酮和环己醇的混合物的方案，写出操作流程图，并鉴别得到的化合物。

10-8 完成下列转化。

(1) 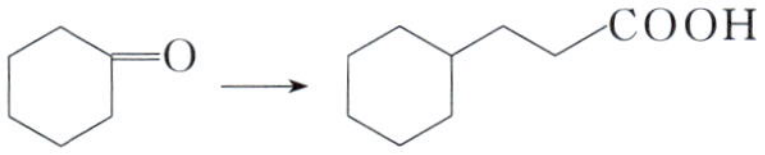

(2) $CH_3\overset{O}{\overset{\|}{C}}—CH_2Br \longrightarrow$ 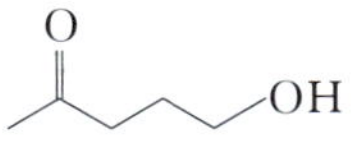

(3) 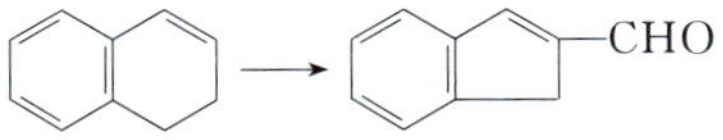

(4) 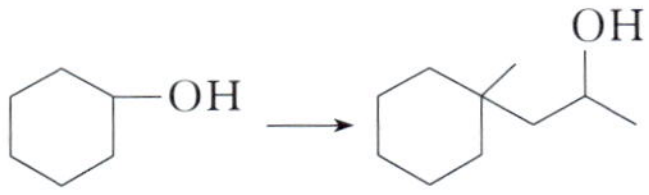

(5) $CH_3CHO \longrightarrow CH_3C(CH_2OH)_3$

(6) $CH_3\overset{O}{\overset{\|}{C}}CH_3 \longrightarrow (CH_3)_2C{=}CHCOOH$

10-9 我国盛产山茶籽油，其主要成分是柠檬醛，请查阅相关文献设计以它为原料合成香料 β-紫罗兰酮的合成路线，写出反应式。

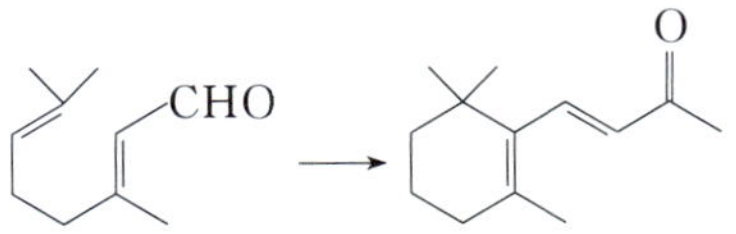

柠檬醛 β-紫罗兰酮

10-10 写出下列反应的机理。

(1) 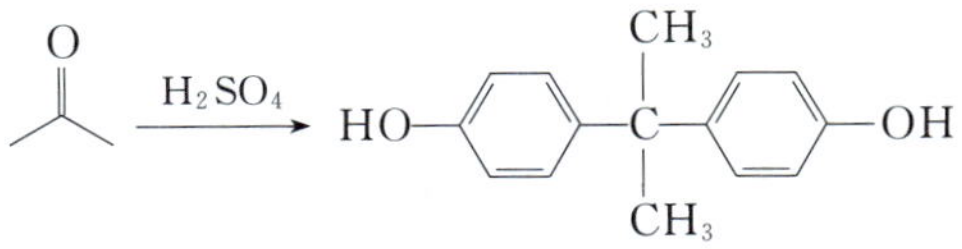

(2) $HOCH_2CH_2CH_2CHO \xrightarrow[CH_3OH]{H^+}$ 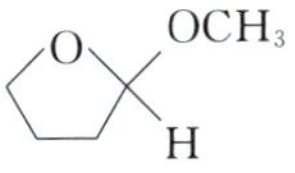 $+H_2O$

*(3) 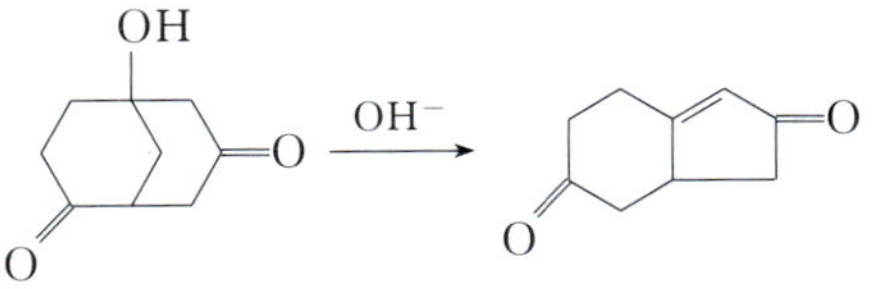

10-11 某不饱和酮 A(C_5H_8O)与 CH_3MgI 反应，经酸化水解后得到饱和酮 B($C_6H_{12}O$)和不饱和醇 C($C_6H_{12}O$)的混合物。B 经溴的氢氧化钠溶液处理转化为 3-甲基丁酸钠。C 与 $KHSO_4$ 共热则脱水生成 D(C_6H_{10})，D 与丁炔二酸反应得到 E($C_{10}H_{12}O_4$)。E 在钯上脱氢得到 3,5-二甲基邻苯二甲酸。试推导 A,B,C,D 和 E 的构造式,并写出相关的反应式。

10-12 有一化合物 A,分子式为 $C_{12}H_{20}$,具有旋光活性,在铂催化下加一分子氢得到两个异构体 B 和 C,分子式为 $C_{12}H_{22}$。A 臭氧化只得到一个化合物 D,分子式为 $C_6H_{10}O$,也具有旋光活性,D 与羟氨反应得E($C_6H_{11}NO$)。D 与 DCl 在 D_2O 中可以与活泼 α-氢发生交换反应得到 $C_6H_7D_3O$,表明有三个活泼 α-氢,D 的 NMR 谱表明有一个甲基,是双峰。试推测化合物 A～E 的构造式。

10-13 化合物 A 的分子式为 $C_6H_{12}O_3$,在 $\sigma=1\ 710\ cm^{-1}$ 处有强吸收峰。A 和 I_2/NaOH 溶液作用得黄色沉淀,与托伦试剂作用无银镜产生。若 A 用稀 H_2SO_4 处理后,所生成的化合物与托伦试剂作用则有银镜产生。A 的 NMR 数据如下:

$\delta=2.1$,单峰,3H　　$\delta=2.6$,双峰,2H　　$\delta=3.2$,单峰,6H　　$\delta=4.7$,三重峰,1H

写出 A 的构造式及相关反应式。

10-14 请说明影响醛、酮发生亲核加成反应活性的因素。

10-15 请自查文献说明甲醛、乙醛、丙酮、环己酮的工业制备方法。如有多种方法,请评述各方法的优缺点。

第 11 章　羧酸及其衍生物

11.1　羧酸及其衍生物的结构和分类

11.1.1　羧酸的结构和分类

1. 结构

分子中含有羧基($-\overset{\displaystyle O}{\overset{\|}{C}}-OH$)的化合物称为羧酸。羧基是羧酸的官能团，通常将羧酸写为 RCOOH。

在羧酸中，羧基的碳原子是 sp^2 杂化，三个 sp^2 杂化轨道分别与一个氧原子、一个羟基的氧原子和一个碳原子(在甲酸中是氢原子)形成三个 σ 键，键角约为 120°；sp^2 杂化碳原子的 p 轨道与两个氧原子的 p 轨道重叠，形成一个四电子三中心的 $p-\pi$ 共轭体系。在苯甲酸中，羧基与苯环形成 $\pi-\pi$ 共轭体系。

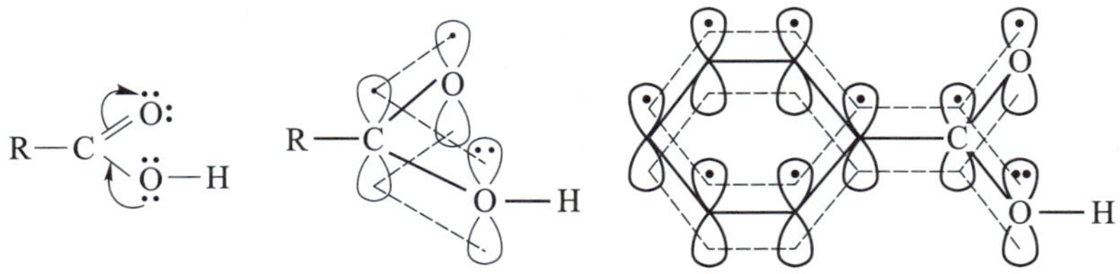

由于 $p-\pi$ 共轭，使羧基中的 C═O 双键和 C—O 单键与醛和醇的相比，有键长平均化现象。例如：

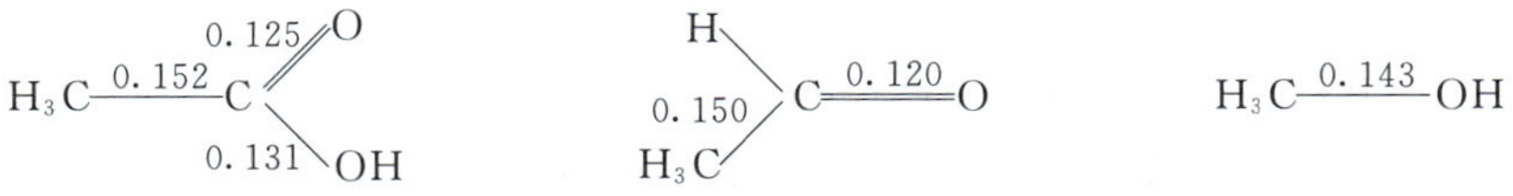

乙酸　　乙醛　　甲醇

(键长的单位：nm)

下面列出甲酸、乙酸、苯甲酸的静电势模型图。

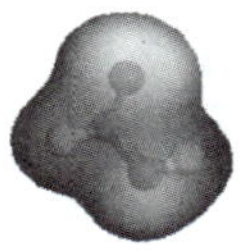

甲酸

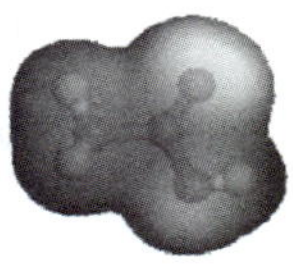

乙酸

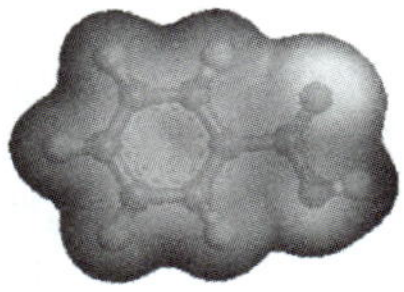

苯甲酸

静电势模型图

2. 分类

（1）根据羧酸分子中烃基的不同，可以把羧酸分成两大类，一类是脂肪族羧酸，另一类是芳香族羧酸。

脂肪族羧酸可以分成开链羧酸和脂环羧酸，其中又可分为饱和及不饱和羧酸。例如：

$CH_3CH_2CO_2H$

丙酸

$CH_3(CH_2)_{16}CO_2H$

十八碳酸（硬脂酸）

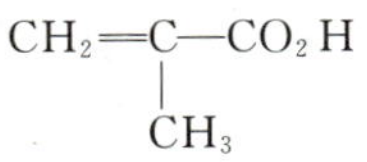

α－甲基丙烯酸

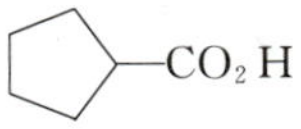

环戊基甲酸

芳香族羧酸中，羧基可以连在芳环上，也可以连在侧链上。例如：

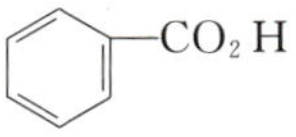

苯甲酸（安息香酸）

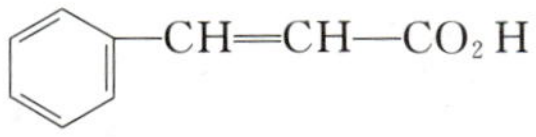

3－苯基丙烯酸（肉桂酸）

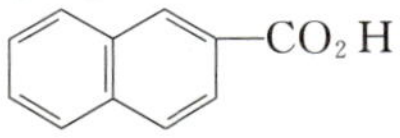

β－萘甲酸

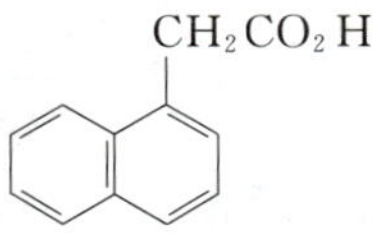

α－萘乙酸

（2）根据羧酸分子中含有羧基的数目，可分成一元羧酸和多元羧酸。

二元羧酸：

HOOC—COOH

乙二酸（草酸）

$HOOCCH_2COOH$

丙二酸

$HOOC(CH_2)_4COOH$

己二酸

对苯二甲酸

三元羧酸：

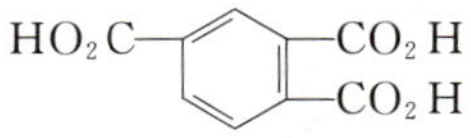

偏苯三甲酸

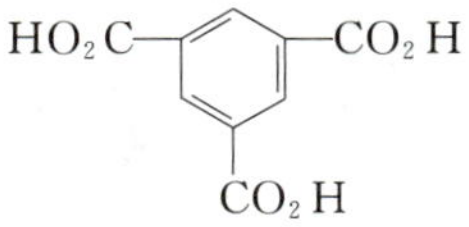

均苯三甲酸

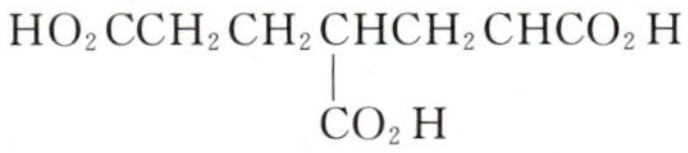

1,3,5－戊烷三甲酸

四元羧酸：

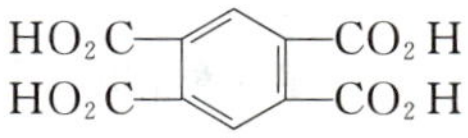

均苯四甲酸

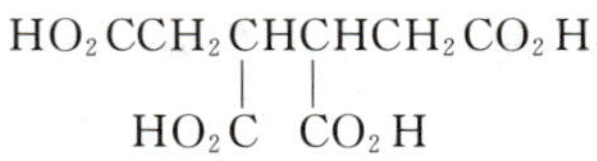

1,2,3,4－丁烷四甲酸

（3）羧酸的烃基中如果还含有其它的取代基时，又可以分为羟基酸、羰基酸、卤代酸、氨基酸等取代羧酸。这些是属于混合官能团化合物。例如：

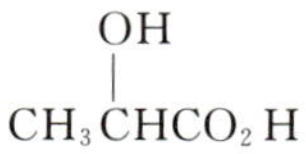

α－羟基丙酸（乳酸）

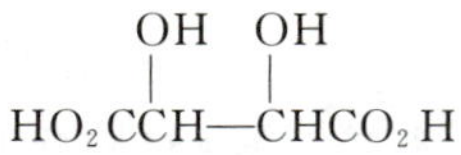

2,3－二羟基丁二酸（酒石酸）

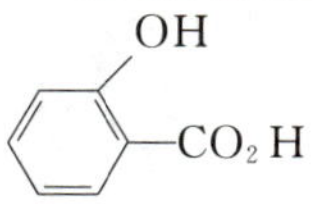

邻羟基苯甲酸（水杨酸）

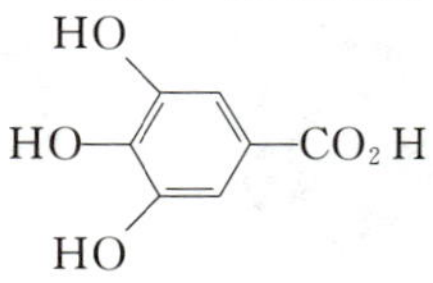

3,4,5－三羟基苯甲酸（没食子酸）

OHC—CO_2H	CH_3COCO_2H	$CH_3COCH_2CO_2H$	$CH_3COCH_2CH_2CO_2H$
乙醛酸	丙酮酸	乙酰乙酸	γ－戊酮酸

$ClCH_2CO_2H$	F_3CCO_2H	$CH_3(H_2N)CHCO_2H$
一氯乙酸	三氟乙酸	丙氨酸

11.1.2　羧酸衍生物的结构和分类

1. 结构

羧酸羧基中的羟基被—X(F,Cl,Br)，$-\mathrm{O}\overset{\mathrm{O}}{\overset{\|}{\mathrm{C}}}\mathrm{R}'$，—OR′和—$NH_2$(或—NHR′，—$NR'_2$)替代后形成的化合物分别称做酰卤、酸酐、酯和酰胺，统称为羧酸衍生物。

酰卤　　酸酐　　酯　　酰胺

羧酸衍生物可以写为 RCO—Y，在结构中都含有酰基(R—CO—)。在羧酸衍生物的官能团中，与羰基碳原子直接相连的原子上都有未共用电子对，这一电子对与羰基的 π 键构成 p－π 共轭体系。由于 N,O,X 的未共用电子对与 C═O 的共轭程度不同，RCO—Y 中的 C—Y 键键长与普通的 C—Y 单键相比，键长有所变化，见表 11－1。

表 11－1　C—Y 键键长的比较

化合物	$\mathrm{H}\overset{\mathrm{O}}{\overset{\|}{\mathrm{C}}}-\mathrm{OCH_3}$	H_3C-OH	$\mathrm{H}\overset{\mathrm{O}}{\overset{\|}{\mathrm{C}}}-\mathrm{NH_2}$	H_3C-NH_2	$\mathrm{CH_3}\overset{\mathrm{O}}{\overset{\|}{\mathrm{C}}}-\mathrm{Cl}$	H_3C-Cl
键长/nm	0.133 4	0.143 0	0.137 6	0.147 4	0.178 9	0.178 4

乙酰氯、乙酐、乙酸乙酯和乙酰胺的静电势模型图如下：

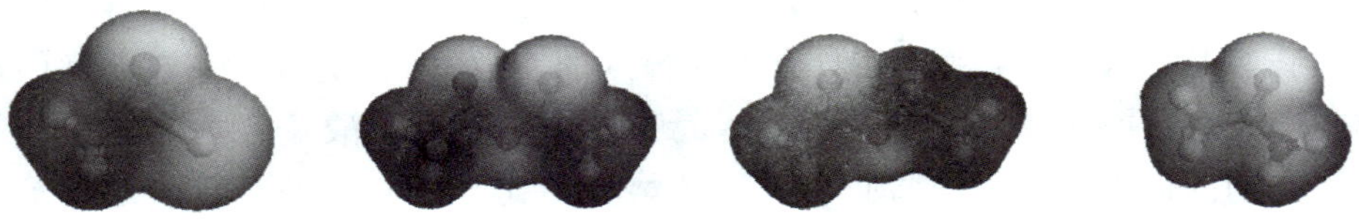

乙酰氯　　乙酐　　乙酸乙酯　　乙酰胺

静电势模型图

2. 分类

羧酸衍生物酰卤、酸酐、酯和酰胺，从烃基的类别上可以分为脂肪族和芳香族衍生物。

酰卤的卤原子是 F,Cl,Br，以酰氯为常见。

酸酐又分为同酸酐(R 与 R′相同)、混酸酐(R 与 R′不相同)和内酐(二元酸分子内脱水的产物)三类。例如：

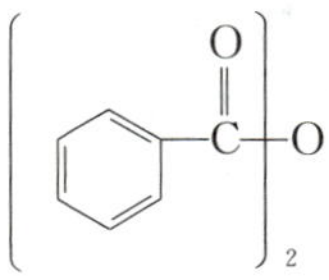
苯甲酸酐(同酸酐)

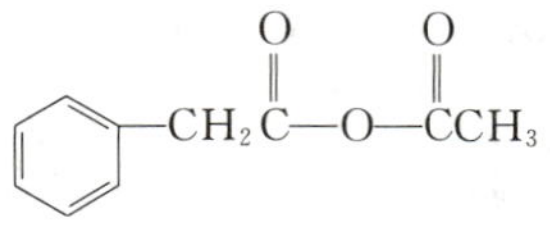
苯乙酸乙酸酐(混酸酐)

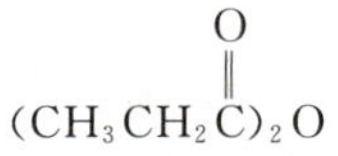
丙酸酐

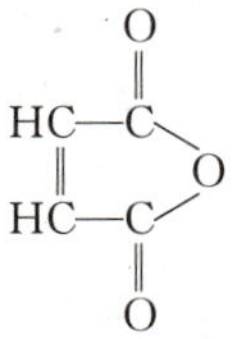
顺丁烯二酸酐

酯的 R 与 R′两者可以相同,也可以不相同,若 R 和 R′之间以共价键相连,则构成环内酯。例如:

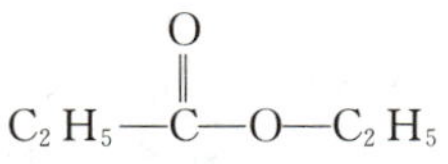
丙酸乙酯(R与R′相同)

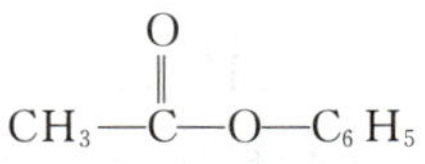
乙酸苯酯(R与R′不同)

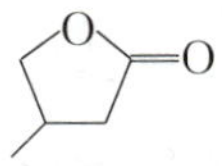
β-甲基丁内酯

根据氮原子上取代基、取代方式的不同,酰胺可分为烃取代酰胺、内酰胺及二酰亚胺。例如:

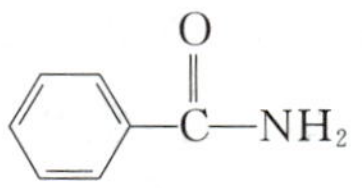
苯甲酰胺

N,*N*-二甲基甲酰胺

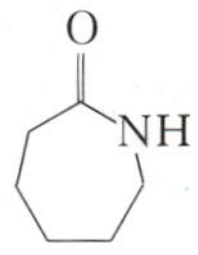
己内酰胺

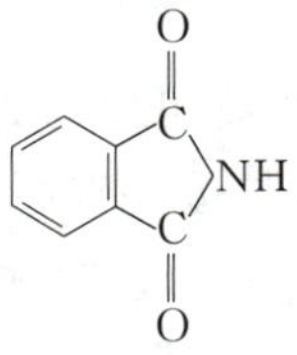
邻苯二甲酰亚胺

11.2　羧酸及其衍生物的物理性质

11.2.1　羧酸的物理性质

1. 一般物理性质

在常温下,低碳原子数的一元羧酸($C_1\sim C_9$)是液体,$C_1\sim C_3$ 的羧酸有一定挥发性和较强刺激性;$C_4\sim C_9$ 的羧酸具有不同程度的腐败气味,是具有一定黏度的油状液体。C_{10}以上的羧酸则是石蜡状固体,气味很小。二元羧酸及芳香族羧酸都是结晶体。正构的偶数碳原子的脂肪族羧酸的熔点要比与之相邻的奇数碳原子羧酸的熔点高。

$C_1\sim C_4$ 的正构羧酸由于分子的极性大,与水分子可很好地形成氢键,与水能够互溶,但正戊酸在水中的溶解度只有 3.7%。高碳原子数的一元酸在水中的溶解度非常小,甚至不溶于水。常见的多元酸($C_2\sim C_5$)在水中有很好的溶解性。

表 11-2 列入常见的正构一元饱和脂肪酸的物理常数。

表 11-2　常见的正构一元饱和脂肪酸的物理常数

化合物	熔点/℃	沸点/℃	相对密度(d_4^{20})	溶解度/[g·(100 g H_2O)$^{-1}$]
甲酸	8.4	100.5	1.220	∞
乙酸	16.6	118	1.049	∞
丙酸	−22	141	0.992	∞
丁酸	−4.5	165.5	0.959	∞
戊酸	−34	187	0.939	3.7
己酸	−3	205	0.875	0.968
辛酸	16.5	240	0.862	0.068
癸酸	31.3	269	0.853	0.015
月桂酸(C_{12})	43.6	298.9	0.848	0.005 5
豆蔻酸(C_{14})	54.4	202.4*	0.844	0.002 0
软脂酸(C_{16})	62.9	221.5*	0.841	0.000 7
硬脂酸(C_{18})	69.9	240.0*	0.840	0.000 29

* 在 2133 Pa 时的沸点。

羧酸的沸点比相对分子质量相近的醇的沸点要高。如乙酸和正丙醇的相对分子质量均为 60，乙酸的沸点是 118 ℃，而正丙醇的沸点是 97.8 ℃，这是由于羧基有较强的极性，以及两个羧酸分子之间可通过两个氢键形成双分子缔合体。羧酸分子间的这种氢键比醇分子间的氢键要牢固，因此，常见的脂肪族羧酸在固态或液态时，主要以双分子缔合体的形态存在，甚至在气态时，相对分子质量较小的甲酸和乙酸也是以双分子缔合体形态存在。

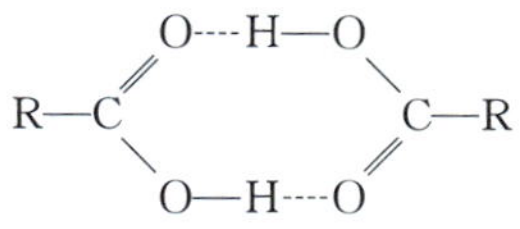

在正构的脂肪族二元羧酸中，奇数碳原子的二元羧酸比少一个碳原子的偶数碳原子的二元羧酸溶解度大而熔点低。在芳香族羧酸中，对称性好的取代苯甲酸熔点较高。

2. 光波谱性质

谱 5-9

由于羧酸分子间存在氢键，在羧酸的红外光谱中，其二聚体在 $\sigma=2\ 500\sim3\ 300\ cm^{-1}$ 处出现一宽的 O—H 键伸缩振动吸收；游离的羧酸其 O—H 键伸缩振动吸收在 $\sigma\approx3\ 550\ cm^{-1}$ 处是一尖峰；在 $\sigma\approx1\ 400\ cm^{-1}$ 和 $\sigma\approx920\ cm^{-1}$ 处存在比较强而宽的 O—H 键弯曲振动；羧基中的 C—O 键的伸缩振动在 $\sigma\approx1\ 250\ cm^{-1}$ 处。通常脂肪族羧酸中的羰基(C═O)在 $\sigma=1\ 700\sim1\ 725\ cm^{-1}$ 处有中等强度的伸缩振动吸收，而芳香族羧酸中的羰基在 $\sigma=1\ 680\sim1\ 710\ cm^{-1}$ 处有较强的伸缩振动吸收，在稀溶液中，游离羧酸的 C═O 键在 $\sigma\approx1\ 760\ cm^{-1}$ 处有较窄的伸缩振动吸收峰。

在羧酸的核磁共振氢谱中，羧基中质子的化学位移出现在高去屏蔽区，$\delta=10\sim13$。羧酸的 α-H 化学位移一般是 2.2～2.5。

11.2.2　羧酸衍生物的物理性质

低碳原子数的酰卤和酸酐是有刺激气味的无色液体；低碳原子数的酯多是易挥发并有香味的无色液体；除甲酰胺和个别 *N*－取代酰胺为液体之外，其它的酰胺均为固体。

酰卤、酸酐和酯的沸点较相对分子质量相当的羧酸低，而与相对分子质量相近的醛、酮的沸点相近。酰胺分子间有氢键，其沸点和熔点都比相应羧酸的高；酰氯和酯的熔点一般较低，不同的酸酐其熔点变化较大。

低碳原子数的酯和酰胺在水中有一定的溶解度；酸酐和酰氯在水中基本不溶，但可发生水解。

谱 5-10

羧酸衍生物的 C═O 键红外光谱在 $\sigma=1\,630\sim1\,850\ \mathrm{cm^{-1}}$ 有强吸收峰（见表 11-3）。通常酯的 C—O 键在 $\sigma=1\,250\ \mathrm{cm^{-1}}$ 附近有中强度吸收；酸酐的 C—O 键在 $\sigma=1\,050\sim1\,300\ \mathrm{cm^{-1}}$ 有两个较强的吸收峰；酰胺中的 N—H 键伸缩振动在 $\sigma=3\,100\sim3\,500\ \mathrm{cm^{-1}}$，其弯曲振动在 $\sigma=1\,600\sim1\,660\ \mathrm{cm^{-1}}$ 有特征吸收。

羧酸衍生物中 α－H 的化学位移一般是 2～3；在酯中，烷氧基上 α－H 的化学位移一般是 3.7～4.1；在酰胺中，氮上的氢的 $\delta=5\sim8$。

表 11-3　羧酸衍生物中羰基的红外吸收

化合物	$\sigma_{C=O}/\mathrm{cm^{-1}}$	化合物	$\sigma_{C=O}/\mathrm{cm^{-1}}$
$R-\overset{\overset{O}{\|}}{C}-Cl$	1 795～1 810	$R-\overset{\overset{O}{\|}}{C}-O-\overset{\overset{O}{\|}}{C}-R$	1 810～1 850 1 750～1 800
$Ar-\overset{\overset{O}{\|}}{C}-Cl$	1 740～1 770	$R-\overset{\overset{O}{\|}}{C}-NH_2$	1 660～1 690 （固态）
$R-\overset{\overset{O}{\|}}{C}-OR'$	1 735～1 750	$R-\overset{\overset{O}{\|}}{C}-NHR'$	1 630～1 680
$Ar-\overset{\overset{O}{\|}}{C}-OR'$	1 715～1 740	$R-\overset{\overset{O}{\|}}{C}-NR'_2$	1 640～1 670

11.3　羧酸的化学性质

11.3.1　酸性

演 6-29

羧酸具有酸性，其 $\mathrm{p}K_a$ 一般为 3～5，比碳酸的酸性（$\mathrm{p}K_a=6.38$）强，属于有机弱酸。羧酸可与碱（如 NaOH，Na_2CO_3，$NaHCO_3$）作用生成羧酸盐，羧酸盐与无机强酸作用，又可游离出羧酸，这一性质可用于羧酸的分离、回收和提纯。

$$RCO_2H + NaHCO_3 \longrightarrow RCO_2Na + H_2O + CO_2$$
$$RCO_2Na + HCl \longrightarrow RCO_2H + NaCl$$

羧酸之所以有明显的酸性，这与它在解离后可生成稳定的羧酸根有关。羧酸根中的负电荷均匀地分散在两个氧原子上：

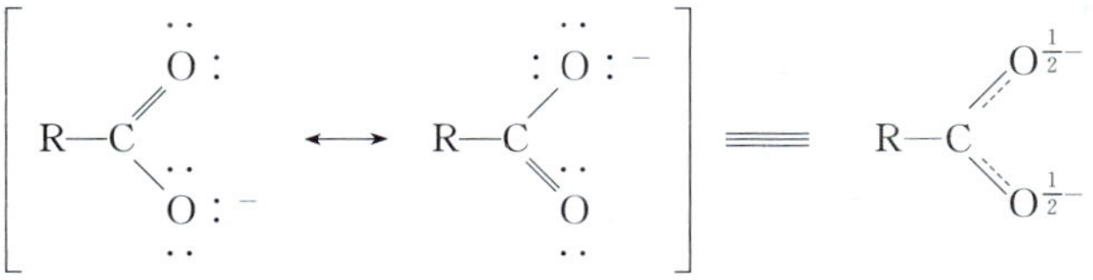

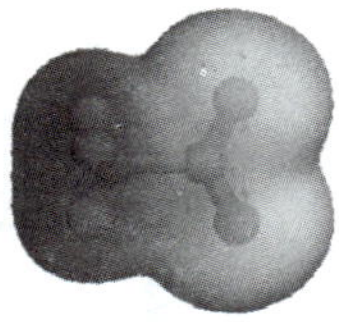

乙酸根

静电势模型图

在乙酸根中两个碳氧键长都为 0.126 nm。在羧酸根中出现的键长平均化现象是电子离域的结果，这也是羧酸根稳定的原因。

当脂肪族羧酸分子中的烃基不同，或烃基上有不同的取代基时，由于诱导效应不同，使羧酸的酸性不同(见 1、2、4 节)。在芳香族羧酸中，苯基与—COOH 连接时，由于苯环的给电子效应($+I$，$+C$)使苯甲酸的酸性小于甲酸的酸性；但是在苯甲酸根中，由于苯环对这个负离子的稳定化作用，使苯甲酸的酸性比乙酸、丙酸和苯乙酸强：

	HCOOH	CH_3COOH	CH_3CH_2COOH	C_6H_5COOH	$C_6H_5CH_2COOH$
pK_a	3.77	4.76	4.84	4.17	4.31

二元羧酸的 $pK_{a_1} < pK_{a_2}$，但这种差别随着两个羧基距离的增大而减小：

	$HO_2C—CO_2H$	$HO_2C—CH_2—CO_2H$	$HO_2C—CH_2CH_2—CO_2H$	$HO_2C\leftarrow CH_2 \rightarrow_4 CO_2H$
pK_{a_1}	1.27	2.85	4.21	4.43
pK_{a_2}	4.27	5.70	5.64	5.41

在丁烯二酸的顺反两种异构体中，虽然都是 $pK_{a_1} < pK_{a_2}$，但是对于 pK_{a_1} 而言，是顺式<反式，而对于 pK_{a_2} 来说，却是反式<顺式：

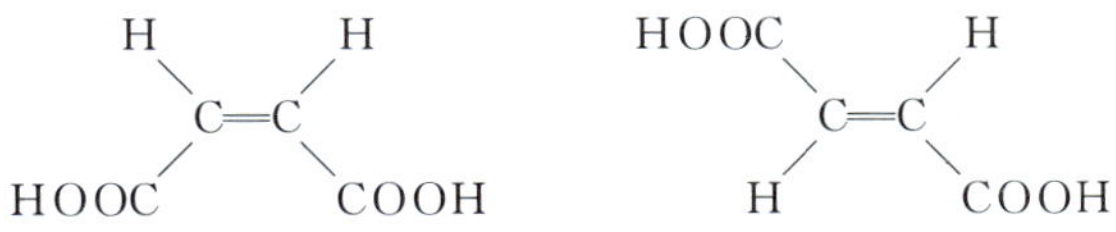

	顺式	反式
pK_{a_1}	1.92	3.03
pK_{a_2}	6.59	4.54

这是由于顺丁烯二酸可通过分子内氢键的形成来稳定一级解离生成的羧酸根负离子，使顺式的 pK_{a_1} 较反式的 pK_{a_1} 小；但又由于氢键的形成使第二个质子不易解离，则顺式的 pK_{a_2} 较反式的 pK_{a_2} 大。

取代苯甲酸的酸性不仅与取代基的种类有关，而且还与取代基在苯环上的位置有关(见表 11-4)。

表 11-4 取代苯甲酸($Y—C_6H_4—COOH$)的 pK_a 值(25 ℃)

Y	*o*-	*m*-	*p*-
CH_3	3.91	4.27	4.38
C_2H_5	3.79	4.27	4.35
F	3.27	3.86	4.14
Cl	2.92	3.83	3.97
Br	2.85	3.81	3.97
I	2.86	3.85	4.02
CN	3.44	3.64	3.55
CF_3	—	3.77	3.66
OH	2.98	4.08	4.57
OCH_3	4.09	4.09	4.47
C_6H_5	3.46	4.14	4.21
NO_2	2.21	3.49	3.42

比较表 11-4 中的间位和对位取代基对羧酸酸性的影响可以看到,取代基的吸电子效应使酸性增强,而取代基的给电子效应则使酸性减弱。邻位取代基对取代苯甲酸的酸性影响,除了有基团的电子效应外,还有基团的场效应(field effect)、立体效应(steric effect)、氢键等因素,总称为邻位效应(ortho effect)。如邻位的 CH_3、C_2H_5 由于空间的拥挤,取代基破坏了羧基与苯环的共平面性,苯环对羧基的+*C* 效应减弱甚至消失,使其酸性接近甲酸,这种立体效应使其酸性比间位或对位取代的苯甲酸强。另外,具有强吸电子效应的邻位取代基(如 F,NO_2 等),由于它可通过空间对羧酸根产生诱导作用(通称场效应),使羧酸根上的负电荷通过空间场直接分散到邻位的吸电子基上,结果使羧酸根的稳定性增加,因此使该取代酸的酸性比其间位和对位异构体的强。有的邻位取代苯甲酸,如邻羟基苯甲酸,由于羧酸根负离子与相邻的羟基可以通过形成氢键而使其稳定性增加,所以邻羟基苯甲酸的酸性也比其间位和对位异构体的强。

在苯二甲酸的三种异构体中,以邻苯二甲酸的 pK_{a_1} 为最小,其 pK_{a_2} 为最大,这种情况也是邻位效应的影响所致。

	邻苯二甲酸	间苯二甲酸	对苯二甲酸
pK_{a_1}	2.89	3.54	3.51
pK_{a_2}	5.41	4.60	4.82

11.3.2 羧酸衍生物的生成

1. 酰卤的生成

动 3-50

羧酸与无机酸的酰卤(PCl_3,PCl_5,$SOCl_2$)作用,羧基中的羟基被卤原子替代,生成酰卤。根据所用原料和所得产物之间的沸点差别来选择适当的无机酸酰氯,通常是用

PCl_3 来制备沸点较低的酰氯，而用 PCl_5 制备具有较高沸点的酰氯。例如：

$$3\,CH_3COOH + PCl_3 \longrightarrow 3\,CH_3COCl + H_3PO_3$$

bp/℃： 118　　75　　52　　261

亚硫酰氯在实验室中常用来制备酰氯，由于生成的 HCl 和 SO_2 易于从反应体系中移出，所以反应的转化率很高，酰氯的产率也可高达 95% 以上。但由于使用 $SOCl_2$ 过量，应当在制备与其有较大沸点差别的酰氯中使用，以便于回收过量的 $SOCl_2$。例如：

$$CH_3(CH_2)_4COOH + SOCl_2 \longrightarrow CH_3(CH_2)_4COCl + HCl\uparrow + SO_2\uparrow$$

bp/℃： 205　　76　　153

芳香族酰氯一般是由五氯化磷或亚硫酰氯与芳酸作用制取的。芳香族酰氯的稳定性较好，在水中发生水解反应缓慢。苯甲酰氯是常用的苯甲酰化试剂。

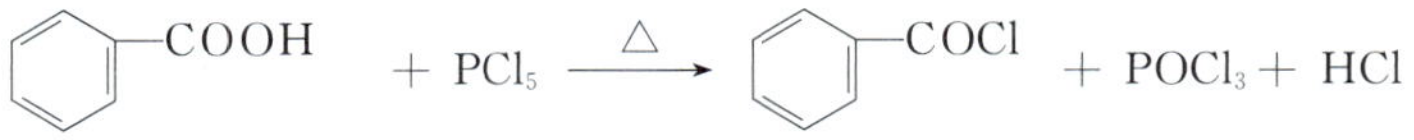

bp/℃： 249　　197　　105

2. 酸酐的生成

饱和的一元羧酸在脱水剂（如 P_2O_5）存在下加热，发生分子间脱水生成酸酐：

$$RCOO\!-\!\boxed{H + HO}\!-\!\overset{\overset{\displaystyle O}{\|}}{C}\!-\!R \xrightarrow[\triangle]{P_2O_5} RCOO\overset{\overset{\displaystyle O}{\|}}{C}\!-\!R + H_2O$$

甲酸一般不发生分子间的脱水生成酐，但在浓硫酸中受热时，甲酸分解成一氧化碳和水，可用来制取高纯度的一氧化碳。

$$H\overset{\overset{\displaystyle O}{\|}}{C}OH \xrightarrow[60\sim80\ ℃]{H_2SO_4(浓)} H_2O + CO$$

乙酐可由乙烯酮制得

$$CH_2{=}C{=}O \xrightarrow{CH_3COOH} CH_3\!-\!\overset{\overset{\displaystyle O}{\|}}{C}\!-\!O\!-\!\overset{\overset{\displaystyle O}{\|}}{C}\!-\!CH_3$$

乙酐也常用来作脱水剂以制取高碳原子数的酸酐：

$$2\,RCOOH + (CH_3CO)_2O \overset{\triangle}{\rightleftharpoons} (RCO)_2O + 2\,CH_3COOH$$

一些二元羧酸在加热下发生分子内脱水，生成五元或六元环状的酸酐：

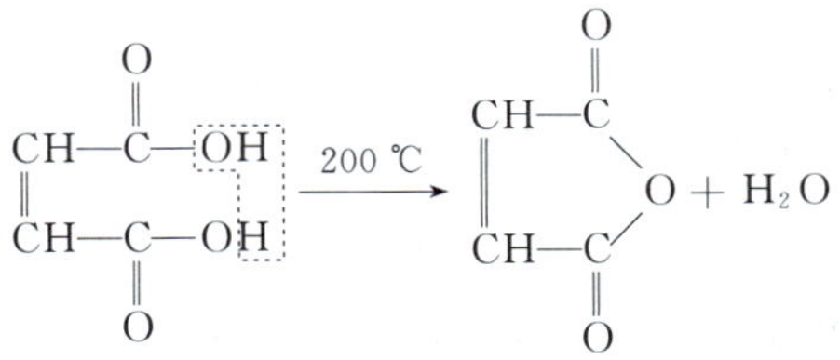

反式丁烯二酸要在较高的温度下(>300 ℃)通过转变为顺式丁烯二酸后，才能分子内脱水生成顺酐。

3. 酯的生成

在酸催化下羧酸与醇作用生成羧酸酯和水，称为酯化反应。这是一个典型的可逆反应；应用平衡移动的原理，可以得到较高产率的酯。

$$RCOOH + R'OH \xrightleftharpoons{H^+} RCOOR' + H_2O$$

在一般情况下，羧酸与伯醇或仲醇的酯化反应，羧酸发生酰氧键断裂，反应机理为

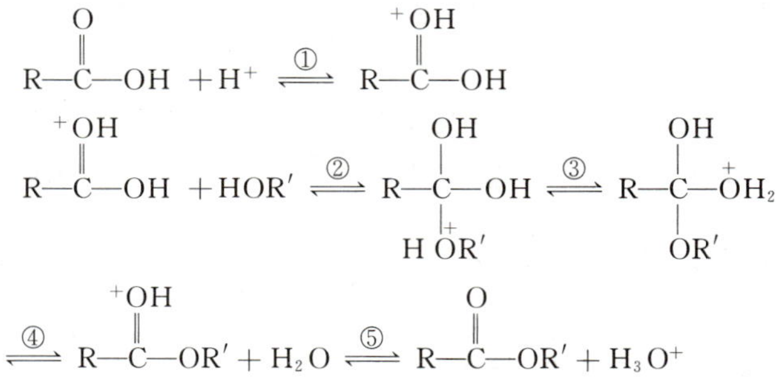

在上述酯化反应中，存在着一系列可逆的反应步骤。步骤②是酯化反应的控制步骤，而步骤④的逆反应是酯水解的控制步骤。

采用同位素标记醇的办法证实了酯化反应中所生成的水是来自于羧酸的羟基和醇的氢，即所谓羧酸的酰氧键断裂机理：

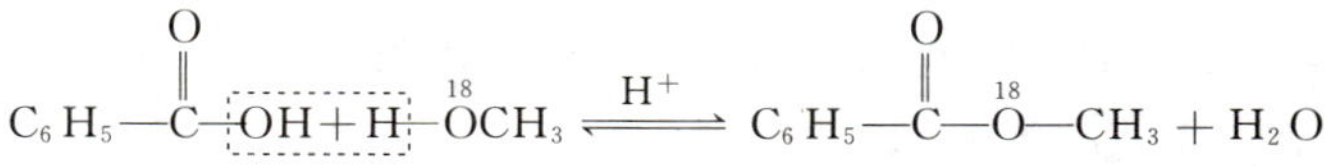

羧酸与叔醇的酯化则是醇发生了烷氧键断裂：

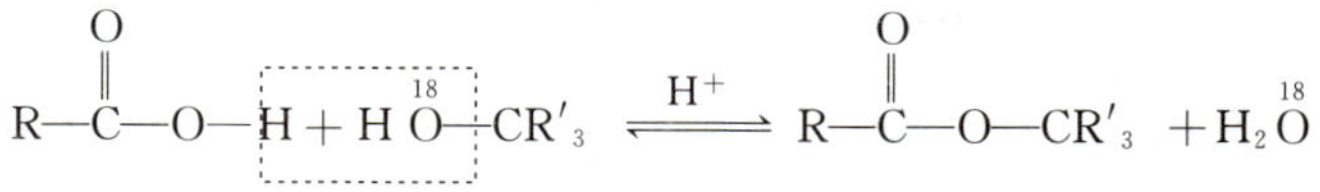

反应机理为

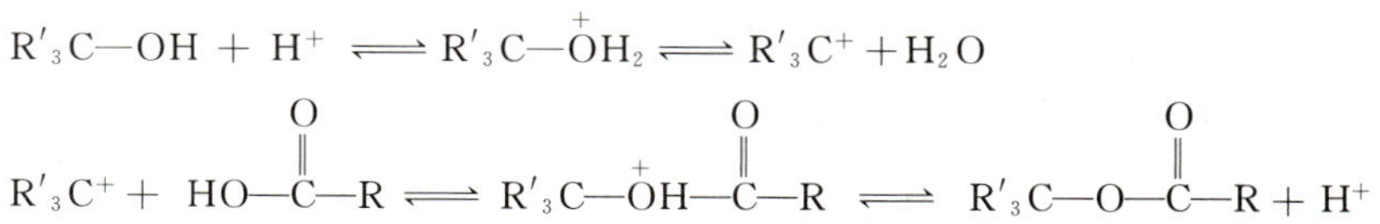

伯醇、仲醇酸催化下的酯化反应是亲核加成-消除的反应过程。即醇羟基的氧对羧酸中羰基亲核加成，然后再消除一分子水：

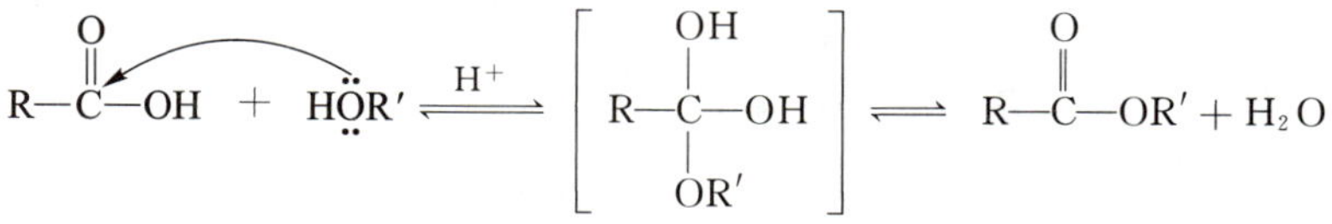

不同的羧酸和醇按亲核加成-消除反应过程进行酯化反应的活性一般有如下的顺序：

醇的反应活性：$CH_3OH > 1°ROH > 2°ROH > 3°ROH$

酸的反应活性：$HCO_2H > CH_3CO_2H > RCH_2CO_2H > R_2CHCO_2H > R_3CCO_2H$

芳香族羧酸的酯化反应要比脂肪族的难一些。对苯二甲酸与乙二醇或环氧乙烷作用可生成对苯二甲酸二羟乙酯，它是合成纤维（涤纶）的中间体：

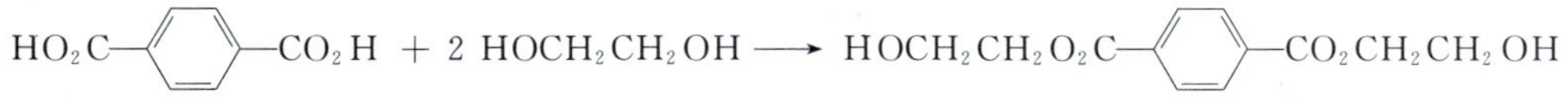

4. 酰胺的生成

羧酸与氨或胺（1°胺、2°胺）反应，生成铵盐，后者在加热时，分子内脱水得到酰胺。例如：

$$CH_3\overset{O}{\overset{\|}{C}}OH + H_2NPh \longrightarrow CH_3\overset{O}{\overset{\|}{C}}\overset{-\ +}{ONH_3}Ph \xrightarrow{170\ ℃} CH_3\overset{O}{\overset{\|}{C}}—NHPh + H_2O$$

$$CH_3CH_2CH_2COOH + NH_3 \longrightarrow CH_3CH_2CH_2CO\overset{-\ +}{ONH_4} \xrightarrow{185\ ℃} CH_3CH_2CH_2\overset{O}{\overset{\|}{C}}NH_2 + H_2O$$

适当的二元羧酸与 NH_3 在受热时发生分子内的脱水反应，生成五元或六元环状二酰亚胺。例如：

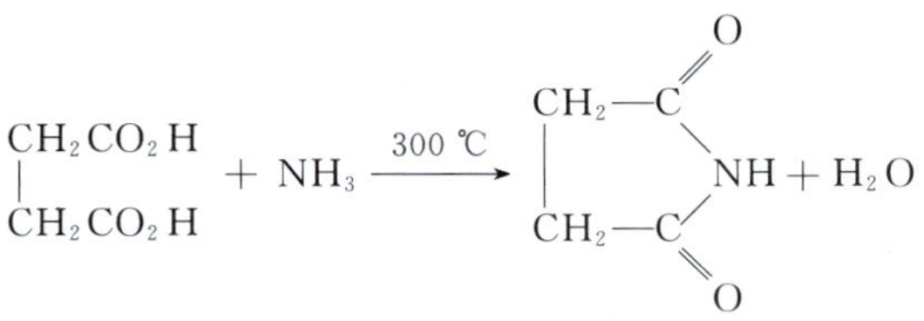

对氨基苯酚与乙酸作用，加热后脱水的产物是对羟基乙酰苯胺（“扑热息痛”药物）：

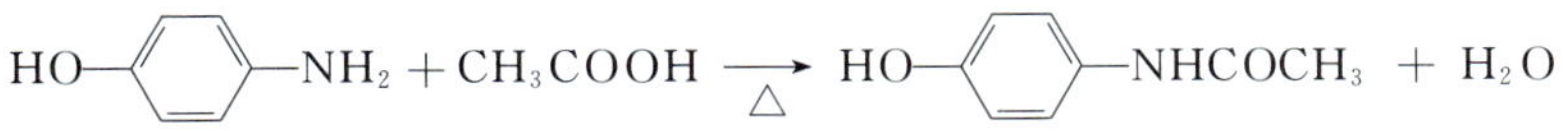

11.3.3　还原反应

在羧基中由于存在羟基对羰基的给电子的 p-π 共轭效应，使羰基很稳定，一般的化学还原剂甚至催化加氢法都不能还原羧酸；但在强还原剂 $LiAlH_4$ 作用下，羧基可以被还原成羟基，在实验室中可用此法制备结构特殊的伯醇。例如：

$$(CH_3)_3C—CO_2H \xrightarrow[\text{乙醚}]{LiAlH_4} \xrightarrow{H_3O^+} (CH_3)_3C—CH_2OH$$

用 $LiAlH_4$ 还原羧酸反应的实质是先生成羧酸锂和氢化铝，然后羰基发生亲核加成生成醛，醛再与 $LiAlH_4$ 作用得到伯醇：

$$R—\overset{O}{\overset{\|}{C}}—OH + LiAlH_4 \longrightarrow R—\overset{O}{\overset{\|}{C}}—O^{-}\ {}^{+}Li + H_2 + AlH_3$$

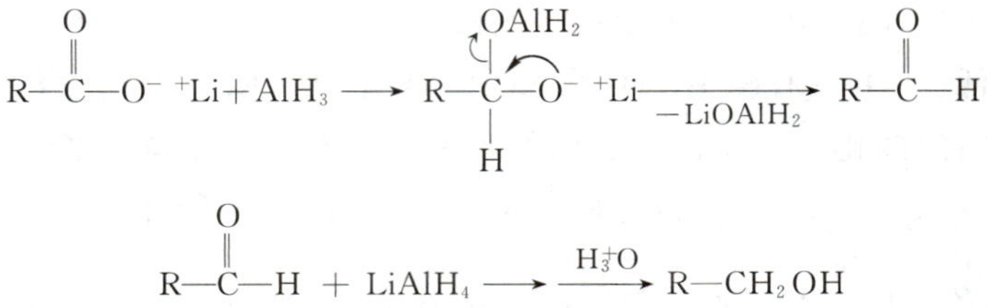

$LiAlH_4$ 对不饱和羧酸的还原得到不饱和伯醇；若采用乙硼烷 $(BH_3)_2$ 还原羧基，还可以保留羧酸中含有的—NO_2，—C≡N 等官能团，而且反应既定量又迅速。例如：

$$CH_2{=}CHCH_2COOH \xrightarrow[\text{乙醚}]{LiAlH_4} \xrightarrow{H_3^+O} CH_2{=}CHCH_2CH_2OH$$

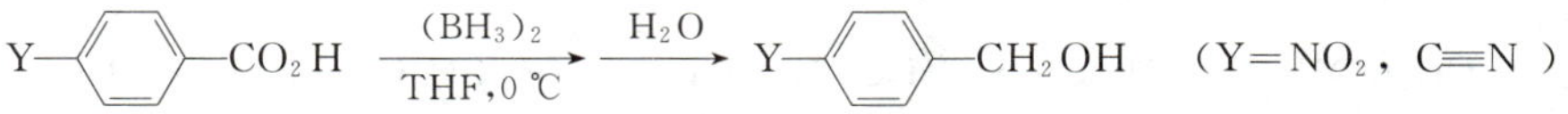

11.3.4 脱羧反应

羧酸在受热下失去 CO_2 的反应称做脱羧反应。

$$R{-}COOH \xrightarrow{\triangle} R{-}H + CO_2$$

羧酸盐在碱存在下受热，也发生脱羧反应。如乙酸钠与碱石灰共熔，发生脱羧，生成甲烷和碳酸钠，这是实验室中制取少量甲烷的方法：

$$CH_3\ \boxed{COONa + NaO}\ H \xrightarrow[\triangle]{CaO} CH_4 + Na_2CO_3$$

乙酸的钙盐或钡盐在强烈受热时，发生部分脱羧的反应生成丙酮，这个反应可用于综合利用含乙酸的废水：

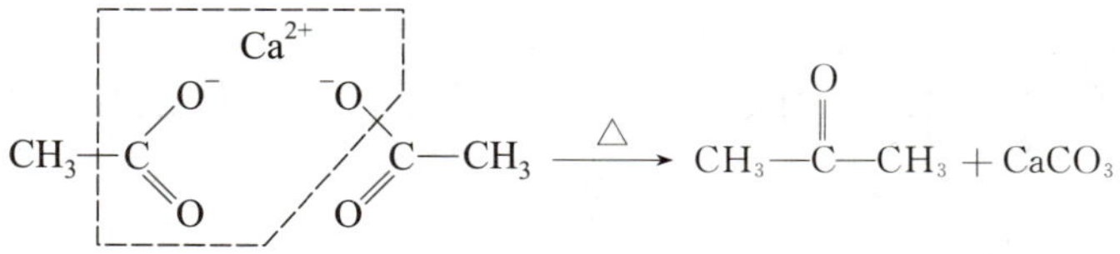

当羧酸的 α－C 上连有强吸电子基时，加热可使它较顺利地脱羧。例如：

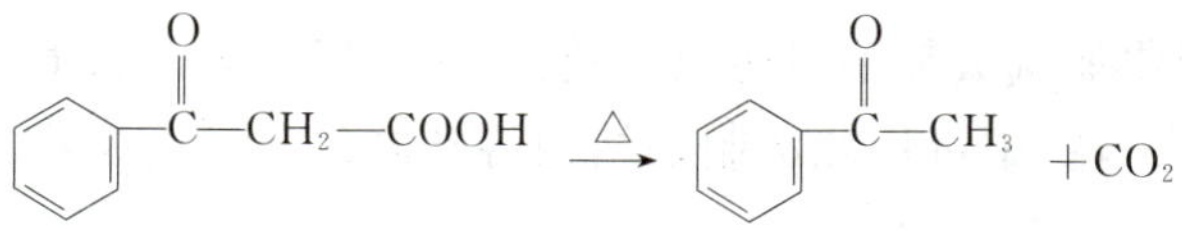

草酸是不稳定的二元羧酸，受热时脱去一分子 CO_2，生成甲酸，少量的 CO_2 可由此法制得：

$$HOOC{-}COOH \xrightarrow{200\ ℃} H{-}COOH + CO_2$$

丙二酸在受热时，容易发生脱羧，生成乙酸：

$$HOOC{-}CH_2{-}COOH \xrightarrow{150\ ℃} H{-}CH_2{-}COOH + CO_2$$

α,β-不饱和羧酸可加热脱羧生成 2 位内烯：

$$R'—CH_2—CH=CH—CO_2H \xrightarrow{\triangle} R'—CH=CH—CH_3 + CO_2$$

己二酸在高温下脱水环化，生成环戊酮酸，后者在受热下脱羧，生成环戊酮；在氢氧化钡的作用下己二酸受热时也生成环戊酮。

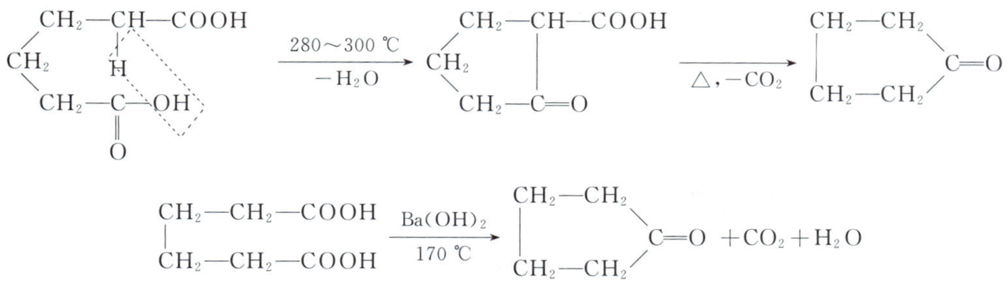

11.3.5　α-H 的卤代反应

与醛、酮中的 α-H 卤代反应类似，羧酸的 α-H 也可发生卤代反应，但不如醛、酮的 α-H 反应活性高。在红磷存在下，卤素（Cl_2，Br_2）与羧酸作用得到 α-卤代酸。反应过程包括：PX_3 的生成，PX_3 与羧酸反应得到酰卤，后者的 α-H 被卤代生成 α-卤代酰卤，最后再与一分子羧酸作用生成 α-卤代酸：

$$2\,P + 3\,X_2 \longrightarrow 2\,PX_3 \xrightarrow{RCH_2CO_2H} RCH_2COX + H_3PO_3$$

$$RCH_2COX + X_2 \longrightarrow RCHXCOX + HX$$

$$RCHXCOX + RCH_2CO_2H \longrightarrow RCHXCOOH + RCH_2COX$$

羧酸中的多个 α-H 可逐步被卤代，生成多卤代酸。例如：

$$CH_3COOH \xrightarrow[90\ ^\circ C]{Cl_2/S} ClCH_2COOH \xrightarrow[90\sim100\ ^\circ C]{Cl_2/S} Cl_2CHCOOH \xrightarrow[>100\ ^\circ C]{Cl_2/S} Cl_3CCOOH$$

各种氯乙酸是有机合成的重要中间体。α-卤代羧酸可以通过水解、氨解和消除反应来制取 α-羟基酸、α-氨基酸和 α,β-不饱和羧酸，卤代酸还可用来制取二元羧酸。

11.4　羧酸衍生物的化学性质

与醛或酮的性质相似，羧酸衍生物的化学性质主要体现在羰基碳原子的缺电子性导致它可与亲核试剂作用，羰基氧原子具有一定的碱性；羧酸衍生物的 α-C—H 键有一定的活泼性。羧酸衍生物的类型不同，α-H 的反应活性也不同。例如，α-H 的酸性及羧酸衍生物共轭酸的酸性有如下数据：

	CH_3COCl	$CH_3COOC_2H_5$	$CH_3CON(CH_3)_2$	$CH_3\overset{\overset{+}{O}H}{\overset{\|}{C}}Cl$	$CH_3\overset{\overset{+}{O}H}{\overset{\|}{C}}OC_2H_5$	$CH_3\overset{\overset{+}{O}H}{\overset{\|}{C}}N(CH_3)_2$
pK_a	≈16	≈25	≈30	≈−9	−6.5	≈0

由此可得出结论：在羧酸衍生物中，与羰基碳原子相连的 Cl，O，N 等原子对羰基的给电子共轭效应（$+C$）依次增强；羰基氧的碱性依次增大；α−H 的酸性依次减小。

羧酸衍生物按下式进行的反应，称为羧酸衍生物的亲核取代反应：

$$R-\overset{\overset{O}{\|}}{C}-Y + {}^{-}Nu \longrightarrow R-\overset{\overset{O}{\|}}{C}-Nu + Y^{-}$$

反应是亲核试剂先加成到羰基碳原子上，形成一个四面体结构的负离子中间体，而后 Y 带着一个负电荷消除，生成取代产物：

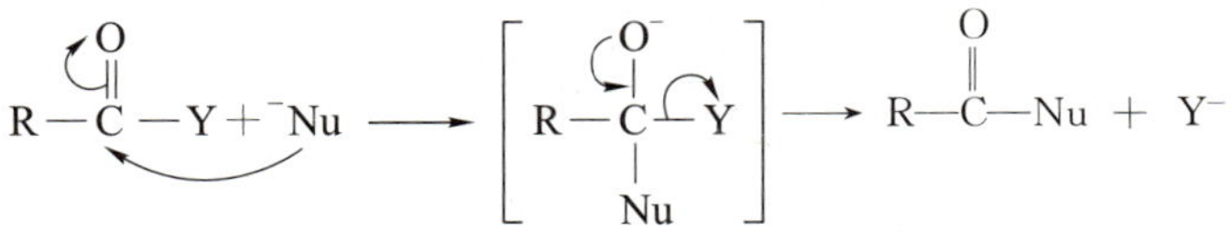

因此把羧酸衍生物的亲核取代反应统称为亲核加成−消除反应。

当 R 的体积越小及羰基碳原子越缺电子时，越有利于$^{-}$Nu 的加成；当 R 有吸电子性能时，可使形成的四面体负离子稳定性增加而有利于加成；如果离去基$^{-}$Y的离去活性越好，消除$^{-}$Y 的反应就越易进行。

不同类的羧酸衍生物发生亲核取代反应的活性次序为

$$R-\overset{\overset{O}{\|}}{C}-X > R-\overset{\overset{O}{\|}}{C}-O-\overset{\overset{O}{\|}}{C}-R' > R-\overset{\overset{O}{\|}}{C}-OR' > R-\overset{\overset{O}{\|}}{C}-NH_2$$

这个次序与离去基的碱性强弱次序正好相反。

上述性质属于羧酸衍生物的共性。在某些反应中，不同的羧酸衍生物还表现出各自的特性。

11.4.1　酰氯的化学性质

1. 水解、醇解、氨解、酸解

羧酸衍生物都可以进行水解、醇解、氨解等反应，反应结果相当于在亲核试剂分子中引入酰基。酰氯的水解、醇解、氨解、酸解分别生成羧酸、酯、酰胺、酸酐。

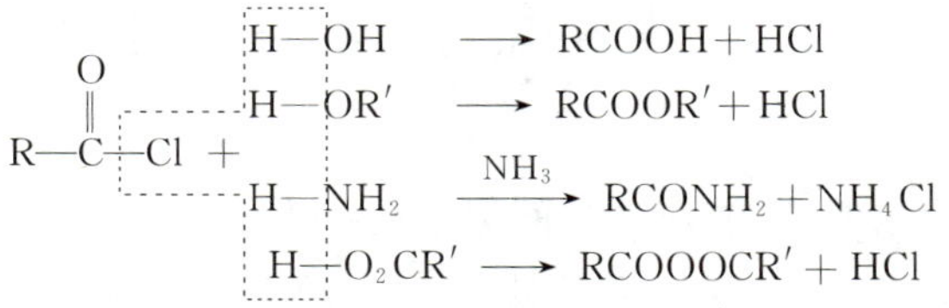

低碳原子数的酰氯在常温下与水反应剧烈，生成羧酸和氯化氢；高碳原子数的酰氯和芳香酰氯由于它们在水中的溶解度较小，故与水的作用较缓慢。在制备、使用酰

氯时应注意防止其水解。

酰氯的醇解是制备酯的方法，常用来合成较特殊的酯。例如：

$$(CH_3)_3CCOCl + HOC(CH_3)_3 \xrightarrow{\text{三乙胺}} (CH_3)_3CCOOC(CH_3)_3 + HCl$$

在反应体系中加入的三乙胺是缚酸剂，促进反应进行。

酰氯与氨（或伯胺、仲胺）进行氨（胺）解，生成酰胺，可用这个方法制得由通常方法难以合成的酰胺。例如：

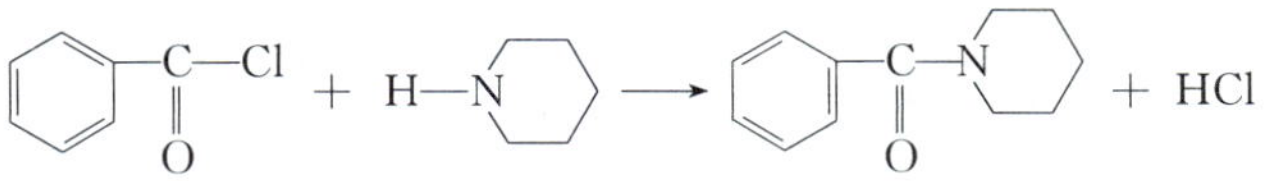

芳香酰氯的胺解反应可在 NaOH 溶液中进行。

酰氯与羧酸反应生成酸酐并放出 HCl 的反应称为酰氯的酸解。可用此反应制备混合酸酐。

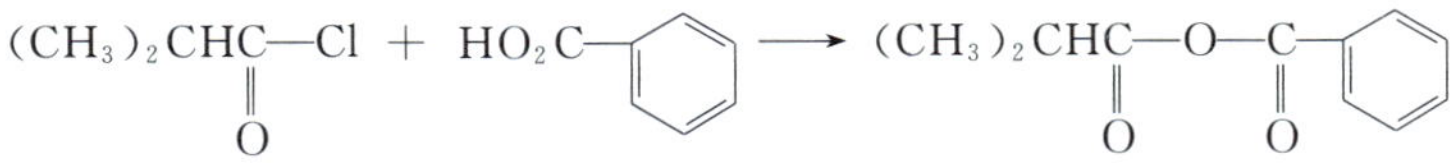

2. 与过氧化钠反应

酰氯与过氧化物作用，生成过氧酰化合物。例如：

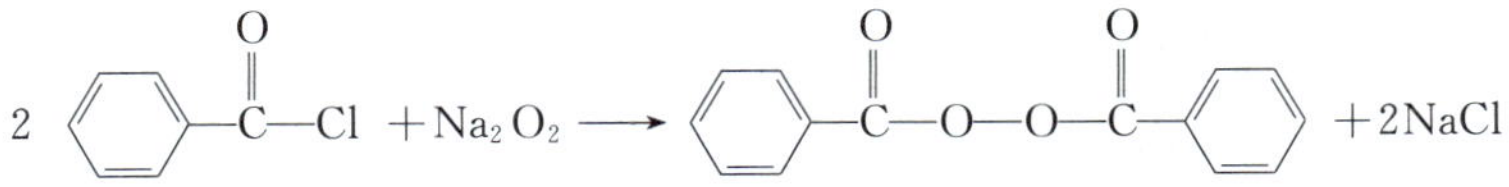

过氧化苯甲酰

过氧酰化合物中含有过氧键—O—O—，在受热或光照下，不稳定的过氧键断裂生成酰氧自由基，后者进一步分解，放出 CO_2 并生成碳自由基，是常用的自由基型反应的引发剂。

11.4.2　酸酐的化学性质

酸酐水解生成两分子羧酸。

$$(RCO)_2O + H_2O \xrightarrow{H^+\text{或}^-OH} 2\,RCOOH$$

在室温下酸酐水解反应进行得很慢。低碳原子数的酸酐在加热下较容易水解，高碳原子数的酸酐在酸或碱催化下才能顺利地水解。

酸酐的醇解一般在酸催化下进行，虽然它的醇解比酰氯慢，但由于酸酐的制备、保存及使用都比酰氯方便得多，所以由酸酐的醇解制备酯是常用的方法：

$$(RCO)_2O + HOR' \xrightarrow{H^+} RCOOR' + RCOOH$$

邻苯二甲酸二丁酯（DBP）、二异辛酯（DOP）是常用的增塑剂，它们都是由苯酐与相应的醇进行醇解然后再酯化制得的：

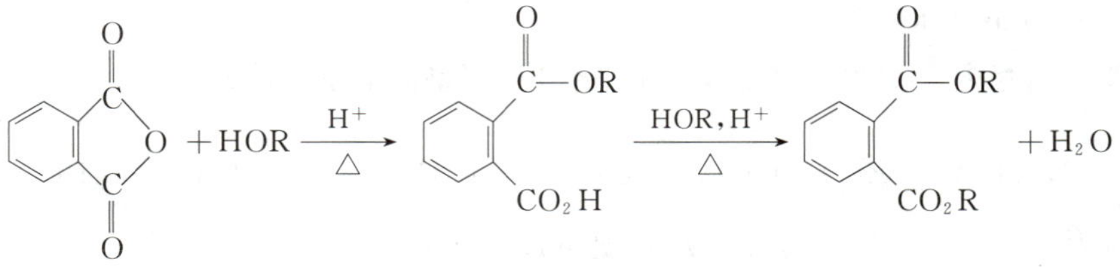

苯酐与甘油发生的醇解反应，可缩聚成醇酸树脂。后者是重要的涂料品种。

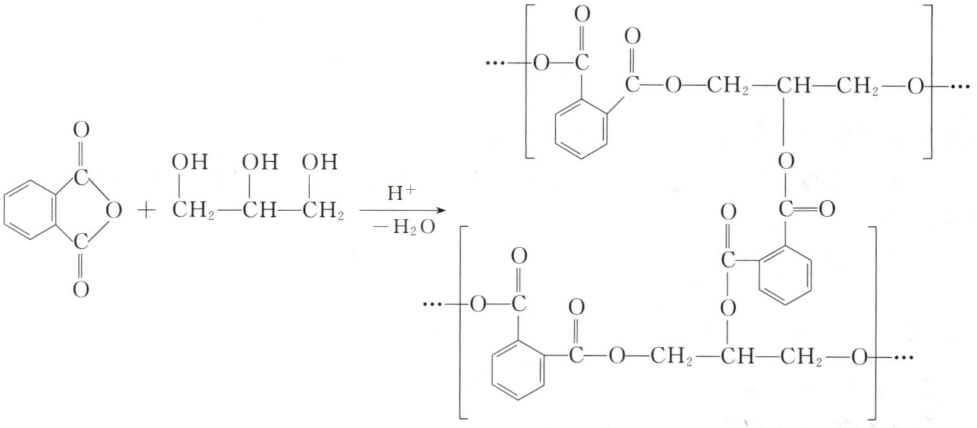

乙酰水杨酸又称阿司匹林(aspirin)，是具有解热、镇痛作用的药物。现代医药学研究已证实它还具有良好的降低风湿性心脏病的发病率和预防肠癌发生的作用。阿司匹林是由乙酐与水杨酸作用得到的：

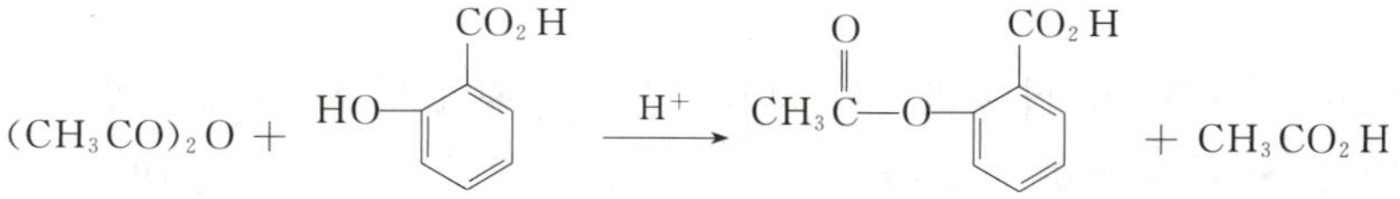

邻苯二甲酸酐在氨水中加热，发生氨解反应，经过酸化后得到邻羧基苯甲酰胺，后者再加热脱水生成邻苯二甲酰亚胺(无色固体，mp 238 ℃)。

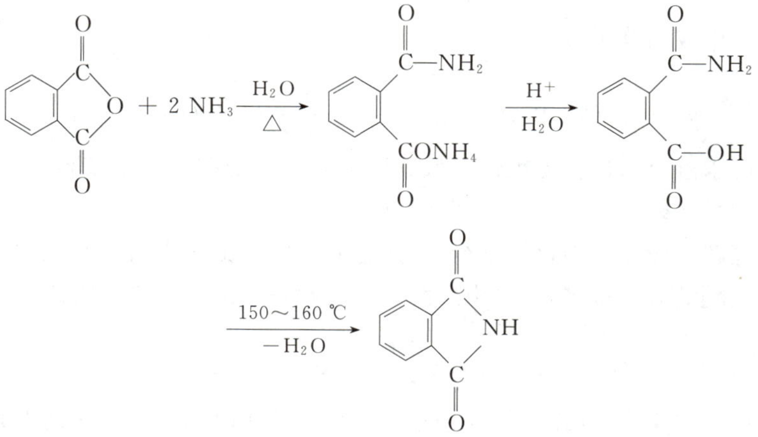

11.4.3　酯的化学性质

1. 酯的水解、醇解、氨解

酯的水解比酰氯、酸酐的水解难，需在酸或碱催化下才能顺利进行。酯的水解在酸催化条件下进行时，反应是可逆的；若在碱性条件下进行酯的水解，反应不可逆，也称为酯的皂化反应。

$$RCOOR' + NaOH \xrightarrow{H_2O} RCOONa + R'OH$$

酯的生成和酯的水解在有机合成中常用于羟基的保护，如对硝基苯乙醇的制取：

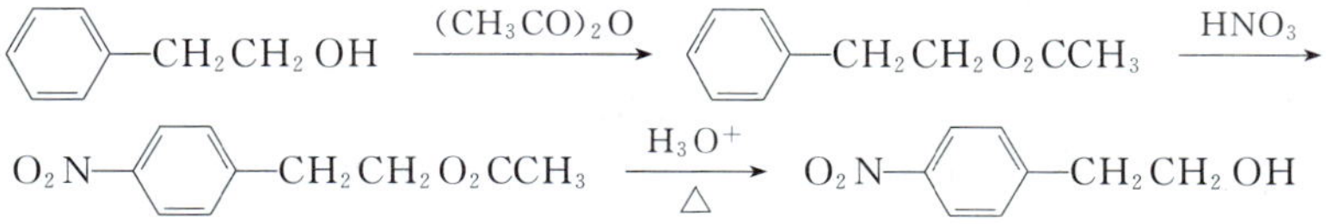

酯的醇解生成另一种酯，也称为酯交换反应。可用于由较活泼的低碳原子数酯制备其它的酯。例如：

$$CH_3CH_2CH_2COOCH_3 + n-C_8H_{17}OH \xrightleftharpoons{H^+} CH_3CH_2CH_2COOC_8H_{17}-n + CH_3OH$$

酸催化下的酯交换反应也是可逆的，采用平衡移动的方法使反应向所需要的方向移动。

酯的氨解反应生成酰胺和醇，其反应活性远小于酰卤和酸酐的氨解反应。一般情况下，用酯的氨解制取酰胺是不可取的。但特殊的酰胺例外，如由丁内酯制备丁内酰胺（吡咯烷酮）：

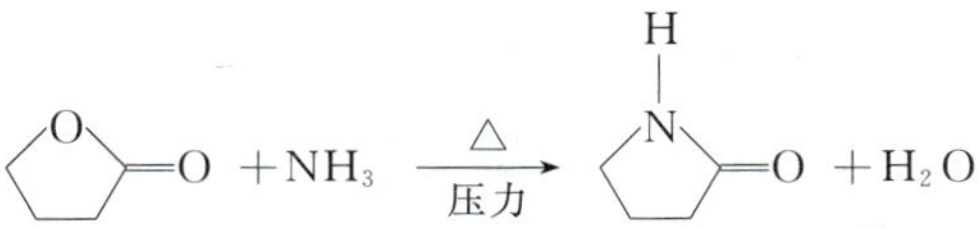

某些芳香族酰胺用酯的胺解法制备是有意义的。例如：

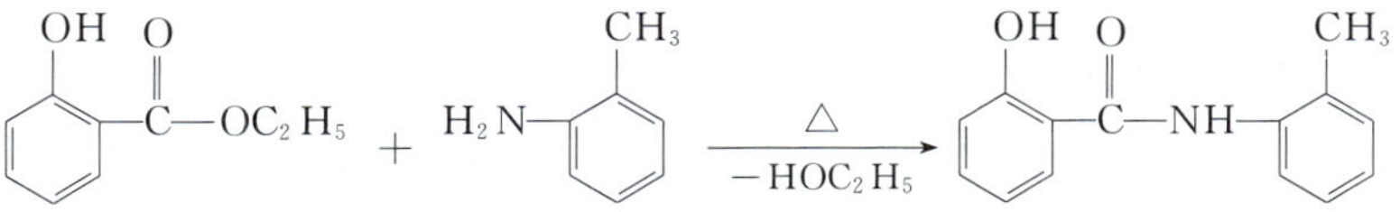

2. 酯缩合反应

在强碱作用下，具有 α－H 的酯分子之间反应脱除一分子醇生成 β－酮酸酯的反应称为克莱森（Claisen）酯缩合反应。例如：

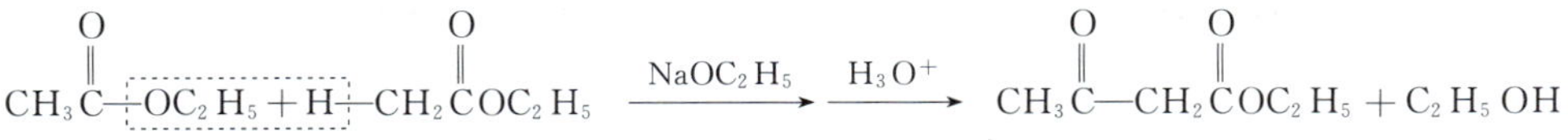

酯缩合反应的机理为

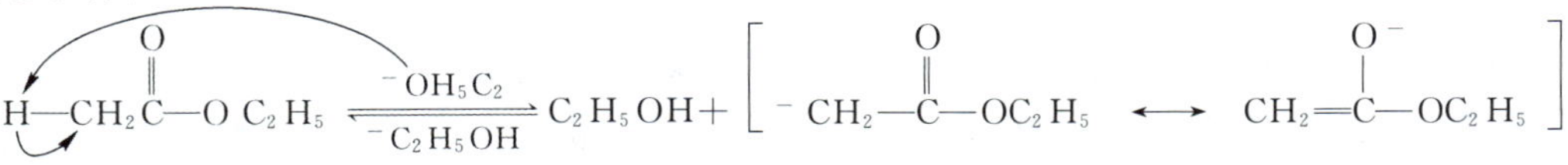

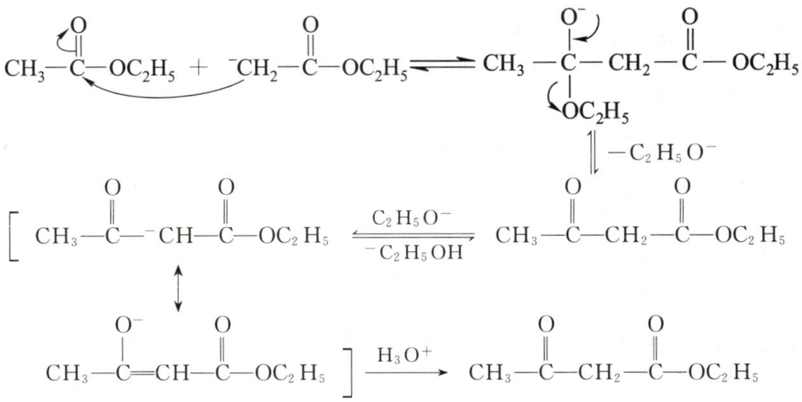

在反应中，首先是强碱$^-OC_2H_5$夺取酯的α-H，生成一个碳负离子，在这步反应中，由于醇的酸性强于酯，所以生成碳负离子反应的平衡趋向左端；当碳负离子进攻另一分子酯的羰基碳原子，经过亲核加成-消除反应生成乙酰乙酸乙酯，后者有较强的酸性($pK_a=11$)，在强碱性反应体系中生成较为稳定的碳负离子，这就使整个反应的平衡向着生成缩合产物方向移动，酸化使反应终止，得到β-酮酸酯。

酯的分子中只有一个α-H时，这个α-H的酸性更弱，缩合反应需要更强的碱。例如：

$$2(CH_3)_2CHCOOC_2H_5 \xrightarrow{Ph_3{}^-CNa^+} \xrightarrow{H_3O^+} (CH_3)_2CH\overset{O}{\overset{\|}{C}}-C(CH_3)_2\overset{O}{\overset{\|}{C}}OC_2H_5 + C_2H_5OH$$

在交叉的酯缩合反应中，当其中一个酯分子没有α-H时，有制备意义。

$$HCO_2C_2H_5 + CH_3COOC_2H_5 \xrightarrow{NaOC_2H_5} \xrightarrow{H_3O^+} HCOCH_2COOC_2H_5 + C_2H_5OH$$

在醇钠的作用下，己二酸酯和庚二酸酯发生分子内酯缩合反应，生成环状的β-酮酸酯，此反应称为狄克曼(Dieckmann)缩合反应。例如：

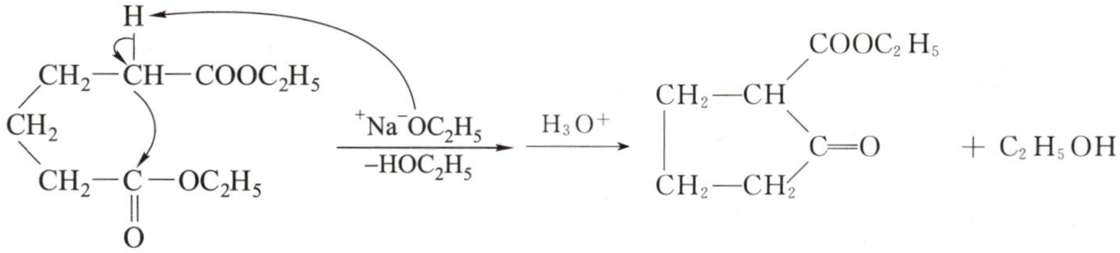

酯与适当的醛或酮也发生类似酯交叉缩合的反应。例如：

$$C_6H_5CHO + H-CH_2COOC_2H_5 \xrightarrow[-HOEt]{NaOEt} \xrightarrow{H_3O^+} C_6H_5CH=CHCOOC_2H_5 + H_2O$$

$$C_6H_5COOC_2H_5 + CH_3COC_6H_5 \xrightarrow[-HOEt]{NaOEt} \xrightarrow{H_3O^+} C_6H_5\overset{O}{\overset{\|}{C}}CH_2\overset{O}{\overset{\|}{C}}C_6H_5 + C_2H_5OH$$

丙二酸酯中的α-H有较强的酸性，在有机弱碱(如吡啶、六氢吡啶)存在下，可生成相应的碳负离子，后者再与醛、酮亲核加成，脱水形成α,β-不饱和酸酯的反应称为克脑文格(Knoevenagel)反应。例如：

$$(CH_3)_2CHCH_2CHO + CH_2(CO_2C_2H_5)_2 \xrightarrow[\text{苯},\triangle]{\text{六氢吡啶}} (CH_3)_2CHCH_2CH{=}C(CO_2C_2H_5)_2$$

11.4.4 酰胺的化学性质

1. 酰胺的水解、醇解、胺解

酰胺水解比酯水解难进行，在酸或碱催化下，加热回流，酰胺才能发生水解反应，生成羧酸和铵盐或羧酸盐和氨(或胺)。酰胺的水解反应是不可逆反应：

$$R{-}\overset{\overset{\displaystyle O}{\|}}{C}{-}NH_2 + H_2O \begin{cases} \xrightarrow[\triangle]{HCl} RCOOH + NH_4Cl \\ \xrightarrow[\triangle]{NaOH} RCOONa + NH_3 \end{cases}$$

在有机合成中，常用酰胺的生成保护氨基。例如：

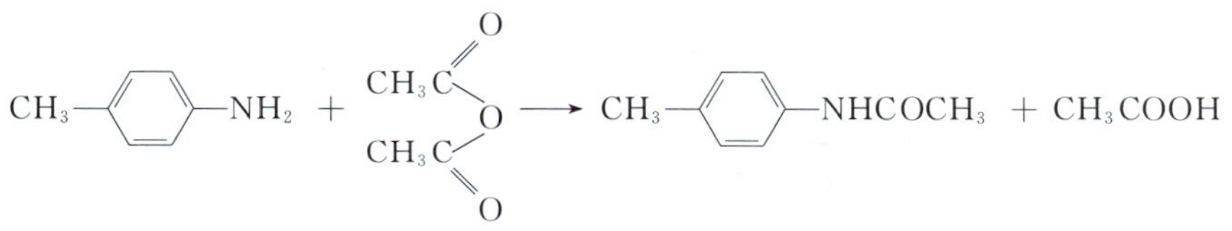

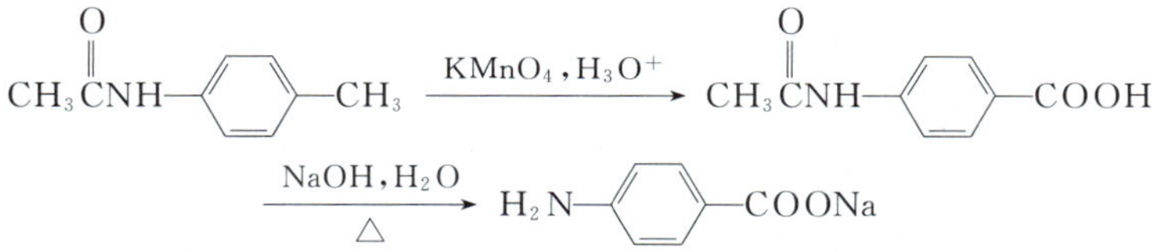

2. 酰胺的脱水反应

酰胺与脱水剂(P_2O_5)混合共热，发生分子内脱水生成腈。这个反应用于制取腈类化合物。例如：

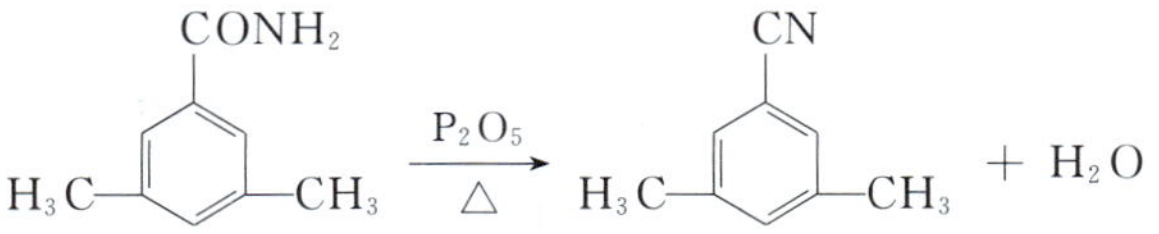

3. 酰胺的脱羰基反应

在浓 NaOH 溶液中酰胺与 Br_2 或 Cl_2 作用，酰胺脱去羰基生成少一个碳原子的伯胺。这个反应又称为霍夫曼(Hofmann)降级反应。例如：

$$CH_3CH_2CH_2CH_2{-}CONH_2 + Br_2 + 4\ NaOH \longrightarrow CH_3CH_2CH_2CH_2NH_2 + 2\ NaBr + Na_2CO_3 + 2\ H_2O$$

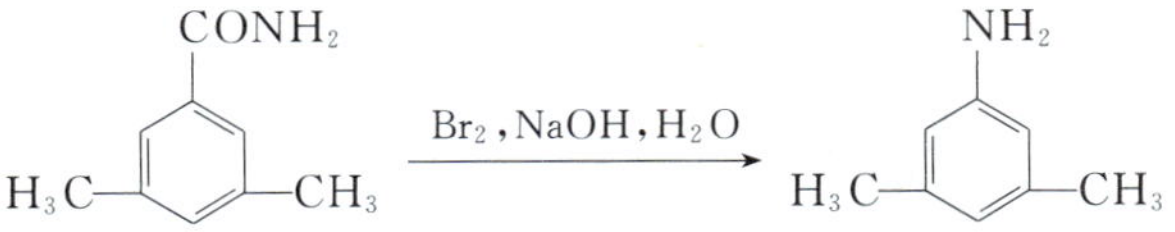

对于脂肪族酰胺的霍夫曼降级反应的机理，认为是经过酰基氮烯重排的过程进行

的，并且已经分离出了反应中间体 N－溴代酰胺和它的盐及异氰酸酯。

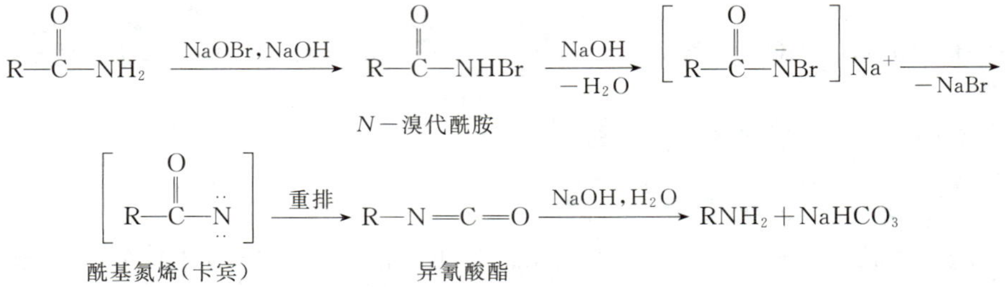

4. 酰胺的酸碱性

由于酰胺中氮原子上的孤对电子与羰基有很好的共轭，所以酰胺是中性化合物，它在水溶液中不发生解离，而且多数的酰胺不溶于水。但在强酸或强碱的作用下，酰胺也可表现出弱碱性或弱酸性。如将干燥的 HCl 通入乙酰胺的乙醚溶液中时，可生成不溶于乙醚的盐，这说明乙酰胺有弱碱性。但这种盐遇到水立即分解成乙酰胺和盐酸：

$$CH_3CONH_2 + HCl \xrightarrow{\text{乙醚}} CH_3CO\overset{+}{N}H_3\ \overset{-}{Cl} \xrightarrow{H_2O} CH_3CONH_2 + HCl$$

在金属钠的作用下，溶于乙醚中的乙酰胺可放出 H_2，并生成钠盐，但钠盐遇水又生成乙酰胺，这说明乙酰胺又有弱酸性。

$$CH_3CONH_2 + Na \longrightarrow [CH_3CONH]^- Na^+ + \frac{1}{2}H_2 \xrightarrow{H_2O} CH_3CONH_2 + NaOH$$

由于两个酰基的作用，二酰亚胺氮原子上的氢原子的酸性明显。丁二酰亚胺和邻苯二甲酰亚胺的 pK_a 值分别是 9.6 和 8.3，其酸性都强于苯酚。

丁二酰亚胺可以与 KOH 作用生成稳定的钾盐，在分离出生成的水之后，于较低温度下与溴作用可得到 N－溴代丁二酰亚胺(NBS)，它是一个常用的温和溴化剂。

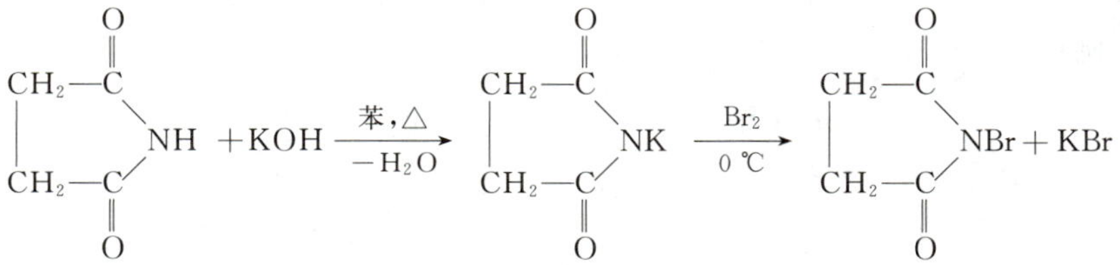

邻苯二甲酰亚胺与 KOH 反应生成钾盐，再与卤代烷作用生成氮上烷基化的二酰亚胺，后者经碱性水解得到高纯度伯胺，此为盖布瑞尔(Gabriel)合成法。

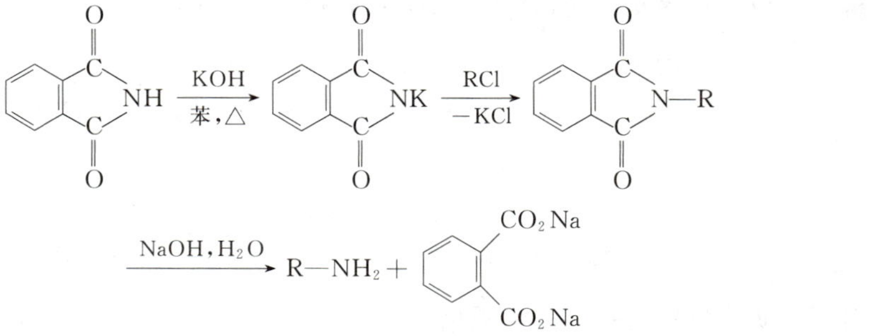

11.4.5 羧酸衍生物的还原

在羧酸衍生物中，酰氯最易被还原，而酰胺是难还原的，甚至比羧酸还难于还原。酸酐的还原比较容易进行，但无甚意义。酯的还原多用于制备醇。

1. 加氢还原

在催化加氢还原条件下，四种羧酸衍生物都可被还原，酰氯在催化加氢时，经过醛，最后还原成醇。使用罗森门德(Rosenmund)加氢还原法，可使酰氯的加氢还原反应停止在生成醛的阶段，这是制备醛的一种方法。罗森门德还原法的催化剂是 Pd/$BaSO_4$-硫-喹啉。

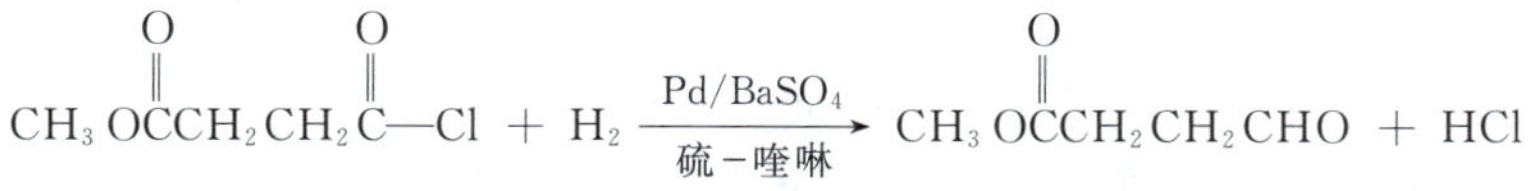

酯催化加氢得到的最终产物是两分子醇。催化剂可以是 $CuO \cdot CuCrO_4$。酯的催化加氢都是在高温、高压下进行的，主要用于生产高碳原子数脂肪醇。

$$H_5C_2OOC(CH_2)_4COOC_2H_5 \xrightarrow[250\sim260\ ^\circ C,\ 10\sim25\ MPa]{H_2/Cu-Cr} HOCH_2(CH_2)_4CH_2OH + 2\ C_2H_5OH$$

2. 金属钠还原

在实验室中，金属钠-乙醇可用于不饱和脂肪酸酯的选择性还原。例如：

$$CH_3(CH_2)_7CH{=}CH(CH_2)_7COOC_4H_9 \xrightarrow{Na,C_2H_5OH} CH_3(CH_2)_7CH{=}CH(CH_2)_7CH_2OH$$

如果将脂肪二元酸酯和金属钠置于甲苯或二甲苯等溶剂中，在氮气保护下加热回流，则酯发生还原生成 α-羟基环酮。例如：

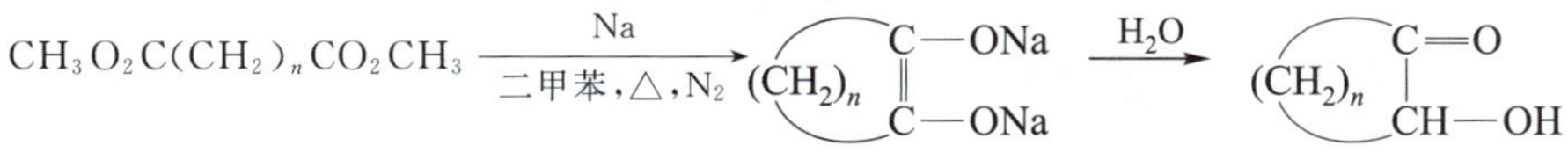

$n=4\sim5$，产率 50%～60%；$n=8\sim18$，产率 60%～90%；当 $n>32$ 时，可用来合成套环烃。

3. $LiAlH_4$ 还原

$LiAlH_4$ 可以还原羧酸衍生物，酰氯、酯及酸酐的彻底还原产物都是醇：

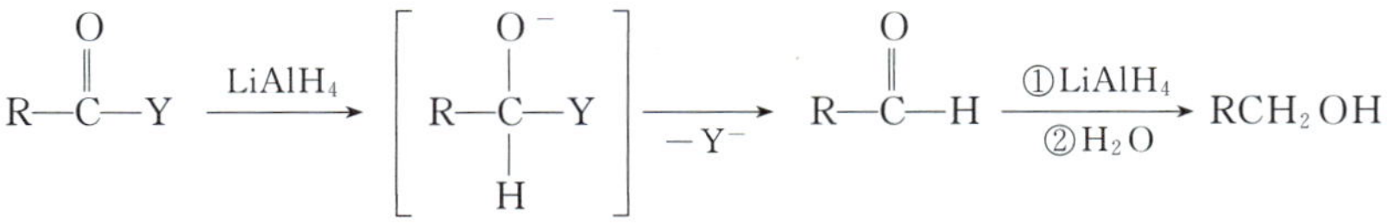

酸酐的还原要耗用过量的 $LiAlH_4$。酰胺的还原也需要过量的 $LiAlH_4$，但还原产物是胺。例如：

$$PhOCH_2CONH_2 \xrightarrow[乙醚]{LiAlH_4} \xrightarrow{H_3O^+} PhOCH_2CH_2NH_2$$

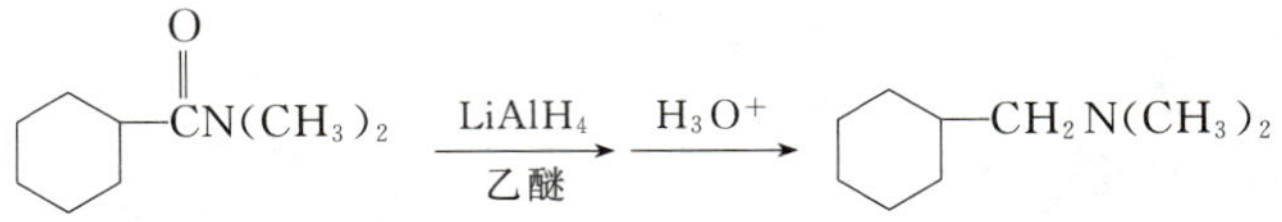

11.4.6　羧酸衍生物与格利雅试剂的反应

酰卤、酯和酸酐与格利雅试剂反应的过程为

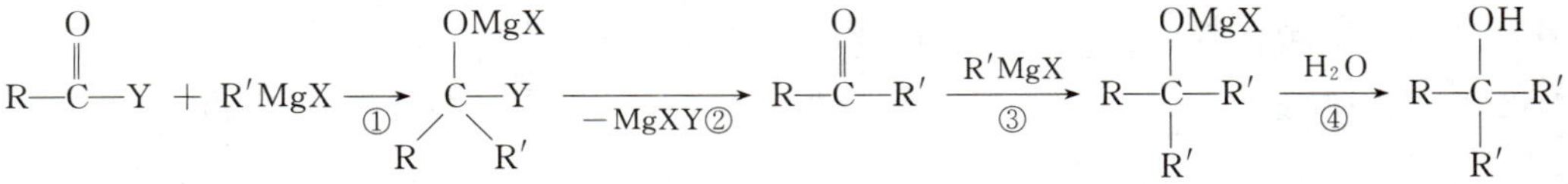

①、②、③反应是在同一体系中连续完成的。

在通常情况下，酰氯、酸酐、酯与过量的格利雅试剂作用主要产物是叔醇。但羧酸衍生物的结构、格利雅试剂的结构不同，以及控制反应条件和格利雅试剂的用量，可以使反应停留在某一阶段。

在低温下，酰氯与格利雅试剂作用生成酮：

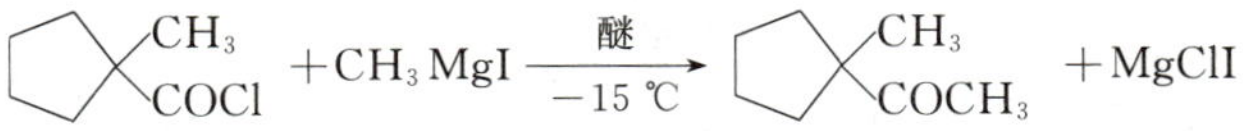

在室温下，大体积的格利雅试剂与大体积的酰卤作用，反应可停留在生成酮阶段：

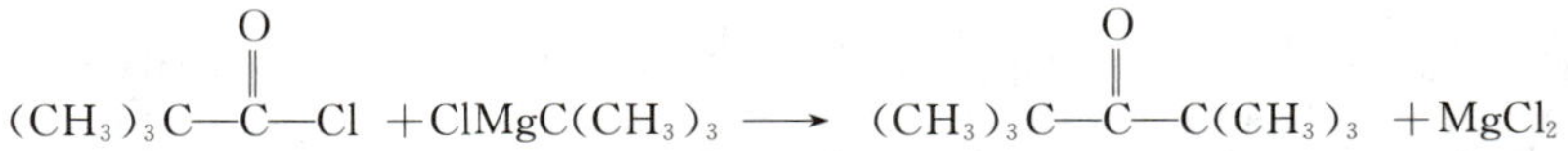

低温下酸酐与格利雅试剂作用，反应也可停留在生成酮阶段：

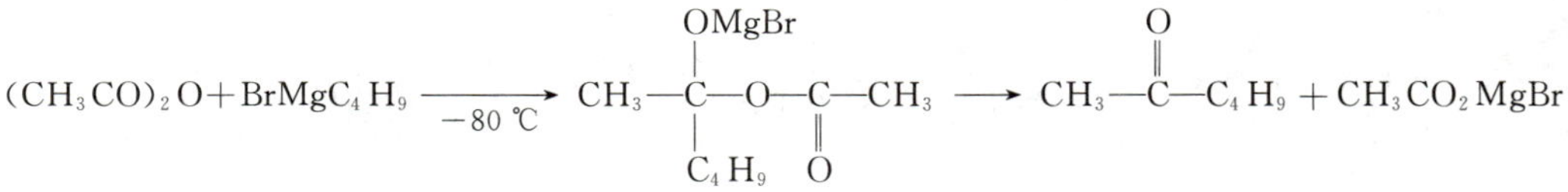

法 9-4

通常用酯制取叔醇或用甲酸酯制取仲醇。例如：

$$(CH_3)_2CHCOOC_2H_5 \xrightarrow{2\ C_2H_5MgBr} \xrightarrow{H_2O} (CH_3)_2CHC(C_2H_5)_2OH$$

$$HCOOC_2H_5 \xrightarrow{2\ RMgBr} \xrightarrow{H_2O} R_2CHOH$$

11.5　羟基酸和羰基酸

羟基酸和羰基酸属于混合官能团化合物，它们除了具有各自官能团的性质外，由于分子中官能团的位置不同，相互影响的程度不同，往往表现出一些特性及反应规律。

11.5.1 羟基酸

羧酸的烃基中含有羟基的称为羟基酸，又称醇酸。羟基酸种类多，如乳酸、酒石酸、苹果酸、柠檬酸及水杨酸等。羟基酸在自然界中的存储量大，分布广泛，在医药、食品等行业中有广泛应用。

根据羟基连在羧酸烃基上不同的位置，把羟基酸分为 α-，β-，γ-，…，ω-羟基酸。

羟基酸可由合成的方法得到。雷佛尔马斯基(Reformatsky)反应可用于制备 β-羟基酸。在惰性溶剂中，α-溴代酸酯与锌粉及醛或酮作用，生成的产物水解后得到 β-羟基酸酯，后者水解生成 β-羟基酸：

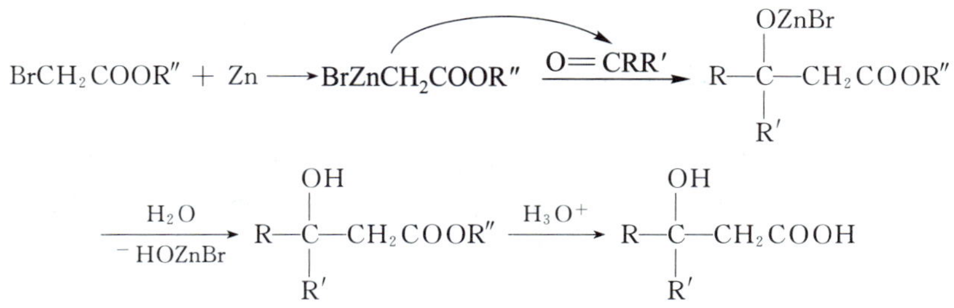

1. 羟基酸的脱水

在受热时，两分子的 α-羟基酸发生分子间脱水生成交酯：

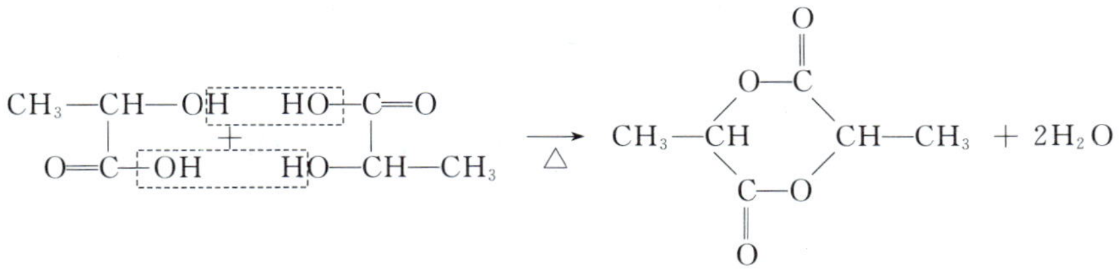

β-羟基酸在酸性介质中受热，或在脱水剂存在下受热，易发生分子内脱水，生成 α，β-不饱和酸：

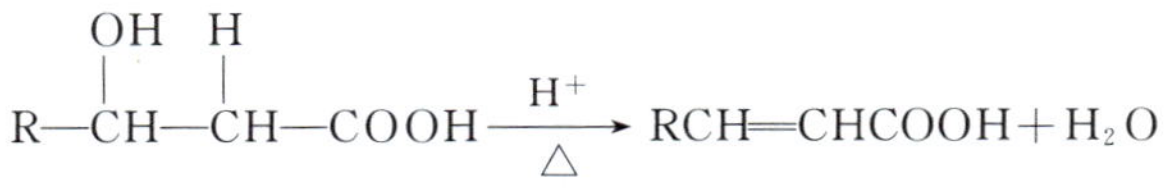

γ-羟基酸受热发生分子内脱水，生成五元环的 γ-丁内酯：

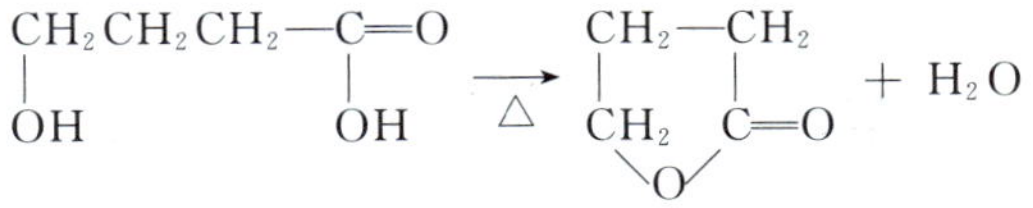

δ-羟基酸受热发生分子内脱水，生成 δ-戊内酯：

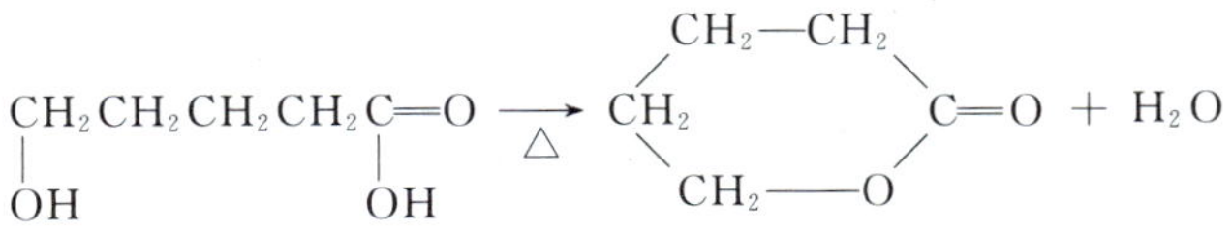

在受热时，羟基距离羧基较远的 ω-羟基酸主要发生分子间脱水，缩聚成聚酯：

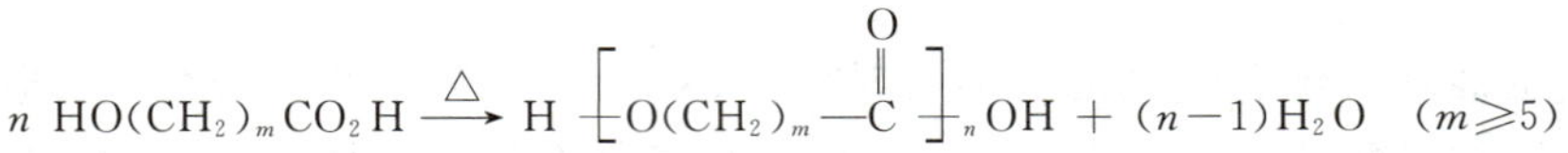

2. 氧化和分解反应

α-羟基酸和 β-羟基酸氧化可生成 α-酮酸和 β-酮酸。α-酮酸在生成它的氧化体系中不稳定，易脱羧转变成醛，醛继续氧化生成酸；β-酮酸脱羧生成酮。

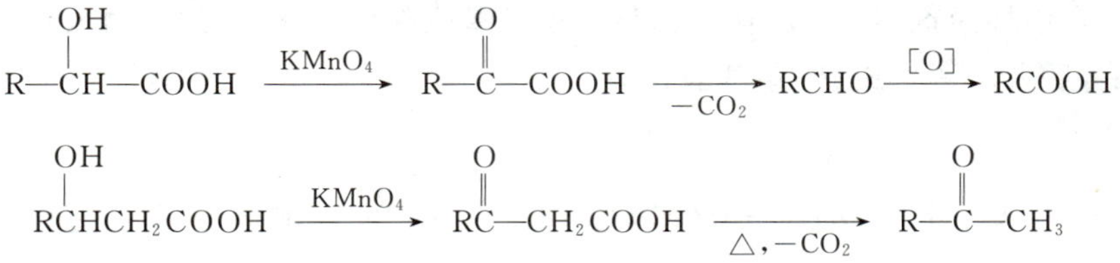

α-羟基酸在浓 H_2SO_4 中加热处理时，发生分解，生成醛或酮及 CO 和 H_2O。如果在稀 H_2SO_4 或在 HCl 中加热处理，则分解为醛或酮和甲酸。这是 α-羟基酸所特有的反应，可利用这个反应来制备高碳原子数醛（即 α-羟基酸的降级）。

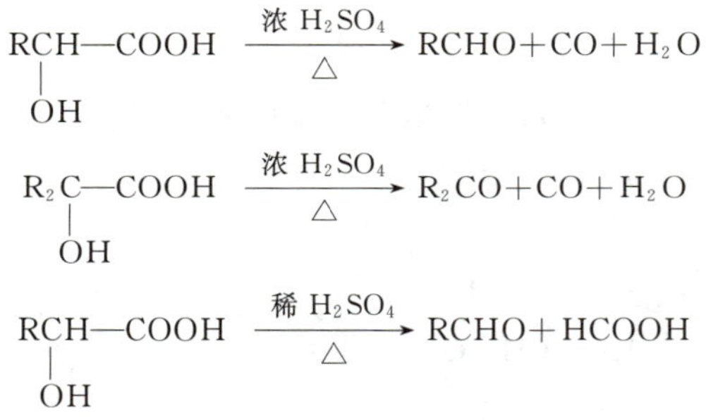

11.5.2　羰基酸

羰基酸也称氧代酸，有醛酸和酮酸之分。在羰基酸中，羰基与羧基的距离不同，酸性也不同。例如：

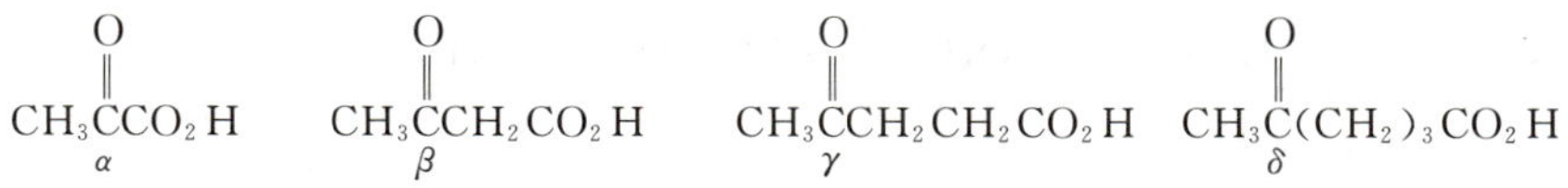

pK_a　2.49　3.51　4.63　4.66

1. α-羰基酸

乙醛酸是最简单的羰基酸，它存在于未成熟的水果中。乙醛酸是合成香料及药物等的原料。

乙醛酸中的醛基有羰基的特征反应，如与 HCN 加成、银镜反应、生成苯腙的反应及坎尼扎罗反应等。乙醛酸在酸性条件下用镁还原生成羟基乙酸和酒石酸：

丙酮酸是最简单的 α－酮酸。它有刺激性臭味，沸点 165 ℃，能与水混溶。

α－酮酸是不很稳定的化合物，它易分解：

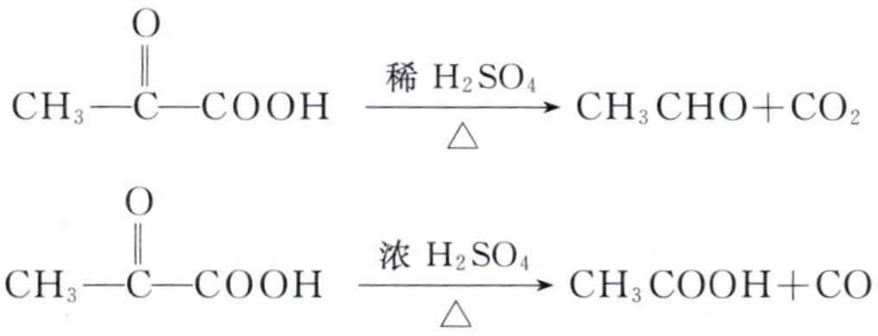

α－酮酸的这种(氧化)分解反应是制取减少一个碳原子的羧酸的方法。

2. β－酮酸及其酯

简单而重要的 β－酮酸是乙酰乙酸，即 3－丁酮酸。β－酮酸在受热或在酶的作用下容易脱羧为甲基酮：

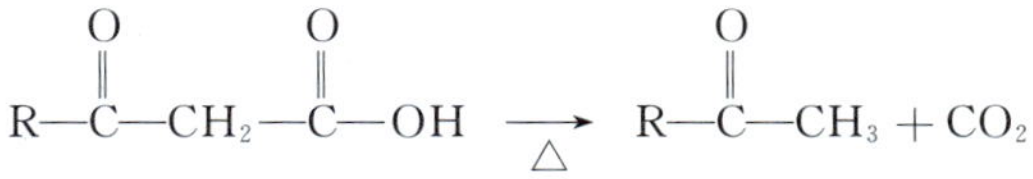

丙二酸类似于 β－酮酸，受热也能脱去一个羧基生成乙酸：

$$HOOCCH_2COOH \xrightarrow{\triangle} H_3CCOOH + CO_2$$

这两个脱羧反应是 β－酮酸酯和丙二酸酯在有机合成中有重要应用的反应。

乙酰乙酸乙酯(β－丁酮酸乙酯)、乙酰丙酮(1,4－戊二酮)、丙二酸二乙酯都是典型的 β－二羰基化合物。在这类化合物中活泼亚甲基上的 α－H 酸性比较强：

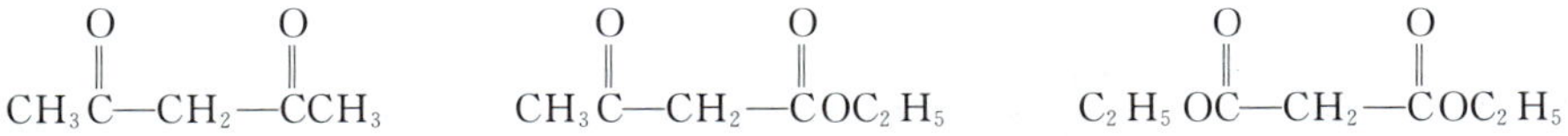

pK_a　　9.0　　　11.0　　　13.0

(1) 乙酰乙酸乙酯的互变异构　在通常情况下，乙酰乙酸乙酯的烯醇式结构和酮式结构存在下述的互变平衡，含量分别为 7.5%和 92.5%。

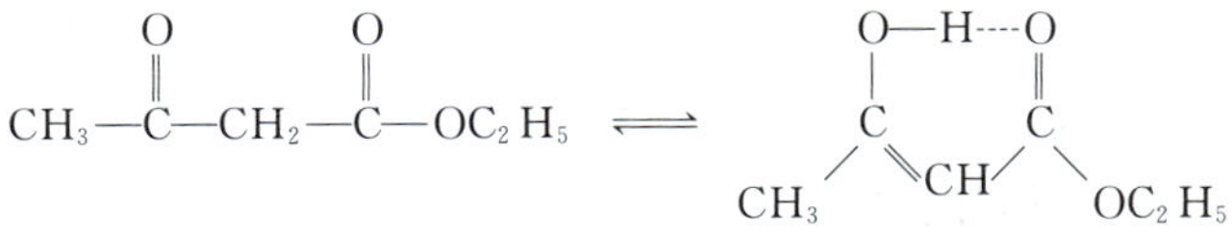

在不同的溶剂中，乙酰乙酸乙酯的烯醇式含量不同，非极性溶剂有利于平衡向烯醇式方向移动。例如：

溶剂种类	水	甲醇	乙醇	乙酸乙酯	苯	乙醚	正己烷	气态乙酰乙酸乙酯
溶剂的介电常数 ε	78.4	32.7	24.6	6.0	2.8	4.3	1.9	
烯醇式含量/%	0.40	6.87	10.52	12.9	16.2	27.1	46.4	42.6

当乙酰乙酸乙酯的亚甲基上连有烷基时，α－H 的酸性下降。在水溶液平衡体系中，烯醇式含量也下降。例如：

化合物	$CH_3COCH_2CO_2C_2H_5$	$CH_3COCH(CH_3)CO_2C_2H_5$	$CH_3COCH(C_2H_5)CO_2C_2H_5$	$CH_3COCH[CH(CH_3)_2]CO_2C_2H_5$
烯醇含量/%	0.4	0.30	0.17	0.04
α-H 的 pK_a	11.0	12.25	12.50	13.50

(2) β-酮酸酯亚甲基上的烃基化和酰基化反应　β-酮酸酯的亚甲基上的氢有较强的酸性，当强碱与之作用时，可生成活泼的烯醇型负离子中间体，后者与伯卤代烷、苄卤及酰卤等发生亲核取代反应，生成在亚甲基碳原子上烃基化或酰基化产物。

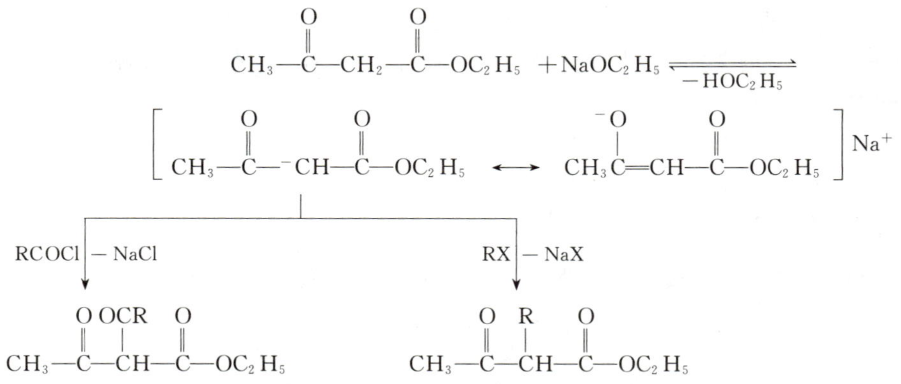

β-酮酸酯亚甲基上的两个氢原子中，当一个氢原子被取代后，另一个氢原子仍有酸性，还可以进行类似的反应，生成二取代的β-酮酸酯：

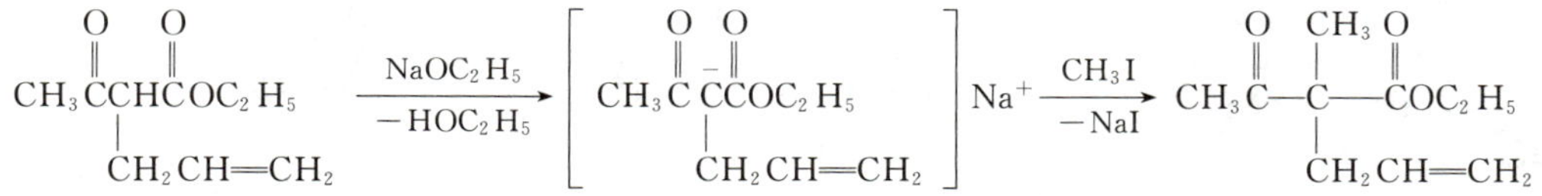

在进行烷基化或酰基化的反应中，进入基还可以带有对碱稳定的官能团。使用的碱的负离子最好与酮酸酯中的 OR 基一致。

(3) β-酮酸酯的水解——两种分解反应　酮式分解——水解脱羧反应：在稀碱溶液中β-酮酸酯发生酯的水解，然后酸化得到β-羰基酸，在受热下后者脱去 CO_2 生成甲基酮，称做酮式分解。例如：

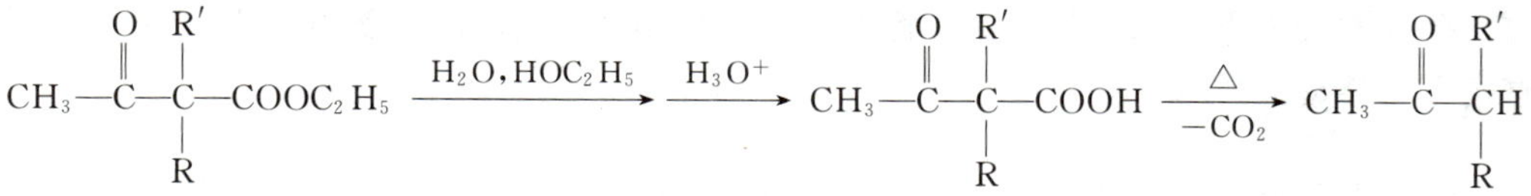

酸式分解：在浓碱溶液中加热β-酮酸酯，酮羰基受到碱(^-OH)的亲核攻击，发生 C—C 键断裂，生成两分子羧酸盐，酸化后得到两分子羧酸，其中一个是取代乙酸，称为酸式分解。例如：

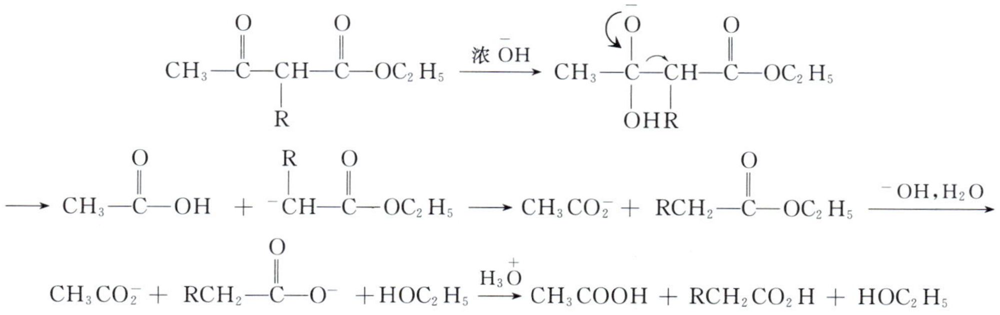

从结构上看，丙二酸酯类似于 β－酮酯，其 α－H 的酸性比 β－酮酸酯的要小，但也可以进行亲核取代反应，水解后得到取代乙酸。如在碱性条件下，二取代的丙二酸酯水解，酸化后得到二取代丙二酸，再加热脱掉一个羧基得到二取代乙酸。例如：

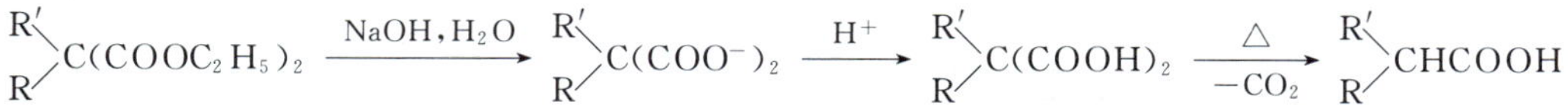

3. 乙酰乙酸乙酯及丙二酸酯合成法的应用

当乙酰乙酸乙酯和丙二酸酯的 α－碳原子上进行烷基化或酰基化反应之后，将生成的产物进行分解便可得到一系列的甲基酮或取代乙酸，分别称做乙酰乙酸乙酯合成法和丙二酸酯合成法。

这两种合成法都可以得到取代乙酸。从合成的角度分析，用丙二酸酯法比用 β－酮酸酯法优越。因为后者的酸式分解的同时，不可避免地会有酮式分解；丙二酸酯法最后脱除的是 CO_2，比较符合反应的原子经济性；丙二酸酯法的产物容易精制。

(1) 合成甲基酮

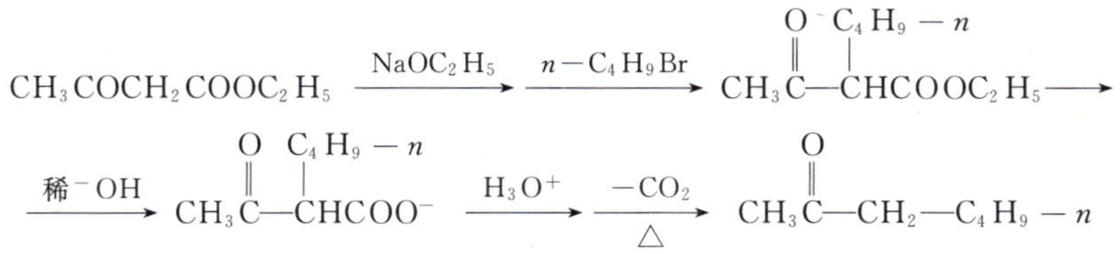

(2) 合成酮酸

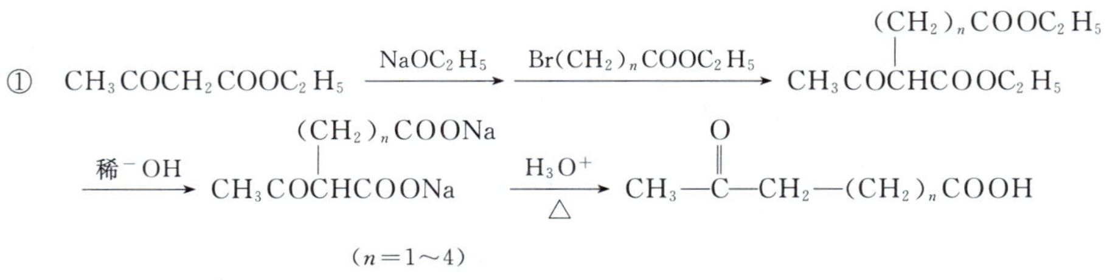

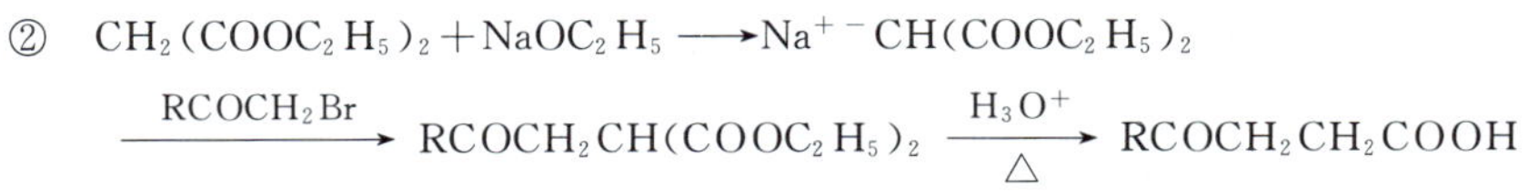

(3) 合成二羰基化合物

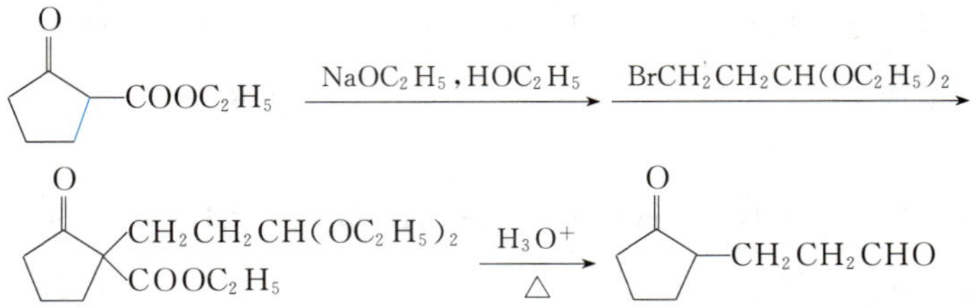

(4) 合成一元羧酸(取代乙酸)

① $CH_2(COOC_2H_5)_2 \xrightarrow{NaOC_2H_5, HOC_2H_5} \xrightarrow{PhCH_2Cl} PhCH_2CH(COOC_2H_5)_2$

$\xrightarrow[\triangle]{H_3O^+} PhCH_2CH_2COOH$

② 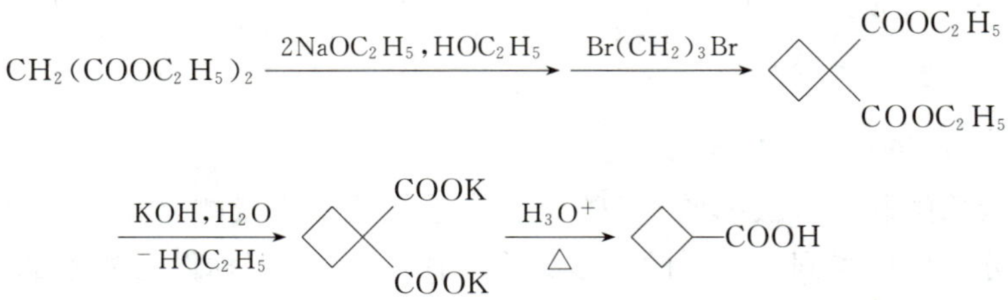

(5) 合成二元羧酸

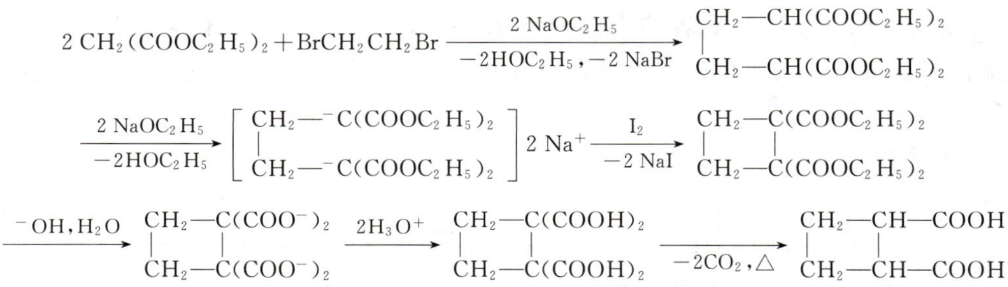

4. 迈克尔加成反应

乙酰乙酸乙酯及丙二酸酯易形成碳负离子,可与 α,β-不饱和羰基化合物发生迈克尔加成反应(见10.6.2节),用于合成 δ-羰基酸酯或 δ-二羰基化合物。例如:

$(C_2H_5OOC)_2CH_2 + H_2C{=}CH{-}CHO \xrightarrow{NaOC_2H_5, HOC_2H_5} OHC{-}CH_2CH_2CH(CO_2C_2H_5)_2$

$\xrightarrow[② H_3^+O, \triangle]{① 稀^-OH} OHCCH_2CH_2CH_2COOH$

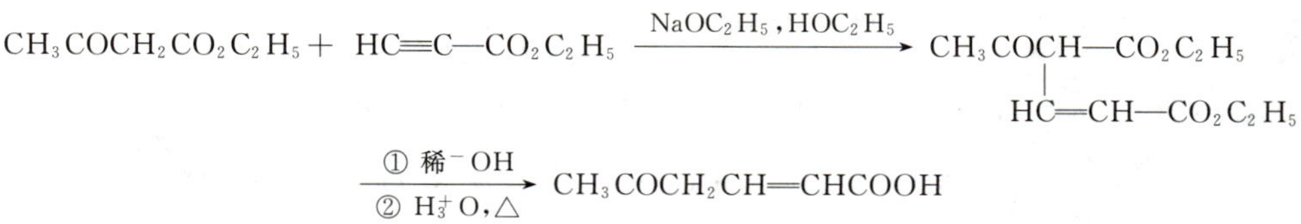

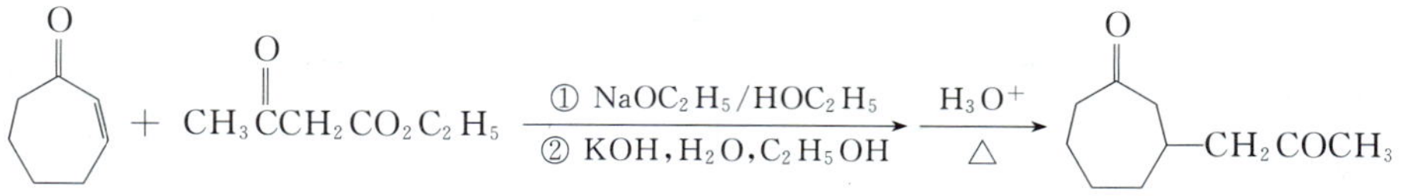

拓 4-18

11.6　碳酸衍生物

碳酸和碳酸盐属无机化合物，但是碳酸的酰卤、酰胺及碳酸酯则具有羧酸衍生物的通性。碳酸是二元酸，可看做是原碳酸脱一分子水的产物，也可以看做是羟基甲酸。

$$\underset{\text{碳酸}}{HO-\overset{\overset{\displaystyle O}{\|}}{C}-OH} \qquad\qquad \underset{\text{原碳酸}}{HO-\overset{\overset{\displaystyle OH}{|}}{\underset{\underset{\displaystyle OH}{|}}{C}}-OH}$$

碳酸不稳定，通常在水中的最高浓度为 0.4 $mol\cdot L^{-1}$，受热时便分解。碳酸的酸性衍生物也不稳定，易分解放出 CO_2。

$$H-O-\underset{\underset{\displaystyle O}{\|}}{C}-Y \longrightarrow CO_2+HY \quad (Y=-Cl,-OR,-NH_2,-OH)$$

中性的碳酸衍生物可游离存在，有的具有很高的化学活性。常见的中性碳酸衍生物有：

$$\underset{\text{碳酰氯(光气)}}{Cl-\overset{\overset{\displaystyle O}{\|}}{C}-Cl} \qquad \underset{\text{碳酸二乙酯}}{C_2H_5O-\overset{\overset{\displaystyle O}{\|}}{C}-OC_2H_5} \qquad \underset{\text{碳酰胺(尿素)}}{H_2N-\overset{\overset{\displaystyle O}{\|}}{C}-NH_2}$$

$$\underset{\text{氯碳(甲)酸乙酯}}{Cl-\overset{\overset{\displaystyle O}{\|}}{C}-OC_2H_5} \qquad \underset{\text{氨基碳(甲)酸乙酯}}{H_2N-\overset{\overset{\displaystyle O}{\|}}{C}-OC_2H_5}$$

11.6.1　碳酸酯及原酸酯

碳酸二酯较稳定，是高活性的烷基化试剂。碳酸二酯可由光气与醇作用制得：

$$Cl-\overset{\overset{\displaystyle O}{\|}}{C}-Cl + 2\,ROH \xrightarrow{C_5H_5N} RO-\overset{\overset{\displaystyle O}{\|}}{C}-OR + 2\,HCl$$

若用氯甲酸酯与醇或酚作用，则生成不同烃基的碳酸二酯，即混合碳酸酯。

$$RO-\overset{\overset{\displaystyle O}{\|}}{C}-Cl + R'OH \xrightarrow[\triangle]{C_5H_5N} RO-\overset{\overset{\displaystyle O}{\|}}{C}-OR' + HCl$$

碳酸二酯不溶于水，溶于醇、醚等有机溶剂。常见碳酸二酯的物理常数见表 11-5。

表 11-5 常见碳酸二酯的物理常数

化合物	mp/ ℃	bp/ ℃	d_4^{20}
碳酸二甲酯	2～4	90～91	1.069 4
碳酸二乙酯	～43	126	0.976 4
碳酸二苯酯	83	306	1.121 5

在有机合成中，将碳酸二酯与醇或羧酸作用，可发生酯交换或酯转移反应。例如：

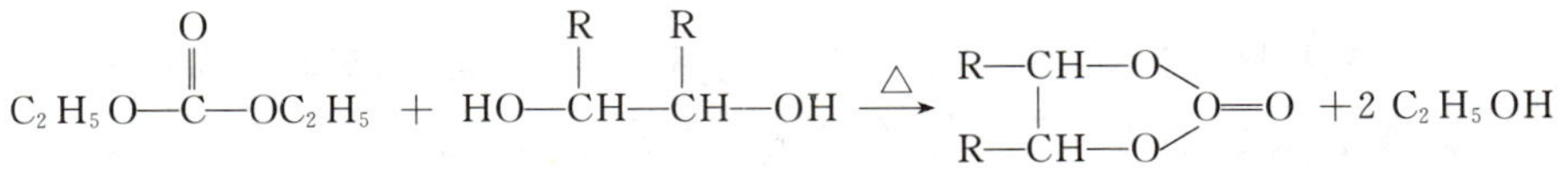

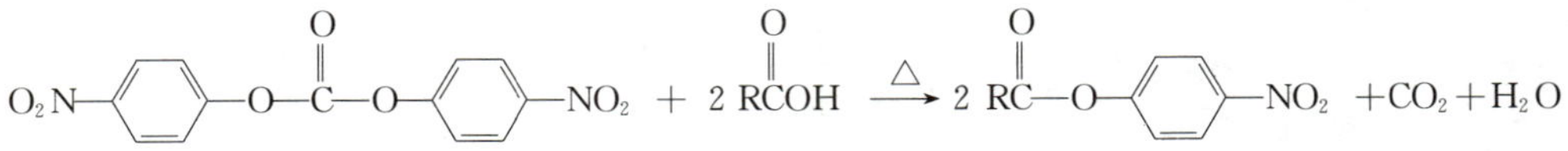

碳酸单酯不稳定，难于游离存在，但碳酸单酯的盐较稳定，可由 CO_2 与醇钠作用制得：

$$RONa + CO_2 \xrightarrow{ROH} ROCO_2^- Na^+$$

原酸酯[$RC(OR')_3$]可看做是原酸[$RC(OH)_3$]的三烃基衍生物，即同碳三元醇的三烃基醚。

原酸属同碳三元醇，极不稳定，会自动脱水生成羧酸：

$$RC(OH)_3 \longrightarrow R—COOH + H_2O$$

原酸酯分子中存在醚键，对碱稳定，但在酸性条件下易水解生成羧酸酯：

$$RC(OR')_3 + H_2O \xrightarrow{H^+} R—COOR' + 2\ R'OH$$

原酸酯可通过腈的醇解得到：

$$R—C{\equiv}N + 3\ HOC_2H_5 \xrightarrow{HCl} R—C(OC_2H_5)_3 + NH_4Cl$$

原甲酸三乙酯是沸点为 146 ℃的无色液体，是重要的乙基化试剂；它可由氯仿与乙醇钠作用得到。

$$HCCl_3 + 3NaOC_2H_5 \xrightarrow{\triangle} HC(OC_2H_5)_3 + 3NaCl$$

原酸酯与格利雅试剂作用可得到缩醛或缩酮，再经水解则得到醛或酮，这是合成高碳数醛、酮的重要方法。例如：

$$n\text{-}C_6H_{13}MgBr + CH(OC_2H_5)_3 \longrightarrow n\text{-}C_6H_{13}—CH(OC_2H_5)_2 + C_2H_5OMgBr$$

$$n\text{-}C_6H_{13}—CH(OC_2H_5)_2 \xrightarrow{H_3\overset{+}{O}} n\text{-}C_6H_{13}—CHO + 2\ C_2H_5OH$$

11.6.2 碳酰氯

光气是碳酸的酰氯，是无色、无味的剧毒气体，沸点 8.2 ℃。光气最初是由 CO 和

Cl_2 在光的作用下得到的，因此而得名。目前工业上光气是由 CO 和 Cl_2 在加热下以活性炭为催化剂制取的：

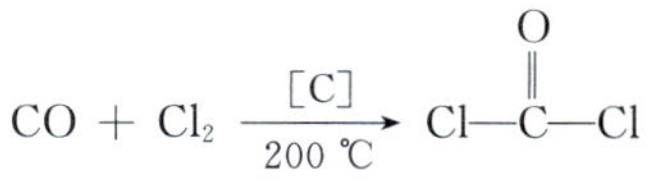

光气非常活泼能发生羧酸酰氯的典型反应，生成碳酸衍生物。例如：

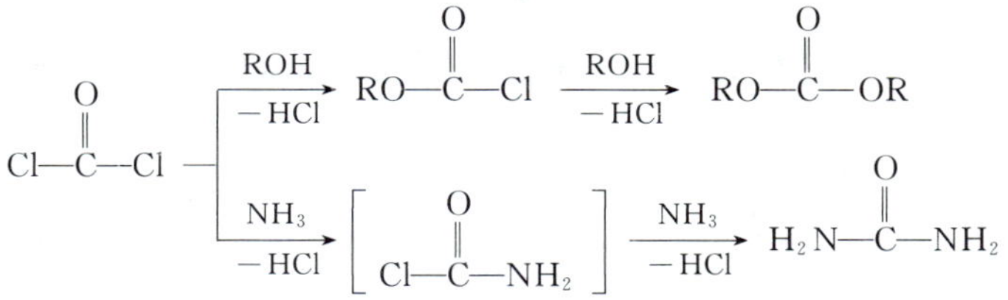

工业上光气多用于生产碳酸酯、聚碳酸酯等。例如：

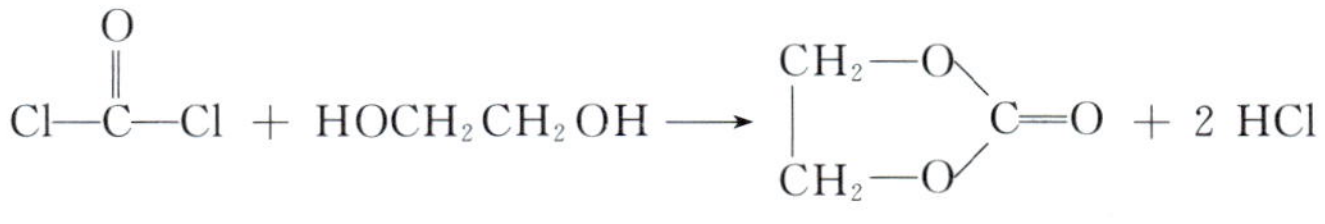

碳酸乙二醇酯

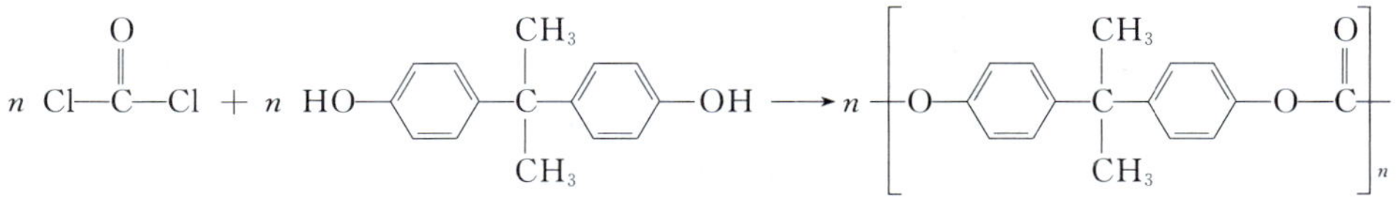

光气可以部分醇解、氨解生成烷氧基甲酰氯、氨基甲酰氯，两者分别再氨解、醇解可得到氨基甲酸酯。

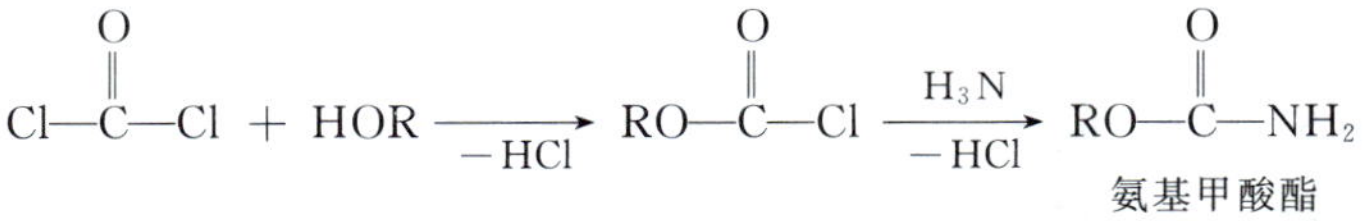

氨基甲酸酯

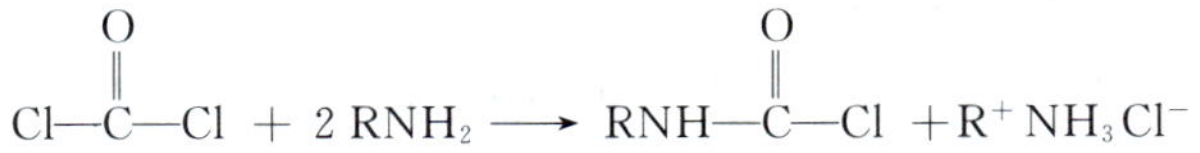

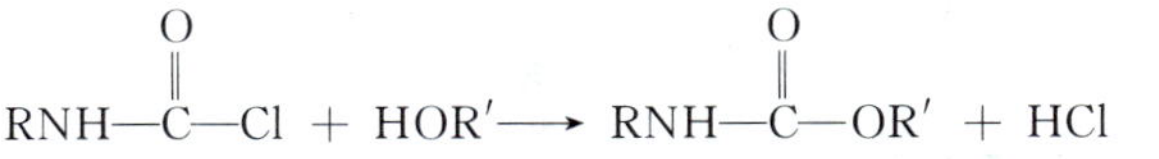

光气可与苯进行酰基化反应，生成芳酮。例如：

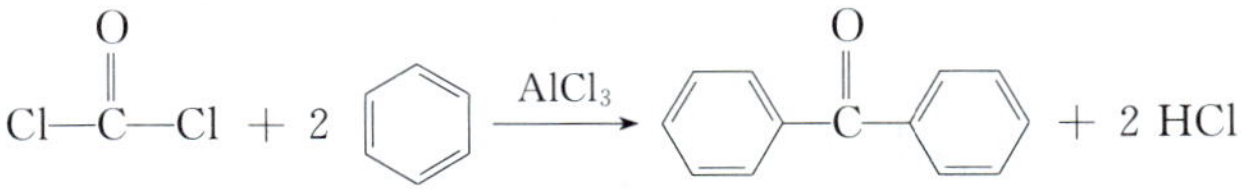

11.6.3 碳酰胺

碳酸的酰胺有单酰胺和酰胺之分。单酰胺又称为氨基甲酸，不太稳定，但氨基甲酸的盐、酯和酰氯等都是存在的。例如：

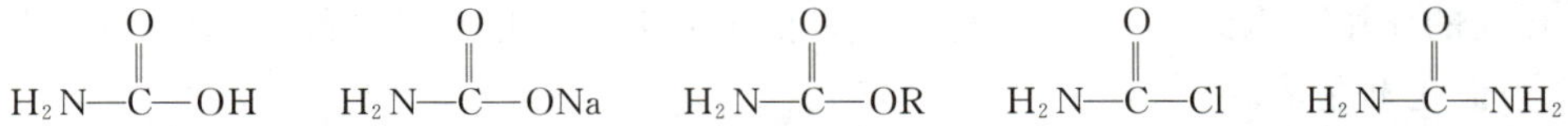

氨基甲酸　氨基甲酸钠　氨基甲酸酯　氨基甲酰氯　尿素(脲)

将尿素缓慢加热到 150～160 ℃时，发生分子间脱氨，生成缩二脲：

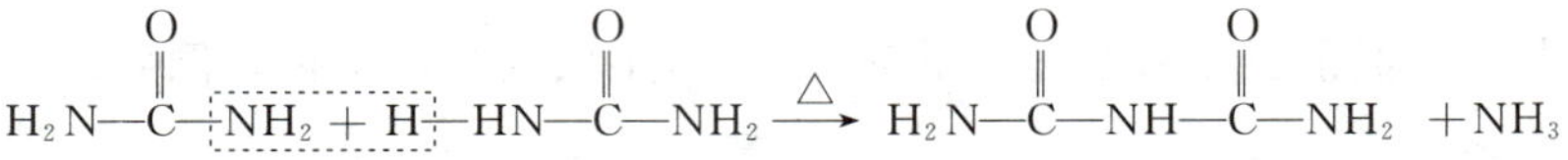

如果快速加热尿素，则分解生成氨和异氰酸，后者不稳定，可聚合成三聚氰酸：

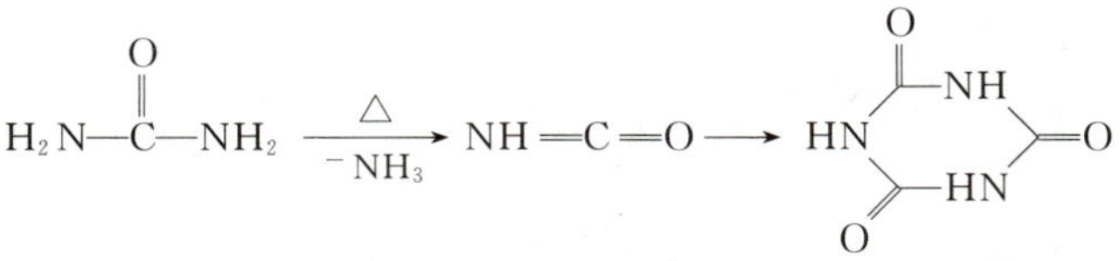

尿素中的氨基具有亲核性，与丙二酸酯发生氨解反应生成巴比妥镇静药：

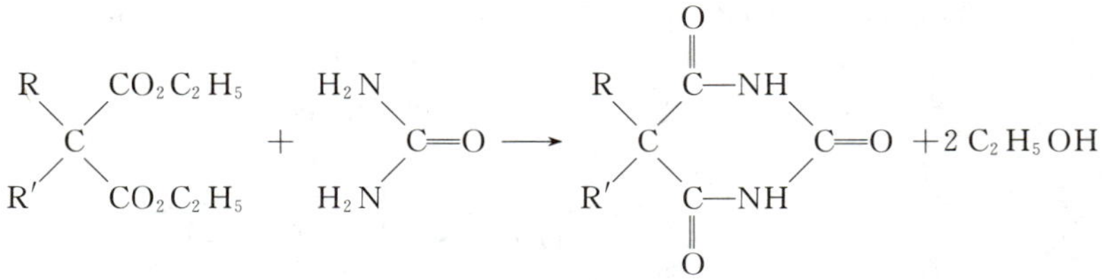

($R=R'=C_2H_5$：巴比妥；$R=C_2H_5$，$R'=C_6H_5$：苯巴比妥)

尿素与肼作用发生酰胺的交换反应，生成结晶固体氨基脲(mp：96 ℃)，后者可用于醛、酮的鉴别反应。

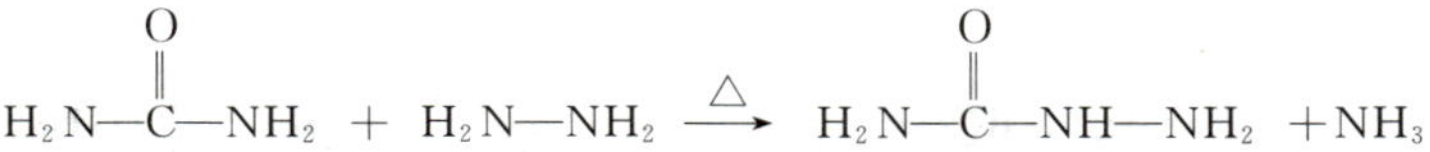

尿素有一个特殊的性质，它与一定碳原子数的正构烷烃或醇作用形成包合物，由此可分离正构与异构的混合物。如用尿素将正己醇与异己醇、正辛烷与异辛烷的混合物中的正己醇或正辛烷分离。

尿素与甲醛发生缩聚反应生成脲醛树脂。线型脲醛树脂用于黏合剂，体型脲醛树脂用于生产“电玉”压塑粉(见 10.3.6 节)。

胍、硫脲、硫代碳酸也可以看作是碳酰胺或碳酸衍生物。

胍　硫脲　硫代碳酸　碳酸衍生物

习　题

11-1　将下列各组化合物按酸性由强至弱排列成序。

(1) A. CH_3COOH　B. $\underset{\underset{Cl}{|}}{CH_2}COOH$　C. 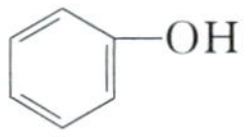　D. Cl_3CCOOH

(2) A. 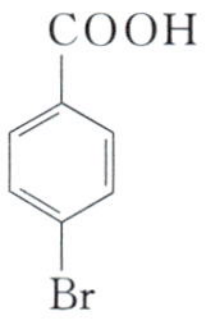　B. 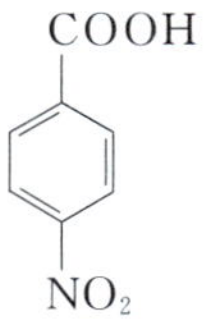　C. 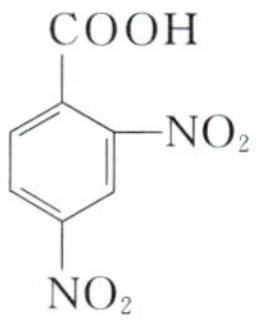　D. 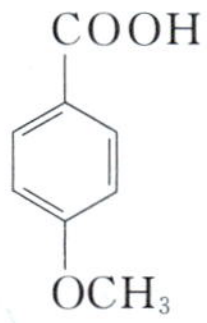

(3) A. 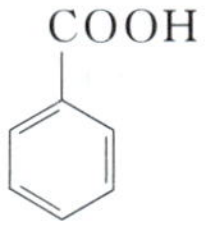　B. 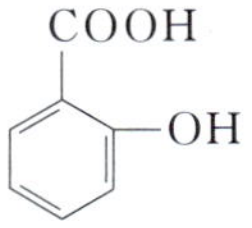　C. 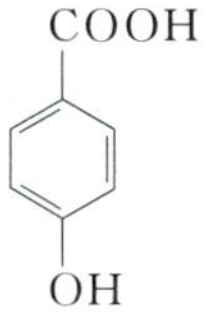

11-2　将下列各化合物按水解反应速率由大至小排列成序。

(1) A. $CH_3\overset{O}{\overset{\|}{C}}Cl$　B. $(CH_3\overset{O}{\overset{\|}{C}})_2O$　C. $CH_3\overset{O}{\overset{\|}{C}}NHCH_3$　D. $CH_3\overset{O}{\overset{\|}{C}}OC_2H_5$

(2) A. 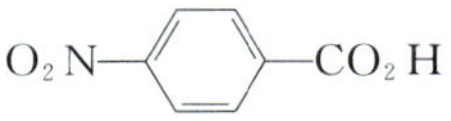　B. 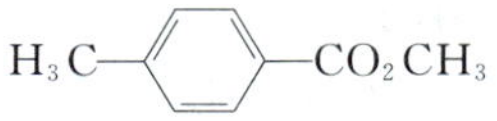　C. 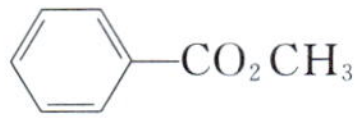

11-3　比较下列羧酸在 H^+ 催化下发生酯化反应的速率。

(1) $HCOOH$　(2) CH_3COOH　(3) CH_3CH_2COOH　(4) $(CH_3)_2CHCOOH$

11-4　完成下列反应。

(1) 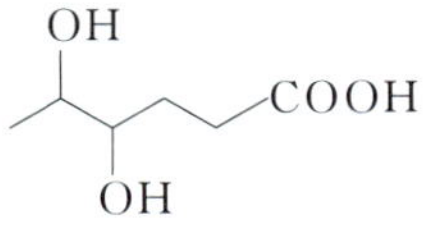 $\xrightarrow[\triangle, H^+, -H_2O]{}$

(2)  $\xrightarrow[②\ H_2O]{①\ LiAlH_4}$

(3) 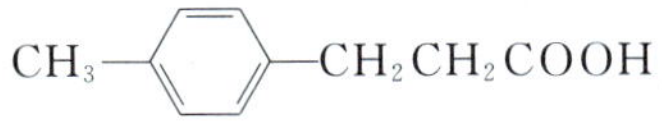 $\xrightarrow{SOCl_2}$ (　　　　) $\xrightarrow{AlCl_3}$

(4) 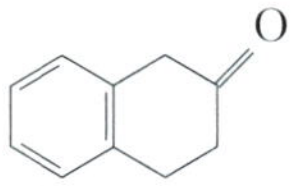 $\xrightarrow[②\ H_2O]{①\ Zn, CH_3CHClCOOEt}$

(5) 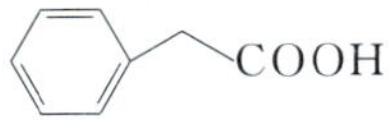 $\xrightarrow{Br_2/红磷}$

(6) 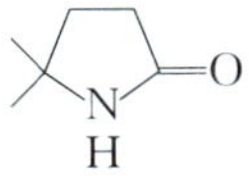 $\xrightarrow[②\ H_2O]{①\ LiAlH_4}$

(7) 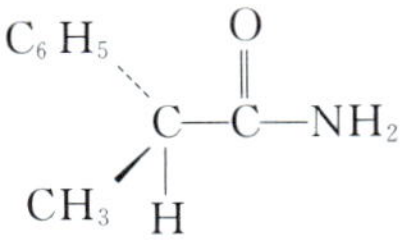 $\xrightarrow{NaOH+Br_2}$

(8) 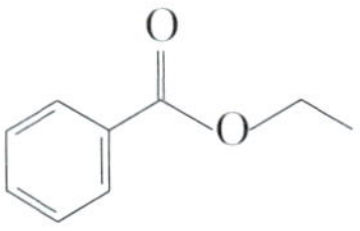 + 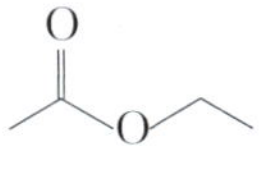 $\xrightarrow{NaOC_2H_5}$ (　　　　) $\xrightarrow[\triangle]{H_3^+O}$ (　　　　)

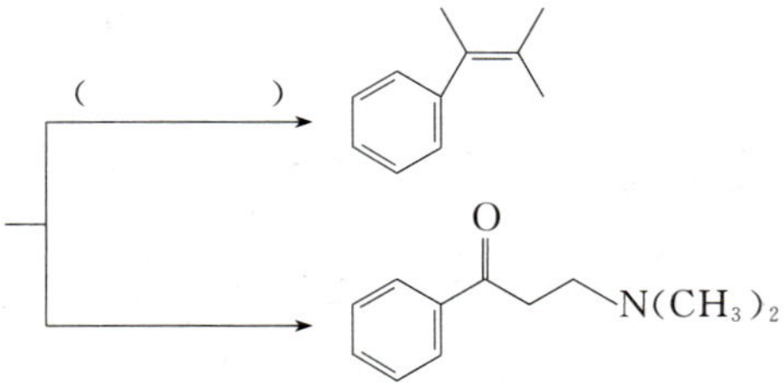

(9) 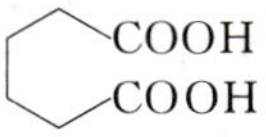 $\xrightarrow[\triangle]{(CH_3CO)_2O}$

(10) 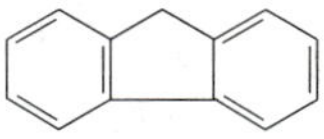 + HCOOEt $\xrightarrow[EtOH]{NaOEt}$

(11) 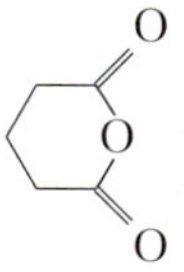 $\xrightarrow{1\ mol\ CH_3OH}$ (　　　　) $\xrightarrow{PCl_5}$ (　　　　) $\xrightarrow{CH_3NH_2}$

(12) $CH_3\overset{\overset{O}{\|}}{C}—OH \xrightarrow[\triangle,-H_2O]{AlPO_4}$ (　　　　) $\xrightarrow{CH_3CH_2OH}$

11-5　给下列反应式填上适当的试剂。

(1) 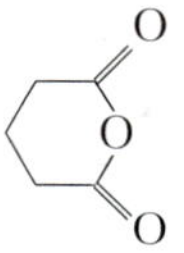 $\xrightarrow{(\qquad)}$ 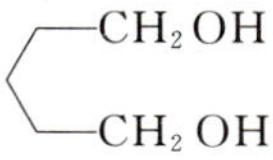

(2) $CH_3CH_2CH_2COOEt \xrightarrow{(\qquad)} CH_3CH_2CH_2CH_2OH$

(3) $CH_3CH_2CH_2CONH_2 \xrightarrow{(\qquad)} CH_3CH_2CH_2CH_2NH_2$

(4) $CH_3\overset{\overset{O}{\|}}{C}CH_2CH_2COOEt \xrightarrow{(\qquad)} CH_3CH_2CH_2CH_2COOEt$

(5) $C_2H_5O\overset{\overset{O}{\|}}{C}(CH_2)_4\overset{\overset{O}{\|}}{C}—Cl \xrightarrow{(\qquad)} C_2H_5O\overset{\overset{O}{\|}}{C}(CH_2)_4CHO$

(6) $CH_2═CHCH_2COOC_2H_5 \xrightarrow{(\qquad)} CH_2═CHCH_2CH_2OH$

(7) $CH_3\overset{\overset{O}{\|}}{C}CH_2CH_2COOEt \xrightarrow{(\qquad)} CH_3\overset{\overset{OH}{|}}{C}HCH_2CH_2COOEt$

11-6　用化学方法分离下列各组化合物，并鉴定分离出的化合物。

(1) A. 2-辛醇　　B. 2-辛酮　　C. 正辛酸

(2) A. 苯酚　　B. 苯甲醚　　C. 苯甲酸

11-7　下列反应是否容易进行，并解释之。

(1) $CH_3COCl + H_2O \longrightarrow CH_3COOH + HCl$

(2) $CH_3COOH + NH_3 \longrightarrow CH_3CONH_2 + H_2O$

(3) $(CH_3CO)_2O + NaOH \longrightarrow CH_3COOH + CH_3COONa$

(4) $CH_3CONH_2 + NaOH \longrightarrow CH_3COONa + NH_3$

(5) $CH_3COOCH_3 + Br^- \longrightarrow CH_3COBr + {}^-OCH_3$

11－8　完成下列转化。

(1) $CH_3CH_2OH \longrightarrow CH_3CH_2\underset{\underset{CH_3}{|}}{C}HCOOH$

(2) 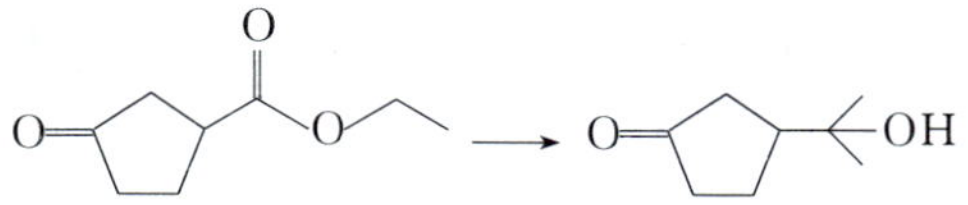

(3) 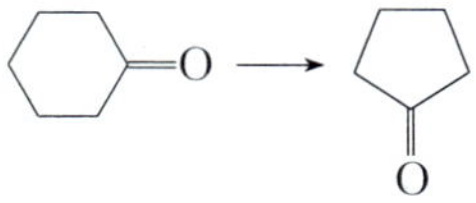

(4) 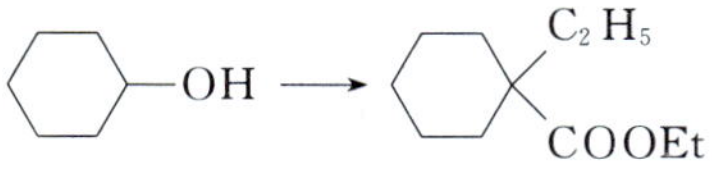

(5) $C_2H_5OH \longrightarrow CH_3\overset{\overset{OH}{|}}{C}HCH_2COOC_2H_5$

(6) $CH_3CH_2COOH \longrightarrow CH_3CH_2CN$

(7) 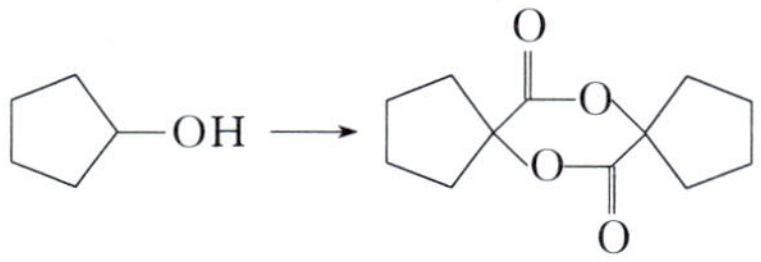

(8) 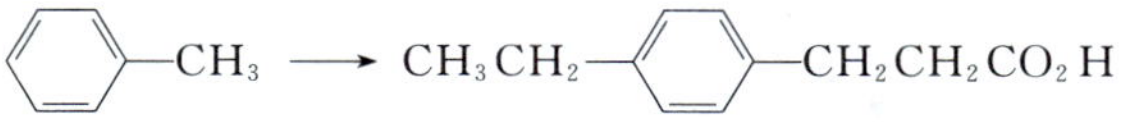

11－9　用乙酰乙酸乙酯或丙二酸二乙酯为原料合成下列化合物(其它试剂任选)。

(1) 

(2) $CH_3COCH_2CH_2COOH$

(3) 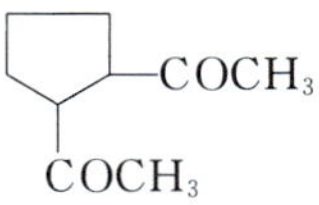

(4) 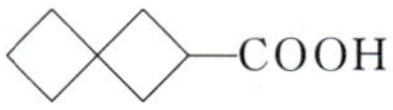

*(5) 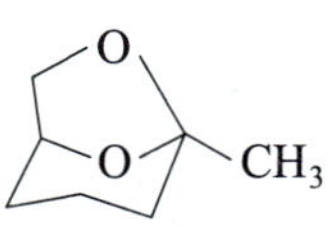

(6) 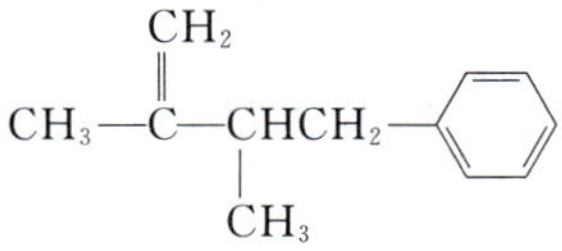

11－10　设计以环己烷为起始原料合成尼龙－6 的合成路线，并指出各步反应的类型。

11－11　对下列反应提出合理的机理。

(1) 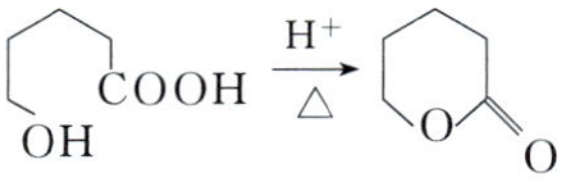

(2) 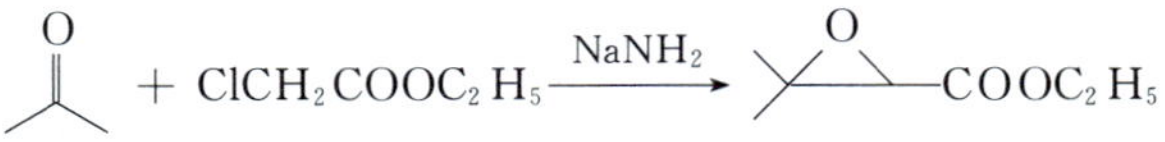

*(3) 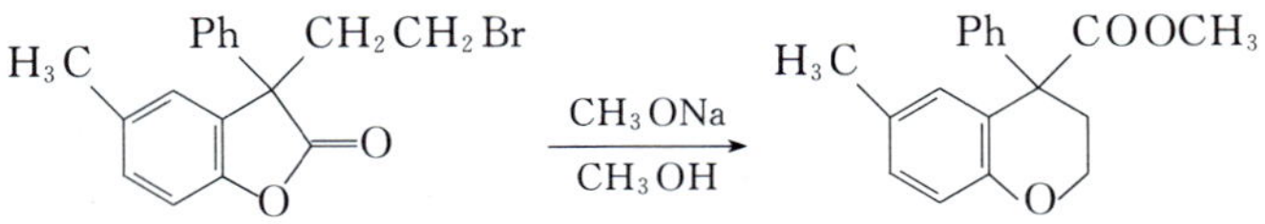

*(4) 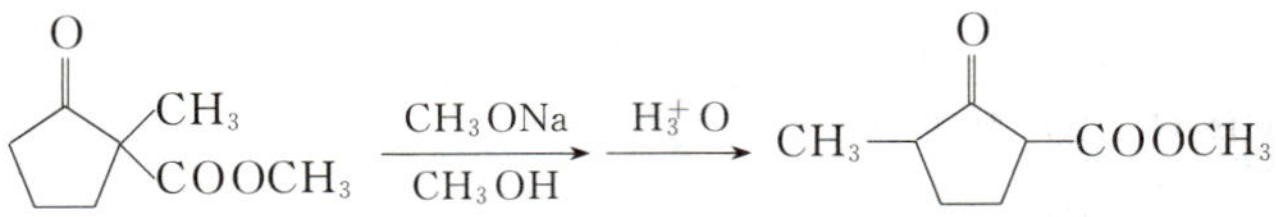

11－12　某化合物 A 的分子式为 $C_5H_6O_3$，A 和乙醇作用得到两个互为异构体的 B 和 C，将 B 和 C 分别与亚硫酰氯作用后，再与乙醇作用得到相同的化合物 D。试推测 A，B，C，D 的构造式，并写出各步反应式。

11－13　化合物 A 的分子式为 $C_9H_{10}O_3$。它不溶于水、稀 HCl 及稀 $NaHCO_3$ 溶液，但能溶于 NaOH 溶液。A 与稀 NaOH 共热后，冷却酸化得一沉淀 B，分子式为 $C_7H_6O_3$，B 能溶于 $NaHCO_3$ 溶液并放出气体，B 与 $FeCl_3$ 溶液反应呈现紫色，B 在酸性介质中可以进行水蒸气蒸馏。写出 A，B 的构造式及各步反应式。

11－14　推测化合物 A～F 的构造式。

$$A(C_7H_6O)\xrightarrow[②H_2O]{①BrCH_2COOC_2H_5,Zn} B \xrightarrow{MnO_2,戊烷} C \xrightarrow{Ph_3P=CH_2} F$$

B：IR(部分)　$\sigma=1\ 735\ cm^{-1}$　$\sigma=3\ 350\ cm^{-1}$

C：IR(部分)　$\sigma=1\ 730\ cm^{-1}$　$\sigma=1\ 750\ cm^{-1}$　$M^+=192$

F：IR(部分)　$\sigma=1\ 735\ cm^{-1}$　$\sigma=1\ 650\ cm^{-1}$

$$C \xrightarrow{H_3^+O,\triangle} D \xrightarrow{A,KOH} E$$

D：PMR　$\delta=2.28$，单峰，3H　$\delta=7.1$，单峰，5H

E：$M^+=208$　$\lambda_{max}=225$ nm

11－15　化合物 A 的分子式为 $C_{10}H_{22}O_2$，与碱不起作用，但可被稀酸水解成 B 和 C。C 的分子式为 C_3H_8O，与金属钠作用有气体逸出，能与 NaIO 反应。B 的分子式为 C_4H_8O，能进行银镜反应，与 $K_2Cr_2O_7$ 和 H_2SO_4 作用生成 D。D 与 Cl_2/P 作用后，再水解可得到 E。E 与稀 H_2SO_4 共沸得 F，F 的分子式为 C_3H_6O，F 的同分异构体可由 C 氧化得到。写出 A～F 的构造式。

11－16　请讨论羧酸及其衍生物和亲核试剂的反应与醛、酮和亲核试剂的反应有何差异？为什么会有这种差异？

11－17　试比较 H_2CF_2，$HOCH_2CH_2Cl$，CH_3CH_2OH，CH_3COOH 分子间形成氢键的差别。

11－18　比较并解释 RCl 和 RCOCl 与亲核试剂 Nu^- 反应的机理及反应活性差异。

第4篇

含氮、硫、磷、硅有机化合物及杂环化合物

第 12 章　含氮有机化合物

含氮有机化合物的范围很广，它们的结构特征是含有碳氮键（C—N，C ═N，C≡N)，有的还含有 N—N，N ═N，N≡N，N—O，N ═O 及N—H等键。本章主要讨论硝基化合物、胺、腈、异氰、异氰酸酯、重氮及偶氮化合物等。

12.1　硝基化合物的分类、结构与物理性质

12.1.1　分类与结构

烃分子中的氢原子被硝基（ —NO_2 ）替代后所形成的化合物称为硝基化合物。一元硝基化合物可写为 RNO_2 或 $ArNO_2$。

硝基化合物包括脂肪族、脂环族及芳香族硝基化合物；根据硝基相连接的碳原子不同，可分为伯、仲、叔(1°，2°，3°)硝基化合物；又根据硝基的数目可分为一硝基和多硝基化合物。

硝基化合物与亚硝酸酯是同分异构体：

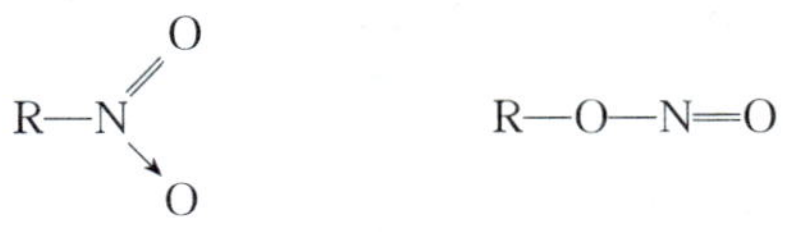

硝基化合物　　　　亚硝酸酯

在硝基中，氮原子呈 sp^2 杂化，三个 sp^2 杂化轨道分别与两个氧原子、一个碳原子形成三个 σ 键。氮原子和两个氧原子上的 p 轨道互相重叠，形成包括三个原子在内的共轭体系：

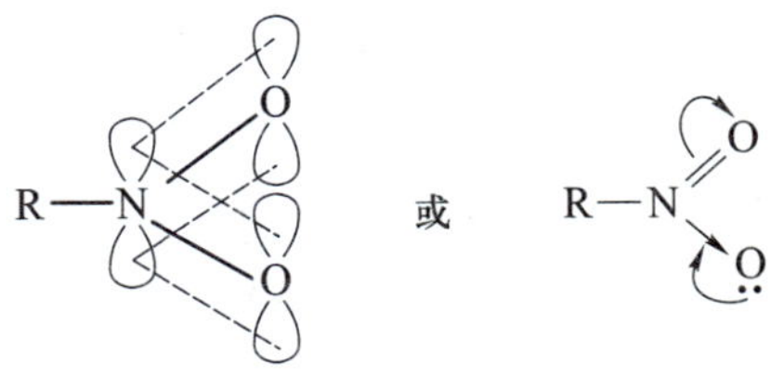

由于键的平均化，硝基中的两个氧原子是等同的，共振杂化体用共振式表示：

静电势模型图

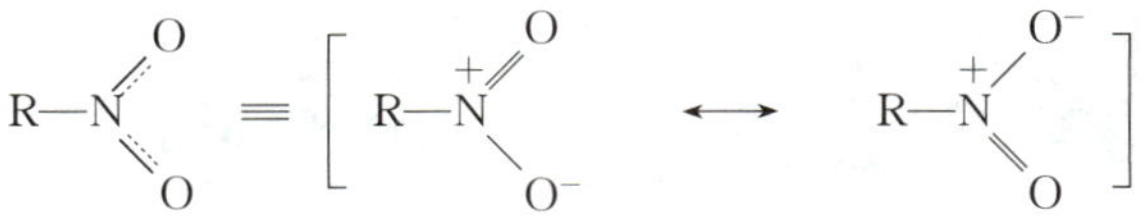

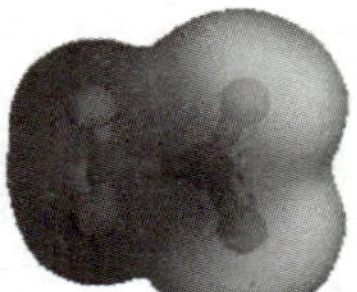

硝基甲烷

在硝基甲烷中，两个氮氧键的键长都是 0.122 nm，而在亚硝酸甲酯中，则分别为 0.137 nm(N—O)及 0.114 nm(N═O)。

在硝基直接连在芳环上的芳香族硝基化合物中，硝基中的氮、氧上的 p 轨道与芳环上的 p 轨道形成更大的 p-π 共轭体系，两个碳氧键的键长为 0.121 nm。如硝基苯的结构为

静电势模型图

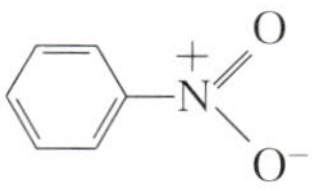

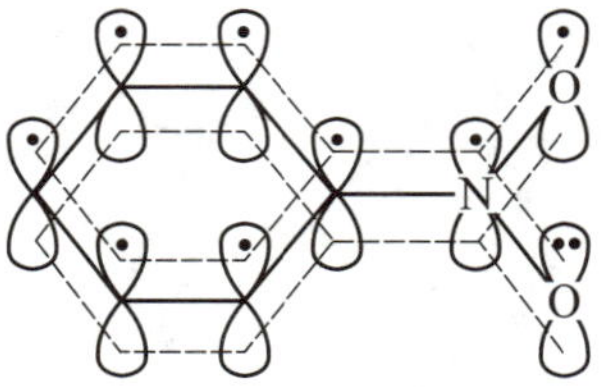

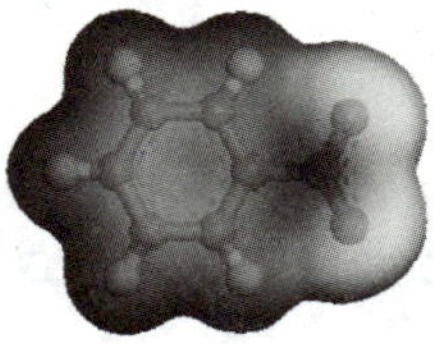

硝基苯

硝基是强吸电子基，在硝基甲烷、硝基苯的静电势能图上可以看到，两个氧原子周围呈现相对白色，而甲基碳原子周围呈现黑色，苯环上的碳原子呈现较暗黑色。

12.1.2　物理性质

1. 一般物理性质

硝基是强极性基团，所以硝基化合物的沸点比相同相对分子质量的亚硝酸酯要高得多。例如：

$$C_2H_5NO_2(115\ ℃)\qquad C_2H_5—O—NO(17\ ℃)$$

硝基化合物的相对密度都大于 1，不溶于水而能溶于多种有机溶剂中。硝基化合物能溶于酸。多数硝基化合物受热时易分解而发生爆炸，如 2,4,6-三硝基甲苯(TNT)、2,4,6-三硝基苯酚等。有的多硝基化合物有香味，可作香料，如 2,6-二甲基-4-叔丁基-3,5-二硝基苯乙酮，俗称“麝香酮”，但这类香料已限制使用：

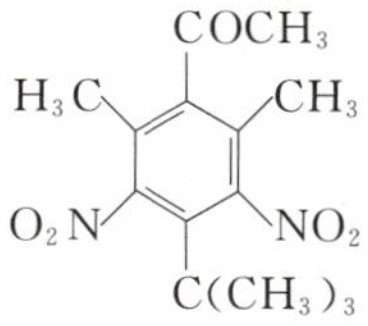

硝基化合物有毒性，能透过皮肤而被吸收，能和血液中的血红素作用，严重时可以致死。

2. 光波谱性质

硝基的红外光谱有很强的吸收峰，脂肪族伯和仲硝基化合物的 N—O 键伸缩振动在 $\sigma = 1\ 545 \sim 1\ 565\ \text{cm}^{-1}$ 和 $\sigma = 1\ 360 \sim 1\ 385\ \text{cm}^{-1}$；叔硝基化合物在 $\sigma =$

1 530～1 545 cm^{-1}和 σ＝1 340～1 360 cm^{-1}。

芳香族硝基化合物的 N—O 键伸缩振动在 σ = 1 500 ～ 1 550 cm^{-1} 和 σ = 1 290～1 365 cm^{-1}。

在硝基化合物的核磁共振谱中，直接与硝基相连的亚甲基上的氢原子，因受硝基强吸电子性的影响，信号出现在较低场，一般 δ=4.28～4.34；随着与硝基的距离拉长，信号逐渐向较高场移动。

12.2　硝基化合物的化学性质

在硝基化合物中，由于官能团（ $—NO_2$ ）的影响，可以发生一些特殊的反应。

12.2.1　α－H 的活泼性

1. 互变异构现象

具有 α－H 的硝基化合物与强碱溶液作用生成盐：

$$R—CH_2—NO_2 + NaOH \longrightarrow [R—CH—NO_2]^- Na^+ + H_2O$$

这是由于 σ－π 共轭效应，发生互变异构现象：

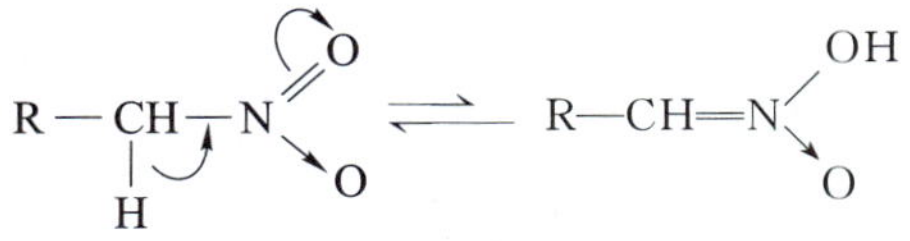

硝基式　　　　　　假酸式

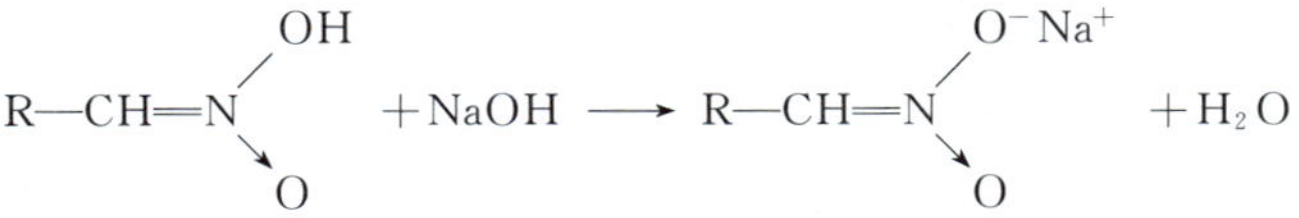

假酸式有烯醇式特征，如与 $FeCl_3$ 溶液有显色反应，也能与 Br_2/CCl_4 溶液加成。通常硝基化合物中的假酸式含量很少。例如，$p-NO_2C_6H_4CH_2NO_2$ 在乙醇中，假酸式的含量只有 0.18%。

叔硝基化合物没有 α－H，不能与碱作用。

2. α－H 的缩合反应

由于硝基的强吸电子作用，硝基化合物的 α－H 显酸性。例如：

	CH_3NO_2	$CH_3CH_2NO_2$	$(CH_3)_2CHNO_2$	$CH_2(NO_2)_2$
pK_a	11	9	8	4

因此，具有 α－H 的硝基化合物在碱的作用下可以形成碳负离子并发生亲核反应。例如，能与醛、酮、酯化合物发生类似于羟醛缩合、克莱森缩合及迈克尔加成等反应：

$$C_6H_5CHO + CH_3NO_2 \xrightarrow{OH^-} \xrightarrow[-H_2O]{\triangle} C_6H_5CH=CHNO_2$$

$$C_6H_5COOC_2H_5 + CH_3NO_2 \xrightarrow{C_2H_5O^-} C_6H_5COCH_2NO_2 + C_2H_5OH$$

$$C_6H_5CH_2NO_2 + CH_3COCH_3 \xrightarrow{OH^-} C_6H_5\text{—}\underset{NO_2}{CH}\text{—}\underset{OH}{C}(CH_3)_2$$

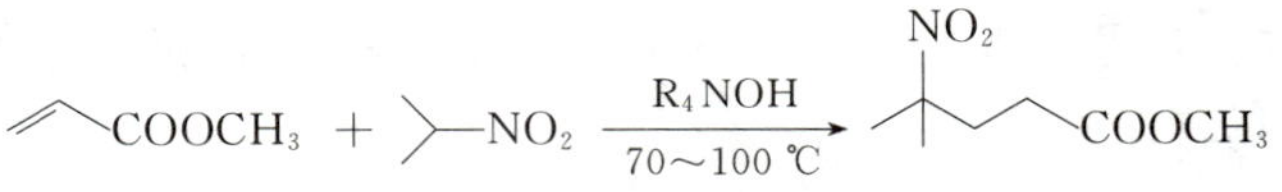

其它如 2,4-二硝基甲苯等都有类似的反应。

12.2.2　还原反应

硝基容易被还原，反应条件及介质对还原反应影响很大，以硝基苯的还原为例。

1. 在酸性介质中还原为苯胺

还原剂常用金属(Fe,Zn,Sn 等)和盐酸，中间产物是亚硝基苯及苯基羟胺，它们比硝基苯更容易被还原，所以不易分离出来。

2. 在中性介质中生成苯基羟胺

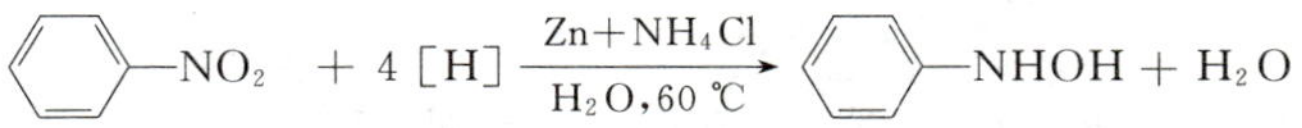

如果要制得亚硝基苯，则可以由苯基羟胺氧化得到。

3. 在碱性介质中发生双分子还原

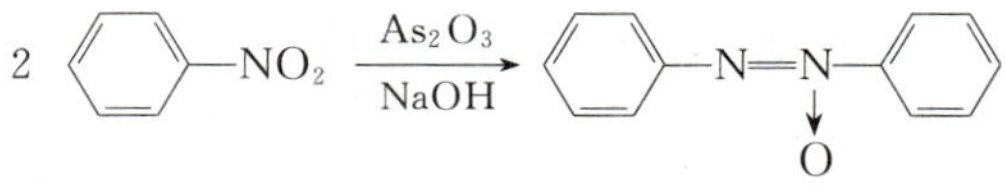

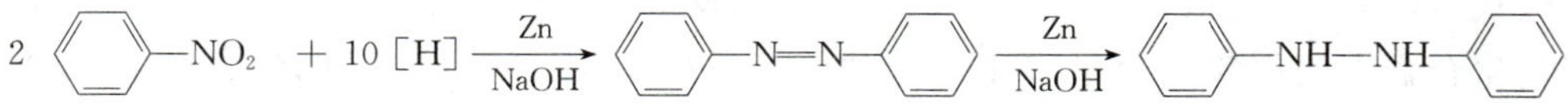

在酸性介质中，氢化偶氮苯重排生成 4,4′-二氨基联苯的反应，称为联苯胺重排。例如：

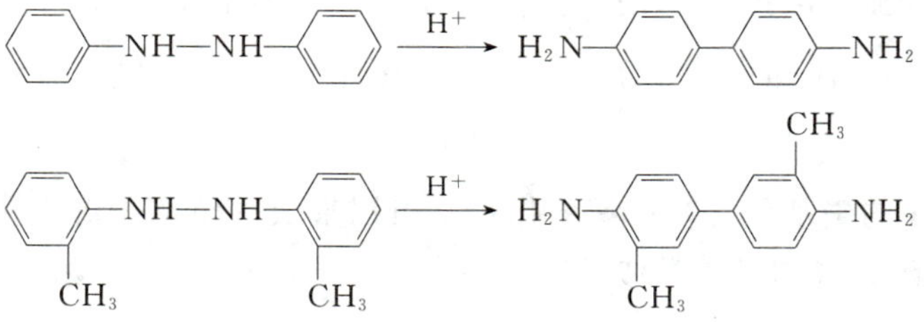

氮上有取代基的氢化偶氮苯也能进行联苯胺重排：

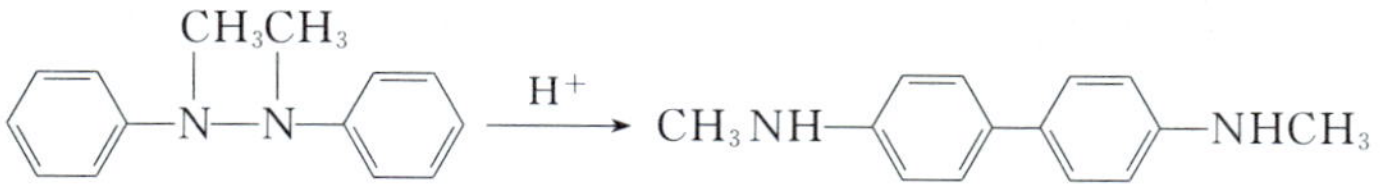

这一类重排一般是在盐酸或硫酸溶液中进行，若使用醋酸，将使反应减慢。为增加反应物溶解量可用乙醇-水混合溶剂。

在现代工业上，用催化加氢方法还原硝基化合物。例如：

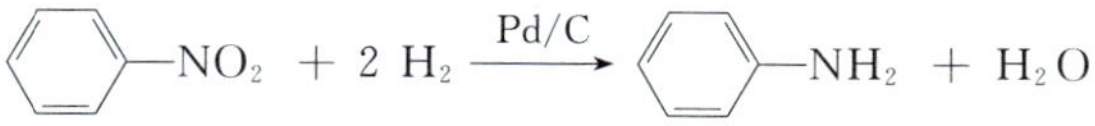

这是一种环境友好的还原方法。

4. 部分还原

多硝基芳烃在 Na_2S_x，NH_4SH，$(NH_4)_2S$，$(NH_4)_2S_x$ 等硫化物还原剂作用下可以进行部分还原，即还原一个硝基。例如：

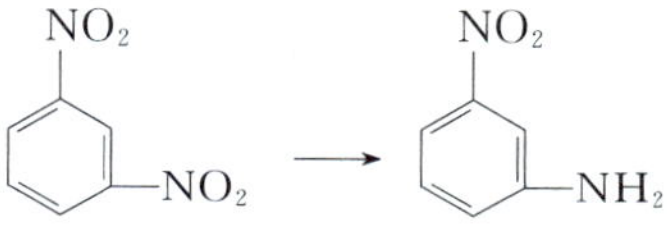

它们的反应机理还不清楚，但这类还原反应在工业生产及有机合成上都有重要应用。

12.2.3　硝基对苯环的影响

硝基是强吸电子基，使苯环钝化，不易进行亲电取代反应。例如，硝基苯可以作为傅列德尔-克拉夫茨反应的溶剂。但可以使苯环上的卤素容易进行亲核取代反应。例如，2,4,6-三硝基氯苯在稀 Na_2CO_3 溶液中温热时，即可水解生成苦味酸：

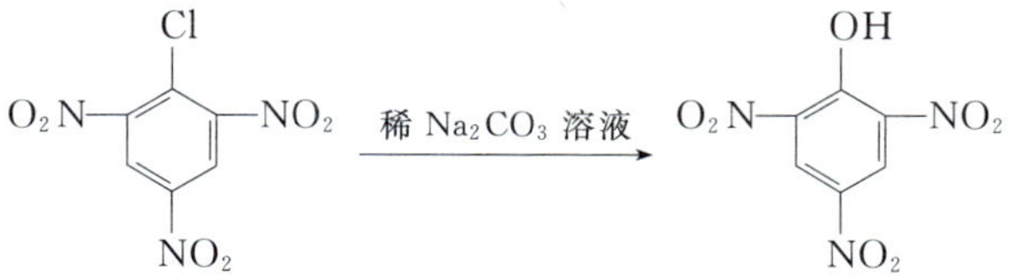

苦味酸可以用作炸药及制备硫化染料的原料。

反应的活性大小顺序如下：

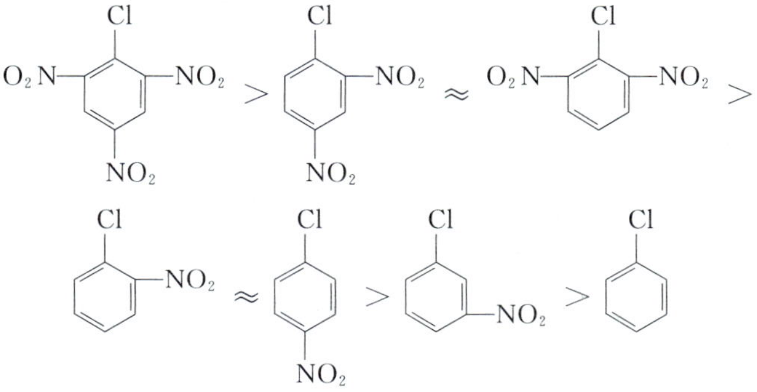

另外，硝基的存在，使苯环上的羧基容易脱羧。例如，强烈性炸药 1,3,5-三硝基苯（TNB）就是通过下列反应制备的：

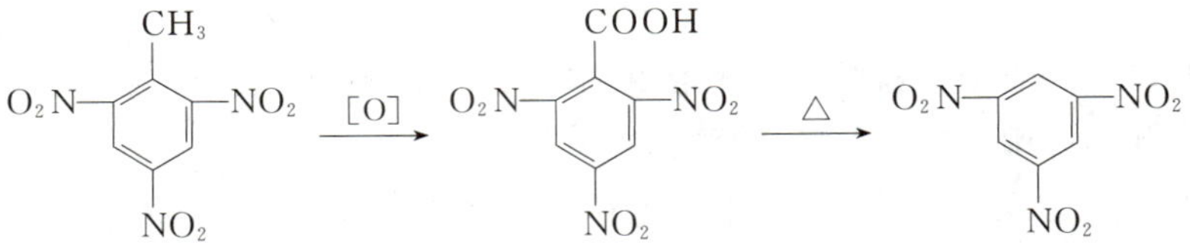

TNT　　　　　　　　　　　　　　　　TNB

TNB 的爆炸性较 TNT 更强烈。

12.3　胺的分类及结构

12.3.1　分类

胺是指烃分子中的氢原子被氨基替代而生成的一类化合物。

根据胺分子中氮上连接的烃基种类可以分为脂肪胺、芳香胺。例如：

脂肪胺　$CH_3—NH_2$（甲胺）　$CH_3CH_2—NH—CH_3$（*N*-甲基乙胺）

环戊基胺

$CH_2═CH—NH_2$（乙烯基胺）　$CH_2═CHCH_2NH_2$（烯丙基胺）

芳香胺

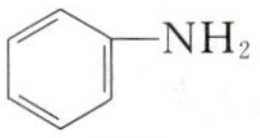

苯胺

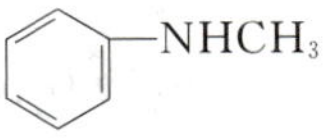

N-甲基苯胺

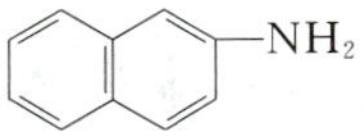

β-萘胺

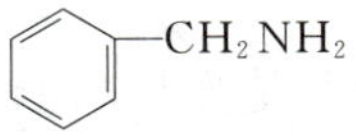

苄胺

根据胺分子中氮原子上相连的烃基的数目，可分为伯（一级）、仲（二级）、叔（三级）胺和季铵盐（四级）。例如：

$$\begin{array}{l}(CH_3)_2CHCH—CH_3\\ \qquad\quad\;\;|\\ \qquad\quad\;NH_2\end{array}$$

1,2-二甲基丙氨基丁烷

伯胺（一级胺）

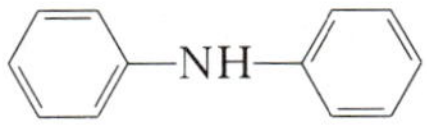

N-苯基苯胺

仲胺（二级胺）

$$\begin{array}{l}CH_3CH_2CH—CHCH_3\\ \qquad\qquad\quad\;|\\ \qquad\qquad\;N(C_2H_5)_2\end{array}$$

1-甲基-*N*,*N*-二乙基氨基）丁胺

叔胺（三级胺）

$$(CH_3)_4\overset{+}{N}Cl^-$$

氯化四甲铵

根据胺分子中所含氨基的数目，可以分为一元、二元或多元胺。例如：

$$\begin{array}{ll}CH_2—CH_2\\ |\qquad\quad\;|\\ NH_2\quad NH_2\end{array}$$

乙二胺

对苯二胺

$H_2N—CH_2CH_2—NH—CH_2CH_2—NH_2$

二亚乙基三胺

根据胺分子中氮原子与碳原子连接的方式还可以分为胺、亚胺等。例如：

$CH_3CH_2CH_2NH_2$　　　　$CH_3CH_2CH{=}NH$

丙胺　　　　丙亚胺

12.3.2　结构

氮原子的电子层结构为 $1s^2 2s^2 2p^3$。在 NH_3 中，氮原子的三个 sp^3 杂化轨道和三个氢原子的 s 轨道重叠形成三个 σ 键。氮原子上还有一对未共用电子占据另一 sp^3 杂化轨道，处在棱锥形的顶端。这样，NH_3 的结构和碳原子的正四面体结构相似。胺的结构和 NH_3 相似，也具有棱锥形的结构，如图 12-1。

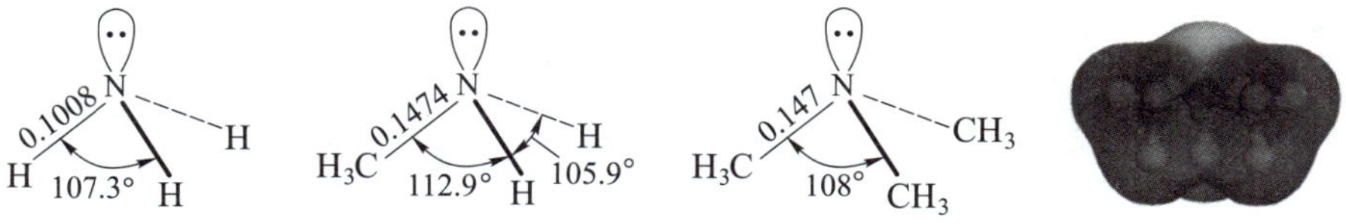

（键长单位：nm）　　三甲胺静电势模型图

图 12-1　胺的结构

静电势模型图

氨基连在双键上的烯胺类化合物，与烯醇型的不稳定性类似，容易异构化为较稳定的亚胺类化合物：

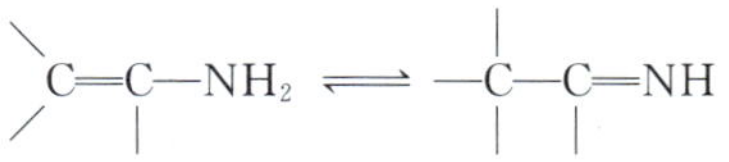

在苯胺中，C—N 键键长为 0.140 0 nm，比正常的 C—N 键（0.147 0 nm）短，N—H 键（0.100 0 nm）也比 NH_3 中的 N—H 键（0.100 8 nm）短；∠HNH 为 113.9°，HNH 平面与苯环平面的二面角为 39.4°。说明苯胺中氮原子的杂化与酚中氧原子（sp^2 杂化）的杂化方式不同，属于 sp^3 杂化。由于电子对所在的 sp^3 杂化轨道与苯环上的 p 轨道重叠，形成共轭体系，使氮原子是一个变形的 sp^3 杂化构型，亦有人认为氮原子不是等性 sp^3 杂化，介于 sp^2 杂化与 sp^3 杂化之间，如图 12-2 所示。

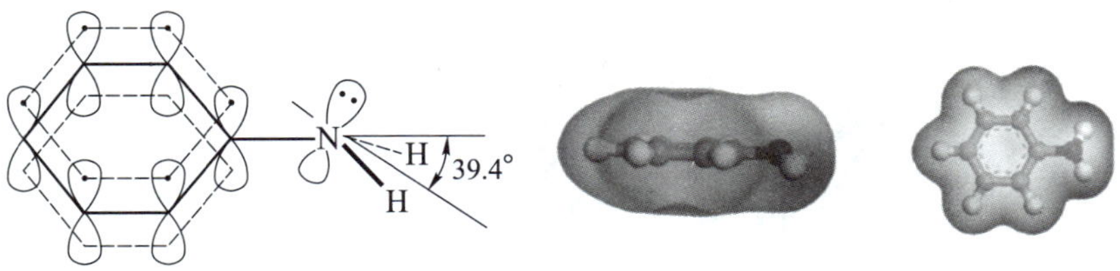

图 12-2　苯胺的结构

静电势模型图

苯胺可写成：

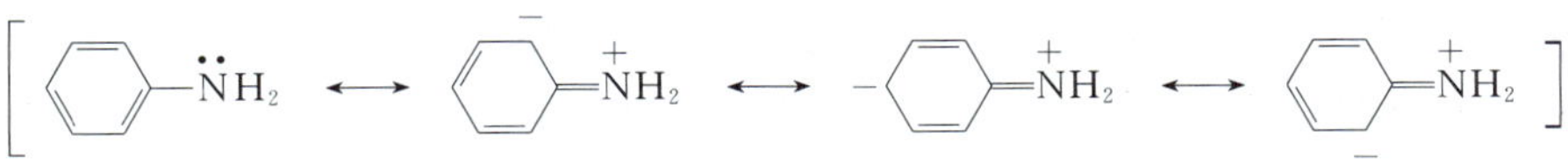

在仲胺和叔胺中，若氮原子上连接三个不同的基团，应有手性。但由于对映体之间可以通过平面过渡态相互迅速转化（需要能量很低，约 25 kJ·mol^{-1}），所以在室温时

无法分离得到具有光学活性的对映体：

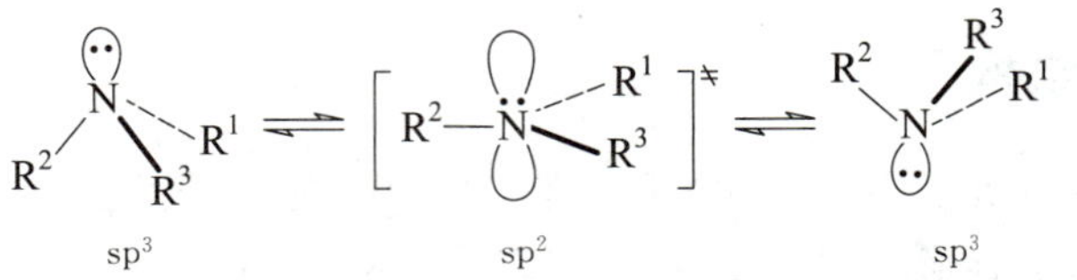

但是，如果对映体间不能通过平面过渡态相互转化，则可分离出对映异构体。例如：

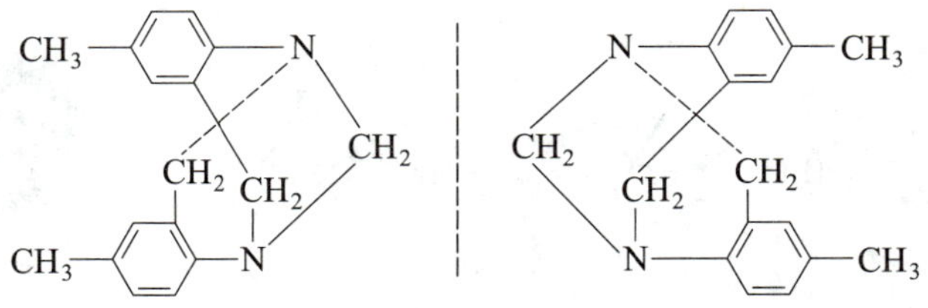

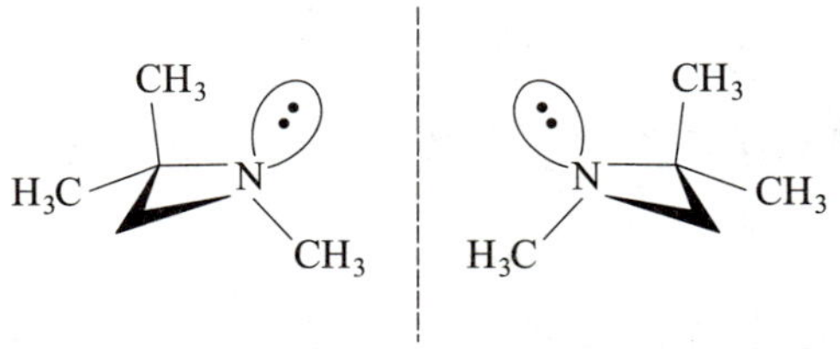

(*R*)-1,2,2-三甲基氮杂环丙烷　　(*S*)-1,2,2-三甲基氮杂环丙烷

当氮原子上连接四个不同的基团时，如季铵盐、氧化胺等，应有一对光学活性的对映体。例如：

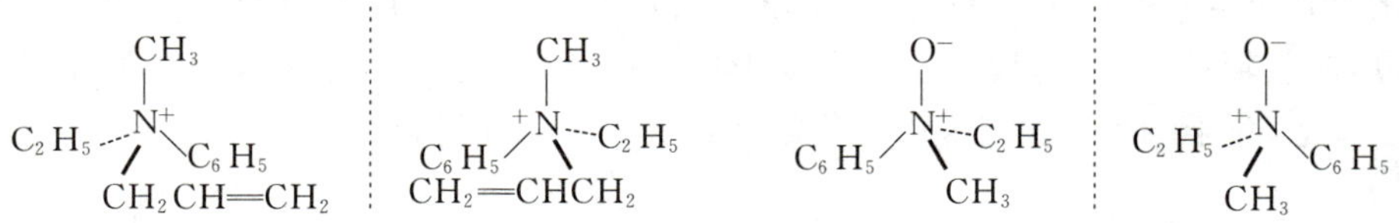

不对称的季铵离子是构成室温离子液体的主要正离子。

12.4　胺的物理性质

1. 一般物理性质

低碳原子数的胺是气体或易挥发的液体，有氨的气味或鱼腥味，高碳原子数的胺为固体。芳香胺是无色液体或固体，但由于易于氧化的原因，通常略带黄色或棕色。

和 NH_3 相似，RNH_2，R_2NH 可以形成分子间氢键而缔合。例如：

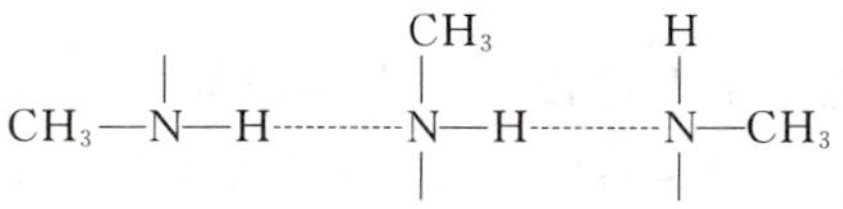

所以，它们的沸点较相对分子质量相近的烷烃要高，但比相应的醇或羧酸要低。例如：

化合物	$CH_3—CH_3$	$CH_3—NH_2$	$CH_3—OH$
相对分子质量	30	31	32
沸点/℃	−88	−7	64

叔胺不能形成分子间氢键，其沸点就与相对分子质量相近的烷烃的差不多。例如：

化合物	相对分子质量	沸点/℃	化合物	相对分子质量	沸点/℃
$n-C_5H_{11}NH_2$	87	104	$n-C_6H_{14}$	86	69
$(C_2H_5)_2NH$	73	56.3	$n-C_5H_{12}$	72	36
$(C_2H_5)_3N$	101	89.3	$(C_2H_5)_3CH$	100	93.3

伯、仲、叔胺都能与水形成氢键，所以较低碳原子数胺均溶于水。六个碳原子以上的胺难溶或不溶于水，但它们都能溶于醇、醚、苯等有机溶剂。

有机胺大多有毒性，如大气中苯胺浓度达到 1 $\mu g \cdot g^{-1}$，人在此环境中逗留 12 h 后会中毒；如食入 0.25 mg 苯胺就会中毒。β-萘胺及联苯胺均有强烈的致癌作用。很多胺有难闻的气味，如三甲胺有鱼腥臭，1,4-丁二胺称腐肉胺，1,5-戊二胺称尸胺等。

2. 光波谱性质

胺的红外光谱有 N—H 键及 C—N 键的特征吸收峰。伯胺 N—H 键的伸缩振动在 $\sigma = 3\ 400 \sim 3\ 500\ cm^{-1}$ 为双峰，当胺缔合时向低波数移动；弯曲振动在 $\sigma = 1\ 580 \sim 1\ 650\ cm^{-1}$，摇动在 $\sigma = 666 \sim 909\ cm^{-1}$。仲胺的 N—H 键伸缩振动在 $\sigma = 3\ 300 \sim 3\ 500\ cm^{-1}$ 有一单峰。C—N 键的伸缩振动根据成键程度（有无共轭效应）而有所不同：脂肪胺的 C—N 伸缩振动在 $\sigma = 1\ 020 \sim 1\ 250\ cm^{-1}$；芳香胺在 $\sigma = 1\ 250 \sim 1\ 380\ cm^{-1}$，其中伯胺在 $\sigma = 1\ 250 \sim 1\ 340\ cm^{-1}$，仲胺在 $\sigma = 1\ 250 \sim 1\ 350\ cm^{-1}$，叔胺在 $\sigma = 1\ 310 \sim 1\ 380\ cm^{-1}$。

胺的核磁共振谱，由于氮原子的电负性比碳原子大，所以 α-碳原子上的质子化学位移在较低场，δ 值为 2.2～2.9。例如：

	$CH_3—NR_2$	$R'CH_2—NR_2$	$R'_2CH—NR_2$
δ	2.2	2.4	2.8

β-碳原子上的质子受氮原子的影响较小，所以出现在高场，$\delta = 1.1 \sim 1.7$。氮原子上质子的化学位移由于氢键程度不同变化较大，$\delta = 0.6 \sim 5.0$。

12.5　胺的化学性质

胺分子中的官能团是氨基（$—NH_2$），它决定了胺的化学性质，包括与它相连的烃基受氨基的影响而表现出的一些性质。

12.5.1　碱性

很多有机化合物都属于路易斯碱，如醇、醚、酯、烯烃、芳烃等，但是有显著碱性的化合物乃是胺，它可以使石蕊变蓝。胺具有碱性及亲核性，但还属于弱碱，它不能使酚酞变色。

胺类的碱性用 K_b 来表示：

$$RNH_2 + H_2O \rightleftharpoons R^+NH_3 + OH^-$$

$$K_b = \frac{[R^+NH_3][OH^-]}{[RNH_2][H_2O]}$$

一般脂肪胺的 $pK_b = 3 \sim 5$，芳香胺的 $pK_b = 7 \sim 10$，NH_3 的 $pK_b = 4.76$；多元胺的碱性大于一元胺。

也可以用它的共轭酸（R^+NH_3）的酸度来表示：

$$R^+NH_3 + H_2O \rightleftharpoons RNH_2 + H_3O^+$$

$$K_a = \frac{[RNH_2][H_3O^+]}{[R^+NH_3]}$$

$$K_a \times K_b = K_w（K_w\ 为水的解离常数，25\ ℃\ K_w = 10^{-14}）$$

$$pK_a + pK_b = pK_w = 14$$

碱性越强，pK_b 越小，它的共轭酸的 pK_a 越大。如 NH_4^+ 的 $pK_a = 9.24$；苯胺的 $pK_b = 9.30$，苯胺的共轭酸的 $pK_a = 4.70$。

碱性在胺的分离、提纯及鉴定等方面有很重要的应用。由于结构的不同，胺的碱性有以下的规律：

（1）对于脂肪胺来说，在非水溶液或气相中，通常是叔胺＞仲胺＞伯胺＞氨，但在水溶液中则不同。例如：

	$(CH_3)_2NH$ ＞	CH_3NH_2 ＞	$(CH_3)_3N$ ＞	NH_3
pK_b	3.27	3.38	4.21	4.76

这是因为水的溶剂化作用。伯胺的共轭酸较叔胺的共轭酸的水合作用强，所以其共轭酸较稳定，酸性小，即伯胺的碱性较叔胺强。

而仲胺的共轭酸的酸性介于上述两者之间。综合烃基的电子效应和溶剂化效应，仲胺的碱性最强。此外，立体效应也有一定影响，胺中烷基越大，空间位阻越大，致使质子不易与氮原子靠近，也不利于溶剂化作用，故使叔胺的碱性降低。

（2）在水溶液中芳香胺的碱性比脂肪胺弱得多，甚至比氨还弱。这是由于氮原子上的未共用电子对与苯环共轭，或多或少地移向苯环所致，故氮原子上的电子密度有所降低。

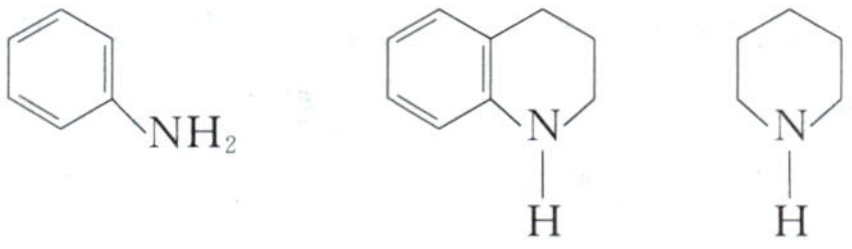

pK_b　9.3　6.2　3.4

(3) 对于芳香胺来说，有以下规律：

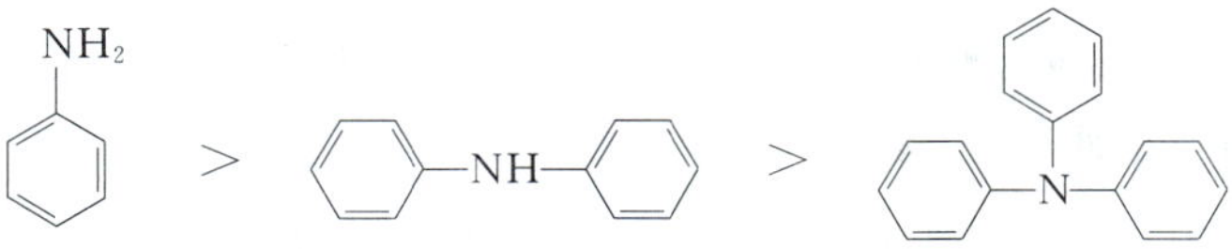

pK_b　9.30　13.80　中性

事实上，苯胺与盐酸等强酸生成的盐在水溶液中只有部分水解；二苯胺与强酸生成的盐则在水溶液中完全水解；三苯胺即使和强酸也不能成盐。

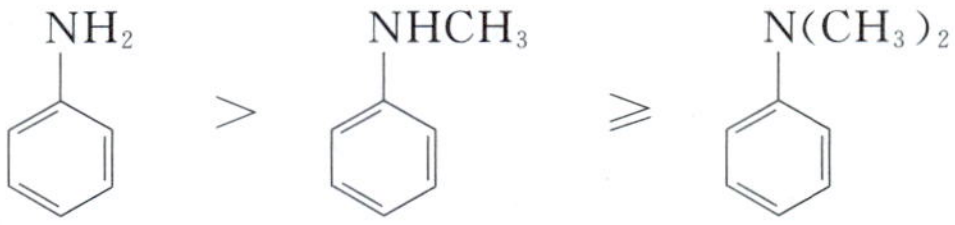

pK_b　9.30　9.60　9.62

前者既有电子效应，也有空间效应；后者主要是空间效应所致。

(4) 苯环上取代基(间位及对位)主要体现了电子效应的影响，如硝基等吸电子基能使芳胺的碱性减弱，甲基等给电子基则使碱性增强：

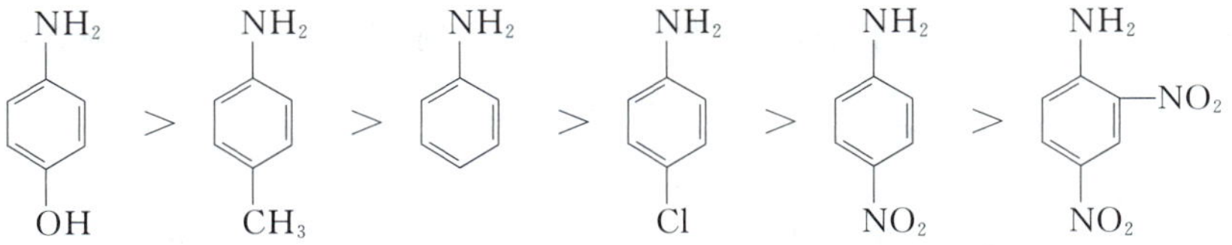

pK_b　8.50　8.90　9.30　10.02　13.0　13.82

由于胺有碱性，故可以和盐酸、硫酸及草酸、醋酸等成盐。铵盐是离子化合物，无味，固体，在水中溶解度很大，有机酸的铵盐在水中的溶解度较小，但它们均不溶于非极性的有机溶剂。由于胺是弱碱，其铵盐遇强碱则会游离出胺：

$$RNH_2 + HCl \longrightarrow R\overset{+}{N}H_3\overset{-}{Cl} \xrightarrow{NaOH} RNH_2 + NaCl + H_2O$$

利用此性质可以将不溶于水的胺与其它有机物分离出来。如将含胺的混合物用稀盐酸处理后，胺的盐溶于酸水中与其它不溶于酸水的有机相分离，再用碱中和，不溶于水的胺游离出来，以醚或烷烃等有机溶剂萃取出游离胺即达到分离的目的。

12.5.2　弱酸性

氨、伯胺和仲胺分子中 N—H 键可以解离：

$$R_2NH \rightleftharpoons R_2N^- + H^+$$

它们都有弱酸性。氨和乙胺的 pK_a 分别为36和33，其酸性相当于甲苯甲基氢的酸性（$pK_a=35$）。注意，胺的 pK_a 不同于其共轭酸的 pK_a，不要将二者相混淆。

二异丙胺在乙醚、四氢呋喃等溶剂中，于低温下与丁基锂反应，得到二异丙氨基锂（LDA）：

$$[(CH_3)_2CH]_2NH + n-C_4H_9Li \xrightarrow[-78℃]{THF} [(CH_3)_2CH]_2NLi + n-C_4H_{10}$$

LDA通常作为强碱与醇和含 $\alpha-H$ 的羰基化合物如酯、羧酸、醛、酮等反应，起到去质子化的作用。例如：

$$CH_3OH + [(CH_3)_2CH]_2NLi \rightleftharpoons CH_3OLi + [(CH_3)_2CH]_2NH$$

LDA属于非亲核性强碱，因可溶于非极性有机溶剂中，在有机合成中得到广泛应用。

12.5.3　氮上的烃基化反应

烃基化试剂（如卤代烃）与胺反应，氨基上的氢原子被烃基取代：

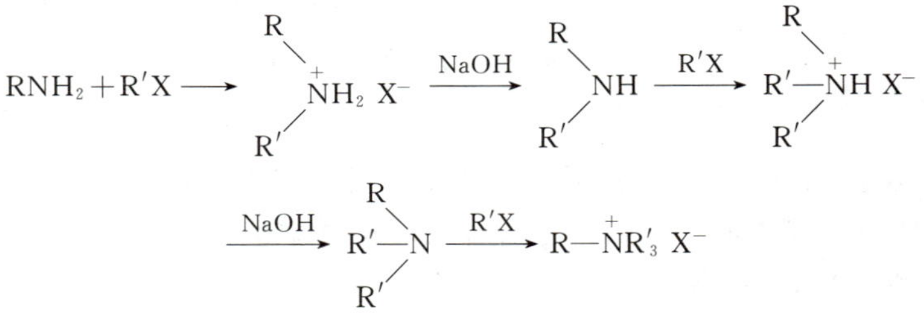

最后产物为季铵盐，如R′为甲基，则常称此反应为“彻底甲基化作用”。例如：

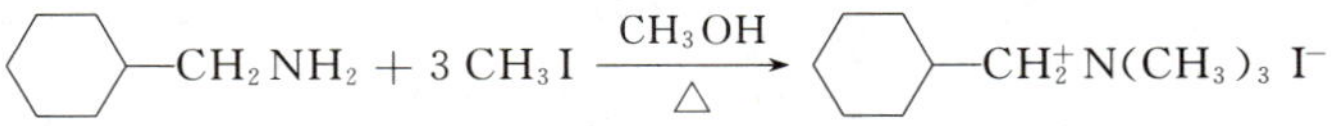

上述反应对胺来说是亲电取代反应，而对卤代烃来说，则是亲核取代反应，也可以用醇与胺反应。例如：

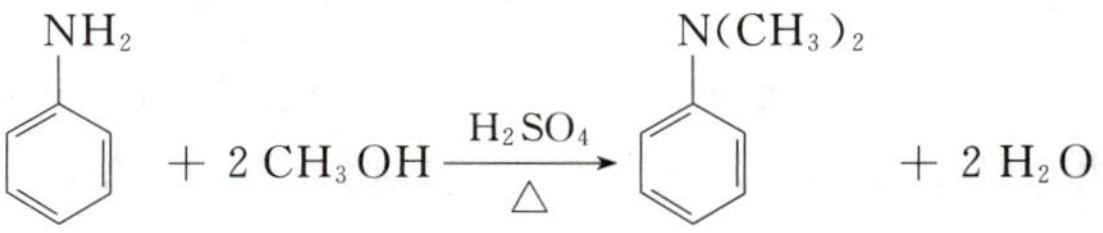

12.5.4　氮上的酰基化反应

与烃基化反应类似，如用酰基化试剂（如酰卤、酸酐），则可进行氮上的酰基化反应：

$$RNH_2 + R'COCl \longrightarrow RNHCOR' + HCl$$
$$RNH_2 + (R'CO)_2O \longrightarrow RNHCOR' + R'COOH$$

生成的酰胺容易水解，由于叔胺无此反应，因此可与伯、仲胺分离。

$$RNHCOR' + NaOH \longrightarrow RNH_2 + R'COONa$$

生成的酰胺是中性物质，均为有固定熔点的固体，因此可用于鉴定胺。在有机合成上，此反应除用于合成重要的酰胺外，常用于氨基的保护，防止氨基被氧化破坏，如在合成对氨基苯甲酸及对或邻硝基苯胺中都用到此反应。

如用磺酰化试剂（如对甲苯磺酰氯），则生成相应的磺酰胺。叔胺也无此反应，而伯胺生成的磺酰胺可溶于碱中，因此可与仲胺分离。此反应常用于分离及鉴定胺，称为兴斯堡（Hinsberg）试验法，反应过程如下：

演 6-30

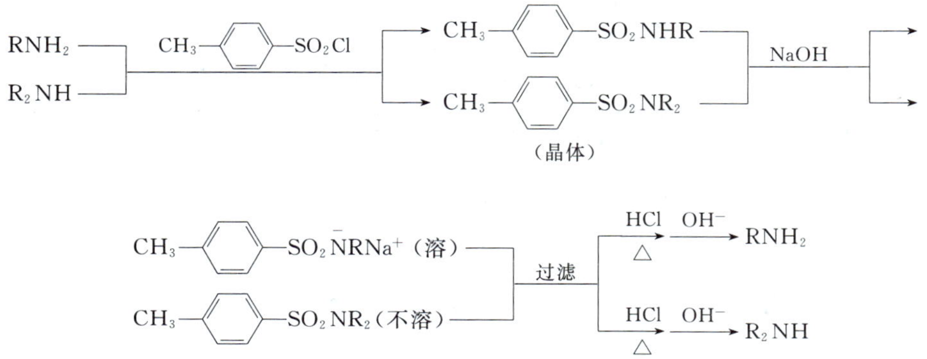

乙酰氯（或乙酐）和苯磺酰氯都可以与伯、仲胺反应，与叔胺不反应，可用来鉴定和分离伯、仲、叔胺。但乙酰氯常用来保护氨基，而苯磺酰氯用来分离伯、仲、叔胺。

12.5.5　与亚硝酸的反应

亚硝酸（$NaNO_2 + HCl$）与胺的反应，伯、仲、叔胺各不相同。

1. 伯胺

脂肪族伯胺生成的重氮化合物很不稳定，很容易定量放氮，在分析测定中有用。分解生成的碳正离子可以进一步转变为卤代烃、醇或烯烃，产物复杂，无合成价值。

$$RNH_2 + HNO_2 \longrightarrow R\overset{+}{N}{\equiv}N^-\ OH + H_2O$$

$$\downarrow -N_2$$

$$\text{烯、醇、重排产物} \longleftarrow R^+ + OH^- + N_2\uparrow$$

芳香族伯胺生成的重氮化合物较稳定，在有机合成中有重要应用，详见下节。

2. 仲胺

脂肪族仲胺与亚硝酸作用生成黄色油状的 N－亚硝基胺，后者与稀酸共热，又可分解生成仲胺，因此可用于鉴定或提纯仲胺。

$$R_2N\boxed{H + HO}{-}N{=}O \longrightarrow R_2N{-}N{=}O + H_2O$$

$$R_2N{-}N{=}O + HCl + H_2O \longrightarrow R_2\overset{+}{N}H_2Cl^- + HNO_2$$

$$\downarrow OH^-$$

$$R_2NH$$

芳香族仲胺与亚硝酸作用，也生成黄色油状的 N－亚硝基胺，但在酸性条件下受热容易重排成对亚硝基化合物：

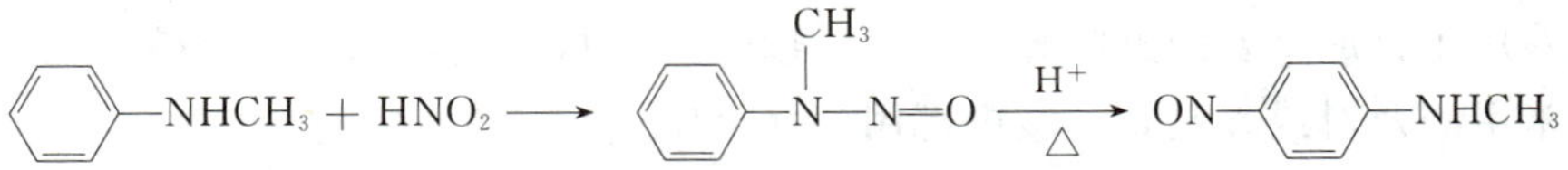

N－亚硝基胺化合物为黄色中性油状液体，有强烈的致癌作用！

3. 叔胺

脂肪族叔胺与亚硝酸作用生成不稳定的亚硝酸盐类，此盐用碱处理又重新得到游离的叔胺：

$$R_3N + HNO_2 \longrightarrow R_3{}^+NH^-NO_2 \xrightarrow{OH^-} R_3N$$

芳香族叔胺则生成环上亚硝基取代的化合物。例如：

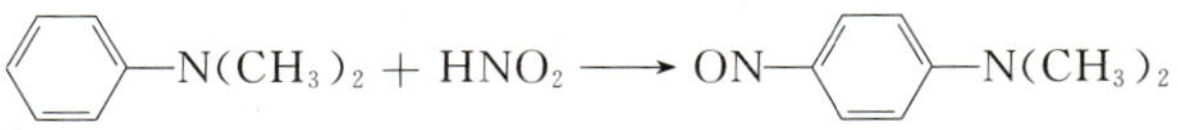

（绿色晶体，mp 86 ℃）

如对位上有别的取代基，则生成 N－亚硝基化合物：

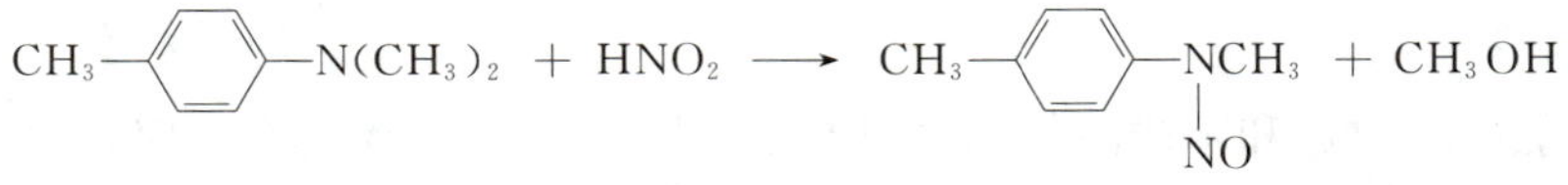

根据上述的不同反应，可以用来区别脂肪族及芳香族的伯、仲、叔胺。

12.5.6 芳胺环上的取代反应

由于氨基使苯环活化，所以芳胺的芳环上容易进行一系列亲电取代反应。

1. 卤代

演 6－31

芳胺与卤素反应很快，例如苯胺和溴水作用，常温下即生成 2,4,6－三溴苯胺白色沉淀：

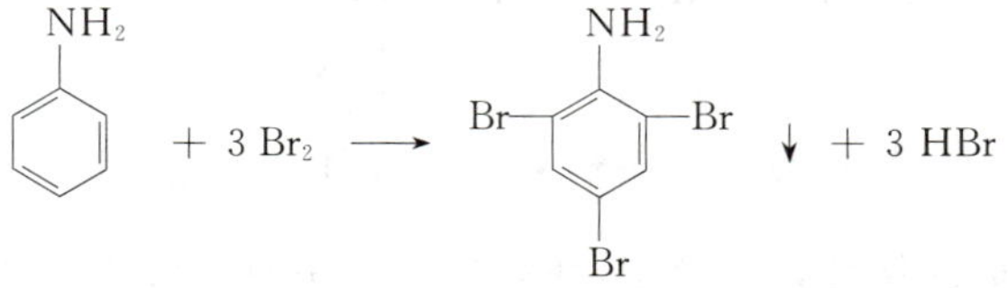

反应定量进行，可用于芳胺的鉴定和定量分析。若制备一卤代苯胺，则需将氨基酰化，以降低其活化能力。例如：

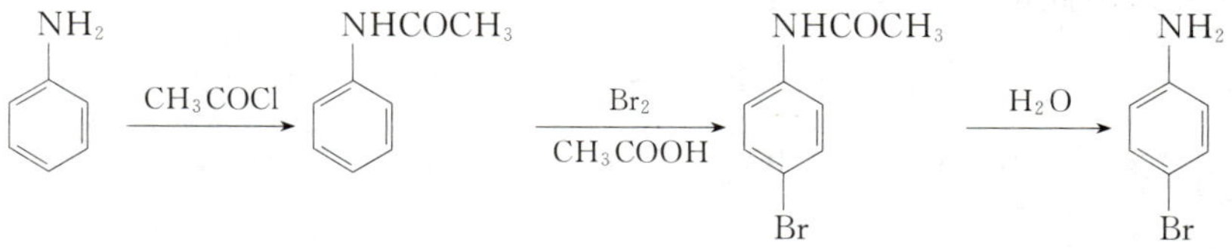

芳胺与活性小的碘反应，可以得到一碘化物：

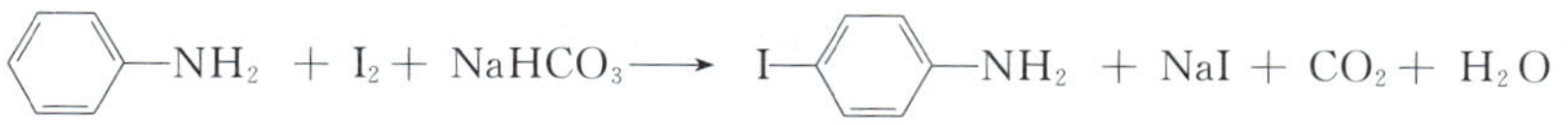

2. 硝化

如用芳胺直接硝化，则产物复杂，常伴随有氧化产物。通常可先将氨基酰化，再硝化得邻或对硝基产物：

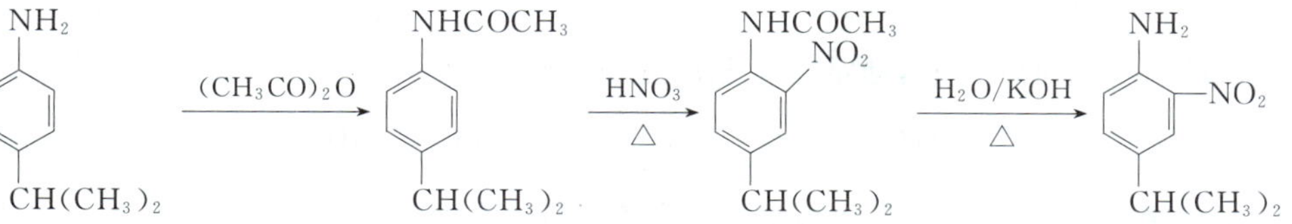

如在酸性条件下，则主要得到间硝基产物：

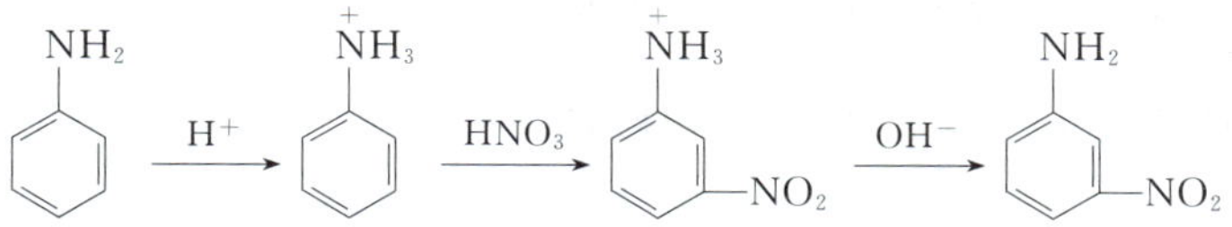

3. 磺化

芳胺与浓硫酸作用，先生成硫酸盐，加热脱水生成磺基苯胺，再重排成对氨基苯磺酸：

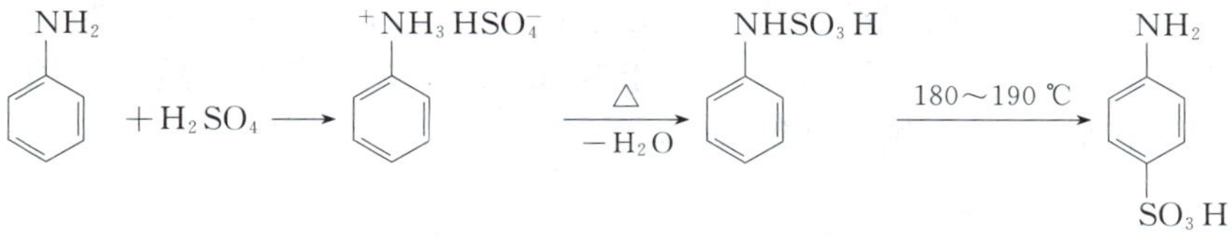

对氨基苯磺酸为无色结晶，熔点 288 ℃，能以内盐形式存在，是重要的染料中间体和常用的农药（敌锈酸）。

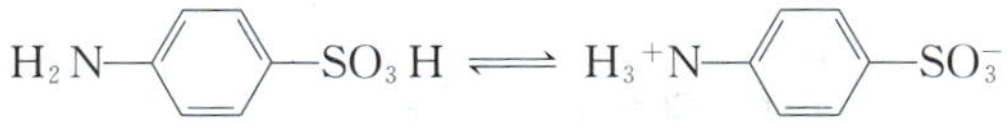

对氨基苯磺酸易溶于热水，不易溶于有机溶剂，分子呈弱酸性，可溶于 NaOH 或 Na_2CO_3 溶液中。

对氨基苯磺酸的酰胺（简称磺胺）是最简单的磺胺药物，它的合成过程如下：

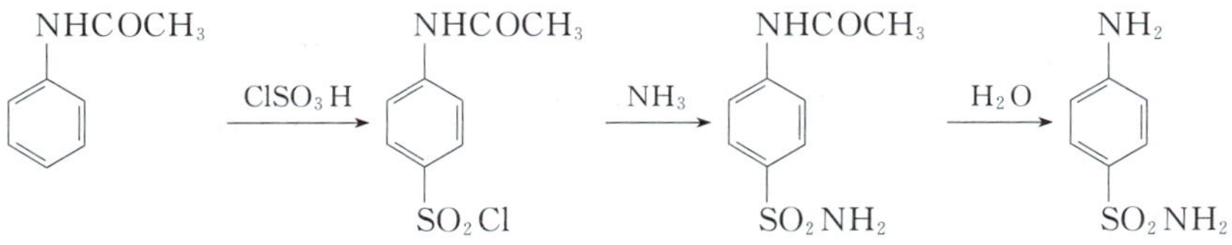

如果在氨解过程中，采用相应的氨基化合物，反应产物就是各种磺胺药物，如磺胺胍（SG）：

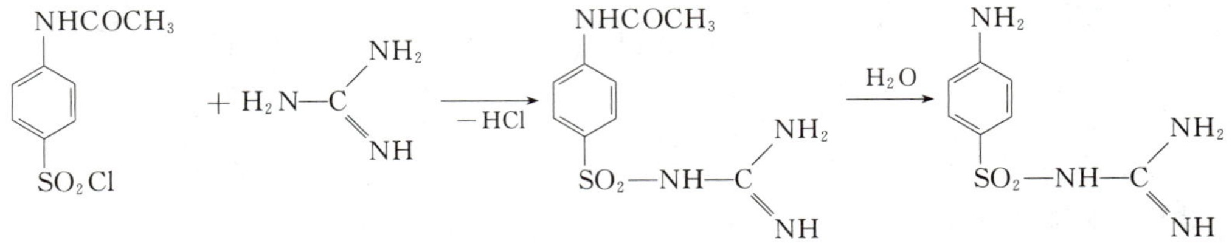

(SG)

胍是一个强碱性物质，通常由氨基腈与氨加成制得

$$H_2N—C\equiv N + NH_3 \longrightarrow (H_2N)_2C═NH$$

4. 芳香族叔胺的苯环上的亚硝化及酰化反应

芳香族叔胺与亚硝酸可以进行苯环上的亚硝化反应，已如前述。叔胺苯环上的酰化反应也有一定意义，如制备米蚩(Michler)酮：

法 9-5

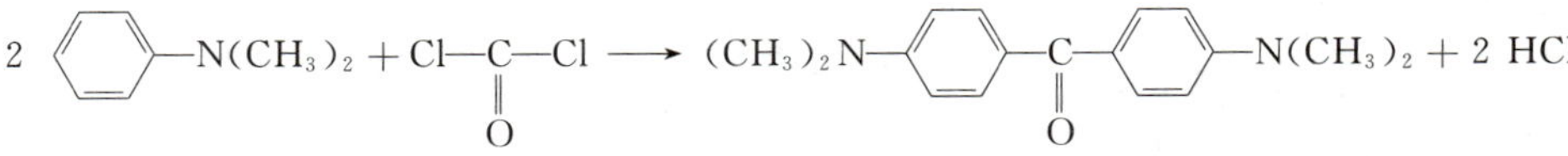

12.5.7 氧化反应

在常温下，脂肪族胺比较稳定，芳香族胺类则较易氧化，尤其是芳香族的伯胺及仲胺对氧化特别敏感，暴露在空气中往往颜色变深，氧化过程复杂，产物也难于分离。如选用温和的氧化条件控制反应，也可用于合成，如将苯胺溶于硫酸水溶液中，加入 $Na_2Cr_2O_7$ 进行低温氧化，则可制得苯醌：

演 6-32

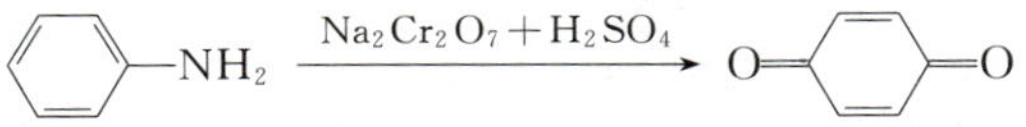

氨基本身的某些氧化反应，也有一定的制备价值。例如：

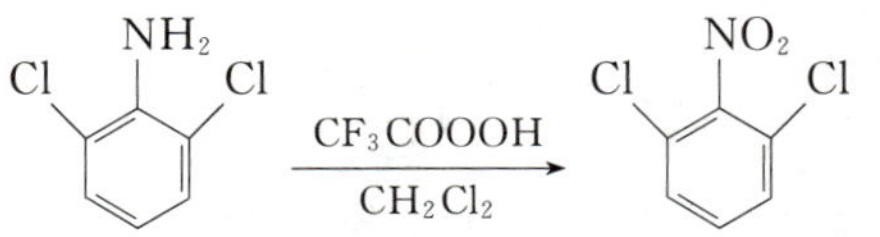

(89%～92%)

芳香环上有吸电子基团(—X，—NO_2，—CN 等)的芳胺进行该反应，收率较高。

叔胺用过氧化氢或过氧酸氧化，生成氧化叔胺：

N，*N*-二甲基苯胺-*N*-氧化物

在受热时，有 β-H 的叔胺 *N*-氧化物分解成烯烃和 *N*-取代羟胺：

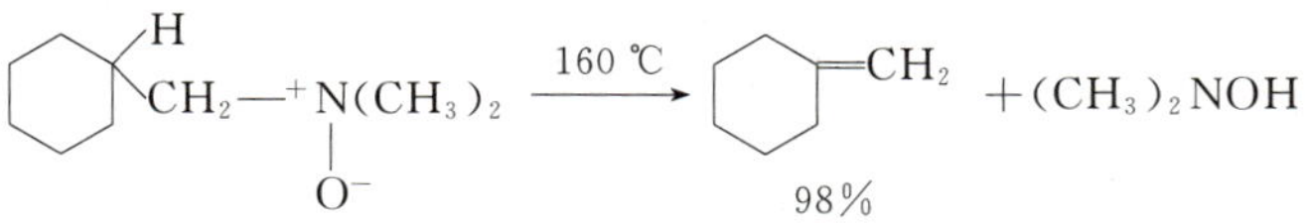

这一反应称为科普(Cope)消除反应。其反应机理为分子内的顺式消除。氧化胺分子中的氧原子的负电荷起到碱的作用,它与 β-H 作用,经过平面的五元环状过渡态发生顺式消除反应:

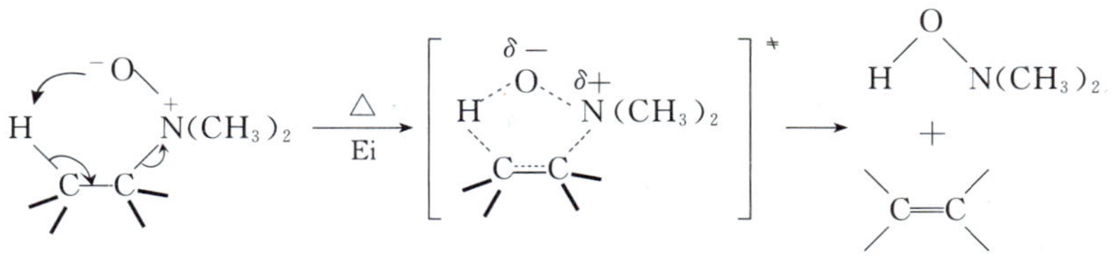

科普消除反应操作简便,只需要将胺和氧化剂混合,并且不需分离出生成的氧化胺即可继续反应。条件温和,副反应少,立体选择性高,得到的烯烃通常不发生重排,因而是合成烯烃的一种良好方法。例如:

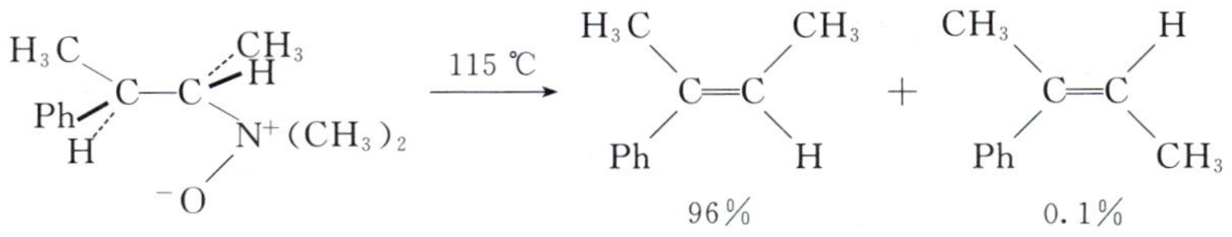

当氧化叔胺分子中同时存在两个不同位置的 β-H 时,消除将得到两种烯烃的混合物:

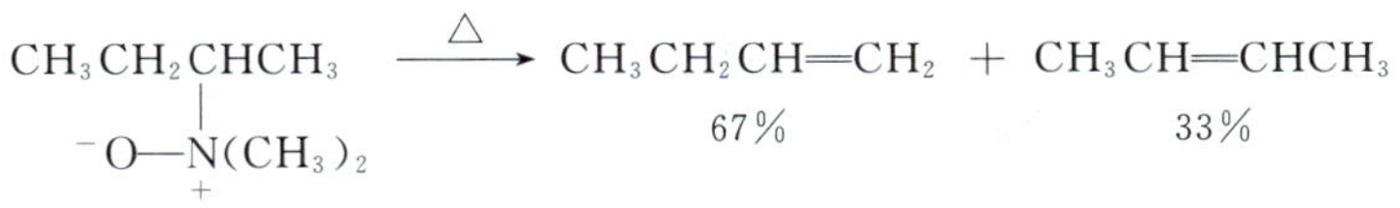

上述生成的 2-丁烯中,以较稳定的反-2-丁烯为主。

12.5.8　季铵盐及季铵碱

叔胺与卤代烷作用生成季铵盐:

$$R_3N + RX \longrightarrow R_4N^+X^-$$

季铵盐是晶体,它具有盐的性质,熔点高,易溶于水而不溶于非极性的有机溶剂中。季铵盐在加热时分解,生成叔胺和卤代烷:

$$R_4N^+X^- \xrightarrow{\triangle} R_3N + RX$$

季铵盐是一大类很重要的精细化学品,属于阳离子型表面活性剂,用作杀菌剂、浮选剂、防锈剂、乳化剂、柔软剂、织物整理剂、染色助剂及相转移催化剂,等等。例如,氯化胆碱[$(CH_3)_3{}^+NCH_2CH_2OH\ Cl^-$]俗称"矮壮素",是一种植物生长调节剂,可防止小麦倒伏;$C_{12}H_{25}{}^+N(CH_3)_2CH_2C_6H_5\ Br^-$ 是一种广谱杀菌剂,商品名"新洁尔灭"。

不对称的季铵离子与一些阴离子为$^-AlCl_4$、$^-BF_4$ 等结合形成的季铵盐,在室温下是液体、称室温离子液体,有特殊的性质,被称为绿色溶剂。

季铵盐与强碱作用，得到含有季铵碱的混合物：

$$R_4N^+X^- + KOH \rightleftharpoons R_4N^+OH^- + KX$$

如果反应在醇中进行，则由于 KX 沉淀析出，能使反应进行完全；如用 AgOH，也能使反应顺利进行，生成 AgX 沉淀：

$$R_4N^+X^- + AgOH \longrightarrow R_4N^+OH^- + AgX\downarrow$$

季铵碱呈强碱性，其碱性与 KOH、NaOH 相当，易潮解，能溶于水，常用作吸收 CO_2 的试剂。

季铵碱受热时会分解。含 β-H 的季铵碱受热分解成叔胺、烯烃和水的反应称为季铵碱的降解反应，也称为霍夫曼（Hofmann）降级反应。反应是按 E2 机理进行的，^-OH 是作为碱攻击 β-H 的。例如：

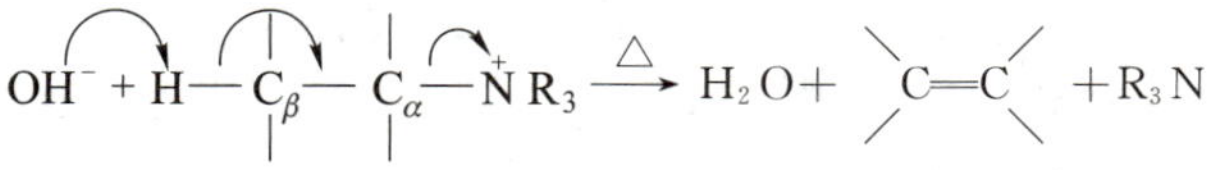

由于$^+NR_3$ 的强吸电子诱导效应，使 β-H 具有酸性，在 OH^- 的作用下离去，与此同时$^+NR_3$ 也带一对电子离去，但氢离去倾向比$^+NR_3$ 大，所以该 E2 反应的过渡态的结构缺少烯烃的特征，而与碳负离子的结构相似，碳负离子的稳定性对反应的取向起重要作用。如果季铵碱有两种 β-H，碱优先与酸性强的 β-H 结合，导致生成较稳定的类似碳负离子结构的过渡态，一般是酸性强的 β-H 位阻小，因此得到双键碳原子上取代基少的烯烃，即霍夫曼消除产物，反应是动力学控制。

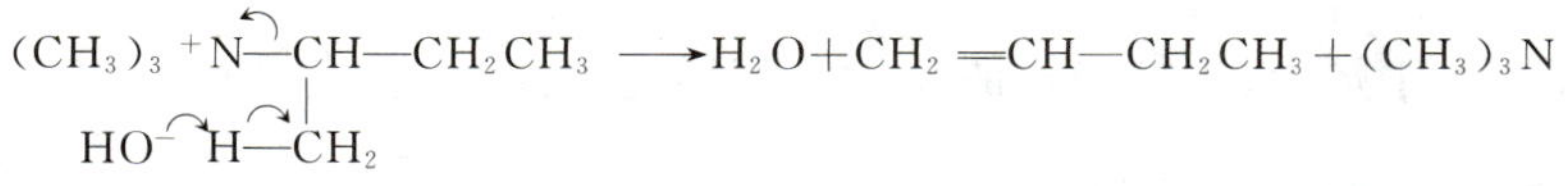

由于 E2 反应要求被消除的 H 与$^+N(CH_3)_3$ 处于反式共平面，基团的空间位阻也有利于霍夫曼烯烃的形成。例如，$\overset{1}{C}H_3\overset{2}{C}H(\overset{+}{N}(CH_3)_3)\overset{3}{C}H_2\overset{4}{C}H_3$ 的 $C_1—C_2$ 和 $C_2—C_3$ 间的构象如下：

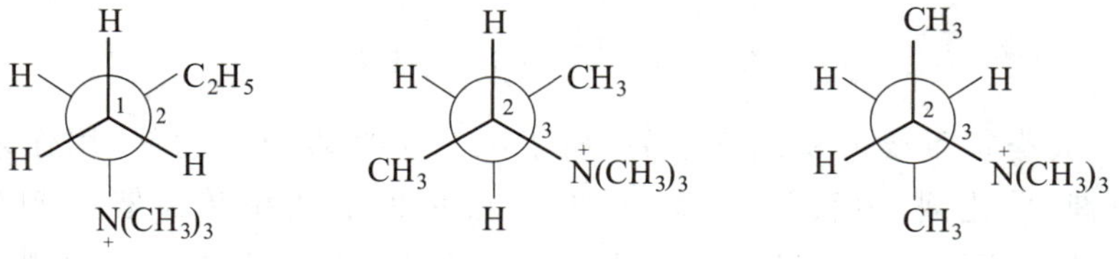

Ⅰ　　　Ⅱ　　　Ⅲ

Ⅰ式中 C_1 上的三个 β-H 均可与—$^+N(CH_3)_3$ 处于反式交叉共平面，空间位阻小，能量低稳定，是优式构象，易发生 E2 反应得到霍夫曼烯烃——1-丁烯。而 $C_2—C_3$ 间形成—$^+N(CH_3)_3$ 与 C_3 上的 β-H 处于反式共平面构象，无论 C_2 的构型如何，在优势构象Ⅱ、Ⅲ中 C_2 与 C_3 上的两个大的基团—$^{+}N(CH_3)_3$、—CH_3 总是处于邻位，位阻大，能量高，不稳定。因此，不利于形成札依采夫（Saytzeff）烯烃，即 2－丁烯。

季铵碱的降解反应可用于测定胺的结构和制备烯烃。一个未知的胺，用过量的 CH_3I 与其发生彻底甲基化反应，生成季铵盐，再转化为季铵碱，然后进行热分解。根据反应中消耗的 CH_3I 的物质的量和生成烯烃的结构，可推测原来的胺是几级胺和碳的骨架。例如，下面两个仲胺异构体经两次彻底甲基化反应转化成季铵碱，再进行热消除反应，得到不同的戊二烯，可推断原仲胺的构造：

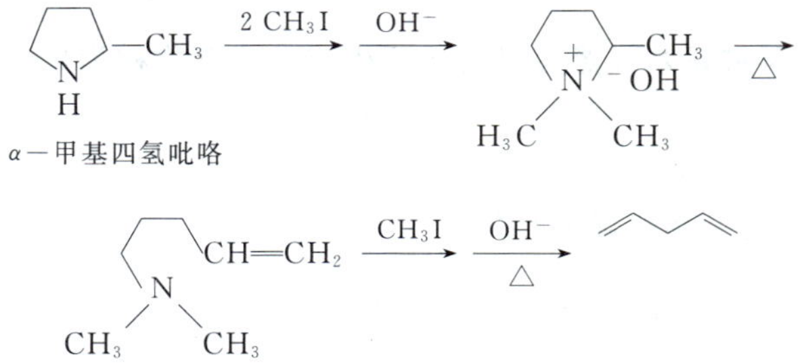

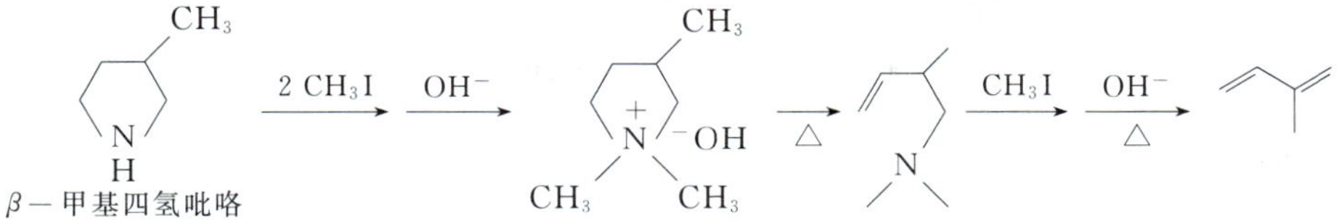

若季铵碱分子中没有 β－H（如氢氧化四甲铵），则加热分解生成叔胺和醇：

$$(CH_3)_4N^+OH^- \xrightarrow{\triangle} (CH_3)_3N + CH_3OH$$

某些季铵盐或季铵碱，既能溶于水中，又能溶于有机溶剂中，如 $(C_2H_5)_3^+NCH_2C_6H_5Cl^-$（简称 TEBA）、$(C_4H_9)_4N^+X^-$（简称 TBA）和 $C_6H_5CH_2^+N(C_2H_5)_3OH^-$ 等。它们可作为相转移催化剂催化油水两相、多相反应。其特点是反应条件温和，反应速率快，产物的选择性和收率高。如下列反应的收率均在 90%以上：

$$CH_3(CH_2)_7CH{=\!=}CH_2\text{（溶于苯）} \xrightarrow[\text{KMnO}_4\text{ 水溶液，40～50 ℃}]{[CH_3(CH_2)_6CH_2]_3\overset{+}{N}CH_3\ Cl^-} CH_3(CH_2)_7COOH \quad (1)$$

$$C_6H_5CH_2COCH_3 + CH_3(CH_2)_3Br \xrightarrow[\text{50\% NaOH 水溶液}]{C_6H_5CH_2\overset{+}{N}(C_2H_5)_3\ OH^-} CH_3CO\underset{\displaystyle C_6H_5}{\underset{|}{C}H}—CH_2CH_2CH_2CH_3 \quad (2)$$

反应(2)的反应原理可表示如下[$Q^+ = C_6H_5CH_2\overset{+}{N}(C_2H_5)_3$]：

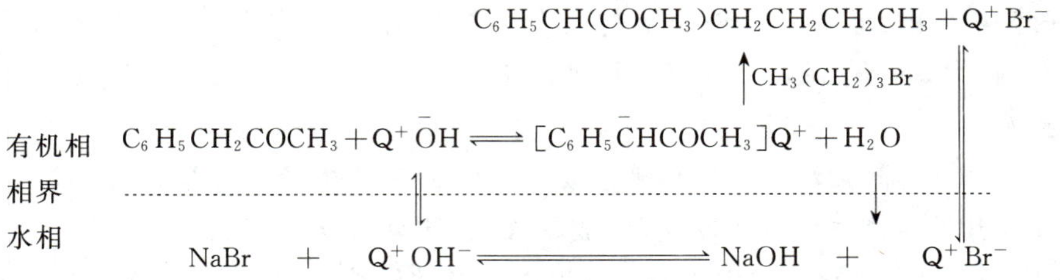

12.6 烯 胺

烯烃双键上的氢被氨基或烃氨基替代所生成的化合物称为烯胺。

12.6.1 结构

烯胺(enamine)的结构与烯醇相似：

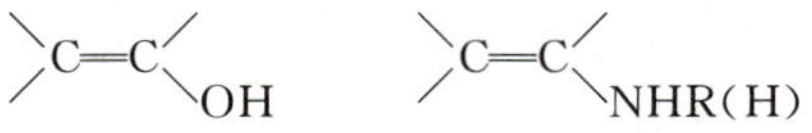

与烯醇类似，烯胺一般不稳定，迅速转化为互变异构体亚胺：

例如：

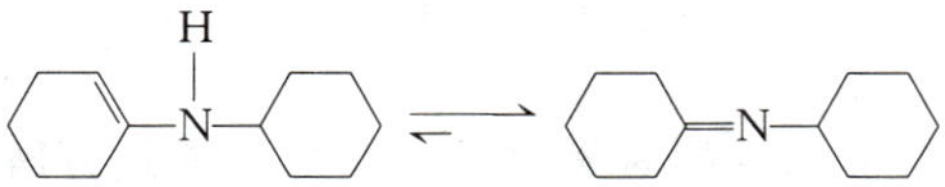

若烯胺氮上没有氢时，如 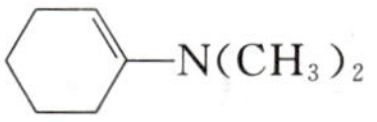 则不能发生互变异构现象，这样的烯胺稳定，可以分离出纯品。

稳定的烯胺可以由含 α－H 的醛或酮与仲胺在酸催化下反应制备。例如：

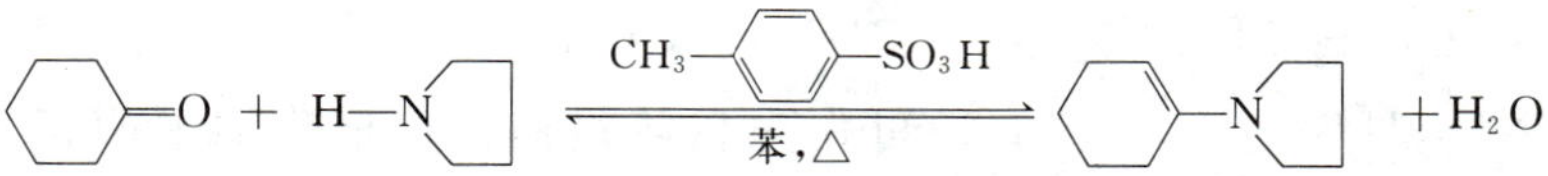

反应机理为

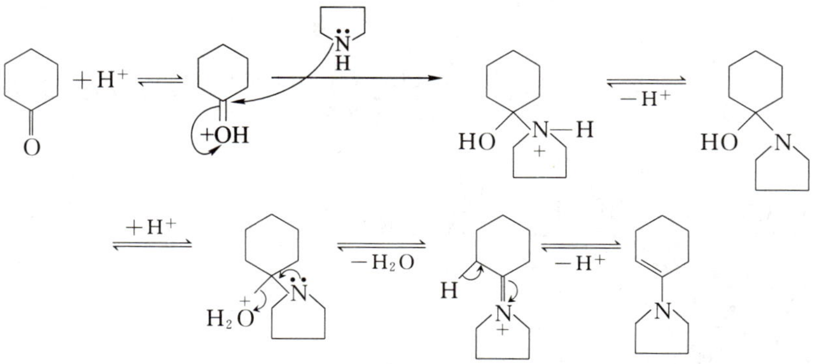

这是一个可逆反应，烯胺在稀酸中水解又生成原来的醛、酮和胺。

不对称的酮和仲胺反应产生的烯胺，主要是生成双键碳原子上取代较少的烯胺：

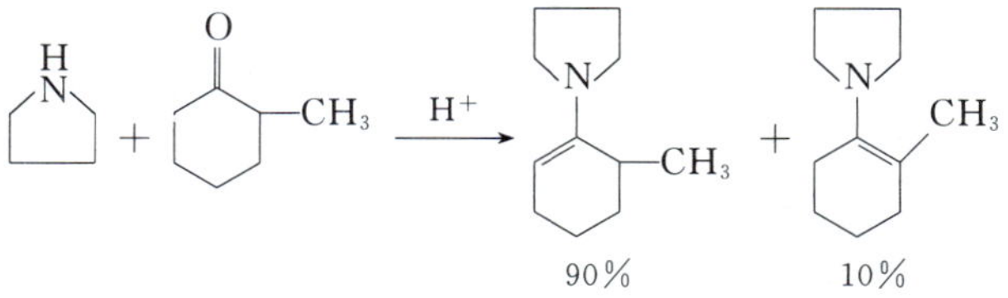

这是由于甲基若在双键上，和四氢吡咯环上的氢原子彼此排斥，使体系不稳定。

12.6.2　烷基化和酰基化反应

烯胺和烯醇负离子类似，可以有两个反应中心，一个是在碳原子上，一个是在氮原子上：

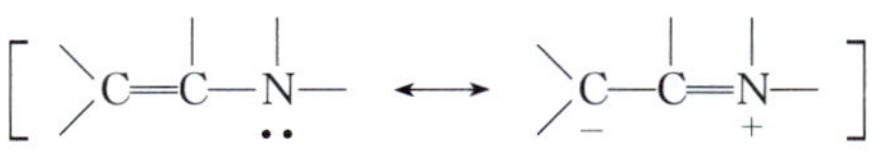

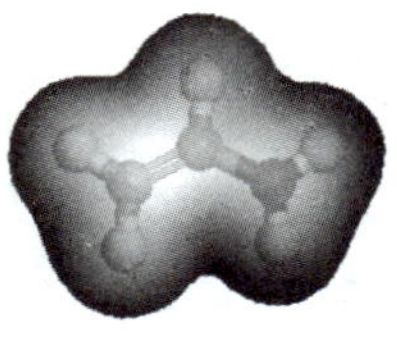

乙烯胺

静电势模型图

烯胺可以与卤代烃、酰氯等发生碳原子上的烷基化、酰基化反应，后者经水解得到 α－烷基化、酰基化的酮。

烯胺烷基化在氮原子上发生和在碳原子上发生是一个竞争反应，较高的温度有利于碳原子上烷基化反应。例如：

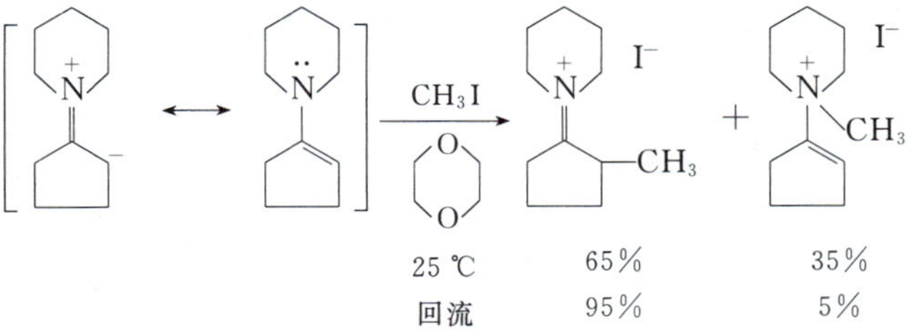

一般氮原子上烷基化的烯胺不稳定，受热容易转化为碳原子上烷基化的产物。

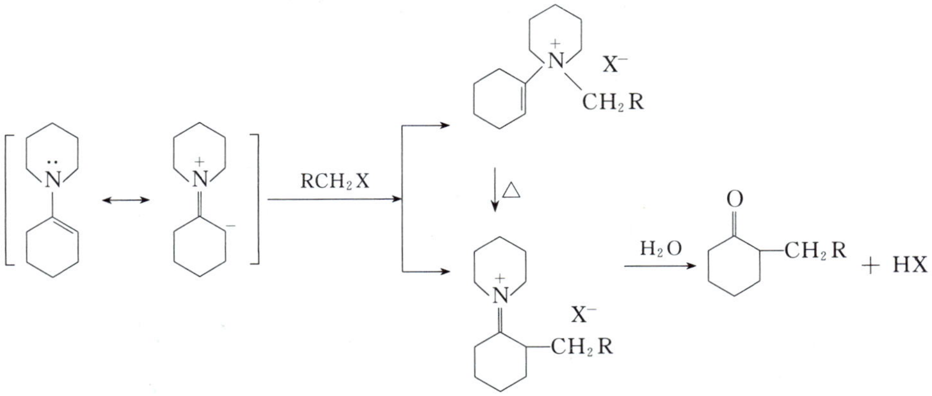

用活泼的卤代烷如碘甲烷、烯丙基卤、α－卤代酯等，主要得到碳烷基化产物。例如：

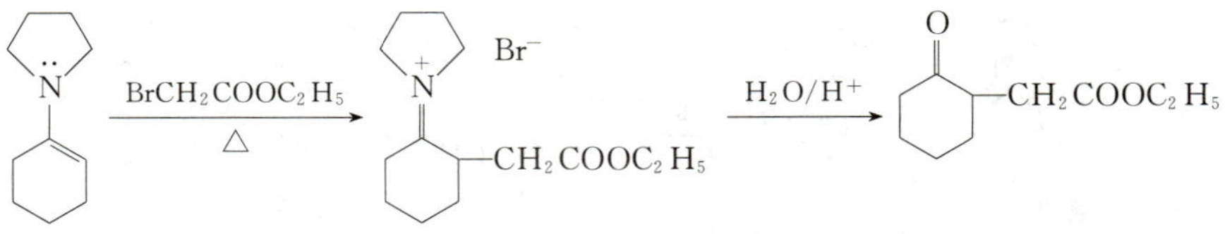

虽然在氮原子上也能发生酰基化，但产物同样不稳定，又转化成碳酰基化产物。例如：

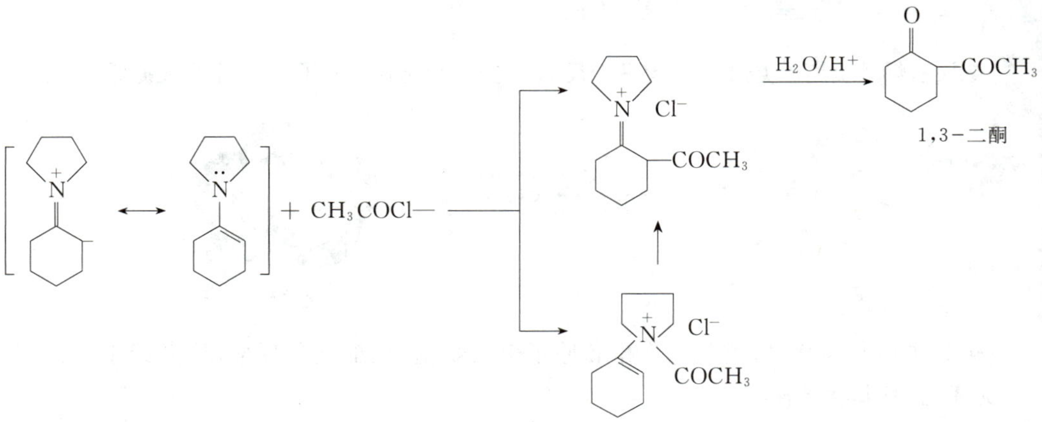

12.6.3　迈克尔加成反应

烯胺的另一重要用途是与 α,β－不饱和酮、酯及腈发生迈克尔加成反应。

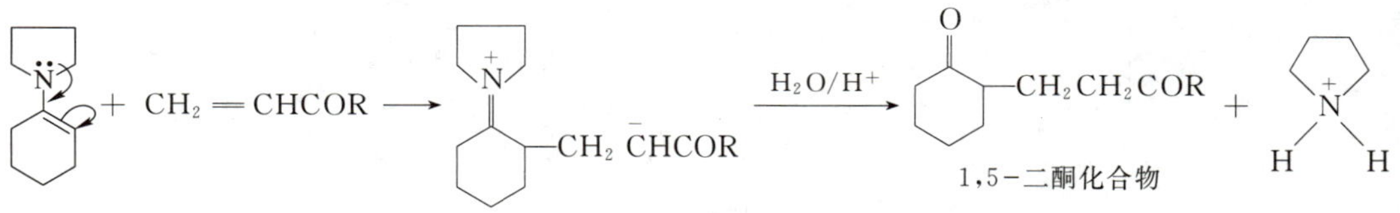

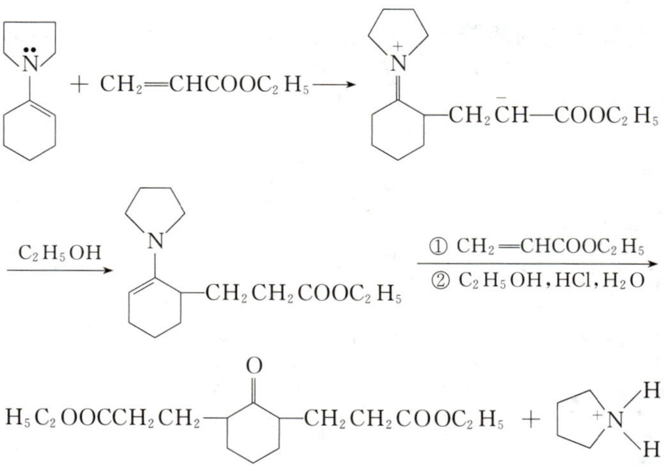

如果用酮直接进行烷基化、酰基化等反应合成 α-取代酮，活性不高且常有羟醛缩合反应及多烷基化等副反应发生，而用烯胺进行反应，可避免这些缺点。

12.7 腈

烃分子中的氢原子被氰基(—C≡N)替代所得的化合物称为腈。

腈可写为 R—C≡N 及 Ar—C≡N ，氰基是腈的官能团。根据所含碳原子数称为某腈或氰基少一个碳原子的某烷。例如：

CH_3—CN　　CH_2=CH—CN　　NC—$(CH_2)_4$—CN　　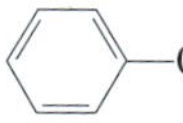—CN

乙腈或氰基甲烷　　丙烯腈　　己二腈　　苯甲腈

氰基是强极性基团，其吸电子作用仅次于硝基，这是由于氰基的氮原子是 sp 杂化状态，它以一个 sp 轨道与碳原子的一个 sp 轨道重叠形成 σ 键，另以两个 p 轨道与碳原子的两个 p 轨道形成两个互相垂直的 π 键，sp 杂化氮原子的电负性很大(4.67)，π 键容易极化，腈的分子极性较大。例如乙腈和苯甲腈：

CH_3—CN
$\mu = 13.14\times10^{-30}$ C·m

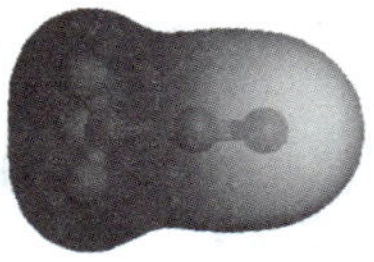

乙腈

C_6H_5—CN
$\mu = 14.58\times10^{-30}$ C·m

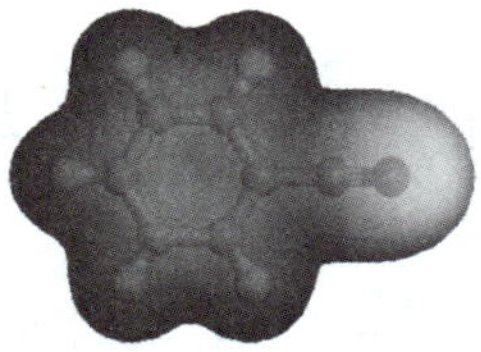

苯甲腈

静电势模型图

12.7.1 物理性质

由于腈的强极性，所以分子间引力很大，它们的沸点比相应相对分子质量的烃、醚、醛、酮、胺均高，而与醇相近，较羧酸低。例如：

化合物	CH_3CN	$C_2H_5NH_2$	CH_3CHO	C_2H_5OH	HCOOH
相对分子质量	41	45	44	46	46
沸点/ ℃	82	16.6	21	78.3	100

腈与水形成氢键，所以在水中溶解度较大，低碳原子数腈均溶于水，并能溶解盐等离子化合物，常用作溶剂及萃取剂。腈毒性较大，使用时需加强防护。

氰基的红外特征吸收区与炔键一样，均在 σ = 2 000～2 400 cm^{-1}。

12.7.2 化学性质

氰基与羰基的结构相似，是极性重键：

$$-\overset{\delta+}{C}\equiv\overset{\delta-}{N} \qquad >\overset{\delta+}{C}=\overset{\delta-}{O}$$

因此它们也有某些相似的化学性质。

1. 催化加氢

腈很容易还原，可用催化加氢、氢化铝锂或金属钠/乙醇等。

$$R—C\equiv N + H_2 \xrightarrow{Ni} R—CH=NH \xrightarrow{H_2/Ni} \underset{伯胺}{R—CH_2—NH_2}$$

副反应：

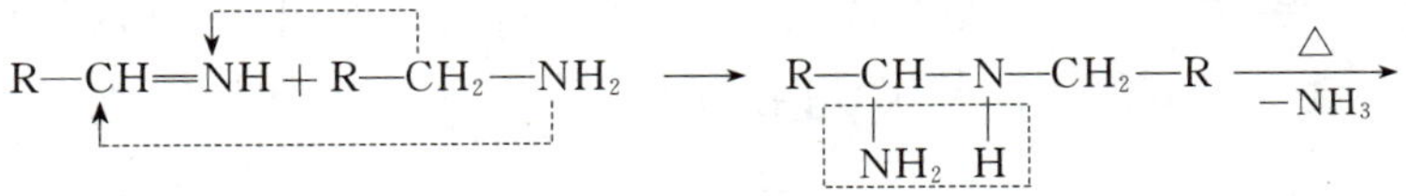

$$R—CH=N—CH_2—R \xrightarrow{H_2/Ni} \underset{仲胺}{R—CH_2NHCH_2—R} \longrightarrow \longrightarrow \underset{叔胺}{(RCH_2)_3N}$$

为了抑制副反应，需加入过量的 NH_3，也可加些 KOH 等碱类。工业上用己二腈催化加氢制己二胺。

2. 水解与醇解

腈很容易水解，酸或碱均可催化水解反应，得到羧酸：

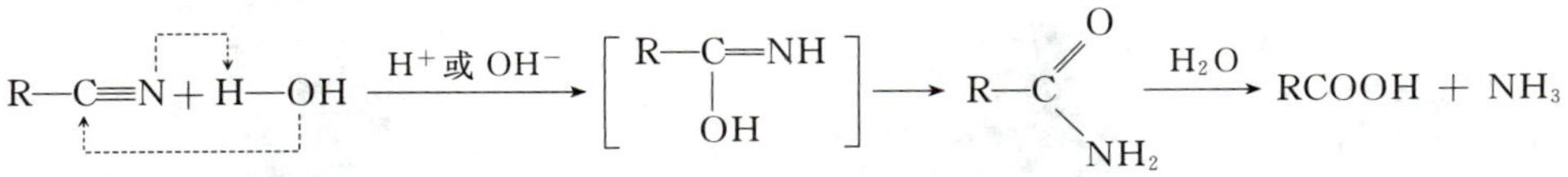

工业上用己二腈水解制备己二酸。

如在水解液中加入醇，则醇解得酯：

$$R—CN + R'OH + H_2O \xrightarrow{H^+} RCOOR' + NH_3$$

实际上可以看成是水解成酸的同时，再与醇进行酯化反应。工业上用丙酮生产 α-甲基丙烯酸甲酯的过程中就利用氰基的醇解反应：

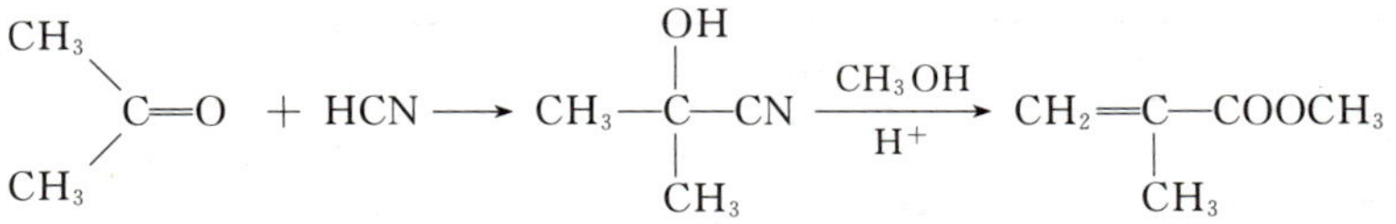

α-甲基丙烯酸甲酯是生产有机玻璃等的单体。

3. 与格利雅试剂作用

腈与格利雅试剂作用生成酮：

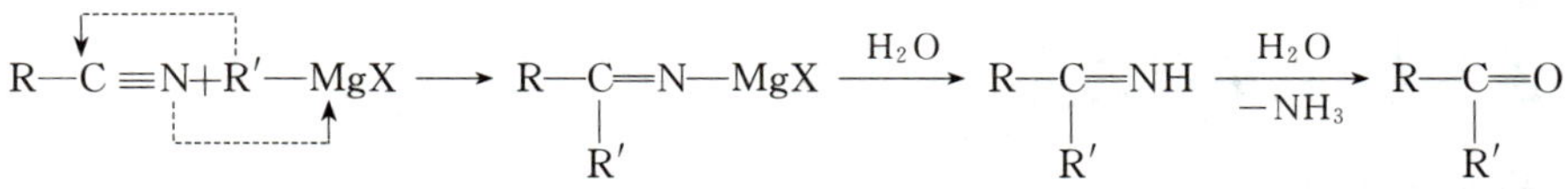

4. α-H 的活泼性

由于氰基的强吸电子性，使 α-H 活泼，可以发生自身缩合反应[索普(Thorpe)腈缩合反应]。例如：

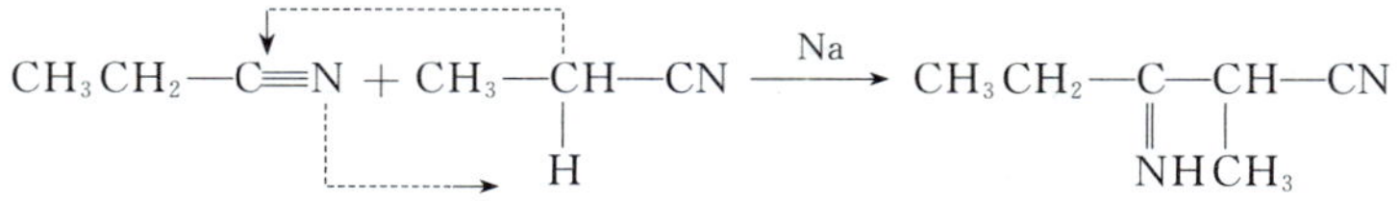

也可以与芳醛、酯等发生缩合反应。例如：

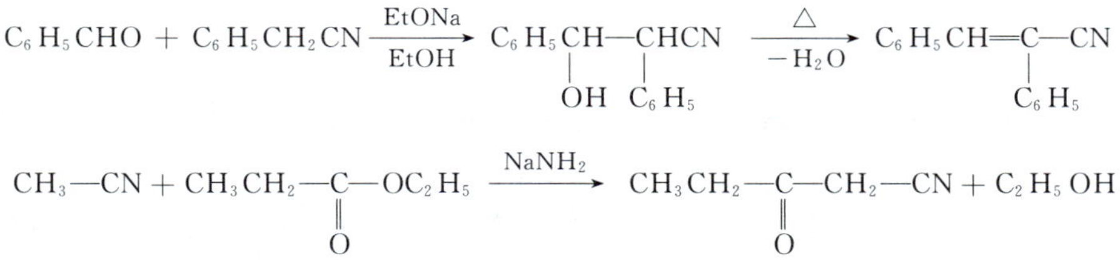

12.8　异腈及异氰酸酯

12.8.1　异腈

烃分子中的氢原子被异氰基(—NC)替代生成的化合物称为异腈。

氰离子是一种两可离子，它的烷基化反应也可以在氮原子上进行，生成腈的异构体异腈。异腈可写为 R—NC 及 Ar—NC，官能团为异氰基(—NC)。其结构用共振式表示为

$$[\ R—\ddot{N}{=}C\colon \longleftrightarrow R—\overset{+}{N}{\equiv}\overset{-}{C}\ (R—N \Rrightarrow C\colon)]$$

异氰又称为胩，命名时以异氰基为取代基，称为异氰基某少一个碳原子的烃或某胩，如 C_2H_5NC 称为异氰基乙烷或丙胩。

异腈是由伯胺与氯仿及氢氧化钾共热制得

$$RNH_2 + CHCl_3 + 3\ KOH \xrightarrow[\triangle]{} RNC + 3\ KCl + 3\ H_2O$$

这是伯胺的特征反应，生成的异腈有恶臭味，所以这也是伯胺的鉴定方法之一。

由于异氰基的碳原子有孤对电子，有强烈的给电子作用，对碱较稳定，较腈更容易酸性水解，生成伯胺：

$$RNC + 2\ H_2O \xrightarrow{H^+} RNH_2 + HCOOH$$

异腈加氢则生成仲胺：

$$RNC + 2\ H_2 \xrightarrow{Ni} RNHCH_3$$

将异腈加热则异构化为腈：

$$RNC \xrightarrow{\triangle} RCN$$

异腈容易被氧化，生成异氰酸酯：

$$RNC + HgO \longrightarrow R{-}N{=}C{=}O + Hg$$

12.8.2　异氰酸酯

烃分子中氢原子被异氰酸基（—N ═C ═O）替代生成的化合物称为异氰酸酯。

异氰酸酯的通式为 R—N═C═O 及 Ar—N═C═O，异氰酸基看作异氰酸酯的官能团。与羧酸酯的命名相似，称为异氰酸某酯，习惯上又称为某异氰酸酯。例如：

静电势模型图

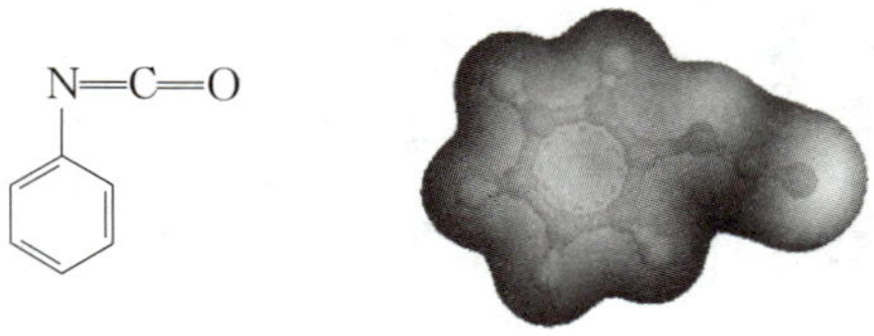

异氰酸苯酯
（苯异氰酸酯）

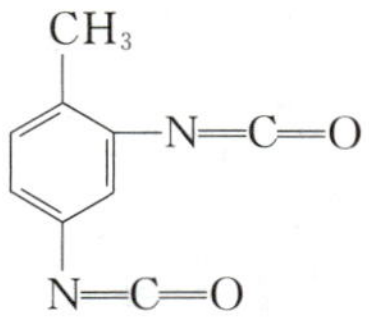

2,4-二异氰酸甲苯酯
（甲苯-2,4-二异氰酸酯）

它们是制造医药、农药、高分子材料的原料。

工业上常用芳胺制备异氰酸酯（光气法）：

$$2\,ArNH_2 + Cl{-}\underset{\underset{O}{\|}}{C}{-}Cl \longrightarrow Ar{-}NH{-}\underset{\underset{O}{\|}}{C}{-}Cl + Ar^+NH_3Cl^-$$

$$Ar{-}NH{-}\underset{\underset{O}{\|}}{C}{-}Cl \xrightarrow{\triangle} Ar{-}N{=}C{=}O + HCl$$

实验室里也可用卤代烷法：

$$RI + AgN{=}C{=}O \longrightarrow R{-}N{=}C{=}O + AgI\downarrow$$

异氰酸酯的结构类似于烯酮：

$$-N{=}C{=}O \qquad \gt C{=}C{=}O$$

因此，化学性质很活泼，易于与含活泼氢的化合物加成。例如：

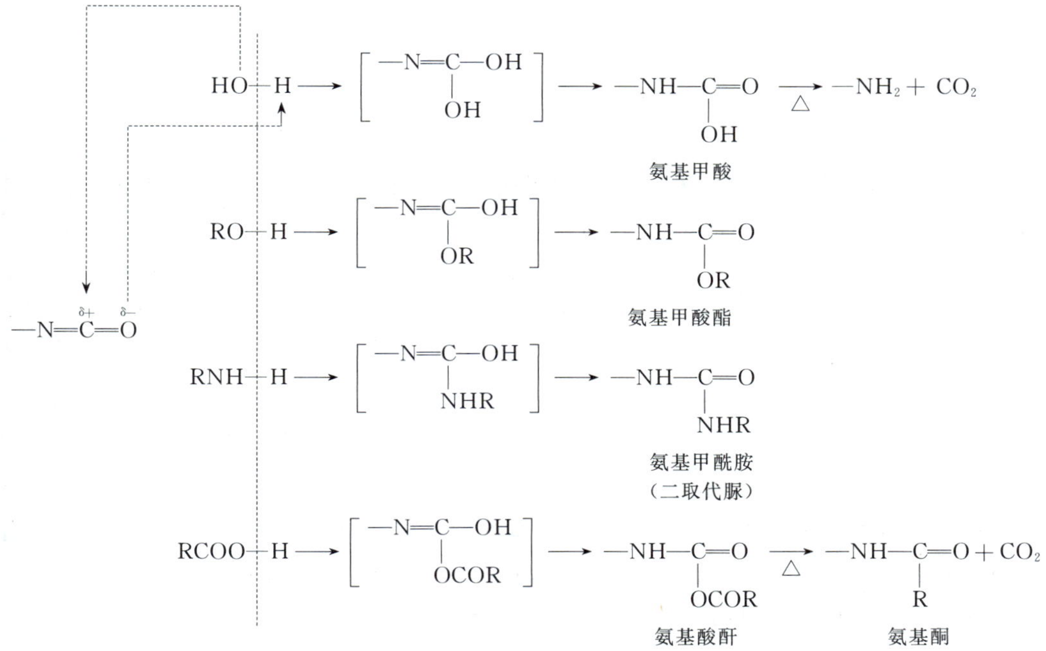

利用上述反应，如由异氰酸苯酯生成的 *N*－苯基氨基甲酸酯和二取代脲均为结晶固体，有一定熔点，可用于醇、酸、胺等的鉴定。若用二异氰酸酯和二元醇作用，可得到聚氨酯类树脂——聚氨基甲酸酯，如 2,4－二异氰酸甲苯酯与丁二醇反应生成聚氨基甲酸酯的部分结构如下：

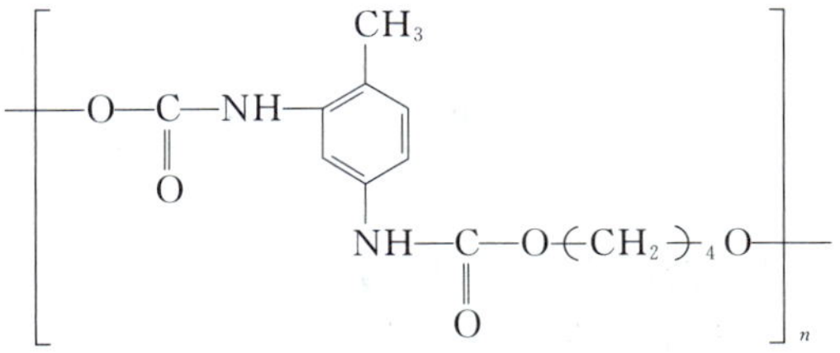

这类树脂可以用作合成橡胶、工程塑料、涂料，等等。如要生产泡沫塑料，则在二元醇中加入少量水，可在聚合时发生下列反应：

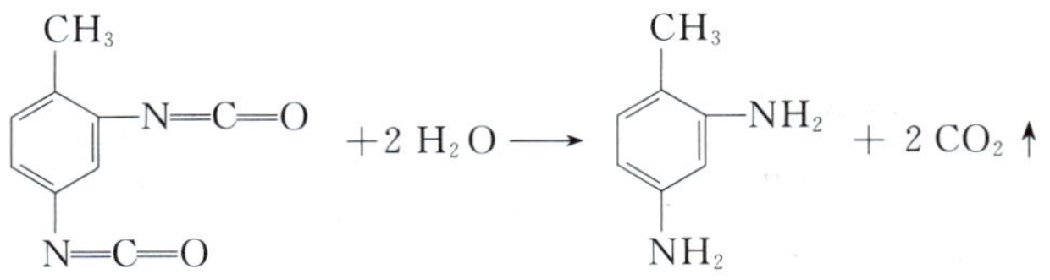

当缩聚物固化时，CO_2 形成的小气泡留在塑料中，即成海绵状的泡沫材料或硬质泡沫材料。

12.9　重氮及偶氮化合物

重氮和偶氮化合物都含有—N_2—原子团。重氮化合物中—N_2 的一端和碳原子相连；偶氮化合物中则两端都与碳原子相连，其结构中含 —N═N— 原子团。例如：

CH_2N_2	$C_6H_5N_2^+Cl^-$	C_6H_5—N═N—NH—C_6H_5
重氮甲烷	氯化重氮苯	苯基重氮氨基苯
C_6H_5—N═N—C_6H_5	C_6H_5—N═N(→O)—C_6H_5	$(CH_3)_2$C(CN)—N═N—C(CN)$(CH_3)_2$
偶氮苯	氧化偶氮苯	偶氮二异丁腈

重氮和偶氮化合物都是合成产物，自然界中不存在，其中尤以芳香族的化合物较为重要，如芳香族重氮化合物在有机合成和有机分析上有广泛用途，而芳香族偶氮化合物则大多从重氮化合物偶合而得，它们是重要的精细化工产品，如染料、药物、色素、指示剂、分析试剂等。目前，偶氮染料占合成染料的60%以上。

12.9.1　重氮盐的制备及其结构

芳香伯胺与亚硝酸在低温下反应生成重氮盐的反应称为重氮化反应。

例如，苯胺与亚硝酸（$NaNO_2+H^+$）在低温下（0～5 ℃）反应，生成氯化重氮苯，反应式如下：

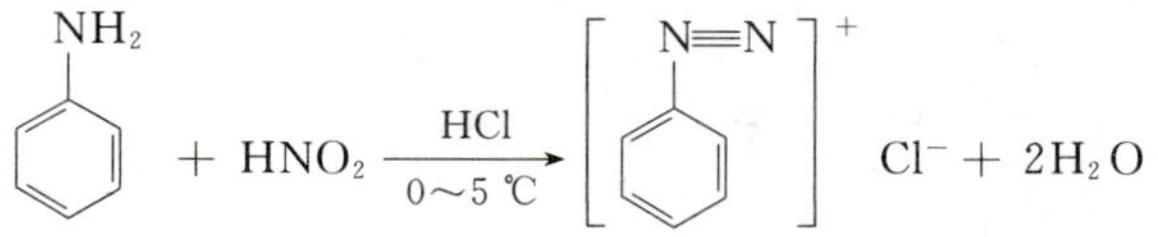

脂肪族伯胺与 HNO_2 的反应产物很易分解（放 N_2），因此无制备价值。而芳香族重氮盐却较稳定，这是因为在芳香重氮正离子中，C—N≡N 键呈线形结构，N≡N 键中的π轨道与苯环上的π轨道形成共轭体系，电子离域，使重氮盐在低温下强酸介质中能稳定存在。

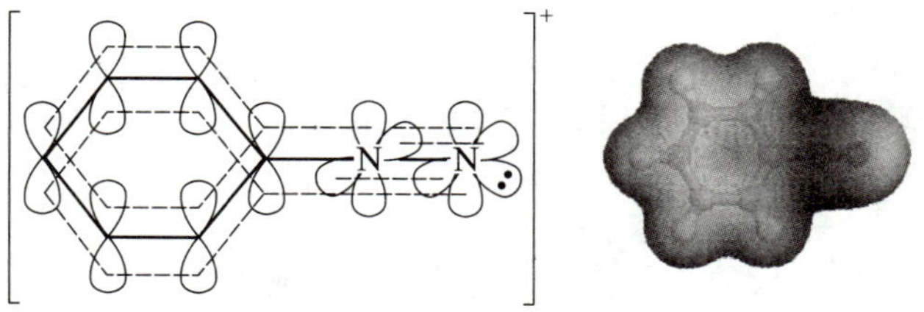

静电势模型图

苯环上有吸电子基团的重氮盐较为稳定，这是由于强化了 N≡N 与苯环的共轭，同时也说明具正电荷的空轨道是不与苯环共轭的：

上述两种重氮盐可以在 40～60 ℃时制备。

干燥的重氮盐不稳定，易分解（放 N_2）甚至引起爆炸，因此重氮盐的制备及使用都要保持在低温的酸性介质中。

重氮盐具有一般盐的性质，易溶于水，不溶于有机溶剂，水溶液能导电。

根据共振论的观点，重氮正离子的结构是下列共振式的杂化体：

$$[\mathrm{Ar}-\overset{+}{\mathrm{N}}\equiv\mathrm{N}\!: \longleftrightarrow \mathrm{Ar}-\ddot{\mathrm{N}}=\overset{+}{\mathrm{N}}\!:]$$

这一观点可以在重氮盐的化学性质中体现出来。

12.9.2　重氮盐的化学性质及其应用

演 6-33

重氮盐的化学性质非常活泼，大致可以分为两大类，即放氮反应及留氮反应。

1. 放氮反应

重氮盐的放氮反应，其结果是重氮基团被其它基团所取代。

(1) 取代反应

① 被羟基取代：将重氮盐的酸性水溶液加热，即发生水解，放出 N_2，生成酚：

$$\mathrm{ArN_2^+\,HSO_4^-} + \mathrm{H_2O} \xrightarrow[\triangle]{\mathrm{H^+}} \mathrm{ArOH} + \mathrm{N_2} + \mathrm{H_2SO_4}$$

在有机合成上利用此反应可使氨基转变成羟基，用来制备那些不宜用磺化-碱熔法等制得的酚类。例如，间溴苯酚、间硝基苯酚等：

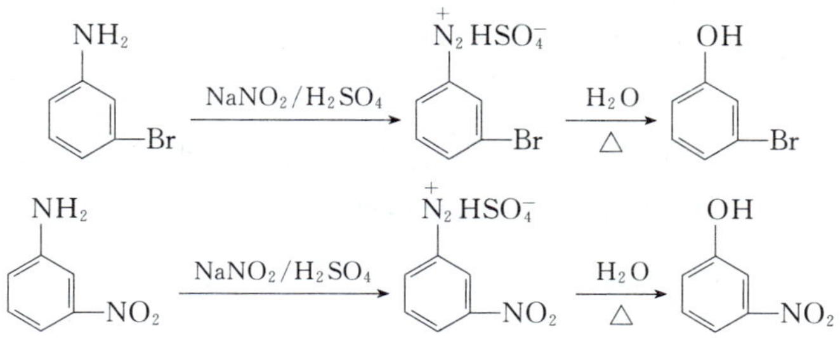

② 被卤素或氰基取代：重氮盐溶液与氯化亚铜、溴化亚铜或氰化亚铜等的酸性溶液作用，加热分解生成卤化物或氰化物及氮气：

$$\mathrm{Ar\overset{+}{N}_2X^-} \xrightarrow{\mathrm{CuCl/HCl}} \mathrm{ArCl} + \mathrm{N_2}$$

$$\mathrm{Ar\overset{+}{N}_2X^-} \xrightarrow{\mathrm{CuBr/HBr}} \mathrm{ArBr} + \mathrm{N_2}$$

$$\mathrm{Ar\overset{+}{N}_2X^-} \xrightarrow{\mathrm{CuCN/KCN}} \mathrm{ArCN} + \mathrm{N_2}$$

芳香重氮盐在亚铜盐的催化作用下重氮基被置换成氯、溴和氰基的反应，称为桑德迈耳（Sandmeyer）反应。这是在芳环上引入氰基等的常用方法。桑德迈耳反应收率都较高，产物纯度也较好。例如：

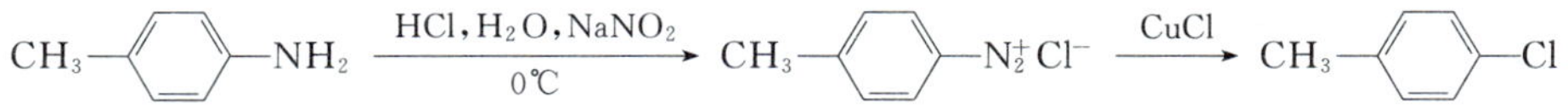

由于此反应中的 CuX 易分解，需新鲜制备，后来盖特曼(Gatterman)改用铜粉作催化剂，称为盖特曼反应，此法操作简便，但收率较低。

$$Ar\overset{+}{N}_2X^- \xrightarrow[\triangle]{Cu} ArX + N_2$$

铜粉的用量很少，它实际上只起催化作用。

碘化物的生成最容易，不需要 CuI，只要 KI 和重氮盐共热，就直接得到良好收率的产物。例如：

$$C_6H_5N_2^+HSO_4^- + KI \xrightarrow[\triangle]{} C_6H_5I + N_2 + KHSO_4$$

氟化物的制备是将氟硼酸(HBF_4)加到重氮盐溶液中，即生成氟硼酸重氮盐沉淀，过滤、干燥后，小心加热，即分解得芳香氟化物。例如：

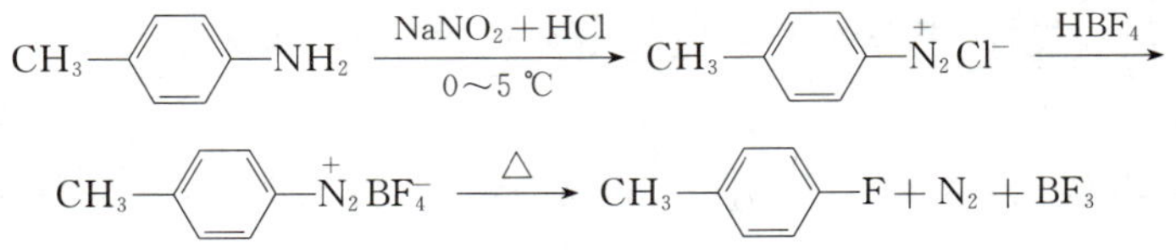

此反应又称希曼(Schiemann)反应。由于氰化物、碘化物及氟化物不易直接由芳香亲电取代反应制得，因此重氮盐的取代反应就很有合成价值。

若将氟硼酸重氮盐在铜粉存在下与 $NaNO_2$ 溶液一起加热，则重氮基被硝基取代。利用这个反应可以制备不能直接用硝化制得的硝基化合物。例如：

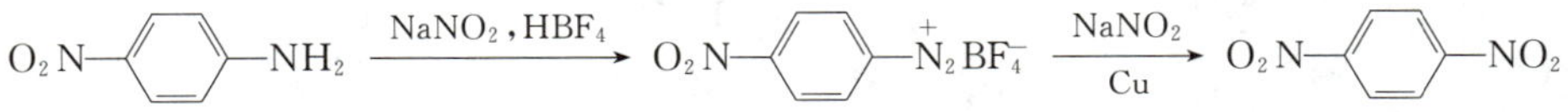

(2) 还原反应(去氨基反应)　重氮基也可以被氢原子取代，还原为芳烃，用弱的还原剂，如乙醇、次磷酸(H_3PO_2)均可反应，反应式如下：

$$ArN_2X + C_2H_5OH \longrightarrow ArH + N_2 + CH_3CHO + HX$$
$$ArN_2X + H_3PO_2 + H_2O \longrightarrow ArH + H_3PO_3 + N_2 + HX$$

通过此反应，可以将芳胺变为芳烃，所以常称去氨基反应。此反应在结构证明及有机合成中都很有用。因为去氨基反应，有利于认识化合物的原来骨架；而在有机合成中，则可以起到在特定位置上的“占位、定位”作用。例如：

① 合成 1,3,5−三溴苯：

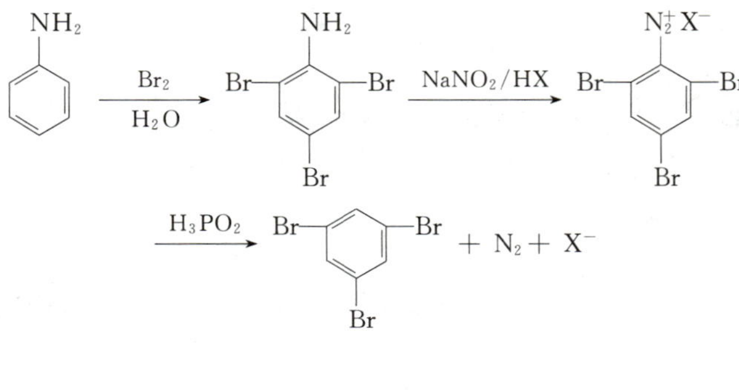

② 由对甲苯胺转化为间甲苯胺：

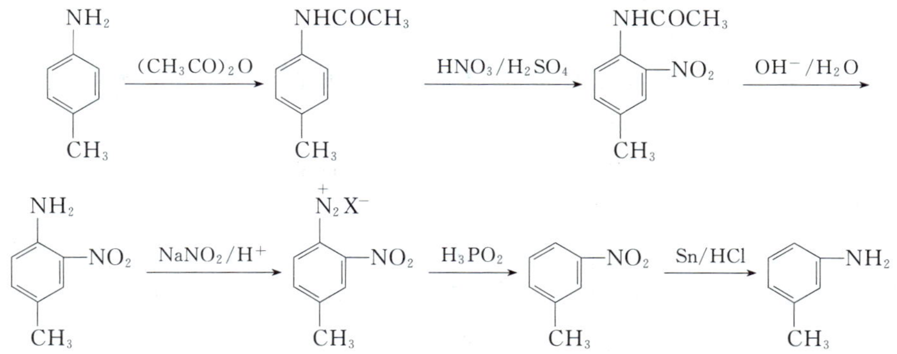

2. 留氮反应

重氮盐的留氮反应是指重氮基留在反应产物中的反应。

芳基重氮正离子的结构与酰基氧正离子或亚硝鎓离子相似：

$$Ar\overset{+}{N}\equiv N: \qquad R—C\equiv\overset{+}{O}: \qquad :\overset{+}{O}\equiv N:$$

它们都能与芳香族化合物起亲电取代反应。

(1) 偶合反应　重氮正离子是较弱的亲电试剂，只能和活泼的芳香族化合物(芳胺和酚)发生苯环上的亲电取代反应，生成偶氮化合物。这个反应称为偶合反应。重氮盐称为重氮组分，芳香族化合物称为偶合组分。

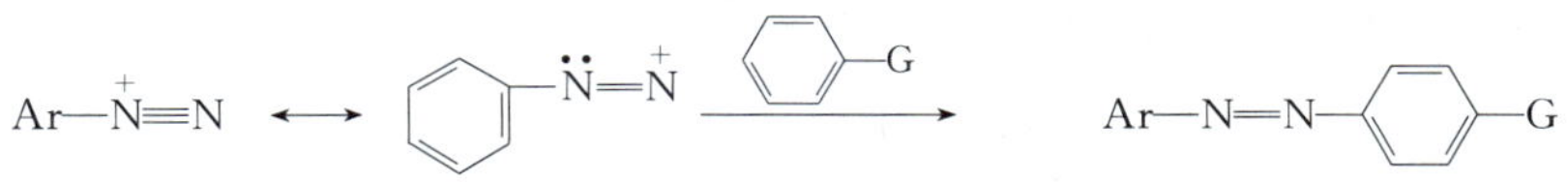

(G＝—OH，—NH_2，—NHR，—NR_2)

偶合反应主要在对位进行，若对位已被占据，则发生在邻位。如 1-萘酚偶合在 4 位，2-萘酚则在1 位：

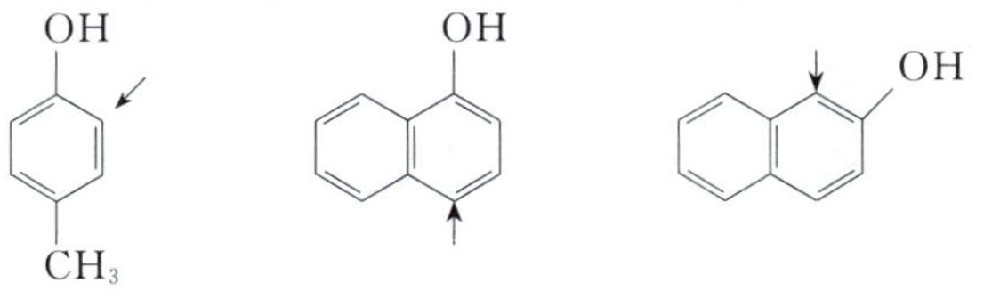

至于芳香族伯胺和仲胺，因为氮原子上还保留着活泼氢原子，因此偶合反应首先发生在氨基上，生成重氮氨基化合物，然后在酸性介质中加热，重排成偶氮化合物。例如：

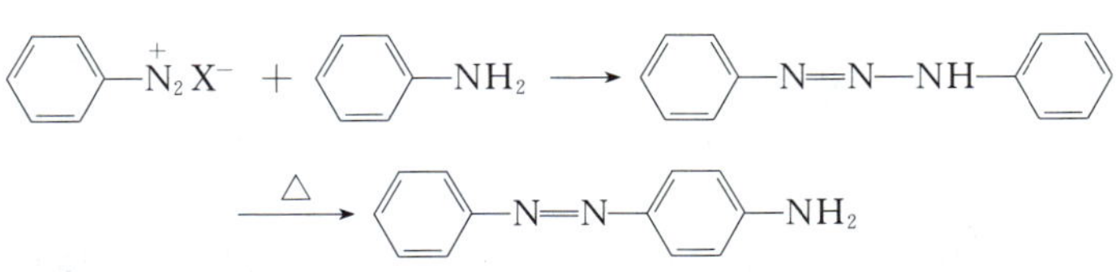

芳香族叔胺的偶合反应较为简单：

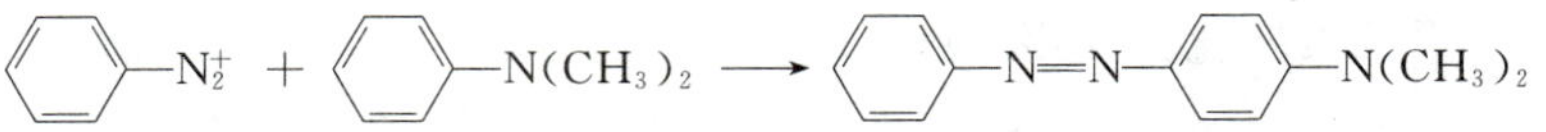

白脱黄(butter yellow)

对于重氮组分来说，在重氮基的邻、对位有吸电子基团时，反应活性增强，如 2,4,6−三硝基苯重氮盐甚至可以和 1,3,5−三甲苯偶合；2,4−二硝基苯重氮盐则可以和苯甲醚偶合。相反，环上具有给电子基的重氮盐，则偶合能力很弱，如 2,4−二甲基苯胺的重氮盐必须在相当浓的溶液中方可偶合。

对于不同的偶合组分来说，必须强调的是，反应介质的酸碱性是非常重要的。一般说来，酚类的偶合要求在弱碱性介质中进行；与芳胺偶合，则最好在中性或弱酸性介质中反应。例如，8−氨基−1−羟基萘−3,6−二磺酸(H 酸)在不同 pH 介质中的偶合位置如下：

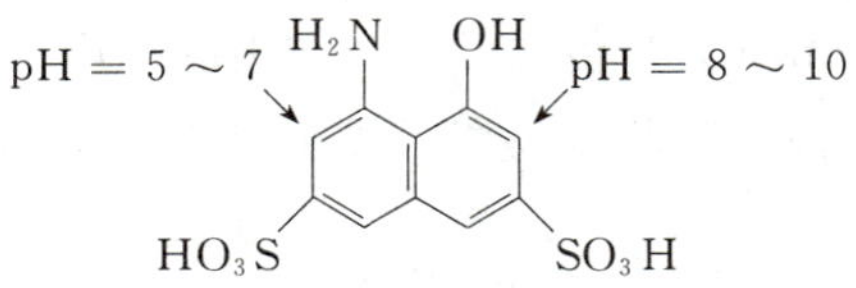

这是因为在弱碱性介质中，酚类以氧负离子形式参与反应，对偶合反应有利：

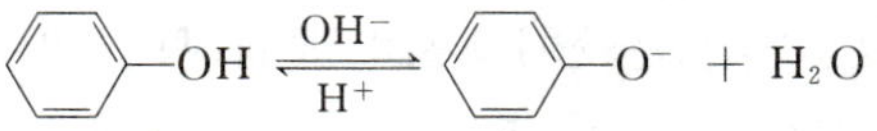

而胺类在弱酸性(pH=5～7)或中性介质中主要以游离胺的形式参与反应，也对偶合反应有利。如在强酸介质中，则芳胺成铵盐，钝化芳环不利于偶合：

$$ArNH_2 + H^+ \rightleftharpoons Ar\overset{+}{N}H_3$$

若在强碱介质中，则重氮盐转变成重氮碱及其盐，就不能起偶合反应了：

$$Ar—\overset{+}{N}≡NCl^- \xrightarrow{KOH} Ar—N=N—OH \longrightarrow Ar—N=N—OK$$

由此可见，要完成一个反应，除选择好反应底物及试剂外，优化最佳反应条件，才能获得预期的结果。

(2) 还原反应　重氮盐可以发生留氮还原反应，转变为相应的芳肼。采用的还原剂有 $SnCl_2$、Zn、Na_2SO_3 等，也可进行电解还原。例如：

苯肼是重要的有机试剂，但极毒，使用时要注意安全。苯肼进一步还原，可以得到苯胺：

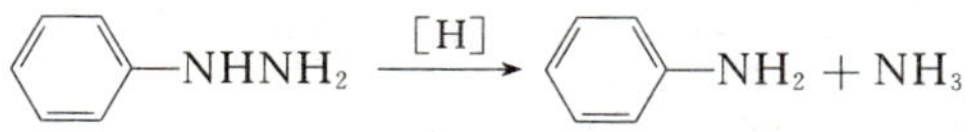

若在较强的还原条件下，则偶氮化合物也可以被还原，生成两种相应的胺。例如甲基橙：

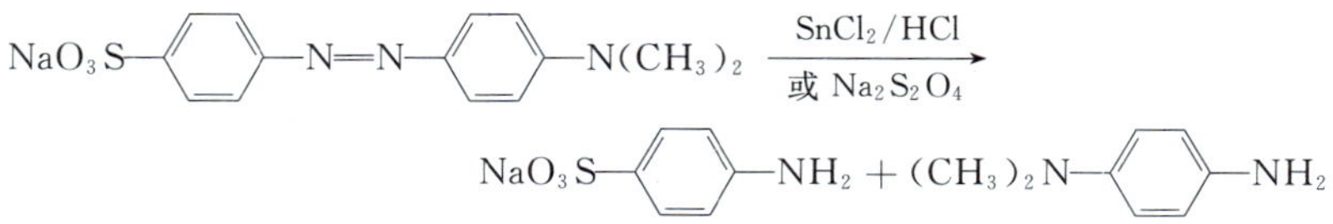

据此可以推断原来偶氮化合物的结构（结构剖析），也可以用于合成某些芳胺。

习　题

12－1　命名下列化合物或写出构造式。

(1) $CH_3CH_2CH_2-\underset{NO_2}{\underset{|}{C}}HCH(CH_3)_2$

(2) 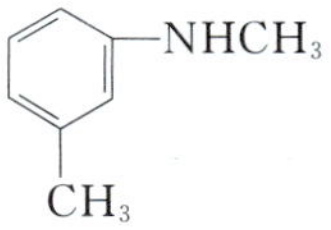

(3) $CH_3CH_2-\underset{NHCH_3}{\underset{|}{CH}}-CH_2CH_3$

(4) $C_6H_5SO_2NHC_2H_5$

(5) 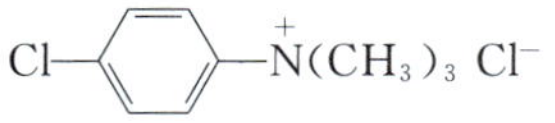

(6) $(C_2H_5)_2\overset{+}{N}(CH_3)_2\ OH^-$

(7) 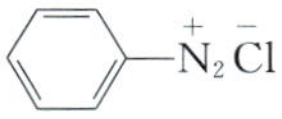

(8) 异氰酸苯酯

(9) 对氨基苯甲酸乙酯

(10) 2－氨基－4－甲氨基己烷

(11) (*E*)－偶氮苯

(12) 2－甲基－1,6－己二胺

12－2　比较下列各对化合物的酸性强弱。

(1) A. 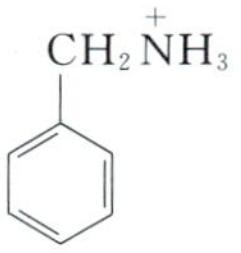　B. 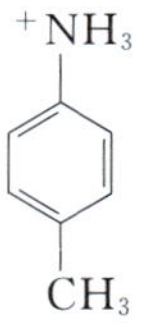

(2) A. 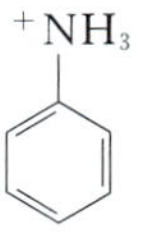　B. 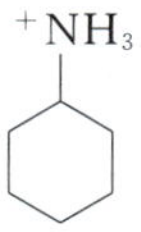

(3) A. 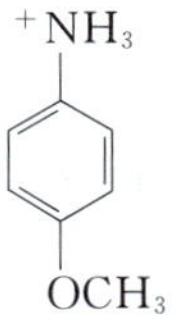　B. 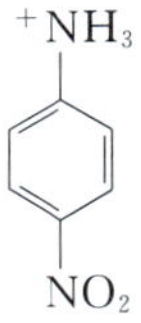

12－3　将下列各组化合物按碱性由强至弱的次序排列：

(1) A. $(CH_3)_4\overset{+}{N}OH^-$　B. $CH_3-\overset{O}{\overset{\|}{C}}-NH_2$　C. CH_3NH_2

D. 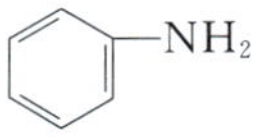　E. 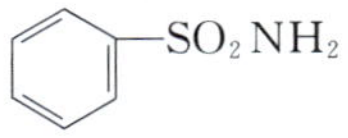

(2) A. $(CH_3)_3N$　B. 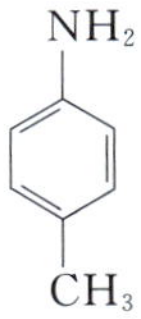　C. 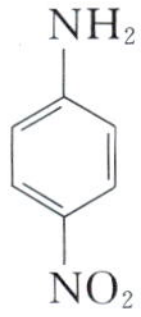

D. 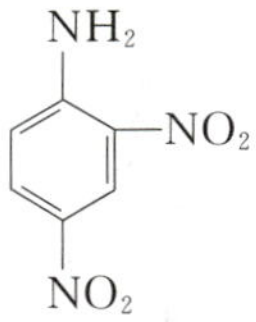

E. $(CH_3)_2NH$

12-4　完成下列反应：

(1) 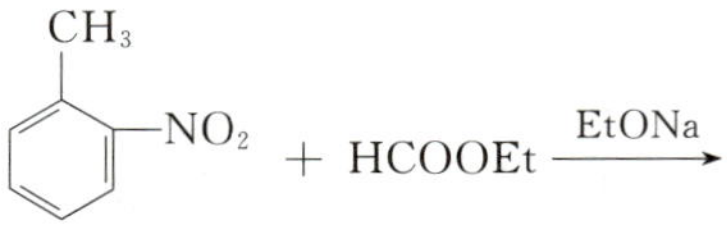

(2) 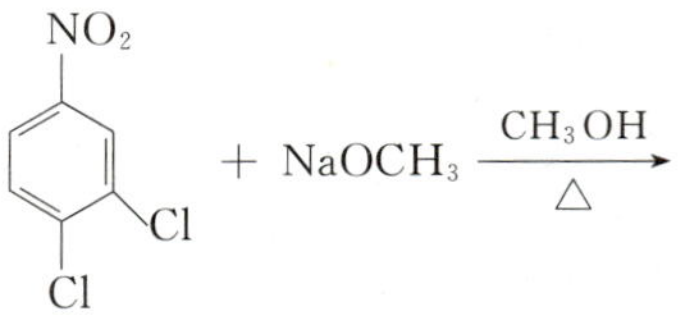

(3) 

(4) 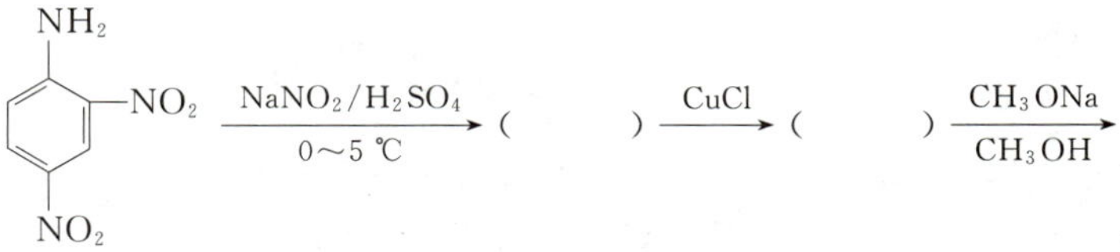

(5) Ph—C(OH)(CH₃)—CH₂NH₂ $\xrightarrow[HCl]{NaNO_2}$

(6) 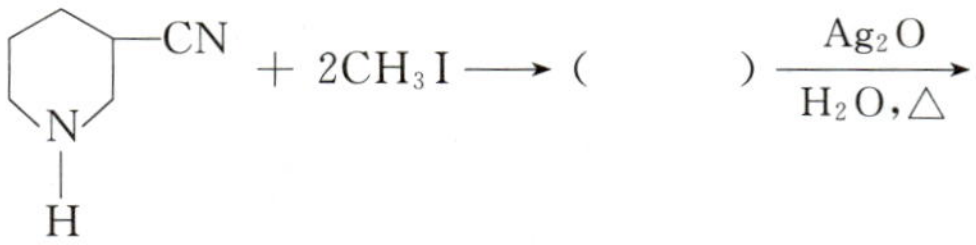

(7) 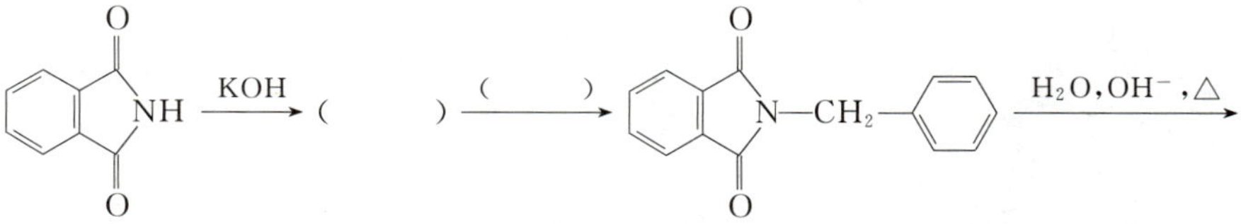

(8) 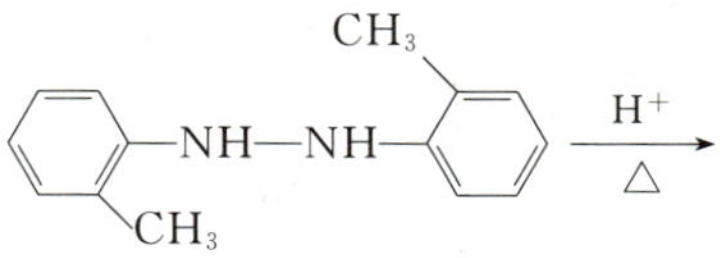

(9) 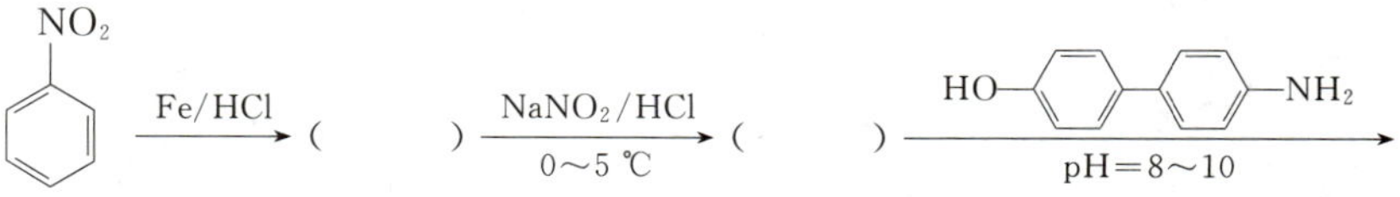

*(10) 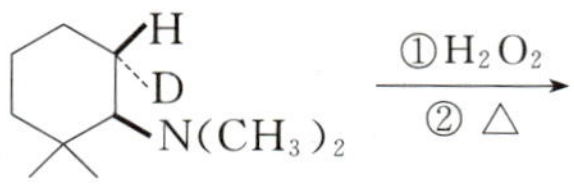

(11) 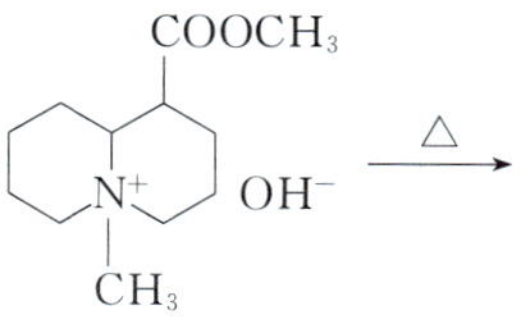

(12) 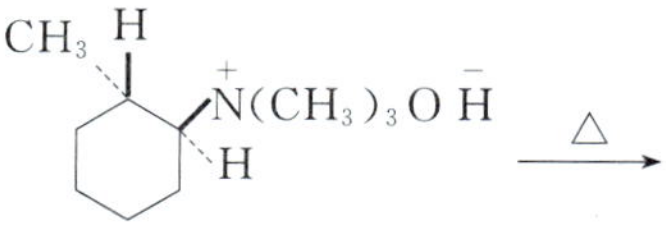

(13) 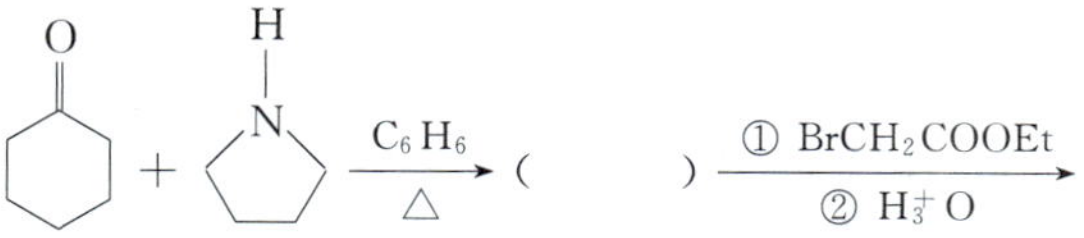

(14) 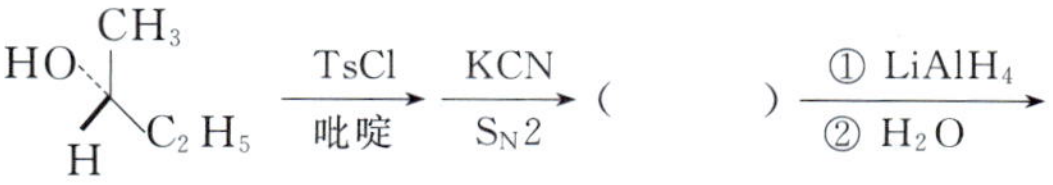

12-5 试用化学方法鉴别下列各组化合物。

(1) A. $CH_3CH_2NH_2$　　B. $(CH_3CH_2)_2NH$　　C. $(CH_3CH_2)_3N$

(2) A. 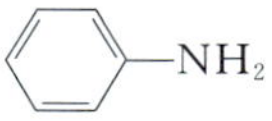　B. 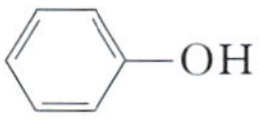　C. 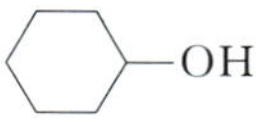　D. 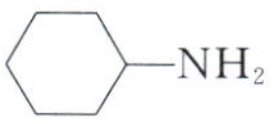

12-6 如何用化学方法提纯下列化合物？

(1) 苯胺中含有少量硝基苯　　(2) 三苯胺中含有少量二苯胺

(3) 三乙胺中含有少量乙胺　　(4) 乙酰苯胺中含有少量苯胺

12-7 完成下列转化。

(1) 丙烯 ⟶ 异丙胺　　(2) 正丁醇 ⟶ 正戊胺和正丙胺

(3) 乙烯 ⟶ 1,4-丁二胺　　(4) $CH_3(CH_2)_3Br \longrightarrow CH_3CH_2CH_2CH_2NH_2$

(5) 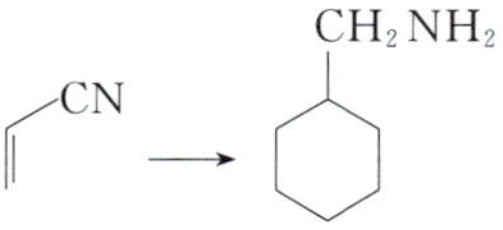　(6) 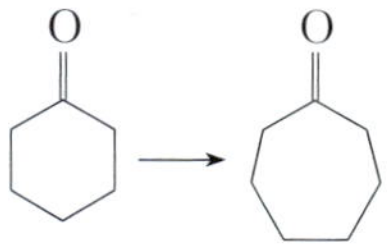

(7) 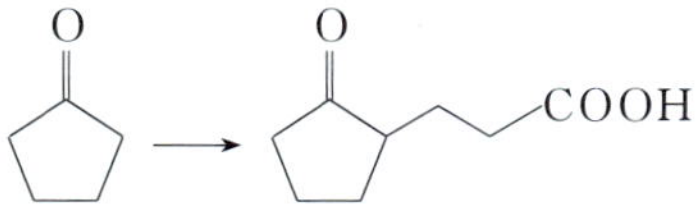

12-8 完成下列合成反应。

(1) 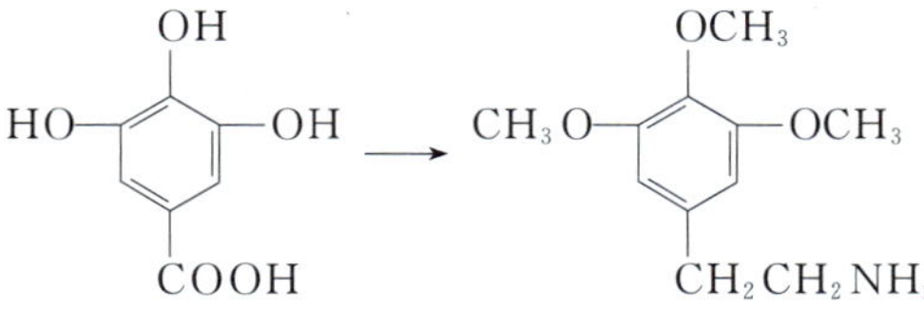 (精神病药)

(2) 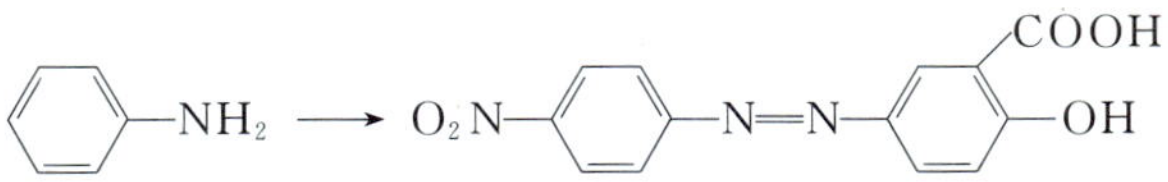 (茜素黄)

(3) 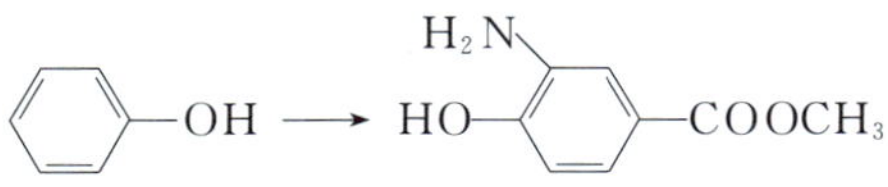 (麻醉剂)

(4) 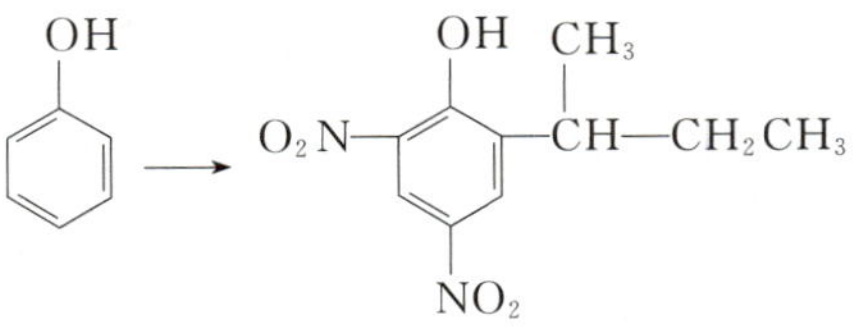
(杀菌剂，杀螨剂)

(5) 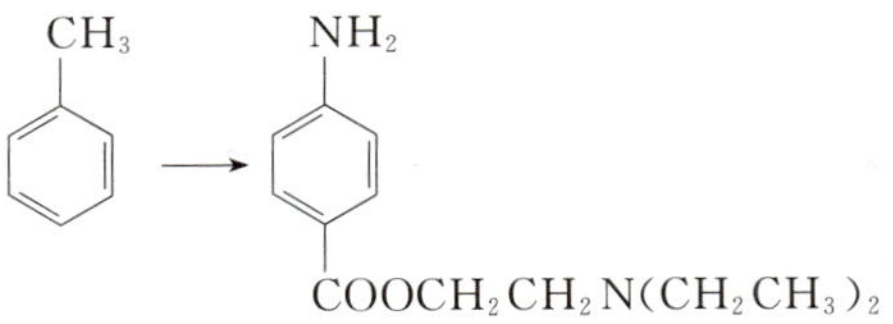
(麻醉药：普鲁卡因)

12-9　以甲苯或苯为起始原料合成下列化合物(其它试剂任选)。

(1) 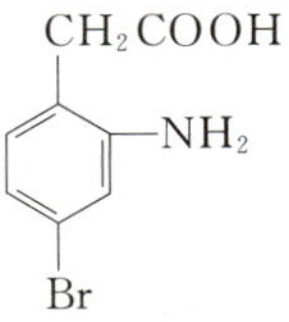　(2) 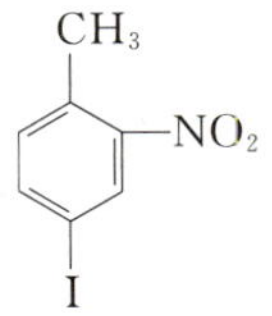　(3) 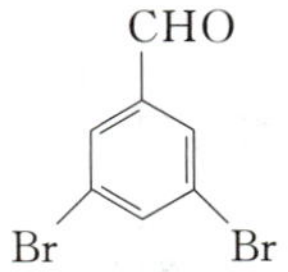

(4) 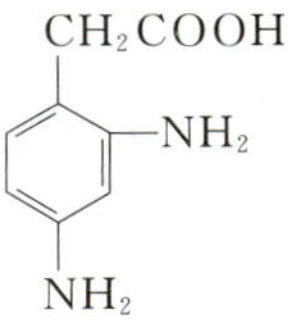　(5) 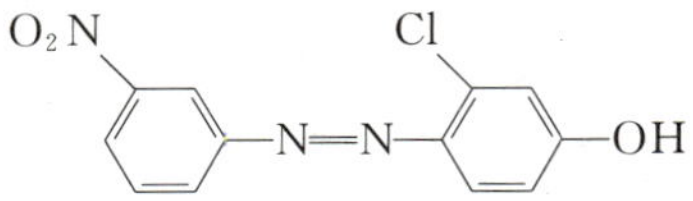

(6) 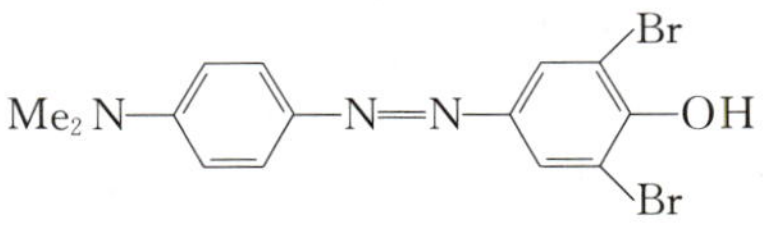　(7) 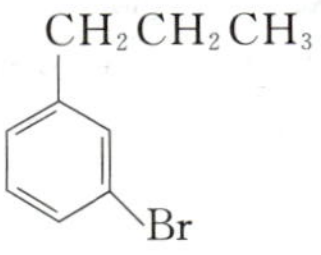

12-10　以苯及萘为起始原料合成下列化合物(其它试剂任选)。

(1) 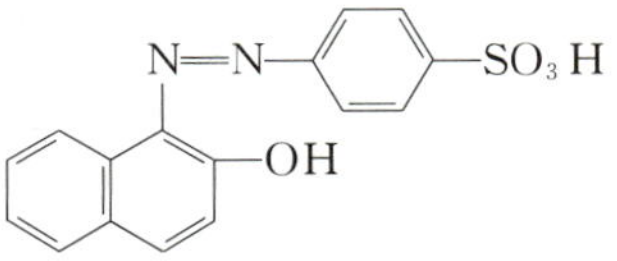　(2) 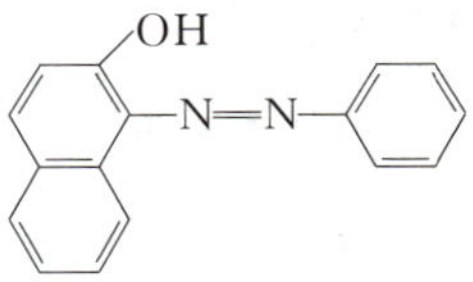

(3) 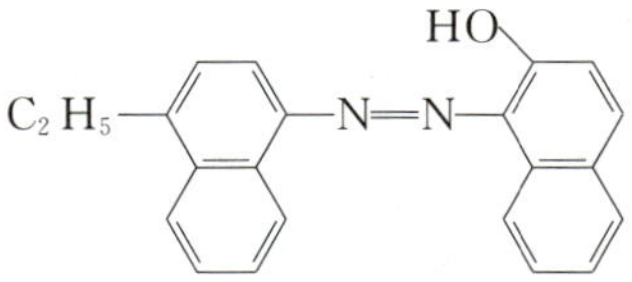　(4) 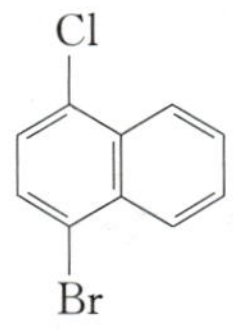

12-11　写出下列反应的合理反应机理。

(1) 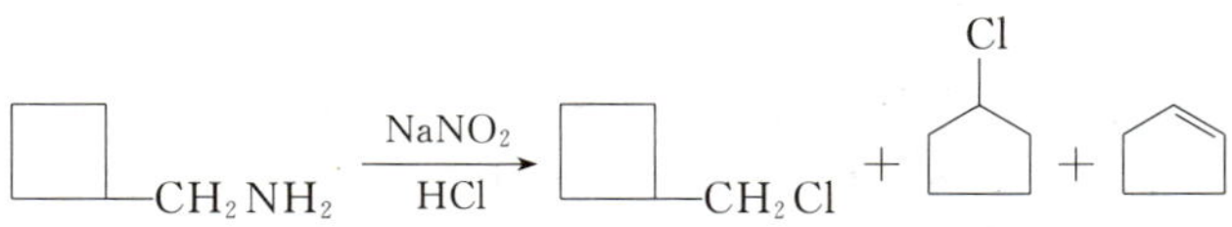

(2) 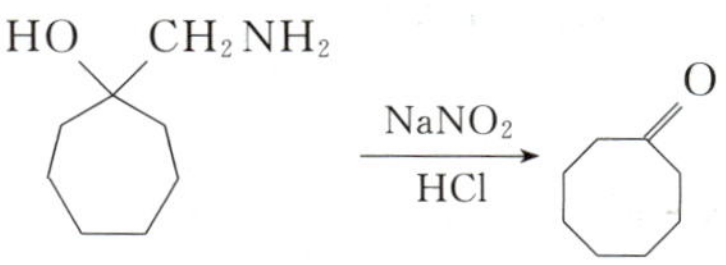

*(3) 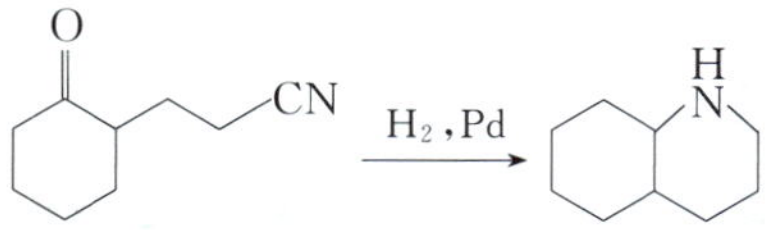

12-12　根据下列反应，试确定 A 的构造式。

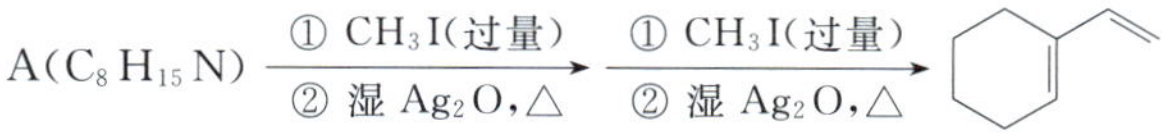

12-13　(1) 利用 RX 和 NH_3 合成伯胺的过程有哪些副反应？

(2) 如何避免或减少这些副反应？

(3) 在这一合成中哪一种卤代烷不适用？

12-14　推断化合物 A～E 的可能结构：(1) 化合物 A($C_6H_4N_2O_4$)不溶于稀酸和稀碱，A 的偶极矩为零。(2) 化合物 B(C_8H_9NO)不溶于稀酸和稀碱。在 H_2SO_4 中化合物(B)在高锰酸钾作用下可以转变为化合物 C，C 不含氮原子，可溶于碳酸氢钠溶液，只有一种一硝基取代产物。(3) 化合物 D($C_7H_7NO_2$)可以发生剧烈的氧化反应生成化合物 E($C_7H_5NO_4$)，E 可溶于稀的碳酸氢钠溶液，有两种一氯代异构体。

***12-15**　一碱性物质 A($C_5H_{11}N$)，臭氧化可生成甲醛，催化氢化得到化合物 B($C_5H_{13}N$)，B 也能由己酰胺与溴在 NaOH 水溶液中处理而得到。A 与过量的 CH_3I 反应，转化为盐C($C_8H_{18}IN$)，C 同 AgOH 进行热解，得到二烯 D(C_5H_8)，D 与丁炔二酸二甲酯反应生成E($C_{11}H_{14}O_4$)，E 通过 Pd 脱氢得到 3-甲基邻苯二甲酸二甲酯。写出 A～E 可能的构造式。

12-16　请解释在偶合反应中所使用的下列条件：(1) 芳胺重氮化过程中加入过量无机酸；(2) 与$ArNH_2$ 进行偶合时介质为弱酸性；(3) 与 ArOH 偶合时，介质为弱碱性溶液。

12-17　试总结硝基苯在酸性、碱性和中性介质中还原的产物。

第 13 章　含硫、磷和硅有机化合物

含硫、磷和硅有机化合物是指含有 C—S，C—P 和 C—Si 键的有机化合物。这些有机化合物在有机化学的研究领域和生物体的代谢中起着重要的作用。本章简单介绍这三类有机化合物的结构、分类、性质及应用。

含硫 C—S 与含氧 C—O、含磷 C—P 与含氮 C—N 和含硅 C—Si 与烃 C—C 有机化合物特征键中的 S 与 O、P 与 N 和 Si 与 C 是同族元素，且 O，N，C 处第二周期而 S，P，Si 处第三周期。后者的原子半径比较大，电负性比较小，价电子受到原子核的束缚力较小。因此，同族的两个元素分别与碳元素构成的有机化合物有相似的结构，其性质亦相似，但又会存在明显的性质差别。

13.1　含硫有机化合物结构和分类

13.1.1　结构

硫和氧元素同在元素周期表中的ⅥA 族，因此，它们构成的有机化合物比较相似。例如，含氧有机化合物有醇、酚、醚、过氧化物、醛(酮)、羧酸等；含硫有机化合物也有相应的硫醇、硫酚、硫醚、二硫化物、硫代醛(硫代酮)、硫代羟酸(RCOSH)、硫代羰酸(RCSOH)等。

在硫醇、硫酚、硫醚、二硫化物、硫代羟酸分子中，硫原子是 sp^3 杂化，在硫代醛、硫代酮、硫代羰酸分子中，硫原子是 sp^2 杂化。但是，在性质上又存在明显的差别。例如，与醛、酮对应的硫代醛、硫代酮，一般是不稳定的，易于聚合。如丙硫酮的三聚可表示如下：

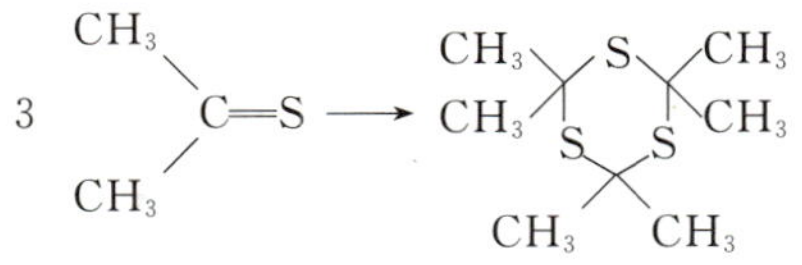

其原因是在醛、酮的 C═O 中，碳原子和氧原子都是 sp^2 杂化，由于碳原子和氧原子的原子半径相近，碳原子的 2p 轨道和氧原子的 2p 轨道能够有效地重叠，形成的 π 键比较强。而在硫代醛、硫代酮的 C═S 中，碳原子和硫原子也是 sp^2 杂化，由于碳原子和硫原子的原子半径差别较大，碳原子的 2p 轨道和硫原子的 3p 轨道不能有效地重叠，形成的 π 键比较弱。丙硫酮转化成环状硫醚化合物，不稳定 C═S 的 π 键转化成稳定的 C—S 的 σ 键。

氧原子利用 2s，2p 轨道成键，主要形成 2 价的含氧有机化合物。硫原子除了利用 3s，3p 轨道成键外，还可以利用能量相近的 3d 空轨道成键。

13.1.2　分类

根据硫原子的化合价，含硫有机化合物可以分为二价、四价和六价化合物。

1. 二价含硫有机化合物

(1) 硫醇和硫酚

硫醇 R—SH，如 C_2H_5—SH 乙硫醇；硫酚 Ar—SH，如 C_6H_5—SH 苯硫酚。

(2) 硫醚和多硫醚

硫醚　R—S—R′，如 C_2H_5—S—C_2H_5 二乙硫醚；二硫醚　R—S—S—R′，如 C_2H_5—S—S—C_2H_5 二乙(基)二硫醚；三硫醚　R—S—S—S—R′，如 CH_3—S—S—S—CH_3 二甲(基)三硫醚。

(3) 硫代醛和硫代酮

硫代醛 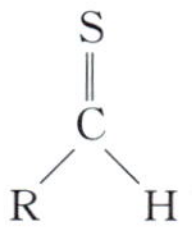 (R—CHS)，如 C_2H_5—CHS 丙硫醛。

硫代酮 ，如 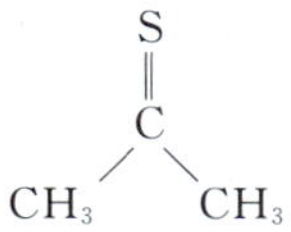 丙硫酮。

(4) 硫代羧酸

硫代羟酸 RCOSH，如 CH_3—COSH　乙硫代羟酸；硫代羰酸 RCSOH，如 CH_3—CSOH　乙硫代羰酸；二硫代酸 RCSSH，如 CH_3—CSSH　乙二硫代酸。

2. 四价含硫有机化合物

(1) 亚砜化合物

亚砜 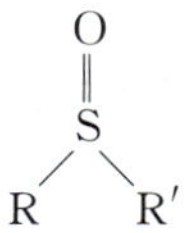，如 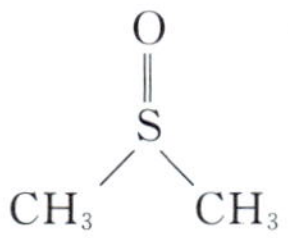 二甲亚砜。

(2) 亚磺酸及其衍生物

亚磺酸　R—SO_2H，　如 C_2H_5—SO_2H 乙(基)亚磺酸。

亚磺酰氯 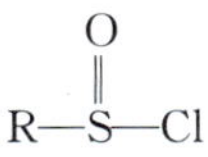，如 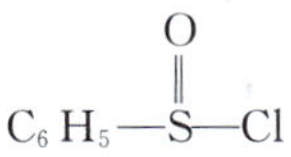 苯亚磺酰氯。

亚磺酸酯 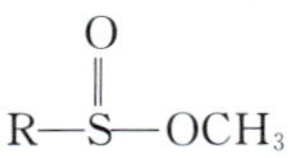，如 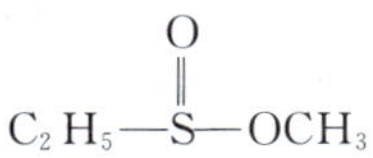 乙亚磺酸甲酯。

(3) 三烃基锍有机化合物

锍盐　$R_3S^+X^-$，如$(CH_3)_3S^+Cl^-$ 氯化三甲基锍。

锍碱　$R_3S^+OH^-$，如$(CH_3)_3S^+OH^-$ 氢氧化三甲基锍。

硫叶立德　$R_2\overset{+}{S}—\overset{-}{C}H_2R$，如$(CH_3)_2\overset{+}{S}—\overset{-}{C}H_2$ 二甲基硫甲叶立德(二甲基亚甲基锍)。

3. 六价含硫有机化合物

(1) 砜化合物

砜　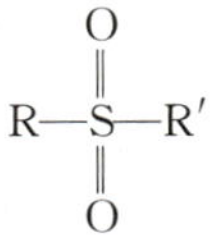，如 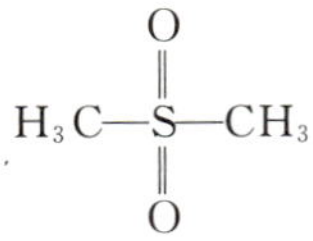 二甲(基)砜，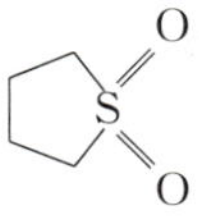 环丁砜。

(2) 磺酸及其衍生物

磺酸　$R-SO_3H$，如 $C_2H_5—SO_3H$ 乙(基)磺酸，$C_6H_5—SO_3H$ 苯(基)磺酸；磺酰卤 $R-SO_2X$，如 $C_6H_5—SO_2Cl$ 苯(基)磺酰氯；磺酸酯 $R-SO_3R'$，如 $C_6H_5—SO_3CH_3$ 苯(基)磺酸甲酯；磺酰胺 $R—SO_2NH_2$，如 $C_6H_5-SO_2NH_2$ 苯(基)磺酰胺。

13.2　硫醇和硫酚

13.2.1　结构、存在和物理性质

巯基(−SH)是硫醇和硫酚的官能团。烃分子中饱和碳原子上的氢原子被巯基替代所形成的化合物称做硫醇，通常写做 RSH。芳环上氢原子被巯基替代所形成的化合物称做硫酚，通常写做 ArSH。硫醇和硫酚中的 S 为 sp^3 杂化，S 的构型与醇和酚中的 O 一样，都是四面体构型。在硫酚中也是 p−π 共轭结构。一些硫醇和硫酚如下：

CH_3SH	C_2H_5SH	$(CH_3)_2CHSH$	$CH_3CH_2CH_2CH_2SH$	$CH_2═CH—CH_2SH$
甲硫醇	乙硫醇	异丙硫醇	丁硫醇	烯丙硫醇

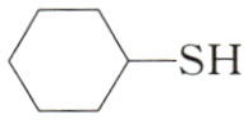
环己硫醇

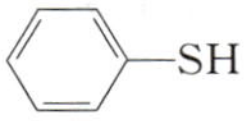
苯硫酚

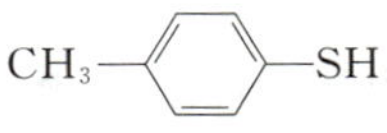
对甲基苯硫酚

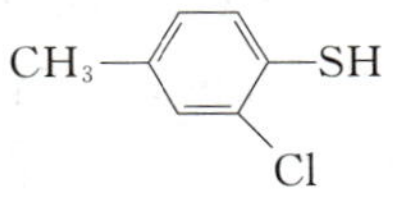
4−甲基−2−氯苯硫酚

石油中含有多种硫醇。多种动植物体内含有低碳原子数硫醇。在胡萝卜、洋葱、咖啡、牛奶中都有微量的甲硫醇；牛肉中含有乙硫醇；洋葱中含有丙硫醇；大蒜中含有烯丙硫醇。

硫醇和硫酚与醇和酚的性质有很多相同或相似之处。但 C—S 键较弱，S—H 键解离能较小，硫醇和硫酚的性质与醇和酚有很多不同之处。

在硫醇分子中，分子之间形成氢键的能力很小，分子之间的氢键弱。在甲硫醇中，C—S 键和 S—H 键的键长大于甲醇中 C—O 键和 O—H 键的键长；键角∠CSH = 96°，小于甲醇中键角∠COH (108.9°)。硫醇分子的偶极矩比相应醇的小，如乙醇分子的偶极矩是 5.67×10^{-30} C·m，乙硫醇的是 5.07×10^{-30} C·m。

低碳原子数硫醇有毒且有恶臭的气味，即使浓度很低也有很强的气味。例如，每升空气中含有 1×10^{-11} g 的乙硫醇时，也可嗅到其臭味，故可用作易燃气体的警告剂。在民用煤气及液化气中加入少量的乙硫醇，可用来报警煤气管道漏气。臭鼬受到攻击时，能分泌多种硫醇(如 3−甲基−1−丁硫醇、2−丁烯−1−硫醇)来防御外敌。随着碳原子数的增加，硫醇的臭味逐渐变弱，大于 C_9 的硫醇已没有不愉快的气味。

某些含有巯基的化合物具有特殊的气味(或味道),因而在食用香精中也有应用。例如:

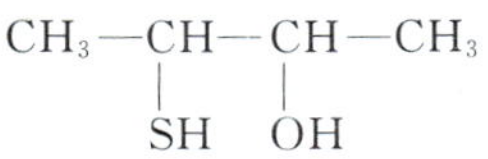

葱肉香型

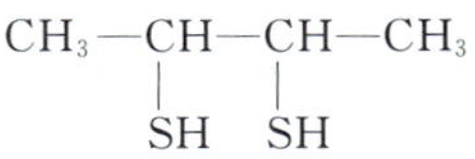

牛肉香型

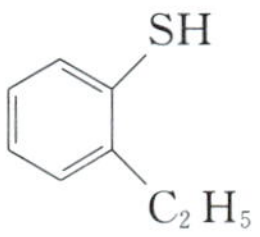

坚果香型

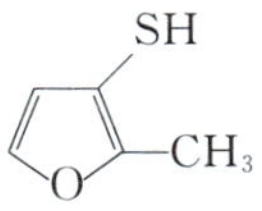

烤肉香型

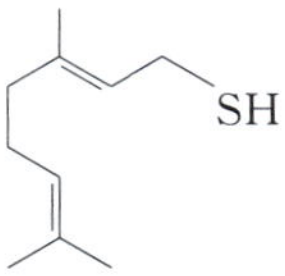

肉桂香型

在室温下,甲硫醇为气体,其它硫醇为液体。硫醇与相应的醇相比,沸点要低得多,在水中溶解度也低得多。一些硫醇和硫酚的物理常数如表 13-1 所示。

表 13-1　硫醇和硫酚的物理常数

名称	构造式	熔点/℃	沸点/℃	溶解度/[g·(100 gH_2O)$^{-1}$]	相对密度
甲硫醇	CH_3SH	−124	6	2.4	0.870
乙硫醇	C_2H_5SH	−144	37	1.5	0.862
丙硫醇	C_3H_7SH	−113	67	微溶	0.840
异丙硫醇	$(CH_3)_2CHSH$	−131	58	微溶	0.810
丁硫醇	C_4H_9SH	−116	98	0.60	0.840
苯硫酚	C_6H_5SH	−15	169.5	不溶	1.073

13.2.2　化学性质

1. 酸性

由于 S—H 键比 O—H 键容易解离,因此,硫醇和硫酚的酸性比相应的醇和酚强。例如,乙硫醇的 pK_a 是 10.6,苯硫酚的 pK_a 是 7.8,而乙醇和苯酚的 pK_a 分别是 16.0 和 10.0。乙硫醇比碳酸(pK_a = 6.35)的酸性弱。

硫醇可溶于氢氧化钠溶液中生成比较稳定的硫醇钠。

$$\mathrm{RSH + NaOH \rightleftharpoons RSNa + H_2O}$$

在石油炼制的过程中,有一个碱洗工序,其目的就是用氢氧化钠溶液对石油炼制的粗产品进行洗涤,以除去有腐蚀性、易被氧化的硫醇和硫化氢等。

硫醇可以与重金属离子(Hg^{2+},Cu^{2+},Ag^{+},Pb^{2+} 等)作用生成不溶于水的硫醇盐。例如,硫醇与醋酸汞或醋酸铅反应,分别生成白色的硫醇汞或黄色的硫醇铅沉淀。这类反应可用于硫醇的分析和鉴定。

$$\mathrm{RSH + (CH_3CO_2)_2Hg \longrightarrow (RS)_2Hg\downarrow}\text{(白色)}\mathrm{ + CH_3CO_2H}$$

$$\mathrm{RSH + (CH_3CO_2)_2Pb \longrightarrow (RS)_2Pb\downarrow}\text{(黄色)}\mathrm{ + CH_3CO_2H}$$

苯硫酚也可以和氯化汞生成苯硫酚汞:

$$\mathrm{C_6H_5SH + HgCl_2 \longrightarrow (C_6H_5S)_2Hg\downarrow + HCl}$$

由于 2,3-二巯基丙醇可与二价汞离子形成稳定的配合物,因此可用于汞中毒的解毒剂。这种解毒剂在医药上称做巴尔(或称为英国抗路易斯剂,简称 BAL),它可以夺取已与有机体蛋白质或酶结合的重金属汞,形成更稳定的配合物,从尿液中排出。

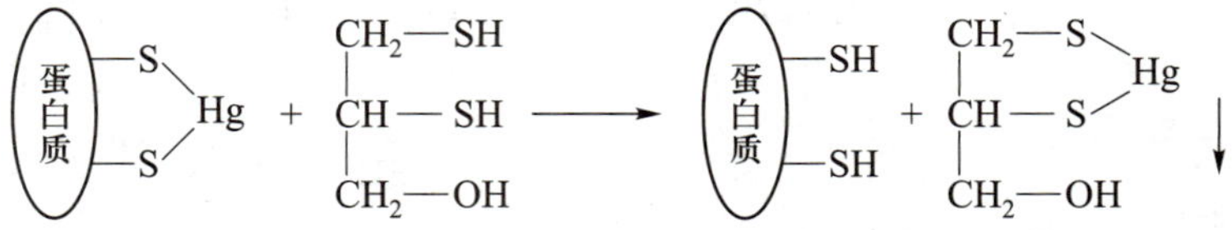

蛋白质中毒　　　　　　　　　　　　蛋白质解毒

2. 氧化和还原反应

(1) 强氧化剂氧化　在强氧化剂条件下，硫醇、硫酚被氧化成相应的磺酸。例如：

$$CH_3CH_2SH \xrightarrow[H^+]{KMnO_4} \underset{\text{乙磺酸}}{CH_3CH_2SO_3H}$$

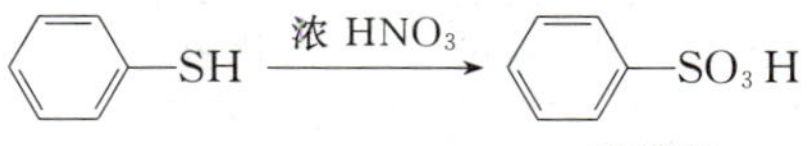

苯磺酸

(2) 弱氧化剂氧化　硫醇比醇更容易被氧化，在较弱的氧化条件下，甚至是空气中的氧也可将硫醇氧化成二硫化物(—S—S—称为二硫键)。

$$RSH \xrightarrow{\text{空气}} R—S—S—R + H_2O$$

$$RSH + I_2 + NaOH \longrightarrow R—S—S—R + NaI + H_2O$$

二硫化物类似过氧化物，但它是比较稳定的。例如，在 $C_2H_5—S—S—C_2H_5$ 中，S—S 键的键能为 $305kJ\cdot mol^{-1}$，而在 $C_2H_5—O—O—C_2H_5$ 中，O—O 键的键能仅为 $155kJ\cdot mol^{-1}$。在温和还原剂(如 $NaHSO_3$、Zn/酸)的作用下，二硫化物转变成硫醇：

$$C_2H_5—S—S—C_2H_5 \xrightarrow[H_2SO_4]{Zn} 2\ C_2H_5—SH$$

石油中含有硫醇、硫醚、二硫化物、硫酚等，在石油炼制中可通过高温催化氢解进行脱硫，常用的脱硫催化剂为硫化钼、硫化钨。例如：

$$R—SH + H_2 \xrightarrow[\text{高温,加压}]{MoS_2} R—H + H_2S$$

3. 作为亲核试剂的反应

(1) 亲核取代反应　硫醇钠、硫酚钠的亲核性强于相应的醇钠和酚钠，容易与卤代烷发生亲核取代反应合成硫醚。例如：

$$CH_3CH_2SH + CH_3CH_2CH_2Br \xrightarrow{NaOH} CH_3CH_2SCH_2CH_2CH_3 + HBr$$

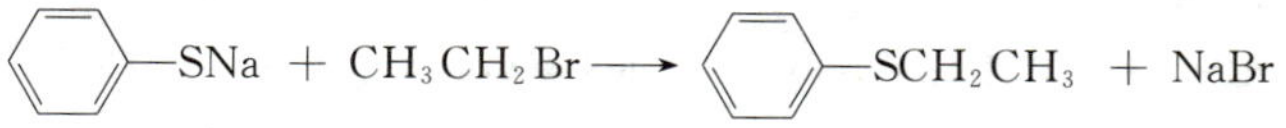

在 DMF 溶剂中加热，硫酚钠与芳卤反应，制备二芳基硫醚。例如：

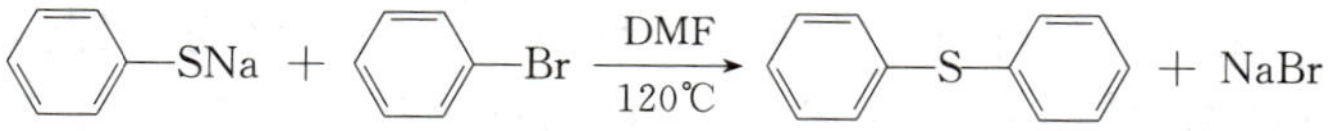

硫醇与酰氯、酸酐或羧酸进行反应，生成羧酸硫醇酯。例如：

$$CH_3CO_2H + CH_3CH_2SH \xrightleftharpoons{H^+} CH_3COSCH_2CH_3 + H_2O$$

（2）亲核加成反应　在碱性条件下，硫醇与含吸电子基的烯烃的反应是亲核加成反应。例如：

$$CH_2{=}CH{-}CN + CH_3CH_2SH \xrightarrow{NaOH} CH_3CH_2SCH_2CH_2CN$$

$$CH_2{=}CH{-}CO_2CH_3 + CH_3CH_2SH \xrightarrow{NaOH} CH_3CH_2SCH_2CH_2CO_2CH_3$$

硫醇、硫酚与炔烃进行亲核加成反应，得到反马氏规则顺式烯烃。例如：

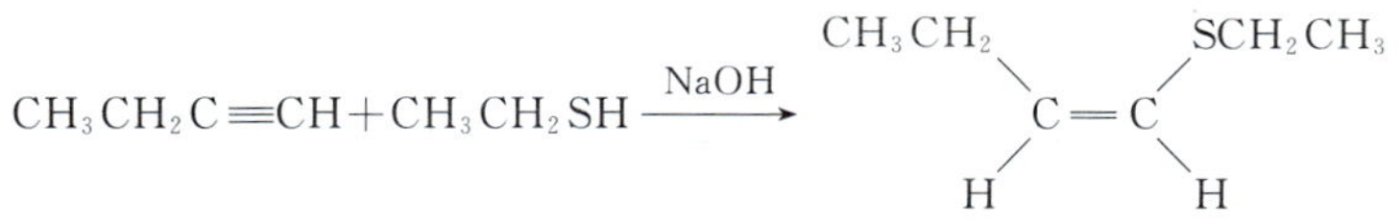

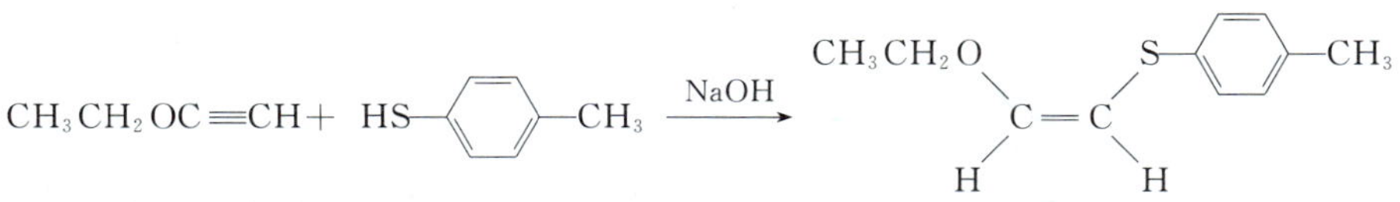

本反应可以解释为，烃基硫负离子空间位阻较大，进攻空间位阻小的末端三键的碳原子，经过反式加成生成比较稳定的烯基碳负离子中间体，从而生成相应的顺式烯烃。反应机理可描述如下：

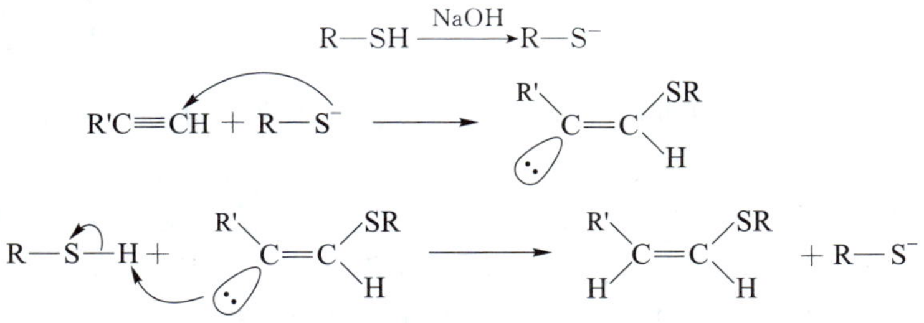

硫醇与醛、酮进行亲核加成反应，生成硫代缩醛或硫代缩酮。例如：

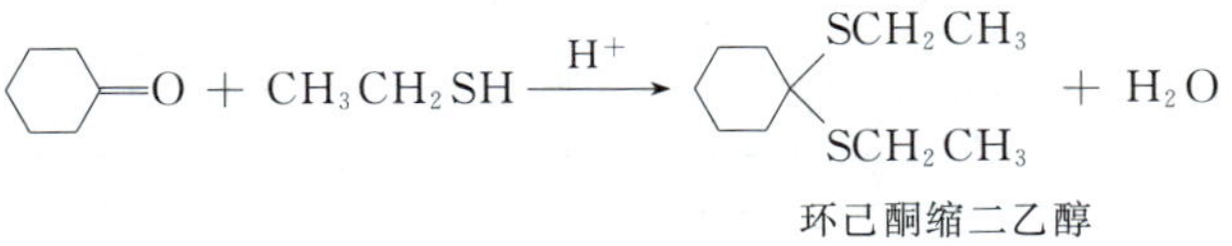

环己酮缩二乙醇

生成羰基（醛和酮）缩硫酮在 Hg^{2+} 的作用下恢复羰基：

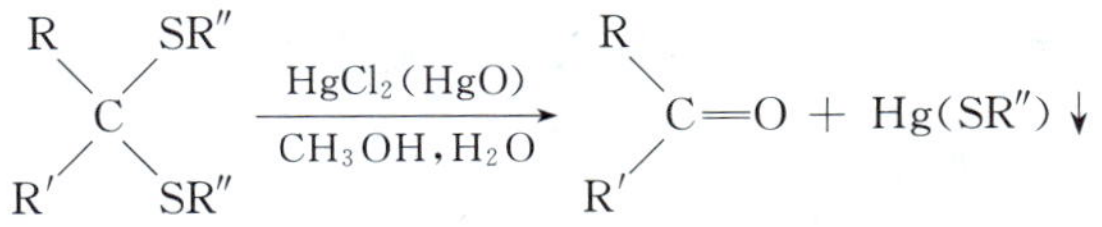

这一反应在有机合成上用于保护醛、酮的羰基。

4. 与不饱和烃的亲电加成反应

在强酸的作用下，硫醇极易和烯烃发生亲电加成得到马氏规则加成产物，与炔烃不发生亲电加成。例如：

$$CH_3CH_2CH_2SH + CH_3CH{=}CH_2 \xrightarrow{H^+} \begin{array}{l} CH_3 \\ \quad \diagdown \\ \quad\; CHSCH_2CH_2CH_3 \\ \quad \diagup \\ CH_3 \end{array}$$

反应机理和醇与烯烃加成的机理相同。

5. 与不饱和烃的自由基加成反应

在过氧化物、光照等条件下，硫醇、硫酚可与不饱和烃进行自由基加成反应，得到反马氏规则产物。例如：

$$CH_3CH_2CH_2SH + CH_3CH{=}CH_2 \xrightarrow{ROOR} CH_3CH_2CH_2SCH_2CH_2CH_3$$

13.3 硫　　醚

13.3.1 结构、存在和物理性质

烃分子中的氢原子被烃硫基替代得到的化合物称为硫醚，可用通式 R—S—R 或 Ar—S—R，Ar—S—Ar 表示。硫醚的结构与相应的醚的结构完全相似，硫醚可分为(对称硫醚)和混硫醚(不对称硫醚)：

$CH_3CH_2—S—CH_2CH_3$　乙硫醚(单硫醚)

$CH_3CH_2—S—CH_3$　甲乙硫醚(混硫醚)

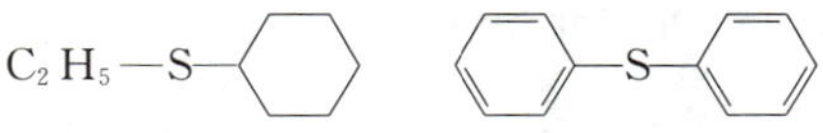

乙基环己基硫醚　　二苯基硫醚

硫醚在自然界中存在总量很少，但分布广泛。在十字花科蔬菜中含有硫醚和多硫醚化合物。有一种重要的不饱和硫醚——二烯丙基硫醚，是不溶于水的无色液体，存在于大蒜、辣根中，是大蒜精油的主要成分。硫醚化合物还存在于多种食物中。例如，甲硫醚存在于牛肉和薄荷油中；乙硫醚存在于圆葱、大葱、啤酒、蒸馏酒中；二甲基二硫醚存在于清酒中。近年来，发现一些多硫环醚具有菜香、葱蒜香、烤肉香的特性，可以用作食用香精。多数硫醚存在于石油中。

低碳原子数硫醚是无色液体，有臭味但不如硫醇那么强烈。硫醚的沸点比相应的醚的沸点高，与相对分子质量相近的硫醇的沸点相当。一些醚和硫醚的沸点如下：

化合物	乙醚	乙硫醚	丙醚	丙硫醚	苯甲醚	苯甲硫醚	二苯醚	二苯硫醚
沸点/℃	34.5	92	90.5	146	154	188	258	298

硫醚在水中的溶解度远小于相应醚，硫醚几乎不溶于水。

13.3.2 化学性质

由于硫原子具有良好的给电子性，所以硫醚比醚具有明显的弱碱性和较强的亲核性，硫醚可以发生氧化反应或还原反应。

1. 弱碱性

硫醚有较弱的碱性，它可以与强酸作用形成锍(liǔ)盐。例如：

$$CH_3CH_2-S-CH_2CH_3 + H_2SO_4 \longrightarrow CH_3CH_2-\overset{+}{S}(H)-CH_2CH_3\ HSO_4^-$$

2. 作为亲核试剂的反应

硫醚具有较强的亲核性，它与活泼的烯丙基卤代烃作用，可生成卤化三烃基锍。例如：

$$CH_3-S-CH_3 + ClCH_2CH{=}CH_2 \xrightarrow{H_2O} (CH_3)_2S^+-CH_2CH{=}CH_2\ Cl^-$$

卤化三烃基锍是一种比较稳定的盐，为晶体，其性质与季铵盐相似。

3. 氧化反应和还原反应

(1) 氧化反应　在室温下，硫醚与过氧化氢、高碘酸、硝酸等氧化剂作用生成亚砜，进一步氧化则生成砜。例如：

$$CH_3-S-CH_3 \xrightarrow{H_2O_2} CH_3-\overset{O}{\overset{\|}{S}}-CH_3 \xrightarrow[\text{或 } RCO_3H]{\text{发烟 } HNO_3} CH_3-\overset{O}{\overset{\|}{\underset{\underset{O}{\|}}{S}}}-CH_3$$

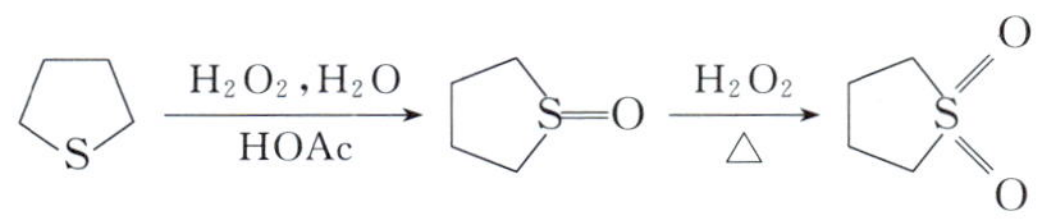

二甲亚砜(DMSO)是无色液体，熔点 27℃，沸点 189℃，可与水混溶。它是一种重要的非质子型极性溶剂。环丁砜是低熔点、高沸点物质，易溶于水，它可用来净化工业气体(如天然气)，除去其中的 CO_2，SO_2，COS，H_2S 等杂质。环丁砜和二甲亚砜都可用于从石油馏分中萃取分离芳烃。

(2) 还原反应　硫醚通过催化加氢还原成烷烃，此反应常用于油品净化，其反应通式如下：

$$R-S-R' + H_2 \xrightarrow{Ni} R-H + R'-H + H_2S$$

4. 硫叶立德及其反应

在强碱(如丁基锂、二异丙基氨基锂、氢化钠等)的作用下，锍盐脱去其中一个 α－H所得到的两性离子称为硫叶立德。例如：

$$(CH_3)_2S + CH_3I \xrightarrow[\triangle]{} (CH_3)_2\overset{+}{S}-CH_3I^- \xrightarrow{\text{强碱}} (CH_3)_2\overset{+}{S}-\overset{-}{C}H_2$$

硫叶立德是离域体系：

$$[R_2\overset{+}{S}-\overset{-}{C}HR \longleftrightarrow R_2S{=}CHR]$$

硫叶立德是一个强的亲核试剂，可以与醛反应制备取代环氧乙烷化合物。例如：

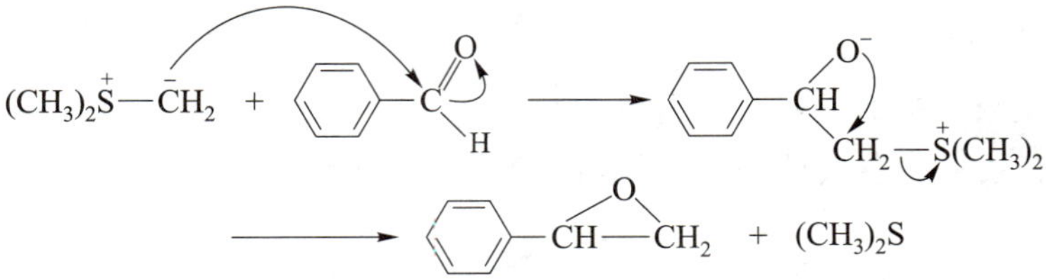

13.4　磺　　酸

13.4.1　分类和物理性质

磺酸可以看成是烃分子中的氢被磺基替代的产物，分子通式为 RSO_3H。硫酸分子中去掉一个羟基剩余的部分称为磺酸基或磺基，磺基是磺酸的官能团。磺酸可分为脂肪族磺酸和芳香族磺酸，其中芳基与磺基直接相连的芳磺酸是重要的磺酸。下面列出一些脂肪族磺酸和芳香族磺酸：

$C_2H_5—SO_3H$	$CH_3CH_2CH_2CH_2SO_3H$	$CH_3CH(CH_3)CH_2CH_2SO_3H$	$HOCH_2CH_2SO_3H$
乙磺酸	丁磺酸	3-甲基丁磺酸	2-羟基乙磺酸

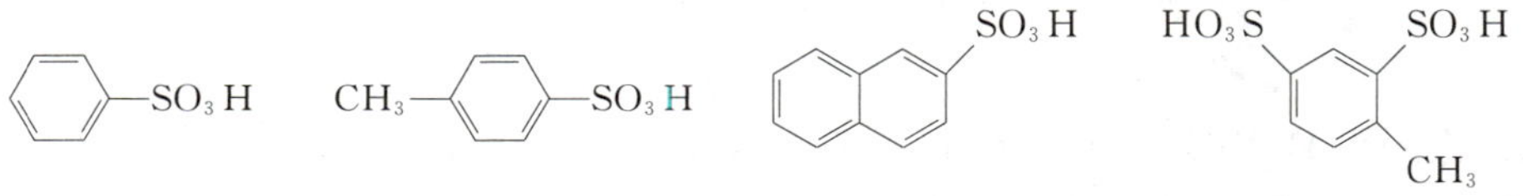

苯磺酸　　对甲基苯磺酸　　β-萘磺酸　　4-甲基-1,3-苯二磺酸

常见的脂肪族磺酸是黏稠液体，芳香族磺酸多为无色晶体。和硫酸相似，磺酸是强酸，不易挥发，易溶于水，具有很强的吸湿性，很难得到无水晶体，通常将磺酸制成相应的钠盐或钾盐。在某些功能有机分子中引入磺基，可增加其水溶性，这对于染料、药物、表面活性剂的合成及应用，具有重要意义。

13.4.2　化学性质

1. 酸性

磺酸酸性很强，与无机强酸酸性相当（苯磺酸 pK_a 为 −6.5，硫酸 pK_{a_1} 为−9）。芳磺酸可以溶于有机溶剂中，同时又是很弱的氧化剂，因此，苯磺酸和对甲基苯磺酸常在有机合成中替代硫酸作酸性催化剂。例如：

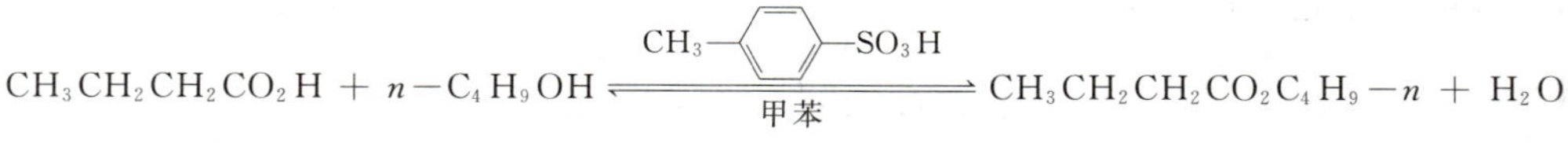

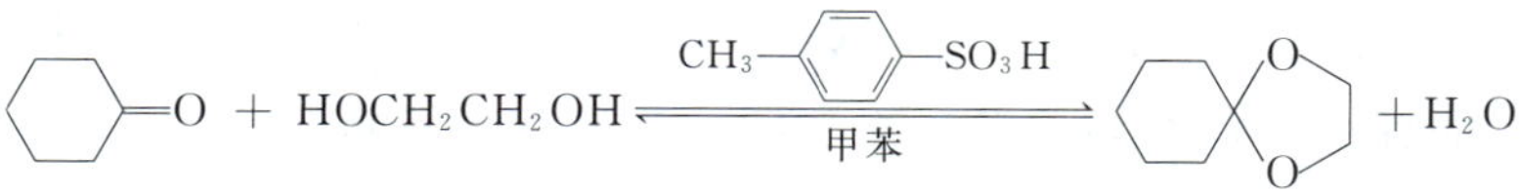

2. 磺酸的取代反应

芳磺酸中的磺基可以被氢、羟基、氰基等取代。在本书第 7 章的芳烃磺化反应中已经提到，磺化的逆反应是脱磺基反应。在有机合成中，可用这些反应实现芳环上官能团的转换。

芳磺酸钠与氢氧化钠共熔，则磺基被羟基取代生成酚。这是芳磺酸的亲核取代反应，是制备酚的古老方法（磺化碱溶法），由于高能耗、高腐蚀性已被淘汰。

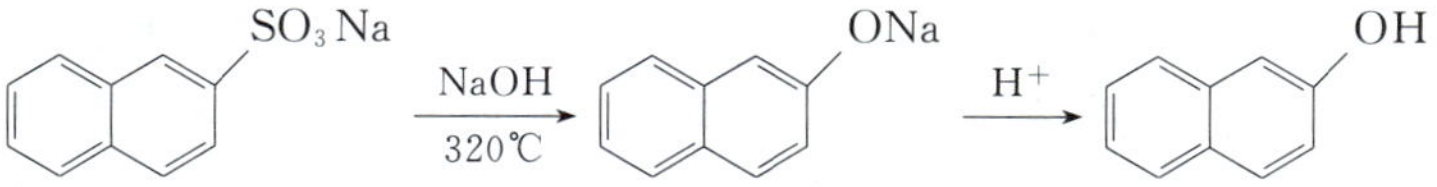

芳磺酸钠与氰化钠共熔，则磺基可以被氰基取代生成芳腈。这是芳环上引入氰基的重要方法：

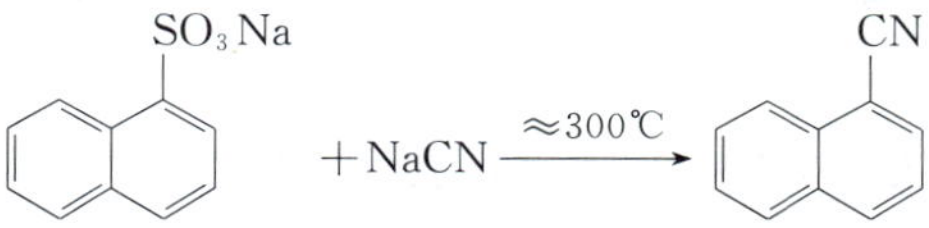

在加热和加压的条件下，某些芳磺酸与 NH_3 作用，则磺基可以被氨基取代生成相应的芳胺。这曾是工业生产芳胺的重要方法，现被硝基芳烃还原法所代替。

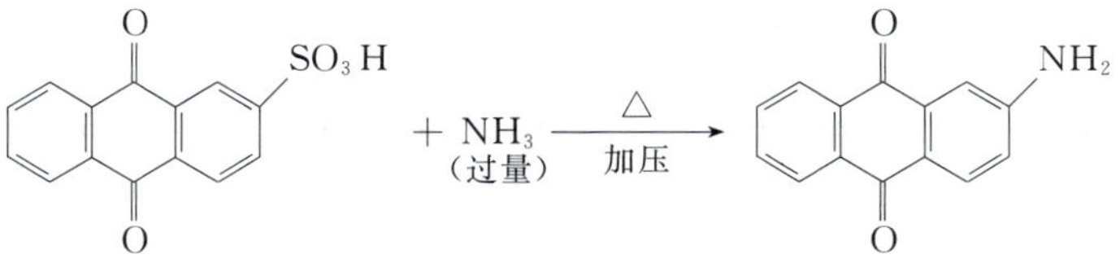

3. 磺酸衍生物的生成

和羧酸一样，磺酸中的羟基也可以被卤离子、氨基、烷氧基、酰氧基取代，生成磺酸衍生物。芳磺酸与 PCl_3，PCl_5，$POCl_3$ 或 $ClSO_3H$ 等反应，生成芳磺酰氯。例如：

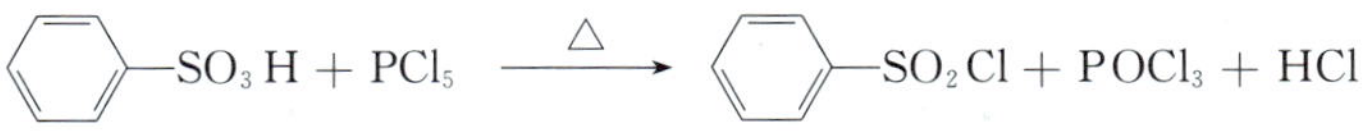

苯磺酰氯

芳磺酰氯比羧酸酰氯的反应活性差，遇水只发生缓慢的水解。它是重要的磺酰化试剂，能与醇和胺反应生成相应的磺酸酯和磺酰胺。

13.4.3 重要的磺酸及其衍生物

1. 十二烷基苯磺酸钠

磺酸盐型阴离子表面活性剂以烷基苯磺酸钠应用最广，其中具有代表性的是十二烷基苯磺酸钠。十二烷基苯磺酸钠广泛用于工业和家庭中，洗涤力强，即使在硬水中也具有良好的去污力。理想的十二烷基苯磺酸钠的烷基是直链烷基，有利于被微生物降解。它是通过发烟硫酸（或三氧化硫）与十二烷基苯直接磺化、中和反应制得：

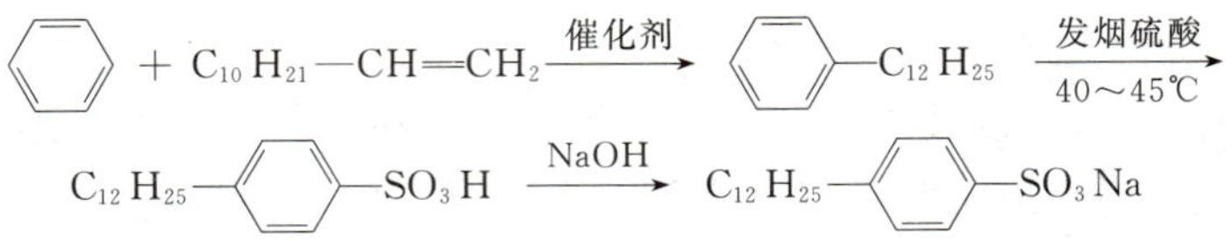

十二烷基苯磺酸钠

2. 牛磺酸

牛磺酸（taurine）又称 β-氨基乙磺酸（$NH_2CH_2CH_2SO_3H$），最早从牛黄中分离出来，故得名。牛磺酸是胆汁的主要成分，有镇痛、抗炎、增强心脏功能、促进胆汁分泌等功效，可以提高免疫力，促进婴幼儿脑组织和智力发育，提高神经传导和视觉机能。但人体合成牛磺酸的半胱氨酸亚硫酸羧酶活性较低，主要依靠摄取食物中的牛磺酸满足机体需要。

牛磺酸被广泛应用于食品和饮料、家禽饲料、水产养殖饲料的添加剂，还可以被用作药物中间体、表面活性剂、湿度控制剂、乳化剂、荧光增白剂、pH 缓冲剂和化学试剂等。

牛磺酸有多种合成方法，比较重要的有乙醇胺酯法和环氧乙烷法：

$$NH_2CH_2CH_2OH \xrightleftharpoons[0\sim5℃]{\text{浓 } H_2SO_4} NH_2CH_2CH_2O\overset{\overset{\large O}{\|}}{\underset{\underset{\large O}{\|}}{S}}OH \xrightleftharpoons[②H^+]{①Na_2SO_3} NH_2CH_2CH_2SO_3H$$

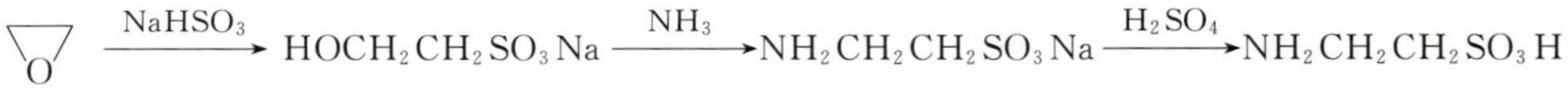

3. 磺胺药物

磺胺（氨基苯磺酰氨基衍生物）药物对链球菌和葡萄球菌有很好的抑制作用。磺胺药物分子必须有一个基本的结构，“$—NH—C_6H_4—SO_2—NH—$”。常用的磺胺药物有：

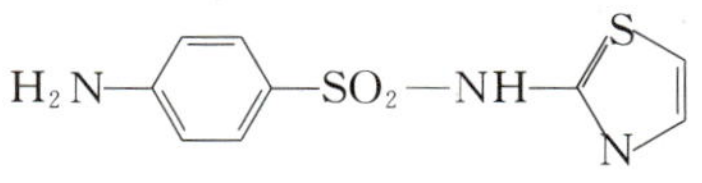

磺胺噻唑（ST）

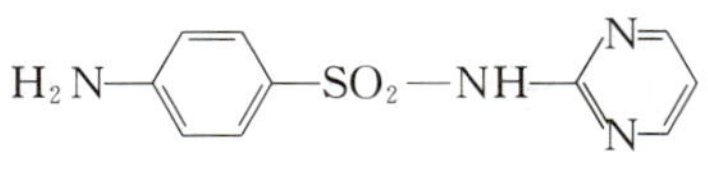

磺胺嘧啶（SD）

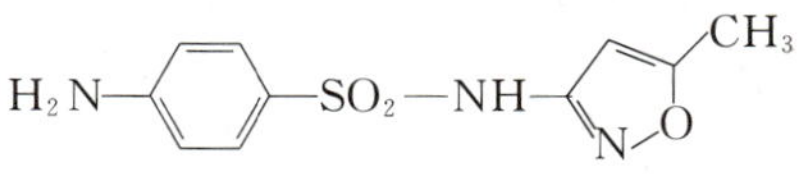

3-磺胺-5-甲基噁唑
（SMZ，新诺明）

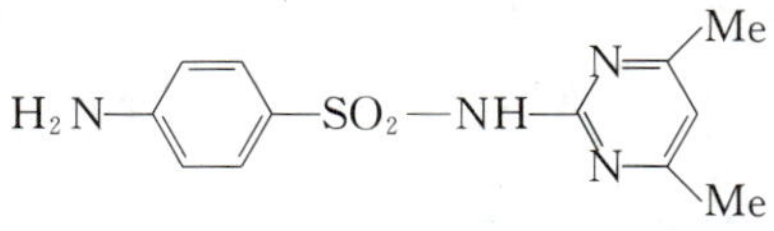

磺胺二甲嘧啶（SM_2）

由于青霉素、土霉素等抗生素的广泛应用，目前磺胺药物的使用减少了，但它仍是不可缺少的治疗药物。例如，磺胺嘧啶对治疗脑膜炎就特别有效。

4. 磺酸型离子交换树脂

离子交换树脂是具有离子交换作用的一类功能高分子化合物。它由两部分组成：一部分是具有一定交联结构的高分子骨架，如聚苯乙烯、酚醛树脂等，其不溶于水、酸、碱和有机溶剂；另一部分具有可交换离子的官能团。用于交换阳离子的离子交换树脂称为阳离子型离子交换树脂，一般具有强酸性官能团，如—SO_3H 的称为强酸性阳离子交换树脂，具有弱酸性官能团如—COOH 的称为弱酸性阳离子交换树脂。同样，用于交换阴离子的称为阴离子型离子交换树脂，具有强碱性官能团，如—$N^+R_3OH^-$ 的称为强碱性阴离子交换树脂，含有—NH_2、—NHR 称为弱碱性阴离子交换树脂。

聚苯乙烯磺酸型阳离子交换树脂的高分子骨架是通过苯乙烯及二乙烯苯共聚得到的交联聚合物小球体$\textcircled{P}$，再通过浓硫酸与聚合物小球体表面的苯环的磺化反应引入磺酸基制得的$\textcircled{P}$—SO_3H：

$$\textcircled{P} \xrightarrow{\text{浓硫酸}} \textcircled{P}\text{—}SO_3H$$

同样，在交联聚合物小球体引入一个季铵碱基得到$\textcircled{P}$—$CH_2N^+R_3OH^-$：

$$\textcircled{P}\text{—}CH_2Cl \xrightarrow{R_3N} \xrightarrow{NaOH} \textcircled{P}\text{—}CH_2\overset{+}{N}R_3\ OH^-$$

阳离子如 Ca^{2+} 的交换反应可表示如下：

$$2\ \textcircled{P}\text{—}SO_3H + Ca^{2+} \rightleftharpoons (\textcircled{P}\text{—}SO_3)_2Ca + 2\,H^+$$

上述逆反应是离子交换树脂的再生过程，常用 5%～10%的盐酸洗脱金属离子。

离子交换树脂有广泛的应用。自然界的水通过阴、阳两种离子交换树脂处理，能够得到去离子水，供实验室、锅炉及工业用水等使用。

磺酸型阳离子交换树脂可以替代浓硫酸或芳磺酸作为酸性催化剂，既可避免一些副反应的发生，也可避免大量废酸产生对环境的污染，还便于催化剂分离回收循环使用，但其应用受到树脂软化点等因素的限制。

13.5　含磷有机化合物结构和分类

含磷有机化合物是指含 C—P 键的化合物，又称为膦化合物。有机磷化合物在很多方面显示出它的重要性和研究价值。在生命体中，有机磷化合物是维持生命不可缺少的物质。某些有机磷化合物在工农业生产中有广泛的应用。如有机磷农药是农业生产中广泛使用的杀虫剂。一些有机磷化合物是重要的有机合成试剂。

13.5.1　分类

根据有机磷化合物中磷的价键数，有机磷化合物可分为三价含磷有机化合物和五价含磷有机化合物。

1. 三价含磷有机化合物

(1) 膦化合物　类似胺化合物，磷化氢中的氢被烃基替代的化合物称为膦。有伯膦、仲膦、叔膦之分。例如：

伯膦化合物($R—PH_2$)：

$CH_3CH_2—PH_2$ 乙(基)膦

$CH_3—PH_2$ 甲(基)膦

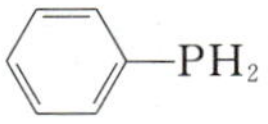

苯(基)膦

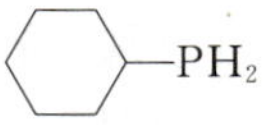

环己膦

仲膦化合物(R_2PH)：

$CH_3CH_2—PH—CH_2CH_3$ 二乙(基)膦

$CH_3—PH—C_2H_5$ 甲(基)乙(基)膦

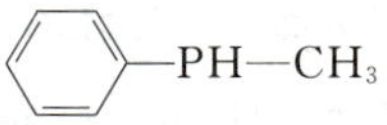

甲(基)苯(基)膦

叔膦化合物(R_3P)：

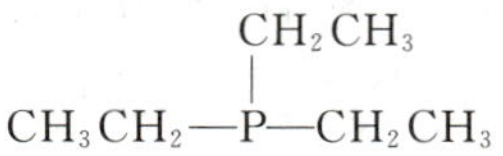

三乙(基)膦

Ph_3P 三苯(基)膦

$(o-MePh)_3P$ 三邻甲苯(基)膦

二膦化合物($R_2P—PR_2$)：

$Et_2P—PEt_2$ 四乙基二膦

$Ph_2P—PPh_2$ 四苯基二膦

(2) 亚膦酸及其衍生物　亚磷酸分子中的羟基被烃基替代所得到的化合物称为亚膦酸；亚膦酸分子中的羟基被烃氧基、氨基、卤素替代得到亚膦酸衍生物。例如：

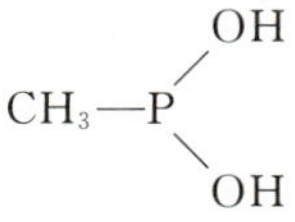

甲基亚膦酸

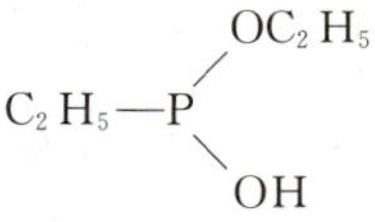

乙基亚膦酸单乙酯

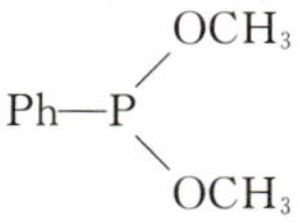

苯基亚膦酸二甲脂

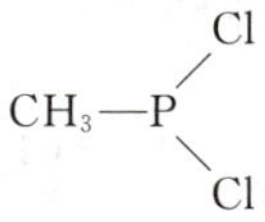

甲基亚膦酰二氯

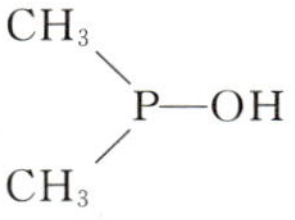

二甲基亚膦酸

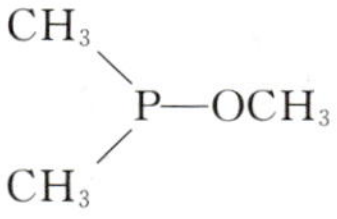

二甲基亚膦酸甲酯

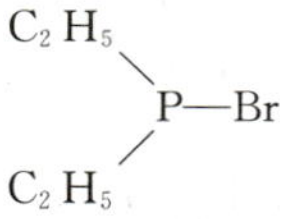

二乙基亚膦酰溴

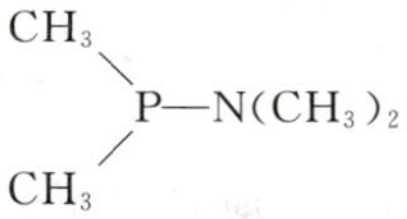

N,*N*－二甲基二甲基亚膦酰胺

2. 五价含磷化合物

(1) 季鏻盐和季鏻碱

$(C_2H_5)_4P^+Cl^-$ 氯化四乙基鏻

$(C_6H_5)_4P^+Br^-$ 溴化四苯基鏻

$CH_3CH_2(C_6H_5)_3P^+Cl^-$ 氯化乙基三苯基鏻

$(C_6H_5)_4P^+OH^-$ 氢氧化四苯基鏻

(2) 膦酸及其衍生物　磷酸分子中的羟基被烃基替代所得到的化合物称为膦酸。膦酸分子中的羟基被烃氧基、氨基、卤素替代得到膦酸衍生物。例如：

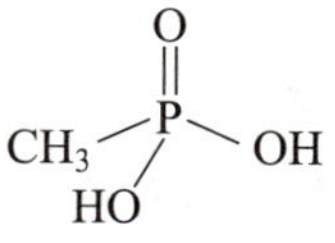

甲基膦酸

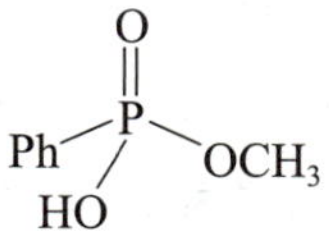

苯基膦酸甲酯

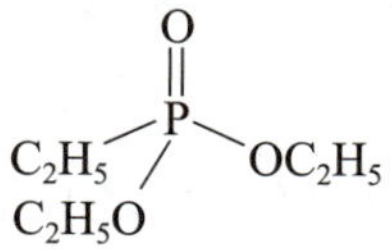

乙基膦酸二乙酯

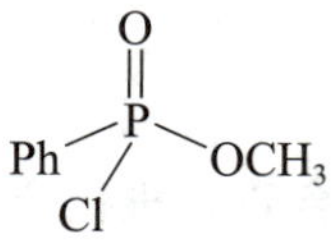

苯基膦酰氯甲酯

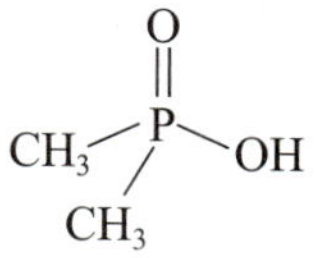

二甲基膦酸

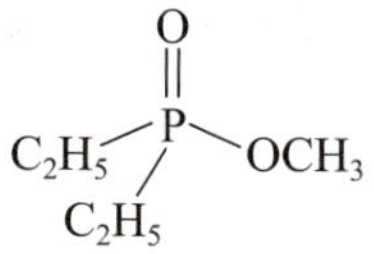

二乙基膦酸甲酯

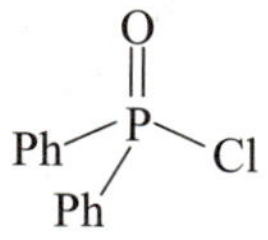

二苯基膦酰氯

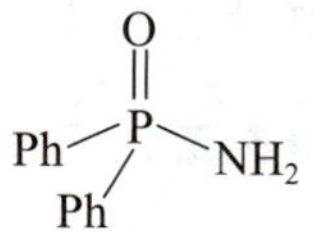

二苯基膦酰胺

(3) 氧化三烃基膦　磷酸分子中的三个羟基被三个烃基替代所得到的化合物称为氧化三烃基膦。例如：

$(CH_3)_3P{=}O$　　$Ph_3P{=}O$

氧化三甲基膦　　氧化三苯基膦

13.5.2 烃基膦的结构

烃基膦与胺相似，磷原子采取 sp^3 杂化，其中三个 sp^3 杂化轨道与烃基(或氢)形成 σ 键，余下一个 sp^3 杂化轨道为一未成键电子对所占据，具有四面体构型。膦与胺的结构有一些差别：如三甲胺分子中的 C—N—C 键角是 108°，而三甲膦的 C—P—C 键角是 100°，比正常的四面体键角小。这种差别可能是由于氮、磷原子上的一对未成键电子对其余三个基团施加的压缩效应不同所造成的，即在烃基膦分子中，这种压缩效应比较明显。其结果是使磷原子上的孤电子对更加暴露在外面，易于进攻缺电子中心。也有不同观点认为，磷原子采取不等性 sp^3 杂化，甚至还有认为三个烃基分别进入 P 的 p_x、p_y 和 p_z 轨道成键，使磷原子上的孤电子对更加暴露在外面。因此，烃基膦是一个较强的亲核试剂，又是过渡金属的有效配体。三甲胺和三甲膦的分子结构表示如下：

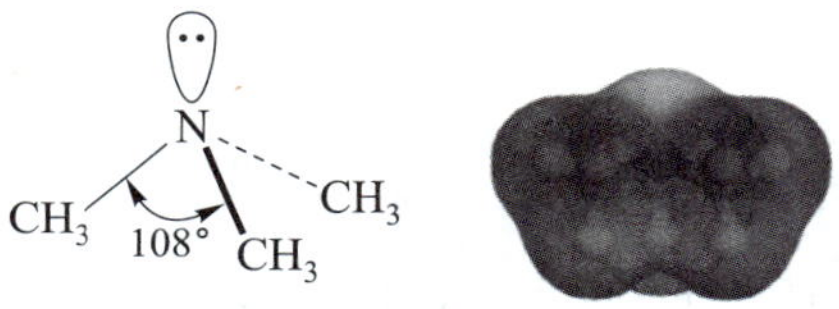

三甲胺

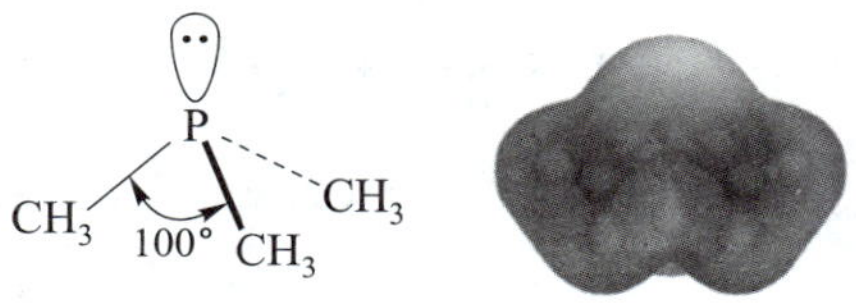

三甲膦

静电势模型图

烃基膦分子中如果磷原子上连接的基团不同时，就具有手性，如下面的叔膦化合物可拆分成对映异构体：

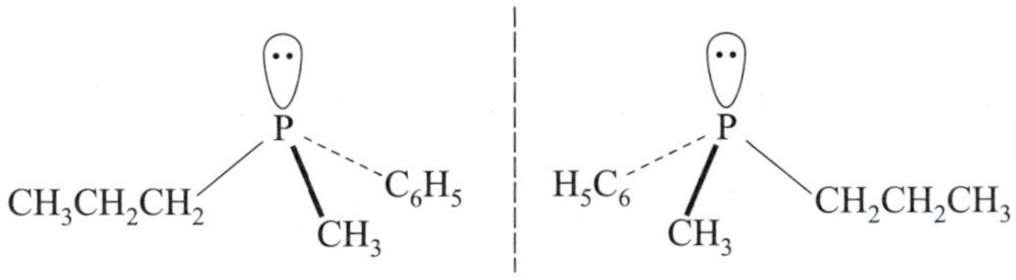

$[\alpha]_D^{20}=\pm16.8°\cdot cm^2\cdot g^{-1}$(甲苯)

与叔胺相比，叔膦化合物的构型转化较不容易进行，随着烃基变化，构型翻转需要能量的变化。上述两种构型相互转化能量为 $125 kJ\cdot mol^{-1}$。在甲苯中煮沸 3 h，仅稍微引起外消旋化：

同季铵盐一样，当季鏻盐分子中，磷原子连接四个不同的基团时，也具有光学活性，存在着对映异构。例如，氯化甲基乙基苯基苄基鏻存在着一对对映异构体：

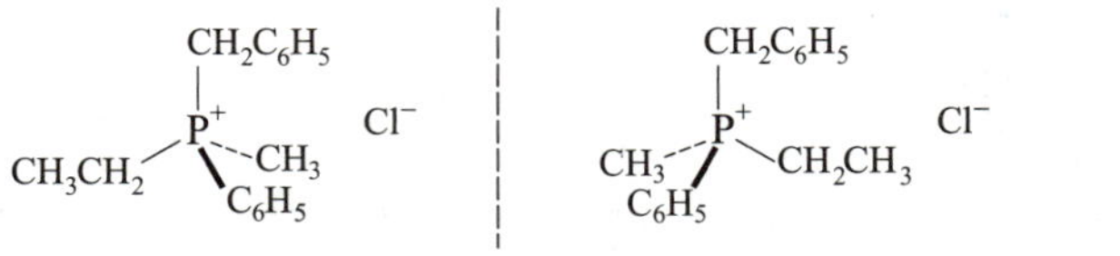

(*S*)-氯化甲基乙基苯基苄基鏻　(*R*)-氯化甲基乙基苯基苄基鏻

手性叔膦或双膦与过渡金属构成的配合物是不对称合成反应的重要催化剂。

13.5.3 化学性质

1. 烃基膦与卤代烷反应

三烃基膦是强的亲核试剂，易与卤代烷进行亲核取代反应，生成季鏻盐。如三苯基膦与溴甲烷反应可以得到溴化甲基三苯基鏻：

$$(C_6H_5)_3P + CH_3Br \longrightarrow (C_6H_5)_3\overset{+}{P}-CH_3Br^-$$

手性季鏻盐是室温离子液体。季鏻盐可作化学反应的相转移催化剂。它是重要的阳离子表面活性剂，广泛用作油井杀菌剂、纤维整理剂、缓蚀剂等。

季鏻盐与氢氧化银作用可以制备季鏻碱。与季铵碱性质不同，季鏻碱受热分解不产生烯烃，而是生成氧化膦和烷烃。例如：

$$(C_2H_5)_3P + BrCH_2CH_2CN \longrightarrow (C_2H_5)_3\overset{+}{P}-CH_2CH_2CN\ Br^- \xrightarrow{AgOH}$$

$$[(C_2H_5)_3\overset{+}{P}-CH_2CH_2CN]OH^- \xrightarrow{\triangle} (C_2H_5)_3P{=}O + CH_3CH_2CN$$

三烃基膦作为强的亲核试剂，还可以与环氧化物进行亲核加成开环反应，进一步反应生成氧化三烃基膦和烯烃：

$(CH_3)_3P +$  $\longrightarrow (CH_3)_3P{=}O + CH_2{=}CH_2$

2. 烃基膦与过渡金属配位

由于磷原子上的未成键电子对有很强的给电子性，因此，烃基膦与过渡金属形成配合物的能力要比胺强得多。很多含磷的过渡金属配合物及叔膦化合物在有机催化反应中发挥着十分重要的作用。例如，氯化铑与三苯基膦形成配合物 $(Ph_3P)_3RhCl$（Willkinson 催化剂）是均相催化剂，能够选择性地完成碳碳双键、碳碳三键的催化加氢，而其它官能团（硝基、氰基、羰基、卤素等）不受影响。威尔金森（Willkinson）催化剂的制备及应用如下：

$$RhCl_3 + 4\ PPh_3 \xrightarrow[C_2H_5OH]{\triangle} (Ph_3P)_3RhCl + Ph_3PCl_2$$

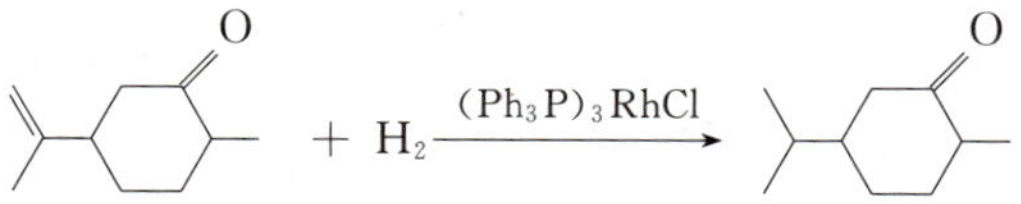

3. 烃基膦的氧化反应

烃基膦及相关三价膦化合物性质比较活泼，容易与氧、硫、卤素等成键。如叔膦与过氧化氢等氧化剂作用，叔膦被氧化成氧化三烃基膦：

$$(C_6H_5)_3P \xrightarrow{H_2O_2} (C_6H_5)_3P=O$$

13.5.4 应用

1. 维蒂希反应和维蒂希—霍纳尔(Wittig—Horner)反应

具有 α－H 的季鏻盐用强碱(如苯基锂、丁基锂等)处理时，消去 α－H 生成亚烷基膦烷。例如：

$$(C_6H_5)_3\overset{+}{P}-CH_3Br^- \xrightarrow{C_6H_5Li} (C_6H_5)_3\overset{+}{P}-\overset{-}{C}H_2$$

亚甲基三苯基膦

$$[(C_6H_5)_3\overset{+}{P}-\overset{-}{C}H_2 \longleftrightarrow (C_6H_5)_3P=CH_2]$$

亚烷基膦烷是一种极性很强的内膦盐，又称为膦(磷)叶立德，它是德国化学家维蒂希(Georg Wittig，1897—1987)发现的，所以也称为维蒂希试剂。由于发现维蒂希试剂，并由此开辟了有机合成新领域，维蒂希与布朗共同获得 1979 年诺贝尔化学奖。

获诺贝尔奖者

膦叶立德可以与醛、酮发生亲核加成反应，从而制备烯烃，这个反应称为维蒂希反应：

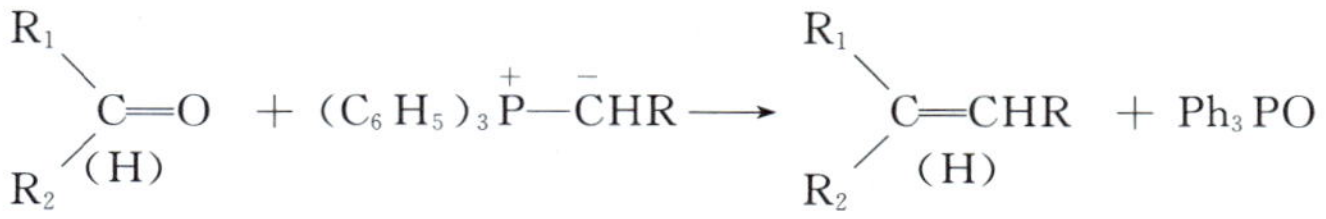

在这类反应中，维蒂希试剂首先与羰基进行亲核加成，生成另一种内膦盐，然后再消去三苯基氧膦生成烯烃。此反应生成碳碳双键的位置是固定的，与羰基的位置是对应的：

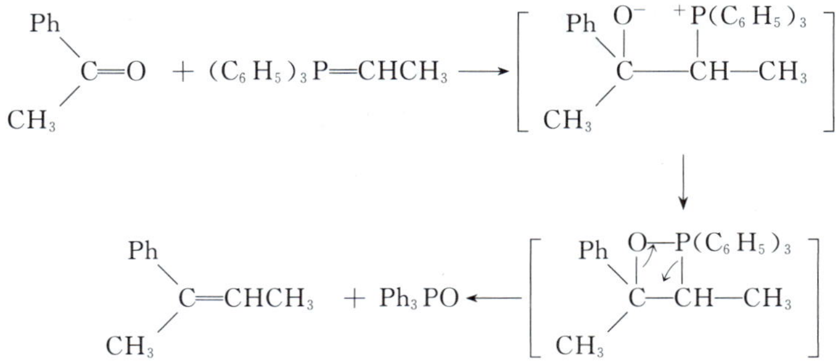

维蒂希试剂很活泼，反应条件温和，一般情况下，生成 *Z* 构型和 *E* 构型烯烃的混合物。与维蒂希试剂反应的羰基化合物可以是脂肪族、脂环族和芳香族醛、酮，其中烃基还可以有双键、三键、羟基、烃氧基、氨基等官能团。维蒂希试剂的碳原子上可有烃基或含有某些官能团的烃基。维蒂希反应最大缺点是原子经济性差。

维蒂希反应在天然产物的合成方面也有重要应用。例如，维蒂希反应可应用到维生素 A 的人工合成：

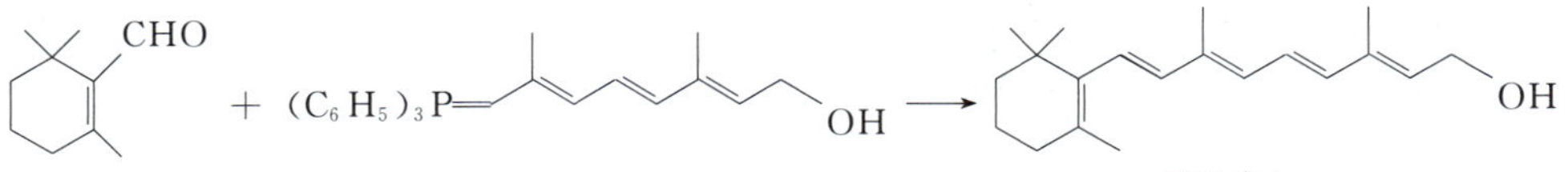

维生素A

具有 β-吸电子基的烷基膦酸二酯的 α-H 具有较强的酸性，与强碱作用可变成碳负离子，后者称为维蒂希-霍纳尔（Horner）试剂，是改良的维蒂希试剂。其结构比较稳定，与亲电性较强的醛、酮进行亲核加成反应也能得到烯烃化合物，此反应称为维蒂希-霍纳尔（Wittig-Horner）反应。例如：

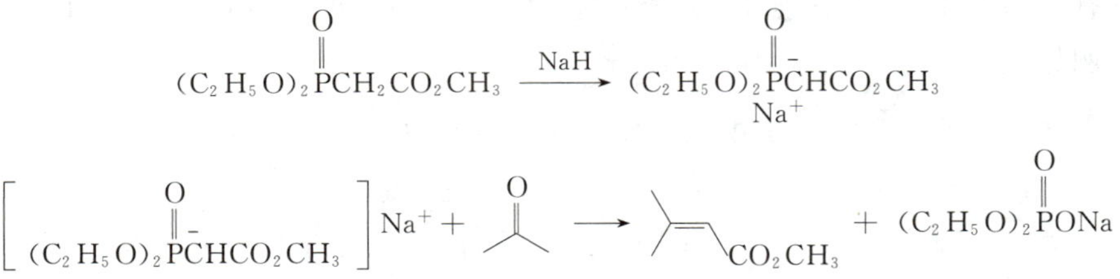

维蒂希-霍纳尔反应的特点是得到的烯烃不仅双键位置确定，而且提高了 E 构型或 Z 构型的烯烃选择性。

2. 有机磷药物

磷霉素钠（Fosfomvcin Sodium，磷霉素）为环氧丙基磷酸二钠盐，其化学结构式如下：

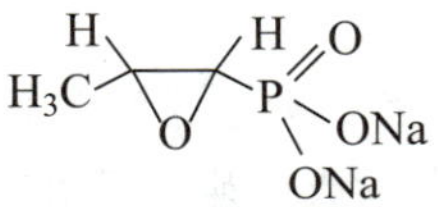

磷霉素对金黄色葡萄球菌、表皮葡萄球菌等革兰氏阳性球菌具抗菌作用。可以用来治疗呼吸道感染、皮肤软组织感染、肠道感染、泌尿道感染、败血症、脑膜炎、腹膜炎、骨髓炎等疾病。

依替磷酸钠、利塞磷酸钠、阿仑磷酸钠等双膦酸盐是近年来发展起来的新型抗代谢性骨病药物。一些常用双膦酸盐药物的结构如下：

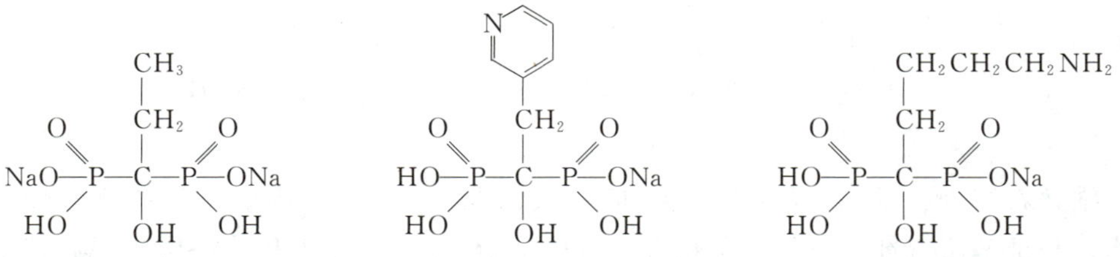

依替磷酸钠　　利塞磷酸钠　　阿仑磷酸钠

3. 有机磷农药

有机磷化合物广泛用作农业化学品（又称有机磷农药，主要包括杀虫剂、杀菌剂和除草剂），如敌百虫、敌敌畏、乐果、氯胺磷等是重要的有机磷杀虫剂；稻瘟净、异稻瘟净等是重要的有机磷杀菌剂；而草特磷、地散磷等是常用的有机磷除草剂。一些有机磷农药的结构（通常缺少 P—C 键）如下：

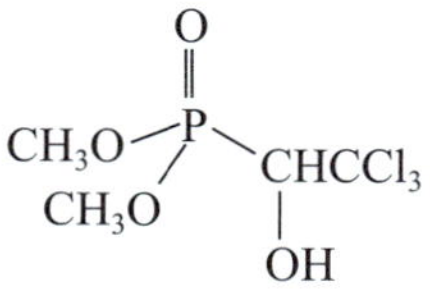

敌百虫

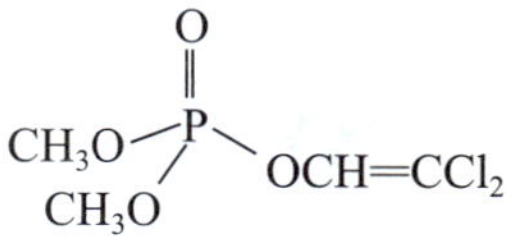

敌敌畏

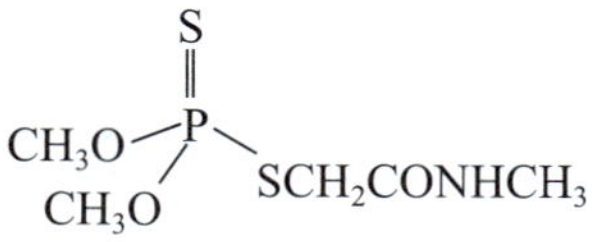

乐果

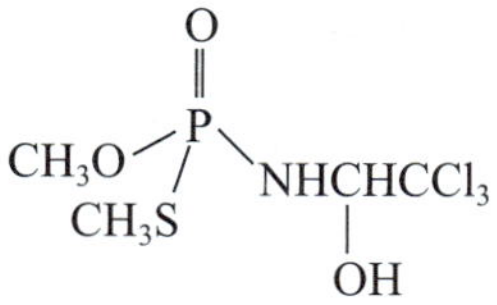

氯胺磷

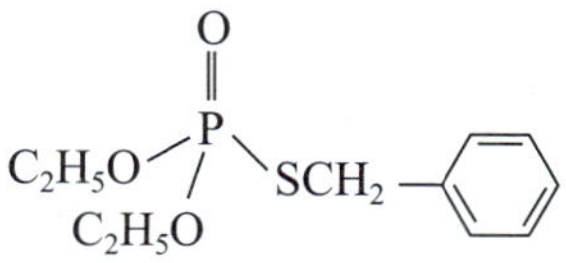

稻瘟净

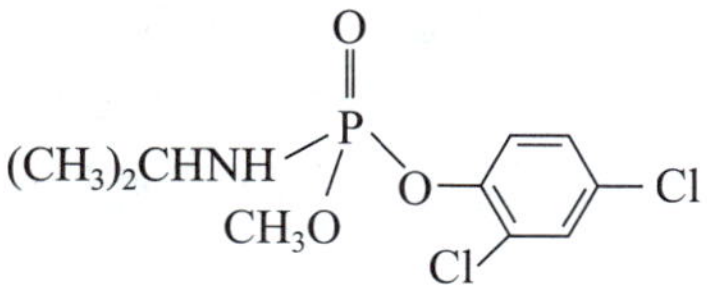

草特磷

由于对人畜高毒性和残留问题，某些以前广泛使用的有机磷杀虫剂已被严格禁止使用。

4. 生命体内的磷酸酯

一切生命体内都含有磷化合物，它们不是以膦的形式存在，而是以磷酸单酯、二磷酸单酯、三磷酸单酯的形式存在的，在生命中起到重要作用。

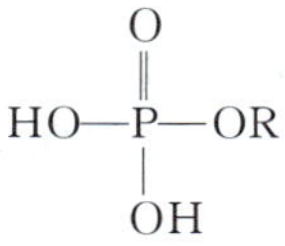

磷酸单酯

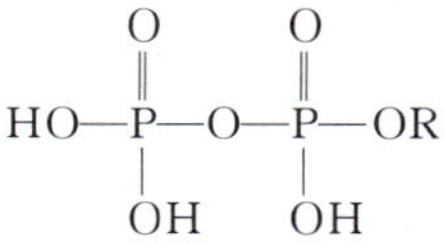

二磷酸单酯（焦磷酸单酯）

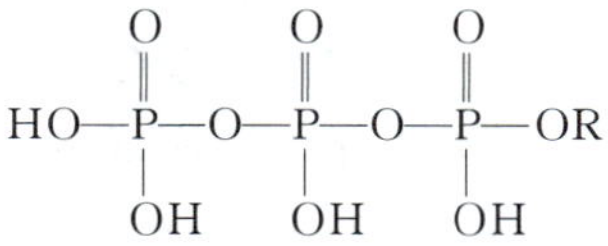

三磷酸单酯

在上述分子中的 R 多为复杂的基团，有的含有杂环，有的是糖基。三种磷酸酯都是酸性的。

三磷酸腺苷（ATP）是一种核苷酸，作为细胞内能量传递的“分子通货”，储存和传递化学能。ATP 在核酸合成及糖类和脂肪代谢也具有重要作用。ATP 分子中磷酸之间的 P—O 键称为高能磷酸键，其断裂释放出大量的能量，为生物体的新陈代谢提供能量。高能磷酸键水解时释放的能量多达 $33\sim54\mathrm{kJ\cdot mol^{-1}}$，所以说 ATP 是细胞内一种高能磷酸化合物。例如，生物体内三磷酸腺苷在酶作用下水解为二磷酸腺苷（ADP），反应过程可表示如下：

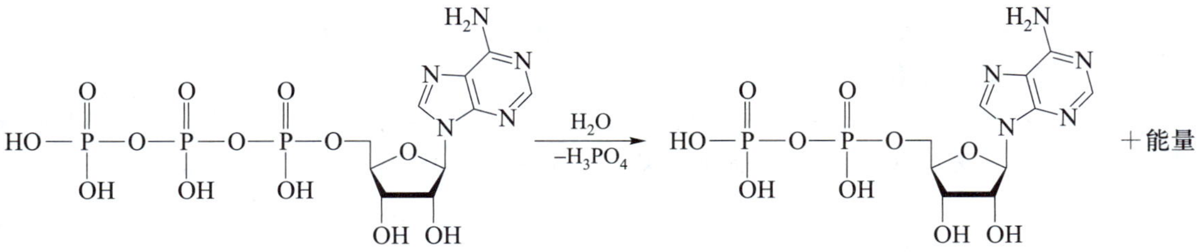

三磷酸腺苷（ATP） 二磷酸腺苷（ADP）

13.6　含硅有机化合物

13.6.1　结构

含硅有机化合物是指含碳硅键的化合物。有机硅化合物和碳氢化合物在分子结构上有很多相似之处。在大多数的情况下，硅是采取 sp^3 杂化，形成四价硅的化合物，分子的构型是四面体，如甲硅烷的结构与甲烷都是正四面体。

分子模型

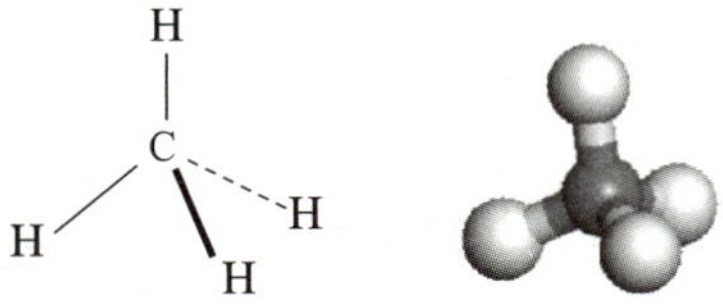

甲烷

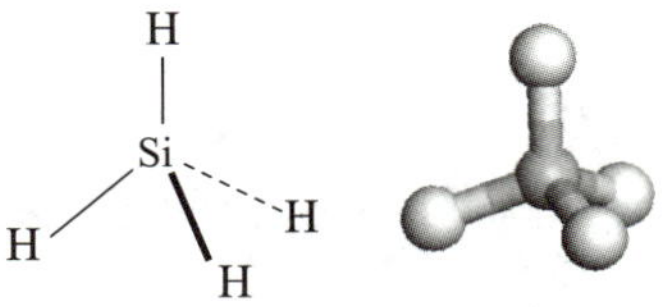

甲硅烷

当硅原子上连接的四个不同的原子或基团时，硅原子为手性中心，有一对对映体。

由于硅、碳原子所处的周期不同，二者的性能差异很大。例如，碳原子与氢原子能够形成稳定的 C—H 键，碳原子自身可以相互形成各种长短不同的碳链；但硅原子与氢原子形成的 Si—H 键极不稳定，硅原子自身的键合能力也极差。已知最大的硅烷分子仅为六个硅原子相互连接而成的己硅烷。硅化合物和碳化合物的性质差异可以从相关的键能差异上反映出来，一些含硅和碳的化学键键能数据见表 13－2。

表 13－2　含硅和碳的化学键键能

化学键	键能/($kJ \cdot mol^{-1}$)	化学键	键能/($kJ \cdot mol^{-1}$)
Si—Si	222	C—C	347
Si—H	318	C—H	414
Si—O	452	C—O	360
Si—Cl	391	C—Cl	327
Si—N	335	C—N	285

从表 13－2 不难看出，Si—Si 键能要比 C—C 键能小得多，即 Si—Si 键稳定性差，不易自身成键。Si ═Si 双键及 C═Si 双键也是不稳定的。但是 Si—O 键键能却比 C—O 键键能大得多，因此，Si—O 键十分稳定。事实上，由硅氧相互键合可以形成众多的硅氧烷和有机硅高聚物分子$(—O—Si(CH_3)_2—)_n$。

有些有机硅化合物是重要的工业原料，有些是重要的有机合成试剂。三甲基硅基乙炔是重要的炔基化试剂，而四甲基硅烷是核磁共振分析中常用的内标物。

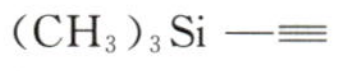

三甲基硅基乙炔

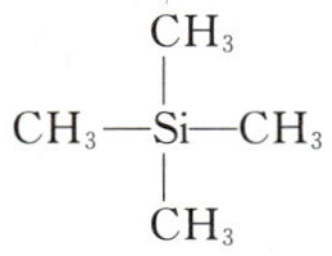

四甲基硅烷

有机硅化合物的分类与含碳化合物的相似，有机硅化合物的命名也与含碳化合物的命名相似，甚至硅烷的各类衍生物的化学性质都与碳烷衍生物的相似。

13.6.2　重要的有机硅化合物

重要的有机硅化合物有烃基硅烷、卤硅烷、硅醇、硅醚及多种有机硅聚合物。

1. 烃基硅烷

甲硅烷分子中的氢原子被烃基替代所得到的化合物称为烃基硅烷。例如：

CH_3SiH_3	$C_6H_5SiH_3$	$(CH_3)_2SiH_2$	$(CH_3)_4Si$	$(C_6H_5)_4Si$
甲基硅烷	苯基硅烷	二甲基硅烷	四甲基硅烷	四苯基硅烷

通常四烃基硅烷的耐热性能好，不易水解也不易发生其它化学反应。烃基硅烷可以通过卤硅烷与有机锂试剂或格利雅试剂制备。例如，过量的甲基氯化镁与 $SiCl_4$ 反应可以制得四甲基硅烷：

$$4\ CH_3MgCl + SiCl_4 \longrightarrow (CH_3)_4Si + 4\ MgCl_2$$

2. 卤硅烷

(1) 概述　卤硅烷是硅烷或烃基硅烷分子中硅原子上的氢原子被卤素原子替代所得到的一类化合物。例如：

SiH_3Cl	SiH_2Cl_2	$SiHCl_3$	$SiCl_4$	CH_3SiCl_3	$(CH_3)_3SiCl$
一氯硅烷	二氯硅烷	三氯硅烷	四氯硅烷	甲基三氯硅烷	三甲基氯硅烷

$(CH_3)_2SiCl_2$	$(CH_3)_2SiBr_2$	$C_6H_5SiCl_3$	$C_6H_5SiBr_3$
二甲基二氯硅烷	二甲基二溴硅烷	苯基三氯硅烷	苯基三溴硅烷

其中有机氯硅烷是制备有机硅聚合物及其它硅功能材料的重要原料。甲基氯硅烷的使用量占 90%以上。工业上将卤代烃与硅粉在铜催化下加热制备卤硅烷，产物是几种卤硅烷的混合物，可以通过分馏的方法将其分离。例如：

$$CH_3Cl + Si \xrightarrow[300℃]{Cu(10\%)} (CH_3)_2SiCl_2 + (CH_3)_3SiCl + (CH_3)_2SiHCl + SiCl_4$$

沸点/℃：　70.2　66.1　40.4　57.6

其中二甲基二氯硅烷是工业上需求量最大的有机硅化工原料，主要用于生产硅油、硅橡胶和硅树脂。

卤硅烷的 Si—H 键很活泼，在氯铂酸催化下，与烯烃进行加成反应生成烃基硅烷。例如：

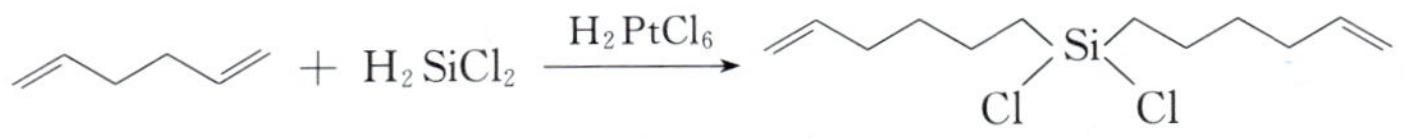

格利雅试剂与四氯硅烷反应可以制备各种烃基氯硅烷。例如：

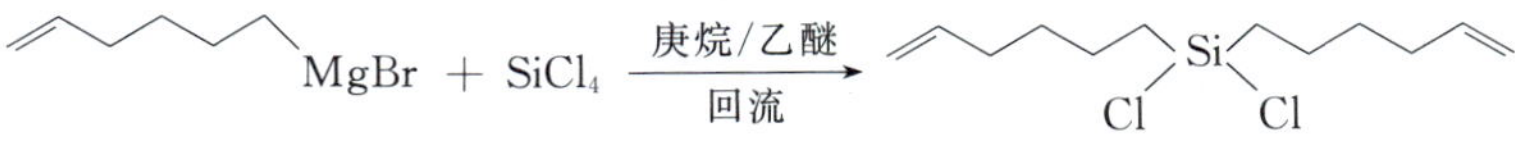

产物中烃基的数目取决于反应物格氏试剂与四氯硅烷的摩尔比。分子中有两个烯基的硅烷类化合物是重要的聚合物偶联剂，二(1-己烯基)二氯硅烷是其中一种。

(2) 化学性质 与卤代烷类似，卤硅烷分子中硅卤键（Si—X）是强极性键，性质很活泼，容易与亲核试剂发生多种类型反应。

① 水解反应：氯硅烷水解生成相应的硅醇。同硅二元醇比同碳二元醇稳定得多。例如：

$$(CH_3)_3SiCl + H_2O \longrightarrow (CH_3)_3SiOH + HCl$$

$$(CH_3)_2SiCl_2 + H_2O \longrightarrow (CH_3)_2Si(OH)_2 + HCl$$

② 醇解反应：氯硅烷在室温下可与醇发生反应生成硅氧烷（硅醚）。例如：

$$(CH_3)_3SiCl + C_2H_5OH \xrightarrow{Et_3N} (CH_3)_3SiOC_2H_5 + HCl$$

$$(CH_3)_2SiCl_2 + 2\ C_2H_5OH \xrightarrow{PhNMe_2} (CH_3)_2Si(OC_2H_5)_2 + 2\ HCl$$

反应过程中加入缚酸剂三乙胺、二甲基苯胺等碱能有效除去生成的氯化氢，从而提高反应产率。当卤硅烷或醇中的烃基增大或卤硅烷分子中烃基数目增加时，均会降低醇解反应的反应活性。

③ 与有机金属试剂反应：卤硅烷能够和格氏试剂或有机锂试剂反应是各类烃基硅烷的重要制备方法。例如：

$$(CH_3)_3SiCl + CH_3CH_2CH_2MgBr \longrightarrow (CH_3)_3SiCH_2CH_2CH_3$$

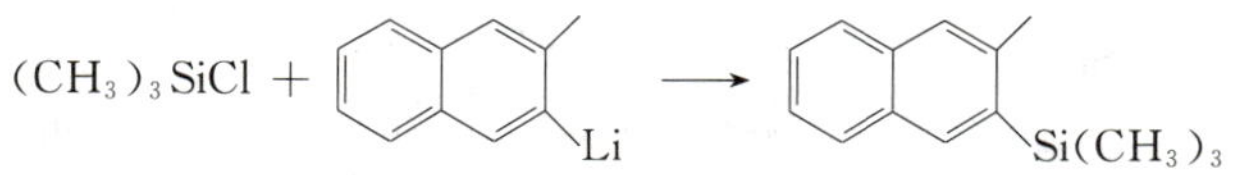

同样，四氯化硅与格氏试剂反应也可以制得四烃基硅烷。

$$SiCl_4 + 4\ RMgBr \longrightarrow R_4Si$$

④ 断裂碳氧键的反应：三甲基碘硅烷（类似于 HI）可以与某些醚或羧酸酯发生反应，使其中的碳氧键发生断裂，形成碘代烷。例如：

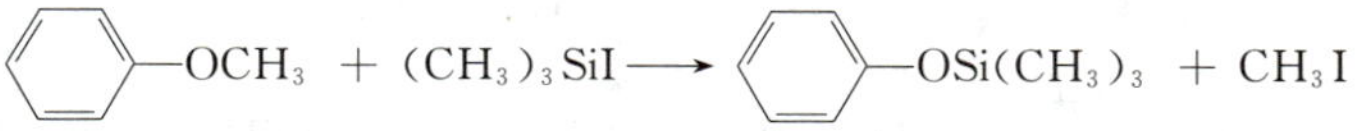

$$R-\overset{\overset{\displaystyle O}{\|}}{C}-OR' + (CH_3)_3SiI \longrightarrow R-\overset{\overset{\displaystyle O}{\|}}{C}-OSi(CH_3)_3 + R'I$$

⑤ 还原反应：在氢化铝锂等金属氢化物作用下，卤硅烷的硅卤键转化为硅氢键，生成含氢硅烷。例如：

$$CH_3SiCl_3 + NaBH_4 \longrightarrow CH_3SiHCl_2$$

$$CH_3SiCl_3 + LiAlH_4 \longrightarrow CH_3SiH_3$$

3. 硅醇及硅醚

(1) 硅醇 硅醇可看成是烃基氢硅烷中硅原子上氢原子被羟基替代后的产物。硅醇分为一元硅醇、二元硅醇和三元硅醇，都可由相应的卤硅烷水解而制得。例如：

$$(CH_3)_3SiCl + H_2O \xrightarrow{CaCO_3} \underset{\text{三甲基硅醇}}{(CH_3)_3SiOH}$$

$$(C_6H_5)_2SiCl_2 + H_2O \xrightarrow[\text{丙酮}]{NaHCO_3} \underset{\text{二苯基硅二醇}}{(C_6H_5)_2Si(OH)_2}$$

以硅二醇或硅三醇为原料，通过分子间脱水缩合，得到有机硅聚合物。因为Si—O键键能大，热稳定性好。因此，以 Si—O 键为主链结构的有机硅聚合物表现出良好的耐热性；又由于聚合物主链结构的两侧是许许多多的憎水基团烃基，使得有机硅聚合物表现出极好的耐水性、耐腐蚀性、抗氧化性、电绝缘性等优良性能。

常见的有机硅聚合物有三大类：硅油、硅橡胶和硅树脂。

在室温下呈液态的有机硅聚合物称为硅油，其结构一般为线型，通式为

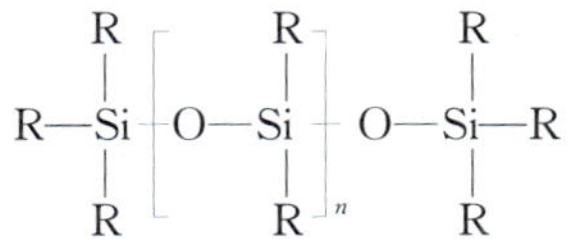

式中 R 多为烷基或苯基，聚合度 n 大约是 10。硅油为无色、无味、不易挥发的液体。硅油常用作高级润滑剂、削泡剂、光亮剂、绝缘油、脱模剂等。

分子结构为线型、聚合度在 2000 以上的有机硅高聚物称为硅橡胶。应用最广的是 R 为甲基的硅橡胶，可由高纯度的二甲基二氯硅烷(99.98%)经水解、缩聚而制得。其反应可表示如下：

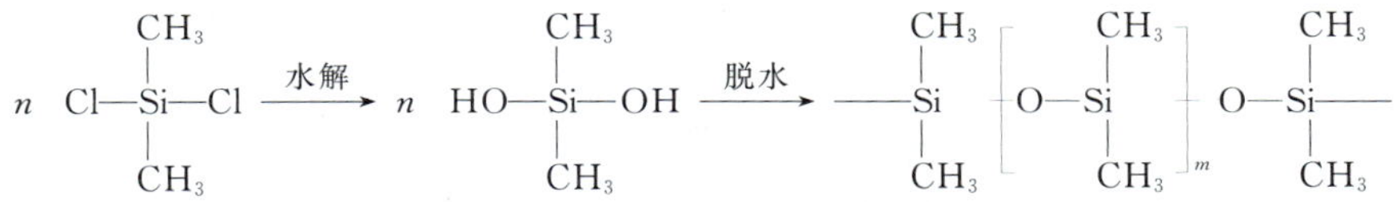

硅橡胶热稳定性好，耐低温，在 100～300℃ 仍保持良好的弹性。在电子、汽车、飞机、航天等领域有着广泛的应用。硅橡胶无毒、化学性质稳定，因此，硅橡胶又常用来制作人体的各种器官，如人工心脏、人工食道、人工气管、人工肺等。现在，硅橡胶已成为医疗领域中应用广泛的高分子材料。

以二甲基二氯硅烷和甲基三氯硅烷为原料，经水解、脱水缩聚所生成的体型高聚物称为硅树脂。硅树脂具有耐高温、耐潮湿、绝缘性能好、防水防锈等性能。因此，硅树脂广泛用作耐热涂料、电子绝缘材料等。硅树脂还可用于制作隐形眼镜。

(2) 硅醚　硅醚可看做是烃基氢硅烷中氢原子被烃氧基(或硅氧基)替代后的产物。

$(CH_3)_3SiOC_2H_5$	$(C_6H_5)_2Si(OCH_3)_2$	$CH_3Si(OC_2H_5)_3$	$(CH_3)_3SiOSi(CH_3)_3$
三甲基乙氧基硅烷	二苯基二甲氧基硅烷	甲基三乙氧基硅烷	六甲基二硅醚 (六甲基二硅氧烷)

硅醚可通过卤硅烷制备，二硅醚可通过硅醇在酸性或碱性条件下发生分子间脱水制备。例如：

$$(C_6H_5)_2SiCl_2 + 2\ CH_3OH \xrightarrow{Et_3N} (C_6H_5)_2Si(OCH_3)_2 + HCl$$

$$(CH_3)_3SiOH \xrightarrow{H^+ \text{或} OH^-} (CH_3)_3SiOSi(CH_3)_3 + H_2O$$

13.6.3　在有机合成中的应用

有机硅化合物在有机合成中具有很多的应用，下面简单介绍一些有机硅试剂参与

的有机反应。

1. 以三烷基硅基作为保护基

在有机合成中，三烷基硅基经常用作保护基，用于羟基、羰基、氨基、炔基或烯基的保护。

(1) 羰基的保护　在碱如 Et_3N 存在下，α,β-不饱和酮与三甲基氯硅烷(TMSCl)反应形成烯醇硅醚，同时脱出 HCl，烯醇硅醚与溴加成反应后，通过水解反应脱保护基三甲基硅基得到溴代产物，从而避免溴与共轭双键的 1,4-加成，保护了羰基：

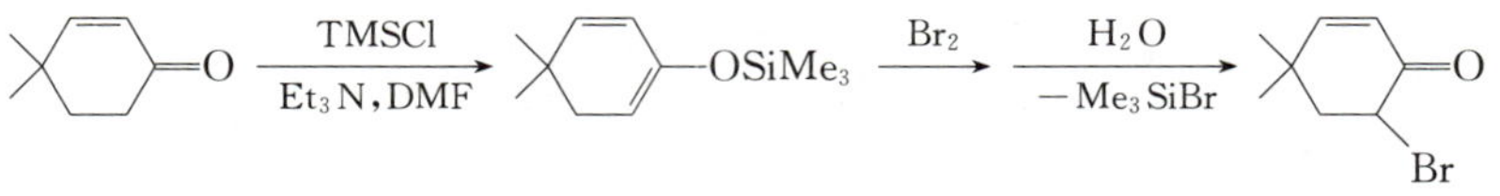

(2) 羟基的保护　在三乙胺的作用下，醇羟基可与三甲基氯硅烷反应生成三甲基硅醚。三甲基硅醚在氧化、还原、有机金属试剂等条件下稳定，完成一系列反应后，产物通过酸性水解脱保护基恢复原来的醇羟基。例如：

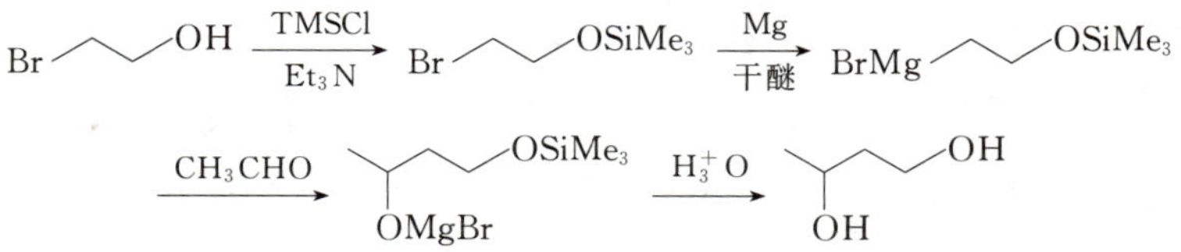

(3) 端炔基的保护　端炔的炔氢可以有效转变为三甲基硅基，这样既保护炔氢，也能降低碳碳三键的电子密度；反应完成后，通过碱性水解除去三甲基硅基，恢复原来的炔氢

$$CH_3-C\equiv C-C\equiv CH \xrightarrow{BuLi} CH_3-C\equiv C-C\equiv CLi \xrightarrow{TMSCl} CH_3-C\equiv C-C\equiv C-SiMe_3$$

$$\xrightarrow[Pd/CaCO_3,S-\text{喹啉}]{H_2} CH_3-CH=CH-C\equiv C-SiMe_3 \xrightarrow{OH^-/H_2O} CH_3-CH=CH-C\equiv CH$$

2. 彼德森反应——成烯反应

当烃基硅烷与有机锂试剂反应时，能够得到硅烷 α-碳负离子。这种硅烷 α-碳负离子也称为硅叶立德(silyl ylide)。例如：

$$(CH_3)_3SiCH_2R + RLi \longrightarrow (CH_3)_3Si\bar{C}HR\ Li^+$$

$$(CH_3)_3SiCH=CH_2 + RLi \longrightarrow (CH_3)_3Si\bar{C}HCH_2R\ Li^+$$

硅烷 α-碳负离子和羰基化合物作用生成烯烃的反应称为彼德森(Peterson)反应，也称为含硅的维蒂希反应。例如：

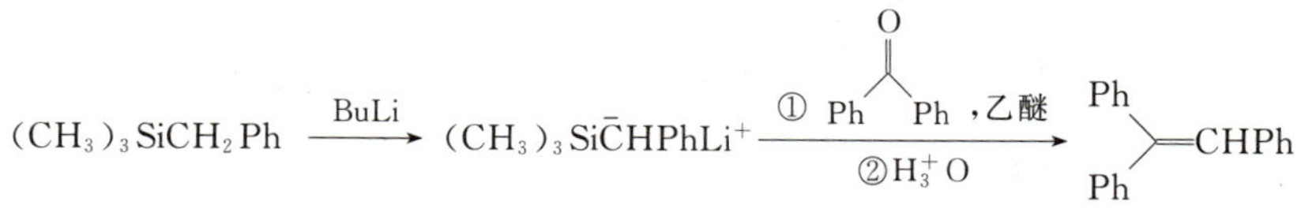

拓 4-19

相比通过磷叶立德的维蒂希反应，通过硅叶立德的反应更加活泼，但这类反应往

往立体选择性较差。

习　题

13-1　命名下列化合物或写出构造式。

(1) $CH_3-CH(CH_3)-S-CH_2-CH_3$　(2) $HS-CH_2-CH(CH_3)-CO_2H$　(3) 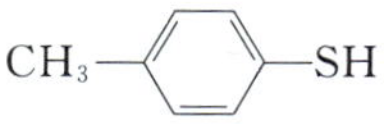

(4) 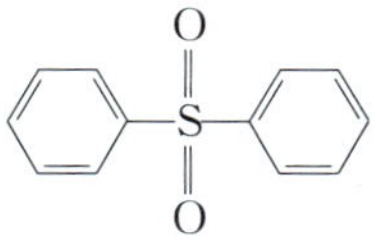　(5) 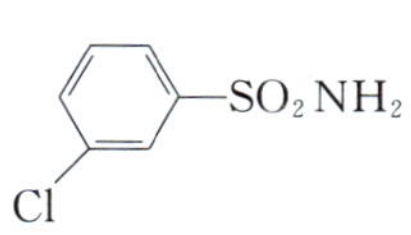　(6) $CH_3CH_2S-SCH_2CH_3$

(7) 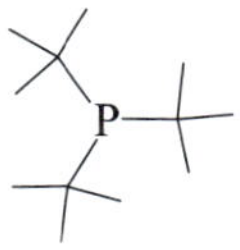　(8) $C_2H_5-P(=O)(C_2H_5)-C_2H_5$　(9) $CH_3CH_2-SiH_2-CH_2CH_3$

(10) 二甲基二氯硅烷　(11) 牛磺酸　(12) 六甲基二硅醚　(13) 苯膦酸二甲酯

13-2　比较下列各组化合物酸性，并由强到弱排列。

(1) A. 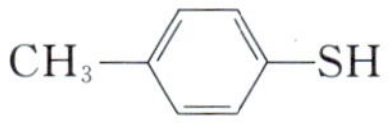　B. 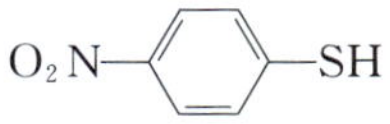　C. 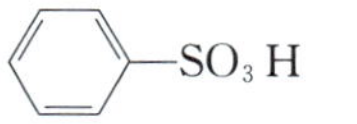

(2) A. 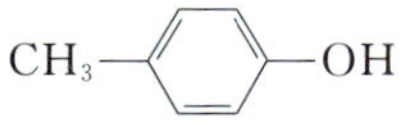　B. 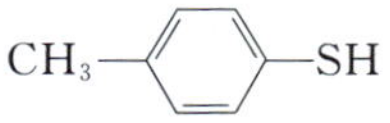　C. 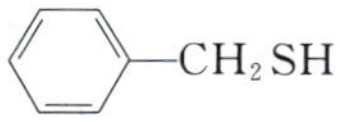

(3) A. $CH_3CH_2CH_2SH$　B. $ClCH_2CH_2SH$　C. $CH_3CH_2CH_2OH$

13-3　完成下列反应。

(1) 　(2) $CH_3CH_2CH_2SH + I_2 + NaOH \longrightarrow$

(3) $CH_3CH_2SCH_2CH_3 \xrightarrow{NaIO_4/H_2O}$　(4) $CH_3CH_2SH + CH_3CH_2-\!\equiv \xrightarrow{NaOH}$

(5) 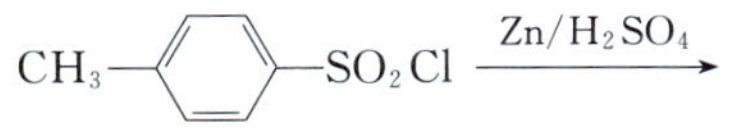　(6) 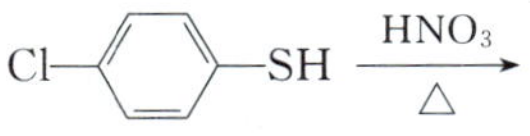

(7) 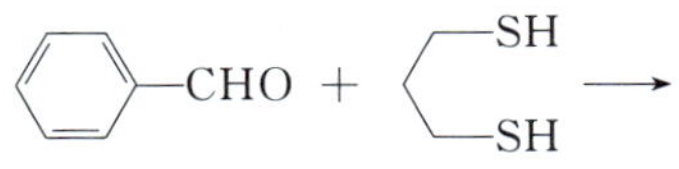　(8) 

(9) $PCl_3 + 3\ CH_3CH_2MgBr \longrightarrow$　(10) $P(OC_2H_5)_3 + BrCH_2CO_2C_2H_5 \longrightarrow$

(11) $SiCl_4 + 4\ CH_3CH_2MgBr \longrightarrow$　(12) $(CH_3)_2SiCl_2 + 2\ CH_3CH_2OH \xrightarrow{Et_3N}$

13-4　医药上常用巴尔(二巯基丙醇)作为汞中毒的解毒剂，写出巴尔的构造式及其系统命名，简单解释其解毒原理。

13-5　化合物(1)$C_2H_6O_2S$，(2)$C_2H_4O_4S$ 和(3)$C_2H_3F_3O_2S$ 在 ^1H-NMR 谱中只有一个单峰，试推测出它们可能的结构。

13-6　比较季铵碱及季鏻碱的热分解反应特点。

13-7　写出下列反应的机理。

(1) $CH_3CH_2SH + CH_3CH_2CH_2C{=}CH_2 \xrightarrow{ROOR} CH_3CH_2SCH_2CH_2CH_2CH_2CH_3$

(2) 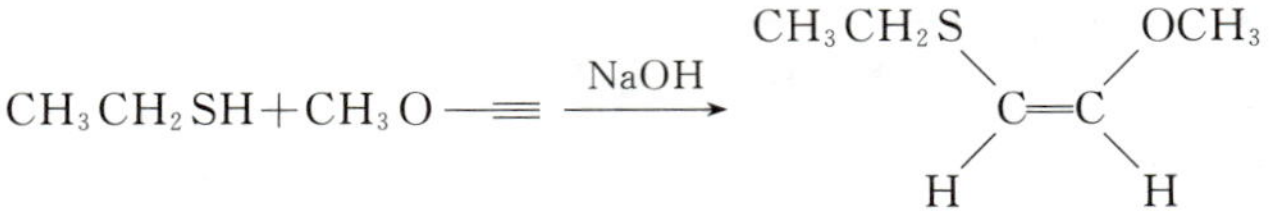

(3) 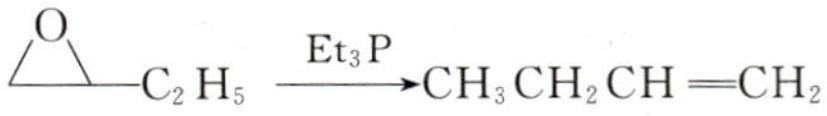

(4) 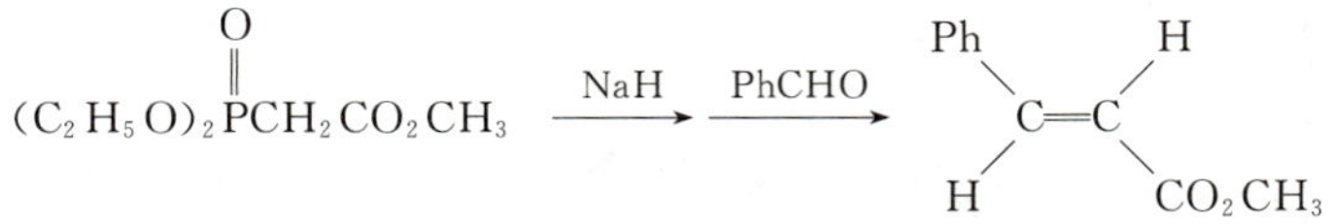

13-8　完成下列转换。

(1) 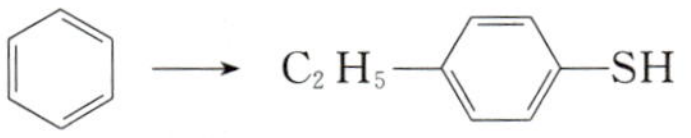

(2) $CH_3CH{=}CH_2 \longrightarrow (CH_3)_3SiCH_2CH_2CH_3$

(3) 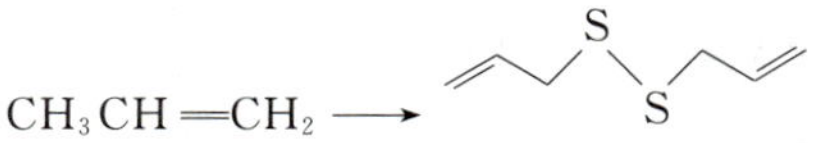

(4) 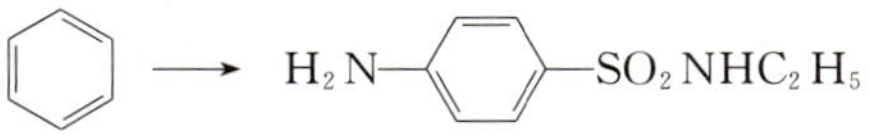

13-9　根据下列原料及条件，写出化合物(A)～(J)的构造式：

(1) 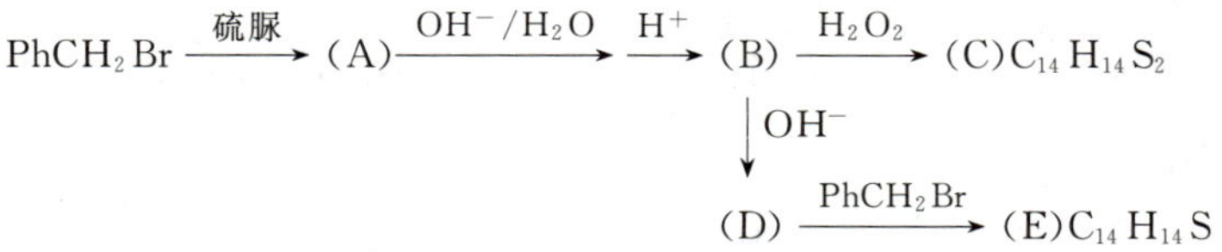

(2) 

(3) 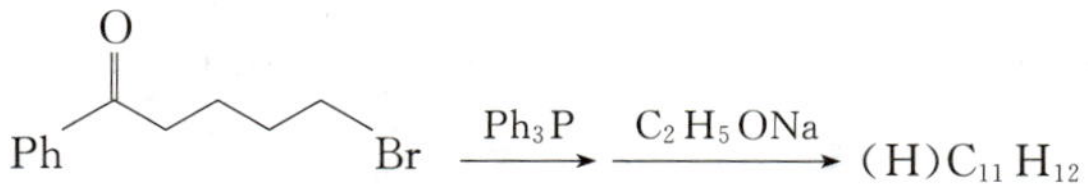

(4) （芥子气，一种化学武器）

13-10　谈谈有机硅聚合物的结构特点、主要类型及应用。

13-11　比较磷、硫、硅叶立德的结构特点，以及它们在有机合成中的应用。

13-12　提出下列反应的可能机理：

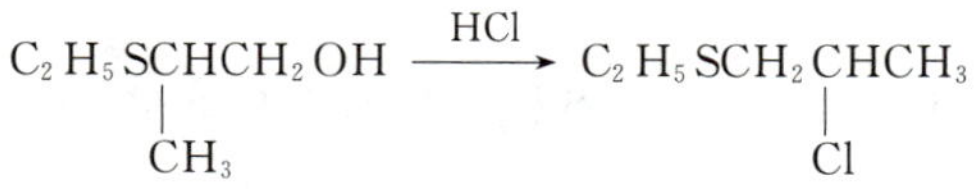

第 14 章　杂环化合物

14.1　分类与命名

14.1.1　分类

具有环状结构,成环的原子除了碳原子之外还含有其它原子(称为杂原子)的化合物称为杂环化合物。环中常见的杂原子是 N、O、S 三种原子。杂环化合物种类繁多,数量庞大,在自然界分布很广。有芳香性杂环和非芳香性杂环化合物,后者如环醚(环氧乙烷)、内酸酐(丁二酸酐)、内酰胺(己内酰胺)和内酯(δ-戊内酯)等:

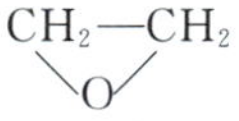

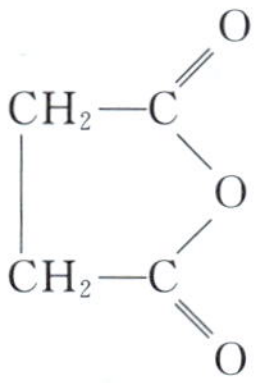

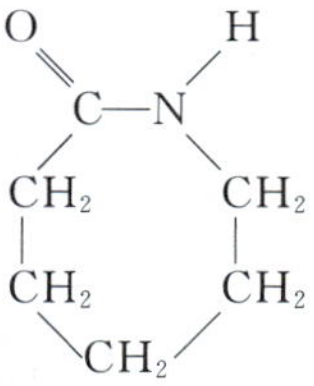

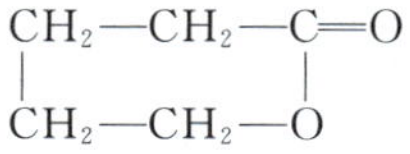

因它们具有醚、酐、酰胺、酯等的性质,习惯上不把它们视为杂环化合物。

本章介绍环中具有 $4n+2$ 个 π 电子的芳香杂环化合物。这类杂环化合物根据环的大小主要有五元杂环及六元杂环;根据环的多少可以分为单杂环(含一个环)及稠杂环(含多个环);根据所含杂原子的种类及数目,又可分为若干类别(见表 14-1)。因此这是有机化合物中极为庞大的一个领域。它们的应用范围也极其广泛,涉及医药、香料、染料、高分子材料等,尤其在生物界中,杂环化合物几乎到处可见。

14.1.2　命名

杂环化合物的命名包括基本母环及环上取代基两方面,取代基的命名原则与 2.3.1 节所述大体一致。

1. 杂环母环的命名

杂环母环的命名常用音译法,即按照英文名称的音译,选用同音汉字,再加上"口"旁以表示环状化合物。例如:

呋喃 (furan)

吡咯 (pyrrole)

噻吩 (thiophene)

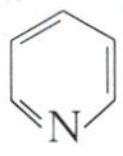

吡啶 (pyridine)

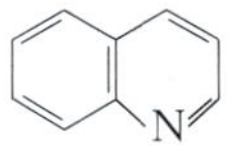

喹啉 (quinoline)

现将一些重要的杂环名称列入表 14-1。

表 14-1　杂环的结构、分类和名称

杂环分类		碳环母核	重要的杂环
单杂环	五元杂环	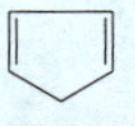 环戊二烯	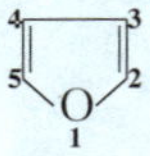 呋喃 (furan)　 噻吩 (thiophene)　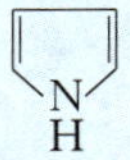 吡咯 (pyrrole)　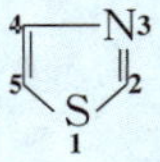 噻唑 (thiazole)　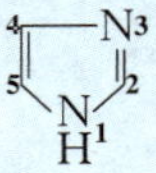 咪唑 (imidazole)
	六元杂环	 苯	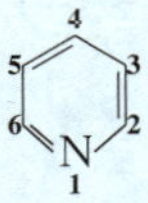 吡啶 (pyridine)　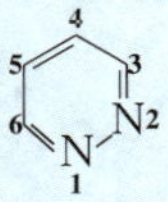 哒嗪 (pyridazine)　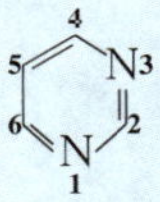 嘧啶 (pyrimidine)　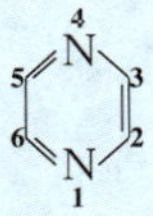 吡嗪 (pyrazine)
稠杂环		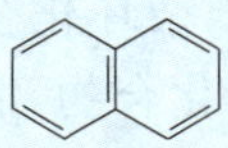 萘	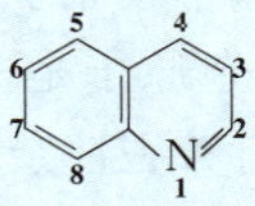 喹啉 (quinoline)　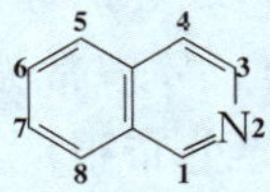 异喹啉 (isoquinoline)
		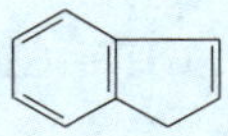 茚	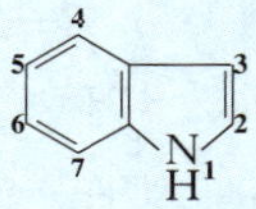 吲哚 (indole)　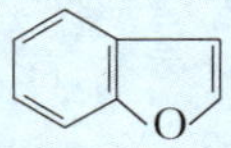 苯并呋喃 (benzofuran)　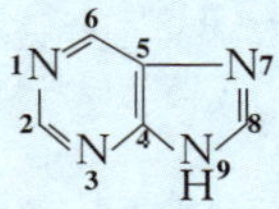 嘌呤 (purine)
		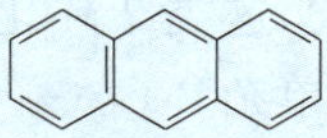 蒽	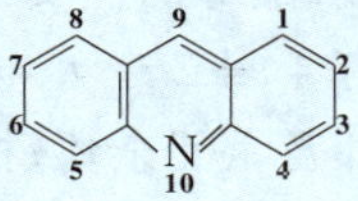 吖啶 (acridine)

2. 环上取代基的编号

环上有取代基的杂环化合物，命名时以杂环为母体，将杂环上的原子编号，确定取代基的位置。编号的原则如下：

(1) 通常从杂原子开始，将杂原子编为 1 号，依次为 2，3，…，或与杂原子相邻的碳原子编为 α，依次为 β，γ，…。

(2) 当环上含有两个或两个以上的杂原子时，应使杂原子所在的位次数字为最小；当环上有不同的杂原子时，按 O→S→N 的次序编号。

(3) 当环上连有不同的取代基时，编号时遵循次序规则及最低系列原则。

下面举例说明：

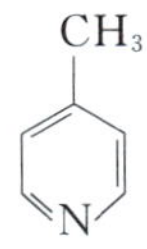

4-甲基吡啶
γ-甲基吡啶

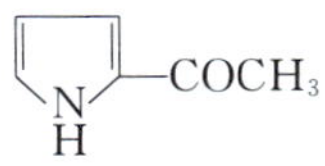

2-乙酰基吡咯
α-乙酰基吡咯

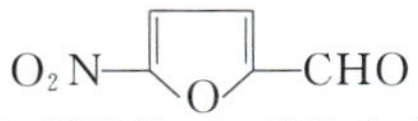

2-甲酰基-5-硝基呋喃
2-[5-硝基呋喃]甲醛
α-[α′-硝基呋喃]甲醛

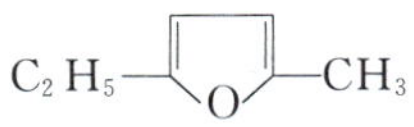

2-甲基-5-乙基呋喃
α-甲基-α′-乙基呋喃

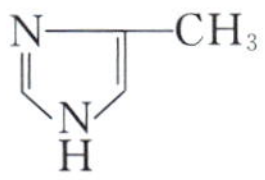

4-甲基咪唑

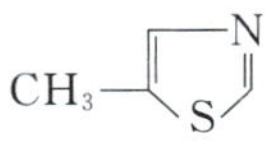

5-甲基噻唑

(4) 稠杂环的编号，一般和稠环芳烃相同，但有少数稠杂环另有一套编号顺序。例如：

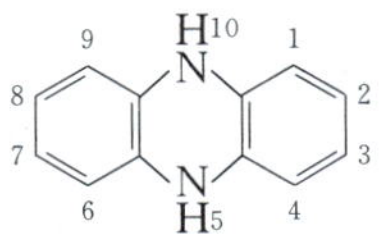

吩嗪

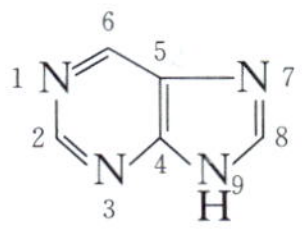

嘌呤

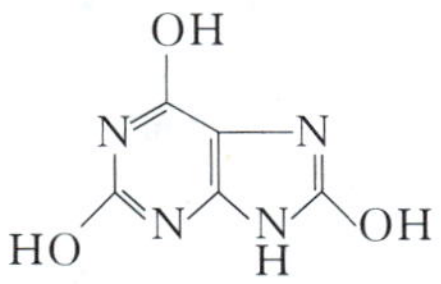

2,6,8-三羟基嘌呤(尿酸)

14.2　结构与芳香性

14.2.1　五元单杂环

五元单杂环如呋喃、噻吩、吡咯，在结构上都符合休克尔的 $4n+2$ 规则，即环上原子都共平面，彼此以 σ 键相连接，成环的四个碳原子和一个杂原子都是 sp^2 杂化，四个碳原子各有一个电子在 p 轨道上，杂原子有两个电子在 p 轨道上，这些 p 轨道垂直于 σ 键所在的平面，相互重叠形成大 π 键——闭合的共轭体系，如下所示：

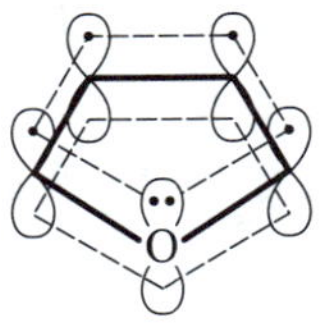

呋喃

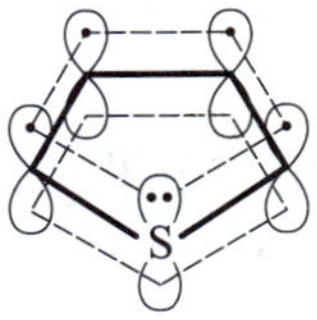

噻吩

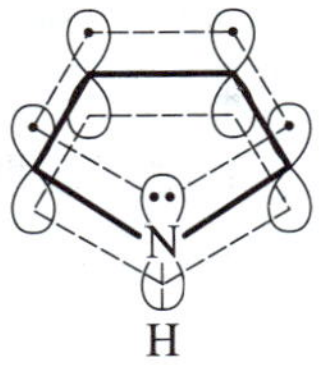

吡咯

因此，这些五元杂环都具有芳香性。它们分子中的键长数据如下：

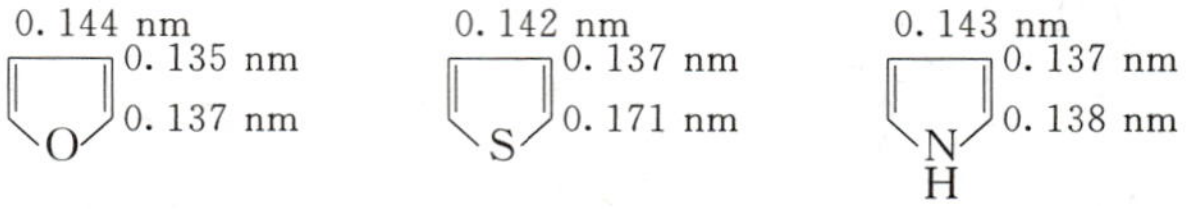

呋喃　　噻吩　　吡咯

已知典型的键长数据为

C—C	0.154 nm	C—O	0.143 nm	C—S	0.182 nm	C—N	0.147 nm
C═C	0.134 nm	C═O	0.122 nm	C═S	0.160 nm	C═N	0.128 nm

呋喃、噻吩、吡咯的静电势模型图如下：

静电势模型图

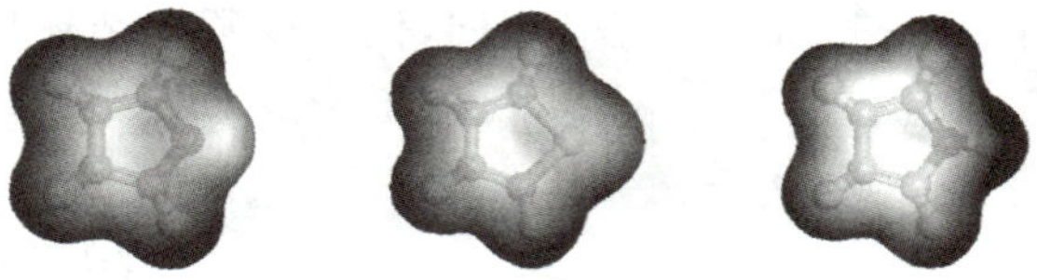

呋喃　　噻吩　　吡咯

由此可见：

（1）五元杂环分子中的键长有一定程度的平均化，但不像苯那样完全平均化，因此芳香性较苯环差，有一定程度的不饱和性及环的不稳定性。

（2）杂原子实际上有给电子性，环上电子密度较苯的为高，比苯的性质活泼，相当于苯环上连接—OH，—SH，—NH_2。因此它们都比苯容易发生亲电取代反应，尤其容易发生在 α 位。

（3）由于杂原子的电负性为 O>N>S，所以它们的给电子能力为 S>N>O，环上电子密度的大小顺序为

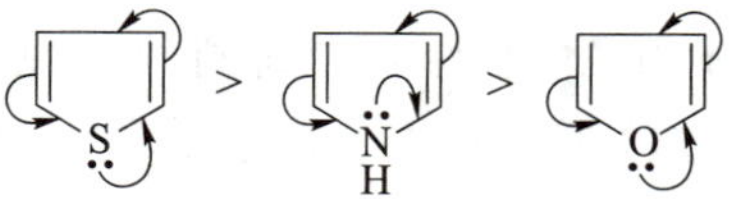

它们的离域能分别为 117 $kJ\cdot mol^{-1}$，88 $kJ\cdot mol^{-1}$，67 $kJ\cdot mol^{-1}$，也证实了这点。如呋喃就表现出某些共轭二烯烃的性质，可以进行双烯合成反应等，有介于芳香族及脂肪族化合物之间的某些特征。

核磁共振谱的测定表明，环上氢的核磁共振信号都出现在低场，这也是它们具有芳香性的一个标志：

呋喃	α-H	δ=7.42	β-H	δ=6.37
噻吩	α-H	δ=7.30	β-H	δ=7.10
吡咯	α-H	δ=6.68	β-H	δ=6.22

14.2.2　六元单杂环

六元单杂环的典型结构可以用吡啶来说明。吡啶的结构和苯很相似，只是苯中的一个碳原子被氮原子代替，这个氮原子以它的 sp^2 杂化轨道和两个相邻碳原子的 sp^2 杂化轨道重叠形成两个 σ 键。环上每个原子均有一个 p 轨道垂直于环的平面，组成闭合的 6π 电子分子轨道，如下所示：

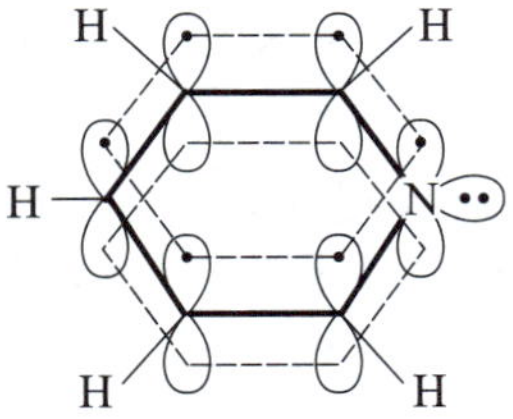

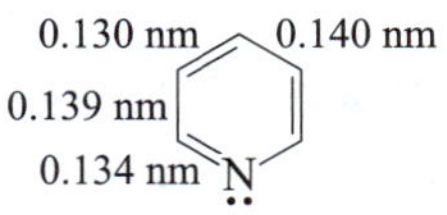

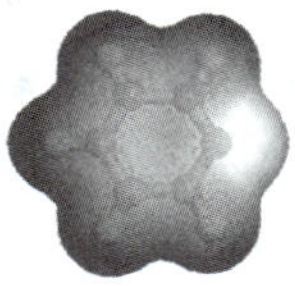

静电势模型图

所以，吡啶环也有芳香性。分子中的键长平均化数据也表明这一点。另外，在核磁共振谱中，环上氢的 δ 值位于低场（α－H δ＝8.50，β－H δ＝6.98，γ－H δ＝7.36），也是它具有芳香性的一个标志。

与吡咯不同，吡啶氮上的一对未共用电子（sp^2）不参与共轭，而由于氮原子的吸电子诱导效应，使环上电子密度降低，尤其 α、γ 位更甚（核磁共振 δ 值为 $\alpha_H > \gamma_H > \beta_H$ 也说明这点），类似于苯环连接—NO_2 等吸电子基团的作用。所以吡啶的亲电取代反应较苯要难，且主要进入 β 位；但可以发生亲核取代反应，主要进入 α 位及 γ 位。

吡啶是一个极性分子，其偶极矩比非芳香性的六氢吡啶大，这是吡啶环上诱导效应与共轭效应方向一致所致：

$\mu = 13.73\times10^{-30}$ C·m　　$\mu = 7.49\times10^{-30}$ C·m

综合五元、六元杂环的结构，虽然它们都具芳香性，但环上电子密度的大小顺序为

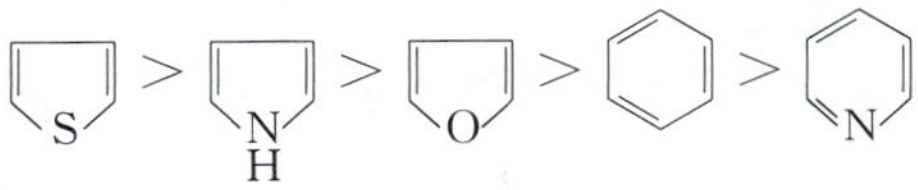

它们的静电势模型图如下：

吡咯

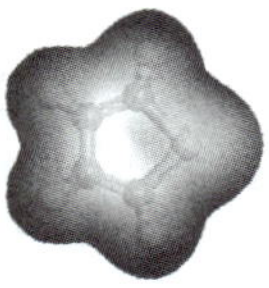

噻吩

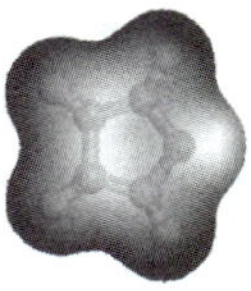

呋喃

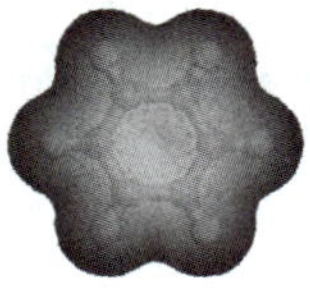

苯

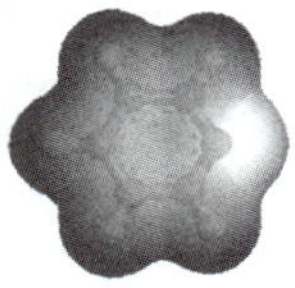

吡啶

静电势模型图

14.3　重要的五元杂环化合物

14.3.1　呋喃

呋喃存在于松木焦油中，无色液体，沸点为 32℃，不溶于水，在空气中缓慢聚合，储存时要加入抗氧化剂如对苯二酚等。

呋喃环电子密度比苯高。比苯更容易发生亲电取代反应，主要进入 α 位；呋喃芳香性比苯小，具有某些共轭二烯烃的性质，可以进行加成反应等。

1. 亲电取代反应

在较为缓和的反应条件或试剂的作用下，呋喃可以进行一系列亲电取代反应。例如：

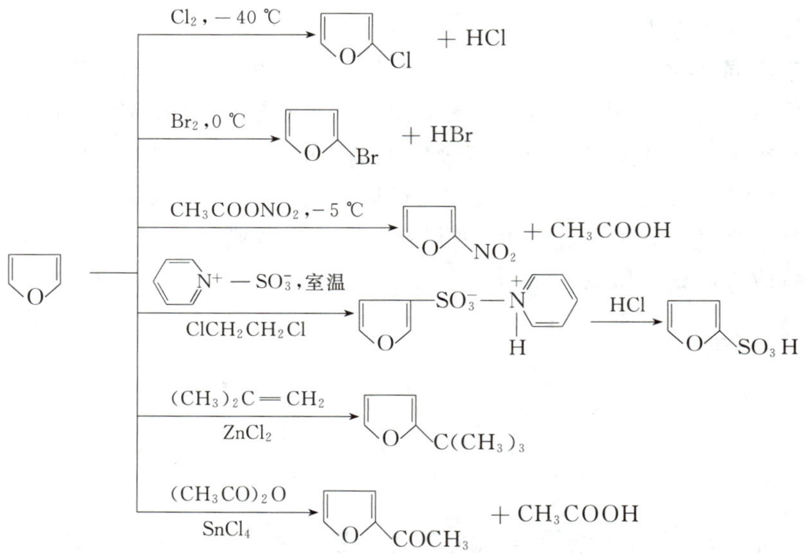

呋喃不能用浓 H_2SO_4 磺化或用混酸硝化，因为在强酸或强氧化剂的作用下，活泼的呋喃容易发生开环、聚合等反应而得到焦油状聚合物。必须用比较缓和的非质子试剂如 CH_3COONO_2 硝化，用 $C_5H_5N^+SO_3^-$ 磺化才可以得到较好的结果。另外，呋喃的酰基化、烷基化反应，一般用比较弱的路易斯酸催化剂如 BF_3、$ZnCl_2$、$SnCl_4$ 等，否则将得到混合的多烷基取代物，甚至产生树脂状物质。

2. 加成反应

呋喃与顺酐发生双烯合成反应（狄尔斯—阿尔德反应），产率较高：

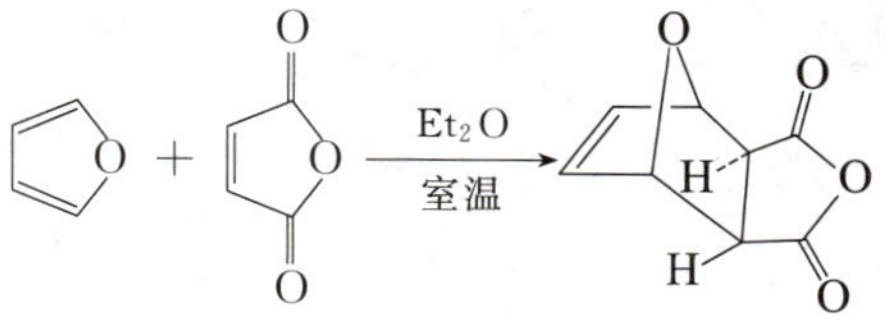

催化加氢，则生成四氢呋喃（THF）：

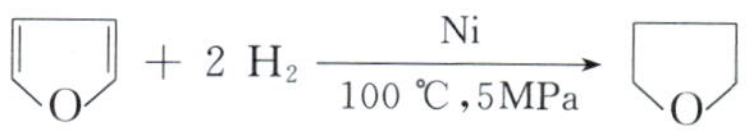

四氢呋喃是五元环醚，沸点 65 ℃，是一种优良的溶剂和重要的化工原料，如通过开环反应制备己二胺及己二酸等：

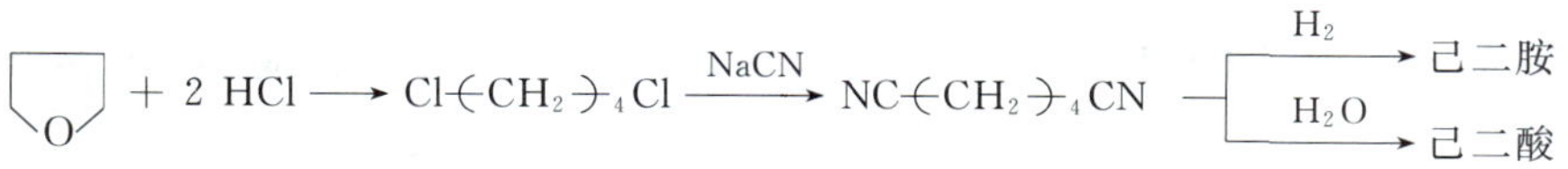

14.3.2 噻吩

噻吩主要存在于煤焦油的粗苯中，粗苯中约含 0.5%。有难闻的臭味，由于它的沸点为 84 ℃，与苯接近，难于用蒸馏的方法将它们分离。但是噻吩比苯更容易发生亲电取代反应，可以用浓 H_2SO_4 在室温下反应，噻吩即被磺化而溶于浓 H_2SO_4 中，再将噻吩磺酸水解，即可得到噻吩：

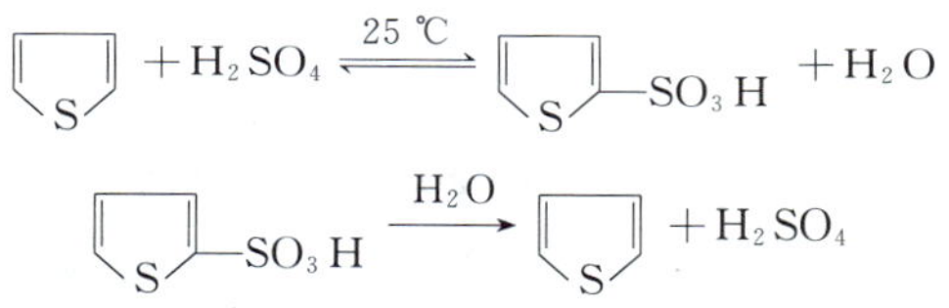

工业上可以由 C_4 馏分（丁烷、丁烯、丁二烯）和 S 迅速通过 600～650 ℃ 的反应而制得：

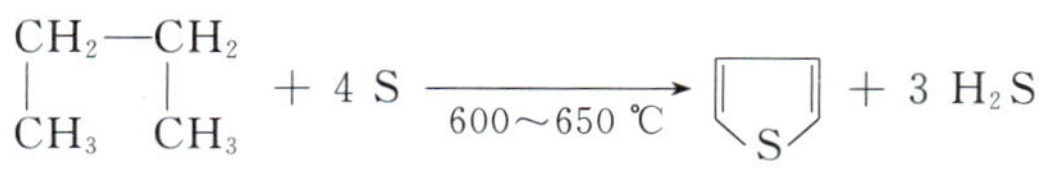

也可以用乙炔通过下列反应而制得：

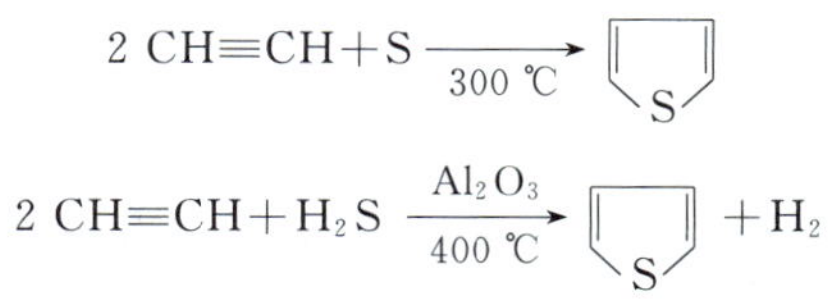

噻吩对酸不像呋喃那样敏感，不易发生水解、聚合反应。它可以用硫酸磺化，用混酸硝化。

噻吩和呋喃类似，也比苯更容易发生亲电取代反应，主要发生在 α 位。例如：

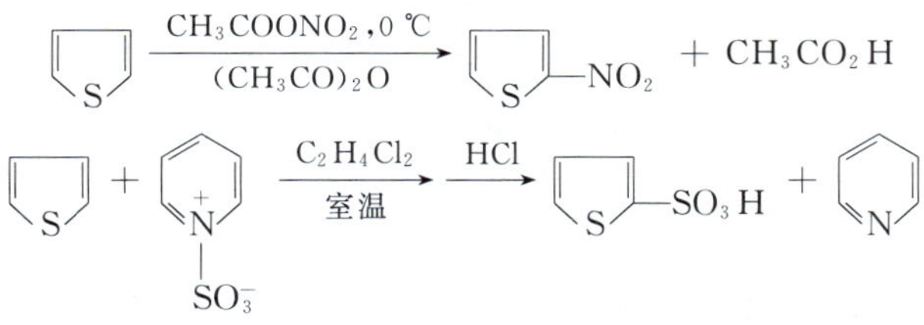

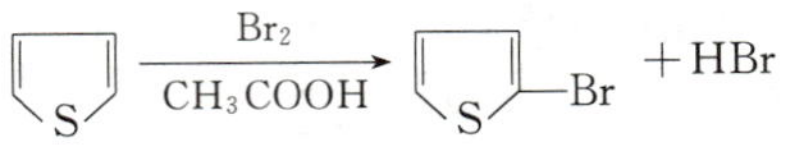

噻吩还能发生氯甲基化反应：

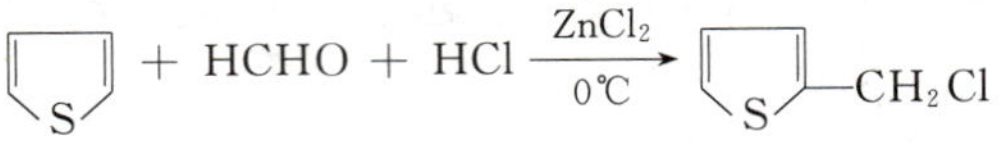

噻吩催化加氢则生成四氢噻吩，后者具有硫醚的性质，易氧化成亚砜和砜：

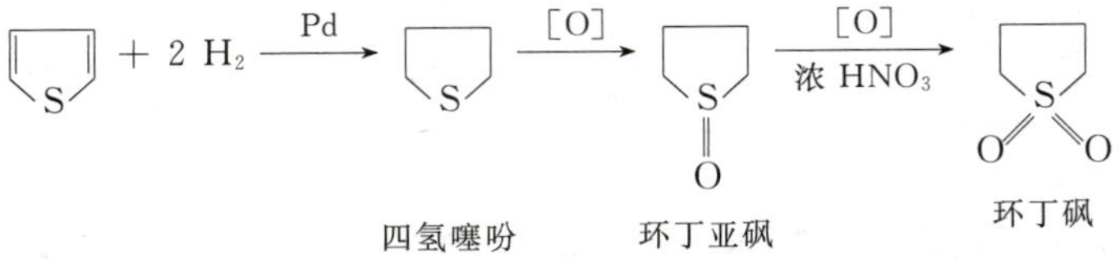

环丁砜是重要的非质子极性溶剂，沸点 287 ℃，熔点 28 ℃，可用它从石油裂化气或芳烃中提取有害的含硫物。

噻吩的衍生物中有许多是重要的药物，如先锋霉素、维生素 H(生物素)等。

14.3.3 吡咯

新蒸馏的吡咯是沸点为 131 ℃的无色油状液体，有微弱的苯胺的气味，难溶于水，能与多数有机溶剂混溶。在空气中颜色变深。并逐渐变成树脂状物。

吡咯及其同系物主要存在于骨油中，但存在量很少。工业上可用呋喃或乙炔与氨作用制得：

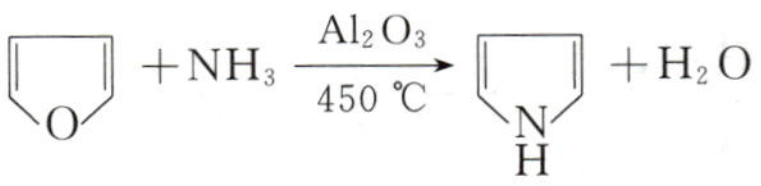

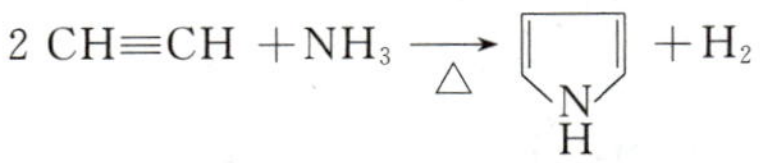

1. 吡咯的酸碱性

从结构上看，吡咯是环状的仲胺，但氮上的电子对参与共轭，基本上无碱性($K_b=2.5\times10^{-14}$)，而显弱酸性 $K_a=10^{-15}$。如在强碱作用下，可以去掉氮原子上的氢原子，将其转化为盐。例如：

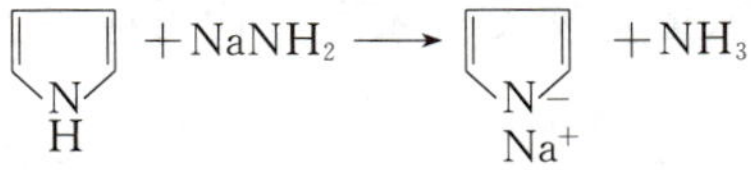

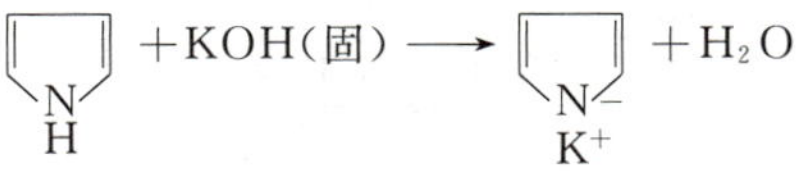

吡咯钠、钾盐和酚钠一样，可以用来合成一系列吡咯衍生物。例如：

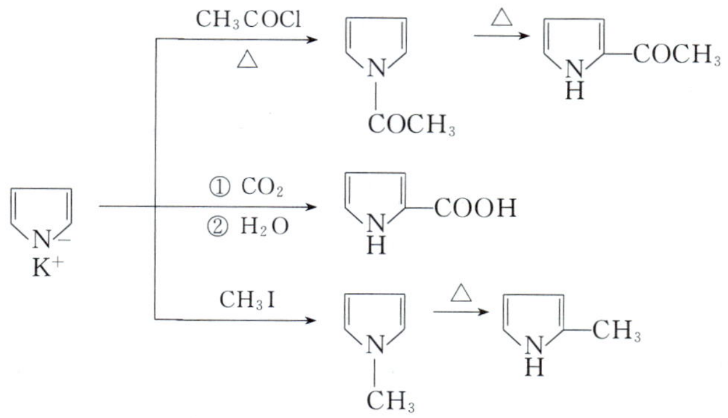

吡咯也能与格氏试剂作用：

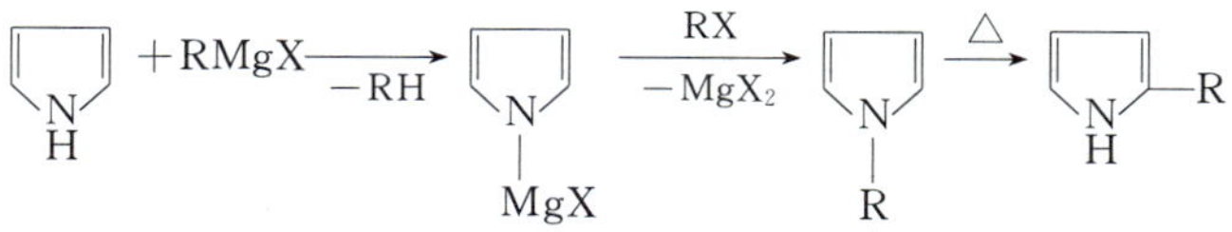

2. 吡咯的亲电取代反应

吡咯比苯容易发生亲电取代反应，如硝化、磺化、酰基化等，主要发生在 α 位。例如：

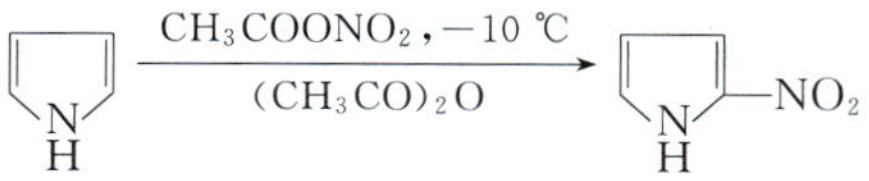

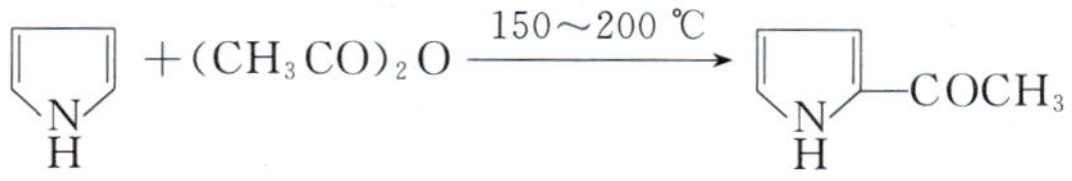

吡咯的卤代反应不易控制，常得到四卤化物：

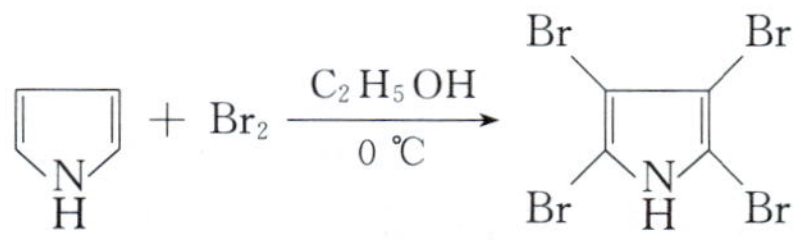

吡咯在碱性介质中与 I_2 作用生成四碘吡咯，后者在医疗中可作为伤口消毒剂：

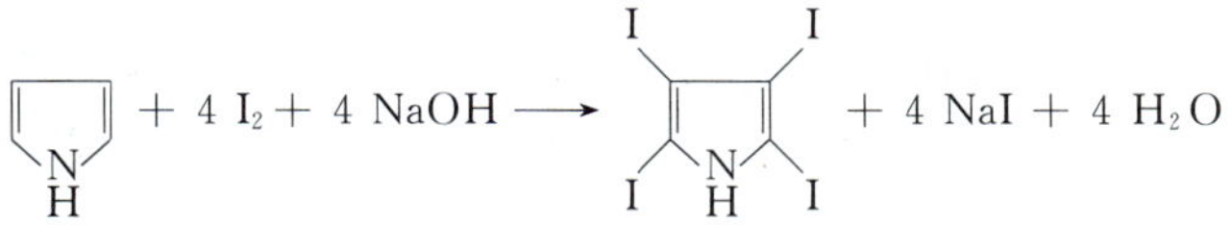

吡咯的亲电取代反应活性类似于苯胺、苯酚，它可以进行瑞默尔－蒂曼反应，并可与重氮盐偶合，呋喃、噻吩却不能发生这类反应。

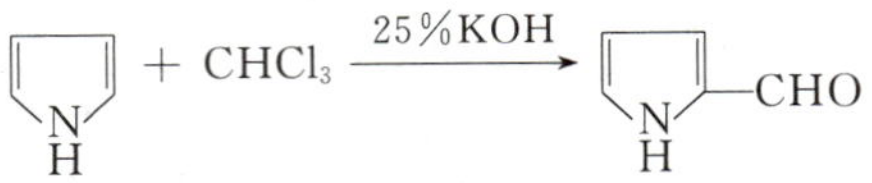

2-吡咯甲醛

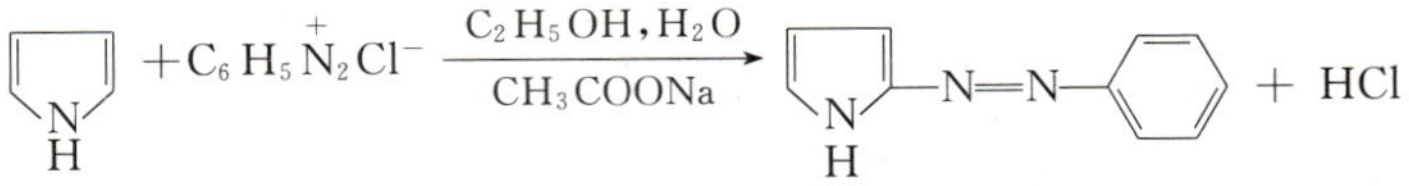

2-吡咯偶氮苯

呋喃、噻吩、吡咯的亲电取代反应容易在 α 位上发生，可以由反应生成的中间体的稳定性大小得到解释：

进攻 α 位：

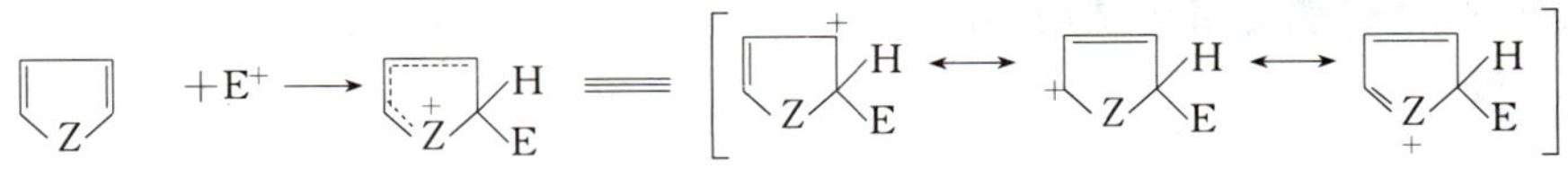

(Z=O,S,NH)

进攻 β 位：

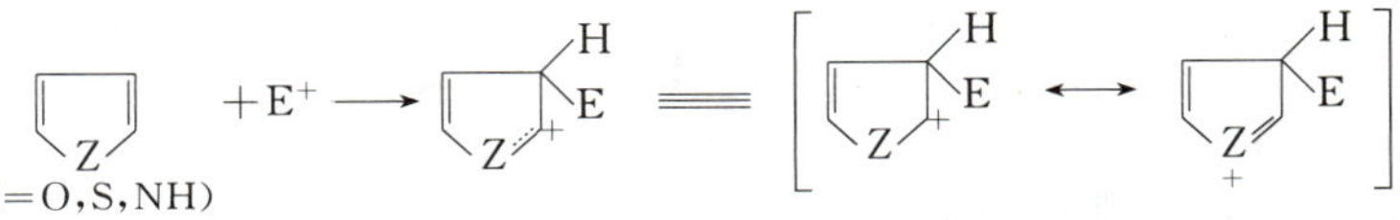

(Z=O,S,NH)

进攻 α 位时生成中间体的共振结构多，电子离域范围广，电荷分散好，共振杂化体正离子更稳定，因此亲电取代反应容易在 α 位上发生。

3. 吡咯的还原与氧化反应

吡咯是富电子杂环，不容易被 $LiAlH_4$ 等还原剂还原，但在酸性溶液中，可被催化加氢还原为四氢吡咯。例如：

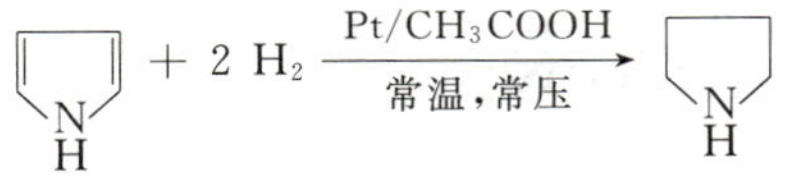

(69%)

吡咯容易被氧化，在光照下，空气中的氧容易使其分解。用 H_2O_2 可以使其氧化成 3-吡咯啉-2-酮：

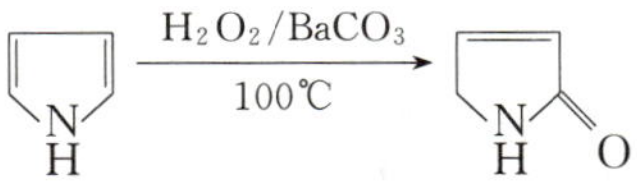

吡咯衍生物在自然界分布很广，植物中的叶绿素和动物中的血红素都是吡咯的衍生物。此外还有胆红素、维生素 B_{12} 等天然物质的分子中都含有吡咯或四氢吡咯环，它们在动植物的生理上起着重要的作用。

叶绿素和血红素的基本结构是由四个吡咯环的 α-碳原子通过四个次甲基(—CH═)相连而成的共轭体系，称为卟吩(旧称𠾏核)，其取代物则称为卟啉。卟吩本身在自然界并不存在，但卟啉环系却广泛存在，一般是和金属形成配合物。如在叶绿素中配合的金属原子是镁，在血红素中是铁，在维生素 B_{12} 中则为钴，威尔斯泰特合成了叶绿素 a 和费歇尔合成了氯化血红素，其结构分别如下：

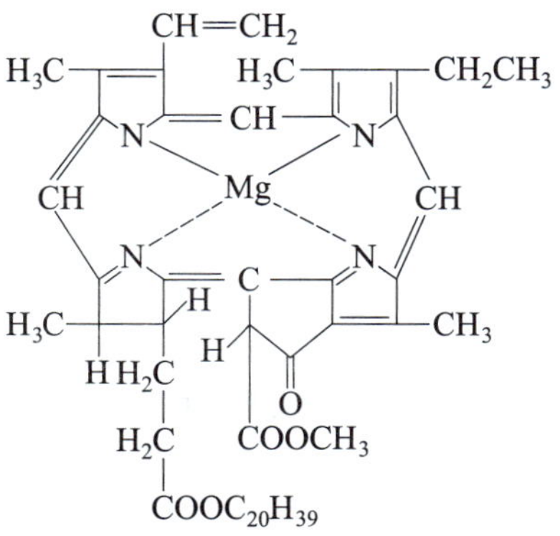

叶绿素 a

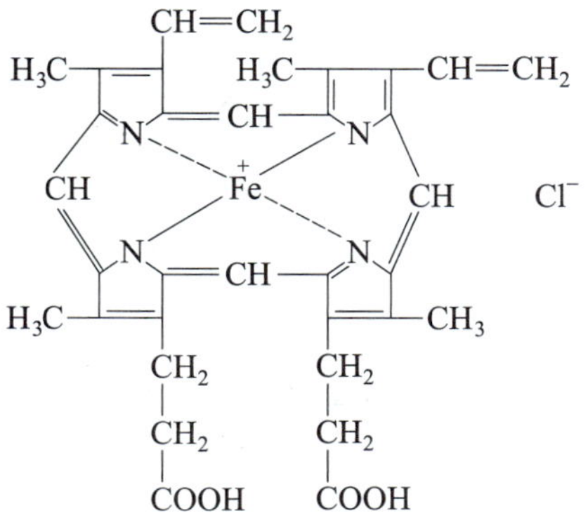

氯化血红素

获诺贝尔奖者

获诺贝尔奖者

14.3.4 五元杂环亲电取代反应定位规律

呋喃、噻吩、吡咯环上如已有一个取代基，则对第二个基团进入有定位效应，同时环上杂原子也有 α 定位效应（即进入 α 位）。现以噻吩为例，说明如下。

（1）当 α 位上有邻对位定位基（X）时，亲电试剂（E）主要进入 5 位，3 位次之：

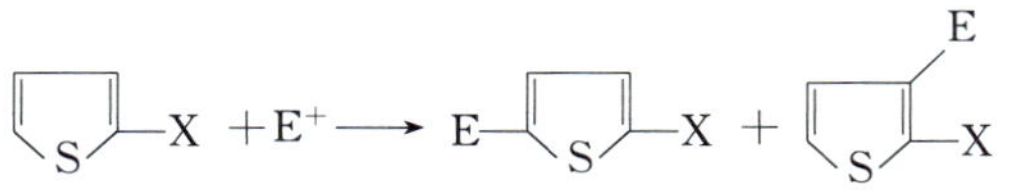

（主）

（2）当 α 位上有间位定位基（Y）时，则 E 主要进入 4 位，少量进入 5 位：

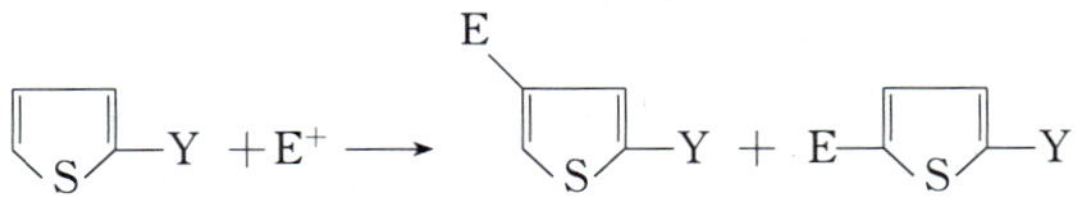

（主）

（3）当 β 位有邻对位定位基（X）时，E 主要进入 2 位，少量进入 5 位：

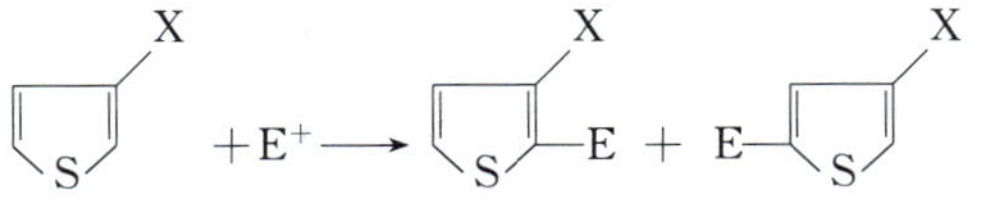

（主）

（4）当 β 位有间位定位基（Y）时，E 主要进入 5 位；若 5 位被占，则进入 4 位，而不进入 2 位。

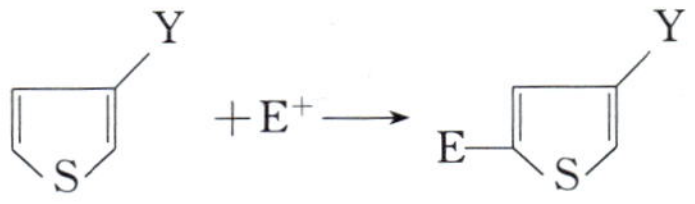

（主）

例如：

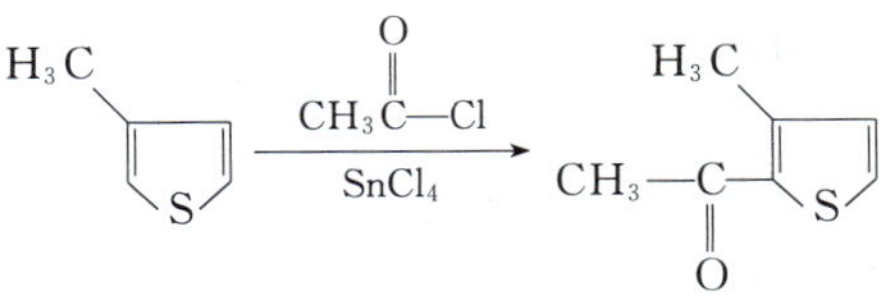

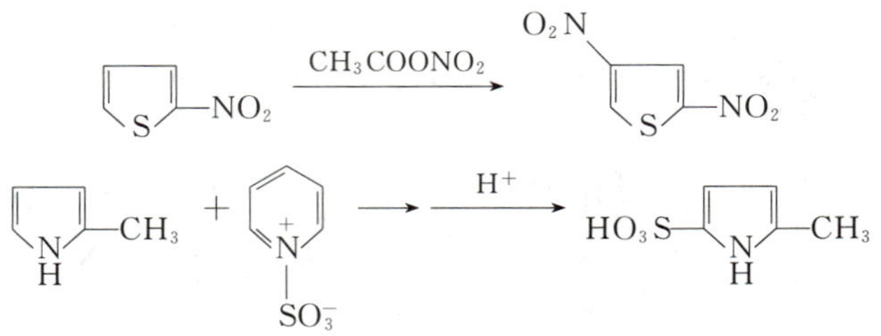

2-取代的呋喃不管取代基是邻对位定位基还是间位定位基，第二基团均进入 C_5 位，其原因还不十分清楚。例如：

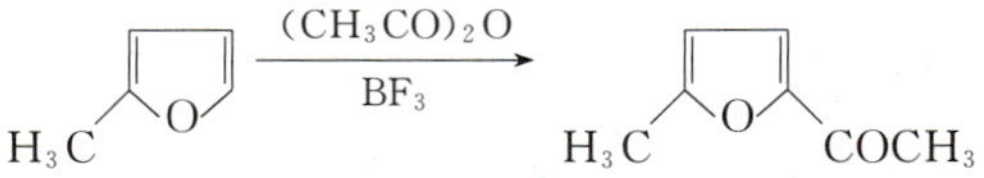

若环上已有两个取代基如 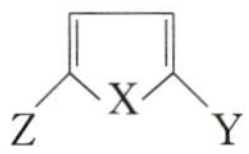 ，则第三个基团进入 β 位，至于进入 Y 还是 Z 的邻位，则要看 Y，Z 的定位效应。例如：

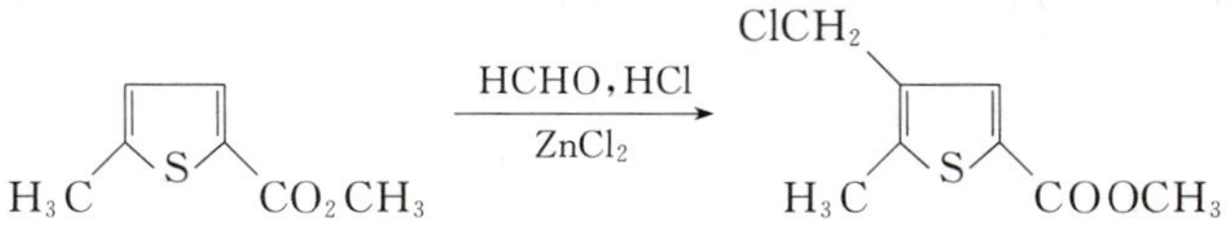

14.3.5　α-呋喃甲醛

呋喃甲醛最初是从米糠中得来，故俗称糠醛，实际上很多农副产品如麦秆、玉米芯、棉子壳、甘蔗渣、花生壳、高粱秆等都可用来制取糠醛。因为这些农副产品中都含有戊聚糖，它在稀酸作用下水解成戊醛糖，再进一步脱水环化，就得到糠醛：

$$(C_5H_8O_4)_n + nH_2O \longrightarrow nC_5H_{10}O_5$$

戊聚糖　　　　　　戊醛糖

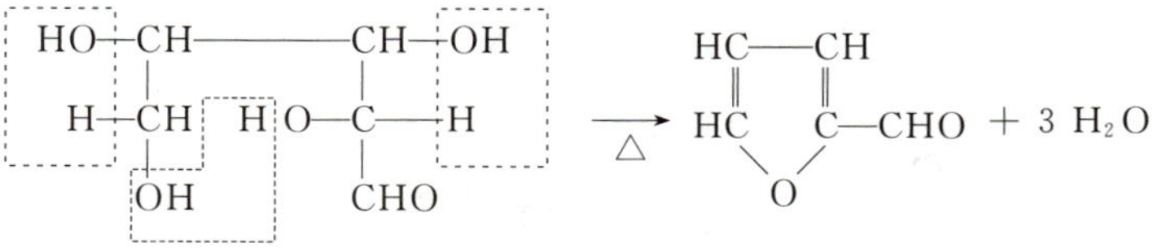

戊醛糖　　　　　　　　　　糠醛

糠醛是无色液体，沸点 162 ℃，在空气中颜色容易变深。

糠醛是重要的化工原料，如糠醛在催化剂（$ZnO-Cr_2O_3-MnO_2$）作用下加热至 400～415 ℃，脱去羰基而生成呋喃。我国是农业大国，有丰富的农副产品资源，这是呋喃的主要来源。

糠醛的性质与苯甲醛相似，如能发生银镜反应，氧化得糠酸（呋喃甲酸），还原得糠醇（呋喃甲醇）；如与浓碱作用，则发生坎尼扎罗反应，同时生成糠酸及糠醇：

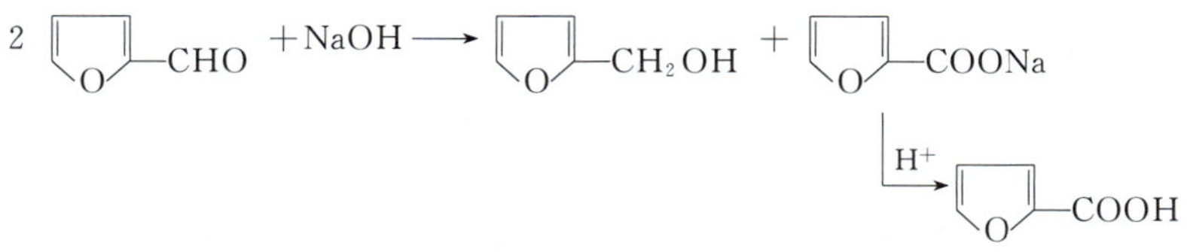

与乙酐在醋酸钠作用下，则发生珀金反应，生成 β-(α-呋喃基)丙烯酸：

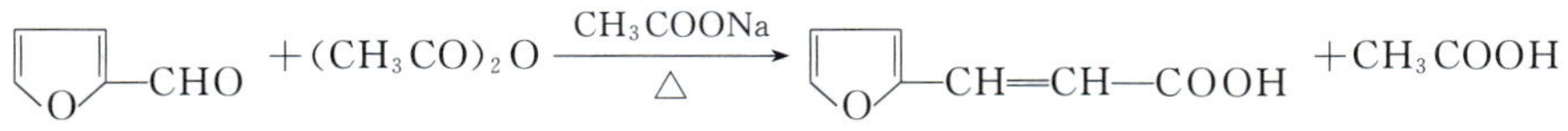

14.3.6　咪唑

五元杂环中含有两个杂原子，其中一个必须是氮原子的体系称为唑(azole)。例如：

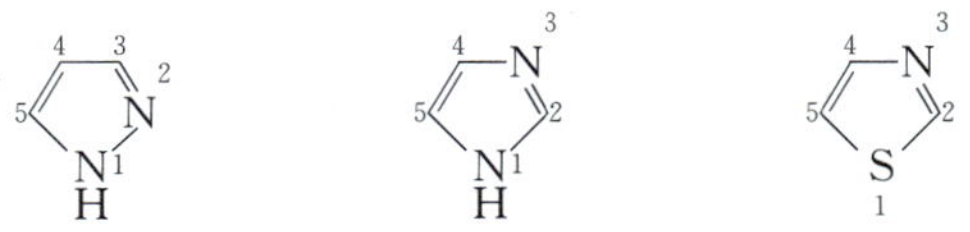

吡唑　　咪唑　　噻唑

咪唑的结构可以看作吡咯环上 3 位的 CH 换成氮原子，这个氮原子用两个 sp^2 杂化轨道与两个 sp^2 杂化的碳原子形成环键，还有一个 p 轨道中有一个 p 电子，并参加共轭，形成具有 6 个 π 电子的环状闭合共轭体系，有芳香性。此外这个氮原子上另一个 sp^2 杂化轨道中有一对电子未参加成键，具有弱碱性($pK_b=6.8$)，可与质子结合；咪唑又有酸性($pK_a=14.5$)，可失去质子：

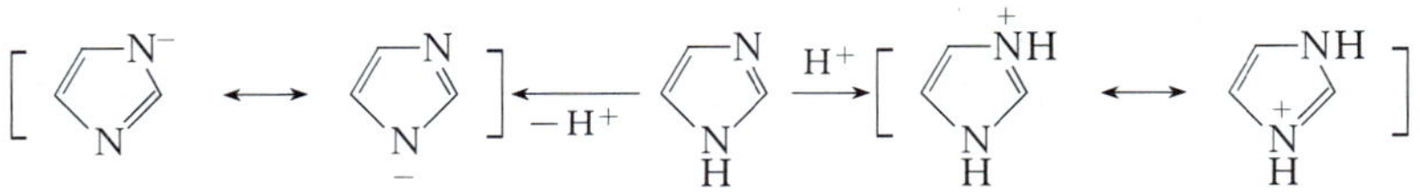

咪唑的碱性有重要的生理作用。

在常温下咪唑是固体，熔点 90 ℃，沸点 263 ℃，这是由于咪唑可以形成分子间氢键的缘故：

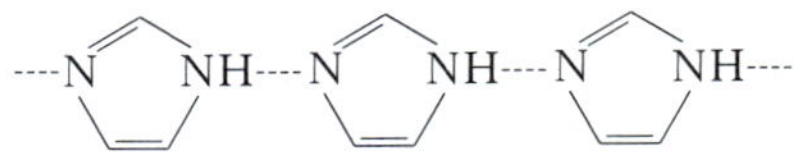

咪唑环有互变异构现象，如甲基咪唑的甲基的位置并未变化，名称却发生了变化：

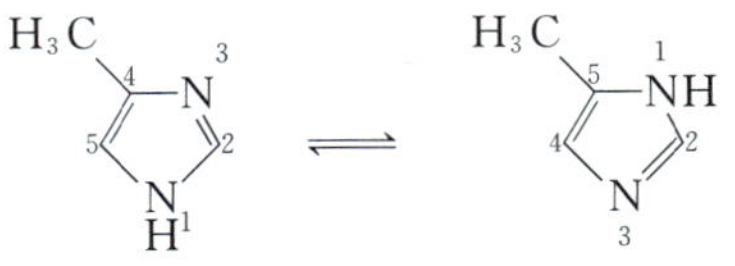

4-甲基咪唑　　5-甲基咪唑

与吡咯相比，咪唑环上少一个碳原子，增加一个氮原子，由于氮原子电负性较碳原子强，咪唑环上的电子密度比吡咯低，咪唑比吡咯稳定，对氧化剂不敏感，对酸也较稳定。咪唑亲电取代反应活性比吡咯低得多，而取代反应主要发生在 4 位和 5 位。

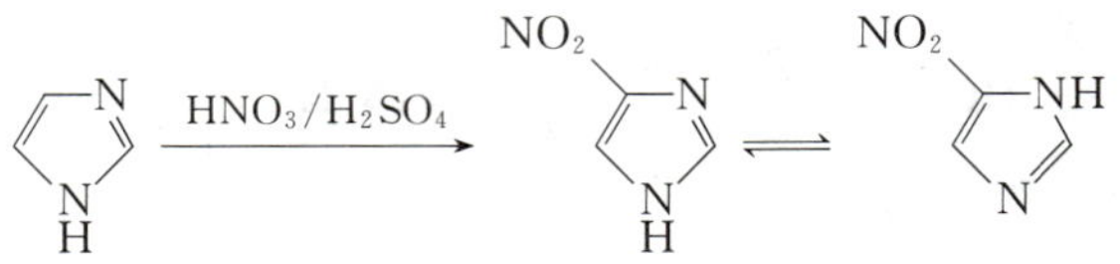

在碱性条件下，咪唑与卤代烷发生亲核取代反应生成 1-烷基咪唑：

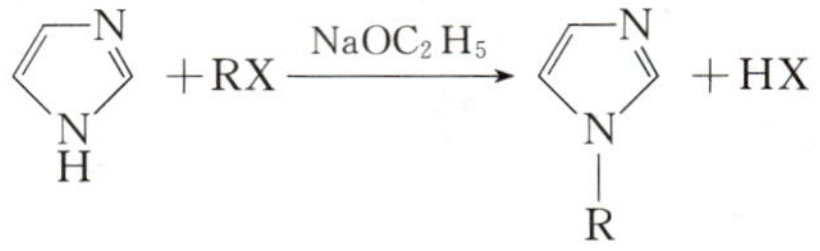

1-烷基咪唑继续与卤代烷作用，生成季铵卤化 1,3-二烷基咪唑：

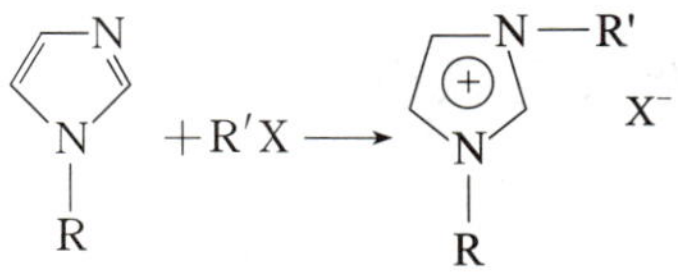

卤化 1,3-二烷基咪唑与路易斯酸如 $AlCl_3$，BF_3 等作用，生成室温离子液体。离子液体有诸多特点，可代替有机溶剂、无机酸催化剂，是绿色化学研究的重要方向。

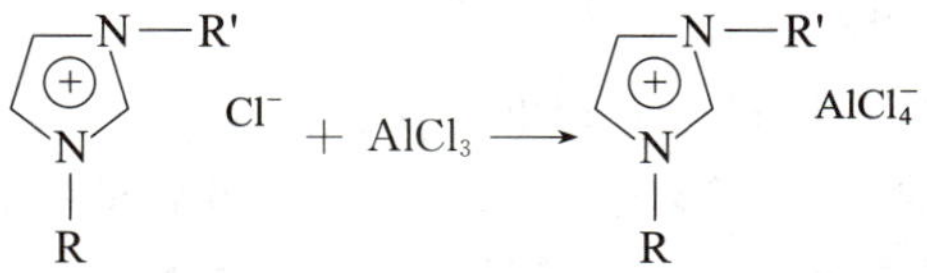

14.3.7 五元单杂环衍生物的合成

在酸性条件下，1,4-二羰基化合物失水，得到呋喃及其衍生物；1,4-二羰基化合物与氨或硫化物反应，可制备吡咯、噻吩及其衍生物。该方法称为帕尔-诺尔（Peal-Knorrl）合成法：

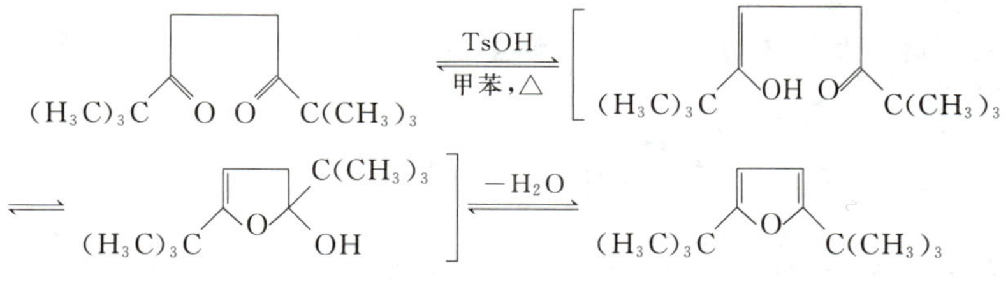

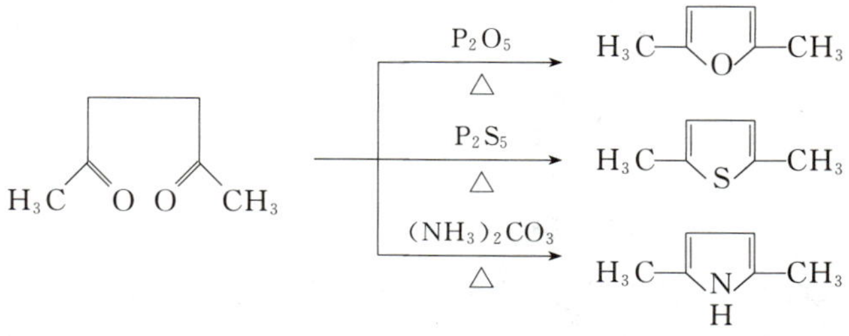

用胺代替 $(NH_3)_2CO_3$，可得 *N*-取代吡咯。

制备吡咯衍生物最常用的方法是在酸或碱催化下，由 α－氨基酮或 α－氨基－β－酮酸酯与酮或酮酸酯缩合，该反应称为诺尔（Knorr）合成法。

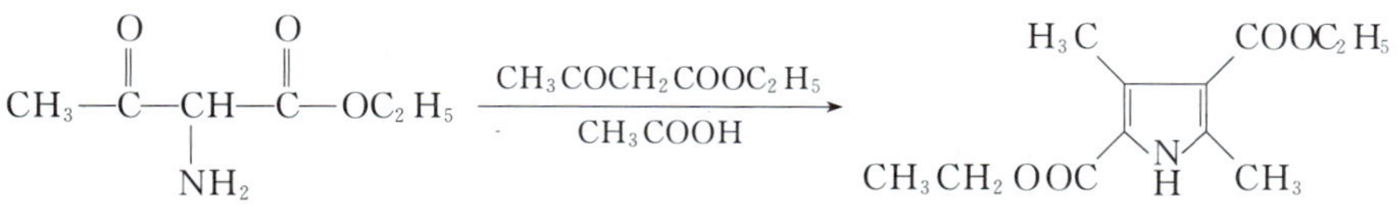

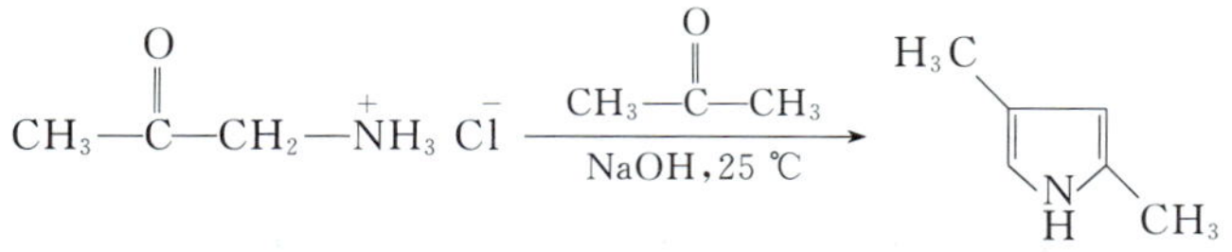

14.4　重要的六元杂环化合物

14.4.1　吡啶及甲基吡啶

吡啶及甲基吡啶存在于煤焦油及页岩油中，为无色有强烈臭味的液体，吡啶的相对密度为 0.982，可与水、乙醇、乙醚任意混溶。它们的沸点如下：

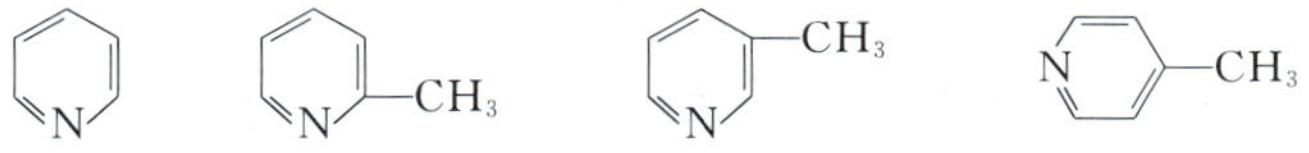

115 ℃　　129 ℃　　143.5 ℃　　145 ℃

它们常用作溶剂、脱酸剂等。许多重要的天然化合物，如维生素 B_6、一些生物碱等，都含有吡啶环。

1. 弱碱性

吡啶环上的氮原子有一对未共用电子处于 sp^2 杂化轨道上，因它不参与共轭而能与 H^+ 结合，所以具有弱碱性（$pK_b=8.8$），碱性较苯胺强（苯胺的 $pK_b=9.3$），容易和无机酸生成盐。例如：

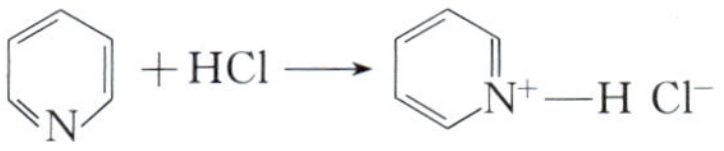

工业上从煤焦油中提取吡啶，就是利用它的弱碱性，将煤焦油分馏出的轻油部分用 H_2SO_4 处理，则吡啶生成硫酸盐而溶解，再用碱中和，使吡啶游离出来，然后再蒸馏精制。

吡啶也可以和一系列路易斯酸生成酸碱配合物。例如：

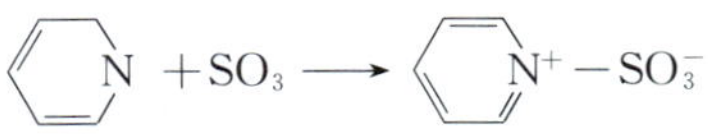

某些吡啶盐是有机合成中有效的试剂。

当 α 位上有烷基取代时，生成的配合物的稳定性下降。如下列配合物的稳定性次序为

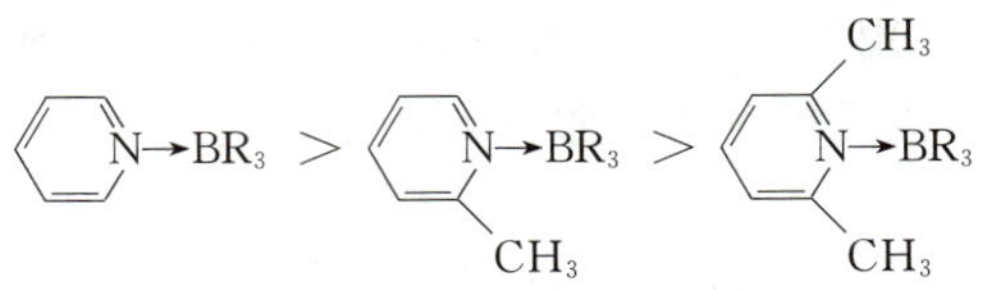

α 位烷基的体积越大，配合物越不稳定，这里主要是空间位阻的影响。

吡啶也能与卤代烷或酰氯作用生成盐，前者用强酸处理得离子液体，后者是良好的酰化剂。

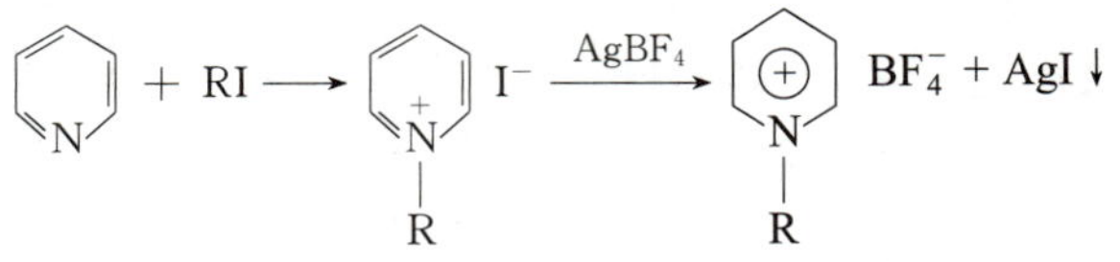

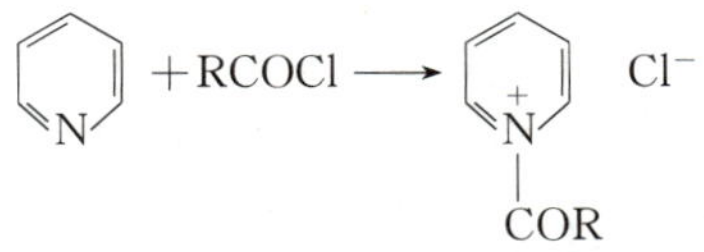

2. 亲电取代反应

由于吡啶分子中的氮原子有吸电子的诱导效应，使环上电子密度有所降低，所以吡啶的亲电取代反应要比苯难（类似于硝基苯），且主要发生在 β 位上。环上的傅－克反应（烷基化及酰基化）则不能发生。例如：

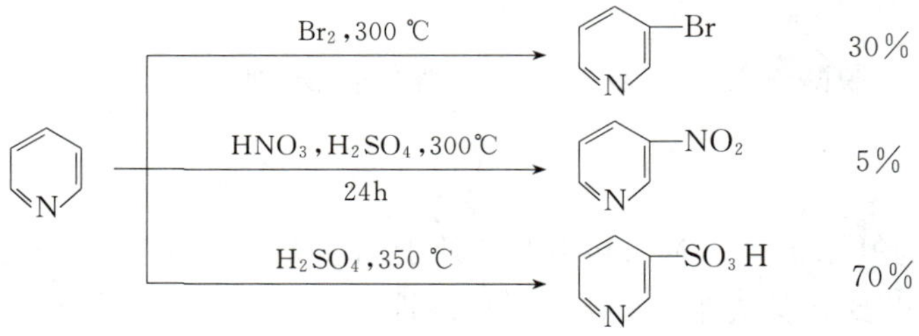

与五元杂环化合物相比，吡啶的亲电取代反应难得多。亲电试剂进攻 β 位时，生成的中间体稳定：

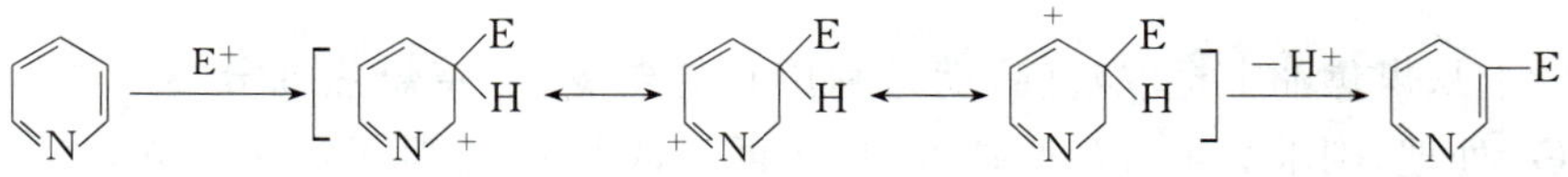

亲电试剂进攻 α 位或 γ 位时，生成的中间体都有一个正电荷在电负性较大的氮原子上的共振结构，使其不稳定：

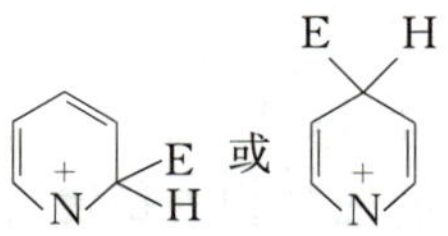

因此，吡啶的亲电取代主要发生在 β 位上。

3. 亲核取代反应

吡啶可以与强的亲核试剂进行亲核取代反应，主要生成 α 位取代物。反应是通过加成－消除方式进行的：

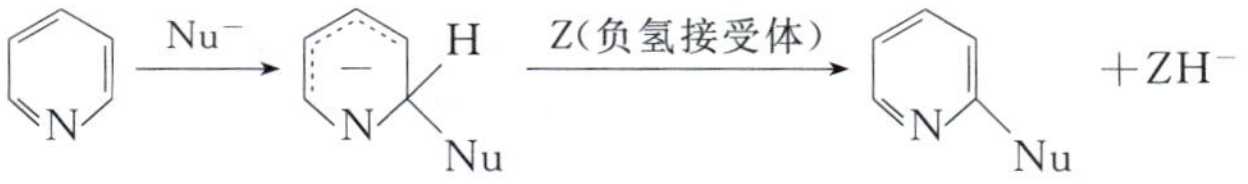

例如：

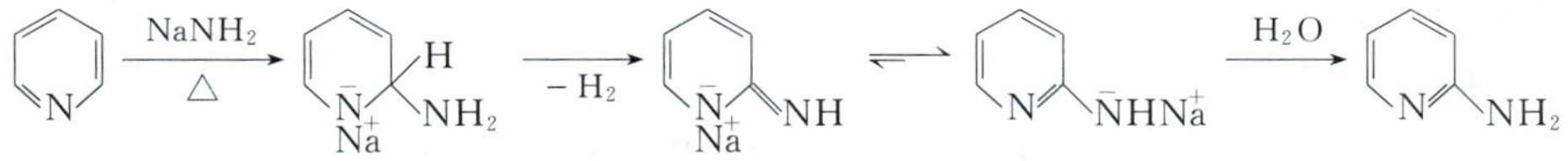

2－甲基吡啶在类似条件下，得到 6 位取代产物：

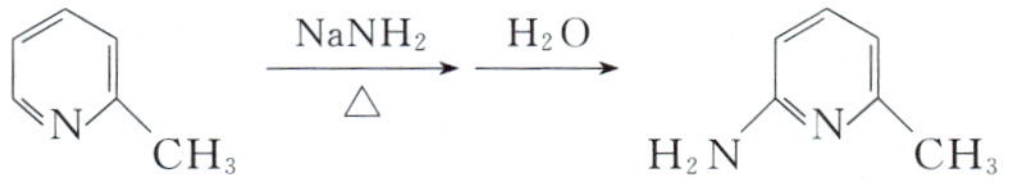

齐齐巴宾(Chichibabin A E)本想用 $NaNH_2$ 将 2－甲基吡啶中 6 位上的氢用钠取代，结果却意外地得到了氨基产物，因此称为齐齐巴宾反应。

吡啶与烃基锂反应可以得到 α－烃基化产物：

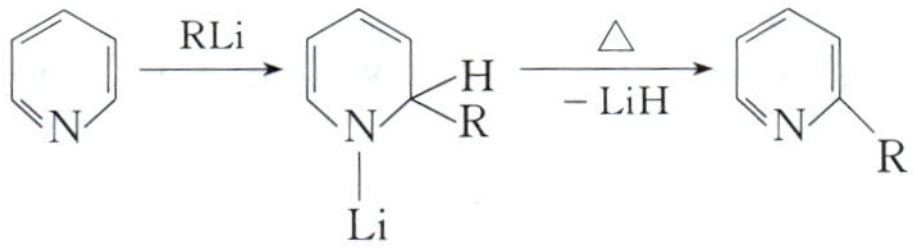

4. 氧化与还原反应

吡啶较苯稳定，不易被氧化剂氧化，但甲基吡啶的侧链容易被氧化成相应的吡啶甲酸。例如：

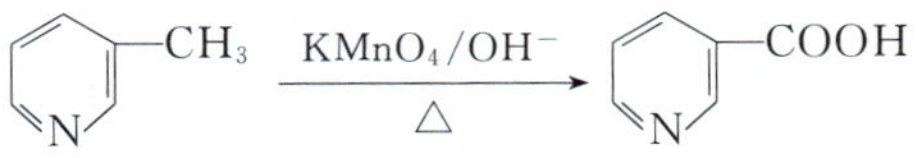

β－吡啶甲酸(烟酸)

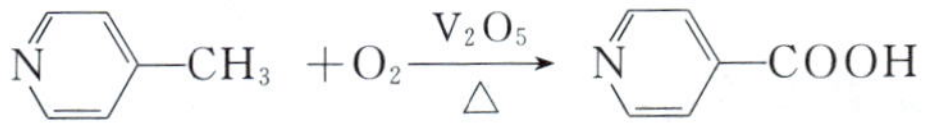

γ－吡啶甲酸(异烟酸)

烟酸为维生素 B 族之一；异烟酸是合成抗结核病药物异烟肼[商品名雷米封(rimifon)]的中间体。

吡啶的氮原子上可以用 H_2O_2 或过氧酸进行氧化，生成吡啶－*N*－氧化物(或称氧化吡啶)，后者能在 γ 位上硝化，经还原后得 γ－硝基吡啶：

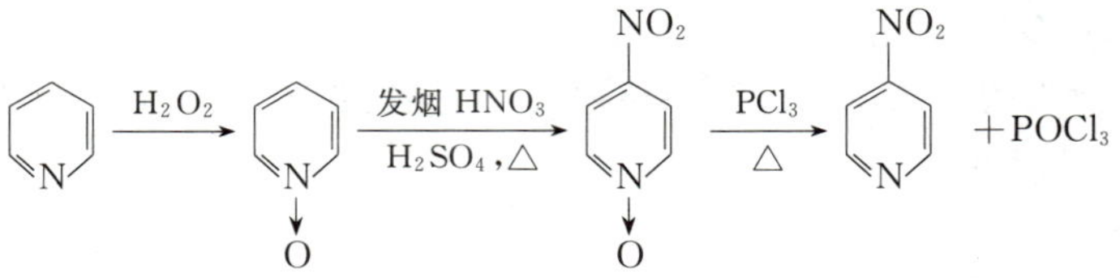

吡啶比苯容易被还原，用催化氢化或 C_2H_5OH+Na 还原，可得六氢吡啶：

六氢吡啶又称哌啶，它的性质与脂肪族仲胺相似（$pK_b=2.88$），能与水互溶，常用作溶剂及有机合成原料。

5. 甲基吡啶的侧链反应

甲基吡啶的侧链甲基的活泼性类似于硝基甲苯中的甲基，尤其是 α－及 γ－甲基中的氢原子，可以进行一系列缩合反应。

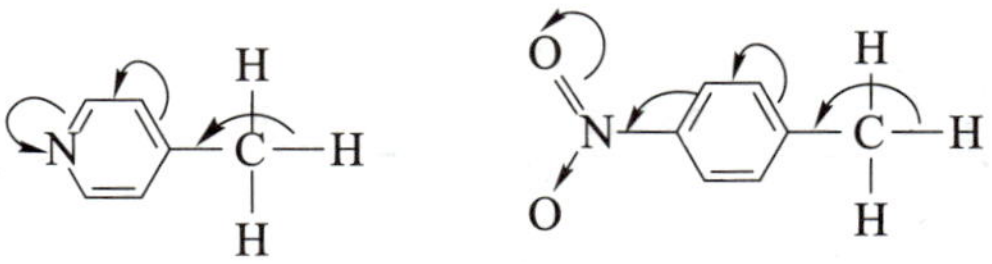

例如：

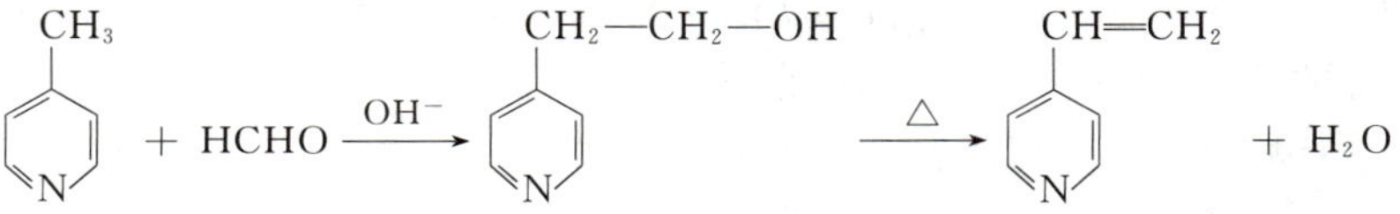

乙烯基吡啶是合成高聚物的单体，如 γ－乙烯基吡啶与丁二烯共聚，制成性能优异的丁吡橡胶。

α－甲基吡啶经高温氯代反应生产一种氮肥增效剂：

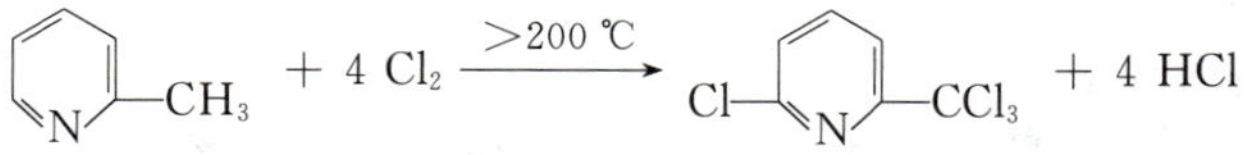

β－吡啶甲酸（烟酸）可由烟碱（尼古丁）氧化得到：

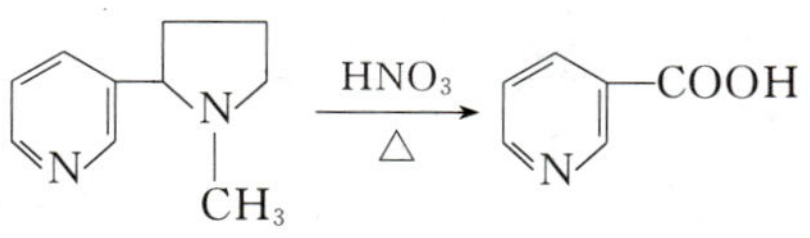

尼古丁　　烟酸

吡啶的衍生物在自然界中分布广泛，有的在生命过程中有重要作用。例如：

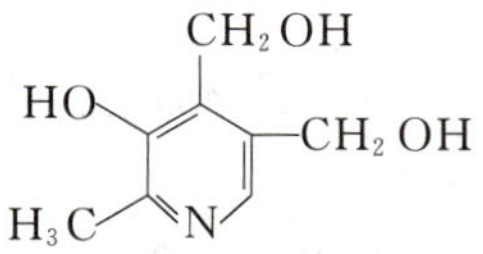

吡哆醇，维生素 B_6

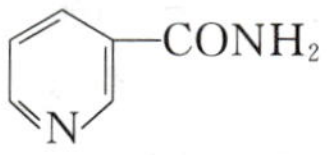

烟酰胺，维生素 B_3

法
9－6

14.4.2　吡啶环的合成

韩奇(Hantzsch A)合成法是合成吡啶环的重要方法之一。韩奇合成法是指由两分子 β-酮酸酯与一分子醛和一分子氨发生缩合反应,生成二氢吡啶衍生物,后者再经硝酸等氧化实现脱氢芳构化,转化为吡啶衍生物的方法。

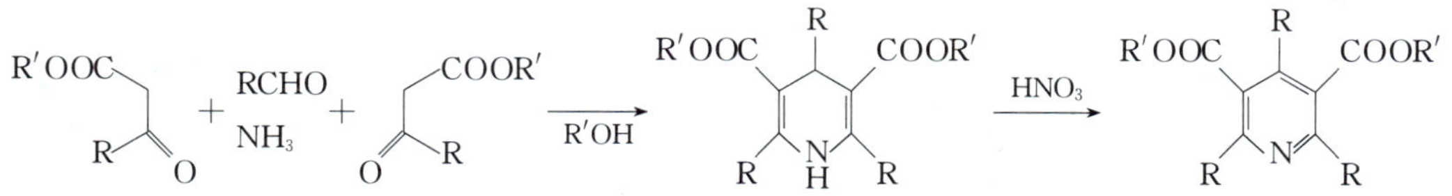

例如:

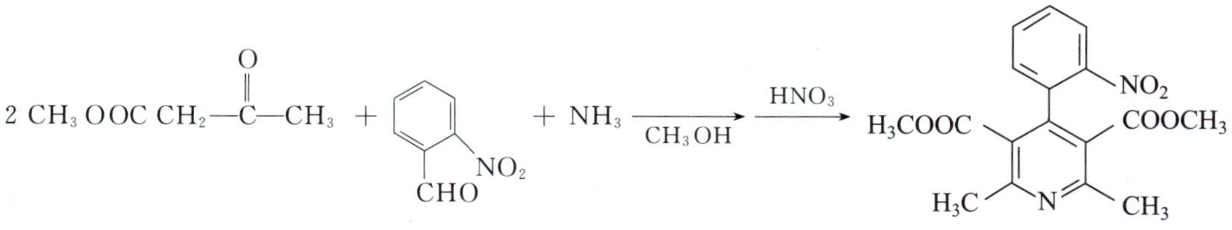

产物是硝苯定,是抗心绞痛药物。

14.4.3　嘧啶

嘧啶是吡啶中 3 位的 CH 换成氮原子,该氮原子为 sp^2 杂化,p 轨道上的一个单电子参加共轭,组成了具有 6 个 π 电子的环状闭合共轭体系,有芳香性。

嘧啶具有弱碱性($pK_b=11.30$),其碱性比吡啶还弱。由于吡啶环上又引入一个相当于硝基吸电子效应的氮原子,能使另一个氮原子上的电子密度降低,所以碱性下降。

嘧啶环比吡啶环稳定,对冷的碱溶液、氧化剂有一定的稳定性。

嘧啶的亲电取代反应活性比吡啶还弱,只能发生卤代反应,反应发生在 5 位上。例如:

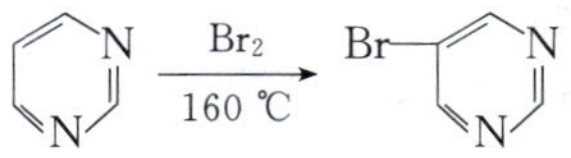

如环上有活性基团—NH_2,—OH,—R 等,则可以发生硝化,磺化等亲电取代反应:

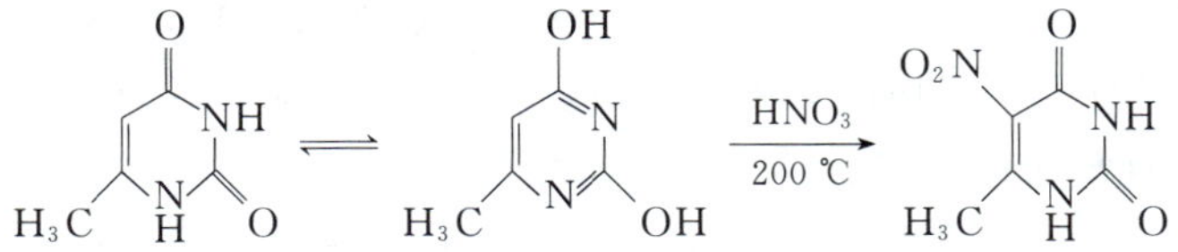

相反,嘧啶的亲核取代反应活性比吡啶强,反应在 2,4,6 位上进行。

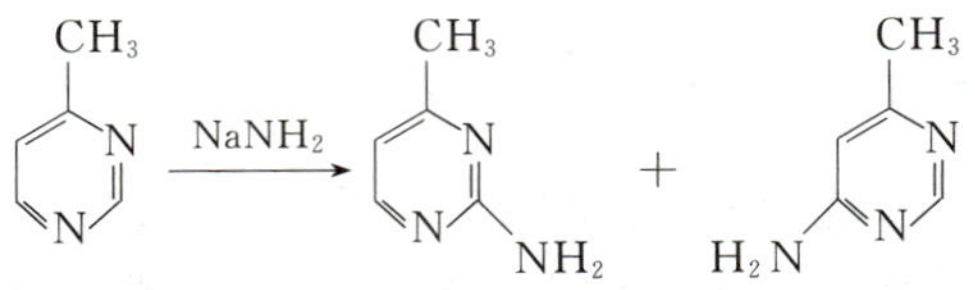

除 5-烷基嘧啶外，烷基嘧啶侧链 α-H 均很活泼，可以发生缩合反应，烷基化反应等。例如：

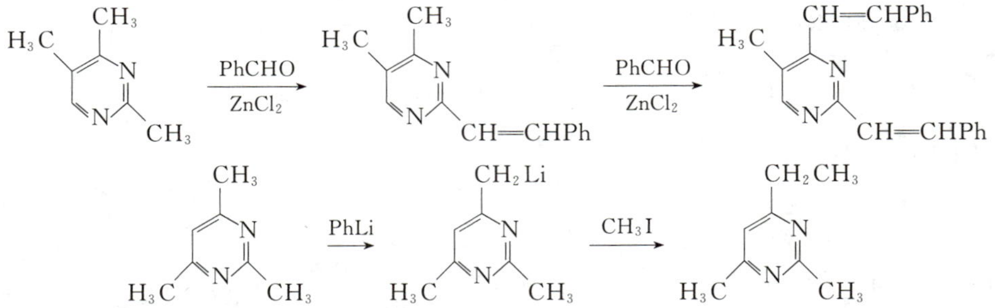

嘧啶的衍生物广泛存在于自然界中。核酸的碱基中的尿嘧啶、胞嘧啶及胸腺嘧啶均含嘧啶环：

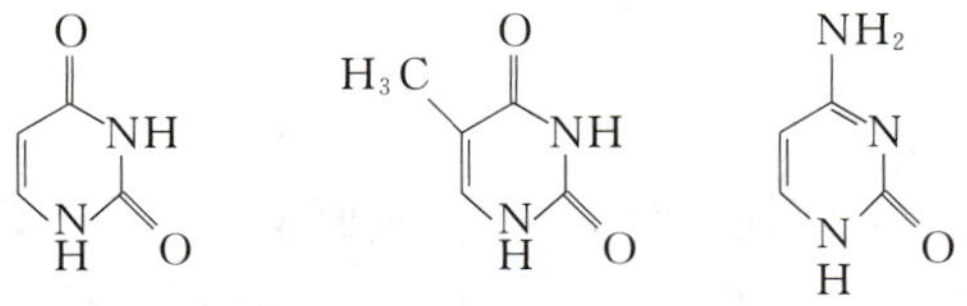

尿嘧啶　　胸腺嘧啶　　胞嘧啶

某些嘧啶衍生物是亲核试剂，可与有机化合物发生亲核反应。

14.5 重要的稠杂环化合物

苯环与杂环或杂环与杂环可以通过共用两个碳原子，稠合成稠杂环化合物。重要的稠杂环化合物有喹啉、异喹啉、吲哚、嘌呤等。

14.5.1 喹啉及异喹啉

1. 喹啉

喹啉是由苯环与吡啶环相稠合而成，也称为苯并吡啶，具有芳香性。

喹啉存在于煤焦油和骨油中，为无色油状液体，沸点 238 ℃。喹啉有弱碱性（$pK_b=9.1$），碱性比吡啶（$pK_b=8.8$）弱，与酸可以成盐。

由于氮原子的吸电子性质使吡啶环上电子密度比苯环的小，因此亲电取代通常进攻苯环的 α 位，其反应速率比苯及萘慢。例如：

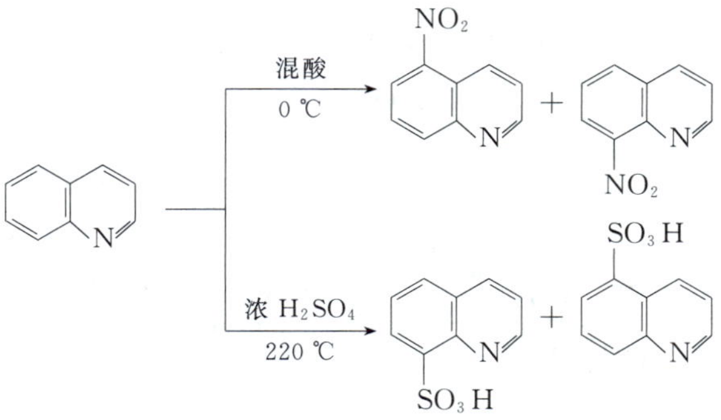

喹啉的 N－氧化物的硝化则生成吡啶环上的 γ 位硝基化合物：

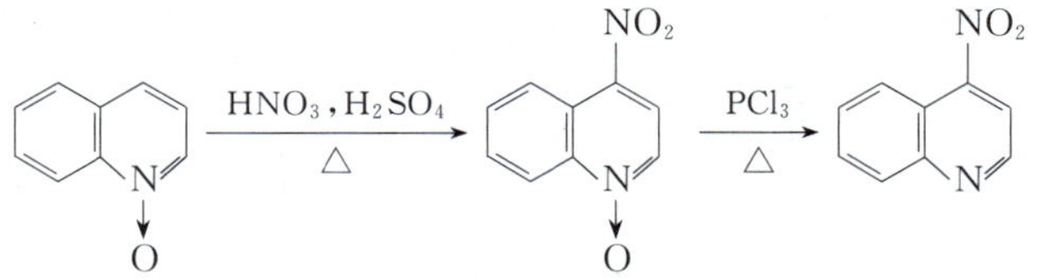

喹啉的亲核取代反应主要发生在吡啶环的 α 位。例如：

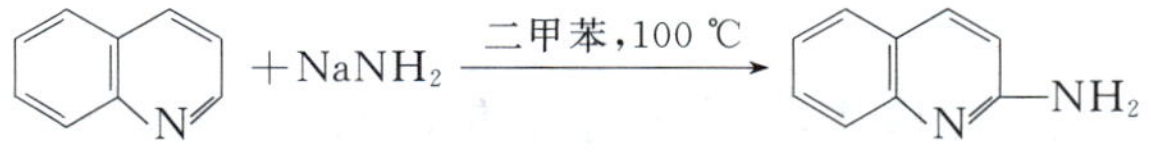

喹啉发生氧化反应时，苯环容易破裂，进一步反应，则 α 位的羧基容易脱羧：

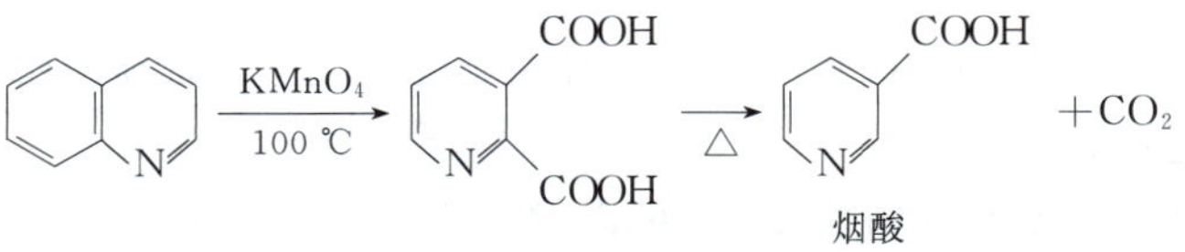

烟酸

喹啉加氢还原，则吡啶环容易被加氢：

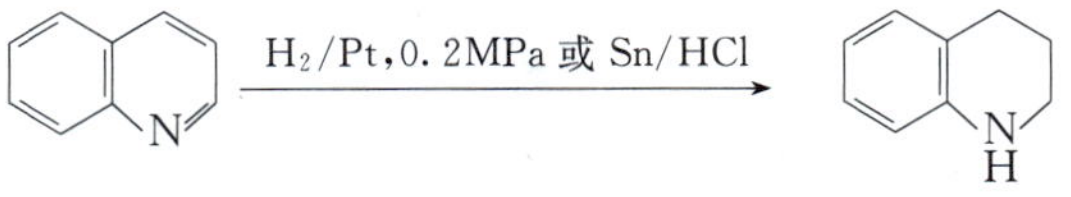

1,2,3,4－四氢喹啉

彻底加氢时则生成十氢喹啉，产物中以反式（*ee* 稠合）为主：

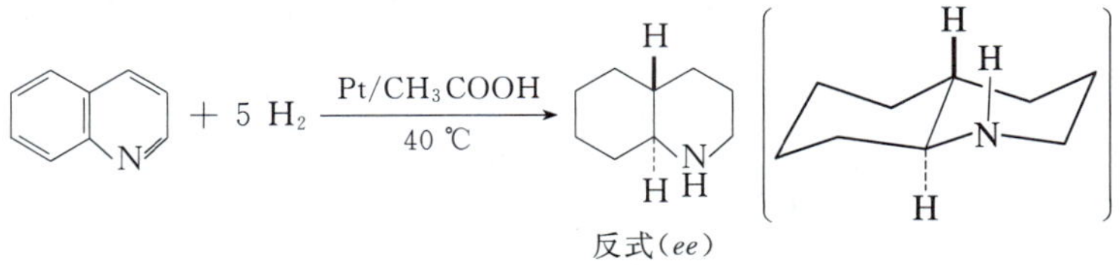

反式（*ee*）

喹啉是很有用的高沸点溶剂及医药中间体，许多天然或合成的抗症药物如奎宁、氯喹啉等都含有喹啉环。喹啉及其衍生物的制备常用斯克洛浦（Skraup）合成法，即将苯胺与甘油、浓硫酸及氧化剂（如硝基苯）共热一步合成即得喹啉：

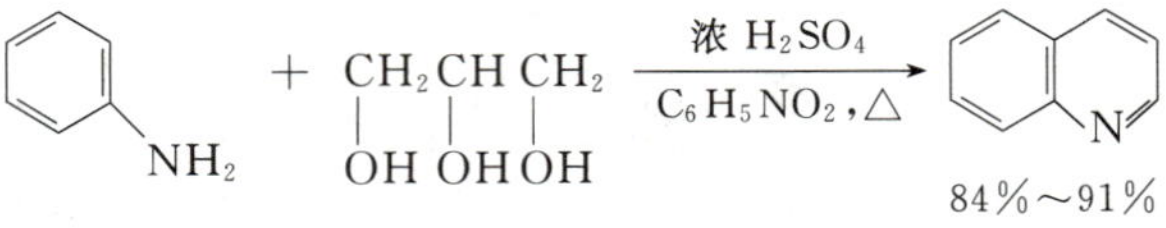

反应过程如下：

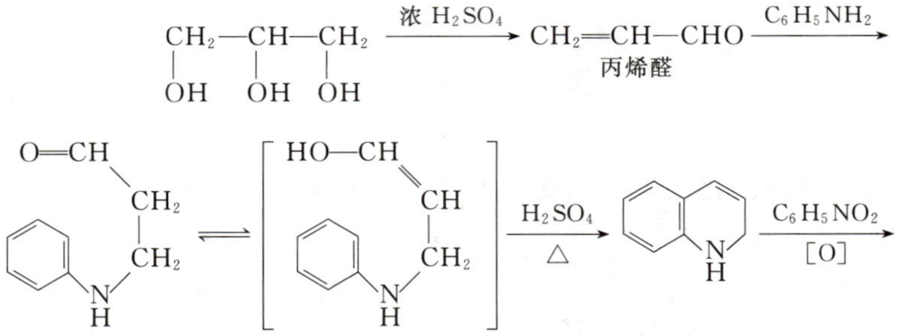

β—苯氨基丙醛　　二氢喹啉　　喹啉

拓 4-20

通过改用芳胺、不饱和醛、酮分别代替苯胺和丙烯胺，可以合成一系列喹啉衍生物（见内容拓展）。

2. 异喹啉

异喹啉是喹啉的同分异构体，也存在于煤焦油和骨油中，沸点 243 ℃。从煤焦油得到的粗喹啉中异喹啉约占 1%，两者可利用碱性的不同而分开。异喹啉的碱性（$pK_b=8.6$）比喹啉（$pK_b=9.1$）强，这是因为异喹啉相当于苄胺的衍生物，而喹啉可认为是苯胺的衍生物。工业上常利用喹啉的酸性硫酸盐溶于乙醇，而异喹啉的酸性硫酸盐则不溶的性质来进行分离。

异喹啉的化学性质与喹啉类似，如可以发生亲电取代、亲核取代、氧化及还原反应等，反应产物也符合一般的反应规律。例如：

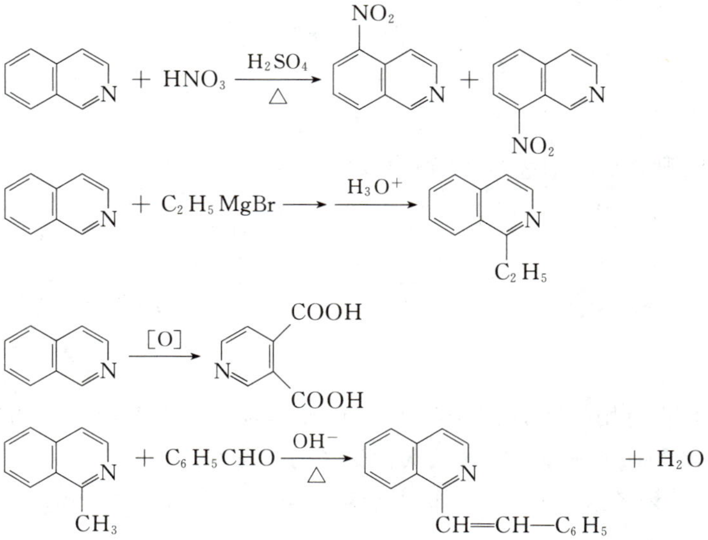

不少的生物碱及药物分子中含有喹啉及异喹啉环。

异喹啉环可以通过 Bischler－Napieralsk 合成法制备，即以芳乙胺为原料构建稠合。例如：

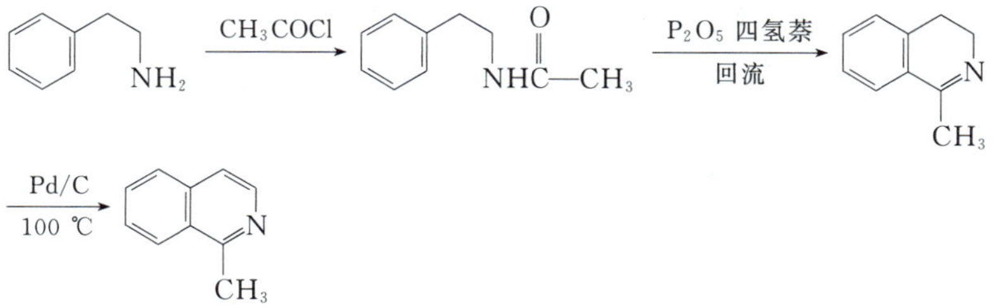

14.5.2　吲哚

吲哚 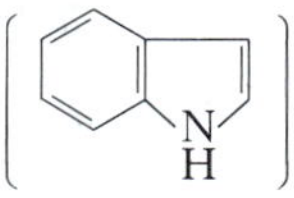 是苯环和吡咯环稠合而成的稠杂环化合物，也称为苯并吡咯。吲哚为片状无色晶体，熔点为 52 ℃。

吲哚存在于煤焦油中，蛋白质降解时，其中色氨酸组分变成吲哚及其衍生物残留于粪便中，具有粪臭味。纯吲哚的极稀溶液则具有香味，可用于制造茉莉型香精。吲哚与吡咯相似，几乎无碱性，吲哚也能使浸有盐酸的松木片显红色。

吲哚具有芳香性，其分子中的吡咯环上电子密度比苯环上高，因此亲电取代反应在吡咯环上发生，但由于吡咯环与苯环的共轭效应，使其电子密度有所下降，亲电取代活性不如吡咯。例如：

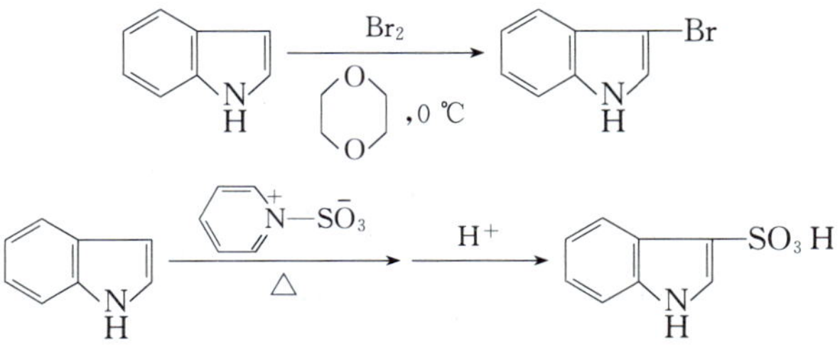

吲哚发生亲电取代反应的位置是在 3 位上，与吡咯不同。这是反应中间体的稳定性决定的。

吲哚的衍生物在自然界中分布广泛，许多生物碱如利血平、马钱子碱等和植物生长激素如 3－吲哚乙酸等都是吲哚的衍生物，它们在动植物体内起着重要的生理作用。

吲哚衍生物的一个重要合成方法是费歇尔吲哚合成法，即醛、酮、羰基酸及其酯的芳腙衍生物，在酸催化下。加热，重排消除一分子氨得到吲哚衍生物：

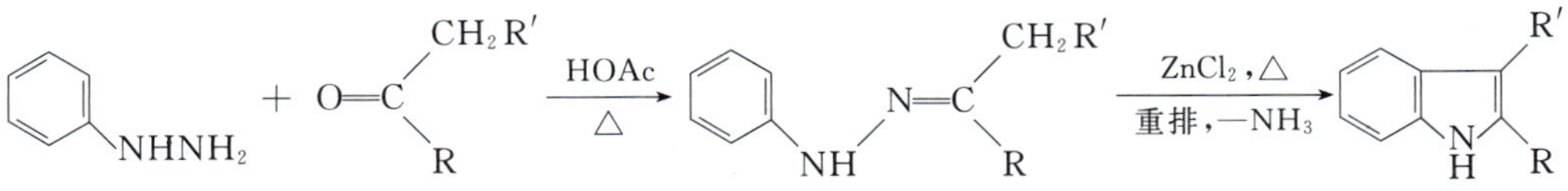

14.5.3　嘌呤

嘌呤可看做是由一个嘧啶环和一个咪唑环相稠合而成的芳香稠杂环化合物。嘌呤是两个互变异构体形成的平衡体系，平衡主要在 9*H*－嘌呤一边：

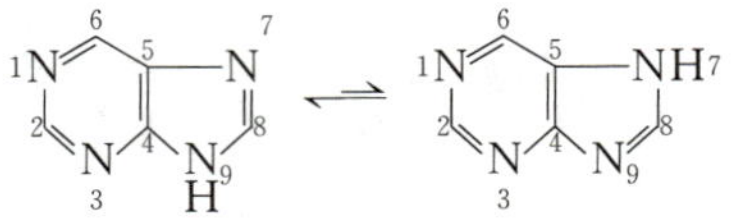

9*H*－嘌呤　　　　7*H*－嘌呤

嘌呤环上原子编号的顺序比较特殊，是 1884 年费歇尔在研究其结构时提出的，一直沿用至今。

嘌呤为无色晶体，熔点为 216～217 ℃，易溶于水，水溶液呈中性，但却能与酸或碱生成盐。嘌呤本身不存在于自然界，但它的衍生物却广泛存在于自然界中。尿酸(2,6,8－三羟基嘌呤)是重要的嘌呤衍生物，它也有互变异构体：

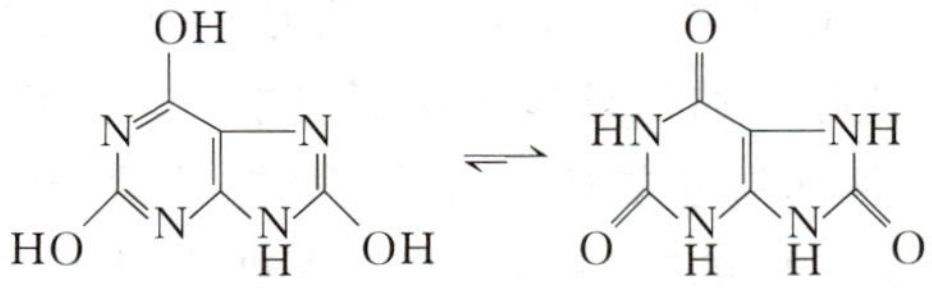

烯醇式　　　　酮式

核酸中存在两种嘌呤衍生物，即腺嘌呤和鸟嘌呤：

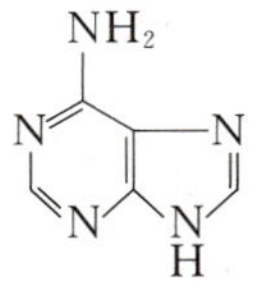

腺嘌呤

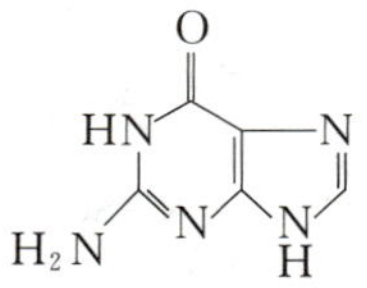

鸟嘌呤

存在于动物肝、血液、茶叶、大豆中的黄嘌呤，咖啡碱、茶碱和可可碱也都是嘌呤的衍生物，它们具有利尿和兴奋中枢神经的作用。

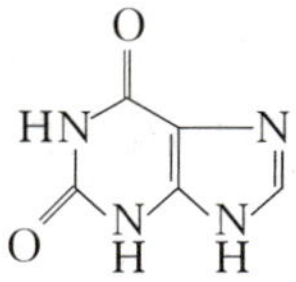

黄嘌呤

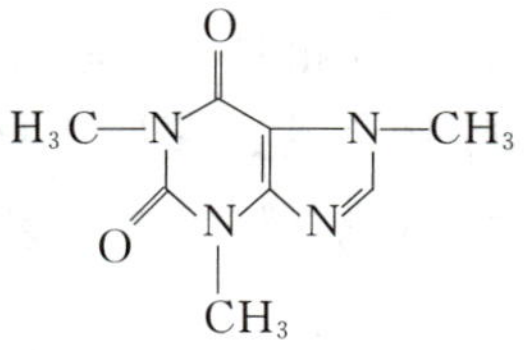

咖啡碱

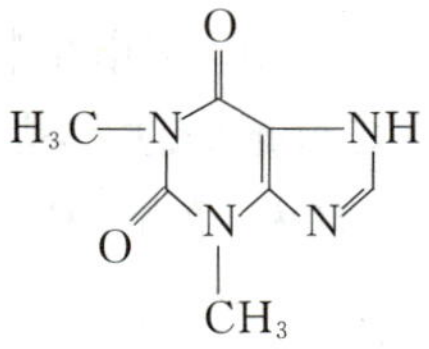

茶碱

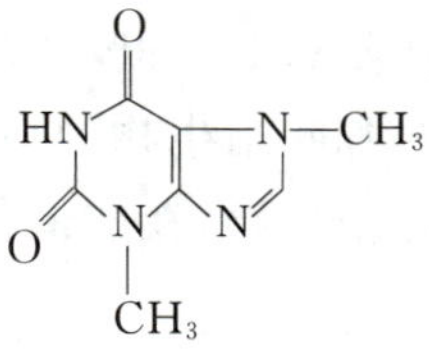

可可碱

嘌呤及其衍生物也是亲核试剂，也能与有机化合物发生亲核反应。

习 题

14-1 命名下列化合物。

(1) 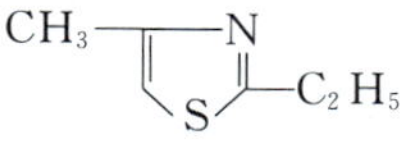 (2)  (3) 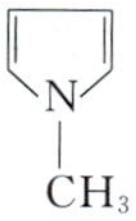

(4) 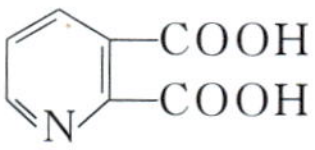 (5) 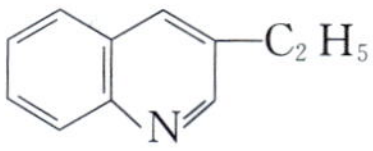 (6) 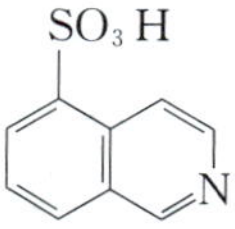

(7) 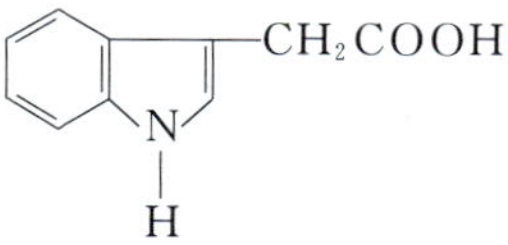 (8) 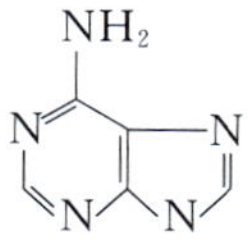 (9) 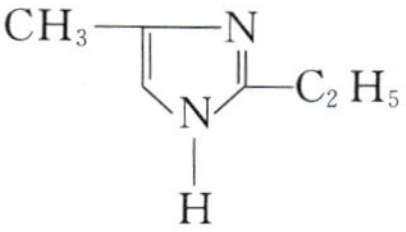

14-2 下列化合物是否是极性分子？若是，请标出分子偶极矩的方向。

(1)  (2)  (3)  (4) 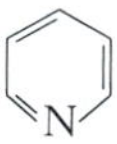

(5)  (6)  (7) 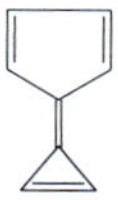

14-3 下列化合物有无芳香性？

(1)  (2) 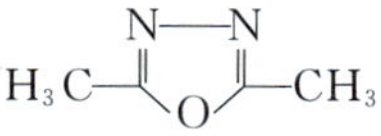 (3)  (4) 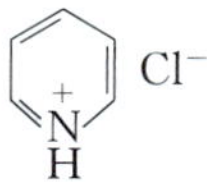

(5) 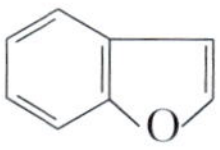 (6) 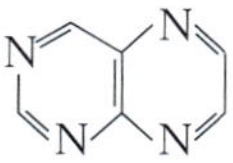

14-4 指出下列各组化合物的碱性中心，按碱性由强到弱排列成序。

(1) A. 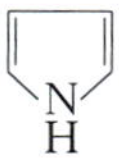 B. 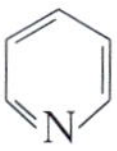 C. 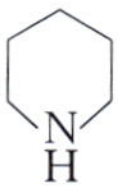 D. 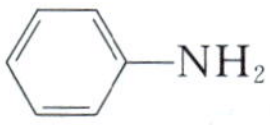

(2) A. 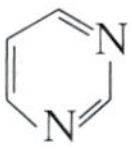 B.  C. 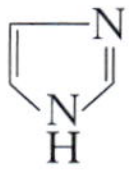

14-5 判断下列化合物中每个氮原子的杂化状态并比较氮原子的碱性强弱。

(1) 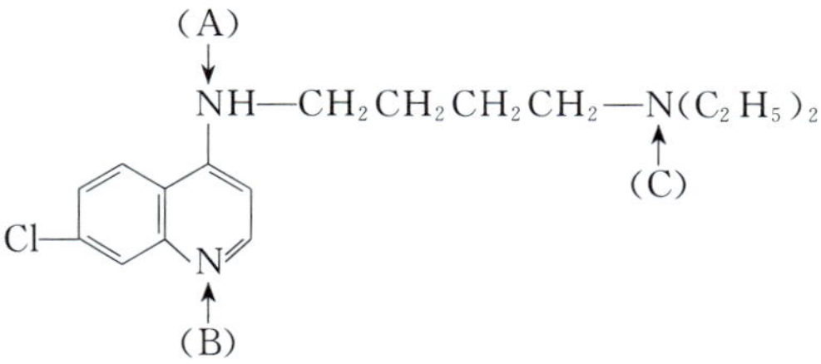

(2) 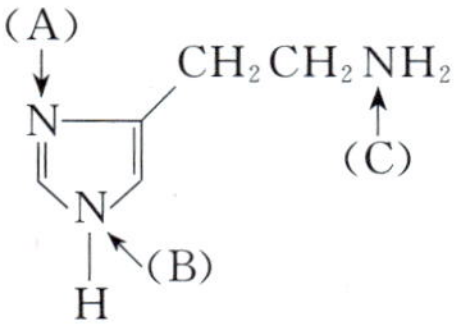

(3) 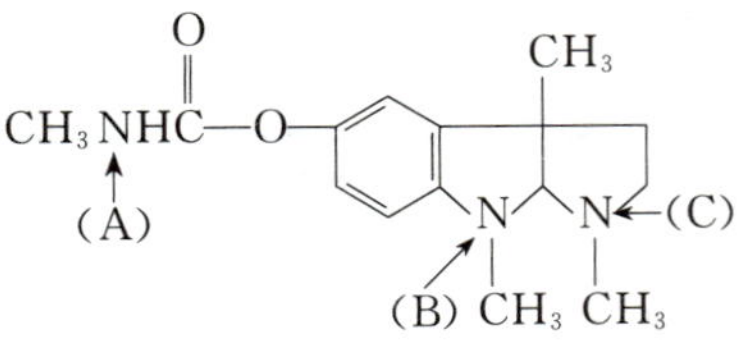

14-6　用简便合理的方法除去下列化合物中的少量杂质。

(1) 苯中少量的噻吩　(2) 甲苯中少量的吡啶　(3) 吡啶中少量的六氢吡啶

14-7　试比较下列化合物的亲电取代反应活性及芳香性的大小。

(1) 　(2) 

(3) 

(4) 

14-8　完成下列反应式。

(1) 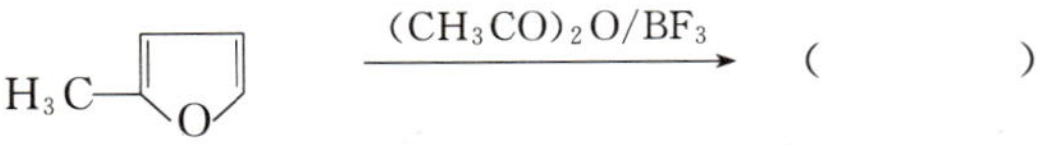

(2) 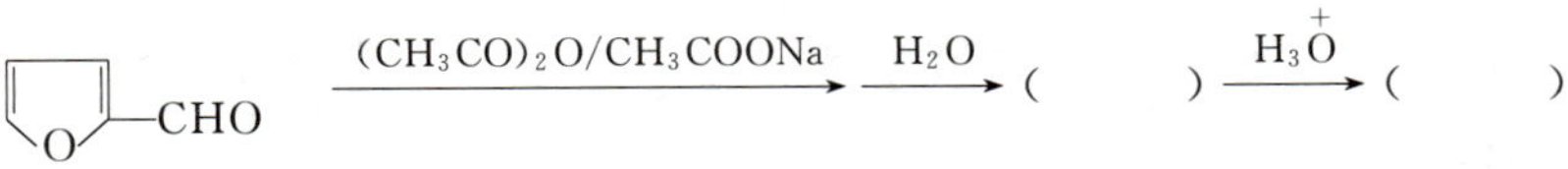

(3) 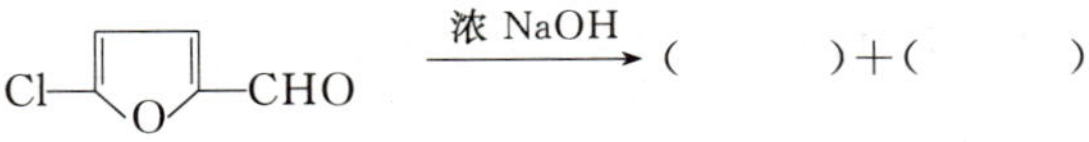

(4) 

(5) 

(6) 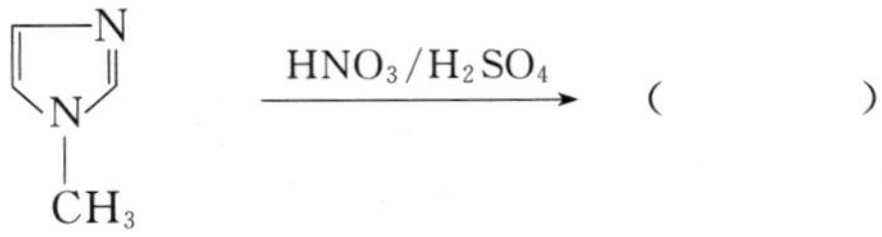

(7) 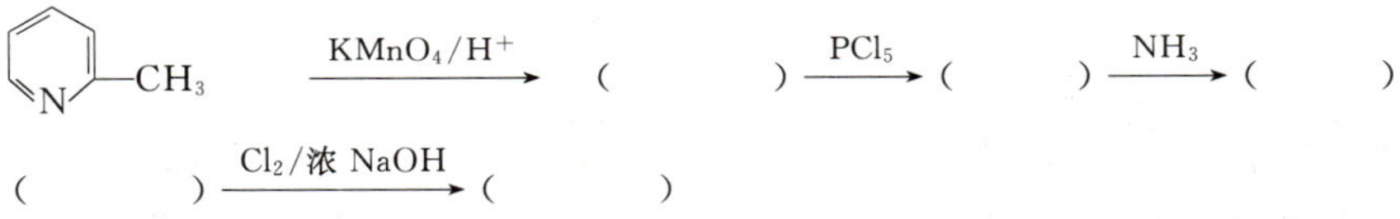

(8) 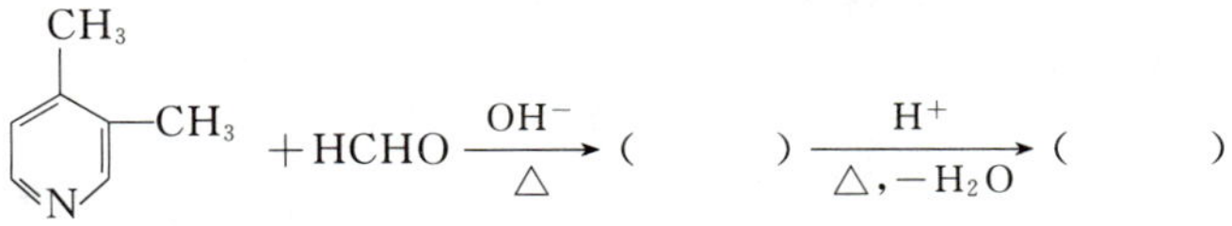

(9) 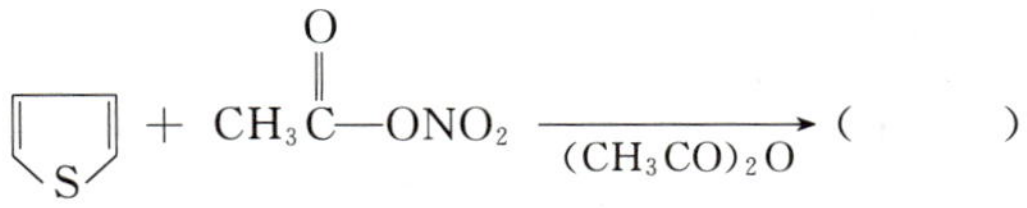

(10) 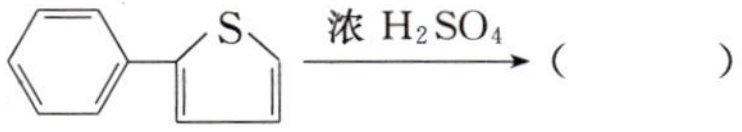

(11) 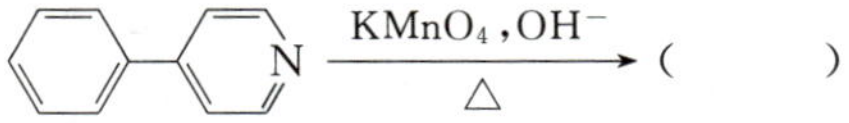

(12) 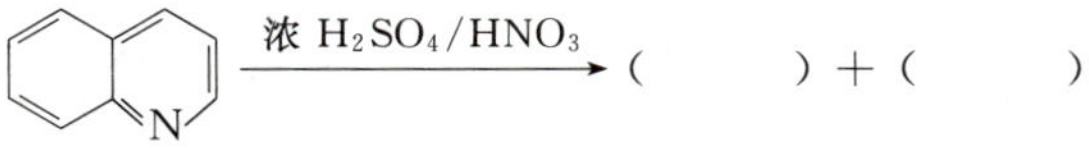

(13) 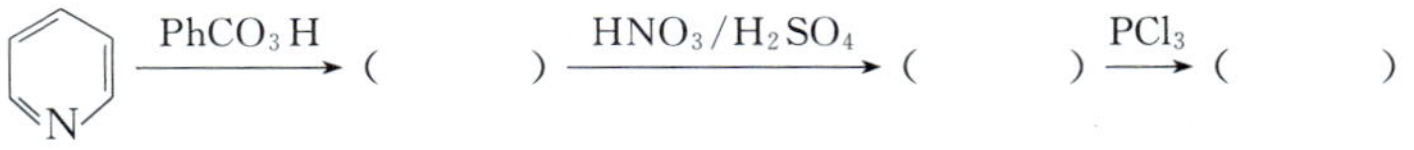

(14) 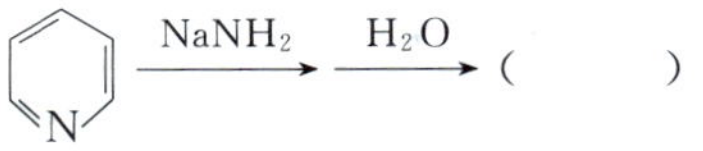

(15) 

(16) 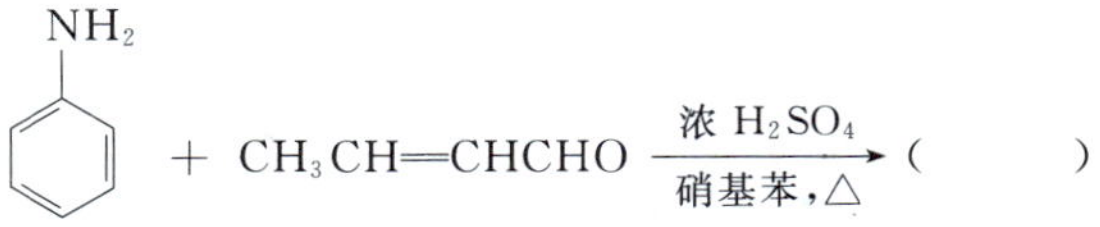

(17) 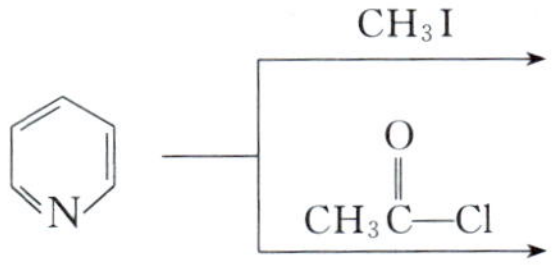

(18) 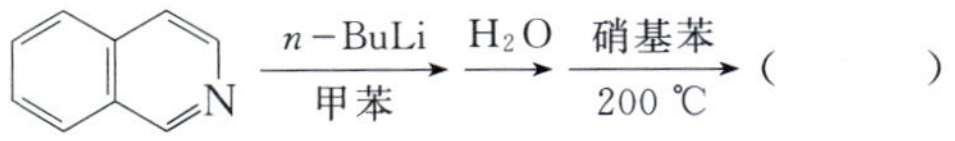

14-9　完成下列转化。

(1) 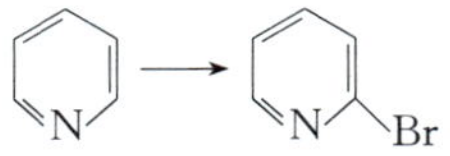

(2) 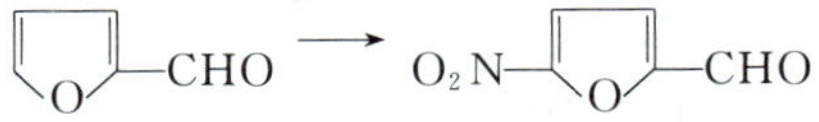

(3) 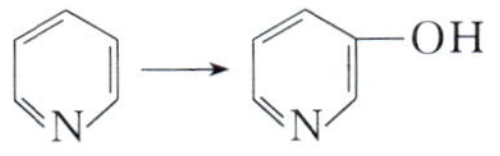

(4) 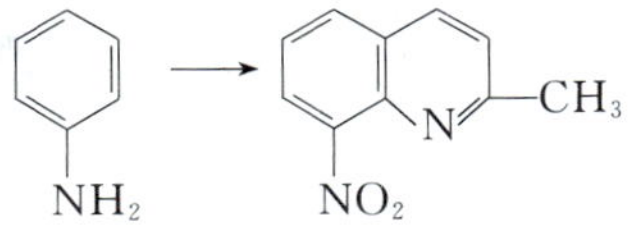

(5) 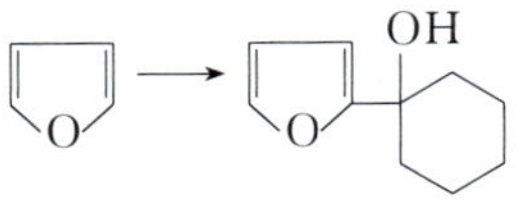

(6) 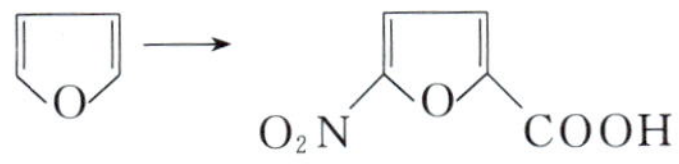

*(7) 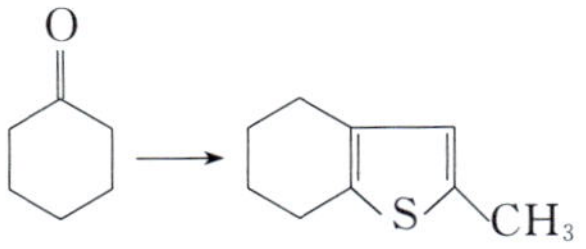

14-10　选择适当原料合成下列化合物。

(1) 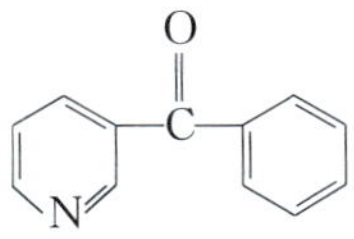

(2) 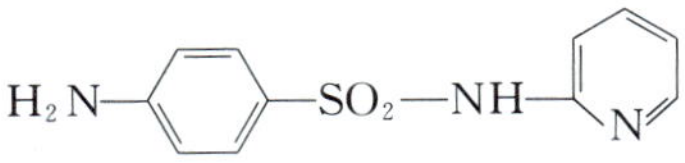

(3) 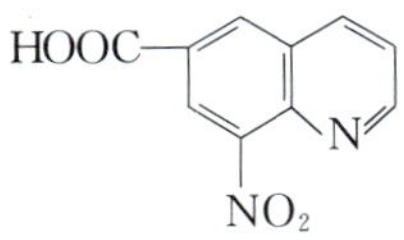

(4) 1,8-二氮菲 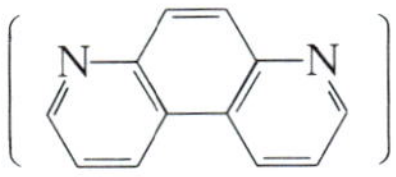

(5) 2-甲基-6-喹啉甲酸

14-11　某杂环化合物 $C_5H_4O_2$ 经氧化后生成羧酸 $C_5H_4O_3$，把此羧酸的钠盐与碱石灰作用，转变为 C_4H_4O，后者与钠不起反应，也不具有醛和酮的性质，原来的 $C_5H_4O_2$ 是什么化合物？

14-12　下面是尼古丁(nicotine)的全合成路线，请自查文献填写各步反应所需要的试剂。

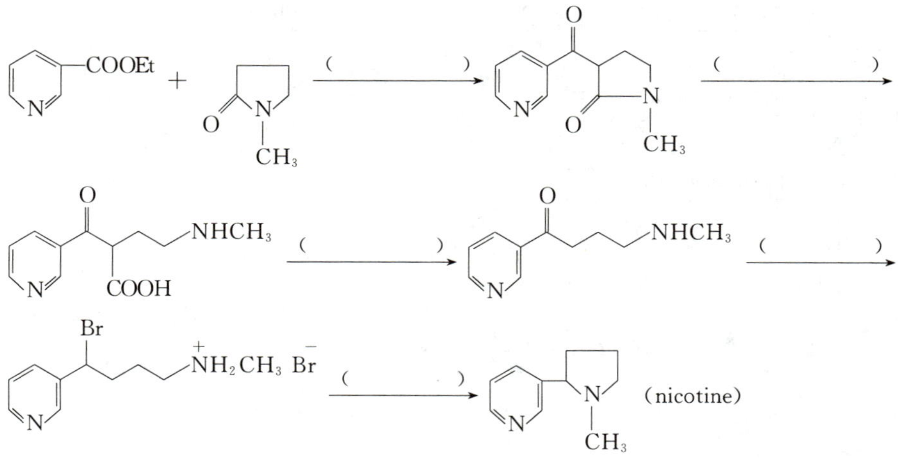

14-13　举例说明下列各组化合物在化学性质上的区别。

(1) 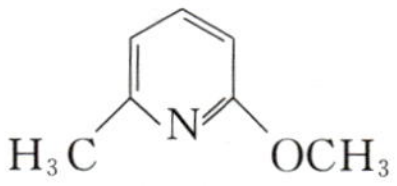 与 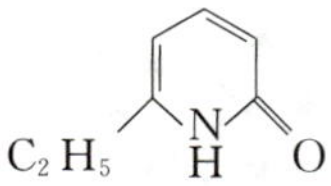　(2) 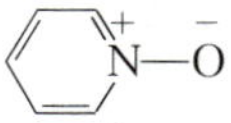 与 

14-14　请查阅文献用咪唑、吡啶为原料合成下列室温下离子液体。

(1) 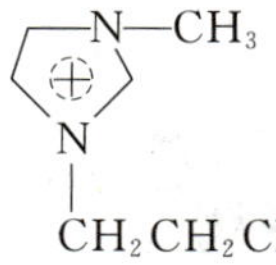 BF_4^-　(2) 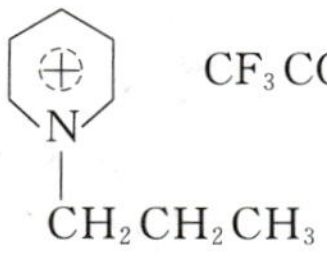 CF_3COO^-

14-15　如何用^1H-NMR 区分苯胺、吡啶和哌啶？

第5篇

天然有机化合物

第 15 章　糖　　类

糖类是多羟基醛或多羟基酮及其缩合物。糖类是自然界中广泛分布的一类重要的有机化合物。日常食用的蔗糖、粮食中的淀粉、植物体中的纤维素、人体血液中的血糖等均属于糖类。在糖类的研究早期，人们发现糖类的组成符合通式 $C_m(H_2O)_n$，相当于碳与水化合的结果，故过去称这类化合物为碳水化合物。后来发现某些符合 $C_m(H_2O)_n$ 通式的化合物，如乙酸(CH_3CO_2H)，不具有糖类的性质，而具有糖类性质的化合物，如鼠李糖($C_6H_{12}O_5$)，又不符合碳水化合物的组成通式，故碳水化合物名称不能准确反映这类化合物的性质。但因沿用已久，所以至今仍然使用碳水化合物的名称。

在自然界，糖类是绿色植物光合作用的产物。在植物体内，被吸收的二氧化碳和水在叶绿素存在下，与太阳光发生光合作用，生成糖类，放出氧气：

$$xCO_2 + yH_2O + \text{太阳能} \xrightarrow{\text{叶绿素}} C_x(H_2O)_y + xO_2$$

糖类是人类生命活动的三大能源(糖类、蛋白质和脂肪)之一。在动植物体内的代谢作用下，糖类又氧化成二氧化碳和水，同时放出能量(即光合作用的逆反应)。放出的能量一部分变成热，大部分储存在体内，为生命活动提供能量。因此，糖类是储存太阳能的物质，在生命活动过程中起着重要的作用，是一切生命体维持生命活动所需能量的主要来源。

15.1　糖类的分类及单糖的命名

15.1.1　糖类的分类

根据糖类的结构，可以将其分成三大类：单糖、低聚糖和多糖。

1. 单糖

单糖是多羟基醛、酮。它们不能再水解成更小单位的糖。含醛基的单糖称为醛糖，含酮羰基的单糖称为酮糖。根据单糖分子中所含碳原子的数目，可分为丙糖、丁糖、戊糖、己糖等。最简单的单糖是甘油醛(丙醛糖)和二羟基丙酮(丙酮糖)。单糖都是晶体，溶于水，有的具有甜味，如葡萄糖、果糖、甘露糖等。

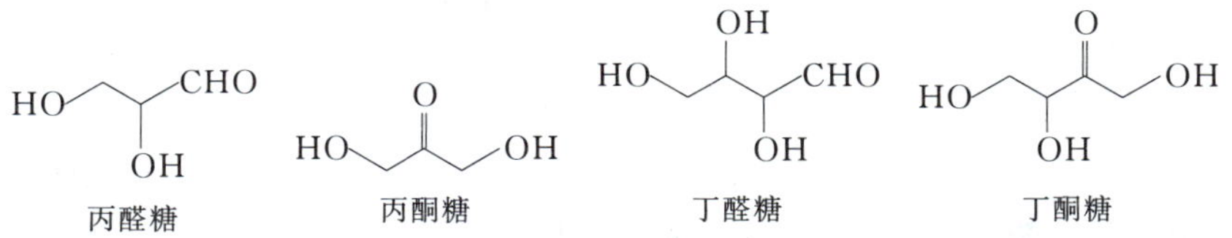

在自然界中，以戊糖和己糖为多见，如核糖和阿拉伯糖属于戊醛糖，葡萄糖属于己

醛糖，果糖属于己酮糖。

2. 低聚糖

经过水解可以生成两个到二十个左右单糖的糖类统称为低聚糖（又称寡糖）。如麦芽糖是一个二糖，水解生成两分子葡萄糖。水解后可生成三分子单糖的低聚糖称三糖，如棉子糖。三糖及其以上的低聚糖又称齐聚糖。一般的低聚糖都有一定的晶型，可溶于水，有甜味。

3. 多糖

水解后生成单糖分子数目在二十个以上的糖类称为多糖，如淀粉和纤维素。绝大多数多糖不溶于水，有的可与水形成胶体溶液，多糖多为无定形粉末状，无明显的甜味。

15.1.2 单糖的命名

按照系统命名法，单糖可以命名为某醛或者某酮。常用费歇尔投影式表示单糖的结构。采用 R-S 构型标记法标记每个手性碳原子的构型。

另外，单糖常用普通名称，称做某糖。普通名称有些是从糖类的最初来源得到的，如葡萄糖、果糖等；有些糖类的普通名称是从英文名称音译过来的，如阿洛糖、艾杜糖等。在普通名称中，单糖手性碳原子的构型用 D-L 标记法标记。以甘油醛为标准，在费歇尔投影式中，离羰基最远的手性碳原子上的羟基写在右边者为 D 型，写在左边者为 L 型。如果已经知道糖类的旋光方向，在名称中要表示出来。例如：

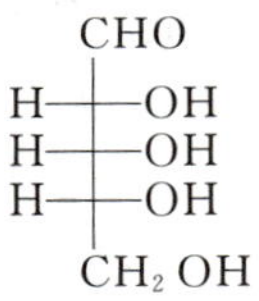

系统名称 (2*R*,3*R*,4*R*)-(−)-2,3,4,5-四羟基戊醛

普通名称 D-(−)-核糖

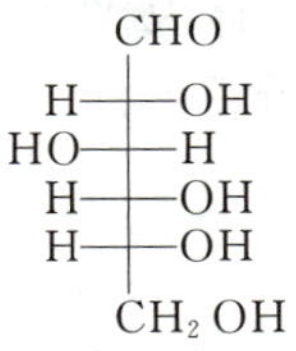

(2*R*,3*S*,4*R*,5*R*)-(+)-2,3,4,5,6-五羟基己醛

D-(+)-葡萄糖

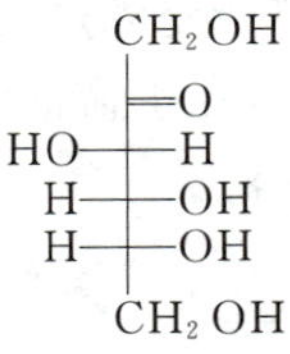

(3*S*,4*R*,5*R*)-(−)-1,3,4,5,6-五羟基-2-己酮

D-(−)-果糖

下面列出了 4～6 个碳原子的 D 型系列的单醛糖结构及其普通名称。在每种糖类的英文名称中，均有一个后缀－ose，表示此类化合物归属为糖类。

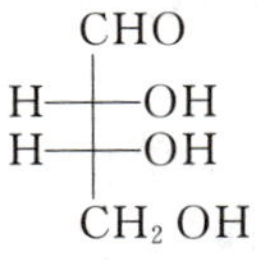

D-(−)-赤藓糖

D-(−)-erythrose

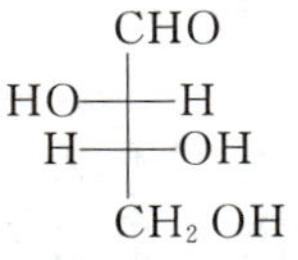

D-(−)-苏阿糖

D-(−)-threose

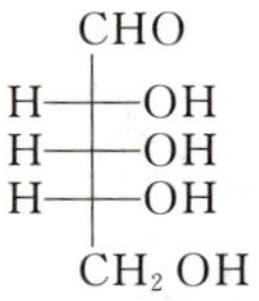

D-(−)-核糖

D-(−)-ribose

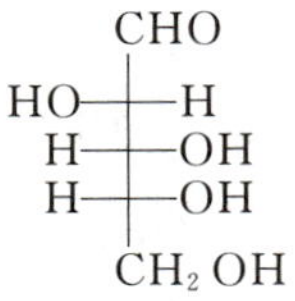

D-(−)-阿拉伯糖

D-(−)-arabinose

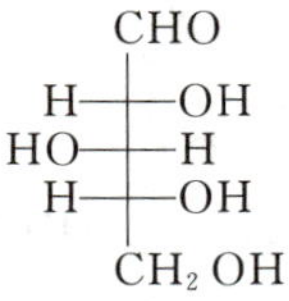

D-(+)-木糖

D-(+)-xylose

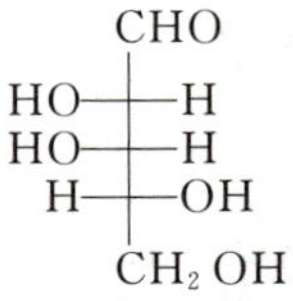

D-(−)-来苏糖

D-(−)-lyxose

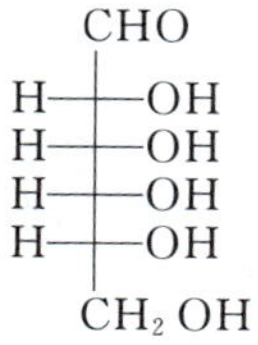

D－(＋)－阿洛糖

D－(＋)－allose

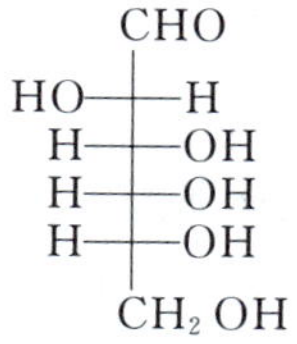

D－(＋)－阿卓糖

D－(＋)－altrose

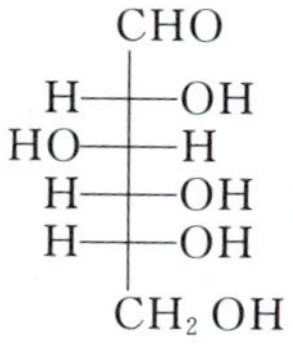

D－(＋)－葡萄糖

D－(＋)－glucose

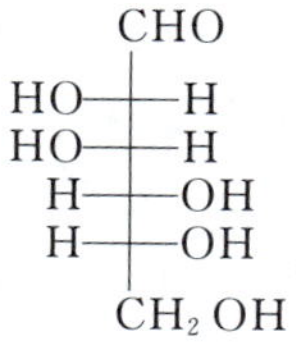

D－(＋)－甘露糖

D－(＋)－mannose

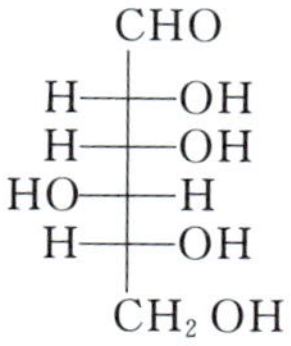

D－(－)－古洛糖

D－(－)－gulose

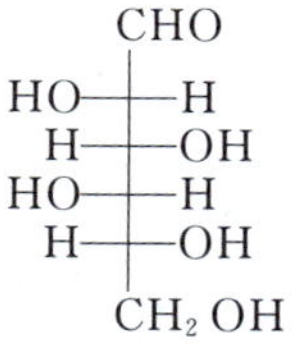

D－(－)－艾杜糖

D－(－)－idose

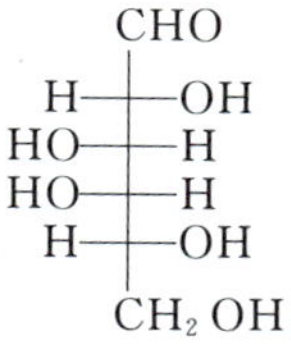

D－(＋)－半乳糖

D－(＋)－galactose

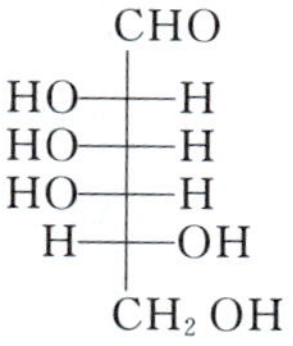

D－(＋)－塔洛糖

D－(＋)－talose

在单糖分子中，如果饱和碳原子上没有羟基，此种糖类被称为脱氧糖。例如：

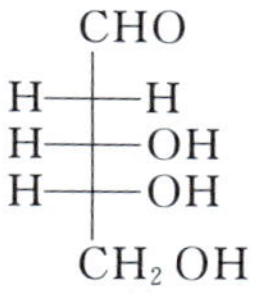

2－脱氧－D－核糖

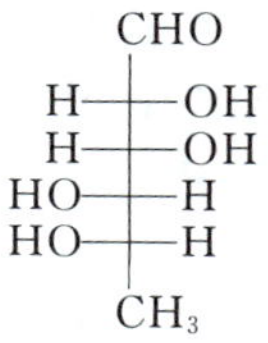

6－脱氧－L－甘露糖(鼠李糖)

15.2　单糖的结构

单糖有两种结构：开链式结构和氧环式结构。

15.2.1　开链式结构和构型

1. 开链式糖类的结构

在单糖的开链式结构中，一般每个碳原子都与氧原子相连，其中有一个碳原子是以羰基形式存在的，其余的每个碳原子上都连有一个羟基。开链的单糖既有羰基的结构特征，又有多羟基的结构特征。

例如，葡萄糖和果糖的开链构造式如下：

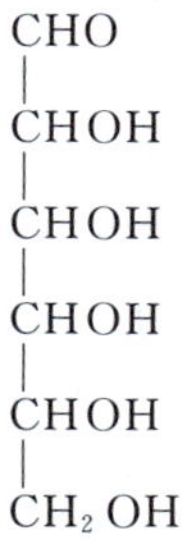

葡萄糖

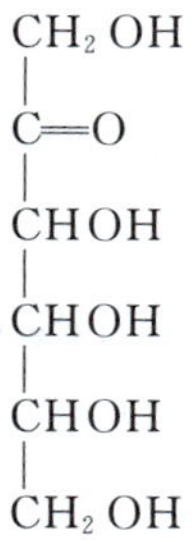

果糖

在葡萄糖的六个碳原子中，其中一个碳原子以醛基形式存在，属于醛糖。果糖的一个碳原子以酮羰基形式存在，属于酮糖。

己醛糖的分子式为 $C_6H_{12}O_6$，有 4 个手性碳原子，可有 $2^4=16$ 种立体异构体（15.1.2节列出了其中 8 种 D 型异构体）。葡萄糖是 16 种异构体中的一种。葡萄糖的开链式结构是经过下列反应推断的，证实它是一个含有五个相邻羟基的己醛糖。

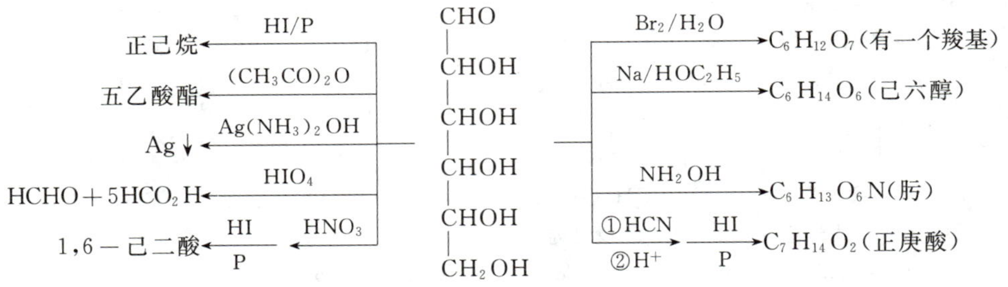

2. 开链式糖类的构型

单糖的开链式构型常以费歇尔投影式表示。例如，葡萄糖［(2*R*,3*S*,4*R*,5*R*)-(+)-2,3,4,5,6-五羟基己醛］的构型可以写为

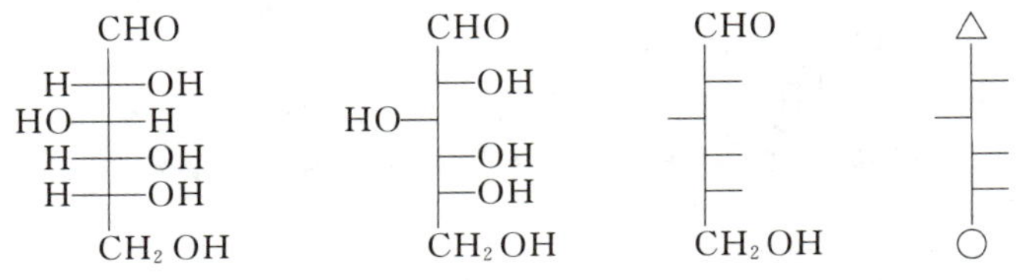

(1)式为葡萄糖的费歇尔投影式；(2)式是省去了手性碳原子上氢原子的费歇尔投影式；(3)式和(4)式是用短横线“—”表示碳羟基键，不写出碳氢键，(3)式是简略费歇尔投影式，(4)式是一种表达构型的最简式，其中“△”和“○”分别表示“CHO”和“CH_2OH”。

糖类的构型常采用 D-L 相对构型标记法标记。15.1.2 节给出了 4～6 个碳原子的 D 型系列单醛糖的构型，此外，还有相应的 L 型系列单醛糖的构型。D-L 构型标记法是人为定义的，糖类的旋光活性和旋光方向是实测得知的，二者无必然的联系。

葡萄糖和果糖均是 D 型的单糖，但两者的旋光方向不同。前者为右旋，后者为左旋。在 20 世纪 50 年代后期，通过绝对构型的测定，证明了葡萄糖的绝对构型与原来假设的相对构型恰好相同。

15.2.2　氧环式结构和构象

1. 氧环式糖类的结构

实验发现，葡萄糖很难与 $NaHSO_3$ 发生加成反应；在酸性条件下，葡萄糖与甲醇的反应产物中只引入了一分子甲醇，产物对碱的稳定性与缩醛相似；在红外光谱中，葡萄糖没有显示羰基的伸缩振动吸收峰；在氢核磁共振谱中，葡萄糖也没有显示醛基质子的吸收峰。这些实验说明在溶液中，葡萄糖已不具有独立的醛基结构特征，或其浓度很低，检测不出来。

链状葡萄糖分子中既含有醛基，又含有羟基，而且具有形成五元或六元环状半缩醛的结构条件。葡萄糖 δ—C 上的羟基可与分子内的醛基发生分子内亲核加成反应，形成环状的半缩醛。实验测得此半缩醛在葡萄糖水溶液中占 99%以上。这样的半缩醛结构称为氧环式结构，又称为哈沃斯(Haworth)结构(因是 Haworth 等人发现而得名)。其形成过程如下：

获诺贝尔奖者

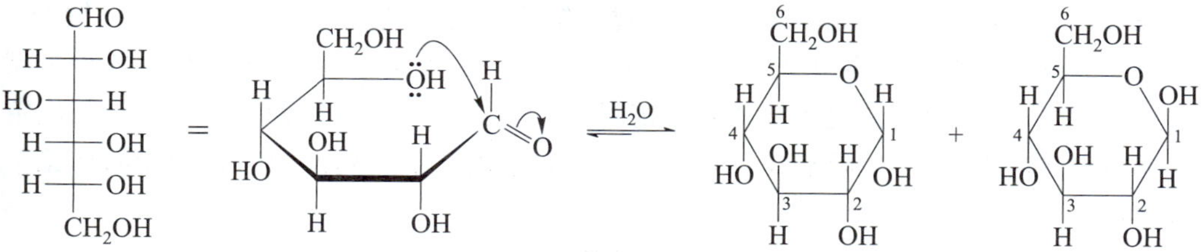

D-(+)-葡萄糖
开链式

α-D-(+)-葡萄糖
mp 146 ℃
[α]=+112.2°·cm²·g⁻¹

β-D-(+)-葡萄糖
mp 150 ℃
[α]=+18.7°·cm²·g⁻¹

在氧环式结构中，原来的羰基碳原子由 sp^2 杂化转变为 sp^3 杂化。新生成的手性碳原子称为苷原子，新生成的羟基称为苷羟基，苷羟基比分子中其它羟基活泼。由于苷羟基所处方位不同，形成了两种非对映异构体，分别用 α 和 β 表示。苷羟基和 C_5 上的 CH_2OH 在环的同侧者，称为 β 型异构体，反之称为 α 型异构体。在葡萄糖的水溶液中，两种异构体之间通过开链式结构达成互变异构平衡。在平衡态时，α 型占 35%～36%，β 型占 63%～64%，开链式结构的含量小于 1%，溶液的比旋光度[α]=+52.7° $\cdot cm^2 \cdot g^{-1}$。尽管开链式结构的含量小于 1%，但其在葡萄糖的某些化学性质方面表现得很重要。

以上所列出的是葡萄糖 δ-氧环式半缩醛的结构，其骨架与四氢吡喃环 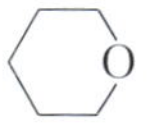 相同，所以葡萄糖的两个六元氧环式半缩醛结构又称为 α-或 β-D-(+)-吡喃葡萄糖。葡萄糖的 γ-C 上的羟基也可与自身的醛基发生缩合生成两个五元环的氧环式结构，称为 α-或 β-D-(+)-呋喃葡萄糖，具有 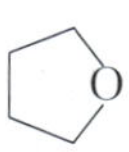 环，但呋喃葡萄糖在葡萄糖水溶液中的含量不到 1%。

在 50℃以下的 D-(+)-葡萄糖水溶液中可结晶析出熔点为 146℃的 α 型吡喃糖，其水溶液最初的比旋光度为 +112.2° $\cdot cm^2 \cdot g^{-1}$；在 98℃以上的 D-(+)-葡萄糖水溶液中，可结晶析出熔点为 150℃的 β 型吡喃糖，其水溶液最初的比旋光度为 +18.7° $\cdot cm^2 \cdot g^{-1}$。这两种异构体的水溶液分别在室温下放置，最终的比旋光度都变为 +52.7° $\cdot cm^2 \cdot g^{-1}$，这种比旋光度随时间变化，最终达到一个定值的现象称为变旋光现象。葡萄糖的 α-和 β-吡喃糖之间可以通过开链式结构互相转变；吡喃糖与呋喃糖之间也可以通过开链式结构互相转变。在达到平衡前，各种结构的糖类的浓度在不断地变化，所以旋光性也在不断变化，直至达到平衡时，旋光度值才恒定。这就是糖类具有变旋光现象的原因。

在溶液中，不同的糖类其吡喃型和呋喃型的含量有所不同。例如，在 D-艾杜糖水溶液中，α 型和 β 型吡喃糖分别为 31% 和 37%，α 型和 β 型呋喃糖含量均可达到 16%。

2. 单糖的构象

在己醛糖的 δ-氧环式半缩醛结构中，环上的六个原子以椅型构象存在。在 β-D-(+)-葡萄糖两种椅型构象中，羟基和羟甲基都处于平伏键上的是稳定的优势构象；而在 α-D-(+)-葡萄糖的优势构象中，苷羟基处于直立键，不是最稳定的构象。在葡萄糖的水溶液中，α 型和 β 型两种异构体通过开链式结构达到动态平衡，这时葡萄糖的 α 型和 β 型异构体是以优势构象为主要存在形态的。在 β-D-(+)-葡萄糖的两种椅型构象中，优势构象的能量比劣势构象的能量低 25 kJ·mol^{-1}。各种构象的能量是决定糖类的水溶液中开链式、吡喃式和呋喃式组成的基础。下面列出吡喃葡萄糖的构象平衡式：

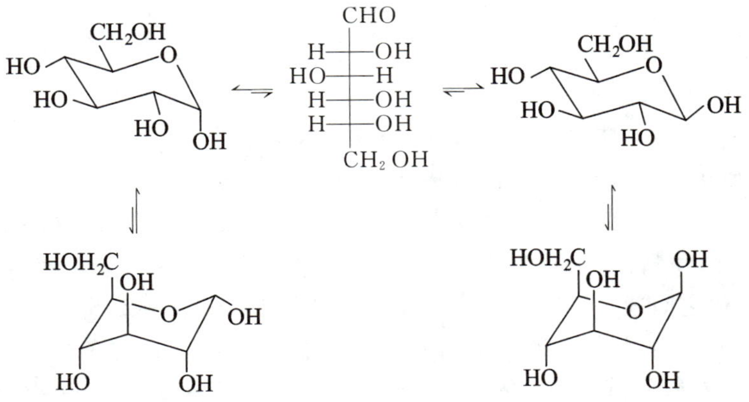

α-D-(+)-吡喃葡萄糖　　β-D-(+)-吡喃葡萄糖

15.3 单糖的化学性质

在单糖分子的开链式结构中，羰基和羟基共存，表现在化学性质上单糖分别有羰基和羟基的特征反应。但在单糖的氧环式结构中，由于是半缩醛或半缩酮结构，又可表现出单糖的另一些特征反应。

15.3.1 差向异构化

在含有多个手性碳原子的立体异构体中，只有一个手性碳原子的构型不同，其余手性碳原子的构型都相同的非对映异构体称为差向异构体。差向异构体之间的转化称为差向异构化。在稀碱溶液中，单糖邻近羰基的手性碳原子容易发生差向异构化。其过程是通过形成烯二醇中间体进行的。例如，D-葡萄糖在稀碱溶液中生成烯二醇中间体，这个中间体不仅可以转变回 D-葡萄糖，还可以生成 D-甘露糖。D-葡萄糖和 D-甘露糖互为差向异构体：

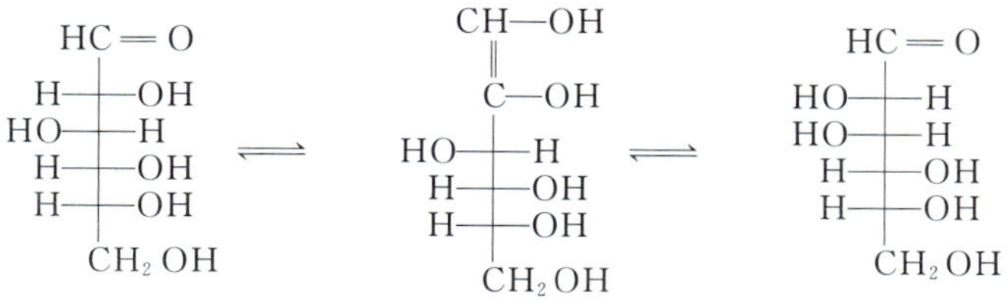

D-葡萄糖　　烯二醇　　D-甘露糖

D-果糖和 D-阿洛糖之间也可以通过差向异构化互相转变，两者互为差向异构体：

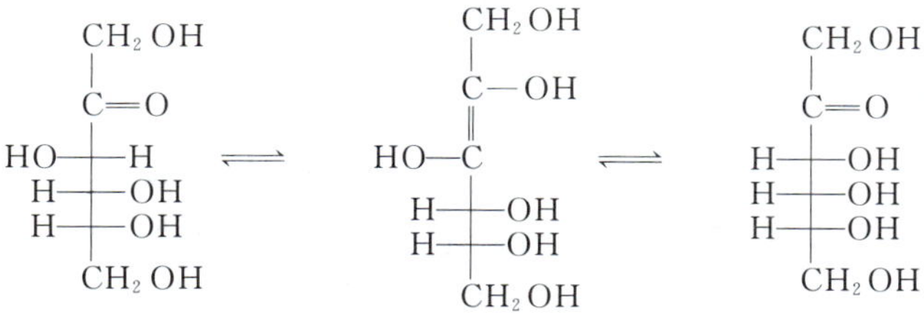

D-果糖　　烯二醇　　D-阿洛酮糖

与差向异构反应类似，在稀碱溶液中，醛糖和酮糖之间也可以通过烯二醇中间体实现互相转化。例如，D-葡萄糖和 D-果糖之间的转化，但两者并不属于差向异构体：

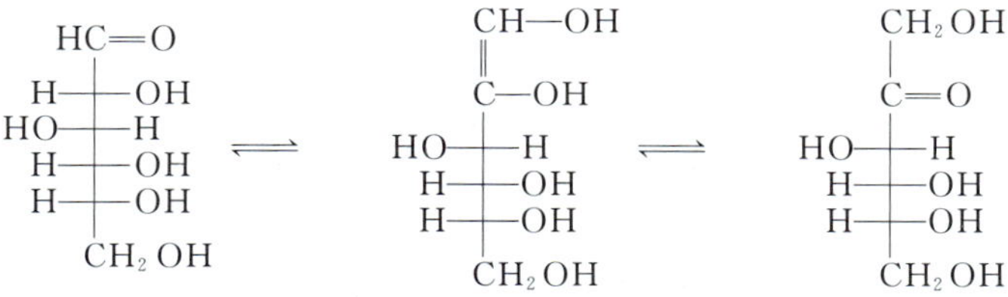

D-葡萄糖　　烯二醇　　D-果糖

15.3.2　还原反应

醛糖和酮糖中的羰基都可以被还原成羟基，生成多元糖醇。实验室中可使用 Na/C_2H_5OH 或 $NaBH_4$ 为还原剂；在工业生产上，是以过渡金属催化加氢的方法生产多元糖醇的。D-葡萄糖和 L-古洛糖在镍催化下加氢生成相同的还原产物 D-葡萄糖醇（山梨糖醇）。

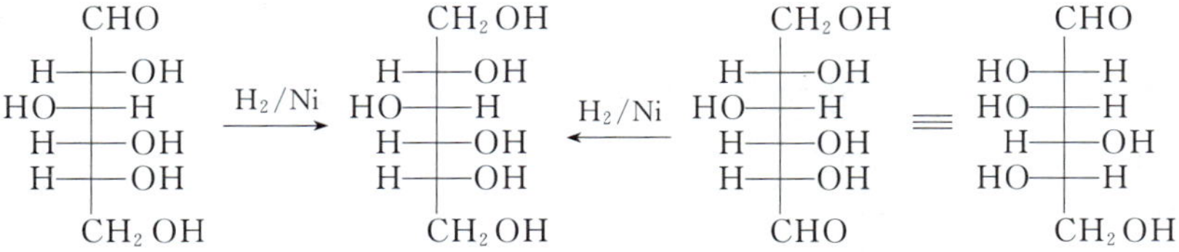

D-葡萄糖　　山梨糖醇　　L-古洛糖

D-甘露糖还原生成甘露糖醇，D-果糖还原生成甘露糖醇和山梨糖醇的混合物。山梨糖醇和 D-甘露糖醇在化妆品和药物生产中有重要应用。

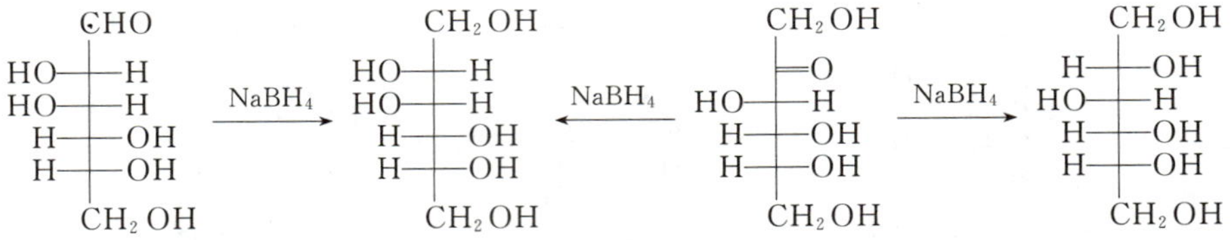

D−甘露糖　D−甘露糖醇　D−果糖　山梨糖醇

15.3.3　氧化反应

单糖可被多种氧化剂氧化，生成不同的氧化产物。

1. 溴水氧化

在溴水作用下，醛糖的醛基很容易被氧化为羧基，氧化产物称为糖酸。

$$HOCH_2(CHOH)_4CHO \xrightarrow{Br_2/H_2O} HOCH_2(CHOH)_4COOH$$

在弱酸性条件下（pH＝5.0），溴水可氧化己醛糖为醛糖酸的内酯，而且 β−D−葡萄糖的氧化速率是 α−D−葡萄糖的 250 倍。氧化反应是在苷原子上进行的。氧化反应生成的产物 1，5−内酯（δ−内酯）在水溶液中可发生缓慢的水解变为糖酸，后者的水溶液在受热并蒸出水时可以生成 1，4−内酯（γ−内酯）。

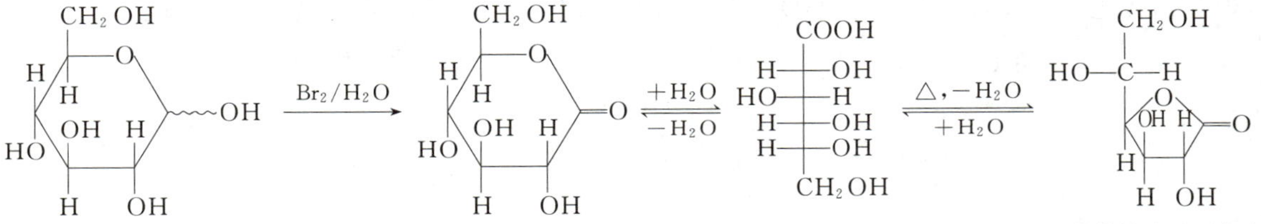

D−葡萄糖酸−δ−内酯　D−葡萄糖酸　D−葡萄糖酸−γ−内酯

在工业上，葡萄糖酸是由发酵法制得的。它是一个多羟基酸，在其水溶液中，开链式结构与内酯式结构的葡萄糖酸是一个动态平衡体。葡萄糖酸钙可以作为有效的人体补钙剂；葡萄糖酸锌可作为人体必需的微量元素锌的补充源。葡萄糖酸−δ−内酯大量用于食品添加剂，如可用于调味剂、防腐剂、蛋白凝固剂等。

维生素 C（vitamin C）是人体必需维生素。它在新鲜绿色蔬菜和水果中有丰富的含量。由于人体内不能合成维生素 C，缺少它会引起坏血病，故又名抗坏血酸。维生素 C 可以由 L−古洛糖酸−γ−内酯在酶催化下脱氢制得。在 C_2 和 C_3 上有烯醇羟基，可游离出质子 H^+，所以有酸性。天然植物中的维生素 C 不稳定，极易氧化生成脱氢维生素 C，两者都有生理活性，在体内氧化还原过程中发挥重要作用。

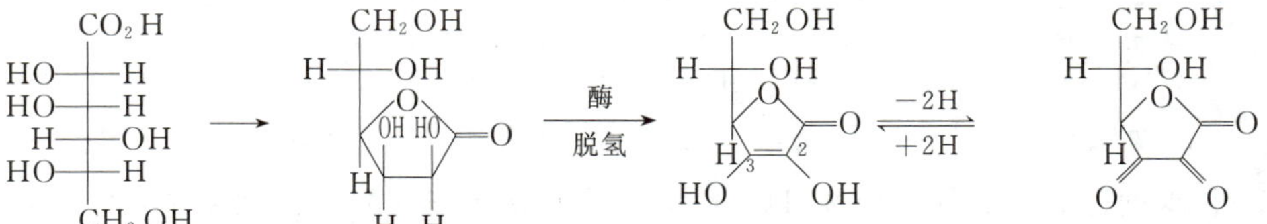

L−古洛糖酸　L−古洛糖酸−γ−内酯　L−抗坏血酸（还原型）　L−脱氢抗坏血酸（氧化型）

2. 硝酸氧化

醛糖用稀硝酸氧化时，醛基和羟甲基均被氧化成羧基，生成糖二酸。糖二酸在受热时可脱水生成双内酯。例如，稀硝酸氧化 D－葡萄糖得到 D－葡萄糖二酸，后者脱水则生成双内酯。

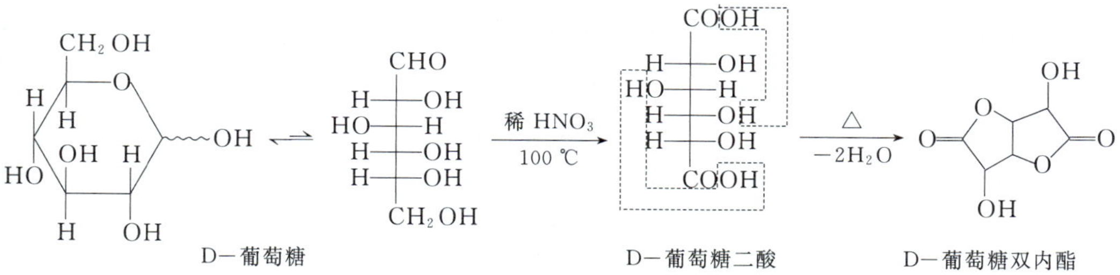

酮糖比醛糖难于氧化，它不被溴水氧化，强氧化剂（HNO_3）则使酮糖发生碳链断裂，生成较低碳原子数的二酸。

3. 弱氧化剂氧化

托伦试剂、斐林试剂及本尼迪特试剂（由 $CuSO_4$ 和 Na_2CO_3 配制的柠檬酸碱性溶液）都是弱氧化剂，可以将醛糖氧化为糖酸，也能将酮糖氧化为 α－二酮。反应现象明显，常用于糖类的鉴别。

醛糖和酮糖与托伦试剂作用都呈现银镜反应。当本尼迪特试剂或斐林试剂与醛糖或酮糖在一起加热时，溶液的蓝色消失，生成砖红色氧化亚铜沉淀，即试剂本身被还原，糖类被氧化。例如：

$$HOCH_2(CHOH)_4CHO + Cu^{2+} \xrightarrow{\text{斐林试剂}} HOCH_2(CHOH)_4COO^- + Cu_2O\downarrow$$

能使上述三种弱氧化剂还原的糖类称为还原糖。不能与上述试剂发生氧化反应的糖类称为非还原糖。在工业上用葡萄糖作还原剂，与托伦试剂作用使玻璃镀银制镜。

4. 高碘酸氧化

醛糖和酮糖用高碘酸氧化时，邻二醇型、α－羟基醛和 α－羟基酮结构的碳碳键均会断裂，反应是定量消耗氧化剂的。

D－葡萄糖水溶液在 pH＝3.7 时用 HIO_4 氧化，发生如下的反应：

$$HOCH_2(CHOH)_4CHO + 5\ HIO_4 \longrightarrow 5\ HCOOH + HCHO + 5\ HIO_3$$

15.3.4　糖脎的生成

糖类的羰基可与苯肼作用生成糖类的苯腙。但在过量的苯肼试剂中加热糖类的弱酸性溶液（如醋酸），反应发生在 C_1 和 C_2 位置，生成糖类的 1,2－二苯腙衍生物，称为糖脎。例如：

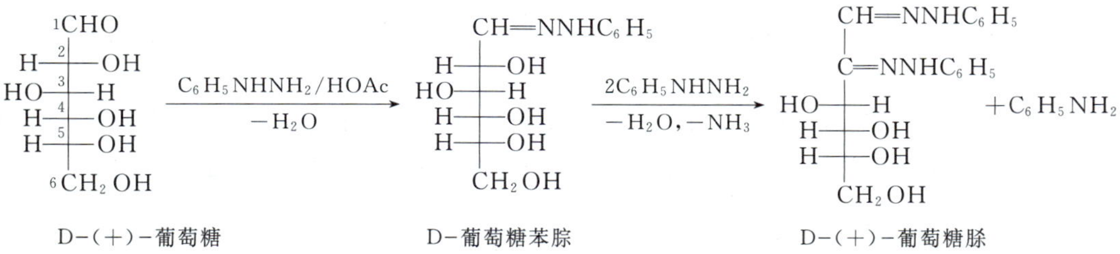

D-(+)-葡萄糖与 D-(+)-甘露糖生成同一结构的糖脎，这表明在它们的分子中，C_3，C_4，C_5 的构型是相同的，只有 C_2 的构型不同。

获诺贝尔奖者

酮糖与过量的苯肼反应也是在 C_1 和 C_2 上发生缩合，生成糖脎。D-(-)-果糖的糖脎与 D-(+)-葡萄糖的糖脎相同，这说明在 D-(-)-果糖中，C_3，C_4 和 C_5 的构型与 D-(+)-葡萄糖的相同。费歇尔确定葡萄糖、甘露糖和果糖形成一种脎。

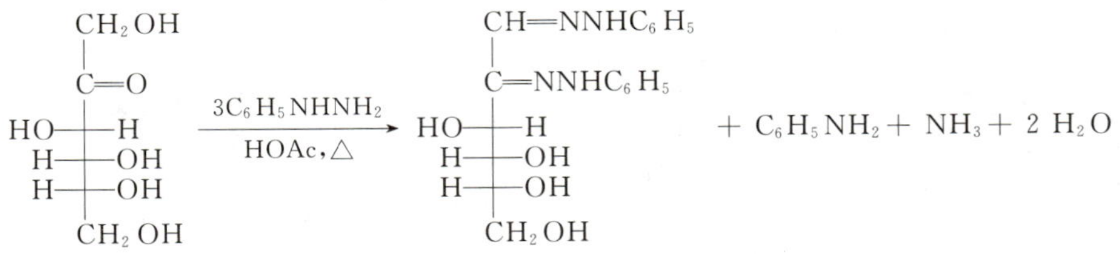

D-(-)-果糖　　　　D-(+)-葡萄糖脎

糖脎有一定的晶型，不同的糖脎熔点不同，常用糖脎的生成鉴定糖类。糖脎的生成还可用于糖类的分离。这是由于在不同的糖类中，C_1 和 C_2 上进行成脎反应的速率和析出糖脎的时间不同。

15.3.5 羟基的反应

单糖分子中通常有三种羟基，它们是苷羟基、伯羟基和仲羟基。一般来说，三种羟基都能发生羟基的取代反应，但三种羟基的反应活性相差很大。

1. 糖苷的生成

糖类的苷羟基比其它羟基的活性高，易于被取代。糖类的苷羟基与含羟基、氨基或巯基等亲核试剂发生亲核取代反应，生成的产物称为糖苷，也称为配糖体。糖类与含羟基的亲核试剂反应得到的糖苷是糖类的缩醛或缩酮结构，稳定性较好，不易被氧化，不与托伦试剂或斐林试剂作用，也不与苯肼有成脎反应。糖苷也有 α 型和 β 型异构体之分，但两者在水溶液中无变旋光现象。

在 HCl 存在下，D-(+)-葡萄糖与甲醇共热，生成 α-和 β-D-甲基葡萄糖苷，新形成的键分别称为 α-糖苷键和 β-糖苷键：

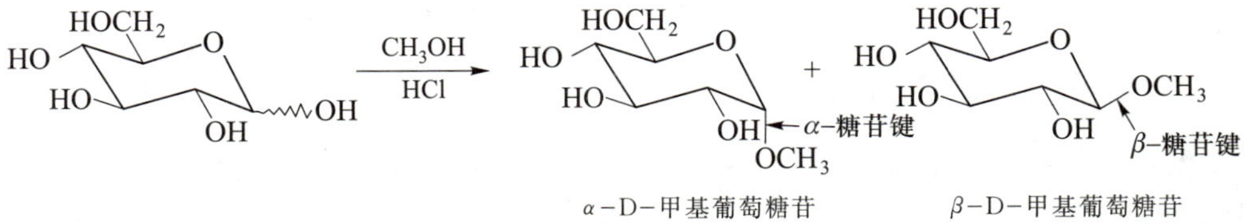

α-D-甲基葡萄糖苷　mp=165 ℃　$[\alpha]_D^{20}=+159°\cdot cm^2\cdot g^{-1}$

β-D-甲基葡萄糖苷　mp=107 ℃　$[\alpha]_D^{20}=-34°\cdot cm^2\cdot g^{-1}$

糖苷广泛存在于动植物体内，如在人参、灵芝、淀粉、纤维素和核酸中，都有糖苷键存在。

核苷是一种糖苷，是由戊醛糖与碱基缩合而成。核苷根据其所含戊糖的不同，分为核糖核苷和脱氧核糖核苷。例如，呋喃核糖与胞嘧啶(碱基的一种)的反应如下：

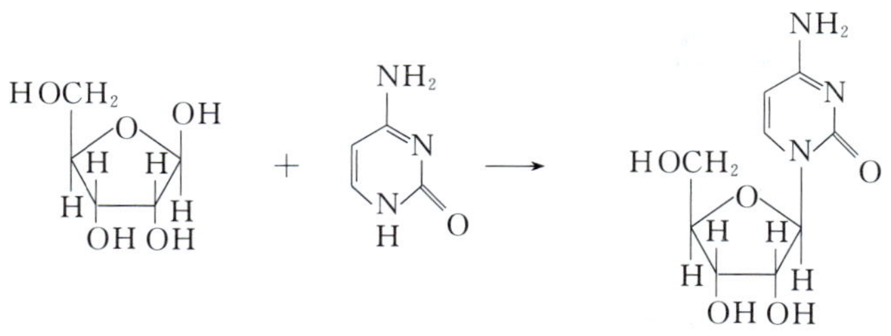

β－D－呋喃核糖　　胞嘧啶　　胞嘧啶核苷

2. 糖苷的醚化或酯化

在糖苷分子中，游离的羟基可以被醚化或酯化，生成烃氧基或酰氧基糖苷。例如：

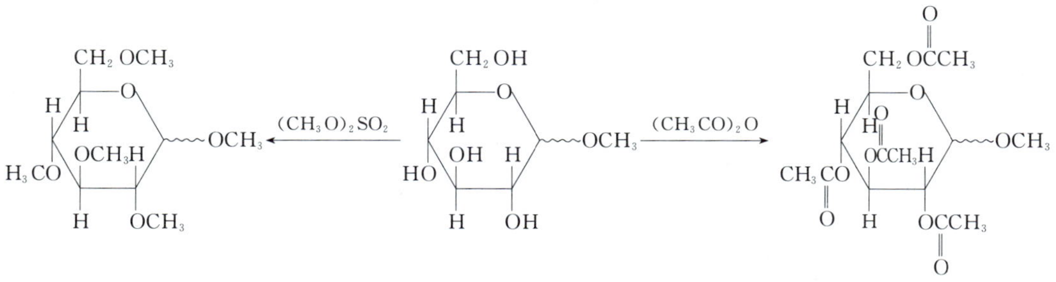

1,2,3,4,6－五－O－甲基－D－葡萄糖　　甲基－D－葡萄糖苷　　四乙酸(甲基－D－葡萄糖苷)酯

长碳链的糖苷和长碳链部分被醚化或酯化的糖苷是一类性能优良的表面活性剂，可用于食品和医药制品中。

3. 羟基与磷酸的反应

糖类的羟基可以与磷酸发生酯化反应，生成糖类的磷酸酯。例如：

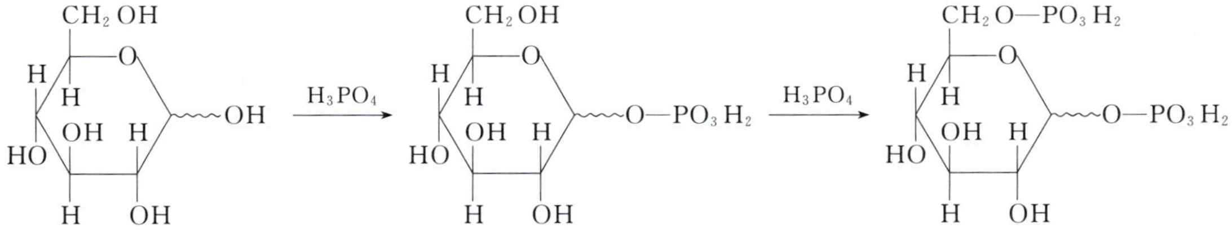

D－吡喃葡萄糖－1－磷酸酯　　D－吡喃葡萄糖－1,6－二磷酸酯

4. 羟基与醛或酮形成环状的缩醛或缩酮

醛与酮可以和糖类分子中邻位顺式羟基缩合形成环状缩醛与缩酮。例如：

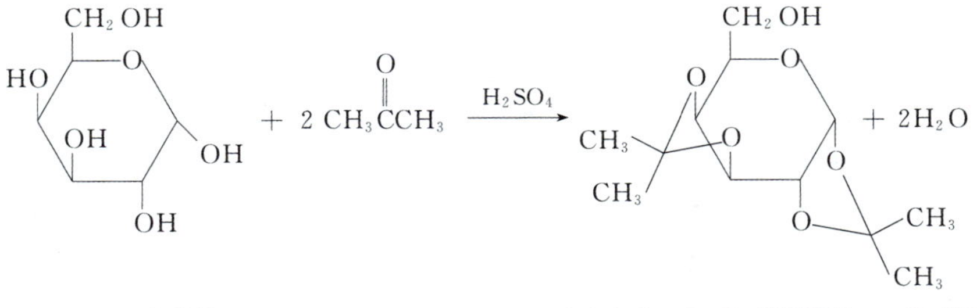

α－D－半乳糖　　1,2,3,4－二－O－亚异丙基－α－D－半乳糖

如果较稳定的吡喃糖没有顺式邻位羟基，则往往异构化为呋喃糖进行缩醛化。这种生成环状缩醛或缩酮的反应常用来保护羟基。

15.3.6　增长与缩短糖类碳链的方法

1. 增长糖类碳链

醛糖可与氢氰酸发生亲核加成反应生成氰醇，氰醇水解得到糖酸，糖酸加热生成内酯，再用 $NaBH_4$ 在 pH=3～4 的溶液中还原，可得到比原来的糖类多一个碳原子的醛糖。重复上述操作，可使碳链逐步增长。如

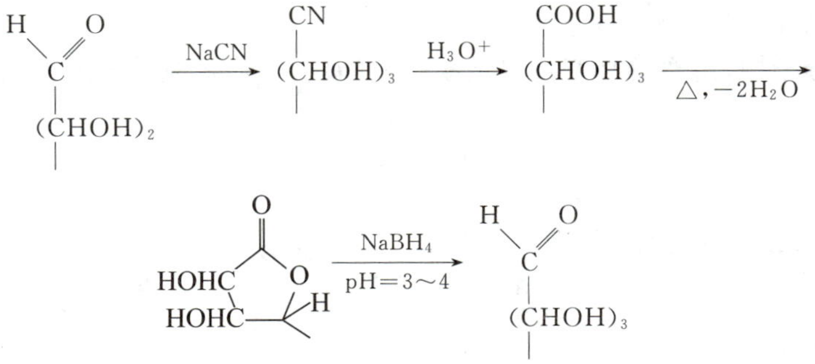

2. 缩短糖类碳链

醛糖用溴水氧化成糖酸，经氢氧化钙处理得到糖酸钙盐，再在 Fe^{3+} 催化下，用过氧化氢脱羧氧化，得到比原来的糖类少一个碳原子的醛糖。上述缩短糖类碳链的方法称为卢夫(Ruff)降解法。

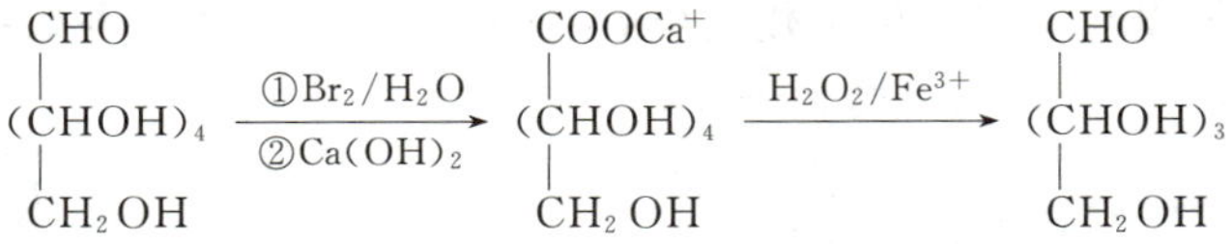

法 9-7

糖类碳链的增长和缩短反应是糖类的递升和递降的基本反应。

15.4　重要的单糖

15.4.1　葡萄糖

葡萄糖是无色晶体，相对密度为 1.544，熔点 146℃ 。葡萄糖广泛存在于生物细胞和体液中。最初是从葡萄果实中得到，故称为葡萄糖。在动物的生命过程中，葡萄糖是新陈代谢过程中不可缺少的营养物质，也是运动所需能量的重要来源。人体通过饮食所摄入的葡萄糖存在于血液中，称为血糖。长期低血糖者会出现头昏、恶心及营养不良等症状，而高血糖者会导致糖尿病发生。葡萄糖在医药、食品工业中也具有重要用途。葡萄糖在印染和制革工业中常用作还原剂，也是制造葡萄糖酸钙和维生素 C 等的原料。

工业上以淀粉为原料，用稀硝酸氧化淀粉中葡萄糖基 6 位羟甲基成羧基，同时，发生糖苷键(C—O—C)的水解，得到葡萄糖醛酸。

葡萄糖醛酸能形成环状半缩醛结构，分子中的羧基与 4 位羟基能形成葡萄糖醛酸内酯的双环结构。葡萄糖醛酸在动物体内有解毒剂的作用，它能与人体内含有羟基的有害物结合，形成葡萄糖醛酸的糖苷(葡苷酸)或酯，并随尿液排出体外。

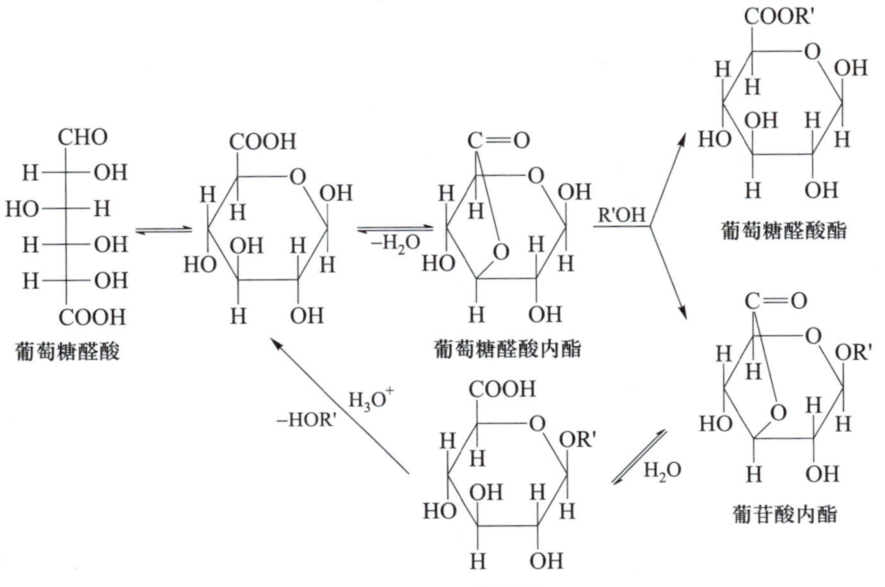

在微生物作用下，葡萄糖可转变成(Z,Z)-2,4-己二烯二酸，后者在 Pt 催化下加氢还原生成己二酸。己二酸是制备聚酰胺的原料。此外，在微生物作用下，葡萄糖也可制备己内酰胺和苯酚等化工原料。例如：

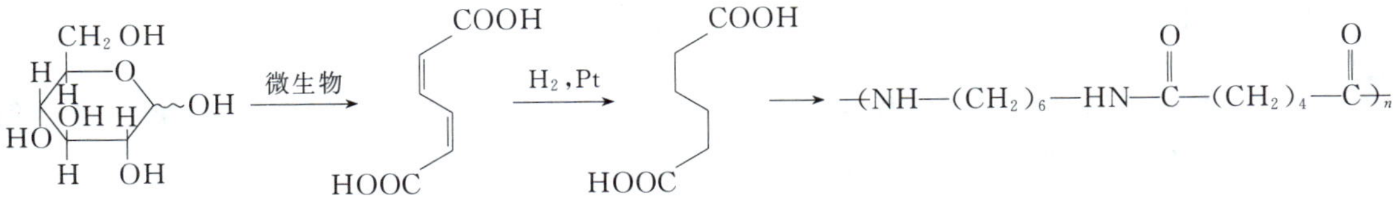

15.4.2 果糖

果糖是自然界中存在最多的己酮糖，它广泛存在于水果和植物中，并能以游离态存在。天然的果糖是左旋体，$[\alpha]_D^{20}=-92.4°\cdot cm^2\cdot g^{-1}$，是无色晶体，熔点 102℃(分解)。果糖是还原糖。

由于果糖与苯肼生成的脎与 D-(+)-葡萄糖及 D-(+)-甘露糖的脎相同，这说明 D-果糖 C_3,C_4,C_5 的构型与 D-(+)-葡萄糖及 D-(+)-甘露糖的 C_3,C_4,C_5 构型相同。

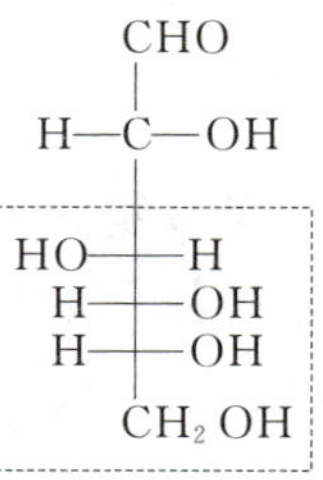

D-(+)-葡萄糖

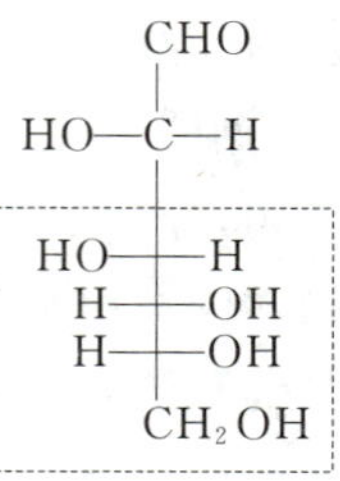

D-(+)-甘露糖

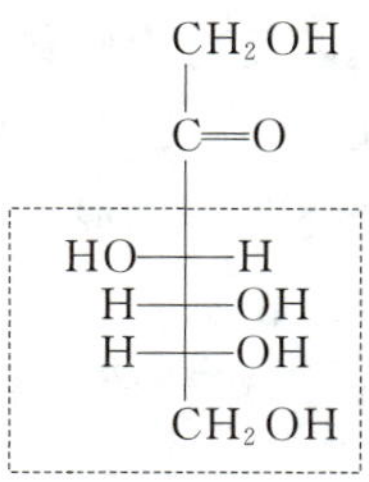

D-(-)-果糖

果糖也具有氧环式结构。在水溶液中，果糖的开链式和氧环式结构是一动态平衡体系，也有变旋光现象。D-(-)-果糖的 δ- 氧环式结构为 D-(-)-吡喃果糖；γ-氧环式结构为 D-(-)-呋喃果糖。吡喃果糖和呋喃果糖都有 α 和 β 两种构型。

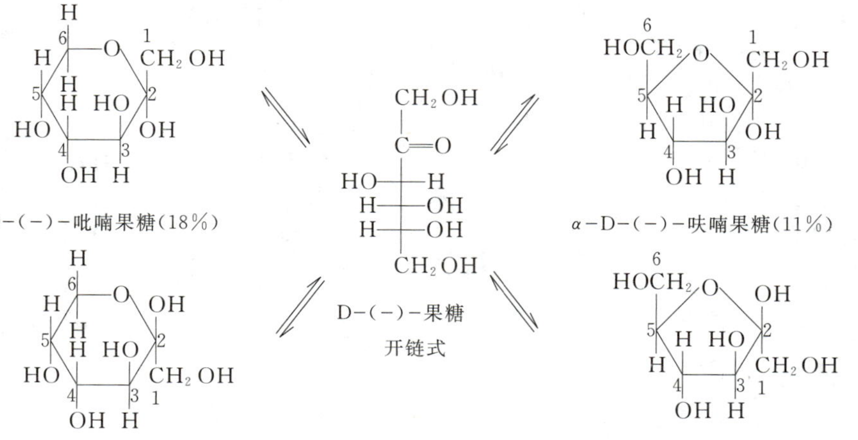

α-D-(-)-吡喃果糖(18%)　　D-(-)-果糖 开链式　　α-D-(-)-呋喃果糖(11%)

β-D-(-)-吡喃果糖(37%)　　β-D-(-)-呋喃果糖(34%)

果糖可作药品的原料。例如，1,6-二磷酸果糖酯钠盐常用于冠心病、心绞痛、心力衰竭及心律失常等疾病的辅助治疗药物，有较好的疗效。

15.4.3　核糖

核糖是最重要的戊醛糖，是 D 型左旋糖。D-核糖的第二个碳原子上的羟基被氢原子替代后得到的是 D-2-脱氧核糖。它们的开链式结构如下：

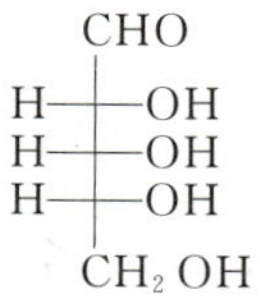

D-核糖

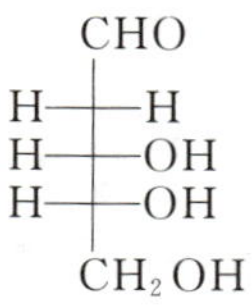

D-2-脱氧核糖

在水溶液中 D-核糖的开链式和氧环式结构之间存在着动态平衡，通常以六元的 D-吡喃糖为主：

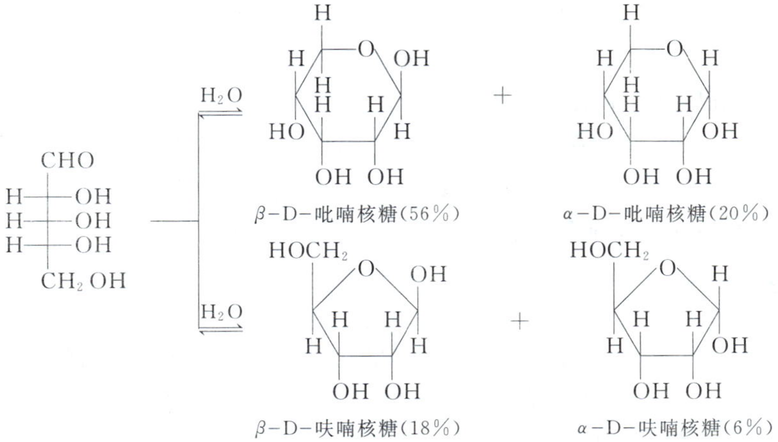

但在生物体内,D-核糖或D-2-脱氧核糖作为糖基是以五元呋喃环式存在的。它们分别是核糖核酸(RNA)及脱氧核糖核酸(DNA)的糖基。

15.5 低 聚 糖

多糖的初步水解可生成低聚糖(也称寡糖)。在自然界中低聚糖主要为二糖和三糖。常见的二糖有蔗糖、麦芽糖、乳糖、纤维二糖等,常见的三糖有棉子糖等。

15.5.1 蔗糖

蔗糖来源于水果、甘蔗和甜菜等,是自然界中分布最广的二糖。蔗糖是无色晶体,熔点 180℃,易溶于水。蔗糖分子是由葡萄糖和果糖彼此以半缩醛(酮)的羟基(苷羟基)缩合成的缩醛(酮),具有 α-葡萄糖苷(1⟷2)①-β-果糖苷型糖苷键。由于其能被 α-葡萄糖苷酶水解,所以常将它归属于 α-D-葡萄糖苷。

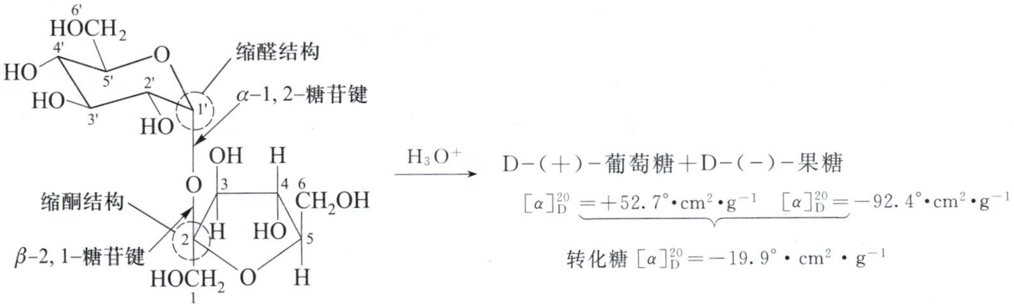

蔗糖 $[\alpha]_D^{20}=+66.5°\cdot cm^2\cdot g^{-1}$

[2-O-(α-D-吡喃葡萄糖基)-β-D-呋喃果糖苷]

取代基在母体 2 位氧上　　取代基名称　　母体名称

① "⟷"表示两个苷羟基形成的苷键。箭头所指数字表示苷羟基所在碳原子的位号。"⟶"表示由苷羟基与普通羟基形成的苷键。

蔗糖是右旋糖，其水解产物是一分子葡萄糖和一分子果糖，水解前后溶液的旋光性质发生转变。这种水解前后比旋光度发生转变的反应称为糖的转化反应，生成的产物为转化糖。在蜂蜜中存在的糖类大部分是转化糖。

在蔗糖分子中，由于不存在游离的苷羟基，所以它的水溶液无变旋光现象。正因为如此，蔗糖不与托伦试剂、斐林试剂及本尼迪特试剂发生氧化反应，也不与苯肼有成脎反应，因此蔗糖是一个非还原糖。

15.5.2　麦芽糖

在 α-淀粉糖化酶作用下，淀粉水解便得到麦芽糖。麦芽糖在酸性条件下或在麦芽糖酶存在下水解得到两分子的 D-葡萄糖。麦芽糖可使托伦试剂及本尼迪特试剂还原，并可与苯肼生成脎，用溴水氧化麦芽糖时生成麦芽糖酸。这些现象说明麦芽糖是一个 α-葡萄糖苷，而且分子中存在一个苷羟基，属还原糖，这一点也被麦芽糖的水溶液有变旋光现象所证实。

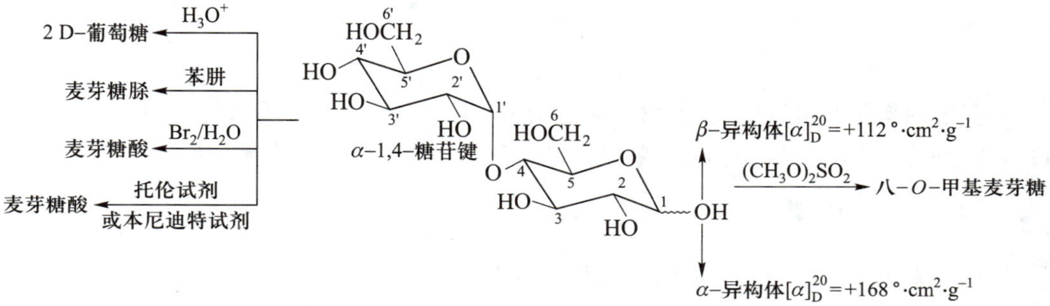

麦芽糖$[\alpha]_D^{20}=+136°\cdot cm^2\cdot g^{-1}$

[4-*O*-(α-D-吡喃葡萄糖基)-D-吡喃葡萄糖]

麦芽糖中的糖苷键是 α-葡萄糖(1→4)葡萄糖型，即一个 α-D-葡萄糖的苷羟基与另一葡萄糖分子 4 位上的羟基脱水缩合形成的糖苷。

在谷物种子的胚芽中存在着 α-淀粉酶，在其作用下淀粉水解生成麦芽糖。大麦芽中的麦芽糖含量最高，在用大麦酿造的啤酒中，麦芽糖的含量一般在 10%～12%。

15.5.3　乳糖

乳糖是个还原二糖，有变旋光现象，这说明在乳糖分子中也存在着苷羟基。

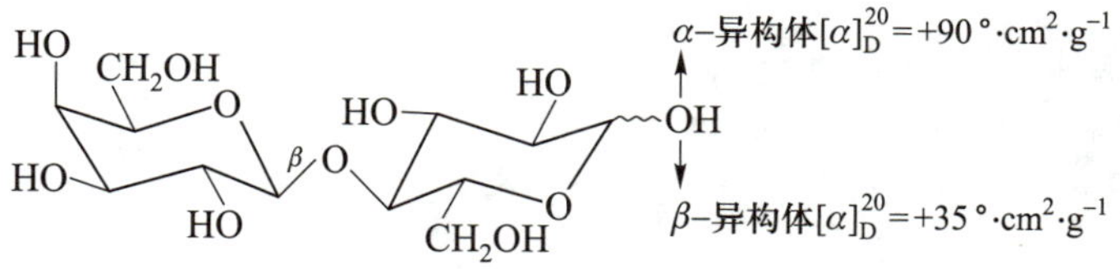

乳糖 $[\alpha]_D^{20}=+55°\cdot cm^2\cdot g^{-1}$

[4-*O*-(β-D-吡喃半乳糖基)-D-吡喃葡萄糖]

乳糖经稀酸水解得到等物质的量的半乳糖和葡萄糖的混合物。用溴水氧化乳糖则得到乳糖酸，后者经水解则得到半乳糖和葡萄糖酸，这表明乳糖中的苷羟基在葡萄糖基一端。

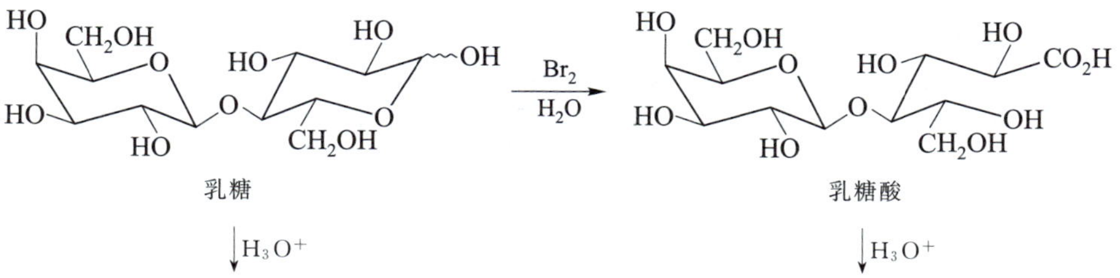

D-(+)-葡萄糖 + D-(+)-半乳糖　　D-(+)-半乳糖 + D-(-)-葡萄糖酸

乳糖是右旋糖，在人乳、牛乳及羊乳中其含量分别是 6%～7%、5%～6%及 4%～5%。在乳酸杆菌作用下，乳糖可以氧化成乳酸，牛乳变酸就是其中的乳糖变成了乳酸的缘故。

*15.5.4 纤维二糖和棉子糖

纤维二糖是右旋还原糖，是纤维素部分水解的产物。纤维二糖不同于麦芽糖的 α－糖苷键结构，不能被 α－葡萄糖苷酶水解，但能被 β－葡萄糖苷酶水解成两分子葡萄糖，所以纤维二糖是β－葡萄糖苷。应用甲基化和水解反应可以证实纤维二糖中的糖苷键是 β－葡萄糖(1→4)葡萄糖型：

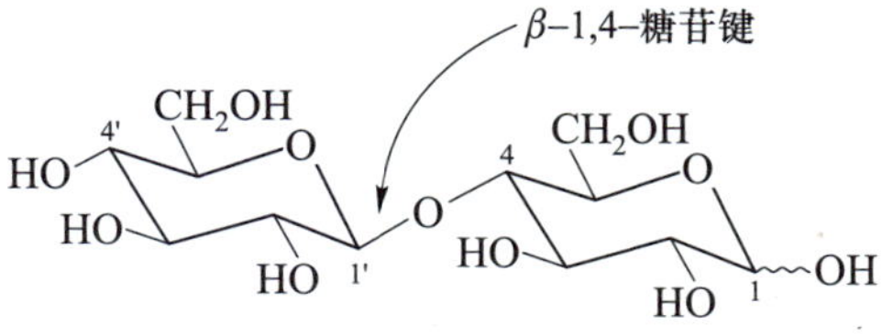

纤维二糖

[4-O-(β-D-吡喃葡萄糖基)-D-吡喃葡萄糖]

纤维二糖无甜味，能在动物体内被相关的可水解 β－糖苷键的酶所水解，进而被吸收。

棉子糖是一个很重要的非还原三糖，它存在于棉子及甜菜中。棉子糖水解后得到一分子半乳糖、一分子葡萄糖及一分子果糖。实验研究结果表明棉子糖中的各单糖之间是按 α－半乳糖(1→6)－α－葡萄糖(1↔2)－β－果糖方式连接的。

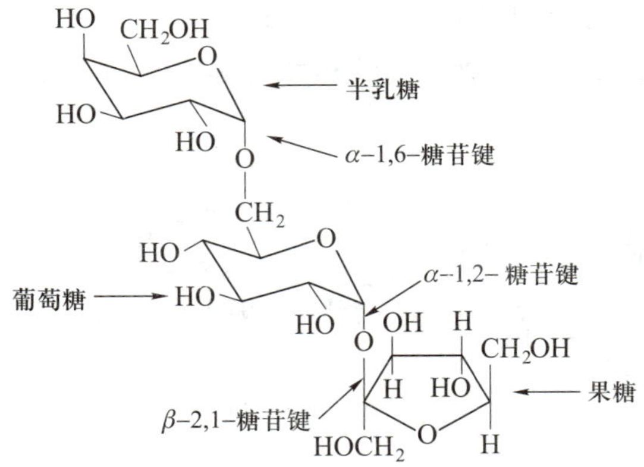

棉子糖

[1-*O*-(β-D-呋喃果糖基)-6-*O*-(α-D-吡喃半乳糖基)-α-D-吡喃葡萄糖苷]

取代基名称　　取代基名称　　母体名称

表示取代基连在母体 1 位碳原子的氧上　　表示取代基连在母体 6 位碳原子的氧上

15.5.5　环糊精

环糊精是含有 6～12 个葡萄糖单位的环状糖苷,其中的糖苷键是 α-1,4 型。含有 6,7,8 个 α-D-葡萄糖残基的环糊精分别称为 α-环糊精(环六糊精)、β-环糊精(环七糊精)、γ-环糊精(环八糊精),它们都是晶体,可溶于水。环糊精在温热的碱性水溶液中很稳定,在酸催化下可缓慢水解。

淀粉在环糊精糖基转化酶的作用下,水解可得到环糊精。环糊精是个筒形腔体的环状结构,有刚性,其结构如图 15-1 所示;中间空穴的直径随构成环糊精的糖类残基数目不同而变。筒的上下边缘分布着羟基,具有亲水性,筒的内壁分布着氢原子,具有亲油性。一些分子可以进入到环糊精的空穴中形成分子配合物——包合物。

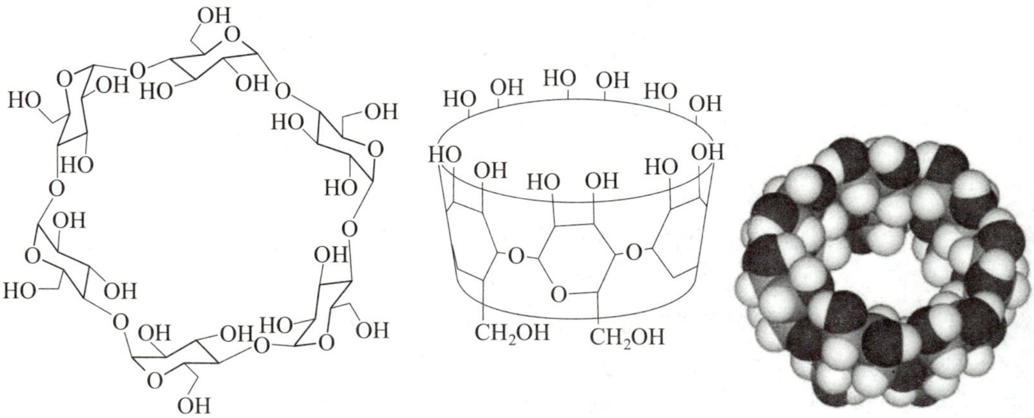

(a) 结构式　　(b) 构型式　　(c) 分子模型

图 15-1　α-环糊精的结构图示

环糊精的这种特性与冠醚相似,它可以催化某些有机反应。例如,芳香酸酯作为客体进入环糊精的筒腔内,在筒边缘羟基的作用下酯基很容易水解。环糊精还可以控制某些反应的选择性。例如，用次氯酸氯化苯甲醚，加入环糊精后，对位氯化产物由 60％提高到 96％：

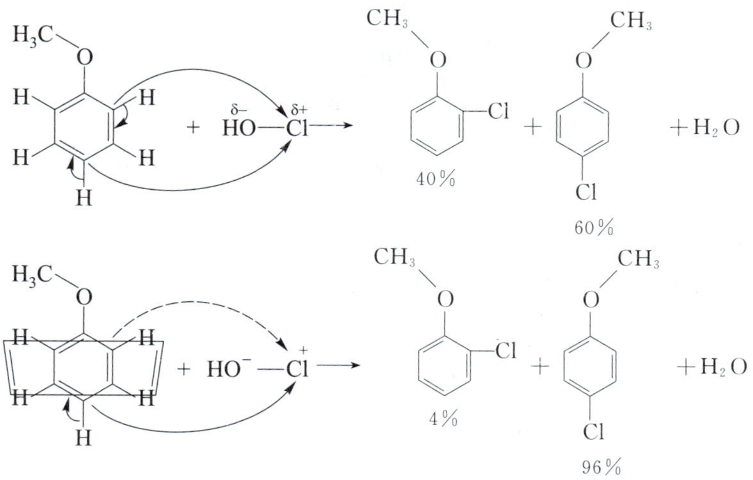

反应物与环糊精包含物

环糊精还可以作为柱色谱的固定相，用于外消旋体分离，把外消旋体拆分成光学纯的异构体。环糊精作为稳定剂、乳化剂、抗氧剂和增溶剂等在食品、医药、轻工、农业和化工等方面多有应用。

15.6　多　糖

自然界中的植物、动物及微生物体内都含有多糖。同低聚糖一样，多糖是由单糖通过糖苷键连接起来的。多糖可分为直链和支链两种，而且由于糖苷键类型的不同，多糖链中可有不同的空间结构。多糖还可以分为纯多糖和杂多糖。由一种单糖构成的多糖称为纯多糖，由两种及两种以上单糖构成的多糖称为杂多糖。淀粉和纤维素是主要的纯多糖。莱洛伊尔研究了糖核苷酸在生物合成寡糖、多糖中的作用和合成机理。

获诺贝尔奖者

15.6.1　多糖的分类及结构

1. 直链多糖

（1）直链淀粉　直链淀粉是由 200～300 个葡萄糖以 α-(1→4)-糖苷键相连接形成的链状缩聚物，其基本结构单位是在糖链中存在一个“麦芽糖基”。像直链淀粉一样，分子结构完全由葡萄糖缩合而成的化合物称为葡聚糖。

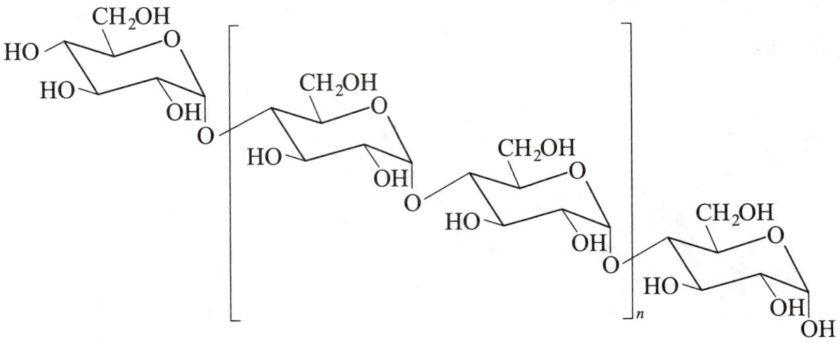

(2) 纤维素　纤维素是由上千个(平均有 3 000 个)葡萄糖以 β-(1→4)-糖苷键相连接形成的链状缩聚物,其基本结构单位是"纤维二糖基"。纤维素也是葡聚糖。

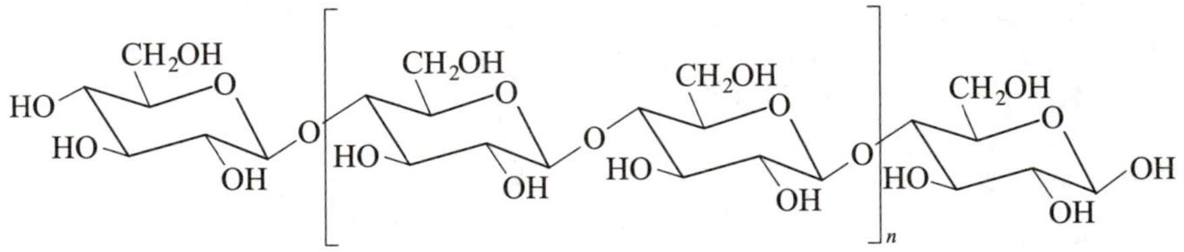

直链淀粉和纤维素都是葡萄糖的缩聚物,它们仅在缩合方式上不同,有不同的链结构。在直链淀粉中,葡萄糖基由 α-(1→4)糖苷键相互连接,而在纤维素中,葡萄糖基由 β-(1→4)糖苷键互相连接。

2. 支链多糖

支链多糖由多个直链多糖相互连接而呈分支状。支链淀粉是一种支链多糖,其相对分子质量比直链淀粉大得多。有的支链多糖相对分子质量可高达 600 万,可有 50 个以上支链,而且每个支链是由 17～30 个数目不等的葡萄糖基构成的。在支链淀粉中,主链和支链都是由 α-(1→4)-糖苷键连接起来的,在分支点上,是主链(直链)上的一个葡萄糖基 6 位上的羟基与支链末端的一个葡萄糖苷羟基形成糖苷键。在分支点上的葡萄糖基的 1,4,6 三个羟基都参与了糖苷键的形成。

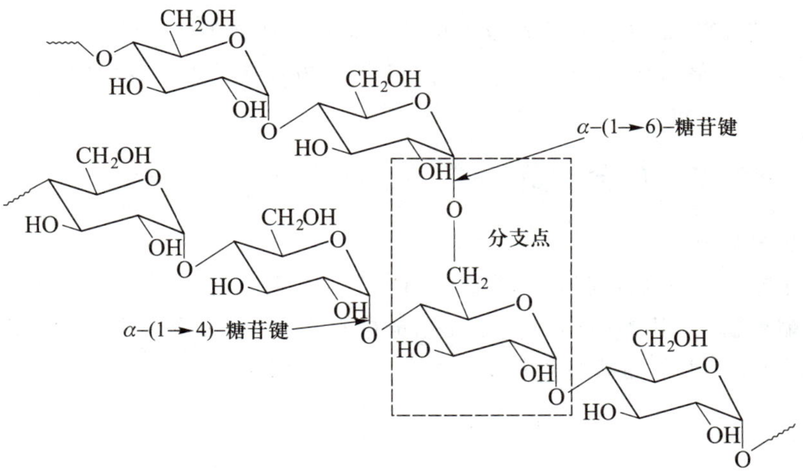

3. 纯多糖

葡聚糖是最重要的纯多糖。常见的淀粉、纤维素、右旋糖酐等都是一些来源不同或糖苷键不同的葡聚糖(见表 15－1)。自然界中以游离态存在的单糖很少,一般都为多糖形式。在实验室或工业生产中是由各种纯多糖为原料制取相应的单糖的。

表 15－1　常见的纯多糖

名称	糖苷键	名称	糖苷键
直链淀粉	α(1→4)	香菇多糖	β(1→3)
支链淀粉	α(1→4)含 5%α(1→6)	茯苓多糖	β(1→3)含 β(1→6)
纤维素	β(1→4)	果聚糖(菊粉)	β(2→1)
右旋糖酐(直链)	α(1→6)	甘露聚糖(直链)	β(1→4)
糖原	α(1→4)含 12%α(1→6)	半乳聚糖(直链)	β(1→4)

4. 杂多糖

杂多糖可以分成动物黏多糖及植物杂多糖等。在动物体内的黏多糖通常是以一定的方式与蛋白质相连,而蛋白质肽链上的氨基又可与多糖结合,这就构成了在水介质中具有弹性的凝胶状网络。在黏多糖的单糖组分中常含有糖醛酸结构部分。

(1) 透明质酸　透明质酸是一个直链的杂多糖,其两端连接在一系列的蛋白肽链上。透明质酸是具有较高临床价值的生化药物,广泛应用于各类眼科手术,如晶体植入、角膜移植和抗青光眼手术等。它的透明质分子能携带 500 倍以上的水分,为当今所公认的最佳保湿成分,广泛应用在保养品和化妆品中。透明质酸具有 β－葡萄糖醛酸(1→3)－β－(2－乙酰氨基)葡萄糖(1→4)的结构重复单元。

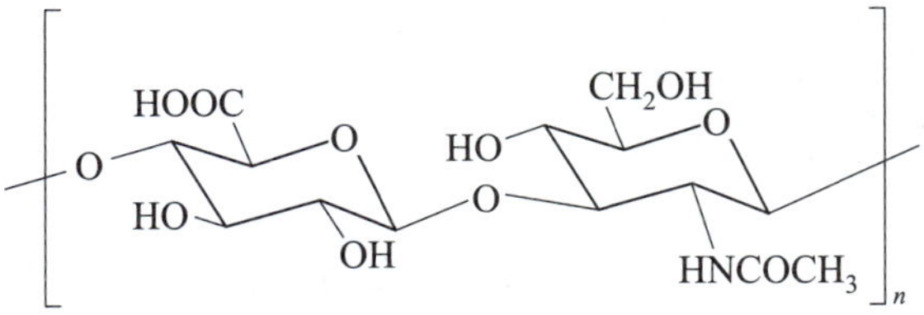

透明质酸

(2) 肝素　肝素是一种含有硫酸酯的黏多糖,为动物体内的一种抗凝血物质。肝素类药物被广泛应用于抗凝和预防血栓形成。现已应用的肝素药物有肝素钠乳膏、注射用肝素钙等。

肝素属于不均一的多糖分子,相对分子质量平均值为 17 000。它的组分是氨基葡萄糖和两种糖醛酸,其中以艾杜糖醛酸为主,其次是葡萄糖醛酸。分子结构可用一个四糖重复单元表示,氨基葡萄糖苷是 α 型的,糖醛酸糖苷是 β 型。肝素的含硫量在 9%～12.9%,硫酸基连接在氨基葡萄糖的 2 位氨基和 6 位羟基上,分别形成硫酰胺和硫酸氢酯;在艾杜糖醛酸的 2 位羟基成硫酸氢酯;在生物体内,硫酸氢酯和硫酰胺及羧基呈负离子状态。

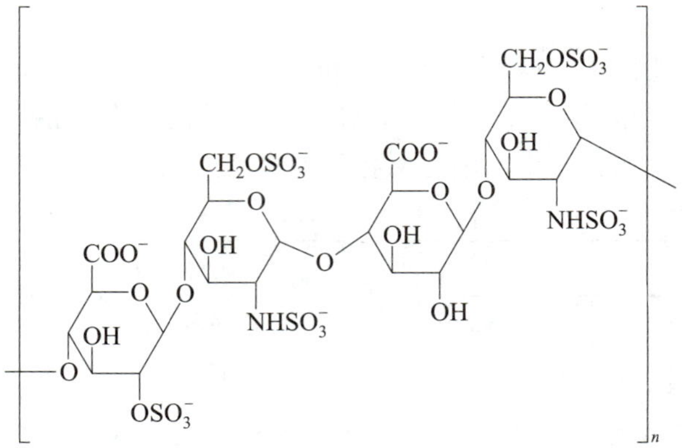

15.6.2 常见的多糖

1. 淀粉

淀粉是绿色植物光合作用的产物，是植物体内主要的能量储备形式，是人体所需糖类的主要来源。干燥的淀粉呈粒状，由直链淀粉和支链淀粉两部分组成。一般的颗粒状淀粉中支链淀粉约占 80%，直链淀粉约占 20%。用热水处理颗粒状淀粉时，由于直链淀粉悬浮在水中，可达到与支链淀粉的初步分离。

直链淀粉完全甲基化后的水解产物主要是 2,3,6-三-*O*-甲基葡萄糖，而来源于无还原性端糖基的 2,3,4,6-四-*O*-甲基葡萄糖还不到 0.5%。支链淀粉完全甲基化后的水解产物也主要是 2,3,6-三-*O*-甲基葡萄糖，但生成的 2,3,4,6-四-*O*-甲基葡萄糖量可高达 5%，而且还有 2,3-二-*O*-甲基葡萄糖生成，这说明支链淀粉的链长比直链的短，在 6 位上有分支点(见图 15-2)。

演 6-34

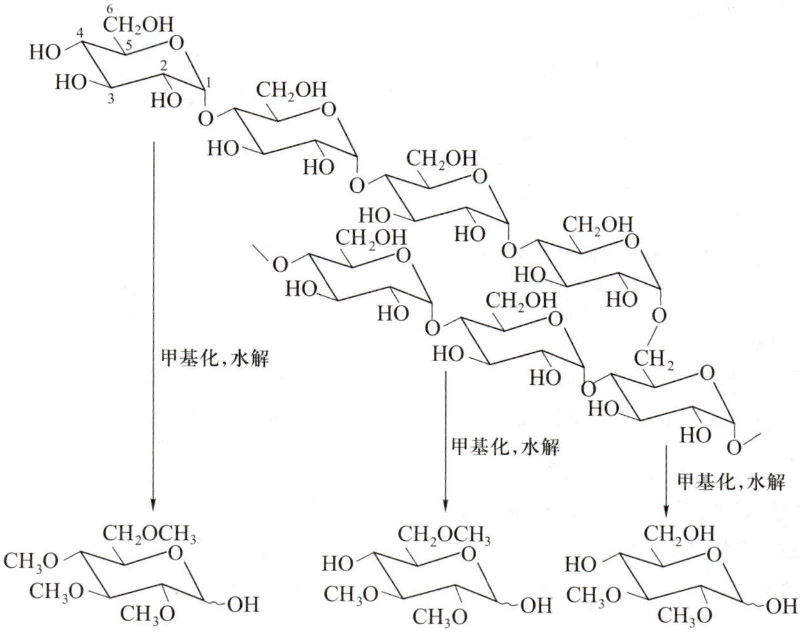

2,3,4,6-四-*O*-甲基葡萄糖　　2,3,6-三-*O*-甲基葡萄糖　　2,3-二-*O*-甲基葡萄糖

图 15-2 支链淀粉分解产物

直链淀粉中主要是 α-(1→4)-糖苷键，这是直链淀粉的一级结构。直链淀粉的链不是直线形，而是靠分子内氢键形成螺旋状，每箍螺旋约含有六个葡萄糖单位(见图 15-3)，螺距为 0.8 nm，此为直链淀粉的二级结构。螺旋状淀粉也不是直线形的，是弯折成不规则的卷曲形状，此为直链淀粉的三级结构。两条或多条直链淀粉之间通过分子间力或氢键结合在一起，形成结构更为复杂的直链淀粉，此为四级结构。

颗粒状淀粉的悬浊液遇到碘时，呈现蓝色，此为常用的淀粉鉴定方法。显色的原因是直链淀粉的二级结构中间的空穴恰好可以配合碘分子，形成一个蓝色配合物(见图 15-4)。纯的支链淀粉与碘作用呈紫红色。

淀粉和改性淀粉在食品、医药、化工和纺织工业多有应用。其中改性之后的阳离子淀粉可作为絮凝剂用于染料废水的处理。

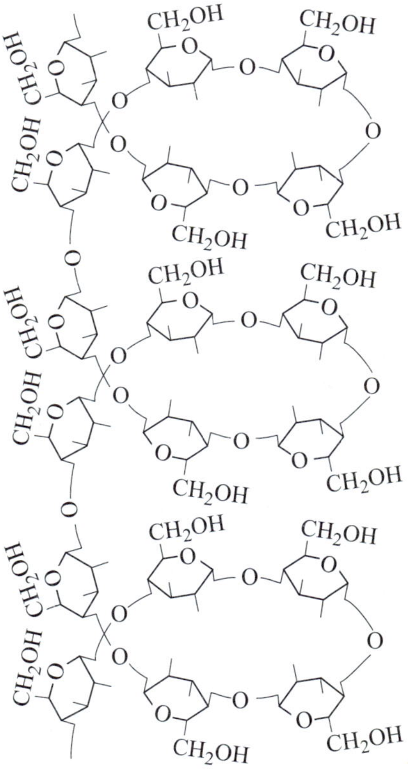

图 15-3 直链淀粉的螺旋结构

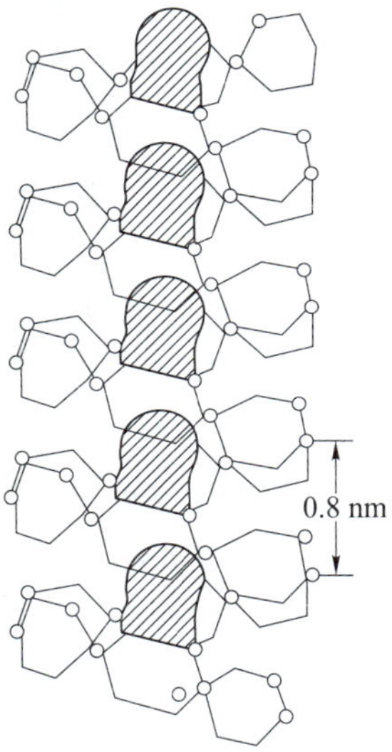

图 15-4 直链淀粉与碘生成配合物

演

6-35

2. 纤维素

纤维素在自然界中有广泛的分布和丰富的储量，木材、亚麻、棉花及禾秆是纤维素的主要来源。纤维素不能还原本尼迪特试剂，但它在酸性条件下可完全水解，生成 D-(+)-葡萄糖。食草动物的消化道中的微生物可产生纤维素酶，能使纤维素水解，所以食草动物能以富含纤维素的植物为食。

纤维素中的糖苷键是 β-(1→4)型，这不同于淀粉。纤维素的糖链是平展排列的，相互作用形成纤维素束，这是由于相邻纤维素分子中的羟基互相作用生成氢键而使糖链之间紧密地结合在一起。若干个纤维素束相互绞在一起就形成绳索状结构，这种绳索状结构按一定规律排起来就形成肉眼所见的植物纤维纹理。

植物是纤维素类物质的主要来源，在表 15-2 中列出了几种纤维植物的纤维素含量。棉麻的纤维是纺织品的原料，稻草、甘蔗渣、芦苇等用于造纸，实验用滤纸是由高纯度的纤维素制成的。

表 15-2 几种纤维植物的纤维素含量

名称	木材	棉花	亚麻	禾秆
纤维素含量/%	40～50	88～96	65～70	31～40

演 6-36

纤维素及其衍生物有许多重要的应用。纤维素醚是由纤维素制成的具有醚类结构的高分子化合物，如甲基纤维素、羧甲基纤维素等。甲基纤维素在水中溶胀成半透明黏性胶体溶液，可用作分散剂、乳化剂、增稠剂等。纤维素塑料也是塑料的一大类，如硝酸纤维塑料、醋酸纤维塑料等。硝酸纤维塑料主要用于制作文教用品，如三角尺、笔杆、乐器外壳等。将纤维与其它材料混配，制成复合材料，如碳纤维、玻璃纤维、钢纤维、聚丙烯纤维等复合材料。其机械强度大为增加，具有较高的抗暴、抗冲击性。碳纤维是火箭、卫星、导弹、战斗机和舰船等尖端武器装备必不可少的战略基础材料。碳纤维作为汽车材料，最大的优点是质量轻、强度大，质量仅相当于钢材的 20% 到 30%，硬度却是钢材的 10 倍以上。所以汽车制造采用碳纤维材料可以使汽车的轻量化取得突破性进展，并带来节省能源的社会效益。

演 6-37

3. 甲壳素

甲壳素（也称甲壳质）是酰氨基纯多糖，其名称是 2-乙酰氨基-2-脱氧-β-(1→4)-D-葡聚糖，是 2-N-乙酰基-2-脱氧葡萄糖胺通过 β-(1→4)-糖苷键连接形成的直链多糖。

在甲壳素分子间存在着很强的氢键作用，又有酰胺结构存在，所以甲壳素不溶于一般溶剂，加热时也不熔化，在 200℃时则开始分解。在酸性溶剂中受热溶解时发生降解。甲壳素脱去分子中的乙酰基则转变为壳聚糖，即氨基多糖，其溶解性较好，也称为可溶性甲壳素。甲壳素和壳聚糖的结构与纤维素相似。

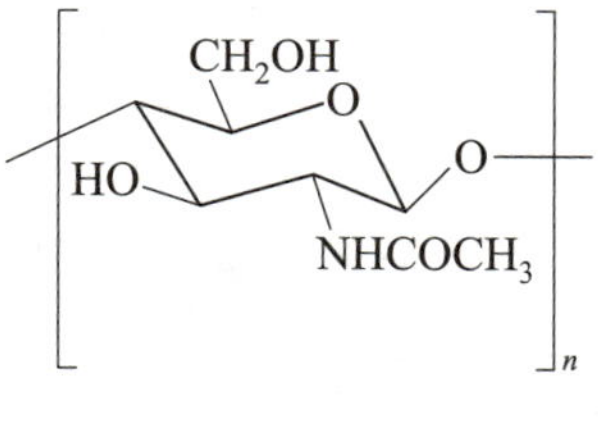

甲壳素

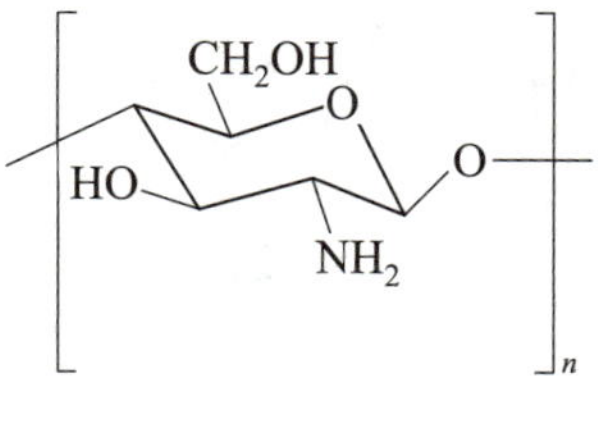

壳聚糖

甲壳素在节肢动物的外壳中含量非常高，是虾、蟹、昆虫等外壳的主要成分之一，这些生物体是获取甲壳素的十分丰富的自然资源。甲壳素具有抗癌、抑制癌细胞转移，提高人体免疫力及护肝解毒作用。甲壳素能改善消化吸收机能、降低脂肪及胆固醇的摄取、降低血压、提高胰岛素利用率，有利于糖尿病的防治等。医疗用品方面甲壳素可作人工皮肤、缝合线、人工透析膜和人工血管等。壳聚糖能够控制人体内胆固醇的吸收，预防和控制高血压，吸附和排泄人体内的重金属。

拓 4-21

习　题

15-1　试写出 D-(+)-葡萄糖与下列试剂反应的主要产物：

(1) 羟氨　(2) 苯肼　(3) Br_2/H_2O　(4) 硝酸　(5) HIO_4

(6) $(CH_3CO)_2O$　(7) 苯甲酰氯/吡啶　(8) CH_3OH/HCl

(9) CH_3OH/HCl，然后 $(CH_3)_2SO_4/NaOH$　(10) (9)的产物用稀盐酸处理

(11) (10)反应后再强氧化　(12) H_2/Ni　(13) $NaBH_4$

(14) $HCN, H_2O/H^+$　(15) (14)反应水解酯化后加入 Na-Hg，并通入 CO_2

15-2　试写出果糖与下列试剂反应的主要产物：

(1) 苯肼　(2) $NaCN/H^+$　(3) $Na-Hg/H_2O/OH^-$

(4) Br_2/H_2O　(5) CH_3OH/HCl　(6) $(CH_3CO)_2O/ZnCl_2$

(7) $(CH_3)_2SO_4/NaOH$　(8) CH_3COCH_3/H_2SO_4

15-3　D-(+)-半乳糖是怎样转化成下列化合物的？写出其反应式。

(1) 甲基-β-D-半乳糖苷　(2) 甲基-β-2,3,4,6-四-*O*-甲基-D-半乳糖苷

(3) 2,3,4,6-四-*O*-甲基-D-半乳糖

15-4　写出下列两种单糖的氧环式构象式(α-,β-)。

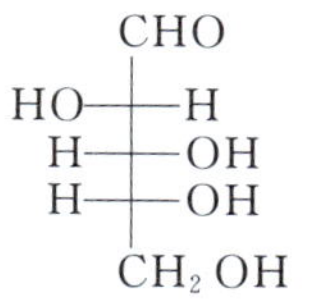

D-(−)-吡喃阿拉伯糖

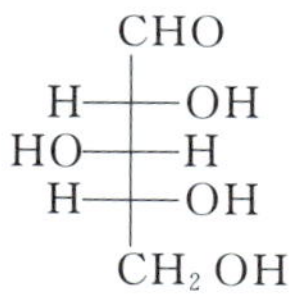

D-(+)-吡喃木糖

它们的哪一种构象比较稳定？

15-5　用简单的化学方法区别下列各组化合物。

(1) 葡萄糖和蔗糖　(2) 麦芽糖和蔗糖　(3) 蔗糖和淀粉　(4) 淀粉和纤维素

15-6　下列哪些化合物有还原性？哪些没有还原性？

(1) D-甘露糖　(2) D-阿拉伯糖　(3) 甲基-β-D-葡萄糖苷

(4) 淀粉　(5) 蔗糖　(6) 纤维素

15-7　写出下列化合物用 HIO_4 定量氧化后再酸化水解所生成的产物。

(1) α-D-甲基核糖苷　(2) β-D-甲基葡萄糖苷

(3) 2,3,4,6-四-*O*-甲基-α-D-甲基葡萄糖苷

15-8　怎样证明 D-葡萄糖、D-甘露糖和 D-果糖这三种糖类的 C_3，C_4 和 C_5 具有相同的构型？

15-9　化合物 A($C_5H_{10}O_4$)，用 Br_2/H_2O 氧化得到酸($C_5H_{10}O_5$)，这个酸很容易形成内酯。A 与乙酐反应生成三乙酸酯，与 $PhNHNH_2$ 反应生成脎。用 HIO_4 氧化 A，只消耗一分子 HIO_4。试推测 A 的构造式。

15-10　有两种化合物 A 和 B，分子式均为 $C_5H_{10}O_4$，与 Br_2 作用得到分子式相同的酸 $C_5H_{10}O_5$，与乙酐反应均生成三乙酸酯，用 HI 还原 A 和 B 都得到戊烷，与 HIO_4 作用都得到一分子 HCHO 和一分子 HCOOH，与苯肼作用 A 能生成脎，而 B 则不生成脎。试推测 A 和 B 的构造式。

15-11　某二糖 A($C_{11}H_{20}O_{10}$)水解生成 D-葡萄糖及一戊糖。此二糖不能使斐林试剂还原，A 与硫酸二甲酯在 NaOH 存在下作用，生成七甲基醚 B，B 经水解生成 2,3,4,6-四-*O*-甲基-D-葡萄糖及三-*O*-甲基戊糖 C，用溴水氧化 C 生成 2,3,4-三-*O*-甲基-D-核糖酸。试写出 A，B，C 的结

构式。

15-12　在甜菜糖蜜中有一三糖称做棉子糖。棉子糖部分水解后得到的双糖叫做蜜二糖。蜜二糖是个还原性双糖，是(＋)-乳糖的异构物，能被麦芽糖酶水解但不能被苦杏仁酶水解。蜜二糖经溴水氧化后彻底甲基化再酸催化水解，得 2,3,4,5-四-*O*-甲基-D-葡萄糖酸和 2,3,4,6-四-*O*-甲基-D-半乳糖。写出蜜二糖的结构式及其反应式。

15-13　柳树皮中存在一种糖苷(水杨苷)，当用苦杏仁酶水解时得到 D-葡萄糖和水杨醇(邻羟基苯甲醇)。水杨苷用硫酸二甲酯和 NaOH 处理得五甲基水杨苷，酸催化水解得 2,3,4,6-四-*O*-甲基-D-葡萄糖和邻羟基甲基苯甲基醚 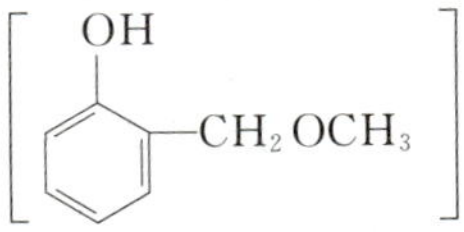

。写出水杨苷的结构。

15-14　长碳链的葡萄糖和葡萄糖苷的酯、醚是重要的表面活性剂，其对人体无毒性(或毒性很小)，可用于各种食品的加工。查阅相关资料，总结以淀粉为基本原料合成这类表面活性剂的种类，写出每种表面活性剂的合成反应式。

第 16 章 氨基酸、蛋白质及核酸

16.1 氨基酸的分类及结构

16.1.1 分类

羧酸分子中烃基上的氢原子被氨基替代后的生成物，称为氨基酸。根据氨基在烃基上的位置不同，可分为 α-，β-，γ-，…ω-氨基酸，其中以 α-氨基酸最为重要。因为蛋白质水解生成的氨基酸中有 20 种与核酸中的遗传密码相对应，用于在核糖体上进行多肽合成，这种氨基酸中有 19 种为 α-氨基酸，一种为亚氨基酸。它们的名称及缩写见表 16-1。

表 16-1 常见的 α-氨基酸

名称	缩写符号	构造式	等电点
（一）中性氨基酸			
甘氨酸(glycine) 氨基乙酸	甘 Gly	$CH_2(NH_2)COOH$	5.97
丙氨酸(alanine) α-氨基丙酸	丙 Ala	$CH_3CH(NH_2)COOH$	6.00
丝氨酸(serine) α-氨基-β-羟基丙酸	丝 Ser	$CH_2(OH)CH(NH_2)COOH$	5.68
半胱氨酸(cysteine) α-氨基-β-巯基丙酸	半胱 CySH	$CH_2(SH)CH(NH_2)COOH$	5.05
谷氨酰胺(glutamine) α-氨基-γ-氨甲酰基丁酸	谷-酰胺 Gln	$H_2NCOCH_2CH_2CH(NH_2)COOH$	5.65
* 苏氨酸(threonine) α-氨基-β-羟基丁酸	苏 Thr	$CH_3CH(OH)CH(NH_2)COOH$	5.7
* 蛋氨酸(methionine) α-氨基-γ-甲硫基丁酸	蛋 Met	$CH_3SCH_2CH_2CH(NH_2)COOH$	5.74
* 缬氨酸(valine) β-甲基-α-氨基丁酸	缬 Val	$(CH_3)_2CHCH(NH_2)COOH$	5.96
* 亮氨酸(leucine) γ-甲基-α-氨基戊酸	亮 Leu	$(CH_3)_2CHCH_2CH(NH_2)COOH$	6.02

续表

名称	缩写符号	构造式	等电点
* 异亮氨酸(isoleucine) β-甲基-α-氨基戊酸	异亮 Ile	$CH_3CH_2\underset{\overset{\vert}{CH_3}}{C}HCH(NH_2)COOH$	5.92
* 苯丙氨酸(phenylalanine) β-苯基-α-氨基丙酸	苯丙 Phe	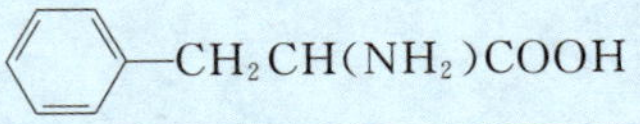	5.48
酪氨酸(tyrosine) α-氨基-β-对羟苯基丙酸	酪 Tyr	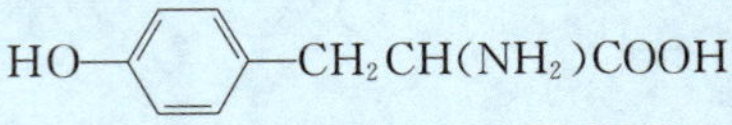	5.66
脯氨酸(proline) α-四氢吡咯甲酸	脯 Pro	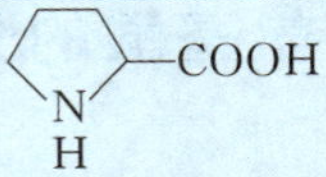	6.30
* 色氨酸(tryptophan) α-氨基-β-(3-吲哚)丙酸	色 Try	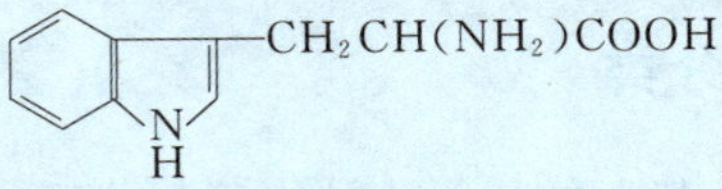	5.80
天冬酰胺(asparagine) α-氨基-β-氨甲酰基丙酸	天冬- 酰胺 Asn	$NH_2-\underset{\underset{O}{\Vert}}{C}-CH_2CH(NH_2)COOH$	5.41
（二）酸性氨基酸			
天冬氨酸(aspartic acid) α-氨基丁二酸	天冬 Asp	$HOOCCH_2CH(NH_2)COOH$	2.77
谷氨酸(glutamic acid) α-氨基戊二酸	谷 Glu	$HOOCCH_2CH_2CH(NH_2)COOH$	3.22
（三）碱性氨基酸			
精氨酸(arginine) α-氨基-δ-胍基戊酸	精 Arg	$H_2N\underset{\underset{NH}{\Vert}}{C}NH(CH_2)_3CH(NH_2)COOH$	10.76
* 赖氨酸(lysine) α,ω-二氨基己酸	赖 Lys	$H_2N(CH_2)_4CH(NH_2)COOH$	9.74
组氨酸(histidine) α-氨基-β-(5-咪唑)丙酸	组 His	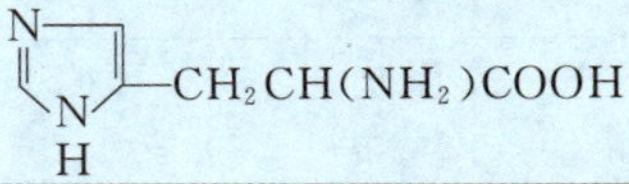	7.59

表中带 * 号的八个氨基酸称做人体必需氨基酸，由于人体内不能合成它们，所以必须从食物中得到。如果缺乏这些氨基酸，人体就会发生某些疾病，即它们是生命的必需物质。人们可以从不同的食物中得到必需的氨基酸，但并不能从某一种食物中获得全部必需的氨基酸，因此人们的饮食就应多样化，这对人体健康是必需而有好处的。

在 α-氨基酸中，根据分子中所含的氨基和羧基的数目而分中性、酸性和碱性氨基酸。分子中氨基和羧基数目相等的为中性氨基酸；氨基的数目少于羧基的为酸性氨基酸；氨基的数目多于羧基的为碱性氨基酸。例如：

中性氨基酸：

$$\underset{\underset{NH_2}{\vert}}{CH_2}-COOH \qquad CH_3-\underset{\underset{CH_3}{\vert}}{CH}-CH_2-\underset{\underset{NH_2}{\vert}}{CH}-COOH$$

氨基乙酸(俗名甘氨酸)　　　　γ-甲基-α-氨基戊酸(俗名亮氨酸)

酸性氨基酸：

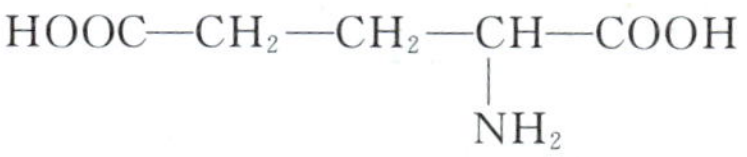

α－氨基戊二酸（俗名谷氨酸）

碱性氨基酸：

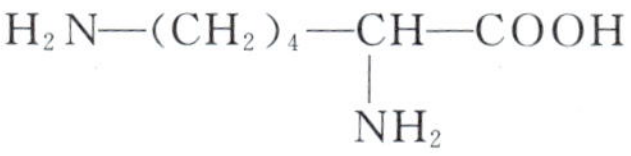

α,ω－二氨基己酸（俗名赖氨酸）

由于 α－氨基酸是组成蛋白质的基石，而且通常是由蛋白质水解而来，所以一般都采用俗名，并已广泛使用。氨基酸的名称通常还使用三字母的缩写符号表示，即由各种 α－氨基酸英文名字的前三个字母组成，如 Gly，Ala 分别表示甘氨酸、丙氨酸。使用这种符号来表示蛋白质或多肽中 α－氨基酸的排列顺序颇为方便。

16.1.2　构型

α－氨基酸除甘氨酸外，都至少含一个手性碳原子，因此水解蛋白质所得到的 α－氨基酸，除甘氨酸外，都有光学活性，它们的相对构型（D－L 标记）以丝氨酸为标准，标其 α－碳原子。例如：

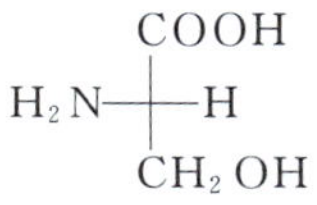

L－(－)－丝氨酸

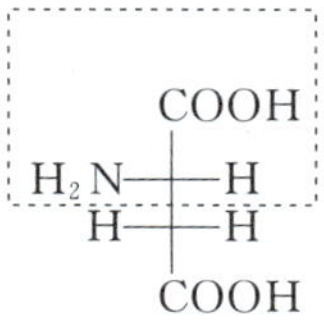

L－天冬氨酸

它们都属于 L 构型。对于绝大多数氨基酸，L 构型相当于 S 构型。例如：

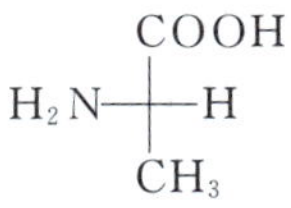

L－丙氨酸 或 (S)－丙氨酸

氨基酸的系统命名法是把氨基作为羧酸的取代基命名。但通常是根据它们的来源和性质而命名。

另外，还有一些氨基酸不是蛋白质的水解产物，但有重要的生理作用。例如：

$H_2NCH_2CH_2CH_2COOH$

γ－氨基丁酸

$H_2NCH_2CH_2COOH$

β－丙氨酸

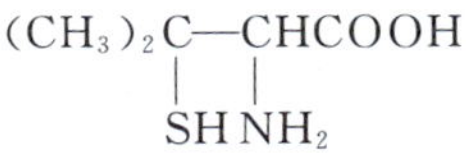

青霉胺

16.2　α－氨基酸的来源及制法

16.2.1　蛋白质水解

蛋白质在酸、碱或酶的作用下水解，最后生成的是 α－氨基酸的混合物：

$$蛋白质 \xrightarrow[H^+]{H_2O} 多肽 \longrightarrow \cdots \longrightarrow 二肽 \longrightarrow \alpha-氨基酸$$

将混合物用各种分离手段(如色谱分离法、离子交换法、电泳法等)进行分离，即可分别得到各种光学纯的氨基酸。

16.2.2　α－卤代酸氨解

α－卤代酸与过量的 NH_3 作用，容易生成 α－氨基酸，但反应产率不高。

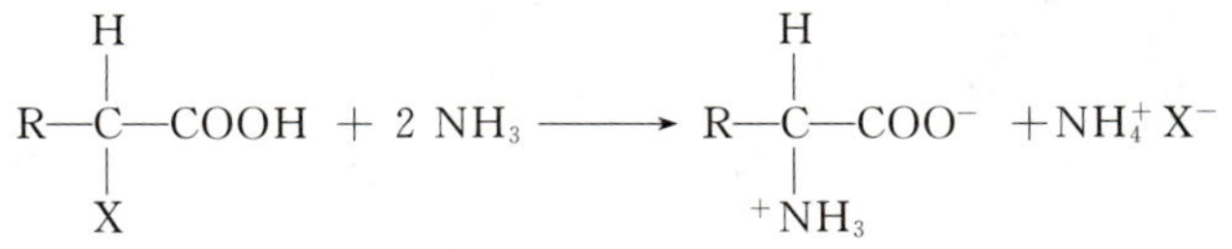

16.2.3　斯特雷克尔合成法

醛或酮在氨存在下与无水氰化氢加成生成 α－氨基腈，后者再经酸或碱催化水解生成 α－氨基酸的反应称为斯特雷克尔(Strecker)合成法：

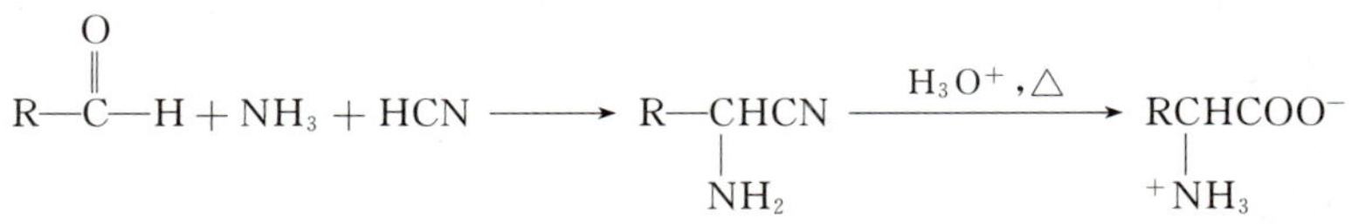

这种方法合成的氨基酸是外消旋体。例如：

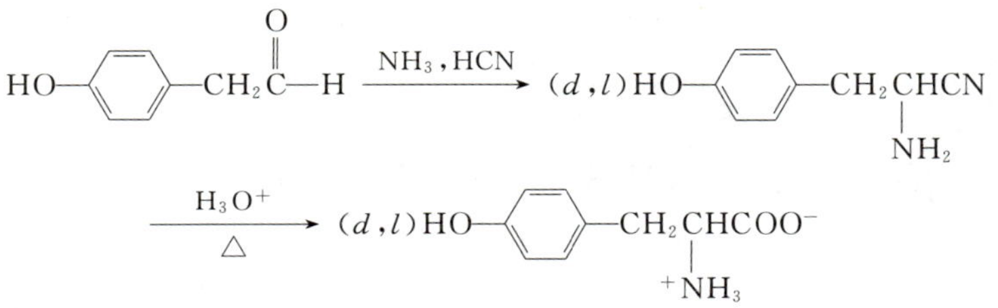

16.2.4　盖布瑞尔合成法

盖布瑞尔(Gabriel)合成法与合成纯的伯胺方法类似，可以用 α－卤代酸酯合成 α－氨基酸，该方法产率高，产品容易纯化。例如：

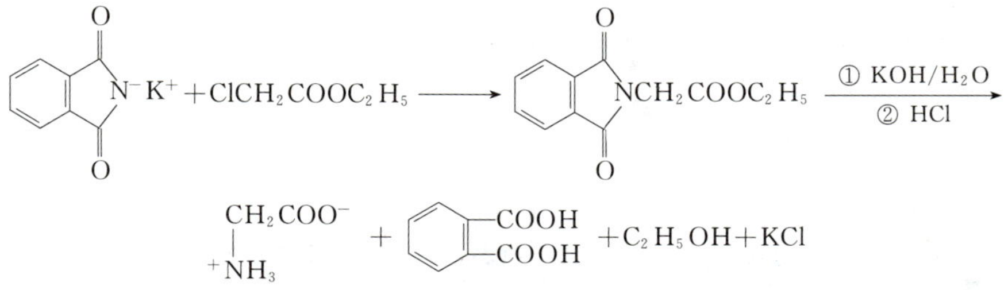

甘氨酸

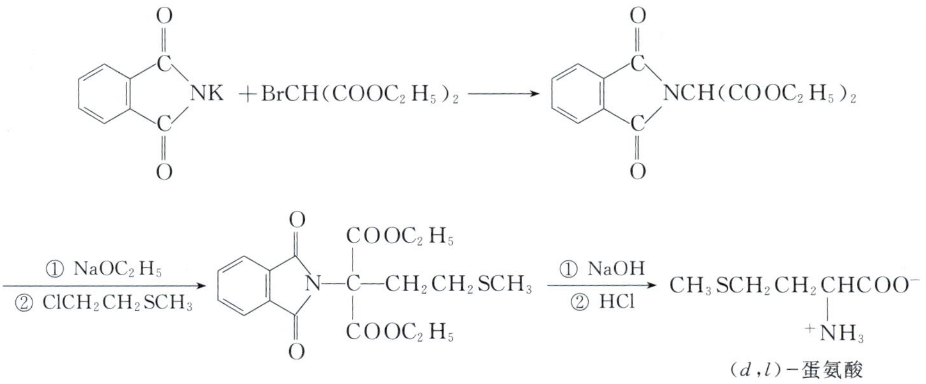

一般化学方法合成的氨基酸是外消旋体，拆分后才能得到 D-和 L-氨基酸。可用生物拆分法拆分氨基酸。例如，将 D,L-氨基酸酰基化，然后用脱酰酶(deacylases)选择脱去 L-乙酰氨基酸中的乙酰基，得到 L-氨基酸与 D-乙酰氨基酸，分离后再将 D-乙酰氨基酸水解，得两种纯光学活性氨基酸。

16.3　氨基酸的性质

16.3.1　α-氨基酸的物理性质

α-氨基酸都是不易挥发的无色晶体，熔点较高(一般在 200 ℃以上)，并分解。一般能溶于水而难溶于苯、乙醚等非极性有机溶剂中。氨基酸都显示其盐的物理性质。表 16-2 列出常见的 α-氨基酸的物理常数。

表 16-2　常见的 α-氨基酸的物理常数

名称	溶解度(25 ℃) $g\cdot(100\ g\ H_2O)^{-1}$	分解温度 ℃	$[\alpha]_D^{25}$ $°\cdot cm^{-1}\cdot g^{-1}$	pK_1	pK_2	pK_3	等电点 ℃
甘氨酸	25	233	—	2.35	9.78	—	6.07
丙氨酸	16.7	297	+8.5	2.35	9.87	—	6.00
丝氨酸	5.0	228	−6.8	2.19	9.44	—	5.68
半胱氨酸	—	—	+6.5	1.86	8.35	10.34	5.05
胱氨酸	3.7	185	+6.1	2.17	9.13	—	5.65
*苏氨酸	易溶	225	−28.3	2.09	9.10	—	5.70
*蛋氨酸	3.4	280	−8.2	2.17	9.27	—	5.74
*缬氨酸	8.9	315	+13.9	2.29	9.72	—	5.96
*亮氨酸	2.4	293	−10.8	2.33	9.74	—	6.02
*异亮氨酸	4.1	284	+11.3	2.32	9.76	—	5.92
*苯丙氨酸	3.0	283	−35.1	2.58	9.24	—	5.48
酪氨酸	0.04	342	−10.6	2.20	9.11	10.07	5.66
脯氨酸	162	220	−85.0	1.95	10.64	—	6.30

续表

名称	溶解度(25 ℃) $g\cdot(100\ g\ H_2O)^{-1}$	分解温度 ℃	$[\alpha]_D^{25}$ $°\cdot cm^{-1}\cdot g^{-1}$	pK_1	pK_2	pK_3	等电点 ℃
*色氨酸	1.1	289	−31.5	2.43	9.44	—	5.80
天冬酰胺	3.5	234	−5.4	2.02	8.80	—	5.41
天冬氨酸	0.54	270	+25.0	1.99	3.90	10.00	2.77
谷氨酸	0.86	247	+31.4	2.13	4.32	9.95	3.22
精氨酸	15	244	+12.5	1.82	8.99	13.20	10.76
*赖氨酸	易溶	225	+14.6	2.16	9.20	10.80	9.74
组氨酸	4.2	287	−39.7	1.81	6.05	9.15	7.59

16.3.2　化学性质

氨基酸分子中同时含有氨基和羧基，它们具有胺和羧酸的某些典型性质，又由于这两种官能团的相互影响，因而又表现出一些综合的特性。

1. 两性离子和等电点

氨基酸分子中既含有碱性的氨基，又含有酸性的羧基，所以呈现两性。即既能与酸反应生成铵盐，又能与碱反应生成羧酸盐。例如：

$$H_2N—CH_2—COOH + HCl \longrightarrow (H_3N^+—CH_2—COOH)\ Cl^-$$

$$H_2N—CH_2—COOH + NaOH \longrightarrow H_2N—CH_2—COO^-\ Na^+ + H_2O$$

氨基酸本身的氨基与羧基作用也能形成盐，称为内盐。由于这种分子同时具有两种离子的性质，所以又称为两性离子或偶极离子。

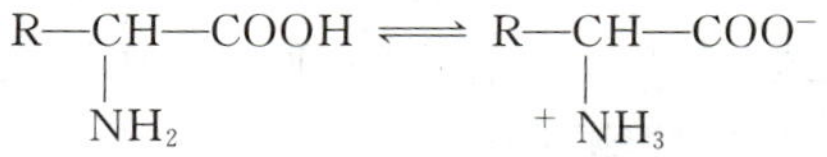

氨基酸在固态时主要以内盐形式存在。氨基酸在水溶液中形成下列平衡体系，并表现出两性离子的性质，即这种两性离子既可以作为酸和 OH^- 反应，也可作为碱和 H^+ 反应：

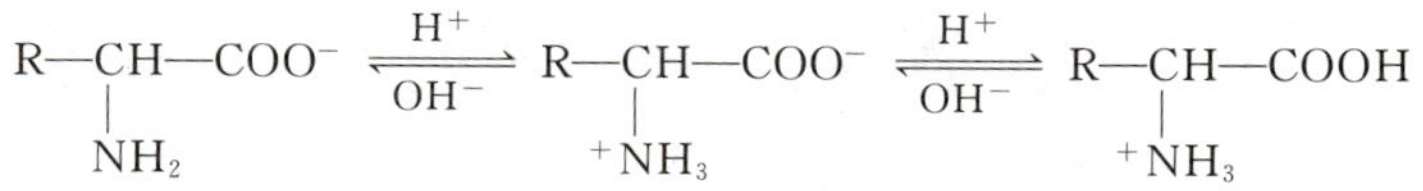

（Ⅰ）负离子　　（Ⅱ）两性离子　　（Ⅲ）正离子

在水溶液中，甘氨酸盐酸盐(其它中性氨基酸盐酸盐亦然)有两种质子可以解离。首先解离的是酸性强的—CO_2H 中的 H^+，然后是酸性较弱的 H_3N^+—的 H^+：

$$H_3N^+CH_2CO_2H \xrightleftharpoons{K_1} H^+ + H_3N^+CH_2CO_2^- \qquad K_1=\frac{[H^+][H_3N^+CH_2CO_2^-]}{[H_3N^+CH_2CO_2H]}$$

$$H_3N^+CH_2CO_2^- \xrightleftharpoons{K_2} H^+ + H_2NCH_2CO_2^- \qquad K_2=\frac{[H^+][H_2NCH_2CO_2^-]}{[H_3N^+CH_2CO_2^-]}$$

用 NaOH 溶液滴定甘氨酸盐酸盐 $H_3N^+CH_2CO_2^-H\cdot HCl$，得到的滴定曲线如图16-1所示。滴定体系中是$[H_3N^+CH_2CO_2H]$为 100%；滴入 0.5 mol 碱后，体系中

$[H_3N^+CH_2CO_2H]=[H_3N^+CH_2CO_2^-]$各为 50%，$pK_1=2.35$；滴入 1 mol 碱后，体系中$[H_3N^+CH_2CO_2^-]$为 100%，此时 pH=6.07，正、负离子数相等；滴入 1.5 mol 碱后，体系中$[H_3N^+CH_2CO_2^-]=[H_2NCH_2CO_2^-]$各为 50%，$pK_2=9.78$；继续滴入碱至 2 mol，体系中完全转化为负离子，$[H_2NCH_2CO_2^-]$为 100%。

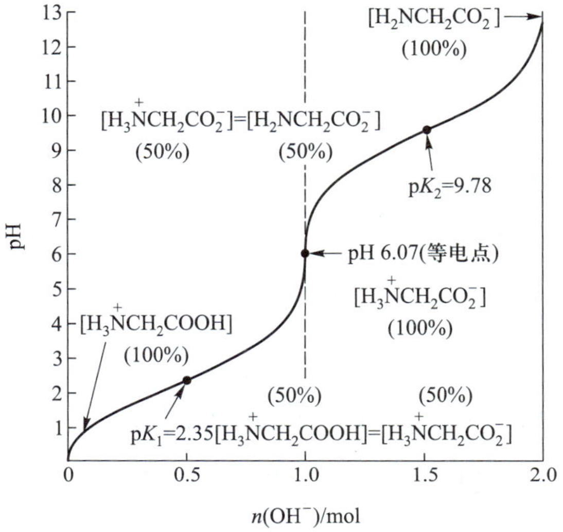

图 16-1　甘氨酸盐酸盐的滴定曲线

一般有一个 $H_3\overset{+}{N}$—和一个—CO_2^- 的中性氨基酸的 pK_1 和 pK_2 都相差不大。其 pI 值为 $\frac{1}{2}(pK_1+pK_2)$，溶液偏酸性。对酸性氨基酸，第二个—CO_2H 的酸性比 $H_3\overset{+}{N}$—的强，其解离平衡常数 K_2 比 $H_3\overset{+}{N}$—的 K_3 大，$pK_2<pK_3$；对碱性氨基酸链端的 $H_3\overset{+}{N}$—酸性比 $H_3\overset{+}{N}$—的弱，其 K_3 比 K_2 小，$pK_3>pK_2$。例如，酪氨酸的 HO—的酸性比 $H_3\overset{+}{N}$—的弱，其 $pK_3>pK_2$；半胱氨酸的 HS—的酸性比 $H_3\overset{+}{N}$—的亦弱，其 $pK_3>pK_2$。

从滴定曲线上看，pH=6.07 时，主要是 $H_3N^+CH_2CO_2^-$，正、负离子数相等，称为甘氨酸的等电点，用 pI 表示。pI 值近似为$\frac{1}{2}(pK_1+pK_2)=6.07$，溶液偏酸性。中性氨基酸的 pI 为 5.6～6.3；酸性氨基酸的 pI 为 2.8～3.2；碱性氨基酸的 pI 为 7.6～10.8。

氨基酸的 pK_1、pK_2、pK_3 及 pI 值列入表 6-2 中。

氨基酸的等电点并非是它的中性点。在等电点时，两性离子的浓度最大，溶解度最小。根据等电点可以鉴定氨基酸，而用调节等电点的方法可以分离氨基酸的混合物。常用的方法有两种，一是利用其在等电点时的溶解度最小，可以将某氨基酸从混合溶液中沉淀出来；二是利用在同一 pH 下不同的氨基酸所带电荷的不同而进行分离。例如，在 pH≈6 时，甘氨酸、丙氨酸等主要以两性离子形式存在，而天冬氨酸、谷氨酸等则主要是以负离子形式存在。若将此混合液通过阳离子交换树脂的色谱柱，这时天冬氨酸、谷氨酸等就和阳离子交换树脂的阳离子交换而留在柱中，再根据它们的 pI 值，选用不同的 pH 缓冲溶液将后者洗脱出来。

法 9-8

2. 受热后的消除反应

不同的氨基酸受热后所发生的反应是不同的，与羟基酸(见 11.5.1 节)的性质类似。

(1) α-氨基酸受热时发生两分子间的氨基和羧基的脱水反应，生成六元环的交酰胺：

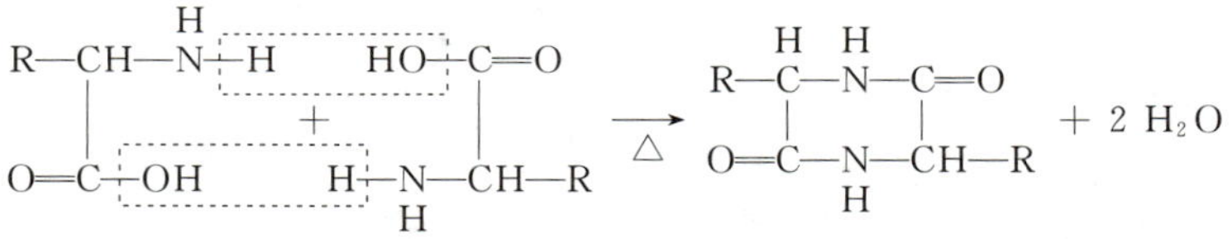

交酰胺

(2) β-氨基酸受热后分子内脱去一分子 NH_3，生成 α,β-不饱和酸：

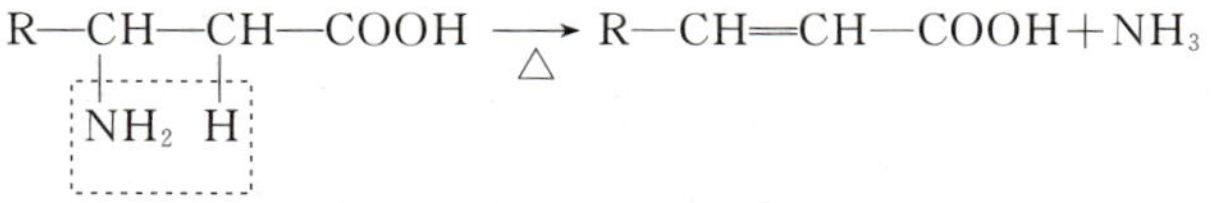

(3) γ-或 δ-氨基酸加热至熔化时，分子内的氨基与羧基脱水生成相应的内酰胺：

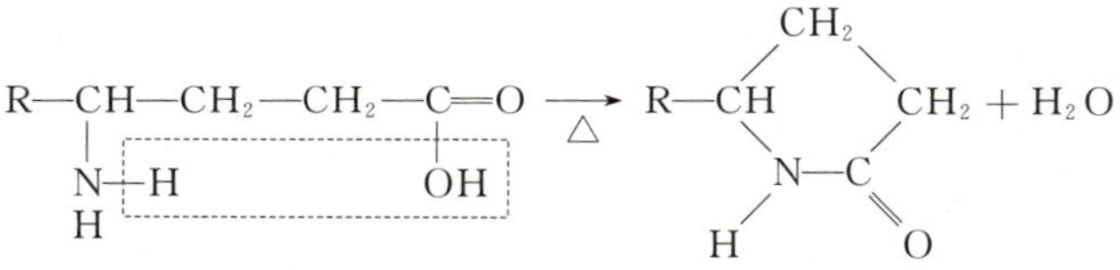

γ-内酰胺

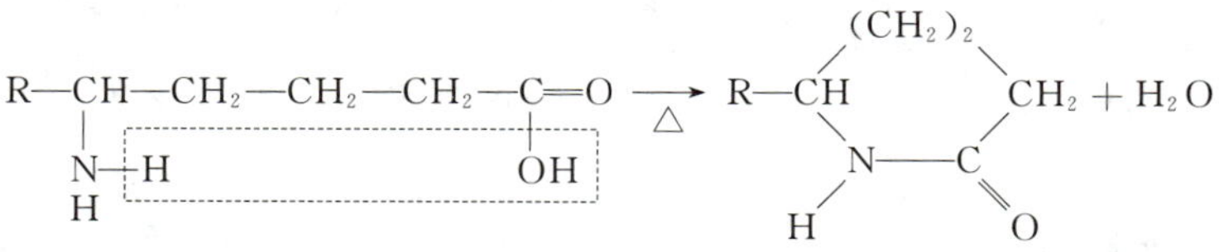

δ-内酰胺

内酰胺用酸或碱水解可以得到相应的氨基酸。

(4) 当氨基与羧基相距更远时(如 ω-氨基酸)，受热后多个分子间脱水，生成链状的聚酰胺：

$$n\ H_2N(CH_2)_mCOOH \xrightarrow[\triangle]{-H_2O} H_2N(CH_2)_m-\overset{\displaystyle O}{\overset{\|}{C}}\!\left[NH(CH_2)_m-\overset{\displaystyle O}{\overset{\|}{C}}\right]_{n-2}\!NH(CH_2)_mCOOH$$

$(m \geqslant 5)$

这个反应属于缩聚反应，生成的聚酰胺常用作合成纤维或工程塑料。

3. 与水合茚三酮的显色反应

α-氨基酸都能与水合茚三酮反应生成蓝紫色物质，该颜色反应可用来鉴定 α-氨基酸（N-取代的 α-氨基酸及 β-氨基酸等都不发生该颜色反应），也常用作 α-氨基酸的比色测定和色谱分析的显色。反应如下：

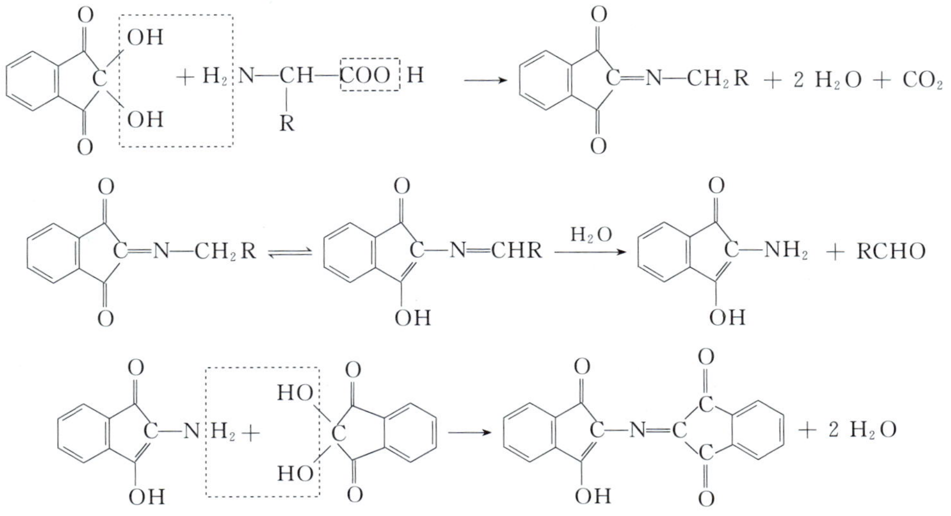

（呈蓝紫色）

4. 与亚硝酸的反应

氨基酸与 HNO_2 作用，生成羟基酸，同时放出 N_2，反应迅速且定量完成。

$$R-CH_2-\underset{\displaystyle NH_2}{\underset{|}{CH}}-COOH + HNO_2 \longrightarrow R-CH_2-\underset{\displaystyle OH}{\underset{|}{CH}}-COOH + N_2\uparrow + H_2O$$

根据所放出 N_2 的体积，可以算出试样中氨基的含量，这个方法叫做范斯莱克（van Slyke）法。

16.4　肽的结构及命名

氨基酸分子间的氨基与羧基脱水，生成以酰胺键相连接的化合物称做缩氨酸，简称肽（peptides）。酰胺键也称肽键。肽分子中所含氨基酸的种类和数目可以是不相同的。肽分为二肽、三肽和多肽等。蛋白质水解的中间阶段就有多肽生成，多肽再进一步水解，最后生成氨基酸。

最简单的肽是由两分子氨基酸形成的二肽。例如，由甘氨酸与丙氨酸形成的二肽有四种结构，除相同的氨基酸组成的二肽外，尚有如下两种不同的结构：

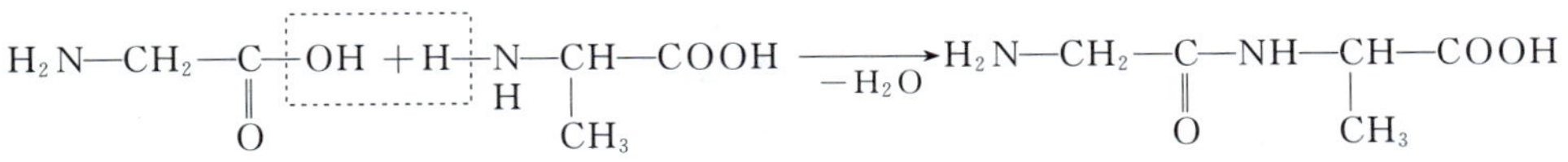

甘氨酰-丙氨酸（Gly—Ala）

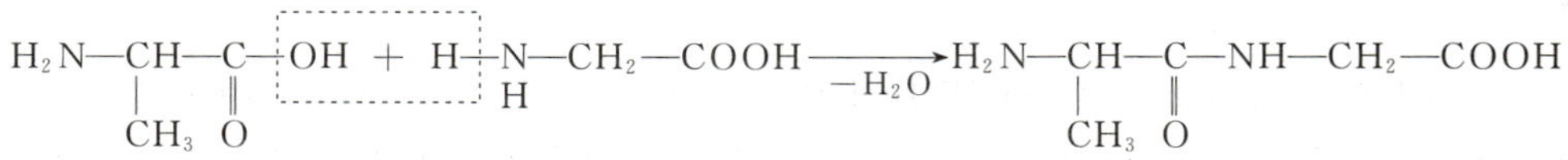

丙氨酰-甘氨酸(Ala—Gly)

由两个不同的氨基酸形成二肽时，就有两种不同的结构(或连接顺序)，不考虑同一种氨基酸的相互作用。随着形成肽的氨基酸数目增多，在理论上的连接方式也随之增多，如三肽可能有6种，四肽可以有24种，六肽则有720种之多。为了方便和简明起见，常用氨基酸的缩写符号来代替其化学名称。

在肽中，有氨基的一端称做N端，有羧基的一端则称做C端。在写肽的结构时，通常把N端写在左边，C端写在右边。命名时，以含有完整的羧基的氨基酸作为母体，从N端起，依次称为某氨酰-某氨酸。例如，丙氨酰-酪氨酰-甘氨酸。简称为丙-酪-甘或Ala-Tyr-Gly。

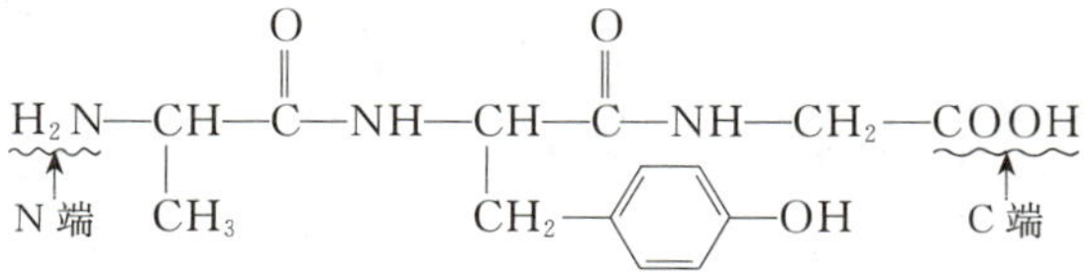

16.5 多肽的结构测定及合成

多肽与蛋白质都是以α-氨基酸为组成单位，它们之间没有严格的区别，一般是将相对分子质量在10 000以下，能透过半透膜及不被三氯乙酸或硫酸所沉淀的称为多肽。多肽广泛存在于自然界。它们在生物体内起着各种重要的作用，如谷胱甘肽能保护人体，使之免受对细胞有破坏性影响的毒素的侵袭，能延缓人体衰老。因此，半个多世纪以来，有机化学家及生物化学家通力合作，对多肽的研究进行了卓有成效的工作，研究工作主要包括两个方面：一方面确定多肽是由哪些氨基酸组成的，各种氨基酸的相对比例是多少，以及它们的排列顺序，然后推测其结构；另一方面进行合成，以验证所推测的结构是否正确。

16.5.1 结构的测定

1. 将多肽在酸性溶液中彻底水解，用色谱法分离和确定有哪些氨基酸及它们的相对含量，然后计算出各种氨基酸的相对数目，求出实验式。

2. 用化学或物理方法(如渗透压或光散射测量、超离心时的性质和X射线衍射法等)测定其相对分子质量，从而确定分子式。

3. 测定多肽中氨基酸的排列顺序，可用末端残基分析法。

(1) N端氨基酸的分析　异硫氰酸苯酯可与多肽的N端氨基进行加成反应，生成苯胺甲硫酰基衍生物(PTC衍生物)，随后在无水条件下用酸处理PTC衍生物，N端氨基酸从肽链上断裂生成取代二氢噻唑酮，后者在酸性条件下重排成苯基乙内酰硫脲(PTH衍生物)，分离出PTH衍生物，用色谱法或质谱法与标准试样比对，可确定N

端氨基酸。通式如下：

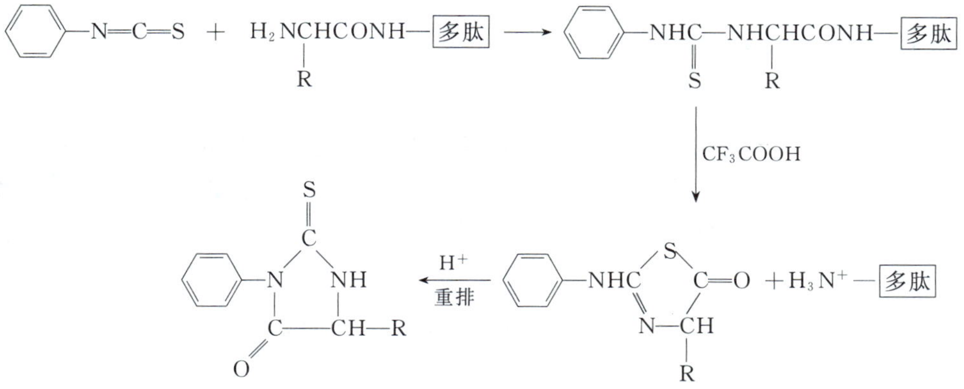

苯基乙内酰硫脲　　　　取代二氢(噻唑酮)

在水存在下，肽链中的—NH—CO—键才能断裂；在无水条件下，只有被苯胺甲硫酰基取代的 N 端氨基酸才能断裂，同时生成 N 端少一个氨基酸的多肽，后者经分离，可以继续与异氰酸苯酯反应。重复上面的循环，就可以逐步得到多肽中全部氨基酸的结构和顺序，这种方法称做埃德曼(Edman)降解。

现在，在计算机控制的自动装置中，已可测定多肽链中 N 端前 20 个氨基酸的顺序，并曾用同一多肽试样测定 N 端前 60 个氨基酸的顺序。

另外，2,4-二硝基氟苯(Sanger 试剂)在温和的条件下，就可以与多肽 N 端的游离氨基作用，生成的取代多肽水解后，N 端氨基酸生成了黄色的 2,4-(二硝基苯基)氨基酸，容易与其他的氨基酸分离，用色谱法与标准试样对比，可鉴定 N 端氨基酸。

(2) C 端氨基酸的分析　在羧肽酶作用下，多肽水解，有选择地使 α-游离羧基的酰胺键水解，然后对水解下来的氨基酸进行鉴定，通式如下：

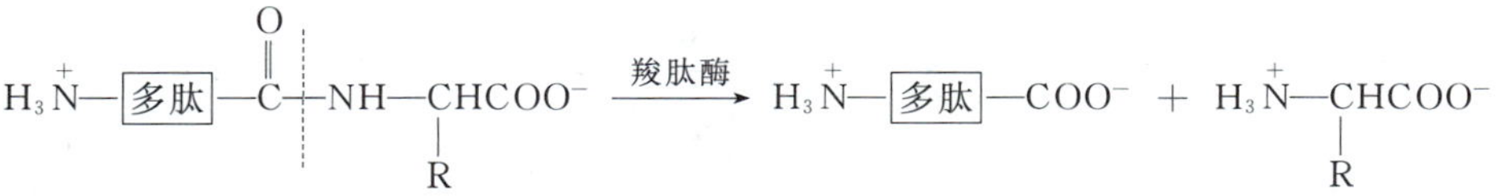

在羧肽酶存在下，多肽水解，溶液中首先生成的游离氨基酸是 C 端氨基酸。去掉一个 C 端氨基酸后剩下的多肽可以继续水解。根据各种氨基酸出现的速率可以确定 C 端前 4 个氨基酸的顺序。

对于很长的肽链来说，往往先将多肽水解成较短的肽链，然后再进行末端分析法。催产素和加压素都是脑下垂体后叶分泌的激素，都属于九肽，维格诺德分析并合成九肽，其结构可表示如下：

获诺贝尔奖者

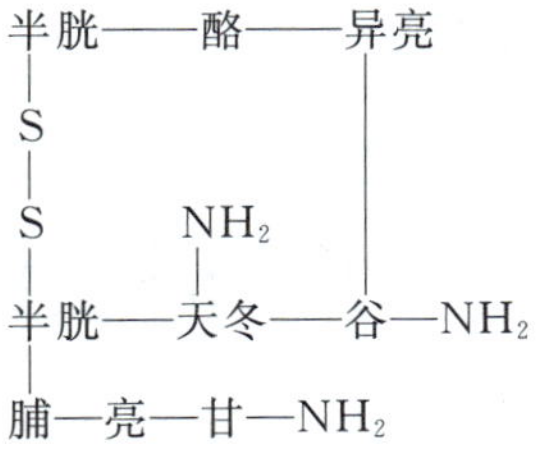

催产素

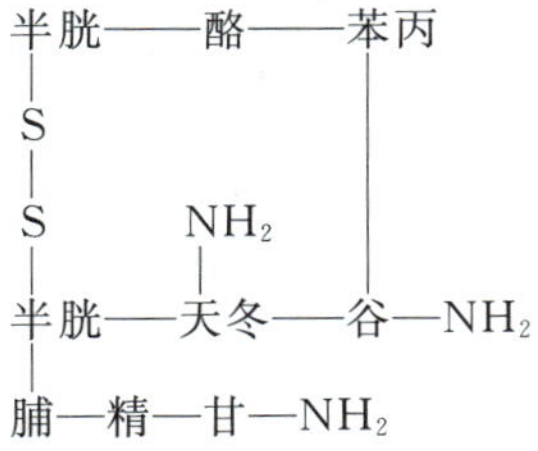

加压素

催产素已有工业生产。

16.5.2 合成

1. 羧基的活化

要合成一种与天然多肽相同的化合物，必须把各种有旋光性的氨基酸按一定顺序连接成一定长度的肽链。反应条件尽量保持缓和，以保持氨基酸的光学构型。为此就要设法“活化”参与反应的羧基。使羧基活化的方法，常用转化为酰氯、酸酐或酯的反应：

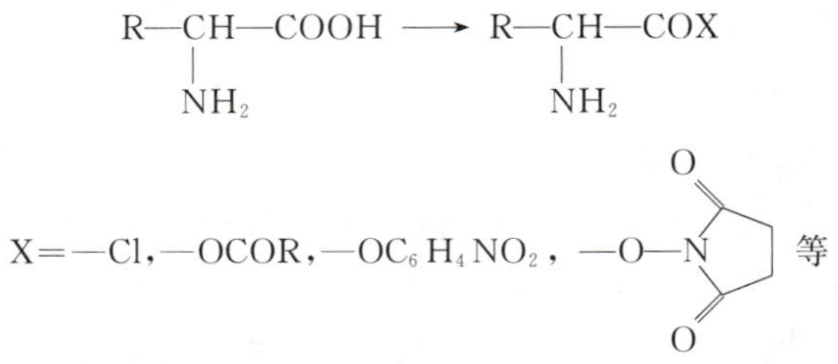

这样就可以增强羰基中碳原子的正电性，从而有利于氨基的亲核进攻。

2. 基团的保护

在氨基和羧基形成肽键的过程中，还必须把某些氨基或羧基“保护”起来，防止同一种氨基酸的相互作用，或受到其它官能团的干扰。反应完成后，再将保护基除去。

(1) 氨基的保护与保护的去除　氨基常用与氯甲酸苄酯($C_6H_5CH_2$—O—COCl)的作用加以保护，因为反应后，氨基上的苄氧羰基很容易用催化氢解的方法除去。保护(省去反应步骤)去保护原理如下：

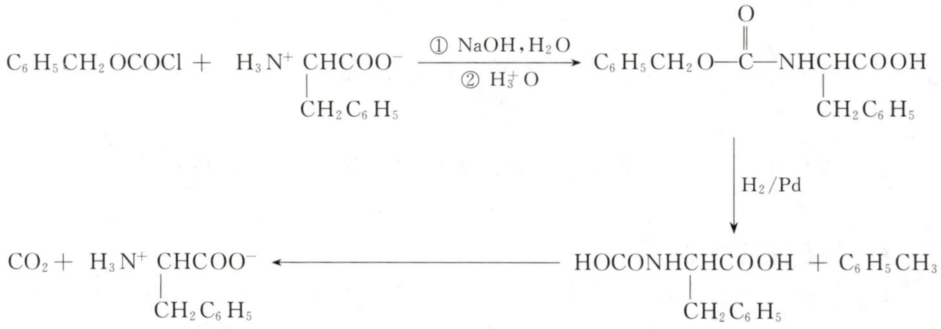

保护的氨基酸与其它氨基酸合成新的肽键后，保护基生成的肽键氢解，去掉保护基而其它肽键不受影响，副产物为甲苯和二氧化碳，容易从产物中分离出去。

叔丁氧羰基(简写作 BOC)也是常用的氨基保护基：

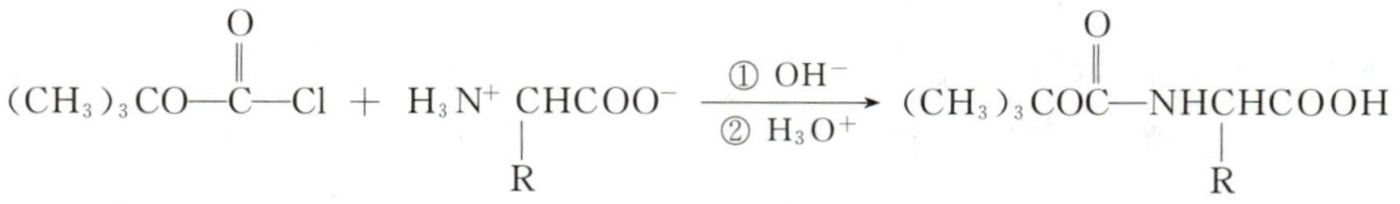

(2) 羧基的保护与去保护　羧基的保护方法是将其转变为酯，常用的酯是苄酯或

叔丁酯。苄酯可以用催化氢解的方法除去保护基。例如：

$$\underset{\displaystyle |\atop CH_2C_6H_5}{NH_2CH}CONHCH_2COOCH_2C_6H_5 \xrightarrow{H_2,Pd} \underset{\displaystyle |\atop CH_2C_6H_5}{H_3N^+CH}CONHCH_2COO^- + C_6H_5CH_3$$

叔丁酯在温和的酸性条件下即可水解。甲酯、乙酯也可用作保护基，但要在碱性条件下水解。因此，用途不广泛。

3. 肽键的形成

下面以甘氨酰—丙氨酸的合成为例，说明肽键的形成：

$$\underset{\text{甘氨酸}}{H_3\overset{+}{N}—CH_2—COO^-} + \underset{\text{氯甲酸苄酯}}{C_6H_5CH_2—O—COCl} \xrightarrow[\text{“保护氨基”}]{} \underset{\text{苄氧碳酰甘氨酸}}{C_6H_5CH_2—O—CONH—CH_2—COOH}$$

$$\xrightarrow[\text{“活化羧基”}]{SOCl_2} \underset{\text{苄氧碳酰甘氨酰氯}}{C_6H_5CH_2—O—CONH—CH_2—COCl} \xrightarrow[\text{“形成肽链”}]{CH_3—CH(NH_2)—COOH}$$

$$\underset{\text{苄氧碳酰甘氨酰丙氨酸}}{C_6H_5CH_2—O—CONH—CH_2—CONH—\underset{\displaystyle |\atop CH_3}{CH}—COOH} \xrightarrow[\text{“去保护基”}]{H_2,Pd\text{ 或 }Ni}$$

$$\underset{\text{甘氨酰—丙氨酸}}{H_3\overset{+}{N}—CH_2—CONH—\underset{\displaystyle |\atop CH_3}{CH}—COO^-} + C_6H_5CH_3 + CO_2$$

将二肽中的氨基再保护和羧基再活化后，就可以与另一分子氨基酸作用合成三肽。把几种多肽用同样的方法依次连接起来可以合成肽链很长的多肽。

显然，随着氨基酸数目的增多，可能生成的异构体迅速增加，反应条件还可能引起立体构型的变化。因此，合成的中间物及产物的分离、提纯和鉴定等工作越来越困难。人们在合成多肽的领域里，取得不少重大成果。1953 年首次合成催产素（结构见前）以后，1965 年我国科学家在世界上首先合成了具有生物活性的结晶牛胰岛素，这是一个由 51 个氨基酸组成的多肽类激素（见 16.7.1 节）；1971 年又完成了猪胰岛素晶体的测定。

20 世纪 70 年代后期，美国化学家梅里菲尔德（Merrifield R B）发明了一项快速、定量、能连续化合成多肽的方法。他首先将聚苯乙烯微球（用 P 表示）转变成有反应活性的苄氯衍生物：

$$P + CH_3OCH_2Cl \xrightarrow{SnCl_2} P—CH_2Cl + CH_3OH$$

并用 *N*－苄氧羰基（$C_6H_5CH_2—O—CO$，用 Z 表示）保护的第一个氨基酸（如丙氨酸，Ala）的三乙铵盐与氯甲基化的聚苯乙烯反应：

$$P—CH_2Cl + Et_3\overset{+}{N}H—O—CO—CH(CH_3)—NH—Z \longrightarrow$$
$$P—CH_2—O—CO—CH(CH_3)—NH—Z + Et_3NHCl$$

然后用稀溴化氢溶液除去 N－苄氧羰基保护基，再用三乙胺中和溴化氢盐：

$$\mathrm{P{-}CH_2{-}O{-}CO{-}CH(CH_3){-}NH{-}Z \xrightarrow{稀\ HBr} P{-}CH_2{-}O{-}CO{-}CH(CH_3){-}NH_2 \cdot HBr}$$

$$\mathrm{\xrightarrow{Et_3N} P{-}CH_2{-}O{-}CO{-}CH(CH_3){-}NH_2}$$

第二个被保护的氨基酸（如亮氨酸，Leu）与形成的游离氨基在缩合剂（二环己基碳二亚胺，DCC）作用下缩合：

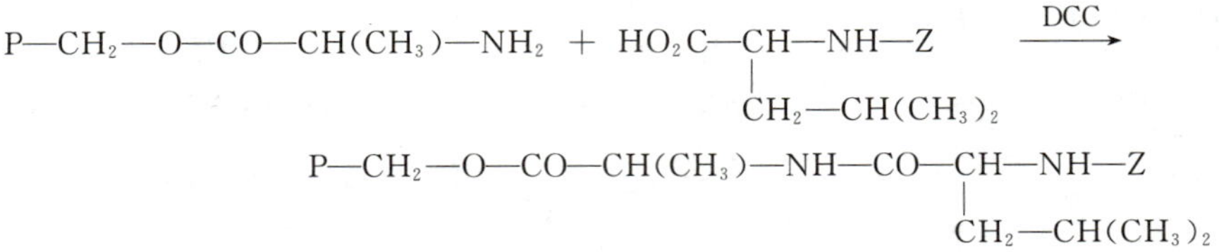

最后，用稀溴化氢溶液将上述二肽从聚合物上解脱下来，同时脱去 N 端苄氧羰基保护基，得到游离的二肽。重复以上的操作可以合成多肽。上述形成肽键的反应是在液相中进行，但是此均相反应物又是接到固体上的，故被称为固相合成反应。由于梅里菲尔德创立了固相多肽合成法，并首先合成出世界上第一个人工合成的蛋白质——含124个氨基酸碱基的核糖核酸酶A。为此，梅里菲尔德荣获了1984年诺贝尔化学奖。

获诺贝尔奖者

N,N'－二环己基碳二亚胺（简写作 DCCI 或 DCC）是常用的偶联剂。它使两个适当保护的氨基酸之间能够在温和的条件下反应生成酰胺。DCC 的作用是使游离的羧基活化：

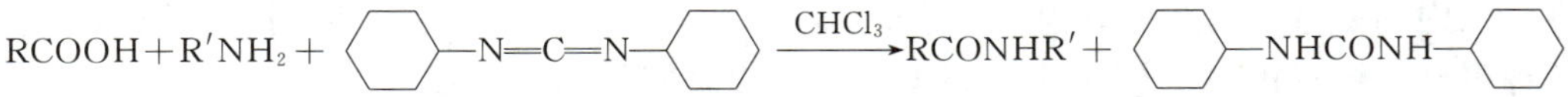

在反应中羧酸首先与 DCC 加成，生成 O－酰基异脲：

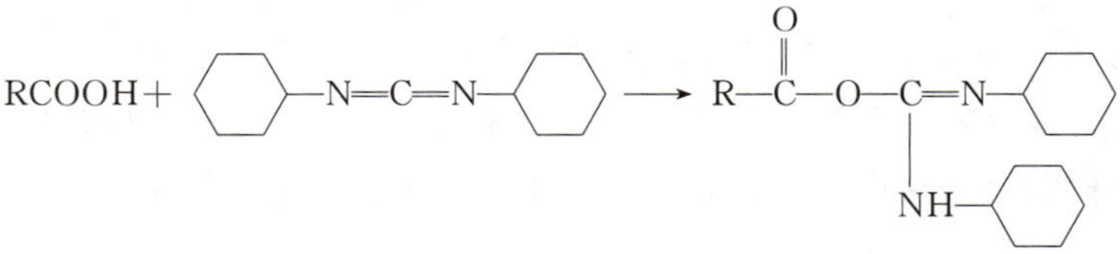

O－酰基异脲是一种活化的羧酸衍生物，同酰氯、酸酐一样，容易与胺发生亲核取代反应，生成酰胺和取代脲：

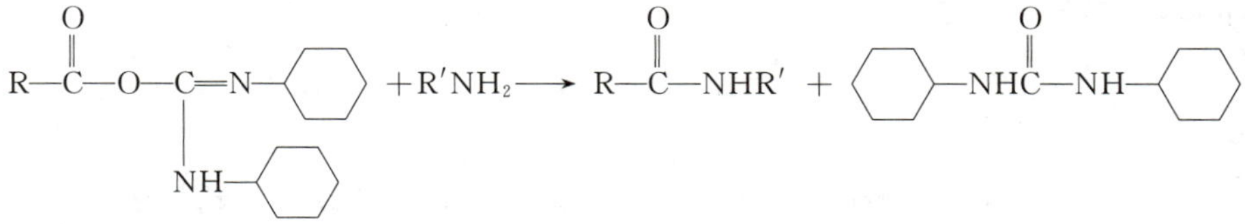

16.6　蛋白质的分类、组成和性质

蛋白质是一类含氮的生物高分子化合物，它广泛存在于生物体内，是构成原生质的主要成分，即是组成细胞的基础物质，细胞内除水分外，其余 80%的物质为蛋白质。

蛋白质在生物体内的功能是多种多样的，如有的负责输送氧气（色蛋白），有的在新陈代谢中起调节或催化作用（激素或酶），有的能预防疾病的发生（抗体），有的则与生物的遗传有关（核蛋白）等。恩格斯早在 1878 年所著的《反杜林论》中曾指出："生命是蛋白体①的存在方式……"。由此看来，生命现象与蛋白质关系密切，没有蛋白质就没有生命。1979 年 12 月，我国科学家用人工方法合成了酵母丙氨酸转移核糖核酸，这一成果是当时人工合成蛋白质的国际先进水平。

16.6.1　分类

根据蛋白质水解后的产物不同，可以大致分为简单蛋白质和结合蛋白质。水解只生成 α－氨基酸的叫做简单蛋白质，例如鸡蛋中的卵清蛋白，乳汁里的乳清蛋白及乳球蛋白，毛发、角蹄中的角蛋白和丝中的丝蛋白等。水解后除生成 α－氨基酸外，还生成非蛋白质物质的叫结合蛋白质。结合蛋白质的非蛋白质物质通常有糖类、脂类、核酸和各种辅助基团等，把它们统称为辅基。根据辅基的种类，结合蛋白质又分别称为糖蛋白（糖类含量高的糖蛋白叫黏蛋白）、脂蛋白、核蛋白、色蛋白等。

按溶解度的不同，蛋白质也可分为两大类：不溶于水的纤维状蛋白质（如丝、羊毛、皮肤、头发、角、爪甲、蹄、羽毛等）和可溶于水或酸、碱、盐水溶液的球状蛋白质（如酶和蛋白激素等）。

16.6.2　组成

由元素分析得知，蛋白质的组成中含有 C、H、O、N 及少量 S，有的还含有微量的 P、Fe、Zn、Mo 等元素。一般干燥蛋白质的元素含量为

C	O	H	N	S
50%～55%	20%～23%	6.0%～7.0%	15%～17%	0.2%～3.0%

蛋白质的相对分子质量很大，通常在 10 000 以上，有的达几万、几十万，个别的甚至上千万。如烟草斑纹病毒的核蛋白的相对分子质量已超过两千万，腺病毒的核蛋白的相对分子质量更大。（芬恩和田中耕一用质谱法分析生物大分子。）

获诺贝尔奖者

16.6.3　性质

由于蛋白质的分子很大，结构又非常复杂，分子中含有很多官能团并彼此间互相影响，某些基团还带有电荷，所以表现出一些特殊的物理和化学性质。

① 恩格斯在这里所指的蛋白体，就是蛋白质和核酸为主体的原生质。

1. 两性和等电点

蛋白质和氨基酸(见16.3.2节)相似,也是两性物质,与强酸或强碱作用都能生成盐。某一蛋白质在一定pH时,它所带的正电荷与负电荷恰好相等,即净电荷为零,在电场中,既不向阳极移动,也不向阴极移动,此时溶液的pH就是该蛋白质的等电点。在小于等电点的pH溶液中,蛋白质分子作为阳离子向阴极移动;反之,它作为阴离子向阳极移动。不同蛋白质有不同的等电点,表16-3列出几种蛋白质的等电点。

表16-3　一些蛋白质的等电点

蛋白质	pI	蛋白质	pI
丝纤维蛋白	2.0～2.4	乳球蛋白	4.5～5.5
酪蛋白	4.6	胰岛素	5.3～5.35
白明胶	4.8～4.85	血清球蛋白	5.4～5.5
血清蛋白	4.88	血红蛋白	6.79～6.83
卵清蛋白	4.84～4.90	鱼精蛋白	12～12.4

与氨基酸类似,在等电点时蛋白质的溶解度最小,因此通过调节溶液的pH至pI时,就可使蛋白质从溶液中分离出来。

2. 蛋白质的高分子性质

从蛋白质相对分子质量的测定结果,可知蛋白质分子颗粒的大小已经达到胶体质点的范围(1～10 μm)。蛋白质是亲水胶体,在分子表面有许多如$—NH_2$,—COOH,—OH及—CONH—等亲水基团,在水溶液中都能与水分子起水化作用,在分子表面形成水化层而使彼此间分离。由于蛋白质具有可解离的极性基团,在一定pH的溶液中,其分子表面一般都带有相同的电荷(只有在等电点时,蛋白质分子才呈中性),并与周围带相反电荷的离子形成稳定的双电层。这是蛋白质胶体溶液稳定存在的因素,因而蛋白质溶液具有丁达尔现象、布朗运动和不能透过半透膜等一般胶体的性质。

蛋白质在溶液中的稳定存在是有条件的、相对的,如果改变外界条件使其稳定性受到破坏,蛋白质就能从溶液中沉淀出来。如在蛋白质溶液中加入脱水剂以除去其水化层,或者改变溶液的pH使其达到等电点失去相同的电荷及加入电解质破坏双电层,这样都能使蛋白质分子凝聚,即形成更大的质点从溶液中沉淀出来。使蛋白质沉淀的方法很多,主要的有盐析法、重金属盐法及加热凝固法等。下面仅对最简易的盐析法略加介绍。

在蛋白质的水溶液中加入浓的无机盐(如硫酸铵、硫酸钠、硫酸镁、氯化钠等)溶液后,蛋白质就从溶液中析出,这种作用称为盐析。盐析是一个可逆过程,这样析出来的蛋白质还可以溶于水而不影响其生理功能和性质。所有的蛋白质在浓的盐溶液中都能沉淀出来,但不同的蛋白质盐析出来时所需盐溶液的最低浓度是不相同的,所以利用这种性质可分离不同的蛋白质。

3. 变性

蛋白质受到某些物理因素(如加热、高压、强烈振荡、紫外线或X射线照射、超声波等)或化学因素(如强酸、强碱、重金属盐、乙醇、丙酮等有机溶剂)的作用时,致使蛋白质的一些理化性质和生物化学性质发生改变,这种现象称为蛋白质的变性。蛋白质变性后，溶解度大为降低，甚至凝固或析出沉淀。如 Hg^{2+}，Pb^{2+}，Cu^{2+}，Ag^{+} 等重金属盐能使蛋白质凝固，这也是这些重金属致使人体中毒的缘故。解毒的方法，在临床上常给误服重金属盐中毒的患者服用大量蛋白质，如牛奶、生鸡蛋，然后用催吐剂将凝固的重金属盐吐出来以解毒。在日常生活中常用高温和酒精消毒灭菌也都是利用蛋白质的凝固或沉淀使其变性，失去原有的生理功能及生物活性。

16.7 蛋白质的结构

蛋白质不仅相对分子质量很大，而且结构非常复杂。它不仅存在着多肽链内氨基酸的种类和排列问题（构造），还存在着一条多肽链本身或几条多肽链之间的空间结构问题（构型和构象）。通常将蛋白质的结构层次分为四级。安芬森证明了一级结构和重要性。

获诺贝尔奖者

16.7.1 一级结构

氨基酸在蛋白质肽链中排列的顺序称做它的一级结构。肽键是一级结构中的主要连接键。各种蛋白质的生物活性，首先是由它的一级结构决定的。由胰腺中分泌的胰岛素是这种最小的蛋白质，它是由 51 个氨基酸形成的两条肽链，一条是由 21 个氨基酸结合而成的 A 链，另一条由 30 个氨基酸结合而成的 B 链，A 链和 B 链是通过两个二硫键连接形成的。在 A 链上还有一个链内二硫键。下面是牛胰岛素的结构：

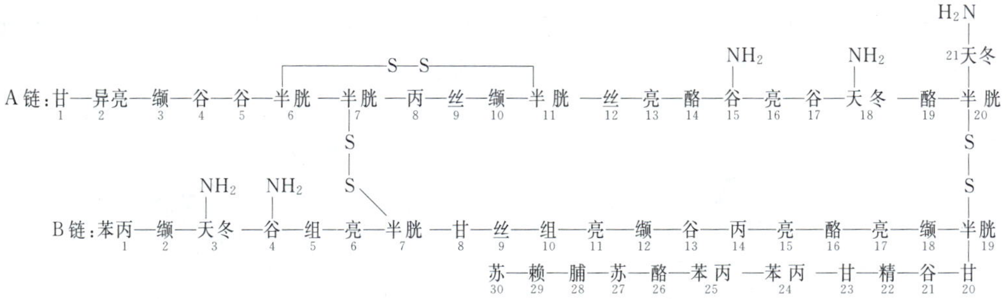

16.7.2 二级结构

蛋白质分子中的肽链并非是直线形的，而是排列成盘曲或折叠状，这是蛋白质的二级结构。二级结构有两种形式，一种是 α 螺旋形，另一种是 β 折叠形，其中的肽链间反平行排列或顺平行排列如图 16-2 和图 16-3 所示。在二级结构中有氢键参与，以维持其稳定性。

16.7.3 三级结构

蛋白质的三级结构是肽链（二级结构）进一步扭曲折叠形成的复杂空间结构。如核糖核酸酶是由 124 个氨基酸组成。肽链中第 26，40，58，65，72，84，95 及 110 号氨基酸都是半胱氨酸，它们通过二硫键（—S—S—）相连而相互扭在一起，如图 16-4 所示。佩鲁茨和肯德鲁测定了其结构。

获诺贝尔奖者

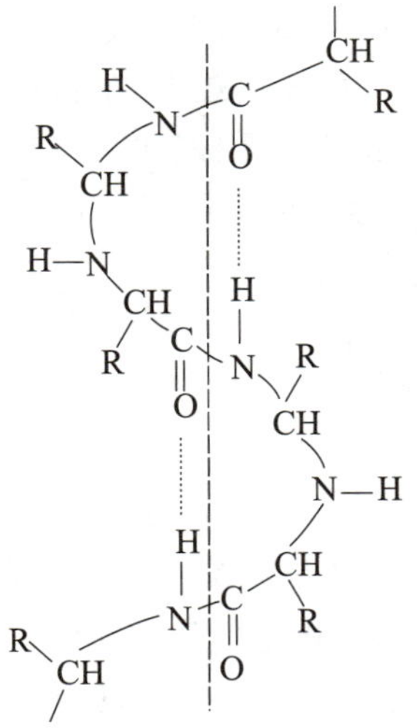

图 16-2　二级结构(α 螺旋)

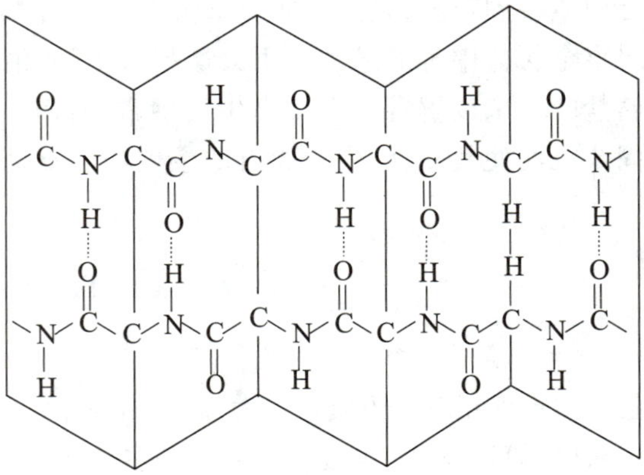

图 16-3　多肽链 β 折叠形构象(肽键反平行排列)

16.7.4　四级结构

许多球状蛋白质是由一条或多条肽链构成的，每条肽链都有各自一、二、三级结构。这些肽链称为蛋白质的亚基或原体。各个亚基聚合成大分子的方式称为蛋白质的四级结构。如胰岛素的四级结构可由相对分子质量为 6 000 或12 000的两个以上亚基聚合而成。又如血红蛋白，它是由两条 α 链和两条 β 链构成的四聚体。有的蛋白质分子中的亚基数更多，经聚合形成结构更复杂的多聚体，如图 16-5。

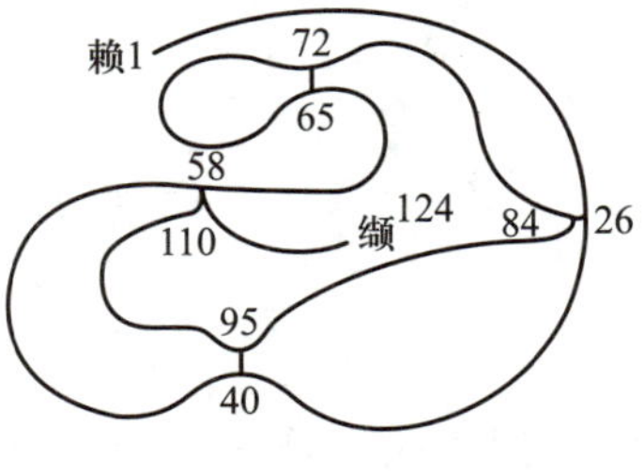

图 16-4　核糖核酸酶的三级结构示意图

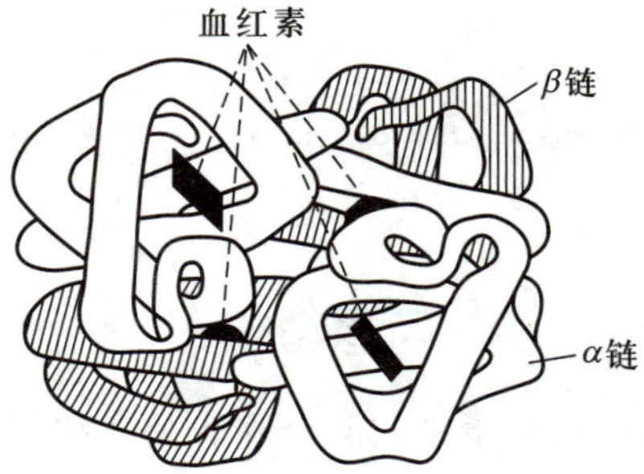

图 16-5　蛋白质的四级结构——血红蛋白结构示意图

16.8　核　　酸

除前面讨论过的多糖和蛋白质之外，核酸是对生命现象非常重要的第三种生物大分子。生命活动主要通过蛋白质来体现，生物体的遗传特征则主要由核酸决定。核酸主要是以与蛋白质结合成核蛋白的形式存在于细胞中，它是 1868 年瑞士科学家米舍尔(Miescher J F)首先从细胞核中分离出来的具有酸性的物质，所以称为核酸。现在知道，核酸不仅存在于细胞核内，在细胞质，特别是细胞质的粒质中，也含有丰富的核酸。核酸是蛋白质生物合成不可缺少的物质，又是生物遗传的物质基础。可以说，核酸是支配人体整个生命活动的本源物质，被现代科学称之为“生命之源”“生命之本”。所以是近年来生物化学、有机化学及医学中研究得最广泛、最活跃的课题之一，至今已有 38 位科学家因涉及核酸的研究而荣获诺贝尔奖。这里仅从有机化学的角度对核酸的组成及两类重要的核酸加以简介。

16.8.1　组成

经过元素分析，核酸分子中除含 C,H,O,N 四种元素之外，还含有大量的 P，个别的还含有 S。其中含 N 15%～16%，含 P 9%～10%。

核蛋白是一种结合蛋白质，核酸就是它的非蛋白质部分，可由核蛋白水解获得，若再彻底水解，核酸还可得如下产物：

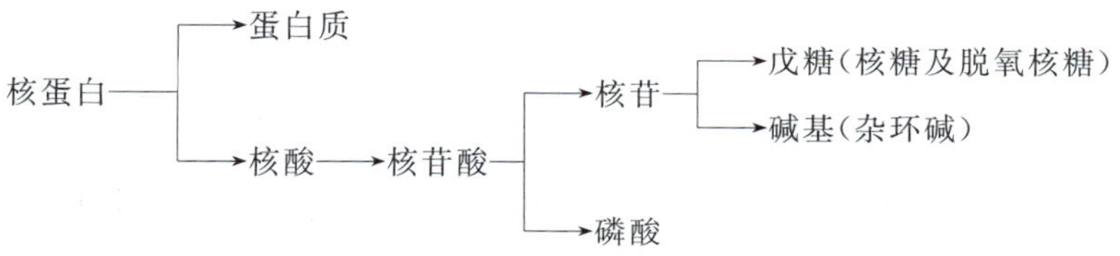

从上可看到核酸是多聚核苷酸，而核苷酸是它的基本结构单位。所以，核酸是由核苷酸组成，而核苷酸又是由碱基、戊糖及磷酸组成。

16.8.2　核糖及脱氧核糖

核酸中的戊糖部分分为核糖和脱氧核糖，所以核酸也分为核糖核酸(ribonucleic acid，简写为 RNA)和脱氧核糖核酸(deoxyribonucleic acid，简写为 DNA)两大类。

RNA 水解生成的戊糖是 β-D-核糖：

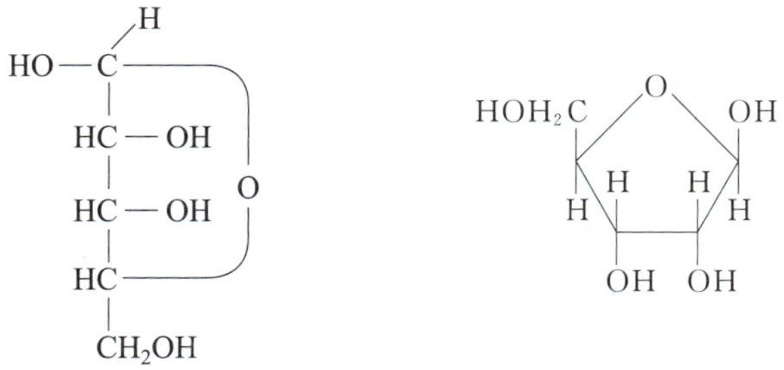

β-D-核糖

DNA 水解生成的戊糖是 β-D-2-脱氧核糖：

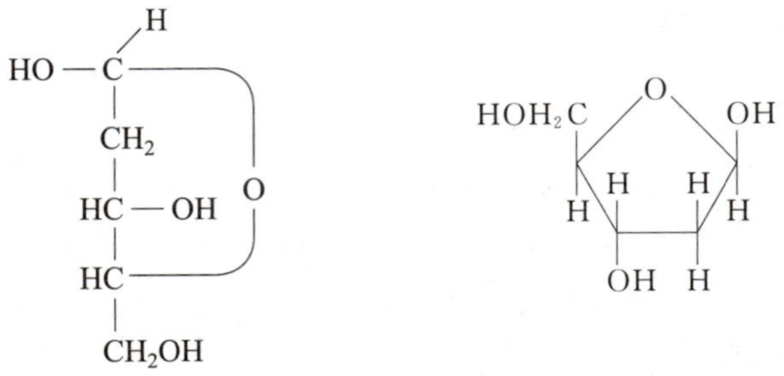

β-D-2-脱氧核糖

16.8.3 碱基

核苷酸水解得到的碱基——嘌呤碱与嘧啶碱(是嘌呤与嘧啶的衍生物)——主要有如下五种：

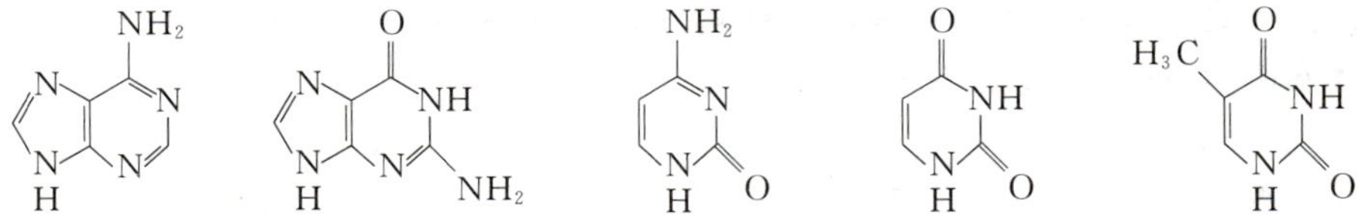

腺嘌呤 (adenine,简称A)　鸟嘌呤 (guanine,简称G)　胞嘧啶 (cytosine,简称C)　尿嘧啶 (uracil,简称U)　胸腺嘧啶 (thymine,简称T)

以上五种杂环碱都有互变异构体存在，一般以酮式与烯醇式两种互变异构体存在。它们存在的形式由溶液的 pH 决定，在生理系统的 pH 约为 7±0.2 时，主要以酮式为主。

16.8.4 核苷

核苷是一种糖苷，由戊糖和碱基缩合而成。戊糖与碱基之间以糖苷键相连接。戊糖分子的 1′位 C 原子上的羟基与嘧啶碱的 1 位 N 原子或与嘌呤碱的 9 位 N 原子上的氢缩合去水后相连接。所以，戊糖与碱基间的连接是 N—C 键，一般称之为 *N*-糖苷键。用 X 射线衍射法已证明，核苷中的碱基与糖环平面互相垂直。

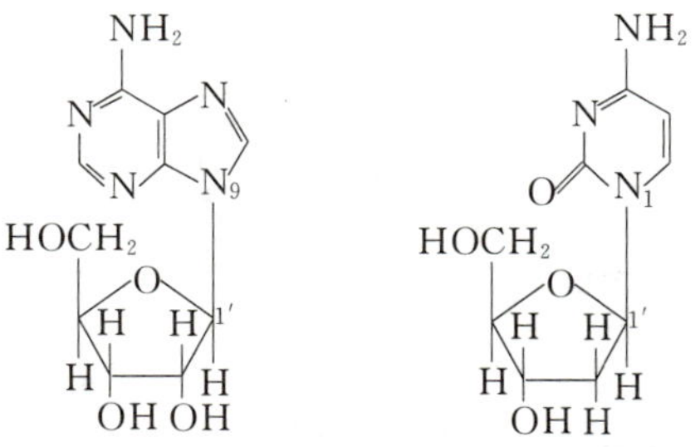

腺嘌呤核苷　胞嘧啶-2′-脱氧核苷

核苷中的 D-核糖及 D-2-脱氧核糖均为呋喃型环状结构。糖环中的 1′-C 是手性碳原子，所以有 α-及 β-两种构型。但核酸分子的糖苷键均为 β-糖苷键。

根据核苷中所含戊糖的不同，将核苷分成两大类：核糖核苷和脱氧核糖核苷。对核苷命名时，必须先冠以碱基的名称。例如腺嘌呤核苷、胞嘧啶-2′-脱氧核苷等。

16.8.5　核苷酸

核苷中戊糖的 3′位或 5′位的羟基被磷酸酯化，就形成核苷酸。因此，核苷酸是核苷的磷酸酯。由于核糖核苷的糖环上有三个自由羟基，而脱氧核糖核苷只有两个，所以，它们分别能形成 2′-，3′-及 5′-核糖核苷酸与 3′-及 5′-脱氧核糖核苷酸。在生物体内游离存在的大多是 5′-核苷酸。

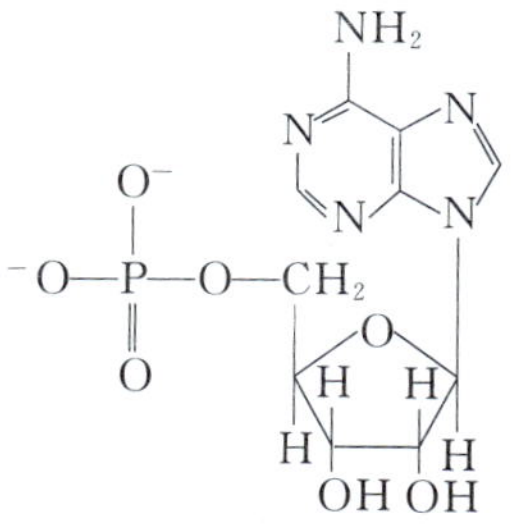

5′-腺嘌呤核苷酸

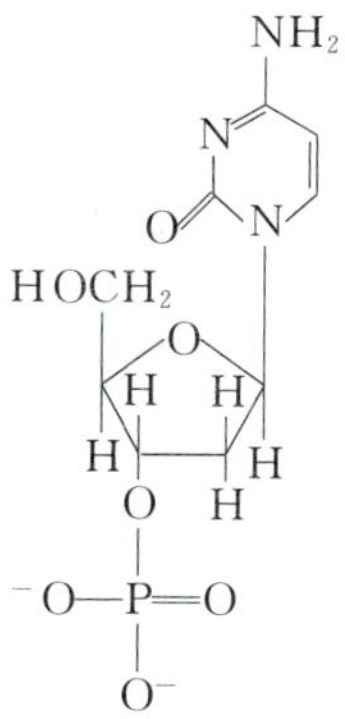

3′-胞嘧啶脱氧核苷酸

16.9　核糖核酸和脱氧核糖核酸

核酸的相对分子质量因来源不同而异。核糖核酸（RNA）主要存在于细胞质中，相对分子质量一般在 20 000～500 000；脱氧核糖核酸（DNA）主要存在于细胞核中，相对分子质量一般在 6 000 000～300 000 000。

DNA 和 RNA 分别是由四种主要的碱基——腺嘌呤、鸟嘌呤、胞嘧啶及胸腺嘧啶，腺嘌呤、鸟嘌呤、胞嘧啶及尿嘧啶——组成。从组成上不难看出，除戊糖不同外，就是 RNA 中没有胸腺嘧啶，而 DNA 中没有尿嘧啶。

核酸的结构和蛋白质一样，非常复杂，也分为一级结构与空间结构。一级结构指组成核酸的诸核苷酸之间连键的性质，以及核苷酸排列的顺序；空间结构指多核苷酸链内或链与链之间通过氢键折叠卷曲而成的构象。伯格、吉尔伯特和桑格研究核酸化学。

16.9.1　核糖核酸和脱氧核糖核酸的一级结构

核苷酸是核酸的单体。核苷酸 5′位的磷酸上还有羟基，可以与另一个核苷酸中戊糖其它位（如 3′位）上的羟基形成磷酸二酯键。两个核苷酸分子就通过磷酸二酯键结合成二核苷酸，二核苷酸当然还可以再形成三核苷酸、四核苷酸……多核苷酸。正像氨基酸通过肽键连接成多肽一样。

获诺贝尔奖者

RNA 和 DNA 的一级结构，分别就是由四种核苷酸和四种脱氧核苷酸以不同比例及不同顺序通过磷酸二酯键连接而成的多核苷酸长链和多脱氧核苷酸长链，如图

16－6所示。

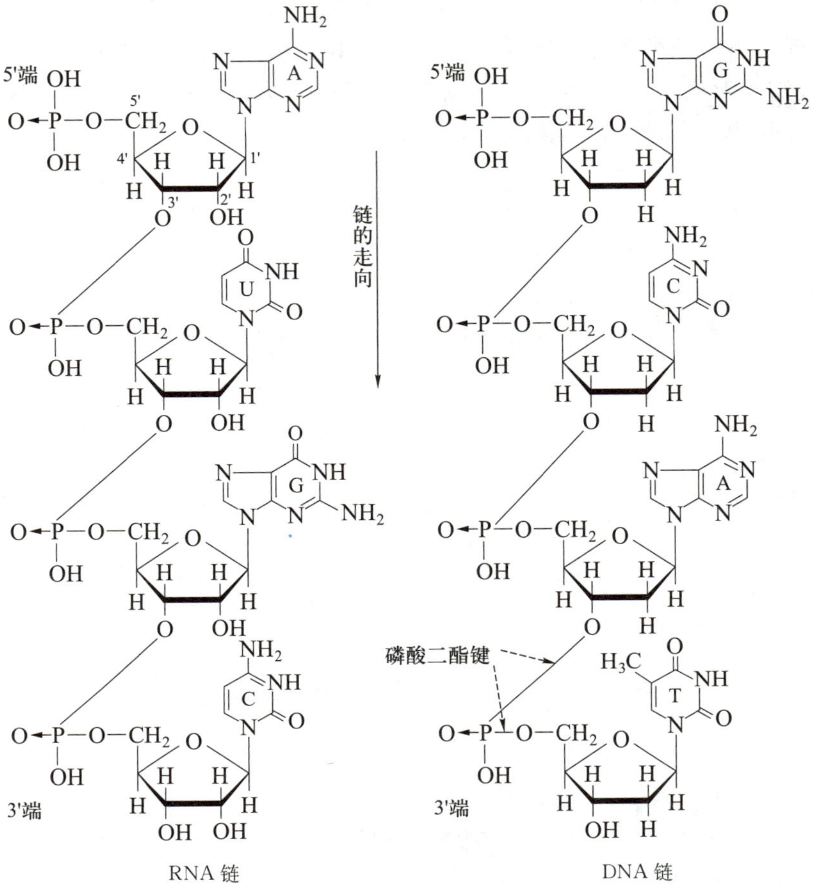

图 16－6　RNA 和 DNA 的一级结构

一条多核苷酸长链有两个末端，戊糖 5′位未与其它核苷酸相连的一端称为 5′端；戊糖 3′位未与其它核苷酸相连的一端称为 3′端。链的走向一般是从 5′端到 3′端。DNA 链可以有成千上万个脱氧核苷酸单位，RNA 相对的要短一些，但戊糖与磷酸组成的长链上都有碱基侧链。这正如蛋白质多肽长链上有 R 侧基一样。

16.9.2　脱氧核糖核酸的二级结构

对于核酸的二级结构，1953 年美国生物学家沃森（Watson E S）和克里克（Crick F H C）（1962 年同获诺贝尔生理学或医学奖）根据 X 射线数据，提出了 DNA 分子具有双螺旋结构模型，即由两条多聚脱氧核糖核苷酸链以氢键相连。如一条链上的 T 与另一条链上的 A，或一条链上的 C 与另一条链上的 G 之间形成氢键：

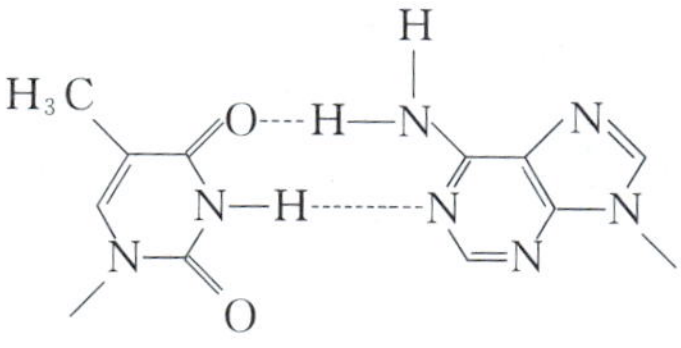

T　　　　A

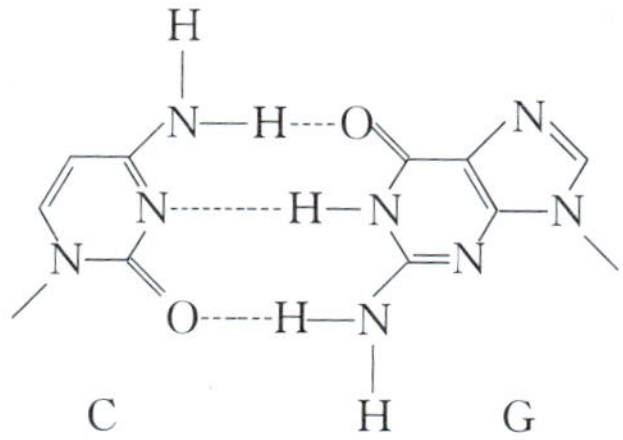

C　　　　G

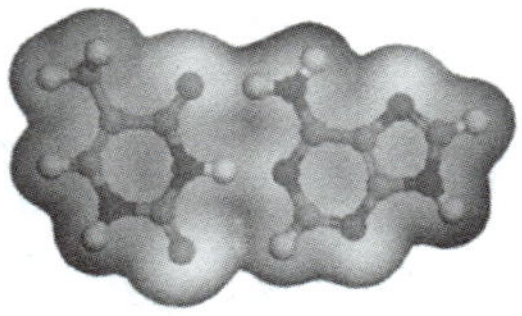

T—A氢键

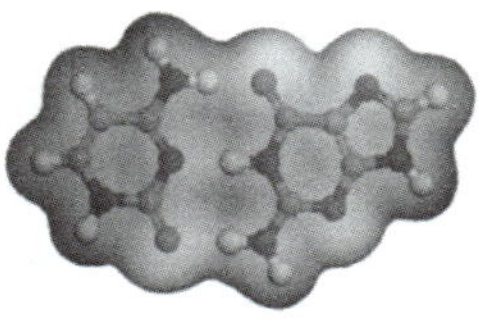

C—G氢键

静电势模型图

静电势模型图

获诺贝尔奖者

这两条互补的链以相反方向围绕同一轴盘绕，形成右旋的双螺旋结构，如图 16-7 所示。

由图可见，每 10 个核苷酸形成螺旋的一圈，每一圈的高度为 3.4 nm，碱基在螺旋内，其平面与中心轴垂直，脱氧核糖和磷酸在外，螺旋的平均直径为 2.0 nm，顺轴方向每隔 0.34 nm有一个核苷酸单位。

当细胞分裂时，DNA 的两条链可以拆开，分别在两个细胞里复制出一条与母链相同的新链。这样，就将遗传信息传给下一代，如图 16-8 所示。图中 DNA 的四种碱基的排列顺序代表遗传信息。通过 DNA 的复制，父母就把自己所有的 DNA 分子复制了一份传给子女。

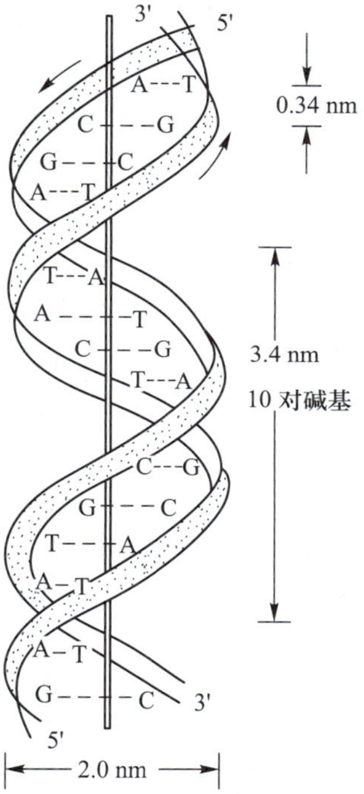

图 16-7　DNA 双螺旋二级结构示意图

天然 RNA 的二级结构，一般不像 DNA 那样都是双螺旋结构，但人工合成的多聚腺苷酸-多聚尿苷酸具有类似于 DNA 的双螺旋结构，所以，它具有与 DNA 十分相似的物理和化学性质。沃森、克里克和威尔金斯因研究 DNA 双螺旋结构共同获 1962 年诺贝尔生理学奖。

16.9.3　核酸的功能

RNA 最重要的生物功能是参与蛋白质的生物合成，而生物体内所能合成各种各样的蛋白质又直接与 RNA 的核苷酸排列顺序密切相关，测定 RNA 中核苷酸的排列顺序就是核酸化学研究的重要课题。

RNA 主要存在于细胞质中，它们是以 DNA 为模板而形成的，并直接参加蛋白质的生物合成过程。DNA 主要存在于细胞核中，它们是遗传信息的携带者，DNA 的结构决定了生物合成蛋白质的特定结构，并保证把这种特性遗传给下一代。因此 DNA

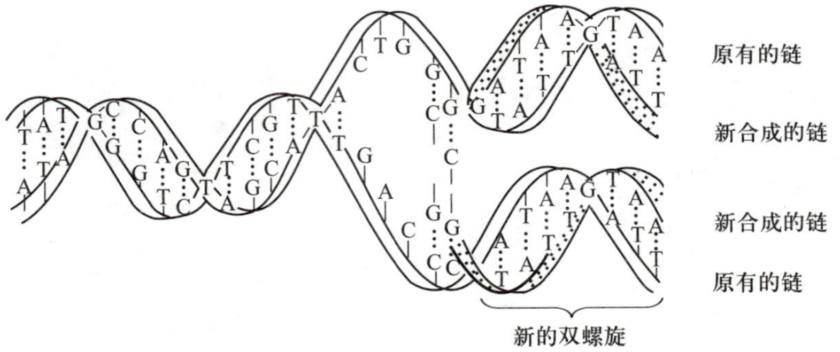

图 16-8　DNA 的复制

是 RNA 的模板，而 RNA 又是蛋白质的模板。存在于 DNA 分子中的遗传信息就这样由 DNA 传递给 RNA，再传递给蛋白质。所以，有了一定结构的 DNA，便产生一定结构的蛋白质，由一定结构的蛋白质，带来一定的形象（外貌）和生理特性（性格特征）等。

从最简单的病毒到万物之灵的人类，生物的各种性状，都是以密码形式记录在 DNA 上的，通过它把遗传信息传给下一代。DNA 与蛋白质结合组成了染色体。在了解 DNA 对生物的控制机理的基础上，人们可以设法通过改造 DNA 的结构而达到改变生物性状的目的，甚至创造新的物种。例如，在医学方面，有些先天性的遗传病是由 DNA 的结构缺陷引起的，就有可能找到治疗的方法，甚至可以通过改变 DNA 的方法，改造人类的遗传特性，使下一代的人更健康、更聪明。

人体共有 23 对生物染色体，10 万个基因，30 亿个碱基对。如已被完整破译的第 22 对染色体虽然是所有 23 对中最小的一对，就含有 6 000 万个碱基对。科学家们预测，在 21 世纪，将破译各种各样的生物染色体的碱基排列并揭示其性能，人类染色体组织所有碱基排列的破译完成，将揭示出 10 万个遗传基因的性能。在此基础上，大量关于人类生长、发育、衰老、遗传、病变的秘密都将随之揭开，最终将破译整个生命史！

习　题

16-1　写出下列化合物在 pH 为 2,7,12 的水溶液中的离子式。

(1) 异亮氨酸　(2) 天冬氨酸　(3) 赖氨酸　(4) 甘—甘
(5) 赖—甘　(6) 丙—天冬—缬

16-2　预测下列 α-氨基酸的等电点在什么范围内。

(1) 丙氨酸　(2) 赖氨酸　(3) 天冬氨酸　(4) 胱氨酸　(5) 酪氨酸

16-3　写出甘氨酸与下列试剂反应的主要产物。

(1) KOH 水溶液　(2) HCl 水溶液　(3) $C_2H_5OH+HCl$
(4) CH_3COCl　(5) $C_6H_5COCl+NaOH$　(6) $NaNO_2+HCl$(低温)
(7) 与 $Ba(OH)_2$ 反应后加热产物　(8) $LiAlH_4$　(9) $NaOH;CH_3I$

16-4　亮氨酸钠盐 $(CH_3)_2CHCH_2CH(NH_2)COONa$ 中的 $—NH_2$ 和 $—COO^-$ 哪一个碱性更强？加酸后将得到什么产物？

16－5　$CH_3-\underset{^{+}NH_3}{\underset{|}{CH}}-COOH$ 中$-\overset{+}{N}H_3$ 和—COOH 的酸性哪一个更强？加碱后将得到什么产物？

16－6　用化学方法鉴别下列各化合物。

(1) 纤维二糖　　(2) 淀粉　　(3) 纤维素

(4) α－氨基酸　　(5) β－氨基酸

16－7　试用(1)α－卤代酸氨解法；(2) 盖布瑞尔合成法；(3) 斯特雷克合成法制备 α－氨基异戊酸 $(CH_3)_2CHCH_2\underset{^{+}NH_3}{\underset{|}{CH}}COO^-$，并比较三种合成方法的优缺点。

16－8　短杆菌肽 S(克杀汀 S)是霉菌的代谢物，具有抗菌性质，它的相对分子质量约1 300。完全水解后得亮氨酸、鸟氨酸、苯丙氨酸、脯氨酸和缬氨酸。鸟氨酸(Om)是一个稀少的氨基酸，其结构如下：

$$H_3\overset{+}{N}-CH_2-CH_2-CH_2-\underset{NH_2}{\underset{|}{CH}}-COO^-$$

经端基分析，发现这个肽没有 C 端，而其 N 端却是与鸟氨酸氨基的反应，因此，这个肽应是环状结构。短杆菌肽 S 部分水解得到下列几种肽：(Leu，Phe)；(Phe，Pro)；(Leu，Om)；(Om，Val)；(Phe，Pro，Val)；(Om，Pro，Val)；(Leu，Om，Val)。写出短杆菌肽 S 可能的构造式。

16－9　试合成甘氨酰—丙氨酰—缬氨酸(甘—丙—缬)。

16－10　有一寡肽甲，经测定知其氨基酸组成为：Ala，2Gly，Lys，3Phe，Ser，Val。端基分析知其 C 端为苯丙氨酸，N 端为甘氨酸。当用胰凝乳蛋白酶催化水解时得两个肽——甲$_1$ 和甲$_2$。甲$_1$ 完全水解得 2 个 Gly，1 个 Phe 和 1 个 Val；甲$_2$ 则得 Ala，Lys，2 个 Phe，Ser。写出甲可能的构造式。

16－11　某七肽 A，根据下列一些反应，试写出它的一级构造式。

(1) 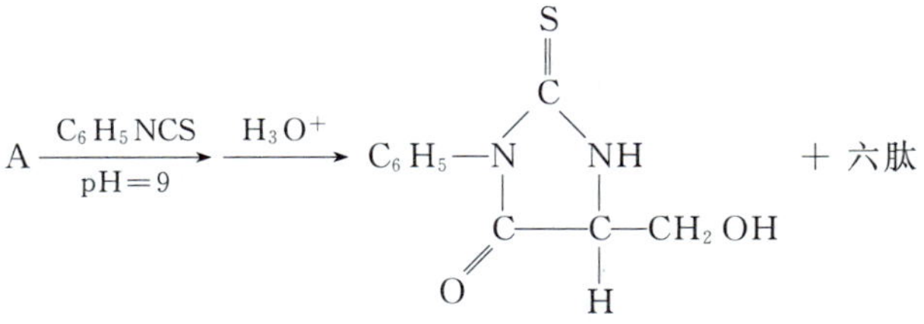

(2) 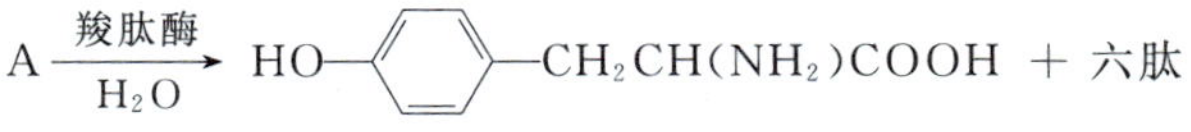

(3) A 与 3 mol·L^{-1} HCl 溶液加热水解，得两分子甘氨酸，及亮、苯丙、丝、酪、脯等氨基酸各一分子。

(4) A 用 1 mol·L^{-1} HCl 溶液水解得到下列几种三肽：

丝—亮—甘　　苯丙—甘—酪　　脯—苯丙—甘　　亮—甘—脯　　甘—脯—苯丙

16－12　核酸中发现的三种碱基：尿嘧啶、胸腺嘧啶和胞嘧啶，其构造式如下：

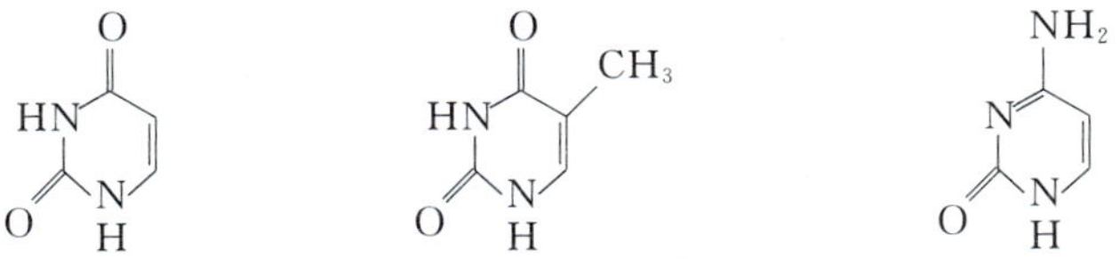

尿嘧啶　　胸腺嘧啶　　胞嘧啶

它们已被合成如下：

（1）尿素＋丙烯酸乙酯 $\xrightarrow{\text{迈克尔反应}}$ A($C_6H_{12}O_3N_2$) $\xrightarrow[OH^-]{H_2O}$ B($C_4H_6O_2N_2$)＋C_2H_5OH

B＋Br_2 $\xrightarrow{CH_3COOH}$ C($C_4H_5O_2N_2Br$)

C＋吡啶 $\xrightarrow{\triangle}$ 尿嘧啶

（2）胸腺嘧啶也用同样方式合成，只是用甲基丙烯酸乙酯 $\left(\begin{array}{c} CH_2{=}\underset{\displaystyle CH_3}{\underset{|}{C}}{-}COOC_2H_5 \end{array}\right)$ 代替丙烯酸乙酯。

（3）尿嘧啶＋$POCl_3$ $\xrightarrow{\triangle}$ D($C_4H_2N_2Cl_2$)

D＋NH_3 $\xrightarrow[C_2H_5OH]{100\ ^\circ C}$ E($C_4H_4N_3Cl$)＋F($C_4H_4N_3Cl$)

E＋$NaOCH_3$ $\longrightarrow$ G($C_5H_7ON_3$)

G＋HCl $\xrightarrow{H_2O}$ 胞嘧啶

写出 A～G 的构造式。

16-13　生物大分子的结构与小分子的结构有何差异？大分子的多级结构是怎样形成的？

第 17 章　类脂、萜、甾族化合物及生物碱

17.1 类　　脂

类脂是一类天然有机化合物，大多数不溶于水而溶于烃类等有机溶剂。常见的类脂有油脂、蜡及磷脂；糖苷脂也属于类脂，糖苷脂和磷脂都是十分重要的生物分子。

17.1.1 油脂和蜡

油脂包括油和脂肪。习惯上把在常温下为液态的油脂称做油，例如豆油、花生油、菜籽油等；在常温下为固态或半固态的油脂称做脂肪，如猪油、牛油等。

在自然界中，油脂广泛存在于动植物体内，它们大多是正构碳链的高级脂肪酸的甘油酯。在油中，以不饱和酸及较低相对分子质量的羧酸生成的甘油酯为主要成分；而脂肪中以饱和的较高相对分子质量的羧酸生成的甘油酯为主要成分。油脂既是人类生存中不可缺少的食物，又是重要的化工原料。油脂是当今社会生物能源的基础原料之一。

1. 油脂的组成及脂肪酸

(1) 油脂的组成　油脂的主要组分是三羧酸甘油酯，即一分子甘油与三分子脂肪酸脱去三分子水生成的酯。在油脂的分子中，常把甘油两端的碳原子称做 1 位和 3 位碳原子，或者称做 α 位和 α' 位碳原子，中间的碳原子称做 2 位或 β 位碳原子。构成油脂的三个脂肪酸可以是饱和的，也可以是不饱和的；可以是相同的，又可以是不相同的。如果 R^1、R^2、R^3 是相同的，则称为同酸甘油酯；如果不同，则称为异酸甘油酯。很显然，由三种或两种不同的脂肪酸所组成的甘油酯具有三种或两种构造异构体。

$$\begin{array}{lll} R^1-CO_2-\overset{1}{C}H_2 & & \alpha\text{ 位} \\ \qquad\qquad\ \ |_{2} & & \\ R^2-CO_2-CH & & \beta\text{ 位} \\ \qquad\qquad\ \ |_{3} & & \\ R^3-CO_2-CH_2 & & \alpha'\text{ 位} \end{array}$$

在天然油脂中，饱和的脂肪酸大多与甘油 1、3 位碳原子上羟基形成酯，不饱和的脂肪酸多数与甘油的 2 位碳原子上的羟基形成酯。同酸甘油酯的数量极少，只有当某种脂肪酸的含量超过 2/3 时（如红花子油中亚油酸含量高达 75%），才会在油脂中存在一定数量的同酸甘油酯；在一般的油脂中，其含量不高于 3%。低、中碳原子数脂肪酸（$C_4\sim C_{10}$）常与高碳原子数脂肪酸共同组成异酸甘油酯。一般一种植物油中含有 5～8 种不同的脂肪酸，而一种动物油中则可含有 10 种以上的脂肪酸，天然油脂是各种不同

的异酸甘油酯的混合物。

（2）脂肪酸　天然油脂经过水解可以得到多种脂肪酸。由于这些脂肪酸的烃基不同（碳原子数、不饱和度、共轭与非共轭双键等），其理化性质不同。天然脂肪酸如油脂中的脂肪酸，一般具有以下几个特点：

① 正构的一元羧酸占绝大多数；

② 脂肪酸的碳原子数几乎都是偶数，如 C_{12}，C_{14}，C_{16}，C_{18}，C_{20} 和 C_{22}；

③ C_{16} 和 C_{18} 脂肪酸在油脂中分布最广，含量也最多；

④ 不饱和脂肪酸的含量一般比饱和脂肪酸要多一些。

在天然油脂中已发现 170 多种脂肪酸，大致可分为如下几大类型：

① 饱和脂肪酸：饱和脂肪酸的通式为 $C_nH_{2n}O_2$，通常 C_4～C_{24} 脂肪酸多存在于油脂中，C_{24} 以上的脂肪酸存在于蜡中。

② 不饱和脂肪酸：一烯酸（$C_nH_{2n-2}O_2$）为含有一个双键的不饱和脂肪酸，如油酸：

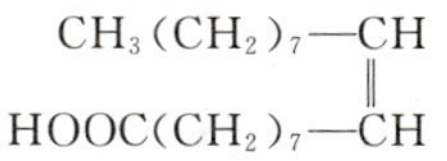

（*Z*）-9-十八碳烯酸

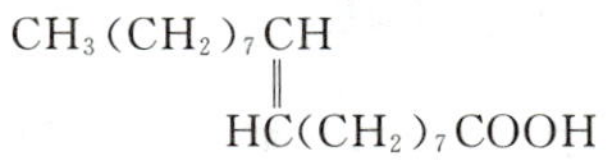

（*E*）-9-十八碳烯酸

二烯酸（$C_nH_{2n-4}O_2$）为含有两个双键的不饱和脂肪酸，如亚油酸：

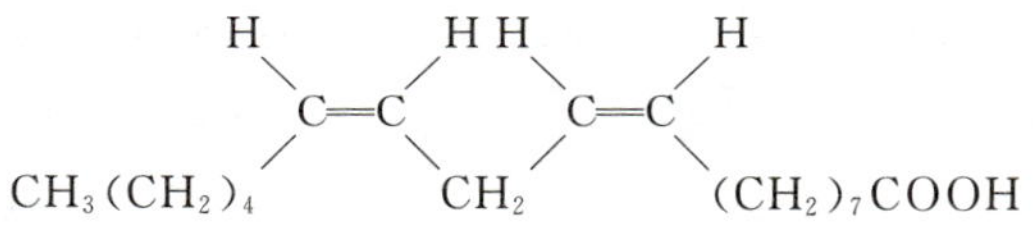

（*Z*,*Z*）-9,12-十八碳二烯酸

三烯酸（$C_nH_{2n-6}O_2$）为含有三个双键的不饱和脂肪酸，如亚麻酸：

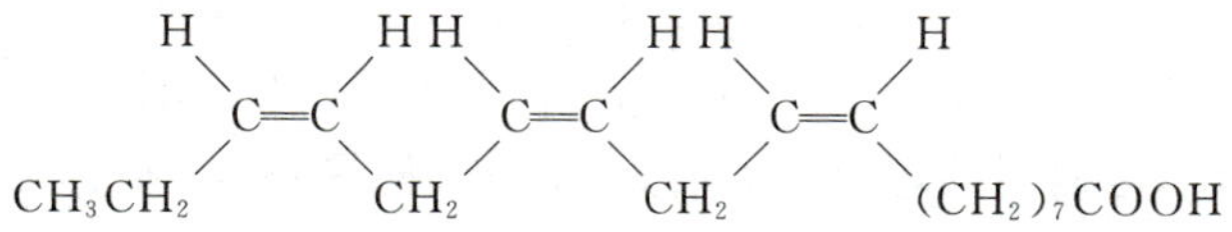

（*Z*,*Z*,*Z*）-9,12,15-十八碳三烯酸

桐油酸：

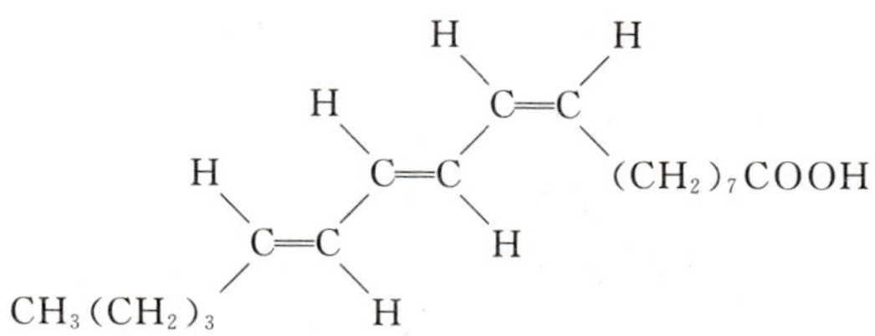

（*Z*,*E*,*E*）-9,11,13-十八碳三烯酸

四烯酸（$C_nH_{2n-8}O_2$）为含有四个双键的不饱和脂肪酸，如花生四烯酸：

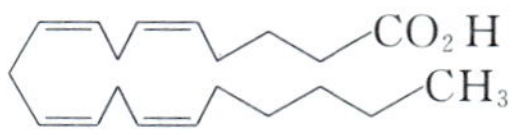

(*Z*,*Z*,*Z*,*Z*)-5,8,11,14-二十碳四烯酸

③ 含有取代基的脂肪酸：在天然油脂中，脂肪酸的碳链上含有取代基的情况并不多见，主要有羟基或羰基取代酸，如蓖麻酸：

$$\underset{\displaystyle OH}{CH_3(CH_2)_5\underset{|}{C}HCH_2}\underset{\displaystyle H}{\underset{|}{C}}=\underset{\displaystyle H}{\underset{|}{C}}(CH_2)_7COOH$$

(*Z*)-12-羟基-9-十八碳烯酸

人类在维持正常的生命过程中，摄入一定量的不饱和脂肪酸是非常重要的，因为含有一个以上双键的不饱和脂肪酸是人体内脂肪新陈代谢中不可缺少的。花生四烯酸是目前少见的几个天然不饱和非共轭多烯酸之一，它并不存在于花生油中，而从动物的肾上腺中可提取到，并用于制备前列腺素。多数的不饱和脂肪酸在植物油中有大量的分布。到目前为止十八碳一烯酸在自然界中只找到了它的 6、9、10、11 位碳双键等几个双键位置异构体（虽然理论上可有 16 种异构体），且都是 *Z* 型异构体。有的多烯脂肪酸具有重要的生理活性，被称为"血管清道夫"的二十碳五烯酸（EPA）有降低血脂、降低血清胆固醇含量、防止动脉粥样硬化等药理作用；二十二碳六烯酸（DHA）有"脑黄金"之称，它是大脑细胞形成和发育不可缺少的物质，DHA 对促进智力、加强记忆功能、延缓大脑衰老等有重要作用，DHA 只存在于鱼和贝类水生动物中，在鱼油中含量最高。

工业上产量最大的 8 种脂肪酸为：油酸、亚油酸、软脂酸、亚麻酸、硬脂酸、月桂酸、芥酸和肉豆蔻酸。

油脂在乙醚、石油醚、氯仿、苯等溶剂中有很好的溶解性，而在质子型溶剂中溶解性很差。油脂的熔点与其脂肪酸的组成有关，在室温下为液体的油常含有较多的不饱和脂肪酸。工业上将油进行部分催化加氢以生产固体的人造奶油。脂肪的熔点常有高于凝固点的情形，如三硬脂酸甘油酯的熔点为 72 ℃，但它在 52.2 ℃时凝固。脂肪酸的熔点和凝固点两者差别很小。一般熔点低的脂肪，其不饱和脂肪酸或低相对分子质量脂肪酸的含量相对较高。

2. 油脂的化学性质

(1) 水解、皂化、酯交换反应

① 水解反应：在催化剂存在下，油脂在较高温度和压力下可以水解成脂肪酸和甘油，这是一个可逆反应。

$$C_3H_5(OCOR)_3 + 3\ H_2O \xrightleftharpoons{\text{催化剂},\triangle,\text{压力}} C_3H_5(OH)_3 + 3\ RCOOH$$

在酸和解脂酶存在下，油脂的水解反应很容易发生。在常温下，酸和解脂酶就可催化油脂部分水解。这是油脂在储藏过程中发生酸败现象的主要原因之一。

精制的油脂中，含水分很少，非脂肪复合物（含解脂酶）含量也极低，因而可长期存放。

② 皂化反应：油脂在碱性条件下发生彻底水解，生成甘油和脂肪酸盐（用于制肥皂），称为皂化反应。皂化反应为不可逆反应，是制皂和油脂工业中测定油脂的皂化值的依据。1 g脂肪完全皂化所需氢氧化钾的质量（单位：mg）称做脂肪的皂化值。

$$C_3H_5(OCOR)_3 + 3\ KOH \xrightarrow[\triangle]{H_2O} C_3H_5(OH)_3 + 3\ RCOOK$$

③ 酯交换反应：油脂的酯交换属醇解反应，在工业上用于制备高碳原子数脂肪酸甲酯、乙酯。利用这一反应不但可以得到高纯度的高碳原子数脂肪酸酯，还可进一步还原得到高碳原子数脂肪醇。

$$\begin{array}{l} CH_2OCOR^1 \\ | \\ CHOCOR^2 \\ | \\ CH_2OCOR^3 \end{array} + 3\ CH_3OH \xrightarrow[\triangle]{\text{催化剂}} \begin{array}{l} CH_2OH \\ | \\ CHOH \\ | \\ CH_2OH \end{array} + \begin{array}{l} R^1COOCH_3 \\ R^2COOCH_3 \\ R^3COOCH_3 \end{array}$$

$$CH_3(CH_2)_{16}COOCH_3 \xrightarrow[Ni]{H_2} CH_3(CH_2)_{16}CH_2OH + CH_3OH$$

油脂是可再生资源。将各种动物、植物油脂及生活中流入地沟中的废油脂集中收集处理，在碱催化下，与甲醇进行酯交换反应，得到各种脂肪酸甲酯的混合物，精制后可作柴油代替石油精炼的柴油，称为生物柴油。生物柴油将是未来社会的重要能源之一。在得到生物柴油的同时，还可得到重要的化工原料甘油。

(2) 硬化与干燥　在适当的温度、压力和催化条件下，油脂中的碳碳双键可发生加氢作用，称为油脂的氢化。油脂的氢化过程也叫油脂的硬化，氢化后的半固体或固体油脂称为“硬化油”或“氢化油”。例如，熔点为56 ℃左右的工业硬化油用于制皂可以取代资源有限的牛、羊油脂；完全硬化的油脂则用于制备饱和脂肪酸；选择氢化制得的硬化油可用于配制起酥油、人造奶油、黄油等。

油脂的彻底氢化也可直接得到α-高碳原子数醇及甘油。

将含有不饱和酸甘油酯的油脂涂成薄膜，暴露于空气中，就会发生变稠或变成坚韧的薄膜，这种现象叫做油脂的干燥。例如，桐油刷在木制品的表面上，就逐渐形成一层干硬而带有光泽并具有一定弹性的薄膜。具备这种特性的油脂称为干性油。

(3) 氧化反应　油脂在储存期间，可被空气氧化成过氧化物、醛、酮、羧酸等，并产生厌恶的酸臭味，通常称为油脂的氧化酸败。在铜、铁容器中，氧化酸败更易发生，温度是决定油脂氧化时生成何种产物的主要因素。不饱和油脂或不饱和脂肪酸中的碳碳双键可被过氧化物氧化生成环氧化物，如环氧大豆油、环氧棉子油等，可用作塑料的稳定剂。

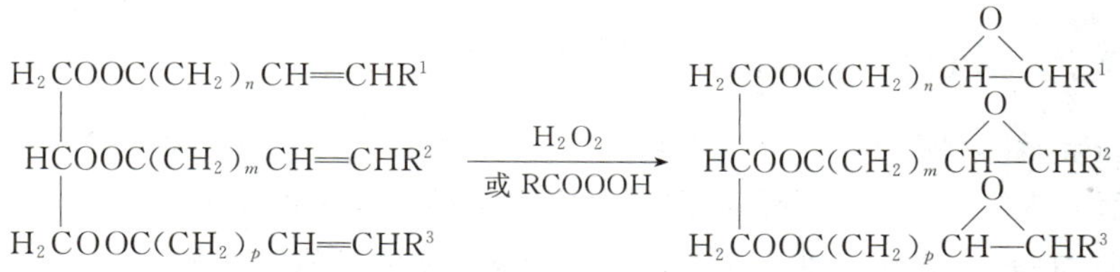

油脂在氧化过程中产生的过氧化物不稳定，也有较强的氧化活性，它可氧化碘离

子为游离碘，以硫代硫酸钠溶液滴定析出的游离碘，可以算出过氧化值。

（4）脂肪酸的反应 饱和高碳原子数脂肪酸具有羧酸的通性。另外，不饱和脂肪酸在与碱加热熔融时发生双键移位。例如油酸与碱熔融水解后即得软脂酸盐和乙酸盐：

$$CH_3(CH_2)_7CH{=}CH(CH_2)_7COOH \xrightarrow[\text{熔融}]{KOH} CH_3(CH_2)_{14}CH{=}CHCOOK$$

$$\xrightarrow[\text{熔融水解}]{KOH} CH_3(CH_2)_{14}COOK + CH_3COOK$$

不饱和油脂与碘的加成反应，用于测定油脂的碘价[100 g 油脂所能吸收的碘的质量(单位：g)为碘价]，由碘价可以判断油脂的属性（碘价大于 130 属于干性油，碘价在 100～130 属半干性油，碘价小于 100 属不干性油）。碘价越高，说明油脂的不饱和度越大。如果油脂中含有羟基脂肪酸，可以通过与乙酐发生乙酰化反应，生成乙酰化脂肪酸，后者经水解又放出醋酸。1 g 乙酰化的油脂所放出的醋酸，用氢氧化钾中和时，所需氢氧化钾的质量（单位：mg）称为乙酰价。从乙酰价的高低可计算出脂肪酸中羟基的含量。

脂肪酸与钾、钠的氧化物或氢氧化物、碳酸盐等反应，可生成相应的脂肪酸盐，即金属皂。重金属脂肪酸盐一般不溶于水，常用金属盐置换脂肪酸钠盐的方法得到。例如：

$$2\,C_{17}H_{35}COONa + MCl_2 \longrightarrow (C_{17}H_{35}COO)_2M + 2NaCl \qquad (M = Ca^{2+}, Ba^{2+})$$

$$2\,C_{17}H_{35}COONa + MSO_4 \longrightarrow (C_{17}H_{35}COO)_2M + Na_2SO_4 \qquad (M = Mg^{2+}, Zn^{2+}, Cd^{2+})$$

$$2\,C_{17}H_{35}COONa + Pb(OAc)_2 \longrightarrow (C_{17}H_{35}COO)_2Pb + 2NaOAc$$

硬脂酸的钙、钡、镁、锌、镉、铅盐可用于聚氯乙烯稳定剂、模型品的润滑剂和脱模剂、纺织品的防水剂和打光剂、油漆的平光剂、金属催干剂、润滑脂的增稠剂等。

3. 蜡及高碳原子数脂肪醇

蜡是 C_{16} 以上的高碳原子数脂肪酸高碳原子数脂肪醇酯。天然的蜡中往往还含有一定量的游离脂肪酸和脂肪醇。在常温下蜡是固态，能溶于乙醚、苯和氯仿等有机溶剂；蜡不被脂肪酶所水解，也不易发生皂化。

在植物的茎叶和果实的外部，有一层蜡薄膜，它可以保持植物体内水分，也可以防止外界水分聚集侵蚀。在昆虫的外壳、动物的皮毛及鸟类的羽毛中，也存在着丰富的蜡。植物蜡和虫蜡不但可用于化工原料、造纸、防水剂、光泽剂及高级脂肪醇和脂肪酸的生产，还可用于水果涂层，达到长期保鲜。

蜂蜡是棕榈酸（软脂酸）C_{30} 醇酯；而由蜂房制得的蜡则是 C_{26}～C_{28} 酸和 C_{30}～C_{32} 醇形成的酯；巴西蜡和棕榈蜡是由 C_{30} 醇与 C_{26} 酸形成的酯；鲸蜡的主要成分则是 C_{16} 醇及 (*Z*)－9－十八碳烯－1－醇与软脂酸所形成的酯；我国盛产的白蜡的主要成分是 $C_{25}H_{51}COOC_{26}H_{53}$。

$C_{15}H_{31}CO_2C_{30}H_{61}$	$C_{15}H_{31}CO_2C_{16}H_{33}$	$C_{25}H_{51}CO_2C_{30}H_{61}$
蜂蜡（存在蜜蜂体内）	鲸蜡（存在于鲸鱼头部）	巴西蜡
（mp 62～65 ℃）	（mp 41～46 ℃）	（mp 83～90 ℃）

天然的高碳原子数脂肪醇多以酯或醚的形态存在于动植物体中，在一些海洋水生鲸类和鲨类的体内，储有大量的以酯或醚形态存在的脂肪醇。例如，在香鲸的“脑油”中含有大量的鲸脑油（棕榈酸鲸蜡酯）；在鲨鱼的油中，可以分离得到鲨肝醇和鲨油醇；在鲸鱼的肝油中含有大量的鲸肝醇。

$CH_3(CH_2)_{14}COO(CH_2)_{15}CH_3$

鲸脑油

$$\begin{array}{l} CH_2OCH_2(CH_2)_{14}CH_3 \\ | \\ CHOH \\ | \\ CH_2OH \end{array}$$

鲸肝醇

$$\begin{array}{l} CH_2O(CH_2)_{17}CH_3 \\ | \\ CHOH \\ | \\ CH_2OH \end{array}$$

鲨肝醇

$$\begin{array}{l} CH_2O(CH_2)_8CH{=}CH(CH_2)_7CH_3 \\ | \\ CHOH \\ | \\ CH_2OH \end{array}$$

鲨油醇

正构的高碳原子数脂肪醇具有一些特殊的用途。例如，C_{30}醇可促进植物生长；C_{20}醇可用于制取抗氧剂；高碳原子数脂肪醇可转变为高碳原子数脂肪胺，用于阳离子表面活性剂的制备等。

17.1.2 磷脂

1. 磷脂的存在

磷脂广泛存在于动植物体内，主要有甘油磷脂和神经磷脂（鞘磷脂）两类，它们都是含有磷酸酯的脂类物质，具有重要的生理作用。油料种子中都含有丰富的磷脂，见表17-1。

表17-1 几种主要油料种子的磷脂含量

油料种子	磷脂含量/%	油料种子	磷脂含量/%
大　豆	1.2～3.2	棉　籽	1.25～1.75
油菜籽	1.02～1.20	向日葵子	0.60～0.84
亚麻子	0.44～0.73	花生仁	0.44～0.62
蓖麻子	0.25～0.30	大麻子	0.85

磷脂在植物的种子、禽蛋黄中都有较丰富的含量，在动物体内以脑组织中含量最高（是肝、肾的两倍，心肌的三倍）。在大脑的干物质中，脂质类占总质量51%～54%，其中磷脂占52%，胆固醇占18%，糖苷酯占13%，其它占17%。磷脂是组织中各种磷脂的总称，在不同的组织部位中，各种磷脂的含量比例不同。

2. 磷脂的组成及结构

磷脂一般指磷脂酸（phosphatidate 简记 PA）与乙醇胺、N-取代乙醇胺、胆碱、丝氨酸、肌醇生成的磷脂酸酯，磷脂酸是二羧酸磷酸甘油酯。常见的重要的磷脂类物质是甘油磷酯，结构如下：

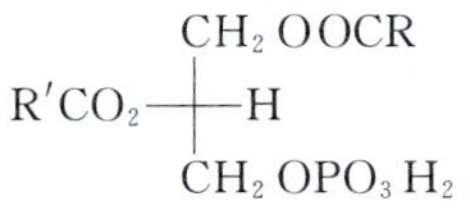

磷脂酸(PA)

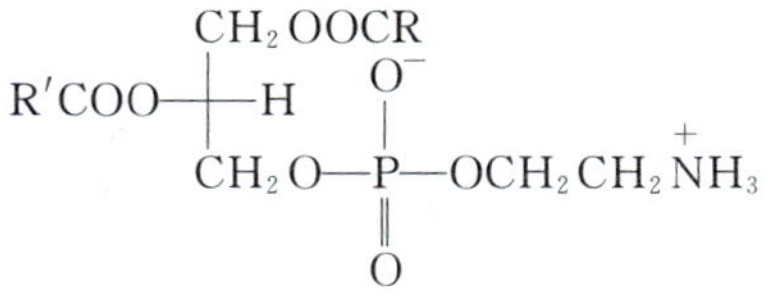

脑磷脂(PE)

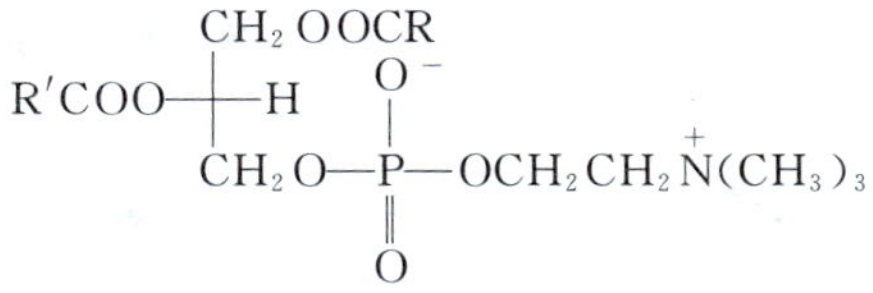

卵磷脂(PC)

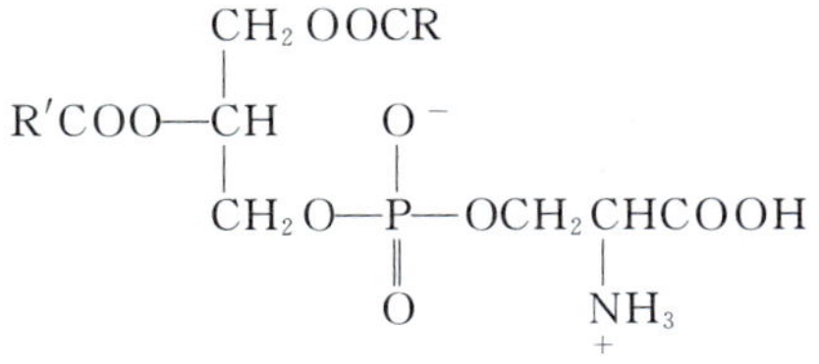

磷脂酰丝氨酸

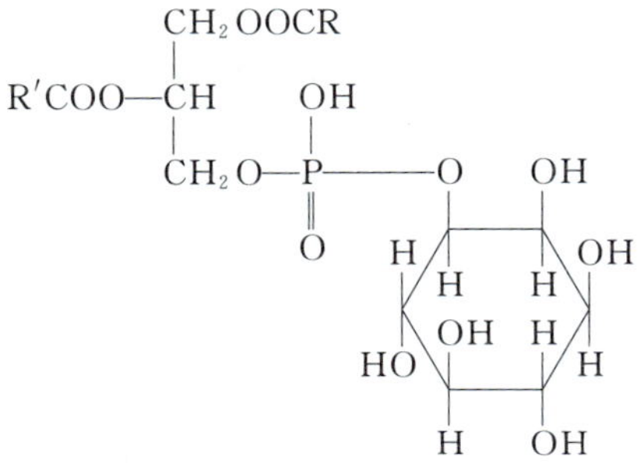

磷脂酰肌醇

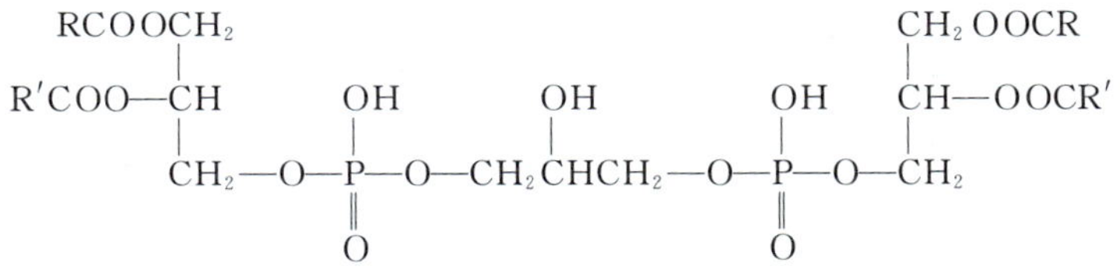

心磷脂(二磷脂酰甘油)

3. 磷脂的性质

磷脂是构成生物膜的主要组分。在磷脂分子中，硬脂酸、软脂酸、油酸、亚油酸的长链烃基是疏水性的，具有脂溶性，磷酸的一个酸性羟基与碱性氨基形成的离子偶极键

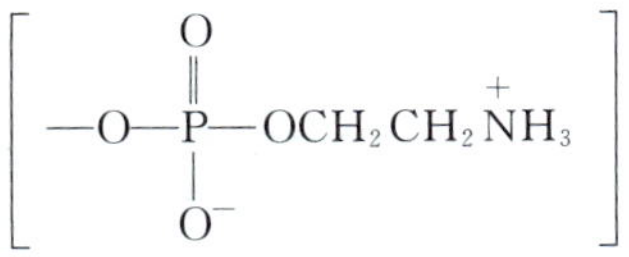

，具有亲水性。

(1) 磷脂的双分子层与生物膜　由于磷脂分子中存在着两类不同的端基，所以它既能溶解在有机溶剂中，形成透明的溶液，又能溶解于水中，以胶体状态在水溶液中扩散。

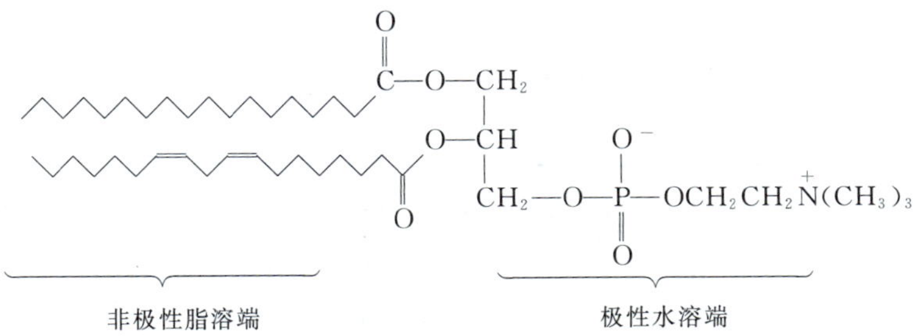

磷脂在水中可以排成两行的类脂双层(lipid bilayer)形成微囊结构,见图17-1。这个双分子层的外侧是两排磷脂的极性亲水基,而双层的内部是磷脂的疏水基之间形成的交错的聚集区。非极性的物质可以透过这个稳定的双层,从一个水相界面迁移到另一个水相界面;如果是极性的阳离子(K^+,Na^+,Ca^{2+}),则不能透过双层结构。

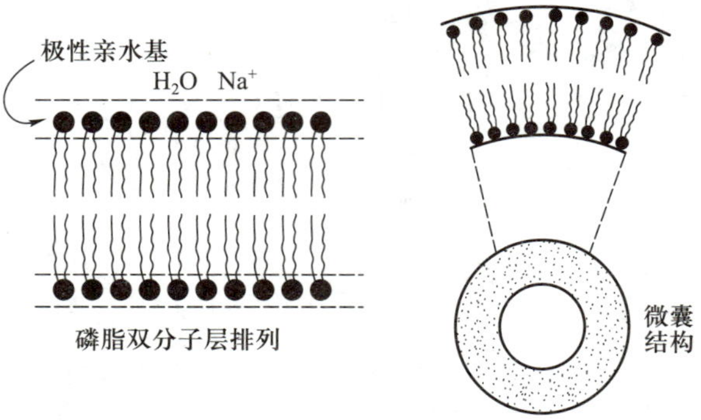

图17-1　磷脂双分子层结构

生物膜具有类脂双分子层结构。生物膜是由蛋白质和类脂两类物质组成的;而构成生物膜的类脂主要是各种磷脂(如卵磷脂是细胞膜的主要成分)和胆固醇等。生物膜对各类物质有选择性的通透作用。脂溶性物质通过类脂部分扩散进入细胞,极性分子或金属离子通过蛋白质部分进入细胞内。生物膜在细胞吸收外界营养物质和分泌代谢产物的过程中承担不可替代的作用。现在人工合成生物膜工作已经取得突破性进展。

(2)磷脂的溶解和水解

① 磷脂的溶解性:磷脂不溶于水,在不同的有机溶剂中,各种磷脂的溶解度有明显的差别(见表17-2),利用这种差别可以对各种磷脂进行分离。由于磷脂在丙酮中不溶,这一点与油脂不同,因此可从油脂中分离出磷脂或将磷脂中的其它类脂物质溶解除去,达到纯化的目的。

表17-2　磷脂在几种溶剂中的溶解度

磷脂	溶剂			
	乙醚	乙醇	丙酮	乙酸甲酯
卵磷脂	溶	溶	不溶	不溶
脑磷脂	溶	不溶	不溶	不溶
神经磷脂	不溶	热溶	不溶	不溶
环己六醇磷脂	—	不溶	不溶	不溶

磷脂在冷的油脂中溶解度很小。在制油时,料坯温度较高,一部分磷脂可转移到油脂中,当油脂冷却后,磷脂析出,所以在油脂中磷脂的含量是很高的。

② 磷脂的水解:磷脂在碱性水溶液中易于水解,水解产物是脂肪酸、氨基醇及甘油

磷酸酯。要使甘油磷酸酯继续水解为甘油和磷酸，必须在酸性溶液中长时间煮沸才行。无论是在酸性还是碱性溶液中，脑磷脂的水解要比卵磷脂的水解困难得多。卵磷脂 β 位上的脂肪酸可以被胰腺中的磷脂酶选择性水解，而 α 位上的脂肪酸可被脑组织中的酶催化水解。当磷脂失去一个脂肪酸后形成的产物称为溶血磷脂，它也是一种表面活性物质，它不但能够使红细胞溶解，对进入肠道中的脂质类物质也有乳化作用。

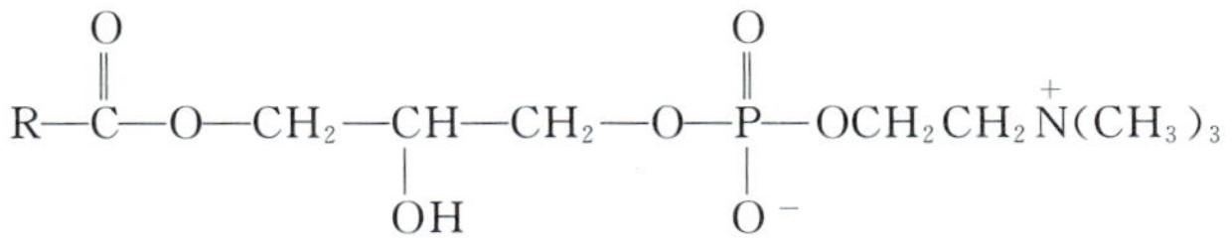

溶血卵磷脂

在脑组织中的磷酸二酯酶可以把卵磷脂中的胆碱水解下来。胆碱是一个季铵碱，它具有强碱性，与盐酸作用便得氯化胆碱。在肝中胆碱是通过合成卵磷脂来调节体内脂肪代谢的。在神经组织中，乙酰胆碱则是一个与神经传导有关的重要物质。

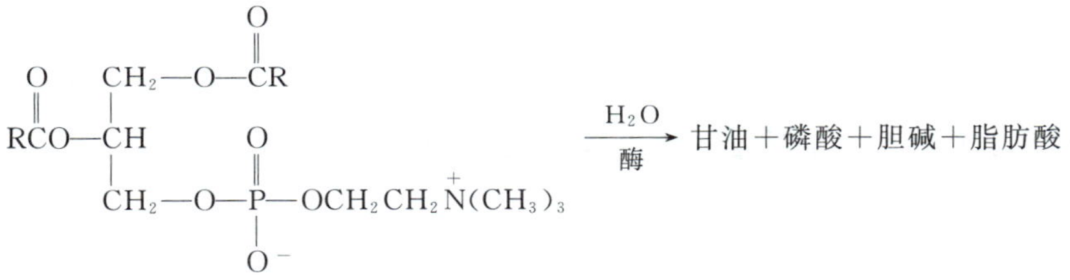

胆碱　　氯化胆碱　　乙酰胆碱

17.2　萜

用水蒸气蒸馏的方法，从某些植物的叶、花、果中制得香精油，香精油中存在着一类通式为 $C_{10}H_{16}$ 的脂环烃，称做萜（terpene），源于希腊文 terpentin，意即松节油。现在，已在香精油和别的天然物中发现了许多化合物，它们分别含有 15，20，30，40 甚至 50 个碳原子，这些化合物的碳架差不多都是以异戊二烯的碳架为基本单位首尾相连形成的。现在把存在于自然界中的这一类化合物及其含氧衍生物如醇、醛、酮、酯、过氧物等统称为萜化合物。由于萜化合物有香气和对哺乳动物的低毒性，是重要的香料、食用香精和药物的主要成分。现在许多萜化合物已通过合成得到。

萜化合物可以根据分子中所含异戊二烯碳架单位的数目分类，含 2，3，4，6… 个异戊二烯碳架单位的分别称为单萜、倍半萜、二萜、三萜……，又根据分子中异戊二烯碳架单位相互连接方式分为开链萜、单环萜和双环萜等。鲁齐卡提出“异戊二烯规则”。

获诺贝尔奖者

17.2.1 开链单萜

开链萜又称无环萜，典型的结构如香叶烯，也称月桂烯，一种从月桂油中分出的开链单萜：

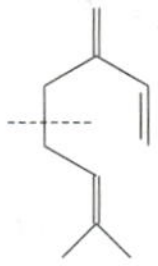

虚线表示在分子的碳架中可以分开成两个异戊二烯碳架单位(以下同)。

香叶醇与香茅醛和香茅醇都是香茅油的主要成分，可以由香茅油的分馏得到。香茅油中也含有少量橙花醇。香叶醇和橙花醇有玫瑰香气，用于香料中或作为合成中间体。

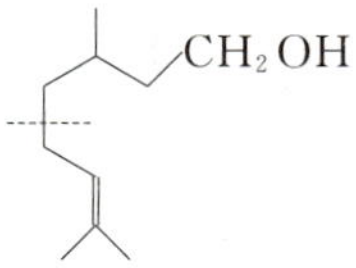

香叶醇

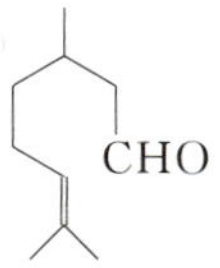

香茅醛

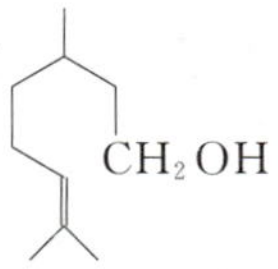

香茅醇

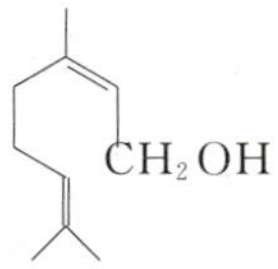

橙花醇

柠檬醛是开链单萜中最重要的化合物。天然的柠檬醛有 Z,E 异构体(a 和 b)：

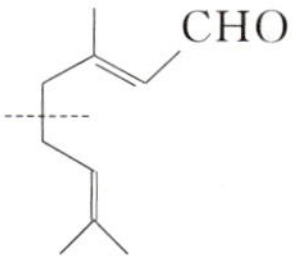

柠檬醛 a
(牻牛儿醛)

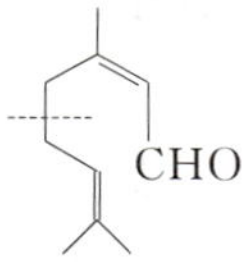

柠檬醛 b
(橙花醛)

柠檬醛主要用作合成原料，少量高纯度的用作香料。

在碱的存在下，柠檬醛与丙酮缩合，生成假紫罗酮；在酸存在下，后者环化生成 α－和 β－紫罗酮的混合物：

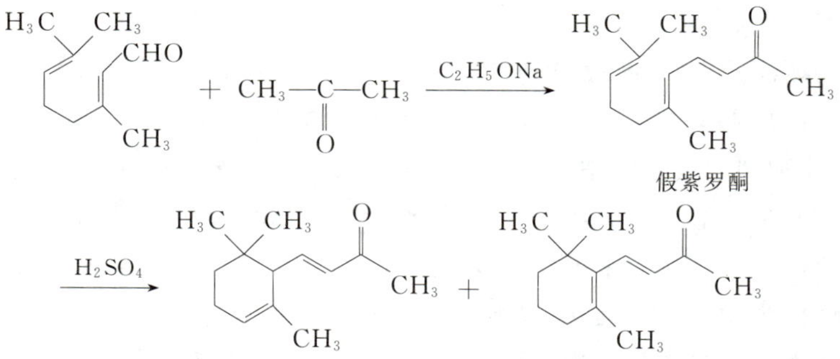

α－紫罗酮　　β－紫罗酮

α－和 β－紫罗酮的香味很像紫罗兰，可以用作香料。如在 BF_3/CH_3COOH 存在下环化，则只得到 β－紫罗酮，后者是合成维生素 A 的原料。

17.2.2　单环单萜

大多数单环单萜是环烷烃"苧烷"的衍生物。苧烷($C_{10}H_{20}$)简称萜,并不存在于自然界,只是把它看成是各种单环单萜的母体。瓦拉赫在环萜方面做了许多工作。

获诺贝尔奖者

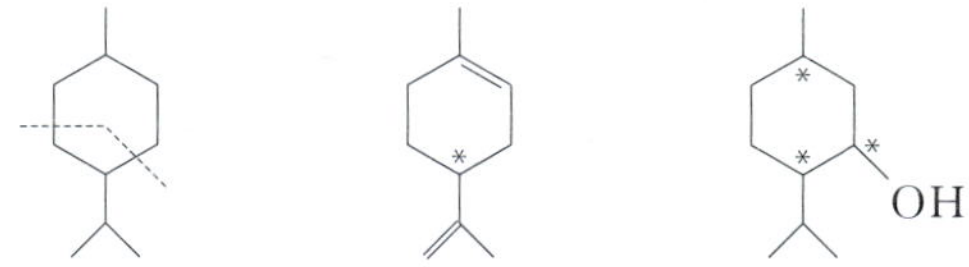

苧烷　　苧烯　　薄荷醇

苧烯存在于柠檬油、橘子油和其它许多香精油中,苧烯分子中含有一个手性碳原子,因此有一对对映体,*l*－苧烯存在于松针中,*d*－苧烯则存在于柠檬油、橙皮油、茴香油及橡树油中。松节油中含有 *dl*－苧烯。*dl*－苧烯可由异戊二烯在 300 ℃时聚合而得,因此又称环二聚异戊二烯:

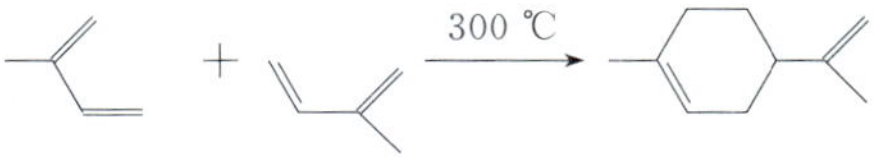

其它单环单萜还有水芹烯、萜品烯等。

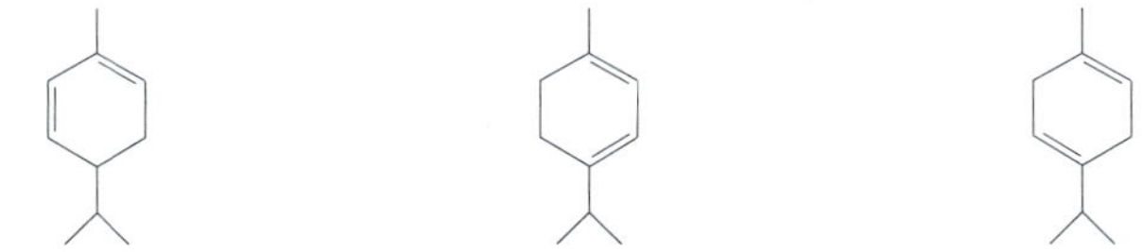

α－水芹烯　　α－萜品烯　　γ－萜品烯

薄荷醇分子中有 3 个手性碳原子,可以有 8 种旋光异构体。天然的薄荷醇为左旋体,是薄荷油的主要成分,其构象式如下:

其中三个取代基都以 *e* 键与环相连。它有强烈的薄荷气味,可用作香料,也是医药上的防腐剂及麻醉剂。

由薄荷醇氧化可得薄荷酮,后者也存在于薄荷油中。

17.2.3　双环单萜

双环单萜根据分子中两个环的连接方式分为苧、蒈、蒎、莰四大类:

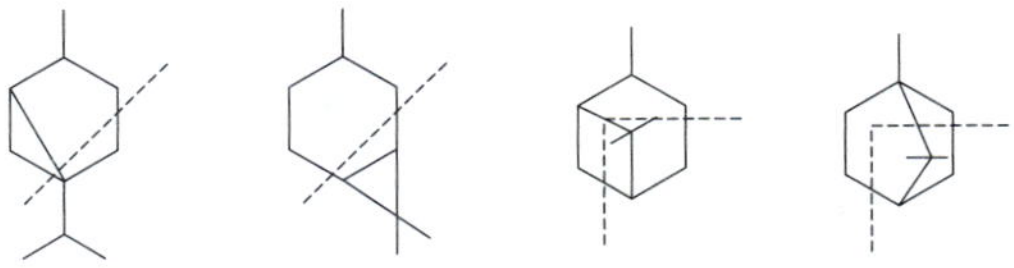

苧　　蒈　　蒎　　莰

其中重要的化合物为α-及β-蒎烯，在钯催化剂存在下，它们之间形成动态平衡。平衡时，有利于稳定的α-蒎烯。

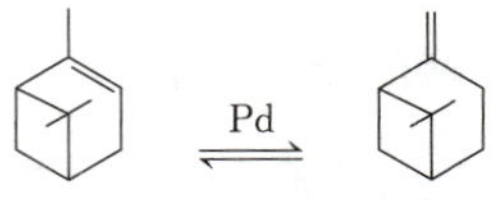

α-蒎烯 (bp 155.5 ℃)　　β-蒎烯 (bp 163.5 ℃)

它们是松节油的主要组分，占松节油质量的80%～90%，α-蒎烯的含量（占松节油的60%）又比β-蒎烯多。蒎烯是工业上用来合成樟脑聚合物的原料。

莰烯存在于多种香精油中，工业上将α-蒎烯在无水条件下用酸性催化剂处理，使其重排成莰烯，用作合成樟脑的原料。

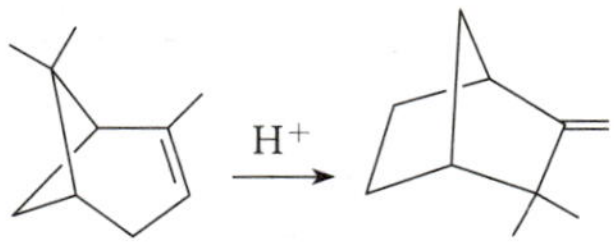

α-蒎烯　　莰烯

天然樟脑存在于樟脑树中，是白色闪光晶体，易升华，是医药工业的一种原料。樟脑分子中有两个手性碳原子，但实际上只有一对对映体。这是因为碳桥只可能在环的一边（环有刚性）：

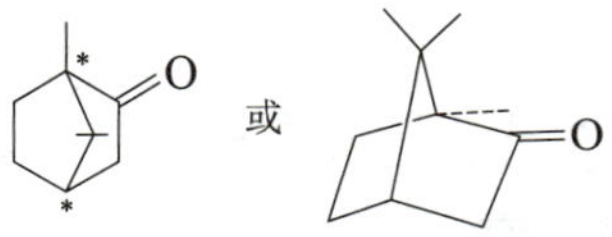

从樟脑树中得到的樟脑是右旋体。

樟脑电解还原的主要产物是冰片，冰片也是一种医药原料，大量存在于某些地区所产的樟脑树中，结构如下：

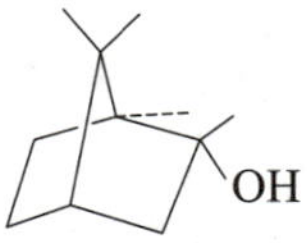

17.2.4 多萜

倍半萜的碳架由三个异戊二烯碳架单位组成。例如法呢醇：

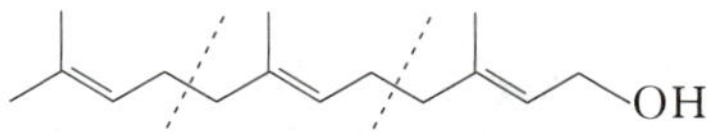

法呢醇（金合欢醇）

二萜分子中含有20个碳原子。例如叶绿醇：

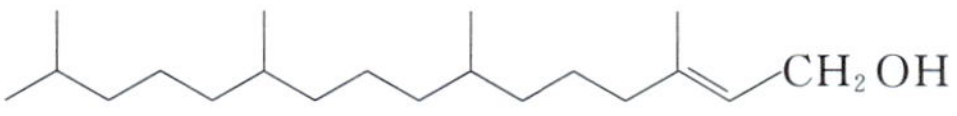

叶绿醇

维生素 A($C_{20}H_{29}OH$)也是一种二萜,存在于牛乳、蛋黄及鱼肝油中,也可以由 β-紫罗酮合成。卡雷从鱼肝油中精制出维生素 A 的晶体,熔点 64 ℃,其结构如下:

获诺贝尔奖者

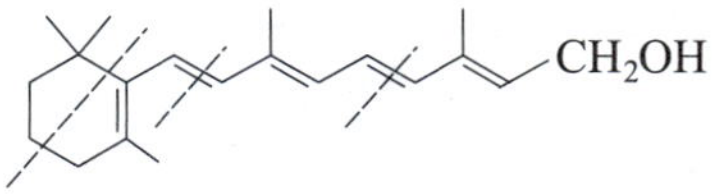

维生素 A 又称视黄醇,是一种油溶性维生素。缺乏维生素 A 会妨碍人的生长,尤其会引起眼球干燥和夜盲症疾病。因为视网膜中有一种圆柱细胞,其中含有视紫质,后者由视蛋白和视黄醛结合而成。维生素 A 在酶的作用下能变成视黄醛,因此是视黄醛的来源。视黄醛的结构如下:

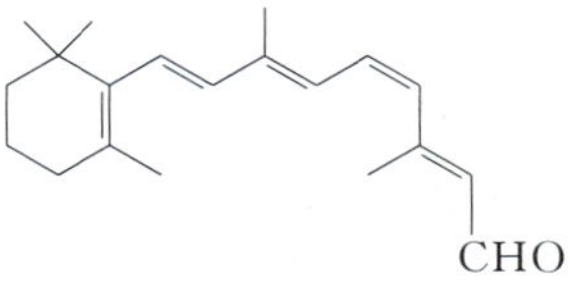

三萜分子中含有 30 个碳原子,存在于动植物体内。角鲨烯大量存在于鲨鱼的肝油中,橄榄油、米糠油中也有少量存在。它是甾族化合物生化合成的中间体。

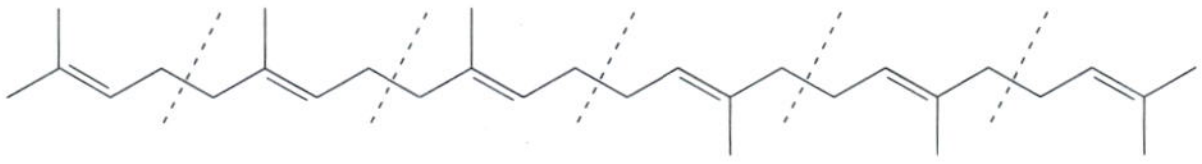

角鲨烯

胡萝卜素($C_{40}H_{56}$)是天然存在的四萜化合物之一。它的碳架可以看作是由 8 个异戊二烯碳架单位构成。胡萝卜素是存在于胡萝卜中的橙黄色素,并常和叶绿素共同存在于绿色植物中。蛋黄和奶油中也有胡萝卜素存在。而螺旋藻(一种天然海藻)中所含的 β-胡萝卜素是胡萝卜含量的 10 倍。库恩利用色谱柱成功地从天然的胡萝卜素中分出 α、β、γ 等异构体,但以 β 异构体为主,熔点 184 ℃,其结构如下:

获诺贝尔奖者

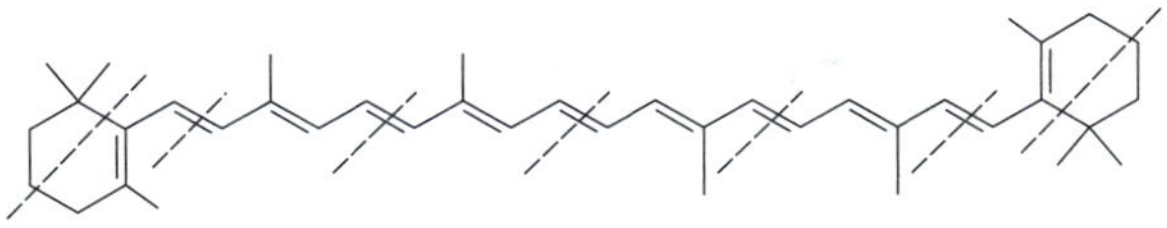

在 β-胡萝卜素分子中含有许多共轭双键。它的颜色就是由这种结构所引起的。在动物的肝内,β-胡萝卜素在酶的作用下能转变为两分子维生素 A。

β-胡萝卜素还有防治心脏病和防癌、抗癌的疗效,经常食用可以提高人体的免疫力。目前,β-胡萝卜素是确定食物中维生素 A 含量的标准物质,一个国际单位的维生素 A 相当于 0.6 μg β-胡萝卜素所具有的活性。

胡萝卜中的胡萝卜素只有溶解在油脂中,食用后才能被人体吸收。

17.2.5 青蒿素

获诺贝尔奖者

青蒿素(artemisinin)是中国科学家屠呦呦(1930—)在 1972 年，从复合花序植物黄花蒿(即中药青蒿)中提取得到的，故称青蒿素，属倍半萜化合物。其系统名称为(3*R*,5a*S*,6*R*,8a*S*,9*R*,12*S*,12a*R*)－八氢－3,6,9－三甲基－3,12－桥氧－12*H*－吡喃[4,3－*j*]－1,2－苯并二氧杂七环－10(3*H*)－酮，分子式为 $C_{15}H_{22}O_5$。青蒿素分子中有过氧键和内酯环，有一个包括过氧键在内的 1,2,4－三噁结构单元，分子中有 7 个手性中心。

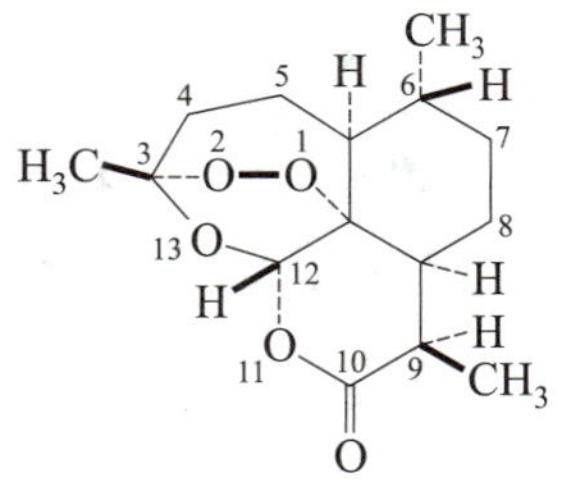

青蒿素对疟原虫有 100%的抑制率。研究认为抗疟疾功效与青蒿素分子的过氧桥环、内过氧化物－缩酮－乙缩醛－内酯结构有关，手性中心的 *R*,*S* 结构有利于与疟原虫结构接触。分子的亲脂性有利于提高抗疟疾活性。为了减小疟原虫的抗药性，屠呦呦将青蒿素还原成二氢青蒿素，进而合成蒿甲醚、蒿乙醚，这些衍生物都比母体的生物活性高，其中二氢青蒿素高出 20 多倍。

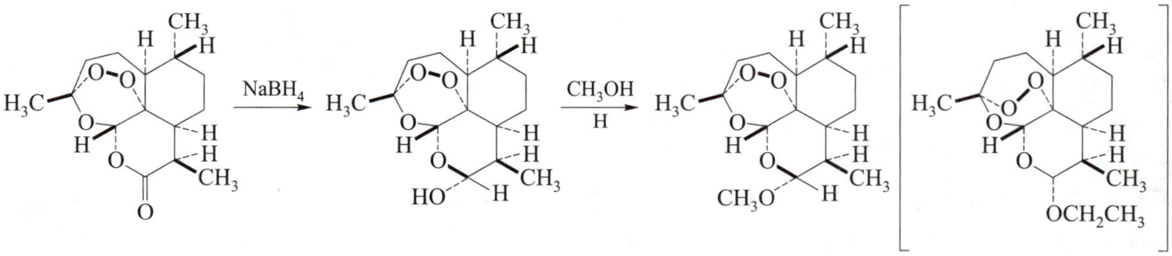

青蒿素 二氢青蒿素 蒿甲醚 蒿乙醚

屠呦呦发现了青蒿素、二氢青蒿素的抗疟疾效能，挽救了 2 亿多人免遭疟疾不幸。因此，获 2015 年诺贝尔生理学或医学奖。

青蒿素除抗疟疾外，还有抗肿瘤、抗真菌、免疫调节等重要功能。2016 年，发现烟草中含有丰富的青蒿素。目前，青蒿素的合成工艺已打通，但合成成本较高，难实现工业化生产。

17.3 甾族化合物

17.3.1 概述

甾族化合物(steroid)，名称源于希腊文 stereos，意即固体。甾族化合物广泛存在于动植物组织内，并在动植物的生命活动中起着重要的作用。从分子结构上看，它们应该属于脂环族化合物，它们都具有完全或部分氢化了的菲的碳环，而且在一边还稠合着一个饱和的五碳环，这种结构可以称为环戊烷并高氢化菲，并且一般含有三个支链，如下式所示：

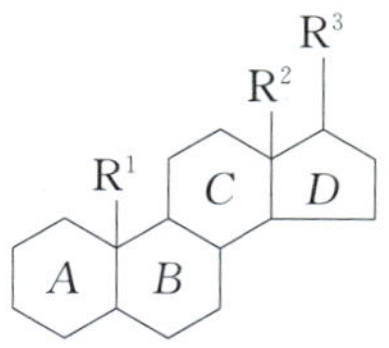

式中，R^1、R^2 常为甲基，称为角甲基；R^3 则因化合物不同而异。具有上面基本结构的化合物，常称为甾族化合物①。

由上式可见，甾族化合物中含有四个环，它们之间可以在顺位或反位相稠合。此外，环上有取代基时，还可以产生新的手性碳原子，因此，甾族化合物的立体化学十分复杂。通常，存在于自然界中的甾族化合物，*B* 环和 *C* 环都以反位相稠合，*C* 环和 *D* 环在大多数情况下也以反位相稠合，*A* 环和 *B* 环可以在顺位或反位相稠合。例如，胆甾烷与粪甾烷的构型。

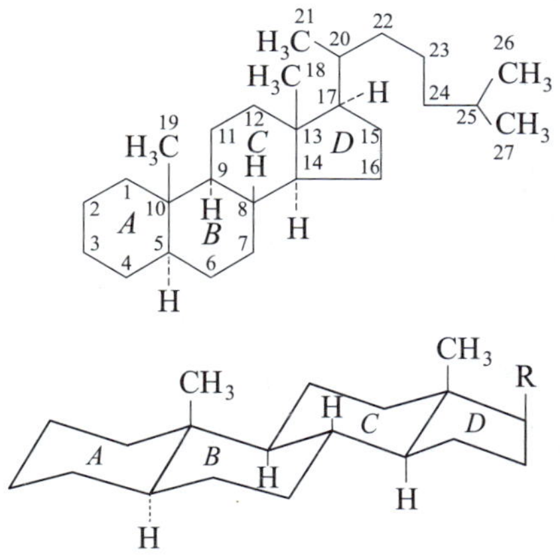

胆甾烷（A、B 反式）

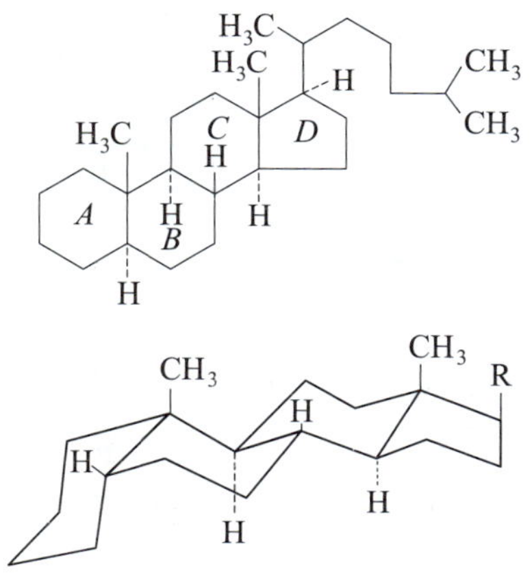

粪甾烷（A、B 顺式）

甾族化合物的编号通常都如此式，即两个角甲基在第 10、13 号碳原子上。表示甾族化合物的构型时，常以 *A*、*B* 环之间的甲基（10 号）为标准，把它排在环系平面的上面，用实线表示；其它基团凡是与这个甲基在环平面的同一边时，都用实线表示，不在同一边的，则用虚线表示。在胆甾烷和粪甾烷中，两个角甲基都在环平面的同一边。

获诺贝尔奖者

根据甾族化合物的存在和化学结构，可以分为甾醇、胆汁酸、甾族激素和甾族生物碱等。德国化学家巴顿受到哈塞尔论文的启示，提出了甾族化合物的构象理论，被认为是对立体化学和有机结构理论的重大贡献。

① “甾”字中，巛表示三个支链，田字表示四个环。

17.3.2 甾醇

获诺贝尔奖者

甾醇是含有羟基的固体化合物，所以又称为固醇。甾醇常以游离状态或以酯的形式广泛存在于动植物体内，分为动物甾醇和植物甾醇。动物甾醇中最常见的是胆甾醇（$C_{27}H_{45}OH$），是无色晶体，熔点 150 ℃，存在于人及动物的血液中，而集中在脊髓及脑中，人体内的胆石几乎全由胆甾醇所组成。温道斯测定它的结构式如下：

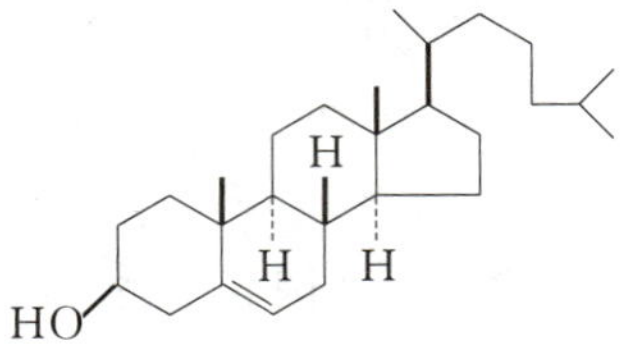

胆甾醇

上式表明，在 3 位上含有一个仲醇基，在 10 位和 13 位上都连有一个角甲基，17 位上则连着一个带支链的长链烷基。分子中除了 5、6 位间存在着一个双键外，其余部分都是饱和的。

胆甾醇在酶催化下氧化成 η-脱氢胆甾醇，它的 B 环中有共轭双键。η-脱氢胆甾醇存在于皮肤组织中，在日光照射下发生光化学反应，转变为维生素 D_3：

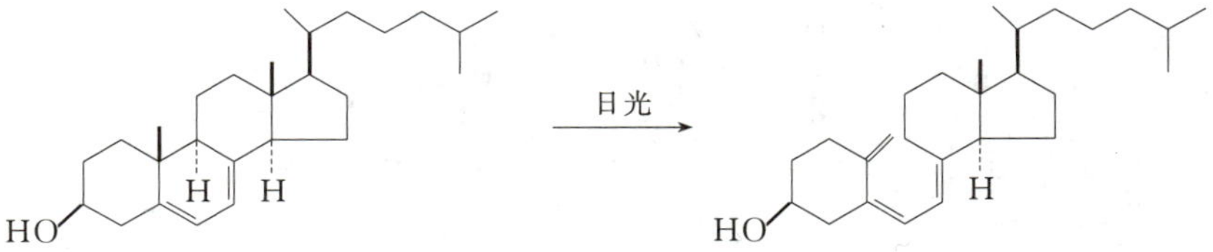

维生素 D_3 是从小肠中吸收 Ca^{2+} 过程中的关键化合物。体内维生素 D_3 的浓度太低，会引起 Ca^{2+} 缺乏，不足以维持骨骼的正常生成而产生软骨病。鱼类已经适应了不见阳光的环境，它们是通过其它途径积累维生素 D_3 的，因此鱼肝油是维生素 D_3 的良好来源。

存在于酵母、霉菌及麦角中的麦角甾醇（$C_{28}H_{43}OH$）是一种植物甾醇，熔点165 ℃，结构上与胆甾醇颇为近似，不过在 17 位的侧链上增加了一个甲基；同时由于分子中含有三个双键，它的不饱和程度比胆甾醇大。

麦角甾醇在紫外光照射下，能引起分子中的 B 环破裂，而发生了键的重排，生成维生素 D_2：

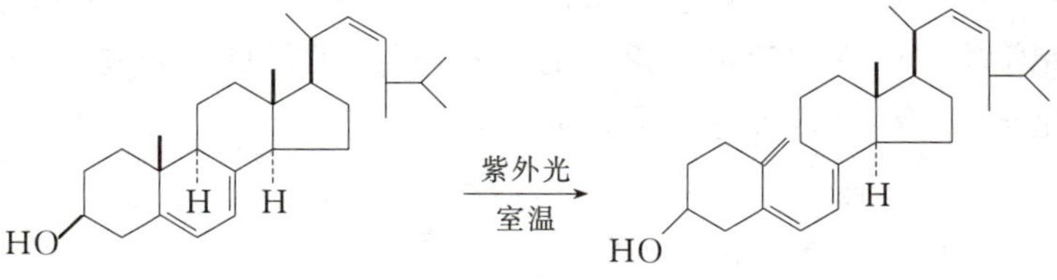

维生素 D_2 和天然存在于鱼肝油中的维生素 D 的结构相近，具有抗佝偻病的疗效。麦角甾醇还是青霉素生产中的一种副产品，可用于激素的生产。

17.3.3 胆汁酸

胆汁酸是存在于人类或某些动物的胆汁中的饱和羟基酸，可以用水解的方法从胆汁中分离出来。从人和牛的胆汁中所分离出来的胆汁酸主要是胆酸及去氧胆酸。它们的结构如下：

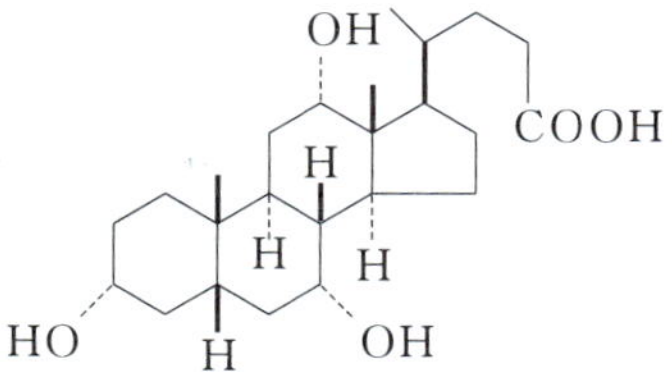

胆酸

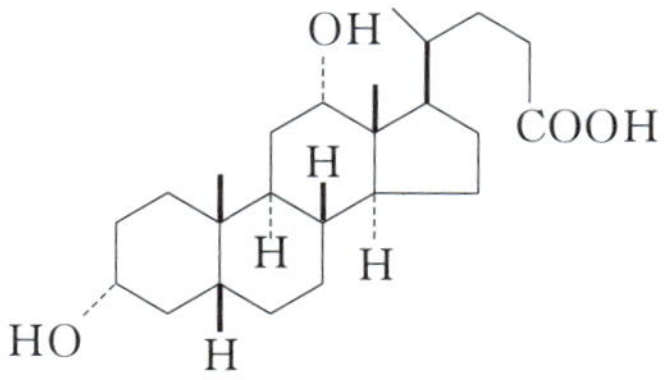

去氧胆酸

在胆汁中，胆汁酸是以胆盐的形式存在的，即胆汁酸中的羧基与甘氨酸（$H_2N—CH_2—COOH$）或牛磺酸（$H_2N—CH_2—CH_2—SO_3H$）中的氨基形成酰氨键，而以后者的羧基或磺基形成胆盐。

胆盐的作用是使脂肪乳化。它能降低水与脂肪的表面张力，将脂肪乳化成分散于水中的微粒，以增加脂肪和消化液中脂肪酶的接触面积而易于消化。乳化后的脂肪不仅易于消化，而且一部分高度乳化的脂肪微粒还可以不经消化直接进入黏膜而被吸收。

17.3.4 甾族激素

激素，俗称荷尔蒙（hormone），源于希腊文 hormon，意即刺激。激素是由各种内分泌腺体分泌的一类具有生理活性的物质，它们直接进入血液或淋巴液中循环至体内的不同组织或器官，能控制重要生理过程，是维持正常代谢所必需的。激素可根据化学结构分为两大类：一类为含氮激素，包括胺、氨基酸、多肽及蛋白质；另一类为甾族激素，包括性激素及肾上腺皮质激素。

1. 性激素

控制性生理活动的激素叫做性激素，是高等动物性腺的分泌物，可以分为雄性激素和雌性激素两类。雄性激素如睾丸酮是睾丸的分泌物，有促进雄性动物的发育、生长及维持雄性特征的作用。雌性激素如雌二醇为卵巢的分泌物，有促进雌性动物发育及维持雌性特性的作用。孕甾酮为排卵后生成的黄体的分泌物，为准备及维持妊娠与哺乳所必需，其主要作用为使子宫及乳腺发育，在医药上可用来防止流产。布泰南特分离了雌酮、雌三醇、黄体酮、雄酮和睾丸酮等性激素。部分性激素的结构如下：

获诺贝尔奖者

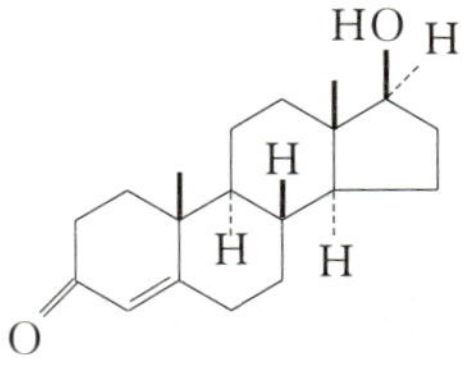

睾丸酮

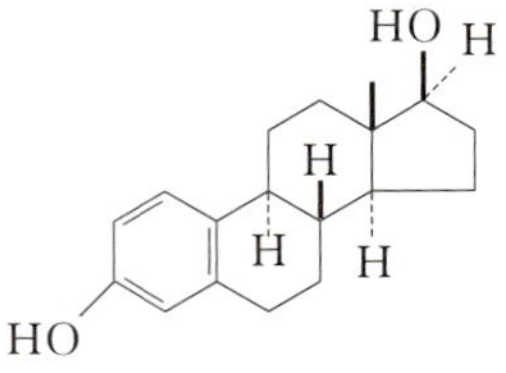

雌二醇

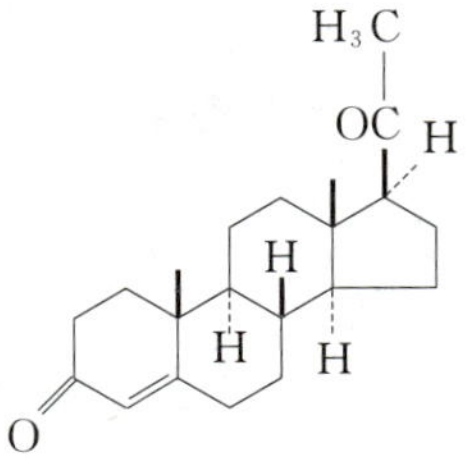

孕甾酮

炔诺酮是一种女用口服避孕药，咪司酮是抗早孕药，它们的结构分别为

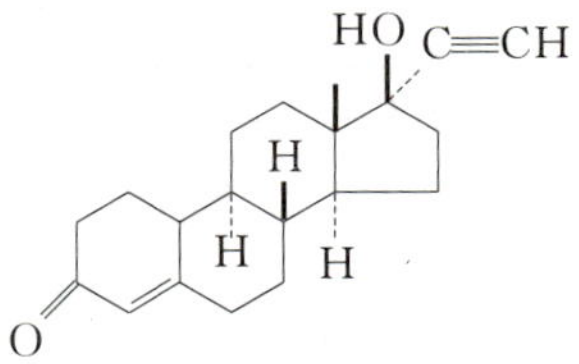

炔诺酮

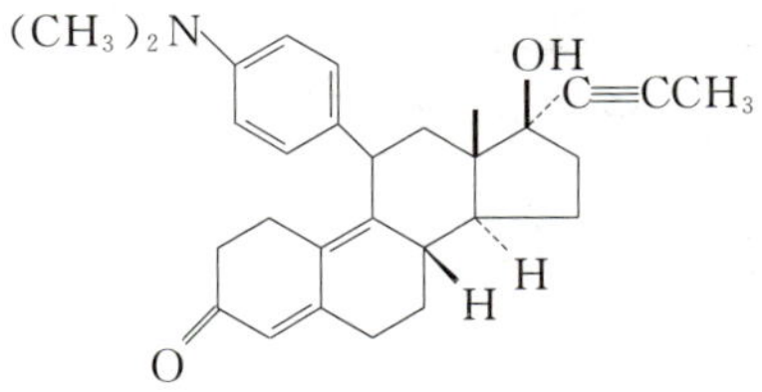

咪司酮

2. 肾上腺皮质激素

肾上腺皮质激素是哺乳动物的肾上腺皮质所分泌的。可的松是其中之一，它的结构如下：

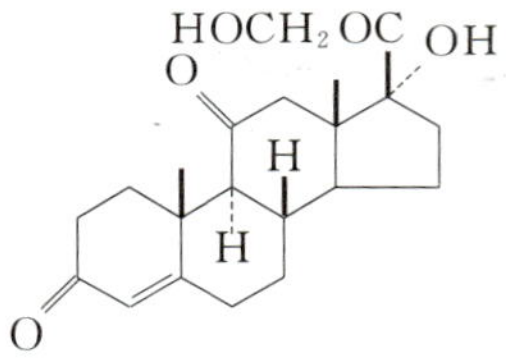

可的松

可的松能控制糖类的新陈代谢，有治疗风湿性关节炎和促进机体生理机能的作用。我国有机化学家黄鸣龙教授早在20世纪50年代就领导完成了可的松的全合成工作，处于当时的国际先进水平。

近年来，我国在应用生物工程技术生产甾族激素方面已建立了颇具规模的工业基础。

17.4　生　物　碱

17.4.1　生物碱的含义、存在及制取

生物碱(alkaloids)是指从动植物中得来的一类含氮的具有碱性的物质。它们大多是极有价值的药物，尤其我国的中草药含有很多种生物碱，中草药的疗效大多是由所含的生物碱而来。

生物碱在植物中分布很广，有的植物中往往含有多种生物碱。例如，在罂粟里就含有约 20 种不同的生物碱。生物碱在植物中常以有机酸盐（如苹果酸盐、琥珀酸盐、草酸盐、柠檬酸盐等）形式存在。由植物中制取生物碱时，通常用稀盐酸或稀硫酸溶液使它们从有机酸盐中游离成为盐酸盐或硫酸盐转移到提取液中，然后用 NaOH 或 $Ca(OH)_2$ 处理，这时水溶性很小的生物碱就沉淀下来，最后用有机溶剂（如乙醇、乙醚、氯仿等）把游离的生物碱萃取出来。生物碱包括的内容广泛，可阅读拓展资料。

拓 4−22

17.4.2　生物碱的通性

生物碱大多是无色固体，只有极少数是液体。游离的生物碱大多不溶或难溶于水，易溶于有机溶剂。它们的盐类一般均易溶于水。

生物碱一般都有手性，具旋光性，大多是左旋的，有明显的生理效应。

生物碱可以与很多试剂作用而从水溶液或酸溶液中沉淀出来。这类试剂往往称为沉淀剂。常用的沉淀剂包括苦味酸、磷钨酸、磷钼酸、单宁酸、I_2 + KI 溶液、KI + HgI_2 的复盐等。

获诺贝尔奖者

生物碱的结构特征可根据所含的杂环来归类认识。鲁宾逊测定了某些生物碱的结构。

17.4.3　重要的生物碱

1. 烟碱

烟碱以和苹果酸及柠檬酸结合成盐的形式存在于烟草中，分子式为 $C_{10}H_{14}N_2$，俗称尼古丁，分子结构中含有一个吡啶环和一个四氢吡咯环：

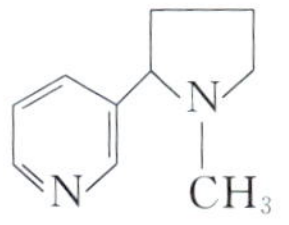

天然存在的是左旋体，是毒性很强的液体，少量吸入能刺激中枢神经系统，增高血压；大量吸入则能抑制中枢神经系统，使呼吸停止和心脏麻痹。解毒药为颠茄碱（见下节）。

烟碱在农业上用作接触杀虫剂。烟碱氧化生成烟酸（β−吡啶甲酸），进一步合成 β−吡啶甲酰胺（俗称维生素 P），是一种营养性物质。

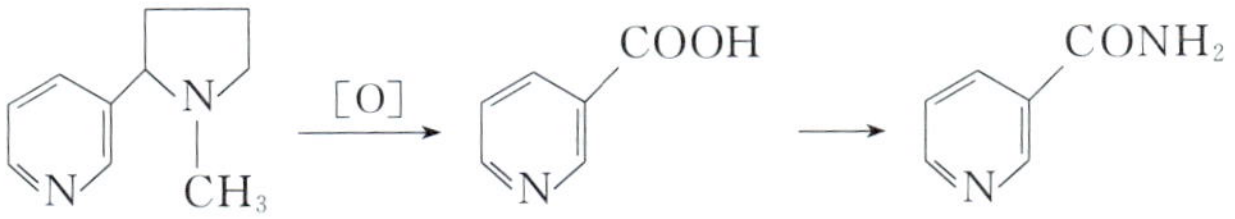

2. 颠茄碱类

颠茄碱可从颠茄（一种茄科植物）中取得，主要有阿托品和古柯碱两种生物碱。

(1) 阿托品　阿托品的分子结构中含有四氢吡咯环，水解后生成莨菪醇及 *dl*−莨菪酸，因此它是一个酯：

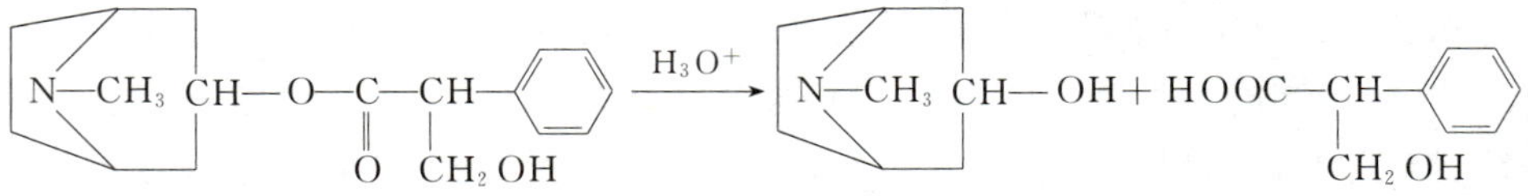

近年来，在医药上发现阿托品具有改善血液微循环的特殊作用，主要用于治疗内脏绞痛和扩张瞳孔。

(2) 古柯碱　古柯碱(可卡因)存在于古柯叶中，其结构中也含四氢吡咯环：

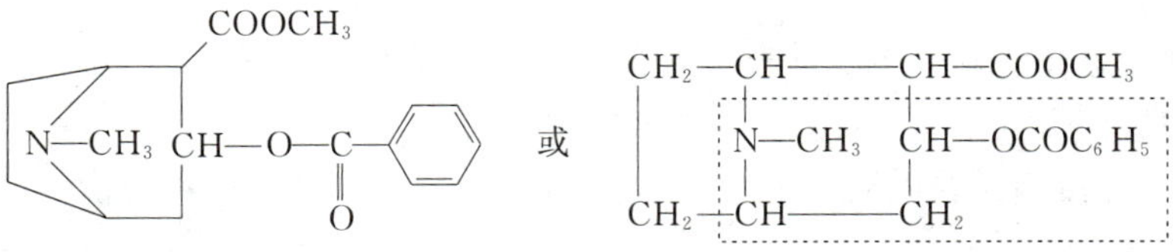

古柯碱是一种局部麻醉剂，但有严重缺点：容易成瘾，毒性很强，可引起呼吸中枢的麻痹而致死，现在已被列为毒品。为了寻找更好的代用品，合成了结构与古柯碱类似的化合物。经长期研究证明，上式中的虚线部分为有麻醉作用的有效结构，即含有 N—C—C—C—O—COC_6H_5 结构的化合物可能有局部麻醉作用。迄今为止，筛选出奴佛卡因及潘特卡因是最常用的局部麻醉剂，已在工业上大量生产：

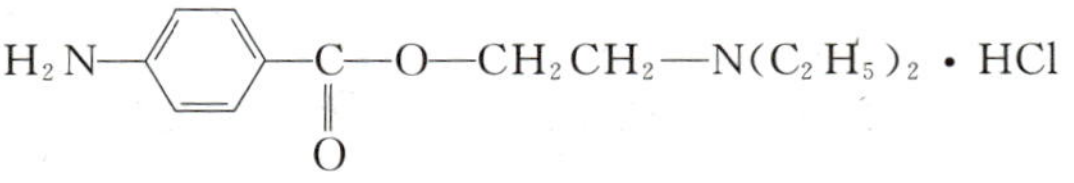

奴佛卡因

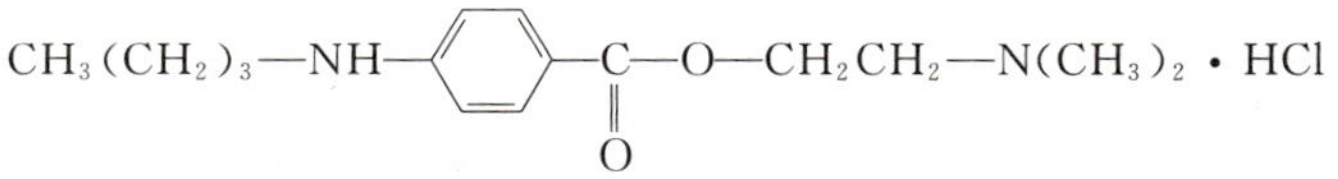

潘特卡因

3. 金鸡纳碱

金鸡纳碱俗称奎宁，存在于金鸡纳树的皮、根、干及枝中。它的结构特征是含有喹啉环：

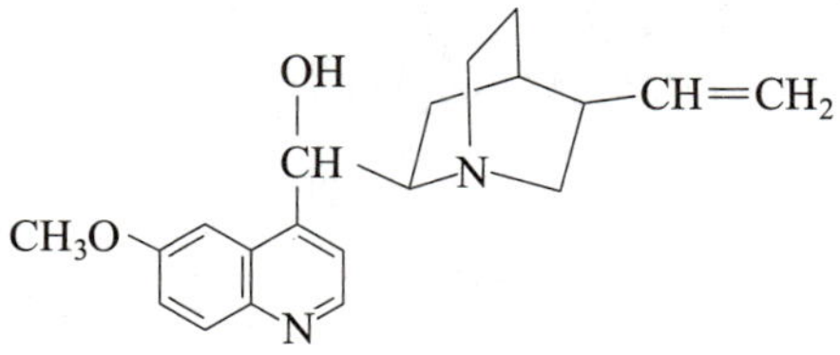

金鸡纳碱是优良的治疗疟疾的药物。但由于受到种植地区及产量的限制，不能满足医药上的需要。加之，金鸡纳碱对疟原虫虽有抑制作用，却无灭杀作用。因此为了寻求疗效更高、结构简单、合成方便的抗疟药物，人们进行了长期的研究探索，从几万种化合物中筛选出以下几种：

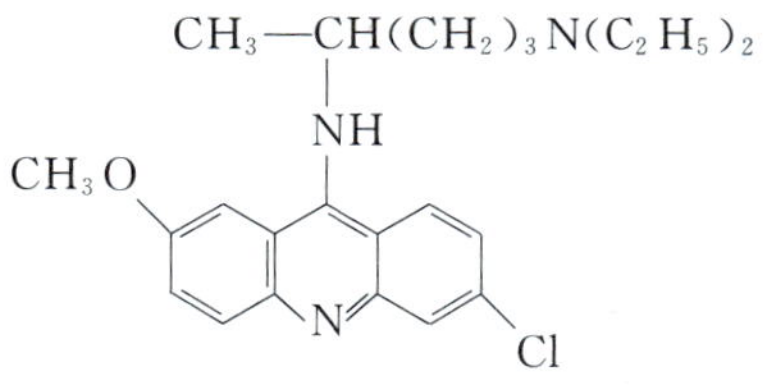

阿的平

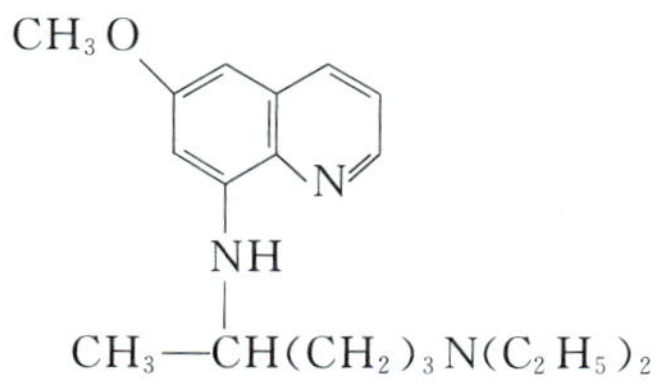

扑疟母星

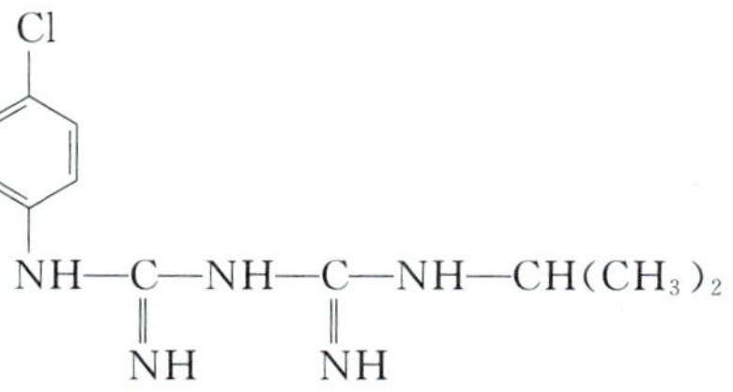

百乐君(盐酸氯胍)

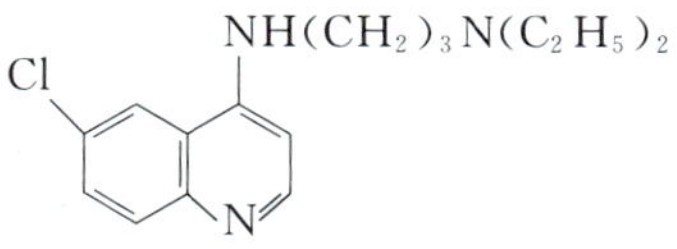

氯奎宁

这几种生物碱目前已代替金鸡纳碱用于临床治疗疟疾。由于疟原虫的抗药性,现已找到治疗疟疾新药——花青素。

4. 常山碱类

我国生产的中药常山中含有多种生物碱,其中的常山碱和异常山碱均有抗疟作用,其结构中主要含有喹啉环及六氢吡啶环:

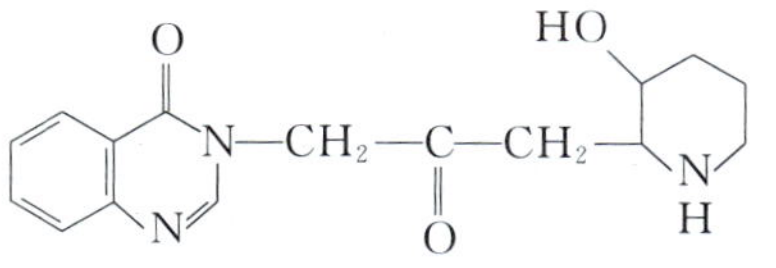

常山碱

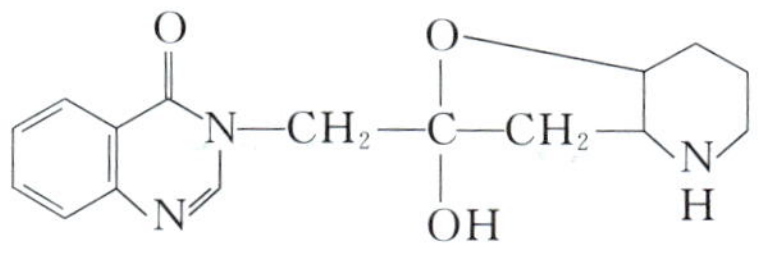

异常山碱

常山碱的抗疟作用约为奎宁的 100 倍以上,但由于其毒性太大,不能直接服用。

5. 罂粟碱和吗啡碱

罂粟碱含在鸦片中,鸦片是罂粟果流出的乳汁,经干燥后所得的物质。鸦片中含有 20 多种生物碱,其中主要的一种是罂粟碱,它的分子中含有异喹啉的结构:

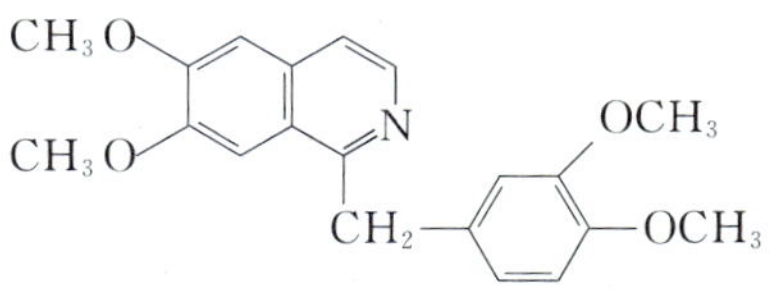

罂粟碱有抑制痉挛作用。

鸦片中另外一种重要的生物碱是吗啡碱,吗啡碱是白色晶体,在医药中应用很广,有麻醉、安眠、止痛等作用,其结构特征也含有异喹啉环:

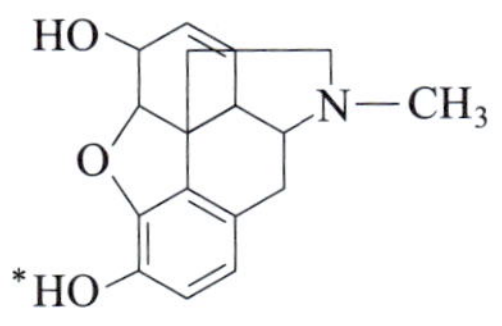

或

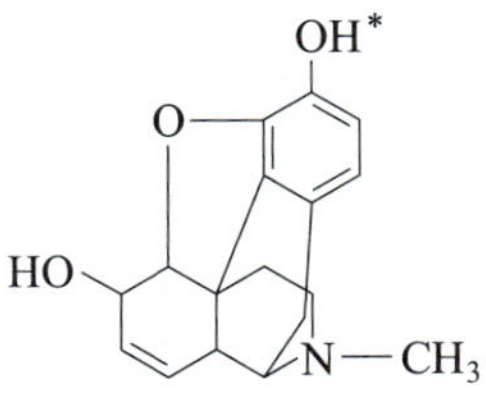

如吗啡碱分子中羟基的 H^+ 被 CH_3 取代，便成为可待碱，俗称可待因(也存在于罂粟果中)，医药上常用作局部麻醉剂及止咳剂。

6. 咖啡碱

咖啡碱又称茶碱，为白色晶体，含于茶叶和咖啡内，对人体有兴奋、止头痛和利尿等作用，是常用的解热止痛剂成分之一，其结构特征为含有嘌呤环：

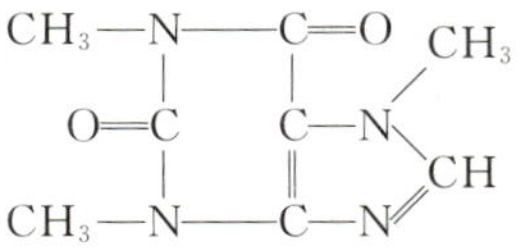

或

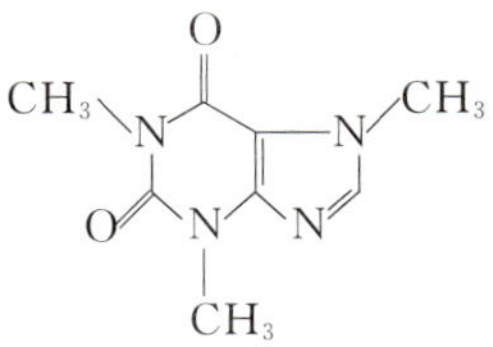

近年来的研究发现，咖啡碱还能作为有效的杀虫剂。

7. 利血平

利血平又称蛇根草素，是从萝芙藤中提取的生物碱，其结构特征为含有吲哚环：

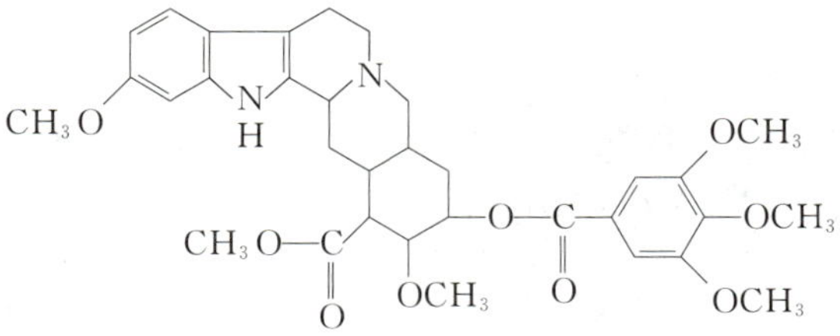

它有降低血压的作用，它的全合成已于1956年由美国化学家伍德沃德(Woodward R B)完成。

获诺贝尔奖者

8. 其它非杂环族的生物碱

除了大多数生物碱均含各种杂环结构外，也有少数非杂环族的生物碱，举例一二说明之。

(1) 麻黄碱　麻黄碱又称麻黄素，它与肾上腺素的结构和生理作用相仿，它的结构如下：

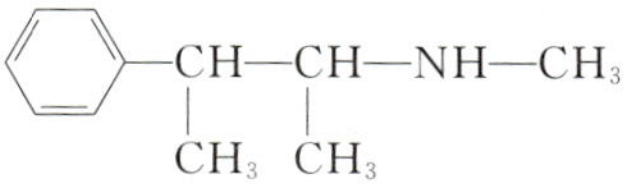

它是我国出产的中药麻黄内所含的一种生物碱，左旋体有疗效，具有止咳、止喘等效能，可以口服。

(2) 秋水仙碱　秋水仙碱含于秋水仙植物，如新鲜黄花菜中，其结构如下：

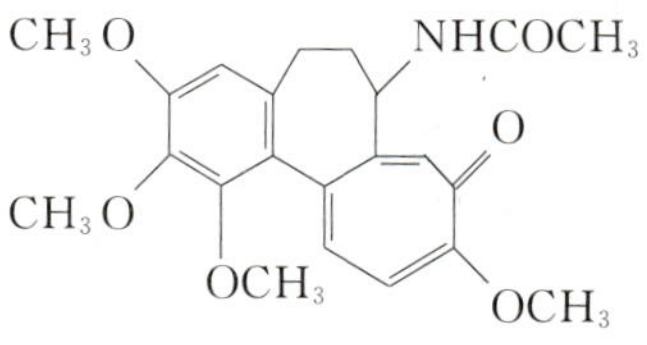

它具有一定的毒性，食后可引起中毒。

习 题

17-1 写出不饱和脂肪酸 $CH_3(CH_2)_7CH{=}CH(CH_2)_7COOH$ 与下列试剂反应的结果。

(1) H_2/Ni， (2) I_2， (3) HBr， (4) A. OsO_4/B. $NaHSO_3$，

(5) $KMnO_4(H^+)$， (6) H_2SO_4， (7) $H_2S_2O_7/H_2O$， (8) CH_3OH/H^+

17-2 在实验室中可通过下列反应制得异油酸，请写出各中间产物(A～E)和异油酸的构造式。

$$n\text{-}C_6H_{13}Cl + NaC{\equiv}CH \longrightarrow A(C_8H_{14})$$

$$A + Na + NH_3(l) \longrightarrow B \xrightarrow{I(CH_2)_9Cl} C(C_{17}H_{31}Cl)$$

$$C + KCN \longrightarrow D(C_{18}H_{31}N) \xrightarrow[\triangle]{^-OH} \xrightarrow{H_3^+O} E(C_{18}H_{32}O_2)$$

$$E + H_2 \xrightarrow[BaSO_4]{Pd} \text{异油酸}\ (C_{18}H_{34}O_2)$$

17-3 从结核杆菌脂肪囊的皂化产物中可得到结核菌硬脂酸，试根据下列的合成反应写出结核菌硬脂酸的构造式。

$$2\text{-癸醇} + PBr_3 \longrightarrow A(C_{10}H_{21}Br)$$

$$A + Na^+\,\bar{C}H(CO_2C_2H_5)_2 \xrightarrow[\triangle]{^-OH} \xrightarrow[\triangle]{H_3^+O} B(C_{12}H_{24}O_2)$$

$$B + SOCl_2 \longrightarrow C \xrightarrow{C_2H_5OH} D(C_{14}H_{28}O_2)$$

$$D + LiAlH_4 \longrightarrow E(C_{12}H_{26}O) \xrightarrow{PBr_3} F(C_{12}H_{25}Br)$$

$$F + Mg \longrightarrow \xrightarrow{CdCl_2} \xrightarrow{EtO_2C(CH_2)_5COCl} G(C_{21}H_{40}O_3)$$

$$G + Zn/HCl \longrightarrow H(C_{21}H_{42}O_2)$$

$$H \xrightarrow[\triangle]{^-OH} \xrightarrow{H_3^+O} \text{结核菌硬脂酸}(C_{19}H_{38}O_2)$$

17-4 如何将硬脂酸转变为下列各化合物?

(1) $CH_3(CH_2)_{16}CO_2C_2H_5$ (2) $CH_3(CH_2)_{16}CO_2C(CH_3)_3$

(3) $CH_3(CH_2)_{16}CONH_2$ (4) $CH_3(CH_2)_{16}CON(CH_3)_2$

(5) $CH_3(CH_2)_{16}CH_2NH_2$ (6) $CH_3(CH_2)_{15}CH_2NH_2$

(7) $CH_3(CH_2)_{16}CHO$ (8) $CH_3(CH_2)_{16}CH_2OH$

(9) $CH_3(CH_2)_{16}CH_2Br$ (10) $CH_3(CH_2)_{16}CH_2COOH$

(11) $CH_3(CH_2)_{16}COCH_3$ (12) $CH_3(CH_2)_{16}CO_2CH_2(CH_2)_{16}CH_3$

17-5 ω-氟代油酸(ω-fluorooleic acid)可从灌木浆液中分离得到。在下面的合成过程中最后也得到ω-氟代油酸。请写出 A,B,C,D 的构造式。

$$8\text{-氟-1-溴辛烷} + NaC{\equiv}CH \longrightarrow A(C_{10}H_{17}F)$$

$$A \xrightarrow{NaNH_2} \xrightarrow{I(CH_2)_7Cl} B(C_{17}H_{30}FCl)$$

$$B \xrightarrow{NaCN} C(C_{18}H_{30}NF) \xrightarrow[\text{② } H_3^+O]{\text{① KOH}} D(C_{18}H_{31}O_2F)$$

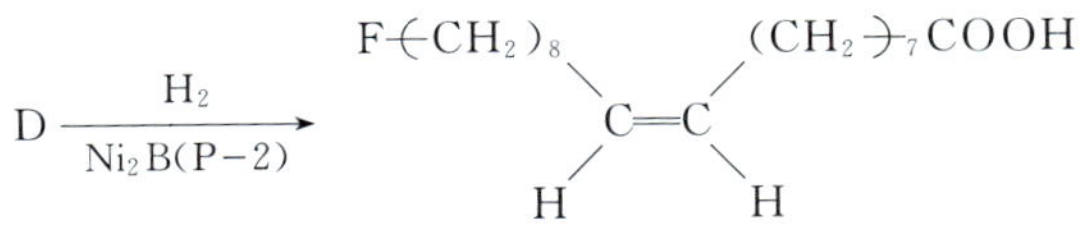

(总收率 46%)

17-6　找出下列化合物中的手性碳原子。

(1) α-蒎烯　(2) 2-α-氯莰　(3) 苧　(4) 薄荷醇

(5) 樟脑　(6) 可的松　(7) 胆酸　(8) 冰片

17-7　指出下列化合物的碳架怎样分割成异戊二烯碳架单位，它们属于几萜化合物？

(1) 香茅醛 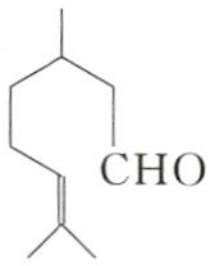　(2) 樟脑 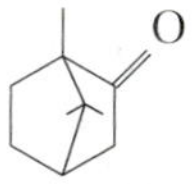

(3) 松香酸 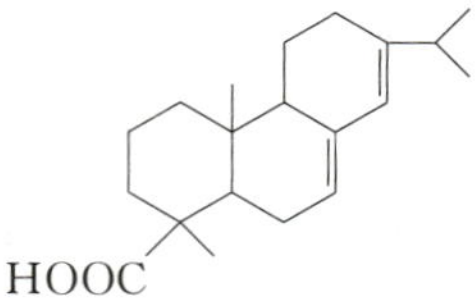

(4) 番茄色素 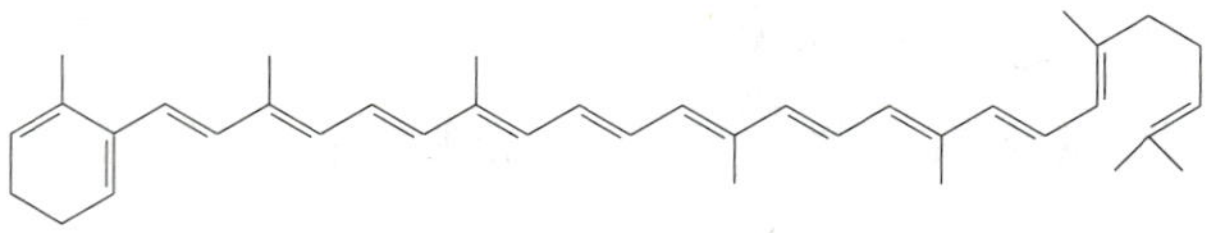

17-8　用简单的化学方法区分下列各组中的化合物。

(1) A. 薄荷醇　B. 柠檬醛　C. 樟脑

(2) A. 胆甾醇　B. 胆酸　C. 雌二醇

D. 睾丸甾酮　E. 孕甾酮

17-9　试用常见、易得化学试剂合成下列化合物。

(1) 异戊二烯　(2) 薄荷醇　(3) 苧

17-10　在薄荷油中除薄荷脑外，还含有它的氧化产物，如薄荷酮($C_{10}H_{18}O$)。薄荷酮的结构最初是用下列合成方法来确定的：β-甲基庚二酸二乙酯加乙醇钠，然后加水得到B($C_{10}H_{16}O_3$)。B加乙醇钠，然后加异丙基碘得 C($C_{13}H_{22}O_3$)。C 加 OH^-，加热，然后加 H^+，再加热得薄荷酮。写出上列合成法的反应式。

17-11　请自查文献，说明哪些油脂可以转化为生物柴油？

17-12　毒芹的活性成分是一种叫毒芹碱的生物碱。从下面所示的反应过程中推测毒芹碱($C_8H_{17}N$)的结构。

$$(C_8H_{17}N)\xrightarrow{2CH_3I}\xrightarrow{\text{湿 }Ag_2O}\xrightarrow{\triangle}\xrightarrow{CH_3I}\xrightarrow{\text{湿 }Ag_2O}\xrightarrow{\triangle}\xrightarrow{O_3}\xrightarrow[H_2O]{Zn}$$

$$HCHO+CH_2(CHO)_2+CH_3CH_2CH_2CHO$$

17-13　罂粟碱 A($C_{20}H_{21}O_4N$)是一种生物碱，存在于鸦片中，是一种肌弛缓药，具有麻醉作用。它与过量的 HI 作用，生成 4 mol CH_3I。用 $KMnO_4$ 氧化后，生成酮($C_{20}H_{19}O_5N$)，此酮继续氧化，生成下列四种混合物：

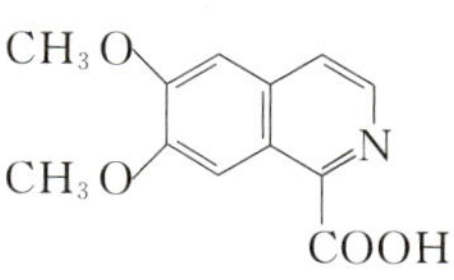　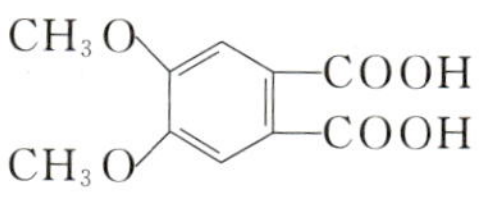　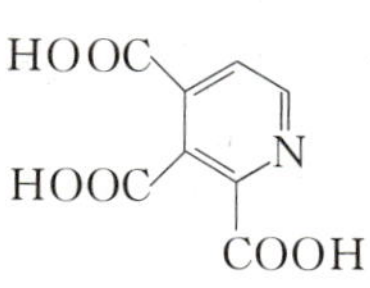　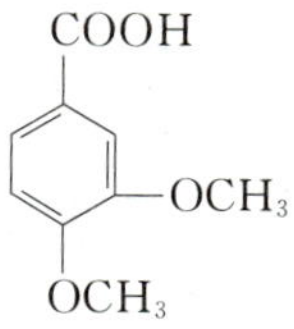

试推测罂粟碱 A 的构造式，并写出生成上述诸产物的反应式。

第6篇

有机合成基础

第 18 章　有机合成基础

18.1　有机合成的意义和要求

有机合成是指通过一系列的有机反应，将易得的、廉价的原料（单质，简单的无机物和有机物）制备成结构较为复杂的有机化合物的过程。

有机合成是人类改造世界的重要手段之一，它不仅能合成出自然界中已有的有机化合物，也可制备出自然界尚不存在的、具有各种特殊性能的有机化合物，如染料、香料、农药、医药、洗涤剂等精细化学品。近年来，有机合成发展迅速，新的合成试剂、新的合成反应、新的合成技术层出不穷。人类生命本身、生物活性物质的制备及分子生物学的研究都离不开有机合成。

一种有机化合物的合成，常常有多条合成路线，尽管每条合成路线都能合成出目标化合物，但各条合成路线之间却有着合成效率的差别。例如，颠茄酮的合成有两条主要合成路线：一是威尔斯泰特（Willstätter R）于 1903 年以环庚酮为起始原料，经过卤代、氨解、消除等 17 步反应合成了颠茄酮，尽管每步反应收率都较高，但总收率只有 0.75%；二是鲁滨逊（Robinson R）于 1917 年以丁二醛为原料，利用曼尼希反应，仅用两步反应就合成了颠茄酮，总收率达 90%。

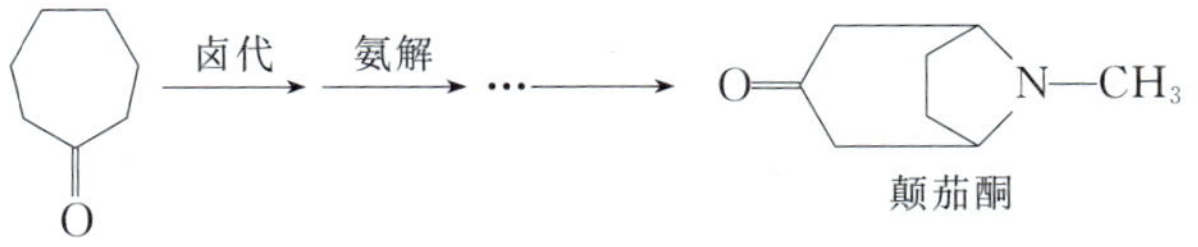

①

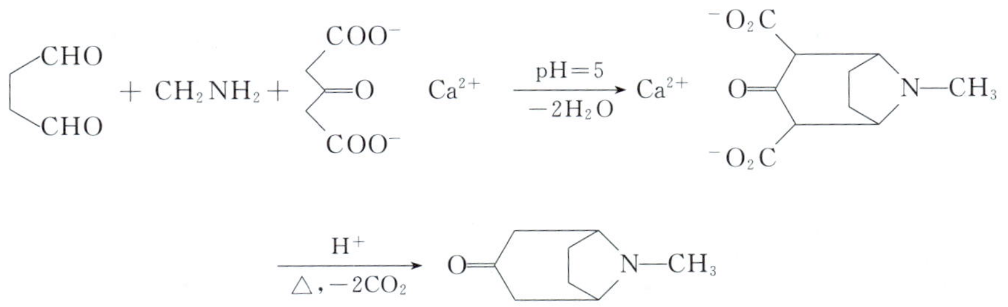

②

显然，第二条路线是高效的、合理的。

一条好的有机合成路线应满足下列基本要求：

(1) 原料便宜易得，反应条件温和，操作简便；

(2) 每一步合成反应的转化率高，产物的选择性好，产物易于分离；

(3) 合成、分离过程安全，污染小；

(4) 合成的步骤要尽可能少。合成反应的总收率取决于各步反应收率的乘积，反应步骤越多则总收率越低；

(5) 合成的每一步都应尽可能地符合绿色合成的要求。

总之，一个较优的合成路线应是用简单、安全、绿色的步骤，快速、定量地把廉价易得的起始原料转化为目标分子。

有机合成最重要的是合成路线的设计，其基本内容包括碳骨架的建立、官能团的引入和转化、选择性控制等。

18.2　碳骨架的建立

有机化合物分子都有其特定的碳骨架，若起始原料不能满足目标分子碳骨架的要求，那么在设计合成路线时，首先要考虑如何建立目标分子的碳骨架。一般可通过碳链的增长、缩短、成环、重排等反应建立目标分子的碳骨架。

18.2.1　增长碳链的方法

用于增长碳链(骨架)的反应很多。按反应机理类型可分为自由基型反应和离子型反应，后者包括亲核取代、亲核加成、亲电取代、亲电加成等反应。按反应方式和反应产物又可分为烃化反应、缩合反应等。

1. 烃化反应

向有机分子中引入烃基的反应称为烃化反应。引入的烃基包括饱和烃基、不饱和烃基、芳基及带有官能团的烃基。

(1) 通过亲核取代反应引入烃基

① 活泼亚甲基化合物的烃化：丙二酸酯、β-酮酸酯、β-二酮、氰乙酸酯等含有活泼亚甲基的化合物，均能发生烃化反应。例如：

$$CH_2(COOC_2H_5)_2 \xrightarrow{NaOC_2H_5} [CH(COOC_2H_5)_2]^- Na^+ \xrightarrow{CH_3CH_2Br}$$

$$CH_3CH_2CH(COOC_2H_5)_2 \xrightarrow{①\ OH^-\ ②\ H_3O^+,\triangle} CH_3CH_2CH_2COOH$$

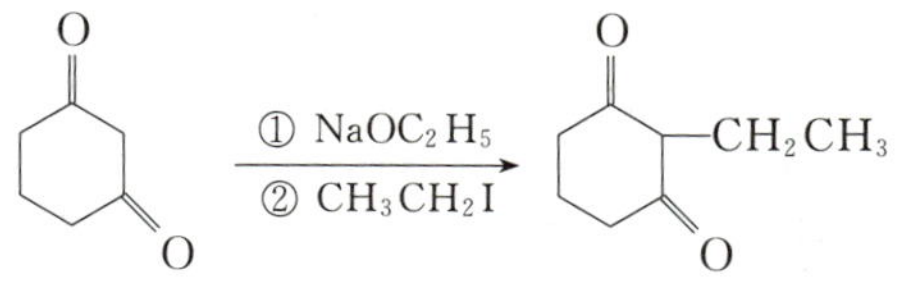

② 单官能团化合物 α-H 的烃化：分子中只含有一个吸电子基官能团的化合物如醛、酮、酸、酯、腈等。其 α-H 酸性较弱，必须使用强碱，才能使其顺利发生 α-C 上的烃化反应。例如：

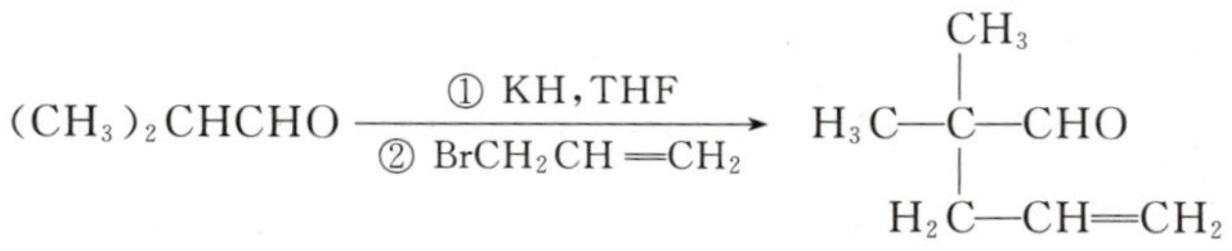

醛、酮类化合物 α-C 上的烃化反应也可通过烯胺与卤代烃发生亲核取代反应实现：

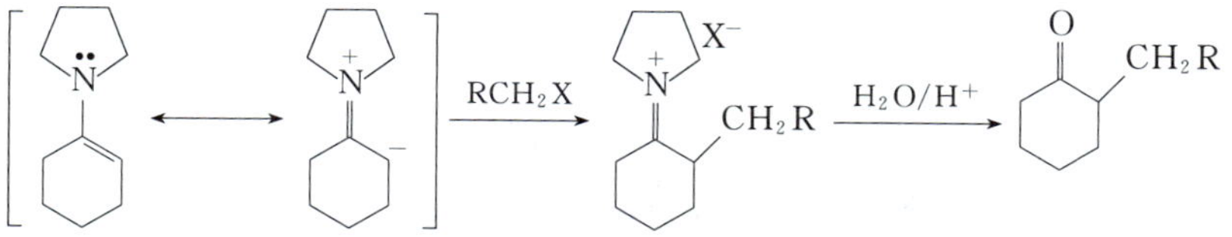

(2) 通过亲核加成反应引入烃基

① 金属有机化合物参与的反应：格利雅试剂是重要的金属有机化合物，是强亲核试剂，与极性碳氧重键发生亲核加成反应是增长碳链的重要方法。例如：

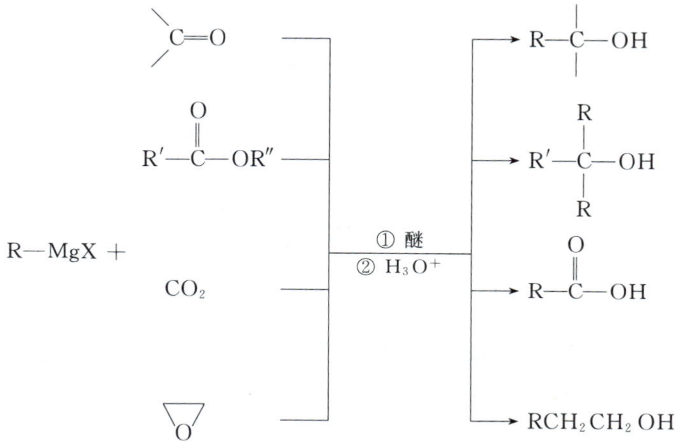

其他金属有机化合物如二烷基铜锂、有机锂等都是常用的增长碳链的试剂。

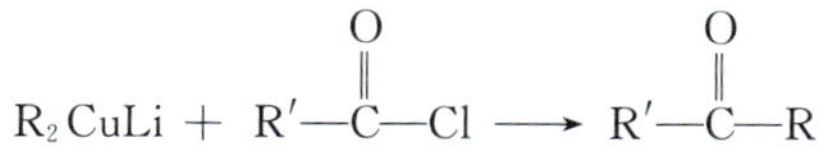

与格利雅试剂相比，二烷基铜锂是一种反应活性适中的试剂，不会进一步与生成的产物酮发生亲核加成反应，是一种制备酮的常用试剂。

② 雷佛尔马斯基反应：雷佛尔马斯基反应常用来增长酯分子的碳链：

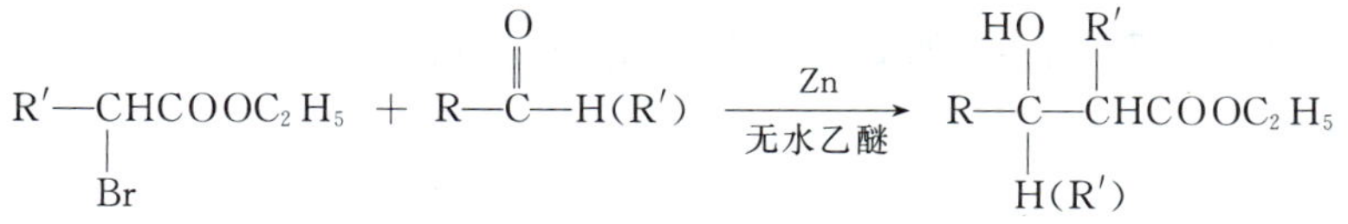

雷佛尔马斯基试剂是一种亲核活性适中的试剂，只与醛、酮的羰基发生亲核加成反应而不与酯羰基发生亲核加成反应，是制备 β-羟基酸酯的一种常用试剂。制得的 β-羟基酸酯脱水还可以制备 α,β-不饱和酯。

③ 迈克尔加成反应：迈克尔加成反应是指在强碱作用下，稳定的碳负离子与 α,β-不饱和羰基化合物发生的共轭加成反应。迈克尔加成反应广泛用于有机合成中。通过这一反应，在增长碳链的同时又向体系中引入了新的官能团：

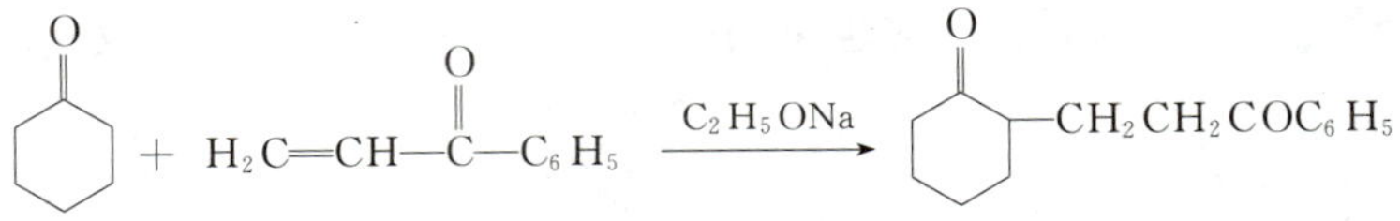

(3) 通过偶联反应引入烃基　能够进行偶联反应的试剂很多，如金属有机化合物或碳负离子与卤代烃的偶联及卤代苯在铜催化下发生的乌尔曼偶联反应等。

$$R_2CuLi + R'X \longrightarrow R-R' + RCu + LiX$$

$$RC\equiv CNa + R'X \longrightarrow RC\equiv CR' + NaX$$

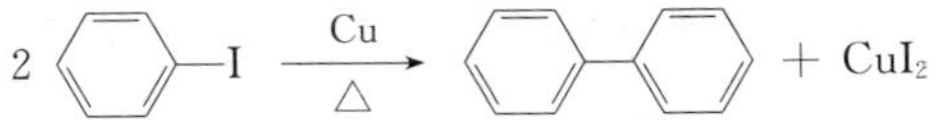

(4) 通过亲电取代反应引入烃基　这是芳环上引入烃基的重要方法。例如：

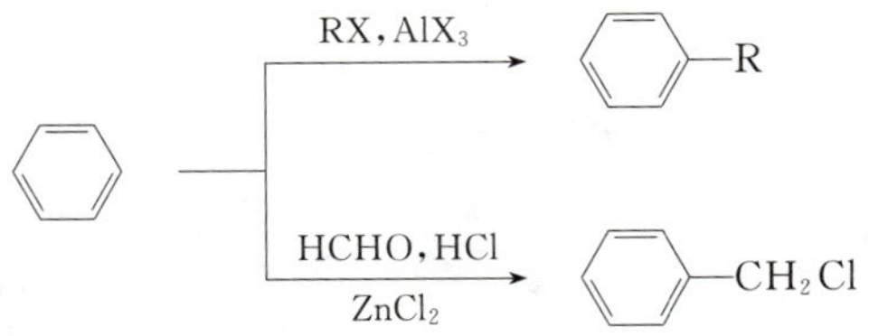

2. 缩合反应

缩合反应是增长碳链的重要反应，如羟醛缩合反应、珀金反应、曼尼希反应、克脑文盖尔反应、克莱森酯缩合反应等。例如：

$$RCHO + CH_2(COOH)_2 \xrightarrow[\triangle]{(C_2H_5)_3N} RCH=CHCOOH$$

$$H-\underset{\underset{O}{\|}}{C}-OC_2H_5 + CH_3CH_2CH_2COOC_2H_5 \xrightarrow[② H_3O^+]{① C_2H_5ONa} CH_3CH_2\underset{\underset{CHO}{|}}{C}HCOOC_2H_5$$

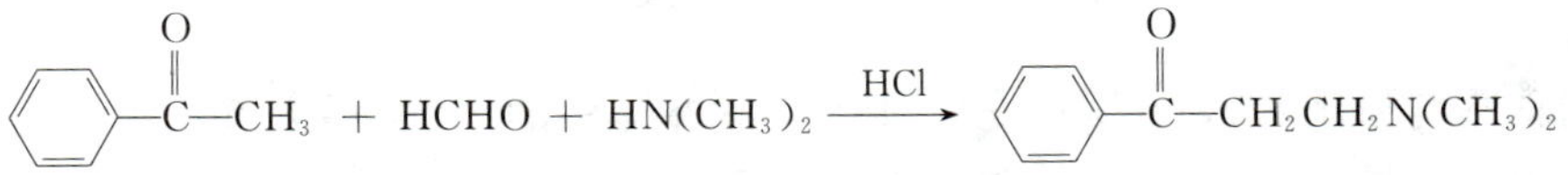

18.2.2　缩短碳链的方法

能缩短碳链的反应很多，如氧化反应、重排反应等。

1. 氧化反应

(1) 不饱和烃的氧化

$$RCH=C\begin{matrix}R\\R'\end{matrix} \xrightarrow[② Zn/H_2O]{① O_3} RCHO + R'-\overset{\overset{O}{\|}}{C}-R''$$

$$RC\equiv CR' \xrightarrow{KMnO_4/H^+} RCOOH + R'COOH$$

(2) 芳烃侧链的氧化　侧链有 $\alpha-H$ 的芳香族化合物，在强氧化剂作用下，都被氧化为芳甲酸：

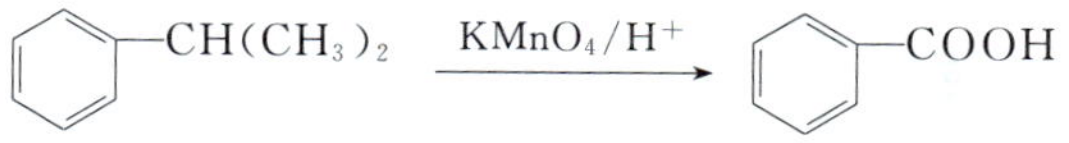

(3) 邻位二醇、二酮、羟基酮的氧化　用高碘酸氧化这些化合物可得到醛、酸：

$$R-\underset{OH}{\underset{|}{CH}}-\underset{OH}{\underset{|}{CH}}-R' \xrightarrow{HIO_4} RCHO + R'CHO$$

$$R-\underset{OH}{\underset{|}{CH}}-\underset{O}{\underset{\|}{C}}-R' \xrightarrow{HIO_4} RCHO + R'COOH$$

$$R-\underset{O}{\underset{\|}{C}}-\underset{O}{\underset{\|}{C}}-R' \xrightarrow{HIO_4} RCOOH + R'COOH$$

(4) 卤仿反应　甲基酮经卤仿反应得到少一个碳原子的羧酸。

$$R-\overset{O}{\overset{\|}{C}}-CH_3 \xrightarrow{X_2/NaOH} RCOONa + CHX_3$$

2. 脱羧反应

β-酮酸、丙二酸类化合物很容易脱去羧基，其他结构特殊的羧酸也能脱去羧基。例如：

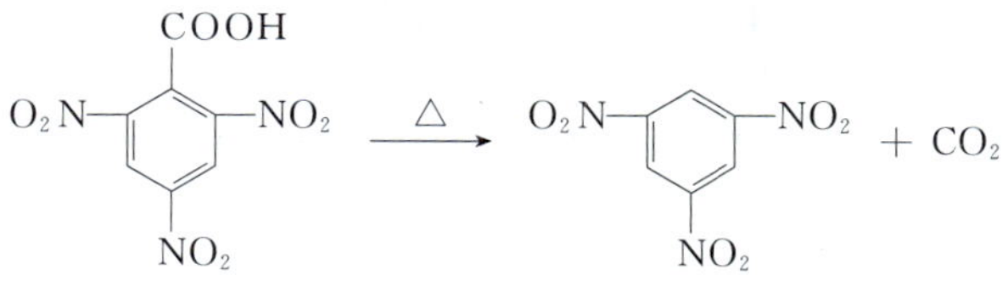

$$RCOONa + NaOH(CaO) \xrightarrow{\triangle} RH + Na_2CO_3$$

3. 重排反应

霍夫曼降解反应、柯提斯重排反应、施密特重排反应三者有相似的反应机理，生成少一个碳原子的伯胺，后两个重排反应容易引起爆炸，操作时要注意安全。

(1) 霍夫曼降解反应

$$R-\overset{O}{\overset{\|}{C}}-NH_2 \xrightarrow{Br_2/NaOH} RNH_2 + CO_2$$

(2) 柯提斯重排反应

$$R-\overset{O}{\overset{\|}{C}}-Cl \xrightarrow[\text{② } H_2O]{\text{① } NaN_3,\triangle} RNH_2 + CO_2$$

(3) 施密特重排反应

$$RCOOH + HN_3 \xrightarrow{H_2SO_4} RNH_2 + CO_2 + N_2$$

4. 缩合反应的逆反应

有时可以用缩合反应的逆反应缩短碳骨架。例如：

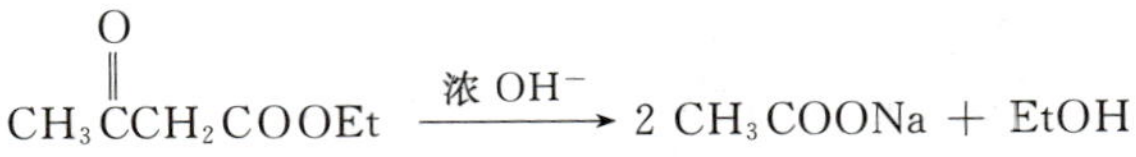

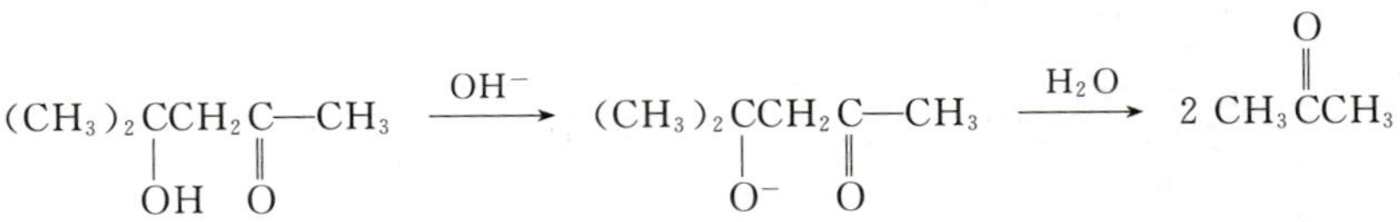

18.2.3　形成碳环的方法

形成不同碳原子数的环，需要不同的试剂。

1. 形成三元环的方法

(1) 烯烃与卡宾的加成反应

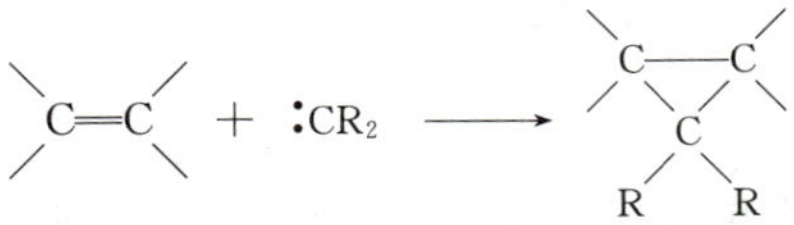

能产生卡宾反应中间体的试剂很多，如 $CH_2I_2/Zn-Cu$，CH_2N_2，N_2CHCOR，$N_2CHCOOEt$，$CHCl_3/NaOH$ 等，形成的三元环可带官能团或取代基。例如：

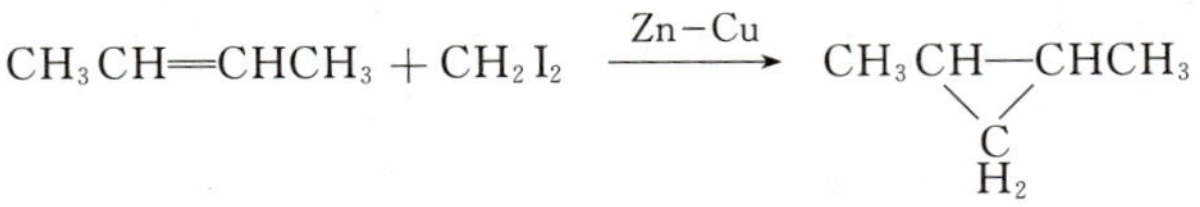

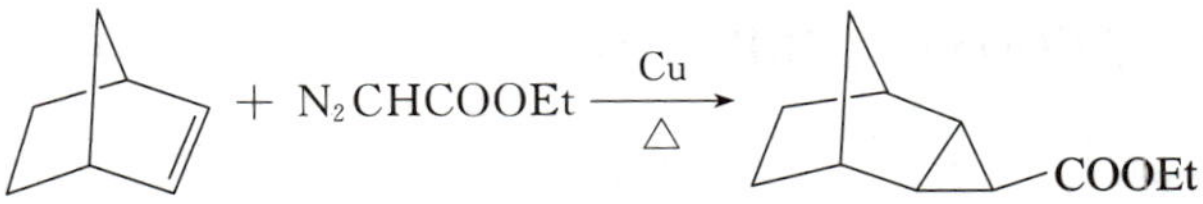

(2) 亲核取代反应　可以是分子内也可以是分子间的亲核取代反应。例如：

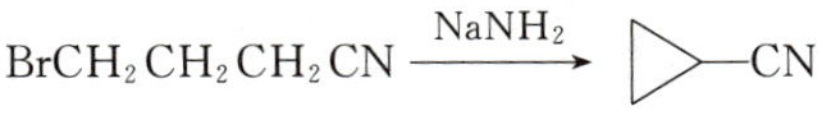

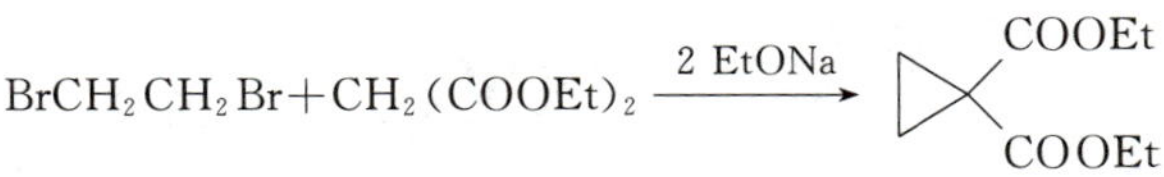

2. 形成四元环的方法

(1) 亲核取代反应

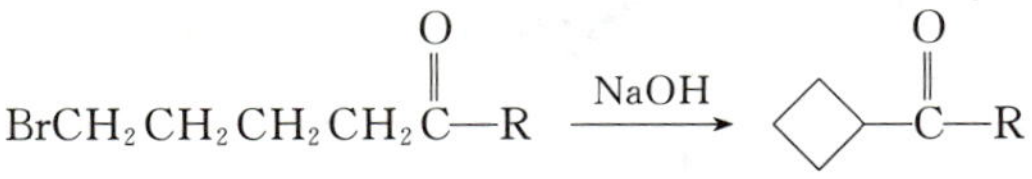

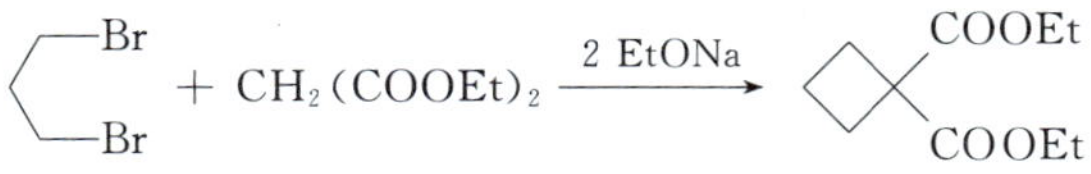

(2) [2+2]环加成反应　[2+2]环加成反应属于周环反应。这一反应是一种绿色合成四元环的方法，它的特点是 100%的原子经济性反应，是立体专属性反应，可以合成其它方法难以合成的化合物。例如：

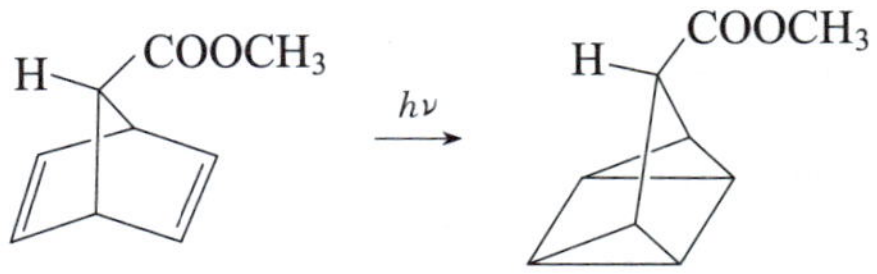

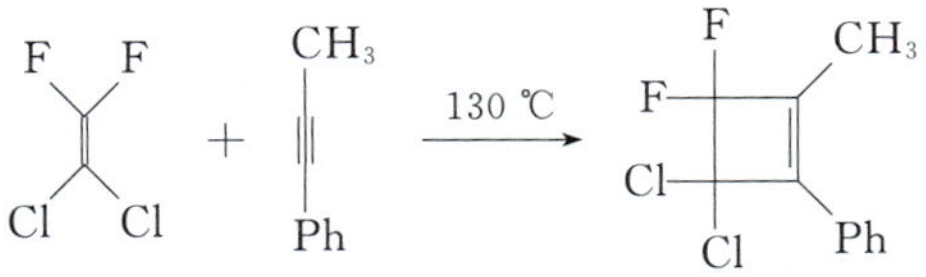

(3) 二卤代物脱卤反应　例如：

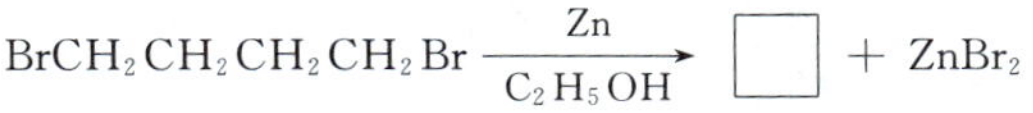

(4) 1,3-丁二烯的电环化反应　例如：

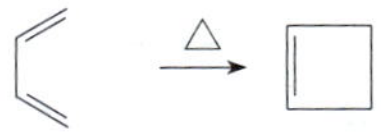

3. 形成五元环和六元环的方法

(1) 分子内的亲电取代反应　例如：

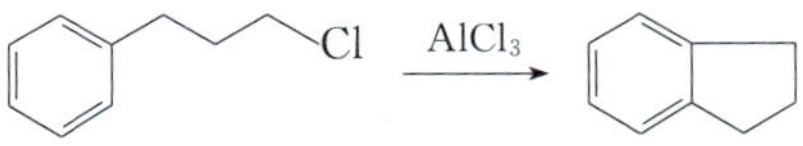

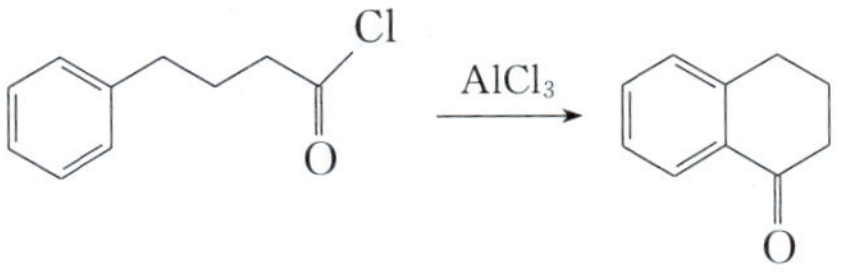

(2) 分子内的缩合反应　分子内的羟醛缩合、酯缩合等反应是合成五元环、六元环的常用方法。例如：

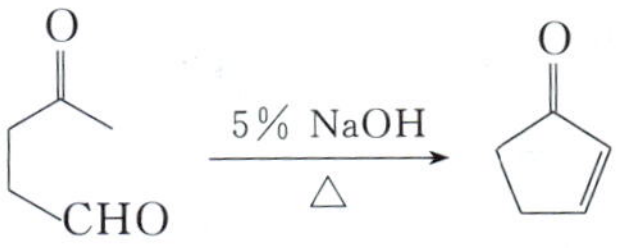

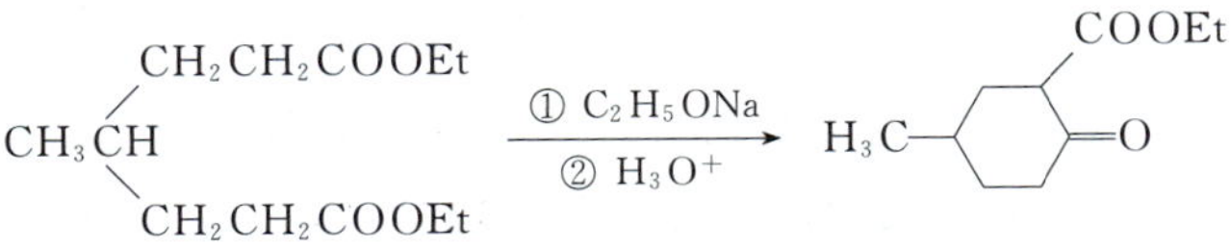

（3）分子间的缩合反应　例如：

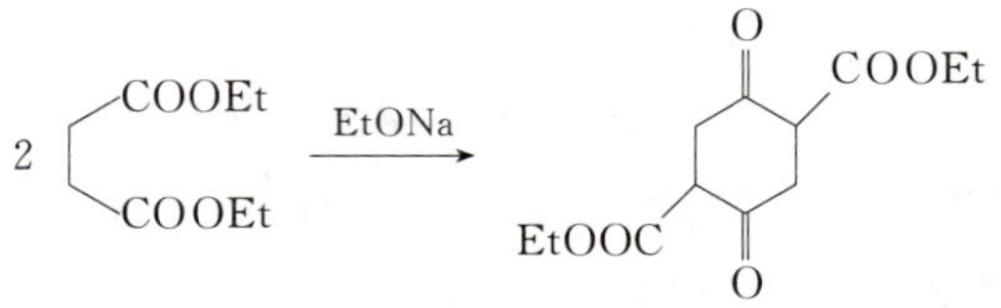

（4）二元羧酸受热脱水、脱羧反应　例如：

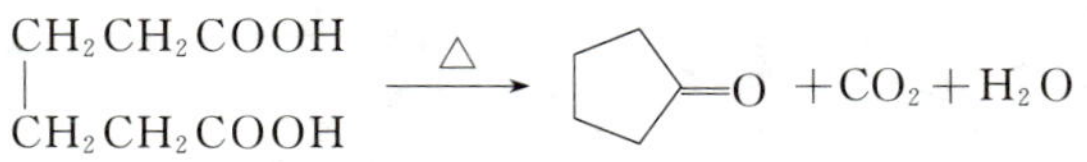

（5）丙二酸酯与 1,3－或 1,4－二卤代烷反应　例如：

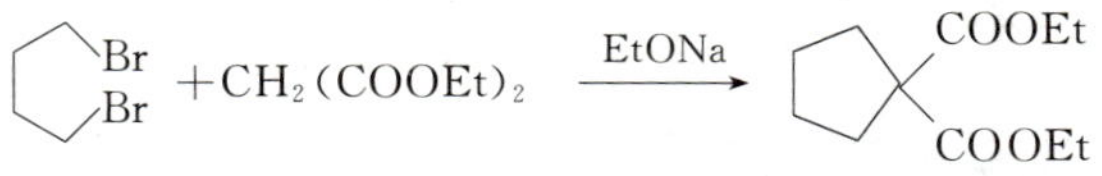

（6）[4+2]环加成反应　狄尔斯－阿尔德反应是合成六元环的常用反应，该反应近几年发展很快，可用路易斯酸催化，也可以在水溶液中进行。

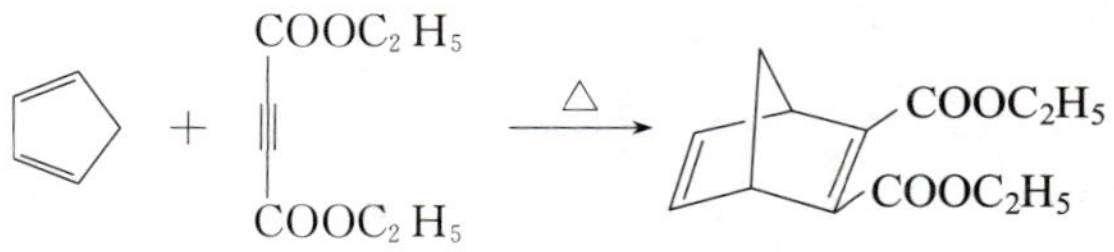

4. 形成七元环及以上大环的方法

（1）酮醇缩合反应　例如：

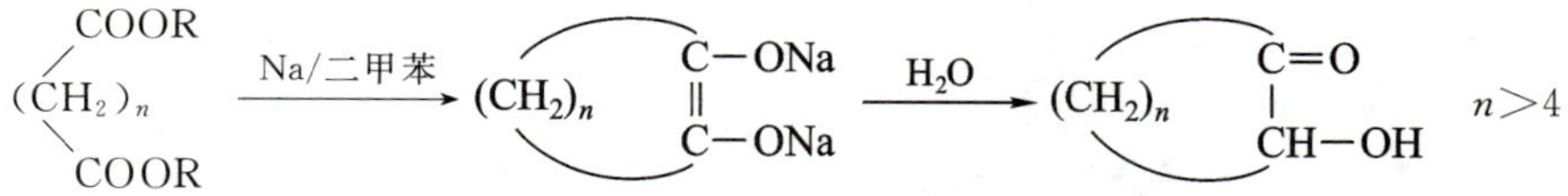

（2）六元环扩环反应　例如：

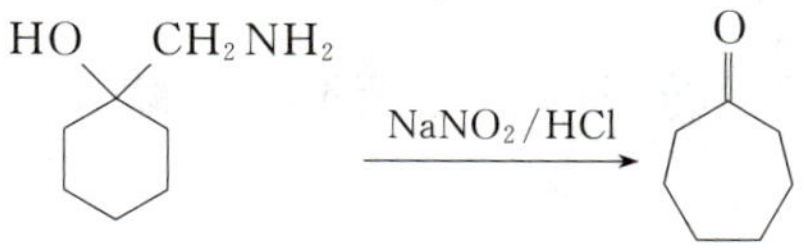

（3）分子内羟醛缩合、酯缩合等反应　例如：

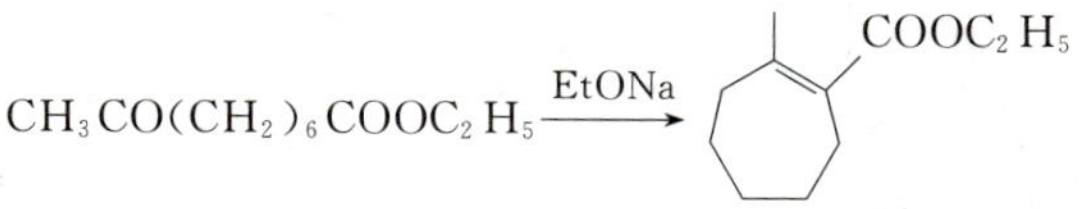

（4）烯烃复分解反应　烯烃复分解反应是非常重要的成环反应的方法，不仅能合成各种小分子环状化合物，也能合成大分子环状化合物。

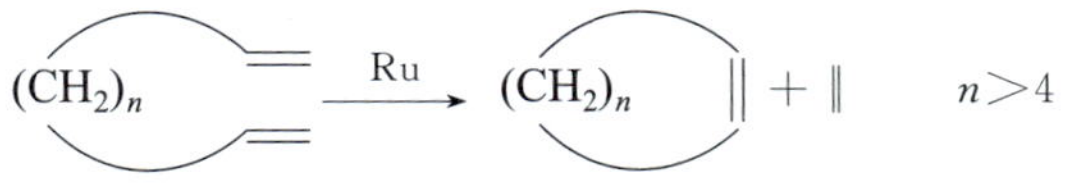

18.3　选择性控制

选择性控制是有机合成过程中必然遇到的问题。反应的选择性是指一个反应可能在反应物的不同部位或方向进行，而形成几种产物时的选择程度。某一反应是优势反应，其产物是主产物，这种反应的选择性就较高；如果两种反应趋势相当，则反应选择性较差。有机合成选择性包括化学选择性、区域选择性和立体选择性。

18.3.1　化学选择性控制

化学选择性(chemoselectivity)是指反应试剂对反应物中不同官能团或处于不同环境的相同官能团中的一个官能团反应的程度。在有机合成设计中，通过改变反应条件、选择试剂、采取保护或活化某一官能团等技术，可以控制化学选择性。

1. 选择反应条件

在有机合成中，可以选择合适的反应条件抑制或减少某一官能团的反应，提高反应的化学选择性。例如：

$$CH_3CH{=}CH_2 + Br_2 \xrightarrow{h\nu} BrCH_2CH{=}CH_2$$

$$CH_3CH{=}CH_2 + Br_2 \xrightarrow{\text{常温}} CH_3CHBrCH_2Br$$

又如：

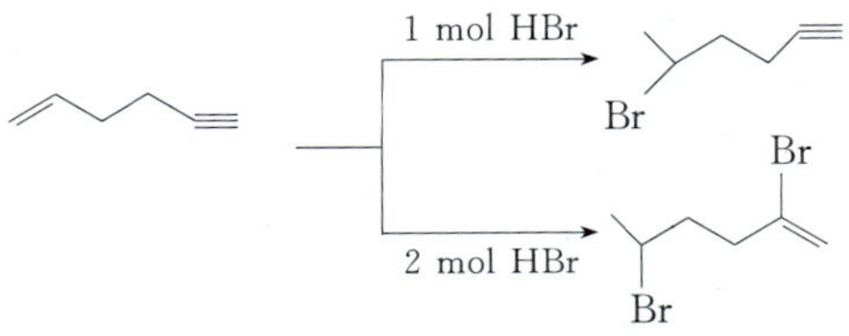

2. 选择试剂

二硝基苯用多硫化物还原得到硝基苯胺：

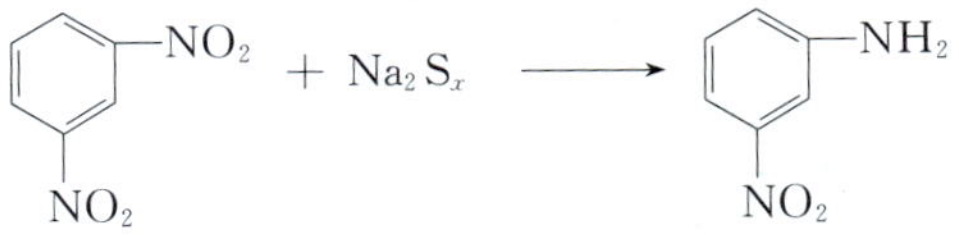

选择不同的还原剂可以控制酮酸酯还原反应的化学选择性：

用新生成的 MnO_2 作氧化剂进行下面的反应，主要生成 α,β-不饱和酮：

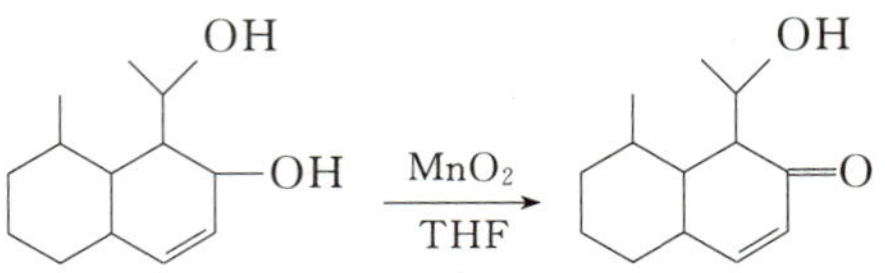

3. 保护基的作用

在复杂分子的合成过程中，涉及的中间体常是多官能团的，常常需要先将不希望发生反应的官能团用一试剂保护起来，待反应完成后，再将其复原。这种方法称为官能团的保护，起保护作用的基团称为保护基。

保护基应具有以下特点：

(1) 保护基容易引入所要保护的分子中，且引入时不影响分子的其它部位。

(2) 保护基与被保护基形成的结构在后续反应中稳定，且不影响其它部位的反应活性。

(3) 在不影响分子的其余部分的条件下，保护基可以很容易地从被保护分子中除去。

常见官能团的保护及解除方法列于表 18-1 中。

表 18-1　常见官能团的保护及解除方法

被保护基团	保护基的引入及解除方法
羟基	转化成醚 $-OH \underset{H_2/Pd\ 或\ HBr}{\overset{C_6H_5CH_2Cl}{\rightleftharpoons}} -OCH_2C_6H_5$ （保护后形成的结构对碱、弱酸、氧化剂及氢化铝锂等稳定） 转化成酯 $-OH \underset{^-OH,H_2O}{\overset{(CH_3CO)_2O\ 或\ CH_3COCl, 吡啶}{\rightleftharpoons}} -O-\overset{\overset{O}{\|}}{C}-CH_3$ （保护后形成的结构对氧化剂、酸稳定） 转化成混合型缩醛（最常用的保护方法） 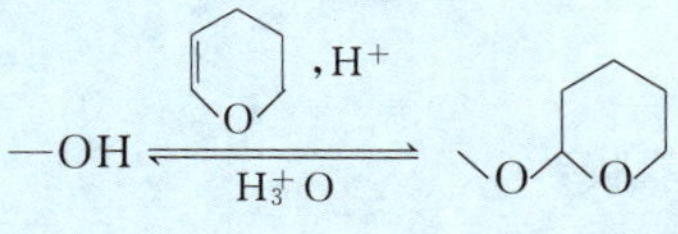 （保护后形成的结构对强碱，RMgX，RLi，$LiAlH_4$ 等稳定） 转化成硅醚 $-OH \underset{K_2CO_3, 0\ ℃}{\overset{(CH_3)_3SiCl}{\rightleftharpoons}} -O-Si(CH_3)_3$ （保护后对氧化剂，H_2/Pd 等稳定）

续表

被保护基团	保护基的引入及解除方法
羰基	转化成缩醛或缩酮 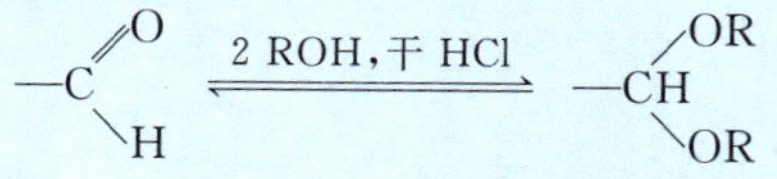 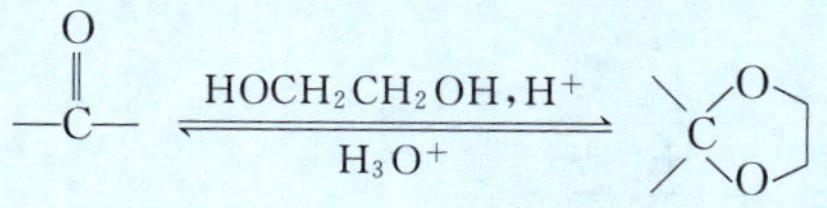 （保护后形成的结构对还原剂、碱、氧化剂、RMgX 稳定）
羧基	转化成酯 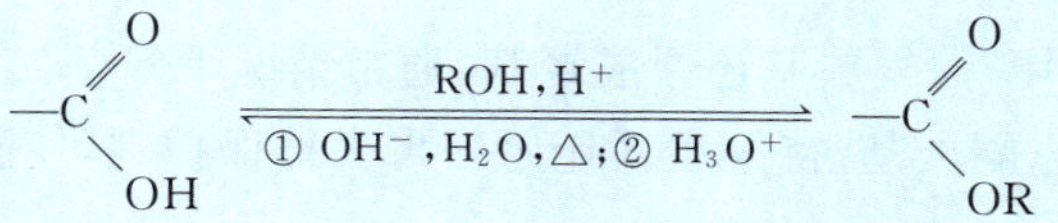
氨基	转化成盐 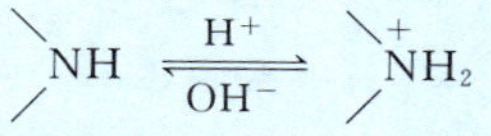 转化成酰胺 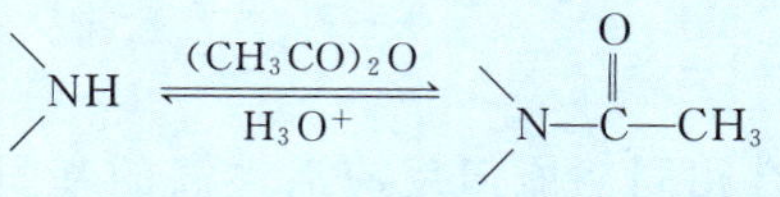 （保护后形成的结构对氧化剂稳定） 转化成酰亚胺 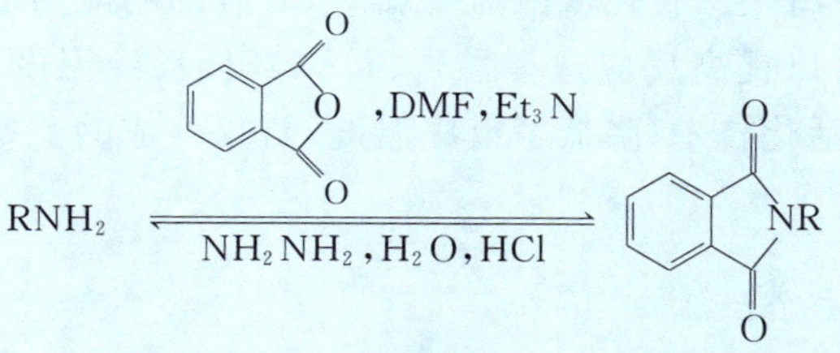
炔基	转化成硅烷 $RC{\equiv}C{-}H \xrightarrow{RMgBr} RC{\equiv}C{-}MgBr \underset{①\ OH^-,②\ H_3O^+}{\overset{Me_3SiCl}{\rightleftharpoons}} RC{\equiv}C{-}SiMe_3$ （保护后形成的结构对氧化剂、金属试剂稳定）
双键	转化成二卤代烷 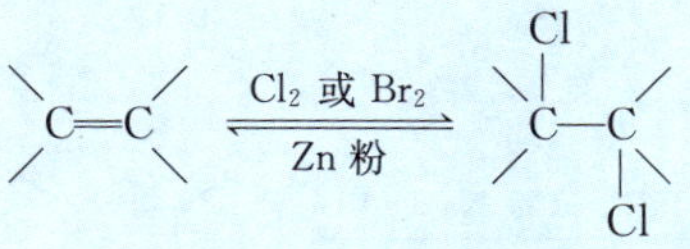 （保护后形成的结构对氧化剂、酸稳定）

引入保护基是有机合成常用的提高化学选择性的方法。例如，若由 $HOCH_2CH_2CH_2Br$ 合成 $HOCH_2CH_2CH_2CH(OH)CH_3$，通常是通过格氏试剂与醛反应引入仲羟基。这需要将 $HOCH_2CH_2CH_2Br$ 分子中的羟基保护后才能转化成格氏试剂，仲羟基引入后再去掉保护剂，使被保护的羟基复原：

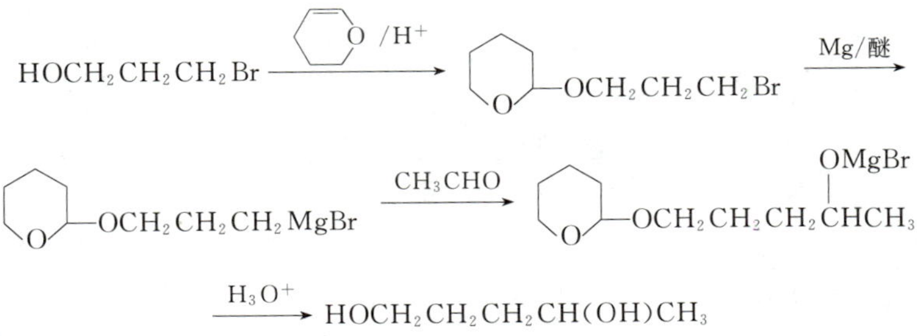

又如，4-环己酮基甲醛的酮羰基还原成羟基，通常情况下醛基比酮羰基易还原，必须将醛基保护后才能还原酮羰基，待酮羰基还原后再去掉保护剂，使醛基复原：

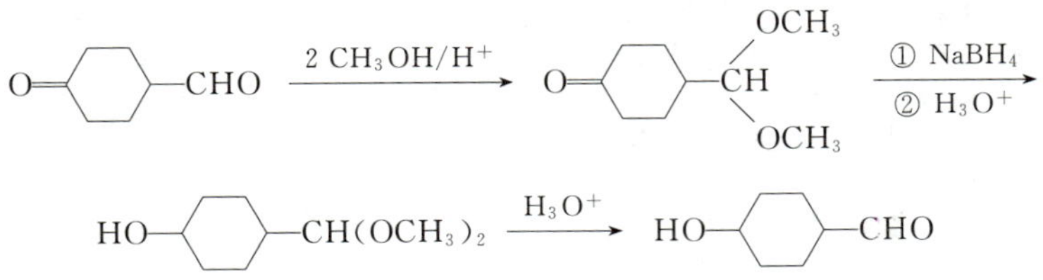

4. 基团活化技术的应用

将反应活性低的基团转化成具有相同功能但反应活性高的基团后再进行反应的过程称为基团活化。在有机合成中，为了提高选择性，常常采用基团活化技术。如用羧酸进行酰化反应时，可先将羧酸转化成酰氯再反应，后者的功能与前者一样，但后者的反应活性比前者高，既可以提高反应选择性，又可以降低反应温度。在多肽的合成中，常采用氨基保护、羧基活化技术，降低了反应温度，防止生成的酰氨键被氨解，提高了化学选择性。

18.3.2 区域选择性控制

区域选择性(regioselectivity)是指在一个反应中，试剂作用于反应物可能有两种或多种取向。生成两种或多种构造(位置)异构体，但反应产物却以一种构造(位置)异构体为主的反应称为区域选择性反应。例如：

$$H_3C-\underset{\displaystyle CH_3}{\underset{|}{C}}=CH_2 \xrightarrow{HBr} \underset{90\%}{(CH_3)_2\underset{\displaystyle Br}{\underset{|}{C}}CH_3} + \underset{10\%}{(CH_3)_2CHCH_2Br}$$

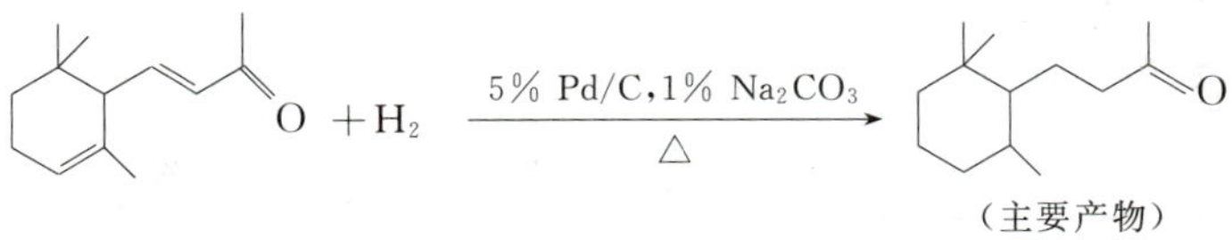

(主要产物)

在有机合成中，可以通过选择反应条件、反应试剂，利用动力学、热力学反应规律，以及基团的占位、导向作用提高区域选择性。

1. 选择反应条件

环氧丙烷与乙醇反应，在酸催化和碱催化下反应区域选择性不同：

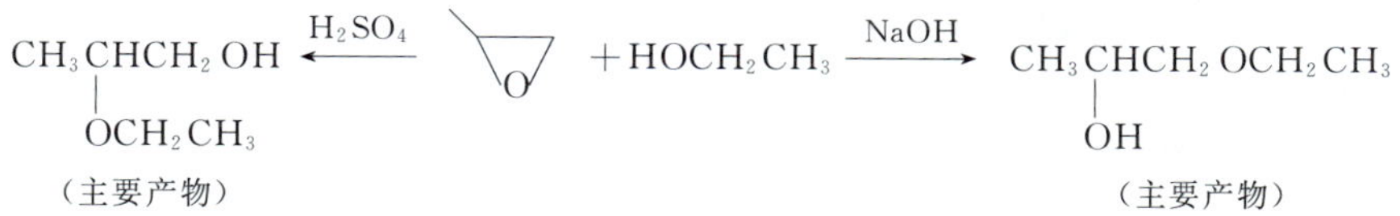

2. 选择反应试剂

不对称烯烃与氢溴酸反应和与溴化氢反应的区域选择性不同：

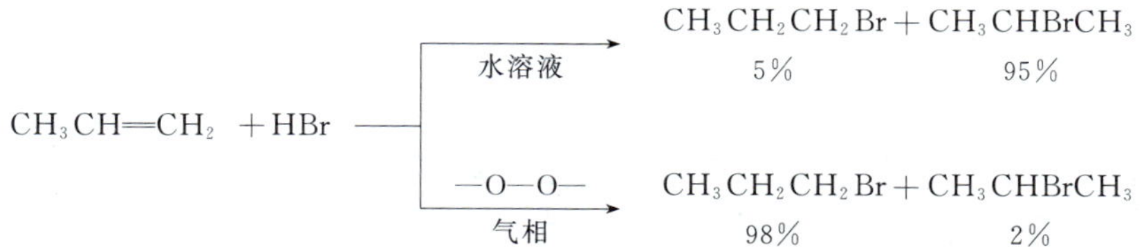

3. 动力学、热力学控制

萘的磺化反应可以通过热力学控制或动力学控制得到不同区域选择性的产物：

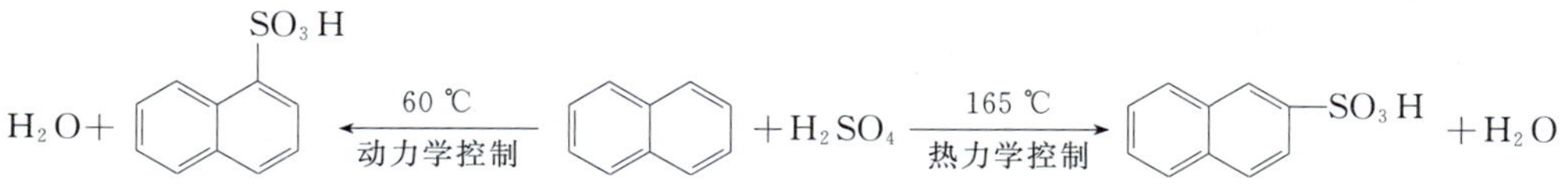

同理，共轭二烯烃与亲电试剂的加成反应可以通过动力学、热力学的控制得到 1,2-加成产物或共轭加成产物。

4. 导向基的应用

在有机合成设计中，常常需要在反应发生前，在反应物上引入一个控制单元，以使反应按设计的方向进行，此控制单元称为导向基。导向基通常是既容易引入，又容易除去的原子或基团。

导向基一般可分为活化导向基、钝化导向基和位阻导向基三种。

(1) 活化导向基的应用　在分子中引入致活基团，不仅能使反应在所要求的部位进行，还可使本来难以发生的反应得以顺利实现。例如，合成 1,3,5-三溴苯。在合成时当苯环上引入一个溴后，由于溴是邻对位定位基，再引入第二个溴原子时，不可能得到所要求的产物，要使反应得到目标产物，必须在苯环上引入一个定位能力比较强的邻对位定位基，待达到目的后再将引入的基团去掉，能满足此要求的基团是—NH_2。

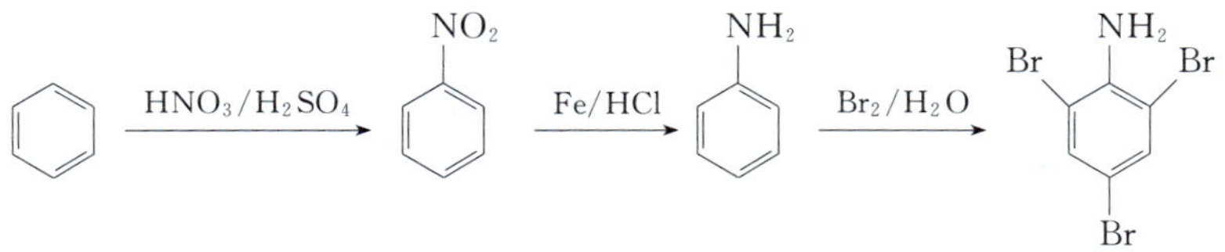

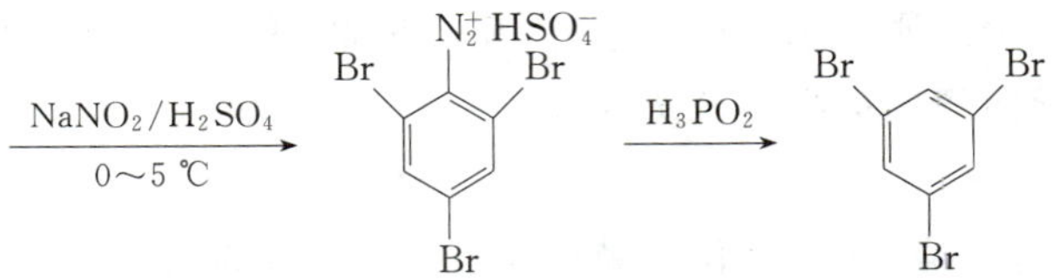

(2) 钝化导向基的应用 与活化导向基相反，钝化导向基使分子的某一部位钝化，也同样能起导向作用。例如，在用苯胺合成对溴苯胺时，在氨基上引入乙酰基，可以使氨基的邻位钝化，溴化反应主要发生在对位：

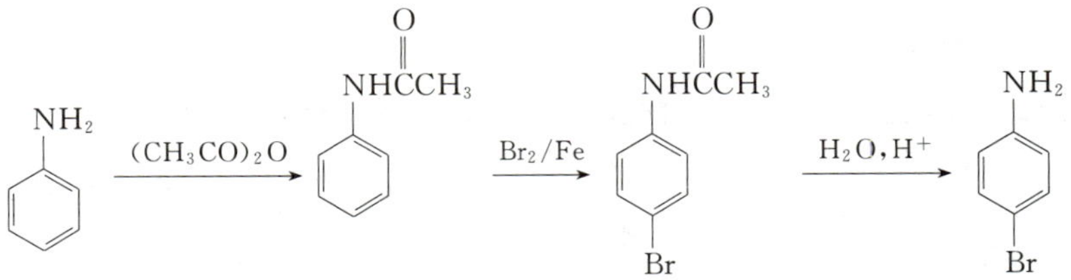

(3) 位阻导向基的应用 位阻导向基也称为阻断基、占位基，它的引入可以使反应物中某一活性部位被封闭，目的是使分子中其它活性较低的部位发生反应顺利地引入所需基团，反应完成后，再除去阻断基。常用的位阻导向基有—SO_3H，—COOH，—$C(CH_3)_3$等。例如，用苯酚合成2,6-二氯苯酚的过程中需引入阻断基，若苯酚直接发生卤代反应，将生成2,4,6-三卤代酚；若先将酚羟基的对位引入阻断基如—SO_3H，—$C(CH_3)_3$占位，可控制反应的区域选择性：

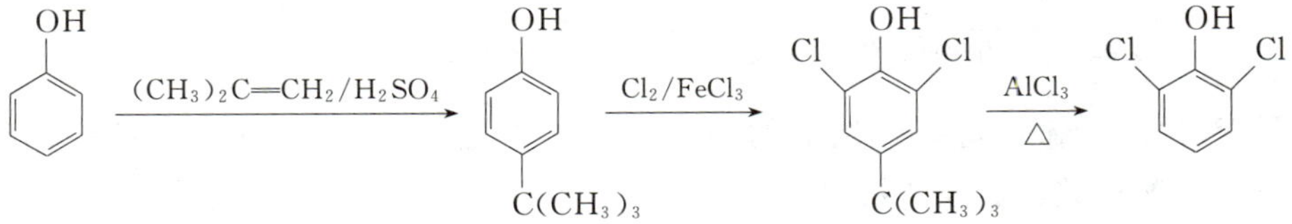

18.3.3 立体选择性控制

立体选择性(stereoselectivity)是指同一反应物在相同的条件下与同一试剂反应，得到不同的立体异构体的产物时，其中一种立体异构体占优势，这种反应称为立体选择性反应。例如：

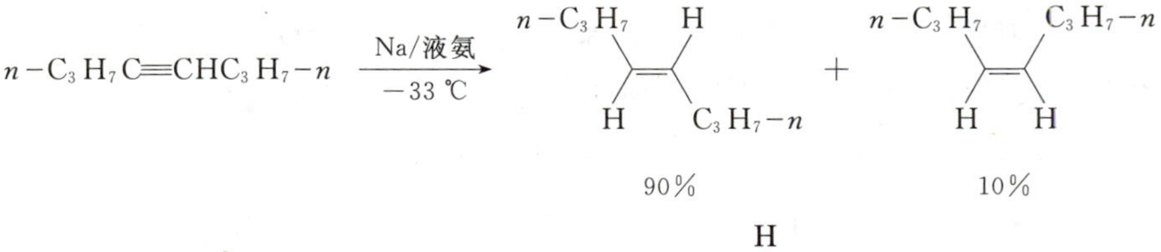

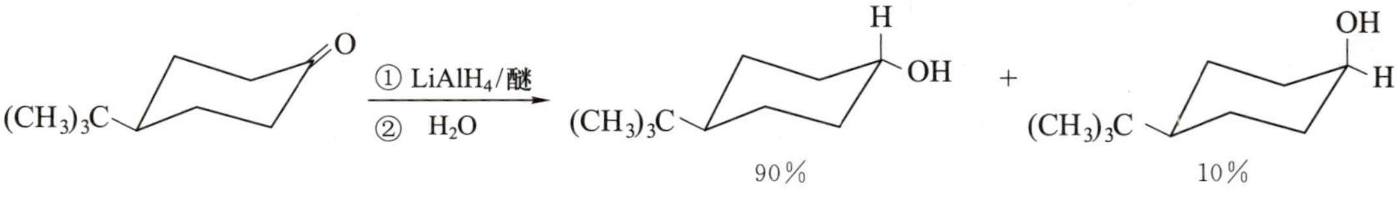

立体专一性(stereospecificity)是指不同立体异构的反应物，在相同条件下与同一试剂反应，分别得到不同的立体异构的产物。这种反应称为立体专一性反应。例如：

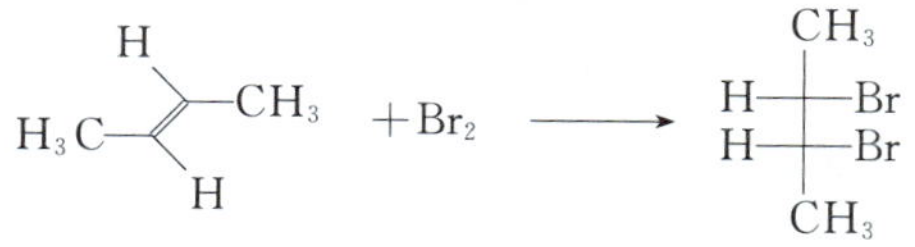

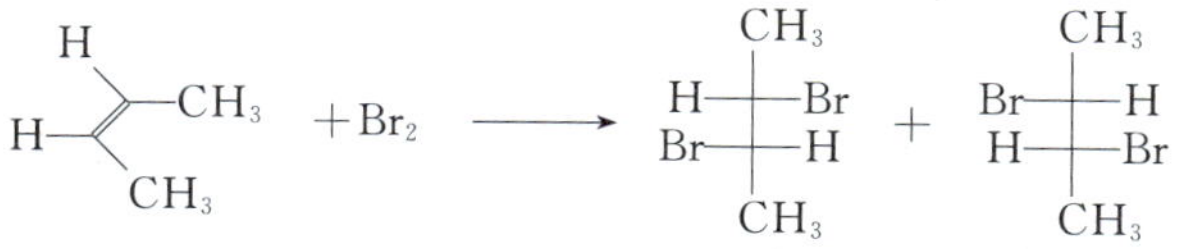

立体专一性反应很多，如 S_N2 反应、E2 反应、狄尔斯－阿尔德反应、周环反应等。

与化学选择性、区域选择性控制一样，可以通过选择反应条件、选择反应试剂等控制立体选择性。如内炔烃用 Lindlar 催化剂催化加氢得到的主要产物是顺式烯烃，而在液氨中用金属钠还原得到的主要产物是反式烯烃。

18.4　有机合成路线设计

设计合成路线的方法通常有两种。一种是从给定原料出发，选择适当的反应，逐步转变而达到所要合成的目标化合物，这种方法称为顺推法。顺推法表示为

起始原料 $\Longrightarrow$ 反应 $\Longrightarrow$ 反应 $\Longrightarrow$ …… $\Longrightarrow$ 目标分子

常用的方法是从目标化合物出发，一步一步地倒推出需要使用的起始原料，这种方法称为逆分析(或合成)法(retrosynthesis)，也称为反向合成(antietic synthesis)[逆合成法是美国化学家科里(Corey E J，1928—)]提出的，促进了有机合成的快速发展。因此，科里获得 1990 年诺贝尔化学奖。逆合成法可表示为

获诺贝尔奖者

目标分子 $\Longrightarrow$ 中间产物 $\Longrightarrow$ 中间产物 …… $\Longrightarrow$ 起始原料

目标分子的合成可能有多条合成路线，但并不是每一条路线都是合理的，必须对各条路线进行综合评价(包括反应条件、操作、选择性等)和合成实践的检验，才能确立一条合适的合成路线。

18.4.1　逆合成法分析

1. 逆合成法中的几个基本术语

(1) 目标分子及转换　需要合成的最终化合物的分子称为目标分子(target molecule，简写 TM)。在逆向合成分析过程中，结构或官能团的变化称为转换，一般用“$\Longrightarrow$”表示。

(2) 合成子与合成等效试剂　合成子(synthon)是指在逆合成分析中，通过逐步切割使目标分子分解为简单的、并非实际存在的、概念性的结构单元。合成子与反应物

和试剂不同，它不一定是稳定的化学实体，而通常是不稳定的离子或自由基碎片。但它们都有对应的、带有各种官能团的、能在合成中发生相同作用的有机化合物和试剂，这些与合成子相对应的有机化合物和试剂称为合成子的等效试剂。例如：

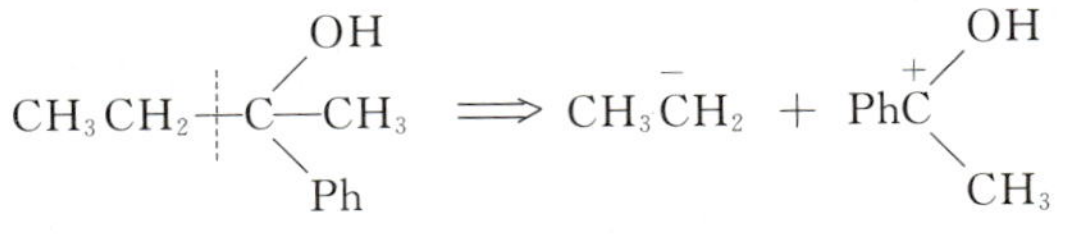

（Ⅰ） （Ⅱ）

（Ⅰ）与（Ⅱ）称为合成子，与之对应的合成等效试剂可以分别为 CH_3CH_2MgX 和 $PhCOCH_3$。一个合成子可以对应多个合成等效试剂。

(3) 切断(disconnection，简写为 DIS) 在逆合成分析中，将目标分子中的某些价键逐一“切断”成合成子，推出可能的有机化合物和试剂。切断（也称切割）用“┆”或“⌠”表示。切断的价键不同，得到的合成子不同，进而合成等效试剂也不同。例如：

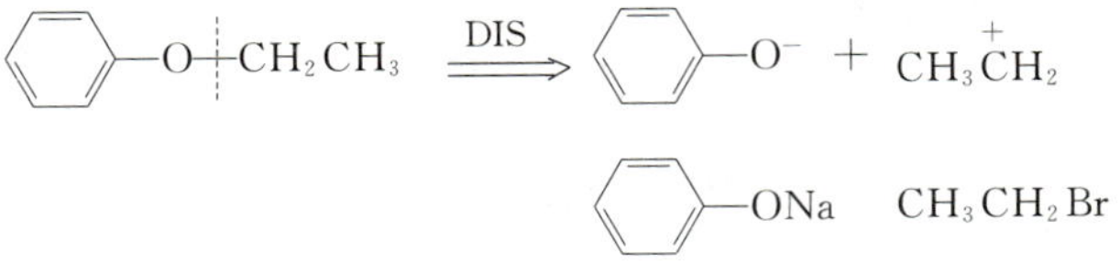

合成子

合成等效试剂

(4) 连接(connection，简写为 CON) 在逆合成分析时，常需把目标分子中两个适当的原子连接起来，使之形成新的化学键，这种操作称为连接。例如：

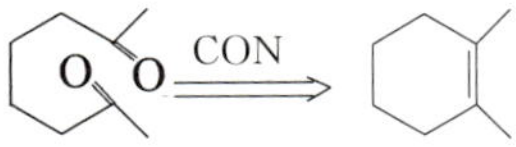

(5) 重排(rearrangement，简写为 REARR) 在逆合成分析中，需要将目标分子骨架拆开重新组合成新的骨架，这个过程称为重排。例如：

(6) 官能团转化 变化官能团的类型或位置的过程称为官能团的转化。一般有三种方式：

① 官能团互相转变(functional group interconversion，简写为 FGI)，例如：

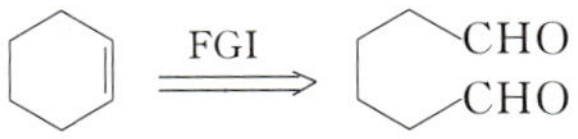

② 官能团消除(functional group removal，简写为 FGR)，例如：

③ 官能团添加（引入）(functional group addition，简写为 FGA)，例如：

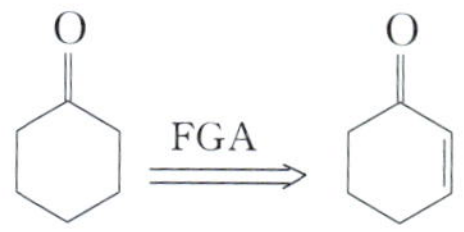

2. 切断常用策略

从同一目标分子出发，采用不同的切断方式和切断顺序可以导致不同的合成路线，需经过认真分析、比较，从中选出最优的切断方法。“切”是手段，“合”是目的，选择切断的部位时，还要考虑通过什么反应能合起来，是否有副反应和立体化学等问题。下面介绍几种常用的切断策略和技巧。

（1）优先在官能团处切断　官能团处是分子发生化学反应活跃处，常常在此处切断。为了方便，这里直接给出相应的合成等效试剂。例如：

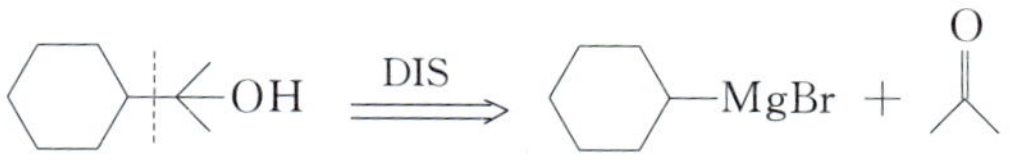

（2）在碳原子和杂原子价键处切断　杂原子常是两个前体官能团形成的，从此处切断，能切断出两个合成等效试剂。例如：

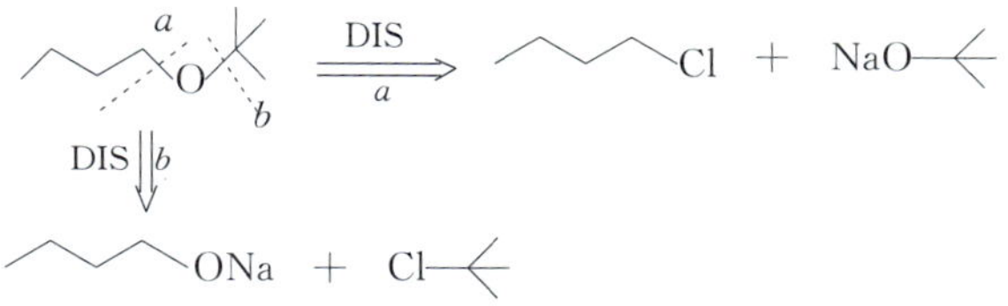

如果采用 *b* 的切断方式，需要叔卤代烃与醇钠反应才能合成，而叔卤代烃与醇钠的反应主要生成消除产物烯烃，故 *b* 的切断方式不合理，应采用 *a* 的切断方式。

（3）利用分子对称性切断　利用分子对称性切断，切断出的合成等效试剂数目少，进行合成时步骤也少，可简化合成路线。例如：

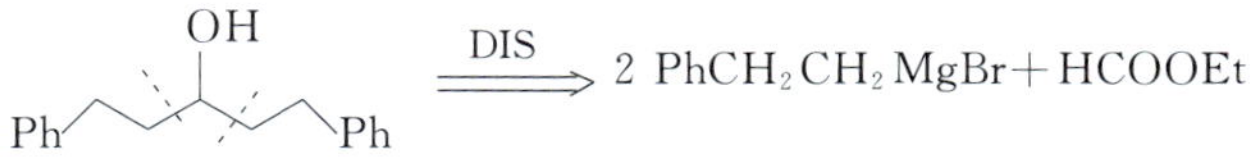

（4）添加辅助官能团后再切断　若目标分子结构上找不到合适的切断位置时，可以在目标分子的适当位置添加官能团，然后再切断。例如：

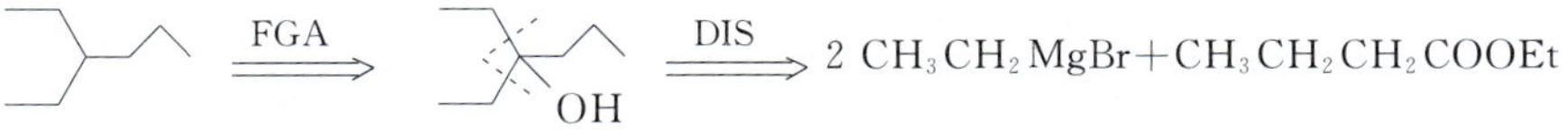

（5）将目标分子逆推到适当阶段后再切断　例如：

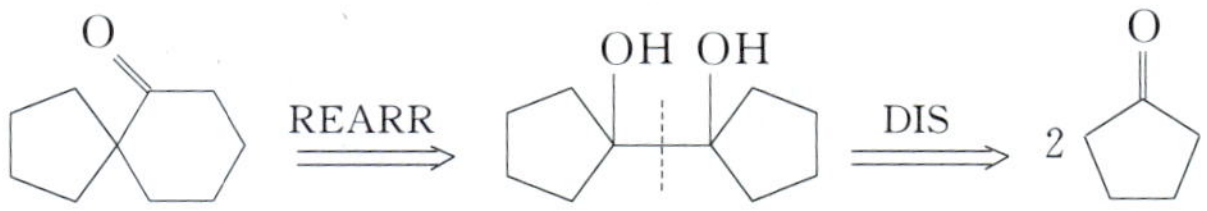

（6）在支链最多处切断　支链最多处常常是由几步反应形成的，从此处切断得到

的合成等效试剂较简单。例如：

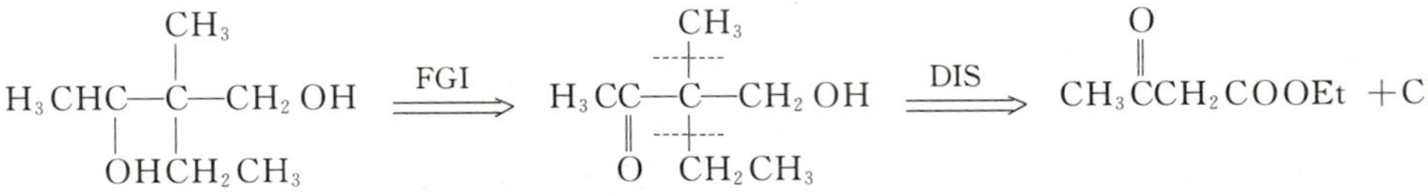

3. 典型目标分子的逆合成分析

(1) 1,2-双官能团化合物　1,2-双官能团化合物包括常见的 1,2-二酮、α-卤醇、1,2-二醇、α-羟基酸、α-羰基酸等，或目标分子能逆推成 1,2-双官能团的化合物。这类化合物的切断是从官能团的两个碳原子之间的键切断。例如：

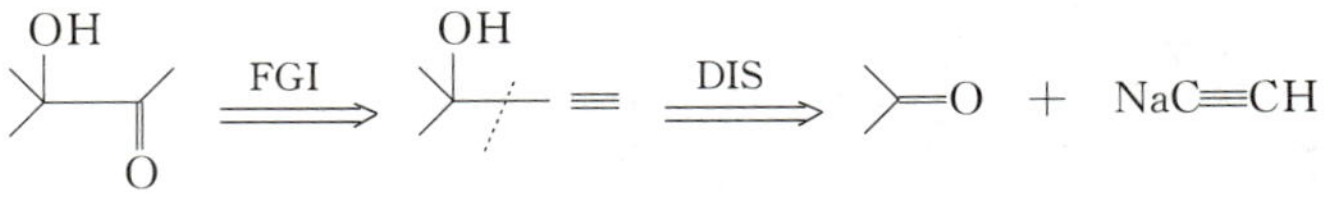

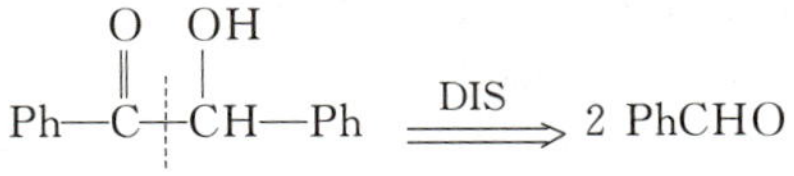

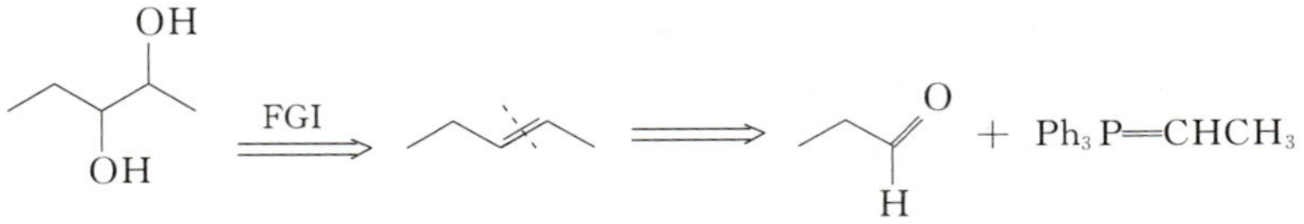

例 18-1　化合物 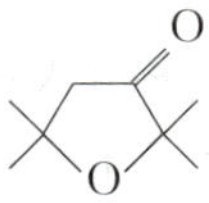 的逆合成分析。

［分析］

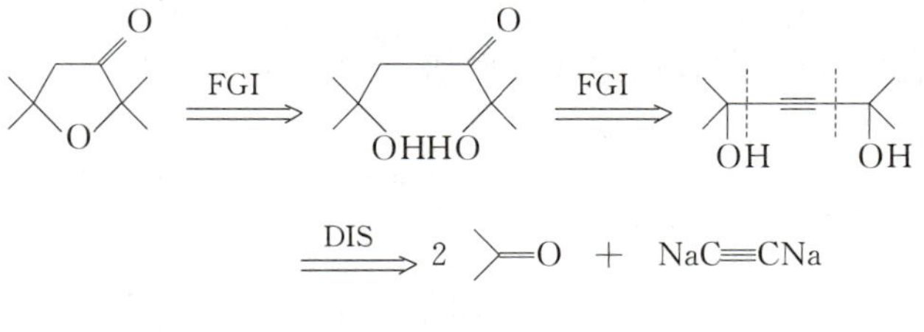

(2) 1,3-双官能团化合物　常见的 1,3-双官能团化合物有 β-羟基醛(酮)、β-羟基酸、β-羟基酸酯、β-羰基酸、β-羰基酸酯、β-二酮、α,β-不饱和羰基化合物等。

① β-羟基羰基化合物：β-羟基羰基化合物可以利用分子间或分子内的缩合反应，如羟醛缩合反应、克脑文盖尔反应、珀金反应、克莱森-史密特反应和雷佛尔马斯基反应等来合成。这些反应都是 β-羟基羰基化合物的切断依据。

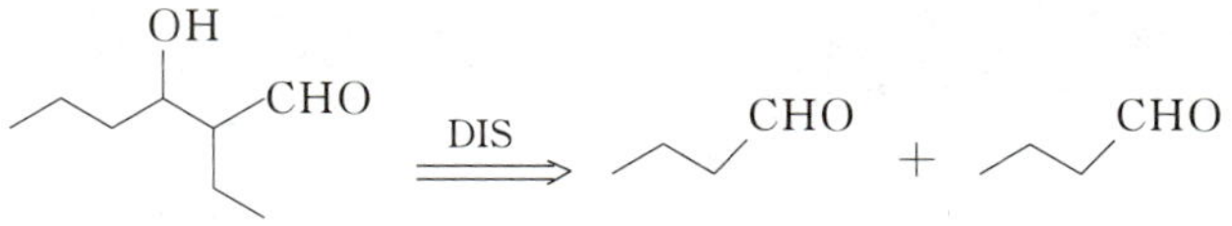

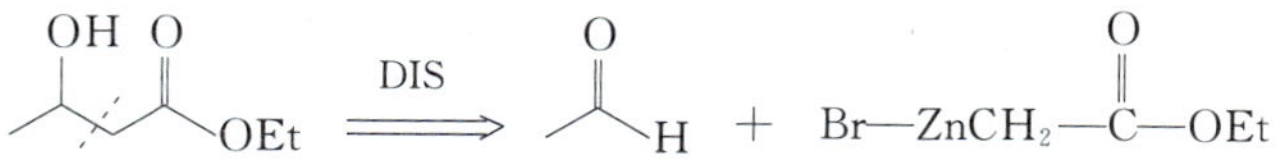

α,β-不饱和羰基化合物的切断方式与β-羟基羰基化合物的切断方式一致。因此，将α,β-不饱和羰基化合物归集为1,3-双官能团类讨论：

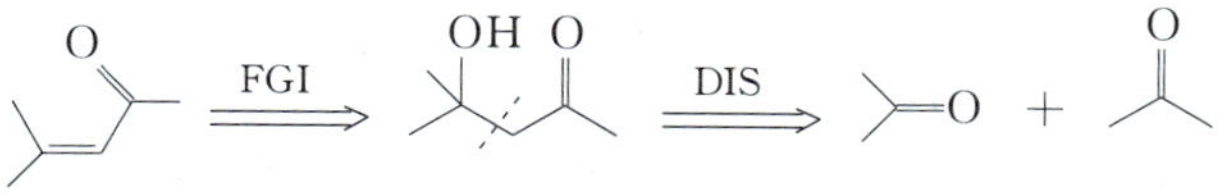

例 18-2　化合物 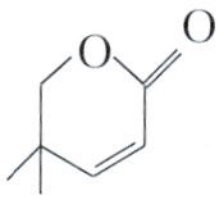 的逆合成分析。

［分析］

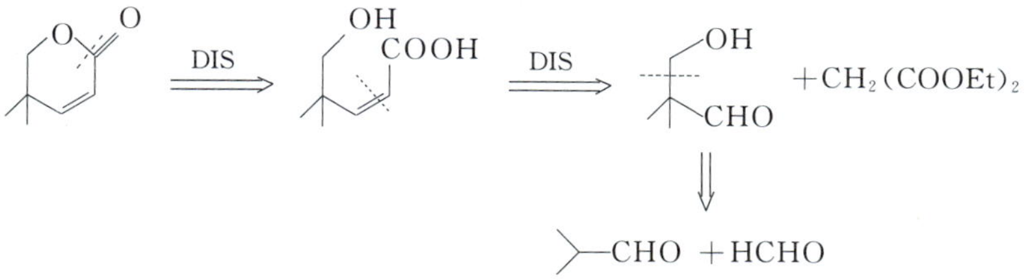

② β-二羰基化合物：克莱森缩合反应是切断β-二羰基化合物的依据。克莱森缩合反应包括克莱森酯缩合、酮酯缩合等。

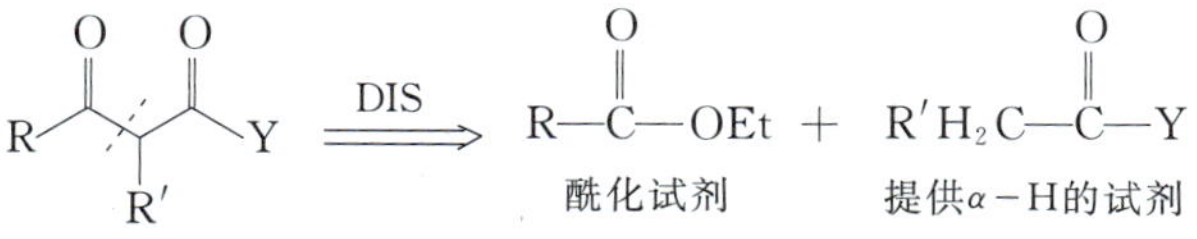

酰化试剂有 $\overset{O}{\overset{\|}{HC}}$—OEt，R—$\overset{O}{\overset{\|}{C}}$—OEt，EtO—$\overset{O}{\overset{\|}{C}}$—OEt，$CH_2(COOEt)_2$ 等。
提供活泼α-H的试剂有醛、酮、酯等。

例 18-3　化合物 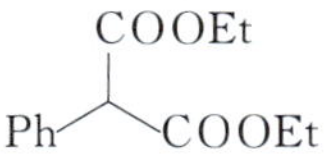 的逆合成分析。

［分析］

(3) 1,4-双官能团化合物　常见的1,4-双官能团化合物有γ-羟基酸、γ-羟基酸酯、γ-羰基酸、γ-羰基酸酯等。

① 1,4-二羰基化合物：1,4-二羰基化合物可以由β-酮酸酯或烯胺与α-卤代酮

反应制备，也可以由 α-卤代酮与丙二酸酯反应制备。因此，1，4-二羰基化合物的切断方式是

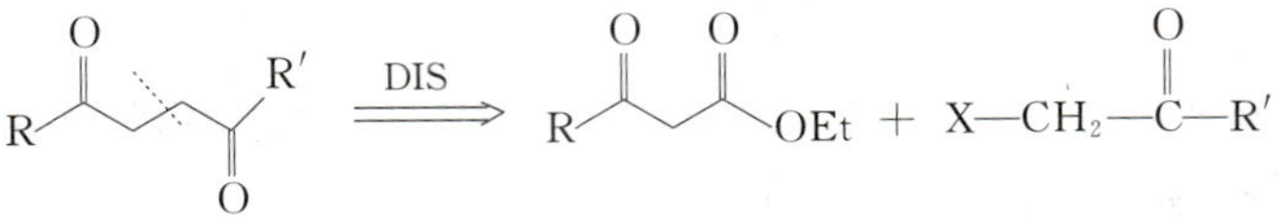

例 18-4 化合物 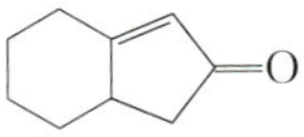 的逆合成分析。

［分析］先从 α，β-不饱和酮的合成开始入手，得到 1，4-二酮进一步切断：

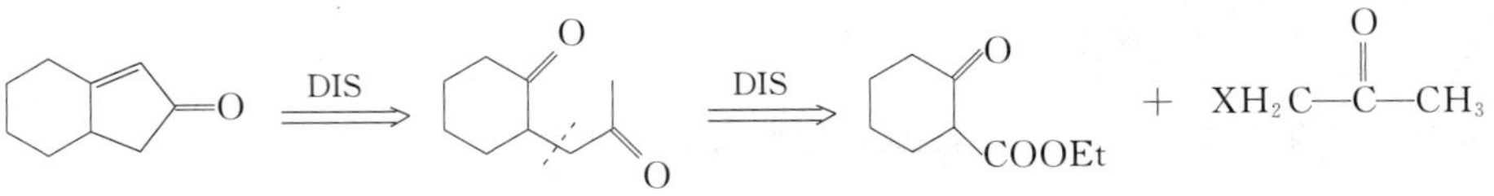

② 1，4-羟基羰基化合物：

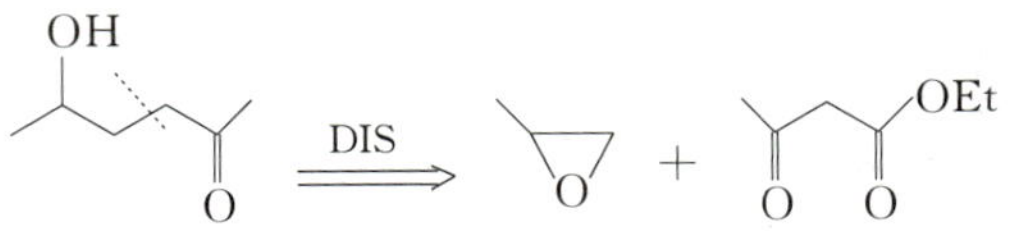

例 18-5 化合物 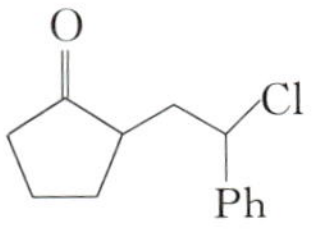 的逆合成分析。

［分析］

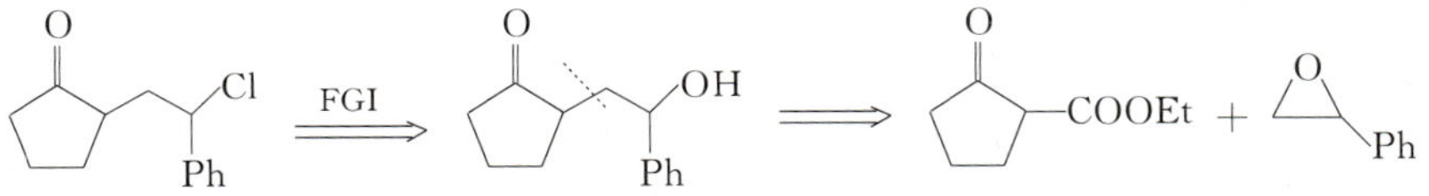

（4）1，5-二羰基化合物 迈克尔加成反应是构建 1，5-二羰基化合物分子骨架的重要反应。因此，1，5-二羰基化合物的切断方式如下：

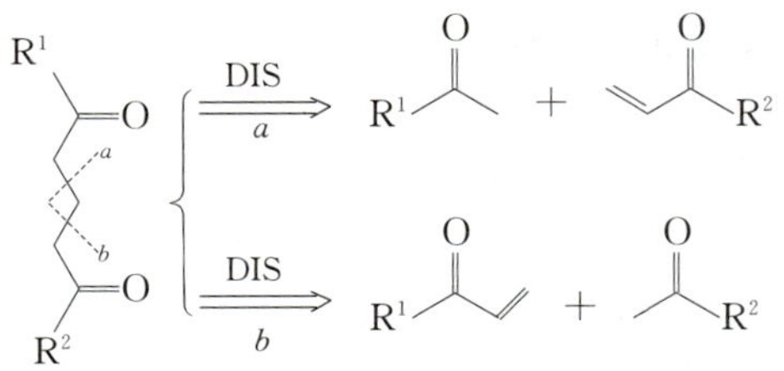

两种切断方式可能均合理，也可能只有一种是合理的，取决于 R^1 和 R^2 的结构。α，β-不饱和羰基化合物包括 α，β-不饱和醛、酮、酸、酯、腈、硝基化合物等。提供活泼氢的化合物主要有丙二酸酯、乙酰乙酸乙酯、氰乙酸酯、酮、腈、硝基化合物等。

例 18-6 化合物 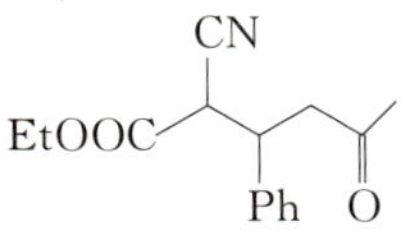 的逆合成分析。

［分析］

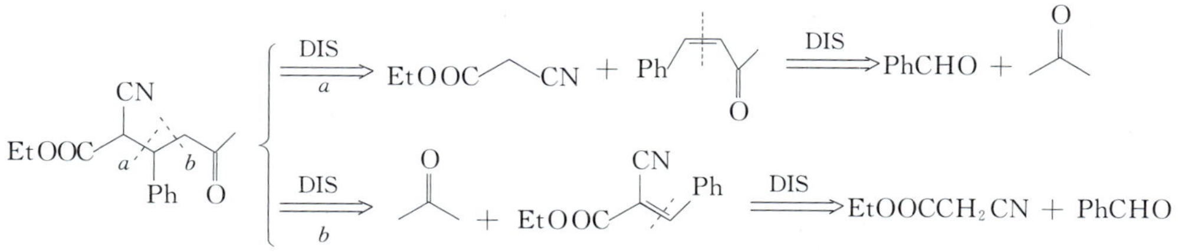

两种切断方式都可取，都用了相同的原料。只是 *a* 切断方式使用了稳定的碳负离子的迈克尔加成反应，更合理些。

（5）1，6－双官能团化合物 1，6－双官能团化合物可以利用环己烯及其衍生物氧化制备。而环己烯及其衍生物又可源于狄尔斯－阿尔德反应、伯奇（Birch）还原、醇脱水等。因此，1，6－双官能团化合物的切断策略是先连接后切断。

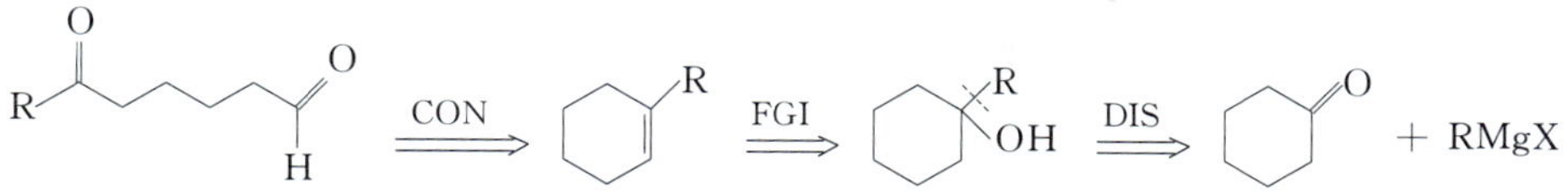

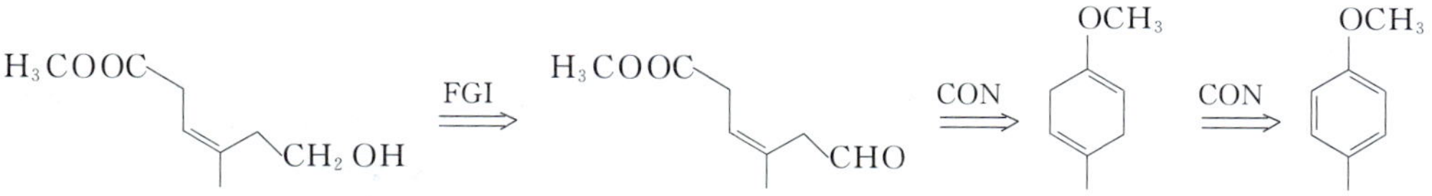

（正反应是伯奇还原）

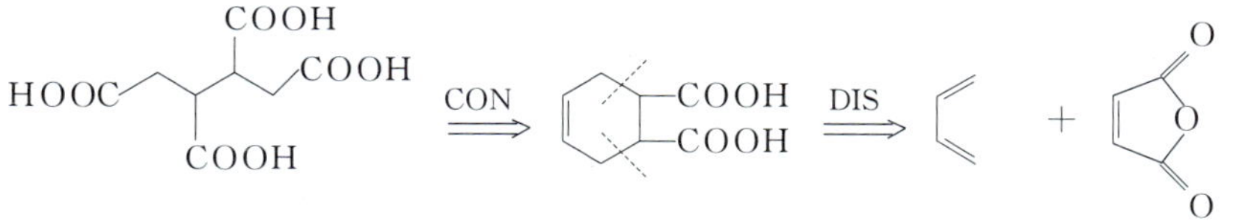

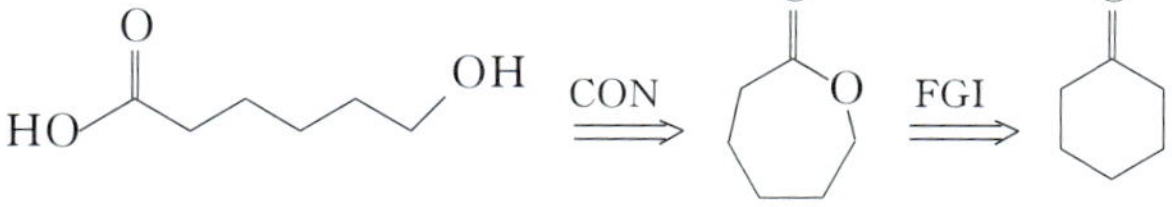

例 18－7 化合物 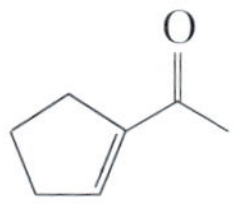 的逆合成分析。

［分析］

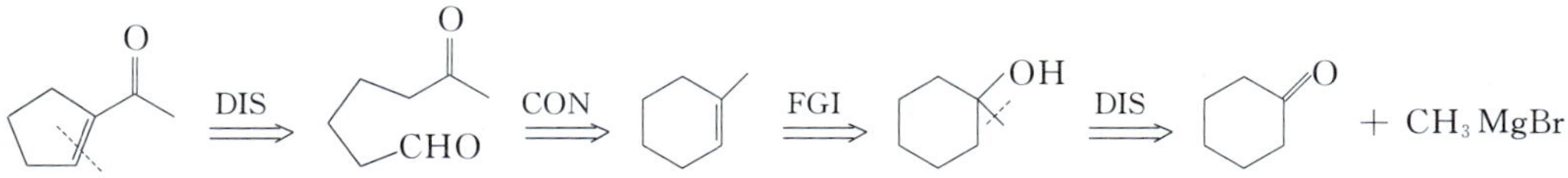

18.4.2 合成路线的选择

前面主要是从理论上讨论如何设计目标分子的合成路线及策略技巧，本节是从实践的角度来讨论合成路线的优化问题。

1. 汇聚式合成法的优点

总产率的高低是衡量一条合成路线好坏的重要标准之一。总产率是由各步反应产率决定的。为使总产率高，除必须每步产率高且路线短外，每步反应的排列顺序、组合方式也很重要。例如，将 A，B，C，D，E，F，G，H 七步反应连接成目标分子 ABCDEFGH的合成路线中，若采用直线式合成法，即由原料 A 与 B 经第一步反应生成中间体 AB，AB 又与原料 C 经第二步反应生成 ABC，以此直线顺序，共经过七步反应生成目标分子 ABCDEFGH。如果每步反应的收率为 80%，则总收率仅为$(0.80)^7\times100\%=21\%$。

$$\mathrm{A}\xrightarrow{\mathrm{B}}\mathrm{AB}\xrightarrow{\mathrm{C}}\mathrm{ABC}\xrightarrow{\mathrm{D}}\mathrm{ABCD}\xrightarrow{\mathrm{E}}\mathrm{ABCDE}\xrightarrow{\mathrm{F}}$$

$$\mathrm{ABCDEF}\xrightarrow{\mathrm{G}}\mathrm{ABCDEFG}\xrightarrow{\mathrm{H}}\mathrm{ABCDEFGH}$$（直线式的有机合成）

如果采用汇聚式合成法，即先以直线式合成中间体，然后再汇聚成最终的目标分子的合成路线，即

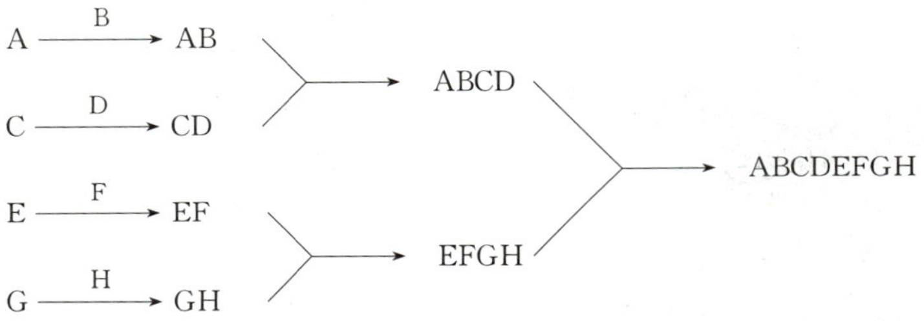

假设每步的收率也是 80%，仍然是七步反应，但只有三步是直线式排列，此时总收率为$(0.80)^3\times100\%=51.2\%$。

由此得出，合成路线较长时应优先选择汇聚式合成。在一个复杂的化合物的合成中，尽量将目标分子分成两大部分，再将两部分各拆解成次大部分，避免目标分子按小段地逐一拆解。

2. 反应次序的合理安排

在设计合成路线时，各步反应的次序安排应遵循下列原则：

（1）产率低的反应尽可能安排在前面　从数学角度看，下列四步反应的收率分别为 50%，90%，90%，90%时，其总收率是相同的：

$$50\%\times90\%\times90\%\times90\%=90\%\times90\%\times90\%\times50\%$$

但从合成成本角度考虑，应该尽量将原料成本低、产率低的反应安排在前面，将原料成本高、产率高的反应安排在后面。

（2）难度大的反应要尽可能安排在前面　即遵循先难后易的安排原则。

（3）价格高的原料尽可能安排在后面　制备同样量的目标化合物，原料价格高的反应步骤安排顺序越往后，其总成本就越低。

(4) 前面的反应要有利于后面反应的进行　安排反应次序时，应考虑前面的反应是否有利于后面反应的进行。例如，在工业上苦味酸的合成路线为

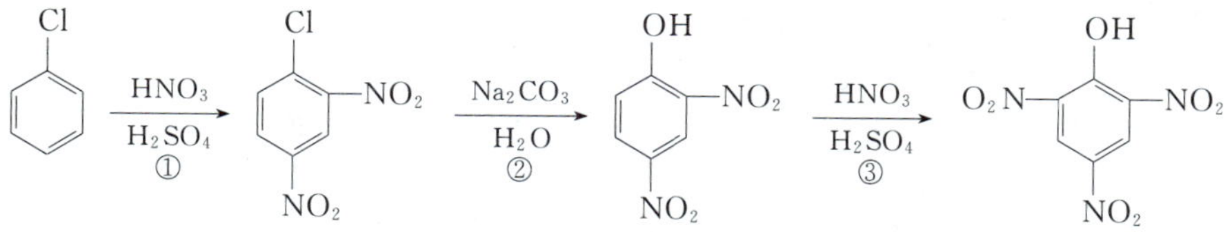

如果第①步是水解反应，则反应不容易发生，因为氯苯不容易水解。在环上引入两个强吸电子基团硝基后，则第②步水解反应很容易进行，水解成酚后更有利于第③步硝化反应发生。如果 2,4-二硝基氯苯进一步硝化后再水解，虽然水解容易，但 2,4-二硝基氯苯发生硝化反应比较困难，不仅需要使用过量的混酸，还需要在 140～150 ℃高温下进行。

3. 反应条件与实验操作

虽然收率是衡量一条合成路线优劣的重要标准之一，但在工业生产中，合成反应条件是否易于控制显得更为重要。在有机合成中有两种极端的反应类型，即反应收率与反应条件关系成平顶形和尖顶形，如图 18-1 所示。

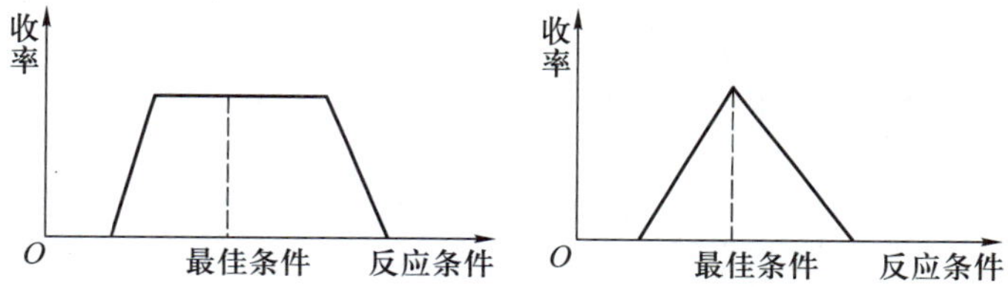

图 18-1　两种极端类型的有机合成示意图

由图 18-1 可以看出，尖顶形反应要求的条件非常苛刻，条件稍有波动，收率便会明显下降，这对于工业生产是很不容易控制的。平顶形反应的条件即使有些差异，收率也不会受到严重影响，容易控制。

4. 合成路线的选择

在复杂化合物合成设计中，从目标分子开始逆合成分析，可能有多种切断方法，因而会有几条合成路线，选择的合成路线尽量满足前面介绍的合成路线选择的三条原则。

18.4.3　典型合成举例

例 18-8　以苯及 C_4 以下的有机化合物为原料合成 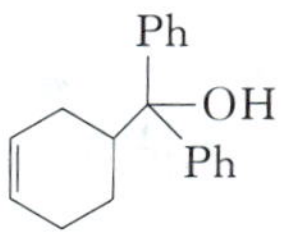 。

［逆合成分析］本题是由特定原料合成化合物。

方法 1

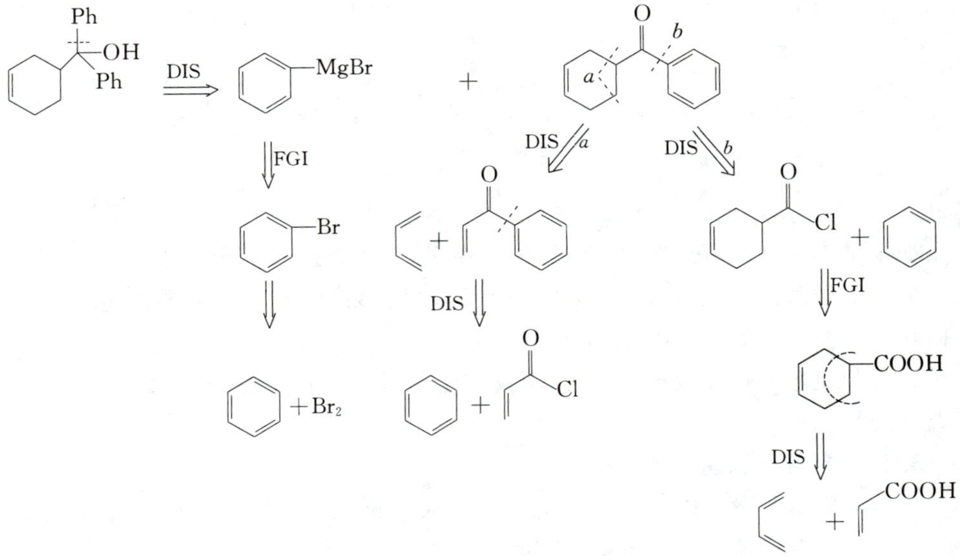
Ph
OH
Ph
DIS
MgBr
+
O
b
a
FGI
DIS
a
DIS
b
O
O
Br
+
Cl
+
DIS
FGI
O
COOH
+Br₂
+
Cl
DIS
COOH
+

方法 2

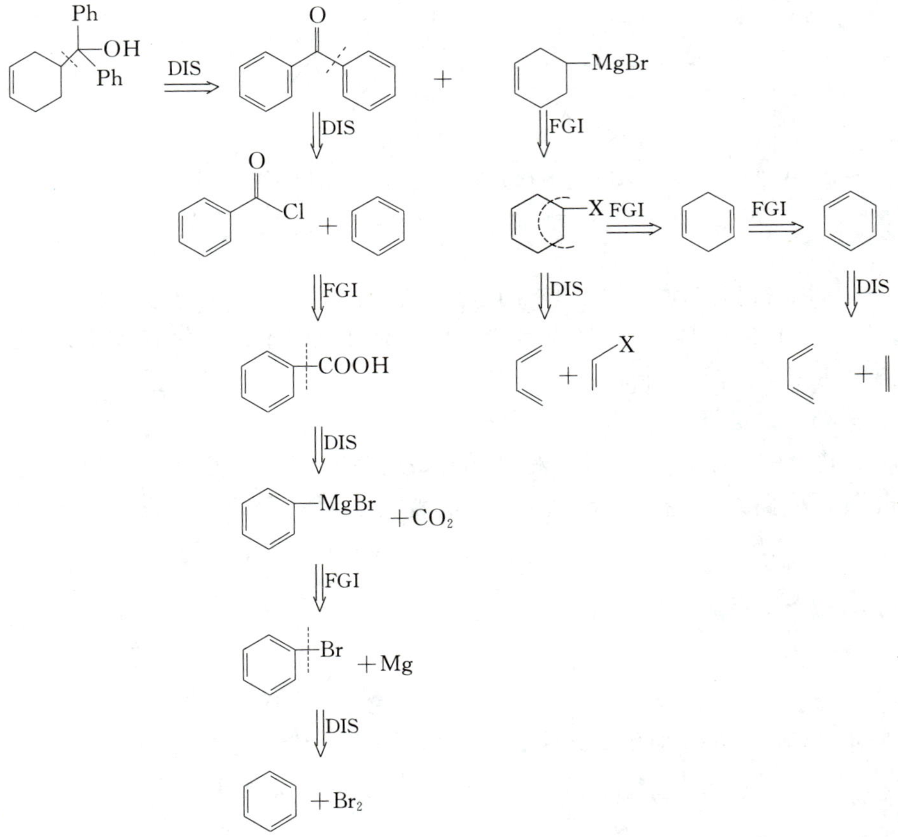
Ph
OH
Ph
DIS
O
+
MgBr
DIS
FGI
O
Cl
+
X
FGI
FGI
FGI
DIS
DIS
COOH
+
X
+
DIS
MgBr
+CO₂
FGI
Br
+Mg
DIS
+Br₂

方法 3

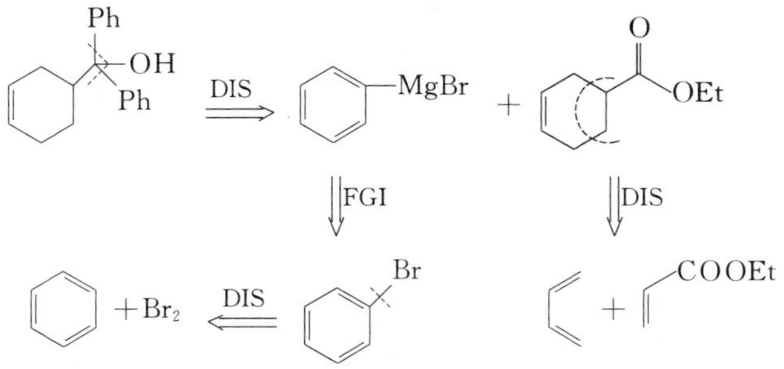

［比较］　通过逆合成分析，可将目标分子按不同方式切断，得到的中间产物同样可以按不同方式切断，得出三条主要的合成路线。不难看出，方法 3 的切断方式具有原料易得、合成步骤少、反应效率高等优点，是比较合理、有效的合成路线。

［合成］

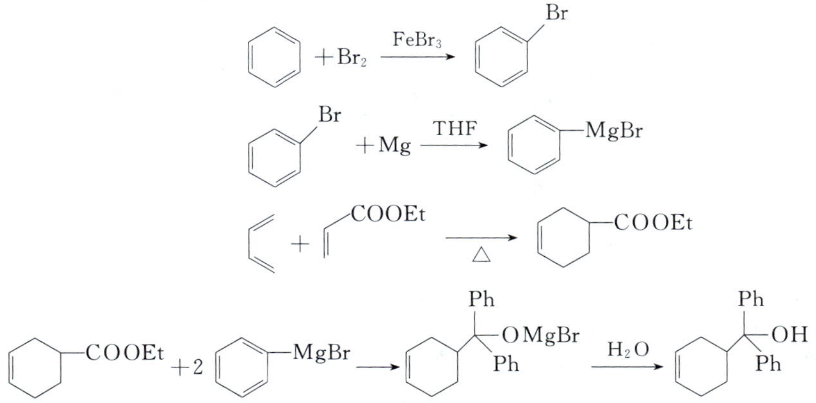

［检查］按照方法 3 的合成路线符合题目要求。

例 18－9　以 C_4 以下的有机化合物及苯为原料合成 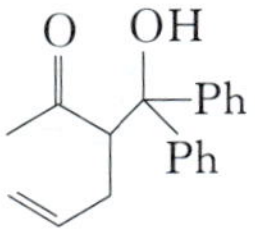 。

［逆合成分析］本题是由确定的原料合成化合物。

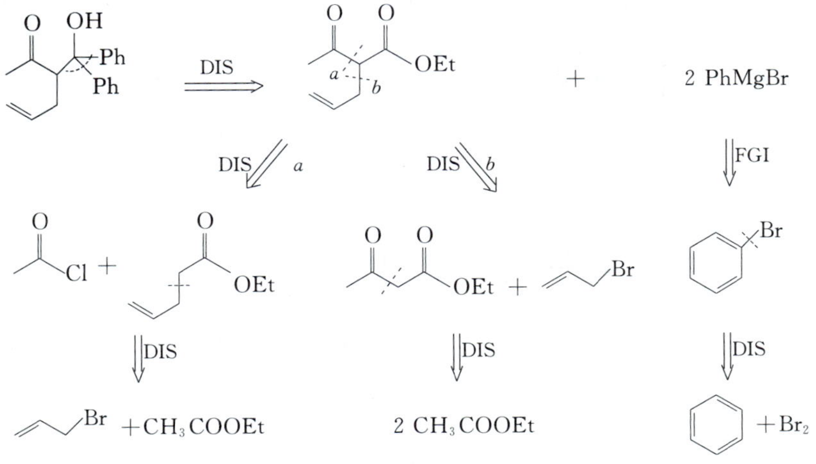

[比较] 逆合成分析设计了两种合成方法，方法 *b* 优于方法 *a*。因为在方法 *a* 中，两次用到活性较差的酯的 α－H，收率不高。因此，选择方法 *b*。

[合成]

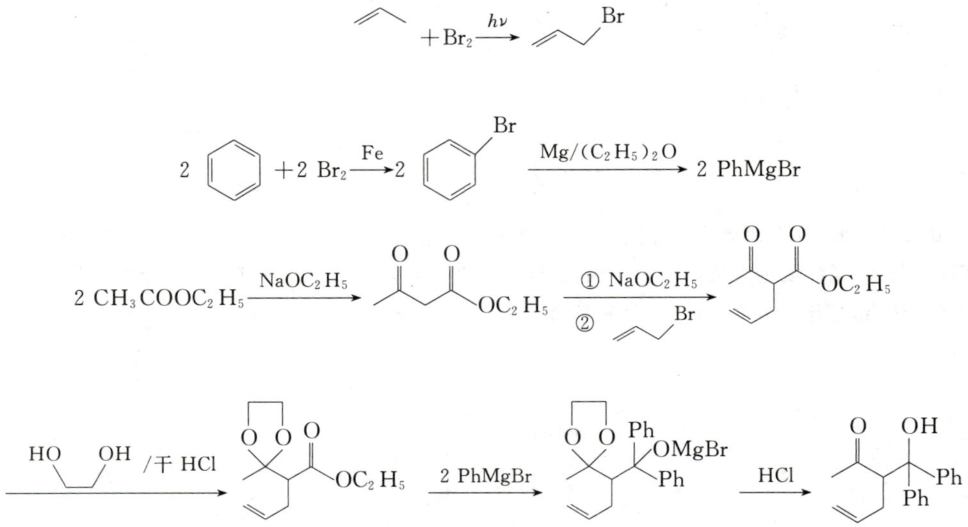

[检查] 符合题目要求，合成步骤完整。

例 18－10 用苯和 C_2 以下的有机化合物为原料合成 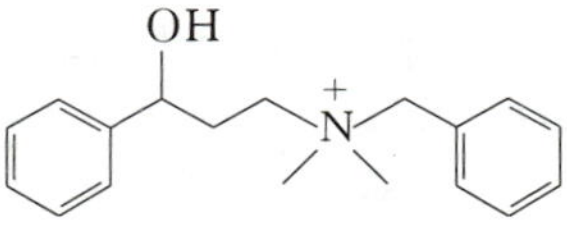 Cl^-。

[逆合成分析] 本题是合成季铵盐，可由两种不同的叔胺合成。

方法 1

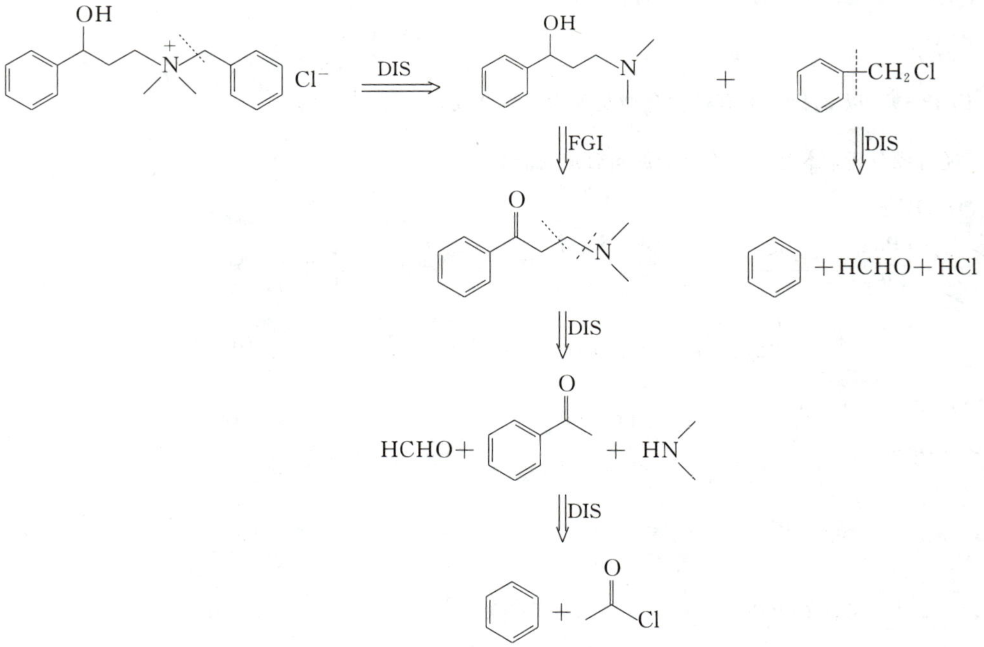

方法 2

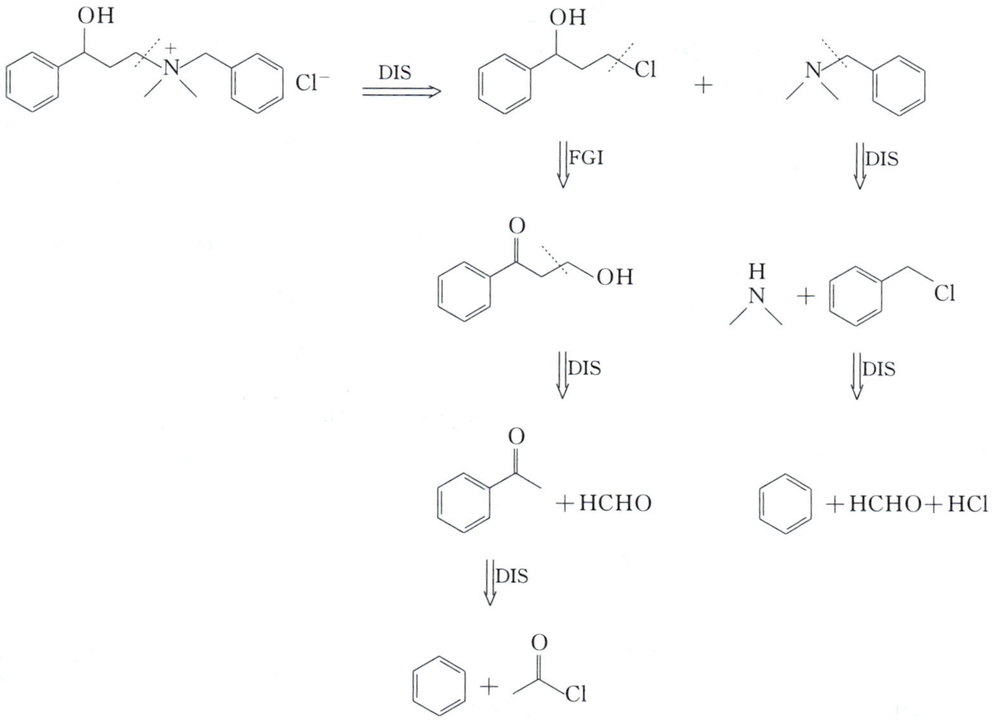

［比较］方法 2 有的反应产率不高。因此,方法 1 是较合理的。

［合成］

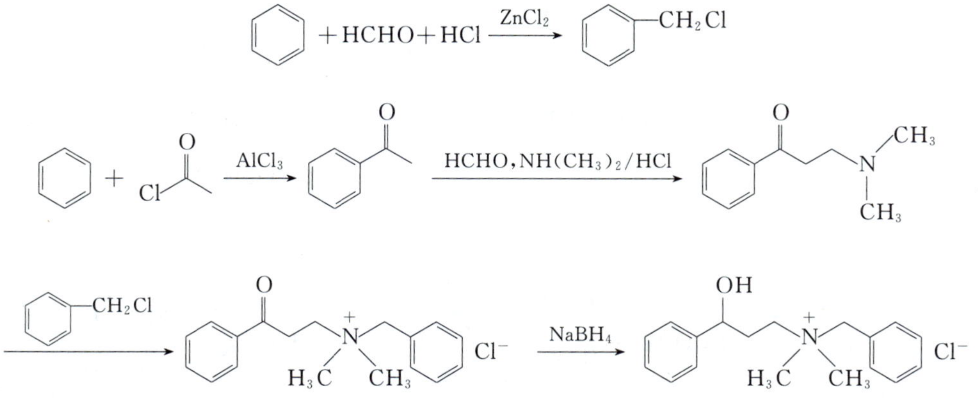

［检查］符合题目要求,合成步骤正确。

例 18-11 设计合成化合物 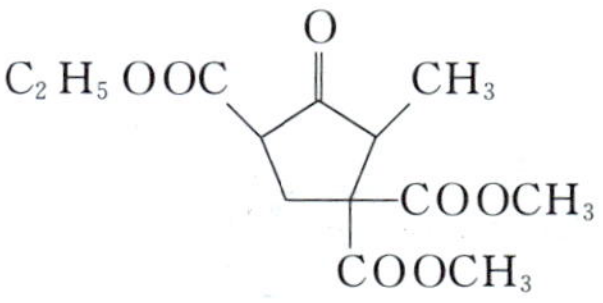 的合成路线。

［逆合成分析］ 本题没有限制条件,可选择工业上可得的结构简单的化合物为原料。

方法 1

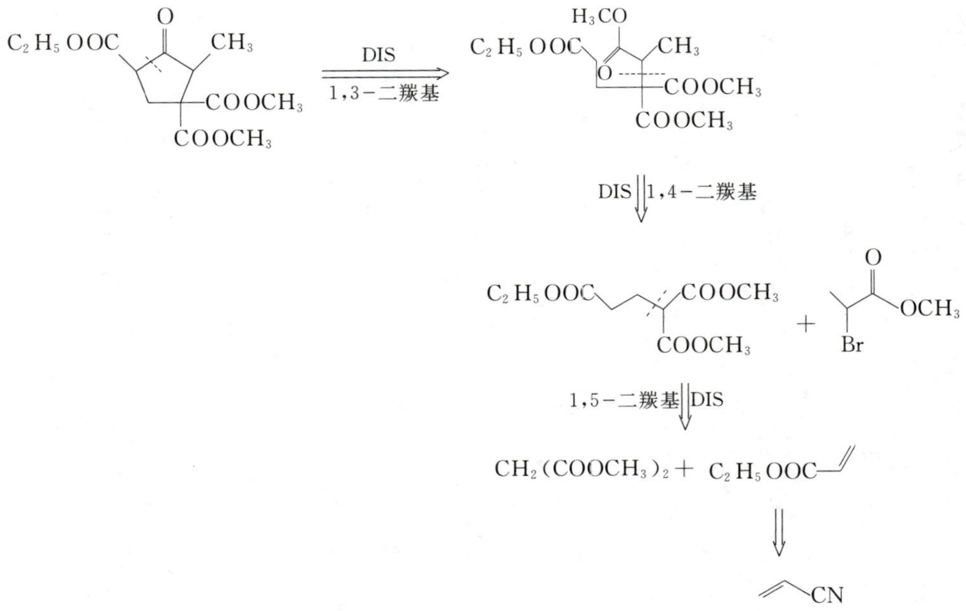

方法 2

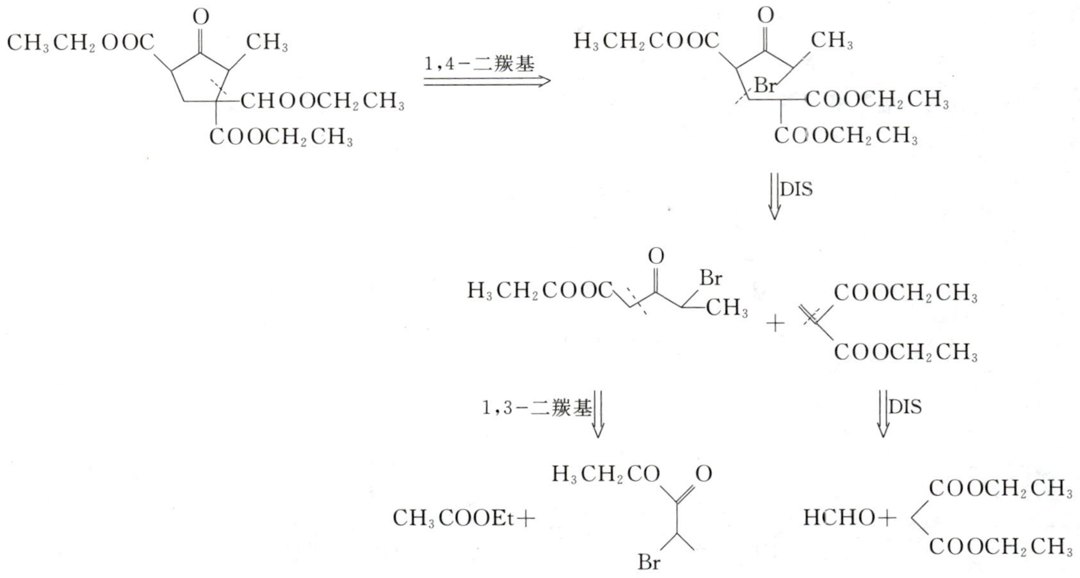

［比较］方法 2 反应切断不合理，步骤较多，方法 1 较合理。

［合成］

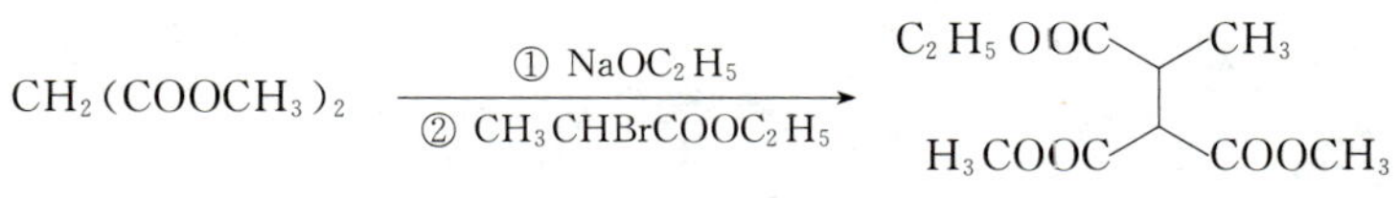

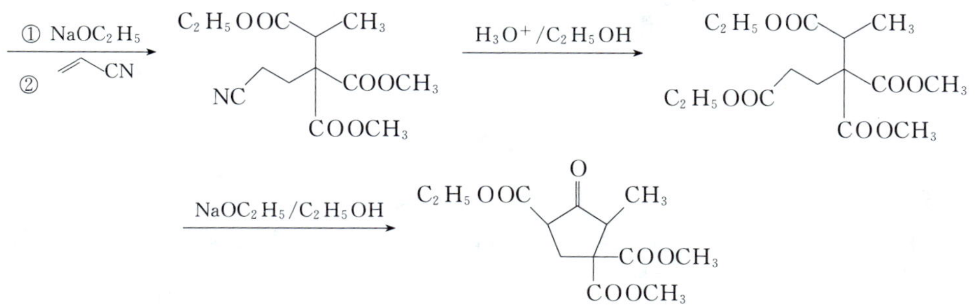

[检查] 符合题目要求，合成步骤正确。

例 18-12　试设计化合物  的合成路线。

[逆合成分析]　目标化合物是顺式二取代环丙烷衍生物。

方法 1

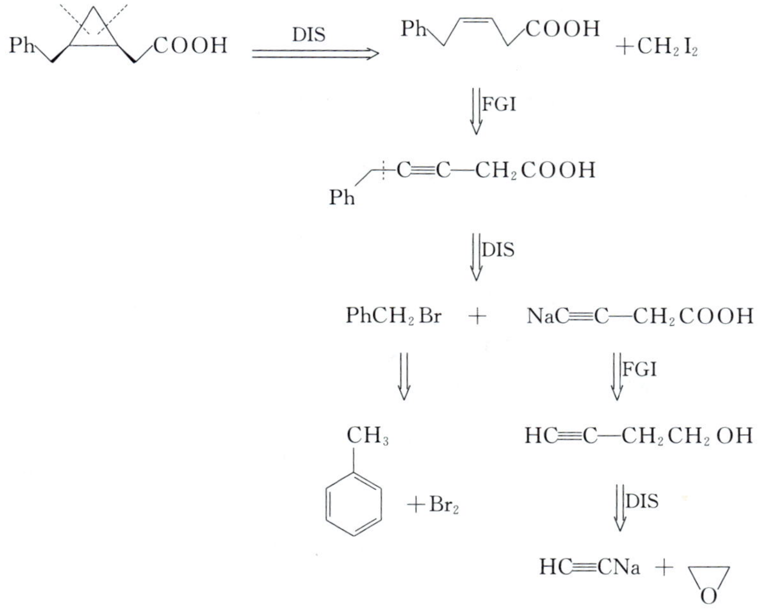

方法 2

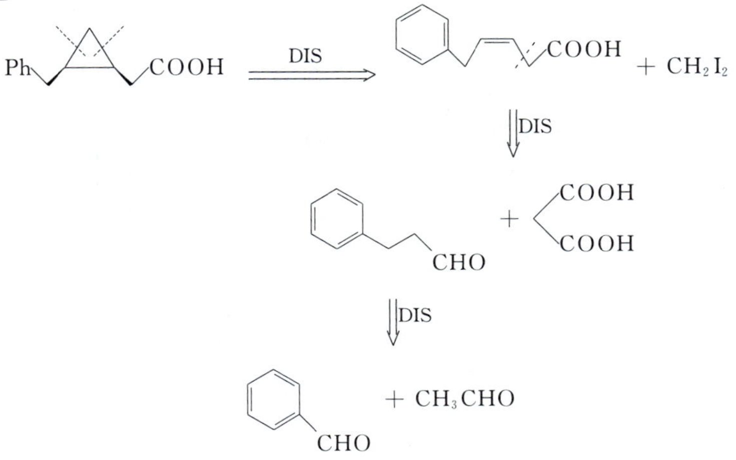

[比较] 方法 2 得不到高立体选择性的目标产物，方法 1 是较合理的方法。

[合成]

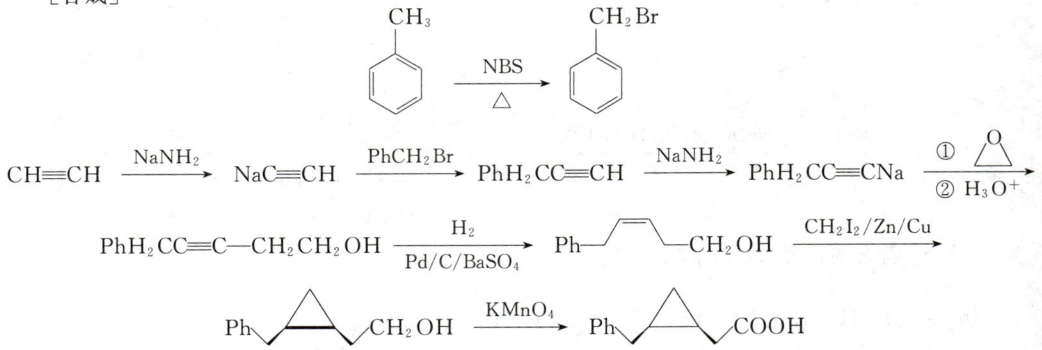

[检查] 符合题意，合成步骤清楚。

例 18-13　试设计化合物 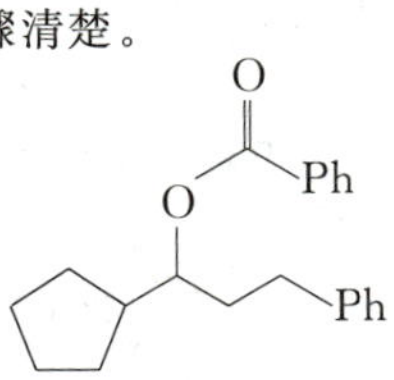 的合成路线。

[逆合成分析]　目标化合物是羧酸酯类化合物。

方法 1

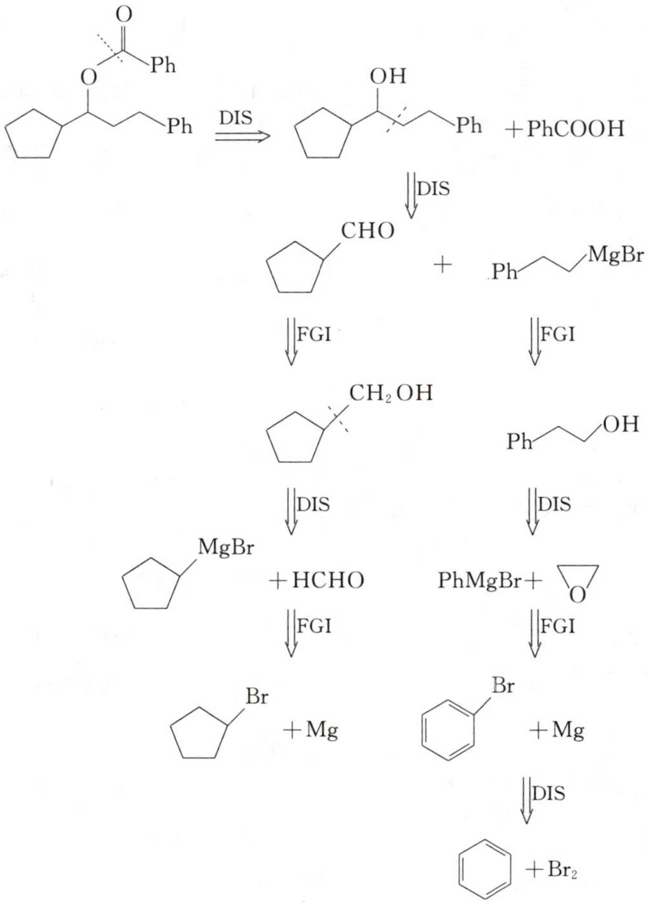

方法 2

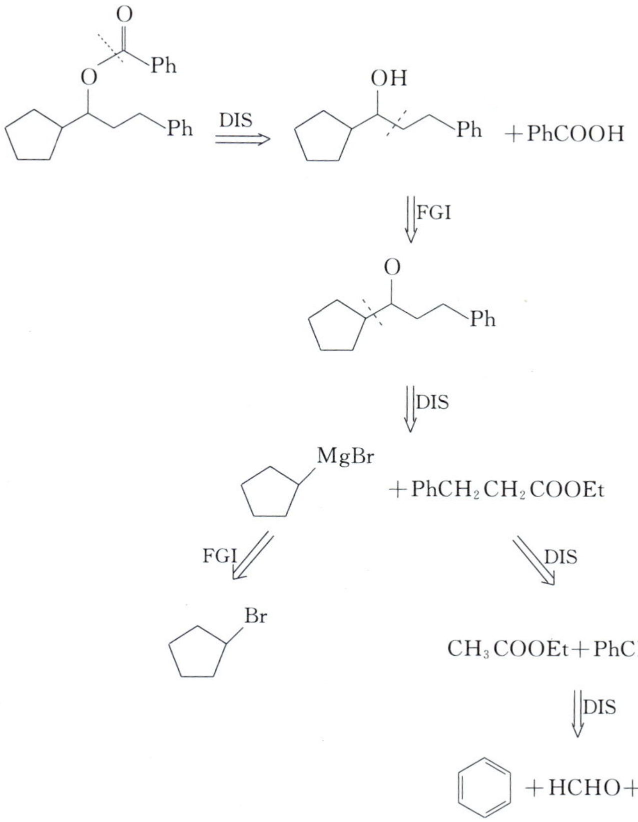

[比较] 通过逆合成分析，方法 2 由格利雅试剂与羧酸酯反应制备酮时，产物难以停留在酮，因此，方法 1 更合理。

[合成]

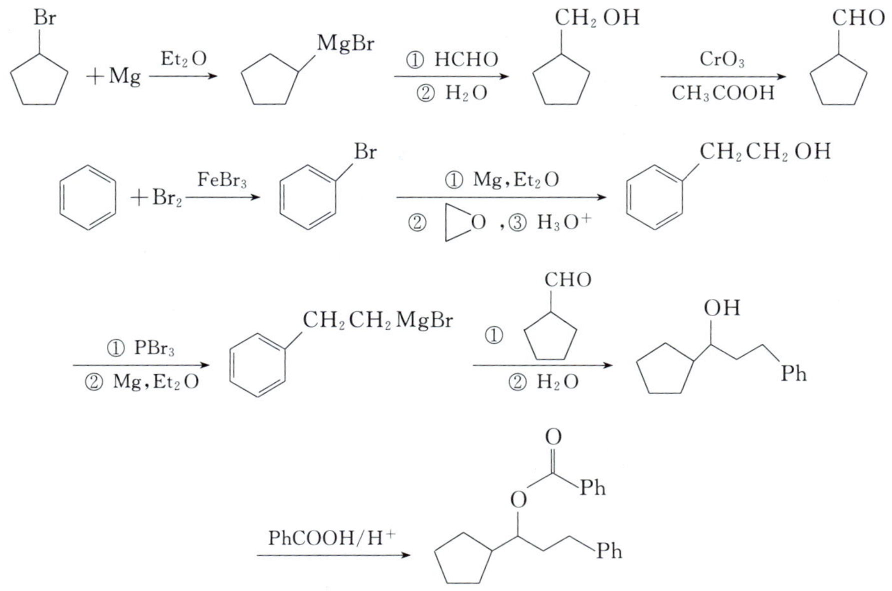

[检查] 符合题目要求，合成步骤清楚。

例 18－14 设计合成化合物 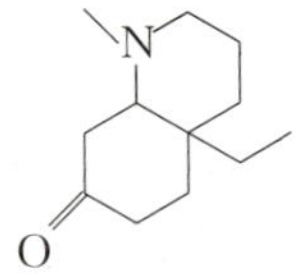 的合成路线。

[逆合成分析] 目标化合物是一带杂原子的双环酮。

方法 1

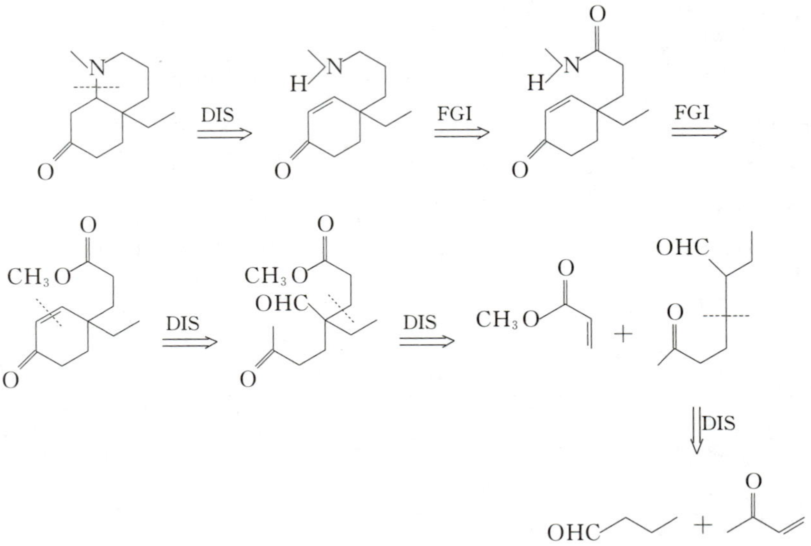

方法 2

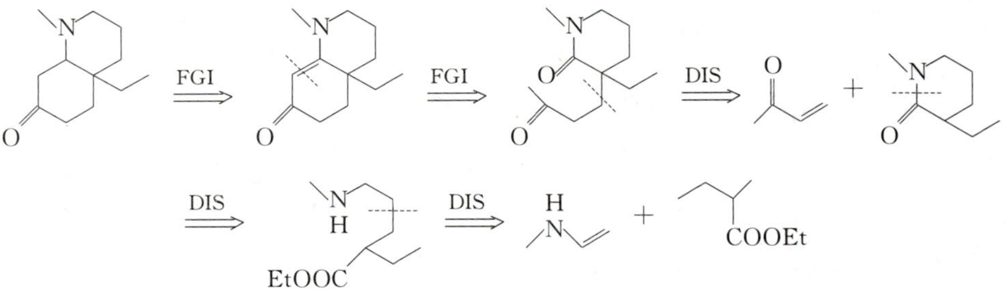

[比较] 逆合成分析推导出两种合成方法。方法 2 看似简单，合成步骤少，但是最后一步合成很难。因此，方法 1 是较优的合成路线。

[合成]

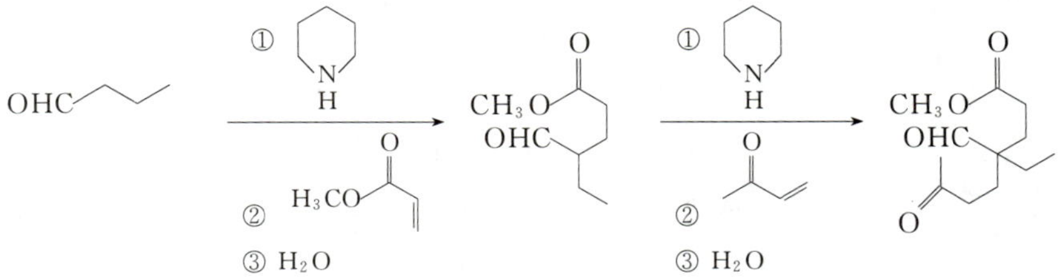

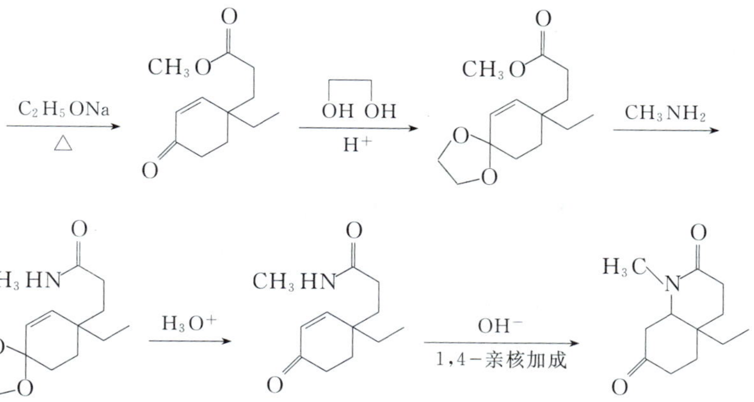

[检查] 符合题目要求，合成步骤合理。

18.5　绿色合成原理

绿色有机合成的目标是把传统化学和化工生产的技术路线从“先污染，后治理”变为“从源头上根除污染”。

就目前绿色化学的发展现状，绿色有机合成可以通过如下几种方式实现：(1) 选择合适的反应原料；(2) 选择合适的溶剂或不使用溶剂完成反应；(3) 选择原子经济性反应；(4) 选择合理的合成反应技术。

18.5.1　使用绿色的反应原料

在选择起始原料时应考虑：选择可再生原料；选择低危害原料；选择对环境有害物质的利用。

1. 选择可再生物质为有机合成原料

由可再生资源精炼而来的物质，如以多糖、单糖为原料。借助于生物技术，已把葡萄糖转化为一系列重要的和可大规模生产的化合物，如对苯二酚、邻苯二酚和己二酸等。

2. 选择低危害物质为有机合成原料

(1) 过氧化氢为氧化剂　众多的含氧精细化学品都可通过过氧化氢合成。例如，联二萘酚是手性化合物，由 2-萘酚在二价铁存在下用 H_2O_2 氧化偶联得到：

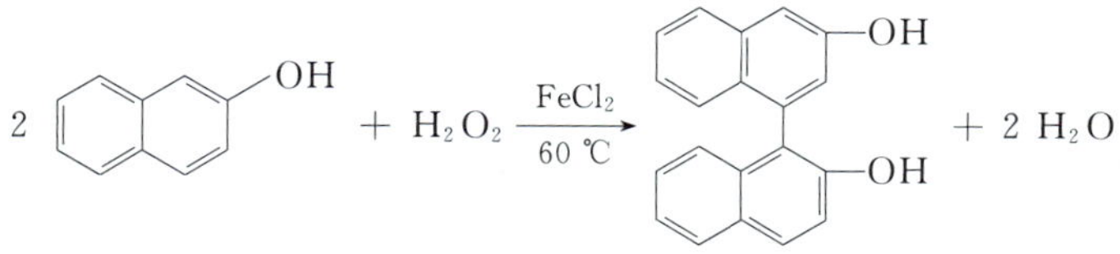

(2) 碳酸二甲酯为反应物　碳酸二甲酯(DMC)是绿色试剂。可作甲基化和羰化反应试剂。例如 DMC 作甲基化试剂，ZCH_2W(Z、W 为吸电子基)类活泼亚甲基化合

物与 DMC 进行气、液相相转移催化反应，ZCH_2W 的单甲基取代产物的选择性大，转化率高：

$$ZCH_2W + (CH_3O)_2CO \xrightarrow{\text{碱}} Z\overset{\overset{\displaystyle CH_3}{|}}{C}HW + CH_3OH + CO_2$$

(3) 选择对环境有害的物质为起始原料　CO_2 造成温室效应，严重威胁人类生存。超临界 CO_2($scCO_2$)是一种很好的有机合成原料。例如：

$$scCO_2 + H_2 + (CH_3)_2NH \xrightarrow{RuCl_2[P(CH_3)_3]_4} H{-}CON(CH_3)_2 + H_2O$$

18.5.2　使用无毒无害的溶剂和助剂与无溶剂反应

在有机合成中，常用的无毒无害溶剂或助剂有超临界流体、水、离子液体和一些毒性小的有机溶剂。

1. 选择超临界流体作溶剂

超临界流体(SCF)是一种温度、压力处于临界点以上，无气、液界面，兼有液体和气体性质的流体。选择合适的温度和压力能有效地控制反应速率和选择性。超临界流体还可以作有机化合物的萃取剂。

(1) 超临界二氧化碳　超临界二氧化碳($scCO_2$)是一种廉价的环境友好的溶剂，可作各种反应类型的溶剂。例如：

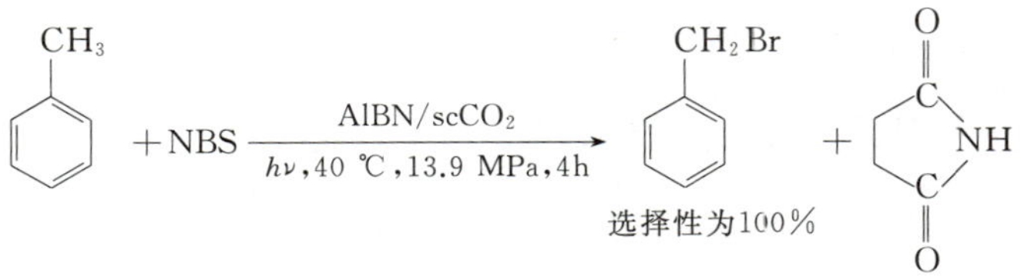

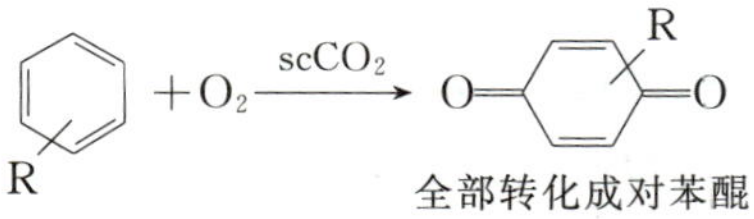

(2) 近临界水　近临界水(near critical water)既可以溶解盐，又可以溶解有机化合物，近临界水还可以起到某些酸催化或碱催化反应的催化剂作用。常用于烷基化反应、羟醛缩合反应、氧化反应等有机合成反应的溶剂，也称为“洁净”溶剂。

2. 选择水作溶剂

2-萘酚氧化偶联成联二萘酚是一个自由基型反应，是在较低的温度下发生的水-固两相反应，2-萘酚高转化率高选择性转化成产物，过滤出产品后，滤液中的氯化亚铁用过氧化氢氧化后可循环使用。

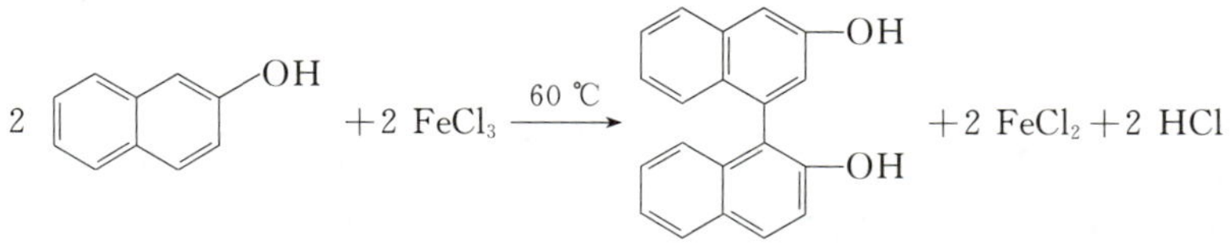

狄尔斯–阿尔德反应是一类重要的反应，近年发现这个反应在水中反应速率比在有机溶剂中快。

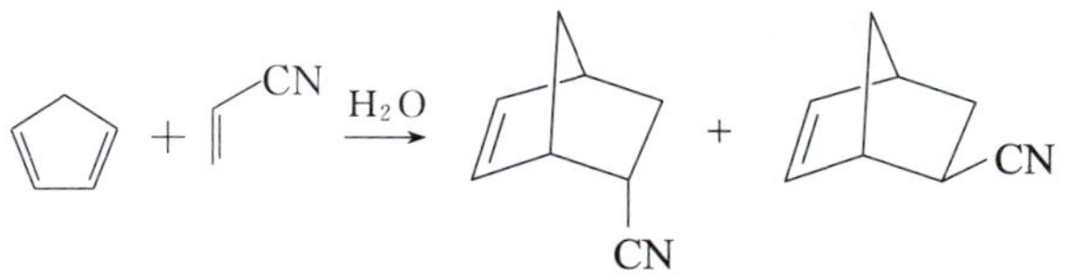

（主要产物）　（次要产物）

3. 选择离子液体作溶剂

离子液体是指在室温或较低温度下为液体的离子化合物，选它作化学反应的溶剂是由于其有特殊的性质。例如，二茂铁进行乙酰化反应，主要产物是双乙酰化产物：

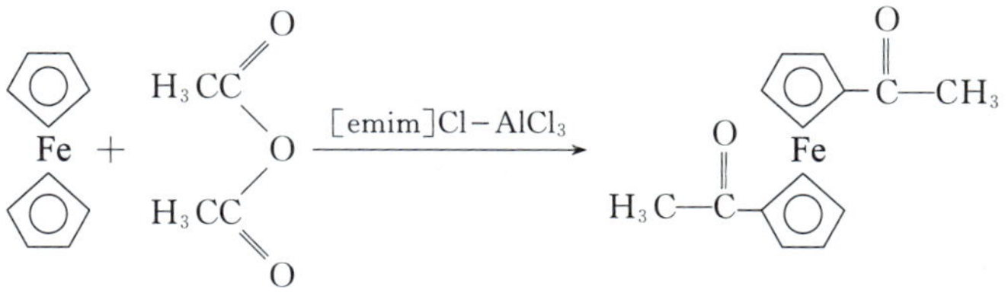

在离子液体中，狄尔斯–阿尔德反应比在有机溶剂、甚至比在水中的反应速率还快：

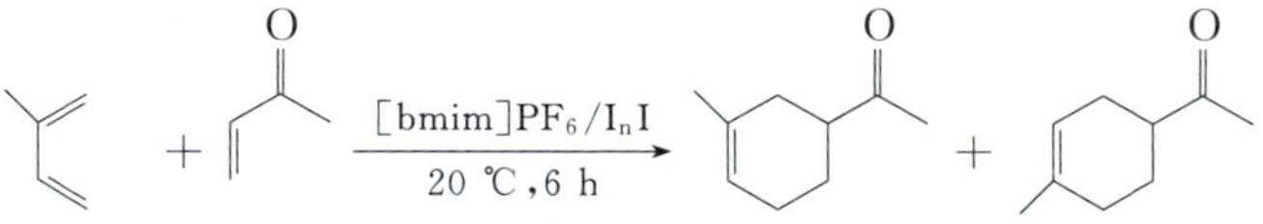

（次要产物）　（主要产物）

在离子液体中反应主要优点是操作简单、分离容易、无废弃物排放、不用其它催化剂、反应不怕湿气，是一种好的反应方法。

4. 无溶剂反应

无溶剂反应是绿色有机合成的重要反应。无溶剂有机合成涵盖了所有的有机化学分支，它涉及氧化反应、还原反应、重排反应、消除反应、水解反应，等等。无溶剂反应操作简单，节省能量，防止了废弃物的生成及有毒有害物的使用。例如：

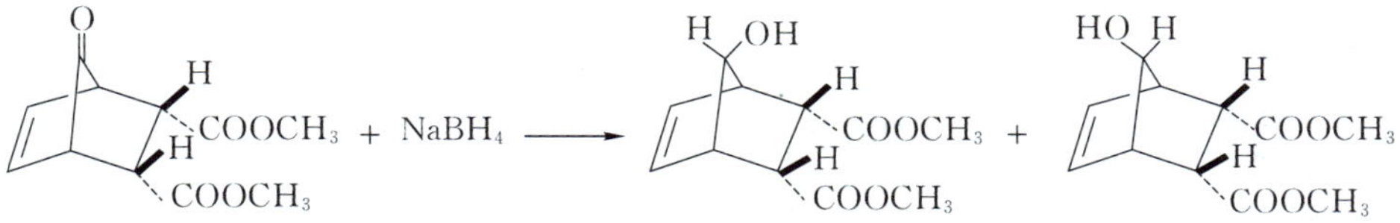

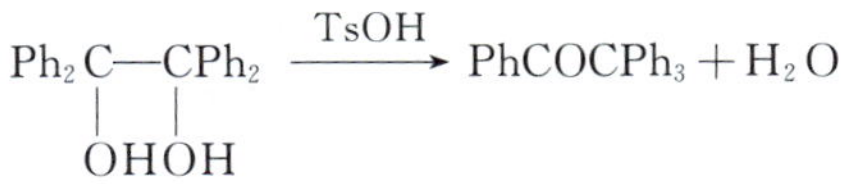

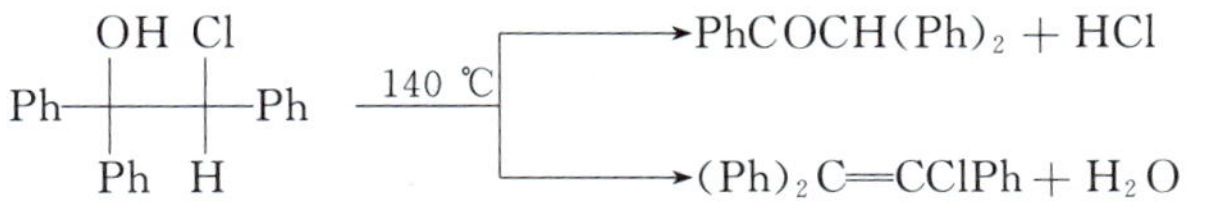

$$PhCHO + HPO(OC_2H_5)_2 \xrightarrow{MgO} Ph—CH_2OH—PO(OC_2H_5)_2$$

18.5.3　选择原子经济性反应

在有机化学中，存在许多原子经济性反应，如加成反应、周环反应、烯烃交互置换反应、芳烃的烷基化反应等。原子经济性反应不仅减少了资源的消耗，而且消除了化学品的排放。在有机合成设计中尽量利用原子经济性反应。

18.5.4　选择绿色合成技术

随着绿色化学的推进，一些非传统的化学反应技术得到了快速发展，这些反应技术的特点是反应速率快、反应物转化率高、产物选择性高、反应条件温和、有的是原子经济性反应、有的不需要溶剂、有的可以多种技术集成。在进行有机合成时，应合理选用合成技术，以满足绿色合成的要求。

1. 光化学反应技术

光作用的化学反应常具有特殊的性质。如醌与醛在光照下合成酰基对二苯酚是一个原子经济性反应，而用传统方法合成需要使用路易斯酸催化剂，并产生有害的副产物氯化氢。

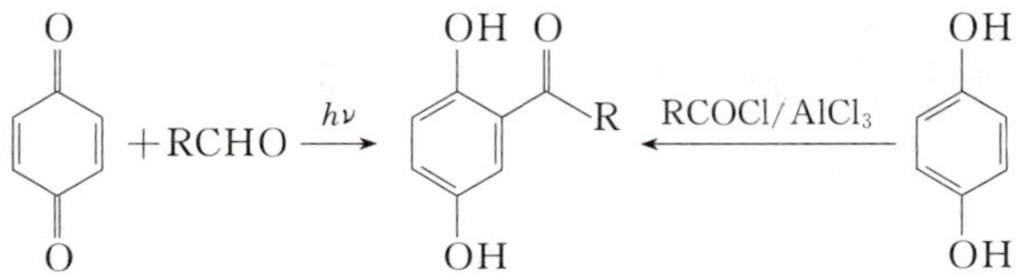

光照射的共轭多烯电环化反应不仅是一个原子经济性反应，而且是一个高度立体专一性反应。如(2*E*,4*Z*,6*E*)-2,4,6-辛三烯光照射电环化反应得到反-5,6-二甲基-1,3-环己二烯：

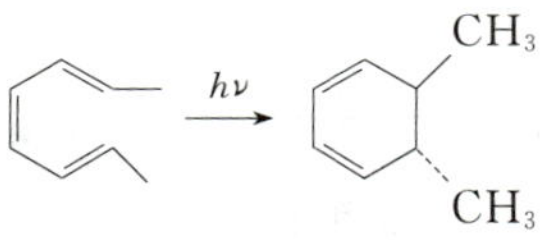

2. 微波化学反应技术

微波加热化学反应有极高的反应速率，甚至比热反应的速率提高 1 000 倍。微波加热反应可以在溶液中进行，也可以无溶剂，固相反应也有很高的反应速率。大多数类型的有机反应都可以用微波加热反应。

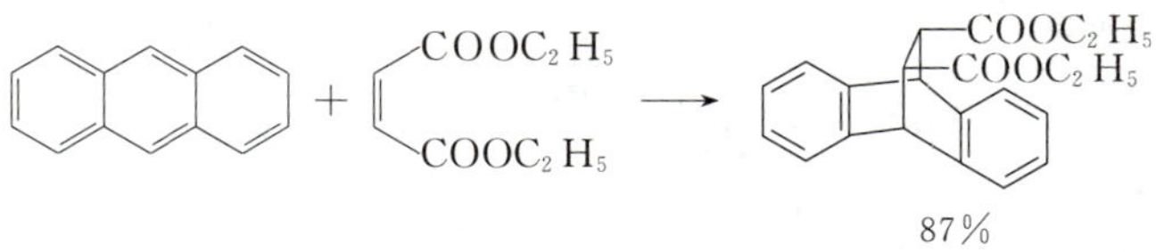

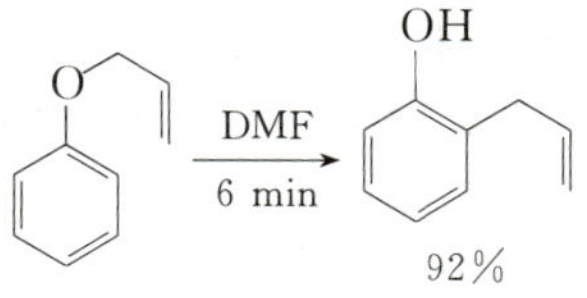

3. 超声波化学反应技术

超声波应用于化学反应是一种绿色合成技术。超声波已广泛应用到氧化、还原、加成、取代、缩合、水解等各类有机反应中。声化学反应速率快,反应物转化率高。在传统反应条件下难以进行的反应,在超声波条件下可以顺利进行。例如:

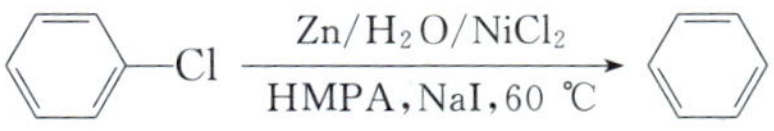

$$C_6H_5—CH=CH—\overset{\displaystyle O}{\overset{\|}{C}}—C_6H_5 + H_2 \xrightarrow[2.5\ \text{min}]{\text{“Ni”}} C_6H_5CH_2CH_2\overset{\displaystyle O}{\overset{\|}{C}}C_6H_5$$

4. 使用高效无毒催化剂催化技术

镧系元素试剂是低毒性化合物,容易回收利用,可催化碳碳反应、氧化还原反应,甚至可以在水溶液中进行反应。例如,镧系元素化合物催化酮醛还原反应,选择还原酮羰基而不还原醛基,免去了保护-脱保护的过程:

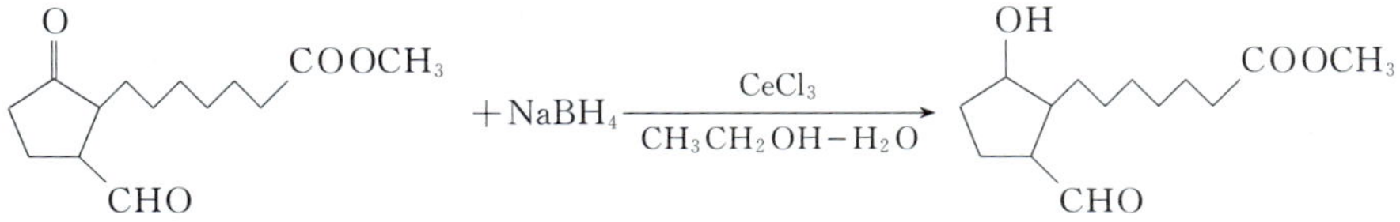

5. 两相催化技术

现代有机合成反应很多都是用贵金属配合物催化反应,催化剂很难回收。如果在金属配合物有机配体上连接一全氟取代的烷基(氟含量>60%),这个催化剂就溶于全氟代烷溶剂中,而不溶于传统的溶剂中,反应物和产物溶于传统的溶剂中,达到分离的目的。在室温下,传统溶剂与全氟代烷溶剂不相容,而升高温度,变成均相,进行化学反应,反应结束后冷却到室温,又分成两相。分出含催化剂的氟溶剂相循环使用,既保留了均相催化剂的优点,又解决了贵重金属催化剂的回收利用,是一种绿色合成技术。

含氟阴离子的镧系金属盐 $Yb[C(SO_2C_8F_{17})_3]_3$ 和 $Sc[C(SO_2C_8F_{17})_3]_3$ 作为路易斯酸催化剂,在氟代烷-有机化合物两相体系中催化 *O*-酰基化反应、傅-克反应、双烯合成等多种有机合成反应中,均实现了催化剂的回收利用。例如:

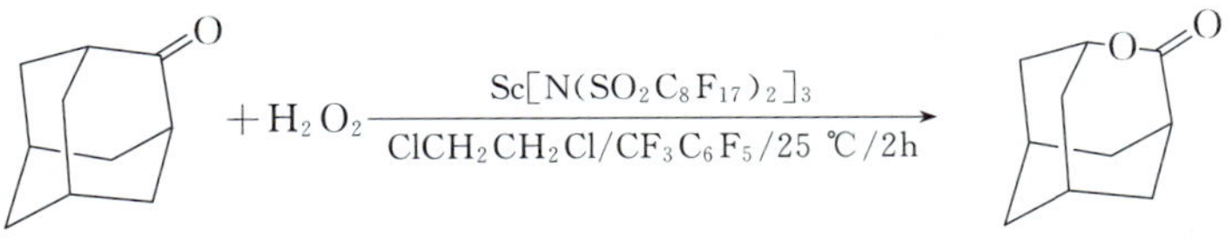

收率93%,选择性99%

6. 相转移催化技术

相转移催化反应包括气-液、气-固、固-液、液-液两相相转移反应,也有固-液-液、固-固-液、液-液-液、气-固-液、气-液-液等多相相转移催化反应。例如:

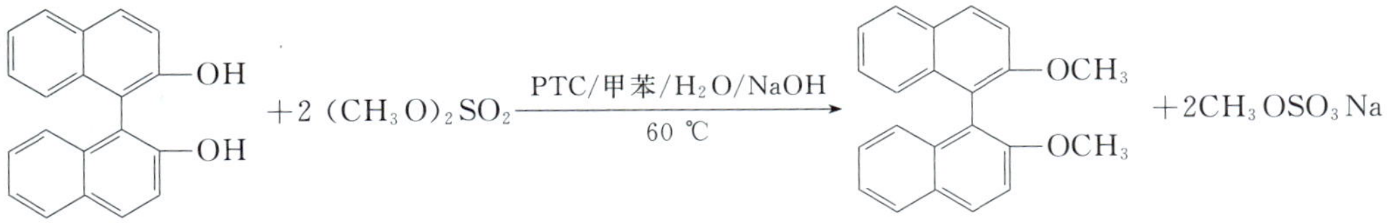

7. 生物催化和生物过程技术

生物催化和生物过程技术的优点是可利用生物质合成化学品，反应条件温和，产物专一。例如，以葡萄糖为原料，经生物转化，在温和条件下加氢制备己二酸：

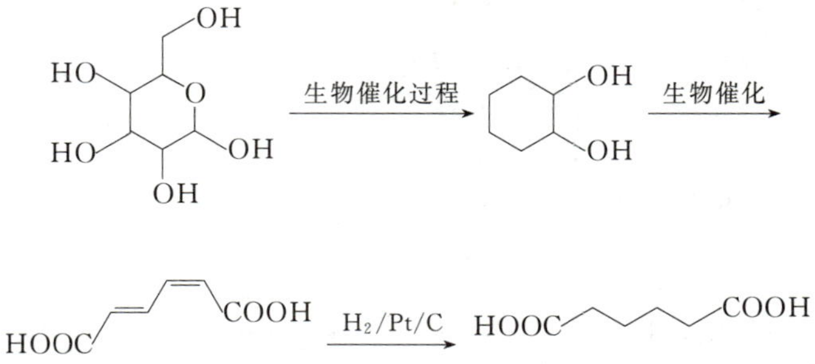

以糖类为原料经生物催化过程，合成新型抗氧剂 3-羧基-5，6 二羟基-2-环己烯酮(DHS)，代替传统合成过程使用的污染大、价格昂贵的抗氧剂 4-甲基-2，6-二叔丁基酚：

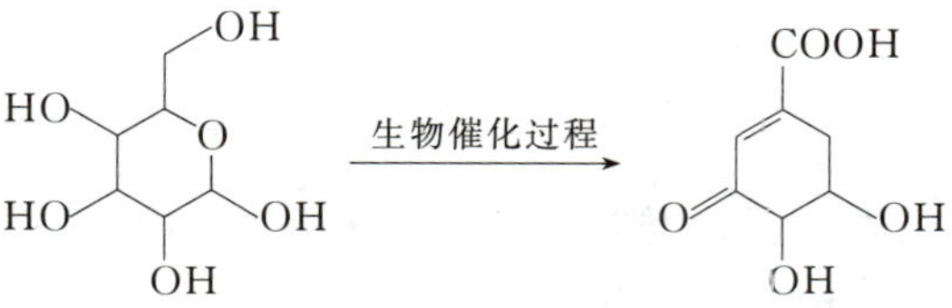

DHS

获诺贝尔奖者

索瓦(Jean-Pierre Sauvage，法国化学家，1944.10.21—　)、斯托达特(Sir Fraser Stoddart，美籍英国化学家，1942.5.24—　)和费林加(Bernard Lucas Feringa，荷兰化学家，1951.5.18—　)开创出分子机器发展的道路，诞生了一系列化学结构，构成了研究者用来进一步创作的工具箱。由于他们在分子机器设计与合成领域的贡献，获得 2016 年诺贝尔化学奖。

习　题

18-1　完成下列转化。

(1) $CH{\equiv}C{-}CH_2OH \longrightarrow HOOC{-}C{\equiv}C{-}CH_2OH$

(2)

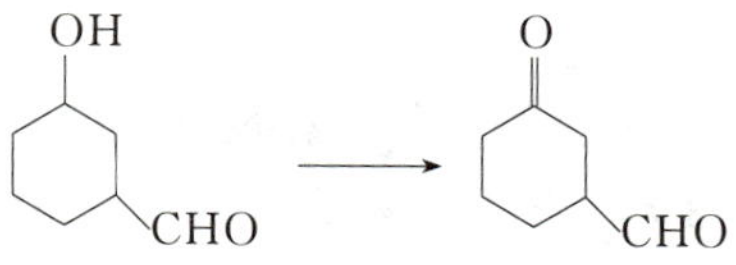

(3)

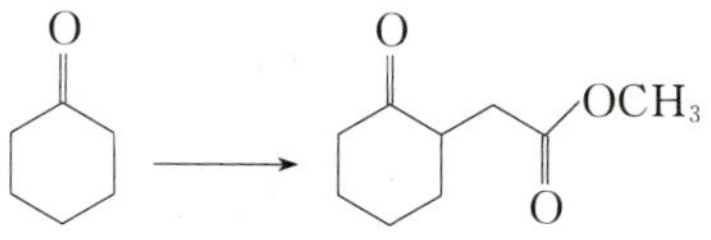

(4) $CH_3CHO \longrightarrow$

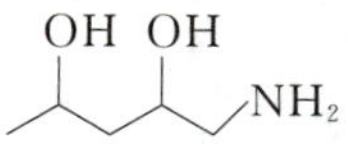

(5) 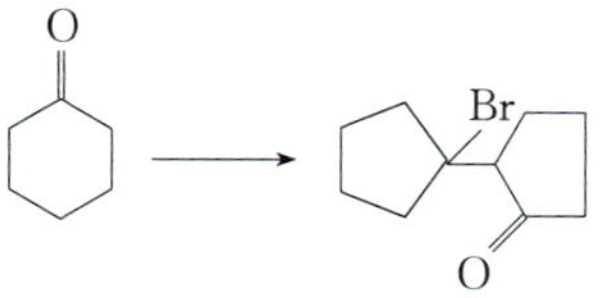　　(6) 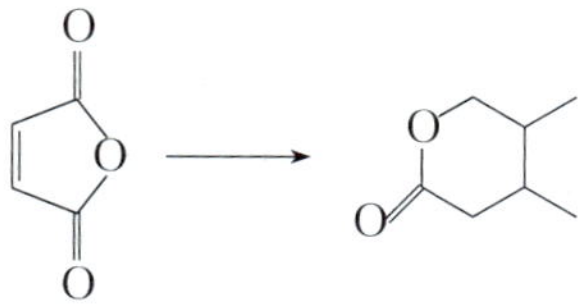

18-2　以苯和小于 C_3 的有机试剂为原料合成下列化合物。

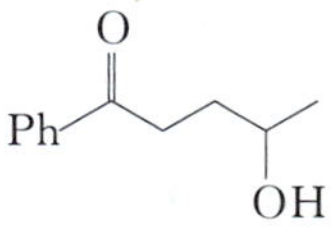

18-3　以苯酚、甲醛为有机原料合成下列化合物。

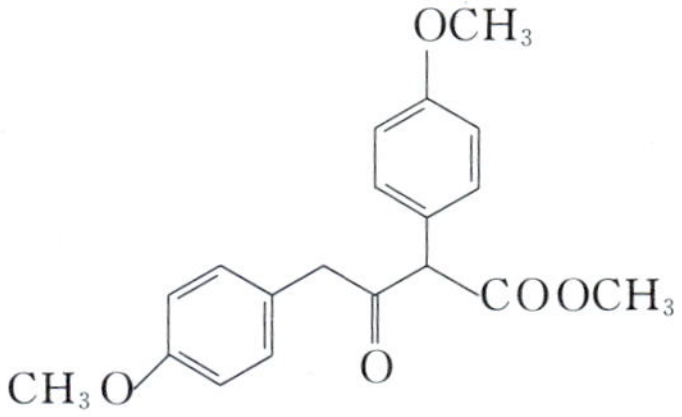

18-4　以小于 C_5 的有机试剂为原料合成下列化合物。

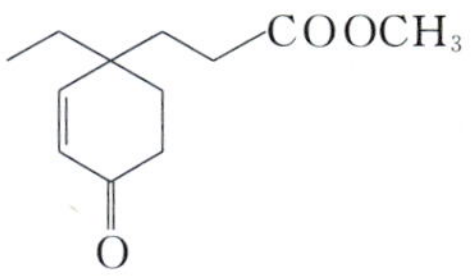

18-5　试设计下列化合物的合成路线。

(1) 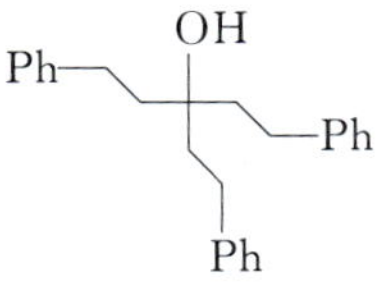　(2) $PhCH_2OCH_2CH_2C\equiv CCH_2OH$　(3) 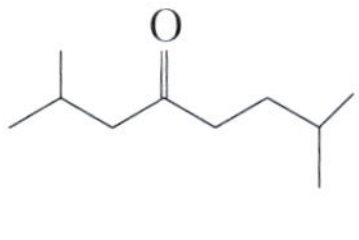

(4) 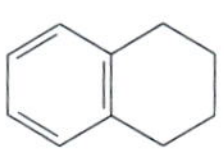　(5) 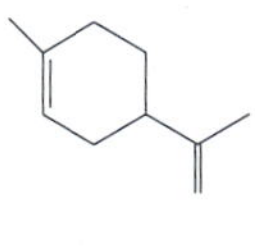　(6) 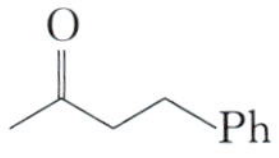　(7) 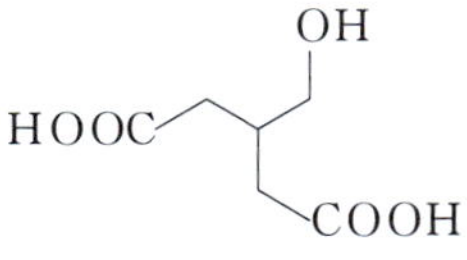

(8) 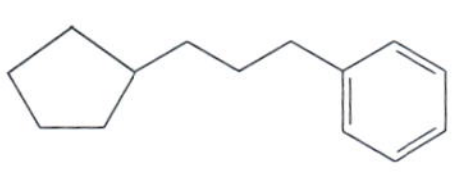　(9) 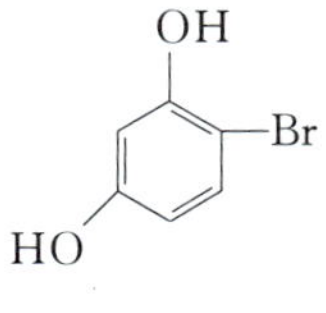　(10) 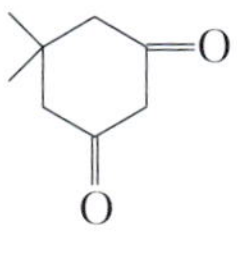

(11) 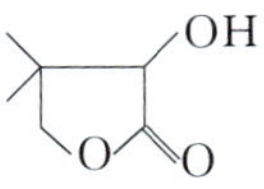　(12) PhCH=CHCH=CHCOOH　(13) 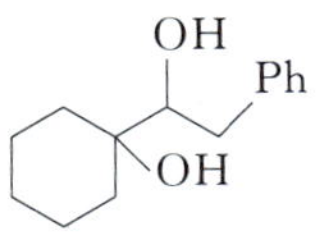

(14) 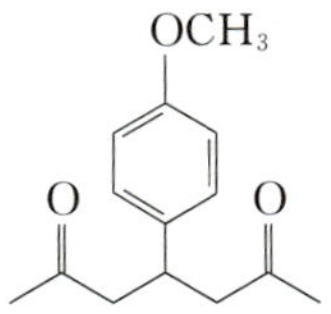
(15) 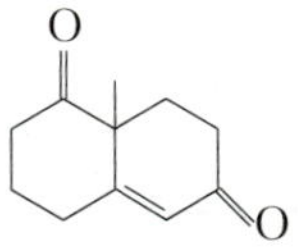

18-6 什么是绿色化学？

18-7 什么是原子经济性反应？原子经济性反应与反应产率两个概念有何异同点？

18-8 哪些物质可用作绿色反应的溶剂？

18-9 根据绿色化学原理，在设计有机合成路线时，应该考虑哪些问题？

附　　录

1. 本书所用符号及缩写

Ac	乙酰基(CH_3CO—)
Ar	芳基
n-Bu	正丁基($CH_3CH_2CH_2CH_2$—)
i-Bu	异丁基($(CH_3)_2CHCH_2$—)
s-Bu	仲丁基($CH_3CH_2CH(CH_3)$—)
t-Bu	叔丁基[$(CH_3)_3C$—]
C	共轭效应
D,L	立体化学构型的标记
DMF	二甲基甲酰胺[$HCON(CH_3)_2$]
DMSO	二甲基亚砜[$(CH_3)_2SO$]
E	亲电试剂或试剂的亲电部分
E1	单分子消除反应
E1cb	单分子共轭碱消除反应
E2	双分子消除反应
Et	乙基(CH_3CH_2—)
HOAc	醋酸(CH_3COOH)
$h\nu$	光的符号
I	诱导效应
IR	红外光谱
J	偶合常数(单位:Hz)
k	反应速率系数
K	反应平衡常数
K_a	酸电离平衡常数
K_b	碱电离平衡常数
m-	间位
Me	甲基(CH_3—)
m/z	质谱中的质荷比
MS	质谱
NBS	N-溴代丁二酰亚胺
NMR	核磁共振谱
Nu^-	亲核试剂或试剂的亲核部分
o-	邻位
p-	对位
Ph	苯基(C_6H_5—)
Pr	丙基(C_3H_7—)
i-Pr	异丙基[—$CH(CH_3)_2$]
R	烷基或环烷基
R,S	立体化学构型的标记
S_E	亲电取代反应
S_N1	单分子亲核取代反应
S_N2	双分子亲核取代反应
S_Ni	分子内亲核取代反应
THF	四氢呋喃
TMS	四甲基硅烷[$(CH_3)_4Si$]
Ts	对甲苯磺酰基(p-$CH_3C_6H_4SO_2$—)
UV	紫外光谱
Z,E	顺反异构体标记
(+),(−)	右旋,左旋
↷	电子对转移的符号
⌒	单电子转移的符号
$[\alpha]$	比旋光度
δ	核磁共振测定值:化学位移
λ_{max}	最大吸收波长(单位:nm)
μ	偶极矩(单位:C·m)
σ	波数(单位:cm^{-1})
τ	化学位移($\tau=10-\delta$)
△	反应中的加热符号

2. 中文索引

E

F

G

H

J

K

L

M

N

O

P

Q

R

S

T

W

X

Y

3. 英文人名索引

G

H

I

J

K

L

M

O

P

R

S

U

V

W

Z

参考文献

[1] 胡宏纹．有机化学．4版.北京:高等教育出版社,2013.

[2] 福尔哈特 K P C,肖尔 N E. 有机化学　结构与功能(原书4版). 戴立信,席振峰,王梅祥,等译．北京:化学工业出版社,2006.

[3] Wade L G. Organic Chemistry. 6th ed. New York: Pearson Education, Inc., 2006.

[4] Graham Solomons T W, Fryhle C B. Organic Chemistry. 11th ed. New York: John Wiley & Sons, 2014.

后　记

本书第一版在2000年教育部举办的新教材评选中获“面向21世纪课程教材”称号。

本书第一版在2002年教育部举办的全国优秀教材评选中获国家优秀教材二等奖。

本书第二版在2003年高等教育出版社举办的高等教育百门精品课程教材建设计划评选中获“高等教育百门精品课程教材建设计划”立项研究项目。

本书第二版在2006年教育部举办的普通高等教育“十一五”国家级规划教材评选中获“普通高等教育‘十一五’国家级规划教材”。

本书第二版在2014年教育部举办的“十二五”普通高等教育本科国家级规划教材评选中获“‘十二五’普通高等教育本科国家级规划教材”。

大连理工大学的“有机化学及实验”于2002年被评为“辽宁省优秀课程”。

大连理工大学的“有机化学及实验”于2003年被评为“辽宁省精品课程”。

大连理工大学的“有机化学及实验”于2004年2月被评为“国家精品课程”。

大连理工大学的“有机化学及实验”于2016年7月被评为第一批“国家级精品资源共享课”。